Handbuch der Zoologie
Band VIII Mammalia
Teilband 56

Erich Thenius
Zähne und Gebiß der Säugetiere

Handbuch der Zoologie

Eine Naturgeschichte der Stämme des Tierreiches

Handbook of Zoology

A Natural History of the Phyla of the Animal Kingdom

Gegründet von / Founded by   Willy Kükenthal
Fortgeführt von / Continued by   M. Beier, M. Fischer, J.-G. Helmcke,
D. Starck, H. Wermuth

Band/Volume VIII Mammalia   Teilband/Part 56

Herausgeber/Editors   J. Niethammer, H. Schliemann, D. Starck
Schriftleiter/Managing Editor   H. Wermuth

Walter de Gruyter · Berlin · New York 1989

Erich Thenius

Zähne und Gebiß der Säugetiere

Walter de Gruyter · Berlin · New York 1989

Autor

Dr. Erich Thenius
Institut für Paläontologie der
Universität Wien
Universitätsstr. 7
A-1010 Wien I
Österreich

Herausgeber/Editors

Professor
Dr. Jochen Niethammer
Zoologisches Institut der
Universität Bonn
Poppelsdorfer Schloß
D-5300 Bonn
F.R. of Germany
Tel. (0228) 735457

Professor
Dr. Harald Schliemann
Zoologisches Institut und
Zoologisches Museum
Martin-Luther-King-Platz 3
D-2000 Hamburg 13
F.R. of Germany
Tel. (040) 41233917

Professor
Dr. med. Dr. phil. h.c. Dietrich Starck
Balduinstr. 88
D-6000 Frankfurt am Main 70
F.R. of Germany
Tel. (069) 652438

Schriftleiter/Managing Editor

Dr. Heinz Wermuth
Falkenweg 1
D-7149 Freiburg
F.R. of Germany
Tel. (07141) 74977

Verlag

Walter de Gruyter & Co.
Genthiner Str. 13
D-1000 Berlin 30
F.R. of Germany
Tel. (030) 26005-124

Walter de Gruyter, Inc.
200 Saw Mill River Road
Hawthorne, N.Y. 10532
USA
Tel. (914) 747-0110

CIP-Kurztitelaufnahme der Deutschen Bibliothek

Handbuch der Zoologie : e. Naturgeschichte d. Stämme d. Tierreiches =
Handbook of zoology / gegr. von Willy Kükenthal. Fortgef. von M. Beier
... – Berlin ; New York : de Gruyter.
NE: Kükenthal, Willy [Begr.]; Beier, Max [Hrsg.]; PT

Bd. 8, Teilbd. 56. Thenius, Erich: Zähne und Gebiss der Säugetiere. –
1989

Thenius, Erich:
Zähne und Gebiss der Säugetiere / Erich Thenius. [Hrsg.: J. Niethammer
...]. – Berlin ; New York : de Gruyter, 1989
(Handbuch der Zoologie ; Bd. 8 Teilbd. 56)
ISBN 3-11-010993-X

Satz und Druck: Tutte Druckerei GmbH, Salzweg-Passau, Buchbinder: Lüderitz & Bauer GmbH, Berlin

Printed in Germany:

Vorwort

Dieser Handbuchbeitrag entstand über Anregung von Herrn Prof. Dr. Dr. h. c. Dietrich Starck, Frankfurt, Herausgeber des „Handbuchs der Zoologie". In diesem Rahmen ist – in Übereinstimmung mit den Herausgebern – nur die Makromorphologie der Zähne berücksichtigt.

Der allgemeine Teil behandelt Morphologie, Terminologie und Orientierung der Zähne, die Gliederung des Gebisses und die einzelnen Zahnkategorien sowie den Zahnwechsel, Abkauung und dergleichen. Im speziellen Teil ist das Gebiß einer Auswahl von Taxa der einzelnen Säugetierordnungen in systematischer Folge dargestellt, wobei rezente und fossile Säugetiere berücksichtigt wurden. Die taxonomische Großgliederung folgt GINGERICH (1984), der die von MCKENNA (1975) auf cladistischer Analyse beruhende taxonomische Gliederung der Säugetiere nicht übernommen hat.

Bei den Illustrationen wurde – zumindest für die rezenten Arten – eine möglichst einheitliche Darstellung zu erreichen versucht: Schädelskizzen (Lateralansichten), Molaren-Schemata, Fotos rezenter Arten, Vordergebiß-Schemata sowie einheitlich orientierte Zeichnungen des Gebisses der einzelnen Arten. Zusammen mit dem deskriptiven Text soll dieser Beitrag eine richtige Dokumentation über die vielfältige Ausbildung des Gebisses, nicht jedoch ein Bestimmungsbuch bilden. Die zunehmende Bedeutung der Zähne und des Gebisses wird übrigens durch die Internationalen Symposien über „Dental-Morphology" unterstrichen (DAHLBERG 1971, BUTLER & JOYSEY 1978, KURTÉN 1982, RUSSELL 1986). Die Arbeiten an dem Handbuchbeitrag begannen im Jahr 1982. Es erscheint verständlich, daß in diesem Rahmen nur eine repräsentative Auswahl von Arten berücksichtigt werden konnte. Die Benennung der rezenten Arten erfolgte im wesentlichen nach HONACKI et al. (1982).

Danksagung

Dieser Handbuchbeitrag kam nur durch die Mithilfe zahlreicher Kollegen und Mitarbeiter zustande, denen auch an dieser Stelle herzlichst gedankt sei. Mein Dank gilt besonders Herrn Mag. Karl Rauscher für die tatkräftige Mithilfe bei der Beschaffung von Material und Literatur; ferner Herrn Norbert Frotzler für die Anfertigung und Reinzeichnung der Schädelskizzen, Molaren- und Vordergebißschemata, Herrn Charles Reichel und Frl. A. Peller (Chiroptera) für die Anfertigung der Fotos, die ohne Mithilfe von Herrn AR Friedrich Sattler bei der Vorbereitung der Schädel nicht zustande gekommen wären, und nicht zuletzt Frau Amtssekretär Margarethe Tschugguel für die oft mehrfache und mühevolle Reinschrift des Textes (alle Institut für Paläontologie der Universität Wien). Dem derzeitigen Vorstand, Herrn Prof. Dr. Friedrich Steininger, sei für sein Entgegenkommen bestens gedankt. Auch allen Bibliothekskräften, von denen hier stellvertretenderweise nur Herr OR Dr. Helmut Kröll (Universitätsbibliothek Wien) genannt sei, gilt mein Dank für die Literaturbeschaffung.

Von den (auswärtigen) Institutionen und Kollegen, die mich durch Material oder Literatur unterstützten, seien hier nur Prof. Dr. K.-D. Adam, SMNS, Stuttgart, Dr. P. Andrews, BMNHL, London, Dipl.-Ing. Dr. K. Bauer, NHMW, Wien, Prof. Dr. P. M. Butler, Englefield Green, Dr. J.-Y. Crochet, Univ. Montpellier, Dr. E. Delson, AMNY, New York, Dr. V. Eisenmann, MNHNP, Paris. Dr. B. Engesser, NHMB, Basel, Prof. Dr. V. Fahlbusch, Univ. München, Dr. M. Fortelius, Univ. Helsinki, Dr. L. Ginsburg, MNHNP, Paris, Dr. C. Guérin, Univ. Lyon, Prof. Dr. G. Hahn, Univ. Marburg, Prof. Dr. E. Heintz, Bonn, Dr. Q. B. Hendey, SAMCT, Kapstadt, Dr. K. A. Hünermann, Univ. Zürich, Prof. Dr. Z. Kielan-Jaworowska, Univ. Warschau, Prof. Dr. W. von Koenigswald, HLMD, Darmstadt, Direktor Dr. H. A. Kollmann, NHMW, Wien, Prof. Dr. M. Kretzoi, Budapest, Doz. Dr. L. Krystyn, Wien, Prof. Dr. B. Kurtén, Univ. Helsinki, Dr. M. C. McKenna, AMNY, New York, Dr. M. Pickford, NMKN, Kenya, Doz. Dr. W. Poduschka, Univ. Wien, Dr. E. Pucher, Wien, Prof. Dr. G. Rabeder, Univ. Wien, Dr. D. E. Savage, Univ. Berkeley, Prof. Dr. N. Schmidt-Kittler, Univ. Mainz, Prof. Dr. Dr. h. c. D. Starck, Univ. Frankfurt/M., Dr. G. Storch, SMF, Frankfurt/M., Dr. P. Tassy, Univ. Paris, Dr. R. H. Tedford, AMNY, New York, Prof. Dr. H. Tobien, Univ. Mainz, Dr. F. Weiß-Spitzenberger, NHMW, Wien und Prof. Dr. H. Zapfe, Univ. Wien, genannt. Auch ihnen gilt mein Dank.

Für die durch die Reproduktion bedingten Größenmaßstäbe der Gebiß-Strichzeichnungen zeichnet der Autor nicht verantwortlich.

Erich Thenius

Inhalt

Abkürzungen

AMNY   Amer. Museum Natural Hist., New York

BMNHL   British Museum (Natural History), London

HLMD   Hessisches Landesmuseum Darmstadt

MNHNP   Muséum National d'Histoire naturelle, Paris

NHMB   Naturhistorisches Museum Basel

NHMW   Naturhistorisches Museum Wien

NMKN   National Museum of Kenya, Nairobi

PIUW   Institut für Paläontologie der Universität Wien

SAMCT   South Africa Museum, Cape Town

SMF   Senckenberg-Museum Frankfurt

SMNS   Staatliches Museum für Naturkunde Stuttgart

1. Einleitung

Das Gebiß der Säugetiere hat eine unter den Wirbeltieren einmalige Differenzierung erfahren. Diese Mannigfaltigkeit, die artkonstante Zahl der Zähne und ihre – im Rahmen einer gewissen Variabilität vielfach artspezifische – Ausbildung verleihen dem Gebiß eine entscheidende Bedeutung für die Taxonomie und auch für die Evolution. Dazu kommt, daß die Zähne besonders widerstandsfähig und daher fossil meist gut erhalten sind, so daß der Paläontologe bereits an Hand des Gebisses wesentliche Aussagen in taxonomischer Hinsicht machen kann. Allerdings treten entsprechend der oft gleichen Funktion der Zähne wiederholt Parallel- und Konvergenzerscheinungen auf, die Aussagen über die taxonomische Position wesentlich erschweren können.

In diesem Rahmen wird – wie bereits erwähnt – nur die Makromorphologie der Zähne behandelt. Die Mikromorphologie, die in jüngster Zeit vor allem durch die Analyse der Schmelzstrukturen durch das REM wesentlich zum Verständnis des Aufbaues und der funktionellen Bedeutung der Säugetier-Zähne geführt hat, ist hier nicht berücksichtigt. Diese Strukturen haben sich in ihrer Mannigfaltigkeit erst bei den Säugetieren herausgebildet, bei denen die Zähne durch den reduzierten Zahnwechsel zu Dauerorganen geworden sind. Auch die unter der Bezeichnung „micro wear" beschriebenen Mikro„strukturen" der Zahnoberflächen, die durch die Nahrung und die Kauvorgänge entstehen und das $^{13}C/^{12}C$-Verhältnis im Apatit der Zähne, das gleichfalls Rückschlüsse auf die Ernährung zuläßt, sind hier nicht berücksichtigt (WALKER et al. 1978, ERICSON et al. 1981).

Die Makromorphologie bildet dank ihrer Mannigfaltigkeit vielfach die Grundlage für die spezifische Bestimmung. Funktionelle Gesichtspunkte sind nur soweit berücksichtigt, als sie für bestimmte Fragen und Probleme (z. B. Homologisierung von Zahnhöckern, Position einzelner Zähne im Kiefer, Lage und Ausbildung des Kiefergelenkes, Anordnung der Kaumuskulatur, Okklusion, Art der Abkauung) von Bedeutung sind. Funktions- oder konstruktionsmorphologische Untersuchungen haben in den letzten Jahren seit Anwendung kinematographischer Methoden zu neuen Erkenntnissen und zu einem besseren Verständnis der Entstehung von Zahnmustern geführt (CROMPTON & HIIEMAE 1970, HIIEMAE & CROMPTON 1971, KAY & HIIEMAE 1974, MAIER 1978, 1980).

Die Zähne der Säugetiere haben außer ihrer primären Funktion im Dienste der Nahrungsaufnahme und Ernährung (Aufstöbern, Gewinnung, Ergreifen und Zerkleinern der Nahrung) vielfach noch zusätzliche (sekundäre) Funktionen, wie etwa als Waffen oder als Imponierorgane, als Werkzeuge (z. B. Incisiven zum Graben bei subterran lebenden Arten), zum Festhalten (z. B. Milchzähne beim Transport von Jungtieren bei Chiropteren) sowie zur Fellpflege (z. B. Kammzähne, auch in Zusammenhang mit dem Sozialverhalten). Verschiedentlich ist – im Vordergebiß – noch ein Geschlechtsdimorphismus ausgeprägt, der zum Teil auch mit dem Sozialverhalten in Verbindung steht.

Die genetisch festgelegte Gestalt der Zähne kann jeweils durch die Art und den Grad der Abkauung (Usur: Attrition, Abrasion und Thegosis) bedeutende Veränderungen erfahren. Dies gilt nicht nur für wurzellose Zähne und kann von praktischer Bedeutung für die (individuelle) Altersbestimmung sein.

Die Differenzierung des Säugetiergebisses ist zweifellos in Verbindung mit der Reduktion der Zahngenerationen zu sehen. Während für Reptilien meist ein homodontes Gebiß mit einem dauernden Zahnwechsel (Polyphyodontie) charakteristisch ist, sind bei den Säugetieren – entsprechend der Heterodontie – in der Regel nur zwei Zahngenerationen (Diphyodontie) entwickelt. Vereinzelt kommt es zu Monophyodontie, indem etwa das Milchgebiß unterdrückt wird (z. B. bei Robben nur embryonal angelegt).

Damit sind jene Aspekte aufgezeigt, welche die Formenmannigfaltigkeit des Gebisses bei den Säugetieren verständlich erscheinen lassen.

Im allgemeinen Teil werden die Morphologie, Terminologie und Orientierung der Zähne, die Gliederung des Gebisses und der Zahnwechsel, die einzelnen Zahnkategorien des Dauergebisses, das Milchgebiß, die Höckerterminologie der Molaren, Zahnentstehungstheorien, die Abkauung, Methoden der Altersbestimmung an Zähnen und Geschlechtsunterschiede im Gebiß behandelt. Im speziellen Teil werden die einzelnen Säugetierordnungen in systematischer Reihenfolge besprochen.

2. Allgemeiner Teil

2.1 Allgemeine Morphologie, Terminologie und Orientierung der Zähne

Der Zahn (Dens) besteht (in der Regel) aus der Krone (Corona dentis) und der Wurzel (Radix dentis), die durch den Zahnhals (Collum dentis = „Cervix dentis") getrennt werden (Abb. 1) (SCHUMACHER & SCHMIDT 1976). Als Krone ist der (meist) mit Schmelz bedeckte Abschnitt zu bezeichnen, der aus dem Zahnfleisch (Gingiva) herausragt. Der Hals entspricht dem vom Zahnfleisch bis zum Kieferrand reichenden Abschnitt. Als Wurzel wird der in den Zahnfächern (Alveoli dentales) eingesenkte Teil bezeichnet, sofern es nicht wurzellose Zähne sind. Eine echte Wurzel ist am Wurzelende praktisch geschlossen. Sie kann einheitlich ausgebildet sein oder aus mehreren Wurzelästen bestehen, die stets in gesonderten Zahnfächern eingesenkt sind. Die Zähne sind in der Alveole durch das Bindegewebe der Wurzel (Periodontium) fest mit dem Kieferknochen verbunden. Bei wurzellosen Zähnen, wie sie von verschiedenen Säugetieren bekannt sind, ist ein dauerndes Zahnwachstum gegeben, das meist durch Abnutzung kompensiert wird (z. B. Incisiven von Nagern und Rüsseltieren, Molaren bei verschiedenen Wühlmäusen, Elasmotherien und Riesengürteltieren).

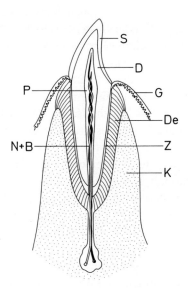

Abb. 1. Zahn (Längsschnitt) mit Gewebe des Desmodontiums (Zahnhalteapparat) in der Alveole des Kiefers. B – Blutgefäß, D – Dentin, De – Desmodont, G – Gingiva (Zahnfleisch), K – Alveolarknochen, P – Pulpa, S – Schmelz, Z – Zement. Nach SCHUMACHER & SCHMIDT (1983), verändert umgezeichnet.

Der Zahn besteht hauptsächlich aus dem Dentin oder Zahnbein (Substantia eburnea, Dentinum dentis), einer Form von Knochengewebe, das jedoch im Gegensatz zum Knochen keine Zellen enthält, sondern von Kanälchen (Canaliculi dentales) durchzogen wird. Dieses zellfreie und gefäßlose Dentin entspricht dem Orthodentin. Das Zahnbein setzt sich zu etwa 70 % aus Kalziumphosphat in Form des Hydroxylapatits zusammen, dessen Summenformel nach SCHUMACHER & SCHMIDT (1976) mit Vorbehalt mit $Ca[Ca_3(PO_4)_2]_3(OH)_2$ angegeben wird. Nach POSTL & WALTER (1984) hingegen ist es Apatit in Form von Mischkristallen von Hydroxyl- und Karbonatapatit mit der Summenformel $Ca_{10-x}H_x(PO_4, CO_3)_6(OH, CO_3)_{2-x}$. Das Dentin ist von ähnlichem Härtegrad wie Knochengewebe, jedoch mit niedrigerem organischen Anteil (etwa 23 % Kollagen und 3 % Mucoproteine) und einem etwas höheren Wassergehalt. Das Dentin umgibt die Zahn- oder Pulpahöhle (Cavum dentis) mit der Pulpa, einem zur Ernährung des Zahnes dienenden Bindegewebe mit Gefäßen und Nerven, die durch den Wurzelkanal (Canalis radicis dentis) und – sofern keine apicalen Ramifikationen erfolgen – einer Öffnung an der Wurzelspitze (Foramen apicis dentis) mit dem Blutkreislauf und dem Nervensystem in Verbindung steht.

Das Wachstum des Dentins erfolgt durch Dentinbildungszellen (Odontoblasten) in der Pulpa und somit nicht zentrifugal, sondern zentripetal. Nur ausnahmsweise enthält das Dentin der Säugetiere auch Blutgefäße (Vasodentin bei *Orycteropus*). Sogenanntes Sekundär- oder Ersatzdentin kann bei starker Abnützung des Zahnes in der Pulpahöhle ausgebildet werden, um deren Eröffnung durch die Abkauung zu verhindern. Da es in Jahresschichten abgelagert wird, läßt es sich zur Bestimmung des individuellen Alters (s. u.) heranziehen.

Im Bereich der Krone ist der Zahn (meist) von Schmelz (Substantia adamantina, Enamelum dentis, Email), einer außerordentlich widerstandsfähigen (meist) prismatischen Substanz umgeben, die nach der Knoopschen Härteskala (KHN) Werte von 200–500 KHN erreicht. Der Schmelz setzt sich aus Kalziumphosphat in Form von Apatitkristalliten ($Ca_5OH[PO_4]_3$) mit einem organischen Anteil (Mucopolysaccharide) von 2–4 % zusammen und wird im Gegensatz zum Dentin von ectodermalen Epithelzellen (Adamanto- oder Ameloblasten) und zwar zentrifugal abgelagert. Die Zahnschmelzoberfläche ist vom Schmelzoberhäutchen (Cuticula dentis) bedeckt, einer dünnen und strukturlosen, jedoch sehr widerstandsfähigen Membran. Bei Abnützung kann der Schmelz, im Gegensatz zu den übrigen Zahnsubstanzen, nicht ersetzt werden.

Bei den Prototheria (im weiteren Sinne = Non-Theria) ist meist kein echt prismatischer Schmelz ausgebildet, sondern Pseudokristallite in Form von Bündeln. Lediglich bei Multituberculaten (Taeniolabidoidea und bei *Meniscoessus*) kommen nach von Koenigswald (1982) und Fosse et al. (1985) echte, jedoch relativ große Prismen („gigantoprismatic enamel") vor. Demgegenüber spricht Hahn (1978: 81) von Dentinröhren im Schmelz, ähnlich Beuteltieren und primitiven Placentaliern. Echte prismatische Schmelzstrukturen sind zweifellos bei den Pantotheria (Dryolestidae) des Jura und bei den Theria (z. B. *Pappotherium*) der Unter-Kreide (Alb) nachgewiesen (Halstead 1974, Moss 1969). Die Entstehung der bereits im Lichtmikroskop nach Anätzung gut sichtbaren Anordnung der Schmelzprismen (Apatitkristallite) wird diskutiert, doch zeigt sich, daß die Anordnung der Schmelzprismen funktionell bedingt ist und zur Erhöhung der Bruch- und Biegefestigkeit dient (W. von Koenigswald 1980). Bei den Meta- und Eutheria beträgt der Durchmesser der Prismenbündel etwa 5 µm. Durch Zusammenrücken der Prismen wird die ursprünglich vorhandene Substanz reduziert, und es entstehen die sechseckigen Prismenbündel. Die Art der Anordnung und die Ausbildung dieser Prismen führt zur Vernetzung, zur Prismenabbiegung und schließlich zur Prismenüberkreuzung, die bereits makroskopisch als Bänderung durch eine Abfolge heller und dunkler Streifen sichtbar ist (= Hunter-Schreger-Bänder).

Zum Dentin und Schmelz kommt als dritte Hartsubstanz noch der (mesodermale) Zement (Cementum dentis = „Substantia ossea" oder Zahnkitt) hinzu, ein Knochengewebe, das primär im Bereich der Wurzeln auftritt (Wurzelzement, aus dem zellfreien Faserzement mit Sharpeyschen Fasern und dem zellhaltigen Osteozement), sekundär jedoch im Kronenbereich (Kronenzement) außerhalb des Schmelzes angelagert sein kann und hier meist zur Ausfüllung von Schmelzfalten oder -einstülpungen dient. Es entsteht dadurch eine weitgehend einheitliche Kaufläche (z. B. Elephantiden, Equiden). Der Zement dient primär zur Verankerung der Kollagenfasern des am Kieferknochen befestigten Zahnhalteapparates. Der Zahnhalteapparat, der in der Humanmedizin als Periodontium (= Desmodontium) bezeichnet wird, besteht im wesentlichen aus dem Zahnfleisch, dem Zement und dem den Wurzel- oder Paradontalspalt ausfüllenden Bindegewebe (Desmodont) (nähere Angaben über die funktionelle Struktur des Periodontiums finden sich bei Wetzel 1967). Der Periodontalspalt ist eigentlich ein Gelenkspalt, der eine physiologische Zahnbeweglichkeit (entsprechend des Kaudruckes) ermöglicht.

Je nach dem Vorhandensein oder Fehlen von Wurzeln lassen sich Wurzelzähne und wurzellose Zähne unterscheiden. Nach der jeweiligen Kronenhöhe werden brachy(o-)donte, subhypsodonte (= mesodonte), hypsodonte (= hypselodonte) und kionodonte Zähne unterschieden. Die Kronenhöhe steht gewöhnlich mit dem mineralischen Gehalt in der Nahrung in Korrelation, der wiederum endokrine Drüsen aktiviert (White 1959). Bei vielen Gruppen mit hypsodonten Zähnen kommt es zu Zementeinlagerungen im Kronenbereich. Beim brachyodonten oder niedrigkronigen Zahn ist die Krone niedriger als ihre Länge. Wie bereits Simpson (1969) betont, besteht kein Grund, die Bezeichnung brachyodont durch den Begriff chtamalodont (Korenhof 1960) zu ersetzen, wie Sondaar (1968) meint. Beim hypsodonten Zahn übertrifft die Kronenhöhe die Kronenlänge, beim kionodonten oder Säulenzahn („columnar tooth") sind die Höcker säulenförmig verlängert (z. B. *Phacochoerus*). Grundsätzlich ist mit White (1959) und Hershkovitz (1962) die Höcker-Hypsodontie von der Kronen-Hypsodontie zu trennen, zu denen nach White noch die Wurzel-Hypsodontie kommt, bei der das eigentliche Höhenwachstum die Wurzeln (ohne Schmelzbedeckung) betrifft. Bei manchen Backenzähnen sind lediglich die Kronenelemente (Höcker) hochkronig, nicht jedoch die Krone als ganzes (z. B. *Hippopotamus*, *Kansumys*). Die Höckerhypsodontie kann im Laufe der Evolution zu einer (echten) Kronenhypsodontie führen. Besitzt die Krone einen annähernd prismatischen Querschnitt, so werden diese Zähne als Prismenzähne bezeichnet (z. B. *Equus*). Bei diesen Zähnen kommt es zu einem gesteigerten Höhenwachstum der Zahnkrone, ohne daß es wurzellose Zähne sein müssen. Mones (1982) wiederum unterscheidet Begriffe wie Protohypsodontie und Euhypsodontie, wobei erstere hypsodonte Zähne mit Wurzeln, letztere wurzellose Zähne betrifft. Für letztere ist gelegentlich auch die Bezeichnung hyperhypsodont gebräuchlich. Einen funktionell definierten Begriff der Hypsodontie hat van Valen (1960) vorgeschlagen (vergleiche auch Fortelius 1985). Zu einem weiteren Zahntyp kommt es beim Lamellenzahn. Bei diesem bilden mehrere hypsodonte, jedoch bewurzelte, lamellenartig gestaltete Joche, die von Kronenzement umgeben sind, die Zahnkrone (z. B. *Elephas*). Derartige Prismen-, Säulen- oder Lamellenzähne sind vor allem bei Grasfressern ausgebildet. Sie unterliegen bis ins hohe Alter einer dauernden Abnützung und verändern daher auch ihre Kaufläche ständig. Dies trifft nicht nur für die Zähne des Backengebisses (Prämolaren und Molaren), sondern manchmal auch für Schneidezähne (z. B. Einhufer) zu.

Gelegentlich kommt es zu einer Partial-Hypsodontie, indem die Zahnkrone nur einseitig hypsodont entwickelt ist. Dabei erfolgt eine Krümmung der Zahnkrone, wobei sowohl der buccale als auch der linguale Kronenteil hochkronig sein können. Eine partielle Hypsodontie ist von Backenzähnen bei Lagomorphen (z. B. *Piezodus*), Nagetieren (wie *Issiodoromys*), Beuteltieren (z. B. *Macrotis*) und Hyracoidea (*Postschizotherium*) bekannt.

Nach der Zahnform lassen sich einspitzige (haplodonte), zwei- und mehrspitzige Zähne unterscheiden. Letzteres trifft praktisch nur für Prämolaren und Molaren zu, unter denen drei- (triconodonte bzw. trituberculate), vier- (quadrituberculate), fünf- (quinquetuberculate) und noch mehrhöckrige (multituberculate) Zähne auftreten können. Auf die Molaren und ihre Höckerterminologie wird in einem der folgenden Abschnitte zurückgekommen.

Die Orientierung der Zähne ist weitgehend von ihrer Stellung im Kiefer abhängig. Anstelle von proximal und distal sind im Kronenbereich die Termini basal (wurzelwärts) und occlusal, im Wurzelbereich apical vorzuziehen, da der Begriff distal in einem anderen Sinn verwendet wird (s. u.). Außen- und Innenseite der Krone werden als labial bzw. buccal (= vestibular) und lingual, Vorder- und Hinterseite als mesial und distal bezeichnet.

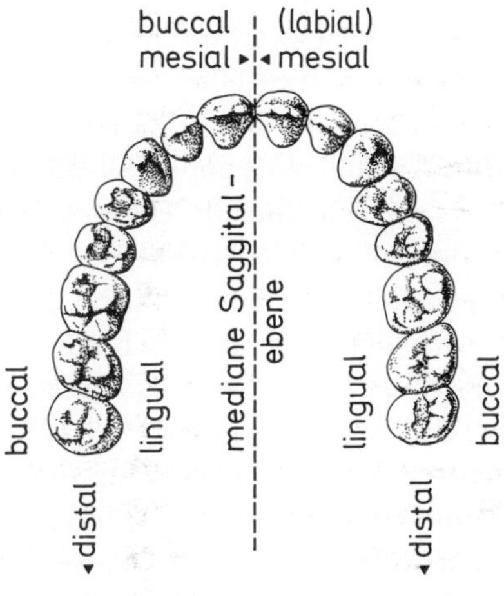

Die Termini mesial und distal sind aus der zahnärztlichen Praxis entlehnt (ZUCKERKANDL 1891) und kennzeichnen hier die morphologische Vorder- bzw. Hinterseite ungeachtet ihrer manchmal unterschiedlichen Position durch die Ausbildung des Kiefers (Abb. 2).

Die Zähne wurzeln bei den Säugetieren ausschließlich im Ober- (Praemaxillare und Maxillare) und Unterkiefer (Dentale) und sind dementsprechend fast ausnahmslos auf die Mundhöhle (Cavum oris) beschränkt. Ausnahmen (z. B. Oberkiefer-Eckzähne beim Hirscheber, Stoßzähne bei Elefanten) bestätigen die Regel.

Bei Seekühen (Sirenia) können anstelle von reduzierten Zähnen Hornplatten am Gaumen und im Bereich der Unterkiefersymphyse ausgebildet sein, bei den Bartenwalen (Mysticeti) wiederum zahlreiche, stark verlängerte hornige Barten am harten Gaumen. Sie entsprechen verhornten Gaumenleisten (Rugae palatinae) und dienen den Bartenwalen zum Abseihen der als Nahrung dienenden Planktonorganismen (Krill). Ähnlich wie bei der Gebißformel (s. u.) läßt sich von einer Bartenformel sprechen. Allerdings schwanken die Werte (pro Kieferhälfte) meist beträchtlich (z. B. Grauwal, *Eschrichtius gibbosus*: 135–175, Finnwal, *Balaenoptera physalus*: 320–420).

Die Zahl der Zähne ist meist artkonstant. Sie schwankt innerhalb der Säugetiere zwar in großen Grenzen (0 bis 260), doch sind die Extremwerte eher die Ausnahmen. Die Durchschnittswerte differieren innerhalb der einzelnen Säugetierordnungen wohl nicht unbeträchtlich, halten sich jedoch in Grenzen (siehe speziellen Teil). Die maximale Zahnzahl liegt – wenn man von den Manatis, manchen Zahnwalen und einzelnen sonstigen Sonderfällen absieht – bei den rezenten placentalen Säugetieren bei 44 (z. B. Tapire, Schweine).

2.2 Die Gliederung des Gebisses und der Zahnwechsel

Das Gebiß der Säugetiere besteht in den meisten Fällen aus verschieden gestalteten Einzelzähnen und ist demgemäß als heterodont zu bezeichnen. Entsprechend der Funktion, ist eine Differenzierung in verschiedene Abschnitte vorhanden. Nur selten kommt es sekundär zu einer Homodontie (z. B. Zahnwale, Gürteltiere). Nach der Position der Zähne im Kiefer, ihrer Ausbildung und der Zugehörigkeit zu einer bestimmten Dentition lassen sich folgende Zahnkategorien oder -gruppen unterscheiden: Schneidezähne (Dentes incisivi = Incisiven = I), Eckzähne (Dentes canini = Caninen = C), Vorbacken-, falsche Backen- oder „Lücken-

Abb. 2. Oberkiefergebiß des Menschen mit entsprechender Terminologie zur Orientierung (mesial: distal, buccal: lingual).

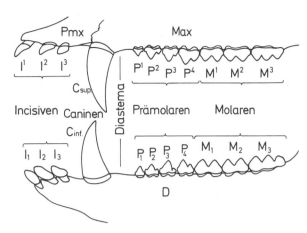

Abb. 3. Die verschiedenen Zahnkategorien des Gebisses (Schema) an Hand eines placentalen Säugetieres mit vollständigem Gebiß. D – Dentale,   Max – Maxillare, Pmx – Prämaxillare.

zähne" (Dentes praemolares = Prämolaren = P) und Mahl- oder echte Backenzähne (Dentes molares = Molaren = M) (Abb. 3). Die deutsche Bezeichnung der Prämolaren erfolgt nicht einheitlich. Gelegentlich werden sie als Backenzähne den Molaren (= Mahlzähnen) gegenübergestellt (SCHUMACHER & SCHMIDT 1976, STARCK 1982). Das in Abb. 3 dargestellte Schema basiert auf einem rezenten placentalen Säugetier, dessen Gebißformel für das permanente (= Dauer-)gebiß in beiden Kieferhälften mit $I\frac{3}{3} C\frac{1}{1} P\frac{4}{4} M\frac{3}{3} / M\frac{3}{3} P\frac{4}{4} C\frac{1}{1} I\frac{3}{3}$ oder vereinfacht (pro Kieferhälfte) mit $\frac{3\,1\,4\,3}{3\,1\,4\,3}$ zu schreiben ist. Fehlende Zahnkategorien werden mit 0 angegeben (z. B. $\frac{1\,0\,0\,3}{1\,0\,0\,3}$ für *Mus*). In der Literatur ist fast ausschließlich von Zahnformel die Rede, doch sollte es eigentlich korrekter Gebißformel heißen, wie etwa bei HALTENORTH (1957, 1969). Wenn im folgenden auch von Zahnformel die Rede ist, dann deshalb, weil dieser Begriff nun einmal sehr gebräuchlich ist.

Mit einer derartigen Zahnformel sind verschiedene Probleme verknüpft, die einerseits die Homologisierung der einzelnen Zahnkategorien betreffen, andrerseits die Frage nach der Zugehörigkeit der Zähne zu den jeweiligen Zahngenerationen. Hier erscheint eine terminologische Klärung notwendig, da die Begriffe Dentition und (Zahn-) Generation manchmal nicht getrennt oder nicht im gleichen Sinne angewendet werden. Es sei hier nur auf die Odontostichi-Theorie von BOLK (1922), die Zahnreihen- von EDMUND (1960) und die Zahnfamilien- oder Klontheorie von OSBORN (1973) verwiesen (s. a. OSBORN & CROMPTON 1973).

Wie schon angedeutet, sind bei den Säugetieren meist zwei Dentitionen (= Zahnreihen bei EDMUND 1960) zu unterscheiden: Die 1. oder lacteale Dentition (= Milch- oder Wechselgebiß) und die

2. oder permanente Dentition (Dauer- oder Ersatzgebiß). Rudimentäre prälacteale Zahnanlagen (aus einem labial von den Milchzahnanlagen gelegenen Zahnleistenast) wurden von LECHE (1893) für einzelne Beuteltiere und Placentalier angegeben (HALTENORTH 1973).

Das Milchgebiß besteht meist aus weniger Zähnen (Dentes lacteales) als das Dauergebiß (z. B. *Homo sapiens*: 20 Milchzähne, 32 Zähne des Dauergebisses). Die entsprechenden Gebiß- oder Zahnformeln lauten $\frac{2\,1\,2}{2\,1\,2}$ und $\frac{2\,1\,2\,3}{2\,1\,2\,3}$. Gehören nun die Zähne des Dauergebisses (Dentes permanentes) tatsächlich einer Zahngeneration an? Morphologische und ontogenetische Kriterien sprechen dafür, daß die Molaren nicht zur 2. Zahngeneration, sondern genetisch zur 1. Zahngeneration gehören, wie es bereits LECHE (1886, 1893) angenommen hat. Das heißt, das Dauergebiß, also die permanente Dentition, setzt sich aus Elementen der 2. Zahngeneration (I, C und P), die Ersatzzähne der entsprechenden Milchzähne (Id, Cd und Pd = D; d = deciduus [hinfällig]) bilden, und aus solchen der 1. Zahngeneration (M) oder „Zuwachszähnen" zusammen, sofern nicht die $D\frac{1}{1}$ erhalten bleiben. Die Molaren sind daher nicht nur (wie meist) morphologisch von den Prämolaren verschieden, sondern auch nach ihrer Zugehörigkeit zur 1. Zahngeneration.

Eine Reduktion der Dentitionen ist, ebenso wie eine Heterodontie, bei den Stammformen der Säugetiere unter den Reptilien (Therapsida) zu beobachten, indem bei spezialisierten Therapsiden (Cynodontia: *Thrinaxodon, Ericiolacerta*) der Trias die Zahl der Ersatzzyklen bei den postcaninen Zähnen deutlich verringert ist (CROMPTON 1963, EWER 1963, HOPSON 1971, KEMP 1982, PARRINGTON 1936). Dennoch liegt keine Diphyodontie vor. Über die Entstehung der Diphyodontie wird diskutiert. Nach LECHE (1896) und neuerdings auch nach HOPSON (1973) und POND (1977) ist der Erwerb der Laktation bei den Säugetieren als Ursache für die Entstehung der Diphyodontie anzusehen, indem erst die Laktation die Diphyodontie ermöglichte; nach anderen Autoren hingegen war es die zunehmende Differenzierung der Backenzähne, die zur Reduktion der Dentitionen und damit zur Diphyodontie führte. Die Laktation ist zweifellos unabhängig von der Viviparie erworben worden, wie etwa die rezenten Eierleger (Monotremata) dokumentieren. Wie PETERS & STRASSBURG (1969) betonen, sollte man bei der Diphyodontie eine Anlage-Diphyodontie (mit rudimentärem Milchgebiß; z. B. Nager, Robben) und eine Funktions-Diphyodontie (mit voll entwickeltem Milchgebiß; z. B. Primates) unterscheiden.

Von den mesozoischen Säugetieren ist ein Zahnwechsel bei Morganucodontiden, Multituberculaten, Docodonten, Symmetrodonten und (Eu-)Pantotherien nachgewiesen (BUTLER & KREBS 1973, HAHN 1978, PARRINGTON 1971). Bei den Dryolestiden (Eupantotheria) aus dem Ober-Jura erfolgte der Zahnwechsel wie bei den Placentalia (BUTLER & KREBS 1973), indem das Vordergebiß und die Prämolaren gewechselt werden. Entsprechend der Annahme, die Eupantotheria bilden die Stammformen von Placentalia und Marsupialia, würde dies für eine sekundäre Reduktion des Ersatzgebisses bei letzteren sprechen. Bekanntlich ist die vielfach angenommene Metatheria-Eutheria-Dichotomie auch durch unterschiedliche „trends" in der Art des Zahnwechsels gekennzeichnet (ZIEGLER 1971). Nach der Theorie von ZIEGLER (1971) werden bei den Metatheria die Milchzähne vor den $P\frac{4}{4}$ bis auf embryonale Rudimente (und die $P\frac{1}{1}$ gänzlich) rückgebildet, während bei den Eutheria nur die $P\frac{1}{1}$ unterdrückt sein und die $D\frac{1}{1}$ zeitlebens erhalten bleiben sollen. Eine Auffassung, die keineswegs allgemein anerkannt wird und auch von der Homologisierung einzelner Zähne abhängt (OSBORN 1977, ARCHER 1978).

Bevor auf den Zahnwechsel weiter eingegangen sei, sind noch einige Bemerkungen zur Terminologie notwendig. Wie bereits oben ausgeführt, gibt die Gebißformel zwar Aufschluß über die Zahl der einzelnen Zahnkategorien, nicht jedoch über die jeweilige Homologisierung des Einzelzahnes, die mit zahlreichen Problemen verbunden ist und die in der Bezeichnung des einzelnen Zahnes zum Ausdruck kommen soll. Es soll jedoch nicht verschwiegen werden, daß manchmal auch über die Gebißformel keine Einhelligkeit besteht (z. B. *Sorex araneus* $\frac{3\ 1\ 3\ 3}{2\ 0\ 1\ 3}$ oder $\frac{3\ 0\ 4\ 3}{1\ 0\ 2\ 3}$). Gegenüber dieser genetischen Zählung wird, zumindest bei den Prämolaren, verschiedentlich eine rein beschreibende, also morphographische Zählung vorgenommen. Während nach der genetischen Terminologie die Zähne der einzelnen Zahnkategorien (auf die Problematik der Zählung der Incisiven kann hier nur hingewiesen werden, da die Zahl 3/3 nicht der Grundzahl bei Placentalia entspricht) von vorn nach hinten gezählt werden (z. B. $I\frac{1}{}\,I\,^2\,I\,^3$, C sup., $P\frac{1}{}\,P\,^2\,P\,^3\,P\,^4$, $M\frac{1}{}\,M\,^2\,M\,^3$ für die Oberkiefer-, $I\frac{}{1}\,I\frac{}{2}$ $I\frac{}{3}$, C inf., $P\frac{}{1}\,P\frac{}{2}\,P\frac{}{3}\,P\frac{}{4}$, $M\frac{}{1}\,M\frac{}{2}\,M\frac{}{3}$ für die Unterkieferzähne), erfolgt die rein deskriptive Zählung der Prämolaren, wie sie etwa von der Basler Schule vertreten wird, von hinten nach vorne, ungeachtet etwaiger Reduktionen. Damit ist der eigentliche Grund aufgezeigt, der zu rein deskriptiver Zählung geführt hat. Die Reduktion kann nämlich nicht nur an den vordersten Prämolaren einsetzen, sondern auch an den übrigen beginnen, so

daß die Homologisierung der verbleibenden Zähne fraglich bleiben muß (SCHWARTZ 1974). Abgesehen davon erscheint jedoch auch die bisher gebräuchliche genetische Zählung der Prämolaren durch neueste Interpretationen an mesozoischen Säugetieren in Frage gestellt, indem etwa bei *Gypsonictops* aus der Ober-Kreide vier P sup. und fünf P inf. ausgebildet sein sollen (MCKENNA 1974, KIELAN-JAWOROWSKA 1981, NOVACEK 1986). Aus diesem Grund hat auch MCKENNA (1975) die Annahme vertreten, daß bei den modernen Eutheria die $P\frac{3}{3}$ völlig reduziert seien. Es war daher zu überlegen, ob nicht überhaupt von einer genetischen Zählung Abstand genommen werden sollte, was jedoch in manchen Fällen eine Aufgabe gesicherter Erkenntnisse bedeutet.

Läßt sich eine Trennung von Prämolaren und Molaren nicht mit Sicherheit durchführen, so spricht man von Postcaninen (wie bei *Myrmecobius*, *Proteles*). Andrerseits lassen sich sämtliche vor den Molaren liegenden Zähne des Dauergebisses (I, C und P) als Antemolaren zusammenfassen. Eine Art Notlösung bedeutet auch der Begriff Zwischenzähne bei Soriciden, mit dem die zwischen dem meist vergrößerten vordersten Incisiven und dem ersten Molaren gelegenen Zähne mangels einer exakten Homologisierung bezeichnet werden.

Da die Molaren stets von hinten nach vorn reduziert werden, ergeben sich hier kaum Probleme, wenn man von mesozoischen Säugetieren und den Beutlern absieht. Bei den Incisiven ist die Homologisierung in jenen Fällen, wo es zur Reduktion kommt, schwierig oder oft unmöglich, sofern nicht fossile Übergangsformen eine solche wahrscheinlich machen (z. B. *Moeritherium* als morphologisches Ausgangsmodell für Mastodonten und Elefanten mit einzelnen vergrößerten Incisiven).

Der Zahndurchbruch erfolgt keineswegs einheitlich und ist meist artspezifisch festgelegt. Dennoch kann die Reihenfolge des Durchbruches innerhalb einer Art etwas variieren. Es bestehen nur lockere Beziehungen zwischen Zahndurchbruch und Stellung im System, da hier meist funktionelle Gegebenheiten ausschlaggebend sind. Andrerseits spielen auch phylogenetische Aspekte eine Rolle. So weichen etwa die fossilen Hominiden vom modernen *Homo sapiens* in der Zahndurchbruchsfolge ab und nähern sich den Zuständen der Pongiden. Bei *Homo sapiens* ist nämlich der Durchbruch der Zähne gegenüber den Pongiden verzögert und manchmal treten die $M\frac{3}{3}$ (sogenannten Weisheitszähne = Dentes sapientiae) überhaupt nicht in Funktion. Die häufigste Reihenfolge des Durchbruchs der Oberkieferzähne bei *Homo sapiens* ist meist $M\,^1$, $I\,^1$, $I\,^2$, $P\,^3$, $P\,^4$, C,

Tabelle I Durchbruch der Oberkieferzähne des permanenten Gebisses bei Primaten und *Tupaia* (nach Remane 1960, Schumacher & Schmidt, 1976)

	I^1	I^2	C	P^1	P^2	P^3	P^4	M^1	M^2	M^3
Tupaia	4	5	—	6	7	8	9	1	2	3
Adapis	3	4	6		9	8	7	1	2	5
Lemur mongoz	3	4	9		8	7	6	1	2	5
Microcebus	3	4	5		7	8	9	1	2	6
Propithecus	2	3	8		—	6	5	1	4	7
Indri	2	3	7		—	(6	5)	1	4	8
Galago	3	4	5		6	7	9	1	2	8
Tarsius spectrum	3	4	8		5	6	7	1	2	9
Callithrix	2(3)	5	8		7	6	4	1	3(2)	—
Leontocebus	2	3	8		6	7	5	1	4	—
Callicebus	2	3	8		6	7	5	1	4	9
Aotus	4	5	9		8	7	6	1	2	3
Alouatta	2	3	9		5	7	6	1	4	8
Brachyteles	2	3	9		7	6	5	1	4	8
Lagothrix	2	3	9		5	7	6	1	4	8
Ateles	2	3	8		5	7	6	1	4	9
Saimiri	3	4	9		6	7	5	1	2	8
Cebus	2	3	8		5	7	6	1	4	9
Cacajao, Pithecia	2	4	9		7	8	6	1	3	5
Pygathrix	3	4	8		—	7	6	1	2	5
Nasalis	2	3	7		—	5	6	1	4	3
Colobus	2	4(3)	7		—	5	6	1	3(4)	8
Macaca	2	3	7(6)		—	5	6(7)	1	4	8
Papio	2	3	7		—	5	6	1	4	8
Cercopithecus	2	3	7		—	6	5	1	4	8
Hylobates	2	3	7		—	6	5	1	4	8
Pongo	2	3	7		—	6(5)	5(6)	1	4	8
Gorilla, Pan troglodytes	2	3	7(8)		—	6(5)	5(6)	1	4	8(7)
Homo	2	3	6		—	4	5	1	7	8

M^2 und M^3 oder M^1, I^1, I^2, M^2, P^3, P^4, C und M^3 (REMANE 1960, KEIL 1966, SCHMID 1972). Die Tabelle I zeigt die Verhältnisse bei rezenten Primaten.

Auch bei den übrigen Säugetieren erscheinen die $M\frac{1}{1}$ als erstes Zahnpaar des Dauergebisses, gefolgt von Zähnen des Vordergebisses (I) und den Prämolaren. Bei Huftieren werden die Prämolaren entweder von vorn nach hinten oder von hinten nach vorn (z. B. Amynodontidae) gewechselt, gelegentlich bleiben die $D\frac{1}{1}$ zeitlebens erhalten. Bei den Raubtieren bricht meist der vorderste Prämolar als erster Zahn des permanenten Backengebisses durch.

Einen Sonderfall bilden die Elefanten unter den Rüsseltieren. Hier rücken die einzelnen Molaren so stark verzögert ein, daß bis in jüngste Zeit von einem „horizontalen Zahnwechsel" gesprochen wird (HALTENORTH 1969). Wie bereits SCHAUB (1948) und in jüngster Zeit wieder HOOIJER (1980) betonen, liegt hier kein Zahnwechsel vor, sondern nur ein Zahnersatz. Dieser entsteht durch das nacheinander erfolgende Einrücken von Zähnen (Milchmolaren und Molaren). Die Prämolaren sind bei den meisten Elefanten völlig reduziert, so daß die Molaren unmittelbar auf die Milchmolaren folgen. Nur bei den erdgeschichtlich ältesten Elefanten (wie *Elephas* [*Archidiskodon*] *planifrons*)

sind rudimentäre Prämolaren nachgewiesen (SCHAUB 1948).

Die Molaren der Elefanten sind außerordentlich komplex gebaute Gebilde, die aus zahlreichen Lamellen bestehen und daher schon wegen ihrer Größe nicht gleichzeitig im Kiefer Platz hätten. Die Molaren entstehen in größeren Zeitabständen und rücken erst nach Abnützung des jeweiligen vorderen Zahnes in die Kieferstellung ein. Dabei kommt es zu Resorptions- und Appositionserscheinungen im Alveolarbereich. Die abgenutzten Zahnstummel werden abgestoßen. Das verzögerte Einrücken der Molaren garantiert den Elefanten in der Regel ein zeitlebens funktionsfähiges Gebiß.

Auch bei den Manatis (Sirenia) entspricht der sogenannte „horizontale Zahnwechsel" nur einem Zahnersatz, allerdings durch zusätzlich von der Zahnleiste produzierte Molaren.

2.3 Die einzelnen Zahnkategorien des Dauergebisses (permanente Dentition)

Bei den Säugetieren lassen sich im Dauergebiß nach ihrer Stellung im Kiefer, nach der Differenzierung und ihrer Herkunft meist vier Zahnkategorien unterscheiden. Nur in wenigen Fällen kann mangels der genannten Möglichkeiten nur von Incisiven, Caninen und Postcaninen gesprochen werden, wie es primär bei evoluierten Therapsiden (Cynodontia) unter den Reptilien, sekundär etwa bei den Walen der Fall ist.

2.3.1 Die Schneidezähne (Incisiven)

Die Schneidezähne sind im Oberkiefer ausschließlich auf die Prämaxillaria beschränkt. Die Zahl der Incisiven schwankt bei den einzelnen Säugetiergruppen in bestimmten Grenzen. Ihre Zahl scheint nur bei den ältesten Säugetieren (Morganucodontiden) individuell zu variieren (MILLS 1971). Die Höchstzahl von 5/4 ist nicht nur bei primitiven Beuteltieren (wie *Didelphis*) und bei mesozoischen Eutheria (wie *Asioryctes* aus der O-Kreide; KIELAN-JAWOROWSKA 1981) anzutreffen, sondern dürfte ganz allgemein die Grundzahl der Placentalia bilden. Erst bei den „modernen" Placentalia beträgt die Grundzahl 3/3. Da deren sichere Homologisierung mit den ursprünglich vorhandenen Insisiven unmöglich ist, wird für känozoische Placentalia die Grundzahl $\frac{3}{3}$ angenommen und auch bei der homologisierenden Zählung angewendet.

Die Schneidezähne sind fast stets einwurzelig, und ihre Krone ist ursprünglich einfach gebaut (Abb. 4). Ihren Namen verdanken sie der bei *Homo sapiens* ausgebildeten horizontalen meißelförmigen Schneidekante, die jedoch als abgewandelt zu betrachten ist. Die ursprüngliche einspitzige (= haplodonte) Kronenform der Incisiven ist

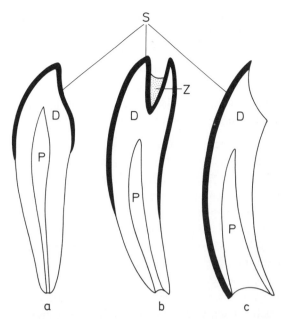

Abb. 4. Aufbau und Ausbildung von Schneidezähnen (Längsschnitt). a – „normaler" brachyodonter Schneidezahn (z. B. *Homo*) mit Differenzierung in Krone und Wurzel, b – hypsodonter Schneidezahn mit Kunde im Kronenbereich (z. B. *Equus*), c – wurzelloser Zahn mit einseitigem Schmelzbelag und stets offener Pulpa (z. B. Nagezahn). D – Dentin, P – Pulpa, S – Schmelz, Z – (Kronen-) Zement.

bei den Säugetieren sehr mannigfach verändert worden, indem neben einspitzig stiftförmigen Schneidezähnen mit oder ohne Basalband (Cingulum), hakenförmige, mehrspitzige, meißelartige, messerähnliche (wie bei *Desmodus*), pinzettenartig bis kammähnliche (z. B. *Cynocephalus*), stark vergrößerte bewurzelte oder wurzellose Stoßzähne (z. B. Proboscidea) und schließlich auch echte Nagezähne (z. B. Rodentia, Lagomorpha, *Daubentonia, Lasiorhinus*) ausgebildet sind (Abb. 5).

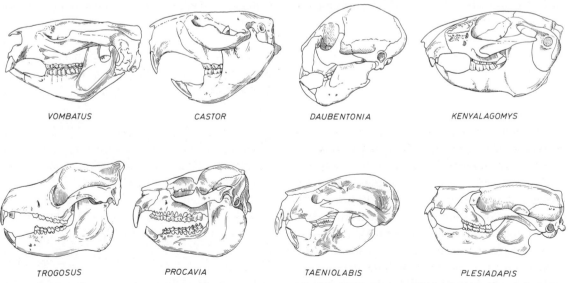

VOMBATUS CASTOR DAUBENTONIA KENYALAGOMYS

TROGOSUS PROCAVIA TAENIOLABIS PLESIADAPIS

Abb. 5. Nagezähne bei Marsupialia („*Vombatus*", rezent), Rodentia (*Castor*, rezent) Tillodontia (*Trogosus*, Eozän), Lagomorpha (*Kenyalagomys*, Miozän) und Primates (*Daubentonia*, rezent) sowie nagezahnähnliche Schneidezähne bei Hyracoidea (*Procavia*, rezent), Multituberculata (*Taeniolabis*, Paleozän) und Primates (*Plesiadapis*, Paleozän), nach THENIUS (1969).

Verschiedentlich sind caniniforme Incisiven (wie bei *Tapirus*) bekannt. Besonders kennzeichnend sind die Schneidezähne bei Einhufern (z. B. *Equus*) durch die Schmelzeinstülpung, die die sogenannte Kunde bildet, deren Größe und Tiefe mit der Abkauung wechselt und daher wichtig für die individuelle Altersbestimmung ist (s. u.) (Abb. 4 b).

Bei zahlreichen Säugetieren sind die Incisiven stark oder völlig reduziert, wobei die noch vorhandenen Schneidezähne entsprechend ihrer Funktion eine besondere Form besitzen können (z. B. Chiroptera, Insectivora). Bei den Wiederkäuern sind sie nur im Oberkiefer gänzlich rückgebildet, bei manchen Rhinocerotiden hingegen auch im Unterkiefer (wie bei *Diceros, Ceratotherium, Elasmotherium*). Hier übernehmen die Lippen ihre Funktion bei der Nahrungsaufnahme. Auch bei den Faultieren (z. B. *Choloepus*) sind die Incisiven völlig reduziert.

2.3.2 Die Eckzähne (Caninen)

Die Eckzähne sind bei vielen Säugetieren gut ausgebildet und überragen primär die Nachbarzähne. In der veterinärmedizinischen Literatur werden die Eckzähne auch als Haken- und Fangzähne bezeichnet. Die C sup. wurzeln nicht im Prämaxillare, sondern im Maxillare. Sie sind in der Regel einwurzelig mit primär einspitziger Krone. Diese kann jedoch außerordentlich mannigfach umgestaltet sein und demgemäß verschiedene Funktionen erfüllen. Die Eckzähne können auch als Waffen oder Imponierorgane ausgebildet sein und lassen in solchen Fällen einen deutlichen Sexualdimorphismus erkennen (z. B. Suiden). Es kann auch zur Wurzellosigkeit der Caninen kommen, wie etwa bei Suiden, bei Zwerghirschen und bei den Taeniodonten (wie *Stylinodon*), wobei der Schmelz oft nur bandförmig entwickelt ist (z. B. *Sus*).

Verschiedentlich sind die Eckzähne etwas oder völlig reduziert. Letzteres ist nicht nur für alle Nagetiere und Lagomorphen charakteristisch, bei denen ein weites Diastema Vorder- und Backenzähne trennt, sondern – zumindest im Oberkiefer – auch für viele Pecora. Bei den hirschartigen Paarhufern kommt es während der Evolution bei den geweihlosen Formen (z. B. Tragulidae, *Moschus*) zunächst zur säbelartigen Vergrößerung der C sup., die dann parallel zur Entstehung und Ausbildung von Geweihen (als Waffen und Imponierorgane) reduziert werden. So besitzen die Muntjakhirsche (*Muntiacus, Elaphodus*), die über das Gablerstadium nicht hinauskommen, gut entwickelte C sup., während sie beim männlichen Rothirsch (*Cervus elaphus*) nur noch als Rudimente (sogenannte „Grandl'n") erhalten geblieben sind. Noch heute erinnert das Verhalten des Rothirsches beim Drohen (Hochziehen der Lippen und Entblößen der rudimentären C sup.) an die vergrößerten C sup. seiner Vorfahren. Der C inf. wird bei den Pecora incisiviform und bildet mit den Unterkieferincisiven eine funktionelle Einheit. Auch bei Primaten mit einem Kammgebiß (z. B. *Lemur*) ist eine ähnliche Entwicklung zu beobachten, indem der C inf. incisiviform gestaltet ist. Dabei übernimmt der vergrößerte P_2 die Funktion des Eckzahnes. Die Eckzähne sind bei Nichtwiederkäuern nur selten reduziert (wie bei *Microstonyx major*), was vermutlich mit dem Sozialverhalten in Zusammenhang steht.

Eine sekundäre Verkleinerung der Caninen ist auch bei den Hominoidea zu beobachten, indem das ursprüngliche Kastengebiß der Pongiden mit mächtigen Caninen zum Rundbogengebiß der Hominiden ohne prominenten C umgeformt ist. Bei *Homo sapiens* ist es durch die Angleichung der Caninen an die Nachbarzähne zu einem weitgehenden Verlust der ursprünglich „anthropoiden" Eigenform gekommen (REMANE 1927). Innerhalb der Primaten unterscheidet REMANE (1960) folgende weitere Eckzahntypen: *Lemur-, Avahi-, Tarsius-, Callicebus-, Cebus-, Mycetes- = Alouatta-*, Cercopitheciden- und den Simiiden- = Pongiden-Typ.

Bei den Raubtieren sind die Eckzähne stets gut entwickelt, auch bei Arten mit reduziertem Backengebiß (z. B. *Proteles*). Beispiele exzessiver Vergrößerung der Caninen sind das Walroß (*Odobenus rosmarus*) mit gestreckten Stoßzähnen für die Nahrungssuche und die Säbelzahnkatzen (z. B. *Smilodon, Homotherium, Eusmilus*) mit seitlich komprimierten und mehr oder weniger stark verlängerten Oberkiefer-Eckzähnen. Von rezenten Feliden ist diese Ausbildung nicht bekannt. Beim Nebelparder (*Neofelis nebulosa*) – einem baumbewohnenden Beutefänger – kommt es lediglich zu einer Verlängerung der Ober- und Unterkiefercaninen ohne seitliche Komprimierung. Sie besitzen eine echte Greiffunktion.

Bei den Urhuftieren (Condylarthra) und den Unpaarhufern (Perissodactyla) sind die Caninen meist kräftig ausgebildet. Nur vereinzelt sind sie teilweise oder völlig reduziert (z. B. Rhinocerotidae), unter Bildung eines Diastemas. Letzteres trifft auch für die Seekühe (Sirenia) zu. Bei den Baumfaultieren (wie *Choloepus*) besitzt der C sup. durch den dreieckigen Zahnumriß eine Sonderform, die durch die Abschleifung des als Antagonisten wirkenden vordersten P noch verstärkt wird. Unter den Insektenfressern (Insectivora), bei denen der C (sup.) ursprünglich zweiwurzelig ausgebildet ist, kann es bei den Soriciden zur Rückbildung kommen, die auch Incisiven und vordere Prämolaren betrifft, so daß – wie bereits oben erwähnt – die Homologisierung der verbleibenden Zähne zwischen dem vordersten und vergrößerten Schneidezahn und den Molaren zum Teil problematisch ist (= Zwischenzähne).

2.3.3 Die „Lückenzähne" (Prämolaren)

Die Prämolaren der Säugetiere sind morphologisch (und auch entwicklungsgeschichtlich) meist deutlich von den Molaren verschieden. Lediglich bei den ältesten Säugetieren gibt es Schwierigkeiten in der Zuordnung, so daß bei diesen richtiger von prämolariformen und molariformen Zähnen gesprochen werden sollte. Vielfach sind die Prämolaren heterodont gestaltet, indem die vorderen Prämolaren einfacher gebaut sind als die hinteren oder die P_4^4 und überdies auch durch Lücken (Diastemata) voneinander getrennt sein können (Name!). Eine solche Heterodontie kann taxonomisch wichtig sein (vergleiche Hominoidea). Bei den modernen placentalen Säugetieren beträgt die ursprüngliche Zahl 4/4, die während der Evolution vielfach stark oder sogar völlig reduziert worden ist. So fehlen Prämolaren nicht nur spezialisierten Nagetieren (z. B. Muridae, Arvicolidae), sondern auch den heutigen Elefanten. Eine andere Tendenz ist bei der sogenannten Molarisierung von Prämolaren zu beobachten, die vor allem von Perissodactylen (wie Equidae, Rhinocerotidae, Tapiridae) bekannt ist. Die Molarisierung bedeutet eine morphologische Angleichung dieser Zähne an die Molaren, die nicht nur das Kronenmuster, sondern auch die Zahnkronenhöhe betreffen kann. Sie verstärkt die Effizienz der Mastikation und tritt dementsprechend bei herbi- und omnivoren Formen auf. Bei der Gattung *Equus* ist die Molarisierung so weit fortgeschritten, daß die P_3^3 und P_4^4 von den Molaren (M_1^1 und M_2^2) kaum zu unterscheiden sind. Die Molarisierung von Prämolaren kann von den P_4^4 oder von den P_2^2 ausgehen. Beide Möglichkeiten sind bei Rhinocerotiden realisiert. In der Regel beginnt die Molarisierung bei den P_4^4 und greift während der Evolution auf die beiden vorderen Prämolarenpaare über. Molarisierung von Prämolaren ist bekannt auch von Paarhufern (Tayassuidae, denen die für Suiden typische Verlängerung der M_3^3 fehlt), von Nage- (z. B. Heteromyidae, Theridomyidae, Castoridae, Caviidae etc.) und Raubtieren (wie einzelne Viverriden und Procyoniden), von Primaten (z. B. *Hapalemur*, Galagidae), Embrithopoda (z. B. *Arsinoitherium*), Hyracoidea (z. B. Pliohyracidae, Proca-

viidae), Macroscelidea (wie Myohyracidae), Lagomorpha (wie Ochotonidae, Leporidae), Litopterna (Proterotheriidae, Macraucheniidae) und Notoungulata (Notioprogonia, Toxodonta, Typotheria, Hegetotheria und Pyrotheria) sowie von Rüsseltieren (wie *Palaeomastodon*). Bei verschiedenen Säugetieren sind einzelne Unterkiefer-Prämolaren kamm- oder sägezahnartig (serrat) differenziert. Die mehr oder weniger stark vergrößerten und seitlich komprimierten Zähne (P_4 oder/und P_3) bilden eine Art etwas konvex gekrümmter Längsschneide, die durch seitliche Rippen und Furchen sägeähnlich gezackt ist. Dieser Zahntyp ist nach der Gattung *Plagiaulax* (Multituberculata) von SIMPSON (1933) als plagiaulacoid bezeichnet worden und ist auch von Beuteltieren (wie *Bettongia*, *Hypsiprymnodon*) und Primaten (wie *Carpolestes*) bekannt. Allerdings ergeben sich Probleme der Homologisierung der Zähne bei neu- und altweltlichen Beuteltieren.

Als weitere Besonderheit ist die Brechschere der Raubtiere (Carnivora) zu nennen, an deren Bildung der P^4 beteiligt ist. Die Zahnkrone des P^4 zeigt die Tendenz zu rein schneidender Ausbildung, indem der vordere Innenhöcker mehr und mehr reduziert wird. Bei *Smilodon* und anderen Säbelzahnkatzen ist der Innenhöcker des P^4 praktisch völlig reduziert, so daß der Zahn letztlich nur mehr eine Schneide aus Parastyl, Paracon und Metastyl bildet. Diese Spezialisierung ist mit einer Rückbildung der vorderen Prämolaren gekoppelt, die nicht nur zur Reduktion von P_1^1 und P_2^2, sondern auch des P_3 führen kann. Eine ähnliche Differenzierung ist bei dem australischen Beutler *Thylacoleo carnifex* durch die aus den P_3^3 bzw P_4^4 gebildete Brechschere zu beobachten.

Gelegentlich ist der vorderste Unterkieferprämolar caniniform entwickelt (z. B. bei *Lemur*, *Protoceras*) oder sektorial (*Hypertragulus*) gebaut und bildet mit dem C sup. eine funktionelle Einheit. Letzteres ist vor allem für Cercopitheciden (wie *Papio*, *Macaca*) charakteristisch; allerdings ist es hier nicht der P_1, sondern der P_3.

2.3.4 Die Backenzähne (Molaren)

Die Molaren bilden die mannigfaltigste Zahnkategorie und damit auch die taxonomisch wichtigsten Zähne. Die Molaren sind meist mehrwurzelig, und ihre Krone ist entsprechend der unterschiedlichen Funktion vielfältig differenziert und oft auch heterodont entwickelt. In diesem Kapitel sollen nur die verschiedenen Molarentypen besprochen werden. Die Terminologie der Höcker wird im folgenden Abschnitt behandelt.

Die Zahl der Molaren hat sich in der Geschichte der Säugetiere laufend vermindert (Ausnahme: Trichechidae und viele Zahnwale mit sekundärer Vermehrung bei gleichzeitiger Homodontie). Bei den mesozoischen Säugetieren (z. B. Triconodonta [einschl. Morganucodontidae], Docodonta, Symmetrodonta und Pantotheria) sind bis zu acht Molaren in jeder Unterkieferhälfte nachgewiesen (wie bei *Triconodon* 3–4, *Morganucodon* 4–5, *Docodon* 8, *Spalacotherium* 7, *Amphitherium* 8). Bei den placentalen Säugetieren sind ursprünglich drei pro Kieferhälfte ausgebildet.

Die Molaren zeigen – ähnlich wie auch andere Zahnkategorien – sehr unterschiedliche Evolutionstendenzen, die nicht nur zu den verschiedenen Molarenmustern geführt haben, sondern einerseits zur Vergrößerung (z. B. Lamellenzahn bei Elefanten und beim Wasserschwein), andrerseits

jedoch zur weitgehenden oder völligen Rückbildung, ohne daß das übrige Gebiß davon betroffen wurde (wie bei Feliden und Hyaeniden). Diese Rückbildung steht etwa bei den Raubtieren meist mit der Vergrößerung des P^4 (Brechscherenzahn) in Korrelation. Die Reduktion kann aber auch nur die $M\frac{3}{3}$ oder die $M\frac{2}{2}$ betreffen und damit taxonomisch wichtig sein (z. B. Amphicyoniden mit $M\frac{3}{3}$, Caniden mit $M\frac{2}{3}$, Musteliden meist mit $M\frac{1}{2}$). Gelegentlich kommt es zu einer sekundären Vereinfachung der Molaren (z. B. Gürteltiere, Zahnwale, Robben), die in Zusammenhang mit der Ernährung verständlich wird. Dennoch bilden die Molaren die wichtigste Zahnkategorie.

Als wichtigste Grundmuster der Zahnkrone lassen sich der buno-, dilambdo- und zalambdodonte, seco-, lopho- und selenodonte Typ unterscheiden. Dazu kommen deren Kombinationen (wie

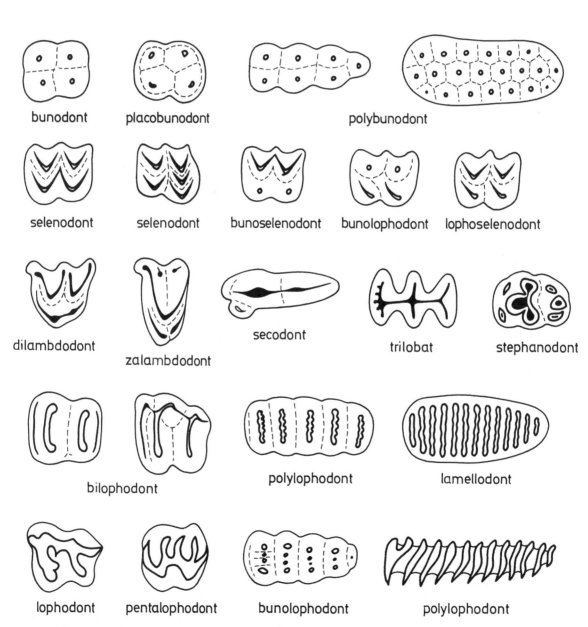

Abb. 6. Übersicht über die verschiedenen Molarenmuster bei Säugetieren (Schemata). Orientierung: mesial = links, buccal = oben.

bunoselenodont, lophoselenodont, bunolophodont) und die jeweiligen Abwandlungen (z. B. bi- oder polylophodont, oligo- oder polybunodont und die verschiedenen Arten der Selenodontie) sowie die Stephanodontie (Abb. 6). Die Molarenmuster finden sich meist unabhängig voneinander innerhalb verschiedener taxonomischer Einheiten, lassen sich jedoch alle auf einen Grundtyp, nämlich den trituberticularen oder trituberculosectorialen Molaren (= trigonal DOEDERLEIN, 1921, = tribosphenisch SIMPSON, 1936, zurückführen; Abb. 14). Im einzelnen bestehen allerdings Meinungsunterschiede über die Höckerhomologisierung und damit letztlich über die angenommene evolutive Ableitung, auf die im nächsten Kapitel in Zusammenhang mit der Höckerterminologie eingegangen sei.

Die Unterscheidung der obengenannten Molarentypen ist eine rein morphologische, ohne etwas über die Entstehung des Molarenmusters auszusagen. Der (para-)bunodonte Typ findet sich bei omnivoren Formen (wie Multituberculata, Suidae, Tayassuidae und anderen primitiven Artiodactyla, Ursidae, Condylarthra, primitiven Proboscidea, Hyracoidea und Sirenia, Desmostylia). Die Krone besteht ursprünglich aus einigen wenigen niedrigen Höckern (Oligobunodontie). Bei den Suiden und Tayassuiden handelt es sich nach STEHLIN (1899/1900) allerdings nicht um das primäre bunodonte Muster innerhalb der Paarhufer, sondern um eine Neobunodontie, die sich aus einem primitiven selenodonten Muster entwickelt hat. Eine weitere Sonderausbildung stellt die Placobunodontie der Hominoidea dar (WELSCH 1967), die durch flache Höcker und ihre meist charakteristische Abkauung gekennzeichnet ist. Verschiedentlich kommt es durch sekundäre Vermehrung der Höcker zur Polybunodontie (wie *Gomphotherium*), die in manchen Fällen mit einer Hypsodontie der Zahnhöcker (wie *Desmostylus*, M $\frac{3}{3}$ bei *Hylochoerus*) oder sogar einer Wurzellosigkeit verbunden sein kann (z. B. Säulenzähne bei *Phacochoerus*). Beim dilambdodonten Typ bilden die Außenhöcker ein W-förmiges Muster, wie es bei Insectivoren, Tupaiiden und primitiven Primaten (z. B. Paromomyidae) ausgeprägt ist. Ein einfaches, v-förmiges Zahnmuster wird als zalambdodont bezeichnet. Es ist charakteristisch für die Tenreciden, Chrysochloriden und Solenodontiden unter den Insektenfressern. Dieses Zahnmuster hat hinsichtlich der Entstehung zu lebhaften Kontroversen geführt (vgl. Kapitel „Insectivora").

Beim selenodonten Typ kommt es durch Kantenbildung an den Außen- und Innenhöckern zu einem Molarentyp, der seinen Namen den mondsi-chelähnlichen Kaufiguren verdankt. Selenodontie ist nicht nur von selenodonten Artiodactylen, sondern auch von Nagetieren (wie Aplodontidae) und Beutlern (wie *Phascolarctos*) bekannt. Bei selenodonten Molaren erhöhen mehr oder weniger stark abgewinkelte Kanten der Zahnhöcker die Effizienz des Kauvorganges, bei dem vor allem seitliche Kieferbewegungen vorherrschen. Als Kombinationstypen sind das bunoselenodonte und lophoselenodonte Molarenmuster zu erwähnen. Bunoselenodontie ist typisch für die Brontotheriiden und die Chalicotheriiden unter den Unpaarhufern. Selenodonte Außen„höcker" und bunodonte Innenhöcker kennzeichnen diesen Typ. Bei der Lophoselenodontie, wie sie etwa bei den Equiden ausgebildet ist, sind selenodonte Außen„höcker" mit einem Vorder- und Hinterjoch kombiniert (wie bei *Anchitherium*).

Durch die Verbindung von Höckern zu Quer-(toechodont ANTHONY) oder Längsjochen (belodont ANTHONY) entsteht der lophodonte Molarentyp, der recht unterschiedliche Ausbildungsformen zeigt, die vom bilophodonten bis zum polylophodonten Typ mit seinen Abwandlungen reichen. Beim bilophodonten Molarentyp sind zwei Querjoche (Proto- und Metaloph) vorhanden (z. B. Tapiridae, *Dinotherium*, *Listriodon splendens*, *Diprotodon*, Cercopithecoidea, *Hadropithecus*). Wie bereits diese keineswegs vollständige Aufzählung zeigt, ist die Bilophodontie unabhängig voneinander innerhalb verschiedener Säugetierordnungen ausgebildet worden. Aber auch innerhalb einer bestimmten taxonomischen Einheit (z. B. Primates) kann die Bilophodontie auf unterschiedlichen Wegen entstanden sein. Dementsprechend sind die Joche dann nicht unbedingt homolog.

In typischer Form ist die Bilophodontie bei *Dinotherium* (Proboscidea), *Diprotodon* (Marsupialia) und *Listriodon splendens* (Artiodactyla) vorhanden. Die Kieferbewegungen erfolgen senkrecht und führen zur charakteristischen Abschleifung der Jochkanten. Eine funktionelle Bilophodontie kann auch bei bunodonten Backenzähnen ausgebildet sein (z. B. *Hylochoerus*). Bei den Tapiroidea sind die Querjoche der Maxillarmolaren buccal mit Höckern kombiniert, so daß ein bunolophodonter Zustand vorliegt. Bunolophodontie ist auch bei Proboscidiern (z. B. *Bunolophodon*) ausgeprägt, allerdings in etwas anderer Form als bei *Tapirus*. Meist sind es aus mehreren Höckern bestehende Querjoche, deren Zahl vermehrt (Polylophodontie) werden kann und die durch Hypsodontie schließlich zum Lamellenzahn der Elefanten führen. Der Lamellenzahn der Elefanten ist das wohl eindrucksvollste Beispiel für die Differenzierung der Molaren und macht die verschiedenen Erklärungsversuche zur Entstehung derartiger Zähne verständlich (z. B. Produkte von Zahnverschmelzungen im Sinne der Dimer- oder der Konkreszenz-Theorie). Wie jedoch die Fossildokumentation zeigt, sind sie nicht durch Verschmelzung, sondern durch Vermehrung der Joche während der Evolution entstanden. Die Zahl der Lamellen kann bei den evoluiertesten Formen (wie *Mammuthus primigenius*) maximal 27 Lamellen am $M_{\overline{3}}$ erreichen.

Bei den gleichfalls polylophodonten Molaren myomorpher Nager bilden sich Rhomben mit meist alternierend angeordneten Dentindreiekken, wodurch eine Verlängerung der Schneidekanten ohne Zahnverbreiterung erreicht wird (W. VON KOENIGSWALD 1980). Ein gleichfalls bei Nagetieren verbreiteter Typ ist die Fünfjochigkeit (Pentalophodontie), die mehrfach unabhängig entstanden ist (z. B. Theridomorpha, Castoroidea, Hystricomorpha). Der ptychodonte Typ von COPE (1873) (vgl. auch ANTHONY 1937) ist ein Faltenzahn, der im Prinzip dem lophodonten Typ entspricht.

Ein anderer lophodonter Molarentyp ist bei den Rhinocerotoidea durch die Ausbildung eines Außenjoches (Ectoloph) gegeben. Dieses Grundschema kann durch zusätzliche Elemente wie Crista, Crochet und Antecrochet modifiziert werden. Durch Hypsodontie können diese Elemente zur Abschnürung echter Zahngruben (z. B. Prä-, Medi- und Postfossette) führen (z. B. Coelodontie bei *Coelodonta*). Außerdem kann der Schmelz in sich gefaltet und dadurch die Widerstandsfähigkeit entsprechend erhöht sein (z. B. *Elasmotherium*).

2.4 Das Milchgebiß (lacteale Dentition)

Wenn hier vom Milchgebiß die Rede ist, so sind nur jene Zähne gemeint, die beim erwachsenen Tier (meist) durch die Zähne der 2. Zahngeneration (I, C und P) ersetzt worden sind. Die der gleichfalls ersten Zahngeneration angehörigen Molaren sind hier selbstverständlich nicht berücksichtigt.

Das Milchgebiß setzt sich – wie bereits oben erwähnt – aus den Id, Cd und Pd (= D) zusammen und ist meist nur bei jugendlichen Individuen ausgebildet. Selten sind Milchzähne auch bei erwachsenen Individuen in Funktion (z. B. *Tenrec*; $D\frac{1}{1}$ bei Huftieren). Manchmal ist das Milchgebiß teilweise oder völlig reduziert (z. B. *Orycteropus*, Dasy-

podidae, Soricidae, primitive Talpidae, Pinnipedia). Es wird vielfach nur embryonal angelegt und großenteils vor dem Durchbruch durch das Zahnfleisch wieder resorbiert. Auf die Situation bei den Beuteltieren, wo nur ein Zahnpaar ($D\frac{3}{3}$ oder $M\frac{1}{1}$; siehe Kapitel Marsupialia) gewechselt wird, sei hier nur kurz hingewiesen. Von den mesozoischen Säugetieren ist ein Zahnwechsel bei den Multituberculaten erstmalig durch SZALAY (1965), bei den Pantotheria durch BUTLER & KREBS (1973) nachgewiesen worden. Auch von Morganucodonta, Docodonta und Symmetrodonta ist ein Zahnwechsel belegt. Der Zahnwechsel bei den Pantotheria (Dryolestidae) des Ober-Jura entspricht dem primitiver Eutheria. Die Annahme, daß die Pantotheria die Ahnen der modernen Säugetiere seien, als richtig vorausgesetzt, würde bedeuten, daß der Zahnersatz der Beuteltiere (Marsupialia) abgewandelt ist.

Morphologisch und dimensionell von den Zähnen des Dauergebisses verschieden, erreichen die Milchzähne bei Formen mit vollständigem Gebiß ($\frac{3\,1\,4}{3\,1\,4}$) maximal die Zahl 32. Gelegentlich können mehr Milchzähne innerhalb einer Zahnkategorie auftreten als Dauerzähne (z. B. *Daubentonia madagascariensis*: Milchgebiß $\frac{2\,1\,2}{2\,1\,2}$, Ersatzgebiß $\frac{1\,0\,1\,3}{1\,0\,1\,3}$). Oft sind die Milchzähne einfacher gebaut als die Dauerzähne, so daß sie verschiedentlich als primitiver bezeichnet worden sind (LECHE 1902, 1907, 1910, 1915, KORENHOF 1982). Nach ABEL (1906) ist das Milchgebiß primitiver und indifferenter als das Dauergebiß. Außerdem sollen Milchzähne bei Rückbildung in höherem Maß betroffen sein als die Zähne des Ersatzgebisses. Nach LECHE bildet das Milchgebiß überhaupt die phylogenetisch ältere Phase in der Entwicklung der Zahnsysteme gegenüber dem Dauergebiß, eine Auffassung, die nicht als allgemein gültig bezeichnet werden kann und daher auch rasch auf Widerspruch stieß (z. B. STEHLIN 1909). Beispiele im Sinne von LECHE sind etwa das Milchgebiß vom Erdwolf (*Proteles cristatus*) und die Milch-Incisiven von Einhufern und Proboscidiern. Bei *Proteles* sind der $Pd\frac{3}{}$ und der $Pd_{\overline{4}}$ wie richtige Milch-Brechscherenzähne ausgebildet, während die Bakkenzähne des Ersatzgebisses durchwegs einspitzig sind. Die Milch-Schneidezähne von Einhufern (Gattung *Equus*) lassen den Zahnhals und damit die Differenzierung von Krone und Wurzel deutlich erkennen. Außerdem sind die als Schmelzeinstülpungen kennzeichnenden Kunden (Marken) nur flach gegenüber den tief eingesenkten Kunden der Ersatzschneidezähne. Die Milch-Stoßzähne der Proboscidea lassen noch die ursprüngliche Differenzierung in Zahnkrone und Wurzel erkennen, die den Stoßzähnen der adulten Rüsseltiere, bei denen der Schmelz weitgehend reduziert ist, abgeht (vgl. STEHLIN 1926). Weiters ist zweifellos zutreffend, daß etwa die Kronenhöhe bei im Dauergebiß hypsodonten Formen (wie *Equus*, Elefanten) geringer, d. h. brachyodont oder nur schwach hypsodont ist. Auch das Kronenmuster der $D\frac{4}{4}$ ist vielfach etwas einfacher gebaut als die $M\frac{1}{1}$. Andrerseits können Milchzähne nicht nur „molarisiert", sondern sogar komplizierter gebaut sein als die $M\frac{1}{1}$ als Nachfolger in der gleichen Zahngeneration (z. B. $D_{\overline{4}}$ bei Artiodactyla dreiteilig, ähnlich dem $M_{\overline{3}}$). Wie REMANE (1960) mit Recht bemerkt, ist dies nicht als Molarisierungsprozeß zu bezeichnen, sondern hängt mit der Zugehörigkeit der Molaren zur Milchzahngeneration oder der Funktion der Milchzähne zusammen. So sind etwa beim robusten Australopithecus-Typ („*Paranthropus*" *robustus* oder „*Zinjanthropus*" *boisei*) die $D\frac{4}{4}$ komplizierter als bei *Homo*, also hyperhominid gebaut, was zweifellos mit der Ernährung zusammenhängt. Gleiches gilt für das Milchgebiß der Carnivoren. Als Beispiel sei nur *Panthera leo* erwähnt. Während die Milchzähne des Vordergebisses kleiner und meist einfacher gebaut sind als jene des Dauergebisses, entsprechen $Pd\frac{3}{}$ und $Pd_{\overline{4}}$ einer Brechschere im Kleinformat, d. h. sie bilden eine funktionelle Einheit. Beide Milchzähne sind

demnach komplizierter gebaut als die entsprechenden Ersatzzähne ($P\frac{3}{}$ und $P_{\overline{4}}$). Außerdem „ahmt" der $Pd\frac{4}{}$ morphologisch den $M\frac{1}{}$ nach, ist jedoch nicht so stark reduziert wie dieser (Abb. 7).

Bei den Perissodactyla hat STEHLIN (1905) zwei Typen von Milchzähnen unterschieden: den tapiroiden und den rhinocerotiden Typ, von denen der erste durch die Molarisierung des $Pd_{\overline{3}}$ evoluierter ist als der zweite. Nach BUTLER (1952) dagegen sind bei den Perissodactyla nach der Art der Molarisierung von Milchbackenzähnen drei Haupttypen zu unterscheiden: 1. Condylarthren-Typ bei *Plagiolophus*, 2. Equiden- und Brontotheriiden-Typ und 3. Tapiroidea- und Rhinocerotoidea-Typ.

Als Besonderheiten sind einerseits die im sonst homodonten Milchgebiß hakenförmig gekrümmten, meist bi- oder trifurcaten Milchschneidezähne bei Fledermäusen (wie Vespertilionidae) zu bezeichnen (Gebißformel meist $\frac{2\,1\,2}{3\,1\,2}$), die zum Festhalten der Jungtiere im Fell der Mutter und damit als Klammergebiß dienen (LECHE 1877, MILLER 1907, SPILLMANN 1927, DORST 1949), andrerseits die tief gelappten Milchschneidezähne bei den Macroscelidea (wie *Rhynchocyon, Petrodromus*). Kennzeichnend sind an den Milchbackenzähnen nicht nur

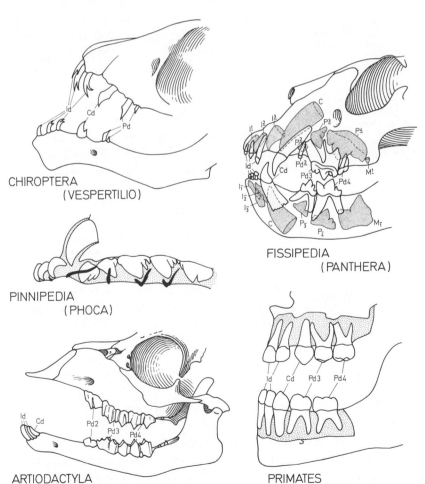

CHIROPTERA
(VESPERTILIO)

PINNIPEDIA
(PHOCA)

FISSIPEDIA
(PANTHERA)

ARTIODACTYLA
(CAPREOLUS)

PRIMATES
(HOMO)

Abb. 7. Die unterschiedliche Ausbildung des Milchgebisses bei rezenten Säugetieren. Spezialanpassung bei Chiropteren (zum Festhaken der Jungtiere im Fell des Muttertieres), weitgehende Reduktion bei Pinnipediern (z. B. *Phoca*), Imitation des Dauergebisses (z. B. Brechscherengebiß bei Raubtieren: *Panthera*). Angleichung des $D\frac{4}{4}$ (= $Pd\frac{4}{4}$) an die Molaren (z. B. *Homo, Capreolus*).

die gespreizten Wurzeln bei mehrwurzeligen Milchzähnen, sondern vielfach auch Resorptionserscheinungen an den Zahnwurzeln durch die nachrückenden Ersatzzähne (TAUBER 1949). Die Resorption erfolgt durch Osteolyse und Osteoklasie. Sie können bei isoliert erhaltenen fossilen Zähnen wertvolle Indizien zu deren Identifikation darstellen.

Wie bereits im vorigen Kapitel angedeutet, folgen bei den Elefanten die Molaren direkt auf die Milchzähne, ohne daß hier bei den letzteren jedoch ein Zahnwechsel vorliegt.

Weiterführende Angaben zum Milchgebiß von Insectivoren, Rodentia, Carnivora, Primaten und Ungulaten finden sich vor allem bei BUTLER (1952), COBB (1933), ENGESSER (1976), FRIANT (1951), KOBY (1952), POHLE (1923) und STEHLIN (1905, 1934).

2.5 Zur Höckerterminologie der Molaren

Wie bereits aus der Abb. 8 hervorgeht, folge ich hier im Prinzip der von COPE (1874, 1883) und OSBORN (1888, 1904, 1907) entwickelten deskriptiven Höckerterminologie bei den tribosphenischen Molaren. Sie ist lediglich durch etliche zusätzliche Termini ergänzt, die vor allem die Kanten und Leisten der Höcker betreffen. Wie MAIER (1980) betont, ist die Höckerterminologie stark mit Homologie-Begriffen belastet worden, die sich im wesentlichen auf den ursprünglichen Haupthöcker bezogen. Wie PATTERSON (1956) glaubhaft machen konnte, entspricht der Haupthöcker der tribosphenischen Oberkiefermolaren nicht, wie COPE und OSBORN annehmen, dem Protocon (was auch im Namen zum Ausdruck kam), sondern dem Paracon, was bereits RÖSE (1892), TIMS (1896) und GIDLEY (1906) erkannten. Die auf dem Kriterium der serialen Homologie beruhende Prämolaren-Analogie-Theorie (WORTMAN 1902, GIDLEY 1906) macht eine eigene Terminologie der Höcker der Prämolaren, wie sie SCOTT (1892) annimmt, nicht notwendig. Sie belegt jedoch zugleich auch, daß der Haupthöcker der M sup. dem Paracon und nicht dem Protocon entspricht. Die in jüngerer Zeit von VANDEBROEK (1961, 1969) eingeführte – aber nicht allgemein akzeptierte – Terminologie (mit Eoconus, Distoconus, Epiconus, Endoconus) beruht auf der nach dem Kantenverlauf (z. B. Eocrista, Epi-, Anti-, Endo-, Ecto- und Plagiocrista) angenommenen Homologie der Zahnhök-

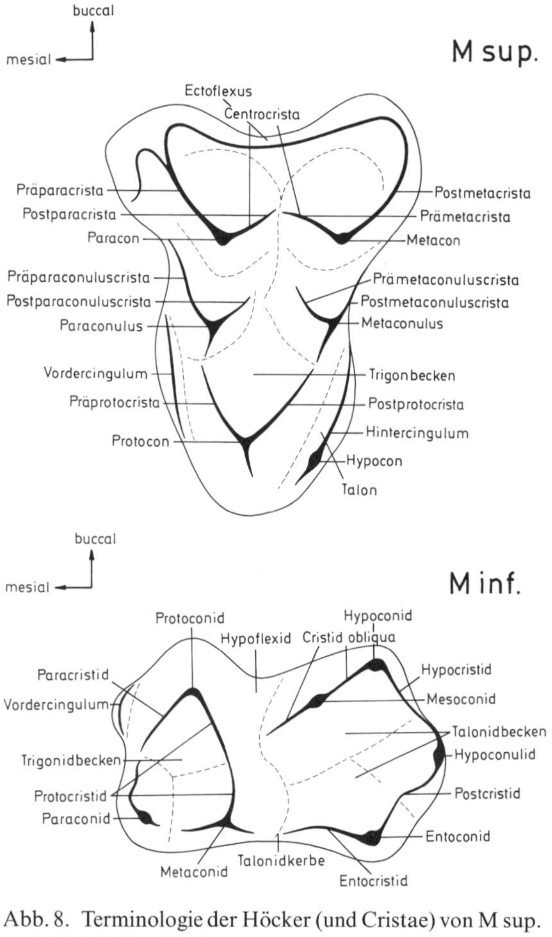

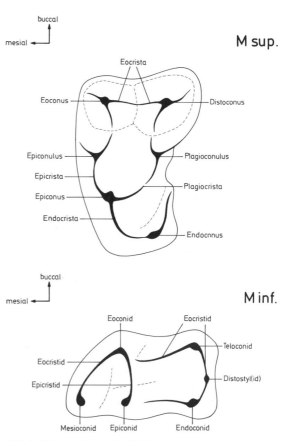

Abb. 8. Terminologie der Höcker (und Cristae) von M sup. und M inf. der Theria (*Gypsonictops*, O-Kreide; Insectivora) nach COPE und OSBORN (ergänzt).

Abb. 9. Terminologie der Höcker und Cristae von M sup. und M inf. bei den Theria nach VANDEBROEK (1961, 1969).

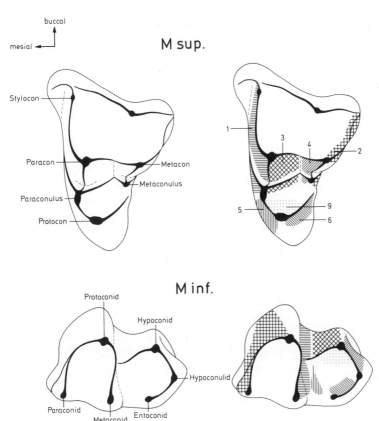

Abb. 10. M sup. und M inf. von *Didelphodus* (Palaeoryctidae, Eozän) als primitiver Vertreter der Eutheria mit Höckerterminologie und Homologisierung der Kaufacetten (1-6, 9) an M sup. und M inf. nach CROMPTON (1971).

ker bei zentrischer Okklusion (Abb. 9). Gleiches gilt für die Terminologie von HERSHKOVITZ (1971). Diesen Terminologien ist hier aus rein praktischen Erwägungen nicht gefolgt, sondern die traditionelle Terminologie vorgezogen worden. Beim quadrituberculären M sup. sind vier Haupthöcker (Para- und Metacon als Außenhökker, Proto- und Hypocon als Innenhöcker) ausgebildet, zu denen zwei Zwischenhöcker (Para- [= „Proto"-]conulus und Metaconulus) kommen können (Abb. 8).

Es erscheint verständlich, daß eine genetische Terminologie, d. h. eine Terminologie, welche die Homologien berücksichtigt, gegenüber einer rein deskriptiven vor allem Aussagen über stammesgeschichtliche Zusammenhänge ermöglicht. Diese ergeben sich nicht nur bei der Interpretation des zalambdodonten Zahntyps. Der gesamte Themenkreis, der ursprünglich von der klassischen (typologischen) Morphologie geprägt wurde, ist heute jedoch längst durch die Konstruktionsmorphologie ergänzt worden, die sich des Vergleiches der (Kau-)Facettenmuster bedient und ist als Form-Funktionskomplex im Sinne von BOCK & WAHLERT (1965) zu interpretieren (siehe Facetten-Nomenklatur; vgl. Abb. 10, 11).

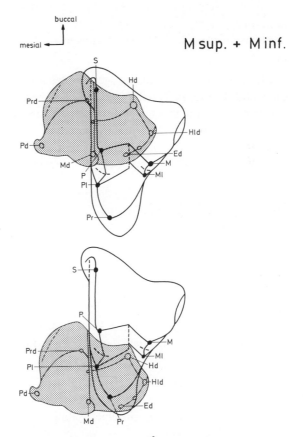

Abb. 11. *Didelphodus* sp. $M\frac{2}{2}$ in verschiedenen Stellungen, um die Interaktionen der Zahnhöcker aufzuzeigen. Oben am Beginn des Kontaktes und (unten) am Ende des Bisses. Abkürzungen: Ed – Entoconid, Hd – Hypoconid, Hld – Hypoconulid, M – Metacon, Md – Metaconid, Ml – Metaconulus, P – Paracon, Pd – Paraconid, Pl – Paraconulus, Pr – Protocon, Prd – Protoconid, S – Stylocon. Nach CROMPTON (1971).

2.6 Das Gebiß als funktionelle Einheit und die Abkauung (Usur)

Nachdem die einzelnen Zahnkategorien und die Höckerterminologie der Backenzähne besprochen wurde, erscheint es notwendig, das Gebiß als ganzes zu betrachten, als funktionelle Einheit. Ober- und Unterkiefer-Zahnreihen wirken funktionell zusammen, eine Erkenntnis, die erst in jüngster Zeit dank kinematographischer Studien entsprechend ausgewertet werden konnte (CROMPTON & HIIEMAE 1970, HIIEMAE 1967). Erst die Kenntnis der Mastikations(= Kau-)vorgänge war die Voraussetzung zum Verständnis der Konstruktionsmorphologie des Zahnreliefs. Eine Kausequenz besteht aus einer Serie verschiedenartiger Kauzyklen („chewing cycles"). Am Beginn steht die hauptsächlich durch das Vordergebiß erfolgte Ingestion mit der Manipulation der Nahrung (Aufnahme und Abtrennung des Bissens). Nur bei verschiedenen primitiven Formen (wie *Ptilodus*, Multituberculata) werden auch Prämolaen und Molaren einbezogen. Nun kann die Mastikation einsetzen, die nach OSBORN & LUMSDEN (1978) mit dem „puncture-crushing cycle" einsetzt, dem der eigentliche „chewing cycle" folgt. Zunächst aber noch einige Bemerkungen zur Okklusion.

Die Komplexität des Okklusionsgeschehens sowie die multifaktoriellen Beziehungen zwischen gegebenen Formen und möglichen Funktionen haben zu unterschiedlichen Interpretationen und Bezeichnungen geführt, so daß eine Definition der im folgenden gebräuchlichen Begriffe notwendig erscheint.

Okklusion = Kieferschluß, der zum Kontakt der Ober- und Unterkieferzähne führt,

zentrische Okklusion = Kieferschluß mit Zahnkontakt bei maximaler Intercuspidation der Zahnhöcker (wichtig für Homologisierung),

ectentale Okklusion = Kieferschluß bei Formen mit transversalen (unilateralen) Kieferbewegungen (z. B. primitive Säugetiere, einschließlich Primaten),

traumatische Okklusion = Kieferschluß, wie er, bedingt durch pathologische Veränderungen infolge einseitiger Belastung einzelner Zähne (etwa nach Kieferbruch) eintritt.

Verschiedentlich wird die Artikulation (im Sinne von Verzahnung der oberen und unteren Zahnreihe) der Okklusion gegenübergestellt und damit die Antagonistenkontakte der Zahnreihen während der Ausführungen von Kaubewegungen verstanden.

Bei den Schneidezähnen unterscheidet man bei der Artikulation je nach der gegenseitigen Stellung die Ortho- oder Labidodontie (Zangen-, Gerad- oder Kopfbiß), die Psalidodontie (Scherenbiß) und die Klinodontie (Proclivie) (HERSHKOVITZ 1962).

Kieferbewegungen erfolgen im Zusammenhang mit den Mastikationsvorgängen und sind nach Ausbildung des Kiefergelenkes (= Squamoso-Dentalgelenk) der Kaumuskulatur und des Gebisses verschieden. Die Kaumuskulatur ist bei den verschiedenen Kieferbewegungstypen unterschiedlich gestaltet oder proportioniert. Die wichtigsten Kiefermuskeln sind der Musculus masseter, M. temporalis, M. digastricus (mit venter anterior und venter posterior), und die Mm. pterygoidei (M. pt. internus = medialis und M. pt. externus = lateralis). Kiefergelenk und -muskulatur ermöglichen verschiedene Bißarten im Backenzahnbereich, wie den Hackbiß („puncture crushing"), den Quetschbiß („crushing"), den Reibebiß („chewing"), den Mahlbiß („grinding"), den Schneidebiß („cutting"), den Scherbiß („shearing") und den Rupfbiß („cropping"), wobei eine Kau-Sequenz verschiedene Bißformen umfaßt.

Bei den Säugetieren lassen sich grundsätzlich drei Typen unterscheiden: Der Carnivoren-Typ, bei dem der Temporalis an Masse dominiert, der Nagetier-Typ, bei dem der Masseter den Hauptteil bildet und der Huftier-Typ, bei dem Masseter und Pterygoidmuskel überwiegen (BECHT 1953, SCHUMACHER 1961) (Abb. 12). Dementsprechend sind

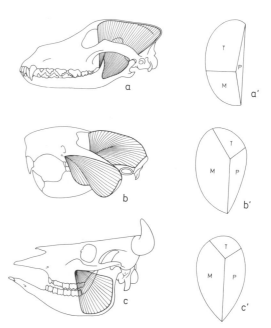

Abb. 12. Die wichtigsten Kaumuskeltypen bei Säugetieren. a, a′ – Carnivoren-Typ (Temporalis überwiegt), b, b′ – Nagetier-Typ (Masseter dominiert), c, c′ – Huftier-Typ (Masseter und Pterygoidmuskel dominieren). Nach BECHT (1953), ergänzt umgezeichnet.

die Kieferbewegungen verschieden. Man unterscheidet orthale (senkrechte), transversale (= „laterale") und (pro-)palinale Kieferbewegungen.

Beim orthalen Typ, wie er für viele Raubtiere mit einem Scharniergelenk kennzeichnend ist, ist nur eine Bewegung des Kiefers in der Senkrechten, also in der Sagittalebene mit dem Schließen durch Masseter und Temporalis möglich. Das Gelenk liegt in der Zahnreihenebene oder nur wenig darüber. Für die Raubtiere ist – zumindest primär – das Brechscherengebiß mit dem vergrößerten Zahnpaar ($P\frac{4}{}/M_{\overline{1}}$) charakteristisch. Beim transversalen Typ vieler Huftiere vermögen die Unterkieferhälften auch seitliche (unilaterale = ectentale, sofern nur eine Kieferhälfte beteiligt ist) Kaubewegungen auszuführen, das Kiefergelenk liegt deutlich über dem Niveau der Zahnreihen, der Processus ascendens mandibulae ist dementsprechend stark verlängert (GREAVES 1974, LEBEDINSKY 1938, LUBOSCH 1907). Beim propalinalen Typ der Nagetiere und Lagomorphen kann der Unterkiefer auch vor- und rückwärts (Vor- und Rückschub) bewegt werden. Die Lage des Kiefergelenkes variiert, liegt aber meist deutlich über dem Zahnreihenniveau. Erst durch diese propalinale Kieferbewegung wird die Abschleifung der Schneidezähne verständlich, die stets zu scharfen Schmelzkanten führt. Bei Nagetieren können überdies die beiden Unterkieferhälften unabhängig voneinander bewegt werden, sofern die Symphyse nicht verwachsen ist.

Das Kiefergelenk ist – wie bereits angedeutet – entsprechend der drei Haupttypen unterschiedlich gestaltet. Beim Carnivoren-Typ, besonders typisch bei Feliden ausgeprägt, herrschen reine Scharnierbewegungen vor; die Gelenkpfanne steht wie der Gelenkkopf quer. Beim Ungulaten-Typ (= Herbivoren-Typ) ist ein offenes Walzengelenk entwickelt, dessen Pfanne auch Bewegungen nach vorne und hinten erlaubt. Beim Nagetier-Typ bildet die Gelenkpfanne eine in der Längsachse des Schädels verlaufende vorn und hinten offene Rinne (STORCH 1968). Bei den höheren Primaten (einschließlich *Homo*) ist eine flache Gelenkgrube samt dem davorliegenden Tuberculum articulare ausgebildet, die dem Unterkiefer Bewegungen in allen drei Richtungen des Raumes gestatten. Diesem universell spezialisierten Kiefergelenk höherer Primaten (BIEGERT 1956) steht das einseitig differenzierte Kiefergelenk der Spitzmäuse (Soricidae) gegenüber, dessen Gelenkkopf zwei getrennte (und taxonomisch verwertbare) Gelenkflächen besitzt; ihnen entsprechen zwei Gelenkpfannen am Schädel. Nach STORCH (1968) führt das obere Gelenk Gleitbewegungen des Un-

terkiefers, das untere im wesentlichen Drehbewegungen aus.

Nach der Kieferstellung unterscheidet man die Isognathie und die Anisognathie (Abb. 13). Eine isognathe Kieferstellung ist bei omnivoren Säugetieren (wie *Dicotyles*) anzutreffen. Bei der Anisognathie stehen die Unterkieferzahnreihen entweder weiter auseinander (z.B. Nagetiere) als die Oberkieferzahnreihen oder enger (z.B. Lagomorphen, Selenodontia, Equidae). Meist ist auch die Kauebene der Zähne unterschiedlich geneigt. Während sie bei den Nagetieren einen nach oben offenen stumpfen Winkel bildet, ist dieser bei den Wiederkäuern und Hasentieren nach unten offen (Abb. 13).

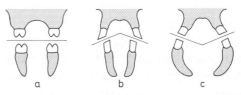

Abb. 13. Kieferstellung an schematischen Querschnitten samt Zähnen aufgezeigt. a – Isognathie (z.B. *Dicotyles*), b und c Anisognathie. b – Lagomorpha, Ruminantia, Equidae, c – Rodentia.

Durch die Reduktion einzelner Zähne können in der ursprünglich vollständigen Zahnreihe echte Lücken (Diastemata) auftreten. Am bekanntesten ist ein derartiges Diastema bei Säugetieren mit einem Nagegebiß (Rodentia, Lagomorpha, Tillodontia, *Daubentonia* [Primates], *Lasiorhinus* [Marsupialia]). Bei diesen Säugetieren sind die zwischen den Nagezähnen und den Backenzähnen ursprünglich vorhanden gewesenen Zähne völlig reduziert. Aber auch bei diprotodonten Beutlern, bei selenodonten Artiodactylen und manchen Unpaarhufern ist ein derartiges Diastema ausgebildet. Selbst bei Raubtieren (wie *Ursus spelaeus*) kann eine solche Zahnlücke auftreten, indem die vorderen Prämolaren völlig rückgebildet werden. Bei den Primaten wird das zwischen Maxillarcaninen und Incisiven gelegene Diastema als Affenlücke bezeichnet. Es ist durch den C inf. bedingt und ist bei Hominiden von *Australopithecus afarensis* aus dem Pliozän Afrikas und „*Homo*" (= *Australopithecus*) *modjokertensis* aus dem Alt-Pleistozän von Java beschrieben worden (JOHANSON et al. 1978, VON KOENIGSWALD 1958).

Nach der Ernährungsweise lassen sich insectivore („Insekten"fresser), carnivore (Fleisch-), piscivore (Fisch-), omnivore (Allesfresser), herbivore (Pflanzen-), frugivore (Frucht-), sapivore (saftsaugende) und phyllophage (Blattfresser) Formen unterscheiden, die bei Angehörigen verschiedener

Ordnungen, also bei nicht näher verwandten Arten vorkommen können. So sind etwa Allesfresser unter den Carnivoren, Primaten, Xenarthren und Artiodactylen, Fischfresser unter den Carnivoren, Chiropteren und Nagetieren, Fruchtfresser unter den Primaten und Chiropteren anzutreffen. Myrmecophagie (im Sinne von Ameisen- und Termitenfresser) ist meist mit völligem Zahnverlust verbunden (z. B. Myrmecophagidae, Pholidota).

Nach der Funktion sind Greif-, Schnapp-, Quetsch-, Kau-, Mahl-, Rupf-, Nage-, Putz-, (Brech-)Scheren- und Sägegebisse zu unterscheiden. Letztere werden mit SIMPSON (1933) als *Plagiaulax*-Typ bezeichnet. Sie sind durch kamm- bis sägezahnartige Backenzähne (Prämolaren) charakterisiert und bei Multituberculaten (z. B. *Plagiaulax*), Beuteltieren (Rattenkänguruhs) und Primaten (Carpolestidae) nachgewiesen.

Manche dieser Gebißtypen beruhen auf der Ausbildung der Zahl der Zähne des Vordergebisses. Als bekanntestes gilt das Nagegebiß der Nagetiere (Simplicidentata = Rodentia) und der Lagomorphen (Duplicidentata), das aber auch beim madagassischen Fingertier (*Daubentonia madagascariensis*) und bei Beuteltieren (*Lasiorhinus latifrons*) ausgebildet ist, indem wurzellose Schneidezähne vorhanden sind (vgl. Abb. 5). Bei den Lagomorpha bildet ein zusätzliches Paar stiftförmiger Zähne hinter den eigentlichen Nagezähnen einen durchgreifenden Unterschied gegenüber dem Nagegebiß der Nagetiere. Kein echtes Nagegebiß hingegen ist das Vordergebiß der diprotodonten Beuteltiere, da deren Incisiven weder wurzellos sind noch eine richtige Schneidekante besitzen und im Oberkiefer überdies stets mehr als zwei Incisiven auftreten. Ähnliches gilt für die alttertiären Plesiadapiden unter den Primaten. Trotz ausgeprägtem Diastema und einem diprotodonten Vordergebiß besitzen sie kein echtes Nagegebiß. Am ehesten läßt es sich mit dem „Pinzettengebiß" rezenter Beuteltiere (wie *Dactylopsila*) vergleichen.

Verschiedentlich sind Zähne des Vordergebisses als Stoßzähne (Incisiven bei den Proboscidea) oder Hauer (Caninen beim Walroß und beim Narwal sowie bei Suiden und Hippopotamiden) entwickelt. Bei letzteren (Suiden und Hippopotamiden) wirken die Maxillar- und Mandibularcaninen als echte Antagonisten. Bei den Suiden sind sie nur bei den Männchen als Hauer entwickelt und meist tordiert. Der Schmelz kann teilweise oder völlig reduziert sein. Putzgebisse sind u. a. bei Riesengleitern (Dermoptera) und bei Primaten ausgebildet und bestehen aus mehrteiligen Incisiven (*Cynocephalus*) oder einem aus Schneidezähnen und den (incisiviformen) Caninen bestehenden Kammgebiß (z. B. *Lemur*), das der Fellpflege dient und damit eine wichtige Funktion für das Sozialverhalten erfüllt.

Beim Rupfgebiß der Wiederkäuer bildet das Vordergebiß des Unterkiefers eine ähnliche funktionelle Einheit wie beim Putzgebiß, indem der C inf. in Form und Position den Incisiven angepaßt ist. Es dient nicht nur zum Abschneiden von Gräsern (zusammen mit der Zunge), sondern auch zum Schälen (von Baumrinden).

Demgegenüber ist der „Säbelzahnkatzen-Typ" bei Carnivoren (Felidae), Hyaenodonten (*Machaeroides*) und Beuteltieren (*Thylacosmilus*) durch die mehr oder weniger exzessive Vergrößerung der C sup. gekennzeichnet. Allerdings sind innerhalb der Säbelzahnkatzen zwei Typen zu unterscheiden: Der *Smilodon*-Typ („dirk-toothed cats") ist durch die dolchförmig verlängerten, schwach gekrümmten und schlanken C sup. und kleine, reduzierte C inf. gekennzeichnet; der *Homotherium*-Typ („scimitar-toothed cats") hingegen durch die kürzeren, stärker gekrümmten und flacheren C sup. mit scharfen, krenelierten Kanten bei gut ausgebildeten C inf. (KURTÉN 1968, MARTIN 1980).

Quetschgebisse sind meist bei omni- bzw. herbivoren Säugetieren mit bunodonten (s. u.) Backenzähnen ausgebildet (z. B. Suidae als Paarhufer, Gomphotheriidae als Proboscidea, Ursidae als Carnivora, Hominoidea als Primaten). Von einem derartigen Quetschgebiß läßt sich das Kaugebiß ableiten, wie es etwa unter den Wiederkäuern (Artiodactyla), bei den Elefanten (Proboscidea) oder bei Unpaarhufern (Perissodactyla), aber auch bei spezialisierten Nichtwiederkäuern (wie *Phacochoerus*) und Xenarthren (wie Glyptodontidae) ausgebildet. Dabei kommt es aus funktionellen Gründen (bessere Wirksamkeit der Kaumuskulatur) zur Verlagerung des Kiefergelenkes möglichst hoch über die Kauebene, zur Anisognathie, zur Verstärkung des Massetermuskels etc.

Greifgebisse finden sich in typischer Form bei Zahnwalen (mit sekundär homodontem Gebiß) und bei Robben (Otariidae und Phocidae). Ein Brechscherengebiß ist in typischer Ausbildung bei den Hyänen als osteophage Formen (*Crocuta* und *Hyaena*) realisiert, indem die secodonten, also scherend entwickelten $P^4/M_{\overline{1}}$ durch vergrößerte Prämolaren ($P^{\underline{3}}/P_{\overline{3}}$) unterstützt werden. Wie O. ABEL (1912) betont, sind bei Raubtieren nicht die „Brechscheren"zähne ($P^{\underline{4}}/M_{\overline{1}}$) als Reißzähne zu bezeichnen, sondern die Caninen. Eine Brechschere ist auch bei Hyaenodonten (wie *Oxyaena* aus $M^{\underline{1}}/M_{\overline{2}}$, *Hyaenodon* aus $M^{\underline{2}}/M_{\overline{3}}$) und bei Beuteltieren (wie *Thylacoleo carnifex* aus $P^{\underline{4}}/P_{\overline{4}}$, *Thyla-*

cinus aus M $\frac{2}{}$/M $_{\overline{3}}$) ausgebildet. Sie kann bei sekundär omnivoren Formen (wie Ursidae) oder bei vorwiegend piscivoren Arten (wie Robben) wieder abgebaut werden.

Eine wichtige Funktion kommt der Abkauung der Zähne zu. Auch hier erscheint eine terminologische Klarstellung notwendig, da die Begriffe vielfach nicht getrennt oder auch nicht immer einheitlich gehandhabt werden. Die Abkauung, die mit dem Durchbruch der Zähne beginnt, führt nicht nur zu einer Abschleifung oder Verminderung der Zahnkrone, sondern kann auch zur Schärfung von Zahnelementen beitragen. Die Abkauung erfolgt, wie eine vergleichende Betrachtung lehrt, durchaus nicht einheitlich.

Abgesehen davon, daß die Usur die zuerst durchbrechenden Zähne ergreift und damit zu einer verschieden starken Abkauung der einzelnen Zähne eines Gebisses führen kann, zeigen die linguale und buccale Hälfte der Backenzähne oft wesentliche Unterschiede. Dies hat bereits VACEK (1877), der die Backenzähne tertiärzeitlicher Mastodonten (Proboscidea) untersuchte, zu Begriffen wie praetrit und posttrit geführt (SCHLESINGER 1917, 1921). Die praetrite Zahnhälfte ist an den M sup. die linguale, an den M inf. die buccale, eine Feststellung, die allgemein zutrifft und besonders deutlich bei (placo-)bunodonten Backenzähnen (z. B. Primaten) und damit auch beim Menschen, wo echte buccal-okklusale bzw. lingual-okklusale Schrägflächen auftreten, beobachtet werden kann (WELSCH 1967, RAMFJORD & ASH 1968). Bei propalinalen Kaubewegungen, wie sie etwa bei Wühlmäusen (Arvicolidae) erfolgen, wirkt der Kaudruck von mesial (M inf.) bzw. distal (M sup.), was sich an den (Dentin-)Dreiecken der Molaren nicht nur morphologisch, sondern auch in den unterschiedlichen Schmelzstrukturen der Luv- bzw. Leeseite auswirkt (W. VON KOENIGS-WALD 1980).

Nach der Art der Abkauung sind verschiedene Formen zu unterscheiden. Bei der Abrasion (im eigentlichen Sinne) kommt es durch Kontakt mit der Nahrung oder den in ihr enthaltenen Fremdkörpern (etwa Sandkörnchen), also durch exogenes Material, zu einer Abnutzung der Zähne und zwar meist zu einer verrundenden Usur. Daß es dabei durch die unterschiedliche Widerstandsfähigkeit von Dentin und Schmelz zur Entstehung von Schmelz-Scherkanten und damit zu mechanisch effizienteren Kauzyklen kommen kann, sei hier nur vermerkt (GREAVES 1973, MAIER 1980). Als Attrition wird hingegen die Abschleifung durch den direkten (parafunktionellen) Zahnkontakt bezeichnet, wie sie etwa beim Menschen beim Bruxismus zu beobachten ist und zu mehr oder

weniger planen Flächen führt. Als Thegosis trennt EVERY (1970, 1972) schließlich die Schmelzkantenschärfung durch den Zahnkontakt von den beiden obigen Begriffen ab und belegt seine Vorstellungen an fossilen und rezenten Säugetierzähnen. Es entstehen dabei parallele Streifen an der Schmelzoberfläche (EVERY & KÜHNE 1970, 1971, EVERY 1972). EVERY (1974) unterscheidet die alpha-Thegosis bei Insectivoren, Carnivoren und Primaten (partim) und die beta-Thegosis, die vorwiegend bei Pflanzenfressern, aber auch bei Primaten (partim) auftritt. Über eine derartige Abtrennung der Selbstschärfung als eigener Kautyp läßt sich diskutieren (RENSBERGER 1973, OSBORN & LUMSDEN 1978).

In Ergänzung zu diesem Kapitel seien die Druckusuren (= „interdental wear") erwähnt, wie sie durch den ständigen Zahnkontakt als Druckfacetten oder interstitielle Pressionsmarken an der Vorder- und Hinterseite von Backenzähnen entstehen können (ZSIGMONDY 1865). Nach WOLPOFF (1971) besteht bei Hominoidea ein Zusammenhang zwischen dem Grad der interstitiellen Druckfacetten und der Ernährung und mache eine Trennung von Pongiden und Hominiden möglich. Nach der Art und Ausbildung der Kauflächen bzw. der Schmelzstreifen läßt sich dementsprechend auf die Kieferbewegungen schließen, was besonders für den Paläontologen wichtig ist, dem etwa nur Zahn- und Kieferreste vorliegen.

Abgesehen von der Rückbildung einzelner Zähne kann die Reduktion auch das ganze Gebiß betreffen. Eine völlige Gebißreduktion ist einerseits bei den Bartenwalen (Mysticeti) als (meist) Planktonfressern, andererseits in Zusammenhang mit der Myrmecophagie bei den Schuppentieren (Manidae), den Ameisenfressern (Myrmecophagidae) und den Ameisenigeln (Tachyglossidae) eingetreten. Höchstens kommt es vorübergehend zur Bildung von Schmelz- und Dentinkeimen.

Bei den Zahnwalen (Odontoceti) kommt nur eine Dentition zur Ausbildung, was zur Diskussion über die Zugehörigkeit (Milch- oder Dauergebiß) führte.

Eine teilweise Rückbildung ist beim Erdwolf (*Proteles cristatus*), beim Rüsselbeutler (*Tarsipes spenserae*), beim Erdferkel (*Orycteropus afer*) und auch beim Ameisenbeutler (*Myrmecobius fasciatus*) eingetreten. Allerdings betrifft die Reduktion bei den beiden zuletzt genannten Arten weniger die Zahnzahl, als vielmehr die Vereinfachung und Verkleinerung der Zähne.

2.7 Zahnentstehungstheorien

Bereits im Abschnitt über die Terminologie der Zahnhöcker der Molaren wurde auf die mit der stammesgeschichtlichen Herleitung der Backenzähne der Säugetiere verbundene Problematik verwiesen. Die Mehrhöckrigkeit der Molaren hat zu verschiedenen Hypothesen und Theorien über die Entstehung der Backenzähne geführt. Von sämtlichen Theorien wird heute meist nur die von COPE und OSBORN begründete Trituberculartheorie anerkannt, allerdings in modifizierter Form (PATTERSON 1956). Dies war im Prinzip auch der Anlaß für VANDEBROEK (1961, 1969), eine – wie bereits im Kapitel 2.5 ausgeführt – neue Terminologie der Zahnhöcker und -kanten vorzuschlagen, die jedoch nie allgemein akzeptiert wurde. Wie BUTLER (1941) bemerkt, ist nach der Okklusionsanalyse der trituberculare Molar evolvierter als der dilambdodonte und zalambdodonte. Während die Trituberculartheorie als Differenzierungstheorie auf fossilen Formen beruht, gehen andere Theorien von embryologischen Untersuchungen aus. Es sind hier die Dimertheorie, die Konkreszenz-, Multitubercular- und die Trituberculartheorie besprochen. Erste Ansätze einer Differenzierungstheorie finden sich bei WINGE (1882).

Die von COPE (1874, 1883) begründete und von OSBORN (1884, 1907) ausgebaute Trituberculartheorie geht von der Annahme aus, daß die (Prämolaren und) Molaren der Säugetiere von einspitzigen, haplodonten Reptilzähnen abzuleiten sind (Abb. 14). Zu diesem ursprünglichen Haupthöcker treten mesial und distal je ein kleiner Höcker, die bei den Triconodonten des Mesozoikums die Größe des Haupthöckers erreichen können, wo-

bei die Zähne zweiwurzelig sind. Aus derartigen triconodonten Zähnen entstanden nach Cope und Osborn die tritubercularen Zähne durch Rotation der beiden Nebenhöcker an die Buccalseite. Derartige im Umriß einem gleichschenkeligen Dreieck entsprechende Zähne sind für die Symmetrodonten des Mesozoikums charakteristisch. Die Höcker der M sup. und M inf. sind nach der Trituberculartheorie einander spiegelbildlich homolog (Protocon = Protoconid). Demnach entspricht der Innenhöcker (Protocon) der M sup. dem ursprünglichen Haupthöcker. Eine Annahme, die sich heute nicht mehr aufrechterhalten läßt. Nach PATTERSON (1956) ist der Haupthöcker der M sup. der Paracon, wie bereits RÖSE (1892) erkannte. Aus dem tritubercularen Zahn entstand durch die Ausbildung des Talonids an den M inf. der tribosphenische Zahn (SIMPSON 1936, CROMPTON & KIELAN-JAWOROWSKA 1978, BOWN & KRAUS 1979). Wie SIMPSON gezeigt hat, erfüllt erst der tribosphenische Zahn der Theria, der erstmalig zur Kreidezeit auftritt, die volle Funktion beim Gebißverschluß durch Alternation, Scheren und Opposition (Abb. 15). Die Bezeichnung tribosphenisch wurde als Überbegriff für tritubercular (M sup.) und tuberculosectorial (M inf.) geschaffen.

Zu den Höckern kommen Schneidekanten und Reibeflächen, welche zu dem im vorigen Abschnitt geschilderten funktionellen Zusammenwirken von Ober- und Unterkieferzähnen während der Mastikation führen.

Den übrigen, hier der Vollständigkeit halber angeführten Zahnentstehungstheorien kommt nur mehr historisches Interesse zu.

Die Bolk'sche Dimertheorie beruht auf embryologischen Untersuchungen. Nach L. BOLK

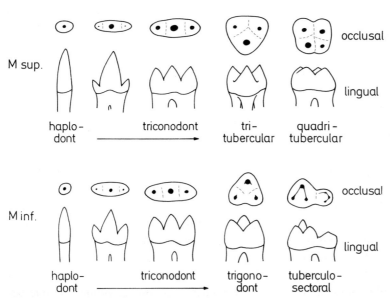

Abb. 14. Die Entstehung der tribosphenischen (trituberculare M sup., trituberculosectoriale M inf.) Molaren aus den haplodonten (Reptil-)Zähnen nach Cope-Osborn'scher Trituberculartheorie. Protoconus bzw. Protoconid als Haupthöcker (jeweils großer schwarzer Punkt). Bildung des tribosphenischen Zahnes aus dem triconodonten durch Höckerrotation. Diese im wesentlichen auf mesozoischen Säugetieren beruhende Theorie gilt heute als überholt, da der usprüngliche Haupthöcker dem Paracon entspricht und eine Rotation der Höcker nicht anzunehmen ist.

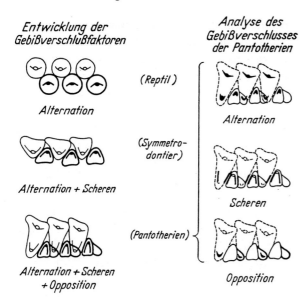

Abb. 15. Die Entwicklung des Gebißverschlusses von den Reptilien zu den Säugetieren. Zur ursprünglich alternierenden Stellung von Ober- (dünn bzw. strichliert) und Unterkieferzähnen (stark gezeichnet) kommen die scherende und die opponierende Stellung bei der Okklusion. Nach SIMPSON (1936), umgezeichnet.

(1913, 1914) gehören die Backenzähne der Säugetiere zwei aufeinanderfolgenden Zahngenerationen an. Die erste (buccale) entspricht dem Protomer, die zweite (linguale) dem Deuteromer; somit sind die Molaren als dimer zu bezeichnen. BOLK (1914) gibt für die Zähne eine Kronenformel, die im einfachsten Fall $\frac{P}{D}$ lautet (P = Proto-, D = Deuteromer). Sind am Protomer zwei Nebenspitzen entwickelt, vom Deuteromer jedoch nur die Hauptspitze, dann ist die Kronenformel $\frac{1\,P\,2}{3\,D\,4}$. Einzelne Zähne können auch trimer oder gar polymer (z. B. *Elephas*) sein. Die Dimertheorie beruht auf einer Überschätzung der Ontogenie und läßt sich mit paläontologischen Befunden nicht in Einklang bringen. Die Dimertheorie ist übrigens selbst von embryologischer Seite durch MARCUS (1931) widerlegt worden. Die von GÖBEL (1855) und GAUDRY (1878) erstmalig ausgesprochene, durch RÖSE (1892a) und KÜKENTHAL (1892) begründete Konkreszenztheorie nimmt an, daß die mehrhöckrigen Backenzähne der Säugetiere durch Verschmelzung einfacher, konischer (haplodonter) Zähne entstanden sind, wie sie bei Reptilien vorkommen. Jeder Höcker besitze eine(n) eigene(n) Wurzel(ast) und stelle ein Zahnelement dar. Zahnverschmelzungen erfolgen sowohl in mesio-distaler (TIMS 1903) wie in buccallingualer Richtung. Im ersteren Fall verschmelzen Zähne einer Zahngeneration, im letzteren erfolgt eine Fusion von Zähnen zweier Zahngenerationen. Zahnverschmelzungen sind von Säugetieren praktisch nicht bekannt (mögliche Ausnahmen bei einzelnen Zahnwalen). Die Konkreszenztheo-

rie wird weder durch die Embryologie noch durch Fossilfunde bestätigt (AICHEL 1917). Wie bereits oben erwähnt, entstehen selbst so komplizierte Backenzähne, wie die Lamellenzähne der Elefanten, nicht durch Verschmelzung, sondern durch Vermehrung von Zahnelementen.

Die von F. MAJOR (1873) begründete und später (1893) ausgebaute Multituberculartheorie („polybuny theory") geht von der Annahme aus, daß die ursprünglichen Molaren der Säugetiere mehrhöckrig waren, wie sie etwa bei den Multituberculaten des Mesozoikums ausgebildet sind. Bei diesen bestehen die M sup. aus drei, die M inf. aus zwei Höckerlängsreihen, was in der Formel $\frac{III}{II}$ zum Ausdruck kommt (ANTHONY 1935, ANTHONY & FRIANT 1936, 1937). Ähnliche Backenzähne finden sich auch bei den Tritylodonten der Trias-Jurazeit (z. B. *Tritylodon*, *Oligokyphus*), die jedoch nach dem Bau des Schädels als hochspezialisierte Reptilien (Therapsida) zu klassifizieren sind. Die Multituberculaten wiederum bilden eine eigene Seitenlinie (Allotheria) innerhalb der Säugetiere. Sie lassen sich schon deshalb nicht als Belege für die Entstehung der Backenzähne der „modernen" Säugetiere heranziehen, auch wenn nach der Multitubercultheorie im Lauf der Evolution eine Vereinfachung der Zähne eingetreten sei.

Eine ähnliche Auffassung vertrat auch der argentinische Paläontologe F. AMEGHINO (1896, 1899) mit seiner Plexodontietheorie. Nach dieser Theorie waren die Molaren der Säugetiere ursprünglich komplizierter gebaut als bei den späteren Formen. AMEGHINO stützte sich dabei auf Unterkieferzähne angeblicher Kreidebeuteltiere aus Südamerika („*Proteodidelphys*" = *Microbiotherium*), bei denen die Molarenkronen etwas komplexer gebaut sind als bei entsprechenden trituberculosectorialen M inf. „*Proteodidelphys*" stammt jedoch aus dem Tertiär, wie SIMPSON (1945) nachweisen konnte. Mit ANTHONY (1961) und FRIANT (1933) sind weitere Vertreter der Multitubercultheorie genannt.

Abschließend sei noch auf die Butler'sche Gradiententheorie (BUTLER 1939) hingewiesen, welche die Entstehung der Zahnform der postcaninen Dentitionen betrifft (REIF & FREY 1980).

2.8 Altersbestimmung durch Zähne und Gebiß

Die Altersbestimmung von Säugetieren ist von großer praktischer Bedeutung. Bei Säugetieren kommt dem Gebiß dabei eine besondere Rolle zu, weshalb diesem Themenkreis auch in diesem Rahmen ein eigener Abschnitt gewidmet ist. Wie bereits oben erwähnt, sind allein durch den Zahnwechsel, die Zahneinrückungsfolge, die Abkauung, aber auch durch saisonal bedingtes Wachstum an Zähnen eine Fülle von Möglichkeiten gegeben, eine Altersbestimmung an rezenten und fossilen Säugetieren vorzunehmen. Dabei ist die relative Altersbestimmung durch Schätzung (z. B. Abkauungsgrad von Zähnen) von der Bestimmung des absoluten Alters (durch Zuwachsringe im Dentin oder Zement) zu unterscheiden (MORRIS 1972).

Zunächst die Durchbruchsfolge von Milch- und Ersatzzähnen. Die Durchbruchsfolge ist – wie bereits im Kapitel 2.2 erwähnt – ziemlich artkonstant, sodaß sie für die Altersbestimmung herangezogen werden kann. Auf Tabelle I ist die Durchbruchsfolge der Zähne des permanenten Gebisses für rezente Primaten angegeben. Detaillierte Angaben für Haus- und Wildtiere finden sich bei HABERMEHL (1975, 1985), weshalb darauf verwiesen sei.

Für die Zeit nach dem Einrücken der Zähne in die „Kau"-Ebene ist der Abnützungsgrad der Zähne von Bedeutung. Dies soll lediglich an einem Beispiel erläutert werden. Das wohl bekannteste Beispiel bilden die Schneidezähne des Hauspferdes (*Equus przewalskii* f. *caballus*) mit der mit fortschreitender Abkauung (und Alter) geringerer Tiefe der Kunden. Diese verschwinden nach HABERMEHL bei den Milchincisiven mit einem (Id$\frac{1}{1}$) bzw. zwei Jahren (Id$\frac{3}{3}$), bei den Ersatzschneidezähnen des Unterkiefers in der Regel mit sechs (I$_{\overline{1}}$) bzw. acht Jahren (I$_{\overline{3}}$), jene des Oberkiefers durchschnittlich zwischen dem 13. und 15. Lebensjahr. Allerdings bestehen Unterschiede zwischen den einzelnen Pferderassen. Wie HABERMEHL betont, sind Pferde ohne Kundenspur älter als 15 Jahre. Gleichzeitig mit der zunehmenden Abnützung verändert sich auch der Zahnquerschnitt vom querovalen zum rundlichen, so daß dem Kenner ein zusätzliches Kriterium zur Verfügung steht. Ähnlich wie für das Vordergebiß läßt sich auch der Abkauungsgrad der Backenzähne zur Altersbestimmung heranziehen. Es erscheint verständlich, daß dies vor allem für isoliert vorliegende Zähne gilt, wie dies für fossile Equiden zutrifft. Allerdings ist stets mit einer individuellen Variationsbreite zu rechnen.

Altersbestimmungstabellen am Gebiß sind für die wichtigsten Haustiere (Pferd, Rind, Ziege, Schaf, Schwein, Hund und Katze), für Labor- (Laborratten und -maus, Goldhamster) und etliche Pelztiere (Nutria, Silberfuchs) sowie für die wichtigsten europäischen (Rot- und Damhirsch, Reh, Mufflon, Gemse, Wildschwein) und nordamerikanischen Wildtiere (wie Maultier- und Vir-

giniahirsch, Karibu, Kojote, Waschbär) erarbeitet worden (HABERMEHL 1975, 1985). Als Sonderfall sei noch auf die Elefanten verwiesen, die durch die Einrückungsfolge und den Abkauungsgrad der Backenzähne eine gewisse Altersschätzung zulassen (LAWS 1966, SIKES 1966).

Eine andere Methode ermöglicht die absolute Altersbestimmung an Hand rhythmischer Zuwachslinien im Zahnbein (Ersatz-Dentin) und im Zement. Besonders bekannt sind die jahreszeitlich bedingten Zuwachslagen bei Meeressäugetieren (Robben und Wale), indem im Dentin dunkle und helle Lagen regelmäßig abwechseln (Abb. 16).

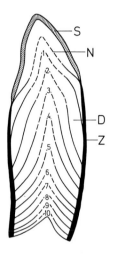

Abb. 16. Eckzahn (Längsschnitt) einer Robbe (*Callorhinus ursinus*) mit Neonatallinie (N) und „Jahreszuwachszonen" (1-10). D – Dentin, S – Schmelz, Z – Zement. Nach KLEVEZAL & KLEINENBERG (1969), verändert umgezeichnet.

Dies beruht auf dem saisonal unterschiedlichen Wachstum des Dentins, indem die schmäleren Bänder auf Verringerung des Wachstums während der ungünstigen Jahreszeit (Winter) hinweisen. Allerdings können auch Zwischenbänder in den breiteren (hellen) Bändern auftreten oder das Dentinwachstum bei einzelnen Robbenarten kann in relativ geringem Alter infolge Verschluß der Pulpa aufhören (MOHR 1943, SCHEFFER 1950, LAWS 1962). Bei diesen Formen lassen sich Zuwachszonen im Zement heranziehen, der an der Zahnaußenseite angelegt wird. Über die Zuwachszonen bei Zahnwalen berichten NISHIWAKI & YAGI (1953) und BOW & PURDAY (1966). Weitere Angaben über Jahresringbildung im Wurzelzement (auch von Landsäugetieren) finden sich bei LAWS (1953), McLAREN (1958), SERGEANT (1967), MILLER (1974), HARRIS (1978), GRUE & JENSEN (1979), PETERSEN & BORN (1982) und HABERMEHL (1985). Eine ausführliche zusammenfassende Darstellung geben KLEVEZAL & KLEINENBERG (1969). Beide Autoren berücksichtigen folgende Säugetierordnungen: Insectivora, Chiroptera, Lagomorpha, Rodentia, Carnivora, Cetacea, Artiodactyla und Perissodactyla.

Auf die Jahresringbildung im Ersatzdentin bei Schneidezähnen von Wiederkäuern haben erst-

malig EIDMANN (1933) und BENINDE (1933) hingewiesen. Mit zunehmender Abkauung kommt es,
um eine Eröffnung der Pulpahöhle zu verhindern,
zur Ersatzdentinbildung, die wurzelwärts fort-
schreitet.

2.9 Geschlechtsunterschiede im Gebiß

Bei den Säugetieren ist bekanntlich oft ein Geschlechtsdimorphismus ausgeprägt, der sich auch
im Gebiß manifestieren kann. Abgesehen von den
Größenunterschieden, die sich in den durchschnittlich größeren Dimensionen der männlichen
Individuen ausprägen, sind es vor allem Zähne des
Vordergebisses, die auch morphologisch Differenzen erkennen lassen (KURTÉN 1969). Bei fossilen
Raubtieren etwa lassen sich an Hand der Caninen
bei statistisch auswertbarem Material rein dimensionell meist zwei Gruppen innerhalb einer Art
unterscheiden, die – wie rezente Vergleichsunter-
suchungen zeigen – jeweils weiblichen und männ-

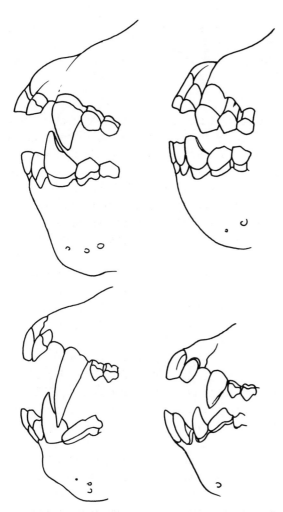

Abb. 17. Geschlechtsdimorphismus im Vordergebiß von
rezenten Primaten. Oben: *Pongo pygmaeus* ♂ (links) und ♀.
Unten: *Papio hamadryas* ssp. ♂ (links) und ♀. Beachte unterschiedliche Größe der Caninen (und des P₃ bei *Papio*).

lichen Individuen entsprechen. Besonders bekannt ist ein derartiger Geschlechtsdimorphismus
bei den Bärenartigen (Ursidae). Beim jungeiszeitlichen Höhlenbären (*Ursus spelaeus*) konnte damit das Geschlechterverhältnis der jeweiligen
„Populationen" rekonstruiert werden (BACH-
OFEN-ECHT 1931, KURTÉN 1955). Nach GINGE-
RICH (1981) beruhen verschiedene *Hyracotherium*-
„Arten" (Perissodactyla) aus dem Alteozän
Nordamerikas auf einem Geschlechtsdimorphismus. Besonders auffällig sind die Größenunterschiede bei Pavianen, Makaken und Menschenaffen innerhalb der Primaten (Abb. 17).

Abgesehen von diesen, vornehmlich dimensionel-
len Unterschieden ist der Sexualdimorphismus
auf das Vordergebiß beschränkt. Es ist jener Ge-
bißabschnitt, von dem einzelne Zähne oder Zahn-
abschnitte ständig außerhalb der Mundhöhle liegen und damit dauernd sichtbar sind oder zumindest bei geöffnetem Maul präsentiert werden können. Diese Zähne stehen zugleich als Imponierorgane im Dienst innerartlicher Auseinandersetzungen. Zu den bekanntesten Beispielen zählen die
Schweine und die Hirschartigen. Bei den modernen Suiden sind die C sup. der Männchen zu stark
vergrößerten, gekrümmten und tordierten, wurzellosen Gebilden umgestaltet, während sie bei
den Weibchen einspitzige, seitlich abgeflachte und
meist mit zwei Wurzelästen versehene Zähne bilden (Abb. 18). Ein Zusammenhang mit dem Sozialverhalten (Familienverbände) ist hier gegeben,
im Gegensatz zu den Nabelschweinen (Tayassuidae), die in großen Herden leben und denen ein
derartiger Sexualdimorphismus abgeht.

Weitere Beispiele bilden die hauerartig vergrößerten C sup. bei den Männchen von Moschustier
(*Moschus moschiferus*), Wasserreh (*Hydropotes
inermis*) und Gabelhirschen (*Muntiacus* und *Elaphodus*) unter den Wiederkäuern. Beim männlichen Rothirsch (*Cervus elaphus*) erinnern nur
mehr die sogenannten Grandl'n an die einstigen,
stark verlängerten Oberkiefereckzähne der Vorfahren, was noch im Verhalten zum Ausdruck
kommt (Drohen mit hochgezogener Oberlippe)
(Abb. 19).

Bei den Einhufern (Equidae) sind Eckzähne in der
Regel nur bei den Männchen ausgebildet
(Abb. 19). Ein Sexualdimorphismus ist vor allem
bei zu Stoßzähnen umgebildeten Zähnen des Vordergebisses bei Elefanten, Seekühen, Walrossen
und beim Narwal festzustellen. Bei den weiblichen
Elefanten sind die Stoßzähne entweder kleiner als
bei den Männchen (*Loxodonta africana*), oder fast
ganz rückgebildet (*Elephas maximus*). Gleiches
gilt für die beiden als Stoßzähne ausgebildeten

Abb. 18. Sexualdimorphismus bei *Sus scrofa* (oben: links ♂ mit tordiertem C sup., rechts ♀ mit kurzem C sup.) (rezent).

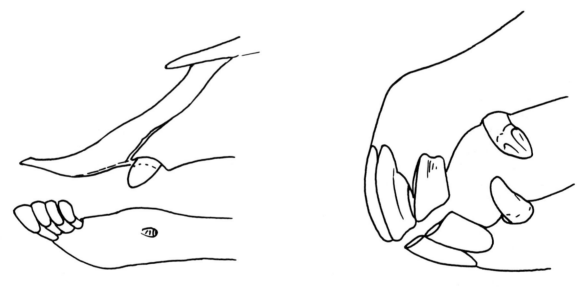

Abb. 19. Vordergebiß der ♂♂ von *Cervus elaphus* (links: C sup. = „Grandl") und *Equus przewalskii* f. *caballus* (rechts: mit C sup. und C inf.) (rezent).

Oberkieferschneidezähne beim Dugong (*Dugong dugon*).

Einen Sonderfall bildet der Narwal (*Monodon monoceros*) mit nur einem Oberkieferzahnpaar. Der linke Incisiv ist bei den Männchen zu einem geraden, in sich rechts gedrehten, bis etwa 2,5 m langen Stoßzahn vergrößert, während der rechte Zahn fast immer im Kieferknochen verborgen ist, was bei den weiblichen Individuen für beide Incisiven gilt. Die Bedeutung des Stoßzahnes beim männlichen Narwal wird nach wie vor diskutiert.

3. Spezieller Teil

3.1 „Prototheria": Triconodonta, Docodonta, Monotremata und Multituberculata

Die hier als Unterklasse Prototheria (= Atheria KERMACK, MUSSETT & RIGNEY 1973 = „Non-Theria") zusammengefaßten Säugetiere sind gegenwärtig nur durch die Monotremata (Eierleger) mit dem Schnabeltier (*Ornithorhynchus anatinus*) und den Ameisen- oder Schnabeligeln (*Tachyglossus* und *Zaglossus*) vertreten. Sie sind im erwachsenen Zustand zahnlos. Diese in mancher Hinsicht primitivsten Säugetiere sind auf die australische Region beschränkt.

Aus dem Mesozoikum kennt man jedoch eine Reihe vielfach nur durch Zahn- und Kieferreste dokumentierter kleiner Säugetiere, die durch Gemeinsamkeiten im Schädelbau (Alisphenoidregion) gekennzeichnet sind und sich dadurch von den „modernen" Säugetieren (Unterklasse Theria) grundlegend unterscheiden. Demnach umfaßt der Begriff Prototheria (im weiteren Sinne) nicht nur die Monotremata (= Prototheria im eigentlichen Sinne), sondern auch die Triconodonta (einschließlich der Morganucodontiden), Docodonta und Multituberculata. Innerhalb der Prototheria sind nach der Merkmalskombination die Infraklassen Eotheria (Ordnungen Triconodonta und Docodonta), Ornithodelphia (Ordnung Monotremata) und die Allotheria (Ordnung Multituberculata) unterschieden. Damit wird der Sonderstellung der Monotremen und der Multituberculaten innerhalb der Prototheria Rechnung getragen.

Die Prototheria zählen zu den erdgeschichtlich ältesten Säugetieren. Sie sind erstmalig aus der jüngsten Trias nachgewiesen. Zunächst nur durch isolierte Zähne und Kieferfragmente dokumentiert, ermöglichten neuere Funde eine Rekonstruktion nicht nur des Gebisses, sondern auch des Schädels (Tafel I; vgl. KERMACK, MUSSETT & RIGNEY 1981, KERMACK & KERMACK 1984). Sie werden als Morganucodontiden (mit *Eozostrodon* = *Morganucodon*, *Megazostrodon* und *Erythrotherium*) klassifiziert. Über ihre taxonomische Zuordnung zu den Triconodonta wird auf Grund morphologischer Unterschiede diskutiert. MCKENNA (1975) stellt sie als eigene Unterordnung Morganucodonta den übrigen als Euticonodonta bezeichneten Triconodonta gegenüber und berücksichtigt damit ihre morphologische Sonderstellung. Diese wird durch die Tatsache unterstrichen, daß die Euticonodonta erstmals im Bathonien (mittlerer Dogger) nachgewiesen sind. Die Triconodonta gelten verschiedentlich als Angehörige einer eigenen Infraklasse Eotheria innerhalb der Prototheria. Hier sind lediglich *Morganucodon* (Morganucodontidae) aus der Ober-Trias bzw. Lias (ältester Jura), *Amphilestes* (Amphilestidae) aus dem Mittel-Jura (Bathonien) und *Triconodon* bzw. *Priacodon* (Triconodontidae) aus dem Ober-Jura berücksichtigt.

Die Gebißformel von *Morganucodon* (= *Eozostrodon*) lautet nach JENKINS & CROMPTON (1979) $\frac{3-4\;1\;4-5\;3-4}{4\;1\;3-4\;4-5} = 46-54$. Das heißt, die Zahl der Prämolaren und Molaren übertrifft jene der Eutheria. Die einspitzigen und einwurzeligen I sup. sind durch kleine Abstände voneinander getrennt. Die Zahnreihe vom C bis zum M^4 ist hingegen geschlossen. Der C sup. ist kräftig, die P sup. nehmen vom P^1 bis zum P^4 an Größe zu. Die Krone besteht aus dem mit einem distalen Nebenhöcker versehenen Haupthöcker. An den schmalen M sup. kommt zum Haupthöcker (A) je ein mesialer (B) und distaler Nebenhöcker (C). Diese Höcker stehen praktisch in einer Längsreihe. Anterolingual und buccal treten kleinere Höckerchen in unterschiedlicher Zahl auf (Abb. 20, 21).

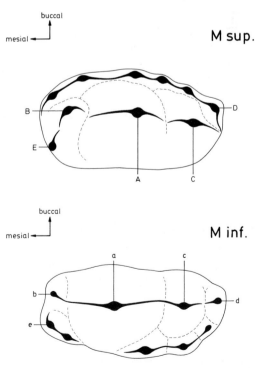

Abb. 20. M sup. und M inf. (Schema) eines Triconodonten (*Morganucodon*, Ober-Trias). A–E Höcker des M sup., a–e Höcker des M inf.

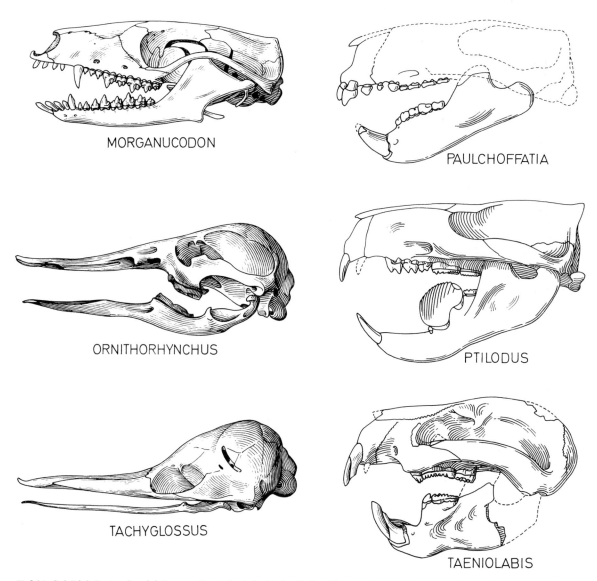

MORGANUCODON

PAULCHOFFATIA

ORNITHORHYNCHUS

PTILODUS

TACHYGLOSSUS

TAENIOLABIS

Tafel I. Schädel (Lateralansicht) von „Prototheria". Linke Reihe: Triconodonta (*Morganucodon*, Ober-Trias), Monotremata (*Ornithorhynchus*, *Tachyglossus*, rezent). Rechte Reihe: Multituberculata (*Paulchoffatia*, Ober-Jura; *Ptilodus*, Paleozän; *Taeniolabis*, Paleozän). Nicht maßstäblich.

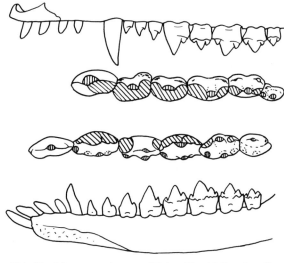

Abb. 21. *Morganucodon* sp. Linke Oberkieferzahnreihe von buccal (ganz oben), rechte Unterkieferzahnreihe von lingual (ganz unten). *Megazostrodon* sp. (Ober-Trias) $P^4 - M^5$ sin. und $P_4 - M_5$ dext. von occlusal (Mitte). ca. 9 × nat. Größe.

Die gleichfalls einspitzigen und einwurzeligen I inf. sind etwas schräg im Kiefer eingepflanzt, der C inf. ist kleiner als der C sup., die P inf. nehmen vom $P_{\overline{1}}$ bis zum $P_{\overline{4(5)}}$ an Größe und Höhe zu. Zum Haupthöcker kommt am $P_{\overline{3}}$ und $P_{\overline{4}}$ ein distaler Nebenhöcker. Die schmalen M inf. sind ähnlich wie die M sup. dreihöckrig (a–c) mit kleinen lingualen bzw. einem distalen Höckerchen (d). Wie bereits aus der Höckerterminologie (von HOPSON & CROMPTON 1969) hervorgeht, ist die Homologisierung der Molarenhöcker mit jenen bei den Theria nicht möglich. Über den Zahnwechsel bestehen Meinungsunterschiede, indem nach PARRINGTON (1971) sämtliche Prämolaren, nach MILLS (1971) hingegen nur der letzte P gewechselt wird. Der erst kürzlich durch Gow (1986) beschriebene Schädel samt Unterkiefer von *Megazostrodon rudnerae* aus dem Unter-Jura Südafrikas läßt die Zahnformel $\frac{4\,1\,5\,5}{4\,1\,5\,5} = 60$ erkennen. Am Dentale, dem ein ausgeprägter Processus coronoideus fehlt, ist vor dem schwach entwickelten Processus angularis ein Processus pseudoangularis angedeutet. Daß die einstige Vielfalt noch nicht zur Gänze bekannt ist, dokumentiert *Brachyzostrodon* aus der Ober-Trias (Rhät) von Frankreich, eine Form mit verdickten Backenzähnen (SIGOGNEAU-RUSSELL 1983) oder *Dinnetherium* aus Arizona (JENKINS, CROMPTON & DOWNS, 1983).

Die (Eu-)Triconodonta verdanken ihren Namen den annähernd gleich hohen, in einer Längsreihe stehenden Molarenhöckern. Von den Eutriconodonten sind nur Zähne und Kieferreste bekannt. Daher ist die Gebißformel nicht vollständig anzugeben. Bei *Amphilestes* lautet sie $\frac{?}{3 \text{ oder } 4} \frac{???}{1 \ 4 \ 5}$, bei *Triconodon* und *Priacodon* $\frac{? \ 1 \quad 3 \quad 4}{? \ 1 \ 3-4 \ 4}$; sie übertrifft mit vier bzw. fünf Molaren die Molarenzahl der Theria. Die P sind zweispitzig (Haupt- und distaler

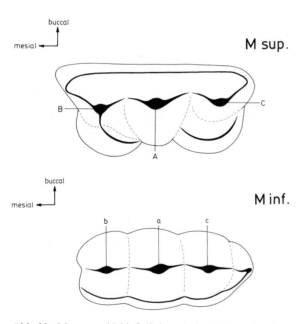

Abb. 22. M sup. und M inf. (Schema) eines Triconodonten (*Priacodon*, Ober-Jura). Höckerterminologie wie bei *Morganucodon*.

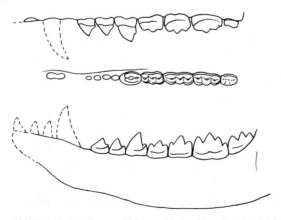

Abb. 23. *Priacodon* sp. (Triconodonta, Ober-Jura). Maxillare Zahnreihe mit $P^1 - M^4$ sin. (buccal und occlusal) und $P_1 - M_4$ sin. (buccal). $7 \times$ nat. Größe.

Nebenhöcker). Die Molaren hingegen sind stets dreihöckrig. Bei den M sup. (A–C) ist ein buccales, bei den M inf. meist ein linguales Cingulum ausgebildet (Abb. 22, 23). Die Triconodonta sind nach ihrem Gebiß als carnivor zu bezeichnen (KERMACK & KERMACK 1984).

Die erstmals von KRETZOI (1946) als eigene Ordnung Docodonta klassifizierten Säugetiere des Mittel- und Ober-Jura unterscheiden sich durch ihre einzigartige Spezialisation des Molarengebisses von allen übrigen Mammalia. Verschiedentlich werden sie allerdings nur als Unterordnung der Triconodonta gewertet (KERMACK & KERMACK 1984). Die Docodonta sind bisher nur durch Zähne und Kieferreste dokumentiert (KRON 1979). Zu den am besten belegten Docodonten zählen *Docodon* und *Haldanodon* (KRUSAT 1973). Für *Haldanodon* gibt KRUSAT die Gebißformel $\frac{5 \ 1 \ 3 \ 5}{? 4 \ 1 \ 3 \ 5} = ?$ 54 an. Für *Docodon* lautet sie nach KRON $\frac{? \ 1 \quad 3 \quad 6+?}{3 \ 1 \ 3-4 \ 7-8}$. Bemerkenswert ist die hohe Zahl der Molaren. Ein Zahnwechsel ist bei *Haldanodon* nachgewiesen. Nach KRUSAT läßt sich der hauptsächlich quetschende und schneidende Molarentyp von jenem bei den Morganucodontiden ableiten. Von den fünf I sup. bei *Haldanodon* besitzen die vier hinteren die gleiche Grundform. Die einwurzeligen Zähne bestehen aus einer Hauptspitze mit schwachen Graten nach mesial, distal und lingual. Distal ist eine kleine Nebenspitze ausgebildet. Der kräftige C sup. ist zweiwurzelig und die Krone wie die I sup. mit einem mesialen, distalen und lingualen Grat versehen. Die Größe der P sup. nimmt von vorn nach hinten zu. Der P^1 ist ein-, die übrigen sind zweiwurzelig. Zur mit Längsgraten versehenen Hauptspitze kommen mesial und distal kleine Nebenhöcker, sowie am P^3 auch zwei linguale Höckerchen. Das Grundmuster der M sup.-Krone besteht aus dem buccalen Haupthöcker (A oder Eoconus nach VANDEBROEK 1961), zu dem mesial und distal je ein Cingularhöcker, distal überdies noch ein Nebenhöcker kommen (Abb. 24). Sie sind alle in der Längsachse angeordnet und durch einen Längsgrat verbunden. Vom bedeutend niedrigeren Innenhöcker verläuft ein Grat zum Haupthöcker, distal ist ein Cingularhöcker ausgebildet. Die linguale Zahnhälfte ist wesentlich schmäler als die buccale (Abb. 25). Von den mindestens vier I inf. sind nur die beiden hinteren erhalten. Die Krone der einspitzigen und einwurzeligen Incisiven zeigt lingual ein Cingulum. Der kräftige zweiwurzelige C inf. besitzt einen stumpfen, linguo-distalen Grat. Die durchwegs zweiwurzeligen P inf. nehmen nach hinten an Größe zu. Der mesiale und distale Längsgrat geht jeweils in einen Cingularhöcker über. Die im Umriß gerundet rechteckigen M inf. nehmen vom

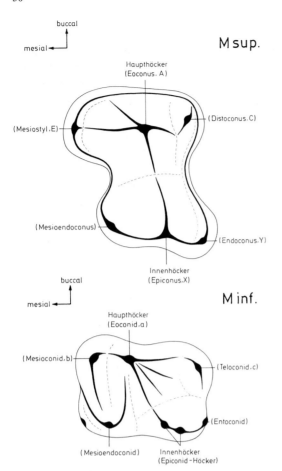

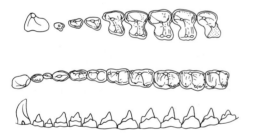

Abb. 24. M sup. und M inf. (Schema) eines Docodonten (*Docodon*, Ober-Jura). Beachte unterschiedliche Höckerterminologie.

Abb. 25. *Docodon* sp. (Kombination). Maxillare Zahnreihe (C – M⁵) von occlusal (ganz oben), mandibulare Zahnreihe (C – M₆ bzw. M₈) von occlusal (mitte) und lingual (unten). Nach KRON (1979). ca. 4× nat. Größe.

KRUSAT (1973) die omnivore Diät gegeben. KERMACK & KERMACK (1984) vergleichen die wahrscheinlich omnivore Ernährung der Docodonta mit jener vom heutigen Opossum (*Didelphis*). Das Gebiß von *Docodon* weicht nur in Einzelheiten von jenem von *Haldanodon* ab und kann mit KRUSAT als evoluierter betrachtet werden. An den M sup. und den M inf. kommen je ein weiterer Innenhöcker dazu (Abb. 25, 26). Wie bereits SIMPSON (1929) bemerkt, besitzt *Docodon* das am meisten komplizierte Molarenmuster mesozoischer Säugetiere, wenn man von dem der Multituberculaten absieht (Abb. 27).

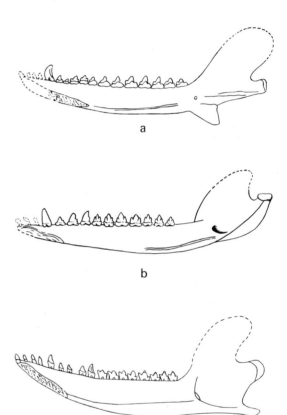

Abb. 26. Dentale dext. lingual von (a) *Docodon* (Docodonta), (b) *Spalacotherium* (Symmetrodonta) und (c) *Laolestes* (Eupantotheria). Beachte Unterschiede im Angularbereich. Nach PATTERSON (1956); nicht maßstäblich.

M₂ an Größe ab. Die Krone besteht aus dem buccalen Haupthöcker (a oder Eoconid nach VANDEBROEK), der durch Längsgrate mit dem vorderen und hinteren Außenhöcker (b und d) und durch Quergrate mit den deutlich niedrigeren Innenhökkern (h und g) verbunden ist. Niedrige Cingularhöcker sind am lingualen Mesial- und Distalrand vorhanden. Nach den Usurfacetten ist eine quetschende und scherende Wirkung des Molarengebisses anzunehmen (GINGERICH 1973). Während SIMPSON (1933) eine omnivor-frugivore Ernährung ähnlich manchen Primaten annimmt, ist für

Die Monotremata (Eierleger) sind hier nicht nur der Vollständigkeit wegen, sondern auch wegen der hinfälligen Zähne beim Schnabeltier (*Ornithorhynchus anatinus*) berücksichtigt. Wie schon erwähnt, sind die Eierleger die einzigen lebenden Vertreter der Prototheria (im weiteren Sinne). Die Kombination von sehr primitiven und höchst spezialisierten Merkmalen hat seit langem zur Diskussion der taxonomischen Position der Monotremata geführt (Reptilien oder Säugetiere; Angehörige der Prototheria oder „neotenische" Beuteltiere).

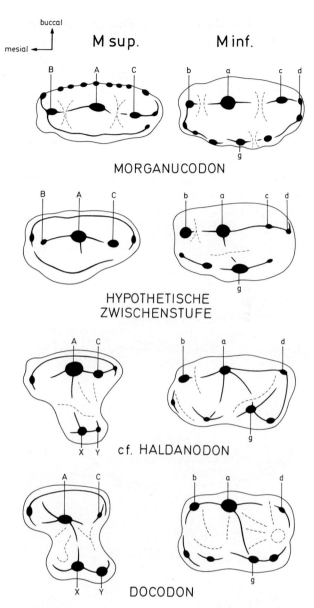

Abb. 27. M sup. und M inf. (Schema) von Triconodonten (*Morganucodon*) und Docodonten (cf. *Haldanodon* und *Docodon*), um die mögliche Ableitung des Docodontenmusters von Triconodonten aufzuzeigen. Nach KRUSAT (1973), umgezeichnet.

später durch Hornplatten ersetzt. Von diesen Zähnen ist der vorderste Backenzahn im Oberkiefer und der hinterste im Unterkiefer stark reduziert. Bei den übrigen, wohl als Molaren anzusehenden Zähnen, handelt es sich um brachyodonte, vielhöckrige Zähne, die jedoch morphologisch nicht jenen der Multituberculaten entsprechen. An den M sup. sind zwei Innenhöcker mit v-förmigen Leisten und zahlreiche niedrige Höckerchen am Buccalrand zu beobachten (Abb. 29, 30). Die Krone der M inf. besteht aus zwei kräftigen Au-

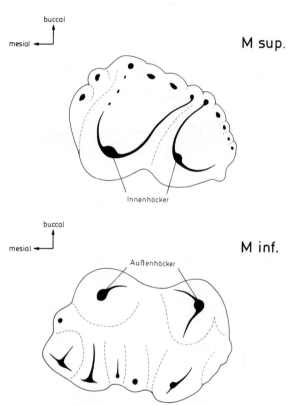

Abb. 29. *Ornithorhynchus anatinus*. Schemata der hinfälligen M sup. und M inf.

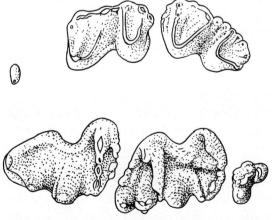

Abb. 30. *Ornithorhynchus anatinus*. Occlusalansicht der hinfälligen Backenzähne. Oben Maxillarzähne sin. (8½ Wochen alt). Unten Mandibularzähne dext. (10 Wochen alt). Nach SIMPSON (1929), umgezeichnet. ca. 6× nat. Größe.

Wie bekannt, sind die rezenten Eierleger im adulten Zustand völlig zahnlos, was bei den Ameisen- oder Schnabeligeln (Tachyglossidae) durch die Myrmecophagie (Ameisen, Termiten und andere Insekten als Nahrung) verständlich erscheint (HEDIGER & KUMMER 1960) (Tafel I). Beim Schnabeltier sind – abgesehen vom Hornschnabel – die Backenzähne durch Hornplatten ersetzt, die zum Zerquetschen der Nahrung (Schnecken, Krebstiere, Würmer und Insekten[-larven]) dienen (Abb. 28). Bei *Ornithorhynchus anatinus* werden Zähne angelegt, wonach die Gebißformel mit $\frac{0\,1\,2\,3}{5\,1\,2\,3} = 34$ angegeben werden kann, doch brechen nach SIMPSON (1929a) und GREEN (1937) insgesamt nur maximal zwölf Zähne $\left(\frac{0\,0\,1\,2}{0\,0\,0\,3}\right)$ durch. Diese hinfälligen Zähne, die bei Jungtieren im Alter von etlichen Wochen ausgebildet sind, werden

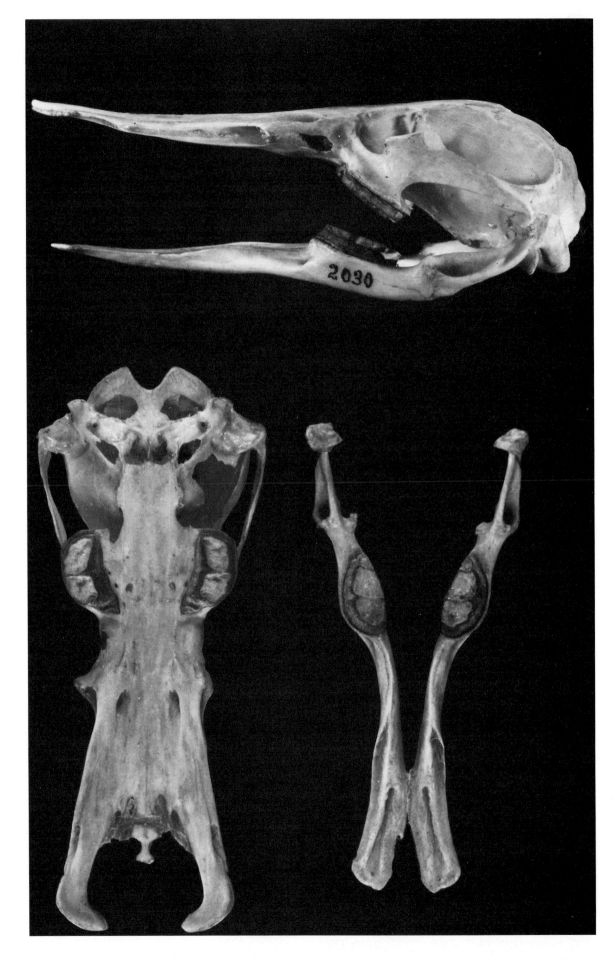

Abb. 28. *Ornithorhynchus anatinus* (Ornithorhynchidae, rezent). Australien. Schädel und Unterkiefer in Lateral-, Ventral-
und Dorsalansicht. Beachte Hornplatten. NHMW 2930. Schädellänge 100 mm.

ßenhöckern und zahlreichen niedrigen Innenhökkern (Abb. 29, 30). Das Kronenmuster entspricht keinem der übrigen Prototheria. Die seinerzeit von GREGORY (1947) und in jüngster Zeit wieder von KÜHNE (1973) vertretene Palimpsesttheorie, die nähere verwandtschaftliche Beziehungen zu den Beuteltieren annimmt, ist auf Grund falscher Voraussetzungen abzulehnen, ganz abgesehen davon, daß die Schädelmorphologie grundverschieden ist (KUHN 1971, MAIER 1986, STARCK 1978, ZELLER 1988).

Die Fossildokumentation erlaubt auch keine exakten Aussagen über Vorkommen und Herkunft der Eierleger, da praktisch nur pleistozäne Reste bekannt sind. Die von STIRTON et al. (1967) als Monotremata beschriebenen Zahnreste aus dem Miozän Australiens (*Ektopodon serratus*) haben sich als Phalangeroidenreste erwiesen. Hingegen dürfte es sich bei dem von WOODBURNE & TEDFORD (1975) aus dem australischen Miozän als *Obdurodon insignis* beschriebenen Zahn (M sup.) um einen Angehörigen der Ornithorhynchiden handeln. Die Zahnkrone besitzt jochförmige Höcker mit v-förmigen Leisten und sechs Wurzeln (CLEMENS 1979) (Abb. 31). Sie erinnern entfernt an Backenzähne von Symmetrodonten. Dennoch sagen sie nichts über die stammesgeschichtliche Herkunft der Monotremen aus und können auch nicht als Belege für die Zugehörigkeit zu den Theria herangezogen werden, wie dies ARCHER et al. (1985) annehmen. Das in jüngster Zeit durch ARCHER et al. (1985) als *Steropodon galmani* beschriebene Mandibelfragment aus der Unter-Kreide Australiens zeigt entfernte Ähnlichkeit der Molaren mit *Obdurodon*. Eine endgültige Beurteilung ist noch nicht möglich.

Mit den Multituberculata ist nicht nur die langlebigste Säugetierordnung (? Ober-Trias, Ober-Jura bis Oligozän) genannt, sondern auch jene unter den mesozoischen Säugetieren mit dem spezialisiertesten Gebiß, die auch durch Merkmale im Bau des Schädels aus dem Rahmen der übrigen Säugetiere fällt. Sie werden schon deshalb als Angehörige einer eigenen Infraklasse (Allotheria) klassifiziert. Durch den jüngst gelungenen Nachweis von drei Gehörknöchelchen sind sie als „Säugetiere" ausgewiesen. Wenn man von den nur auf isolierten Zähnen (Abb. 32) beruhenden Haramiyidae (= Microlestidae = Microcleptidae) aus dem Rhäto-Lias (Ober-Trias – Unter-Jura) – deren taxonomische Position diskutiert wird (HAHN 1969, 1978; CLEMENS & KIELAN-JAWOROWSKA 1979) – absieht, handelt es sich um pflanzenfressende Säugetiere mit der Tendenz zur nagezahnähnlichen Differenzierung des Vordergebisses, ohne daß jedoch von echten Nagezähnen gesprochen werden kann. Die Multituberculaten sind eine außerordentlich artenreiche Säugetiergruppe, die ihren stammesgeschichtlichen Höhepunkt zur Kreidezeit erreichte. Dies ist zweifellos damit zu erklären, daß sie im Mesozoikum die einzigen pflanzenfressenden Säugetiere waren. Von den zahlreichen beschriebenen Gattungen seien hier nur einige wenige, nämlich *Paulchoffatia* und *Kuehneodon* als primitivste, *Plagiaulax* oder *Ctenacodon* und *Ptilodus* als Formen mit serraten P inf. und *Taeniolabis* als im Gebiß gliriforme Gattung berücksichtigt (Tafel I). Entsprechend der unterschiedlichen Spezialisierung schwankt auch die Gebißformel der Multituberculaten in weiten Grenzen ($\frac{3\,1\,5\,2}{1\,0\,4\,2} = 36$ bis $\frac{2\,0\,1\,2}{1\,0\,1\,2} = 18$). Allerdings besteht über die Homologisierung der Zähne des postincisiven Gebisses keine Einhelligkeit (SIMPSON 1929, 1933a, HAHN 1969, 1978, CLEMENS & KIELAN-JAWOROWSKA 1979). Dazu kommt die Unmöglichkeit, die Molarenhöcker mit jenen der Theria zu homologisieren. Aus diesen Gründen erscheint es verständlich, daß hier nur eine vorwiegend deskriptive Darstellung möglich ist.

Wie bereits erwähnt, zählen *Paulchoffatia* und *Kuehneodon* (Paulchoffatiidae = „Bolodontidae")

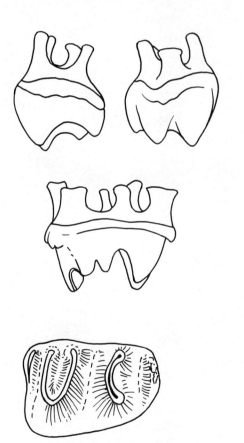

Abb. 31. *Obdurodon insignis* (Mittel-Miozän Australiens). M sup. dext. Mesial- und Distalansicht (oben), Buccal- (mitte) und Occlusalansicht (unten). Nach WOODBURNE & TEDFORD (1975), spiegelbildlich umgezeichnet. 5× nat. Größe.

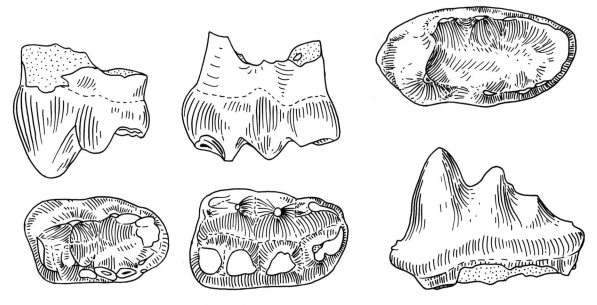

Abb. 32. Isolierte Zähne von Haramiyiden (*Thomasia antiqua*, M sup. dext., buccal und occlusal, links; *Thomasia* sp., M inf. sin. occlusal und lingual, rechts) und Multituberculaten (*Kuehneodon* sp., P⁵ sin., buccal und occlusal, mitte). Beachte Unterschiede zwischen *Thomasia* und *Kuehneodon*. Nach HAHN (1973). *Thomasia* spiegelbildlich umgezeichnet. ca. 20 ×

aus dem Ober-Jura (Kimmeridge) zu den erdgeschichtlich ältesten und zugleich primitivsten Multituberculaten. Von beiden Gattungen ist das Gebiß vollständig bekannt (Abb. 33–35). Die Gebißformel von *Paulchoffatia* lautet $\frac{3\,0-1\ 4-5\,2}{1\ 0\ \ 3-4\,2} = 30-36$, jene von *Kuehneodon* $\frac{3\,?1\ 3\ \ 3}{1\,0\ 3-4\,2} = 32-34$. Bei *Kuehneodon simpsoni* ist die Krone der stets einwurzeligen I sup. sehr unterschiedlich gebaut. Von den I ist der I² am größten. Die kleinen, median aneinanderstoßenden I¹ sind einspitzig. Die Krone der I² ist länglich mit mesialer, leicht gekrümmter Hauptspitze und distalem niedrigen Nebenhöcker. An den im Umriß gerundet trapezförmigen, plumpen I³ liegt die niedrige zweigeteilte Hauptspitze lingual, zu der buccal zwei kleine Basalhöckerchen kommen. Der I³ ist vom I² und vom distal anschließenden Zahn durch ein Diastema getrennt, was auch für diesen selbst gilt. Dieser im Umriß gerundete Zahn (? C sup. oder P²) ist vierhöckerig (tetracuspid) und entspricht damit weitgehend den beiden distal folgenden Zähnen. Zwei Außen- und zwei Innenhöcker sind vorhanden. Der nur unvollständig erhaltene letzte (?) P sup. vermittelt dimensionell und im Umriß zwischen P und M, d.h. er ist etwas molarisiert. Die Krone des länglichen M¹ (P⁵ nach HAHN 1969) besteht aus einer buccalen und einer lingualen Höckerreihe, die durch eine Längsfurche getrennt sind. Dies gilt auch für den M², bei dem jedoch ein Talonidhöcker den distalen Abschluß bildet (Abb. 33). Der M³ ist nicht überliefert. Im Unterkiefer ist nur ein vergrößerter, gekrümmter, seitlich etwas komprimierter und mit dorso-lingualer Kante versehener I vorhanden, dessen spitz

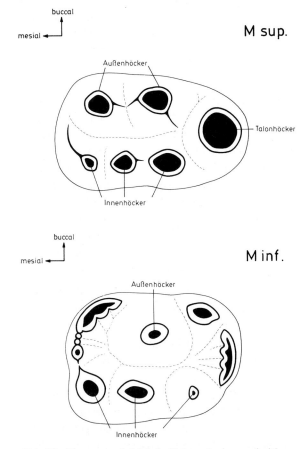

Abb. 33. M sup. und M inf. (Schema) eines primitiven Multituberculaten (*Kuehneodon*, Ober-Jura). Homologisierung der Zahnhöcker mit jenen der übrigen Säugetiere nicht möglich.

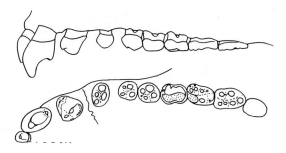

Abb. 34. *Kuehneodon simpsoni* (Multituberculata, Ober-Jura). Oberkieferbezahnung von buccal (oben) und occlusal (unten). Homologisierung der postincisiven Zähne nicht gesichert. Nach HAHN (1969), umgezeichnet. ca. 4,5 × nat. Größe.

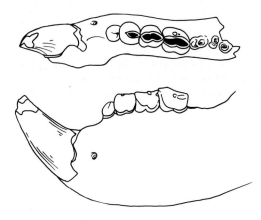

Abb. 35. *Paulchoffatia delgadoi* (Multituberculata, Ober-Jura). Mandibel sin. mit I und P_{1-4} (Molaren fehlen) von occlusal (spiegelbildlich umgezeichnet, oben) und von buccal (unten). Nach HAHN (1969), umgezeichnet. ca. 5 × nat. Größe.

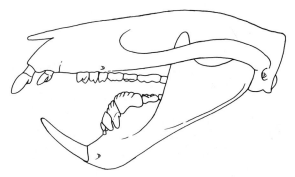

Abb. 36. *Ctenacodon serratus* als primitiver Ptilodontide (Multituberculata, Ober-Jura). Rekonstruktion des Schädels (Lateralansicht). Nach SIMPSON (1926), umgezeichnet. ca. 2,5 × nat. Größe.

zulaufende Krone allseitig von Schmelz bedeckt ist. Die kräftige Wurzel greift neben die Wurzeln der vorderen Prämolaren. Ein kurzes Diastema trennt I und P. Die seitlich komprimierten, zwei-wurzeligen P inf. nehmen nach hinten an Größe zu. $P_{\overline{3}}$ und $P_{\overline{4}}$ zeigen – soweit nicht abgekaut – eine Schneide, die beim $P_{\overline{4}}$ deutlich gekerbt ist und einen schwach konvex gekrümmten Bogen bildet. Von den beiden Molaren sind nur die Alveolen erhalten. Bei *Paulchoffatia* sind ähnlich wie bei den M sup. zwei Höckerlängsreihen vorhanden.

Bei *Ctenacodon* und *Plagiaulax* (Plagiaulacidae) aus dem Ober-Jura bzw. Unter-Kreide und bei *Ptilodus* (Ptilodontidae) aus dem Paleozän ist die bei den Paulchoffatiiden angebahnte serrate Ausbildung der P inf. verstärkt. Bei *Ctenacodon* ($\frac{3\,0\,5\,2}{1\,0\,4\,2} = 34$) ist der $P_{\overline{4}}$ verlängert und deutlich serrat ausgebildet (Abb. 36). Der $P_{\overline{3}}$ läßt sich am ehesten mit dem $P_{\overline{4}}$ von *Kuehneodon* vergleichen. Es sind an der leicht bogenförmig gekrümmten Schneide des $P_{\overline{4}}$ mindestens sechs Spitzen vorhanden, die in schräg verlaufende Leisten übergehen, die wiederum durch Kerben getrennt sind. Es ist dies der von SIMPSON (1933a) als plagiaulacoid be-

zeichnete Sägezahntyp, der auch bei Beuteltieren (wie *Abderites, Burramys, Bettongia*) und Primaten (wie *Carpolestes*) bekannt ist. Wie HAHN (1985) betont, läßt das *Plagiaulax*-Gebiß eine funktionelle Dreiteilung erkennen: Incisiven – Ergreifen, vergrößerte P – Schneiden, Molaren – Kauen.

Bei *Ptilodus*, einem Greifschwanzkletterer aus dem Paleozän der USA, wie JENKINS & KRAUSE (1983) zeigen konnten, ist die Zahnreduktion weiter fortgeschritten (Gebißformel $\frac{2\,0\,4\,2}{1\,0\,2\,2} = 26$) (Tafel I, Abb. 37). Im Oberkiefer sind zwei einwurzelige, einspitzige und leicht gekrümmte I sup. vorhanden, die durch ein Diastema getrennt sind. Der vordere I ($I\,\underline{^2}$?) ist größer, die leicht mesial gekrümmten Kronen berühren einander median

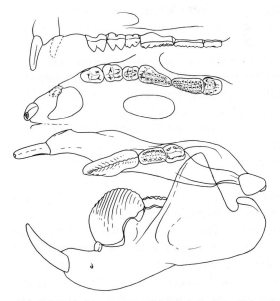

Abb. 37. *Ptilodus montanus* (Multituberculata, Paleozän) als spezialisierter Ptilodontide. Oberkiefergebiß sin. von buccal (ganz oben) und occlusal (oben) und Mandibel sin. von oben und außen (ganz unten). Beachte stark vergrößerten, serraten P_4. Die I sup. entsprechen I^2 und I^3, der I inf. dem I_1. Für die vielhöckrigen Zähne (P und M) hat man eine eigene Höckerformel („cusp formula") entwickelt, z.B. M^2 8 : 9 : 8, M_1 5 : 4. Nach KRAUSE (1982) umgezeichnet. 5 × nat. Größe.

nicht (vgl. SIMPSON 1937). Die durch ein Diastema getrennte Backenzahnreihe besteht aus den im Umriß gerundeten P $^{1-3}$, von denen der P ^{1} dreihöckerig, der P ^{2} vier- und der P ^{3} sechshöckerig ist. Beim P ^{2} und P ^{3} sind die Höcker in zwei Längsreihen angeordnet, was auch für den stark verlängerten und vielhöckerigen P ^{4} gilt (7 Außen- und 9 Innenhöcker). Er ist im wesentlichen der Antagonist des gleichfalls vergrößerten P ^{4}. Die beiden M sup. besitzen drei Höckerreihen, allerdings sind diese nur beim stark verlängerten M ^{1} typisch entwickelt (Abb. 37). Der einzige I inf. ist leicht gekrümmt, die Krone – im Vergleich zu *Kuehneodon* – jedoch schlank und lang. Die Incisiven haben keinerlei schneidende Funktion, sondern dienen nach KRAUSE (1982) zum Erfassen und Halten der Nahrung, wie es in ähnlicher Weise von verschiedenen diprotodonten Beuteltieren (wie *Dactylonax, Dactylopsila*) bekannt ist. Ein weites Diastema trennt das Backengebiß vom I inf. Der winzige einwurzelige P $_{\overline{3}}$ liegt unterhalb des stark vergrößerten und seitlich stark komprimierten P $_{\overline{4}}$, der einen echten Sägezahn mit bogenförmig gekrümmter Schneidekante bildet. Dieser serrate Zahn besitzt mindestens 13 Spitzen, von denen aus leicht gekrümmte, durch Kerben getrennte Leisten schräg nach vorne unten verlaufen (Abb. 37). Die beiden M inf. sind multicuspid, die Höcker in zwei Längsreihen angeordnet. Die Ausbildung der Backenzähne läßt nach KRAUSE (1982) auf die Existenz einer Zunge zum Bewegen der Nahrung schließen.

Mit *Taeniolabis* (Taeniolabididae) aus dem Paleozän der USA ist eine der spezialisiertesten Gattungen der Multituberculaten genannt. Dem Bakkenzahngebiß fehlt die plagiaulacoide Differenzierung, da das Vordergebiß gliriform differenziert ist (Tafel I). Wie HAHN (1985) ausführt, besteht zwischen der Ausbildung des Vordergebisses und dem plagiaulacoiden Backenzahngebiß eine Korrelation, indem die vergrößerten Schneidezähne die ursprünglich von den Sägezähnen ausgeübte Funktion übernehmen. Die Zahnzahl ist stärker reduziert als bei den bisher besprochenen Multituberculaten ($\frac{2\ 0\ 1\ 2}{1\ 0\ 1\ 2} = 18$). Im Ober- und Unterkiefer ist je ein Incisiv stark vergrößert und mit schneidenden Kanten versehen. Dies wird durch den nur auf die Vorderseite der Zähne beschränkten Schmelz erreicht. Allerdings sind die Zähne nicht wurzellos, also keine echten Nagezähne. Die Zahnkrone ist jedoch zweifellos als hypsodont zu bezeichnen (Abb. 38). Die vorderen, schräg eingepflanzten I sup. berühren einander median. Die hinteren I sup. sind klein. Ein echtes Diastema trennt sie vom Backenzahngebiß, das praktisch aus den multicuspiden Molaren besteht. Der P ^{4} ist ein im Umriß ovaler, kleiner Zahn, der aus einem

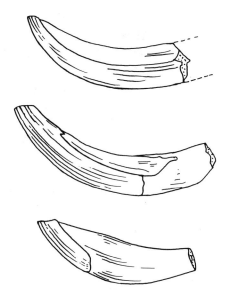

Abb. 38. *Taeniolabis* sp. (Multituberculata, Paleozän). I inf. dext. (Lateralansicht) in verschiedenen Stadien der Abschleifung. Oben: jung, Mitte: adult, unten: senil. Nach GRANGER & SIMPSON (1929), spiegelbildlich umgezeichnet. 1/1 nat. Größe.

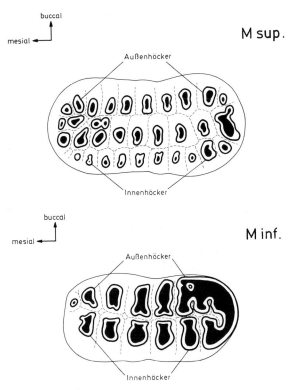

Abb. 39. M sup. und M inf. (Schema) von *Taeniolabis* (Paleozän).

Haupthöcker besteht, zu dem disto-buccal und mesial winzige Höckerchen kommen. Die Krone des stark verlängerten M ^{1} besteht aus drei Höckerreihen (Abb. 39) aus meist alternierend angeordneten Höckern (GRANGER & SIMPSON 1929). An dem nur etwa halb so großen M ^{2} sind nur zwei Höckerreihen vorhanden. Die Krone des stark vergrößerten I inf. ist verlängert und gekrümmt, der Schmelz auf die Vorderseite des Zahnes beschränkt, so daß infolge der Abschleifung durch den I sup. eine Schneidekante entsteht. Der Zahn ist bewurzelt. Wie GRANGER & SIMPSON (1929) gezeigt haben, ist die Krone bei senilen Individuen nur ganz kurz. Ein Diastema trennt auch hier Vorder- und Backenzahngebiß. Dieses besteht gleichfalls aus einem nur winzigen, allerdings zweispitzigen P und den beiden Molaren, von denen der $M_{\overline{1}}$ verlängert ist (Abb. 40). Die Krone der beiden M inf. besteht aus zwei longitudinal verlaufenden Höckerreihen. Bemerkenswert ist die Art der Abkauung. Sie schreitet nicht von vorn nach hinten fort, sondern von hinten nach vorn, was mit der vorwiegend palinalen Kaubewegung des Kiefers (von vorne nach hinten) in Zusammenhang gebracht wird, wie sie auch von *Ptilodus* beschrieben wurde (KRAUSE 1982). Über Zahnwechsel (I und P) bei Multituberculaten berichten SZALAY (1965) und HAHN (1978a).

(Eu-)Pantotheria gebraucht wird (KERMACK & KERMACK 1984). Von diesen nur aus dem Mesozoikum (Rhäto-Lias bis Kreide) bekannt gewordenen Säugetieren sind meist nur Zähne und Kieferreste überliefert. Die Molaren sind dreihöckrig und haben zur Namengebung dieser Säugetiergruppe geführt. Bei den evoluierten Theria mit Metatheria-Eutheria-Niveau wird der trituberculate Zustand an den M inf. durch die Ausbildung eines Talonids überwunden, so daß aus dem trituberculaten der tribosphenische Zustand entsteht. Nach dem Backenzahngebiß lassen sich Symmetrodonta (Ober-Trias – Ober-Kreide) und Eupantotheria (Mittel-Jura – Unter-Kreide) meist gut unterscheiden, dennoch wird die taxonomische Position einzelner Formen (wie Kuehneotheriidae, Aegialodontidae) nicht einheitlich beurteilt (CASSILIANO & CLEMENS 1979, KERMACK & KERMACK 1984).

Von den Symmetrodonta sind hier nur die Gattungen *Kuehneotherium*, *Spalacotherium* (= ? *Peralestes*) und *Tinodon* bzw. *Eurylambda* berücksichtigt. Die Gebißformel ist nicht vollständig bekannt. Sie lautet für die Gattung *Spalacotherium* (= Unterkiefer) und die vermutlich synonyme Gattung *Peralestes* (Oberkiefer) $\frac{?\ ?1\ ?3\ 7}{3\ 1\ 3\ 7} = 50 +$ (Abb. 41). Das isolierte Vorkommen der Reste macht eine Zuordnung von Ober- und Unterkieferresten nicht oder kaum möglich und erklärt die getrennte taxonomische Benennung.

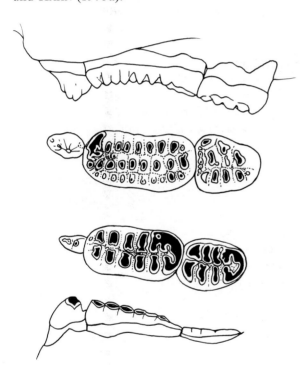

Abb. 40. *Taeniolabis taoensis* (Multituberculata, Paleozän). Maxillargebiß sin. buccal (ganz oben) und occlusal (oben) sowie Mandibulargebiß dext. occlusal (Mitte unten) und buccal (ganz unten). Nach GRANGER & SIMPSON (1929), verändert umgezeichnet. ca. 1,2 × nat. Größe.

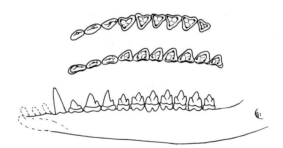

Abb. 41. Maxillar-(occlusal) und Mandibulargebiß (occlusal und lingual) von Symmetrodonten. *Peralestes longirostris* (Ober-Jura, ganz oben) und *Spalacotherium tricuspidens* (Ober-Jura, mitte und unten). Nach LILLEGRAVEN & al. (1979), umgezeichnet. 3,3 × nat. Größe.

3.2 Trituberculata (= Pantotheria): Symmetrodonta und Eupantotheria

In diesem Kapitel sind lediglich jene mesozoischen Theria besprochen, die in der Literatur meist als Symmetrodonta und Pantotheria bezeichnet werden. Die Bezeichnung Eupantotheria wird hier verwendet, da der Begriff Pantotheria verschiedentlich als Überbegriff für Symmetrodonta und

Für die Symmetrodonta ist die dreieckige Anordnung der drei Backenzahnhöcker kennzeichnend, die seitenverkehrt in Ober- und Unterkiefer auftreten. Sie sind bei *Spalacotherium* (Spalacotheriidae) aus dem Ober-Jura in typischer Weise ausgebildet. Die einwurzeligen I inf. sind nicht bekannt. Der einwurzelige C inf. ist kräftig und ist doppelt so hoch wie die Krone des vordersten P inf. Die Krone der drei zweiwurzeligen P inf. ist seitlich komprimiert und besteht aus dem mit Längskanten versehenen Haupthöcker und einem distalen

Nebenhöcker. Die Höhe nimmt zum hintersten P zu. Von den gleichfalls zweiwurzeligen M inf. sind nur der vorderste und der hinterste M etwas kleiner als die übrigen. Das einheitliche Zahnmuster besteht aus dem buccalen Haupthöcker (Protoconid) und dem mesialen (Paraconid) und distalen Innenhöcker (Metaconid). Der Mandibel fehlt der für Eupantotheria charakteristische Processus angularis (Abb. 26). Die M sup. zeigen im Prinzip das gleiche Muster, nur seitenverkehrt, indem der Haupthöcker lingual, die Nebenhöcker buccal angeordnet sind.

Bei *Tinodon* und *Eurylambda* (? Spalacotheriidae) aus dem Ober-Jura der USA sind die Molaren etwas evoluierter, indem auf den M sup. ein distaler Metastylhöcker, an den M inf. zwei mesiale (Parastylid-)Höcker und ein distaler (Hypoconulid-)Höcker dazukommen (Abb. 42). Ein Außencingulum an den M sup. und ein Innencingulum an den M inf. ist gleichfalls charakteristisch.

Besonders interessant erscheint jedoch *Kuehneotherium praecursoris* (Kuehneotheriidae) aus dem Rhäto-Lias Europas (KERMACK, KERMACK & MUSSETT 1968). Abgesehen von zahnlosen Mandibelresten sind zwar nur isolierte Einzelzähne überliefert, doch lassen sie auf folgende Gebißformel schließen $\frac{?\ ?\ ?\ ?}{?4\ 1\ 5-6\ 4-5}$. Die Backenzähne sind jedoch recht bemerkenswert, da sie dem Kronenmuster nach als solche primitiver Symmetrodonten anzusehen sind. Dies bedeutet – auch wenn man sie mit KERMACK & KERMACK (1984) oder MAIER (1978) als Eupantotheria klassifiziert – den Nachweis der Theria seit der jüngsten Trias, neben den als Prototheria klassifizierten Morganucodonten (s. o.). Die M sup. und M inf. sind dreihöckrig, mit Para- und Metastyl an den M sup. sowie (doppeltem) Parastylid- und Hypocon(ul-)idhöcker an den M inf. (Abb. 43). Der mesiale Höcker (B) läßt sich nach BUTLER (1978) mit dem Stylocon jüngerer Theria homologisieren (Abb. 43). Ein Innencingulum ist jeweils ausgebildet. Die Haupthöcker selbst sind bedeutend höher als die mesialen und distalen Nebenhöcker. Auch nach dem Muster der Scherfacetten kann *Kuehneotherium* als Vertreter basaler Theria gelten (MAIER 1978).

Wie SIMPSON (1936) gezeigt hat, ist die Funktion der Backenzähne bei den Symmetrodonten im wesentlichen eine scherende. Sie bedeutet gegenüber der rein alternierenden Stellung der Zähne bei Reptilien einen wesentlichen Fortschritt, doch fehlt die erst bei den Eupantotheria realisierte Op-

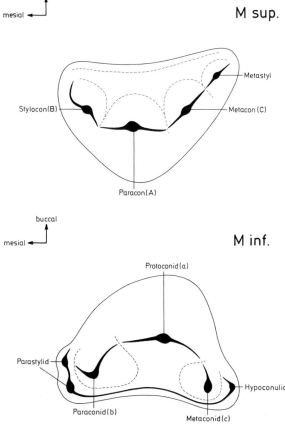

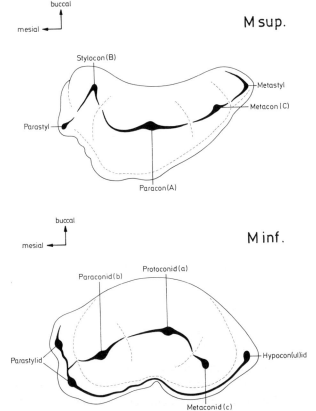

Abb. 42. M sup. und M inf. (Schema) von Symmetrodonten (*Tinodon* = M sup., *Eurylambda* = M inf.). Beachte Homologisierung der Zahnhöcker mit Triconodonta.

Abb. 43. M sup. und M inf. des ältesten Symmetrodonten (*Kuehneotherium praecursoris*, Rhäto-Lias). (Schema).

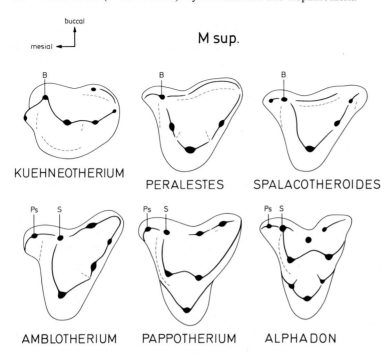

Abb. 44. M sup. (Schemata) von mesozoischen Symmetrodonten (*Kuehneotherium, Peralestes* und *Spalacotheroides*), Eupantotheria (*Amblotherium*), primitiven Theria (*Pappotherium*) und Marsupialia (*Alphadon*). Beachte Ausbildung des tribosphenischen Molaren. Ps – Parastyl, S – Stylocon. Nach Butler (1978), umgezeichnet.

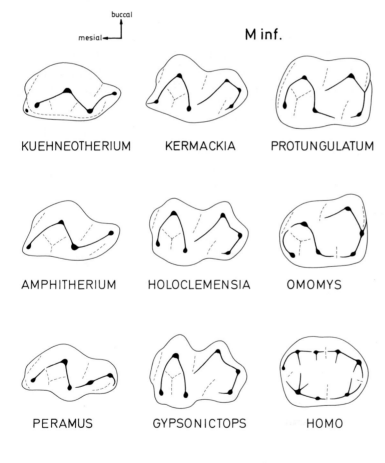

Abb. 45. M inf. (Schemata) von Symmetrodonta (*Kuehneotherium*), Eupantotheria (*Amphitherium, Peramus*), primitiven Theria (*Kermackia, Holoclemensia*, Mittel-Kreide) und Eutheria (*Gypsonictops*, Ober-Kreide; *Protungulatum*, Ober-Kreide; *Omomys*, Eozän und *Homo*, rezent). Beachte Entstehung und Ausbildung des Talonids beim tribosphenischen Molaren. Nach Butler (1978), umgezeichnet.

positionsstellung. Sie wird vor allem durch die Bildung eines Talonids an den M inf. erreicht.

Bei den Eupantotheria schreitet die bei *Kuehneotherium* eingeleitete Molarenentwicklung in Richtung tribosphenischer Molaren weiter (Abb. 44, 45). Simpson (1936) hat für die trituberculaten M sup. und den tuberculosectorialen M inf. (mit echtem Talonid) diesen einheitlichen Begriff geschaffen. Innerhalb der Eupantotheria lassen sich verschiedene Entwicklungslinien unterscheiden, denen unterschiedliche Bedeutung für die stammesgeschichtliche Herkunft der übrigen Theria (Meta- und Eutheria) zugemessen wird. Wichtig ist, daß das Dentale der Eupantotheria einen Processus angularis besitzt (Parrington 1959). Hier sind *Melanodon – Laolestes* und

Crusafontia als Dryolestida, *Amphitherium* als Amphitherida und *Peramus* als Peramurida berücksichtigt.

Bei *Melanodon* – *Laolestes* bzw. *Crusafontia* (Dryolestidae) aus dem Ober-Jura lautet die Gebißformel $\frac{?\;?\;?\;7}{4\;1\;4\;8}$. Die Mandibel besitzt einen kräfti-

gen Processus angularis. I, C und die vorderen drei P inf. sind einspitzig. Am bedeutend größeren $P_{\overline{4}}$ kommt ein distaler Nebenhöcker hinzu. Die zweiwurzeligen, annähernd gleich großen M inf. bestehen aus dem dreihöckrigen Trigonid (Para-, Proto- und Metaconid) und einem einhöckerigen Talonid (Abb. 46, 47). Von den Trigonidhöckern ist das Protoconid am höchsten, das Paraconid am niedrigsten. Bei einzelnen Dryolestiden bildet das Metaconid einen Doppelhöcker, der überdies mit zwei Kanten mit dem Protoconid verbunden sein kann. Von dem nicht vollständig dokumentierten Oberkiefergebiß sind die M sup. stark quergedehnt. Die Krone setzt sich aus drei Höckern in der Buccalhälfte (Stylocon, Para- und Mesostyl) und zwei in der Lingualhälfte (Paracon und Metacon) zusammen. Der hier auf Grund der Okklusionsstellung als Paracon (= Eoconus VAN-DEBROEK 1961) gedeutete Innenhöcker ist der höchste Molarenhöcker. Bei zentrischer Okklusion ist der Talonidhöcker nicht mit dem M sup. in Kontakt.

Bei *Amphitherium* (Amphitheriidae; Abb. 47) und *Peramus* (Peramuridae) des Mittel- bzw. Ober-Jura ist das Talonid an den M inf. ein- oder zweihöckerig, selten dreihöckerig, die M sup. sind – soweit bekannt – mehrhöckerig, indem die Höcker bogenförmig angeordnet sind. Ein Protoconus fehlt (Abb. 48, 49). Die Gebißformel für *Amphitherium* lautet $\frac{?\;1\;\;?4\;\;7-8}{4\;1\;4-5\;6-7}$ (MILLS 1964).

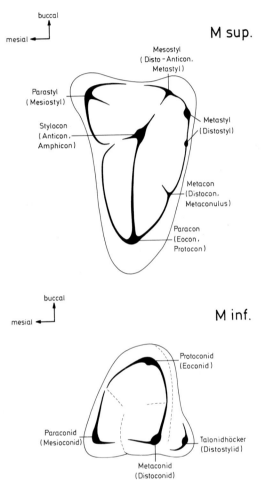

Abb. 46. M sup. und M inf. (Schema) von Eupantotheria des Ober-Jura. *Melanodon* (M sup.) und *Laolestes* (M inf.). Mit unterschiedlicher Höckerterminologie.

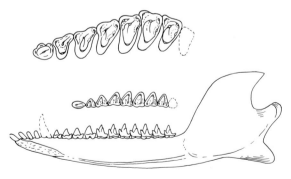

Abb. 47. Gebiß von Eupantotheria aus dem Mittel- und Ober-Jura. Oben: Maxillargebiß P – M^6 sin., occlusal) von *Melanodon oweni* (Dryolestidae). Mitte: Mandibulargebiß (P – M$_7$ dext., occlusal) von *Laolestes eminens* (Dryolestidae). Unten: Mandibel dext. mit I$_1$ – M$_7$ (lingual) von *Amphitherium prevosti* (Amphitheriidae). Nach SIMPSON (1936), umgezeichnet. ca. 3 × nat. Größe.

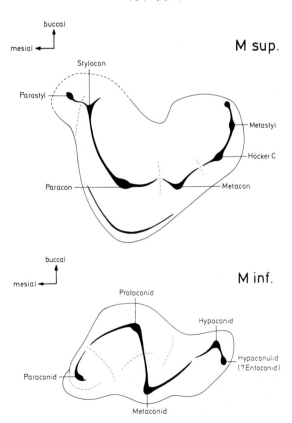

Abb. 48. M sup. und M inf. (Schema) von *Peramus* (Peramuridae, Eupantotheria).

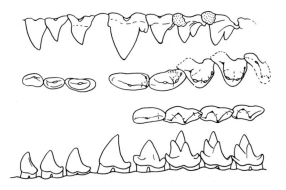

Abb. 49. *Peramus tenuirostris* (Ober-Jura). Oben: P^{1-5}, M^{1-3} sin., buccal und occlusal. Unten: P_{1-5}, M_{1-3} dext., occlusal und lingual. Nach CLEMENS & MILLS (1971), umgezeichnet. ca. 10 × nat. Größe.

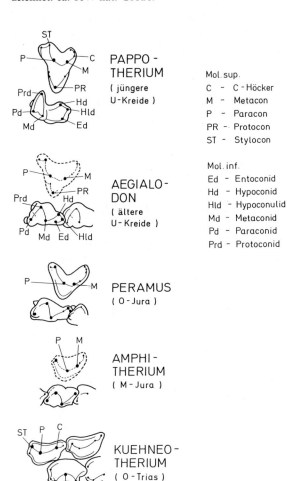

PAPPO-
THERIUM
(jüngere
U-Kreide)

Mol. sup.

C – C-Höcker
M – Metacon
P – Paracon
PR – Protocon
ST – Stylocon

AEGIALO-
DON
(ältere
U-Kreide)

Mol. inf.

Ed – Entoconid
Hd – Hypoconid
Hld – Hypoconulid
Md – Metaconid
Pd – Paraconid
Prd – Protoconid

PERAMUS
(O-Jura)

AMPHI-
THERIUM
(M-Jura)

KUEHNEO-
THERIUM
(O-Trias)

Abb. 50. Molaren-Evolution bei mesozoischen Säugetieren (Trituberculata – Theria). Homologisierung der Zahnhöcker nach CROMPTON. Beachte Bildung des Protocons an den M sup. und des Talonids an den M inf. als Voraussetzung für die Oppositionsstellung. Nach CROMPTON (1971), umgezeichnet. Strichliert = fossil nicht überliefert.

Den nächsten Evolutionsschritt im Molarengebiß repräsentiert *Aegialodon dawsoni* (Aegialodontidae) aus der älteren Unter-Kreide (KERMACK, LEES & MUSSETT 1965). Bereits die Diskussion über die taxonomische Position (Eupantotheria oder Eutheria) zeigt, daß *Aegialodon* (morpholo-

gisch) zwischen den Eupantotheria des Ober-Jura (*Peramus*) und den Meta-Eutheria-Zähnen aus der Mittel-Kreide vermittelt (Abb. 50). BUTLER (1978) wertet die Aegialodontiden als Vertreter einer eigenen Ordnung (Aegialodontia). Bei den M inf. von *Aegialodon dawsoni* ist ein gut entwikkeltes, dreihöckeriges Talonid vorhanden. Auf Grund der Facetten an der Lingualfläche des Prähypocristids am Talonid ist nach CROMPTON (1971) auf einen Protoconus an den (unbekannten) M sup. zu schließen. Die M inf. von *Aegialodon* leiten demnach (morphologisch) zu den ältesten tribosphenischen Molaren über, wie sie als *Pappotherium* und *Holoclemensia* aus der jüngeren Unter-Kreide Nordamerikas beschrieben worden sind (PATTERSON 1956, SLAUGHTER 1965).

In den Abb. 44 und 45 sind tribosphenische Molaren dargestellt, wie sie von Ober-Kreide-Theria bekannt sind. Sie dokumentieren den bedeutenden Fortschritt durch die Entwicklung des dreihöckrigen Talonids an den M inf. Weiter sind durch die unterschiedlichen Signaturen die „matching shearing surfaces" an den M sup. und M inf. angedeutet, die für die Höckerhomologisierung von Bedeutung sind. In Abb. 8 findet sich die komplette Terminologie der Zahnhöcker und -leisten, wie sie auch im folgenden gehandhabt wird.

Abb. 51 und 52 zeigen die von VANDEBROEK (1961) an Hand der Höcker-Homologisierung angenommene Evolution der Molaren und damit die von

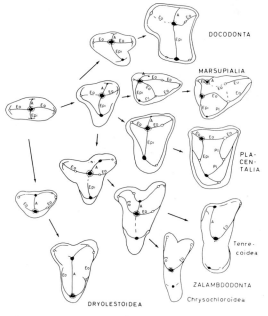

Abb. 51. Evolution der M sup. nach VANDEBROEK (1961). Beachte frühe Trennung der Zalambdodonta (Tenrecoidea und Chrysochloroidea) von den übrigen Theria (Marsupialia und Placentalia). Docodonta und Dryolestoidea (= Eupantotheria) als Seitenlinien. A – Anticrista, Eo – Eocrista, Epi – Epicrista, Pl – Plagiocrista.

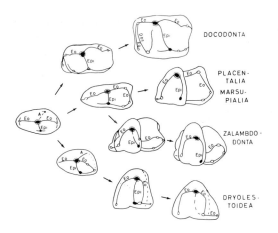

Abb. 52. Evolution der M inf. nach Vandebroek (1961). A – Anticrista, Doc – Transversalcrista der Docodonta, Eo – Eocrista, Epi – Epicrista.

ihm vertretenen stammesgeschichtlichen Zusammenhänge innerhalb der Theria. In Abb. 53 ist eine Übersicht über das zeitliche Auftreten und die vermutlichen stammesgeschichtlichen Zusammenhänge gegeben, vor allem der mesozoischen Säugetiere. Die Zugehörigkeit von *Steropodon* aus der Unter-Kreide zu den Monotremata ist nicht erwiesen.

Auf die erst in jüngster Zeit von Chow & Rich (1982) als *Shuotherium* beschriebenen Säugetiere aus dem Ober-Jura Chinas sei hier nur hingewiesen, da es sich um Formen mit pseudotribosphenischen M inf. handelt, bei denen das Talonid nur als Cingulum angedeutet ist (Abb. 54, 55). Chow & Rich klassifizieren *Shuotherium* als Vertreter der Yinotheria, die den übrigen Theria (Yango-

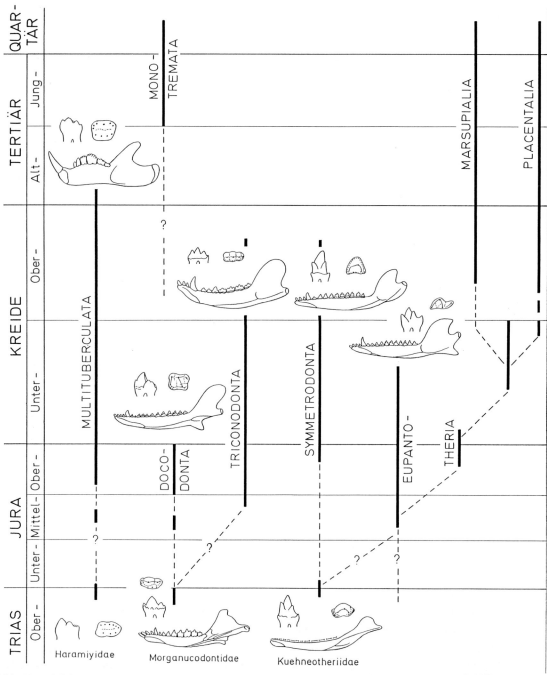

Abb. 53. Zeitliche Verbreitung der mesozoischen Säugetiere. Verändert umgezeichnet aus Thenius (1979).

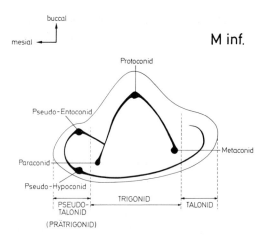

Abb. 54. M inf. (Schema) von *Shuotherium* (Shuotheriidae, Yinotheria). Beachte Pseudotalonid als mesialer Bestandteil der Krone.

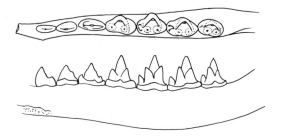

Abb. 55. *Shuotherium dongi* (Shuotheriidae) aus dem Ober-Jura von China. Mandibel sin. mit 3 P und 4 M von occlusal (oben) und lingual (unten). Nach CHOW & RICH (1982), seitenverkehrt umgezeichnet. ca. 7 × nat. Größe.

theria) als Schwestergruppe gegenübergestellt werden. Es scheint, als hätte die Natur mit zusätzlichen Kronenelementen experimentiert.

3.3 Marsupialia (Beuteltiere)

Die Beuteltiere sind eine außerordentlich formenreich entwickelte Säugetiergruppe, die vor allem durch die Art der Fortpflanzung (meist Beutelstadium der Jungtiere) und durch den Zahnwechsel (nur ein Zahnpaar wird gewechselt) charakterisiert erscheint. Sie sind gegenwärtig durch annähernd 80 Gattungen in nahezu 250 Arten disjunkt in der Alten und Neuen Welt heimisch, waren jedoch einst weiter verbreitet. Ihre systematische Großgliederung wird ebenso diskutiert wie die Frage, ob es sich um eine Ordnung oder um mehrere Ordnungen (Didelphida, Dasyuria [= Marsupicarnivora], Caenolestida [= Caenolestia = Paucituberculata], Peramelia und Phalangeria [= Diprotodonta = Syndactyla]) handelt (THOMAS 1888, WOOD JONES 1923, BRAZENOR 1950, HALTENORTH 1958, 1969, TYNDALE-BISCOE 1973, MARSHALL 1981), geschweige denn einer

Aufteilung in zwei Kohorten (Ameridelphia und Australidelphia) innerhalb der Infraklasse Metatheria durch SZALAY (1982) (WOODBURNE 1984).

Die heute fast ausschließlich auf die australische und neotropische Region (Ausnahmen: Phalangeriden auf Celebes und *Didelphis* in der Nearktis) beschränkten Beutler kamen einst auch in Nordamerika, Afrika und Europa vor. Die fossilen Beuteltiere dokumentieren zugleich die einstige Formen- und Artenfülle im Tertiär Südamerikas, von der gegenwärtig nur mehr wenige Arten zeugen. Die südamerikanischen Beuteltiere haben nicht nur beutelrattenartige, sondern auch spitzmaus-, nager-, halbaffen- und raubtierähnliche Formen hervorgebracht. Ähnliches gilt auch für die australische Region mit zahlreichen, heute ausgestorbenen Formen, von denen die Angehörigen der Megafauna mit Großkatzen (*Thylacoleo*), großen (*Diprotodon*) und kleinen Nashörnern (*Zygomaturus*, *Nototherium*), Tapiren (*Palorchestes*), kleinen Riesenfaultieren (*Sthenurus*, *Procoptodon*), blattäsenden Antilopen (*Propleopus*, *Protemnodon*) und Riesenwasserschweinen (*Phascolonus*, *Ramsayia*) verglichen werden können.

Die ältesten sicheren Fossilfunde stammen aus der Ober-Kreide Nord- und Südamerikas (wie *Alphadon*, *Stagodon*, *Pediomys*; *Robertohoffstetteria*). Isolierte Zahnfunde aus der jüngsten Unter-Kreide (*Holoclemensia*) entsprechen morphologisch Zähnen von Beuteltieren.

Die systematische Großgliederung ist engstens mit den Begriffen Polyprotodontia und Diprotodontia (Tafel II) verknüpft, einer Gliederung, die jedoch den tatsächlichen verwandtschaftlichen Beziehungen nicht gerecht wird. So ist im wesentlichen der von SIMPSON (1945, 1970) vorgeschlagenen Großgliederung in folgende Überfamilien gefolgt: Didelphoidea, Borhyaenoidea, Argyrolagoidea, Caenolestoidea, Dasyuroidea, Perameloidea, Diprotodontoidea und Phalangeroidea.

Gemäß der Formenmannigfaltigkeit und der unterschiedlichen Ernährungsweise ist auch das Gebiß sehr vielfältig differenziert. Ein Grund mehr für manche Autoren, eine Aufgliederung der Beuteltiere in mehrere Ordnungen vorzunehmen.

Zusammenfassende Darstellungen über das Gebiß der Beuteltiere fehlen praktisch völlig, wenn man von BENSLEY (1903) und neuerdings ARCHER (1984) absieht. Die Differenzierung des Gebisses betrifft nicht nur das Vordergebiß, sondern auch das Backenzahngebiß. Sie hat zu manchen Problemen der Homologisierung geführt, zunächst wegen der Zahl der Prämolaren und Molaren (ARCHER 1978, BOWN & KRAUS 1979, CLEMENS 1979). Während nach OWEN (1845) das Gebiß der Beut-

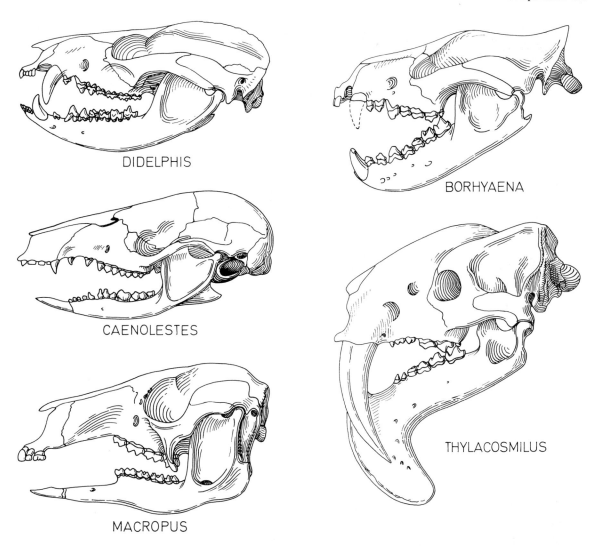

Tafel II. Schädel (Lateralansicht) von rezenten und fossilen Beuteltieren. Linke Reihe: Polyprotodontie (*Didelphis*, rezent), Pseudodiprotodontie (*Caenolestes*, rezent) und Diprotodontie (*Macropus*, rezent). Rechte Reihe: *Borhyaena* (Miozän) und *Thylacosmilus* (Pliozän) als Angehörige der Borhyaenoidea Südamerikas. *Thylacosmilus* als Konvergenz zu den Säbelzahnkatzen mit verlängerten C sup. und Unterkieferflansch. Nicht maßstäblich.

ler aus drei Prämolaren und vier Molaren besteht und nur die Pd $\frac{3}{3}$ (= D $\frac{3}{3}$) gewechselt werden (nach anderen Autoren die Pd $\frac{4}{4}$), gehören die postcaninen Zähne nach ARCHER (1978) auf Grund embryologischer Untersuchungen einer Generation an, so daß nur prämolari- und molariforme Backenzähne zu unterscheiden seien. Der „gewechselte" Zahn entspricht nach ARCHER dem M $\frac{1}{1}$, so daß das definitive Gebiß ursprünglicher Beuteltiere aus 3 „Prämolaren" und 4 „Molaren" (M $\frac{2-5}{2-5}$) besteht. Für eine derartige Homologisierung liegt keine Veranlassung vor, da auch bei Placentaliern die letzten Milchmolaren molariform sein können. Die übrigen Milchzähne sind anscheinend in Zusammenhang mit dem Saugstadium im Beutel reduziert worden (s. u.). Weitere Probleme betreffen die Homologisierung der Molarenhöcker (z. B. *Didelphis*, *Notoryctes*; Abb. 59) und die Ernährungsweise ausgestorbener Arten (wie *Thylacoleo*).

Die Differenzierung des Vordergebisses (Abb. 56) und der Prämolaren übertrifft zwar jene der Molarenregion, dennoch sind auch die Molaren recht verschieden ausgebildet (dilambdo- und zalambdodontes, buno-, lopho-, seleno- und secodontes Molarenmuster). Die Buno- und Lophodontie sind zweifellos nicht nur einmal entstanden. Vereinzelt kommt es zur Molarisierung von Prämolaren sowie zur Wurzellosigkeit der Zähne (wie bei *Lasiorhinus*, Argyrolagidae, C sup. bei *Thylacosmilus*). Die gesamte Formenmannigfaltigkeit läßt sich auf ein Gebiß zurückführen ähnlich dem der rezenten Beutelratten (*Didelphis*). Unter den Marsupialia sind insectivore, carnivore, omni-, herbi- und folivore, frugivore und melivore Typen zu unterscheiden.

Die Zahnformeln der Marsupialia schwanken in weiten Grenzen und zwar zwischen $\frac{5\,1\,3\,4}{4\,1\,3\,4}$ = 50 (Didelphidae) bzw. $\frac{4\,1\,3\,\ 5}{3\,1\,3\,5-6}$ = 50–52 (*Myrmecobius*)

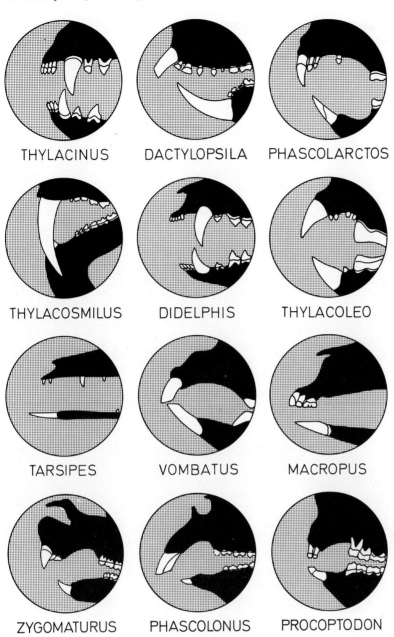

THYLACINUS   DACTYLOPSILA   PHASCOLARCTOS

THYLACOSMILUS   DIDELPHIS   THYLACOLEO

TARSIPES   VOMBATUS   MACROPUS

ZYGOMATURUS   PHASCOLONUS   PROCOPTODON

Abb. 56. Übersicht über das Vordergebiß der Beuteltiere. Beachte unterschiedliche Differenzierung. Polyprotodontie (z. B. *Didelphis*) als Ausgangszustand, „echte" Diprotodontie (z. B. *Vombatus*) als Endzustand.

und $\frac{2\,1\,1\,2-3}{1\,0\,0\,2-3} = 18-22$ (*Tarsipes*). Wie aus der Zahnformel hervorgeht, lautet die maximale Zahl der Incisiven bei adulten Beuteltieren $\frac{5}{4}$, wie dies in jüngster Zeit auch von kreidezeitlichen Eutheria (wie *Asioryctes*; KIELAN-JAWOROWSKA, BOWN & LILLEGRAVEN 1979) bekannt wurde (CLEMENS 1979). Die Zahl der Prämolaren hingegen beträgt bei den Beutlern nie mehr als drei, da nach THOMAS (1887) und RIDE (1964) die $P\frac{2}{2}$ reduziert sind und die Zähne den $P\frac{1}{1}$, $P\frac{3}{3}$ und $P\frac{4}{4}$ entsprechen. Nach ZIEGLER (1971) dagegen sind die $P\frac{1}{1}$ rückgebildet. Diese Annahme geht davon aus, daß der gemeinsame Vorfahre von Meta- und Eutheria vier Prämolaren besessen hat, findet jedoch embryologisch keine Stütze. Es sind daher die „Prämolaren" rein morphographisch von vorn nach hinten als $P\frac{1}{1}$ bis $P\frac{3}{3}$ bezeichnet. Das Gebiß selbst ist – wie bereits erwähnt – mit ARCHER (1978) praktisch als monophyodont zu bezeichnen, da nur die $M\frac{1}{1}$ „gewech-

selt" werden. Während nach KÜKENTHAL (1891) das Dauergebiß der Beuteltiere dem Milchgebiß entspricht, dürfte mit RÖSE (1892) die Unterdrückung des Milchgebisses mit der Ausbildung des Saugmundes in Zusammenhang stehen. Die übrigen „Molaren" wären demnach als $M\frac{2}{2}$ bis $M\frac{5}{5}$ (anstelle von $M\frac{1}{1}$ bis $M\frac{4}{4}$) zu bezeichnen. Ungeachtet dieser Interpretation sind hier die Molaren als $M\frac{1}{1}$ bis $M\frac{4}{4}$ angeführt. Lediglich bei den Macropodiden ersetzt der „$M\,1$" ($= P\frac{3}{}$) den $D\frac{4}{}$ und $P\frac{2}{}$. Das Vordergebiß, das nach embryologischen Befunden an Didelphiden durch RIDE (1962, 1964) ursprünglich mit $I\frac{6}{5}$ zu schreiben wäre, ist vielfach etwas bis stark reduziert und wird wegen der Vergrößerung einzelner Zähne als diprotodont bezeichnet. Bei den diprotodonten Beutlern können die beiden vergrößerten Incisiven des Unterkiefers – ähnlich wie bei den meisten Nagetieren – dank der beweglichen Symphyse durch den Mus-

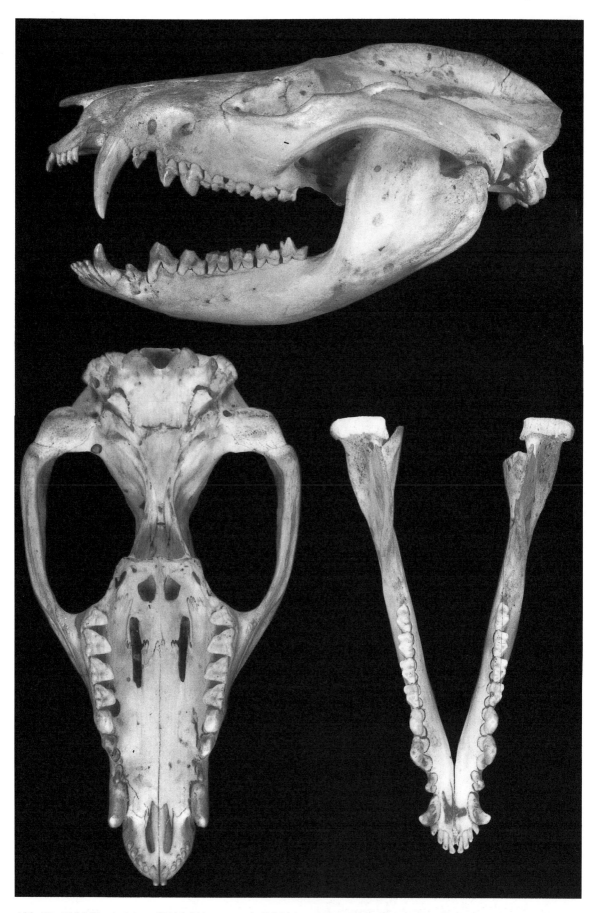

Abb. 57. *Didelphis virginiana* (Didelphidae, rezent). Schädel und Unterkiefer in Lateral-, Ventral- und Occlusalansicht. Polyprotodontie, Scheitelkamm, massiver Jochbogen; 3 P und 4 M. NHMW 7737. Schädellänge 110 mm.

culus mylohyoideus gespreizt werden. Die ursprünglichsten Zahnformen finden sich bei den Polyprotodontia (Didelphoidea). Kennzeichnend für die meisten Beuteltiere ist der nach innen umgebogene Processus angularis des Unterkiefers. Nach neuesten Befunden durch MAIER (1986) bildet der Processus angularis zusammen mit dem Tympanicum (= Angulare) einen alten Form-Funktions-Komplex, der mit der Übertragung von Körperschall durch den Unterkiefer zu deuten sei.

Das Gebiß der Didelphoidea (wie Didelphidae, Pediomyidae, Stagodontidae und Caroloameghinidae) ist durch das polyprotodonte Vordergebiß und die etwas unterschiedliche Differenzierung des Backenzahngebisses charakterisiert.

Die Zahnformel der Beutelratten (Didelphidae) lautet $\frac{5\,1\,3\,4}{4\,1\,3\,4} = 50$. Bei *Didelphis* ist die Krone der Incisiven einfach gestaltet ohne weitere Differenzierung, doch sind die I^1, die übrigens durch ein Diastema von den übrigen Schneidezähnen getrennt sind, konisch ausgebildet (Abb. 57). Die Krone der übrigen Incisiven hingegen ist seitlich komprimiert und etwas asymmetrisch gestaltet. Die Caninen sind kräftig entwickelt und seitlich abgeflacht und mit einer Hinterkante versehen. Die einspitzigen, lateral abgeflachten Prämolaren nehmen nach hinten an Größe zu. Die D$\frac{3}{3}$ (M$\frac{1}{1}$ nach ARCHER 1978) sind molariform gestaltet, nur etwas kleiner als die in der Zahnreihe folgenden Molaren, die bis zum M$\frac{3}{3}$ an Größe zunehmen (Abb. 58). Die M sup. sind als tribosphenisch zu bezeichnen, doch besteht über die Homologisierung der Höcker und Styli (= Stylare) keine Einhelligkeit, wie die Diskussion von FLOWER (1869) über THOMAS (1887), BENSLEY (1903, 1906), SIMPSON (1929), RIDE (1964), VON KOENIGSWALD (1970), ZIEGLER (1971) und ARCHER (1976, 1978)

bis zu CROCHET (1978) erkennen läßt. Die Höcker werden als Para-, Meta- und Protoconus samt buccalen Styli (A bis E, ohne daß damit etwas über deren Homologisierung bei den einzelnen Beuteltieren ausgesagt ist) oder aber als Spaltprodukte der Außenhöcker (z. B. Exo- und Endo-Eoconus, Exo- und Endo-Distoconus) angesehen (VANDEBROEK 1961, 1969) (Abb. 59). Der Molarentyp ist bereits bei Oberkreide-Beutlern (wie *Pediomys*, *Alphadon*; Abb. 60, 61) vorhanden. Der M$\underline{^4}$ ist stets etwas reduziert. Das Kronenmuster wird von CROCHET (1978) als praedilambdodont bezeichnet, jenes von *Didelphis* als dilambdodont,

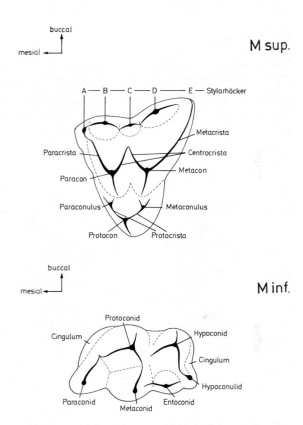

Abb. 59. *Didelphis*, M sup. und M inf. (Schema). Beachte Stylarhöcker an der Buccalseite des M sup. (A–E).

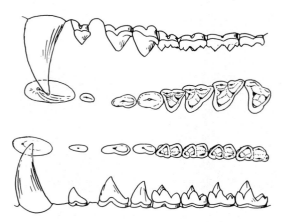

Abb. 58. *Didelphis virginiana*, C, P$^{1-3}$, M$^{1-4}$ sup. sin. von buccal (ganz oben), occlusal (mitte, oben), C, P$_{1-3}$–M$_{1-4}$ inf. dext. von occlusal (mitte, unten) und lingual (ganz unten). Nach Original. 1,4× nat. Größe.

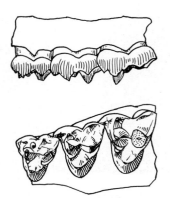

Abb. 60. *Alphadon rhaister* (Didelphinae). M$^{1-3}$ sin., buccal (oben), occlusal (unten). Ober-Kreide (Lance Formation), Wyoming, nach CLEMENS (1966), umgezeichnet. 5× nat. Größe.

Abb. 61. *Alphadon lulli* (Didelphinae). C, P$_2$, M$_{1-3}$ dext., occlusal (oben), lingual (unten). Ober-Kreide (Lance Formation), USA. Nach CLEMENS (1979) umgezeichnet. ca. 5,5× nat. Größe.

was jedoch nicht zutrifft. Die M inf. sind typisch trituberculosectorial entwickelt mit höherem dreispitzigen Trigonid (mit Metaconid) und niedrigerem, zwei- bis dreispitzigen Talonid, wobei die Höhenunterschiede der Höcker nach hinten zunehmen. Das Gebiß der übrigen Didelphiden (wie *Marmosa, Philander, Caluromys, Metachirus, Chironectes*) ist im Bauplan nicht von dem von *Didelphis* verschieden, doch können die Styli schwächer entwickelt sein. Die Didelphiden sind meist omnivor. *Sparassocynus* aus dem Plio-Pleistozän Südamerikas dagegen stellt nach REIG & SIMPSON (1972) eine carnivore Seitenlinie der Didelphiden und nicht Angehörige der Borhyaeniden dar, die in offenen Savannen- oder Steppengebieten heimisch war.

Bei *Caroloameghinia* (Caroloameghiniidae) aus dem Eozän von Südamerika sind die Molaren nicht dilambdodont, sondern bunodont ausgebildet; es handelt sich nach SIMPSON (1948) um eine frugivor-omnivor spezialisierte Seitenlinie der Didelphoidea. Ein ähnlicher Trend zur Bunodontie der Molaren ist bei *Glasbius* und *Robertohoffstetteria* (Didelphiden aus der Oberkreide Nord- bzw. Südamerikas) angedeutet (Abb. 62) (CLEMENS 1966, MARSHALL et al. 1983).

Die Stagodontidae (= Didelphodontidae mit *Eodelphis* und *Stagodon* [= *Didelphodon* = *Thlaeodon*]) aus der Oberkreide Nordamerikas sind großwüchsige didelphoide Beutler, bei denen die P stark vergrößert sind und entfernt an jene von Dimyliden (Insectivora) erinnern (CLEMENS 1966).

Ursprünglich durchwegs als Angehörige der Didelphidae klassifiziert, wurde *Dromiciops australis* aus Chile als Microbiotheriide erkannt, die sonst nur fossil aus Südamerika bekannt sind. Das Molarengebiß ist einfacher als bei *Didelphis* (Abb. 63).

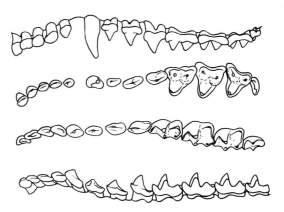

Abb. 63. *Dromiciops australis* (Microbiotheriidae, rezent), Chile. I^1–M^4 sin., buccal (ganz oben), occlusal (mitte oben), I$_1$–M$_4$ dext., occlusal (mitte unten) und lingual (ganz unten). Nach MARSHALL (1982), umgezeichnet. ca. 6× nat. Größe.

Vermutlich aberrante Angehörige der Didelphoidea sind die Necrolestiden (mit *Necrolestes*) aus dem Miozän (Santacrucense) Argentiniens. Ursprünglich als Insectivoren bzw. Xenarthren gedeutet, konnte PATTERSON (1958) nachweisen, daß es sich um hochspezialisierte Beuteltiere handelt.

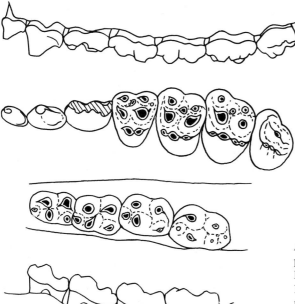

Abb. 62. *Robertohoffstetteria nationalgeographica* (Didelphidae, ? Caroloameghininae), Ober-Kreide, Südamerika. P^1–M^4 dext. von buccal (ganz oben), occlusal (mitte oben), M$_{1-4}$ sin. von occlusal (mitte unten) und lingual (ganz unten). Nach MARSHALL & al. (1983), seitenverkehrt umgezeichnet. ca. 7,5× nat. Größe.

Die Gebißformel lautet $\frac{5\ 1\ 2\ 4}{4\ 1\ 2\ 4} = 46$ und entspricht damit – zumindest im Vordergebiß – jener der Didelphiden.

Die Borhyaenoidea (= Sparassodonta: wie Borhyaenidae, Thylacosmilidae) sind carnivore Marsupialia, die zwar etwas an echte Raubtiere erinnern, jedoch ursprünglich (SINCLAIR 1905, 1906, WOOD 1924, CABRERA 1927) und auch in jüngster Zeit wieder durch ARCHER (1976) und KIRSCH (1977, 1979) mit australischen Raubbeutlern (besonders mit *Thylacinus*) in Beziehung gebracht wurden, eine Auffassung, die bereits von SIMPSON (1941, 1948) strikt abgelehnt wurde und nicht zu-

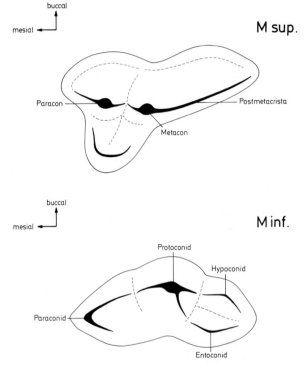

M sup.

M inf.

Abb. 64. *Cladosictis* (Borhyaenidae, Miozän). M sup. und M inf. (Schema). Beachte Reduktion des Metaconids.

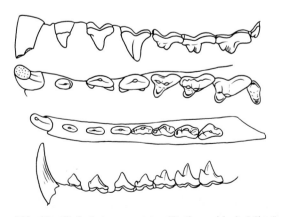

Abb. 65. *Cladosictis patagonica* (Borhyaenidae), Miozän, Südamerika. C, $P^1 - M^4$ sin., buccal (ganz oben), occlusal (mitte oben); C, $P_1 - M_4$ dext., occlusal (mitte unten) und lingual (ganz unten). Nach MARSHALL (1981), umgezeichnet. ca. 2/3 nat. Größe.

treffend ist (LOEWENSTEIN et al. 1981, KIRSCH 1984, WOODBURNE 1984). Die Zahnformel der Borhyaenoidea schwankt etwas ($\frac{0-4\ 1\ 2-3\ 4}{0-3\ 1\ 2-3\ 4} = 44-28$), indem vor allem das Vordergebiß reduziert sein kann. Zu den bekanntesten Gattungen der Borhyaeniden zählen *Cladosictis* (Abb. 64, 65), *Arminiheringia, Prothylacinus, Borhyaena* (Abb. 66, Tafel II) und *Parahyaenodon*, die jeweils bestimmten Raubtiertypen entsprechen (MARSHALL 1978). Die Zahnformel lautet $\frac{3-4\ 1\ 3\ 4}{2-3\ 1\ 3\ 4} = 46-42$. Während das Vordergebiß weitgehend konstant ausgebildet ist, zeigt das Backenzahngebiß ziemliche Unterschiede. Die P sind zweiwurzelig, die Molaren nehmen von den $M\frac{1}{1}$ zu den $M\frac{3}{3}$ an Größe zu. Para- und Metaconhöcker sind bei den M^{1-3} einander stark genähert, doch ist der Metaconidhöcker stets kräftiger als das Paracon. Bei den M inf. ist die Tendenz zur Reduktion des Metaconid frühzeitig, bei den M sup. jene des Protocons gelegentlich zu beobachten. Bei adulten Individuen kommt es zu einer Rotation der M sup. („carnassial rotation") – ähnlich wie bei *Hyaenodon* unter den Hyaenodonten –, um die scherende Funktion länger aufrechtzuerhalten (MELLETT 1969). *Cladosictis* (Tafel III) ist im Gebiß dem (Beutel-)Mardertyp vergleichbar, *Prothylacinus* dagegen entspricht mit seitlich abgeflachten Prämolaren und secodonten Molaren dem Beutelwolf (*Thylacinus*). Die Molaren besitzen einen gut entwickelten Innenhöcker. Die M inf. sind meist dreispitzig, indem das Talonid einspitzig ist und ein Metaconidhöcker fehlt. Para- und Protoconidklinge werden – besonders an den hinteren Molaren – mit zunehmendem Alter abgeschliffen. Dadurch ist ein wesentlicher Unterschied gegenüber den Didelphiden und den Dasyuriden vorhanden. Hingegen herrscht Übereinstimmung mit *Thylacinus* aus der australischen Region vor. Bei *Borhyaena* sind die hintersten Prämolaren deutlich verdickt, ähnlich *Hyaena*; die $M\frac{4}{4}$ sind weitgehend reduziert.

Thylacosmilus atrox aus dem Pliozän Südamerikas ist ein hochspezialisierter Angehöriger der Borhyaenoidea, wie bereits die reduzierte Zahnformel ($\frac{0\ 1\ 2\ 4}{0\ 1\ 2\ 4} = 28$) vermuten läßt (Abb. 67). Nach der Ausbildung des Gebisses und auch der Muskulatur (hypertroph entwickelter Processus mastoideus für Musculus cleidomastoideus und M. sternomastoideus nach TURNBULL 1976) ist *Thylacosmilus* als Säbelzahnbeutler zu bezeichnen. Die kennzeichnendsten Änderungen hat das Vordergebiß durch die enorme Verlängerung der C sup. erfahren (Tafel II). Die tief im Maxillare verankerten Eckzähne sind wurzellos, an der Lingualseite abgeflacht und im Querschnitt annähernd dreieckig (subtriangular) mit scharfer Hin-

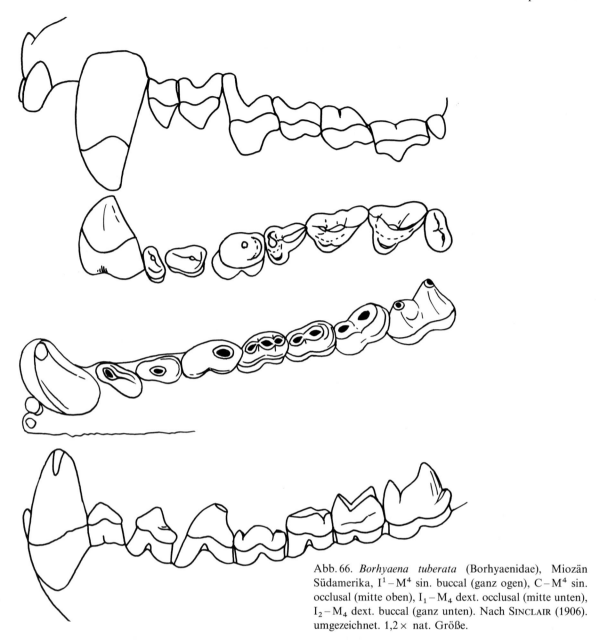

Abb. 66. *Borhyaena tuberata* (Borhyaenidae), Miozän Südamerika, I^1-M^4 sin. buccal (ganz ogen), $C-M^4$ sin. occlusal (mitte oben), I_1-M_4 dext. occlusal (mitte unten), I_2-M_4 dext. buccal (ganz unten). Nach Sinclair (1906). umgezeichnet. 1,2 × nat. Größe.

terkante (Turnbull 1978). Sie erinnern dadurch etwas an jene von *Smilodon*, sie divergieren allerdings spitzenwärts und wurden primär durch das gesamte Körpergewicht eingesetzt. Die Wurzellosigkeit und die Schmelzausdehnung zeigen, daß es sich um dauernd wachsende Zähne handelt (Churcher 1984). Die C inf. sind wie bei den Säbelzahnkatzen relativ klein, da ihnen keine Greiffunktion, wie bei den „echten" Katzen, zukam. Von den durch Diastemata getrennten Backenzähnen sind die Prämolaren einfach gebaut, die Molaren bis auf die $M\frac{4}{4}$ dreihöckerig und im Oberkiefer mit meist deutlich abgesetzten Innenhöckern versehen (Riggs 1934). Ähnlich wie bei den Säbelzahnkatzen (wie *Smilodon, Eusmilus*) wird auch hier diskutiert, ob es sich um einen (fakultativen) Aasfresser handelt. Die nicht verwachsene Unterkiefersymphyse besitzt einen stark vergrößerten Flansch, der zeigt, daß die C sup. bei geöffnetem Maul eingesetzt wurden.

Nach Churcher (1985) sind hinfällige Incisiven nachgewiesen.

Außer *Thylacosmilus* (Huayquerian bis Montehermosan = Mittel-Pliozän – Jung-Pliozän) sind noch *Hyaenodonops* (= ? *Notosmilus*) (Chapadmalalan = jüngstes Pliozän) und *Achlysictis* (Montehermosan) als Angehörige der Thylacosmilidae zu erwähnen (Marshall 1976a).

Die Caenolestoidea (wie Caenolestidae, Polydolopidae), die gegenwärtig nur mehr durch drei Gattungen (*Caenolestes, Lestoros* und *Rhyncholestes*) auf Reliktareale in Südamerika beschränkt sind, waren zur Tertiärzeit formenreich verbreitet.

Die Zahnformel der Caenolestidae lautet $\frac{4\ \ 1\ 3\ 4}{3-4\ 1\ 3\ 4} = 48-46$, die Zahnzahl ist somit gegenüber jener der Didelphiden nur geringfügig reduziert (Thomas 1895, Osgood 1921). Dennoch ist ein grundsätzlicher Unterschied gegenüber der Polyprotodontie vorhanden, da das vorderste Paar der

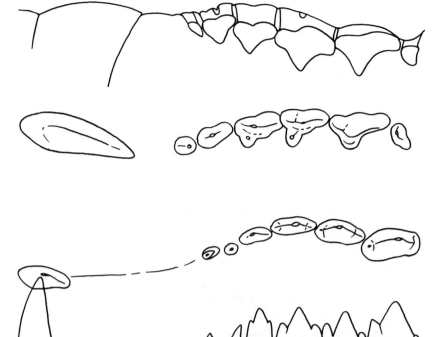

Abb. 67. *Thylacosmilus atrox* (Thylacosmilidae), Pliozän Südamerika. C, P² – M⁴ sin. buccal (ganz oben) und occlusal (mitte oben), C, P₂ – M₄ dext. occlusal (mitte unten), C, P₂ – M₄ sin. buccal (ganz unten). Nach CHURCHER (1985), umgezeichnet. ca. 1/1 nat. Größe.

I inf. stark vergrößert und die restlichen I inf. ziemlich reduziert sind (vgl. Tafel II). *Caenolestes* wurde daher einst auch als primitiver Angehöriger der Diprotodontia klassifiziert. Diese Auffassung gilt heute als überholt, da nach embryologischen Untersuchungen die jeweils vergrößerten Incisiven einander nicht homolog sind, hier also ein pseudodiprotodonter Zustand vorliegt (RIDE 1962). Es ist daher notwendig, sofern man die Diprotodontia als natürliche Einheit wertet, die Caenolestoidea als Pseudo-Diprotodontia zu bezeichnen. Immerhin kann *Caenolestes* als Modellform für die Entstehung des diprotodonten Typs unter den Marsupialia gelten. Bei *Caenolestes obscurus* entspricht das vergrößerte Schneidezahnpaar den $I_{\overline{1}}$ oder $I_{\overline{2}}$. Ihre Krone ist lang, schlank und leicht gekrümmt. Beide Zähne konvergieren spitzenwärts wie bei den Macropodiden. Die übrigen Incisiven sind ebenso wie der (incisiviforme) C inf. klein, einhöckerig und einwurzelig. Bei den etwas größeren I sup. ist die Krone seitlich komprimiert, beim vergrößerten C sup. ist sie hakenförmig gestaltet. Ein Geschlechtsdimorphismus macht sich in der Größe der Caninen bemerkbar. Die seitlich abgeflachten Prämolaren sind einspitzig. Sie nehmen nach hinten an Größe zu. Die Molaren sind buno(seleno-)dont, vier- (M¹ und M²) oder dreihöckerig (M³), mit quadratischem oder dreieckigem Umriß. Der M⁴ ist rudimentär. Für die M inf. ist ein relativ kleines, dreihöckeriges Trigonid und zumindest an den vorderen Molaren ein vergrößertes Talonid (mit Entoconid) charakteristisch (MARSHALL 1980).

Aus dem Tertiär Südamerikas sind außer den Caenolestinae (wie *Garzonia, Stilotherium, Halmarhiphus*) mit den Palaeothentinae (wie *Palaeothentes, Acdestis*) und Abderitinae (z. B. *Abderites, Parabderites*) weitere Angehörige der Caenolestiden (Abb. 68) nachgewiesen, die im Gebiß höher

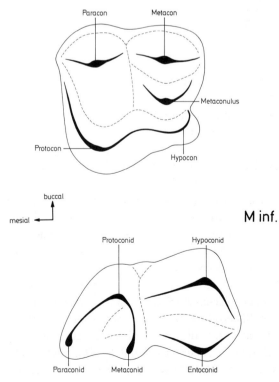

Abb. 68. *Stilotherium* (Caenolestidae). M sup. und M inf. (Schema). Miozän Südamerika.

spezialisiert waren als die rezenten Arten (SIMP-
SON 1948). Bei ihnen (*Palaeothentes, Abderites*)
kann die Krone eines Unterkieferbackenzahnes –
der mit dem $M\frac{1}{1}$ homologisiert wird – verlängert
sein und im vorderen Abschnitt eine gezähnte
Schneide bilden (Abb. 69), ein Zahntyp, wie ihn
SIMPSON (1933) als plagiaulacoid bezeichnet hat.
Die Prämolaren sind dabei weitgehend rückgebildet. Die übrigen Molaren zeigen eine deutliche
Tendenz zur Bunodontie, ähnlich den Bären
(MARSHALL 1976 b). Eine Übersicht über das Bakkenzahngebiß der Polydolopidae hat MARSHALL
(1982 a) gegeben.

Bei den gleichfalls als Angehörige der Caenolestoidea klassifizierten Polydolopidae des südamerikanischen Tertiärs ist die Tendenz zur Vergrößerung einzelner Backenzähne unter gleichzeitiger
Reduktion von Antemolaren noch deutlicher. Die
Zahnformel dieser Formen lautet – zumindest pri-
mär – $\frac{3\ \ 1\ 2\ 4}{2-3\ 1\ 2\ 4} = 40-38$. Probleme ergeben sich bei
der Homologisierung der vergrößerten Backen-
zähne. Wie jedoch *Epidolops* (Abb. 69) aus dem
Jung-Paleozän Brasiliens nach PAULA COUTO

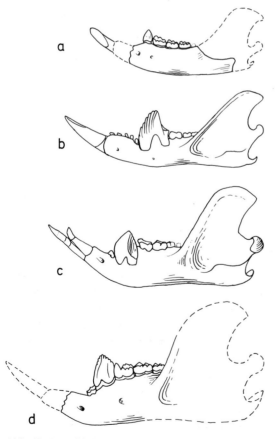

Abb. 69. Mandibel sin. (Buccalansicht) von Caenolestoidea mit plagiaulacoidem Gebiß aus dem Tertiär Südamerikas. (a) *Eudolops caroloameghinoi* (Polydolopidae), Eozän,
(b) *Abderites meridionalis* (Caenolestidae), Miozän, (c) *Epidolops ameghinoi* (Polydolopidae), Paleozän und (d) *Polydolops thomasi* (Polydolopidae), Eozän. Nach SIMPSON
(1948) und PAULA COUTO (1952), verändert umgezeichnet.
a) ca. 2×, b)–d) ca. 1/1 nat. Größe.

(1952) zeigt, sind die $P\frac{3}{3}$ vergrößert und mit einer
gesägten Schneide versehen, während die Mola-
ren bunodont und niedrigkronig sind. Die $M\frac{4}{4}$
sind winzig. Das Vordergebiß besteht aus kleinen
I sup., mehreren gestreckten I inf. und relativ
kräftigen C sup. und ist durch ein weites Diastema vom Backenzahngebiß getrennt. Die $P\frac{2}{2}$
sind klein und hinfällig. Bei *Eudolops* (Eozän) ist
der $P_{\overline{3}}$ einfach vergrößert, bei *Polydolops* (Eozän)
hingegen noch stärker serrat ausgebildet, die bunodonten Molaren sind mehrhöckrig und die $M\frac{4}{4}$
bei *Polydolops* völlig reduziert (Abb. 69). Das Gebiß entspricht dem *Plagiaulax*-Typ.

Zu den aberrantesten und spezialisiertesten Beuteltieren Südamerikas zählen die Argyrolagoidea
(Argyrolagidae = „Microtragulidae") aus dem
Plio-Pleistozän Argentiniens, von denen neuerdings auch alttertiäre Formen (*Proargyrolagus*;
WOLFF 1984) bekannt wurden. Die erdgeschichtlich jüngeren Argyrolagiden sind Springbeutler
mit einem hochspezialisierten Gebiß. Die Zahnformel für *Argyrolagus* (= *Microtragulus*) lautet
nach SIMPSON (1970) $\frac{2\ 0\ 1\ 4}{2\ 0\ 1\ 4} = 28$, die Zähne sind
hypsodont und wurzellos. Die vorderen Incisiven
sind gliriform bei opisthodonter Stellung der
I sup. Die Eckzähne sind völlig reduziert, ein Diastema trennt das Backenzahngebiß von den Incisiven (Tafel III). Die Backenzähne sind im Oberkiefer einfach säulenförmig, im Unterkiefer bilobat
gebaut (Abb. 70). Es waren Bewohner der offenen
Landschaft. Bei *Proargyrolagus* aus dem Oligozän sind die Molaren zwar auch hypsodont, jedoch bewurzelt.

Das Gebiß der gegenwärtig mit fast 50 Arten in
der australischen Region verbreiteten Dasyuroidea (mit den Dasyuridae, Thylacinidae, Myrmecobiidae und ? Notoryctidae) ist zwar als polyprotodont zu bezeichnen, zeigt jedoch in der Ausbildung von Vorder- und Backenzahngebiß deutli-

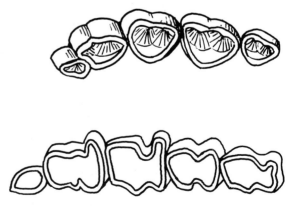

Abb. 70. *Argyrolagus scagliai* (Argyrolagidae), Pliozän
Südamerika. $P^3 - M^4$ sin. (oben) und $P_3 - M_4$ dext. Jeweils
Occlusalansicht. Nach SIMPSON (1970), umgezeichnet. ca.
8 × nat. Größe.

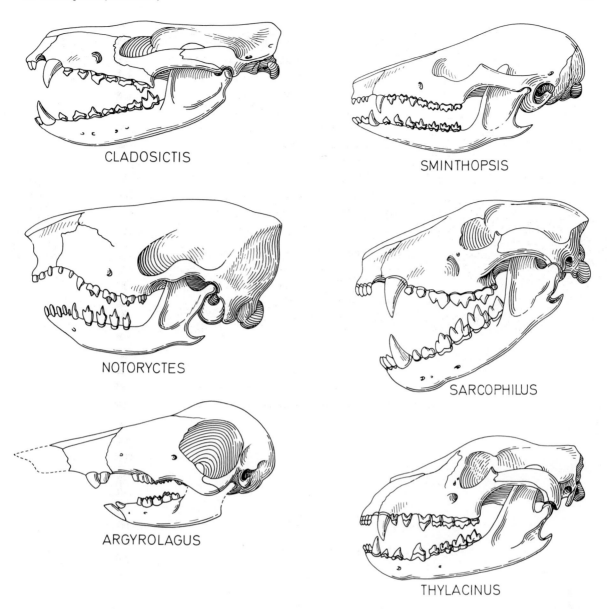

CLADOSICTIS

SMINTHOPSIS

NOTORYCTES

SARCOPHILUS

ARGYROLAGUS

THYLACINUS

Tafel III. Schädel (Lateralansicht) fossiler und rezenter polyprotodonter Marsupialia. Linke Reihe: *Cladosictis* (Borhyaenidae, Miozän Südamerikas), *Notoryctes* (Notoryctidae, rezent, Australien), *Argyrolagus* (Argyrolagidae, Plio-Pleistozän, Südamerika). Rechte Reihe: *Sminthopsis* und *Sarcophilus* (Dasyuridae, rezent), *Thylacinus* (Thylacinidae, rezent). Nicht maßstäblich.

che Unterschiede, die mit der unterschiedlichen Ernährungsweise in Zusammenhang stehen. Die Zahnformel schwankt von $\frac{4\ 1\ 3\ 4}{3\ 1\ 3\ 4} = 46$ (Phascogalinae) bzw. $\frac{4\ 1\ 3\ 5}{3\ 1\ 3\ 5-6} = 52-50$ (*Myrmecobius*) bis $\frac{3-4\ 1\ 2\ 4}{3\ 1\ 2-3\ 4} = 44-40$ (*Notoryctes*). Die ursprünglichste Ausbildung findet sich bei den Beutelmäusen (Phascogalinae: *Phascogale, Antechinus, Sminthopsis, Antechinomys*) mit einem *Didelphis* ähnlichen, jedoch etwas reduzierten Gebiß (Abb. 71 und Tafel III). Die Schneidezähne sind klein, lediglich das vorderste Paar ist manchmal vergrößert, die Eckzähne sind prominent, die Prämolaren nehmen nach hinten meist an Größe zu, die Molaren sind dreihöckerig (mit Stylarhökkern), der M $\underline{4}$ etwas reduziert, die M inf. fünfhökkerig (dreihöckeriges Trigonid mit gut entwickeltem Metaconid; zweihöckeriges Talonid). Ein Hy-

poconulid ist nur schwach ausgebildet. Bei den Beutelmardern (Dasyurinae: *Dasyurus, Sarcophilus*, Abb. 72–75 und Tafel III) ist die Zahl der Prämolaren stets auf zwei reduziert, die Molaren sind tribosphenisch ausgebildet, der Metaconhöcker

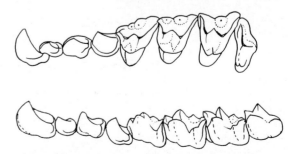

Abb. 71. *Sminthopsis douglasi* (Dasyuridae, rezent), Australien. C–M⁴ sin., occlusal (oben), C–M₄ sin. (unten). Nach ARCHER (1978), umgezeichnet. 6,5 × nat. Größe.

ist jedoch besonders betont (Abb. 72) und zeigt bei *Sarcophilus* (Abb. 74) an den hinteren Molaren die Tendenz zur Verschmelzung mit dem Stylar-höcker (D). An den M inf. ist das Metaconid meist gut entwickelt, doch besteht bei *Sarcophilus* der „trend" zur Rückbildung des Talonids. Da-durch sind die M inf. und auch die M sup. mehr oder weniger secodont entwickelt.

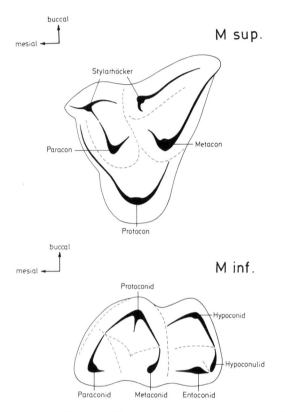

Abb. 72. *Dasyurus* (Dasyuridae). M sup. und M inf. (Schema).

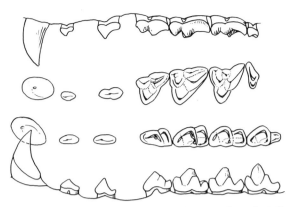

Abb. 73. *Dasyurus maculatus* (rezent), Australien. $C-M^4$ sin., buccal (ganz oben) und occlusal (mitte oben). $C-M_4$ dext., occlusal (mitte unten) und lingual (ganz unten). Nach Original. $1,65 \times$ nat. Größe.

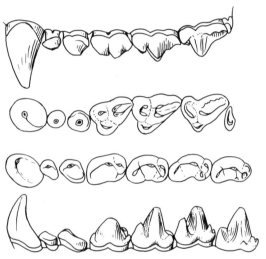

Abb. 74. *Sarcophilus harrisi* (Dasyuridae, rezent), Austra-lien $C-M^4$ sin., bucal (ganz oben) und occlusal (mitte oben). $C-M_4$ dext., occlusal (mitte unten) und lingual (ganz unten). Nach Original. Knapp über nat. Größe.

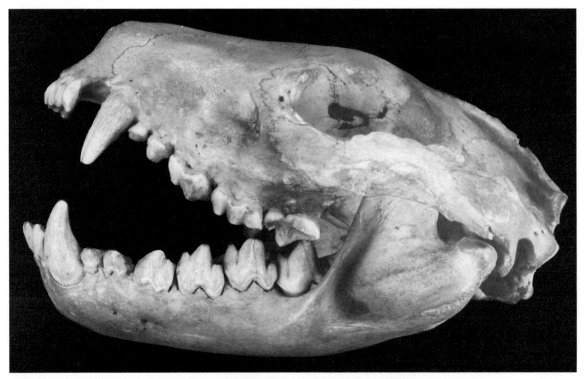

Abb. 75. *Sarcophilus harrisi*. Schädel (Lateralansicht). PIUW 654. Schädellänge 120 mm.

Beim australischen Beutelwolf (*Thylacinus cyno-cephalus*; Abb. 76) als Vertreter der Thylacinidae entspricht das Backenzahngebiß durch das Fehlen der Styli an den M sup. und des Metaconids an den M inf. dem der Borhyaeniden (Abb. 77). Ob diese Übereinstimmungen direkten verwandt-schaftlichen Beziehungen entsprechen oder nur ei-ne Parallelentwicklung darstellen, wird diskutiert (ARCHER 1976, 1982, 1984, WOODBURNE 1984). Die Zahnformel von *Thylacinus* lautet $\frac{4\ 1\ 3\ 4}{3\ 1\ 3\ 4} = 46$.

Beim Ameisenbeutler (*Myrmecobius fasciatus*) ist die Zahnzahl zwar sekundär vermehrt (maximal 54), die Zähne selbst sind jedoch klein und schwach ausgebildet und zum Teil auch reduziert (Tafel VI), weshalb die Postcaninen manchmal nur serial gezählt werden ($\frac{4\ 1\quad 8}{4\ 1\ 8-9}$) (WINGE 1882). Die einwurzeligen Eckzähne überragen die übri-gen Zähne etwas an Höhe und weichen schon da-durch von den nach hinten kleiner werdenden zweiwurzeligen Prämolaren ab. Die mesio-distal gestreckten Molaren sind mehrhöckerig, doch va-riiert ihr Bau, wie es für in Reduktion befindliche Zähne typisch ist (Abb. 78). Auf Grund des einfa-chen Baues haben ältere Autoren *Myrmecobius* als einen Überlebenden der Triconodonten aus der Jura-Zeit angesehen (THOMAS 1888, NAEF 1925). Das Backenzahngebiß von *Myrmecobius* ist zweifellos sekundär vereinfacht und als beson-dere Anpassung an seine Ernährungsweise (Ter-mitenfresser) aufzufassen (BENSLEY 1903, GRE-GORY 1910).

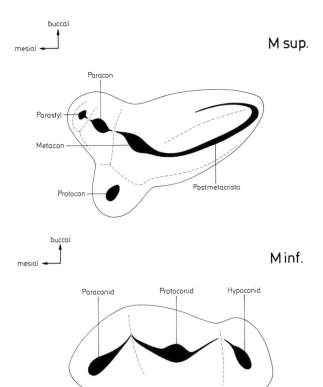

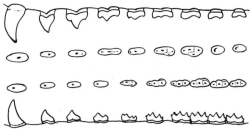

Abb. 78. *Myrmecobius fasciatus* (Myrmecobiidae, rezent), Australien. Maxillargebiß sin., buccal (ganz oben) und oc-clusal (mitte oben), Mandibulargebiß (ohne Incisiven) dext., occlusal (mitte unten) und lingual (ganz unten). Nach Original. 2,65× nat. Größe.

Abb. 76. *Thylacinus* (Thylacinidae). M sup. und M inf. (Schema). Beachte Reduktion der Stylarhöcker am M sup. und schneidende Ausbildung des M inf. (Metaconid redu-ziert).

Das Gebiß des Beutelmulls (*Notoryctes typhlops*, Notoryctidae) – die Zugehörigkeit von *Notoryc-tes* zu den Dasyuroidea ist allerdings keines-wegs gesichert, (KIRSCH 1977, 1979, WOOD-BURNE 1984) – entspricht nach der Zahnformel $\frac{3-4\ 1\ 2\quad 4}{3\ \ 1\ 2-3\ 4} = 44{-}40$) zwar praktisch dem der Da-syuroidea, weicht jedoch durch die einfache Ge-stalt der Incisiven, Caninen und Prämolaren und durch die zalambdodonten M sup. von den Da-syuroidea ab. Die Krone der M sup. ist praktisch zweihöckerig (vgl. Tafel III). Über die Homo-logisierung der Höcker, zu denen buccal noch zwei kleine Styli kommen, wird diskutiert. Para-oder Metaconus und Protoconus oder Para-+ Metaconus und Protoconus, wie etwa BENSLEY (1903) annimmt. Die dreihöckerigen, etwas hypsodonten M inf. bestehen praktisch nur aus dem Trigonid (Para-, Proto- und Metaconid). Es ist eher anzunehmen, daß die zalambdodonte Ausbildung der M sup. sekundär und der Außen-

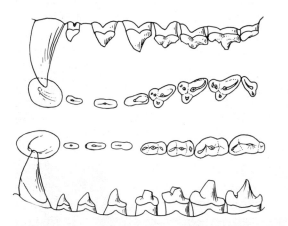

Abb. 77. *Thylacinus cynocephalus* (rezent), Australien. C–M⁴ sin., buccal (ganz oben) und occlusal (mitte oben). C–M₄ dext., occlusal (mitte unten) und lingual (ganz un-ten). Nach Original. ca. 2/3 nat. Größe.

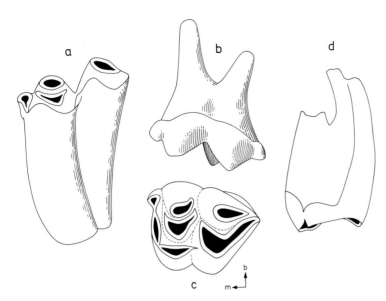

Abb. 79. *Macrotis lagotis* (Peramelidae, rezent), Australien, M sup. sin. in Lingual-(a), Buccal- (b), Occlusal- (c) und Distalansicht (d). Beachte Partialhypsodontie.

höcker nur dem Para- bzw. Metaconus homolog ist.

Das Gebiß der gegenwärtig mit etwa 20 Arten in der australischen Region heimischen Perameloidea (Peramelidae [einschließlich Thylacomyidae]) ist zwar gleichfalls als polyprotodont zu bezeichnen, und die Molaren sind ursprünglich tri-

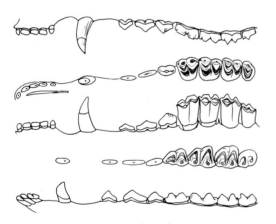

Abb. 80. *Macrotis lagotis.* $I^1 - M^4$ sin., buccal (ganz oben), occlusal (mitte oben) und lingual (3. Reihe), $I_1 - M_4$ dext., occlusal (4. Reihe) und lingual (ganz unten). Nach Original. 1,5× nat. Größe.

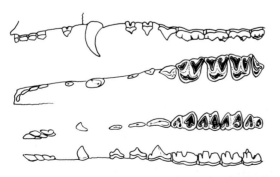

Abb. 81. *Perameles gunnii* (Peramelidae, rezent), Tasmanien. $I^1 - M^4$ sin., buccal (ganz oben), occlusal (mitte oben). $I_1 - M_4$ dext., occlusal (mitten unten) und lingual (ganz unten). Nach Original. 1,65× nat. Größe.

bosphenisch, doch zeigen sie die Tendenz zur Vierhöckerigkeit (im Oberkiefer) oder zur partiellen Hypsodontie (= Partialhypsodontie), indem die linguale Kronenhälfte hochkronig, die buccale dagegen brachyodont ist (Abb. 79). Die Zahnformel schwankt mit $\frac{4-5\ 1\ 3\ 4}{3\ 1\ 3\ 4} = 46-48$ nur geringfügig. Die Krone der Incisiven ist seitlich abgeflacht, lediglich der letzte I sup. ist einspitzig, manchmal prämolariform und zweiwurzelig, die Krone des hintersten I inf. ist zweilappig. Die Eckzähne sind bei *Macrotis* (= „*Thylacomys*“) und *Isoodon* lang, bei *Echymipera clara* hauerartig verlängert. Die Prämolaren sind einfach gebaut; durch das meist lange Rostrum sind die Caninen von den Schneidezähnen und den Prämolaren durch Diastemata getrennt (Abb. 80, 81 und Tafel VI). Die Kronen der M sup. bestehen ursprünglich aus drei Haupthöckern, zu denen gut entwickelte Stylarhöcker kommen. Sie sind mit den Außenhöckern durch Kanten verbunden, weshalb sie auch als dilambdodont bezeichnet werden (Abb. 82). Bei evoluierten *Perameles*-Arten kann ein subquadratischer Umriß durch den Hypoconus entstehen (BENSLEY 1903). Bei *Macrotis* sind die Molaren vier- oder fünfhöckerig, indem zum Para-, Meta- und Protocon noch zwei gut entwickelte Stylarhöcker (C und D) kommen, so daß ein bunoselenodontes Kronenmuster entsteht (Abb. 80). Der Kronenumriß der M sup. wird bei diesen Formen zwar gleichfalls subquadratisch, jedoch durch Vergrößerung des Metaconhöckers. Zugleich nimmt die Kronenbasis bei den M sup. lingual, bei den M inf. hingegen buccal drastisch an Höhe zu, so daß von einer Partialhypsodontie gesprochen werden kann, da die andere Molarenhälfte nicht erhöht wird.

Die Phalangeria (= Diprotodontia) (wie Phalangeridae, Pseudocheiridae, Tarsipedidae, Petauridae, Burramyidae, Phascolarctidae, Vombatidae

M sup.

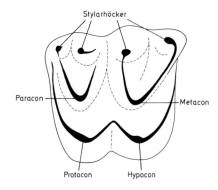

M inf.

Abb. 82. *Perameles (= „Isoodon")*. M sup. und M inf. (Schema). Beachte Verbindung von Stylarhöckern mit Haupthöckern.

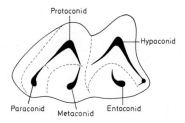

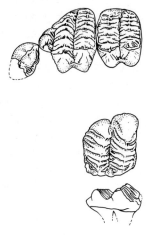

Abb. 83. *Ektopodon stirtoni* (Ektopodontidae), Miozän Australien. $P^3 - M^2$ sin. occlusal (oben), M_2 dext. occlusal (mitte) und lingual (unten). Beachte kompliziertes Kronenrelief der Molaren, dieser ursprünglich als Monotremata klassifizierten, ausgestorbenen Phalangeroidea. Nach WOODBURNE & CLEMENS (1986), umgezeichnet. $2\times$ nat. Größe.

[= „Phascolomyidae"], Macropodidae [einschließlich Potoroidae], Palorchestidae und Diprotodontidae) bilden die artenreichste Beuteltiergruppe (KEAST 1977, KIRSCH 1979, ARCHER 1984). Die Phalangeria (= Diprotodontia) sind heute mit fast 100 Arten in der australischen Re-

gion sowie Sulawesi (= Celebes) beheimatet und sehr formenreich entwickelt. Dazu kommen noch zahlreiche fossile Formen (Wynyardiidae, Ektopodontidae [Abb. 83], Thylacoleonidae und Sthenurinae). Die Zahnformel schwankt ziemlich stark von $\frac{2\ 1\ 1\ 3}{1\ 0\ 0\ 3} = 22$ (*Tarsipes*) bzw. $\frac{1\ 0\ 1\ 4}{1\ 0\ 1\ 4} = 24$ (Vombatidae) bis zu $\frac{3\ 1\ 3\ 4}{3\ 0\ 3\ 4} = 42$, beträgt jedoch meist $\frac{3\ 1\ 2\ 4}{1\ 0\ 2\ 4} = 34$. Kennzeichnend ist das diprotodonte Vordergebiß. Es besteht fast immer aus drei I sup. und einem stark vergrößerten I inf., die eine funktionelle Einheit bilden, wobei die Tendenz besteht, das vorderste Paar der I sup. als alleinige Antagonisten der I inf. zu vergrößern. Vereinzelt sind diese vergrößerten Incisiven wurzellos und praktisch zu Nagezähnen umgestaltet (z.B. *Lasiorhinus*; BEIER 1981). Meist sind jedoch die I inf. lediglich vergrößert und an der Medianseite abgeflacht, wo sie nahe der Spitze aneinanderstoßen. In Verbindung damit ist die Unterkiefersymphyse ursprünglich nicht verwachsen, sondern läßt Spreizbewegungen der I inf. zu. Die Eckzähne sind hinfällig, sofern vorhanden. Im Unterkiefer sind sie stets völlig rückgebildet. Dementsprechend trennen auch meist mehr oder weniger ausgedehnte Diastemata Vorder- und Backenzahngebiß. Die Prämolaren sind gleichfalls nach der Zahl und Ausbildung meist reduziert. Verschiedentlich ist jedoch das letzte Prämolarenpaar differenziert zu einem mesio-distal verlängerten Sägezahn, ähnlich verschiedenen südamerikanischen Caenolestiden. Auch hier läßt sich bei spezialisierten Formen (wie *Burramys*, *Bettongia*, *Hypsiprymnodon*) vom *Plagiaulax*-Typ sprechen.

Unter den Phalangeriden (im weiteren Sinne) finden sich verschiedene Gebißtypen, indem einerseits das Vordergebiß unterschiedlich differenziert ist, andrerseits jedoch die Molaren bunodont bis (bi-)lophodont bzw. dilambdodont bis selenodont ausgebildet sind. Bei den Kuskus (*Phalanger*; Zahnformel $\frac{2-3\ 1\ 2-3\ 4}{2\ \ 0\ 2-3\ 4} = 40-34$) und bei den Kusus (*Trichosurus*; Zahnformel $\frac{3\ 1\ 1-2\ 4}{2\ 0\ 1-2\ 4} = 36-32$) sind die vierhöckrigen Molaren mit mehr oder weniger deutlichen Querleisten versehen und daher als bilophodont zu bezeichnen, während die $P\frac{3}{3}$ vergrößert und serrat ausgebildet sind (Abb. 84). Unterschiede liegen nicht nur in der stärker reduzierten Zahl der P bei *Phalanger*, sondern auch im Vordergebiß. Bei *Trichosurus* bilden die drei einwurzeligen und leicht gekrümmten I sup. eine funktionelle – vom C sup. durch ein Diastema getrennte – Einheit, die als Widerlager des stark vergrößerten vordersten I inf. dient. Der I^2 ist der kräftigste Zahn. Der I_2 ist stark reduziert. Der C sup. und der vordere P sup. sind rudimentäre, einfache und einwurzelige Zähne, die durch Diastemata von den Nachbarzähnen getrennt sind.

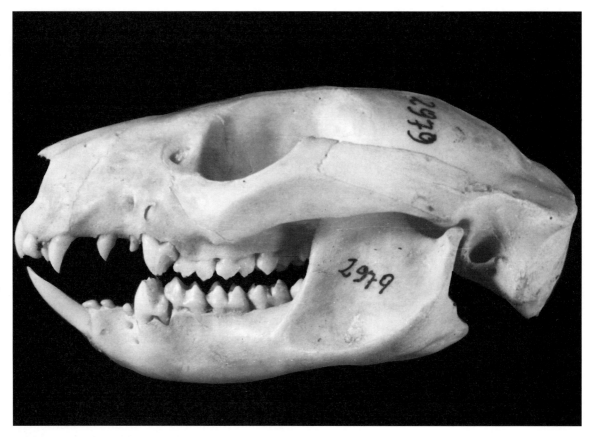

Abb. 84. *Phalanger vestitus* (Phalangeridae, rezent). Neuguinea. Schädel (Lateralansicht). NHMW 2879. Schädellänge 76 mm.

Das Gebiß erinnert in seiner Gesamtheit an jenes madagassischer Halbaffen (wie *Archaeolemur*) (Abb. 86). Bei *Phalanger* ist das Vordergebiß etwas differenziert, indem die caniniformen C sup. mit den I sup. eine Einheit bilden (Abb. 85, Tafel IV). Von den I sup. berühren die gekrümmten, schräg zueinander stehenden $I^{\underline{1}}$ einander mit der Spitze. Die $I^{\underline{2}}$ sind vergrößert, die $I^{\underline{3}}$ hingegen verkleinert. Die drei Zähne zwischen $I_{\overline{1}}$ und $P_{\overline{3}}$

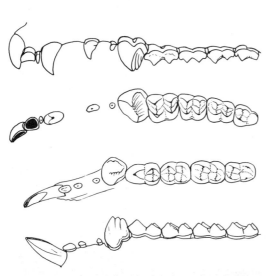

Abb. 85. *Phalanger vestitus*. $I^1 - M^4$ sin. buccal (ganz oben) und occlusal (mitte oben); $I_1 - M_4$ dext. occlusal (mitte unten) und lingual (ganz unten). Nach Original. ca. 1,5 × nat. Größe.

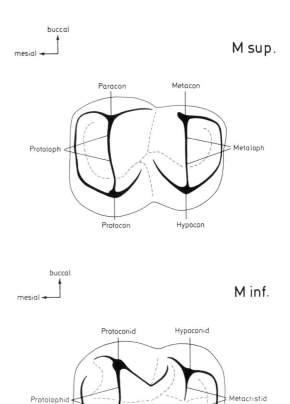

Abb. 86. *Trichosurus* (Phalangeridae). M sup. und M inf. (Schema). Beachte Bilophodontie der Zähne.

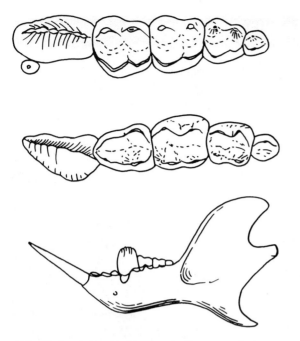

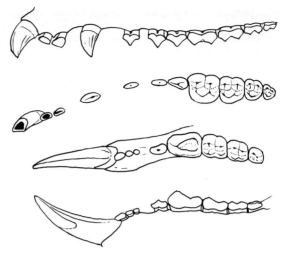

Abb. 88. *Petaurus australis* (Petauridae, rezent), Australien. $I^1 - M^4$ sin. buccal (ganz oben) und occlusal (mitte oben), $I_1 - M_4$ dext. occlusal (mitte unten) und lingual (ganz unten). Nach Original. 2,2 × nat. Größe.

Abb. 87. *Burramys parvus* (Burramyidae, rezent), Australien. $P^2 - M^4$ sin. occlusal (oben). $P_3 - M_4$ dext. occlusal (mitte) und Mandibel sin. von außen (unten). Beachte stark vergrößerte P^3_3. Nach ARCHER (1984), umgezeichnet. Gebiß 4,5 × nat. Größe.

sind winzig und einwurzelig. Die Tendenz zur Vergrößerung der P^3_3 ist bei der erst vor wenigen Jahren wieder lebend entdeckten Gattung *Burramys* (Zahnformel $\frac{3\,1\,2\,4}{2\,0\,?3\,4} = 38$) durch die stark vergrößerten und serrat ausgebildeten P^3_3 vom *Plagiaulax*-Typ verstärkt (Abb. 87). Bei den Flugbeutlern (*Petaurus*; Zahnformel $\frac{3\,1\,3\,4}{2\,0\,3\,4} = 40$) gleicht das Vordergebiß dem von *Phalanger*, weicht jedoch durch die einfach gebauten Prämolaren und die bunodonten, nach hinten an Größe abnehmenden

Molaren ab (Abb. 88). Außerdem verjüngt sich der stark vergrößerte $I_{\bar{1}}$ gleichmäßig bis zur Spitze und ist nicht wie bei *Trichosurus* und *Phalanger* seitlich abgeflacht. Er erinnert dadurch an eine Pinzette. Dieser Trend ist bei *Dactylopsila* (Zahnformel $\frac{3\quad1\,2-3\,4}{2-3\,0\,1-2\,4} = 40-34$) verstärkt (Abb. 89 und Tafel IV). In Verbindung damit ist auch der $I^{\underline{1}}$ vergrößert und schräg nach vorne gestreckt. Die Abschleifung der I sup. erfolgt schräg. Von den Molaren ist der vorderste der größte (Abb. 90). Als ganzes erinnert das Gebiß etwas an jenes bestimmter Halbaffen (wie *Plesiadapis*).

Eine Sonderstellung nimmt *Thylacoleo carnifex* als Großform aus dem Pleistozän Australiens ein. Bei *Thylacoleo* ist ein Backenzahnpaar ausgespro-

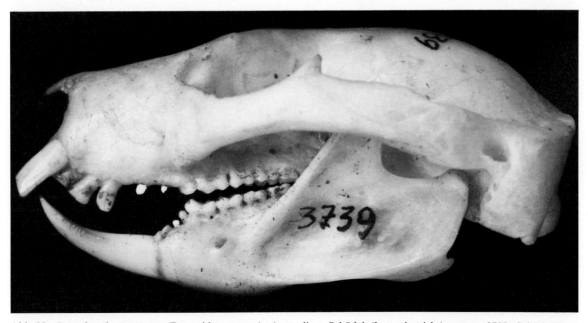

Abb. 89. *Dactylopsila trivirgata* (Petauridae, rezent). Australien. Schädel (Lateralansicht). NHMW 3739. Schädellänge 65 mm.

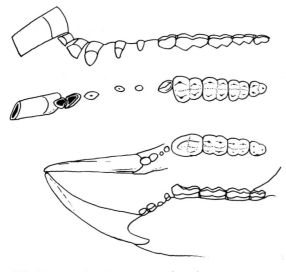

Abb. 90. *Dactylopsila trivirgata.* $I^1 - M^4$ sin. buccal (ganz oben) und occlusal (mitte oben), $I_1 - M_4$ dext. occlusal (mitte unten) und lingual (ganz unten). Beachte Vergrößerung der vordersten Incisiven. Nach Original. $2 \times$ nat. Größe.

chen secodont, also nicht serrat, entwickelt und erinnert dadurch an die Brechscherenzähne von Raubtieren. Außerdem ist das vorderste Paar der I sup. stark vergrößert und dadurch gleich groß wie die I inf. (Tafel IV). Die hinter der Brechschere gelegenen Zähne sind rudimentär. Da auch die „Zwischenzähne" stark reduziert sind, ist die Homologisierung der Zähne nicht gesichert, obwohl kein Zweifel darüber besteht, daß der von OWEN (1871) als C sup. gedeutete Zahn dem $I\frac{3}{}$ entspricht. Die Frage ist, welchen Zähnen die Brechschere zu homologisieren ist ($P\frac{3}{3}$ oder $M\frac{1}{1}$). Die bei *Phalanger* und *Burramys* vorhandene Tendenz zur Vergrößerung der $P\frac{3}{3}$ ist mit einer serraten Kronenbildung verbunden. Bei *Phalanger* fehlt der Trend zur Reduktion der Molaren, bei *Burramys* jener zur Vergrößerung der $I\frac{1}{1}$, der bei *Petaurus* und *Dactylopsila* vorhanden und mit einer Vergrößerung der $M\frac{1}{1}$ kombiniert ist, bei gleichzeiti-

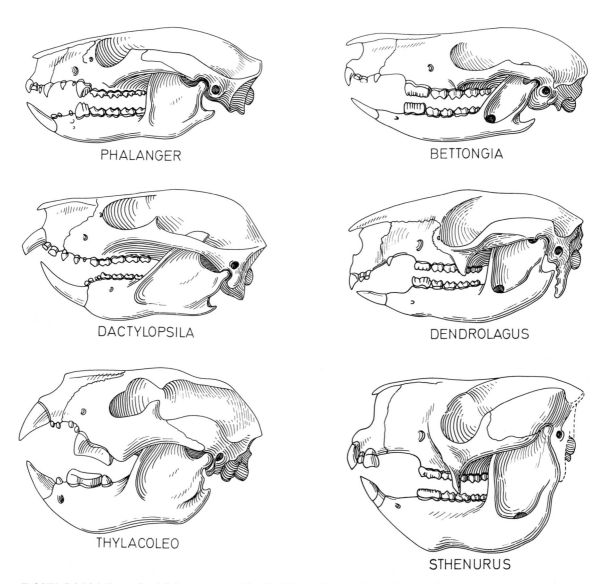

PHALANGER

BETTONGIA

DACTYLOPSILA

DENDROLAGUS

THYLACOLEO

STHENURUS

Tafel IV. Schädel (Lateralansicht) rezenter und fossiler Diprotodontia. Linke Reihe: *Phalanger* (Phalangeridae, rezent), *Dactylopsila* (Petauridae, rezent), *Thylacoleo* (Thylacoleonidae, Pleistozän; manchmal Postorbitalspange ausgebildet). Rechte Reihe: *Bettongia* (rezent), *Dendrolagus* (rezent) und *Sthenurus* (Pleistozän) als Angehörige der Macropodidae. Nicht maßstäblich.

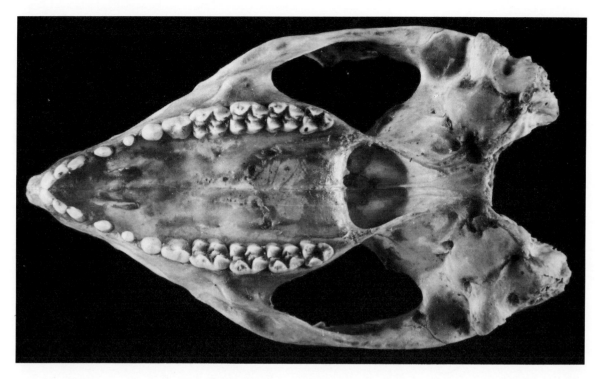

Abb. 91. *Pseudocheirus peregrinus* (Petauridae, rezent), Australien. Ventralansicht des Schädels (Hinterhaupt fehlt), um das komplette Gebiß zu zeigen. Beachte selenodonte Molaren. NHMW 26 853. Schädellänge 62,5 mm.

ger Rückbildung der Prämolaren. Daher ist meines Erachtens eine Gleichsetzung der Brechschere mit den $M\frac{1}{1}$ nicht auszuschließen. Die Zahnformel lautet daher entweder $\frac{3\ 1\ 3\ 1}{1\ 0\ 3\ 2}$ oder $\frac{3\ 1\ 2\ 2}{1\ 0\ 3\ 2}$ = 28 (FINCH 1982, FINCH & FREEDMAN 1982). Diese eigenartige Gebißspezialisierung, die ABEL (1948) als Schneidscherengebiß bezeichnete, hat zu lebhaften Diskussionen über die Ernährungsweise von *Thylacoleo carnifex* geführt. Meist – wie bereits aus dem Namen ersichtlich wird – als carnivore Form angesehen, hat schon KREFFT (1866) darauf hingewiesen, daß es sich eher um einen hochspezialisierten Pflanzenfresser handeln dürfte, der mit seinen Backenzähnen hartschalige „Früchte" (z. B. Cucurbitaceen, Cycadeen) aufschließen konnte (ANDERSON 1929, ABEL 1948). Eine Auffassung, für die auch die Ausbildung des Vordergebisses spricht. Ausgeprägte Krallengreiffüße mit löwenähnlichen Krallen an den Fingern erweisen ihn als Kletterform, ohne jedoch ein endgültiges Urteil über die Ernährungsweise zu ermöglichen. Nach WELLS et al. (1982) handelt es sich wahrscheinlich doch um eine carnivore arboricole Form, die – ähnlich wie rezente Leoparden – ihre Beute auf Bäume verschleppte und dort verzehrte. Über die Abtrennung als eigene Familie (Thylacoleonidae), wie sie verschiedentlich vorgenommen wird, läßt sich diskutieren, sie ist jedoch angesichts der frühen Trennung wahrscheinlich (RIDE 1964, ARCHER & RICH 1982, ARCHER 1984). *Thylacoleo crassidentata* aus dem Pliozän ist nach

BARTHOLOMAI (1962) deutlich weniger spezialisiert als *T. carnifex*.

Bei *Acrobates* und *Cercaertus* (= *Cercartetus*; Zahnformel $\frac{3\ 1\ 3}{2\ 0\ 2\text{-}3}\frac{3}{3}$ = 36–34) sind die hintersten Molaren völlig reduziert. Bei *Pseudocheirus* (Abb. 91, 92) und *Petauroides* (= „Schoinobates"; Zahnformel $\frac{2\text{-}3\ 1\ 1\text{-}3\ 4}{1\text{-}2\ 0\ 1\text{-}3\ 4}$ = 40–30) sind die Prämolaren weder vergrößert noch schneidend ausgebildet, und die Molaren zeigen bei annähernd quadratischem Umriß die Tendenz zur Selenodontie (Abb. 93). Dieser Trend ist beim Koala (*Phascolarctos cinereus*; Zahnformel $\frac{3\ 1\ 1\ 4}{1\ 0\ 1\ 4}$ = 30) weiterentwickelt (Abb. 94, 95), wobei *Litokoala*

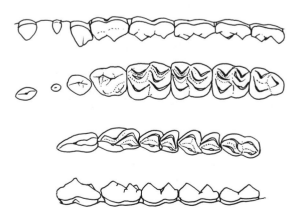

Abb. 92. *Pseudocheirus peregrinus* (= „*convolutor*"). C–M^4 sin. buccal (ganz oben) und occlusal (mitte oben), P$_3$–M$_4$ dext. occlusal (mitte unten) und lingual (ganz unten). Nach Original. 2,5 × nat. Größe.

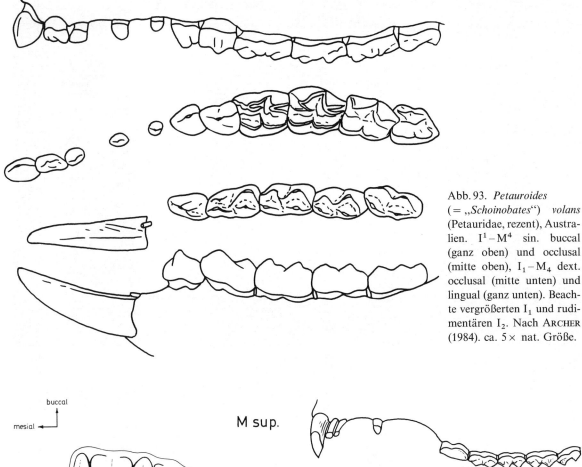

Abb. 93. *Petauroides* (= „*Schoinobates*") *volans* (Petauridae, rezent), Australien. $I^1 - M^4$ sin. buccal (ganz oben) und occlusal (mitte oben), $I_1 - M_4$ dext. occlusal (mitte unten) und lingual (ganz unten). Beachte vergrößerten I_1 und rudimentären I_2. Nach ARCHER (1984). ca. $5 \times$ nat. Größe.

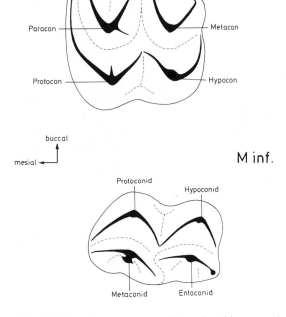

Abb. 94. *Phascolarctos cinereus* (Phascolarctidae, rezent), Australien. M sup. und M inf. (Schema). Beachte Selenodontie der Molaren.

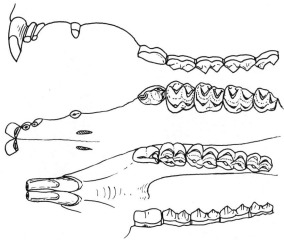

Abb. 95. *Phascolarctos cinereus*. $I^1 - M^4$ sin. buccal (ganz oben) und occlusal (mitte oben), $I_1 - M_4$ dext. occlusal (mitte unten) und lingual (ganz unten). Nach Original. 1/1 nat. Größe.

aus dem M-Miozän Australiens morphologisch vermittelt (STIRTON, TEDFORD & WOODBURNE 1967). Das vorderste Paar der I sup. ist bei *Phascolarctos* vergrößert, die übrigen I sup. und der C sup., der durch weite Diastemata von den Incisiven und Prämolaren getrennt ist, sind kleine,

fast stiftförmige Zähne (Abb. 96, Tafel V). Die vergrößerten I inf. sind parallel zueinander angeordnet, die Mandibel ist in der Symphysenregion fest verwachsen. Die etwas schneidend ausgebildeten $P\frac{3}{3}$ sind kürzer als die (sub-)selenodonten Molaren, die nach hinten nur etwas kleiner werden. Die M inf. sind, wie bei den Selenodontiern, deutlich schmäler und ihre Zahnreihen stehen enger beieinander als jene des Oberkiefers. Die Backenzähne sind ausgesprochen brachyodont, was in Einklang mit der Phyllophagie (Folivorie: nur Eucalyptusblätter) steht.

Ein anderer Ernährungsspezialist ist der australische Rüssel- oder Honigbeutler (*Tarsipes spense-*

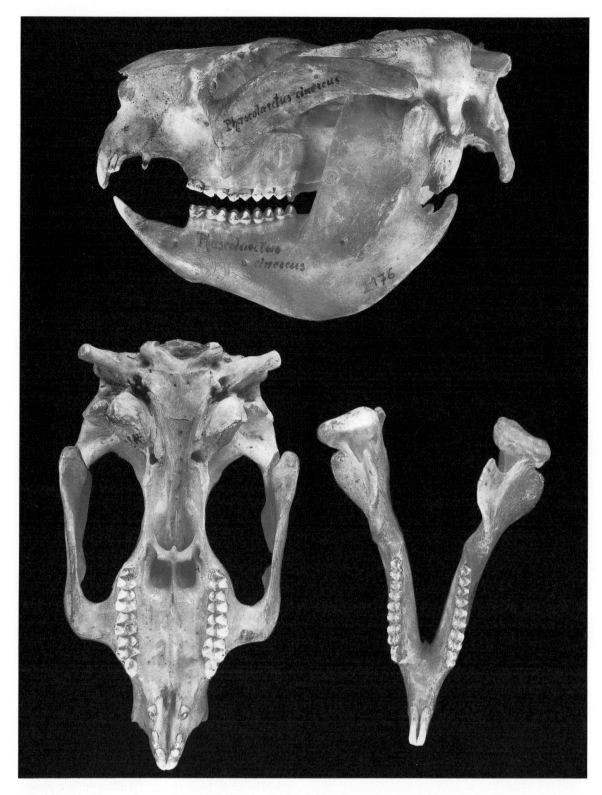

Abb. 96. *Phascolarctos cinereus*. Schädel (Lateral- und Ventralansicht) und Unterkiefer (Aufsicht). PIUW 2176. Schädellänge 150 mm.

rae; Zahnformel $\frac{2\ 1\ 1\ 3}{1\ 0\ 0\ 3}$ = 22) mit weitgehend rückgebildetem Gebiß, langem Rostrum und stark verlängerter Zunge (Tafel VI). *Tarsipes* ernährt sich nämlich hauptsächlich von Blütennektar. Der schwache Unterkiefer, das reduzierte Gebiß und die Kaumuskulatur zeigen, daß die Nahrung kein Kauen erfordert.

Zu den im Gebiß spezialisiertesten Beutlern zählen die Vombats oder Plumpbeutler (Vombatidae = „Phascolomyidae"), die gegenwärtig in zwei Arten in Australien und Tasmanien vorkommen. Dies kommt nicht nur in der verringerten Zahl der Zähne (Zahnformel $\frac{1\ 0\ 1\ 4}{1\ 0\ 1\ 4}$ = 24) zum Ausdruck, sondern auch in ihrer Wurzellosigkeit.

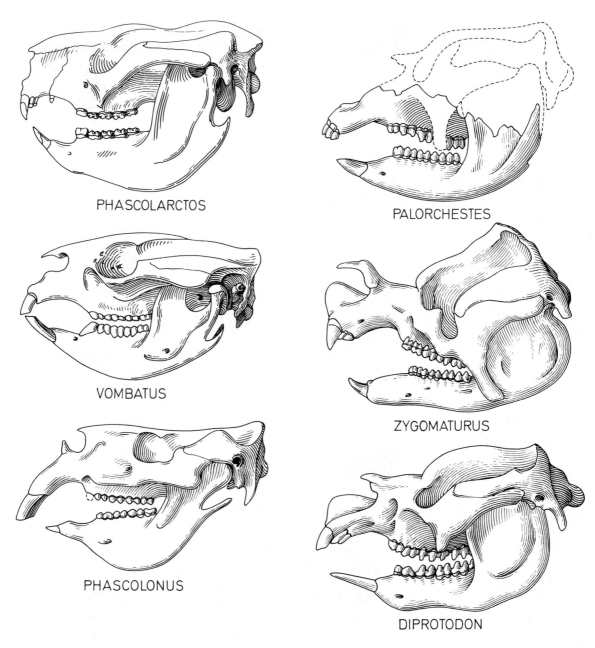

PHASCOLARCTOS

PALORCHESTES

VOMBATUS

ZYGOMATURUS

PHASCOLONUS

DIPROTODON

Tafel V. Schädel (Lateralansicht) rezenter und fossiler Diprotodontia. Linke Reihe: *Phascolarctos* (Phascolarctidae, rezent), *Vombatus* (rezent) und *Phascolonus* (Vombatidae; *Phascolonus* – Pleistozän). Rechte Reihe: *Palorchestes* (Palorchestidae), *Zygomaturus* und *Diprotodon* (Diprotodontidae), Pleistozän. Nicht maßstäblich.

Sowohl die Schneidezähne als auch die Backenzähne sind wurzellos (Abb. 97 und Tafel V). Bei den I inf. ist der Schmelz auf die Labialseite beschränkt. Die I sup. sind halbkreisförmig, die I inf. hingegen nur schwach gekrümmt. Die Abschleifung der Incisiven erfolgt meist in einer Ebene. Der Querschnitt der I sup. ist queroval, jener der I inf. gerundet drei- bis rechteckig mit konkaver Mesialseite (DAWSON 1981). Die wurzellosen Backenzähne sind halbkreisförmig gekrümmt, die Krone der P $\frac{3}{3}$ ist einfach, jene der Molaren bilobat gebaut. Zahnkeime lassen noch das primär bunodonte Kronenmuster erkennen (BENSLEY 1903). *Rhizophascolonus* aus dem M-Miozän Australiens verhält sich durch den bilobaten P $\underline{3}$ und die Be-

wurzelung der Backenzähne deutlich primitiver als *Lasiorhinus* oder *Vombatus* (STIRTON, TEDFORD & WOODBURNE 1967). *Phascolonus* ist nach OWEN (1872b) eine pleistozäne Großform mit enorm vergrößerten, labio-lingual abgeflachten, proodonten, zum Graben geeigneten I sup. und kleinen I inf. (MURRAY 1984) (Tafel V). Die Wombats ernähren sich von Gräsern, Kräutern, Baumrinden und Wurzeln.

Das Gebiß der recht artenreichen Känguruhartigen oder Springbeutler (Macropodidae) zeigt eine wesentlich geringere Mannigfaltigkeit als jenes der Phalangeriden (Zahnformel $\frac{3\,0-1\,1-2\,4}{1\,0\quad1-2\,4}$ = 34–30). Das typisch diprotodonte Gebiß verhält

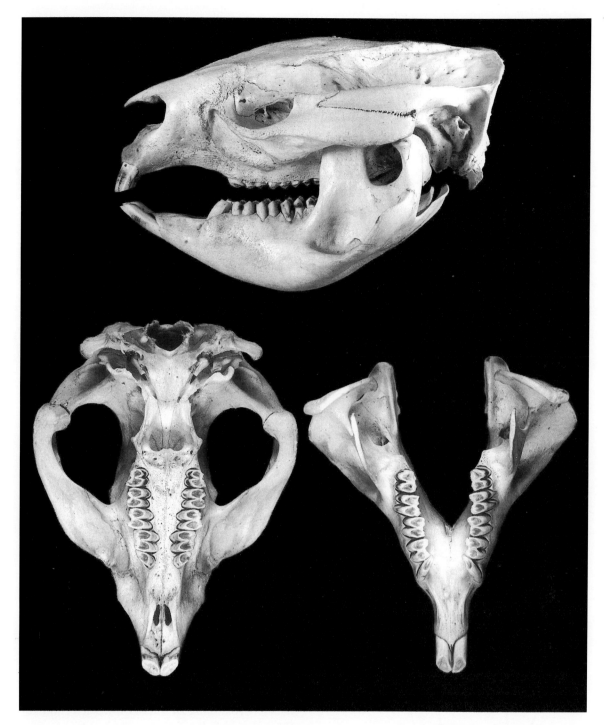

Abb. 97. *Vombatus ursinus* (Vombatidae) aus Australien. Schädel (Lateral- und Ventralansicht) und Unterkiefer (Aufsicht). Beachte gliriforme Incisiven. NHMW 7813. Schädellänge 145 mm.

sich ziemlich konstant und auch die Krone der Molaren variiert vom bunodonten bis zum bilophodonten Muster nur wenig. Die Unterschiede liegen hauptsächlich in der Ausbildung der $P\frac{3}{3}$, die zwar meist schneidend entwickelt sind, jedoch in der Gestalt stark differieren. Bei den Macropodinen zeigen sie eher die Tendenz zur Reduktion. Bei *Macropus* verschwinden übrigens $D\underline{3}$ und $P\underline{2-3}$ durch das Vorrücken der Molaren nach dem Einrücken der $M\frac{3}{3}$ bzw. $M\frac{4}{4}$ in die Kauebene, so daß bei adulten Individuen die ganzen Backenzahnrei-

hen nach vorn verschoben erscheinen (FRITH & CALABY 1969). Eine derartige Verschiebung von Backenzähnen ist in ähnlicher Weise nur von Elefanten und Manatis bekannt. Der C sup. ist praktisch nur bei den Rattenkänguruhs (*Hypsiprymnodon*, *Potorous*, *Aepyprymnus*, *Bettongia*) vorhanden, findet sich aber auch mehr oder weniger rudimentär bei *Dendrolagus*.

Bei *Bettongia* (Abb. 98) und verwandten Formen erinnert das Vordergebiß durch den großen und

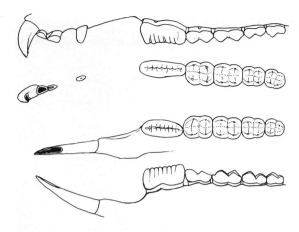

Abb. 98. *Bettongia gaimardi* (Macropodidae, rezent). Australien. $I^1 - M^4$ sin. buccal (ganz oben) und occlusal (mitte oben). $I_1 - M_4$ dext. occlusal (mitte unten) und lingual (ganz unten). Beachte vergrößerte $P\frac{3}{3}$. Nach Original. 1,75 × nat. Größe.

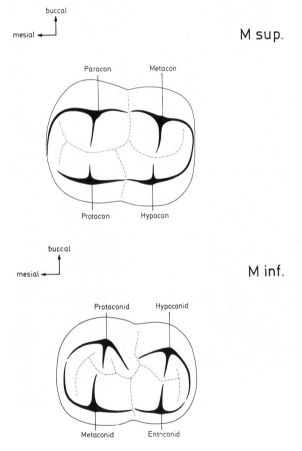

M sup.

M inf.

Abb. 99. *Bettongia*. M sup. und M inf. (Schema). M mit nur schwach ausgebildeten Querleisten.

konisch zugespitzten I^1 und durch den sich gleichmäßig nach vorne verjüngenden $I_{\overline{1}}$ an Phalangeriden, doch bilden die $P\frac{3}{3}$ eine lange, gesägte Schneiden, deren Achsen nach vorne etwas divergieren. Die Molaren wirken im unabgekauten Zustand bunodont, da Querleisten nur schwach entwickelt sind (Abb. 99). Abgekaute Zähne zeigen jedoch die Bilophodontie. Bei *Dendrolagus* ist das Gebiß

ähnlich differenziert, allerdings sind die $P\frac{3}{3}$ weder so ausgeprägt schneidend, noch divergieren ihren Achsen (Abb. 100 und Tafel IV). Die brachyodonten Molaren sind ausgesprochen bilophodont, ein Längsjoch fehlt praktisch.

Bei den übrigen Macropodinen (wie *Wallabia* [= „*Halmaturus*" = „*Protemnodon*"], *Petrogale*, *Thylogale*, *Macropus*, Zahnformel $\frac{3\,0\,1\,4}{1\,0\,1\,4} = 28$) sind die drei I sup. leicht gekrümmt und bilden eine funktionelle Einheit, indem die Usurflächen dieser Zähne etwas bogenförmig gekrümmt sind (Abb. 101 und Tafel II). Die Krone der $I^{\underline{1}}$ ist hypsodont, jene der $I^{\underline{3}}$ etwas in mesio-distaler Richtung verlängert und meist zweilappig. Ein oder zwei mehr oder weniger stark ausgeprägte Längsfurchen sind an der Außenseite des $I^{\underline{3}}$ entwickelt. Ein weites Diastema trennt – entsprechend dem langen Rostrum – Vorder- und Bakkenzahngebiß. Die im Kronenquerschnitt dreieckigen I inf. sind gestreckt (lanceolat), langwurzelig und konvergieren leicht nach vorne. Die flache Mesialseite zeigt interstitielle Nutzspuren, die Lingual-(= „Ober"-)seite der Zähne mehr oder weniger ausgeprägte Schleifspuren, die denen an den I sup. entsprechen. Im Ruhezustand stoßen die I inf. nach ANDERSON (1927) nicht an die I sup., sondern an die harte Gaumenplatte. Die Unterkiefersymphyse ist beweglich ausgebildet, die mandibularen Incisiven können durch den Musculus pterygoideus internus gespreizt werden (LÖNNBERG 1902, ANDERSON 1927). Das Vordergebiß der Macropodinen ist demnach in keiner Weise als Nagergebiß zu bezeichnen, sondern besitzt eine „scissor-like" Funktion. Die Kieferbewegungen beim Kauakt gleichen jenen der Ruminantia, doch sind die lateralen Bewegungen nicht so ausgeprägt. Auch im Verhalten ähneln sie Wiederkäuern (SCHÜRER 1980). Die beiden Querjoche der subhypsodonten Molaren sind stets durch ein niedriges Längsjoch verbunden, das bei zunehmender Abkauung zu einer H-förmigen Kaufigur führt, die noch durch ein Vordercingulum ergänzt wird (Abb. 102, 103). Nach RIDE (1959) sind die Macropodinen nach der Ausbildung von Kaumuskulatur und Gebiß an das Grasen angepaßte Phalangeriden, von denen sie sich im Unterkiefer u. a. durch die tiefe, in den Canalis dentalis inferior mündende Masseter-Grube unterscheiden (Abb. 104).

Bei den nur fossil bekannten Kurzkopfkänguruhs (Sthenurinae), die im Pleistozän Riesenformen (wie *Sthenurus*, *Procoptodon*) hervorgebracht haben, sind die Kiefer verkürzt und die Symphyse völlig ankylosiert (Abb. 105). Die Incisiven erinnern eher an jene der Phalangeriden, die bilophodonten Molaren sind bei *Sthenurus*, der als Gras-

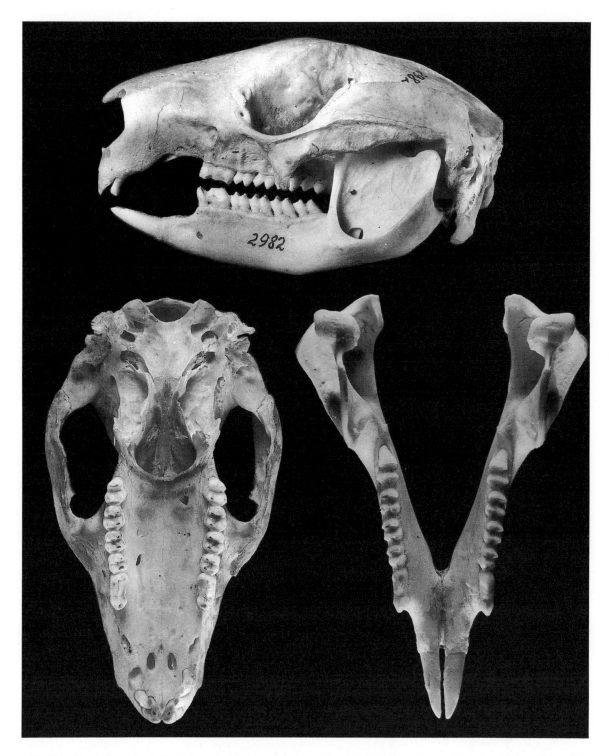

Abb. 100. *Dendrolagus lumholtzi* (Macropodidae, rezent), Australien. Schädel (Lateral- und Ventralansicht) und Unterkiefer (Aufsicht). I^3 und C dext. ausgefallen. NHMW 2982. Schädellänge 115 mm.

fresser angesehen wird, subhypsodont, wofür auch die Form des Unterkiefers und die Lage des Condylus spricht (Tafel IV; TEDFORD 1966). Demgegenüber deutet sie RIDE (1959) als sekundär im Kauvorgang den großen Phalangeriden entsprechende Beuteltiere.

Das Gebiß der gleichfalls ausgestorbenen Diprotodontiden und Palorchestiden Australiens (wie *Diprotodon, Zygomaturus, Nototherium, Palorchestes*) stimmt nach der Zahnformel ($\frac{3\,0\,1\,4}{1\,0\,1\,4} = 28$)

mit dem der meisten Macropodinae überein, weicht jedoch im einzelnen von ihnen ab. Allerdings bestehen auch innerhalb der Diprotodontiden Unterschiede im Gebiß. Bei *Diprotodon* (Pleistozän; Tafel V) sind die leicht gekrümmten I$\frac{1}{1}$ ähnlich den Vombatiden wurzellos entwickelt und mit Schmelz nur auf der konvexen Vorderseite versehen, die wesentlich kleineren I$^{2-3}$ sind gegen den I^1 gekrümmt und bewurzelt (OWEN 1870). Bei *Zygomaturus* (= *Nototherium* bei OWEN 1872a;

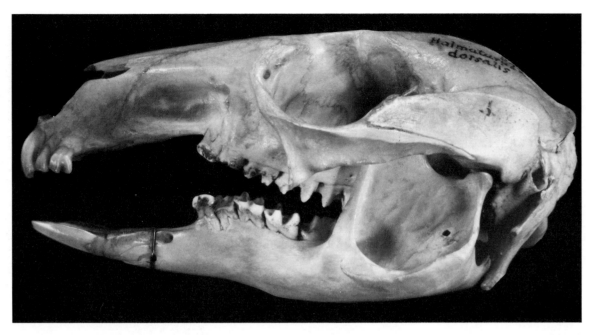

Abb. 101. *Macropus dorsalis* (Macropodidae, rezent), Australien. Schädel (Lateralansicht). Typisch diprotodontes Vordergebiß. PIUW 2179. Schädellänge 130 mm.

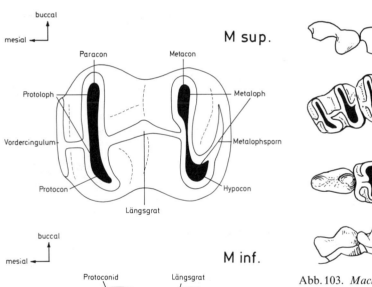

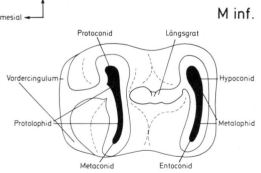

Abb. 102. *Macropus.* M sup. und M inf. (Schema). Beachte Bilophodontie und Längsjoch.

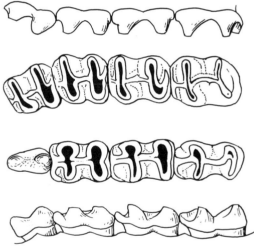

Abb. 103. *Macropus giganteus* (rezent), Australien M^1-M^4 sin. buccal (ganz oben) und occlusal (mitte oben), P_3-M_3 dext. occlusal (mitte unten) und lingual (ganz unten). Nach Original. $1,5 \times$ nat. Größe.

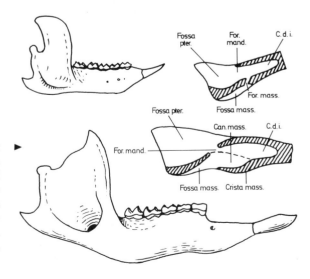

Abb. 104. Mandibel dext. eines Phalangeriden (oben: *Pseudocheirus lemuroides*, rezent) und eines Macropodiden (unten: *Thylogale stigmatica*, rezent) von außen (links) und im Horizontalschnitt. Tiefe Massetergrube (Fossa masseterica), die durch das Foramen mandibulare mit der Fossa pterygoidea (Fossa pter.) verbunden ist und bei den Macropodiden in den Canalis dentalis inferior (C. d. i.) übergeht. Can. mass. = Canalis massetericus, Crista mass. = Crista masseterica. Nach RIDE (1959), umgezeichnet.

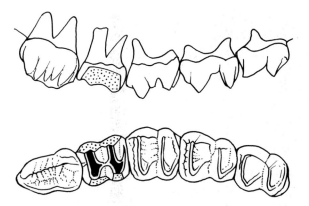

Abb. 105. *Sthenurus tindalei* (Macropodidae), Pleistozän Australien. P³ – M⁴ sin. buccal (oben) und occlusal (unten). Nach TEDFORD (1966). 5/6 nat. Größe.

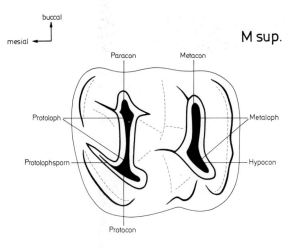

M sup.

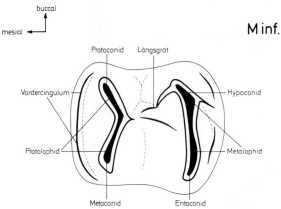

M inf.

Abb. 106. *Palorchestes* (Palorchestidae), Pleistozän Australien. M sup. und M inf. (Schema). Beachte Bilophodontie. Längsgrat bestenfalls angedeutet.

Pleistozän; Tafel V) und *Ngapakaldia* (Alt-Miozän) sind die I $\frac{1}{1}$ zwar vergrößert, aber nicht wurzellos. Ein C sup. ist nur bei *Ngapakaldia* in hinfälliger Form vorhanden. Die stets brachyodonten Molaren der Diprotodonten sind ausgesprochen bilophodont wie bei *Dinotherium*. Längsjoche fehlen fast stets (Abb. 106, 107). Die aus dem Pleistozän Australiens durch Riesenformen nachgewiesenen Diprotodontiden waren echte Pflanzenfresser, welche die in Australien fehlenden Huftiere ersetzten. Die P $\frac{3}{3}$ sind kleiner als die Molaren und meist einfacher gebaut. Der Unterkiefer entspricht durch die seichte Massetergrube jenem der Phalangeriden und weicht von dem der Macropodiden ab. Die meist „schaukelförmig" gekrümmten Mandibeläste und die hohe Lage des Condylus sind typisch für die Diprotodontiden. Sie zeigen, daß es ausgesprochene Pflanzenfresser waren. Die Symphyse ist fest verbunden oder massiv verwachsen, so daß die beiden Hälften der Mandibel nicht gegeneinander bewegt werden konnten. Als älteste Angehörige der Diprotodontoidea gelten *Pitikantia* und *Ngapakaldia* aus dem ältesten Miozän Australiens (STIRTON 1967).

3.4 „Insectivora" (Insektenfresser)

Umfang und Gliederung der Insektenfresser werden von den verschiedenen Taxonomen diskutiert. Dies betrifft einerseits die Spitzhörnchen (Tupaiidae) und die Rüsselspringer (Macroscelididae), andrerseits die sogenannten Proteutheria. Spitzhörnchen und Rüsselspringer, die durch HAECKEL (1866) den übrigen (rezenten) Insektenfressern (= Lipotyphla) als Menotyphla gegenübergestellt wurden, werden hier jeweils als Angehörige eigener Ordnungen (Scandentia und Macroscelidea) bewertet. Dies bedeutet, daß in diesem Rahmen sowohl die Lipotyphla als auch die von ROMER ursprünglich als Unterordnung Proteutheria zusammengefaßten Fossilformen berücksichtigt sind. Letztere werden jedoch neuerdings – wenn auch in sehr unterschiedlichem Umfang – als eigene Ordnung bewertet (STORCH & LISTER 1985).

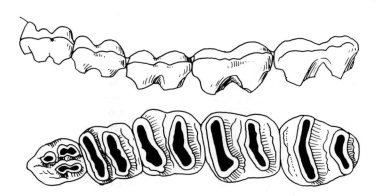

Abb. 107. *Zygomaturus mitchelli* (Diprotodontidae), Pleistozän, Australien. P³ – M⁴ sin. buccal (oben) und occlusal (unten). Beachte Bilophodontie der Molaren. Nach OWEN (1872), umgezeichnet. 1/2 nat. Größe.

Hier sind die Leptictoidea, Palaeoryctoidea, Pantolestoidea, Mixodectoidea und die Apatemyoidea berücksichtigt. Daß heißt, auch die verschiedentlich als eigene Ordnung (Apatotheria) abgetrennten Apatemyiden des Alttertiärs werden hier als Insectivora klassifiziert (THENIUS 1969). Demgegenüber werden die Microsyopiden mit ROMER (1966) und VAN VALEN (1967) als Primaten angesehen, die SZALAY (1969) immerhin als (?) Primates bewertet. Der gegenüber den „klassischen" Insectivora erweiterte Begriff wird durch die Schreibung „Insectivora" zum Ausdruck gebracht.

Die Lipotyphla wurden bereits durch GILL (1884) nach dem Gebiß in die Zalambdodonta und die Dilambdodonta gegliedert. Nach neueren Untersuchungen bilden die Zalambdodonta (Tenrecidae einschließlich Potamogalidae, Chrysochloridae und Solenodontidae) keine natürliche Einheit, so daß eine Abtrennung der Zalambdodonta als eigene Gruppe nicht gerechtfertigt erscheint (vgl. dazu jedoch McDOWELL 1958, THENIUS 1969, 1979, VAN VALEN 1966, 1967).

Die Insektenfresser sind gegenwärtig nach ANDERSON & JONES (1984) mit nahezu 80 Gattungen und über 400 Arten weit verbreitet. Sie fehlen nur der australischen Region und weiten Teilen Südamerikas. Meist sind es kleine Säugetiere (ein-

schließlich der kleinsten Säugetierarten), denen einst in stammesgeschichtlicher Hinsicht als vielfach ursprünglichen Formen innerhalb der Placentalia große Bedeutung zugemessen wurde. Im Habitus je nach der Lebensweise sehr unterschiedlich gestaltet (z. B. Spitzmaus-, Maulwurf-, Igel- und Ottertypen), ist auch das Gebiß der Insektenfresser recht mannigfaltig ausgebildet. Die Insectivora sind primär Fleisch- und Insektenfresser, sekundär Allesfresser oder Molluskenfresser (wie Dimyliden mit einem Quetschgebiß). Während die Ausbildung der Molaren meist nur Abwandlungen der zwei Grundtypen (zalambdodont und dilambdodont) darstellt und nur vereinzelt eine (partielle) Hypsodontie erkennen läßt, ist das Vordergebiß recht verschieden differenziert (Abb. 108). Bei manchen Formen kann die gesamte Antemolarenregion zudem stark reduziert sein. Dies hat bei den Soriciden zur Ausscheidung einer eigenen Zahnkategorie geführt, indem die zwischen dem stark vergrößerten vordersten Schneidezahn und dem $M\frac{1}{1}$ gelegenen Zähne mangels einer gesicherten Homologisierung als Zwischenzähne bezeichnet werden. Mehrfach unabhängig voneinander kommt es auch zur Reduktion der hintersten Molaren und zur Molarisierung der hinteren Prämolaren. Die Zahnformel schwankt entsprechend dem Gesagten innerhalb großer

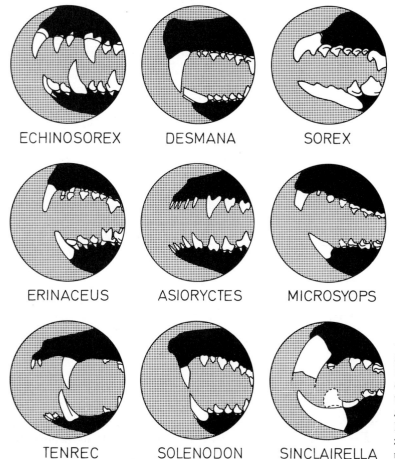

ECHINOSOREX   DESMANA   SOREX

ERINACEUS   ASIORYCTES   MICROSYOPS

TENREC   SOLENODON   SINCLAIRELLA

Abb. 108. Übersicht über das Vordergebiß der „Insectivora" (Lipotyphla [*Echinosorex, Desmana, Sorex, Erinaceus, Tenrec* und *Solenodon*], Proteutheria [*Asioryctes*], inc. sedis [*Microsyops*] und Apatotheria [*Sinclairella*]). Beachte Tendenz zur Vergrößerung einzelner Vorderzähne, die einander nicht unbedingt homolog sind.

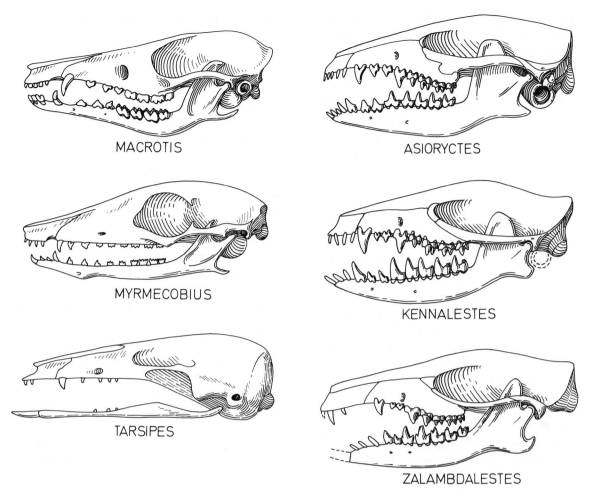

MACROTIS

ASIORYCTES

MYRMECOBIUS

KENNALESTES

TARSIPES

ZALAMBDALESTES

Tafel VI. Schädel (Lateralansicht) rezenter australischer Beutler (linke Reihe) und kreidezeitlicher Eutheria (rechte Reihe). *Macrotis* (Peramelidae), *Myrmecobius* (Myrmecobiidae) und *Tarsipes* (Tarsipedidae). *Asioryctes* (Palaeoryctidae), *Kennalestes* (Kennalestidae) und *Zalambdalestes* (Zalambdalestidae). Nicht maßstäblich.

Grenzen von $\frac{5\,1\,4\,3}{4\,1\,4\,3} = 50$ (z. B. *Asioryctes* aus der O-Kreide [Proteutheria]) bis $\frac{1\,4\,2}{1\,2\,2} = 24$ (*Amblycoptus* [Soricidae]). Die Zahnformel der Lipotyphla überschreitet jedoch nicht die meist als primär für placentale Säugetiere angegebene Zahl von $\frac{3\,1\,4\,3}{3\,1\,4\,3} = 44$. Mit dem Gebiß der Insectivora haben sich zwar zahlreiche Autoren (z. B. LECHE 1895, 1902, 1906, BUTLER 1937, 1939, 1948, McDOWELL 1958, FRIANT 1961, REINWALDT 1961, FEJFAR 1966, HUTCHISON 1966, 1968, ENGESSER 1972, RABEDER 1972, SIGE 1976, LILLEGRAVEN & KIELAN-JAWOROWSKA 1979, PODUSCHKA & PODUSCHKA 1983) befaßt, eine zusammenfassende, nur dem Gebiß gewidmete Darstellung fehlt jedoch bis heute. DOBSON (1882–1890) gibt in seiner Monographie eine Übersicht über die rezenten Arten.

Die ältesten Insektenfresser sind aus der Oberkreide bekannt. Meist liegen nur isolierte Einzelzähne vor (z. B. bei *Gypsonictops, Procerberus, Cimolestes*). Die wenigen Schädelfunde zeigen jedoch, daß bereits zur jüngeren Oberkreidezeit Formen mit unterschiedlich differenzierten Gebißtypen existierten (z. B. bei *Kennalestes, Asioryctes, Zalambdalestes*).

Innerhalb der als Proteutheria bezeichneten Insectivora seien hier lediglich als Oberkreideformen *Kennalestes* und *Gypsonictops* als Angehörige der Leptictoidea und *Asioryctes* als solcher der Palaeoryctoidea sowie *Zalambdalestes* und *Barunlestes* (als Proteutheria inc. sed.) berücksichtigt. Mit dem Molarenmuster der kreidezeitlichen Proteutheria und seiner Evolution hat sich u. a. BUTLER (1977) befaßt.

Kennalestes gobiensis aus der Oberkreide der Mongolei (Leptictoidea, Kennalestidae) besitzt eine geschlossene Zahnreihe mit der Zahnformel $\frac{4\,1\,4\,3}{3\,1\,4\,3} = 46$ und zählt zu den ältesten Eutheria überhaupt (Tafel VI). Die einheitlich gestalteten I sup. sind einwurzelig mit einfacher Krone, der große C sup. ist zweiwurzelig, die Prämolaren sind mit Ausnahme des P ^{4} zweiwurzelig und einfach gebaut. Sie nehmen bis zum P ^{3} an Größe zu. Der semimolariforme P ^{4} ist hingegen niedriger als der M ^{1}. An den tribosphenischen M sup. sind Para- und Metaconulus entwickelt (Abb. 109). Die einfachen I inf. sind einwurzelig. Der C inf. ist groß und zweiwurzelig. Die P inf. nehmen bis zum P $_{\overline{4}}$ an Größe zu, lediglich der P $_{\overline{4}}$ ist zweihöck-

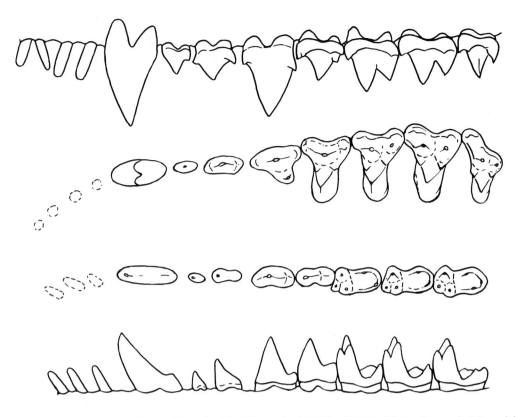

Abb. 109. *Kennalestes gobiensis* (Kennalestidae, Proteutheria). Ober-Kreide (Unter-Campan), Mongolei. Gebißformel $\frac{4\,1\,4\,3}{3\,1\,4\,3}$. Nach KIELAN-JAWOROWSKA (1969, 1979), umgezeichnet. 9× nat. Größe.

rig. An den M inf. sind das hohe Trigonid und das niedrige zwei- bis dreihöckrige Talonid deutlich getrennt. Bei *Gypsonictops* (Campan-Maastricht der USA; Abb. 110) ist der P$\underline{4}$ molariform und der P$\underline{4}$ mit einem kräftigen Innenhöcker versehen. Auch im Unterkiefergebiß ist der P$_{\overline{4}}$ molarisiert, der P$_{\overline{3}}$ ähnlich dem P$_{\overline{4}}$ von *Kennalestes*. Bei *Palaeictops* und *Diacodon* aus dem Paleozän-Eozän der USA entspricht die Zahnformel mit $\frac{3\,1\,4\,3}{3\,1\,4\,3}$ zwar der eines primitiven Placentaliers, das Gebiß dieser Leptictiden ist jedoch durch Diastemata im Caninen- und Prämolarenbereich und durch die Vergrößerung einzelner P inf. evoluierter als jenes von *Gypsonictops*. Bei *Ictops* aus dem Oligozän schreitet diese Entwicklung insofern fort, als die P$\frac{4}{4}$ molarisiert werden. Bei *Myrmecoboides* (Paleozän) haben lediglich die Diastemata zwischen den Prämolaren zu dieser Bezeichnung geführt. *Myrmecoboides* hat nichts mit *Myrmecobius* unter den Beutlern zu tun.

Asioryctes nemegetensis (Palaeoryctoidea, Palaeoryctidae) aus der Oberkreide (Mittel-Campan) der Mongolei besitzt mit $\frac{5\,1\,4\,3}{4\,1\,4\,3}$ = 50 die primitivste Zahnformel eines Angehörigen der Eutheria überhaupt. Die Zahnreihe ist gleichfalls geschlossen, das Gebiß ähnelt weitgehend dem von *Kennalestes* (Tafel VI). Von *Cimolestes* und *Procerberus* als weiteren Palaeoryctiden der Oberkreide sind keine vollständigen Kiefer bekannt.

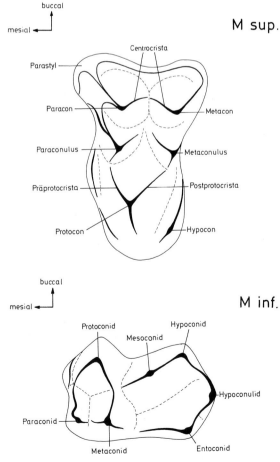

Abb. 110. *Gypsonictops* (Leptictidae, Proteutheria). M sup. und M inf. (Schema). (Ober-Kreide USA).

Bei *Zalambdalestes* (Unter-Campan) und *Barunlestes* (Mittel-Campan) aus der Mongolei (Zalambdalestidae) ist die Zahnformel mit $\frac{3\,1\,4\,3}{3\,1\,4\,3} = 44$ zwar auch vollständig wie etwa bei *Diacodon*, doch ist das Vordergebiß durch die Vergrößerung von I$^{\underline{2}}$ und I$_{\overline{1}}$ etwas differenziert und der C inf. incisiviform. Der Fazialschädel ist zu einem richtigen Rostrum verlängert (Tafel VI). P$^{\underline{3}}$ und P$^{\underline{4}}$ sind vergrößert und mit kräftigen Innenhöckern versehen, ohne daß es jedoch zur Molarisierung kommt. Von den nach hinten an Größe zunehmenden P inf. ist der P$_{\overline{4}}$ etwas molarisiert (Abb. 111). Die Stellung der Zalambdalestiden innerhalb der Proteutheria wird diskutiert (KIELAN-JAWOROWSKA 1975, LILLEGRAVEN et al. 1979).

Eine eigene Gruppe bilden die Pantolestoidea (mit *Palaeosinopa, Pantolestes, Cryptopithecus* und anderen) des Alttertiärs. Das Gebiß ist vollständig ($\frac{3\,1\,4\,3}{3\,1\,4\,3} = 44$) und erinnert an jenes primitiver Hyaenodonten. Der höhere Encephalisationsgrad wird (allerdings nicht allgemein) mit dem Wasserleben dieser ursprünglich als Ahnen der Pinnipedia angesehenen Insectivoren in Zusammenhang gebracht. Die Caninen sind kräftig, die Prämolaren einfach gebaut.

Von den Mixodectoidea (mit *Mixodectes, Elpidophorus* aus dem Paleozän, *Microsyops* aus dem Eozän von Nordamerika) – deren systematische Stellung umstritten ist – ist praktisch nur das Mandibulargebiß vollständig bekannt (SZALAY 1969). Die Unterkieferzahnformel lautet 2–1 1 3 3 und zeigt eine Reduktion des Vordergebisses bei Vergrößerung eines I inf. und incisiviformen C inf. (Tafel IX). An den M inf. ist das Trigonid nur knapp höher als das dreihöckrige Talonid. An den fünfhöckerigen M sup. ist ein Hypoconhöcker nur angedeutet. Die Krone der (isolierten) I sup. ist zwei- oder dreispitzig. Bei *Microsyops* ist der vergrößerte I sup. einspitzig.

Zu den im Gebiß aberrantesten Insectivoren zählen zweifellos die Apatemyoidea (mit *Labidolemur, Apatemys, Sinclairella* und andere; JEPSEN 1934, SCOTT & JEPSEN 1936) des Alttertiärs. Die meist nur dürftig dokumentierten Apatemyiden besitzen ein stark reduziertes und zugleich hochspezialisiertes Vordergebiß, das sowohl an Plesiadapiden unter den Primaten als auch an *Dactylopsila* unter den Beuteltieren erinnert (vgl. VON KOENIGSWALD 1985). Bei der am besten belegten *Sinclairella dakotensis* aus dem Oligozän lautet die Zahnformel $\frac{2\,0\,2\,3}{1\,0\,2\,3} = 26$ (Tafel IX). Die vordersten Incisiven sind stark vergrößert und seitlich komprimiert. Der gekrümmte I inf. läuft in eine Spitze aus, die Unterkiefersymphyse ist nicht verwachsen. Die Caninen dürften völlig reduziert sein, die Krone des P$_{\overline{3}}$ ist stark vergrößert, der P$_{\overline{4}}$ dagegen

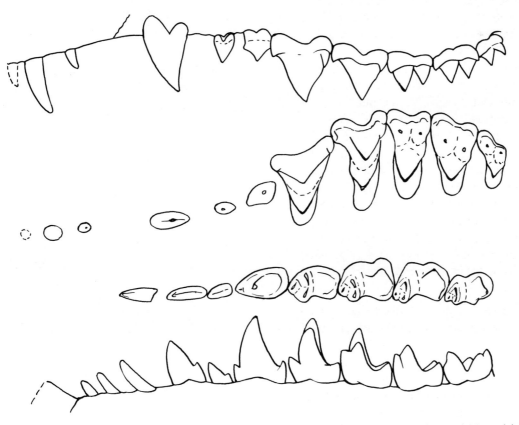

Abb. 111. *Zalambdalestes lechei* (Zalambdalestidae, Proteutheria). Ober-Kreide (Unter-Campan) Mongolei. Nach KIELAN-JAWOROWSKA (1969, 1979), ergänzt umgezeichnet. 6,5 × nat. Größe.

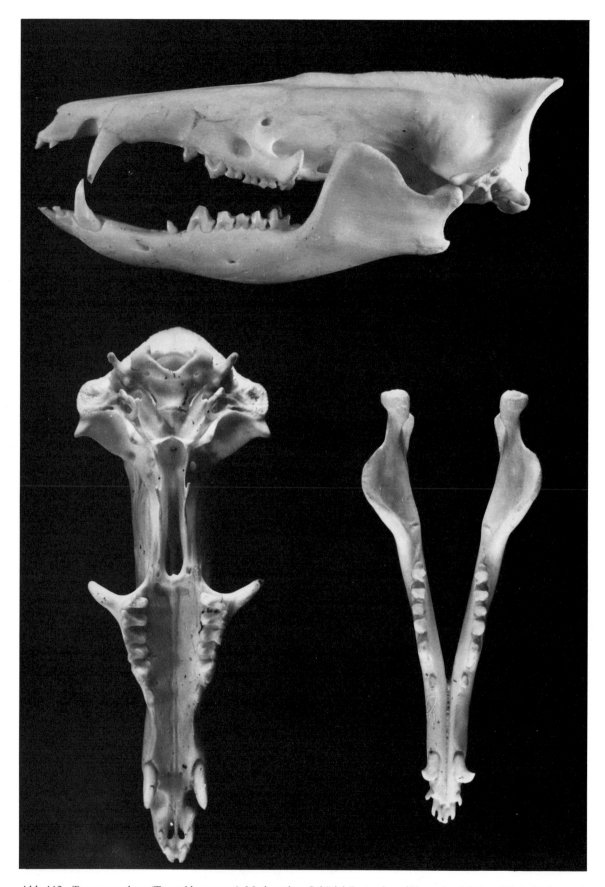

Abb. 112. *Tenrec ecaudatus* (Tenrecidae, rezent), Madagaskar. Schädel (Lateral- und Ventralansicht) und Unterkiefer (Aufsicht). Sammlung Poduschka. Schädellänge 95 mm.

nur winzig. An den im Umriß annähernd dreieckigen M sup. ist ein Hypoconhöcker angedeutet,
das Talonid der M inf. grubig ausgebildet und
verlängert. Die evoluierten Apatemyiden waren
vermutlich Fruchtfresser.

Auch die Gliederung der Lipotyphla erfolgt keineswegs einheitlich. Dies betrifft nicht nur die zalambdodonten Formen, sondern auch die Zuordnung verschiedener Familien zu Überfamilien
oder Infraordnungen. Hier werden die Tenrecoidea, die Chrysochloroidea, die Erinaceoidea
(= Erinaceomorpha) und die Soricoidea (= Soricomorpha) unterschieden, wobei letztere eher
als Stadium („grade"), denn als natürliche Einheit
(„clade") zu bewerten sind (SIGÉ 1976). Auch
nach der Art des Kauens unterscheiden sich nach
MILLS (1966) die Tenrecoidea und Chrysochloroidea („cutting action"), Soricomorpha („cutting
and grinding action") und die Erinaceomorpha
(„grinding action").

Die Tenrecidae (einschließlich „Potamogalidae")
als einzige Vertreter der Tenrecoidea sind gegenwärtig mit etwa 10 Gattungen und über 20 Arten
in der äthiopischen Region heimisch und besonders auf Madagaskar arten- und formenreich entwickelt. Auf Grund eines umfangreichen Materials hat sich LECHE (1907) ausführlich mit dem
Gebiß der Tenrecidae befaßt. Die Zahnformel der
Tenreciden schwankt zwischen $\frac{3\ 1\ 3\ 3}{3\ 1\ 3\ 3}$ = 40 bei *He-*
micentetes, *Oryzorictes*, *Limnogale* und *Potamo-*
gale bzw. $\frac{2\ 1\ 3\ 3}{3\ 1\ 3\ 3}$ = 38 bei *Tenrec* (= „*Centetes*"; bei
Tenrec kann gelegentlich ein $M^{\underline{4}}$ auftreten; vgl.
THOMAS 1892, LECHE 1907) und $\frac{2\ 1\ 3\ 2}{2\ 1\ 3\ 2}$ = 32 bei
Echinops. *Setifer* ($\frac{2\ 1\ 3\ 3}{2\ 1\ 3\ 3}$ = 36) und *Geogale*
($\frac{2\ 1\ 3\ 3}{2\ 1\ 2\ 3}$ = 34) liegen nach der Zahnzahl dazwischen.
Tenrec ecaudatus besitzt ein etwas reduziertes und
zugleich spezialisiertes Gebiß, mit der Zahnformel

$\frac{2\ 1\ 3\ 3}{3\ 1\ 3\ 3}$ = 38. Eine ausführliche Beschreibung des
Gebisses hat BUTLER (1937) gegeben, ohne jedoch
eine Homologisierung des Haupthöckers der
M sup. zu versuchen. Der kräftige, etwas gekrümmte und seitlich komprimierte, einwurzelige
C sup. ist durch lange Diastemata sowohl von den
beiden kleinen, mit leicht gekrümmter Krone versehenen Incisiven als auch vom vordersten P getrennt (Tafel VIII; Abb. 112, 113). Der zweiwur-
zelige $P^{\underline{2}}$ ist klein, ein kurzes Diastema trennt ihn
vom dreiwurzeligen $P^{\underline{3}}$. Dessen Krone besteht aus
dem Haupthöcker und einem kleinen, lingual di-
stal gelegenen Innenhöcker. Der stark querge-
dehnte, molariforme $P^{\underline{4}}$ ist etwas breiter als die
Molaren, deren Krone aus den beiden buccalen
Stylarhöckern und dem Paracon besteht. Die drei
I inf. sind klein, mit etwas gekerbter Krone, der
große, einwurzelige C inf. ist stark gekrümmt und
mit zwei distalen Kanten versehen und vom $P_{\overline{2}}$
durch ein langes Diastema getrennt. Der große,
vom $P_{\overline{2}}$ durch ein kurzes Diastema getrennte $P_{\overline{3}}$
ist einspitzig, mit angedeutetem Metaconidhöcker
und einem kurzen Talonid. Der molarisierte $P_{\overline{4}}$
besitzt ein dreihöckriges Trigonid und ein kurzes
Talonid. Die M inf. sind im Prinzip ähnlich gebaut. Das Trigonid ist wesentlich höher als das
Talonid. Die Unterkiefersymphyse ist nicht verwachsen.

Die übrigen Tenreciden unterscheiden sich vor allem durch die Ausbildung der Antemolaren von
Tenrec (z. B. *Hemicentetes* mit eher kleinen, incisiviformen Caninen bei Streckung des Rostrums)
bzw. die verschiedentlich nur kurzen oder überhaupt fehlenden Diastemata (z. B. *Setifer*, *Echi-*
nops; Abb. 114–116). Bei *Potamogale velox* mit
der Zahnformel $\frac{3\ 1\ 3\ 3}{3\ 1\ 3\ 3}$ = 40 ist die Zahnreihe geschlossen und der vorderste I sup. etwas vergrö-

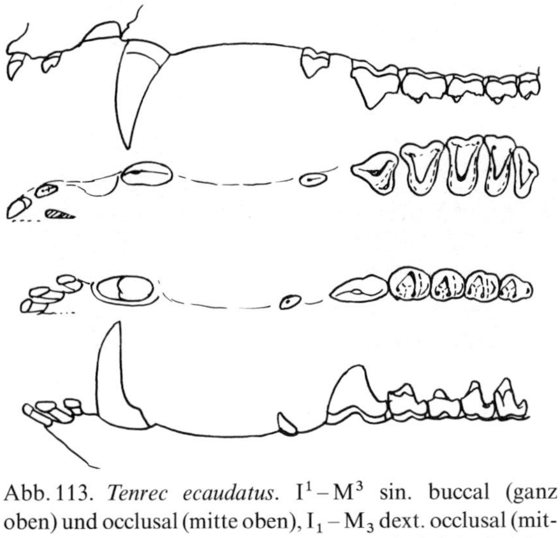

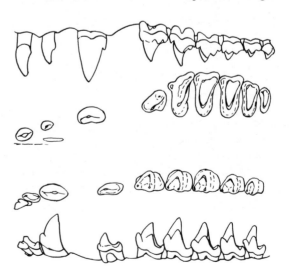

Abb. 113. *Tenrec ecaudatus.* $I^1 - M^3$ sin. buccal (ganz
oben) und occlusal (mitte oben), $I_1 - M_3$ dext. occlusal (mitte unten) und lingual (ganz unten). Nach Original. 1,5 ×
nat. Größe.

Abb. 114. *Setifer setosus* (Tenrecidae, rezent), Madagaskar. $I^1 - M^3$ sin. buccal (ganz oben) und occlusal (mitte
oben). $I_1 - M_3$ dext. occlusal (mitte unten) und lingual
(ganz unten). Nach Original. 3 × nat. Größe.

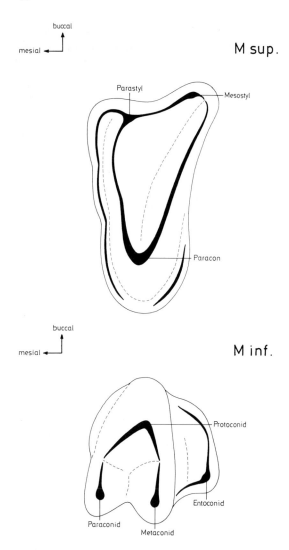

buccal

mesial ◄──┐

M sup.

Parastyl — Mesostyl

Paracon

buccal

mesial ◄──┐

M inf.

Protoconid

Entoconid

Paraconid

Metaconid

Abb. 115. *Setifer*. M sup. und M inf. (Schema). Zalambdodonter Molarentyp.

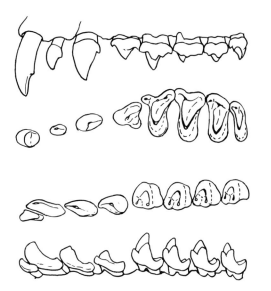

Abb. 116. *Echinops telfairi* (Tenrecidae, rezent), Madagaskar. $I^1 - M^3$ dext. occlusal (ganz oben) und occlusal (mitte oben, $I_1 - M_3$ dext. occlusal (mitte unten) und lingual (ganz unten). Nach Original. 4× nat. Größe.

ßert. An den M sup. sind mehrere Stylarhöcker ausgebildet und ein Protocon sowie ein Metaconhöcker angedeutet (Abb. 118). In dieser Hinsicht ist das Molarengebiß von *Potamogale* als evoluierter anzusehen als jenes der übrigen Tenreciden. Im Unterkiefer ist der $I_{\bar{2}}$ vergrößert, und das Talonid der Molaren besitzt ein deutliches Hypoconid. Durch die geschlossene Zahnreihe, das vergrößerte Incisivenpaar und die sonstigen Antemolaren erinnert das Gebiß von *Potamogale* in seiner Gesamtheit an jenes von *Desmana* (Abb. 117, 119). Von *Protenrec* aus dem Miozän Ostafrikas sind nur Kieferbruchstücke mit einigen Zähnen bekannt (BUTLER & HOPWOOD 1957, BUTLER 1969). Die zalambdodonten M sup. besitzen einen deutlichen Protoconus und erinnern dadurch an Chrysochloriden.

Das Gebiß der Chrysochloriden (Goldmulle) als einzige Vertreter der Chrysochloroidea ist recht einheitlich, und die Molaren sind zalambdodont gebaut; die Zahnformel schwankt zwischen $\frac{3\,1\,3\,3}{3\,1\,3\,3} = 40$ (*Chrysochloris*, *Chrysospalax*) und $\frac{3\,1\,3\,2}{3\,1\,3\,2} = 38$ (*Amblysomus*). Bei *Chrysochloris asiaticus* (Kapgoldmull) ist das vorderste Incisivenpaar vergrößert und nach hinten und innen gerichtet, so daß die Kronen einander in der Spitzenregion berühren (Abb. 120). Die weiteren Incisiven und der C sup. sind einwurzelig, die Krone ist einfach gebaut. Die im Umriß dreieckige Krone des vordersten P besteht aus dem Haupthöcker und einem Außencingulum, $P^{\underline{3}}$ und $P^{\underline{4}}$ sind molarisiert, mit dem Paracon als Haupthöcker, buccalen Stylarhöckern und einem Innenhöcker. Der Paraconhöcker ist als hypsodont zu bezeichnen, nicht jedoch der buccale und der linguale Teil der Krone. Es handelt sich um eine Partialhypsodontie. Wie bereits LECHE (1904, 1907) erkannte, kann der Zahnwechsel von $P\frac{3}{3}$ und $P\frac{4}{4}$ sehr spät stattfinden, also auch im erwachsenen Zustand (KINDAHL 1963). In der geschlossenen Unterkieferzahnreihe ist der $I_{\bar{2}}$ vergrößert und die molariformen Zähne besitzen eine hypsodonte Krone. Die „Antemolaren" zeigen eine Kulissenstellung, ihre Kronen bilden eine Längsschneide. Den molariformen Zähnen ($P_{\bar{3}} - M_{\bar{3}}$) fehlt ein Talonid. In Zusammenhang damit sind diese Zähne durch kleine Diastemata voneinander getrennt. Die Unterkiefersymphyse ist nicht verwachsen. Bei *Prochrysochloris miocaenicus* aus dem Miozän Ostafrikas entspricht die Zahnformel mit $\frac{3\,1\,3\,3}{3\,1\,3\,3} = 40$ zwar *Chrysochloris*, doch ist der Molarisierungsgrad der Prämolaren geringer, und die M inf. besitzen ein deutliches Talonid (BUTLER & HOPWOOD 1957, BUTLER 1969).

Das Gebiß der Erinaceoidea zeigt eine etwas größere Mannigfaltigkeit, sowohl was die Zahnzahl

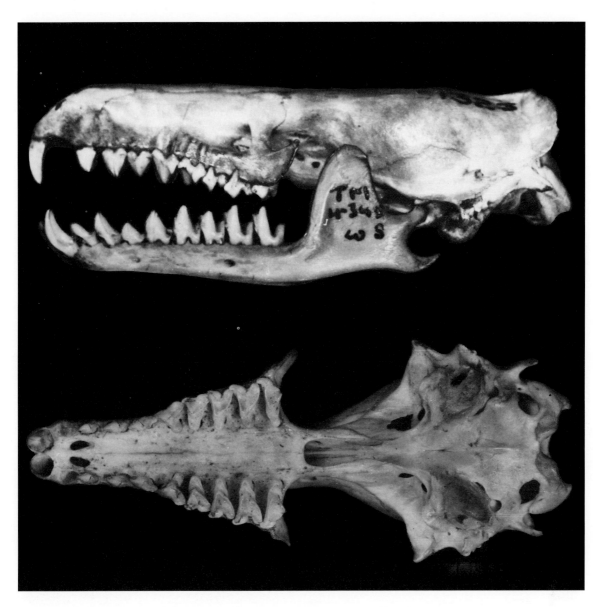

Abb. 117. *Potamogale velox* (Tenrecidae, Potamogalinae, rezent), Afrika. Schädel (Lateral- und Ventralsicht). Negative von Dr. Poduschka frdlw. zur Verfügung gestellt. Schädellänge 63 mm.

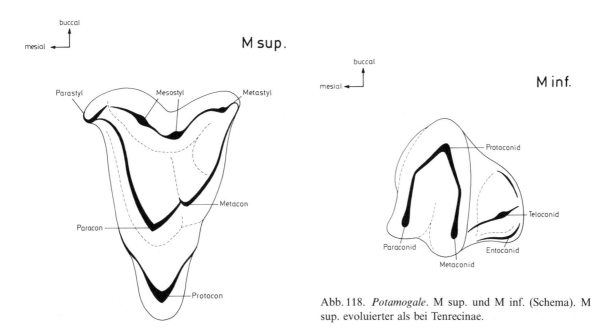

Abb. 118. *Potamogale*. M sup. und M inf. (Schema). M sup. evoluierter als bei Tenrecinae.

als auch die Ausbildung der Zähne selbst betrifft. Rezent nur durch die Erinaceidae (Igelartige) mit nahezu zehn Gattungen vertreten, werden meist die fossilen Adapisoriciden, Nyctitheriiden und (?) Dimyliden als Erinaceoidea klassifiziert. Die Zahnzahl der Erinaceiden schwankt vom vollständigen Gebiß mit der Zahnformel $\frac{3\,1\,4\,3}{3\,1\,4\,3} = 44$ (z. B. *Echinosorex = „Gymnura", Hylomys*) bis zu $\frac{3\,1\,2\,2}{2\,1\,1\,2} = 28$ (*Brachyerix*). Bei den Erinaceinen (wie *Erinaceus, Atelerix, Hemiechinus*) beträgt sie $\frac{3\,1\,3\,3}{2\,1\,2\,3} = 36$ (FRIANT 1961). Gelegentlich treten

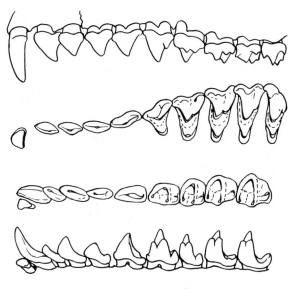

Abb. 119. *Potamogale velox.* I^1-M^3 sin. buccal (ganz oben) und occlusal (mitte oben), I_1-M_3 dext. occlusal (mitte unten) und lingual (ganz unten). Nach Original. $2,5 \times$ nat. Größe.

überzählige Zähne (z. B. Incisiven) bei rezenten Erinaceiden auf (LECHE 1902). Das Gebiß von *Echinosorex gymnurus* kann als typisches primitives Placentaliagebiß angesehen werden (Abb. 121, 122; Tafel VII). Von den einwurzeligen und einspitzigen I sup. ist der I^1 der größte. Ein kurzes Diastema trennt den zweiwurzeligen C sup. von den Incisiven. P^1 und P^2 sind klein und einwurzelig, die Krone des deutlich größeren P^3 ist im Umriß dreieckig; zum Haupthöcker kommt ein kleiner Innenhöcker. Der im Umriß nahezu quadratische P^4 besteht aus Para-, Proto- und Hypocon. Die quadratische Krone von M^1 und M^2 besteht aus Para-, Meta-, Proto- und Hypocon, zu denen ein nur angedeuteter Paraconulus und ein gut entwickelter Metaconulus kommen. Para- und Metastyl sind mit dem Außencingulum verbunden, eigene Metastylhöcker fehlen. Die distale Hälfte des im Umriß dreieckigen M^3 ist stark reduziert. Die mandibulare Zahnreihe ist geschlossen, von den einwurzeligen I inf. ist der $I_{\overline{3}}$ am kleinsten. Der kräftige C sup. ist einwurzelig, die Krone von P_1 bis P_4 nimmt an Größe zu. Am $P_{\overline{4}}$ ist ein Metaconid und ein Talonid angedeutet. $M_{\overline{1-3}}$ bestehen aus dem dreihöckerigen Trigonid und dem zweihöckerigen Talonid. Ersteres ist nur wenig höher als letzteres. Bei tertiärzeitlichen Echinosoricinen (wie *Schizogalerix*; ENGESSER 1980) sind nicht nur kräftige Mesostyli an den M sup. ausgebildet, sondern auch ein deutlicher Paraconulus (Abb. 123). An den M inf. ist ein eigener Metastylidhöcker entwickelt.

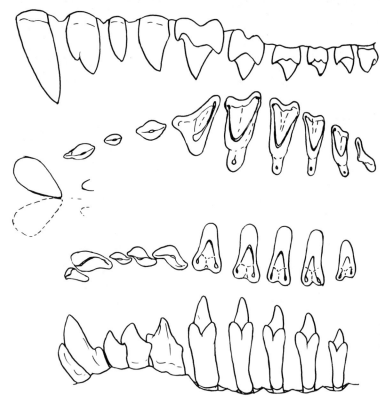

Abb. 120. *Chrysochloris asiatica* (Chrysochloridae, rezent). Kapland. I^1-M^3 sin. buccal (ganz oben) und occlusal (mitte oben), I_1-M_3 dext. occlusal (mitte unten) und lingual (ganz unten). Nach Original. $9 \times$ nat. Größe.

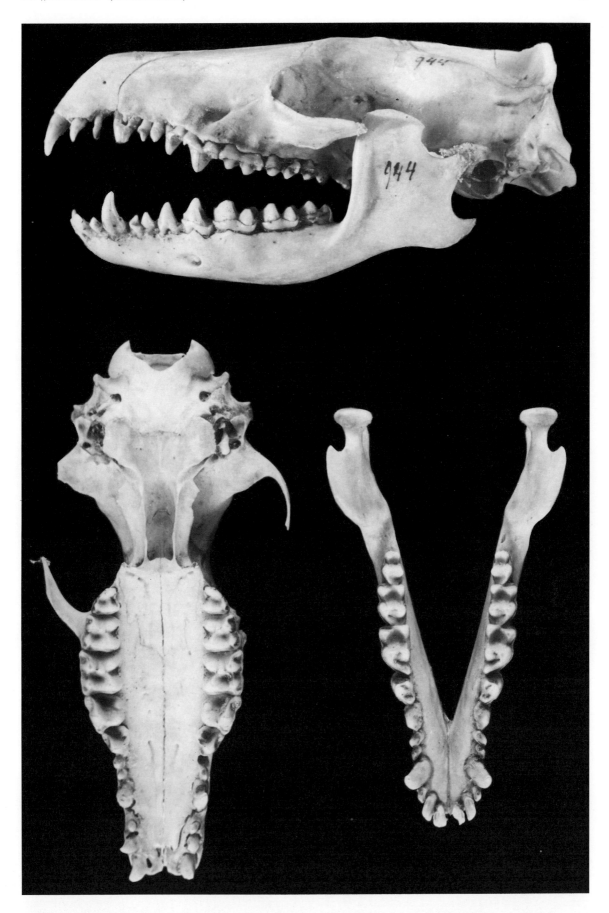

Abb. 121. *Echinosorex gymnurus* (Erinaceidae, rezent), Südasien. Schädel (Lateral- und Ventralansicht) und Unterkiefer (Aufsicht). NHMW 944. Schädellänge 80 mm.

Bei *Erinaceus europaeus* ist das Gebiß etwas reduziert ($\frac{3\ 1\ 3\ 3}{2\ 1\ 2\ 3} = 36$), die Zahnreihen sind praktisch geschlossen (Abb. 124). Ein kleines Diastema zwischen dem $P_{\overline{4}}$ und $P_{\overline{3}}$ tritt bei älteren Individuen auf (LECHE 1902). Der C sup. ist prämolariform, der $P^{\underline{4}}$ molariform, mit Proto- und Hypocon. An den im Umriß annähernd quadratischen $M^{\underline{1}}$ und $M^{\underline{2}}$ ist ein Metaconulus deut-

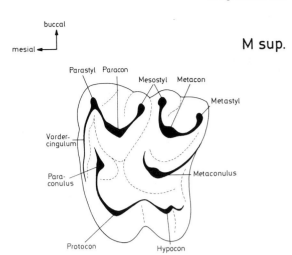

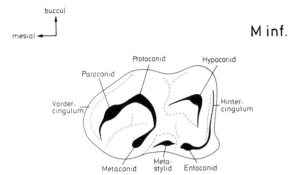

Abb. 123. *Schizogalerix* (Erinaceidae). Miozän, Europa. M sup. und M inf. (Schema).

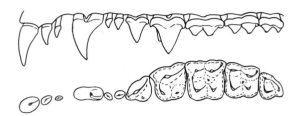

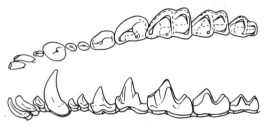

Abb. 122. *Echinosorex gymnurus*. $I^1 - M^3$ sin. buccal (ganz oben) und occlusal (mitte oben), $I_1 - M_3$ dext. occlusal (mitte unten) und lingual (ganz unten). Nach Original. 2,65 × nat. Größe.

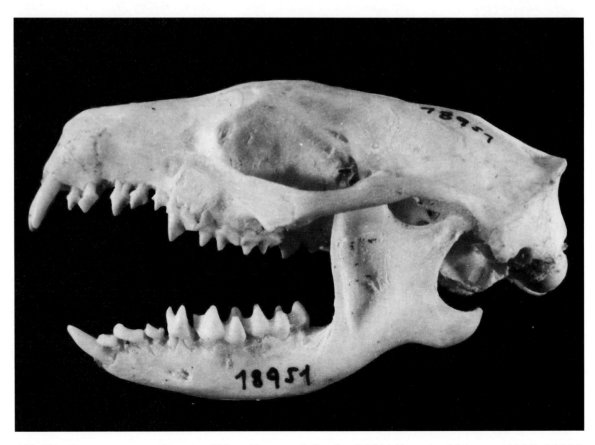

Abb. 124. *Erinaceus europaeus hispanicus* (Erinaceidae, rezent), Spanien. Schädel (Lateralansicht). NHMW 18.951. Schädellänge 59,5 mm.

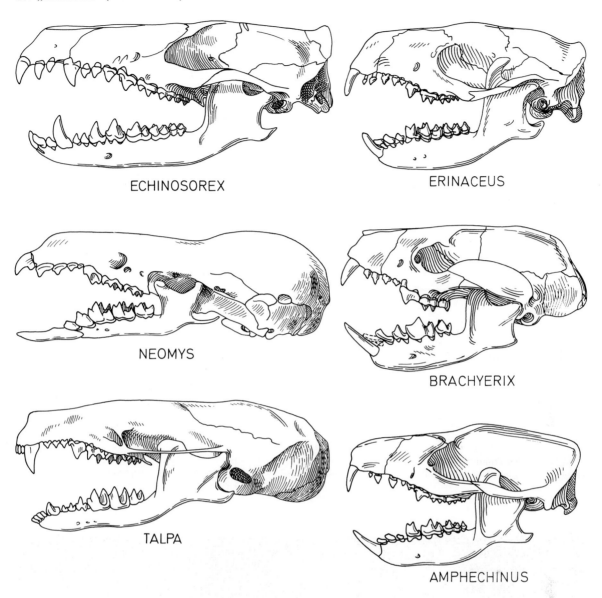

ECHINOSOREX

ERINACEUS

NEOMYS

BRACHYERIX

TALPA

AMPHECHINUS

Tafel VII. Schädel (Lateralansicht) rezenter und fossiler Insectivora. Linke Reihe: *Echinosorex* (Erinaceidae, rezent), *Neomys* (Soricidae, rezent) und *Talpa* (Talpidae, rezent). Beachte Formenmannigfaltigkeit des Gebisses. Rechte Reihe: *Erinaceus* (rezent), *Brachyerix* (Miozän) und *Amphechinus* (Oligo-Miozän) als Erinaceidae. Nicht maßstäblich.

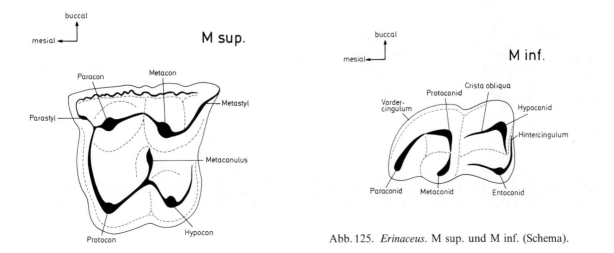

Abb. 125. *Erinaceus*. M sup. und M inf. (Schema).

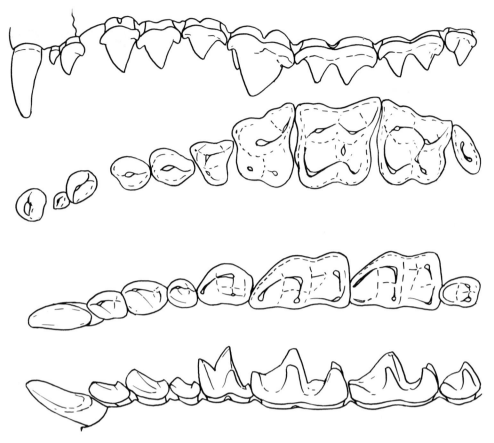

Abb. 126. *Erinaceus europaeus*. $I^1 - M^3$ sin. buccal (ganz oben) und occlusal (mitte oben), $I_1 - M_3$ dext. occlusal (mitte unten) und lingual (ganz unten). P^4 molarisiert, M^3 stark reduziert. Nach Original. $5 \times$ nat. Größe.

lich ausgebildet, ein Paraconulus fehlt (Abb. 125). Der $M^{\underline{3}}$ ist stark reduziert und besteht aus einer knappen mesialen Zahnhälfte. Im Unterkiefergebiß ist der vorderste I vergrößert. Der $P_{\overline{4}}$ ist molariform, mit Metaconid und kurzem Talonid. Der $M_{\overline{3}}$ ist stark reduziert (Abb. 126). Mit *Amphechinus* (= „*Pal*[*aeo*]*erinaceus*" = „*Palaeoscaptor*", Tafel VII) sind Erinaceinae bereits im Oligozän nachgewiesen (VIRET 1938). Bei den Brachyericinae des Miozäns (wie *Brachyerix*, Tafel VII, *Metechinus*) sind die $M^{\underline{3}}_3$, an den M inf. die Postcingula reduziert und die $M^{\underline{2}}_2$ verkleinert (RICH 1981).

Von den übrigen (fossilen) Erinaceoidea seien hier nur die Nyctitheriiden und Dimyliden erwähnt, wobei deren Stellung innerhalb der Erinaceoidea diskutiert wird. Dies geht schon daraus hervor, daß *Saturninia* – neben *Amphidozotherium* – die bekannteste Gattung der Nyctitheriiden, von STEHLIN (1940) als Angehörige der Soriciden klassifiziert wurde (SIGÉ 1976). Die Zahnformel von *Saturninia* und *Amphidozotherium* entspricht mit $\frac{3\,1\,4\,3}{3\,1\,4\,3} = 44$ einem primitiven Eutherier, von dem – im Hinblick auf das Gebiß – die Ableitung der Soricoidea durchaus möglich ist. Die vordersten I sind etwas vergrößert, der $I_{\overline{2}}$ richtig serrat, d.h. die Krone ist mit vier mesio-distal angeordneten

Höckern versehen. Aus diesem Grund hat STEHLIN übrigens auch den vordersten I inf. der Soriciden als $I_{\overline{2}}$ gedeutet. Die Caninen sind prämolariform und die M sup. meist dreihöckrig mit angedeutetem Hypocon und manchmal mit einem Para- und Metaconulus versehen (Abb. 127). Para- und Metacon sind als getrennte Höcker entwickelt. An den M inf. ist das Trigonid deutlich höher als das Talonid, das am $M_{\overline{1}}$ und $M_{\overline{2}}$ einen eigenen Hypoconulidhöcker zeigt.

Eine besondere Differenzierung des Gebisses zeigen die tertiärzeitlichen Dimyliden, deren taxonomische Stellung gleichfalls nach wie vor diskutiert wird (HÜRZELER 1944, ENGESSER 1976, SCHMIDT-KITTLER 1973). Ihr Gebiß ist zwar sehr charakteristisch, jedoch meist nur unvollständig bekannt, so daß die Zahnformel nur für die wenigsten Gattungen angegeben werden kann (z.B. $\frac{3\,1\,4\,?3}{?3\,1\,?4\,3}$ für *Exoedaenodus*, $\frac{3\,1\,4\,2}{3\,1\,3\,2} = 38$ für *Plesiodimylus*). HÜRZELER (1944), der erstmalig eine zusammenfassende Gebißbeschreibung gab, hat auf die evolutiven Tendenzen hingewiesen und das Vergrößern bzw. Anschwellen einzelner Zähne, wie etwa von $P^4_{\overline{4}}$ und $M^1_{\overline{1}}$ in Zusammenhang mit der speziellen Ernährung (Molluscophagie) dieser Kleinsäuger als Exoedaenodontie bezeichnet (Abb. 128). Bei *Exoedaenodus* aus dem mittleren Oligozän als

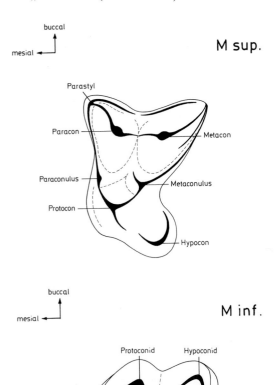

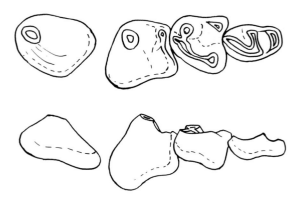

Abb. 129. *Metacordylodon schlosseri* (Dimylidae), Miozän, Europa. $P_3 - M_2$ sin. occlusal (oben) und buccal (unten). Nach HÜRZELER (1944), z. T. kombiniert umgezeichnet. $5,5 \times$ nat. Größe.

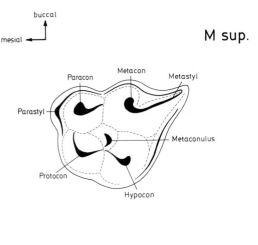

Abb. 127. *Saturninia* (Nyctitheriidae), Eozän, Europa. M sup. und M. inf. (Schema).

ältester Gattung ist sowohl der $P_{\overline{4}}$ verdickt als auch der niedrige $M_{\overline{1}}$ im Bereich des Talonids stark verbreitert, der $M_{\overline{3}}$ hingegen stark rückgebildet. Die Exoedaenodontie erreicht bei *Metacordylodon schlosseri* (Zahnformel $\frac{?2\,1\,?2\,2}{2\,1\,1\,2}$ nach HÜRZELER 1944) aus dem Mittelmiozän den extremsten Grad (Abb. 129). An den meist vierhökkerigen M sup. der Dimyliden sind Para- und Metacon voneinander getrennt. Mesostylhöcker können entwickelt sein. An den M inf. sind Hypo- und Endoconid direkt miteinander verbunden (Abb. 130).

Über Umfang und Gliederung der Soricoidea besteht gleichfalls keine Einhelligkeit. Gegenwärtig stellen die Soricidae (Spitzmäuse) die artenreichste Familie der Soricoidea mit über 20 Gattungen und nahezu 300 Arten. Das Gebiß der Soriciden ist sehr spezialisiert, wie bereits aus der Zahnformel für *Sorex* ($\frac{1\,6\,3}{1\,2\,3} = 32$) und *Crocidura* ($\frac{1\,4\,3}{1\,2\,3} = 28$) als bekanntesten Gattungen hervorgeht. Die Schreibweise der Zahnformel ergibt sich – wie bereits oben erwähnt – durch die nicht gesicherte Homologisierung der Antemolaren, die zur Abtrennung der Kategorie der Zwischenzähne geführt hat. Der Begriff Zwischenzähne wird meist STEHLIN (1940) zugeschrieben (DOBEN-FLORIN 1964), doch hat dieser Autor ihn nur erwähnt, ohne eine Definition zu geben. REUMER (1980) spricht von Antemolaren A_1, A_2 usw.; er schließt somit zwar die $P\frac{4}{4}$, nicht jedoch die vordersten Incisiven ein. Von der Existenz einer prälactealen oder postpermanenten Dentition, wie sie ursprünglich angenommen wurde, kann nach KINDAHL (1967) keine Rede sein. Nach BRANDT (1868) lautet die Zahnformel der Soriciden $\frac{4\,1\,2-0\,3}{1\,1\,2-1\,3}$, nach HINTON (1911) aber $\frac{3\,1\,3-1\,3}{1\,1\,2-1\,3}$, während ÅRNBÄCK-CHRISTIE-LINDE (1912) und STROGANOW (1957) als dauernde Zahnformel für *Sorex* $\frac{3\,0\,4\,3}{1\,0\,2\,3}$, KINDAHL (1960) und GAFFREY (1961) $\frac{3\,1\,3\,3}{2\,0\,1\,3}$ angeben, sowie GAFFREY (1961) und WALKER

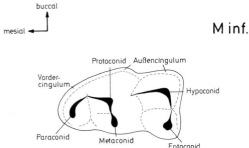

Abb. 128. *Plesiodimylus* (Dimylidae), Miozän, Europa. M sup. und M inf. (Schema). Abflachung und Verdickung der Höcker (Exoedaenodontie).

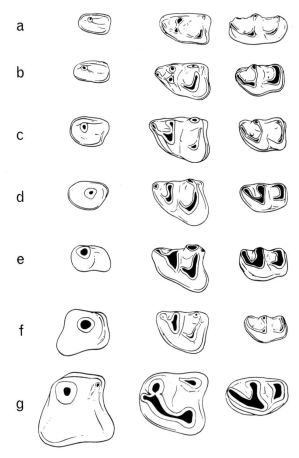

Abb. 130. P$_4$, M$_1$ und M$_2$ sin. verschiedener Dimyliden (Occlusalansicht). (a) *Plesiodimylus* (Mittel-Miozän), (b) *Dimylus* (Ober-Oligozän), (c) *Exoedaenodus* (Mittel-Oligozän), (d) *Dimyloides* (Jung-Oligozän), (e) *Pseudo-cordylodon* (Jung-Oligozän), (f) *Cordylodon* (Jung-Oligozän – Unter-Miozän), (g) *Metacordylodon* (Mittel-Miozän). Beachte zunehmende Vergrößerung von P$_4$ bzw. M$_1$ (Exoedaenodontie). Nach HÜRZELER (1944). 6,5× nat. Größe.

(1964) für *Crocidura* $\frac{3\,1\,1\,3}{1\,0\,2\,3}$ schreiben. Demnach wäre der C sup. nicht reduziert, wie meist angenommen. Dafür spricht nicht nur der Verlauf der Sutur des Prämaxillare im Bereich dieses Zahnes (DOBSON 1890, Tf. XXVI, Fg. 1), sondern auch der Reduktionsgrad der Zwischenzähne. Der letzte Zahn vor dem P^4 ist nämlich am stärksten rückgebildet und steht manchmal isoliert lingual. Beim ältesten Soricomorphen, nämlich *Ankylodon* aus dem Mitteloligozän Nordamerikas mit vergrößertem I$^{\underline{1}}$ lautet die maxillare Zahnformel 3 1 3 3 (FOX 1983) und läßt die beginnende Reduktion im Bereich der P erkennen. Der vorderste, stark vergrößerte Zahn des Unterkiefers dürfte – wie bereits STEHLIN (1940) annahm – dem I$_{\bar{2}}$ homolog sein und nicht dem I$_{\bar{1}}$ entsprechen, wie KINDAHL (1967) glaubt. Auch über die Homologisierung der Zwischenzähne besteht keine Einhelligkeit (FRIANT 1949). Die niedrigste Zahnzahl findet sich bei *Amblycoptus* aus dem Jungmiozän mit $\frac{1\,4\,2}{1\,2\,2}$ = 24 (KORMOS 1926). Auch bei *Dimylosorex* aus dem Altpleistozän mit $\frac{1\,6\,2}{1\,2\,2}$ = 28 (RABEDER

1972, 1982) sind die M$\frac{3}{3}$ völlig reduziert. Bei der *Amblycoptus* nahestehenden Maulwurf- oder Stummelschwanzspitzmaus Ostasiens (*Anourosorex squamipes*) mit der Zahnformel $\frac{1\,3\,3}{1\,2\,3}$ = 26 sind die M$\frac{3}{3}$ stark reduziert und winzig. Zugleich kommt es zu einer Längsstreckung der Molaren, unter Verstärkung des Parastyl (Abb. 131). Diese Tendenz führt bei *Allosorex stenodus* aus dem Pliozän unter Reduktion des Entoconids zu einer fast secodonten Ausbildung der mandibularen Molaren, wie sie von Soriciden sonst nicht bekannt ist (FEJFAR 1966). Das Maxillargebiß von *Allosorex* ist bisher leider nicht bekannt.

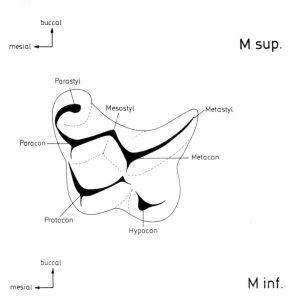

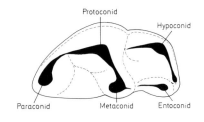

Abb. 131. *Anourosorex* (Soricidae, rezent), China. M sup. und M inf. (Schema). Beachte „verlängerten" M sup. mit kräftigem Parastyl.

Die rezenten Soriciden werden nach der Färbung der Zahnspitzen in die (rotzähnigen) Soricinae und die (weißzähnigen) Crocidurinae gegliedert (ELLERMAN & MORRISON-SCOTT 1951, DÖTSCH & VON KOENIGSWALD 1978). Als nur fossil bekannte Unterfamilien kommen die Heterosoricinae, die Limnoecinae und die Allosoricinae hinzu, die u. a. durch den Bau des P$_{\bar{4}}$ abweichen (REPENNING 1967).

Bei *Sorex araneus* (Waldspitzmaus) sind die beiden vordersten Incisiven in Ober- und Unterkiefer in typischer Weise stark vergrößert, indem die Krone des I sup. nach vorne innen hakenförmig

gekrümmt und mit einem kräftigen distalen Hökker (Talon) versehen, d. h. bifid ist (Abb. 132). Beide I sup. berühren einander median mit den Spitzen und bilden eine funktionelle Einheit. Die Zwischenzähne sind bis auf den P $\underline{4}$ einheitlich gestaltet. Sie sind einwurzelige Zähne mit einspitziger,
etwas asymmetrischer Krone, deren Kämme etwas schräg zur Längsachse angeordnet sind. Der
kräftige P $\underline{4}$ besteht aus Parastyl, Paracon, Proto-
und Hypocon. An den dilambdodonten M $\underline{1}$ und

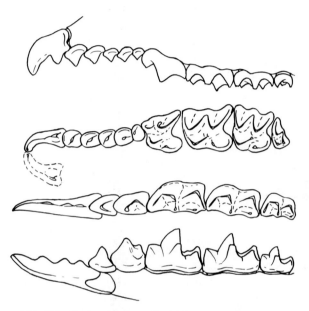

Abb. 132. *Sorex araneus* (Soricidae, rezent), Europa.
I^1–M^3 sin. buccal (ganz oben) und occlusal (mitte oben),
I$_2$–M$_3$ dext. occlusal (mitte unten) und lingual (ganz unten). Beachte bifiden I^1 und tricuspulaten I$_2$. Nach Original. 7× nat. Größe.

M $\underline{2}$ fehlen Mesostylhöcker. Der M $\underline{3}$ ist stark reduziert. Der vorderste I inf. ist vergrößert und besitzt im unabgekauten Zustand drei Höcker. Nach
der Terminologie von REUMER (1984), der acuspulate, mono-, bi-, tri- und tetracuspulate I inf. unterscheidet, ist er als tricuspulat zu bezeichnen.
Der vordere untere Zwischenzahn ist einspitzig,
der hintere zweispitzig. An den M inf. ist das Trigonid deutlich höher als das Talonid. Entoconid
und Hypocongrat sind getrennt.

Bei *Neomys fodiens* (Wasserspitzmaus) mit der
Zahnformel $\frac{1\ 5\ 3}{1\ 2\ 3}$ = 30 sind die Zahnspitzen gleichfalls rotbraun gefärbt. Der distale Höcker des sichelförmig gekrümmten (= drepanodonten)
I sup. ist nur schwach ausgebildet und dem I inf.
fehlen die Höcker (Abb. 133). Statt dessen ist eine
Schneide entwickelt. Sie entspricht den Längskämmen der vorderen vier einspitzigen Zwischenzähne des Oberkiefers. P $\frac{4}{4}$ bis M $\frac{2}{2}$ sind ähnlich *Sorex* gestaltet, der M $\underline{3}$ etwas größer (Tafel VII). Die
Unterkiefersymphyse ist wie bei allen Soriciden
nicht verwachsen und beweglich, so daß die Kieferhälften unabhängig voneinander bewegt werden können (DÖTSCH 1984). Auf die für die Taxonomie so wichtige verschiedene Gestalt des Condylus sei hier nur hingewiesen (DÖTSCH 1982,
1983). Eine Übersicht gibt REPENNING (1967).

Abgesehen von der Drepanodontie des I sup.
kommt es bei Soriciden auch zur Spaltung der
Zahnspitze (Fissidentie), wie etwa bei *Beremendia
fissidens* aus dem Plio-Pleistozän (Abb. 134). Angedeutet ist die Fissidentie auch bei den rezenten
Biberspitzmäusen (Gattung *Chimarrogale*) aus

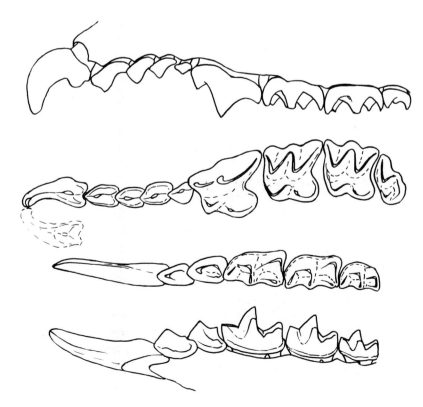

Abb. 133. *Neomys fodiens* (Soricidae, rezent), Europa. I^1–M^3 sin.
buccal (ganz oben) und occlusal
(mitte oben), I$_2$–M$_3$ dext. occlusal
(mitte unten) und lingual (ganz unten). I^1 drepanodont, I$_2$ acuspulat.
Nach Original. 9× nat. Größe.

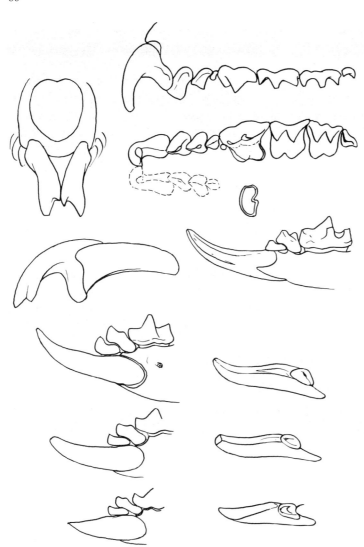

Abb. 134. *Beremendia fissidens* (Soricidae), Plio-Pleistozän, Europa (Deutsch-Altenburg 2 C₁). Oberkiefergebiß buccal und occlusal mit 5 Zwischenzähnen. I¹ von vorne, I¹ dext. von innen (beachte Fissidentie der Zahnspitze). Vorderes Mandibulargebiß (sin.) mit verschiedenen Abkauungsstadien des I₂ (I–III). Länge vom Oberkiefergebiß 15 mm.

Süd- und Südostasien. Bemerkenswert ist die oft starke Abkauung von I sup. und inf. sowie eine mediane Längsrille am I inf. von *Beremendia fissidens*.

Als Crocidurinae sind hier nur *Crocidura* (Abb. 135) und *Suncus* (Abb. 136) berücksichtigt.

Bei den Heterosoricinen (wie *Heterosorex*, *Domnina*, „*Trimylus*", *Dinosorex*) besitzen die M sup. annähernd quadratischen Umriß; vom Hypocon verläuft ein Kamm längs des Distalrandes buccalwärts, die M inf. sind massiger ausgebildet (Abb. 137) (VIRET & ZAPFE 1951, ENGESSER 1972, 1975, 1979).

Bei den gegenwärtig mit etwa 15 Gattungen und über 20 Arten vertretenen Talpidae (Maulwürfe) schwankt die Zahnformel von $\frac{3\,1\,4\,3}{3\,1\,4\,3} = 44$ (z. B. *Talpa*, *Desmana*, *Condylura*) bis $\frac{3\,1\,2\,3}{3\,1\,2\,3} = 36$ (*Neurotrichus*) bzw. $\frac{3\,1\,3\,3}{2\,0\,3\,3} = 36$ (z. B. *Scalopus*, *Urotrichus*); allerdings bestehen über die Homologisierung der Prämolaren-Region wegen der persistierenden Milchzähne Meinungsunterschiede (WOODWARD 1896, KINDAHL 1958, 1967, ZIEGLER 1971). An den dilambdodonten M sup. sind Para- und Metaconleisten durch eigene Metastylhöcker

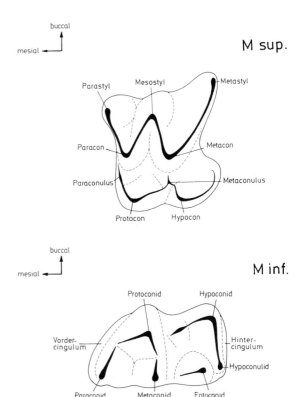

Abb. 135. *Crocidura* (Soricidae, rezent), Europa. M sup. und M inf. (Schema). Typisch dilambdodonter M sup.

Abb. 136. *Suncus murinus* (Soricidae), Nepal. Schädel (Lateralansicht). Sammlung Frotzler. Schädellänge 33,8 mm.

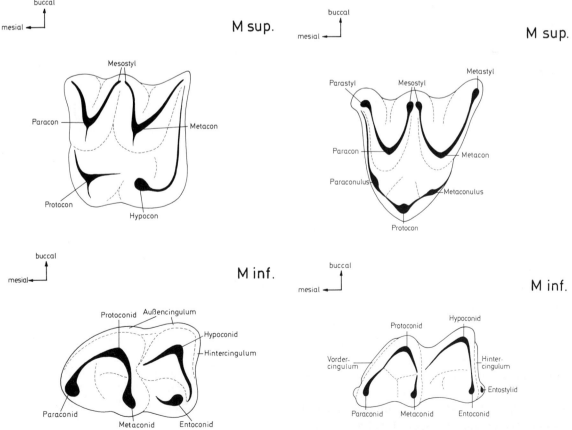

Abb. 137. *Heterosorex* (Soricidae), Miozän, Europa. M sup. und M inf. (Schema).

Abb. 138. *Talpa* (Talpidae, rezent), Europa. M sup. und M inf. (Schema). Beachte getrennte Mesostylhöcker und Entostylid.

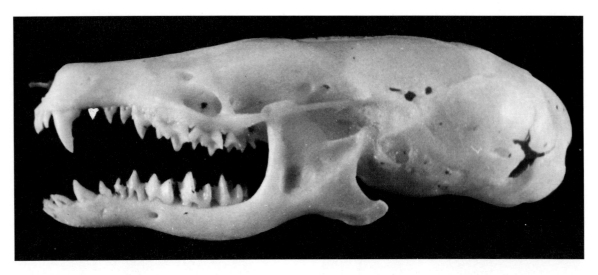

Abb. 139. *Talpa europaeus* (rezent), Europa. Schädel (Lateralansicht). Sammlung Frotzler. Schädellänge 36,3 mm.

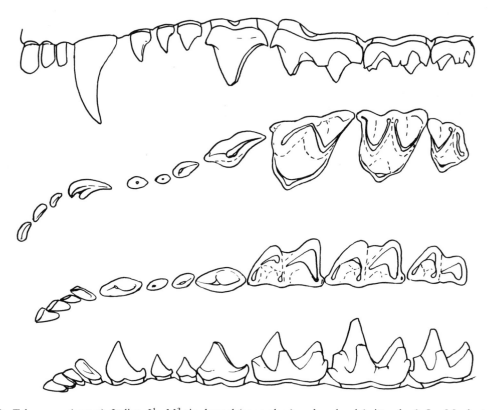

Abb. 140. *Talpa caeca* (rezent), Italien. $I^1 - M^3$ sin. buccal (ganz oben) und occlusal (mitte oben), $I_1 - M_3$ dext. occlusal (mitte unten) und lingual (ganz unten). Nach Original. $9 \times$ nat. Größe.

getrennt, an den M inf. ist ein eigenes Entostylid entwickelt (Abb. 138).

Beim europäischen Maulwurf (*Talpa europaea*) ist das Gebiß vollständig, die Zahnreihen sind geschlossen und das Vordergebiß ohne besondere Differenzierung ausgebildet (Tafel VII; Abb. 139, 140). Die Krone der I sup. ist spatelförmig, der große, seitlich komprimierte C sup. besitzt vorne lingual eine Längsrinne, P^{1-3} sind klein und einspitzig, der schlanke P^4 ist groß. Die M sup. nehmen nach hinten an Größe ab. Die Krone ist aus dem Para-, Meta- und Protoconus aufgebaut.

Para- und Metaconulus sind höchstens angedeutet. Im Unterkiefergebiß ist der einwurzelige C inf. incisiviform, der zweiwurzelige $P_{\overline{1}}$ hingegen caniniform gestaltet. Die einspitzigen $P_{\overline{2}\,\overline{3}}$ nehmen nach hinten an Größe zu. Das Talonid ist am $M_{\overline{1}}$ und $M_{\overline{2}}$ meist breiter als das (höhere) Trigonid und besteht aus den miteinander verbundenen Hypoconid- und Entoconidhöckern. Diesem Talpatyp entsprechen auch „*Mogera*", „*Eoscalops*" und „*Parascaptor*", die verschiedentlich als eigene Gattungen gewertet werden (OGNEW 1959).

Bei den sonstigen Talpiden ist meist das Vordergebiß etwas unterschiedlich gestaltet. Besonders charakteristisch ist es bei den Bisamspitzmäusen (*Desmana, Galemys*). Das Gebiß vom Desman (*Desmana moschata*) ist vollständig, $I^{\underline{1}}$ und $I^{\underline{2}}$ sind vergrößert. Die Oberkieferzahnreihe ist bis auf ein Diastema zwischen dem $I^{\underline{1}}$ und dem $I^{\underline{2}}$ geschlossen. Die senkrecht zum Kiefer stehenden Kronen der $I^{\underline{1}}$ sind distal abgeflacht, labial gekrümmt und leicht gekielt. Sie berühren einander median. $I^{\underline{1}}$ bis $P^{\underline{3}}$ sind einspitzig und bis auf den etwas größeren zweiwurzeligen C sup. einwurzelig. Der $P^{\underline{4}}$ besitzt neben dem Paracon einen Mesostylhöcker und einen Protocon. An den dilambdodonten Molaren sind Para- und Metaconulushöcker ausgebildet (Abb. 141). Der kleine $I_{\overline{1}}$ und der vergrößerte $I_{\overline{2}}$ sind schräg im Unterkiefer eingepflanzt und bilden eine funktionelle Einheit, die antagonistisch zum $I^{\underline{1}}$ wirkt. $I_{\overline{3}}$ bis $P_{\overline{3}}$ sind klein und einwurzelig, der gleichfalls einspitzige $P_{\overline{4}}$ ist größer. An den M inf. ist nicht nur ein Entostylidhöcker, sondern auch ein Ectostylidhöcker vorhanden. An den $M\frac{1}{1}$ erscheint jeweils die vordere „Hälfte" etwas reduziert (Paracon nicht v-förmig, Metaconid verschmilzt mit dem Hinterjoch). Desmaninae sind aus dem Jungtertiär und Quartär verschiedentlich beschrieben worden, doch sind es meist nur Zahn- und Kieferreste (SCHREUDER 1940, RÜMKE 1985). Die vermeintlichen Desmane aus dem Jungtertiär von Nordamerika (wie *Gaillardia = „Hydroscapheus"*) sind nach HUTCHISON (1968) keine echten Desmane.

Bei einzelnen Talpiden (wie *Scalopus*) kommt es zu einer partiellen Kronenhypsodontie der Molaren. Die Hochkronigkeit betrifft die M sup. lingual, die M inf. buccal (Abb. 142).

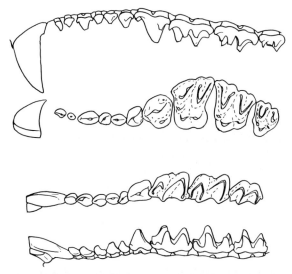

Abb. 141. *Desmana moschata* ♂ (Talpidae, rezent), USSR. $I^1 - M^3$ sin. buccal (ganz oben) und occlusal (mitte oben), $I_1 - M_3$ dext. occlusal (mitte unten) und lingual (ganz unten). Beachte stark vergrößerten I_1 und I_2. 2,5 ×.

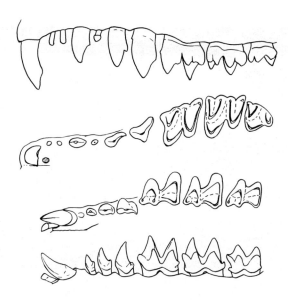

Abb. 142. *Scalopus aquaticus* ♀ (Talpidae, rezent), USA. $I^1 - M^3$ sin. buccal (ganz oben) und occlusal (mitte oben), $I_2 - M_3$ sin. dext. occlusal (mitte unten) und lingual (ganz unten). Gebißformel $\frac{3\ 1\ 3\ 3}{2\ 0\ 3\ 3} = 36$. Nach Original. 4 × nat. Größe.

Von Fossilformen seien nur die Proscalopinen (*Proscalops, Cryptoryctes, Oligoscalops* und *Mesoscalops*; HUTCHISON 1968) aus dem Oligo-Miozän Nordamerikas erwähnt, die zwar ein talpides, etwas an Desmaninen erinnerndes Gebiß besitzen, jedoch im Skelett der Vordergliedmaßen anders spezialisiert sind, sodaß sie verschiedentlich als eigene Familie (Proscalopidae) abgetrennt werden.

Als Angehörige von eigenen Familien werden meist *Nesophontes* (Nesophontidae) und *Solenodon* (einschließlich *Atopogale* und *Antillogale*) (Solenodontidae) von den Antillen angesehen. MCDOWELL (1958) stellt beide Gattungen zu den Solenodontiden.

Die Zahnformel von *Nesophontes*, die erstmals für *N. edithae* subfossil von Puerto Rico durch ANTHONY (1916) beschrieben wurde, ist mit $\frac{3\ 1\ 3\ 3}{3\ 1\ 3\ 3} = 40$ fast vollständig. Das komplette Vordergebiß besteht aus den einwurzeligen und einspitzigen I sup., deren Größe vom $I^{\underline{1}}$ zum $I^{\underline{3}}$ etwas abnimmt, und dem zweiwurzeligen, kräftigen C sup. Die beiden vorderen zweiwurzeligen P sup. sind einspitzig, der dreiwurzelige $P^{\underline{4}}$ besitzt einen Innenhügel. Die dreihöckrigen M sup. bestehen aus dem relativ niedrigen Paracon, dem hohen Metacon und Protocon, zu denen Stylarbildungen kommen. Die Krone der Mandibularincisiven ist zweigeteilt, der einwurzelige C inf. ist kräftig, die zweiwurzeligen drei Prämolaren sind einspitzig, an den M inf. sind Trigonid und Talonid fast gleich lang. Das deutlich niedrigere Talonid ist dreispitzig.

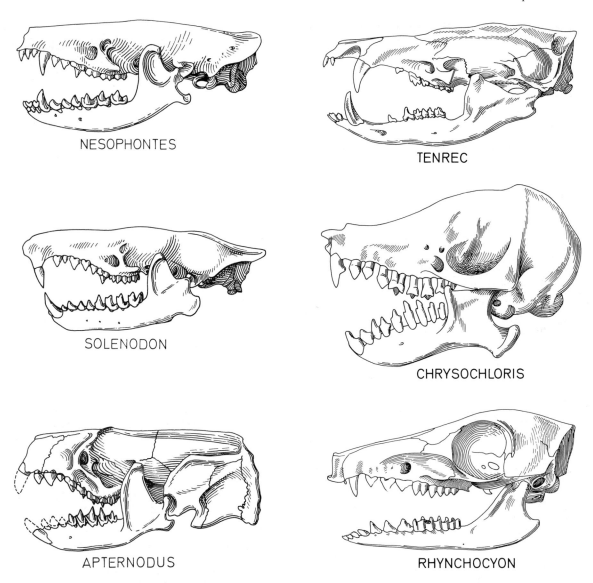

NESOPHONTES

TENREC

SOLENODON

CHRYSOCHLORIS

APTERNODUS

RHYNCHOCYON

Tafel VIII. Schädel (Lateralansicht) rezenter und fossiler Insectivora und Macroscelidea. Linke Reihe: *Nesophontes* (Neso-phontidae, Quartär), *Solenodon* (Solenodontidae, rezent) und *Apternodus* (Apternodontidae, Eo-Oligozän). Rechte Reihe: *Tenrec* (Tenrecidae, rezent), *Chrysochloris* (Chrysochloridae, rezent) und *Rhynchocyon* (Macroscelididae, rezent). Nicht maßstäblich.

Mit *Solenodon paradoxus* aus Haiti und *S. cubanus* aus Kuba sind Angehörige einer Gattung genannt, deren Stellung im System auch gegenwärtig noch diskutiert wird (McDowell 1958, Hough 1956, Thenius 1979). Die Molaren sind zalambdodont gebaut, weshalb *Solenodon* meist auch mit den zalambdodonten Insectivoren der Alten Welt in Verbindung gebracht wurde. Die gegenwärtig fast ausgerotteten *Solenodon*-Arten sind zweifellos insulare Großformen. Die Zahnformel entspricht mit $\frac{3\ 1\ 3\ 3}{3\ 1\ 3\ 3} = 40$ jener von *Nesophontes*, mit dem *Solenodon* auch verschiedentlich in Beziehung gebracht wurde. *Solenodon* unterscheidet sich jedoch auch im Vordergebiß beträchtlich von *Nesophontes*, indem $I^{\underline{1}}$ und $I_{\overline{2}}$ in ähnlicher Weise vergrößert sind wie bei *Desmana* (Tafel VIII; Abb. 143, 144). Allerdings bestehen in der Art des Abschleifens deutliche Unterschie-

de, indem die spitzkronigen $I_{\overline{2}}$, die lingual stark ausgehöhlt sind, nicht quer zur Zahnachse, sondern mesial abgeschliffen werden. Die Krone des zweiwurzeligen C sup. ist größer als $I^{\underline{2}}$ und $I^{\underline{3}}$ und manchmal etwas zweigeteilt. Die Krone der beiden vorderen zweiwurzeligen Prämolaren ist einfach, jene des $P^{\underline{4}}$ mit einem kräftigen Innenhöcker versehen. Die zalambdodonten M sup. bestehen aus dem Haupthöcker, über dessen Homologisierung diskutiert wird (Paracon oder Protocon) und zwei lingualen Cingularhöckern (Abb. 145). Der $I_{\overline{1}}$ ist winzig, der einwurzelige C inf. größer als der $I_{\overline{3}}$ und die beiden folgenden zweiwurzeligen Prämolaren. Dem semimolariformen $P_{\overline{4}}$ fehlt ein echter Paraconidhöcker, wie er bei den M inf. entwickelt ist. Das nur kurze, bei $M_{\overline{1}}$ und $M_{\overline{2}}$ niedrige Talonid besteht aus einem Randwulst mit schwach ausgegliedertem Entoconid und einem

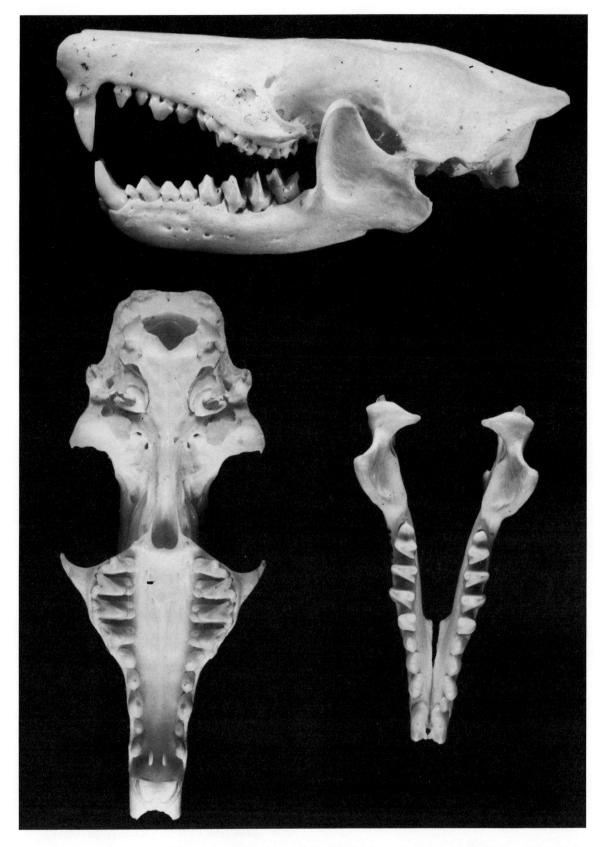

Abb. 143. *Solenodon paradoxus* (Solenodontidae, rezent). Haiti. Schädel (Lateral- und Ventralansicht) und Unterkiefer (Aufsicht). Beachte stark vergrößerten I^1 und I_2 sowie zalambdodontes Molarenmuster. NHMW 11.914. Schädellänge 85 mm.

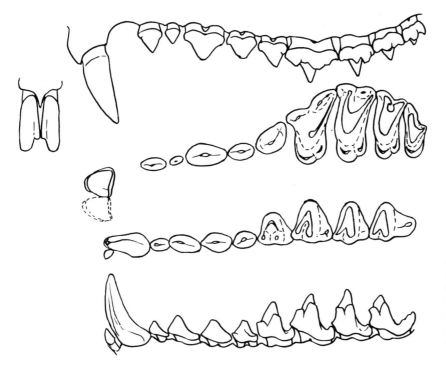

Abb. 144. *Solenodon paradoxus*. $I^1 - M^3$ sin. buccal (ganz oben) und occlusal (mitte oben), $I_1 - M_3$ dext. occlusal (mitte unten) und lingual (ganz unten). I^1 von vorne (oben links). Nach Original. 2,5× nat. Größe.

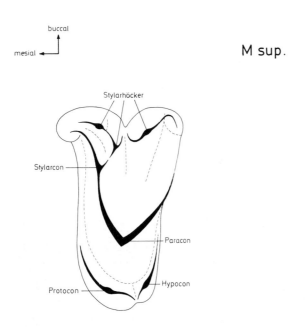

M sup.

M inf.

besonders am $M_{\overline{3}}$ deutlichen Längsgrat (Teloconid) in der lingualen Hälfte (Abb. 144). Das Trigonid ist bei $M_{\overline{1}}$ und $M_{\overline{2}}$ wesentlich höher als das Talonid. Die Unterkiefersymphyse ist nicht verwachsen. *Solenodon* ist u.a. wegen der gleichfalls zalambdodonten Molaren mit *Apternodus* aus dem Oligozän Nordamerikas in Zusammenhang gebracht worden (SCHLAIKJER 1933, SIMPSON 1945), doch handelt es sich, wie HOUGH (1956) an Hand des Schädelbaues gezeigt hat, um den Vertreter einer eigenen Familie, der von diesem Autor in die Verwandtschaft der Tenrecoidea gestellt wird.

Weitere nur fossil bekannte Familien sind die Geolabididae (mit *Centetodon = „Metacodon"*, *Geolabis* usw.) und die Plesiosoriciden (mit *Plesiosorex*), deren taxonomische Stellung innerhalb der Insectivoren nicht einheitlich beurteilt wird (VIRET 1940, VAN VALEN 1967, SIGÉ 1976, LILLEGRAVEN, MCKENNA & KRISHTALKA 1981).

3.5 Macroscelidea (Rüsselspringer)

Die Rüsselspringer (Macroscelidea) sind eine artenarme Gruppe kleiner, langschnauziger Säugetiere mit kurzen Vorder- und verlängerten Hinterextremitäten, weshalb sie im Aussehen etwas an Springmausbeutler erinnern. Diese meist als Insektenfresser klassifizierten Säugetiere werden hier wegen ihrer Merkmalskombination als Ange-

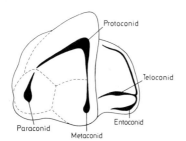

Abb. 145. *Solenodon*. M sup. und M inf. (Schema). Zalambdodontes Zahnmuster.

hörige einer eigenen Ordnung (Macroscelidea) angesehen (BUTLER 1956, 1972, THENIUS 1979). Sie sind ausschließlich auf Afrika beschränkt und sind mit *Chambius* bereits im Alt-Eozän und mit *Metolbodotes* (= „*Metoldobotes*") im Alt-Oligozän Nordafrikas (Abb. 146) nachgewiesen (SCHLOSSER 1911, HARTENBERGER 1986). Von HAECKEL (1866) wurden die Rüsselspringer – zusammen mit den Spitzhörnchen wegen des Vorhandenseins eines Blinddarms – als Menotyphla den übrigen Insectivoren (= Lipotyphla) gegenübergestellt (vgl. dazu CARLSSON 1909 und EVANS 1942). Die Gemeinsamkeiten der „Menotyphla" sind – wenn man vom Blinddarm absieht – im wesentlichen durch die gleiche Evolutionshöhe dieser tagaktiven „Insectivoren" bedingt. Völlig unterschiedliche Adaptationserscheinungen in den Gliedmaßen, die divergierende Gebißdifferenzierung und zahlreiche anatomische Merkmale bele-

gen den frühen Eigenweg dieser Säugetiergruppe und damit ihre Sonderstellung.

Das Gebiß dieser Säugetiere ist hochspezialisiert (z.B. Molarisierung von Prämolaren, Hypsodontie von Backenzähnen, gespaltene Kronen der I inf., Reduktion von Molaren) und sehr charakteristisch. Die Hypsodontie und die Molarisierung haben vor allem bei fossilen Angehörigen der Macroscelidea zu taxonomischen Fehldeutungen (z.B. Beuteltiere, Huftiere bzw. Hyracoidea) geführt (FRECHKOP 1931, STROMER 1932, WHITWORTH 1954). So wurde *Palaeothentoides africanus* aus dem Pleistozän Afrikas von STROMER (1932) wegen des molarisierten $P_{\overline{4}}$, der als $M_{\overline{1}}$ gedeutet worden war, als Beuteltier klassifiziert (Abb. 147).

Die Zahnzahl der gegenwärtig durch zwei Gruppen (Macroscelidinae und Rhynchocyoninae, vgl. CORBET & HANKS 1968) vertretenen Macroscelididen ist stets etwas reduziert, und die Zahnformel schwankt bei den rezenten Formen zwischen

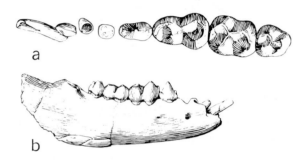

Abb. 146. *Metoldobotes stromeri* (Macroscelididae), Alt-Oligozän, Ägypten. (b) Mandibel dext. (Außenansicht) mit (a) I_3, C, $P_3 - M_2$ (occlusal), Alveolen für I_2 und P_1 sowie Wurzeln vom P_2. Nach PATTERSON (1965). (a) ca. $4 \times$, (b) ca. $2 \times$ nat. Größe.

Abb. 147. *Palaeothentoides* (=? *Macroscelides*) *africanus* (Macroscelididae), Pleistozän, Afrika. $P_1 - M_3$ sin. occlusal (oben) und lingual (unten). Beachte Molarisierung des P_4. Nach PATTERSON (1965), seitenverkehrt umgezeichnet. ca. $4 \times$ nat. Größe.

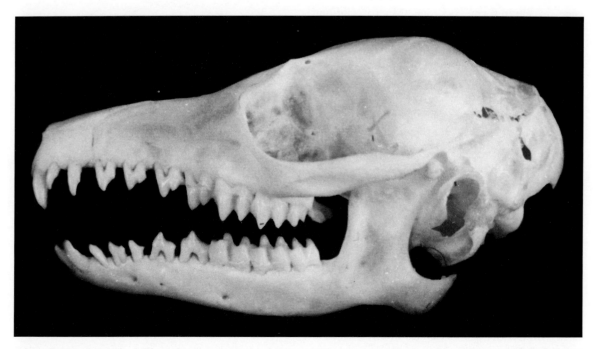

Abb. 148. *Elephantulus rozeti* (Macroscelididae, rezent), N-Afrika. Schädel (Seitenansicht). Sammlung Starck 62.175, Schädellänge 34 mm.

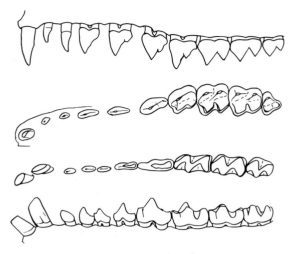

Abb. 149. *Elephantulus rozeti.* $I^1 - M^2$ sin. buccal (ganz oben) und occlusal (mitte oben). $I_1 - M_2$ dext. occlusal (mitte unten) und lingual (ganz unten). Nach Original. 4 × nat. Größe.

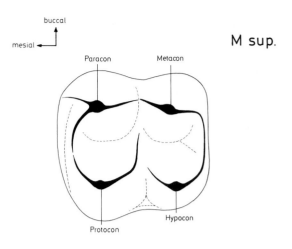

M sup.

M inf.

Abb. 150. *Rhynchocycon* (Macroscelididae, rezent). M sup. und M inf. (Schema).

$\frac{1-0\ 1\ 4\ 2}{3\ \ \ 1\ 4\ 2} = 34 - 36$ bei *Rhynchocyon* und $\frac{3\ 1\ 4\ 2}{3\ 1\ 4\ 3} = 42$ bei *Nasilio* (s. FRIANT 1935, HILL 1938). Bei *Elephantulus* (Abb. 148, 149), *Macroscelides* und *Petrodromus* beträgt sie $\frac{3\ 1\ 4\ 2}{3\ 1\ 4\ 2} = 40$, wobei der vorderste postcanine Zahn des Dauergebisses jedoch nicht dem $P_{\overline{1}}$, sondern dem $D_{\overline{1}}$ entspricht (KINDAHL 1958). Wie die Zahnformeln erkennen lassen, kommt es bei den rezenten Arten zur Reduktion einzelner I sup. und Molaren. Nur bei den fossilen Myohyracidae ist die Zahnformel mit $\frac{3\ 1\ 4\ 3}{3\ 1\ 4\ 3}$ vollständig (WHITWORTH 1954, PATTERSON 1965).

Die winzigen I sup. sind stets einspitzig und einwurzelig. Bei *Rhynchocyon* können sie völlig reduziert sein (Tafel VIII). Der C sup. ist nur bei *Rhynchocyon* caniniform, bei den Macroscelidinen klein, zweiwurzelig und prämolariform. Der $P^{\underline{1}}$ ist meist kleiner als der C sup. Der etwas größere $P^{\underline{2}}$ ist meist zweihöckrig (Para- und Metacon), nur bei *Nasilio* kommt ein Protocon dazu. Der bei *Petrodromus*, *Elephantulus* und *Macroscelides* submolariforme $P^{\underline{3}}$ besitzt neben Para-, Meta- und Protocon auch ein Hypocon. Der $P^{\underline{4}}$ ist stets molariform, meist vierhöckerig, mit subhypsodonter Krone und ohne ausgebildetes Cingulum. Para- und Metacon sind als Höcker, Proto- und Hypocon eher schneidend bzw. v-förmig entwickelt. Para- und Metaconulus können vorhanden sein. Der $M^{\underline{1}}$ entspricht weitgehend dem P^4 (quadratischer Umriß, vierhöckrig) (Abb. 150, 151), wobei die Außenhöcker etwas gegeneinander versetzt sein können. Der Hypocon des im Umriß annähernd dreieckigen $M^{\underline{2}}$ ist bei *Elephantulus* und *Macroscelides* reduziert. Der $M^{\underline{3}}$ ist stets völlig rückgebildet. Bei *Macroscelides* und in verstärktem Maß bei tertiären Macroscelididen kommt es zur echten Hypsodontie der Molaren (z. B.

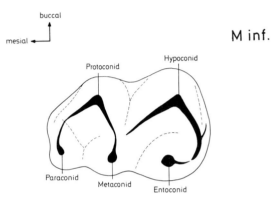

M sup.

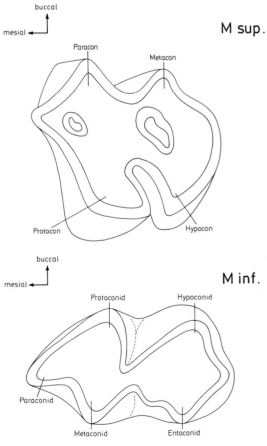

M inf.

Abb. 151. *Macroscelides* (Macroscelididae). M sup. und M inf. (Schema). Molaren hypsodont.

Myohyrax einschließlich „*Protypotheroides*") und damit zur Lophodontie (Abb. 152, 153). Ecto-, Proto- und Metaloph erinnern entfernt an Huftiere bzw. Schiefer, zu denen die Myohyraciden auch ursprünglich gezählt wurden. Erst PATTERSON (1965) erkannte die Zugehörigkeit der Myohyraciden zu den Macroscelidea. P⁴ und M sup. sind prismatisch, jedoch bewurzelt. Im Bereich der Lophe kommt es bei stärkerer Abkauung zur Bildung mehrerer Inseln (Abb. 153). Das Gebiß der Myohyracidae ist ein typisches Beispiel für die konvergente Entwicklung des Backenzahngebisses bei herbivoren Säugetieren.

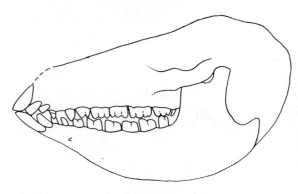

Abb. 152. *Myohyrax oswaldi* (Myohyracidae). Miozän, Afrika. Schädelumriß (Rekonstruktion). Gebiß mit hypsodonten Backenzähnen. Nach WHITWORTH (1954) und PATTERSON (1965), seitenverkehrt umgezeichnet. ca. 2× nat. Größe.

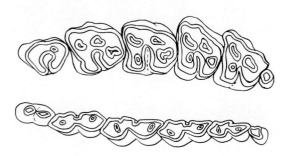

Abb. 153. *Myohyrax oswaldi*. P² – M³ sin. occlusal (oben), M. („*Protypotheroides*") *beetzi* P₂ – M₃ dext. occlusal. Nach WHITWORTH (1954) und PATTERSON (1965), umgezeichnet. 4× nat. Größe.

Die I inf. sind stets vollzählig und meist einspitzig ausgebildet. Nur bei *Petrodromus* ist die Krone beginnend, bei *Rhynchocyon* deutlich zwei- oder dreilappig, wie es in ähnlicher Weise bei den fossilen Plagiomeniden bekannt ist. Der C inf. ist klein und manchmal zweiwurzelig. Der $P_{\overline{1}}$ ist bei *Rhynchocyon* caniniform, sonst klein und einspitzig. $P_{\overline{2}}$ und $P_{\overline{3}}$ sind gleichfalls einspitzig, jedoch etwas größer und lateral komprimiert. Der $P_{\overline{4}}$ ist meist submolariform und besteht aus zwei v-förmigen Loben, von denen der distale Lobus breiter ist. An den gleichfalls zweijochigen M inf. sind Trigonid und Talonid gleich hoch. Ein Paraconid ist nicht

immer ausgebildet. Bei *Nasilio* ist ein winziger $M_{\overline{3}}$ vorhanden. Unter den rezenten Rüsselspringern ist die Hypsodontie bei *Macroscelides* deutlich ausgeprägt, noch stärker jedoch bei den tertiärzeitlichen Myohyraciden, bei denen das Protoloph aus Proto- und Metaconid, das Metaloph aus Hypo- und Entoconid besteht.

Die Ernährung der Rüsselspringer ist entsprechend der unterschiedlichen Biotope, die sie bewohnen, recht vielseitig. Die Biotope reichen von tropischen Regenwäldern (z. B. *Rhynchocyon*) über semiaride Buschsavannen oder Geröllhalden (*Elephantulus*, *Petrodromus*) bis zu echten ariden Wüstengebieten (*Macroscelides*). Die Macrosceliididen verzehren Insekten und andere Wirbellose, Eier und Pflanzen (HERTER 1968). Wie die Molarisierung von Prämolaren und die beginnende Hypsodontie bei *Petrodromus* und *Macroscelides* zeigt, spielt Pflanzenkost eine gewisse Rolle, sofern man die Anpassungen nicht als stammesgeschichtliches Erbe ansehen will, indem die Rüsselspringer als microcursorial adaptierte Formen ursprünglich Pflanzenfresser waren, die erst sekundär zur Insectivorie übergegangen sind (RATHBUN 1979). Dies würde auch das große Caecum erklären. Dem Gebiß nach waren die Myohyraciden ausgesprochene Pflanzenfresser.

3.6 Dermoptera (Riesengleiter)

Die Riesengleiter sind gegenwärtig nur mit einer Gattung (*Cynocephalus* = „*Galeopithecus*" und *Galeopterus*) in Südostasien heimisch. Es sind herbivore Gleitflieger, die in einigen Merkmalen an Primaten erinnern, worauf auch der Name Flattermakis oder „flying lemurs" hinweist. Ihre Merkmalskombination (Flughaut aus Pro-, Plagio- und Uropatagium, Kammgebiß) ist einmalig unter den Säugetieren und macht eine Zuordnung weder zu den Primaten noch zu den Fledertieren möglich. Sie werden daher allgemein als Angehörige einer eigenen Ordnung bewertet. Es sind Säugetiere einer frühen Radiation der Säugetiere, die als Archonta zusammengefaßt werden.

Die Riesengleiter sind annähernd katzengroße Säugetiere mit einem niedrigen und breiten Schädel mit kräftigen Jochbögen (Tafel IX) und langen, schlanken Gliedmaßen. Es sind ausschließlich Pflanzenfresser, die tagsüber ähnlich den Faultieren an Ästen hängen und erst bei Einbruch der Dunkelheit aktiv werden.

Die Zahnformel der beiden rezenten Arten (*Cynocephalus* [*Galeopterus*] *variegatus* (= „*temmincki*") und C. [„*Galeopithecus*"]*volans*) wird nicht

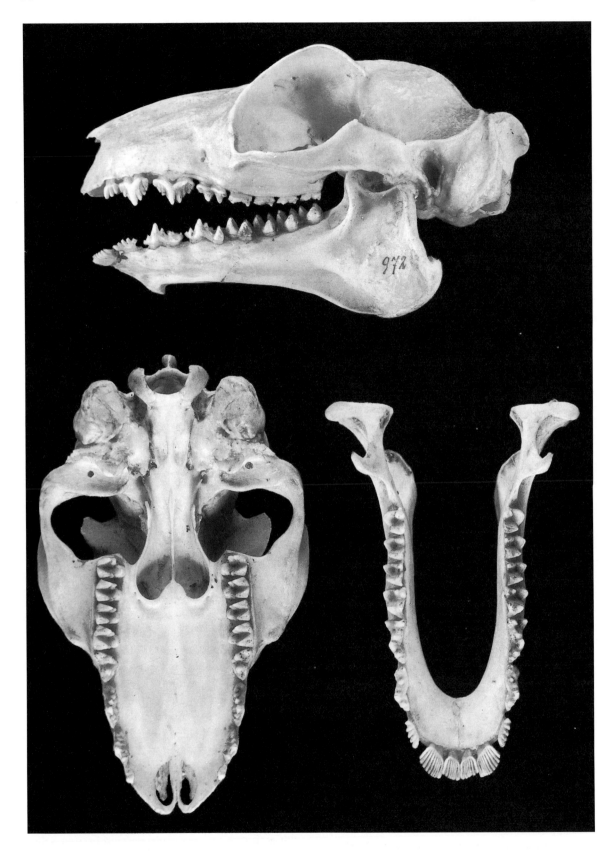

Abb. 154. *Cynocephalus (Galeopterus) variegatus* (= „*temmincki*") (Cynocephalidae), rezent, Indonesien. Schädel (Lateral- und Ventralansicht) und Unterkiefer (Aufsicht). Beachte Kammgebiß (Incisiven), breite Symphyse und Form der Mandibel. NHMW 972. Schädellänge 77 mm.

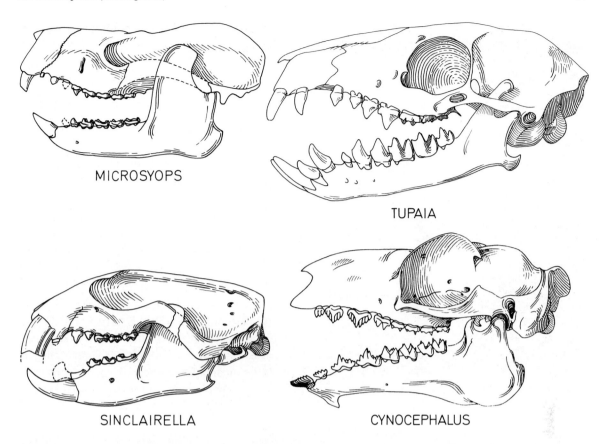

MICROSYOPS

TUPAIA

SINCLAIRELLA

CYNOCEPHALUS

Tafel IX. Schädel (Lateralansicht) aberranter fossiler Insectivora (*Microsyops*, Microsyopidae, Paleozän – Eozän; *Sinclairella*, Apatemyidae [= „Apatotheria"], Oligozän), Scandentia (*Tupaia*, rezent) und Dermoptera (*Cynocephalus*, rezent). Nicht maßstäblich.

einheitlich interpretiert, da die $P\frac{4}{4}$ völlig molarisiert sind und das Gebiß etwas reduziert ist. Die Zahnformel deutet GRUBE (1871) mit $\frac{0\,1\,2\,5}{2\,1\,2\,5}$, WINGE (1941) mit $\frac{2\,1\,5}{3\,1\,5}$ und auch WEBER (1928) mit $\frac{2\,1\,2\,3}{3\,1\,2\,3}$, während DEPENDORF (1896) sie mit $\frac{2\,0\,3\,3}{2\,1\,3\,3}$, LECHE (1886) sie mit $\frac{2\,0\,3\,3}{3\,0\,3\,3}$ und CABRERA (1925) sie mit $\frac{2\,0\,3\,3}{3\,1\,2\,3} = 34$ angeben. Die beiden vordersten Oberkieferzähne sind zweifellos Schneidezähne, da sie im Prämaxillare wurzeln. Nach der gegenseitigen Position von Ober- und Unterkieferzähnen sind die drei vordersten bogenförmig angeordneten Mandibularzähne im Gegensatz zu DEPENDORF als Incisiven zu bewerten (Abb. 154; Tafel IX). Die Zahnformel ist gegenüber einem primitiven Placentalier etwas reduziert, indem der vordere Abschnitt des Prämaxillare zahnlos ist und die Zahnzahl insgesamt nur 34 beträgt. Die Besonderheiten des Gebisses von *Cynocephalus* liegen einerseits in den kammförmig gestalteten I inf., andererseits in den mehrspitzigen vorderen Prämolaren bzw. hinteren Incisiven und der völligen Molarisierung der $P\frac{4}{4}$. Dazu kommen die im Grundmuster dreihöckerigen M sup., zu denen spitze Zwischenhöcker (Para- und Metaconulus) kommen. An den M inf. ist am schmalen Trigonid das Paraconid klein oder völlig reduziert, das breite Talonid ist dreihöckerig, indem lingual vom En-

toconid ein Höcker entwickelt ist, der hier als Hypoconulid bezeichnet wird; dazu kommt noch ein Entostylid (Abb. 155).

Die I inf. sind in Kämme aufgespalten, die bei *Cynocephalus volans* am $I_{\overline{1}}$ aus sieben, am $I_{\overline{2}}$ aus neun Zinken bestehen. Die breite Krone der beiden Incisiven ist deutlich von der Wurzel abgesetzt. Die Krone des $I_{\overline{3}}$ ist niedrig und besteht aus fünf Zacken. Die Krone von $P_{\overline{2}}$ und $P_{\overline{3}}$ ist langgestreckt, vor und hinter der Hauptspitze treten zwei Höcker auf, die an ein flachwinkeliges Trigonid erinnern, das in ein breites, am $P_{\overline{3}}$ zweihöckriges Talonid übergeht. Der $P_{\overline{4}}$ ist völlig molarisiert und besteht wie die Molaren aus dem zweihöckerigen Trigonid und dem dreihöckerigen Talonid. Am distalen Lingualende tritt ein kleines Entostylid auf. Trigonid- und Talonidhöcker sind annähernd gleich hoch.

Ähnlich den Wiederkäuern ist das (vordere) Prämaxillare zahnlos. Die Krone des I^2 ist dreizackig, jene des längsgestreckten I^3 besteht aus sechs Zakken, mit dem dritten als Haupthöcker. Die Krone des vordersten P sup. ist ähnlich gestaltet, jedoch etwas breiter und die 3. und 4. Höcker sind als Haupthöcker ausgebildet. Der im Umriß dreieckige P^3 besteht aus zwei deutlich getrennten, gleich-

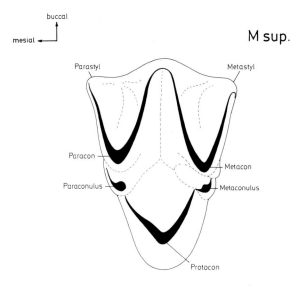

buccal

mesial

M sup.

Parastyl — Metastyl

Paracon

Metacon

Paraconulus — Metaconulus

Protocon

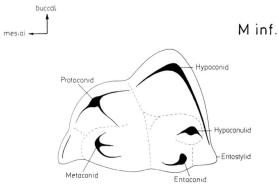

buccal

mesial

M inf.

Hypoconid

Protoconid

Hypoconulid

Entostylid

Metaconid — Entoconid

Abb. 155. *Cynocephalus*. M sup. und M inf. (Schema).

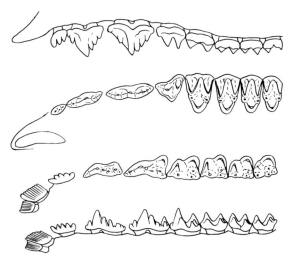

Abb. 156. *Cynocephalus variegatus*. $I^2 - M^3$ sin. buccal (ganz oben) und occlusal (mitte oben), $I_1 - M_3$ dext. occlusal (mitte unten) und lingual (ganz unten). Beachte I inf. als Kammgebiß und Molarisierung der $P\frac{4}{4}$. Nach Original. $1,6 \times$ nat. Größe.

hohen Haupthöckern, zu denen ein Parastyl und eine Metastylklinge kommen. Der $P\underline{4}$ ist voll molarisiert, wie es – abgesehen von Huftieren – sonst nur bei den Macroscelididen vorkommt. An den im Grundplan trigonodonten M sup. sind je ein spitzer Para- und Metaconulus-Höcker ausgebil-

det (Abb. 156). Mit der Homologisierung der Kauflächen an den Maxillar- und Mandibularmolaren haben sich ROSE & SIMONS (1977) in Zusammenhang mit der taxonomischen Zuordnung der alttertiären Plagiomeniden (wie *Elpidophorus, Plagiomene, Planetetherium*) befaßt. Von diesen fossilen Säugetieren sind bisher nur Zahn- und Kieferreste bekannt. Die Plagiomeniden werden von vielen Autoren wegen der etwas gespaltenen I inf. und der molarisierten $P\frac{4}{4}$ als Angehörige der Dermoptera klassifiziert (SIMPSON 1945, VAN VALEN 1967, ROSE 1982). Da ähnliche Ausbildungen von Macroscelididen und Nyctitheriiden bekannt sind, erscheint eine sichere Zuordnung der Plagiomeniden zu den Dermoptera fraglich; sie wird erst nach Vorliegen von Schädelresten möglich sein.

Über die Funktion der Kammzähne von *Cynocephalus* besteht keine völlige Klarheit. Das „grooming" ist jedenfalls nicht die Hauptfunktion, da die Riesengleiter ihr Fell mit der Zunge pflegen. Viel eher dient das Kammgebiß bei der Nahrungsaufnahme zum Schälen von Früchten, Abkratzen der Blattoberfläche oder zum Abschneiden von Blättern, ähnlich vielen Selenodontiern, wobei die Nahrung gegen die zahnlose Partie des Zwischenkiefers gepreßt wird (ROSE, WALKER & JACOBS 1981). Auch das Molarengebiß (samt den molarisierten $P\frac{4}{4}$) ist in diesem Sinn als ein zum Blattfressen umgestaltetes Insektenfressergebiß zu verstehen, dessen semi-selenodonte Backenzähne oft stark abgekaut sind. Der Unterkiefer ist durch den kleinen Processus coronoideus und den breiten Angularabschnitt gekennzeichnet. Die beiden Mandibelhälften sind untereinander verbunden, doch ist im Bereich der schaufelförmig verbreiterten Symphyse die Naht auch noch bei erwachsenen Individuen zu erkennen. Der Processus coronoideus ist sehr kurz, der Angularabschnitt dagegen stark vergrößert und mit entsprechend großen Ansatzflächen für den Musculus pterygoideus internus versehen, der das Vorschieben der Mandibel bewirkt. Die Backenzahnreihen nähern sich distal etwas.

3.7 Chiroptera (Fledertiere)

Die Fledertiere sind gegenwärtig mit fast 900 Arten nach den Nagetieren die artenreichste Säugetierordnung. Sie sind überall in den tropischen bis gemäßigten Zonen beider Hemisphären verbreitet. Die vor allem als Chiropatagium ausgebildete Flughaut unterscheidet sie von allen übrigen Säugetieren. Nach der Morphologie lassen sich die meist fruchtfressenden Megachiroptera (Flughunde) und die meist kleineren Microchiroptera (Fledermäuse) unterscheiden. Über die monophyletische Entstehung wird diskutiert. Als gemeinsame Wurzelgruppe gelten meist die alttertiären Palaeochiropterygoidea (mit *Palaeochiropteryx*, *Icaronycteris*, *Archaeonycteris* und *Archaeopteropus*), die Merkmale von Mega- und Microchiropteren vereinen und deshalb von VAN VALEN (1979) auch als Eochiroptera abgetrennt werden. Neueste Untersuchungen von STORCH (1986) an den Chiropteren aus dem Mitteleozän von Messel lassen jedoch annehmen, daß die Spezialisierung dieser Formen bereits zu weit fortgeschritten war, um als Stammformen der Megachiropteren in Betracht zu kommen. Die taxonomische Gliederung der Microchiropteren erfolgt nicht ganz einheitlich, indem bis zu 20 Familien unterschieden werden. Die Selbständigkeit der Hipposideridae (= ? Rhinolophidae), Desmodontidae, Mormoopidae, Kerivoulidae und meist auch der Miniopteridae (= Vespertilionidae) ist nicht allgemein anerkannt. Die Stellung der Chilonycterinae wird diskutiert (SMITH 1972, ANDERSON & JONES 1984). Die Fledertiere sind die einzigen zum aktiven Flug befähigten Säugetiere. Die Ultraschall-Orientierung ermöglichte den Fledermäusen das Dämmerungsfliegen und die Ortung von Beutetieren. Die Ultraschall-Orientierung eröffnete ihnen ökologische Nischen, die sich nicht zuletzt auch in der außerordentlichen Mannigfaltigkeit der Ernährungsweise und damit der Ausbildung des Gebisses widerspiegeln.

Die Ernährung ist primär insectivor, doch kommt es zur carni- und piscivoren sowie sanguivoren Ernährungsweise ebenso wie zur Frugi-, Anthi-, Nectari- und Pollenivorie. Letztere wurden mehrfach unabhängig voneinander von Flughunden und Fledermäusen erworben, was auch für die Ultraschall-Orientierung zu gelten scheint (z. B. höhlenbewohnende *Rousettus*-Arten unter den Megachiropteren). Eine scharfe Trennung der erwähnten Ernährungsweisen ist nicht in allen Fällen möglich, so daß etwa auch die omnivore genannt werden muß.

Das Dauergebiß ist nie vollständig ausgebildet. Das meist bei der Geburt teilweise ausgebildete Milchgebiß besteht nur aus einwurzeligen Zähnen mit meist gekrümmten und mehrspitzigen Zahnkronen, die zum Festhalten der Jungen im Fell des Muttertieres dienen. Es wird bald durch das Dauergebiß ersetzt. Die Milchgebißformel lautet bei *Myotis* $\frac{2\,1\,2}{3\,1\,2} = 22$. Die maximale (Dauer-) Gebißformel lautet selbst bei der erdgeschichtlich ältesten Gattung (*Icaronycteris* aus dem Alt-Eozän) $\frac{2\,1\,3\,3}{3\,1\,3\,3} = 38$. Die von RUSSELL & SIGÉ (1970) für *Palaeochiropteryx* und *Archaeonycteris* aus

dem Mittel-Eozän angegebene Gebißformel von $\frac{?3\,1\,3\,3}{3\,1\,3\,3} = ?\,40$ bleibt, wie Sigé (1976) ausführt, zweifelhaft. Sie lautet nach HABERSETZER & STORCH (mündl. Mitt.) $\frac{2\,1\,3\,3}{3\,1\,3\,3} = 38$.

Die geringste Zahnzahl ist beim Vampir (*Desmodus*) mit $\frac{1\,1\,1\,1}{2\,1\,2\,1} = 20$ vorhanden. Bei den Chiropteren sind mehr als 50 verschiedene Gebißformeln bekannt. Ein I sup. (I ^{1}) und ein P-Paar (P $\frac{!}{1}$?) sind stets völlig reduziert, was zumindest teilweise auf den (primär) kurzen Fazialschädel zurückzuführen sein dürfte. Andere Zähne mit Ausnahme der C, P $\frac{4}{4}$ und M $\frac{!}{1}$ können fehlen. Die Unterkiefersymphyse ist meist verwachsen. Das Gebiß selbst ist sehr mannigfaltig gestaltet. Dies kommt weniger in den verschiedenen Molarentypen (z. B. dilambdodont, oligo- bis polybunodont, secodont) zum Ausdruck, als vielmehr im unterschiedlich gestalteten Vordergebiß und im gesamten Gebiß in Verbindung mit einer außerordentlich vielfältig gestalteten Kieferausformung. Die Backenzähne sind stets brachyodont und bewurzelt. Ein dauerndes Zahnwachstum ist nur bei einzelnen Zähnen von Vampirfledermäusen (*Desmodus*) bekannt. Allerdings erfolgt der Ersatz nicht durch dauerndes Nachwachsen, sondern nach PHILIPPS & STEINBERG (1976) durch Hyperzementose an den Wurzelspitzen von I und C sup. Dies ist notwendig, da diese Zähne durch das Schärfen der Zahnschneiden durch antagonistisch wirkende Unterkieferzähne und der Zunge einen erheblichen Längenverlust erleiden (VIERHAUS 1983). Ausgesprochene Hartpflanzenfresser – wie etwa die Grasfresser unter den herbivoren Säugetieren – fehlen unter den Chiropteren ebenso wie reine Blattfresser. Wie EISENTRAUT (1950) betont, würde die Nutzung von Blattnahrung auf Grund der schweren Erschließbarkeit der Blattsubstanz die Aufnahme größerer Nahrungsmengen und einen umfangreichen Verdauungstrakt erfordern, was wiederum auf Kosten des Flugvermögens ginge. Dafür haben die Chiropteren mit den blut„saugenden" echten Vampiren (wie *Desmodus*, *Diaemus* als Desmodontidae) im Gebiß einzigartig spezialisierte Formen entwickelt, wie sie sonst nicht bekannt sind. Die im Gebiß (und Ernährungsweisen) wohl mannigfaltigste Fledermausfamilie bilden die neuweltlichen Blattnasen (Phyllostom[at-]idae). Unter ihnen finden sich insecti-, omni-, carni-, frugi-, anthi-, nectari- und pollenivore Typen, die im Zuge einer adaptiven Radiation und auch im Sinne einer Ko-Evolution mit den Nahrungspflanzen (z. B. Fledermausblüten) entstanden sind. Auch die sanguivoren Desmodontidae haben sich aus phyllostomiden Fledermäusen entwickelt. Da der Neuen Welt die Flughunde (Pteropodidae) fehlen, haben sich innerhalb der Phyllostom[at-]iden auch jene Ernährungstypen (z. B. Glossophaginae) entwickelt, die in der Alten Welt innerhalb der Flughunde (Macroglossinae) entstanden sind (PAULUS 1978). Die Macroglossinen haben überdies nach PAULUS unabhängig voneinander Blütenbesucher hervorgebracht (*Megaloglossus* in Afrika, *Macroglossus* in Südasien). Die von BAKER (1973) auf Grund von sogenannten Fledermausblüten vertretene Auffassung, daß einst auch Flughunde in der Neuen Welt existiert hätten, konnte bisher in keiner Weise bestätigt werden. Eine ausführliche Übersicht über die Beziehungen zwischen Blüten und Fledertieren, die vor allem durch die Bestäubung (Chiropterophilie) gegeben sind, findet sich neuerdings bei DOBAT (1985) mit reichen Literaturhinweisen (vgl. auch AYENSU 1974 und HEITHAUS 1982).

Mit den evolutionären Trends im Gebiß der Chiropteren hat sich SLAUGHTER (1970) befaßt. So-

wohl was die phyletische Ableitung von primitiven insectivoren Eutheria mit tribosphenischen Molaren vom dilambdodonten Typ, als auch die Entwicklung der einzelnen Zahnkategorien betrifft. Bei den erdgeschichtlich ältesten Chiropteren ist an den M sup. ein Hypocon als Basalband (= Metaconulus bei MENU 1985) entwickelt. Eine Ableitung der meist sekundär vereinfachten Molaren der Megachiropteren ist vom dilambdodonten Typ durchaus möglich. Ähnliche Vereinfachungen treten auch bei frugi-, nectari- und pollenivoren Microchiropteren auf. Demgegenüber ist jedoch auch die Polybunodontie bei *Harpyionycteris whiteheadi* als sekundär zu verstehen und nicht als „Erbe" mesozoischer „Vorfahren" (z. B. *Microcleptes*), wie dies FRIANT (1952) annimmt.

Mit der Ausbildung des Gebisses bei den Microchiropteren in Zusammenhang mit der Ernährung hat sich u. a. EISENTRAUT (1950) beschäftigt. Ne-

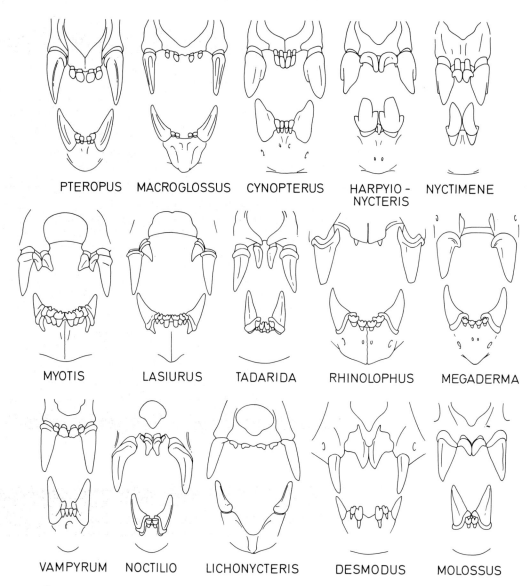

PTEROPUS   MACROGLOSSUS   CYNOPTERUS   HARPYIO-NYCTERIS   NYCTIMENE

MYOTIS   LASIURUS   TADARIDA   RHINOLOPHUS   MEGADERMA

VAMPYRUM   NOCTILIO   LICHONYCTERIS   DESMODUS   MOLOSSUS

Abb. 157. Übersicht über die Vielfalt des Vordergebisses bei Mega- (oberste Reihe) und Microchiropteren. Caninen meist kräftig entwickelt, Incisiven kräftig ausgebildet bis völlig reduziert (I sup. z. B. bei *Megaderma*, I inf. z. B. bei *Lichonycteris*). Nicht maßstäblich.

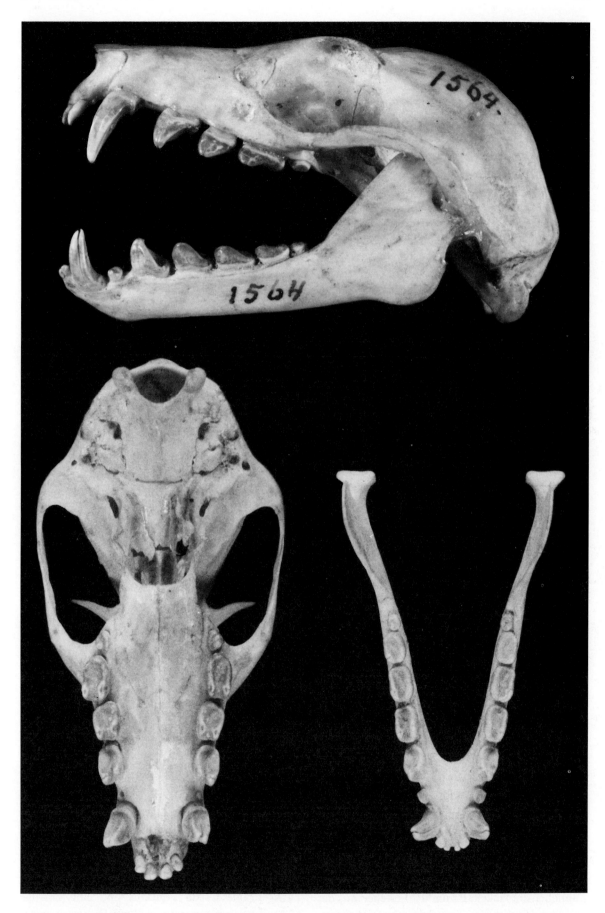

Abb. 158. *Pteropus giganteus* (Pteropodidae, rezent). Indien. Schädel in Lateral- und Ventralansicht sowie Unterkiefer (Aufsicht). Beachte einfach gebaute Postcaninen mit meist nach vorne gerichteten Zahnhöckern. NHMW 1564. Schädellänge 75 mm.

ben der wechselnden Zahnzahl und den von der Reduktion besonders betroffenen Zahnkategorien wird auf die Zahnform im Vorder- und Bakkenzahngebiß hingewiesen.

Im Vordergebiß kann es von der „vollständigen" Bezahnung mit $\frac{2}{3}$ Incisiven bis zur völligen Reduktion einer Kieferbezahnung ($\frac{0}{2}$ oder $\frac{2}{0}$ bzw. $\frac{1}{0}$) mit sämtliche Zwischenstadien kommen, wobei nicht nur die jeweilige Zahl der Incisiven verschieden ist, sondern auch ihre Form (einschließlich der Caninen) differiert (Abb. 157). Die Krone der Incisiven kann ein- bis mehrspitzig gestaltet sein, die Caninen mit oder ohne Cingulum einspitzig oder bilobat (z. B. *Megaderma, Harpyionycteris, Hipposideros*) ausgebildet sein. Probleme ergeben sich bei der Homologisierung der Incisiven und der vordersten Prämolaren. Nach MILLER (1907) sind der $I^{\underline{1}}$ und die $P^{\underline{1}}_{\overline{1}}$ stets reduziert, womit eine nicht völlig gesicherte Homologisierung ausgesprochen ist.

Die Megachiroptera lassen sich einer Familie (Pteropodidae, Flughunde) zuordnen. Das Gebiß ist etwas stärker reduziert als das vollständigste unter den Microchiropteren. Die Gebißformel schwankt zwischen $\frac{2\,1\,3\,2}{2\,1\,3\,3} = 34$ (wie bei *Pteropus, Rousettus*) und $\frac{1\,1\,3\,1}{0\,1\,3\,2} = 24$ (wie bei *Nyctimene*). Die Gebißreduktion der Flughunde erfolgt nicht einheitlich, indem verschiedene Zahnkategorien unterschiedlich stark davon betroffen sind (Tafel X). Wie weit bei *Nyctimene* mit kleinwüchsigen Arten der kurze Fazialschädel bzw. eventuell die Insektennahrung eine Rolle spielt, ist fraglich. Die Backenzähne sind in der Regel sekundär vereinfacht, nur vereinzelt ist eine Vermehrung von Höckern eingetreten (*Pteralopex, Harpyionycteris*).

Das Gebiß von *Pteropus lylei* (= „*medius*") (Pteropodidae) ist, wie bei allen *Pteropus*-Arten, durch das eher kräftige Vordergebiß und die vom $P^{\underline{3}}_{\overline{3}}$ bis zum $M^{\underline{2}}_{\overline{3}}$ niedriger werdenden Backenzähne, die meist durch winzige Diastemata voneinander getrennt sind, charakterisiert (Abb. 158; Tafel X). Die beiden mittleren I sup. berühren einander mesial und sind vom C sup. jeweils durch ein weites Diastema getrennt. Die kräftigen, im basalen Querschnitt rundlichen C sup. sind an der Kronenbasis lingual und mesial durch ein Cingulum verbreitert und leicht gekrümmt. Insgesamt sind vier Kanten entwickelt, die mesial und distal je durch eine Furche getrennt sind. Der vorderste P sup. ist meist nur als winziges, einwurzeliges Zähnchen entwickelt. $P^{\underline{3}}$ und $P^{\underline{4}}$ bestehen aus der buccalen Hauptspitze, einer lingualen Nebenspitze und einem mehr oder weniger grubig entwickelten Talon. Die Krone des $M^{\underline{1}}$ entspricht im Prinzip den $P^{\underline{3-4}}$, ist jedoch länger und niedriger als diese. Der Talon wird von einem Cingulum umge-

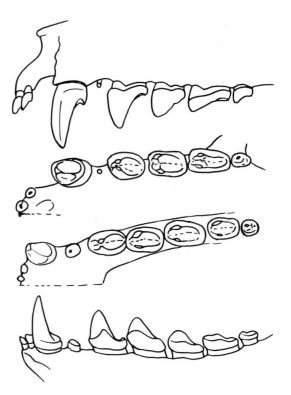

Abb. 159. *Pteropus niger* (rezent), Mauritius. $I^1 - M^2$ sin. buccal (ganz oben) und occlusal (mitte oben), $I_1 - M_3$ dext. occlusal (mitte unten) und lingual (ganz unten). Nach Original. 2,3 × nat. Größe.

ben, das im labiodistalen Bereich zu einem niedrigen Hypocon erhöht sein kann. Der $M^{\underline{2}}$ ist stark reduziert. Im Unterkiefer sind die beiden mittleren I etwas getrennt. Die gekrümmten und divergierenden C. inf. sind durch kurze Diastemata von I und P getrennt. Basalband und Kanten entsprechen dem C sup. Der vorderste P inf. ist klein und einwurzelig, vom $P_{\overline{3}}$ bis zum $M_{\overline{3}}$ nimmt die Kronenhöhe ab. Die Zahnreihen divergieren leicht, die Trennung von Außen- und (niedrigem) Innenhöcker wird vom $P_{\overline{3}}$ bis zum $M_{\overline{2}}$ ausgeprägter, so daß die Höcker eher noch deutlicher als an den oberen Backenzähnen, jeweils durch eine Längsfurche voneinander getrennt sind. Der Innenhöcker nimmt dabei stärker an Höhe ab als der Außenhöcker (Abb. 159). $M_{\overline{2}}$ und $M_{\overline{3}}$ sind kürzer und kleiner als der $M_{\overline{1}}$. Als ganzes bildet das Gebiß von *Pteropus* ein Greifgebiß zum Festhalten und Ausquetschen der Nahrung (Früchte). Eine etwas eigenartige Gebißspezialisation zeigt *Pteralopex atrata* von den Salomonen-Inseln. Die Gebißformel entspricht zwar jener von *Pteropus*, doch sind die breiten Zähne ausgesprochen cuspidat, einschließlich I und C (Abb. 160, 161). Eine ausgeprägte Crista sagittalis und eine kräftige Mandibel mit gut entwickeltem Processus coronoideus und hoch über der Zahnreihe gelegenem Kiefergelenk spricht für eine recht kräftige Kaumuskulatur. Während THOMAS (1888) *Pteralopex* als Überlebende früher Flughunde ansieht, han-

delt es sich nach ANDERSEN (1912) um eine abgeleitete Form, was nicht nur die bilobaten C sup.
vermuten lassen.

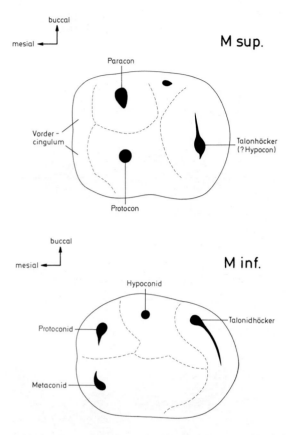

Abb. 160. *Pteralopex* (Pteropodidae). M sup. und M inf.
(Schema).

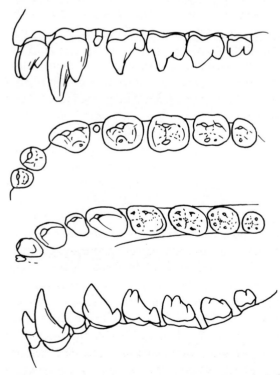

Abb. 161. *Pteralopex atrata* (rezent), Salomonen. $I^1 - M^2$
sin. buccal (ganz oben) und occlusal (mitte oben), $I_1 - M_3$
dext. occlusal (mitte unten) und lingual (ganz unten). Zähne ausgesprochen cuspidat. Nach Original. 2,2 × nat. Größe.

Beim Röhrennasen-Flughund (*Nyctimene albiventer*) sind die I inf. völlig reduziert (Gebiß-
formel $\frac{1\,1\,3\,1}{0\,1\,3\,2} = 24$). An ihre Stelle sind die beiden
senkrecht eingepflanzten C inf. getreten, die ein-
ander median fast berühren und somit völlig zwischen den leicht bilobaten C sup. liegen (Abb. 162).

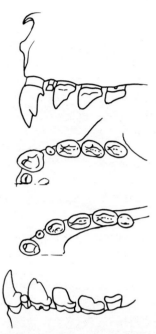

Abb. 162. *Nyctimene minutus* (Pteropodidae, rezent), Indonesien. $I^2 - M^1$ sin. buccal (ganz oben) und occlusal (mitte oben), $C - M_2$ dext. occlusal (mitte unten) und lingual
(ganz unten). Nach Original. 2,3 × nat. Größe.

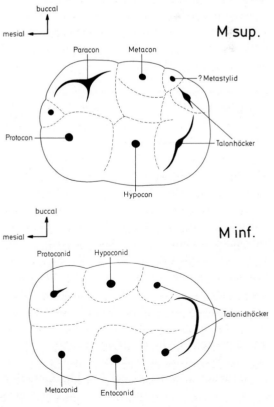

Abb. 163. *Harpyionycteris* (Pteropodidae). M sup. und M
inf. (Schema). M mit zusätzlichen Höckern.

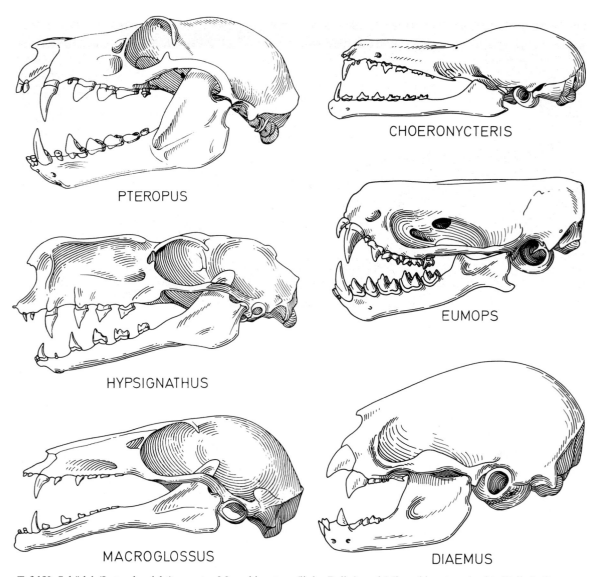

PTEROPUS

CHOERONYCTERIS

HYPSIGNATHUS

EUMOPS

MACROGLOSSUS

DIAEMUS

Tafel X. Schädel (Lateralansicht) rezenter Megachiroptera (linke Reihe) und Microchiroptera (rechte Reihe). *Pteropus*, *Hypsignathus* und *Macroglossus* als Pteropodidae mit unterschiedlich differenziertem Gebiß. *Choeronycteris* (Phyllostomidae), *Eumops* (Molossidae) und *Diaemus* (Desmodontidae) als verschiedene Nahrungsspezialisten. Nicht maßstäblich.

Die stark entwickelten 2. Prämolaren „ersetzen" praktisch die C inf. Bei den hinteren Backenzähnen sind die Höcker höher als bei den typischen Fruchtfressern, was verschiedentlich mit Insektennahrung in Zusammenhang gebracht wird. Bemerkenswert ist auch die Crista sagittalis und das deutlich über dem Zahnreihenniveau liegende Gelenk der kräftigen Mandibel. Bei *Harpyionycteris whiteheadi* lautet die Gebißformel zwar $\frac{1\,1\,3\,2}{1\,1\,3\,3} = 30$, doch weicht das Gebiß von dem der übrigen Flughunde nicht nur durch die mehrhöckrigen Molaren (Abb. 163), sondern auch durch die gleichfalls bilobaten C sup. und die seitlich verbreiterten I sup. ab (Abb. 164). Beim Hammerkopf-Flughund (*Hypsignathus monstrosus*) aus Westafrika sind die Spitzen der Backenzähne deutlich höher (Tafel X). Die Gebißformel lautet $\frac{2\,1\,2\,1}{2\,1\,3\,2} = 28$, die I sup. sind nur winzig und praktisch funktionslos, die meist hohen und spitzigen Backenzähne dienen nur zum Festhalten

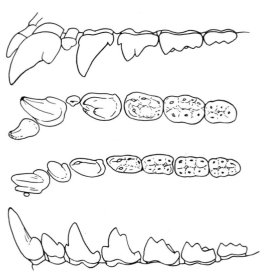

Abb. 164. *Harpyionycteris whiteheadi* (rezent), Philippinen. $I^2 - M^2$ sin. buccal (ganz oben) und occlusal (mitte oben), $I_2 - M_3$ dext. occlusal (mitte unten) und lingual (ganz unten). Nach ANDERSEN (1912) und TATE (1951). $1{,}7 \times$ nat. Größe.

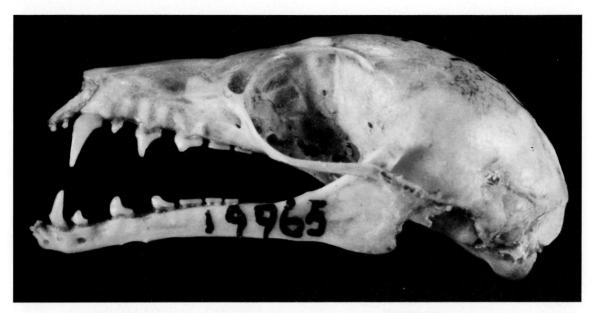

Abb. 165. *Megaloglossus woermanni* ♂ (Pteropodidae, rezent), Gabun. Schädel (Lateralansicht). Beachte verlängerten Fazialschädel und Reduktion der Zähne gegenüber *Pteropus*. NHMW 19.965. Schädellänge 28 mm.

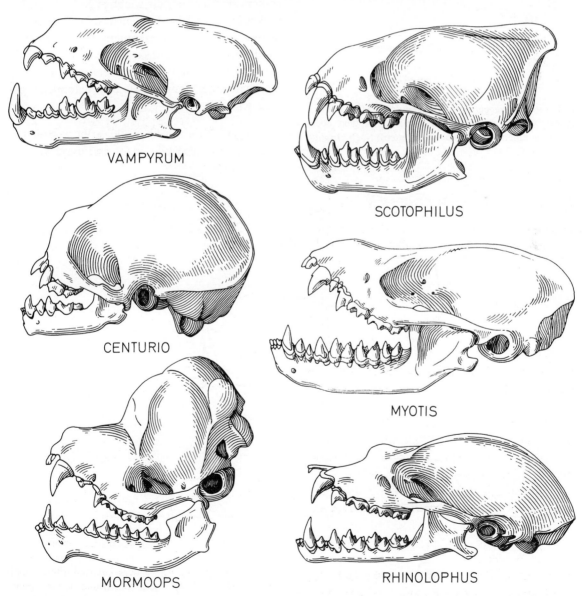

Tafel XI. Schädel (Lateralansicht) rezenter Microchiroptera. Linke Reihe: *Vampyrum* und *Centurio* (Phyllostomatidae) und *Mormoops* (Mormoopidae). Rechte Reihe: *Scotophilus* und *Myotis* (Vespertilionidae) und *Rhinolophus* (Rhinolophidae). Nicht maßstäblich.

der Früchte (z. B. Feigen) beim Ausquetschen derselben (EISENTRAUT 1945).

Bei den nektar- und pollenfressenden Macroglossinen (wie *Macroglossus, Megaloglossus*) als blü-

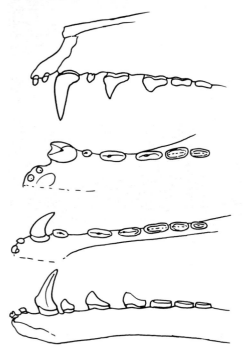

Abb. 166. *Megaloglossus woermanni* ♂. $I^1 - M^2$ sin. buccal (ganz oben) und occlusal (mitte oben), $I_2 - M_3$ dext. occlusal (mitte unten) und lingual (ganz unten). Nach Original. $4,8 \times$ nat. Größe.

tenbesuchenden Flughunden ist die Gebißformel mit $\frac{2\,1\,3\,2}{2\,1\,3\,3} = 34$ zwar nicht von jener von *Pteropus* und *Rousettus* verschieden, doch sind die Kronen der hinteren Backenzähne deutlich niedriger, die übrigen Zähne wesentlich zarter und meist durch Diastemata voneinander getrennt, d. h. die Gebißreduktion macht sich weniger in der Gebißformel als vielmehr in der Verkleinerung bzw. Vereinfachung der einzelnen Zähne bemerkbar. Entsprechend dem verlängerten Fazialschädel ist der Unterkiefer lang und zart (Abb. 165, Tafel X). Das Gesamtgebiß erinnert etwas an jenes der gleichfalls blütenbesuchenden Glossophaginen unter den Microchiropteren (Abb. 166). Der Übergang von fruchtfressenden zu blütenbesuchenden Formen läßt sich innerhalb der rezenten Flughunde durch eine morphologische Reihe (wie *Cynopterus, Eonycteris, Macroglossus*) belegen.

Von den außerordentlich artenreichen Microchiroptera sind hier nur die wichtigsten Vertreter berücksichtigt. Für die Artenauswahl war verständlicherweise die Gebißmannigfaltigkeit entscheidend, so daß zwar nicht sämtliche Familien, dafür jedoch – soweit notwendig – verschiedene Arten innerhalb einer Familie (wie Phyllostomidae) berücksichtigt wurden.

Die gegenwärtig mit über 300 Arten vertretenen Glattnasen (Vespertilionidae) sind durchwegs in-

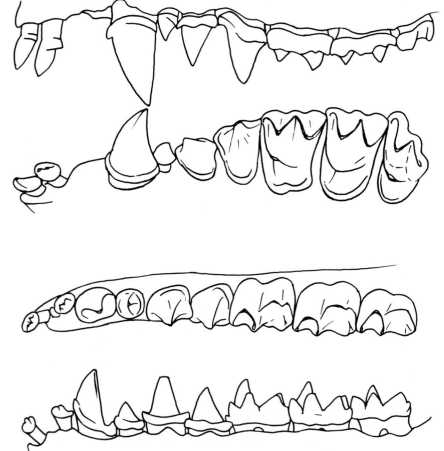

Abb. 167. *Stehlinia minor* (Vespertilionidae), Eo-Oligozän Europa. $I^1 - M^3$ sin. buccal (ganz oben) und occlusal (mitte oben), $I_1 - M_3$ dext. occlusal (mitte unten) und lingual (ganz unten). Nach SIGÉ (1974), verändert umgezeichnet. $10 \times$ nat. Größe.

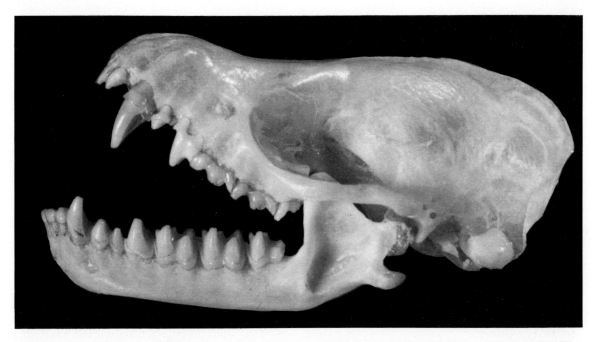

Abb. 168. *Myotis myotis* (Vespertilionidae, rezent), Europa. Schädel (Lateralansicht). Typischer Vertreter einer insectivoren Fledermaus. NHMW 8331. Schädellänge 24 mm.

sectivore Formen, bei denen Reduktionen im Bereich des Vordergebisses und der Prämolaren auftreten. Die Gebißformel schwankt dementsprechend zwischen $\frac{2133}{3133} = 38$ (wie bei *Myotis*) und $\frac{1113}{2123} = 28$ (wie bei *Antrozous*). Bei *Stehlinia* aus dem Eo-Oligozän lautet die Gebißformel $\frac{2133}{2133} = 36$ (Abb. 167).

Beim Mausohr (*Myotis myotis*) und anderen *Myotis*-Arten ist das Gebiß am vollständigsten entwickelt (wie auch bei *Icaronycteris* [Archaeonycterididae], dort allerdings mit vollständigem $M^{\underline{3}}$ und bei *Natalus* [Natalidae]). Die Gebißformel lautet demnach $\frac{2133}{3133} = 38$ (Abb. 168). Die beiden mittleren I sup. sind durch eine breite Lücke voneinander getrennt. Sie schließen direkt an die äußeren an, die ein Diastema vom C sup. trennt. Die Größenunterschiede sind gering, die Zahnspitzen gleich hoch. Der massive und eher niedrige C sup. ist von einem Cingulum umgeben. Von den beiden anschließenden P sup. ist der vordere größer, der hintere ($P^{\underline{3}}$) liegt lingual und ist von außen nicht sichtbar, da der $P^{\underline{4}}$ direkt den vordersten P berührt. Der $P^{\underline{4}}$ erreicht die Höhe des C sup. und überragt die Molaren. Zur Hauptspitze kommt lingual ein niedriger Höcker. Die dilambdodonte Krone von $M^{\underline{1}}$ und $M^{\underline{2}}$ entspricht dem talpiden Typ innerhalb der Insectivora (Abb. 169). Der $M^{\underline{3}}$ ist stark reduziert und besteht praktisch nur aus der vorderen Zahnhälfte. Die Krone der I inf. ist drei- oder vierhöckrig. Sie bilden eine einander etwas überlappende geschlossene Reihe. Der $I_{\overline{3}}$ ist am größten und als einziger vierhöckrig. Die Krone des C inf. ist gekrümmt, eine labiodistale und

eine mesiale Kante verlaufen basal in Cingularbildungen. Von den drei einspitzigen P inf. ist der mittlere der kleinste und niedrigste (Abb. 170). Basalbänder sind vorhanden. An den M inf. ist das Talonid etwas kürzer und niedriger als das

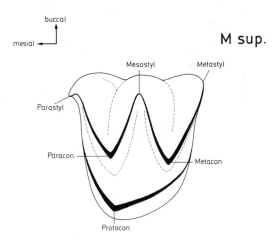

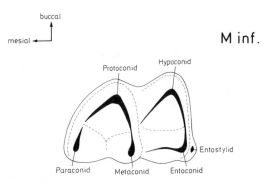

Abb. 169. *Plecotus-Myotis*-Typ. M sup. und M inf. (Schema). Typisch dilambdodonter M sup. M inf. mit getrenntem Entostylid (= myodonter Typ von MENU).

dreispitzige Trigonid mit dem Protoconid als höchsten Höcker, das in seiner Höhe etwa dem Haupthöcker des $P_{\overline{4}}$ entspricht. Ein distales Entostylid (= „Hypoconulid") steht nicht mit dem Hypoconid in Verbindung. Dies entspricht dem myodonten Typ von MENU (1985), im Gegensatz zum nyctalodonten (bei *Pipistrellus*, *Barbastella* und anderen) mit Verbindung des Entostylids (= „Hypoconulid") mit dem Hypoconid.

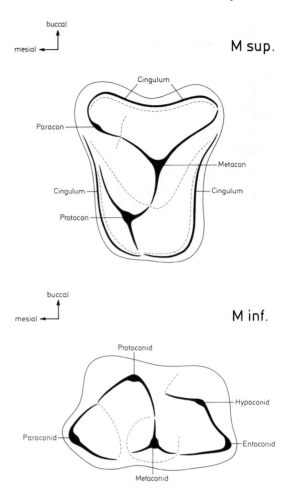

M sup.

M inf.

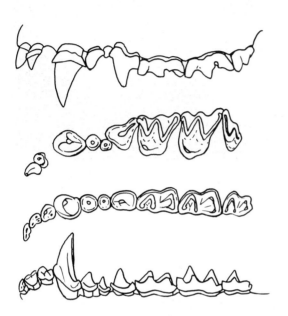

Abb. 170. *Myotis myotis* ♂. $I^1 - M^3$ sin. buccal (ganz oben) und occlusal (mitte oben), $I_1 - M_3$ dext. occlusal (mitte unten) und lingual (ganz unten). Nach Original. ca. 5 × nat. Größe.

Abb. 171. *Harpiocephalus* (Vespertilionidae, rezent). M sup. und M inf. (Schema). Beachte reduzierten Paracon- und gut entwickelten Metaconhöcker.

Bei *Plecotus* und *Miniopterus* lautet die Gebißformel durch Reduktion jeweils eines P sup. $\frac{2\,1\,2\,3}{3\,1\,3\,3} = 36$, bei *Nyctalus*, *Barbastella* und *Pipistrellus* $\frac{2\,1\,2\,3}{3\,1\,2\,3} = 34$, bei *Vespertilio* und *Eptesicus* $\frac{2\,1\,1\,3}{3\,1\,2\,3} = 32$. Jeweils ist der $P^{\underline{4}}$ der größte Prämolar. Die stärkste Reduktion des Vordergebisses ist bei *Tomopeas* mit der Gebißformel $\frac{1\,1\,1\,3}{2\,1\,2\,3} = 28$ eingetreten. Das Vordergebiß besteht pro Kieferhälfte aus einem I sup. und zwei I inf.

Bei den Röhrennasen-Fledermäusen (*Murina* und *Harpiocephalus*) mit der Gebißformel $\frac{2\,1\,2\,3}{3\,1\,2\,3} = 34$ ist die Tendenz zur Reduktion des Paracon an den M sup. vorhanden (Abb. 171). Abschließend sei noch die paläotropische Gattung *Scotophilus* mit der Gebißformel $\frac{1\,1\,1\,3}{3\,1\,2\,3} = 30$ erwähnt (Abb. 172). Die beiden kräftigen, schräg nach vorn innen gerichteten I sup. sind median weit getrennt. Sie bilden mit den großen, senkrecht eingepflanzten C sup. einen richtigen Greifapparat. Das Backenzahngebiß ist etwas reduziert, jedoch nicht in der Zahnzahl. Der $P^{\underline{4}}$ erreicht Höhe und Breite der Molaren, von denen der $M^{\underline{3}}$ stark reduziert ist (Typ C bei MENU 1985). Im Unterkiefer bilden die drei Incisiven eine geschlossene Reihe, der C inf.

ist kräftig, der vordere P winzig, der hintere so hoch wie das Trigonid der M inf. Das niedrigere Talonid ist am $M_{\overline{3}}$ etwas reduziert. Das hohe Hinterhaupt und der Scheitelkamm des Schädels dieses Käferfressers erinnern, zusammen mit den kurzen Kiefern, an Raubtiere.

Bei der großen Hufeisennase (*Rhinolophus ferrumequinum*, Rhinolophidae) lautet die Gebißformel $\frac{1\,1\,2\,3}{2\,1\,3\,3} = 32$. Kennzeichnend sind die nur lose mit dem Oberkiefer verbundenen Zwischenkiefer mit je einem winzigen I sup., der dadurch mesial und distal durch Lücken vom übrigen Gebiß getrennt ist (Abb. 173, Tafel XI). Der C sup. ist kräftig, der vordere winzige P sup. liegt buccal, so daß der große $P^{\underline{4}}$, der die Backenzahnreihe überragt, den C sup. berührt (Abb. 174). Das dilambdodonte Kronenmuster entspricht (vor allem am $M^{\underline{1}}$) durch den getrennten Hypocon dem soriciden Typ unter den Insectivora. Der $M^{\underline{3}}$ ist lediglich etwas kleiner als der $M^{\underline{2}}$. Die Krone der beiden, median einander berührenden I inf. ist dreiteilig. Der C inf. ist kräftig, von den drei P inf. ist der vorderste kaum halb so hoch wie der große $P_{\overline{4}}$, der mittlere ist ganz winzig. An den M inf. ist

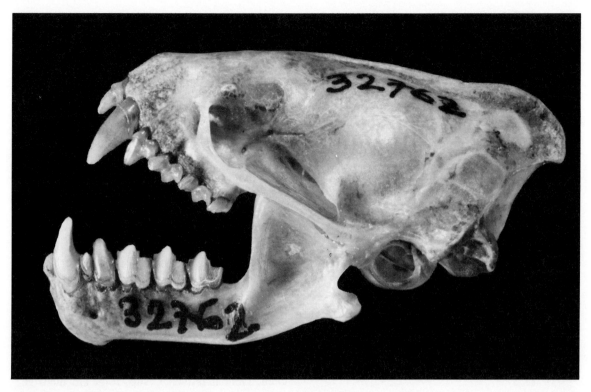

Abb. 172. *Scotophilus nux* (Vespertilionidae, rezent), Kenya. Schädel (Lateralansicht). Massives Gebiß, kräftiger Scheitelkamm, typischer Käferfresser. NHMW 32.762. Schädellänge 26,5 mm.

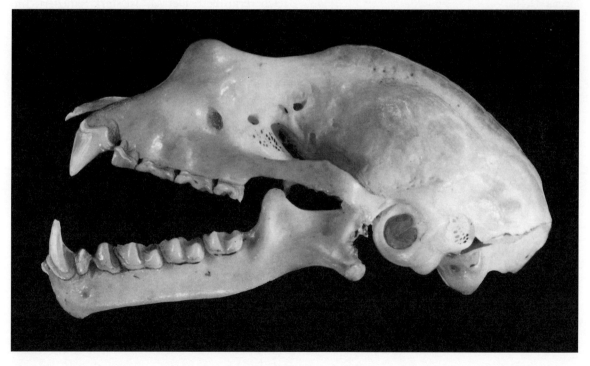

Abb. 173, *Rhinolophus ferrumequinum* (Rhinolophidae, rezent), Europa. Schädel (Lateralansicht). NHMW 11.589. Schädellänge 24,5 mm.

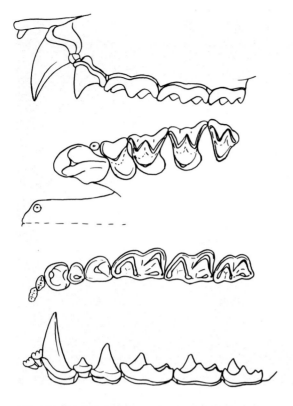

Abb. 174. *Rhinolophus ferrumequinum*. $I^1 - M^3$ sin. buccal (ganz oben) und occlusal (mitte oben), $I_1 - M_3$ dext. occlusal (mitte unten) und lingual (ganz unten). Nach Original. 7 × nat. Größe.

das Entostylid mit dem Hypocon verbunden (Abb. 175). Bei *Hipposideros* lautet die Gebißformel $\frac{1\,1\,2\,3}{2\,1\,2\,3} = 30$, da ein P inf. reduziert ist.

Wie schon erwähnt, ist die Gebißmannigfaltigkeit bei den neuweltlichen Blattnasen (Phyllostomidae) entsprechend der verschiedenen Ernährungsweise (insecti-, frugi-, omni-, carni-, anthi-, nectari- und pollenivor) am größten. Die Gebißformel lautet von $\frac{2\,1\,2\,3}{2\,1\,3\,3} = 34$ (z. B. *Phylloderma*, *Macrotus*, *Vampyrum*, *Glossophaga*) bis $\frac{2\,1\,2\,2}{2\,1\,2\,2} = 28$ (z. B. *Artibeus*, *Centurio*) mit allen Übergängen. Die falsche Vampyr-Fledermaus (*Vampyrum spectrum*) des tropischen Amerika ist mit 70 cm Flügelspannweite die größte Fledermausart der Neuen Welt. Neben Insekten und Früchten verzehrt sie auch kleine Wirbeltiere. Der Schädel erinnert im Profil durch die lange Schnauze und den kräftigen Scheitelkamm an den eines Fuchses (Tafel XI). Die eng stehenden und nur ganz schwach distalwärts divergierenden Zahnreihen sind geschlossen. Die mittleren I sup. sind größer als die seitlichen. Dem massiven C sup. folgt ein niedriger, seitlich komprimierter $P\,\underline{^3}$ und ein kräftiger, hoher $P\,\underline{^4}$, der distolingual verbreitert ist (Abb. 176). An den dilambdodonten $M\,\underline{^{1-2}}$ ist der Hypoconbereich vergrößert. Der $M\,\underline{^3}$ ist stark reduziert. Im

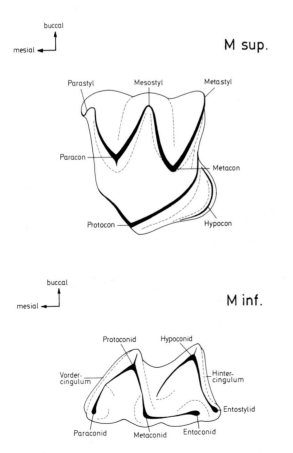

Abb. 175. *Rhinolophus*. M sup. und M inf. (Schema). Hypocon am M sup., Entostylid mit Hypoconid verbunden (= nyctalodonter Typ von MENU).

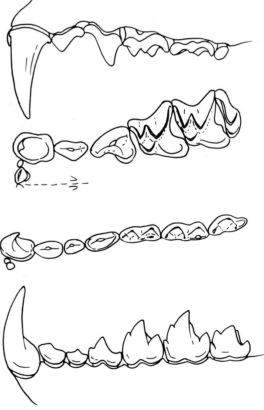

Abb. 176. *Vampyrum spectrum* (Phyllostomatidae, rezent), Panama. $I^1 - M^3$ sin. buccal (ganz oben) und occlusal (mitte oben). $I^1 - M^3$ dext. occlusal (mitte unten) und $C - M_3$ sin. buccal (ganz unten). Beachte stark reduzierten M^3. Nach Original. 3 × nat. Größe.

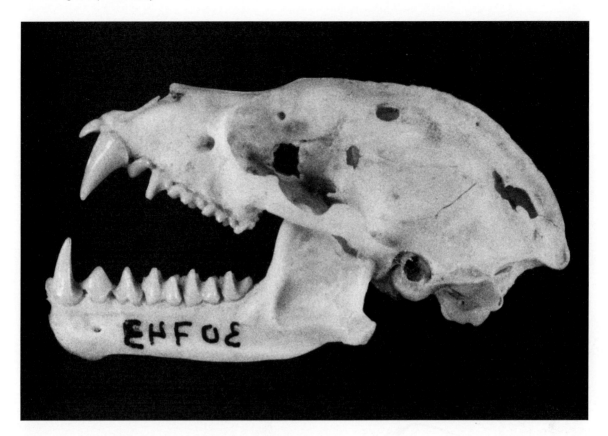

Abb. 177. *Phyllostomus hastatus* ♂ (Phyllostomatidae, rezent), Brasilien. Schädel (Lateralansicht). Relativ große Art, vorwiegend Wirbeltierfresser. NHMW 30.743. Schädellänge 40 mm.

mandibularen Gebiß dominieren die an der Basis verbreiterten C inf. Die beiden vorderen P inf. sind klein, der $P_{\overline{4}}$ etwas größer. Er ist nur knapp höher als das Talonid der M inf. Dieses ist deutlich kürzer als das merklich höhere Trigonid. Der $M_{\overline{3}}$ ist kleiner als $M_{\overline{2}}$ und $M_{\overline{1}}$. Jochbogen und Mandibel sind überaus kräftig. Bei *Macrotus waterhousi* ist der vordere P sup. noch stärker verlängert und bildet eine Schneide. Auch große *Phyllostomus*-Arten, z.B. *Ph. hastatus*, sind Wirbeltierfresser (Nahrung besonders Fledermäuse) mit knochenzersetzenden Verdauungssäften (Abb. 177, 178).

Bei den blütenbesuchenden Glossophaginae (wie *Glossophaga*, *Lonchophylla*, *Anoura* (Abb. 179, 180), *Choeronycteris*) ist das Rostrum verlängert, das Volumen der Backenzähne verringert, und die Backenzähne sind durch Diastemata voneinander getrennt (z.B. *Choeronycteris*). Es sind Anpassungserscheinungen an die nectari- und pollenivore Ernährungsweise, die nicht nur im Gebiß zu beobachten sind. Bei der spezialisiertesten Gattung, nämlich bei *Choeronycteris*, kann das Rostrum über 50 % der Schädellänge erreichen (*Ch.* [*Musonycteris*] *harrisoni*) (Tafel X). Die Gebißformel lautet $\frac{2\ 1\ 2\ 3}{0\ 1\ 3\ 3} = 30$, wobei die Reduktion vor allem das Vordergebiß betroffen hat. Die winzigen I sup. sind median und vom C sup. durch Lücken

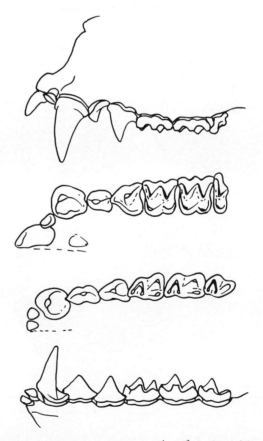

Abb. 178. *Phyllostomus hastatus*. $I^1 - M^3$ sin. buccal (ganz oben) und occlusal (mitte oben), $I_1 - M_3$ dext. occlusal (mitte unten) und lingual (ganz unten). Nach Original. 3,5 × nat. Größe.

getrennt. Die I inf. sind völlig reduziert, um die kräftige Zunge nicht zu behindern. Die Caninen sind lang und schmal, die durch Lücken voneinander getrennten P und M seitlich stark komprimiert, so daß der ursprüngliche Bauplan nicht

mehr erkennbar ist. Bei *Glossophaga* ist der Fazialschädel nicht verlängert, die Gebißformel lautet $\frac{2\,1\,2\,3}{2\,1\,3\,3} = 34$, die Zahnreihen sind nicht durch Diastemata getrennt, und die M sup. lassen noch den dilambdodonten Bauplan erkennen (Abb. 181, 182).

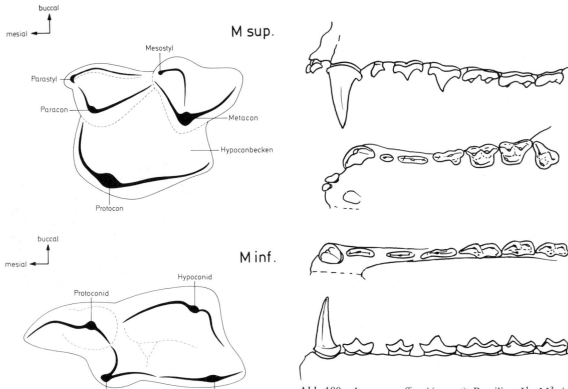

Abb. 179. *Anoura* (Phyllostomatidae, rezent). M sup. und M inf. (Schema). Beachte längsgestreckte Molaren.

Abb. 180. *Anoura geoffroyi* (rezent), Brasilien. $I^1 - M^3$ sin. buccal (ganz oben) und occlusal (mitte oben), $C - M_3$ dext. occlusal (mitte unten) und lingual (ganz unten). Nach Original. 6,3 × nat. Größe.

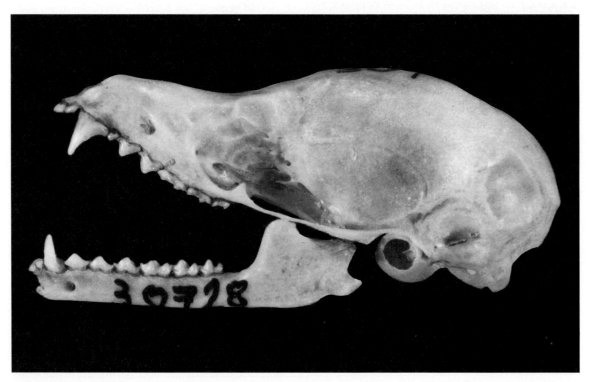

Abb. 181. *Glossophaga soricina* (Phyllostomatidae, rezent), Brasilien. Schädel (Lateralansicht). Schwaches Gebiß, wie es für blütenbesuchende Chiropteren charakteristisch ist. NHMW 30.728. Schädellänge 21 mm.

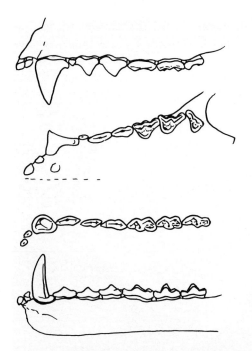

Abb. 182. *Glossophaga soricina.* $I^1 - M^3$ sin. buccal (ganz oben) und occlusal (mitte oben), $I_2 - M_3$ dext. occlusal (mitte unten) und lingual (ganz unten). Nach Original. $6 \times$ nat. Größe.

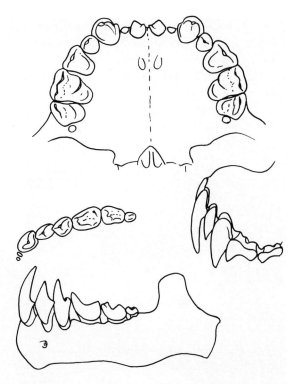

Abb. 183. *Ametrida centurio* (Phyllostomatidae, rezent), Venezuela. $I^1 - M^3$ sin. buccal (ganz oben) und buccal (mitte rechts), $I_1 - M_3$ dext. occlusal (mitte links) und $I_2 - M_3$ buccal (unten). Beachte typisches Rundbogengebiß, verlängerte Kronen von Vorderzähnen und P. Nach Original. $5 \times$ nat. Größe.

Gegenläufige Tendenzen kennzeichnen die fruchtfressenden Fruchtvampire (Stenoderminae) innerhalb der Phyllostomidae. Es kommt zu einer zunehmenden Verkürzung des Fazialschädels, die von *Uroderma* über *Platyrrhinus*, *Chirodesma*, *Artibeus*, *Ardops*, *Stenoderma* und *Ametrida* (Abb. 183) bis zu *Centurio* reicht. Beim Greisengesicht (*Centurio senex*) aus Mittelamerika ist der Fazialschädel weitgehend unter den Hirnschädel verschoben, die Jochbögen ausladend (Abb. 184). Die Gebißformel lautet $\frac{2\,1\,2\,2}{2\,1\,2\,2} = 28$. I sup., C sup. und der vordere P sind entsprechend des breiten Gesichtsschädels in einer Geraden angeordnet. $P\,\underline{4}$ und die beiden M sup. sind lingual stark verbreitert und bilden eine funktionelle Einheit (Abb. 185). Der $M\,\underline{1}$ ist ähnlich *Artibeus* gestaltet. Bei *Artibeus* ist der Fazialschädel etwas länger, die geschlossenen Oberkieferzahnreihen bilden ein Rundbogengebiß, die kräftigen C sup. sind ähnlich wie die Backenzähne lingual verbreitert (Abb. 186, 187). An den M sup. ist ein Metaconulus entwickelt, die M inf. besitzen ein breites und flaches Talonid (Abb. 188). Als ganzes ist das Bakkenzahngebiß ein echtes Quetschgebiß.

Bei den gleichfalls fruchtfressenden Sturnirinae ist der Fazialschädel „normal" ausgebildet, die Gebißformel lautet bei *Sturnira lilium* $\frac{2\,1\,2\,3}{2\,1\,2\,3} = 32$. Die mittleren I sup. sind bedeutend größer als die seitlichen (Abb. 189). An den kräftigen C sup. schließt sich die leicht konvex gekrümmte Bakkenzahnreihe an. P und M zeigen eine mehr oder weniger ausgeprägte Längsfurche. $M\,\underline{1}$ und $M\,\underline{2}$

sind im Umriß gerundet quadratisch, der $M\,\underline{3}$ ist stark reduziert. Die Höcker der M inf. sind niedrig, das Talonid ist breit und flach (Abb. 190).

Die Kurzschwanz-Blattnasen (Carolliinae) mit *Carollia perspicillata* (Gebißformel $\frac{2\,1\,2\,3}{2\,1\,2\,3} = 32$) seien nur wegen der ausgesprochen trituberculaten M sup. (Abb. 191) erwähnt. An den M inf. ist das Talonid kürzer als das Trigonid (Abb. 192). Der Jochbogen ist unvollständig.

Zu den im Gebiß aberrantesten Fledermäusen zählen zweifellos die echten Vampire (Desmodontidae mit *Desmodus*, *Diaemus* [Tafel X] und *Diphylla*) der Neuen Welt als blut,,saugende" Chiropteren. Das Gebiß ist meist stark reduziert ($\frac{2\,1\,1\,2}{2\,1\,2\,2} = 26$ bei *Diphylla*, $\frac{1\,1\,1\,2}{2\,1\,2\,1} = 22$ bei *Diaemus* und $\frac{1\,1\,1\,1}{2\,1\,2\,1} = 20$ bei *Desmodus*), die einzelnen Zähne stark umgestaltet. Bei *Desmodus rotundus* der Neotropis sind die median einander berührenden I sup. stark vergrößert und seitlich komprimiert sowie mit einer langen konkaven Schneide versehen. Die Hinterkante der gleichfalls messerartig komprimierten C sup. ist geschärft, die Vorderseite durch den C inf. abgeschliffen (Abb. 193, 194). Die Schärfung erfolgt nach VIERHAUS (1983) beim C sup. durch Thegosis mittels der C und P inf., bei den I sup. durch die Zunge. P und M sup. sind rudimentär. Die Krone der winzigen I inf. ist bilobat, der C inf. ist spitz, der vordere P inf. stärker,

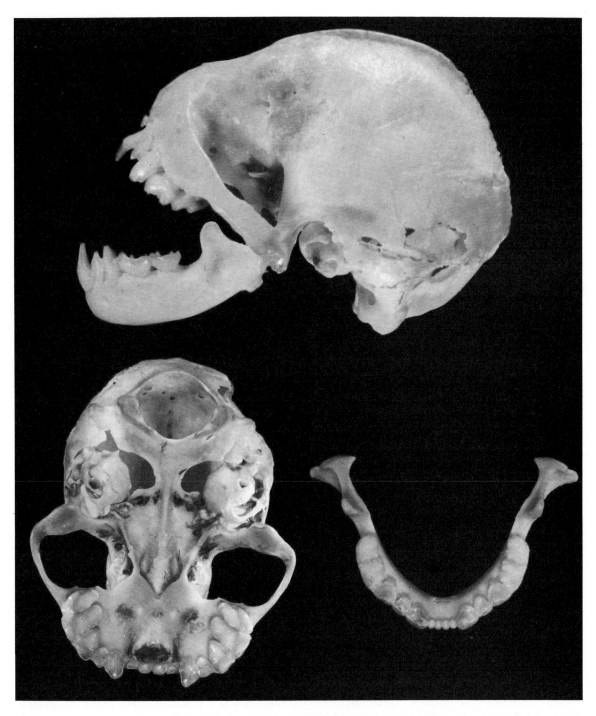

Abb. 184. *Centurio senex* ♀ (Phyllostomatidae, rezent), Panama. Schädel (Lateral- und Ventralansicht) und Unterkiefer (Aufsicht). Beachte extrem verkürzten Fazialschädel. NHMW 8416. Schädellänge 19 mm.

der hintere P inf. weniger seitlich komprimiert, der M$_{\bar{1}}$ zweiteilig. Die von EISENTRAUT (1950) ausgesprochene Annahme, daß *Erophylla* unter den Phyllostomiden den morphologischen Ausgangspunkt zur desmodontiden Spezialisierung des Vordergebisses darstellt, erscheint wegen gegensätzlicher Evolutionstendenzen nicht zuzutreffen. Eher ist dies für *Sturnira* oder *Carollia* anzunehmen.

Mit dem Großen Hasenmaul (*Noctilio leporinus*, Noctilionidae) der Neotropis ist eine fischfressen-

de Fledermaus erwähnt, deren Anpassungen an die Ernährung – abgesehen von den mit großen Krallen bewehrten Füßen – vor allem im Vordergebiß liegen. Die Gebißformel lautet $\frac{2\,1\,1\,3}{1\,1\,2\,3} = 28$. Die kräftigen und langen Canini sup. und die mittleren I sup. bilden zusammen mit dem mandibularen Vordergebiß einen Greifapparat, an den sich das Backenzahngebiß geschlossen anschließt (Abb. 195, 196). Dieses unterscheidet sich nicht von dem insectivorer Arten (wie *Noctilio albiventer*) und erinnert an jenes von *Molossus* (s. u.). Ein Diastema trennt I sup. und C sup. Ein mächtiger

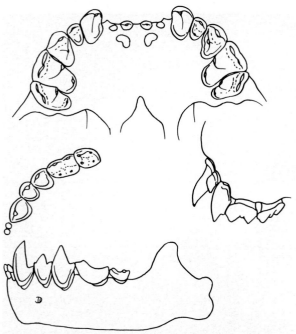

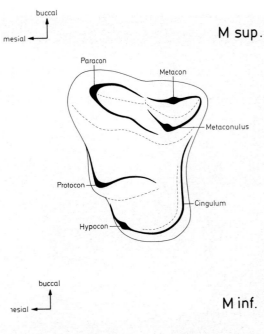

M sup.

Paracon
Metacon
Metaconulus
Protocon
Cingulum
Hypocon

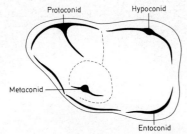

M inf.

Protoconid
Hypoconid
Metaconid
Entoconid

Abb. 185. *Centurio senex*. $I^1 - M^2$ occlusal (oben), $C - M^2$ sin. buccal (mitte rechts), $I_2 - M_2$ dext. occlusal (mitte links) und $I_2 - M_2$ sin. buccal (unten). Gebiß noch stärker reduziert als bei *Ametrida*. Nach Original. $5,5 \times$ nat. Größe.

Abb. 188. *Artibeus*. M sup. und M inf. (Schema).

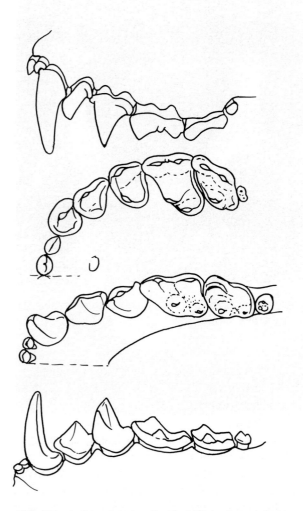

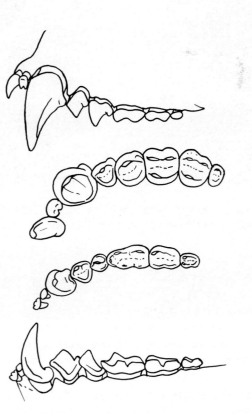

Abb. 187. *Artibeus jamaicensis*. $I^1 - M^3$ sin. buccal (ganz oben) und occlusal (mitte oben), $I_2 - M_3$ dext. occlusal (mitte unten) und lingual (ganz unten). Nach Original. ca. $5 \times$ nat. Größe.

Abb. 189. *Sturnira lilium* (Phyllostomatidae, rezent), Brasilien. $I^1 - M^3$ sin. buccal (ganz oben) und occlusal (mitte oben), $I_2 - M_3$ dext. occlusal (mitte unten) und lingual (ganz unten). Nach Original. ca. $6 \times$ nat. Größe.

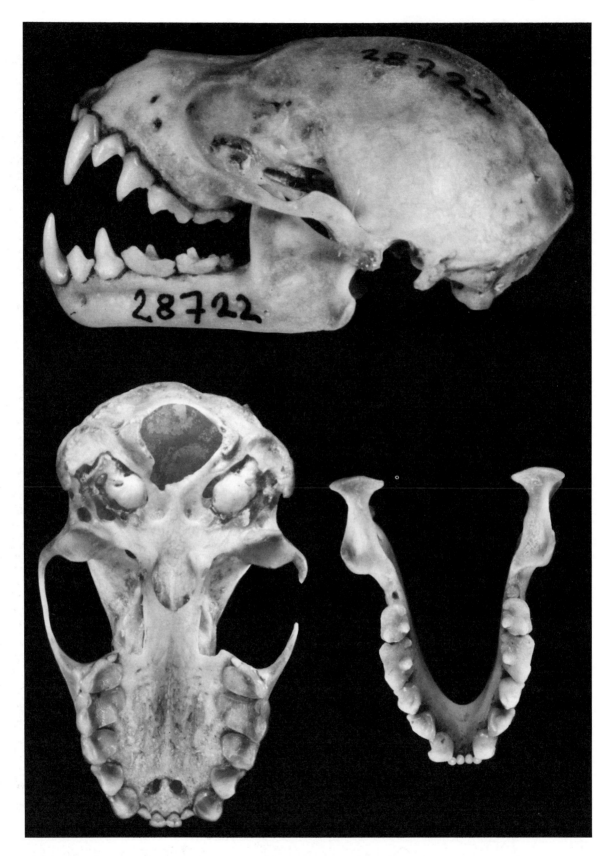

Abb. 186. *Artibeus jamaicensis* (Phyllostomatidae, rezent), Brasilien. Schädel (Lateral- und Ventralansicht) und Unterkiefer (Aufsicht). Fruchtfressende Fledermaus mit Greif- und Quetschgebiß. NHMW 28.772. Schädellänge 29 mm.

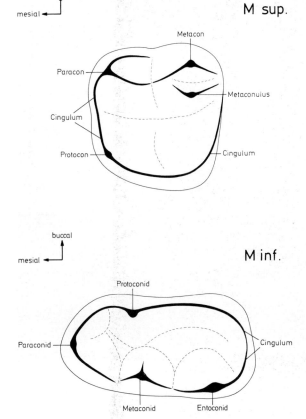

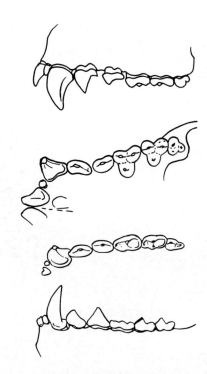

Abb. 190. *Sturnira*. M sup. und M inf. (Schema).

Abb. 192. *Carollia perspicillata* (rezent), Brasilien. $I^1 - M^3$ sin. buccal (ganz oben) und occlusal (mitte oben), $I_2 - M_3$ dext. occlusal (mitte unten) und $I_2 - M_3$ sin. buccal (ganz unten). Nach Original. ca. 4 × nat. Größe.

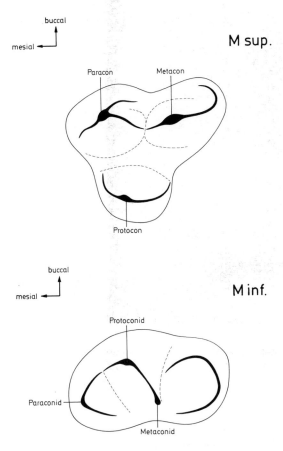

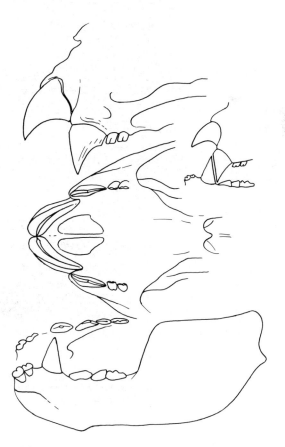

Abb. 191. *Carollia* (Phyllostomatidae, rezent). M sup. und M inf. (Schema). Beachte trituberculaten M sup.

Abb. 194. *Desmodus rotundus*. Gebiß in verschiedenen Ansichten (buccal, occlusal und lingual). I sup. und C mit messerartig komprimierten Kronen und Schneiden. Beachte Abschleifung des C sup. durch den C inf. Nach Original. ca. 5 × nat. Größe.

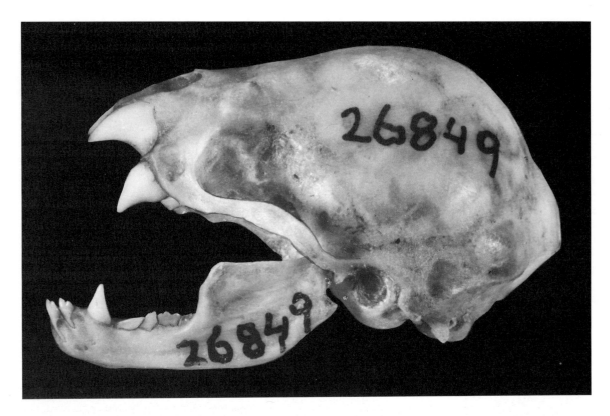

Abb. 193. *Desmodus rotundus* („Desmodontidae", rezent), Mexiko. Schädel (Lateralansicht). Beachte vergrößerten I und C sup. und stark reduzierte Backenzähne. NHMW 26.849. Schädellänge 25,2 mm.

Scheitelkamm und eine massive Mandibel lassen auf eine kräftige Kaumuskulatur schließen.

Unter den altweltlichen Großblattnasen (Megadermatidae) sind insectivore und carnivore Formen vertreten. Die Gebißformel schwankt zwischen $\frac{0\ 1\ 2\ 3}{2\ 1\ 2\ 3} = 28$ (z. B. *Megaderma*) und $\frac{0\ 1\ 1\ 3}{2\ 1\ 2\ 3} = 26$ (z. B. *Macroderma*). Bei *Megaderma* (*Lyroderma*) *lyra*, einer vorwiegend fleischfressenden Art, fehlen die I sup., die kräftigen, median weit voneinander getrennten C sup. sind bilobat ähnlich *Sorex* und *Dibolia* unter den Insectivora, der vordere P sup. ist winzig, der hintere P kräftig und mit einem lingualen Talon versehen (Ab. 197, 198). Auch am $M^{\underline{1}}$ und $M^{\underline{2}}$ ist ein kräftiger Talon vorhanden. Der $M^{\underline{3}}$ ist reduziert und besteht nur aus der vorderen Zahnhälfte. Die mandibulare Zahnreihe ist geschlossen, die Krone der beiden I ist verbreitert, der C ist schlank mit basalem Cingulum, die beiden P und die M sind jeweils fast gleich groß. Das Trigonid der Molaren ist höher und länger als das Talonid, das am $M_{\underline{3}}$ schwächer ist als das Trigonid.

Von den artenarmen neuweltlichen Mormoopidae ist hier nur die Gattung *Mormoops* (= *Aello*) erwähnt. Bei *Mormoops megalophylla* steht ein kurzer niedriger Fazialschädel einem hoch aufge-

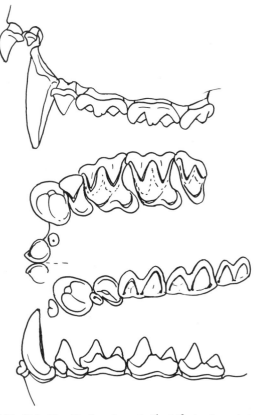

Abb. 196. *Noctilio leporinus* ♂. $I^1 - M^3$ sin. buccal (ganz oben) und occlusal (mitte oben), $I_2 - M_3$ dext. occlusal (mitte unten) und lingual (ganz unten). Nach Original. 5 × nat. Größe.

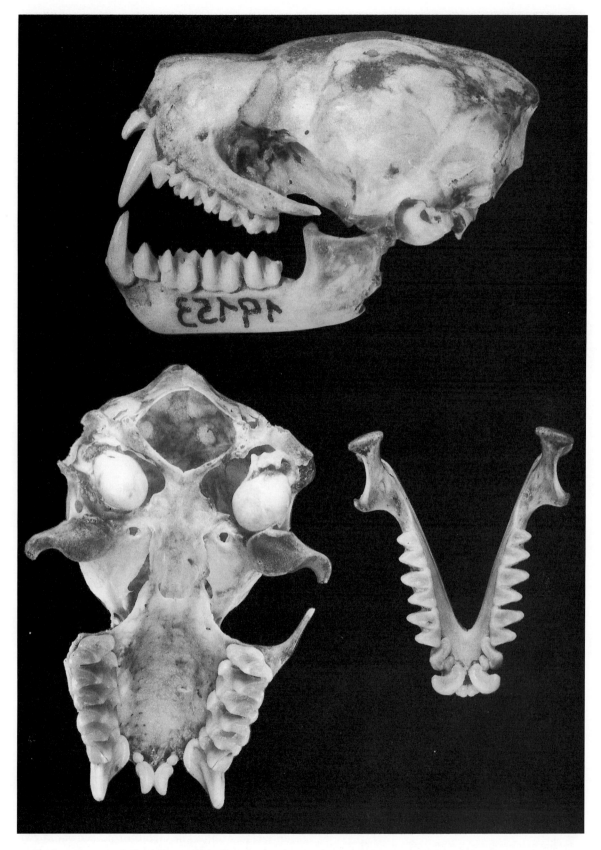

Abb. 195. *Noctilio leporinus* ♂ (Noctilionidae, rezent), Brasilien. Schädel (Lateral- und Ventralansicht) und Unterkiefer (Aufsicht). Fischfressende Fledermaus NHMW 19.153. Schädellänge 25,2 mm.

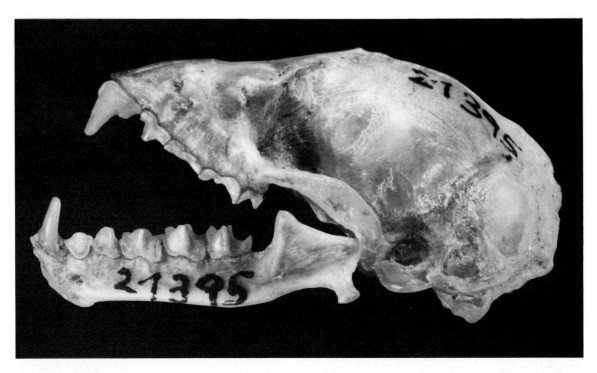

Abb. 197. *Megaderma lyra* (Megadermatidae, rezent), Indien. Schädel (Lateralansicht). Vorwiegend carnivore Fledermaus. NHMW 21.395. Schädellänge 28,5 mm.

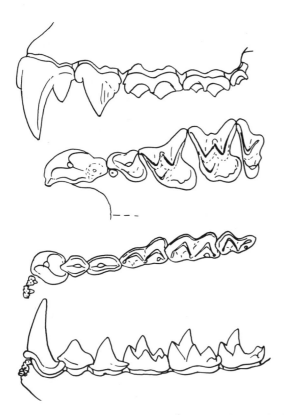

Abb. 198. *Megaderma lyra*. C – M³ sin. buccal (ganz oben) und occlusal (mitte oben), I₂ – M₃ dext. occlusal (mitte unten) und lingual (ganz unten). I sup. völlig reduziert, C sup. bilobat. Nach Original. 5 × nat. Größe.

wölbten Gehirnschädel gegenüber (Abb. 199, Tafel XI). Die Gebißformel lautet $\frac{2\,1\,2\,3}{2\,1\,3\,3} = 34$. Die mittleren I sup. sind bilobat und berühren einander median. Die winzigen seitlichen I sup. sind durch eine kleine Lücke von den C sup. getrennt, die seitlich stark komprimiert sind und eine scharfe distale Kante besitzen. Die Backenzahnreihe ist geschlossen, der kleine vordere P sup. ist seitlich komprimiert, die im Umriß dreieckige Krone des P⁴ ist hoch. Die dilambdodonten M¹ und M² sind im Umriß quadratisch, der M³ ist stark reduziert (Abb. 200). Die Mormoopiden sind insectivor.

Von den vorwiegend auf der südlichen Hemisphäre heimischen und meist insectivoren Emballonuridae ist hier nur *Taphozous hildegardeae* aus Kenya berücksichtigt (Gebißformel $\frac{1\,1\,2\,3}{2\,1\,2\,3} = 30$) (Abb. 201).

Als letzte Familie seien die gleichfalls insektenfressenden Bulldogg-Fledermäuse (Molossidae) aus den warmen Klimazonen der Alten und Neuen Welt erwähnt. Die Gebißformel schwankt zwischen $\frac{1\,1\,1\,3}{3\,1\,2\,3} = 30$ (z. B. *Tadarida* part.) bzw. $\frac{1\,1\,2\,3}{2\,1\,2\,3} = 30$ (*Eumops* part.; Abb. 202, Tafel X) und $\frac{1\,1\,1\,3}{1\,1\,2\,3} = 26$ (z. B. *Molossus, Cheiromeles*). Die Gebißreduktion betrifft neben dem Vordergebiß auch die Prämolarenregion. Bei *Molossus molossus* und *Cheiromeles torquatus* (Nacktfledermaus) ist der Fazialschädel stark verkürzt und der Gehirnschädel mit einer Sagittalcrista versehen, die

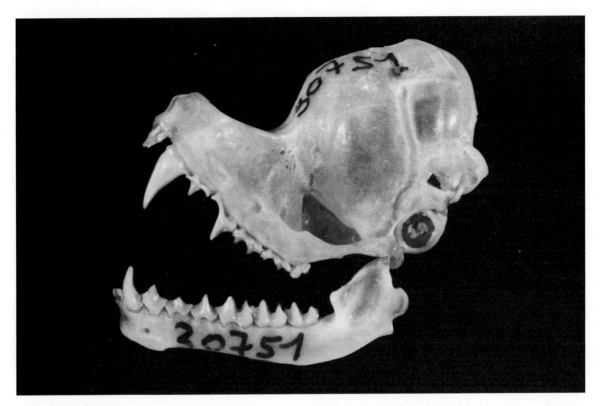

Abb. 199. *Mormoops blainvillei* (Mormoopidae, rezent), Große Antillen. Schädel (Lateralansicht). NHMW 20.751. Schädellänge 14 mm.

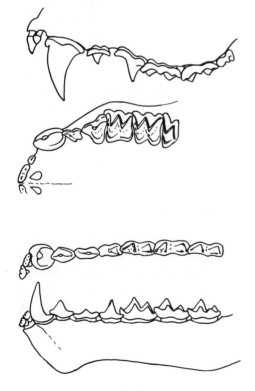

Abb. 200. *Mormoops blainvillei*. $I^1 - M^3$ sin. buccal (ganz oben) und occlusal (mitte oben), $I_2 - M_3$ dext. occlusal (mitte unten) und lingual (ganz unten). Nach Original. ca. 6 × nat. Größe.

Kiefer massiv (Abb. 203). Das überaus kräftige Vordergebiß besteht aus den kurzen, etwas nach vorn gerichteten und median einander berührenden Incisiven. Sie bilden echte Fangzähne und sind bestenfalls durch eine kleine Lücke von den massiven C sup. getrennt. Das mandibulare Vordergebiß ist stets geschlossen. Die Hauptspitze des P^4 überragt nur wenig die Molarenhöcker, lingual ist ein weiterer Höcker vorhanden. Von den M sup. ist der M^3 auf eine Hälfte reduziert, die beiden vorderen Molaren sind im Umriß annähernd quadratisch. Vom mandibularen Backenzahngebiß ist der vorderste P winzig, die Trigonidhöcker der M inf. relativ hoch. Der $M_{\overline{3}}$ ist etwas schmäler als der $M_{\overline{1}}$ und $M_{\overline{2}}$ und das Talonid etwas reduziert (Abb. 204). Die Zahnreihen divergieren nur schwach nach hinten. Das kräftige Gebiß, die massiven Mandibel und die voluminösen Ansatzstellen der Kaumuskulatur zeigen, daß die genannten Molossiden ausgesprochene Käferfresser sind, was auch die Untersuchungen von FREEMAN (1979, 1981) bestätigen.

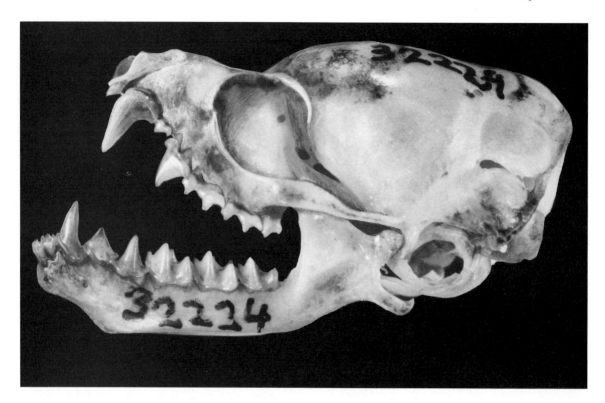

Abb. 201. *Taphozous hildegardeae* (Emballonuridae, rezent), Kenya. Schädel (Lateralansicht). NHMW 32.224. Schädellänge 20,5 mm.

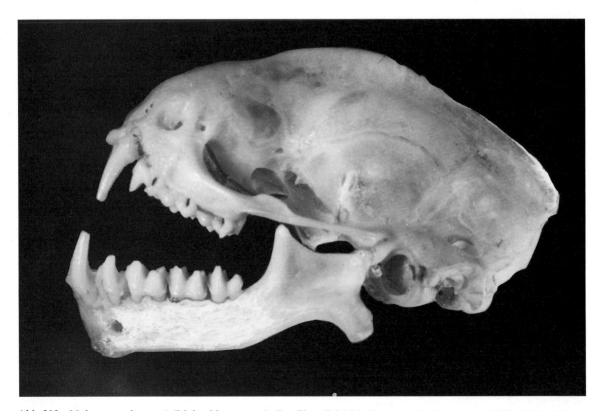

Abb. 203. *Molossus molossus* ♂ (Molossidae, rezent), Brasilien. Schädel (Lateralansicht). NHMW 27.832. Schädellänge 18 mm.

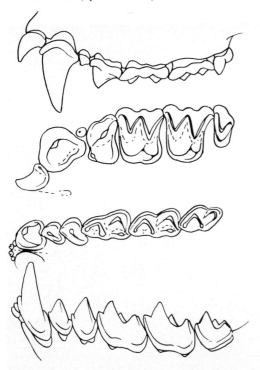

Abb. 202. *Eumops auripendulus* ♂ (Molossidae, rezent), Brasilien. I^1 – M^3 sin. buccal (ganz oben) und occlusal (mitte oben), I$_2$ – M$_3$ dext. occlusal (mitte unten) und I$_2$ – M$_3$ sin. buccal (ganz unten). Nach Original. 5 × nat. Größe.

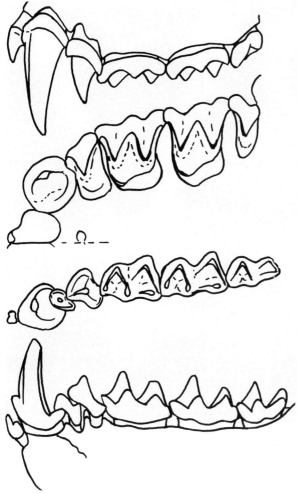

Abb. 204. *Molossus molossus*. I^1 – M^3 sin. buccal (ganz oben) und occlusal (mitte oben), I$_2$ – M$_3$ dext. occlusal (mitte unten) und lingual (ganz unten). Nach Original. ca. 10 × nat. Größe.

3.8 Scandentia (Spitzhörnchen)

Die Spitzhörnchen sind eine kleine Gruppe (semi-)arboricoler Säugetiere, die gegenwärtig auf Süd- und Südostasien (einschließlich benachbarter Inseln) beschränkt sind (ANDERSON & JONES 1984). Ursprünglich als Insektenfresser klassifiziert, wurden sie dann auf Grund verschiedener Merkmale als Angehörige der primitiven Primaten angesehen (Subprimaten). Neuerdings gelten sie jedoch meist als Vertreter einer eigenen Ordnung (Scandentia), die sich frühzeitig von den übrigen Eutheria getrennt und unabhängig von den Insectivoren und den Primaten entwickelt hat (LUK-KETT 1980). Es sind zweifellos Angehörige der Eutheria, die allerdings in mancher Hinsicht als Modellformen primitiver Primaten angesehen werden können. Immunologische Daten sprechen für Beziehungen zu den Primaten und den Dermopteren und scheinen damit die Zugehörigkeit der Scandentia zu den Archonta zu bestätigen (GREGORY 1910, McKENNA 1975).

Die Spitzhörnchen erinnern im Habitus an Eichhörnchen. Sie werden als Angehörige mehrerer Gattungen (*Ptilocercus, Urogale, Tupaia, Lyonogale, „Tana", Dendrogale, Anathana*) zu einer Familie zusammengefaßt. Man unterscheidet die dämmerungsaktiven Fahnenschwanzhörnchen (Ptilocercinae mit *Ptilocercus*) und die tagaktiven Tupaiinae (mit den übrigen Gattungen). Fossile Tupaiiden sind bisher nur aus dem Miozän von Asien als *Paleotupaia* und *Prodendrogale* beschrieben worden (CHOPRA & VASISHAT 1979, JA-COBS 1980).

Die Spitzhörnchen sind primär insectivore Eutheria, die zusätzlich Pflanzen (Früchte, Samen, Blätter und Schößlinge) verzehren.

Mit dem Gebiß der Tupaiiden hat sich zuletzt BUTLER (1980) eingehend befaßt. Die Zahnformel ist bei allen Gattungen gleich und wird mit $\frac{2133}{3133} = 38$ (CABRERA 1925, JAMES 1960, BUTLER 1980) oder $\frac{2043}{2143}$ (MAIER 1979) angegeben. Wie aus der Zahnformel hervorgeht, ist das Vordergebiß (und die Prämolarenregion) leicht vergrößert, wie es unabhängig davon auch bei Insectivoren und Primaten zu beobachten ist (Abb. 205; Tafel IX). Bei den meisten Arten (z. B. *Tupaia glis*) bilden die I inf. durch die verlängerten und seitlich komprimierten Kronen eine Art Kammgebiß („furcomb"; SORENSON & CONAWAY 1966), das jedoch nicht nur zur Fellpflege, sondern auch zur Nahrungsaufnahme (Abschaben geronnener Pflanzensekrete) dient (SORENSON 1970) (Abb. 206).

Die Caninen sind zum Teil zweiwurzelig und verschiedentlich prämolariform ausgebildet (vgl. da-

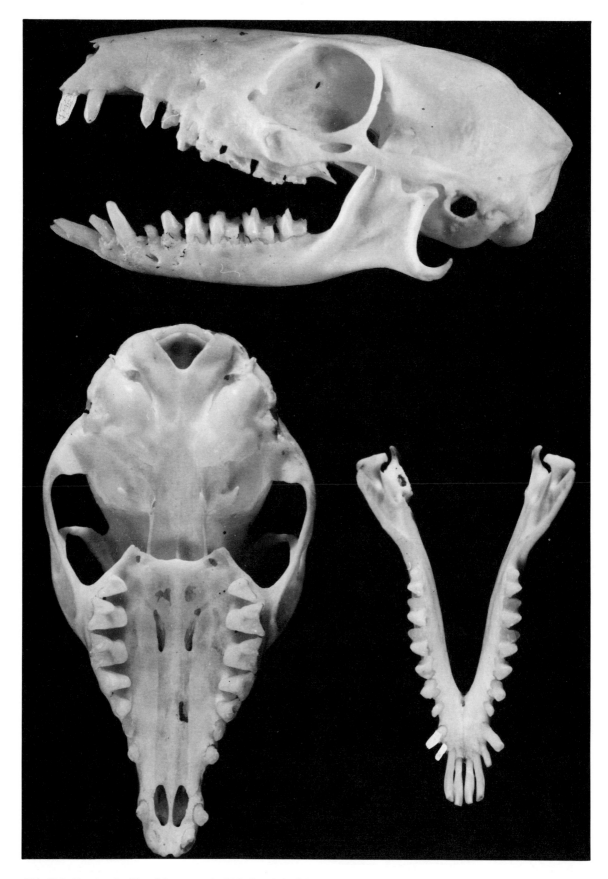

Abb. 205. *Tupaia glis* (Tupaiidae, rezent), Südasien. Schädel (Lateral- und Ventralansicht) und Unterkiefer (Aufsicht). Sammlung Starck 70.232. Schädellänge 50 mm.

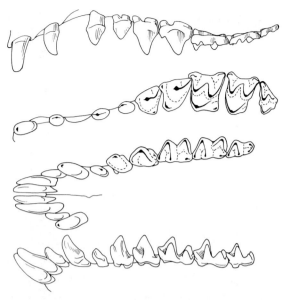

Abb. 206. *Tupaia glis.* I^1 – M^3 sin. buccal (ganz oben) und occlusal (mitte oben), I$_1$ – M$_3$ dext. occlusal (mitte unten) und lingual (ganz unten). Die I inf. bilden eine Art Kammgebiß. Nach Original. ca. 4 × nat. Größe.

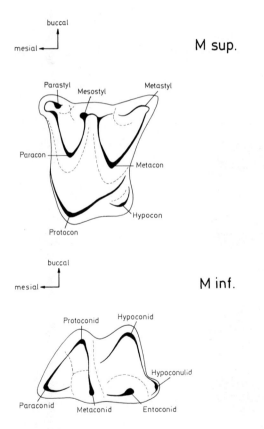

Abb. 207. *Tupaia.* M sup. und M inf. (Schema). Dilambdodonter M sup. mit geteiltem Mesostyl, am M inf. eigenes Entostylid (= Hypoconulid).

zel aufweist; der Paracon dominiert. Die dreiwurzeligen Maxillarmolaren sind bei den Tupaiinae dilambdodont gebaut, mit getrennten Mesostylhöckern, ähnlich Soriciden und Chiropteren. Para- und Metastyl sind mehr oder weniger deutlich abgesetzt (Abb. 207). Bei *Ptilocercus* besitzen die Außenhöcker keine Mesostylbildungen, und Para- und Metacrista sind nur schwach abgewinkelt. Die Zähne sind meist dreihöckerig (z. B. *Dendrogale, Tupaia*), ein kleiner Hypocon ist bei *Ptilocercus, Anathana* und *Urogale* vorhanden (BUTLER 1980). Bei *Ptilocercus* ist ein durchlaufendes Außencingulum an den M sup. und inf. ausgebildet. Die M inf. sind ausgesprochen trituberculosectorial gebaut. Trigonid und Talonid sind nahezu gleich lang; die Trigonidhöcker sind bedeutend höher als jene des Talonids, jedoch niedriger als bei primitiven Eutheria (wie *Kennalestes, Cimolestes*). Das Entoconid ist deutlich vom Metaloph getrennt. Ein Entostylid ist bei *Ptilocercus* als eigenständiger Höcker entwickelt. *Ptilocercus* verhält sich durch das Vorkommen von Hypocon und Entostylid und durch das Fehlen von Mesostylid und durch die Ausbildung der I sup. eher abgeleitet, im Bau der Prämolaren hingegen primitiver als *Tupaia*.

3.9 Primates (Herrentiere: Halbaffen, Affen und Menschen)

Wie bereits oben begründet, sind die Spitzhörnchen (Tupaiidae) hier nicht als Angehörige der Primaten, sondern als Vertreter einer eigenen Ordnung (Scandentia) klassifiziert. Die Primaten sind – wenn man vom Menschen absieht – gegenwärtig hauptsächlich in der äthiopischen, orientalischen und neotropischen Region verbreitet, wo sie mit weit über 150 Arten vorkommen. Zahlreiche Fossilfunde dokumentieren nicht nur die einst weitere räumliche Verbreitung (wie in der gesamten Holarktis), sondern auch ihre einstige (größere) Formenmannigfaltigkeit.

Die systematische Großgliederung der Primaten erfolgt nicht ganz einheitlich, indem einerseits die Halbaffen (Prosimiae) und Affen (Simiae einschließlich Hominidae), andrerseits die Strepsirhini (mit Adapiformes und Lemuriformes) und die Haplorhini (mit Tarsiiformes und Anthropoidea [= Simiae]) unterschieden werden. Unter Berücksichtigung der Fossilformen ist hier eine Dreigliederung in Plesiadapiformes, Strepsirhini und Haplorhini vorgenommen worden, wobei Plesiadapiformes, Strepsirhini und Tarsiiformes als Halbaffen zusammengefaßt werden können. Die

gegen Interpretation des C sup. als P$^{\underline{1}}$ durch W. MAIER 1979). Der C inf. ist stets größer entwickelt als die I$_{\overline{3}}$ oder P$_{\overline{2}}$. Die Prämolaren nehmen nach hinten an Größe zu. Die vorderen P sind meist einspitzig, der P$^{\underline{4}}$ besitzt einen ausgeprägten Innenhöcker (Protocon), der stets eine eigene Wur-

Plesiadapiformes können den übrigen Primaten (Euprimates) als Schwestergruppe gegenübergestellt werden. Die ältesten Fossilfunde sind aus der jüngeren Ober-Kreide Nordamerikas (*Purgatorius*: Paromomyidae) bekannt geworden.

Die Formenmannigfaltigkeit prägt sich auch im Gebiß aus, indem aus ursprünglich insectivoren Formen mit einem tribosphenischen Molarengebiß und vollständiger Zahnformel schließlich omni- und frugivore sowie folivore (= phyllophage) und sapivore Arten mit buno-, seleno-, selenolopho- und lophodonten Molaren hervorgingen. Entsprechend der unterschiedlichen Ernährung der Primaten ist auch das Vordergebiß vielfältig differenziert (Abb. 208). Wie SZALAY (1976) betont, ist das Vordergebiß das wichtigste Instrument für die „Manipulation" der Futterobjekte, das Backenzahngebiß hingegen jenes für die erste Aufbereitung. Neuere Untersuchungen der rezenten Halbaffen und Affen haben gezeigt, daß jede Primatenart eine spezifische Ernährungsweise und jede Art ihre speziellen Präferenzen hat (HLADIK & HLADIK 1969; CHARLES-DOMINIQUE 1974; CLUTTON-BROCK 1977; HLADIK & CHARLES-DOMINIQUE 1974; vgl. KAY 1975, PETTER & PEYRIERAS 1970, PETTER, SCHILLING & PARIENTE 1971, TATTERSALL & SUSSMAN 1975, SELIGSOHN 1977, SE-

LIGSOHN & SZALAY 1978, CHIVERS, WOOD & BILSBOROUGH 1984). Dies prägt sich auch im Gebiß aus. Es erscheint verständlich, daß in diesem Rahmen nicht sämtliche Arten berücksichtigt werden konnten.

Eine Übersicht über das Gebiß der rezenten Primaten haben JAMES (1960), REMANE (1960) und SWINDLER (1976), über jenes der fossilen Primaten SZALAY & DELSON (1979) gegeben. Nach MAIER (1980), besteht in der Gebißmorphologie zwischen Halbaffen und Affen eine beträchtliche Kluft, die durch die unterschiedlichen Evolutionstendenzen bedingt ist. So kommt es bei den Halbaffen auf verschiedenen Wegen bei beweglicher Unterkiefersymphyse vornehmlich zur Differenzierung des Vordergebisses (Incisiven und auch Caninen) und sogar zu wurzellosen Zähnen, während dies bei den Affen ziemlich konstant bleibt und die Symphyse verwächst. Aber auch die Molaren zeigen bei den Prosimiae eine von den Simiae nicht bekannte Vielfalt. Vereinzelt erfolgt sogar eine Molarisierung von Prämolaren (z. B. P^4 bei *Galago* und *Hapalemur*). Funktionelle Gesichtspunkte bei der Evolution der Molaren bei den Catarrhinen (außer Hominoidea) finden sich bei KAY (1977).

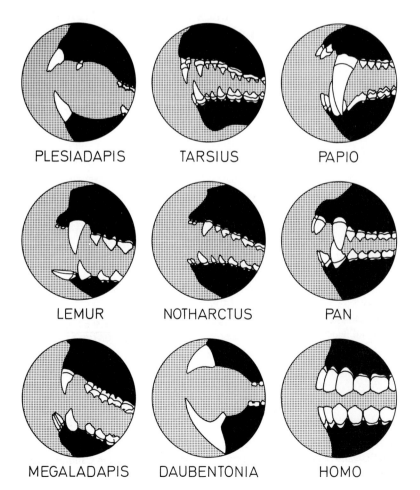

PLESIADAPIS   TARSIUS   PAPIO

LEMUR   NOTHARCTUS   PAN

MEGALADAPIS   DAUBENTONIA   HOMO

Abb. 208. Übersicht über die Differenzierung des Vordergebisses bei den Primaten. Vom ursprünglichen Typ bei *Notharctus* bis zu *Plesiadapis* bzw. *Daubentonia* mit gliriformen Zähnen bzw. zum Kammgebiß bei *Lemur* einerseits, zum geschlossenen Rundbogengebiß bei *Homo* andererseits.

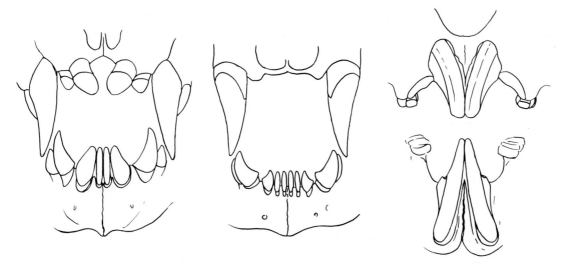

Abb. 209. Vordergebiß bei Halbaffen (Strepsirhini), Vorderansicht. Beachte incisiviforme C inf. bei *Propithecus* (links) und *Lepilemur* (mitte) sowie gliriforme Incisiven bei *Daubentonia* (rechts). Reduktion des I sup. bei *Lepilemur*. Nicht maßstäblich.

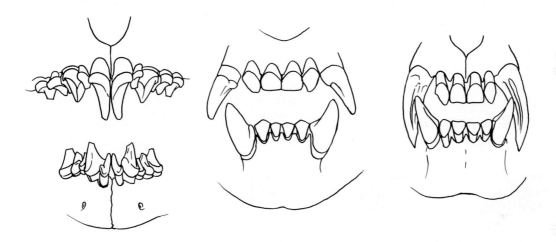

Abb. 210. Vordergebiß bei einzelnen Haplorhini (Vorderansicht). *Tarsius* (links) mit vergrößerten I^1, *Cebus* (mitte) und *Colobus* (rechts) mit kräftigen Caninen. Nicht maßstäblich.

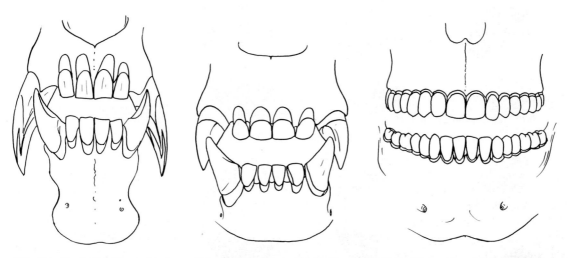

Abb. 211. Vordergebiß verschiedener Catarrhini (Vorderansicht). *Papio* (links) als Cercopithecoidea, *Pan* (mitte) und *Homo* (rechts) als Hominoidea. Beachte geschlossene Zahnreihe bei *Homo* mit annähernd incisiviformen Caninen. Nicht maßstäblich.

Die Zahnformel der rezenten Primaten ist gegenüber der ursprünglichen Placentalia-Gebißformel durchweg reduziert ($\frac{0-2\ 0-1\ 1-4\ 2-3}{1-2\ 0-1\ 0-4\ 2-3} = 18-36$). Nur bei den ältesten Halbaffen (*Purgatorius*) ist die „volle" Zahnformel ($\frac{3\ 1\ 4\ 3}{3\ 1\ 4\ 3} = 44$, daß heißt mit je drei Incisiven pro Kieferhälfte) erhalten (SZALAY & DELSON 1979). Die Reduktion kann sämtliche Zahnkategorien (auch die Caninen) betreffen. Das madagassische Fingertier (*Daubentonia madagascariensis*) besitzt mit nur 18 Zähnen das am stärksten reduzierte und auch am meisten modifizierte Gebiß ($\frac{1\ 0\ 1\ 3}{1\ 0\ 0\ 3}$). Die stark vergrößerten Nagezähne von *Daubentonia* werden zwar von TATTERSAL & SCHWARTZ (1974) als Caninen angesehen, eine Deutung, die jedoch unzutreffend ist, wie ihre Position (Oberkiefernagezähne im Prämaxillare wurzelnd) und die Milchzähne dokumentieren (REMANE 1960).

Die Zahnzahl der rezenten und subfossilen Primaten beträgt meist 36 (z. B. Lemuridae [exklusive *Lepilemur*], Lorisidae, Cebidae) oder 32 (z. B. Catarrhini, Callithrichidae, Archaeolemuridae, Megaladapinae, *Lepilemur*). Bei den Indriidae sind es weniger (30), bei Tarsius (mit 34) und den Adapiden (mit 40) mehr.

Das Vordergebiß kann als Zangengebiß (z. B. Catarrhini), als Kammgebiß (z. B. *Lemur*), als „Pinzettengebiß" (z. B. *Plesiadapis*) oder als echtes Nagegebiß (z. B. *Daubentonia*) ausgebildet sein (Abb. 209–211). Die Caninen sind meist kräftig entwickelt und nur vereinzelt incisiviform (z. B. *Lemur*) oder prämolariform (z. B. *Homo*), die nach der Zahl meist reduzierten Prämolaren sind homomorph (z. B. *Homo*) oder heteromorph (z. B. Cercopitheciden und Pongiden) gestaltet. Die Molaren sind ursprünglich tribosphenisch gebaut, das Molarenmuster reicht vom (oligo-)bunodonten bis zum placobunodonten, vom selenodonten bis zum (bi-)lophodonten Typ. Die Zahnkronen sind fast stets brachyodont, nur bei einzelnen Zähnen (z. B. Backenzähne von *Hadropithecus*, Molaren bei *Theropithecus* und *Gigantopithecus*) ist eine leichte Tendenz zur Hypsodontie festzustellen. Wurzellos sind innerhalb der Primaten nur die Nagezähne von *Daubentonia*.

Das Gebiß der Plesiadapiformes (Paromomyoidea mit den Paramomyidae [einschließlich „Phenacolemuridae"] und Picrodontidae sowie Plesiadapoidea mit den Plesiadapidae, Saxonellidae und Carpolestidae) zeigt – wenn man von den ältesten Formen mit vollständiger Zahnformel (*Purgatorius*) absieht – Tendenzen zur Reduktion der Zahnzahl unter gleichzeitiger Vergrößerung der vorderen Incisiven. Die Zahnformel lautet meist $\frac{2\ 1\ 3\ 3}{2\ 1\ 3\ 3}$ (z. B. *Palaechthon*, *Plesiolestes*) oder $\frac{2\ 1\ 2\ 3}{2\ 1\ 2\ 3}$ (z. B. *Palenochtha*). Bei *Plesiolestes* aus dem

Paleozän Nordamerikas sind die Zahnreihen geschlossen und die beiden vordersten Incisivenpaare etwas vergrößert (Abb. 212). Die Krone des mittelgroßen C sup. ist seitlich komprimiert, die P sup. nehmen nicht nur an Größe, sondern auch an Komplexität zu, indem der dreihöckrige P⁴ semimolariform ist. An den quergedehnten tribosphenischen M sup. sind Para- und Metaconulus vorhanden (Abb. 213). Der C inf. ist prämolari-

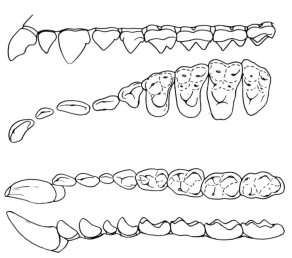

Abb. 212. *Plesiolestes problematicus* (Paromomyidae), Jung-Paleozän, Nordamerika. I¹–M³ sin. buccal (ganz oben) und occlusal (mitte oben), I₁–M₃ dext. occlusal (mitte unten) und lingual (ganz unten). Beachte Vergrößerung der vordersten Incisiven. Nach SZALAY & DELSON (1979), verändert umgezeichnet. 4× nat. Größe.

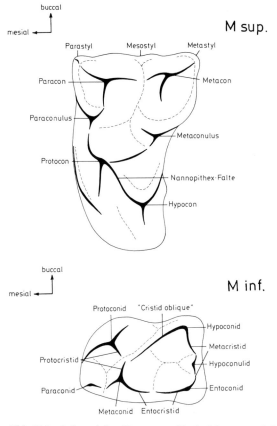

Abb. 213. *Palenochtha* (Paromomyidae). M sup. und M inf. (Schema). Beachte Nannopithex-Falte.

form, von den P inf. ist nur der $P_{\overline{4}}$ mehrhöckrig und semimolariform, an den M inf. sind Trigonid und Talonid niedrig gebaut.

Mit der zunehmenden Vergrößerung der Incisiven (wie bei *Ignacius* und *Phenacolemur* als Paromomyidae, *Plesiadapis* und *Chiromyoides* als Plesiadapiae aus dem Paleozän und Eozän) kam es nicht nur zu einer weiteren Reduktion der Zahnzahl (2 1 3 3 bis 2 0 3 3 im Oberkiefer und 1 1 3 3 bis 1 0 1 3 im Unterkiefer), sondern auch zur Bildung eines Diastemas. Das Vordergebiß ist somit richtig diprotodont, doch sind die vergrößerten Incisiven bewurzelt und nicht zu Nagezähnen umgestaltet wie etwa bei *Daubentonia* (= „*Chiromys*") (Tafel XII). Ursprünglich brachte man plesiadapoide Primaten mit dem Fingertier in Beziehung (vgl. z. B. *Chiromyoides*). Das Vordergebiß der Plesiadapiformes ist kein Nagegebiß, sondern eher als Pinzettengebiß zu bezeichnen, wie es in ähnlicher Weise bei *Dactylopsila* und *Dactylonax* unter den Phalangeriden (Marsupialia) ausgebildet ist. GINGERICH (1974: 538) hingegen vergleicht das Vordergebiß von *Plesiadapis* mit jenem der Macropodinae und schreibt „the predominantly herbaceous diet and grazing feeding mode inferred above for *Plesiadapis* also suggest a terrestrial habitat". Die Krone des vergrößerten I inf. ist einspitzig und meist leicht gekrümmt, jene des I $^{\underline{1}}$ zweilappig bzw. dreihöckrig gestaltet (vgl. *Plesiadapis tricuspidens*). Die Molaren sind tribosphenisch gebaut. An den Maxillarmolaren sind je ein Para- und Metaconulus vorhanden, das Trigonid der M inf. ist deutlich höher als das niedrige Talonid, an dem meist ein Hypoconid auftritt.

Bei den Carpolestiden des Paleozän und Eozän (wie *Carpolestes*, *Carpodaptes*; $\frac{2\,1\,3\,3}{2\,1\,2\,3}$) kommt es zur Vergrößerung einzelner Prämolaren ($\frac{3-4}{4}$), wie sie SIMPSON (1933) als plagiaulacoid bezeichnet und auch von Multituberculaten und Marsupialiern beschrieben hat. Die Krone des vergrößerten $P_{\overline{4}}$ ist seitlich komprimiert und serrat entwickelt; ihm stehen die gleichfalls vergrößerten, jedoch labiolingual verbreiterten P $^{\underline{3}}$ und P $^{\underline{4}}$ gegenüber, an deren Labialrand eine Höckerlängsreihe ausgebildet ist (Abb. 214 und Tafel XII). Bei den paleozänen Picrodontiden (*Picrodus* und *Zanycteris*) dagegen sind bei Reduktion der Prämolaren die vorderen Molaren vergrößert, wie es in ähnlicher Weise von phyllostomatoiden Chiropteren bekannt ist (Abb. 215–217). Dies wird mit der frugivoren Ernährung (saftige Früchte durch Gebiß ausgequetscht) in Zusammenhang gebracht.

Das Gebiß der Strepsirhini (Adapiformes mit den Adapidae, Lemuriformes mit den Lemuroidea [Lemuridae einschl. „Megaladapidae"], Indrioidea [Indriidae, Daubentoniidae, Archaeolemuri-

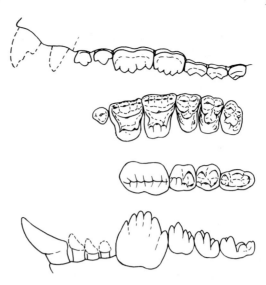

Abb. 214. *Carpodaptes hazelae* (Carpolestidae), Jung-Paleozän, Nordamerika. I^1–M^3 sin. buccal (ganz oben) und P^2–M^3 sin. occlusal (mitte oben), I$_1$–M$_3$ dext. occlusal (mitte unten) und P$_4$–M$_3$ dext. lingual (ganz unten). Beachte vergrößerten P$_4$. Nach SZALAY & DELSON (1979), verändert und z.T. ergänzt durch *C. dubius* umgezeichnet. 4,5× nat. Größe.

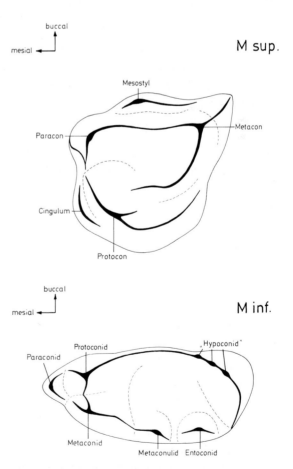

Abb. 215. *Picrodus* (Picrodontidae). M sup. und M inf. (Schema). Flächig verbreiterte Zähne, ähnlich denen einzelner fruchtfressender Phyllostomatiden unter den Chiropteren.

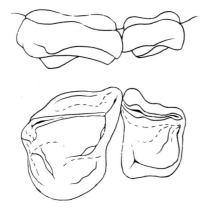

Abb. 216. *Picrodus silberlingi*. Mittel-Paleozän, Nordamerika. M¹ – M² sin. buccal (oben) und occlusal (unten). Nach SZALAY & DELSON (1979), verändert umgezeichnet. ca. 20 × nat. Größe.

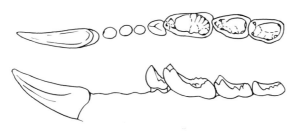

Abb. 217. *Picrodus silberlingi*. Mittel-Paleozän, Nordamerika. I₁, P₄, M₁ – M₃ sin. occlusal (oben) und lingual (unten). Beachte vergrößerten I₁. Nach SZALAY & DELSON (1979), spiegelbildlich umgezeichnet. ca. 7.5 × nat. Größe.

Die beiden I sup. sind klein, die I¹ haben median keinen Kontakt, der durch kurze Diastemata von den I und P getrennte C sup. ist kräftig ausgebildet, die P sup. nehmen nach hinten an Größe zu (Abb. 218). P¹ und P² sind einspitzig, die im Umriß gerundeten P³ und P⁴ besitzen einen Innenhöcker, der Außenhöcker des P⁴ kann zweigeteilt sein. An den vierhöckerigen, im Umriß gerundet

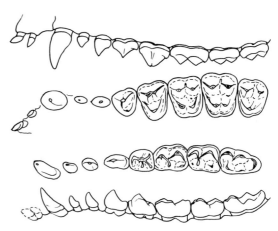

Abb. 218. *Notharctus tenebrosus* (Adapidae). Alt-Eozän, Nordamerika. I¹ – M³ sin. buccal (ganz oben) und occlusal (mitte oben), C – M₃ dext. occlusal (mitte unten) und lingual (ganz unten). I inf. und C nicht zu Kammgebiß umgeformt. Nach GREGORY (1920), verändert umgezeichnet. 1,4 × nat. Größe.

dae und Palaeopropithecidae] und Lorisoidea [Cheirogaleidae und Lorisidae einschließlich „Galagidae"]) ist gleichfalls gegenüber der ursprünglichen Zahnzahl etwas reduziert ($\frac{2\ 1\ 4-3\ 3}{2\ 1\ 4-3\ 3}$). Weitere Reduktionen können im Bereich der Oberkieferincisiven (z. B. *Megaladapis* und *Lepilemur* mit $\frac{0\ 1\ 3\ 3}{2\ 1\ 3\ 3}$), der Prämolaren (z. B. Indriidae mit $\frac{2\ 1\ 2\ 3}{1\ 1\ 2\ 3}$) und auch der Caninen (*Daubentonia* mit $\frac{1\ 0\ 1\ 3}{1\ 0\ 0\ 3}$) eintreten. Wie SELIGSOHN & SZALAY (1974) betonen, übersteigt die Mannigfaltigkeit der Gebißdifferenzierung allein der madagassischen Halbaffen (einschließlich der subfossilen Arten) die von haplorhinen Primaten bekannte Diversität. Gegenwärtig sind die strepsirhinen Halbaffen mit über 30 Arten in der Paläotropis heimisch, von denen etwa zwei Drittel auf Madagaskar beschränkt sind.

Bei den alttertiären Adapiformes (Adapiden mit *Pelycodus*, *Notharctus*, *Smilodectes*, *Adapis* und andere) ist die Zahnformel $\frac{2\ 1\ 4\ 3}{2\ 1\ 4\ 3}$ fast vollständig (bei *Mahgarita* und *Caenopithecus* sind die P$\frac{1}{1}$ reduziert). Die Zahnreihe ist meist geschlossen; nur vereinzelt treten kleine Zahnlücken im Vordergebiß auf. Bei *Notharctus* ist das Vordergebiß nicht in Form eines Kammgebisses spezialisiert (ROSENBERGER, STRASSER & DELSON 1985) (Tafel XII).

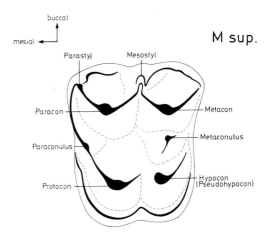

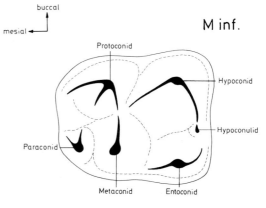

Abb. 219. *Northarctus*. M sup. und M inf. (Schema). Beachte kräftige Basalbänder.

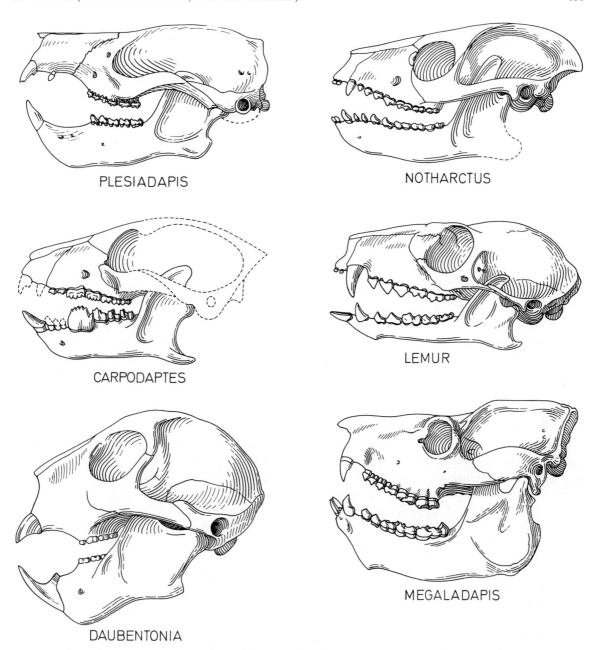

PLESIADAPIS

NOTHARCTUS

CARPODAPTES

LEMUR

DAUBENTONIA

MEGALADAPIS

Tafel XII. Schädel (Lateralansicht) fossiler und rezenter Primates („Prosimii"). Linke Reihe: *Plesiadapis* (Plesiadapidae, Paleozän – Eozän), *Carpodaptes* (Carpolestidae, Paleozän) und *Daubentonia* (Daubentoniidae, rezent). Rechte Reihe: *Notharctus* (Adapidae, Eozän), *Lemur* (rezent) und *Megaladapis* (Quartär) als Lemuridae. Nicht maßstäblich.

quadratischen M sup. (M^{1-2}) sind Basalbänder ausgeprägt, die Höcker sind zwar bunodont, zeigen jedoch deutliche Leisten (Abb. 219). Dem annähernd dreieckigen M^3 fehlt der Hypoconhöcker. Die I inf. zeigen keine Tendenz zur Reduktion bzw. Umgestaltung zu einem Kammgebiß, der zwar eher kleine, aber deutlich eckzahnartige C inf. ist durch kleine Lücken von den I und P getrennt. Die P inf. nehmen nach hinten an Größe zu. $P_{\bar{1}}$ und $P_{\bar{2}}$ sind einwurzelig und einspitzig, der $P_{\bar{3}}$ zweiwurzelig, die Krone des $P_{\bar{4}}$ ist gleichfalls zweiwurzelig und verbreitert. Neben dem Haupthöcker ist ein Innenhöcker sowie eine Art Talonid ausgebildet. Von den niedrigen, mit Außencingulum versehenen M inf. ist der $M_{\bar{3}}$ der längste. $M_{\bar{1}}$

und $M_{\bar{2}}$ bestehen aus dem jeweils zweihöckerigen Trigonid und Talonid. Am $M_{\bar{3}}$ ist das Hypoconulid kräftig entwickelt (GREGORY 1920). Die sogenannte Nannopithex-Falte (als Postprotoconleiste) findet sich nur bei primitiven Adapiden (z. B. *Pelycodus*). Die Zahnreihe der altweltlichen Gattung *Adapis* ist geschlossen, und die M sup. sind dreihöckrig. Nach GINGERICH (1980, 1981) ist bei *Adapis* im Gebiß ein Sexualdimorphismus vorhanden und für die Adapiden eine frugi- bis folivore Ernährung anzunehmen. *Pondaungia* aus dem Jungeozän Burmas, meist als Angehörige der Anthropoidea klassifiziert, ist nach GINGERICH (1985) vermutlich ein frugivorer Notharctine (Abb. 220).

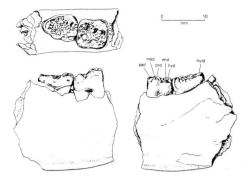

Abb. 220. *Pondaungia* sp. (? Adapidae). Jung-Eozän, Burma. Mandibelfragment mit M_2-M_3 dext. occlusal (oben), buccal und lingual (unten). Aus Gingerich (1985).

Für die Lemuriformes (Lemuroidea, Indrioidea und Lorisoidea) ist ein Kammgebiß (= „tooth comb") aus den vier Incisiven und den incisiviformen Caninen des Unterkiefers typisch, das nur selten etwas reduziert (z. B. Indriidae) oder umgestaltet ist (*Daubentonia*) (Abb. 221). Es dient diesen Halbaffen ganz allgemein zur Fellpflege und ist damit ein Bestandteil des Sozialverhaltens, doch wird es von Cheirogaleiden und Galaginen zur Gewinnung von Pflanzensäften, bei *Propithecus* als modifizierter Zahnschaber („tooth-scraper") verwendet. Über die ursprüngliche Funktion (Fellpflege oder Zahn-Schaber) wird diskutiert (Martin 1972; vgl. dazu Rose, Walker & Jacobs 1981, Szalay 1976, Szalay & Seligsohn

1977), ohne daß eine befriedigende Erklärung der Entstehung dieses spezialisierten Gebißinstrumentes vorliegt. In seiner typischen Form ist das Kammgebiß bei den Lorisoidea und Lemuroidea ausgebildet. Dazu kommen im Oberkiefer die meist kleinen Incisiven und die kräftigen C sup. Als Antagonist des C sup. ist der vorderste P inf. vergrößert und caniniform gestaltet. Das Backenzahngebiß ist entsprechend der unterschiedlichen Ernährung sehr verschieden ausgebildet.

Die Nahrung und Ernährungsweise der rezenten Halbaffen ist recht gut untersucht und steht in Korrelation mit der Gebißausbildung. Allerdings muß man die hauptsächliche und die zusätzlichen Nahrungsquellen sowie die Tatsache berücksichtigen, daß die Ernährung jahreszeitlich verschieden sein kann (z. B. bei *Propithecus verreauxi*: zur Trockenzeit überwiegend Blätter, zur Regenzeit hauptsächlich Blüten und Früchte; Richard 1974, vgl. auch Pollock 1975). Seligsohn (1977) unterscheidet primär insectivore (wie *Arctocebus, Loris, Daubentonia, Microcebus, Galago demidovii* und *Galago senegalensis*), frucht- und gummi-(saft-)fressende mit Insectivorie (wie *Phaner, Perodicticus, Cheirogaleus, Galago alleni, Otolemur crassicaudatus* und *Euoticus elegantulus*), frucht- und gummi-(saft-)fressende mit Blatt-Zusatznahrung (wie *Propithecus* und *Lemur catta*), Blattfresser mit Frucht- und Saftzusatznahrung (wie *Lepilemur, Lemur fulvus* und *Indri*) sowie Stengelfres-

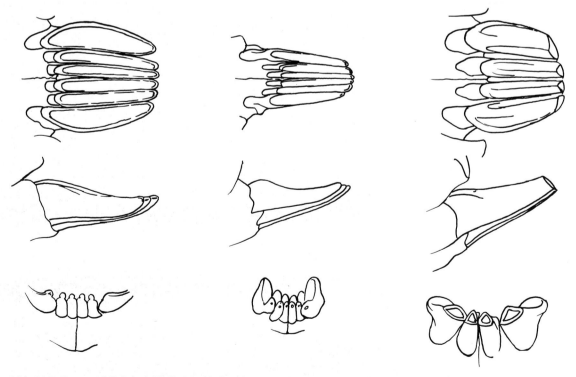

Abb. 221. Kammgebiß (I und C inf.) verschiedener rezenter Lemuriformes in Auf-, Seiten- und Vorderansicht: *Lemur fulvus* (links; Lemuridae), *Phaner furcifer* (mitte; Cheirogaleidae) und *Propithecus verreauxi* (rechts; Indriidae). Reduktion eines Incisivenpaares bei *Propithecus*. Nach Szalay & Seligsohn (1977), umgezeichnet. Nicht maßstäblich.

ser mit Blattzusatznahrung (*Hapalemur griseus*) (vgl. auch CLUTTON-BROCK 1977).

Die primitivsten Molarenmuster finden sich dementsprechend bei den (insectivoren) Lorisiden. Beim Plumplori (*Nycticebus coucang*) aus Südostasien und damit bei den Lorisiden lautet die Zahnformel $\frac{2\,1\,3\,3}{2\,1\,3\,3} = 36$. Beim Plumplori sind die I sup. mehr oder weniger stiftförmig ausgebildet, der C sup. ist kräftig, von den P sup. ist der einspitzige P$\underline{^2}$ der höchste, bei P$\underline{^3}$ und P$\underline{^4}$ treten Innenhöcker auf. Die Molaren (M$\underline{^{1-2}}$) sind quadritubercular mit Hypoconus und mit einem Paraconulus. Dem tribosphenischen M$\underline{^3}$ fehlen der Hypoconus und Paraconulus (Abb. 222). Das Kammgebiß im Unterkiefer besteht aus eher kurzen Incisiven und Caninen. Der caniniforme P$_{\overline{2}}$ ist besonders kräftig entwickelt, P$_{\overline{3\,4}}$ sind einspitzig, an den niedrigen M inf. fehlt dem kurzen Trigonid der Paraconidhöcker, das zweihöckrige Talonid ist breit, dem M$_{\overline{3}}$ tritt ein Hypoconulidhöcker auf (Abb. 223). Bei den Cheirogaleiden Madagaskars ($\frac{2\,1\,3\,3}{2\,1\,3\,3} = 36$) ist die Ernährungsweise unterschiedlich. Beim Mausmaki (*Microcebus murinus*) ist das Gebiß als Insektenfresser ähnlich *Nycticebus* gestaltet, während beim vorwiegend fruchtfressenden *Cheirogaleus major* vor allem die M inf. deutlich breiter sind. Auch bei den Galaginen sind Unterschiede im Gebiß vorhanden (vgl. MAIER 1980) (Abb. 224).

Innerhalb der Lemuriden schwankt die Zahnformel von $\frac{2\,1\,3\,3}{2\,1\,3\,3} = 36$ (z. B. *Lemur, Varecia, Hapalemur*) zu $\frac{0\,1\,3\,3}{2\,1\,3\,3}$ (z. B. *Lepilemur, Megaladapis*). Aber nicht nur das Vordergebiß zeigt Unterschiede, auch das Backengebiß, indem außer bunodonten Molaren auch (lopho-)selenodonte auftreten. Au-

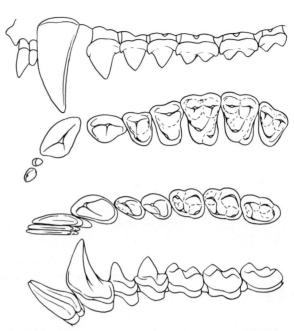

Abb. 222. *Nycticebus coucang* (Lorisidae), rezent, Südostasien. I^1 – M^3 sin. buccal (ganz oben) und occlusal (mitte oben). I$_{\overline{1}}$ – M$_{\overline{3}}$ dext. occlusal (mitte unten) und lingual (ganz unten). Nach Original. ca. 4× nat. Größe.

Abb. 223. *Nycticebus coucang*. Schädel (Lateralansicht). PIUW 2419. Schädellänge 61,5 mm.

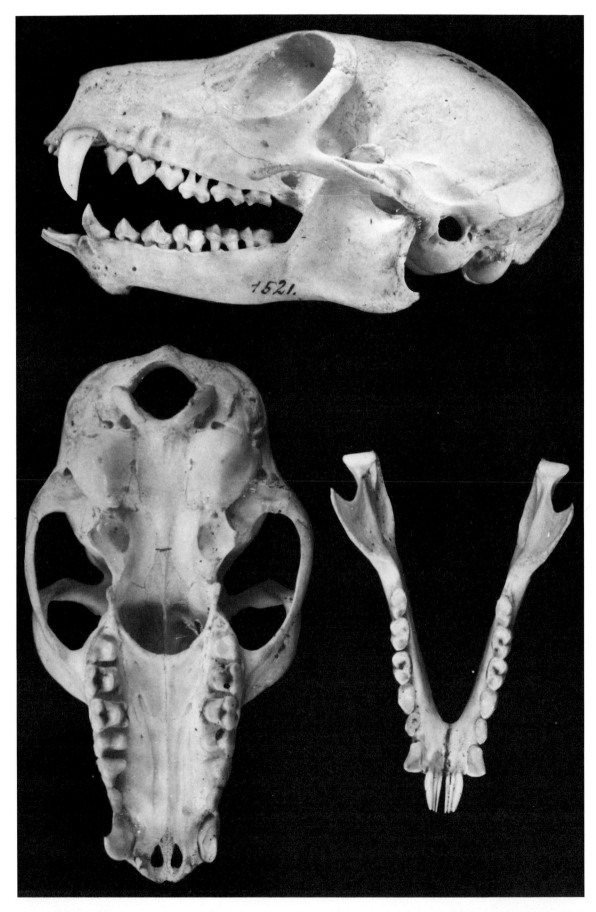

Abb. 225. *Lemur fulvus* (Lemuridae), rezent, Madagaskar. Schädel (Lateral- und Ventralansicht) und Unterkiefer (Aufsicht). Beachte Kammgebiß im Unterkiefer und vergrößerten vorderen P inf. NHMW 1521. Schädellänge 92 mm.

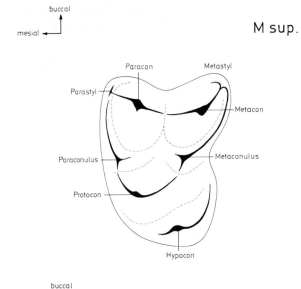

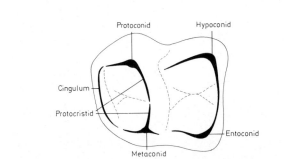

Abb. 224. *Galago* (Lorisidae). M sup. und M inf. (Schema).

fresser („stem-feeder"), der sich durch die mehr konischen Molarenhöcker von *Lepilemur musteli-nus* mit einem eher lophoselenodonten Molaren-muster unterscheidet und der primär Blätter be-vorzugt. Für *Lepilemur mustelinus* ist nicht nur das lophoselenodonte Molarenmuster und die völlige Reduktion der I sup. kennzeichnend, son-dern auch der nahezu parallele Verlauf der Ober-

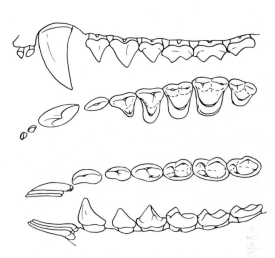

Abb. 226. *Lemur catta*, rezent, Madagaskar. $I^1 - M^3$ sin. buccal (ganz oben) und occlusal (mitte oben), $I_1 - M_3$ dext. occlusal (mitte unten) und lingual (ganz unten). Nach Ori-ginal. $1,6 \times$ nat. Größe.

ßerdem kann es zu einer Molarisierung der $P\frac{4}{4}$ kommen (*Hapalemur*).

Bei *Lemur* sind die I sup. winzig, die seitlich kom-primierten C sup. kräftig und lang und durch ein Diastema vom $P^{\underline{2}}$ getrennt. Die P sup. vergrößern sich nach hinten. Der $P^{\underline{2}}$ ist einspitzig, von den verbreiterten $P^{\underline{3}}$ und $P^{\underline{4}}$ ist der $P^{\underline{3}}$ schmäler, je-doch höher und mit einem kleineren Innenhöcker versehen als der $P^{\underline{4}}$ (Abb. 225, 226 u. Tafel XII). Die tribosphenischen Molaren sind bunodont mit Leisten an den Höckern, der $M^{\underline{3}}$ ist etwas redu-ziert (Abb. 227). An der Lingualseite des kräftigen Protocon können Cingularbildungen auftreten. Das mandibulare Vordergebiß ist ein typisches Kammgebiß, der $P_{\overline{2}}$ caniniform, der $P_{\overline{3}}$ einspitzig, während am $P_{\overline{4}}$ ein Innenhöcker auftritt. An den niedrigkronigen M inf. ist das Talonid breiter als das Trigonid, dem ein Paraconid fehlt und Leisten von Proto- und Metaconid eine Art Protolophid bilden. Das Talonid besteht im wesentlichen aus dem Hypoconidhöcker und einer lingualen Gru-be. Der $M_{\overline{3}}$ ist kleiner als der $M_{\overline{2}}$. Bei *Hapalemur* kommt es zur Molarisierung der $P\frac{4}{4}$ (Abb. 228). *Hapalemur griseus* ist nach SELIGSOHN (1977) und SELIGSOHN & SZALAY (1978) primär ein Stengel-

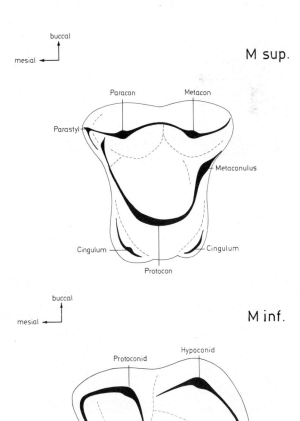

Abb. 227. *Lemur*. M sup. und M inf. (Schema).

kiefer-Backenzahnreihen (Abb. 229). Eine Weiter-entwicklung des Lepilemurgebisses findet sich beim menschenaffengroßen *Megaladapis edwardsi* Madagaskars, der erst in historischer Zeit ausgestorben ist. Bei *Megaladapis* ist das Vordergebiß eher relativ verkleinert, die M $\frac{2-3}{2\,3}$ hingegen allometrisch vergrößert (THENIUS 1953) (Abb. 230). *Megaladapis edwardsi* war ein ausgesprochen baumbewohnender, vertikalkletternder Blattfresser, dessen Lebensweise dem australischen Beutelbären (*Phascolarctos cinereus*) vergleichbar ist (vgl. LORENZ 1905, WALKER 1967, 1974), was nach

TATTERSALL (1972) auch die Airorhynchie des Schädels verständlich macht (Abb. 231 u. Tafel XII).

Innerhalb der Indrioidea schwankt die Zahnformel von $\frac{2\,1\,3\,3}{1\,1\,3\,3} = 34$ (wie bei *Archaeolemur, Hadropithecus*) über $\frac{2\,1\,2\,3}{1\,1\,2\,3}$ bzw. $\frac{2\,1\,2\,3}{2\,0\,2\,3} = 30$ (z. B. *Indri, Avahi, Propithecus*) bis zu $\frac{1\,0\,1\,3}{1\,0\,0\,3} = 18$ (z. B. *Daubentonia*). Vorder- und Backengebiß sind gleichfalls unterschiedlich spezialisiert (GINGERICH 1977, 1979, SCHWARTZ 1978).

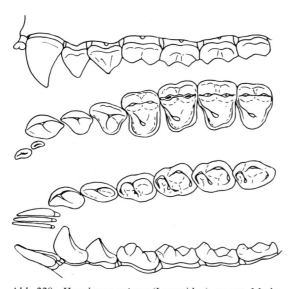

Abb. 228. *Hapalemur griseus* (Lemuridae), rezent, Madagaskar. I¹ – M³ sin. buccal (ganz oben) und occlusal (mitte oben), I₁ – M₃ dext. occlusal (mitte unten) und lingual (ganz unten). Nach Original. 2,3 × nat. Größe.

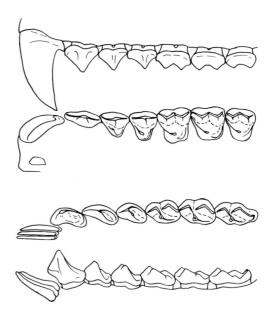

Abb. 229. *Lepilemur mustelinus* (Lemuridae), rezent, Madagaskar. C – M³ sin. buccal (ganz oben) und occlusal (mitte oben), I₁ – M₃ dext. occlusal (mitte unten) und lingual (ganz unten). Beachte völlige Reduktion der I sup. Nach Original. 2,5 × nat. Größe.

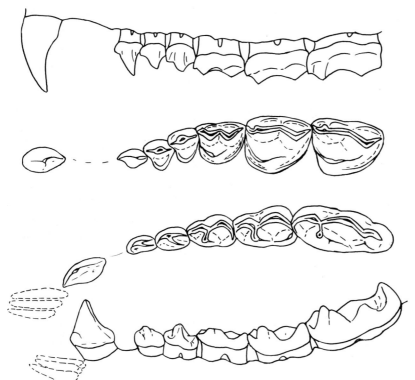

Abb. 230. *Megaladapis edwardsi* (Lemuridae = „Megaladapidae"), Quartär, Madagaskar. C – M³ sin. buccal (ganz oben) und occlusal (mitte oben), I₁ – M₃ dext. occlusal (mitte unten) und lingual (ganz unten). Beachte vergrößerte M²⁄₂ und M³⁄₃. Nach Original. ca. 1/2 nat. Größe.

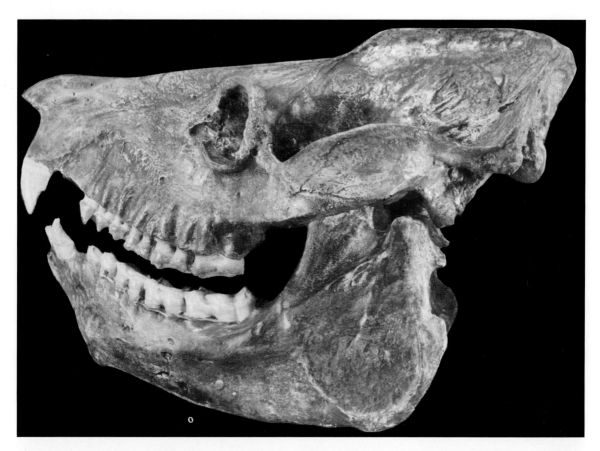

Abb. 231. *Megaladapis edwardsi.* Schädel (Lateralansicht). Beachte kräftigen Unterkiefer und Scheitelkamm. Original NHMW. Abguß PIUW 2427. Schädellänge 290 mm.

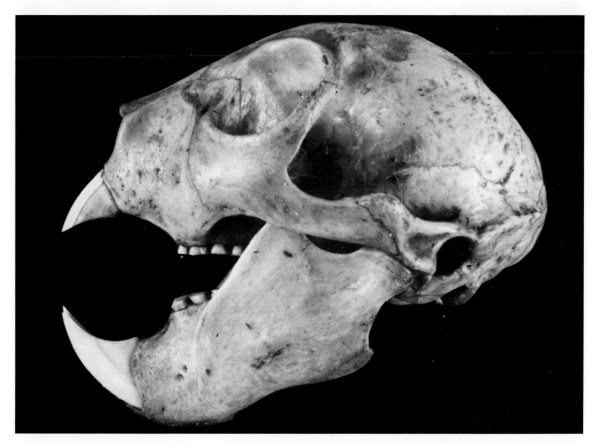

Abb. 232. *Daubentonia madagascariensis* (Daubentoniidae), rezent, Madagaskar. Schädel (Lateralansicht). Beachte typische (wurzellose) Nagezähne mit einseitigem Schmelzbelag. PIUW 1591. Schädellänge 94,5 mm.

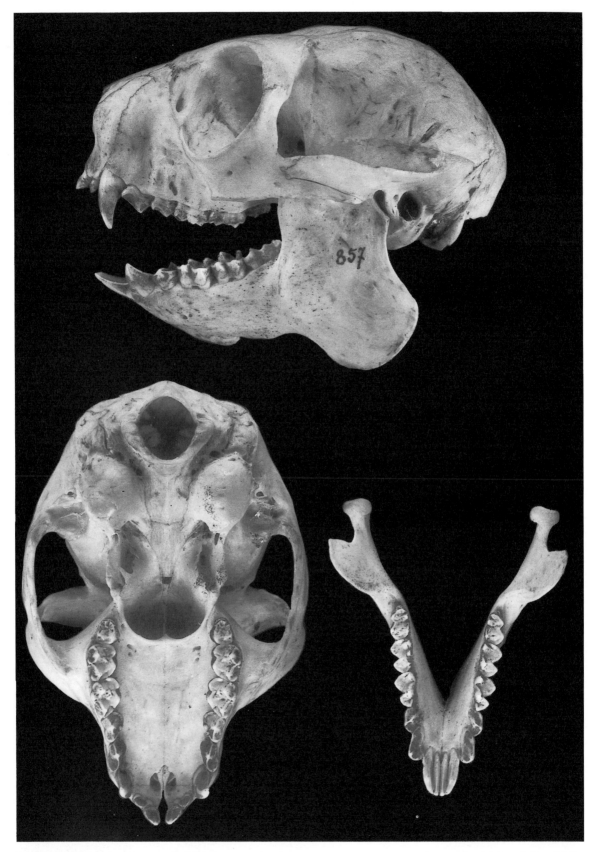

Abb. 234. *Propithecus verreauxi* (Indriidae), rezent, Madagaskar. Schädel (Lateral- und Ventralansicht) und Unterkiefer (Aufsicht). Kammgebiß etwas reduziert. NHMW 857. Schädellänge 79,5 mm.

Die extremste Gebißspezialisierung zeigt das Fingertier (*Daubentonia madagascariensis* als einziger Vertreter der Daubentoniidae) mit der Ausbildung von wurzellosen Schneidezähnen, die als echte Nagezähne zu bezeichnen sind (Abb. 232 u. Tafel XII). Der Schmelz der stark gekrümmten und seitlich komprimierten Zähne ist ähnlich wie bei den Nagetieren auf die Labialseite beschränkt, die Abschleifung erfolgt wie bei diesen durch propalinale Kieferbewegungen, wie das Kiefergelenk samt dem Condylus erkennen läßt. Dazu kommt die bewegliche Unterkiefersymphyse, die gegenseitige Bewegungen der Mandibeln zuläßt. Das Fingertier beißt mit den Nagezähnen Löcher in die Rinde von Ästen, die von Insektenlarven befallen sind, und holt die Larven mit dem stark verlängerten dritten Finger aus ihren Bohrgängen und vertritt damit nach CARTMILL (1972, 1974) den Spechttyp unter den Säugetieren auf Madagaskar. Es vermag selbst die harten Rindenschichten des Riesenbambus mit seinen Zähnen aufzubeißen. Das permanente Backengebiß läßt durch die Abkauung meist keine Einzelheiten der Krone erkennen (Abb. 233). Das Milchgebiß ist typisch lemuroid gebaut (OWEN 1840–45, REMANE 1960).

Für die übrigen Indrioidea ist die Tendenz zu selenodonten und lophodonten Molaren charakteristisch. Nach MAIER (1977) bilden *Avahi*, *Propithecus* (Abb. 234), *Indri* (Abb. 235) als Indriidae und *Archaeolemur* als Archaeolemuridae eine konstruktionsmorphologische Reihe, welche die Entwicklung der Bilophodontie der Molaren unter Rückbildung der Dilambdodontie verständlich machen soll. Eine Annahme, die allerdings nur für die Molaren zutrifft.

Bei *Lichanotus laniger*, dem Wollmaki (Zahnformel $\frac{2\,1\,2\,3}{1\,1\,2\,3} = 30$), ist der mittlere I sup. kleiner als der seitliche, die Krone des seitlich komprimierten C sup. ist leicht gekrümmt, ferner nur wenig höher als die P sup. und mit Längskanten versehen, deren Fortsetzung jene der länglich gestreckten, sectorialen P sup. bilden. Die Krone der im Umriß quadratischen M^1 und M^2 ist vierhöckrig (Abb. 236). Die Außenhöcker sind unter Bildung eines scharfkantigen Ectolophs selenodont gestaltet. Der im Umriß gerundet dreieckige M^3 ist gegenüber den vorderen Molaren verkleinert. Der mandibulare Putzkamm ist vierzähnig, wobei der breitere laterale Zahn entweder als I_2 oder als

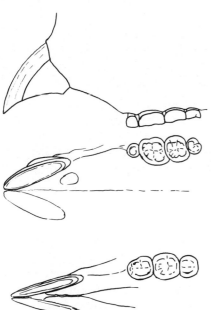

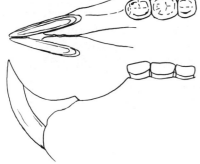

Abb. 233. *Daubentonia madagascariensis*. I, P^4–M^3 sin. buccal (ganz oben) und occlusal (mitte oben), I, M_{1-3} dext. occlusal (mitte unten) und lingual (ganz unten). Nach Original; M nach REMANE (1960), umgezeichnet. 1,5 × nat. Größe.

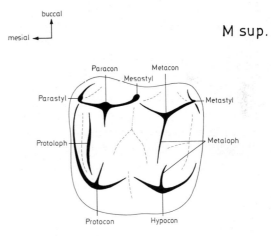

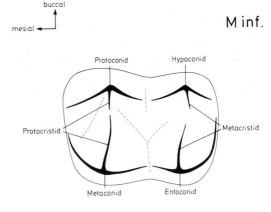

Abb. 235. *Indri* (Indriidae), rezent, Madagaskar. M sup. und M inf. (Schema).

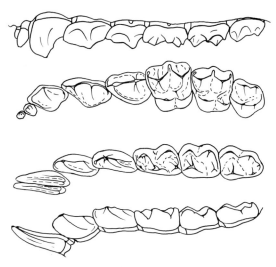

Abb. 236. *Avahi laniger* (Indriidae), rezent, Madagaskar. $I^1 - M^3$ sin. buccal (ganz oben) und occlusal (mitte oben), $I_1 - M_3$ dext. occlusal (mitte unten) und lingual (ganz unten). Beachte Selenodontie der Molaren. Nach MAIER (1980), verändert umgezeichnet. 2,5× nat. Größe.

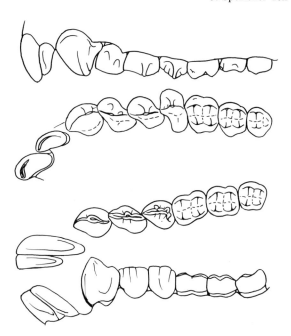

Abb. 237. *Archaeolemur majori* (Archaeolemuridae), Quartär, Madagaskar. $I^1 - M^3$ sin. buccal (ganz oben) und occlusal (mitte oben), $I_1 - M_3$ dext. occlusal (mitte unten) und lingual (ganz unten). Nach TATTERSALL (1973), umgezeichnet. 1/1 nat. Größe.

C inf. (SCHWARTZ 1974a) gedeutet wird. $P_{\overline{3}}$ und $P_{\overline{4}}$ sind niedrig, länglich gestreckt und sectorial. Die M inf. zeigen den selenodonten Charakter an den Außenhöckern, das Trigonid ist am $M_{\overline{1}}$ schmäler, am $M_{\overline{3}}$ breiter als das gleichfalls niedrige Talonid, das nur am $M_{\overline{3}}$ dreihöckrig ist. Die madagassischen Wollmakis sind blattfressende Halbaffen, was sich auch in den langen Caecum-Abschnitten ausprägt (HILL 1953).

Bei den ausgestorbenen Archaeolemuriden Madagaskars (*Archaeolemur, Hadropithecus*) sind die Molaren mehr oder weniger lophodont ausgeprägt. Die Zahnformel dieser Makaken- bis maximal Dschelada-großen Halbaffen ist mit $\frac{2133}{1133} = 34$ weniger reduziert als bei den Indriidae (TATTERSALL 1973). Das Vordergebiß ist nicht als Kammgebiß ausgebildet, sondern erinnert eher an jenes von Affen, da der C inf. incisiviform und der $P_{\overline{2}}$ caniniform gestaltet sind (Abb. 237 u. Tafel XIII). Die Vorderzähne bilden eher ein Zangengebiß. An der massiven Unterkiefersymphyse ist ein „simian shelf" entwickelt. Die Krone des massigen C sup. besitzt Längskanten, die als Fortsetzung der zwar relativ breiten, aber sectorial entwickelten P sup. anzusehen sind. Die gerundet quadratischen, vierhöckrigen $M^{\underline{1}}$ und $M^{\underline{2}}$ erinnern durch die Bilophodontie an jene von Cercopitheciden, der $M^{\underline{3}}$ ist etwas reduziert. Die beiden etwas schräg in dem mit massiver Symphyse ausgestatteten Unterkiefer eingepflanzten Vorderzähne sind incisiviform. Der durch ein kurzes Diastema getrennte $P_{\overline{2}}$ ist caniniform, $P_{\overline{3}}$ und $P_{\overline{4}}$ sind sectorial gestaltet. Die M inf. sind bilophodont und im Umriß meist rechteckig. *Archaeolemur*

majori und *A. edwardsi* waren nach TATTERSALL (1973) vorwiegend frugivor. Sie dürften jedoch primär eher Blattfresser gewesen sein.

Bei *Hadropithecus stenognathus* ist die Lophodontie noch ausgeprägter und an den $M^{\underline{1-2}}$ durch cinguläre Querjoche praktisch zur Quadrilophodontie entwickelt (Abb. 238). Dadurch erinnert *Hadropithecus* an manche Huftiere. Der C sup. ist relativ klein, die P sup. besitzen zwar alle mehr oder weniger ausgeprägte Innenhöcker, doch sind die $P^{\underline{2-3}}$ sectorial gestaltet, der $P^{\underline{4}}$ hingegen molarisiert (Abb. 239). Die Zahnkronen sind relativ hoch, ähnlich *Theropithecus*, mit dem *Hadropithecus* auch von JOLLY (1970) verglichen und wie dieser als „small-object feeder" bezeichnet wurde (Tafel XIII). Dies wird durch WALKER (1967) insofern bestätigt, als das postcraniale Skelett von *Hadropithecus* Anpassungen an eine terrestrische Lebensweise erkennen läßt. SELIGSOHN (1977) bewertet *Hadropithecus* übrigens als „crosslophed restrictive leaf-feeder".

Bei den gleichfalls ausgestorbenen Palaeopropitheciden Madagaskars (mit *Palaeopropithecus* und *Archaeoindris*) lautet die Zahnformel $\frac{2123}{2123}$. Dem Vordergebiß fehlt der Kammcharakter ebenfalls, und es spricht nach SZALAY & DELSON (1979) für einen Blattäser. C sup. und $P_{\overline{2}}$ sind kräftig entwickelt, $P^{\underline{3-4}}$ und $P_{\overline{4}}$ einspitzig, jedoch mit Schneiden versehen (Tafel XIII). Die M sup. sind bis auf den im Umriß gerundet dreieckigen $M^{\underline{3}}$ länger als breit und entsprechen einem modifizierten Indri-

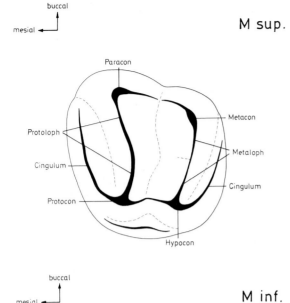

M sup.

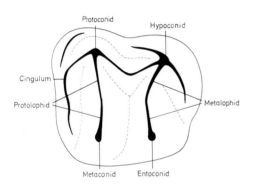

M inf.

Abb. 238. *Hadropithecus* (Archaeolemuridae), M sup. und M inf. (Schema). Beachte Bilophodontie der Molaren.

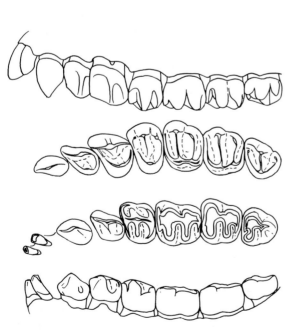

Abb. 239. *Hadropithecus stenognathus*, Quartär, Madagaskar. $I^1 - M^3$ sin. buccal (ganz oben), $C - M^3$ dext. occlusal (mitte oben), $I_1 - M_3$ dext. occlusal (mitte unten) und lingual (ganz unten). Schneidende Funktion der Prämolaren, bilophodonte, zur Hochkronigkeit neigende Molaren. Nach TATTERSALL (1973), umgezeichnet. 1/1 nat. Größe.

identyp mit selenodontem Kronenmuster. Die lange Unterkiefersymphyse ist außerordentlich massiv gebaut.

Das Gebiß der Haplorhini (Tarsiiformes mit Omomyidae [einschließlich „Necrolemuridae"] und Tarsiidae, Platyrrhini mit Cebidae [einschließlich „Atelidae"] und Callithrichidae sowie Catarrhini mit Parapithecidae, Cercopithecidae, Oreopithecidae, Pliopithecidae, Hylobatidae, Pongidae und Hominidae) ist – wie bereits erwähnt – bedeutend einheitlicher gestaltet als jenes der Strepsirhini. Dies geht auch aus der Zahnformel hervor, die von $\frac{2\ 1\ 4\ 3}{2\ 1\ 4\ 3} = 40$ (z. B. *Teilhardina* als Omomyidae) bis zu $\frac{2\ 1\ 2\ 3}{2\ 1\ 2\ 3} = 32$ (z. B. Cercopithecoidea und Hominoidea) reicht und demnach nie die volle Höchstzahl der Plazentalier erreicht. Es sind nie mehr als vier Incisiven vorhanden.

Die Tarsiiformes sind gegenwärtig nur durch die Tarsiidae mit *Tarsius* (Koboldmakis) in der orientalischen Region heimisch. Es sind im postcranialen Skelett und durch die riesigen Augen hochspezialisierte Primaten mit einem zwar etwas reduzierten Vordergebiß (Zahnformel $\frac{2\ 1\ 3\ 3}{1\ 1\ 3\ 3} = 34$), jedoch einem primitiven Backenzahngebiß (Abb. 210, 240, 241) (LUCKETT & MAIER 1982).

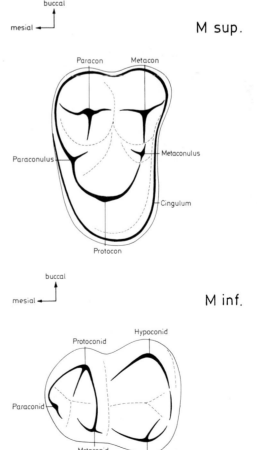

M sup.

M inf.

Abb. 240. *Tarsius* (Tarsiidae). M sup. und M inf. (Schema).

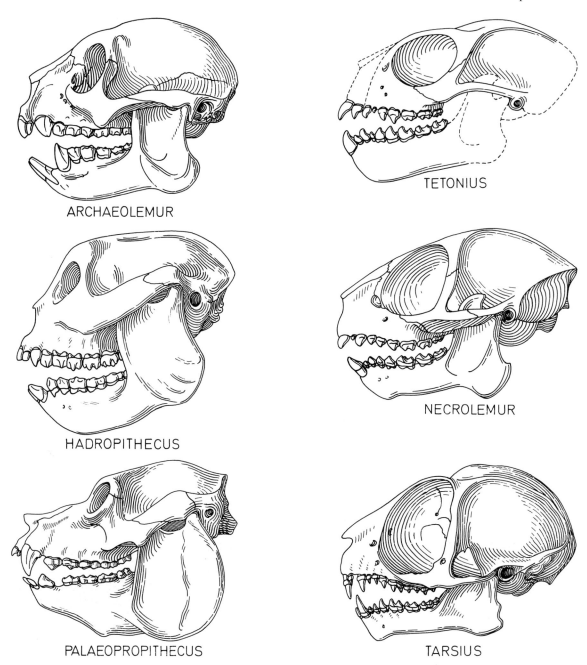

ARCHAEOLEMUR

TETONIUS

HADROPITHECUS

NECROLEMUR

PALAEOPROPITHECUS

TARSIUS

Tafel XIII. Schädel (Lateralansicht) fossiler und rezenter Prosimii. Linke Reihe: *Archaeolemur* und *Hadropithecus* (Archaeolemuridae), *Palaeopropithecus* (Palaeopropithecidae) als subfossile Halbaffen Madagaskars. Rechte Reihe: *Tetonius* (Omomyidae, Eozän), *Necrolemur* (Eozän) und *Tarsius* (rezent) als Tarsiidae. Nicht maßstäblich.

Die Zahnreihe ist geschlossen. Die vordersten, senkrecht stehenden und etwas konischen I sup. sind etwas vergrößert, die I inf. klein. Die mittelgroßen Caninen heben sich durch den rundlichen Umriß von den zunächst einspitzigen und nach hinten an Größe zunehmenden Prämolaren ab (Abb. 242, Tafel XIII). Lediglich an den P$^{3-4}$ sind Innenhöcker ausgebildet. An den quergedehnten tribosphenischen und von einem Cingulum umrahmten M sup. sind die Zwischenhöcker mehr

oder weniger deutlich ausgeprägt. Die nicht incisiviformen C inf. sind kräftig entwickelt. Die einspitzigen P inf. nehmen gleichfalls vom P$_{\overline{2}}$ bis zum P$_{\overline{4}}$ an Größe zu. An den M inf. sind das dreispitzige und deutlich höhere Trigonid und das zweihökkerige Talonid zu unterscheiden. Die Koboldmakis sind vielfach nachtaktive Insektenjäger, fressen jedoch auch andere tierische Kost, wobei die vordersten I zum Töten der Beute dienen (Niemitz 1983).

Bei den fast ausschließlich alttertiären Omomyiden der Holarktis ist die Zahnformel meist etwas vollständiger. Bei *Teilhardina* aus dem Alt-Eozän ist das Gebiß mit der Zahnformel $\frac{2\,1\,4\,3}{2\,1\,4\,3} = 40$ am vollständigsten. Die Zahnformel beträgt bei *Omomys*, *Ouraya* und *Hemiacodon* $\frac{2\,1\,3\,3}{2\,1\,3\,3} = 36$, bei *Te-* *tonius* $\frac{2\,1\ \ 3\ \ 3}{2\,1\,2\ 3\,3} = 34-36$ und bei *Anaptomorphus* $\frac{2\,1\,2\,3}{2\,1\,2\,3} = 32$ (SCHMID 1983). Letzteres trifft auch für *Nannopithex* und *Necrolemur* des Eozän Europas zu, die meist als Angehörige der Tarsiidae, von SZALAY & DELSON (1979) jedoch als Gattungen der Omomyidae klassifiziert werden. Bei diesen kann an den M sup. eine Postprotocrista (= Nannopithex-Falte) auftreten (HÜRZELER 1948).

Bei *Tetonius homunculus* als typischem Omomyiden des Alt-Eozäns der USA lautet die Zahnformel $\frac{2\,1\,3\,3}{2\,1\,3\,3}$. Das vorderste Incisivenpaar ist etwas vergrößert (Abb. 243, Tafel XIII). I^1 bis P^2 sind einspitzige Zähne, deren Krone sich zunehmend verkleinert, P^3 und P^4 sind zweihöckrig, indem zum Paracon noch ein Protocon kommt. Die quergedehnten tribosphenischen M sup. besitzen beide Zwischenhöcker (Para- und Metaconulus). $I_{\overline{1}}$ bis $P_{\overline{3}}$ sind einspitzig, der C inf. nur knapp größer als der $I_{\overline{2}}$. Der stark reduzierte $P_{\overline{2}}$ ist winzig. Die Krone des $P_{\overline{4}}$ ist ähnlich dem Trigonid der M inf. gestaltet, doch ist ein Paraconid nur als Leiste angedeutet. An den niedrigen M inf. ist meist ein Paraconidhöcker vorhanden, das Talonid ist nicht verlängert.

Bei *Necrolemur antiquus* aus dem Eozän ist das Vordergebiß etwas modifiziert, indem der $I_{\overline{1}}$ vergrößert ist, die Prämolaren etwas plumper gestal-

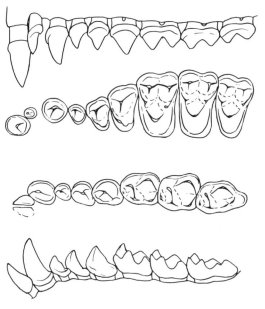

Abb. 241. *Tarsius spectrum*, rezent, Sulawesi. I^1-M^3 sin. buccal (ganz oben) und occlusal (mitte oben), I_1-M_3 dext. occlusal (mitte unten) und lingual (ganz unten). Nach Original. 4× nat. Größe.

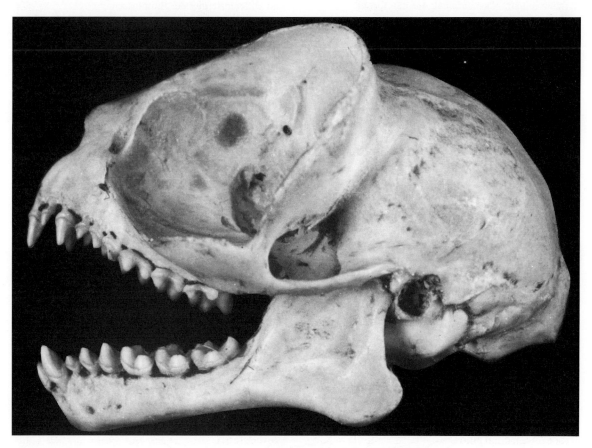

Abb. 242. *Tarsius spectrum*. Schädel (Lateralansicht). PIUW 1601. Schädellänge 37,7 mm.

tet sind und die quadrituberculären M sup. annähernd quadratischen Umriß besitzen, da bei ihnen ein Hypoconus auftritt. Die Zahnhöcker sind niedrig und zeigen verschiedene Kanten (Abb. 244, Tafel XIII). An den M inf. ist das dreihöckerige Talonid breiter als das Trigonid, bei dem das Paraconid zum Teil reduziert ist. Die bei *Necrolemur* angebahnte Entwicklung ist bei *Microchoerus* aus dem Jung-Eozän und Alt-Oligozän weiter entwickelt (HÜRZELER 1948). Die Mo-

laren bieten durch zusätzliche Höckerchen und Falten ein kompliziertes Schmelzmuster. Die Kombination von Vorder- und Backenzahngebiß spricht zusammen mit der Mandibelausbildung bei den Microchoerinen (*Necrolemur* und *Microchoerus*) für eine herbi- bzw. (foli-)frugivore Ernährung, die somit von jener der übrigen Tarsiiformes abweicht, die vorwiegend als insectivor zu bezeichnen sind (ROTH 1985).

Bei den Affen (Simiae = Anthropoidea) ist das Gebiß stets etwas reduziert, indem nie mehr als zwei spatulate Incisiven und maximal drei Prämolaren pro Kieferhälfte vorhanden sind. Bei den rezenten Altweltaffen sind stets nur je zwei P vorhanden, über deren Homologisierung ($P\frac{3,4}{3,4}$ oder $P\frac{3,4}{2,3}$) diskutiert wird (SCHWARTZ 1974) (Abb. 245).

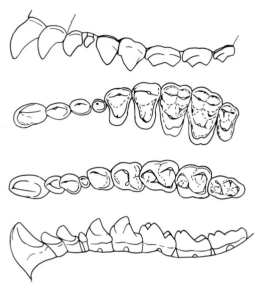

Abb. 243. *Tetonius homunculus* (Omomyidae), Alt-Eozän, Nordamerika. $I^1 - M^3$ sin. buccal (ganz oben) und occlusal (mitte oben), $I_1 - M_3$ dext. occlusal (mitte unten) und lingual (ganz unten). Nach Original. 4× nat. Größe.

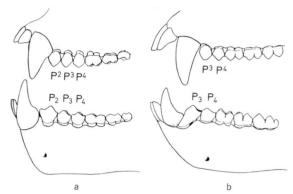

Abb. 245. Gebiß eines Neuweltaffen (a – *Cebus*) und eines Altweltaffen (b – *Macaca*). Beachte Unterschied in der Zahl und Differenzierung der Prämolaren.

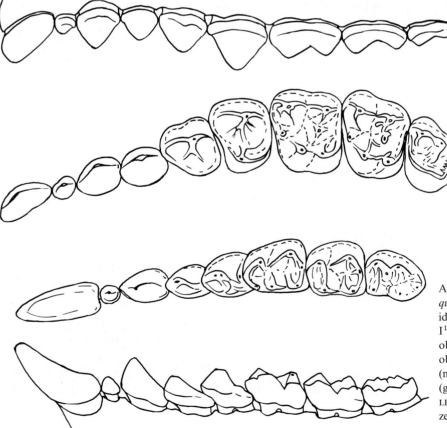

Abb. 244. *Necrolemur antiquus* (Omomyidae; ? Tarsiidae), Eozän, Europa. $I^1 - M^3$ sin. buccal (ganz oben) und occlusal (mitte oben), $I_1 - M_3$ dext. occlusal (mitte unten) und lingual (ganz unten). Nach HÜRZELER (1948), ergänzt umgezeichnet. ca. 6× nat. Größe.

Die Neuweltaffen (Platyrrhini) sind auf die neotropische Region beschränkt, wo sie gegenwärtig
mit etwa 60 Arten verbreitet sind. Die taxonomische Gliederung erfolgt nicht einheitlich. Hier
sind die Cebidae (einschließlich „Atelidae") und
die Callithrichidae (= „Hapalidae", einschließlich „Callimiconidae") unterschieden.

Das Gebiß der Platyrrhini ist recht einheitlich ge-
staltet, wie bereits die Zahnformel ($\frac{2\,1\,3\,3}{2\,1\,3\,3}$ = 36 für
die Cebiden bzw. $\frac{2\,1\,3\,2}{2\,1\,3\,2}$ = 32 für die Callithrichiden ohne *Callimico*) vermuten läßt. Der Zahnfor-
mel nach sind die Krallenäffchen (Callithrichidae)
die abgeleiteten Formen. *Callimico goeldii*, der
Springtamarin, vermittelt morphologisch zwischen Cebiden und Callithrichiden, wie bereits
den Cebiden entsprechende Zahnformel und die
reduzierten M$\frac{3}{3}$ zeigen.

Bei den Kapuzineräffchen (Gattung *Cebus*) ist das
Vordergebiß typisch simiid gebaut, mit den etwas
spatelförmig verbreiterten Oberkieferincisiven,
den kräftigen Caninen und der zwischen I sup.
und C sup. ausgeprägten Affenlücke (Abb. 246,
Tafel XIV). Die Krone der in ihrer Größe nur wenig verschiedenen P$^{2-4}$ ist stark quergedehnt und
besteht aus dem kräftigen Außen- und dem niedrigeren Innenhöcker. Die Krone der gleichfalls
quergedehnten M$^{1-2}$ ist bunodont und quadritu-

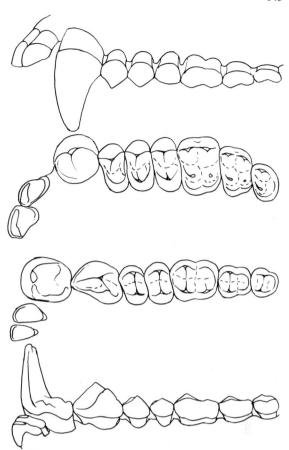

Abb. 247. *Cebus apella*. I^1 – M^3 sin. buccal (ganz oben) und
occlusal (mitte oben), I$_1$ – M$_3$ dext. occlusal (mitte unten)
und lingual (ganz unten). Nach Original. 2 × nat. Größe.

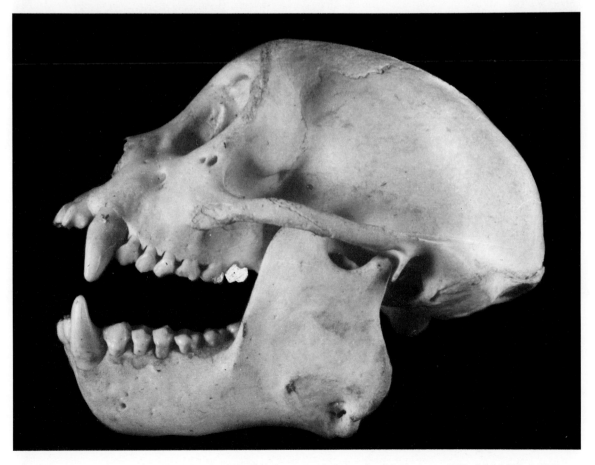

Abb. 246. *Cebus apella* ♂ (Cebidae), rezent, Südamerika. Schädel (Lateralansicht). NHMW 3170. Schädellänge 99,2 mm.

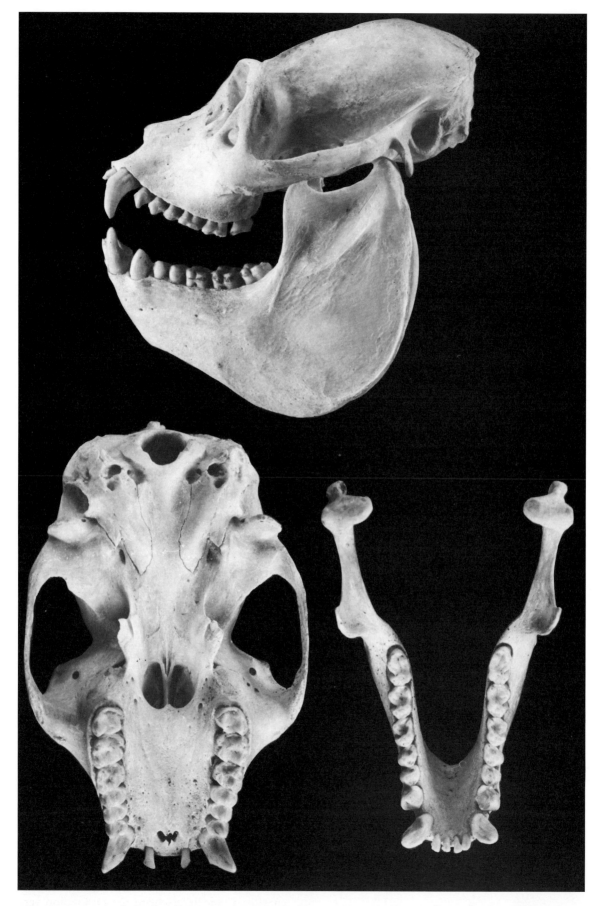

Abb. 248. *Alouatta* cf. *fusca* (Cebidae), rezent, Südamerika. Schädel (Lateral- und Ventralansicht) und Unterkiefer (Aufsicht). Beachte airorhynchen Schädel und kräftigen Ramus ascendens des Unterkiefers. NHMW 7079. Schädellänge 110 mm.

bercular entwickelt, der M³ nach Größe und Kronenmuster etwas reduziert (Abb. 247). Von den I inf. ist der mediane kleiner als der laterale. Der im Umriß rundliche C inf. ist distal an der Basis verbreitert, der $P_{\overline{2}}$ ist gegenüber $P_{\overline{3}}$ und $P_{\overline{4}}$, die morphologisch verkleinerten P sup. entsprechen, vergrößert und mit einem in der distalen Zahnhälfte gelegenen Innenhöcker versehen. Die Zahnkrone ist relativ plump und weicht schon dadurch vom vordersten, gleichfalls vergrößerten P inf. der Catarrhini ab. Die Krone der M inf. ist bunodont, das Talonid ist stets etwas niedriger als das Trigonid. Ein Paraconidhöcker fehlt. Der im Umriß rundliche $M_{\overline{3}}$ ist ähnlich dem M³ klein und reduziert. Die Kapuzineraffen sind arboricole Allesfresser.

Das gleichfalls durch die Affenlücke gekennzeichnete Gebiß der Brüllaffen (Alouattinae mit *Alouatta* = „*Mycetes*") ist durch die relativ kleinen Incisiven – die bei erwachsenen Individuen zum Teil völlig verschwunden sein können –, durch die kräftigen Caninen und das annähernd selenodonte Molarenmuster gekennzeichnet (Abb. 248, 249, Tafel XIV). Die Krone der Incisiven ist klein, die Caninen besitzen durch Längsfurchen (labio-mesial am C sup., linguo-distal am C inf.) zusätzliche Längskanten, die Krone der

einheitlich geformten P sup. besteht aus dem mit Längskanten versehenen Paracon und einem mesio-lingualen Innenhöcker. Die im Umriß gerundet quadratischen Molaren bestehen aus den vier Haupthöckern und einem mehr oder weniger ausgeprägten Metaconulus. Die Haupthöcker sind annähernd selenodont geformt. Die kleinen I inf. sind durch ein kurzes Diastema von dem schlanken, aber kräftigen C getrennt. Von den drei P inf. ist der vorderste zwar der größte, jedoch einspitzig, während an den niedrigeren $P_{\overline{3}}$ und $P_{\overline{4}}$ ein oder zwei Innenhöcker auftreten. An den gleichfalls niedrigen M inf. ist das Talonid größer als das Trigonid, an dem ein Paraconidhöcker fehlt (Abb. 250). Die Außenhöcker zeigen gleichfalls den Trend zur Selenodontie. Die Brüllaffen sind im Gegensatz zu den Kapuzineraffen Nahrungsspezialisten, die sich hauptsächlich von Blättern ernähren.

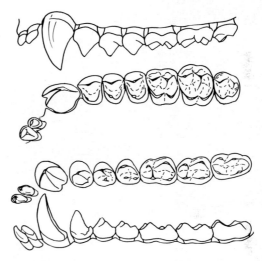

Abb. 250. *Alouatta* cf. *seniculus*, rezent, Südamerika. I¹–M³ sin. buccal (ganz oben) und occlusal (mitte oben), I₁–M₃ dext. occlusal (mitte unten) und lingual (ganz unten). Nach Original. ca. 1/1 nat. Größe.

Im Gebiß der Sakiaffen (Pithecinae mit *Pithecia*, *Cacajao* und *Chiropotes*) sind die Caninen kräftig, und das Molarenmuster erinnert durch die Schmelzfältelung an jenes von *Pongo*. Sie sind vorwiegend Pflanzen-(Frucht-)fresser, die jedoch auch tierische Zukost nicht verschmähen.

Bei den Krallenäffchen (wie *Callithrix* = „*Hapale*", *Leontopithecus* = „*Leontideus*", *Saguinus*) ist das Gebiß etwas reduziert, wie bereits die Zahnformel erkennen läßt ($\frac{2\ 1\ 3\ 2}{2\ 1\ 3\ 2}$). Da das Backengebiß der Callithrichiden einfacher gestaltet ist als jenes der Cebiden, erscheint die Diskussion verständlich, ob das Gebiß der Krallenäffchen primitiv oder abgeleitet ist. Nach MAIER (1977) ist das Callithrichidengebiß als sekundär vereinfacht anzusehen, was mit der Sapivorie („sap feeding") in

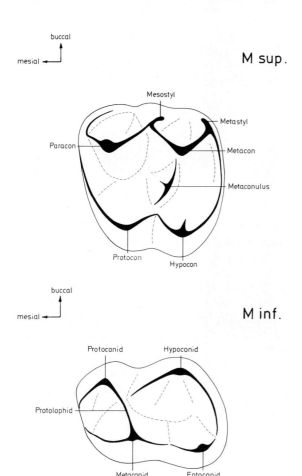

Abb. 249. *Alouatta*. M sup. und M inf. (Schema).

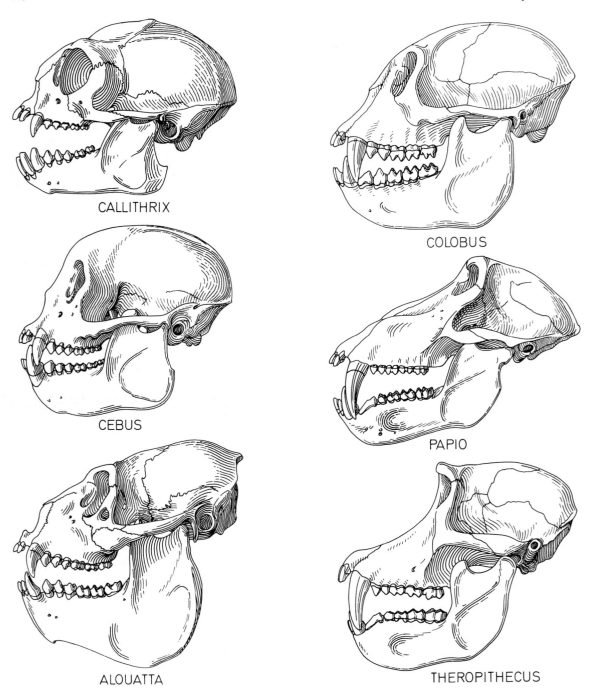

CALLITHRIX

COLOBUS

CEBUS

PAPIO

ALOUATTA

THEROPITHECUS

Tafel XIV. Schädel (Lateralansicht) rezenter Affen. Platyrrhini (linke Reihe) und Catarrhini (rechte Reihe). *Callithrix* (Callitrichidae), *Cebus* und *Alouatta* (Cebidae). *Colobus*, *Papio* und *Theropithecus* als Cercopithecidae. Nicht maßstäblich.

Zusammenhang steht (MAIER, ALONSO & LANG-GUTH 1982). Das tribosphenische Muster der M sup. ist von einem quadrituberculären abzuleiten, wie es etwa von *Saimiri* (Cebidae) bekannt ist.

Branisella boliviana aus dem Deseadense (Alt-Oligozän) Südamerikas ist einer der ältesten Angehörigen der Platyrrhinen. Die spärlichen Kiefer- und Zahnreste (HOFFSTETTER 1969, SZALAY & DELSON 1979, ROSENBERGER 1981) lassen auf eine Zahnformel von $\frac{?133}{?133}$ schließen. Die Krone der M sup. ist quergedehnt (transvers) und besteht aus zwei Außen- und einem kräftigen Innenhöcker. Ein Paraconulus fehlt (am M^2), ein Metaconulus ist am

M^1 deutlich. Der M^3 ist (nach den Alveolen) kleiner als der M_2. Die Unterkiefersymphyse ist deutlich u-förmig. Die von FLEAGLE & BOWN (1983) von *Dolichocebus* aus dem Deseadense Patagoniens beschriebenen Backenzähne sind nicht nur primitiver als alle übrigen Platyrrhinen, sondern zeigen auch große Ähnlichkeit mit afrikanischen Oligozän-Catarrhinen.

Bei *Callithrix* ist die Krone der mittleren Schneidezähne etwas verbreitert, ein deutliches Diastema trennt den kräftigen C sup. von dem kleinen I^2 (Abb. 251; Tafel XIV). Die quergedehnten P sup. vergrößern sich vom P^2 bis zum P^4. Am P^3

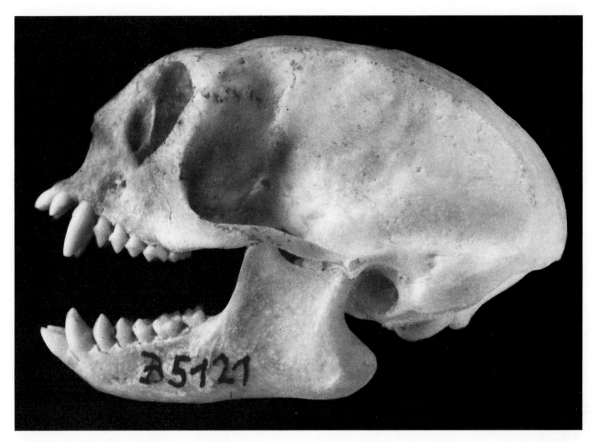

Abb. 251. *Callithrix humeralifer* (Callitrichidae), rezent, Südamerika. Schädel (Lateralansicht). NHMW 35.121. Schädellänge 47,2 mm.

und P $\underline{^4}$ ist neben dem Außenhöcker ein Innenhöcker vorhanden. Der im Umriß gerundet dreieckige M $\underline{^1}$ ist ebenso wie der deutlich kleinere M $\underline{^3}$ dreihöckerig (Abb. 252). Die Krone der I inf. ist nur wenig verbreitert, der gekrümmte C inf. kräftig; von den P inf. ist der vorderste der größte, am P $\overline{_3}$ und P $\overline{_4}$ können Innenhöcker auftreten. An den niedrigen M inf. ist das Talonid größer als das Trigonid, dem ein Paraconid fehlt und bei dem es zur Bildung eines Protolophid (aus Proto- und Metaconidkamm) kommt (Abb. 253).

Die rezenten Krallenäffchen sind durchweg kleine, baumbewohnende Affen, die in den Wäldern der neotropischen Region eine ähnliche Rolle spielen, wie die Hörnchen in den gemäßigten Breiten. Ihre Nahrung ist sehr abwechslungsreich und reicht von pflanzlicher Nahrung (Beeren, Früchte) über Insekten bis zu kleinen Wirbeltieren.

Bei den rezenten Altweltaffen (Catarrhini), die mit fast 70 Arten vorwiegend in der paläotropischen Region heimisch sind, ist zwar die Zahnformel mit $\frac{2\,1\,2\,3}{2\,1\,2\,3}$ einheitlich und das Vordergebiß relativ uniform gestaltet (Abb. 211), das Molarengebiß jedoch different gebaut, indem außer bunodonten und placodonten Mustern auch (bi-)lophodonte auftreten. Innerhalb der Catarrhini werden allgemein die Cercopithecoidea (Cercopithecidae mit Colobinae [= „Colobidae"] und Cercopitheci-

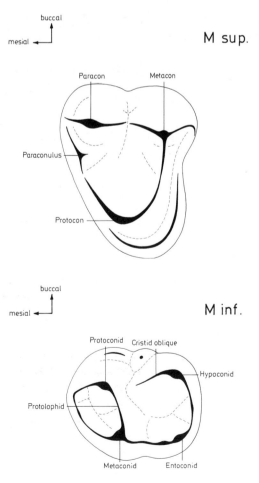

Abb. 252. *Callithrix*. M sup. und M inf. (Schema).

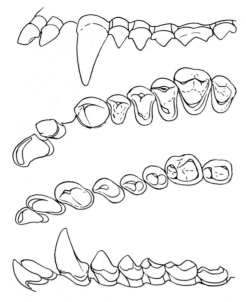

Abb. 253. *Callithrix humeralifer.* I^1 – M^2 sin. buccal (ganz oben) und occlusal (mitte oben), I$_1$ – M$_2$ dext. occlusal (mitte unten) und lingual (ganz unten). M$_{\underline{3}}^3$ völlig reduziert. Nach Original. 1,3 × nat. Größe.

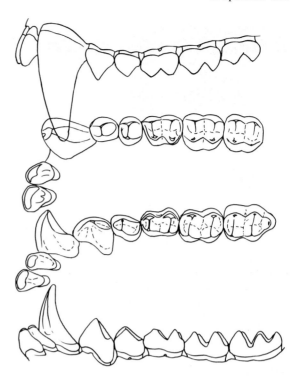

Abb. 254. *Nasalis larvatus* (Cercopithecidae = „Colobinae"), rezent, Borneo. I^1 – M^3 sin. buccal (ganz oben) und occlusal (mitte oben), I$_1$ – M$_3$ dext. occlusal (mitte unten) und lingual (ganz unten). Beachte Bilophodontie der Molaren. Nach Original. 1,3 × nat. Größe.

nae) und die Hominoidea (Hylobatidae, Pongidae und Hominidae) unterschieden (SIMPSON 1945), doch sprechen viele Argumente für eine Abtrennung der Gibbons (Hylobatidae) als eigene Überfamilie (Hylobatoidea; THENIUS 1969, 1981; vgl. CHIARELLI 1968, 1972, KOHLBRÜGGE 1890/92). Dazu kommen die nur fossil bekannten Parapitheciden (mit *Parapithecus* und *Apidium*) aus dem Oligozän Ägyptens, die Oreopitheciden (mit *Oreopithecus*) aus dem Jung-Miozän Europas und die Pliopitheciden (mit *Propliopithecus* = ? „*Aegyptopithecus*" und *Pliopithecus*) aus dem Oligo-Miozän Afrikas bzw. Europas. Mit der Gebißevolution hat sich jüngst BUTLER (1986) befaßt.

Während die Schlank- oder Blätteraffen (Colobinae: wie *Colobus*, *Presbytis* [= „*Semnopithecus*"], *Pygathrix*, *Rhinopithecus* und *Nasalis*) als ausgesprochene Blattfresser richtige Nahrungsspezialisten sind, wie auch der mehrteilige Magen zeigt, ist die Ernährung der Meerkatzenartigen (Cercopithecinae) bedeutend vielfältiger.

Beim Nasenaffen (*Nasalis larvatus*) Südostasiens als typischem Angehörigen der Colobinae ist das Vordergebiß durch kräftige Caninen mit Geschlechtsdimorphismus und ein deutliches Diastema gekennzeichnet, ferner zeigen die P-Region die Heteromorphie und die Molaren eine ausgeprägte Bilophodontie (Abb. 254). Von den I sup. ist die Krone des mittleren etwas verbreitert. Die beiden P sup. sind annähernd gleich groß, doch ist am P$^{\underline{4}}$ ein Innenhöcker deutlich ausgeprägt. Die bilophodonten Kronen der annähernd gleich großen M sup. sind länger als breit. Abgekaut wird zunächst die linguale Zahnhälfte. Die Backen-

zahnreihen selbst verlaufen nicht völlig parallel, sondern konvergieren distal etwas. Die weniger stark verbreiterten I inf. wurzeln in einer massiven Unterkiefersymphyse. Die kräftigen, nach außen divergierenden C inf. sind gekrümmt und werden labial von den zweiwurzeligen, etwas vergrößerten und dreispitzigen P$_{\overline{3}}$ überlappt, deren Achse zur Zahnreihe leicht schräg gestellt ist. Der kleinere, gleichfalls zweiwurzelige P$_{\overline{4}}$ ist zweihöckrig. Die bilophodonten M inf. nehmen nach hinten etwas an Größe zu. Auch die untere Backenzahnreihe konvergiert distal. Abgekaut wird zunächst die buccale Zahnhälfte. Am M$_{\overline{3}}$ ist ein kräftiger Hypoconulidhöcker vorhanden.

Bei den Männchen der Guerezas (Gattung *Colobus*) sind die C sup. besonders kräftig und gekrümmt (Tafel XIV). Der Geschlechtsdimorphismus ist ausgeprägt. Das Gebiß entspricht dem von *Nasalis*; sie sind wie diese ausgesprochene Blattfresser. Zu den bekanntesten fossilen Angehörigen der Colobinae zählen *Mesopithecus* aus dem Jungmiozän Eurasiens, *Libypithecus* und *Dolichopithecus* aus dem Mio-Pliozän Afrikas bzw. Europas. Es sind ihrem Gebiß nach typische Colobinae, dem postcranialen Skelett nach jedoch mehr terrestrisch lebende Formen (DELSON 1973, 1975, SZALAY & DELSON 1979).

Das Gebiß der Cercopithecinae (wie *Cercopithecus*, *Macaca*, *Cercocebus*, *Papio*, *Theropithecus*,

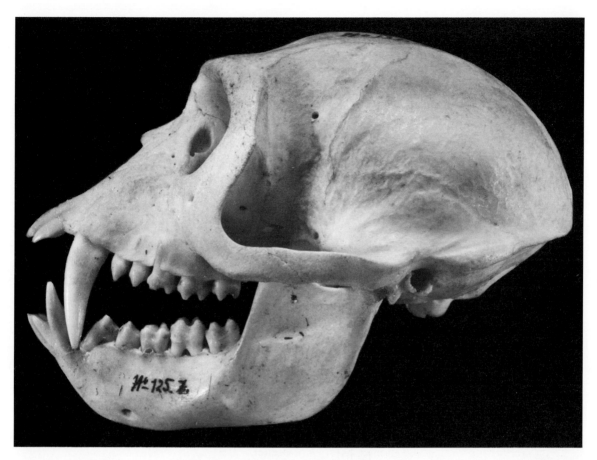

Abb. 255. *Cercopithecus aethiops* ♂ (Cercopithecidae), rezent, Afrika. Schädel (Lateralansicht). NHMW 125 b. Schädellänge 105 mm.

Erythrocebus) ist entsprechend der weniger einseitigen Ernährung etwas mannigfaltiger gestaltet als jenes der Colobinae. Gemeinsam sind jedoch eine weite Affenlücke, der Geschlechtsdimorphismus an den Caninen, die Heterodontie der Prämolaren mit zunehmend secodontem Charakter des $P_{\overline{3}}$ und die Bilophodontie der Molaren.

Die Meerkatzen (Gattung *Cercopithecus*) als vorwiegend arboricole Primaten sind Pflanzenfresser, die allerdings nicht auf bestimmte Pflanzenteile spezialisiert sind. Früchte, Blätter und junge Triebe zählen zu den wichtigsten Futterpflanzen. Bei *Cercopithecus* ist die Krone der medianen I sup. etwas verbreitert, ein Diastema trennt den C sup. vom lateralen I sup. (Abb. 255). Während der kleinere $P^{\underline{3}}$ lingual nur eine Art Cingulum aufweist, sind am $P^{\underline{4}}$ ein oder zwei Innenhöcker ausgebildet. Die M sup. sind bilophodont, der $M^{\underline{3}}$ ist jedoch kleiner als $M^{\underline{1}}$ und $M^{\underline{2}}$. Die Backenzahnreihe ist nach außen leicht konvex gekrümmt (Abb. 256). Die Krone der I inf. ist schmal, die C inf. divergieren stark, die Krone des $P_{\overline{3}}$ ist schmal und mesio-distal verlängert und überlappt mit dem vordersten Abschnitt buccal den C inf. Eine Schneide ist im vordersten Kronenbereich angedeutet. Der im Umriß ovale $P_{\overline{4}}$ ist zweihöckrig, von den bilophodonten Molaren ist der $M_{\overline{2}}$

der größte. Dem $M_{\overline{3}}$ fehlt ein eigener Hypoconulidhöcker. Die leicht gekrümmte untere Backenzahnreihe divergiert distalwärts ganz leicht. Die Unterkiefersymphyse ist relativ lang und massiv.

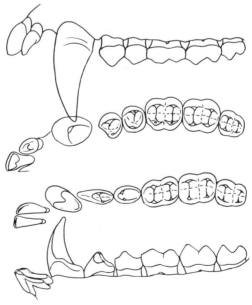

Abb. 256. *Cercopithecus aethiops*. $I^1 – M^3$ sin. buccal (ganz oben) und occlusal (mitte oben), $I_1 – M_3$ dext. occlusal (mitte unten) und lingual (ganz unten). Beachte Bilophodontie der Molaren und secodonten P_3. Nach Original. 1,6 × nat. Größe.

Über *Macaca* (Abb. 257) und *Theropithecus* läßt
sich eine morphologische Reihe zu *Papio* (einschließlich *Mandrillus*; Abb. 258, Tafel XIV) mit
zunehmend vergrößertem P $_{\overline{3}}$ erstellen. Bei *Papio*
ist der P $_{\overline{3}}$ zu einem Zahn mit einer stark verlängerten und schneidend entwickelten Krone gewor-
den, der durch seine vordere, neben der Eckzahn-
wurzel liegende Wurzel besonders bemerkenswert

erscheint und fast als hochkronig bezeichnet werden kann (Abb. 259). Die Caninen der Paviane
zeigen einen starken Geschlechtsdimorphismus,
da diese Zähne bei innerartlichen Auseinandersetzungen eine große Rolle spielen (vgl. Abb. 17). Bei
den Männchen werden die mesial mit einer Längsfurche versehenen C inf. von den P $_{\overline{3}}$ derart abgeschliffen, daß äußerst scharfe Kanten zum Schlit-
zen und Schneiden („slashing & cutting") entstehen, mit denen sich kein Raubtiereckzahn verglichen kann. Dieses „canine tooth honing" entspricht
einer Attrition des Eckzahnes, die zur Selbstschärfung („self sharpening") führt, die mit jener
bei Nagetieren und Huftieren verglichen werden
kann (ZINGESER 1969, GANTT 1979).

Beim Dschelada (*Theropithecus gelada*), einer
heute auf äthiopische Hochländer beschränkten
„Pavian"-Form, ist die Heteromorphie der P inf.
nicht so ausgeprägt wie bei *Papio* (Abb. 260; Tafel XIV). Dafür sind die Kronen der Backenzähne
etwas höher, was mit der Ernährung (90 % grami-
nivor: Samen, Halme und Rhizome) von *Theropithecus* in Zusammenhang steht (JOLLY 1972, DUN-
BAR 1977) (= „small object feeding"). Dscheladas
waren im Pleistozän noch über ganz Afrika verbreitet.

Bei *Victoriapithecus* (Alt- und Mittelmiozän Afrikas) als ältestem bekannten Cercopitheciden ist
an den M sup. noch eine Crista obliqua mehr oder
weniger deutlich ausgeprägt (v. KOENIGSWALD
1969, SZALAY & DELSON 1979).

Zu den ältesten Catarrhinen zählen die Parapitheciden (mit *Parapithecus* und *Apidium*) aus dem
Oligozän Afrikas, deren Zahnformel nach SIMONS
(1974) $\frac{2\ 1\ 3\ 3}{2\ 1\ 3\ 3}$ lautet. Sie entspricht damit jener von
Platyrrhinen, was auch zu unterschiedlichen Auf-
fassungen hinsichtlich der taxonomischen Position dieser fossilen Altweltaffen geführt hat

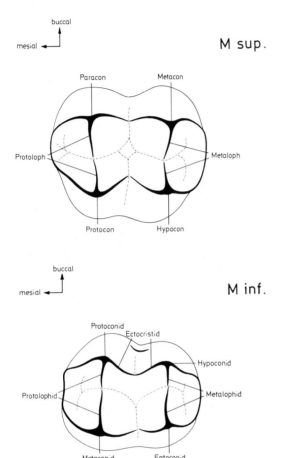

Abb. 257. *Macaca* (Cercopithecidae), rezent, Eurasien. M
sup. und M inf. (Schema).

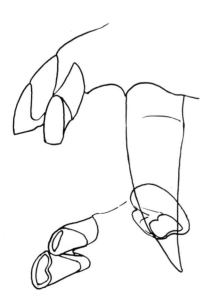

Abb. 259. *Papio doguera* ♂. Vordergebiß sup. sin. (buccal
und occlusal; links) und inf. dext. (occlusal und lingual;
rechts). Beachte kräftige Caninen und langen P₃. Nach Original. 1,2 × nat. Größe.

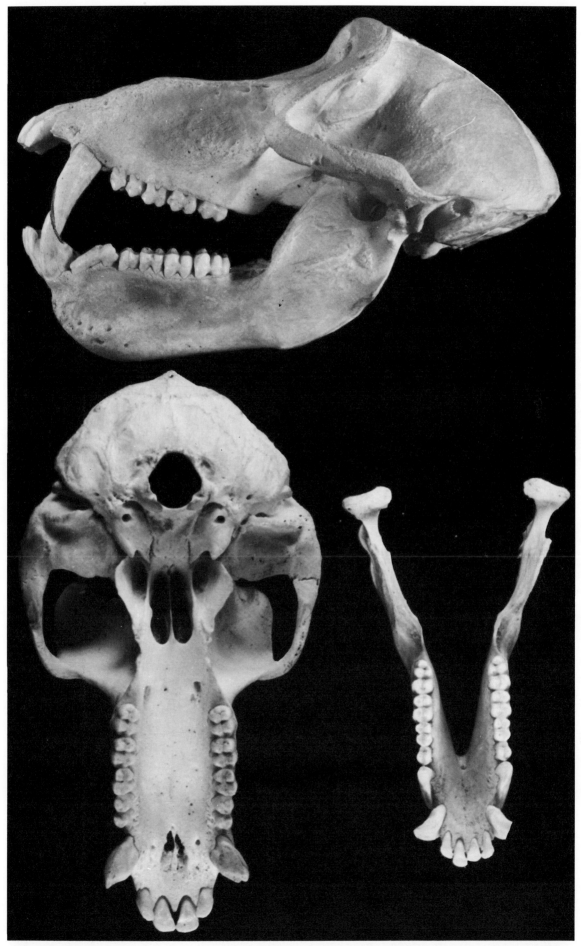

Abb. 258. *Papio doguera* ♂ (Cercopithecidae), rezent, Afrika. Schädel (Lateral- und Ventralansicht) und Unterkiefer (Aufsicht). PIUW 1441. Schädellänge 223 mm.

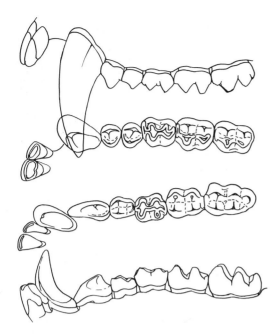

Abb. 260. *Theropithecus gelada* ♂ (Cercopithecidae), rezent, Äthiopien. $I^1 - M^3$ sin. buccal (ganz oben) und occlusal (mitte oben), $I_1 - M_3$ dext. occlusal (mitte unten) und lingual (ganz unten). Beachte Höckerhypsodontie der Molaren. Nach Original. ca. 1/1 nat. Größe.

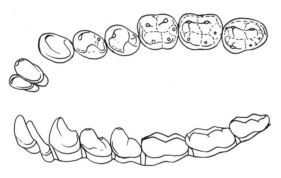

Abb. 261. *Parapithecus fraasi* (Parapithecidae), Mittel-Oligozän, Ägypten . $I_1 - M_3$ dext. occlusal (oben) und lingual (unten). Nach KÄLIN (1961) und SIMONS (1963), kombiniert umgezeichnet. 3 × nat. Größe.

(SCHLOSSER 1911, SIMONS 1963, 1972, 1974, HOFFSTETTER 1974, 1982, SZALAY & DELSON 1979). Während für *Apidium* und *Parapithecus grangeri* der Besitz von drei Prämolaren erwiesen ist, erscheint dies für *Parapithecus fraasi*, die Typus-Art, nicht gesichert (KÄLIN 1961). Die Zahnformel dieser auf einem Unterkiefer basierenden Art wird daher einerseits mit $\frac{}{1\,1\,3\,3}$ bzw. $\frac{}{2\,1\,2\,3}$, andrerseits mit $\frac{}{2\,1\,3\,3}$ angegeben. Kennzeichnend sind die stark divergierenden Zahnreihen (die Richtigkeit der Rekonstruktion vorausgesetzt). Die Morphologie der mandibularen Bezahnung geht aus Abb. 261 hervor. Die bunodonten M inf. sind fünfhöckrig, die Krone der (beiden) P inf. weist neben dem Haupthöcker auch noch linguo-distale Nebenhöcker auf. Die P sup. von *Parapithecus grangeri* bzw. *Apidium phiomense* sind querge-

dehnt, ähnlich platyrrhinen Primaten, an den gleichfalls transversal verbreiterten M sup. sind neben den vier Haupthöckern auch die Zwischenhöcker (Para- und Metaconulus) gut entwickelt, wodurch sie sich deutlich von *Branisella* aus dem Oligozän Südamerikas unterscheiden.

Ein Primate mit besonderer Gebißausbildung ist *Oreopithecus bambolii* als Vertreter der Oreopitheciden aus dem Jung-Miozän Italiens (HÜRZELER 1949, 1958, BUTLER & MILLS 1959) mit der Zahnformel $\frac{2\,1\,2\,3}{2\,1\,2\,3}$. *Oreopithecus* wurde meist als Angehöriger der Cercopitheciden angesehen, bis ihn HÜRZELER auf Grund der geschlossenen Zahnreihe und der verhältnismäßig kleinen Eckzähne sowie einzelner postcranialer Merkmale (z. B. das Ellenbogengelenk) als Hominiden klassifizierte. Eine heute nicht anerkannte Deutung. Die Besonderheiten von *Oreopithecus* liegen nicht nur in der Ausbildung der mittleren I sup., die eine richtige Doppelschneide besitzen und in den bicuspiden P sup., sondern vor allem im Molarenbauplan. Dieser weicht von dem bei Catarrhinen bekannten ab (Abb. 262, 263). Während sich das Muster der M sup. noch von dem primitiver Hominoidea (z. B. *Propliopithecus*) ableiten läßt, ist dies für den Bauplan der M inf. nicht möglich. Es kommt unter Bildung eines zentralen Zahnhügels

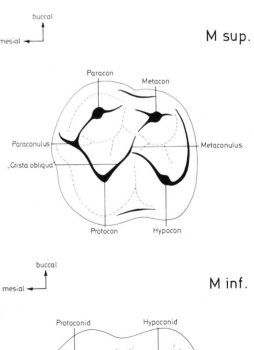

Abb. 262. *Oreopithecus* (Oreopithecidae). M sup. und M inf. (Schema). Beachte Leistenverlauf.

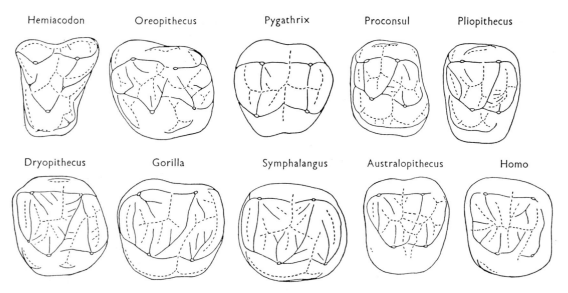

Abb. 263. Muster des M sup. von *Oreopithecus* im Vergleich mit *Hemiacodon* (Omomyidae), *Pygathrix* (Cercopithecidae), *Proconsul, Dryopithecus* und *Gorilla* (Pongidae), *Pliopithecus* (Pliopithecidae), *Symphalangus* (Hylobatidae) sowie *Australopithecus* und *Homo* (Hominidae). Nach BUTLER & MILLS (1959). Nicht maßstäblich.

(Centroconid = Mesoconid) zu einem quer zur Längsachse verlaufenden Kamm, der Metaconid und Hypoconid miteinander verbindet. Auch die Ausbildung eines mesialen Doppelhöckers (Paraconid und Protostylid) an den M inf. ist ungewöhnlich.

Das Gebiß der Hominoidea (im weiteren Sinne: Pliopithecidae, Hylobatidae, Pongidae [einschließlich „Dryopithecidae"] und Hominidae) ist relativ einheitlich gestaltet. Von *Pliopithecus vindobonensis* (Pliopithecidae) aus dem Mittel-Miozän ist das Gebiß vollständig bekannt und von ZAPFE (1961) eingehend beschrieben worden (Abb. 264). Die Zahnreihen divergieren etwas nach hinten. Die Krone der mit schneidender Kante versehenen I^1 ist etwas schaufelförmig, während die des I^2 spitz geformt ist. Der durch ein Diastema vom I^2 getrennte C sup. ist kräftig und besitzt mesial eine Furche. Die beiden P sup. sind von annähernd ovalem Umriß und besitzen kräftige Innenhöcker, die durch einen von einem Längstal unterbrochenen Kamm mit dem Haupthöcker verbunden sind. Die bunodonten, quadrituberculären, im Umriß subquadratischen M sup. nehmen vom M^1 bis zum M^3 ganz knapp an Länge zu. Das Trigon ist am M^1 und M^2 besonders deutlich ausgeprägt, da eine Crista obliqua Proto- und Metacon verbindet und der vordere Trigonkamm vom Protocon zum Parastyl verläuft. Ein kräftiger Hypocon und ein breites Innencingulum sind gleichfalls typisch. Ein Metaconulus ist vorhanden, jedoch nicht bei allen M sup. ausgegliedert. Das Zahnmuster ist durch zusätzliche Leisten und Furchen in charakteristischer Weise gerunzelt. Der mandibularen Zahnreihe fehlt ein ausgeprägtes Diastema. Die Krone der

I inf. ist schmal, die mit ihrer Längsachse schräg nach außen gestellten, kräftigen C inf. divergieren nur schwach und besitzen mesial eine scharfe Kante. Der im Umriß gestreckt ovale $P_{\overline{3}}$ ist schräg gestellt und größer als der $P_{\overline{4}}$, ohne jedoch die für Cercopitheciden typische Größe zu erreichen, und ist mit einer mesialen und zwei distalen Kanten versehen. Der im Umriß ovale bis gerundet rhombische $P_{\overline{4}}$ ist niedriger als der $P_{\overline{3}}$ und erinnert

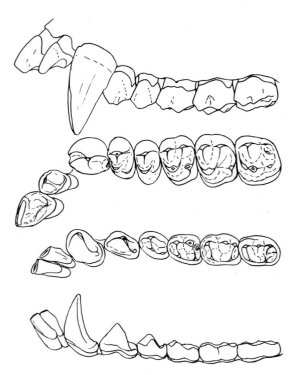

Abb. 264. *Pliopithecus vindobonensis* (Pliopithecidae), Mittel-Miozän, ČSSR. $I^1 - M^3$ sin. buccal (ganz oben) und occlusal (mitte oben), $I_1 - M_3$ dext. occlusal (mitte unten) und lingual (ganz unten). Nach ZAPFE (1961), umgezeichnet. 1,6× nat. Größe.

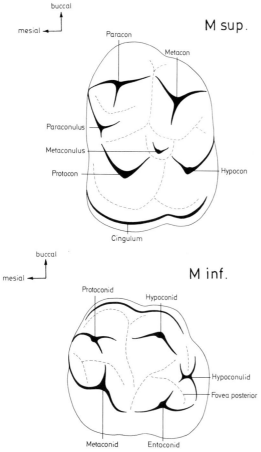

M sup.

buccal
mesial

Paracon
Metacon
Paraconulus
Metaconulus
Protocon
Hypocon
Cingulum

M inf.

buccal
mesial

Protoconid
Hypoconid
Hypoconulid
Fovea posterior
Metaconid
Entoconid

Abb. 265. *Propliopithecus* („*Aegyptopithecus*"; Pliopithecidae), Oligozän, Afrika. M sup. und M inf. (Schema). M inf. mit Fovea posterior.

durch die Trennung in ein höheres zweihöckeriges Talonid und ein niedriges, gleichfalls zweihöckeriges etwas an die Molaren. Die im Umriß gerundet rechteckigen M inf. nehmen nach hinten deutlich an Länge zu. Die niedrige Krone besteht aus fünf Höckern (Proto-, Meta-, Hypo- und Entoconid sowie Hypoconulid), von denen die äußeren durch ein Cingulum begrenzten Höcker beim M_2 und $M_{\overline{3}}$ praktisch in einer Geraden angeordnet sind. An diesen Zähnen ist auch die Runzelung des Schmelzes am besten ausgeprägt. Die eher kurze Symphyse ist kräftig entwickelt. *Pliopithecus* ist nach SZALAY & DELSON (1979) nach dem Gebiß weniger als Fruchtfresser, wie die rezenten Gibbons, sondern eher als Blattfresser anzusehen. Zweifellos war das Gebiß von *Pliopithecus* mehr beansprucht als das bei *Hylobates*, wofür auch kräftigere Kaumuskulatur und die Lage des Condylus mandibularis sprechen. *Propliopithecus* (= „*Aegyptopithecus*") aus dem Oligozän Nordafrikas als weiterer Angehöriger der Pliopitheciden wird nach TSENTAS et al. (1981) nicht wie meist als Fruchtfresser (BUTLER 1986), sondern als „a small tought-object feeder" angesehen. Das Molarenmuster (mit Fovea posterior an den M inf.) ist aus den Abb. 265, 266 ersichtlich.

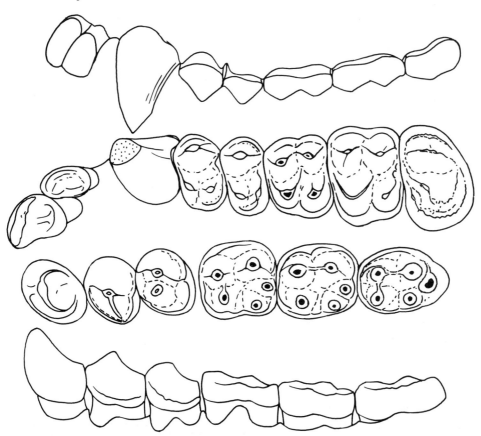

Abb. 266. *Propliopithecus* („*Aegyptopithecus*") *zeuxis*, Mittel-Oligozän, Ägypten. $I^1 - M^3$ sin. buccal (ganz oben) und occlusal (mitte oben). *Propliopithecus haeckeli*, Mittel-Oligozän, Ägypten. $C - M_3$ dext. occlusal (mitte unten) und $C - M_3$ sin. buccal (ganz unten). Nach SZALAY & DELSON (1979), kombiniert umgezeichnet. 2,5 × nat. Größe.

Den Hylobatiden (*Hylobates*, *Symphalangus*) fehlt nicht nur die Schmelzrunzelung der Molaren, auch die etwas weniger eng stehenden Zahnreihen sind eher bogenförmig angeordnet, die Backenzähne relativ kleiner und die $M\frac{3}{3}$ etwas re-

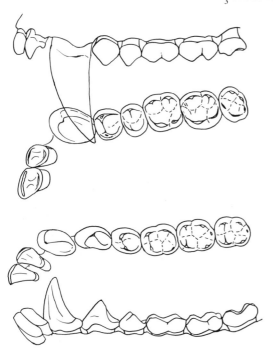

Abb. 267. *Hylobates* sp. ♂ (Hylobatidae), rezent, Südostasien. $I^1 - M^3$ sin. buccal (ganz oben) und occlusal (mitte oben), $I_1 - M_3$ dext. occlusal (mitte unten) und lingual (ganz unten). M inf. mit Dryopithecus-Muster. Nach Original. $1{,}6\times$ nat. Größe.

duziert (Abb. 267). Bei *Hylobates lar* sind die Oberkiefer-Incisiven weniger stark voneinander verschieden als bei *Pliopithecus*. Ihre Krone ist beim I^1 stärker, beim I^2 weniger spatulat verbreitert und mit einem lingualen Cingulum versehen. Das Diastema zum C sup. ist breit, für die kräftigen, in beiden Geschlechtern gleich stark ausgebildeten C sup. ist eine scharfe Distalkante und eine seichte mesiale Furche typisch (Abb. 268). Die zweihöckerigen P sup. sind variabel, jedoch kaum breiter als lang, die Krone der im Umriß gerundet quadratischen M^{1-2} ist vierhöckerig mit einer angedeuteten, allerdings nicht ganz durchlaufenden Crista obliqua (= Ectoprotocrista), die nach MAIER & SCHNECK (1981) nicht mit der Postprotocrista des tribosphenischen Grundtyps identisch ist (Abb. 269). Gelegentlich kommt es bei *Symphalangus syndactylus* zur Bilophodontie der M sup. Der M^3 ist etwas kleiner. Das mandibulare Vordergebiß ist ähnlich *Pliopithecus*, doch sind die Kronen der I inf. kürzer und die mesiale Kante des C inf. weniger scharf. Die Krone des $P_{\overline{3}}$ ist zwar kräftig und länger als breit, doch ist die Schrägstellung geringer als bei *Pliopithecus*, und der secodonte Charakter der Cercopitheciden wird nicht erreicht. Das Talonid des $P_{\overline{4}}$ ist kürzer, der Innenhöcker fast so hoch wie der Außenhökker. Die Krone der M inf. ist fünfhöckerig, Kanten verbinden Meta- und Protoconid, ohne jedoch ein eigentliches Querjoch zu bilden. Die niedrigen

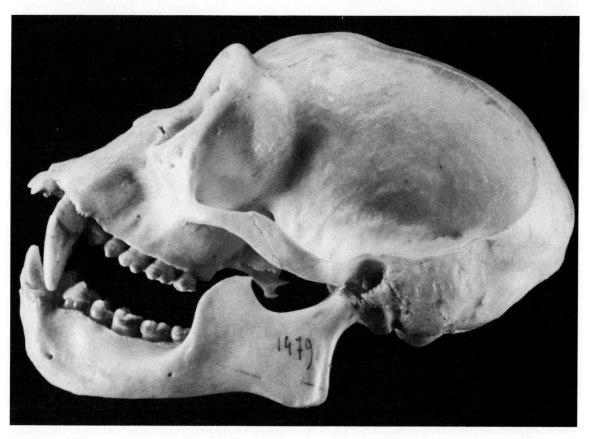

Abb. 268. *Hylobates lar* (*agilis*), rezent, Indonesien. Schädel (Lateralansicht). NHMW 1479. Schädellänge 114 mm.

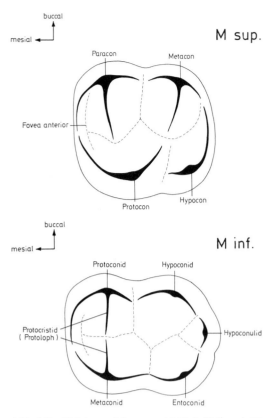

Abb. 269. *Hylobates*. M sup. und M inf. (Schema). Hominoides Grundmuster.

Talonidhöcker sind halbkreisförmig angeordnet (FRISCH 1965, 1973). Die Symphyse ist gegenüber *Pliopithecus* kürzer, der Condylus ist niedrig und der Processus coronoideus ist ebenso wie der Ramus horizontalis schwach entwickelt. Die rezenten Gibbons sind vorwiegend Vegetarier, die Früchte und Beeren (59 %), Blüten (2,5 %), Knospen und junge Blätter (34 %) verzehren, aber auch tierische Kost (wie Insekten, Spinnen, Tausendfüßer, Eier und Nestlinge, etwa 10 %) nicht verschmähen (CARPENTER 1940, CHIVERS 1977, CLUTTON-BROCK & HARVEY 1977, ELLEFSON 1974, MAIER 1984). Nach FRISCH (1965) ist das Gebiß der Festlandsgibbons etwas konservativer als jenes der Inselformen.

Das Gebiß der rezenten Pongiden (*Pongo*, *Pan* und *Gorilla*) ist – entsprechend dem kräftig ausgebildeten Vordergebiß – durch den Verlauf des Zahnbogens als Torbogengebiß zu bezeichnen. Dieses Torbogengebiß steht damit in starkem Gegensatz zum Rundbogen- oder parabolischen Gebiß der modernen Hominiden (Gattung *Homo*) (Abb. 270). So leicht die rezenten Vertreter danach

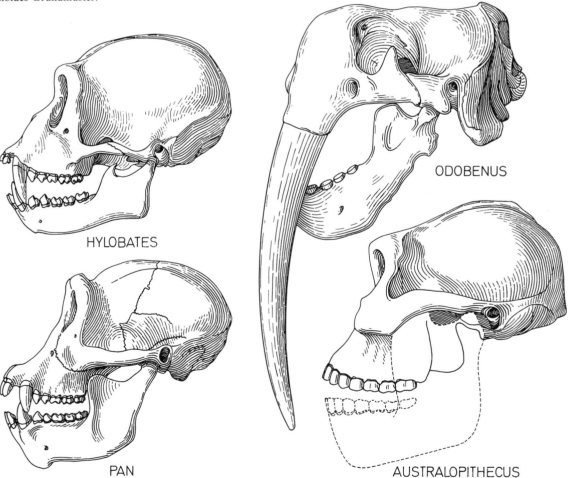

Tafel XV. Schädel rezenter und fossiler „Hominoidea" sowie Pinnipedia. Linke Reihe: *Hylobates* (Hylobatidae, rezent) und *Pan* (Pongidae, rezent). Rechte Reihe: *Odobenus* (Odobenidae, rezent) als Angehöriger der Carnivora (Pinnipedia). *Australopithecus* (Hominidae, Pleistozän). Robuster Typ, wie er als „Zinjanthropus boisei" beschrieben wurde. Unterkiefer rekonstruiert nach *Australopithecus robustus*. Nicht maßstäblich.

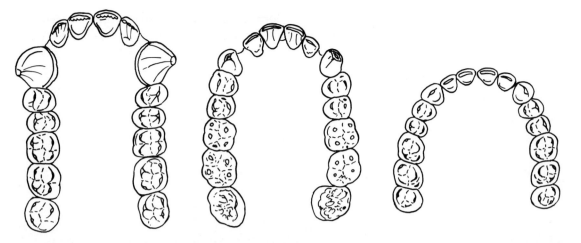

Abb. 270. Oberkiefergebiß (Occlusalansicht) von Pongiden (*Gorilla gorilla*, rezent; links) und Hominiden (*Australopithecus afarensis*, Pliozän Afrika, mitte und *Homo sapiens*, rezent; rechts). Beachte Torbogengebiß der Pongiden samt „Affenlücke" und Rundbogengebiß bei *Homo sapiens*. Gebiß von *A. afarensis* vermittelt morphologisch. 0,6 × nat. Größe.

zu unterscheiden sind, so schwierig kann dies bei fossilen Formen sein. Beim Schimpansen (*Pan troglodytes*), bei dem die Backenzahnreihen nach hinten leicht konvergieren können, sind die mittleren I sup. stark, die seitlichen I sup. nur leicht spatulat ausgebildet und mit einem lingualen Cingulum versehen. Sie sind, wie die I inf., schräg nach vorn gerichtet (procliv), und unterscheiden sich auch dadurch von jenen bei *Homo* (Abb. 271, Tafel XV). Die durch ein deutliches Diastema davon getrennten, im Umriß annähernd rundlichen C sup. zeigen einen Geschlechtsdimorphismus. Eine schwache Mesial- und eine scharfe Distalkante sind charakteristisch. Für die Kronen der etwas quergedehnten beiden P sup. sind kräftige Außen- und schwächere Innenhöcker kennzeichnend. Die im Umriß subquadratischen M sup. sind vierhöckrig und mit einer mehr oder weniger deutlichen Crista obliqua ausgestattet (Abb. 272). Der Hypocon ist deutlich getrennt. Die Größe des M^3 variiert etwas. Die I inf. sind gering schaufelförmig verbreitert, die Zahnschneiden verlaufen bei den I$_{\overline{1}}$ gerade, bei den I$_2$ gerundet bogenförmig. Ein basales Cingulum ist an der lingualen Zahnbasis vorhanden. Die kräftigen C inf., die von den I und P durch kleine Diastemata getrennt sein können, zeigen eine mesiale und eine distale Kante, die in eine Art Talonid ausläuft. Die Heteromorphie der P inf. kommt durch den längeren, im Kiefer etwas schräg stehenden und praktisch einspitzigen P$_{\overline{3}}$ und den deutlich kürzeren, zweihöckerigen P$_{\overline{4}}$ zum Ausdruck. Das Talonid des P$_{\overline{4}}$ ist nur ganz kurz. An den fünfhöckerigen M inf. ist ein niedriges „Protolophid" zwischen Proto- und Metaconid entwickelt. Das Hypoconulid liegt meist in der labialen Zahnhälfte, das *Dryopithecus*-Muster (Y-Muster der Furchen) ist vorhanden, jedoch ist der Schmelz manchmal auch etwas undeutlich gerunzelt (Abb. 273). Die

Schimpansen sind vorwiegend Vegetarier mit starker Präferenz für Früchte, doch verschmähen sie tierische Kost (wie Insekten, Wirbeltiere) keineswegs. Allerdings hängen die Ernährungsgewohnheiten der Wildpopulationen stark vom Wohngebiet ab (LAWICK-GOODALL 1971, CLUTTON-BROCK 1977). Vom Zwergschimpansen (*Pan paniscus*) liegen praktisch keine verwertbaren Freilandbeobachtungen vor; zum etwas abweichenden Gebiß vgl. KINZEY (1984). Die beiden übrigen rezenten Pongiden (*Gorilla* und *Pongo*) sind ausgesprochene Vegetarier, indem der baumbewohnende Orang (*Pongo pygmaeus*) mehr Früchte, der weitgehend bodenbewohnende Gorilla (*Gorilla*) dagegen eher saftige Pflanzenteile (wie Sellerie, Pflanzenmark) bevorzugt (SCHALLER 1965) (Abb. 274).

Die Höhe des Ramus ascendens und damit auch des Condylus mandibularis ist bei den rezenten Pongiden zwar etwas verschieden, erreicht jedoch bei *Pongo* und *Gorilla* die höchsten Werte. Bei fossilen Pongiden (wie *Dryopithecus*, *Proconsul*) sind die unteren Schneidezähne – soweit bekannt – deutlich schmäler und nicht spatelförmig verbreitert. An den M sup. ist vielfach ein kräftiges Innen-, an den M inf. ein Außencingulum entwickelt (Abb. 275). Bei *Sivapithecus* bzw. *Ramapithecus* aus dem Miozän werden von verschiedenen Autoren die etwas abweichende Abkauung, die stärkeren interstitiellen Usuren und ein dickerer Schmelz mit abweichender Schmelzstruktur betont (GANTT, PILBEAM & STEWARD 1977, GREENFIELD 1979, PICKFORD 1977, PILBEAM et al. 1977, SIMONS 1979). Bei „*Ramapithecus*" kommen noch die relativ kleinen Caninen und die abweichende, nach LEWIS (1934) und SIMONS (1977) in Richtung *Homo* tendierende Form des Zahnbogens hinzu (SZALAY & DELSON 1979). Letztere haben zur Zuordnung von *Ramapithecus* zu den Hominiden ge-

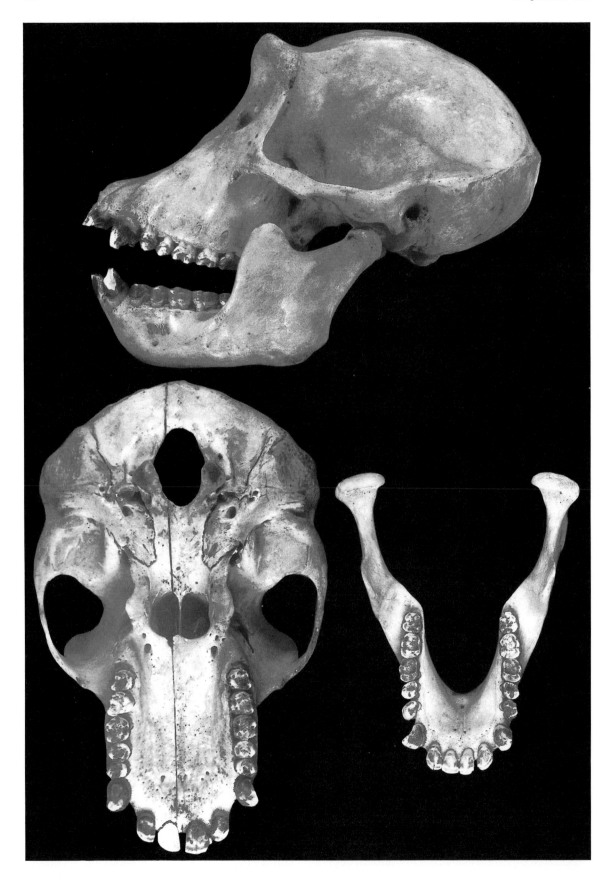

Abb. 271. *Pan troglodytes* ♀ (Pongidae), rezent, Kamerun. Schädel (Lateral- und Ventralansicht) und Unterkiefer (Aufsicht). NHMW 3081. Schädellänge 201 mm.

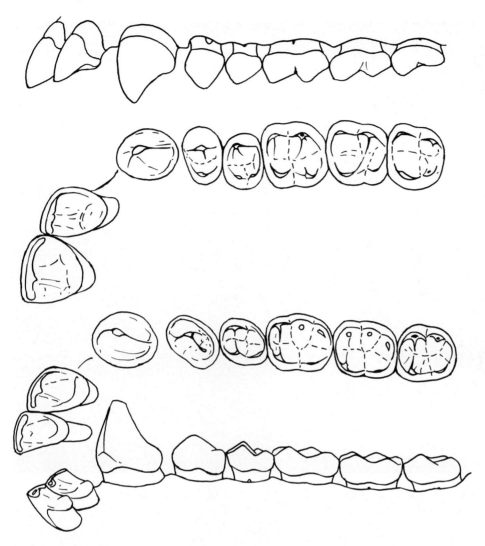

Abb. 272. *Pan troglodytes*. $I^1 - M^3$ sin. buccal (ganz oben) und occlusal (mitte oben), $I_1 - M_3$ dext. occlusal (mitte unten) und lingual (ganz unten). Nach Original. 1,6 × nat. Größe.

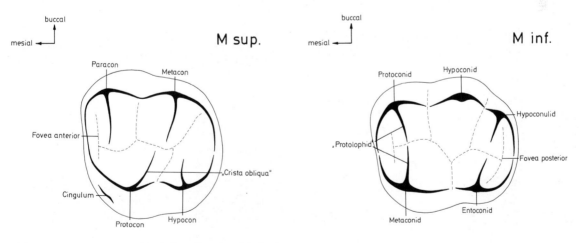

Abb. 273. *Pan*. M sup. und M inf. (Schema). M inf. mit Dryopithecus-Muster.

führt, während nach PILBEAM (1982) Beziehungen zu *Pongo* anzunehmen sind. Nach BUTLER (1986) ist der dickere Schmelz bei *Sivapithecus – Ramapithecus* unabhängig von den Hominiden entstanden (vgl. dazu GANTT 1982 wegen „keyhole"-Muster).

Als Sonderform der Pongiden sei hier noch *Gigantopithecus* aus dem Miozän Südasiens und dem Pleistozän Ostasiens erwähnt (Abb. 276). Die Zähne von *Gigantopithecus blacki* sind nicht nur durch ihre Größe bemerkenswert, sondern auch durch ihre Kronenhöhe, wie sie in diesem Ausmaß

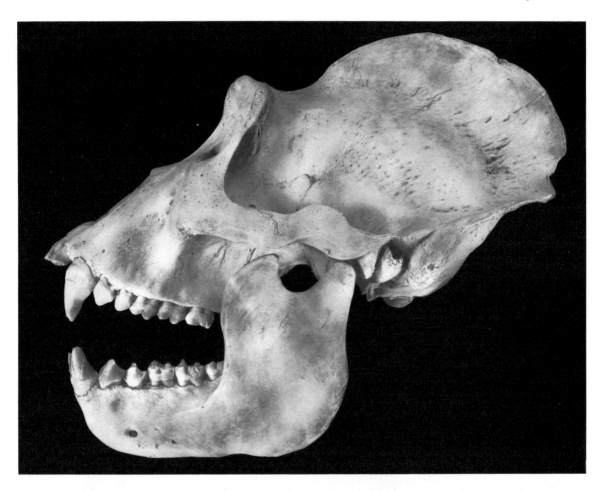

Abb. 274. *Gorilla gorilla* ♀ (Pongidae), rezent, Zentralafrika. Schädel (Lateralansicht). Beachte kräftige Caninen und Scheitelkamm. NHMW 3115. Schädelbasislänge 250 mm, sonst 290 mm.

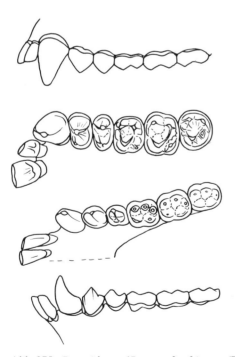

Abb. 275. *Dryopithecus* (*Proconsul*) *africanus* (Pongidae), Mittel-Miozän, Afrika. I¹ – M³ sin. buccal (ganz oben) und occlusal (mitte oben), I₁ – M₃ dext. occlusal (mitte unten) und I₁ – M₃ sin. buccal (ganz unten). Nach Abgüssen, kombiniert gezeichnet. 1/1 nat. Größe.

von keinem anderen Primaten bekannt ist (VON KOENIGSWALD 1952) und zweifellos mit einer härteren Pflanzennahrung dieser manchmal als Hominiden klassifizierten Form zu erklären ist (= ? „small object feeding") (Abb. 277, 278).

Wie schon erwähnt, unterscheidet sich das Gebiß der (modernen) Hominiden – gemäß dem „reduzierten" Vordergebiß – bereits durch den parabolischen Zahnbogenverlauf und damit durch die Orthognathie von dem der (prognathen) Pongiden. Wie weit diese Orthognathie mit der Bipedie und damit einem Werkzeuggebrauch („tool-using") in Zusammenhang zu bringen ist (BARTHOLOMEW & BIRDSELL 1953) oder auf ein in Verbindung mit einem neuen Lebensraum geändertes Sozialverhalten, sei dahingestellt. Die Zahnformel lautet wie bei diesen $\frac{2\;1\;2\;3}{2\;1\;2\;3}$ = 32. Die in Zusammenhang mit der Reduktion der zunehmend prämolariformen Eckzähne stehende Verkürzung des Fazialschädels und die eher wenig spatulat entwikkelten Schneidezähne haben zu dem typischen Zahnbogenverlauf geführt (MÜHLREITER & JONGE 1928). Dazu kommt die Homomorphie der Prämolaren, das Fehlen von Diastemata, der dicke

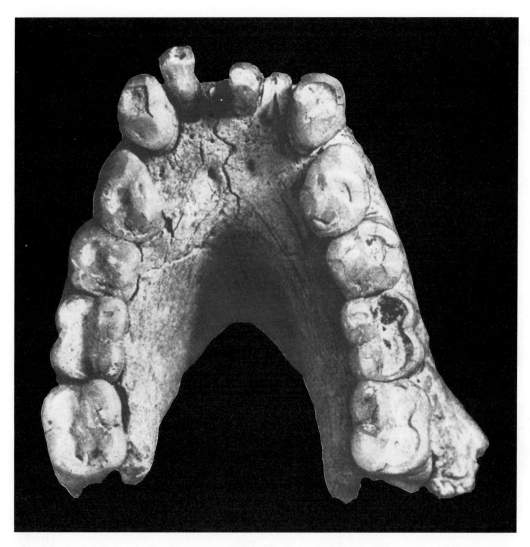

Abb. 276. *Gigantopithecus blacki* (Pongidae), Pleistozän, Südchina. Unterkieferrest mit stark abgekautem Gebiß (I_1 sin., I_2 dext. und M_3 fehlen) in Aufsicht. Symphyse mit „simian shelf". Nach VON KOENIGSWALD (1957). ca. 1,5 × nat. Größe.

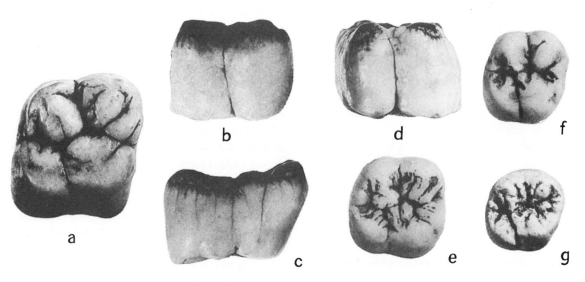

Abb. 277. M^2 dext. von *Gigantopithecus blacki* (a–d) im Vergleich zu *Pongo* cf. *pygmaeus* (e), *Homo erectus* (= „*Sinanthropus officinalis*", Pleistozän; f) und *Homo sapiens* (rezent) (g). Nach VON KOENIGSWALD (1952). 1,75 × nat. Größe.

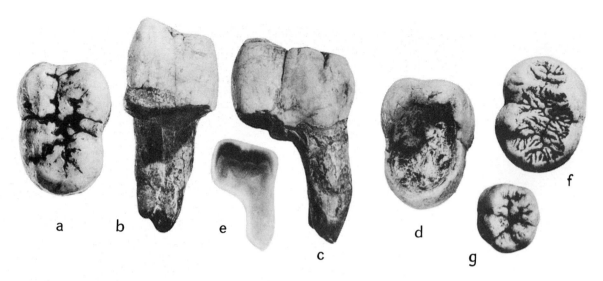

Abb. 278. M inf. von *Gigantopithecus blacki* (a – e) im Vergleich mit *Pongo* cf. *pygmaeus* (f) und *Homo sapiens* (g). Nach VON KOENIGSWALD (1952). 1,5 × nat. Größe.

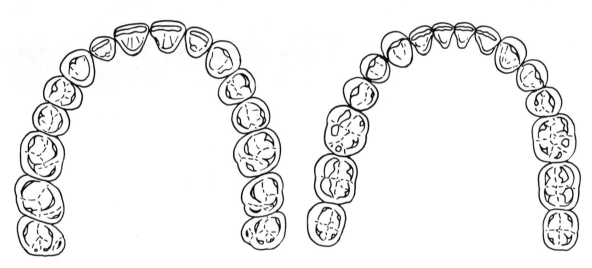

Abb. 279. *Homo sapiens* (Hominidae) rezent. Ober-(links) und Unterkiefergebiß (rechts) in Occlusalansicht. Beachte Rundbogengebiß. 1,3 × nat. Größe.

Schmelz der Backenzähne und die Tendenz zur Rückbildung der M $\frac{3}{3}$ (Abb. 279). Da das Gebiß von *Homo sapiens* stark variiert, kann die hier gegebene Charakteristik nur für ein menschliches Durchschnittsgebiß gelten. Die gegenüber den modernen Pongiden eher schmalen Incisiven sind relativ steil im Kiefer eingepflanzt (Abb. 280). Sie bilden in ihrer Gesamtheit eine leicht bogenförmig gekrümmte Schneide, da auch die Krone der seitlichen Schneidezähne distal gleich hoch ist wie mesial. Bei Europäern herrscht die Psalidodontie oder der Scherenbiß vor, bei dem in Okklusionsstellung die I sup. die I inf. bedecken, während bei außereuropäischen Völkern oft die Labidodontie (Kopf- oder Zangenbiß) angetroffen wird (WELCKER 1862). Der einspitzige C sup. erinnert durch die kräftige Wurzel an die einst größere Krone, worauf besonders REMANE (1927) hinwies, die im Umriß ovale Krone der beiden zweihöckri-

gen P sup. ist breiter als lang. Das Muster der Molaren entspricht dem der Pongiden mit dem Trigon und dem Hypocon. Die Höcker selbst sind mehr oder weniger abgeflacht, so daß für diesen Zahntyp die Bezeichnung placo-(buno-)dont verwendet wird. Gelegentlich treten lingual kleine Höcker auf (Carabellische Höcker), die jedoch starken individuellen Schwankungen unterliegen können. Der M $\frac{3}{}$ variiert stark, ist jedoch stets kleiner als der M $\frac{2}{}$. Der Durchbruch der M $\frac{3}{3}$ erfolgt überdies vielfach verzögert (sogenannte Weisheitszähne), sofern er nicht überhaupt unterbleibt. Für das mandibulare Vordergebiß gilt das bereits für das Oberkiefergebiß Gesagte. Die in der Zahnreihe nicht hervortretenden Eckzähne ermöglichen zusammen mit der Ausbildung des Kiefergelenkes eine von den Pongiden abweichende Art der Abkauung. Auf die bei den verschiedensten Menschen(gruppen) besonders exzessive Abkau-

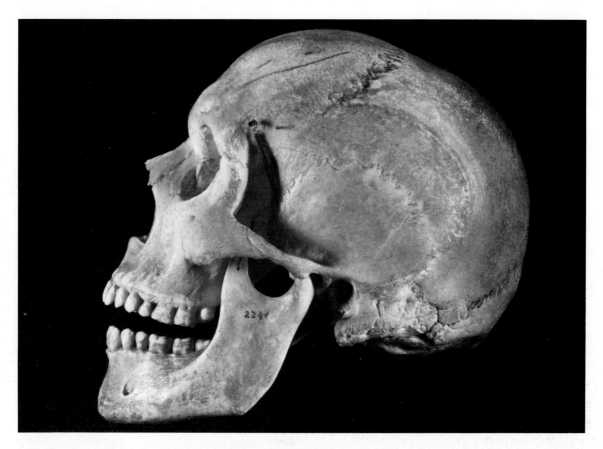

Abb. 280. *Homo sapiens*. Schädel (Lateralansicht). PIUW 2241. Unterkieferlänge 113 mm.

ung durch Kauen von Betel, Tabak oder Kaugummi oder den sogenannten Bruxismus, der zur weitgehenden Abschleifung von Zähnen führt, kann hier nur hingewiesen werden (NADLER 1957). Von den gleichfalls homomorphen P inf. ist der vordere etwas kleiner. Ein Innenhöcker ist beim $P_{\overline{3}}$ schwach, ein beim $P_{\overline{4}}$ manchmal zweigeteilter deutlich ausgebildet. An den primär fünfhöckerigen M inf. wird das *Dryopithecus*-Muster meist unter Reduktion des Hypoconulides modifiziert zum + 5- oder + 4-Muster (Abb. 273, 275) (ROBINSON & ALLIN 1966). Die Art der Kaubewegungen widerspiegelt sich nicht nur in der Abkauung, sondern steht auch mit der Form des Unterkiefers in Zusammenhang, indem u. a. der Ramus ascendens relativ hoch ist und damit auch der Condylus mandibularis hoch über der Zahnebene liegt (Abb. 281). Von der Gattung *Australopithecus* aus dem Plio-Pleistozän sei hier nur *Australopithecus afarensis* aus dem Pliozän Afrikas berücksichtigt.

Angehörige von *Australopithecus* wurden ursprünglich als Menschenaffen (Pongidae) klassifiziert (DART 1925, ABEL 1931). Funde postcranialer Skelettreste haben seither gezeigt, daß es sich um bipede Primaten handelt und damit die hominide Natur bestätigt (BROOM & SCHEPERS 1946). *Australopithecus afarensis* besitzt einen Zahnbogen, der zwischen dem von Pongiden und *Homo* vermittelt (Abb. 270). Die Kronen der mittleren I sup. sind

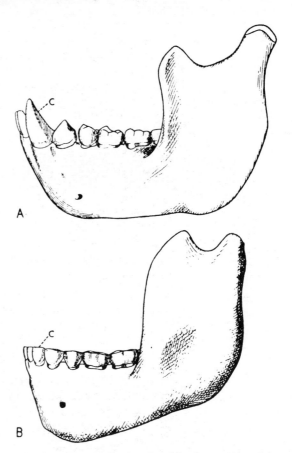

Abb. 281. Unterkiefer eines Pongiden (*Pongo*; A) und eines Hominiden (*Australopithecus*; B). C = Caninus. Beachte Heteromorphie der Prämolaren bei Pongiden gegenüber Homomorphie sowie hohen Ramus ascendens der Mandibel bei Hominiden. Nach LE GROS CLARK (1958).

ähnlich denen der Pongiden spatulat, die kleineren I^2 sind durch ein Diastema von dem jeweiligen C sup. getrennt. Ein ähnliches Diastema ist übrigens auch bei „*Homo*" (*erectus*) *modjokertensis* aus dem Alt-Pleistozän von Java bekannt (KOENIGSWALD 1958). Der C sup. ist massiv und überragt mit der Krone die Zahnreihe im jugendlichen Zustand deutlich (JOHANSON, WHITE & COPPENS 1978). Die kräftigen P sup. sind zweihöckerig und breiter als lang. Die M sup. sind typisch hominoid gebaut, der M^3 ist der größte Zahn, der Schmelz zusätzlich noch gerunzelt. Bei den I$_2$ ist die Schneide nicht voll wie bei *Homo* ausgebildet, die Eckzahnnatur des C inf. ist noch deutlich, die P inf. sind zweihöckerig und homomorph. Erst im adulten Zustand entsteht in Form eines Funktionswechsels aus dem mehr oder weniger „cutting" C/P$_{\overline{3}}$ der „grinding" C/P$_{\overline{3}}$. Es ist der bisher primitivste C/P$_{\overline{3}}$-Komplex eines Hominiden (WOLPOFF 1979). Bei den M inf. ist der M$_{\overline{3}}$ meist der größte Zahn. Demnach ist das Gebiß von *Australopithecus afarensis* als hominid mit primitiven

Merkmalen zu bezeichnen. Auch die Art der Abkauung mit dem „uniform sloped wear" entspricht nicht ganz jener von *Homo* (TOBIAS 1980). Die übrigen Australopithecinen (*A. africanus* und *robustus/boisei*) verhalten sich in der Ausbildung des C/P$_{\overline{3}}$-Komplexes evoluierter als *A. afarensis* (ROBINSON 1956). Bei *Australopithecus robustus* (= „*Zinjanthropus*" *boisei*) ist nicht nur das Molarengebiß vergrößert, sondern auch der Ramus ascendens höher und damit das Kiefergelenk hoch über der Zahnebene gelegen (Abb. 282, Tafel XV). Diese Abkauung des Backenzahngebisses ist meist außerordentlich stark und dürfte der hartschaligen Nahrung (Früchte) dieses sogenannten „Nußknacker"-Typs entsprechen. BOAZ spricht wegen der stark vergrößerten Molaren bei *A. boisei* von einer Megamylie. Die biomechanische Analyse wird durch die mikroskopischen Befunde bestätigt (WALKER 1981). Die Bedeutung der Biomechanik für die Ausbildung des Fazialschädels der verschiedenen *Australopithecus*-Formen hat RAK (1983) gezeigt.

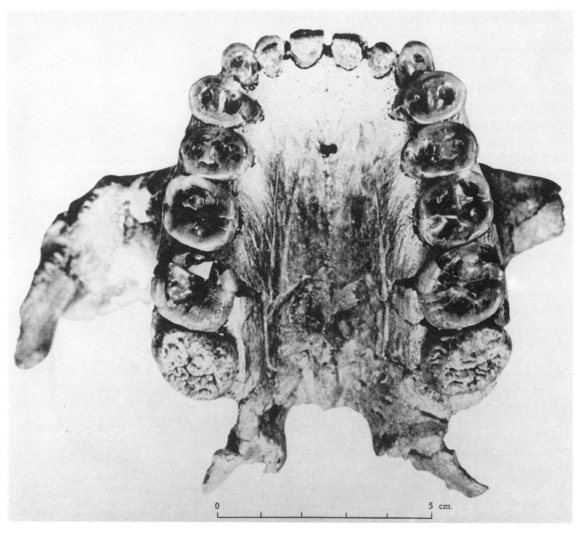

Abb. 282. *Australopithecus* („*Zinjanthropus*") *boisei* (Hominidae). Ältest-Pleistozän, Ostafrika. Oberkiefergebiß. Beachte kräftige Abkauung, stark reduziertes Vordergebiß und dementsprechend geringe Prognathie. Ausgesprochen herbivore Hominidenform mit Megamylie. Nach TOBIAS (1967).

Die für die Zähne des Neandertalers (*Homo sapiens neanderthalensis*) von KEITH (1913) eingeführte Bezeichnung taurodont bezieht sich auf die große Pulpahöhle. Sie ist in ähnlicher Weise auch von Platyrrhinen bekannt (SENYUREK 1953).

3.10 Rodentia (Nagetiere)

Die Nagetiere sind mit etwa 1700 Arten die gegenwärtig artenreichste Säugetierordnung. Sie sind fast weltweit verbreitet und fehlten primär nur Neuseeland, der Antarktis sowie einigen arktischen und ozeanischen Inseln. Es sind meist kleine, nur gelegentlich mittelgroße (Wasserschwein), meist herbivore Säugetiere, die durch ein Nagezahngebiß gekennzeichnet sind. Sie wurden ursprünglich als Simplicidentata den Duplicidentata (= Lagomorpha) gegenübergestellt und mit diesen als Nagetiere klassifiziert, doch haben morphologisch-anatomische, paläontologische sowie serologische Untersuchungen die Eigenständigkeit der Duplicidentata bestätigt. Nähere verwandtschaftliche Beziehungen zwischen Rodentia und Lagomorpha – wie sie etwa im Begriff Glires zum Ausdruck kommen – werden diskutiert. Das Nagezahngebiß der Lagomorphen und der Rodentia dürfte jedoch unabhängig voneinander entstanden sein. Bei den Simplicidentata (= Rodentia) ist stets nur ein Paar Incisiven im Ober- und Unterkiefer zu wurzellosen, halbkreisförmig gekrümmten (gliriformen) Zähnen mit schneidenden Kanten vergrößert, die durch ein weites Diastema von den Backenzähnen getrennt sind. Die Nagezähne selbst sind praktisch nur an der Vorderseite mit Schmelz überzogen und sind bei manchen Nagern derart verlängert, daß die Wurzeln der allein als Nagezähne tätigen I inf. im Unterkiefer bis in die Condyluspartie reichen. Wie bei den Lagomorphen sind die I sup. stärker gekrümmt. Nach der Stellung lassen sich ortho-, opistho- und proodonte I sup. unterscheiden (Abb. 283; vgl. HINTON 1926, LANDRY 1957a,

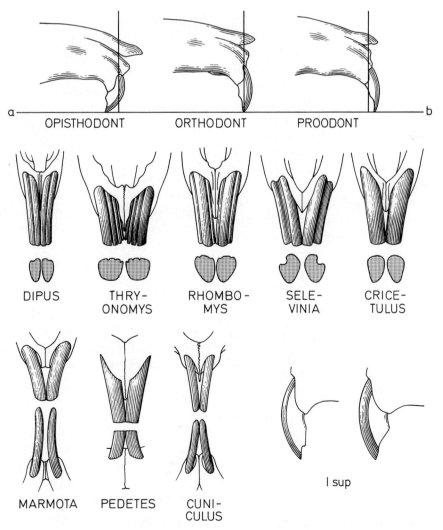

Abb. 283. Stellung und Ausbildung der Nagezähne bei den Rodentia. Opistho-, ortho- und proodonte Stellung. Oberfläche glatt bis gefurcht, Querschnitt, Divergenz und unterschiedliche Abschleifung (der I sup.).

HERSHKOVITZ 1962). Die schmelzbedeckte, flache
bis gekrümmte Vorderseite ist meist glatt. Verschiedentlich treten eine oder mehrere Längsfurchen auf (Abb. 283). Die Abschleifung der I sup.
erfolgt in der Regel konkav, selten tritt in der Pro-
filansicht eine Stufe im Dentin auf. Die Abnutzung ist Voraussetzung für die Funktionstüchtig-
keit. Die Kiefergelenkpfannen bilden Längsrin-
nen. Der Schmelz der Nagezähne ist meist charakteristisch gefärbt (z. B. gelb, braun, rot). KRUM-
BACH (1904) unterscheidet nach der Form, der Abschleifung und der Ausbildung der Schmelz-
schneiden sowie des Musculus transversus mandibulae den Leporiden-, Caviiden-, Muriden-, Sciu-
riden- und Dipodiden-Typ, die er mit der unterschiedlichen Ernährung in Zusammenhang
bringt. Der M. transversus mandibulae zwischen
den beiden Mandibelhälften ermöglicht, zusammen mit der beweglichen und als Halbgelenk
funktionierenden Symphyse, eine Sprengwirkung
der I inf.

Die systematische Großgliederung der Nagetiere
ist mit zahlreichen Problemen verbunden, die
nicht zuletzt auch auf die Ausbildung des Backenzahngebisses und der Kaumuskulatur zurückgehen. So ist die Pentalophodontie der Molaren innerhalb der Rodentia mehrfach unabhängig voneinander entstanden. Diese und andere Konver-
ganz- und Parallelerscheinungen erschweren die
Beurteilung der tatsächlichen verwandtschaftlichen Beziehungen. Dazu kommen vereinzelt Probleme der Homologisierung, nicht nur von Zahnhöckern, sondern auch der Backenzähne selbst
(wie *Rhizospalax* und die Spalaciden, Bathyergiden). Allgemein wird die Ausbildung der Kaumuskulatur zur taxonomischen Gliederung herangezogen, wenn man von der Zweigliederung
nach dem Kieferbau in Sciurognathi und Hystricognathi absieht. Es lassen sich als wichtigste Typen der protrogomorphe (wie Paramyidae) als
ursprünglichster, ferner der sciuromorphe (wie
Sciuridae, Castoridae und Ctenodactylidae) als
etwas fortschrittlicher sowie der myomorphe (wie
Cricetidae) und der hystricomorphe (wie Hystricidae, Caviomorpha) als stark abgeleitete Typen
unterscheiden (Abb. 284). Im folgenden sind Angehörige von insgesamt acht Unterordnungen
besprochen: Protrogomorpha, „Sciuromorpha",
Theridomorpha, „Anomaluromorpha", Glirimorpha, Myomorpha, Hystricomorpha und Caviomorpha, von denen die beiden letzten vermutlich eine Einheit bilden.

Die Nagetiere sind fast ausschließlich Pflanzenfresser, die entsprechend ihrer Artenzahl und der
von ihnen bewohnten Lebensräume sowie der unterschiedlichen Ernährung eine Formenfülle ent-

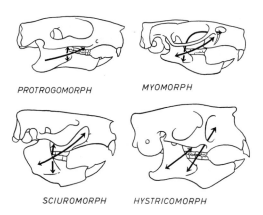

Abb. 284. Die wichtigsten Typen der Kaumuskulatur der
Rodentia (Schemata). Beachte unterschiedlichen Verlauf
und Ansatzstellen des Musculus masseter beim protrogomorphen (Ischyromyoidea) als ursprünglichsten, beim
sciuro-(Sciuridae) und myomorphen (Muridae) sowie hystricomorphen Typ (Hystricidae) als verschieden stark abgeleiteten Typen. Nach WOOD (1959), umgezeichnet.

wickelt haben, die sich auch in der unglaublich
mannigfaltigen Ausbildung des Backenzahngebisses widerspiegeln. Nur wenige Nagetiere sind
Allesfresser (omnivor), Insekten- (insectivor: *Colomys, Onychomys, Oxymycterus, Zelotomys, Me-
gadontomys*), Krebs- oder Fisch-(cancri- bzw. pis-
civor: *Ichthyomys, Daptomys, Rheomys*) oder
Fleischfresser (carnivor: *Deomys, Graphiurus*)
(s. a. DIETERLEN & STATZNER 1981, VOSS et al.
1982). Manche Nager sind caecotroph, d. h.
schwer verdauliche Nahrung wird im Blinddarm
(Caecum) als Gärkammer aufgeschlossen und anschließend gefressen, damit sie im Mitteldarm resorbiert werden kann. Die Ausbildung der Bakkenzähne ist außerordentlich vielgestaltig. Sie
reicht von brachyodonten bis zu hypsodonten und
vielfach auch wurzellosen Molaren, mit einem bunodonten bis selenodonten, wie oligo- und polylophodonten Muster, dessen Umgestaltung in Zusammenhang mit den Kieferbewegungen erfolgte
(Abb. 285). Wie BUTLER (1980, 1985) gezeigt hat,
lassen sich die Kaufacetten der primitivsten Rodentia mit jenen ursprünglicher Primaten und Ungulaten homologisieren. Die Terminologie der
Backenzahnelemente ist nicht einheitlich, indem
für verschiedene Großgruppen unterschiedliche
Begriffe verwendet werden. Einen Vorschlag zur
einheitlichen Terminologie geben WOOD & WIL-
SON (1936). Verschiedentlich kommt es durch Reduktion, teilweise auftretende oder völlige Fusion
von Kronenelementen zur Cylindrodontie (wie
Cylindrodontidae, Bathyergidae, Geomyidae)
ähnlich manchen Xenarthren. Cylindrifor-
me Molaren sind ebenso wie die (penta-)
lophodonten Typen mehrfach unabhängig voneinander entstanden.

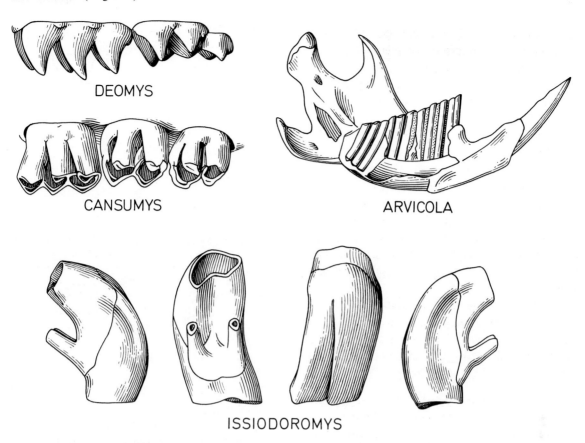

DEOMYS

CANSUMYS

ARVICOLA

ISSIODOROMYS

Abb. 285. Zahnkronenhöhe. Höckerhypsodontie (*Deomys*), Kronenhypsodontie (*Cansumys*), Partialhypsodontie (*Issiodoromys*) und Wurzellosigkeit (*Arvicola*). Nach HERSHKOVITZ (1962), umgezeichnet.

Die Gebißformel ist – verglichen mit der Diversität der Molarenmuster – relativ konstant und schwankt meist zwischen $\frac{1\,0\,2\,3}{1\,0\,1\,3}=22$ und $\frac{1\,0\,0\,3}{1\,0\,0\,3}=16$. Selten lautet die Gebißformel $\frac{1\,0\,0\,2}{1\,0\,0\,2}=12$ (wie *Hydromys*) oder gar $\frac{1\,0\,0\,1}{1\,0\,0\,1}=8$ (*Mayermys*). Meist sind vier Backenzähne (P$\frac{4}{4}$–M$\frac{3}{3}$ oder D$\frac{4}{4}$–M$\frac{3}{3}$) in den Kiefern ausgebildet. Die Backenzahnreihen verlaufen parallel, divergierend oder konvergierend, die Kieferstellung ist anisognath mit breiterem Abstand der Mandibularzahnreihen. Die Symphyse läßt meist Bewegungen beider Mandibelhälften und damit eine Spreizung der I inf. zu, sie kann jedoch fest verschmolzen sein. Bemerkenswert ist, daß bereits bei den erdgeschichtlich ältesten Nagetieren (wie *Paramys*) echte gliriforme Nagezähne und ein echtes Diastema durch Reduktion der übrigen Incisiven, der Eckzähne und der vorderen Prämolaren ausgebildet sind. Das heißt, die Gebißreduktion entspricht bereits im jüngsten Paleozän weitgehend jener der „modernen" Rodentia. Dadurch kann von der Paläontologie her nichts über die Homologisierung der Nagezähne ausgesagt werden. Auch die Ontogenie läßt eine sichere Entscheidung nicht zu (FREUND 1892 und WOODWARD 1894). Es ist jedoch anzunehmen, daß die Nagezähne den I$\frac{2}{2}$ entsprechen. Eine ausgezeichnete Übersicht des Backenzahngebisses der Nagetiere geben STEHLIN &

SCHAUB (1951), während in der Monographie von ELLERMAN (1940, 1941) jeweils das gesamte Gebiß dargestellt ist. Dies gilt auch für verschiedene Bestimmungsliteratur (wie HALL 1981, ROSEVEAR 1969). Über das Gebiß einzelner Nagetiergruppen gibt es eine Fülle von Publikationen, auf die im Text hingewiesen ist. Es erscheint verständlich, daß in diesem Rahmen nur eine bescheidene Auswahl von Nagetiergebissen berücksichtigt werden kann und daß auch auf die altersbedingten Unterschiede im Gebiß nur hingewiesen werden kann. Sie können zu starken Änderungen im Molarenmuster führen. Immerhin wird ein repräsentativer Querschnitt unter Berücksichtigung etlicher Besonderheiten geboten. Kennzeichnend ist das Fehlen des Paraconid an den M inf.

Das Milchgebiß kann teilweise oder ganz reduziert sein, so daß dann von einem monophyodonten Gebiß gesprochen werden kann. Vereinzelt bleiben Milchbackenzähne dauernd funktionell (wie *Myocastor coypus* und andere Capromyiden).

Die erdgeschichtlich ältesten Nagetiere sind einerseits Angehörige der Protrogomorpha (Ischyromyoidea und Aplodontoidea), andrerseits der Ctenodactyloidea (Tafel XVI). Die ersten sind gegenwärtig nur mehr durch das Stummelschwanz-

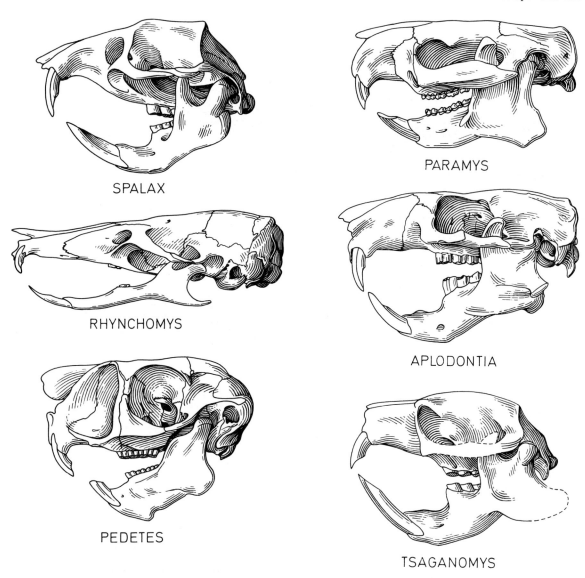

Tafel XVI. Schädel (Lateralansicht) rezenter und fossiler Rodentia. Linke Reihe: *Spalax* (Spalacidae, rezent), *Rhynchomys* (Muridae, rezent) und *Pedetes* (Pedetidae, rezent). Beachte Formenmannigfaltigkeit des Schädels und des Gebisses. Rechte Reihe: Protrogomorpha mit *Paramys* (Paramyidae, Eozän), *Aplodontia* (Aplodontidae, rezent) und *Tsaganomys* (Cylindrodontidae, Oligozän). Nicht maßstäblich.

hörnchen (*Aplodontia rufa*) vertreten, auch Bergbiber genannt, die zweiten durch die Kammfinger (Ctenodactylidae). *Aplodontia rufa* (Aplodontidae) aus den westlichen USA zählt trotz ursprünglicher Gebißformel $\frac{1\,0\,2\,3}{1\,0\,1\,3}=22$ mit einem Backenzahngebiß aus hypsodonten und wurzellosen Zähnen (nur die Milchzähne sind bewurzelt) zu den spezialisiertesten Formen der Protrogomorpha. Die säulenförmigen Backenzähne ($P\frac{4}{4}$ bis $M\frac{3}{3}$) sind durch ein kräftiges Para- und Mesostyl gekennzeichnet und zeigen im nicht oder nur wenig abgekauten Zustand etliche Fossetten (Antero-, Proto-, Para- und Metafossetten) (Abb. 286). Die Zahnelemente lassen sich mit den brachyodonten Backenzähnen von *Eohaplomys* (Eozän) und *Meniscomys* (M-Oligozän) über die etwas hypsodonten von *Niglarodon* (O-Oligozän) homologisieren (McGrew 1941, Shotwell 1958, Rensberger 1981) (Abb. 287–289).

Als Sonderform der Aplodontidae sei hier nur noch *Ameniscomys selenoides* aus dem Alt-Miozän Europas mit einem im nicht oder nur schwach abgekauten Zustand selenodonten Zahnmuster erwähnt (Abb. 290, 291; Dehm 1950). Die Selenodontie ist bei *Eohaplomys* (Jung-Eozän) und *Allomys* (Oligozän) nur teilweise (buccal) entwickelt. Über die Ernährung von *Ameniscomys* mit ausgesprochen semihypsodonten Backenzähnen können nur Vermutungen geäußert werden. Die beiden halbmondförmigen Außenhügel entsprechen zweifellos dem Para- und Metacon, während die Innenhügel, von denen ein gemeinsamer buccaler Sporn gegen das Mesostyl verläuft, nach Dehm (1950) dem Protocon und dem Metaconulus gleichzusetzen sind.

Als Abkömmlinge primitiver Aplodontiden seien die Mylagaulidae aus dem Jungtertiär Nordame-

Abb. 286. *Aplodontia rufa* (Aplodontidae), rezent, Nordamerika. P³–M³ sin. (oben) und P₄–M₃ dext. (unten) occlusal im abgekauten Zustand. Links P⁴/₄ unabgekaut, um die Fossetten zu zeigen. 8,5× nat. Größe.

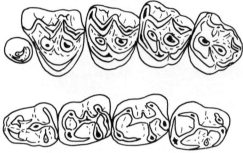

Abb. 287. *Eohaplomys serus* (Aplodontidae), Eozän, Nordamerika. P³–M³ sin. (oben) und P₄–M₃ dext. (unten), occlusal. ca. 5× nat. Größe.

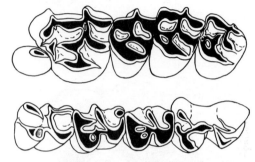

Abb. 289. *Niglarodon loneyi* (Aplodontidae), Miozän, Nordamerika. P³–M³ sin. (oben) und P₄–M₃ dext. (unten) occlusal. Nach RENSBERGER (1981), umgezeichnet. 9× nat. Größe.

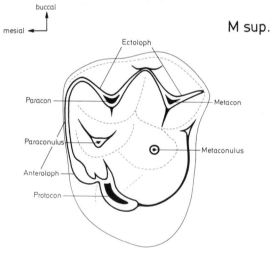

M sup.

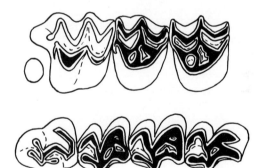

Abb. 290. *Ameniscomys selenoides* (Aplodontidae). Alt-Miozän, Europa. P³ Alveole; P⁴–M² sin. (oben) und P₄–M₃ dext. (unten) occlusal. Nach DEHM (1950), kombiniert umgezeichnet. 8× nat. Größe.

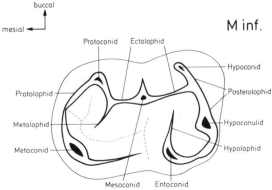

M inf.

Abb. 288. *Haplomys* (Aplodontidae), Alt-Miozän, M sup. und M inf. (Schema).

rikas erwähnt. Sie sind fossoriale, im Schädelbau an *Spalax* erinnernde Steppennager, bei denen die P⁴/₄ auf Kosten der Molaren schrittweise vergrößert werden (Abb. 292) (RIGGS 1899, MCGREW 1941, SHOTWELL 1958). Bei *Promylagaulus* aus dem Alt-Miozän ist noch der ursprüngliche aplodontoide Bauplan des P⁴/₄ erkennbar, der bei *Mylagaulus* (Hemphillian) hypsodont und stark verlängert sowie mit zahlreichen Fossetten versehen ist, die mit Zement erfüllt sind (Abb. 293; RENSBERGER 1979). Die Mylagauliden waren zweifellos Grasfresser, welche wohl auf Grund ihres Wasser-

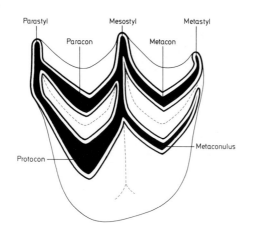

M sup.

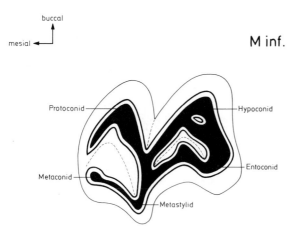

M inf.

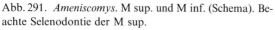

Abb. 291. *Ameniscomys*. M sup. und M inf. (Schema). Beachte Selenodontie der M sup.

haushaltes die weiten Graslandschaften der Great Plains besiedeln konnten, die den Aplodontiden als Bewohnern feuchter Waldgebiete verschlossen blieben. Sie entsprechen damit in ökologischer Hinsicht den jungtertiären Equiden und ihrer Verbreitungsgeschichte (SHOTWELL 1961). Probleme ergeben sich bei der Homologisierung der Bakkenzähne, da es zu einer Reduktion von Molaren kommt. So lautet die Gebißformel bei *Mesogaulus*(Miozän) zwar $\frac{1\ 0\ 1\ 2}{1\ 0\ 1\ 2}$, doch ist fraglich, ob die Molaren den $M\frac{2}{2}$ und $M\frac{3}{3}$ oder den $M\frac{1}{1}$ und $M\frac{2}{2}$ (DORR 1952) entsprechen.

Die als Ischyromyoidea zusammengefaßten, nur fossil bekannten Protrogomorpha zeigen außer den primitivsten Molarenmustern (bei den Para-

Abb. 293. *Mylagaulus monodon* (Mylagaulidae), Miozän, USA. P^4-M^2 sin. (oben) und P_4-M_3 dext. (unten) occlusal. Nach STEHLIN & SCHAUB (1951), umgezeichnet. 3,7× nat. Größe.

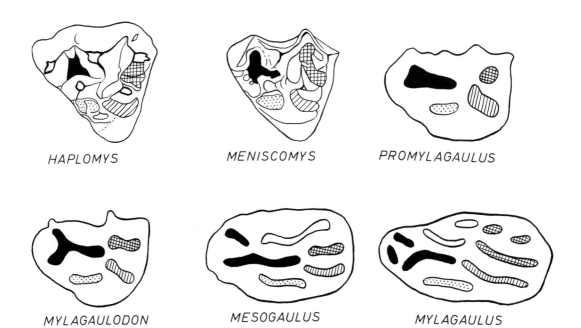

Abb. 292. P^4 der Aplodontoidea. Beachte Entstehung und Homologisierung vom brachyodont-bunodonten Zahn (*Haplomys*) bis zum hypsodont-lophodonten bei *Mylagaulus*. Nach McGREW (1941).

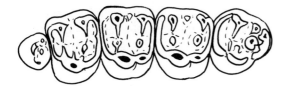

Abb. 294. *Paramys copei* (Paramyidae = Ischyromyidae), Alt-Eozän, Nordamerika. P³ – M³ sin. (oben) und P₄ – M₃ dext. (unten) occlusal. Nach STEHLIN & SCHAUB (1951), ergänzt umgezeichnet. 5× nat. Größe.

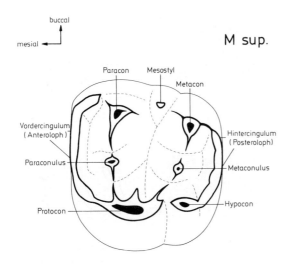

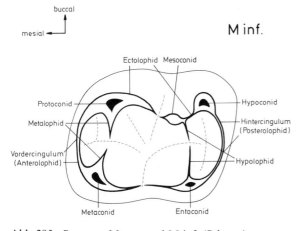

Abb. 295. *Paramys*. M sup. und M inf. (Schema).

myiden) auch stark abgeleitete hypsodonte und sekundär vereinfachte, cylindrodonte Molaren (bei den Cylindrodontiden). Die wichtigste Gattung ist *Paramys* (Paramyidae = Ischyromyidae) aus dem Jung-Paleozän und Alt-Eozän Nordamerikas und Europas. Die Gebißformel lautet $\frac{1\,0\,2\,3}{1\,0\,1\,3} = 22$. Die Incisiven sind echte, wurzellose, orthodonte Nagezähne mit Schmelz auf der ge-

krümmten Vorderseite. Ein weites Diastema trennt sie von den brachyodonten Backenzähnen. Der einwurzelige P³ ist klein und bei *Paramys copei* dreihöckerig. Die Krone des quergedehnten, wie die Molaren dreiwurzeligen P⁴ besteht aus drei Haupthöckern, zu denen ein Metaconulus kommt (Abb. 294). Die Molaren sind im Umriß gerundet quadratisch (M ¹⁻²) bzw. dreieckig (M ³). Zu den drei Haupthöckern kommen zwei Zwischenhöcker, die durch Leisten teilweise mit diesen verbunden sein können (Abb. 295). Ein Mesostyl sowie ein Vorder- und Hintercingulum, das lingual in ein Hypocon (= Pseudohypoconus bei STEHLIN & SCHAUB 1951) übergeht, komplettieren das Zahnmuster, das nach STEHLIN & SCHAUB (1951) vom tribosphenischen Bauplan abgeleitet werden kann. Die mandibularen Backenzähne sind untereinander ähnlich gestaltet. Ein typischer M inf. besteht aus vier Haupthöckern (Proto-, Meta-, Hypo- und Entoconid), zu denen buccal ein Mesoconid kommt, das in ein Ectolophid eingebunden sein kann (Abb. 295). Ähnlich wie bei den M sup. ist ein Vorder- und Hintercingulum vorhanden und es besteht die Tendenz zur Querleistenbildung (vgl. WOOD 1962).

Bei *Ischyromys* (Oligozän Nordamerikas) sind die Backenzähne deutlich lophodont, mit insgesamt vier Querleisten an den M sup. (WOOD 1937, 1955).

Die Cylindrodontiden aus dem Alttertiär Nordamerikas und Asiens sind grabende Nager, deren spezialisierteste Angehörige cylindrodonte Backenzähne besitzen, weshalb sie ursprünglich (MATTHEW & GRANGER 1923) und auch später (wie LANDRY 1957) als Angehörige der Bathyergidae klassifiziert wurden. Als erdgeschichtlich älteste und im Gebiß ursprünglichste Gattung gilt *Pareumys* aus dem Jung-Eozän Nordamerikas mit brachyodonten bis subhypsodonten, lophodonten Backenzähnen, die den Grundbauplan der Molaren erkennen lassen (Gebißformel $\frac{1\,0\,??\,3}{1\,0\,1\,3} = ?22$; WILSON 1940). An den M sup. sind das Anteroloph, Meta- und Posteroloph entwickelt (Abb. 296). Letzteres verschmilzt bei stärkerer Abkauung mit dem Metacon und Metaconulus. Auch die M inf. zeigen drei Querjoche (Meta-, Hypo- und Posterolophid). Mit zunehmender Hypsodontie werden die Backenzähne zu einfachen, cylindrodonten Säulen umgestaltet, deren glatte Kaufläche keine Details erkennen läßt (wie *Tsaganomys*, *Cyclomylus*; MATTHEW & GRANGER 1923).

Die hier als Sciuromorpha (Tafel XVII) zusammengefaßten Rodentia (Sciuroidea, Ctenodactyloidea?, Castoroidea und ? Geomyoidea) zählen zwar zu den primitivsten rezenten Nagetieren,

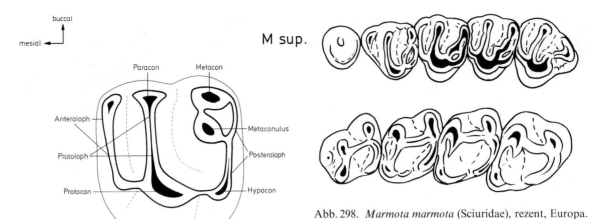

Abb. 298. *Marmota marmota* (Sciuridae), rezent, Europa.
P³ – M³ sin. (oben) und P₄ und M₃ dext. (unten) occlusal.
Nach Original. 3,2 × nat. Größe.

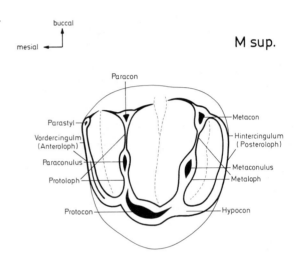

Abb. 296. *Pareumys* (Cylindrodontidae), Jung-Eozän,
Nordamerika. M sup. und M inf. (Schema).

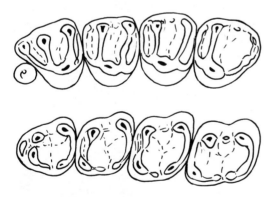

Abb. 297. *Sciurus vulgaris* (Sciuridae), rezent, Europa
P³ – M³ sin. (oben) und P₄ – M₃ dext. (unten) occlusal.
Nach Original. ca. 7 × nat. Größe.

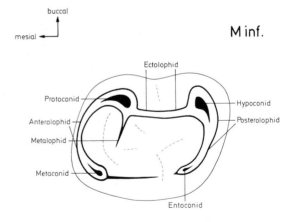

Abb. 300. *Sciurus*. M sup. und M inf. (Schema).

dürften aber keine natürliche Einheit bilden. Sie lassen sich im Gebiß von protrogomorphen Nagern ableiten, doch ist die Kaumuskulatur evoluierter. Die ursprünglichsten Formen finden sich gegenwärtig unter den Sciuroidea (Hörnchenartige). Typische Gattungen sind *Sciurus* und *Marmota* (Abb. 297–299). Die Gebißformel der Sciuroidea lautet $\frac{1\ 02-1\ 3}{1\ 0\ 1\ 3} = 22-20$. Die bewurzelten brachyodonten Backenzähne sind bunodont bis

lophodont, wobei das Kronenmuster durch zusätzliche Leisten recht kompliziert gestaltet sein kann (Petauristinae). Das Muster der brachyodonten M sup. von *Sciurus* und *Marmota* ist buno-lophodont (mit Antero-, Proto-, Meta- und Posteroloph) und kaum angedeutetem Hypocon. An den M inf. verbinden Anterolophid, Ecto- und Posterolophid die vier Haupthöcker. Ein Metalophid ist nur im Ansatz entwickelt (Abb. 300).

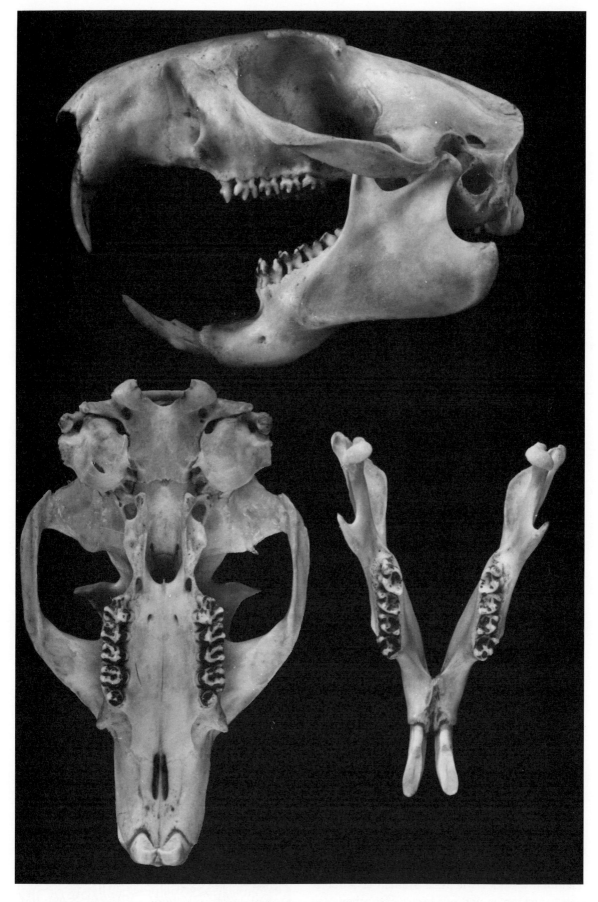

Abb. 299. *Marmota marmota*. Schädel (Lateral- und Ventralansicht) und Unterkiefer (Aufsicht). PIUW 1873/4. Schädellänge 97 mm.

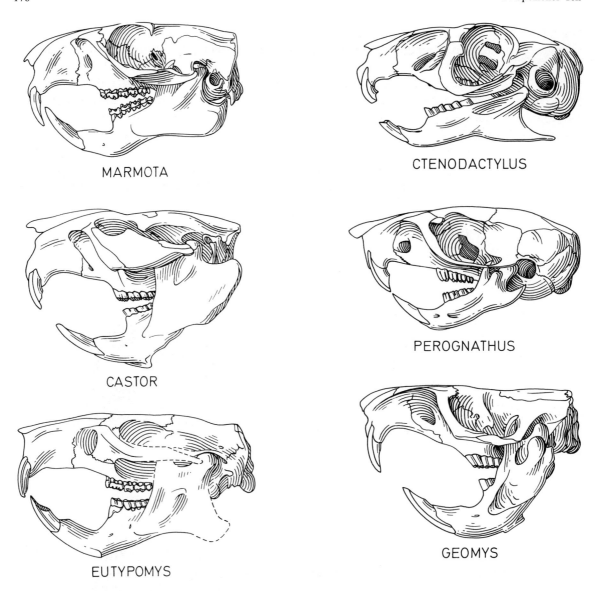

MARMOTA

CTENODACTYLUS

CASTOR

PEROGNATHUS

EUTYPOMYS

GEOMYS

Tafel XVII. Schädel (Lateralansicht) rezenter und fossiler „sciuromorpher" Rodentia. Linke Reihe: *Marmota* (Sciuridae, rezent), *Castor* (Castoridae, rezent) und *Eutypomys* (Eutypomyidae, Oligozän). Rechte Reihe: *Ctenodactylus* (Ctenodactyli-dae, rezent), *Perognathus* (Heteromyidae, rezent) und *Geomys* (Geomyidae, rezent). Nicht maßstäblich.

Bei verschiedenen Sciuriden (z. B. *Xerus, Petau-rista, Funisciurus*) ist ein eigener hinterer Innen-höcker an den M sup. (Hypocon oder Pseudo-hypocon) und ein posterolingualer Flexus entwik-kelt, der durch ein Meta- und Posteroloph verbin-dendes Längsjoch verstärkt wird (Abb. 301, 302). Dieser Grundplan ist bei den hypsodonten Mola-ren von *Eupetaurus* (Gebißformel $\frac{1\,0\,2\,3}{1\,0\,1\,3} = 22$; P$\frac{3}{-}$ stiftförmig) zu einem ausgesprochen lophodonten Muster abgewandelt und führt bei stärkerer Ab-kauung zur Fossettenbildung (Abb. 303). Da-durch erscheinen die Backenzähne dieser Flug-hörnchen wie Derivate des pentalophodonten Theridomysplanes, wie auch STEHLIN & SCHAUB (1951) annahmen und mit hystricomorphen Na-gern wie etwa *Thryonomys* in Verbindung brach-ten, eine Auffassung, die MCKENNA (1962) wider-legte. *Eupetaurus* ist zweifellos ein spezialisierter Angehöriger der Gleithörnchen (Petauristinae

= „Petauristidae") unter den Sciuriden. Auch an den M inf. ist die bei *Petaurista* angebahnte En-wicklung von Jochen weiter entwickelt (Abb. 304). Bei *Trogopterus xanthipes* aus China

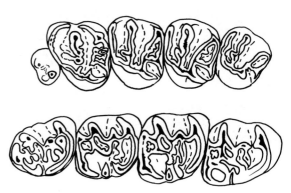

Abb. 301. *Petaurista petaurista* (Sciuridae), rezent, Indien. P^3–M^3 sin. (oben) und P$_4$–M$_3$ dext. (unten) occlusal. Nach Original. 4× nat. Größe.

kommt es dagegen durch zusätzliche Falten und Kämme zur Komplikation und zur Fossettenbildung.

Ein gleichfalls stark abgeleitetes Backenzahngebiß besitzen die rezenten Kammfinger Nordafrikas (Ctenodactylidae mit *Ctenodactylus* und *Pectinator*), die bis vor wenigen Jahren noch völlig isoliert im System der Rodentia standen, neuerdings jedoch von STORCH als eigene Unterordnung (Ctenodactylomorpha) klassifiziert werden.

Die Stammformen sind die erstmals im Alteozän Eurasiens nachgewiesenen Cocomyiden und die „Tataromyiden" (mit *Tamquammys*, *Saykanomys*, *Tataromys*, *Karakoromys*), deren Molarenmuster sich vom protrogomorphen Bauplan ableiten läßt. Mit *Tamquammys* und *Saykanomys* sind die Ctenodactyloidea bereits im Alt-Eozän dokumentiert, was ihren frühen Eigenweg bedeutet. Bei *Tataromys* aus dem Oligozän Asiens sind die M sup. tetralophodont (Antero-, Proto-,

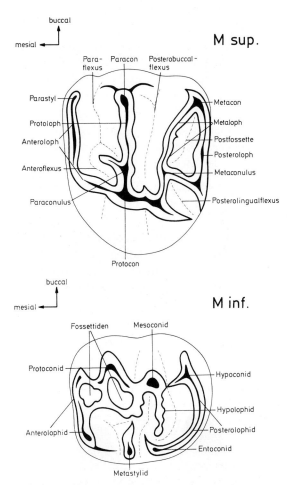

Abb. 302. *Petaurista*. M sup. und M inf. (Schema). Beachte Jochbildung.

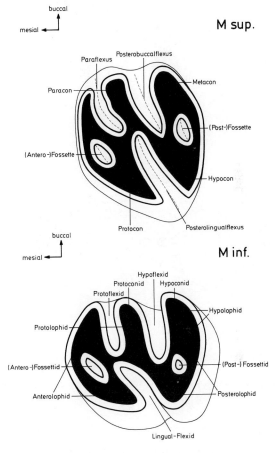

Abb. 304. *Eupetaurus*. M sup. und M inf. (Schema).

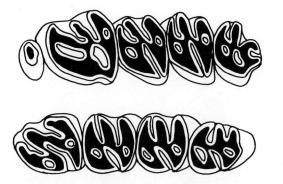

Abb. 303. *Eupetaurus cinereus* (Sciuridae), rezent, Kaschmir. P³–M³ sin. (oben) und P₄–M₃ dext. (unten) occlusal; hypsodonte, pentalophodonte Molaren. Nach McKENNA (1962), umgezeichnet. 3,2 × nat. Größe.

Abb. 305. *Tataromys plicidens* (Ctenodactylidae), Oligozän, Asien. P⁴–M³ sin. (oben) und P₄–M₃ dext. (unten) occlusal. Nach STEHLIN & SCHAUB (1951), umgezeichnet. ca. 3 × nat. Größe.

Meta- und Posteroloph), an den M inf. verbindet ein Längsgrat Meta- und Hypolophid (Abb. 305, 306; MATTHEW & GRANGER 1923a). Bei den rezenten Ctenodactyliden (Gebißformel $\frac{1\,0\,1\,3}{1\,0\,1\,3} = 20$) sind die Backenzähne zu sekundär vereinfachten, hypsodonten und wurzellosen Gebilden umgestaltet. An den stark gekrümmten M sup. von *Ctenodactylus* lassen sich ein Proto- und Metaloph, an den nur schwach gekrümmten M inf. ein durch Ento- und Ectoflexid weitgehend getrenn-

tes Meta- und Hypolophid unterscheiden (Abb. 307–309). Bei *Pectinator* ist die Vereinfachung etwas weniger fortgeschritten (Abb. 310).

Ob die Castoroidea Angehörige der Sciuromorpha sind, erscheint fraglich. Dem Backenzahngebiß nach sind es nach STEHLIN & SCHAUB (1951) eher Derivate des Theridomysplanes. Beim Biber (*Castor fiber*; Castoridae) sind die hypsodonten, jedoch bewurzelten Backenzähne (Gebißformel $\frac{1\,0\,1\,3}{1\,0\,1\,3} = 20$) tetralophodont mit drei Außensynklinalen und vier Außenantiklinalen an den M sup., drei Innensynklinalen und vier Innenantiklinalen an den M inf. (Abb. 311). Die Abkauung führt zu fortschreitenden Veränderungen des Backenzahnmusters (Abb. 312, 313). Über die Homologisierung dieses Zahnmusters geben tertiärzeitliche Castoriden (z. B. *Steneofiber*) Hinweise, die einen pentalophodonten Bauplan erkennen lassen. Bei der jungtertiären Gattung *Dipoides* kommt es zu einem s-förmigen Kaumuster der Molaren.

Als Sonderform innerhalb der Castoroidea gilt *Eutypomys* (Eutypomyidae) aus dem Oligozän Nordamerikas (Gebißformel $\frac{1\,0\,2\,3}{1\,0\,1\,3} = 22$) (WOOD 1937). Das Kauflächenmuster der vier Backenzähne ($P\underline{4} - M\underline{3}$) ist äußerst kompliziert, indem zusätzliche Leisten zu zahlreichen Fossetten führten (Abb. 314). Wie jedoch bereits STEHLIN & SCHAUB

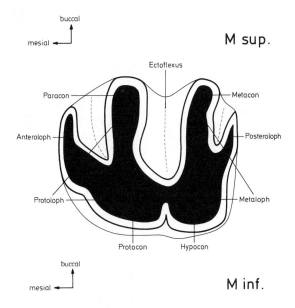

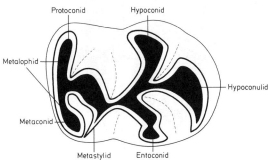

Abb. 306. *Tataromys*. M sup. und M inf. (Schema).

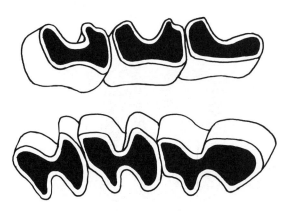

Abb. 307. *Ctenodactylus gundi* (Ctenodactylidae), rezent, NW-Afrika. M^{1-3} sin. (oben) und M_{1-3} dext. (unten) occlusal. Nach Original. 2,3 × nat. Größe.

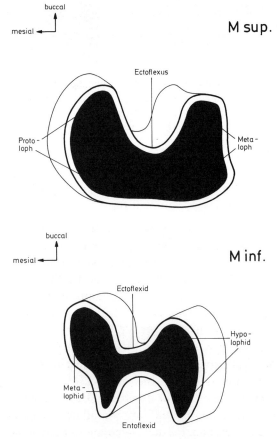

Abb. 308. *Ctenodactylus*. M sup. und M inf. (Schema).

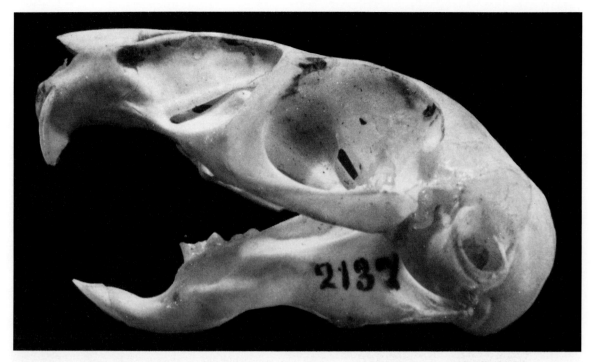

Abb. 309. *Ctenodactylus gundi.* Schädel (Lateralansicht). Nordafrika. NHMW 2137. Schädellänge 48 mm.

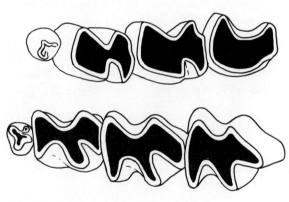

Abb. 310. *Pectinator spekei* (Ctenodactylidae), rezent, NE-Afrika. $P^4 - M^3$ sin. (oben) und $P_4 - M_3$ dext. (unten) occlusal. Nach Original. 4 × nat. Größe.

(1951) erwähnen, ist der Bauplan von *Eutypomys* primitiver als jener alttertiärer Castoriden (wie *Steneofiber*) und deutet auf einen protrogo- bzw. sciuromorphen Grundplan hin.

Auch für die Geomyoidea ist die Zugehörigkeit zu den Sciuromorpha nicht gesichert, werden sie doch meist als Angehörige der Myomorpha klassifiziert. Dem steht der sciuromorphe Musculus masseter und das primitive Grundmuster der Molaren (der ältesten Geomyoidea) entgegen, weshalb sie verschiedentlich als Geomorpha abgetrennt werden. Die Gebißformel lautet $\frac{1\,0\,1\,3}{1\,0\,1\,3} = 20$. Die Geomyoidea umfassen die Taschenmäuse (Heteromyidae) und die Taschenratten (Geomyidae), die nicht nur durch die Größe, sondern auch durch den Spezialisationsgrad des Gebisses verschieden sind. Bei den Geomyoidea besteht die Tendenz zur Entstehung hypsodonter und wurzel-

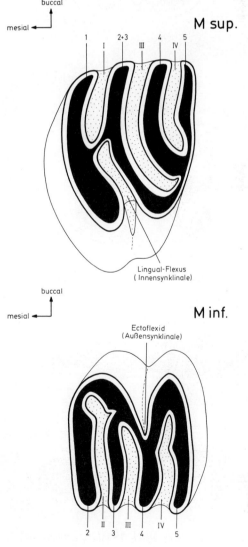

Abb. 311. *Castor* (Castoridae). M sup. und M inf. (Schema). Beachte Syn- und Antiklinalen an den Molaren.

loser, sekundär vereinfachter, bilophodonter Bakkenzähne. Bei den erdgeschichtlich ältesten Formen (wie *Heliscomys* aus dem M-Oligozän) sind
die im Umriß gerundet quadratischen Molaren
brachyodont und bunodont (WOOD 1939). Zu den
vier Haupthöckern kommen an den M sup. zwei

linguale (Proto- und Entostyl), an den M inf. zwei
buccale Höckerchen (Proto- und Hypostylid)
(Abb. 315, 316). Der gerundet dreieckige P^4 ist
vierhöckerig. An den M inf. ist ein Vordercingulum entwickelt. Bei *Florentiamys* (neuerdings
durch WAHLERT 1983 als Vertreter einer eigenen

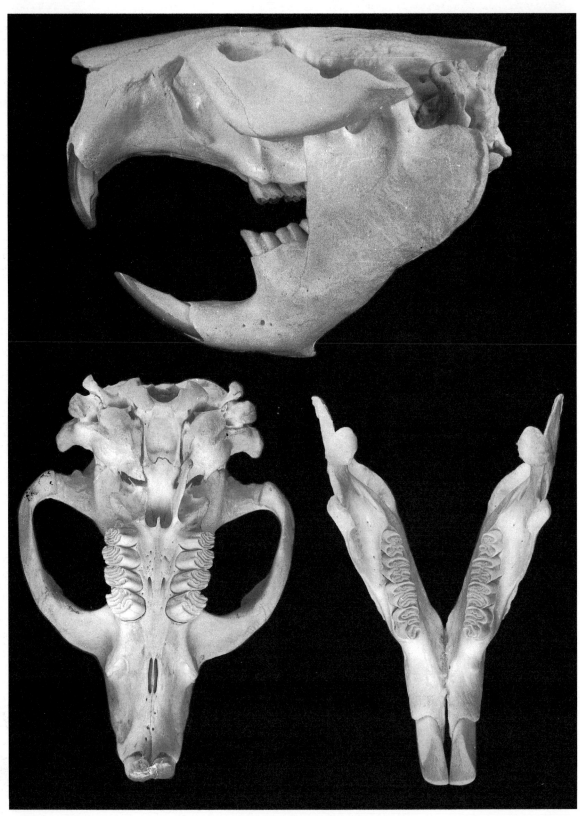

Abb. 312. *Castor canadensis* (Castoridae), rezent, Nordamerika. Schädel (Lateral- und Ventralansicht) und Unterkiefer
(Aufsicht). PIUW 2645. Schädellänge 145 mm.

Familie klassifiziert) aus dem Alt-Miozän kommt es durch teilweise Verbindung der Haupthöcker zur Bildung von zwei Querjochen (Proto- und Metaloph sowie Meta- und Hypolophid) (Abb. 317, 318). Die Backenzähne sind wie bei *Heliscomys* brachyodont. Bei den rezenten Heteromyiden ist die Bilophodontie meist ausgeprägt. Bei *Perogna-*

thus sind die Backenzähne brachyodont (Abb. 319), bei *Microdipodops* und *Heteromys* sind sie hypsodont und bewurzelt, bei *Dipodomys* hingegen sind die Zähne wurzellos (Abb. 320). Die beiden Querjoche können innen (M sup.) oder außen (M inf.) miteinander verbunden sein, so daß ein u-förmiges Muster entsteht. Eine Übersicht

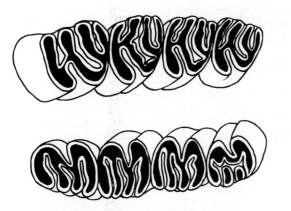

Abb. 313. *Castor fiber* (Castoridae), rezent, Europa. P^4–M^3 sin. (oben) und P$_4$–M$_3$ dext. (unten) occlusal. Nach Original. 2× nat. Größe.

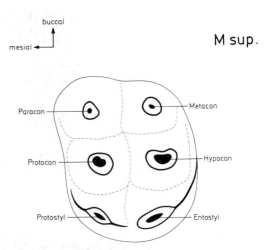

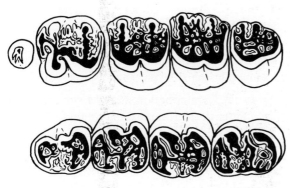

Abb. 314. *Eutypomys thompsoni* (Eutypomyidae), Jung-Oligozän, Nordamerika. P^3–M^3 sin. (oben) und P$_4$–M$_3$ dext. (unten) occlusal. Nach Wood (1937), umgezeichnet. ca. 6× nat. Größe.

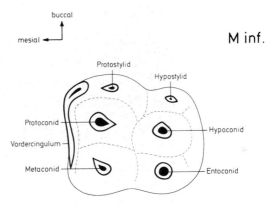

Abb. 316. *Heliscomys*. M sup. und M inf. (Schema). Beachte bunodontes Molarenmuster.

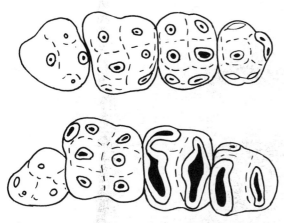

Abb. 315. *Heliscomys hatcheri* (Heteromyidae), Oligozän, Nordamerika. P^4–M^3 sin. (oben) und P$_4$–M$_3$ dext. (unten) occlusal. Nach Stehlin & Schaub (1951), umgezeichnet. 25× nat. Größe.

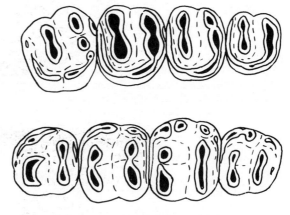

Abb. 317. *Florentiamys loomisi* (Heteromyidae), Alt-Miozän, USA. P^4–M^3 sin. (oben) und P$_4$–M$_3$ dext. (unten) occlusal. Nach Stehlin & Schaub (1951), umgezeichnet. 8× nat. Größe.

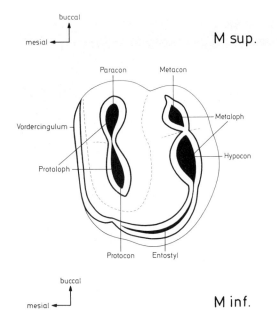

M sup.

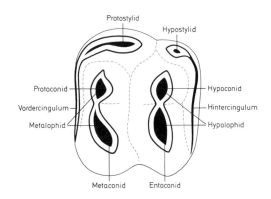

M inf.

Abb. 318. *Florentiamys*. M sup. und M inf. (Schema). Beachte Jochbildung.

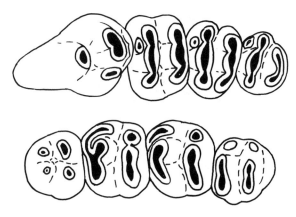

Abb. 319. *Perognathus hispidus* (Heteromyidae), rezent, Nordamerika. $P^4 - M^3$ sin. (oben) und $P_4 - M_3$ dext. (unten) occlusal. Nach Original. 17× nat. Größe.

über die schrittweise Evolution der Backenzähne von den oligozänen bis zu den rezenten Heteromyiden gibt WOOD (1935).

Bei den rezenten Geomyiden (wie *Geomys, Thomomys*) sind die Backenzähne stets hypsodont (Abb. 321) und wurzellos (vgl. BECKER & WHITE 1981). Sie bestehen primär aus zwei Pfeilern, die

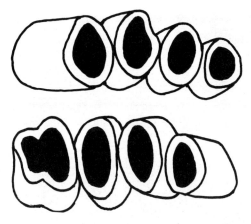

Abb. 320. *Dipodomys merriami* (Heteromyidae), rezent. USA. $P^4 - M^3$ sin. (oben) und $P_4 - M_3$ dext. (unten) occlusal. Beachte vereinfachtes Kronenmuster. Nach Original. 13× nat. Größe.

median miteinander verschmolzen sein können (Abb. 322). Es kommt zu einer Reduktion des Schmelzes in Form schmaler Streifen an der buccalen oder an der Lingualseite der Backenzähne. Bei *Gregorymys* aus dem Alt-Miozän sind die Bakkenzähne zwar hypsodont, jedoch bewurzelt (Abb. 323, 324). Dies gilt auch für andere, in großer Zahl aus dem Jungtertiär beschriebene Geomyiden, die übrigens im unabgekauten Zustand auch den (heteromyiden) Grundplan der Molaren erkennen lassen (RENSBERGER 1971, 1973).

Durch die Pentalophodontie der M sup., eine mäßig differenzierte Kaumuskulatur und die Sciurognathie sind die auf das Alttertiär Europas beschränkten, sehr artenreichen Theridomorpha (= „Parasciurognatha“) gekennzeichnet. STEHLIN & SCHAUB (1951) sehen im *Theridomys*-Muster den Molarengrundbau nicht nur für die Hystricomorpha und Caviomorpha, sondern auch für die Castoroidea, Rhizomyoidea und Pedetidae. Eine Auffassung, die heute nicht mehr aufrechterhalten werden kann, ebensowenig, wie die Pentalophodonta (SCHAUB 1958) als natürliche taxonomische Einheit gelten.

Die Theridomorpha bilden mit den primitiveren Pseudosciuriden und den (spezialisierteren) Theridomyiden wichtige Leitfossilien des Alttertiärs, deren Backenzahngebiß vom brachyodonten und bunodonten bis zum hypsodonten und lophodonten Zahnmuster mit Lamellen reicht. Die Zahnmuster lassen sich vom paramyiden Bauplan ableiten.

Bei *Sciuroides* (Jung-Eozän – Alt-Oligozän Europas; Pseudosciuridae) lautet die Gebißformel $\frac{1\ 0\ 1\ 3}{1\ 0\ 1\ 3} = 20$. Die im Umriß subquadratischen, brachyodonten Oberkieferbackenzähne sind bunodont mit beginnender Leistenbildung (Abb. 325). Die vier Haupthöcker sind einerseits durch Quer-

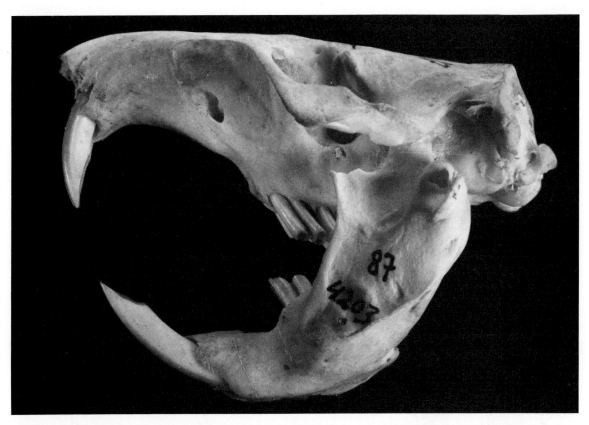

Abb. 321. *Orthogeomys* (= „*Macrogeomys*") *heterodus* ♀ (Geomyidae), rezent, Nordamerika. Schädel (Lateralansicht). NHMW 4203. Schädellänge 66 mm.

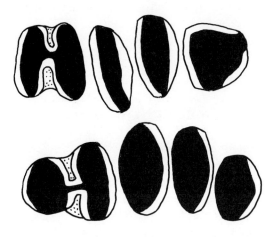

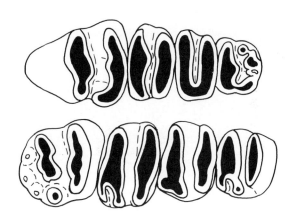

Abb. 322. *Geomys anzensis* (Geomyidae). Plio-Pleistozän. USA. $P^4 - M^3$ sin. (oben) $P_4 - M_3$ dext. (unten) occlusal. Nach BECKER & WHITE (1981), umgezeichnet. 10 × nat. Größe.

Abb. 323. *Gregorymys riggsi* (Geomyidae). Alt-Miozän, USA. $P^4 - M^3$ sin. (oben). *Gr. curtus*, Alt-Miozän, USA, $P_4 - M_3$ dext. (unten), occusal. Nach STEHLIN & SCHAUB (1951), umgezeichnet. ca. 9 × nat. Größe.

leisten (Proto- und Metaloph), andererseits durch ein Entoloph untereinander verbunden. Ein Mesostyl und ein vom Entoloph buccal verlaufender Sporn dokumentieren den beginnenden Mesoloph. Dazu kommen ein Vorder- und ein Hintercingulum (Abb. 326). Somit sind an den M sup. fünf (zum Teil unvollständige) Querleisten und damit eine beginnende Pentalophodontie festzustellen. An den M inf. verbinden ein Meta-, Ecto-, Hypo- und Posterolophid die Haupthöcker. Das Ectolo-

phid (= Längsgrat) wird zentral durch ein Mesoconid verstärkt (Abb. 326). Bei *Pseudosciurus* aus dem Oligozän ist die Bunodontie stärker ausgeprägt oder die Außenhöcker mit Kantenbildung, so daß sie schwach selenodont wirken (ähnlich wie bei *Phascolarctos* unter den Beuteltieren). Zu den sechs Höckern der M sup. kommen zusätzliche Kronenelemente besonders im „Kronenmittelfeld", die ein kompliziertes Faltenmuster entstehen lassen (Abb. 327; SCHMIDT-KITTLER 1971).

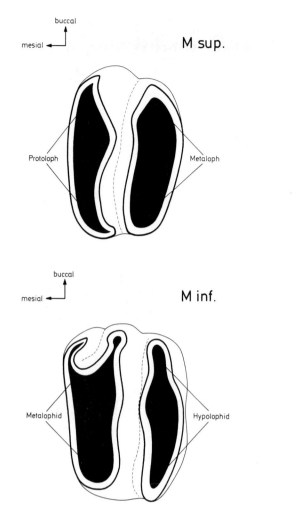

M sup.

M inf.

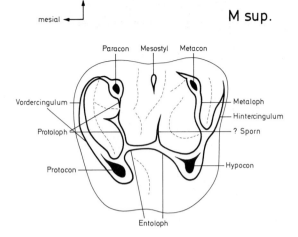

M sup.

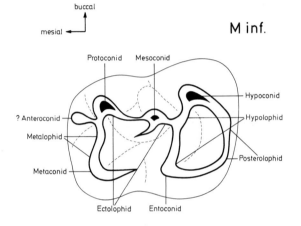

M inf.

Abb. 324. *Gregorymys*. M sup. und M inf. (Schema). Beachte bilophodontes Kronenmuster.

Abb. 326. „*Adelomys*" (= *Sciuroides*). M sup. und M inf. (Schema).

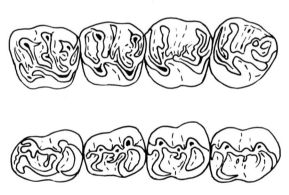

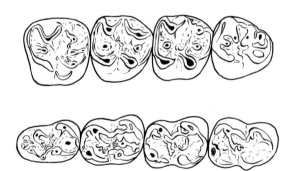

Abb. 325. „*Adelomys*" (= *Sciuroides*) *vaillanti* (Pseudosciuridae), Alt-Oligozän, Europa. P⁴–M³ sin. (oben) und P₄–M₃ dext. (unten) occlusal. Nach Schmidt-Kittler (1971), umgezeichnet. 4,5× nat. Größe.

Abb. 327. *Pseudosciurus suevicus* (Pseudosciuridae), Oligozän, Europa. P⁴–M³ sin. (oben) und P₄–M₃ dext. (unten) occlusal. Nach Schmidt-Kittler (1971), umgezeichnet. ca. 5× nat. Größe.

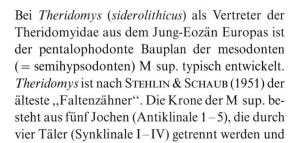

Bei *Theridomys* (*siderolithicus*) als Vertreter der Theridomyidae aus dem Jung-Eozän Europas ist der pentalophodonte Bauplan der mesodonten (= semihypsodonten) M sup. typisch entwickelt. *Theridomys* ist nach Stehlin & Schaub (1951) der älteste „Faltenzähner". Die Krone der M sup. besteht aus fünf Jochen (Antiklinale 1–5), die durch vier Täler (Synklinale I–IV) getrennt werden und

die lingual durch den w-förmigen Entoloph verbunden sind. Dementsprechend ist lingual ein Entoflexus (Sinus internus) entwickelt. Die M inf. sind tetralophodont (Antiklinale 2–5 und Synklinale II–IV) (Abb. 328, 329). Ein Ectoflexid (Sinus externus) bedingt einen Knick im Ectolophid. Eine Homologisierung der einzelnen Zahnelemente (Joche) ist durch *Adelomys* als morphologische

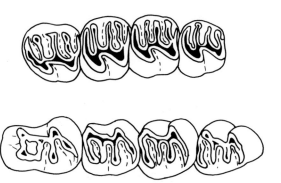

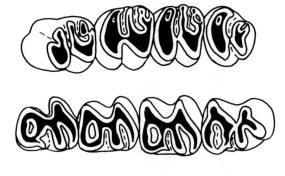

Abb. 328. *Theridomys* „*siderolithicus*" (Theridomyidae), Oligozän, Europa. $P^4 - M^3$ sin. (oben) und $P_4 - M_3$ dext. (unten) occlusal. Nach STEHLIN & SCHAUB (1951). umgezeichnet. 7× nat. Größe.

Abb. 330. *Issiodoromys minor* (Theridomyidae), Mittel-Oligozän, Europa. $P^4 - M^3$ sin. (oben) und $P_4 - M_3$ dext. (unten) occlusal. Nach Original. 8× nat. Größe.

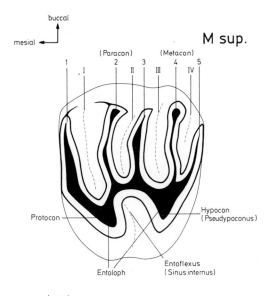

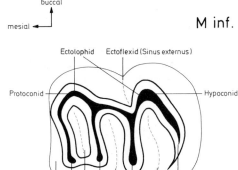

Abb. 329. *Theridomys*. M sup. und M inf. (Schema). Typisch pentalophodontes Kronenmuster.

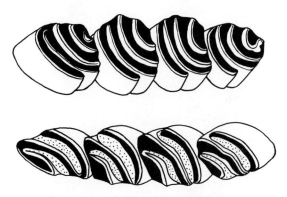

Abb. 331. *Archaeomys laurillardi* (Theridomyidae), Oligozän, Europa. $P^4 - M^3$ sin. (oben) und $P_4 - M_3$ dext. (unten) occlusal. Nach Original. 5,5× nat. Größe.

sondern auch zur Lamellenbildung, die wegen der Ähnlichkeit mit bestimmten Caviomorphen zu Namen wie *Archaeomys chinchilloides* oder *Protechimys* geführt hat (Abb. 330, 331). Während der Evolution kommt es sowohl zur zunehmenden Komplikation des Zahnbaues, als auch zu Reduktionserscheinungen (Verlust von Sinus bzw. einzelner Synklinalen; vgl. VIANEY-LIAUD 1976, MAYO 1981, 1983). Wie VIANEY-LIAUD (1976, 1979) betont, dürften die evolutiven Änderungen in der Kaumuskulatur und im Backenzahngebiß mit großklimatischen Klimaveränderungen am Ende des Eozäns in Zusammenhang stehen, die zu einer Abkühlung und Austrocknung und damit zur Entstehung von Steppengebieten geführt haben (Tafel XVIII).

Die hier in Übereinstimmung mit BUGGE (1974) als Anomaluromorpha zusammengefaßten Nager verkörpern mit den afrikanischen Dornschwanzhörnchen (Anomaluridae) und den heute gleichfalls auf Afrika beschränkten Springhasen (Pedetidae) zwei völlig verschiedene Lebensformtypen. Sie lassen sich nach PILLERI (1960) und LUCKETT (1971) am ehesten mit den Sciuromorpha in Verbindung bringen oder von solchen ableiten und sind nicht Angehörige der Hystricomorphen, wie

Zwischenstufe zum paramyiden Bauplan möglich.

Bei den evoluierteren Theridomyiden des Oligozäns (wie *Issiodoromys*, *Blainvillimys*, *Pseudoltinomys*, *Archaeomys*) kommt es nicht nur zur (Partial-)Hypsodontie der Backenzähne und zur Einlagerung von Kronenzement (vgl. Abb. 285),

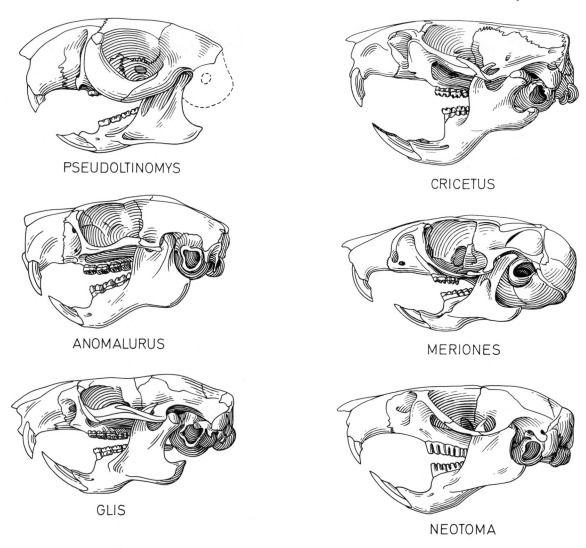

PSEUDOLTINOMYS

ANOMALURUS

GLIS

CRICETUS

MERIONES

NEOTOMA

Tafel XVIII. Schädel (Lateralansicht) fossiler und rezenter Rodentia. Linke Reihe: *Pseudoltinomys* (Theridomyidae, Oligozän), *Anomalurus* (Anomaluridae, rezent) und *Glis* (Gliridae, rezent). Rechte Reihe: *Cricetus*, *Meriones* und *Neotoma* (Cricetidae, rezent). Nicht maßstäblich.

Abb. 332. *Anomalurus derbianus* (Anomaluridae), rezent, Westafrika. $P^4 - M^3$ sin. (oben) und $P_4 - M_3$ dext. (unten) occlusal. Nach Original. ca. 4× nat. Größe.

meist für den Springhasen angenommen wird. Das Backenzahnmuster von *Anomalurus* und *Idiurus* ist (penta-)lophodont und erinnert damit an jenes von Theridomorpha oder Hystricomorpha bzw. von Gliriden (Abb. 332, 333). Sie sind auch verschiedentlich von Theridomyiden abgeleitet worden (LAVOCAT 1951, WOOD 1955). Die Gebißfor-

mel des im Habitus an Sciuriden mit Flughaut erinnernden Dornschwanzhörnchens (*Anomalurus derbianus*; Anomaluridae) lautet $\frac{1013}{1013} = 20$. Die Backenzähne von *Anomalurus* sind pentalophodont, an den M sup. fehlt ein richtiger Entoflexus, an den im Umriß etwas länglicheren M inf. ist ein Ectoflexid deutlich entwickelt (Antiklinale 1–5, Synklinale I–IV). Die einzelnen, durch ein Entoloph bzw. Ectolophid verbundenen Querjoche verschmelzen mit zunehmender Abkauung zusätzlich buccal (maxillar) oder lingual (mandibular) (Abb. 334). Die Kauflächen sind weitgehend plan, dennoch fehlen Zementeinlagerungen. Die Pentalophodontie an den mandibularen Backenzähnen entsteht durch ein eigenes Mesolophid. Die Dornschwanzhörnchen leben hauptsächlich von Früchten (z. B. Palmnüsse) verzehren jedoch auch Rinde und Mark von Bäumen, sowie Blätter.

Die entfernt an Hasen oder eher an kleine Känguruhs erinnernden Springhasen sind Bewohner der offenen Landschaft. Die Gebißformel vom

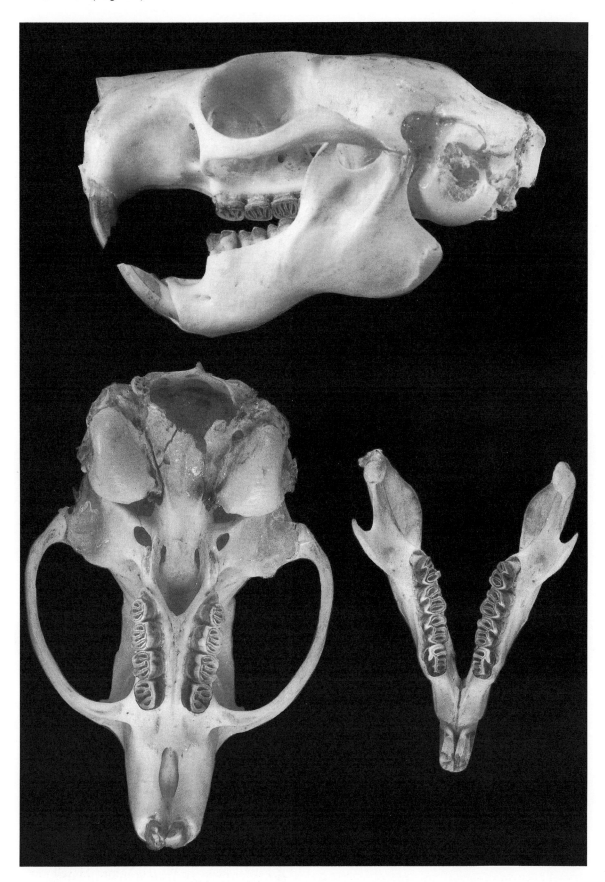

Abb. 333. *Anomalurus derbianus*. Schädel (Lateral- und Ventralansicht) und Unterkiefer (Aufsicht). NHMW 3725. Schädellänge 64 mm.

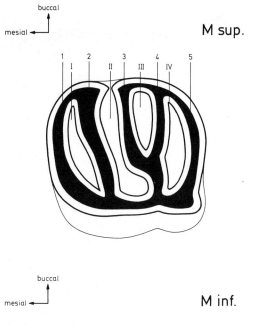

M sup.

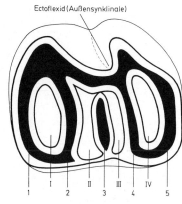

M inf.

Ectoflexid (Außensynklinale)

Abb. 334. *Anomalurus*. M sup. und M inf. (Schema). Beachte pentalophodontes Kronenmuster mit Entoloph und Ectolophid.

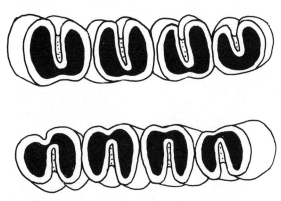

Abb. 336. *Pedetes capensis*. $P^4 - M^3$ sin. (oben) und $P_4 - M_3$ dext. (unten) occlusal. Beachte Bilophodontie der Backenzähne. Nach Original. $4 \times$ nat. Größe.

Springhasen (*Pedetes capensis*; Pedetidae) lautet $\frac{1\ 0\ 1\ 3}{1\ 0\ 1\ 3} = 20$. Das Backenzahngebiß besteht aus hypsodonten, wurzellosen und bilophodonten Zähnen, deren Joche mit zunehmender Abkauung lingual oder buccal miteinander verbunden sind, so daß jeweils ein mit Zement gefüllter Ectoflexus

oder ein Entoflexid ausgebildet ist (Abb. 335, 336). Die $P\frac{4}{4}$ entsprechen den Molaren, sind also voll molarisiert. Die unabgekauten Backenzähne bestehen nach WOOD (1965) aus hochkronigen Jochen, die ursprünglich aus zwei Höckern gebildet wurden, ähnlich denen der Geomyiden, lediglich der Vorderlobus des $P_{\overline{4}}$ ist mehrhöckrig. Die Zahnreihen konvergieren etwas nach vorn. Die Incisiven sind sehr massiv, die plane Vorderfläche nicht gefurcht. Die Wurzeln der Nagezähne sind gut verankert und reichen in der Mandibel bis fast zum Condylus. Die Springhasen, die im Jungtertiär auch in Südosteuropa und Vorderasien (Anatolien) verbreitet waren, sind vorwiegend Wurzel- und Knollenfresser, ohne jedoch auch Schößlinge und Samen zu verschmähen.

Bei *Megapedetes pentadactylus* aus dem Miozän Ostafrikas sind die Backenzähne brachyodont, bewurzelt und ohne Zementeinlagerung (MAC INNES 1957), ohne jedoch Hinweise auf die Entstehung der Backenzahnform zu geben.

Die fast ausschließlich als Angehörige der Myomorpha klassifizierten Schläferartigen sind hier als eigene Unterordnung Glirimorpha (mit Ausnahme der Platacanthomyiden) abgetrennt (STEHLIN & SCHAUB 1951, THALER 1966). Die Gebißformel schwankt zwischen $\frac{1\ 0\ 2-1\ 3}{1\ 0\ 1\ \ 3} = 22-20$ bei den Gliriden (Schläfer) und $\frac{1\ 0\ 2-0\ 3}{1\ 0\ 0\ \ 3} = 20-16$ bei den Seleviniiden (Salzkrautbilchen), deren Backenzähne stark vereinfacht sind. Die Backenzähne sind stets brachyodont und besitzen ein sehr charakteristisches Muster aus mehr oder weniger zahlreichen Querleisten. Fossilfunde (*Gliravus*) aus dem mittleren Eozän und auch dem jüngsten Eozän (Ludien) dokumentieren nicht nur das hohe Alter dieser Nagetiergruppe, sondern auch die Entstehung des Leistenmusters der Backenzähne. Bei *Gliravus priscus* ist ein einwurzeliger stiftförmiger $P^{\underline{3}}$ vorhanden. Die übrigen maxillaren Bak-

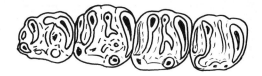

Abb. 337. *Gliravus majori* (Gliridae), Alt-Oligozän, Europa. $P^3 - M^3$ sin. (oben). *Gl. priscus*, Eozän, Europa, $P_4 - M_3$ dext. (unten) occlusal. Beachte einfaches Jochmuster. Nach STEHLIN & SCHAUB (1951), umgezeichnet. $17 \times$ nat. Größe.

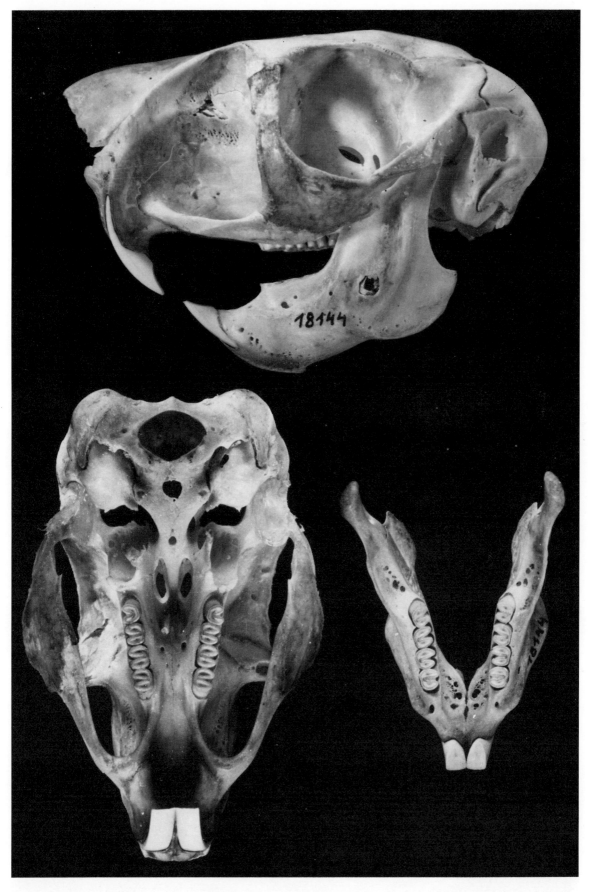

Abb. 335. *Pedetes capensis* (= „*cafer*") (Pedetidae), rezent, Südafrika. Schädel (Lateral- und Ventralansicht) und Unterkiefer (Aufsicht). NHMW 18.144. Schädellänge 88 mm.

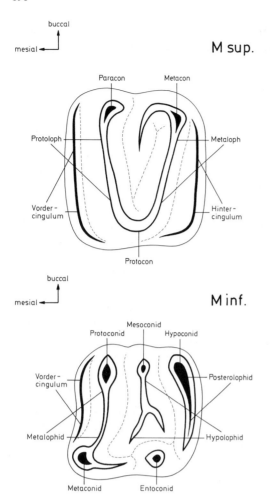

M sup.

M inf.

Abb. 338. *Gliravus*. M sup. und M inf. (Schema).

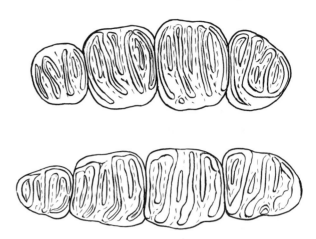

Abb. 339. *Myoxus glis* (Gliridae), rezent, Europa. $P^4 - M^3$ sin. (oben) und $P_4 - M_3$ dext. (unten) occlusal. Nach Original. $10 \times$ nat. Größe.

kenzähne sind einander ähnlich gestaltet. Die im Umriß annähernd quadratische Krone der M^{1-2} besteht aus einem v-förmigen Grundmuster, zu dem ein Vorder- und Hintercingulum kommen (Abb. 337, 338). Dieses Grundmuster kann durch zusätzliche Leisten (Lophe) oder Teiljoche in unterschiedlichem Maß kompliziert werden. Während bei *Eliomys* und *Dryomys* das Grundmuster nur wenig modifiziert ist, ist bei *Muscardinus* das pentalophodonte, bei *Glis* das tetralophodonte Grundmuster durch zusätzliche Leisten komplizierter gestaltet (Abb. 339, 340). An den M inf. sind bei *Gliravus* ein Meta-, Hypo- und Posterolo-

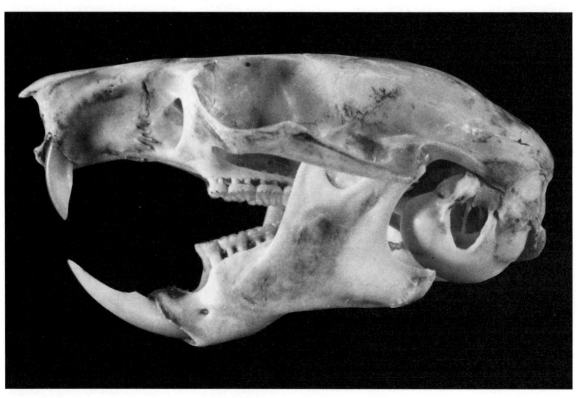

Abb. 340. *Glis glis* ♀. Schädel (Lateralansicht). NHMW 16.745. Schädellänge 36 mm.

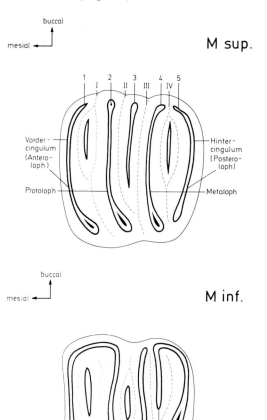

Abb. 341. *Glis*. M sup. und M inf. (Schema). Beachte Zwischenleisten.

phid entwickelt, zu denen noch ein Vordercingulum kommt. Das Hypolophid ist allerdings nicht vollständig entwickelt, indem das Entoconid isoliert ist (Abb. 341). Für die M inf. von *Eliomys* und *Dryomys* bzw. *Muscardinus* gilt ähnliches wie für die M sup. Die meist arboricolen Schläfer (Gliridae) sind nicht ausschließlich Pflanzenfresser (Früchte, Beeren, Samen), sondern verzehren auch tierische Kost (wie Insekten[-larven], Kleinvögel, Eier). Der nur terrestrisch lebende Mausschläfer (*Myomimus personatus*) aus Bulgarien und Innerasien, der mit verwandten Formen im Jungtertiär in weiten Teilen Europas heimisch war, lebt vorwiegend vegetarisch. VAN DER MEULEN & DE BRUIJN (1982) haben nach der Ausbildung der M $\frac{1-2}{1\ 2}$ sechs Gruppen von Gliriden unterschieden, die sich auch in der Ernährung (und im Habitat) unterscheiden: 1) *Muscardinus* („flat molar group") hauptsächlich vegetarisch; 2) *Gliravus*, *Eliomys* („basined molar group") omnivor; 3) *Dryomys*, *Eliomys* („simple intermediate group") omnivor; 4) *Glirulus* („complicated intermediate group") omnivor, jedoch weniger tierische Kost; 5) *Glis*, *Glirulus* („symmetrical group") hauptsächlich vegetarisch (arboricol);

6) *Myomimus* („asymmetrical group") hauptsächlich vegetarisch (terrestrisch).

Die Myomorpha (= Myodonta) sind die artenreichste Gruppe der Nagetiere. Sie sind durch den etwas modifizierten Bau des Masseters sowie bunodonte bis lophodonte, brachyodonte bis hypsodonte, verschiedentlich sogar wurzellose Backenzähne gekennzeichnet. Die Gebißformel lautet $\frac{1\ 0\ 1\ 3}{1\ 0\ 1\ 3} = 20$ bis $\frac{1\ 0\ 0\ 2}{1\ 0\ 0\ 2} = 12$ (wie bei *Rhynchomys*, *Hydromys*) oder überhaupt nur $\frac{1\ 0\ 0\ 1}{1\ 0\ 0\ 1} = 8$ (bei *Mayermys*). Die P$\frac{4}{4}$ sind – sofern vorhanden – meist nur als kleine, stiftförmige Zähne entwickelt. Das Backenzahnmuster zeigt eine außerordentliche Vielfalt, so daß das Gebiß meist für die spezifische Bestimmung herangezogen werden kann. Angesichts der ungeheuren Formenfülle kann hier nur eine bescheidene, aber dennoch kennzeichnende Auswahl besprochen werden. Die taxonomische Großgliederung geschieht nicht einheitlich, da einerseits nur zwei Gruppen (Muroidea [= Cricetoidea] und Dipodoidea) unterschieden werden, wobei die Muroidea als Abkömmlinge von Cricetiden angesehen werden, andererseits mindestens vier Überfamilien (Cricetoidea, Muroidea, Rhizomyoidea und Dipodoidea),

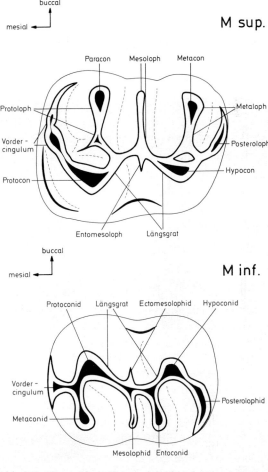

Abb. 342. *Cricetodon* (Cricetodontidae), Oligo-Miozän, Europa. M sup. und M inf. (Schema).

sofern einzelne davon nicht überhaupt als eigene Unterordnung gewertet werden. Als jeweils zentrale Gruppen gelten die Cricetidae und die Zapodidae. Angehörige beider Familien zeigen das Grundmuster der Molaren mit deutlicher Tendenz zur Bildung von mehreren Jochen und einem Längsgrat („mure"). An den M sup. kommen zum Proto- und Metaloph ein Mesoloph sowie ein Vordercingulum (= Anteroloph) und ein Hintercingulum (= Posteroloph) hinzu, d. h. letztlich entsteht ein pentalophodonter Zustand, der jedoch schon durch den verlängerten Umriß der Molaren und den Längsgrat vom theridomorphen Muster verschieden ist (Abb. 342). An den M inf. dominieren Längsgrat und vier Querjoche. Der höckerförmige Charakter der Außen- (M sup.) bzw. Innenhügel (M inf.) kann mehr oder weniger gewahrt bleiben (wie *Cricetus*).

Als primitiver Cricetide ist hier die Gattung *Cricetodon* aus dem Oligo-Miozän Eurasiens herangezogen worden, für die Zapodidae *Plesiosminthus* aus dem Jung-Oligozän. Damit ist zugleich die frühe Trennung der beiden Hauptgruppen (Muroidea und Dipodoidea) dokumentiert.

Bei *Cricetodon* lautet die Gebißformel $\frac{1\,0\,0\,3}{1\,0\,0\,3} = 20$ wie bei fast allen Muroidea. Lediglich bei *Pauromys* aus dem Mittel-Eozän Nordamerikas, eine als primitiver Cricetide (oder als evoluierter Sciuravide) klassifizierte Gattung, sind die $P\frac{4}{4}$ vorhanden. Bei *Cricetodon* sind die $M\frac{1}{1}$ gegenüber den $M\frac{2-3}{2\,3}$ durch die Bildung einer „Vorderknospe" verlängert. An den im Umriß gerundet rechteckigen $M\frac{2}{}$ verbindet ein Längsgrat die einzelnen Querjoche mit Ausnahme des Anterolophs (= Vordercingulum). Die Innenhöcker sind leicht selenodont, während die übrigen (Haupt-)Höcker zu Jochen umgestaltet sind, zu denen ein Mesostylsporn (= Mesoloph) kommt. Ein kurzes Entomesoloph kann angedeutet sein (Abb. 343). Der etwas schmälere $M\frac{}{2}$ besteht aus vier, durch den Längsgrat verbundenen Querjochen, die Außenhügel sind leicht selenodont. Zwischen Meta- und Hyplophid tritt lingual ein Mesostylidsporn (= Mesolophid = Entolophulid = „Pseudomesolophid") auf, das buccal einen kurzen Fortsatz (Ectomesolophid) bilden kann (Abb. 343).

Beim Hamster (*Cricetus cricetus*) und verwandten Formen (wie *Cricetulus migratorius*) bilden die bei *Cricetodon* jochförmigen Höcker (buccal bei den M sup., lingual bei den M inf.) jeweils Hügel mit zwei Kanten, die zusammen mit den zwei Armen der Innen- und Außenhügel ein rautenförmiges Schmelzmuster ergeben, das eine zentrale Grube umschließt (Abb. 344, 345). Die Vorderknospen der $M\frac{1}{1}$ sind zweihöckerig (Abb. 346).

Abb. 343. *Cricetodon gaillardi* (Cricetodontidae), Miozän, Europa. M^{1-3} sin. (oben) und M_{1-3} dext. (unten) occlusal. Nach Original. 15× nat. Größe.

Abb. 344. *Cricetus cricetus* (Cricetidae), rezent, Europa. M^{1-3} sin. (oben) und M_{1-3} dext. (unten) occlusal. Nach Original. ca. 10× nat. Größe.

Abb. 346. *Cricetulus migratorius* (Cricetidae), rezent, Kleinasien. M^{1-3} sin. (oben) und M_{1-3} dext. (unten) occlusal. Nach Original. 18× nat. Größe.

Bei verschiedenen Cricetiden (wie *Calomyscus*, *Mystromys*, *Rotundomys*) besteht die Tendenz, durch eine antero-interne Torsion die alternierende Stellung der Haupthöcker zu verstärken, so daß unter Einbindung des Längsgrates ein sehr charakteristisches Schmelzfigurenmuster ent-

Abb. 345. *Cricetus cricetus*. Schädel (Lateral- und Ventralansicht) und Unterkiefer (Aufsicht). PIUW 3839. Schädellänge 45 mm.

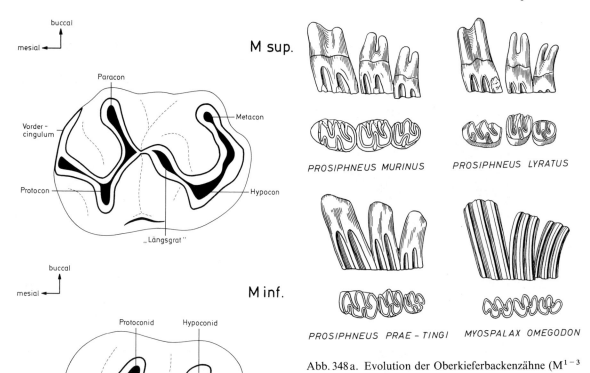

M sup.

M inf.

Abb. 348 a. Evolution der Oberkieferbackenzähne (M^{1-3} sin. buccal und occlusal) bei Myospalacinen (= „Siphneinae") des Neogens. *Prosiphneus murinus* (Jung-Miozän), *P. lyratus* und *P. prae-tingi* (Pliozän), *Myospalax omegodon* (Villafranchium). Beachte zunehmende Hypsodontie. Nach TEILHARD (1942).

Abb. 347. *Rotundomys* (Cricetidae), Jung-Miozän, Europa. M sup. und M inf. (Schema). Beachte beginnende Lobenbildung.

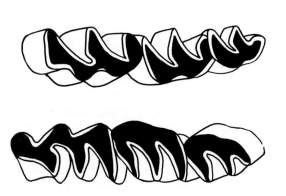

Abb. 348. *Myospalax psilurus* (Cricetidae), rezent, China. M^{1-3} sin. (oben) und M_{1-3} dext. (unten) occlusal. Nach Original. ca. 7× nat. Größe.

steht, das – zumindest morphologisch – als Ausgang für das arvicolide (Triangulations-)Molarenmuster angesehen werden kann. *Rotundomys* aus dem Jung-Miozän (Vallesium) Europas vermittelt auch zeitlich zwischen miozänen Cricetiden und den Arvicoliden (MEIN 1975) (Abb. 347). Unabhängig davon ist auch die Triangulation bei den Blindmullen als Abkömmlinge der Cricetinae (Myospalacini mit *Myospalax* = „*Siphneus*") entstanden (Abb. 348, 348 a).

Für die Molaren der Wühlmäuse (Arvicolidae = „Microtidae" = „Microtinae") ist die aus meist alternierend angeordneten Dentindreiecken (= „Triangeln") zusammengesetzte Kaufläche charakteristisch. Wie W. VON KOENIGSWALD (1980) betont, ist der oft verwendete Begriff (Schmelz-) Prismen für die Dentindreiecke als irreführend zu vermeiden. Die Terminologie dieser Elemente ist nicht einheitlich, weshalb in Abb. 349 verschiedene Bezeichnungen einander gegenübergestellt sind, wobei zugleich eine mögliche Homologisierung ausgedrückt sei (HINTON 1926, HIBBARD 1950, FEJFAR 1961, REPENNING 1968, MICHAUX 1971, CHALINE 1972, VAN DER MEULEN 1973, VAN DER MEULEN & ZAGWIJN 1974, VON KOENIGSWALD 1980, RABEDER 1981). Grundsätzlich lassen sich Antiklinalen („salient angles") und Synklinalen („re-entrant angles") unterscheiden. Die Dentindreiecke können geschlossen (= Deltodontie) oder offen (konfluente Triangel) sein, so daß ein „Rhombus", „Rhomboid" oder „Deltoid" entsteht (s. RABEDER 1981). Bei höherer Triangelzahl am $M_{\overline{1}}$ spricht man von Poly-Isomerie. In den Synklinalen kann mehr oder weniger dicker Kronenzement (= Synklinalzement) auftreten, während im Bereich der Antiklinalen bestenfalls ein dünner „Antiklinalzement" an den schmelzfreien Stellen auftritt, der als Fortsetzung des Wurzelzementes anzusehen ist. Gemäß der Spiegelung der Morphologie zwischen oberen und unteren Mola-

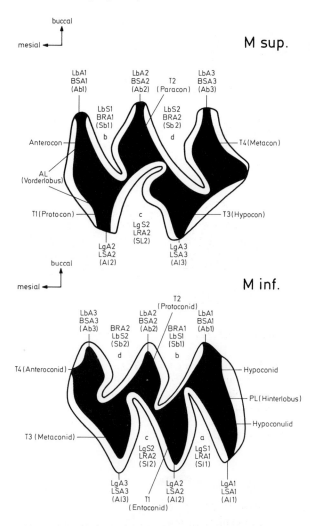

M sup.

M inf.

Abb. 349. *Ondatra* (Arvicolidae). M sup. und M inf. (Schema). Unterschiedliche Terminologie für die einzelnen Kronenelemente nach MICHAUX (a–d; 1971), VAN DER MEULEN (BSA 1-, BRA 1-; 1973), VON KOENIGSWALD (Lb A 1-, LgA 2-; 1980) und RABEDER (Ab 1-, Sl 1-; 1981). Zählung bei M sup. mesial-distal, bei M inf. distal-mesial (vgl. Text).

ren erfolgt die rein morphographische Zählung der Elemente an den M sup. von mesial, jene der M inf. von distal (Abb. 350). Hier ist die (vereinfachte), von RABEDER (1981) gebrauchte Terminologie verwendet, indem für die Antiklinalen und Synklinalen die Symbole A und S in Kombination mit buccal oder lingual verwendet werden: z.B. Ab 1 = 1. Buccalantiklinale, Sl 2 = 2. Lingualsynklinale. Die Dentindreiecke werden alternierend gezählt. Bei primitiven Arvicoliden (z.B. *Mimomys*) tritt am $M_{\bar{1}}$ im Bereich des Vorderlobus eine Schmelzinsel (Insula, „cricetine islet") oder eine Mimomys-Falte auf (Abb. 351). Weiteres hat sich an Hand fossiler Arvicoliden gezeigt, daß das Aussetzen des Schmelzes an den Antiklinalen nicht nur funktionelle Bedeutung hat (zum Ansetzen von Ligamentbändern zur Fixierung im Kiefer), sondern auch taxonomisch-phylogenetisch wichtig ist, wie RABEDER (1981) belegen konnte. Diese sog. „Schmelz-Aufschlitzung" ist durch den

unterschiedlichen Verlauf der Linea sinuosa bzw. Sinugramme morphologisch bzw. quantitativ erfaßbar und hat zu einer eigenen Terminologie geführt (Abb. 352). Die Anordnung und Zahl der Dentindreiecke (nicht nur an den taxonomisch besonders wichtigen $M_{\bar{1}}$ und $M^{\underline{3}}$), ist funktionell bedingt, wie VON KOENIGSWALD (1980) gezeigt hat, indem die alternierende Stellung der Dentindreiecke zu einer Verlängerung der Schneidekanten ohne Verbreiterung des Zahnes führt (Abb. 350). Die verschiedene Schmelzdicke an Luv- oder Leeseite der Dreiecke ist durch den unterschiedlichen Kaudruck bedingt. Andere morphologische Merkmale sind die Brachyo-, Meso- (wie *Mimomys*) oder Hypsodontie der Molarenkrone, die Lage der Wurzeln zum I inf. (Acrorhizie oder Pleurorhizie nach MEHELY 1914) oder die Wurzellosigkeit (Arhizodontie) überhaupt. Die Hypsodontie ist zweifellos nicht nur einmal innerhalb der Arvicoliden erworben worden (wie *Microtus*, *Lemmus*) (vgl. Abb. 285). Das meist aus prismatischen (wurzellosen und säulenförmigen) Molaren bestehende Backenzahngebiß der rezenten Wühlmäuse weist sie als Grasfresser aus. Die Wühlmäuse sind als erdgeschichtlich jüngste Säugetierfamilie erst im Plio-Pleistozän entstanden und haben sich vor allem im Pleistozän differenziert. Ihr evolutiver Erfolg steht zweifellos mit der Ausbildung des Gebisses in Zusammenhang. Als zwei Beispiele „moderner" Arvicoliden sind hier *Arvicola* und *Ondatra* (Bisamratte) (Abb. 353–355), als „primitiver" Typ *Microtoscoptes* (Abb. 356) dargestellt (Tafel XIX).

Von den übrigen Cricetiden sind nur einige wenige Gruppen hier berücksichtigt: Die madagassischen Nesomyinae, die Neuweltmäuse (Sigmodontinae = Hesperomyinae = Hesperomyini), die altweltlichen Stachelbilche (Platacanthomyinae), Rennmäuse (Gerbillinae) und Blindmulle (Myospalacinae).

Die „Madagaskarratten" (Nesomyinae) haben eine erstaunliche Vielfalt der Molarenmuster entwickelt, die vom brachyodonten (wie *Macrotarsomys*) bis zum hypsodont-lophodonten lamellaren Typ (wie *Brachyuromys*) reicht (Abb. 357, 357a). Diese Vielfalt läßt sich jedoch nach STEHLIN & SCHAUB (1951) auf den cricetiden Grundbauplan zurückführen. Siehe auch PETTER (1962), auf dessen Dokumentation hier verwiesen sei.

Ähnliches gilt für die Neuweltmäuse („Hesperomyinae") Nord-, Mittel- und Südamerikas, die eine riesige Arten- und Formenfülle hervorgebracht haben und damit auch eine Mannigfaltigkeit im Bau des Backenzahngebisses, wie sie sonst nur innerhalb größerer taxonomischer Einheiten bekannt ist (HERSHKOVITZ 1962). Ihre stammesge-

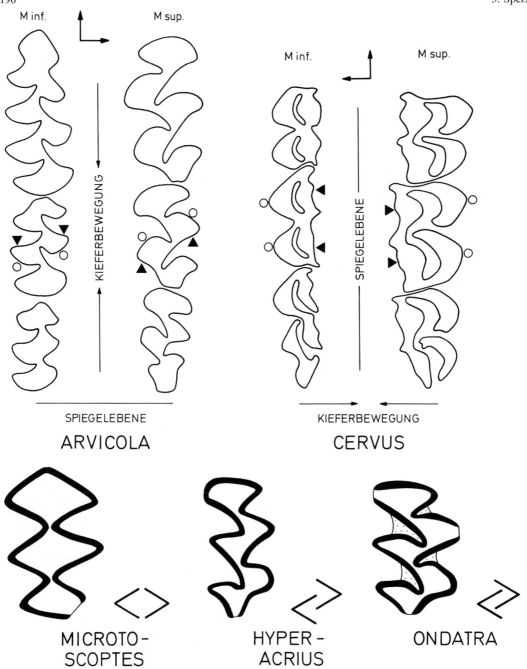

Abb. 350. Ausbildung der Molaren und Art der Kaubewegung (oben) bei Wühlmäusen (z. B. *Arvicola*) und Wiederkäuern (z. B. *Cervus*). Beachte unterschiedliche Spiegelebene. Verschiedene Anordnung der Dentindreiecke bei Arvicoliden (unten) mit steigender Effizienz (*Microtoscoptes – Ondatra*). Nach VON KOENIGSWALD (1980), verändert umgezeichnet.

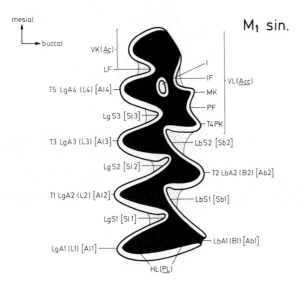

Abb. 351. *Mimomys* (Arvicolidae). Plio-Pleistozän, Europa. M inf. (Schema). Beachte Insel (I) im Vorderlobus (VL). Terminologie nach FEJFAR (1961), ferner RABEDER (Ab 1-, Al 1-, Sb 1-, Sl 1-; 1981), HEINRICH (L 1-, B 1-; 1982) und ZAKREZEWSKI (Ac, Acc, PL, T 1-; 1984). I – Schmelzinsel (Insula), IF – Inselfalte, HL – Hinterlobus (Lobus posterior; PL) LF – Lingualfalte am Vorderlobus, LbA – Buccalantiklinale, LgS – Lingualsynklinale, MK – Mimomyskante, PF – Prismenfalte, PK – Prismenkante, VK – Vorderkappe (Ac), VL – Vorderlobus (Lobus anterior, Acc).

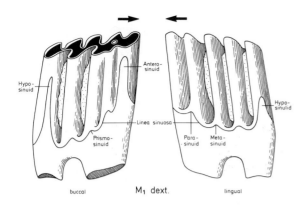

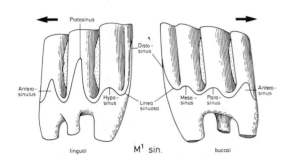

Abb. 352. *Mimomys*. M inf. und M sup. mit Verlauf der Linea sinuosa. Nach RABEDER (1981), verändert umgezeichnet.

Abb. 353. *Arvicola terrestris* (Arvicolidae), rezent, Europa M^{1-3} sin. (oben) und M_{1-3} dext. (unten) occlusal. Nach Original. 7,5 × nat. Größe.

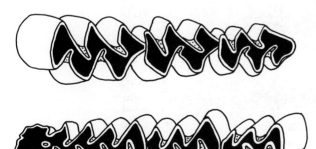

Abb. 354. *Ondatra zibethicus* (Arvicolidae), rezent, Europa. M^{1-3} sin. (oben) und M_{1-3} dext. (unten) occlusal. Nach Original. ca. 5 × nat. Größe.

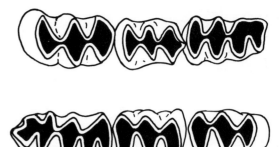

Abb. 356. *Microtoscoptes disjunctus* (Arvicolidae). Mittel-Pliozän, Nordamerika. M^{1-3} sin. (oben) und M_{1-3} dext. (unten) occlusal. Beachte Stellung der Dentindreiecke. Nach REPENNING (1967), umgezeichnet. ca. 10 × nat. Größe.

Abb. 357. *Nesomys rufus* (Cricetidae, Nesomyinae), rezent, Madagaskar. M^{1-3} sin. (oben) und M_{1-3} dext. (unten) occlusal. Nach STEHLIN & SCHAUB (1951), umgezeichnet. 17 × nat. Größe.

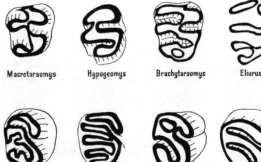

Abb. 357a. M^2 dext. (occlusal) der madagassischen Nesomyinae. Beachte Vielfalt des Kronenmusters. Vom brachyodont-cricetinen Bauplan bei *Macrotarsomys* und *Brachytarsomys* über den lophodont-cricetinen bei *Nesomys* bis zum hypsodont-lophodonten Typ bei *Hypogeomys* reicht die Formenmannigfaltigkeit. Nach PETTER (1962).

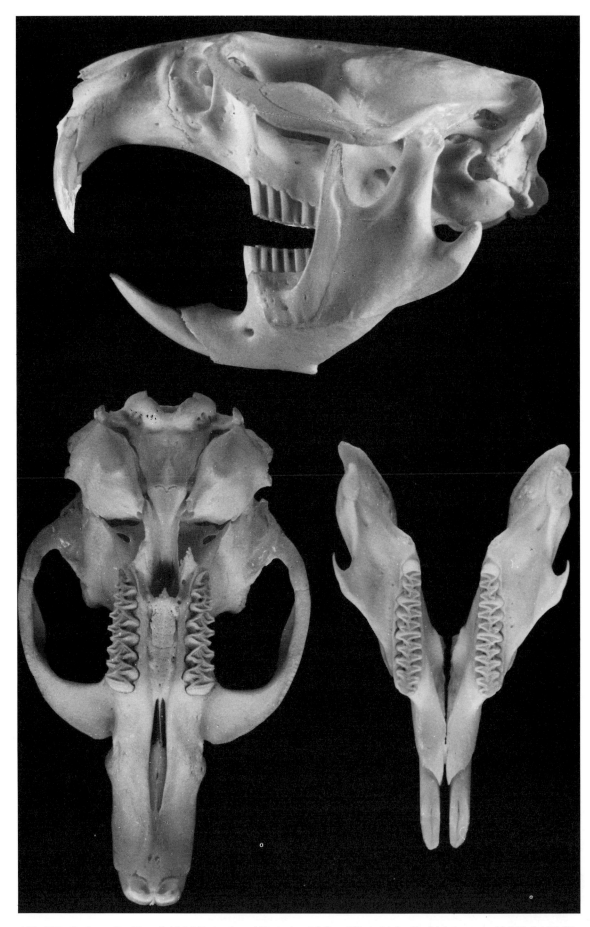

Abb. 355. *Ondatra zibethicus*. Schädel (Lateral- und Ventralansicht) und Unterkiefer (Aufsicht). NHMW 18.866. Schädellänge 63 mm.

schichtliche Einheit ist keineswegs gesichert (JA-
COBS & LINDSAY 1984). HERSHKOVITZ verwendet
eine eigene Terminologie für die verschiedenen
Molarentypen und -muster („crested", „terraced"
und „plane" für die Zahnoberfläche, „lamina-
tion", „involution", „triangulation", „fusion"
und „cylindrification" für die Entstehung der unterschiedlichen Zahnmuster), wie sie in ähnlicher
Weise auch bei nicht-myomorphen Nagern bekannt sind. Auch die Sigmodontie sei erwähnt, die
durch „Involution" entstanden ist, mit dem E-, S-
und Sigmoid-Muster (Abb. 358). Als Beispiel ist
hier *Neotoma* mit hypsodonten Molaren und
Triangulation genannt (Abb. 359 u. Tafel XVIII).
Repomys aus dem Pliozän vermittelt morphologisch zwischen den brachyodonten miozänen
Ausgangsformen und der *Neotoma*-Gruppe (MAY
1981).

tacanthomyinen lautet wie bei den Cricetiden
$\frac{1\,0\,0\,3}{1\,0\,0\,3} = 16$, das oberflächlich an Gliriden erinnernde Molarenmuster ist nach dem cricetiden Plan
gebaut (Abb. 360). Die Molaren sind pentalophodont, bleiben jedoch brachyodont.

Bei den Rennmäusen (Gerbillinae) sind zwar
gleichfalls lophodonte Molaren entwickelt, jedoch ist die Zahl der Lophe auf zwei oder drei
beschränkt. Außerdem kommt es zur Hypsodontie und Wurzellosigkeit. An den nur mäßig erhöh-
ten Kronen der Molaren von *Gerbillus* ist der bunodonte Charakter noch erkennbar, bei *Tatera* ist
die Lophodontie (2 oder 3 Querlamellen) ausgeprägt (Abb. 361), bei *Meriones* (Tafel XVIII) sind
die hypsodonten Lophe median miteinander verbunden und bei der im Gebiß spezialisiertesten
Gattung *Rhombomys* kommt es zur Wurzellosigkeit, teilweisen Schmelzreduktion und Ausbildung
von Synklinalzement. Damit ist eine parallele
Entwicklung zu den Arvicoliden gegeben, aller-

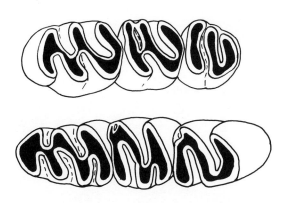

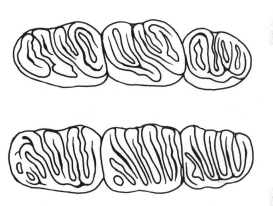

Abb. 358. *Sigmodon hispidus* (Cricetidae, Hesperomyinae),
rezent, Zentralamerika. M$^{1-3}$ sin. (oben) und M$_{\overline{1-3}}$ dext.
(unten) occlusal. Nach Original. ca. 10× nat. Größe.

Abb. 360. *Platacanthomys lasiurus* (Cricetidae, Platacanthomyinae), rezent, Indien. M$^{1-3}$ sin. (oben) und M$_{\overline{1-3}}$
dext. (unten) occlusal. Nach STEHLIN & SCHAUB (1951), umgezeichnet. ca. 10× nat. Größe.

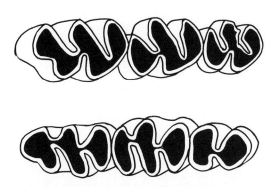

Abb. 359. *Neotoma fuscipes* (Cricetidae, Hesperomyinae),
rezent, Kalifornien. M$^{1-3}$ sin. (oben) und M$_{\overline{1-3}}$ dext. (unten) occlusal. Nach Original. 6× nat. Größe.

Abb. 361. *Tatera leucogaster* (Cricetidae, Gerbillinae), rezent, SW-Afrika. M$^{1-3}$ sin. (oben) und M$_{\overline{1-3}}$ dext. (unten)
occlusal. Beachte Lophodontie. Nach Original. 14× nat.
Größe.

Wie STEHLIN & SCHAUB (1951) gezeigt haben, sind
die meist als Angehörige der Gliroidea aufgefaß-
ten asiatischen Stachelbilche („Platacanthomy-
idae" mit den rezenten Gattungen *Platacanthomys* und *Typhlomys*) als Vertreter der Muroidea zu
klassifizieren. Mit *Neocometes* sind sie auch aus
dem Miozän Europas nachgewiesen (SCHAUB in
ZAPFE & SCHAUB 1953). Die Gebißformel der Pla-

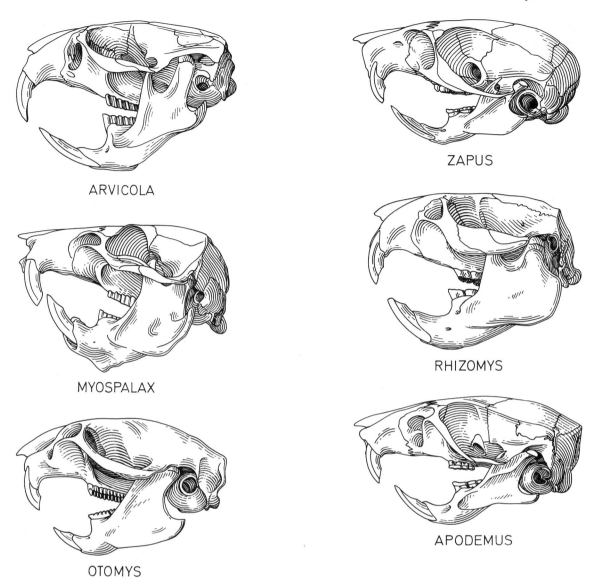

ARVICOLA

MYOSPALAX

OTOMYS

ZAPUS

RHIZOMYS

APODEMUS

Tafel XIX. Schädel (Lateralansicht) rezenter myomorpher Rodentia. Linke Reihe: *Arvicola* (Arvicolidae), *Myospalax* und *Otomys* (Cricetidae). Rechte Reihe: *Zapus* (Zapodidae), *Rhizomys* (Rhizomyidae) und *Apodemus* (Muridae). Nicht maßstäblich.

dings werden die $M\frac{3}{3}$ reduziert, und die Dentindreiecke sind nicht alternierend angeordnet. Eine ausgesprochene Lophodontie hingegen findet sich bei *Otomys* (Otomyinae; Abb. 362, Tafel XIX).

Die maulwurfähnlichen asiatischen Blindmulle (*Myospalax* = „*Siphneus*") besitzen als Handgräber opisthodonte I sup. (Tafel XIX) und nicht proodonte wie die Mull-Lemminge (*Ellobius*) als Zahngräber unter den Wühlmäusen (Abb. 363). Die wurzellosen und aus alternierenden Dentindreiecken aufgebauten Molaren (M sup. mit zwei Außen- und einer Innensynklinale) erinnern an primitive Arvicoliden. Bei *Prosiphneus* aus dem Jung-Tertiär sind die hypsodonten Molaren bewurzelt.

Für die Altweltmäuse (Muridae) ist das sogenannte stephanodonte Muster der M sup. kennzeichnend, das nach JAEGER (1983) eine Anpas-

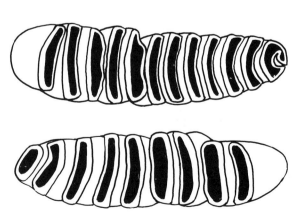

Abb. 362. *Otomys inoratus* (Cricetidae, Otomyinae), rezent, Kenya. M^{1-3} sin. (oben) und M_{1-3} dext. (unten) occlusal. Beachte Polylophodontie. Nach STEHLIN & SCHAUB (1951), umgezeichnet. ca. 9× nat. Größe.

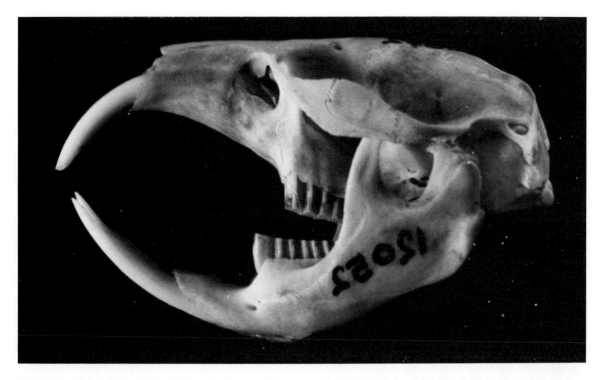

Abb. 363. *Ellobius fuscocapillus* (Arvicolidae), rezent, Turkestan. Schädel (Lateralansicht). Beachte proodonte I sup. NHMW 12.952. Schädellänge 52,5 mm.

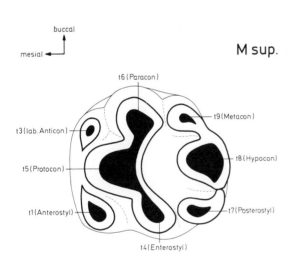

M sup.

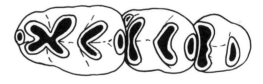

Abb. 365. *Micromys minutus* (Muridae), rezent, Europa. M^{1-3} sin. (oben) und M_{1-3} dext. (unten) occlusal. Nach Original. ca. 12× nat. Größe.

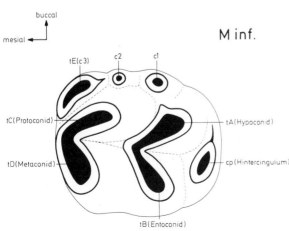

M inf.

Abb. 364. *Apodemus* (Muridae). M sup. und M inf. (Schema). Typische Stephanodontie.

Abb. 366. *Hapalomys longicaudatus* (Muridae), rezent, Burma. M^{1-3} sin. (oben) und M_{1-3} dext. (unten) occlusal. Nach MUSSER (1981a), umgezeichnet. 7× nat. Größe.

sung an die mit zunehmender Aridität vergrößerten Grassteppen darstellt. Unter Stephanodontie versteht SCHAUB (1938) eine kranz- oder girlandenartige Verbindung der Molarenhöcker, wie sie etwa für *Apodemus* oder *Micromys* typisch ist (Abb. 364, 365; Tafel XIX). Dieser triseriale Bauplan kann modifiziert werden, indem er einerseits zur extremen Regelmäßigkeit erstarrt (wie *Hapalomys*; Abb. 366) oder unter etwaiger Reduktion zur Lophodontie führt (wie *Rattus*, *Hydromys*, *Nesokia*, *Bandicota*; Abb. 367, 368).

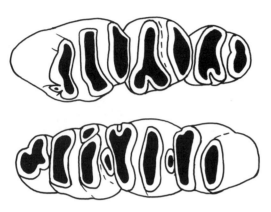

Abb. 367. *Bandicota indica* (Muridae), rezent, Indien. M^{1-3} sin. (oben) und M_{1-3} (unten) occlusal. Nach Original. ca. 7× nat. Größe.

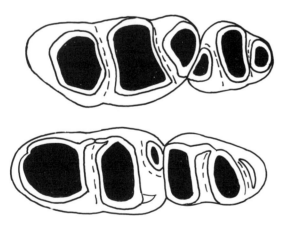

Abb. 368. *Hydromys chrysogaster* (Muridae), rezent, Australien. M^{1-2} sin. (oben) und M_{1-2} dext. (unten) occlusal. Nach STEHLIN & SCHAUB (1951), umgezeichnet. ca. 7× nat. Größe.

Über die Entstehung des stephanodonten Zahnmusters und der vermutlichen Homologie der Zahnhöcker (die meist durch eine rein morphographische Terminologie umgangen wird; Zählung von t 1 bis t 9) ist viel diskutiert worden (MILLER & GIDLEY 1918, SABATIER 1982, SCHAUB 1938, SIMPSON 1945, WEERD 1976, WOOD 1955, VANDEBROEK 1966, JACOBS 1978, MUSSER 1981 a). Durch die Entdeckung primitiver Muriden im Mittel-Miozän Südasiens (*Antemus*; JACOBS

1977), an deren M sup. lingual ein zusätzlicher Zahnhöcker (Enterostyl = t 4) auftritt, ist die Herkunft von Cricetiden wahrscheinlich gemacht und damit auch die Homologisierung der Molarenhöcker möglich.

Bei den (eigentlichen) Muriden ist die Tendenz zur Hypsodontie oder Wurzellosigkeit sowie Molarenverlängerung kaum vorhanden, da die taxonomische Stellung der afrikanischen Lamellenzahnratten (Otomyinae mit *Otomys*) umstritten ist (vermutlich Cricetidae). Das Backenzahngebiß dieser Muroidea besteht aus hypsodonten Lamellenzähnen (M^{1} = 3, M^{2} = 2 und M^{3} = 7–8 Lamellen). Unterschiede in der Schmelzdicke resultieren aus den Kaubewegungen (Abb. 362). Lediglich bei *Hyomys goliath* aus Neuguinea kommt es zur Semihypsodontie (vgl. MUSSER 1981). Andere Modifikationen des stephanodonten Molarenmusters sind bei anderen insularen Großformen (wie *Spelaeomys*, *Mallomys* und *Papagomys* von Flores) zu beobachten (Abb. 369–371).

Bei den gleichfalls als Inselformen zu bezeichnenden Arten der Gattung *Microtia* aus dem Jung-Miozän von Monte Gargano (Italien) kommt es über die

Abb. 369. *Spelaeomys florensis* (Muridae), Quartär, Flores. M^{1-3} sin. (oben) und M_{1-3} dext. (unten) occlusal. Nach MUSSER (1981), umgezeichnet. 4,5× nat. Größe.

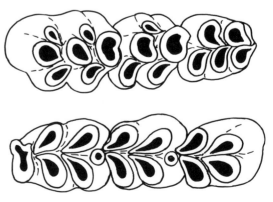

Abb. 370. *Mallomys rothschildi* (Muridae), rezent, Neuguinea. M^{1-3} sin. (oben) und M_{1-3} dext. (unten) occlusal. Nach MUSSER (1981a), umgezeichnet. 4,5× nat. Größe.

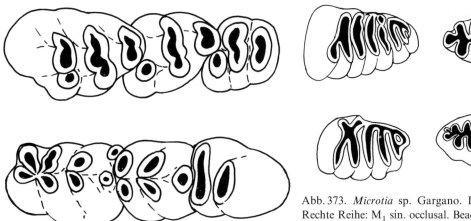

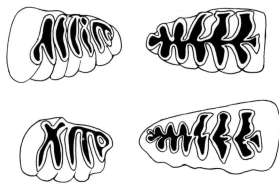

Abb. 371. *Papagomys armandvillei* (Muridae), rezent, Flores M$^{1-3}$ sin. (oben) und M$_{1-3}$ dext. (unten) occlusal. Nach MUSSER (1981a), umgezeichnet. ca. 6× nat. Größe.

Abb. 373. *Microtia* sp. Gargano. Linke Reihe: M^3 sin. Rechte Reihe: M$_1$ sin. occlusal. Beachte Polylophodontie. Nach FREUDENTHAL (1976), z. T. spiegelbildlich umgezeichnet. ca. 5,5× nat. Größe.

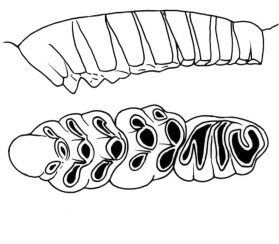

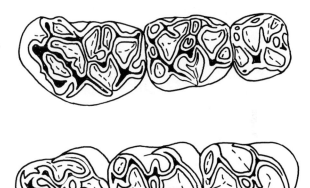

Abb. 374. *Melissiodon quercyi* (Melissiodontidae), Oligozän, Europa. M$^{1-3}$ sin. (oben) und M$_{1-3}$ dext. (unten) occlusal. Nach STEHLIN & SCHAUB (1951), umgezeichnet. 10× nat. Größe.

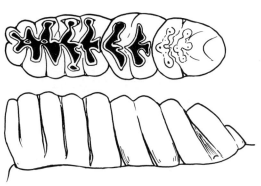

Abb. 372. *Microtia magna* (Muridae), Jung-Miozän, Italien (Gargano). M$^{1-3}$ dext. (ganz oben) und occlusal (mitte oben), M$_{1-3}$ dext. occlusal (mitte unten) und lingual (ganz unten). Nach FREUDENTHAL (1976), z. T. spiegelbildlich umgezeichnet. ca. 3,5× nat. Größe.

Höckerhypsodontie zu einer echten Hypsodontie von M$_{\bar{1}}$ und M$_{\bar{3}}$, wobei zugleich die Stephanodontie in eine (Poly-)Lophodontie umgestaltet wird und buccal die Tendenz zu einer Längsverbindung der Joche besteht (FREUDENTHAL 1976; Abb. 372, 373). Die Hypsodontie läßt sich mit der damaligen „Trockenphase" (Messiniano) im Mittelmeerbereich, die zur Inselbildung von Gargano

und zur Umstellung auf Grasnahrung führte, in Zusammenhang bringen. Die Hypsodontie ist mit einer Vermehrung der Höckerreihen des M$_{\bar{1}}$ auf insgesamt sieben, beim M$^{\underline{3}}$ auf maximal sechs Joche verbunden. Die Molaren sind stets bewurzelt.

Als aberranter Typ unter den Muroidea ist *Melissiodon* (Melissiodontidae) aus dem Oligo-Miozän Europas zu erwähnen (SCHAUB 1920, 1958). Die Kaufläche der brachyodonten, quadrituberculären Molaren ist wabenartig gestaltet (Abb. 374) und läßt sich vom cricetiden Bauplan ableiten (HRUBESCH 1957).

Die systematische Zugehörigkeit der Rhizomyiden und Spalaciden (Rhizomyoidea) wird diskutiert. Sie ist nicht zuletzt von der Interpretation der Gebißformel ($\frac{1\,0\,1\,2}{1\,0\,1\,2}$ oder $\frac{1\,0\,0\,3}{1\,0\,0\,3}$) abhängig. Während STEHLIN & SCHAUB (1951) unter der Annahme, *Rhizospalax* ($\frac{1\,0\,1\,2}{1\,0\,1\,2}$) aus dem Jung-Oligozän Europas sei im Gebiß vom *Theridomys*-Typ abzuleiten und der älteste Angehörige der Rhizomyidae, die Zugehörigkeit der Rhizomyoidea zu den

Myomorphen ablehnen, ist für FLYNN & SABATIER (1984) durch *Prokanisamys*, *Kanisamys* und *Tachyoryctoides* aus dem Miozän Asiens die Ableitung der Rhizomyiden von Cricetiden gesichert (s. a. BRUIJN et al. 1981). Da auch andere morphologische Kriterien für die Zugehörigkeit der „Rhizomyoidea" zu den Myomorphen sprechen, sind sie hier als Angehörige der Muroidea gewertet.

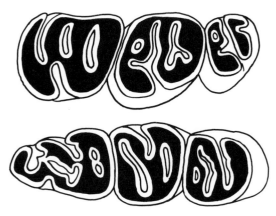

Abb. 375. *Rhizomys sumatrensis* (Rhizomyidae), rezent, Indonesien. M^{1-3} sin. (oben) und M_{1-3} dext. (unten) occlusal. Nach Original. 5× nat. Größe.

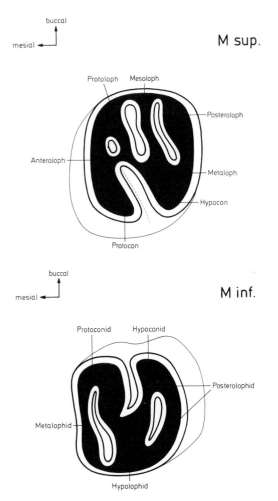

Abb. 376. *Rhizomys*. M sup. und M inf. (Schema).

Die Gebißformel der Wurzelratten (Rhizomyidae) und der Blindmäuse (Spalacidae) lautet somit wie bei den Cricetiden $\frac{1\ 0\ 0\ 3}{1\ 0\ 0\ 3} = 16$. Das mit zunehmender Abkauung sich vereinfachende Molarenmuster der Rhizomyiden und Spalaciden ist tri- bis tetralophodont (Antero-, Proto-, Meso- und Posteroloph an den M sup.) (Abb. 375, 376). Die Krone der Molaren ist semihypsodont („mesodont") (Abb. 377 u. Tafel XIX). Bei primitiven Rhizomyiden sind die Backenzähne brachyodont, und das ursprüngliche Zahnmuster ist ausgesprochen tetralophodont. Es entspricht dem cricetiden Bauplan (FLYNN 1982). Wurzel- oder Bambusratten und Blindmäuse sind an eine wühlende oder völlig unterirdische Lebensweise angepaßt. *Spalax* ist ein typischer Zahngräber mit schwach protodonten I sup. und keilförmigem Schädel, der in Steppen und Kulturland vorkommt (Abb. 378, 379, Tafel XVI). Als älteste fossile Spalacidengattung gilt *Heramys* aus dem Alt-Miozän Europas (HOFMEIJER & BRUIJN 1985). Die Wurzelratten sind einerseits (Bambus-)Waldbewohner (*Rhizomys* und *Cannomys*), andrerseits leben sie in der offenen Landschaft (*Tachyoryctes*). Sie verzehren pflanzliche Nahrung (Wurzeln, Knollen und Zwiebeln, Gräser, Samen und Früchte, jedoch auch Pflanzenschößlinge).

Das Molarenmuster der Dipodoidea geht – wie bereits oben erwähnt – auf einen cricetiden Grundbauplan zurück (vgl. *Plesiosminthus* aus dem Jung-Oligozän). Die Gebißformel lautet $\frac{1\ 0\ 1-0\ 3}{1\ 0\ 0\ 3} = 18-16$. Der $P^{\underline{4}}$ ist – sofern vorhanden – klein und einwurzelig. Bei den Hüpfmäusen (Zapodidae) sind die Molaren brachyodont bis semihypsodont, das ursprünglich pentalophodonte Molarenmuster (z.B. bei *Eozapus*, *Sicista*) ist etwas komplizierter, indem die Zahl der Joche vermehrt ist und sie randlich verschmelzen (*Zapus* und *Napaeozapus*).

Bei den Springmäusen (Dipodidae) sind die Molaren brachyodont, semi- oder voll hypsodont, das Kronenmuster ist lophodont, ursprünglich tetralophodont (wie *Allactaga*) oder sekundär vereinfacht (wie *Dipus*, *Jaculus*) (Abb. 380–382 u. Tafel XIX). Die lingualen Kronenhöcker sind bei *Allactaga* und *Alactagulus* beträchtlich erhöht, wodurch die Zahnkrone nach außen gekrümmt ist und als semihypsodont bezeichnet werden muß. Bei den Riesenohr-Springmäusen (*Euchoreutes*) sind die Molaren hypsodont und die $M\frac{3}{3}$ weitgehend reduziert. Die Zahnkronen sind mesio-distal verlängert, zeigen jedoch alle bei *Allactaga* vorhandenen Elemente (an den $M\frac{1}{1}$ und $M\frac{2}{2}$). Bei *Alactagulus* hingegen erinnert das trilophodonte Muster von $M^{\underline{1}}$ und $M^{\underline{2}}$ durch konfluente Dentindreiecke an primitive Arvicoliden. Bei den Wü-

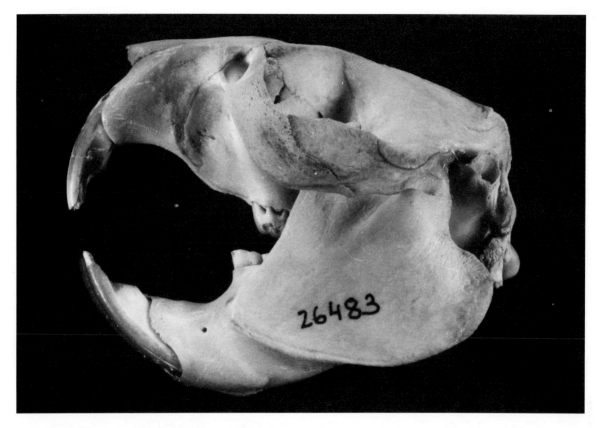

Abb. 377. *Rhizomys sumatrensis*. Schädel (Lateralansicht). NHMW 26.483. Schädellänge 77,5 mm.

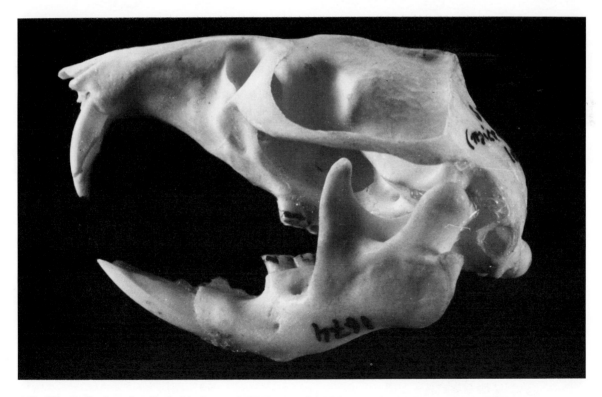

Abb. 378. *Spalax leucodon* (Spalacidae), rezent, SE-Europa. Schädel (Lateralansicht). PIUW 1674. Schädellänge 52,5 mm.

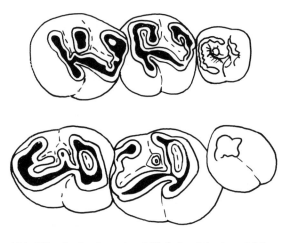

Abb. 379. *Spalax leucodon.* M$^{1-3}$ sin. (oben) und M$_{1-3}$ dext. (unten) occlusal. Nach Original. 7,5× nat. Größe.

stenspringmäusen (*Jaculus*) sind die M sup. bilophodont, der M$_{\underline{2}}$ ist trilophodont, die M$\frac{3}{3}$ nur etwas reduziert.

Mit dem Begriff der Hystricomorpha sind etliche Probleme verknüpft, die auch in diesem Rahmen kurz erwähnt werden müssen. Das wichtigste ist die Frage, ob die neotropischen Caviomorpha gleichfalls als Angehörige der sonst nur altweltlichen Hystricomorpha (Phiomorpha) zu klassifizieren sind oder als eigene, unabhängig von diesen entstandene hystricomorphe Nagetiere anzusehen sind. Weitere Probleme betreffen Einheit und Umfang der Caviomorpha. Der Grundbauplan des Backenzahnmusters dieser Nagetiere ist einheitlich pentalophodont (Abb. 383). Wie jedoch aus

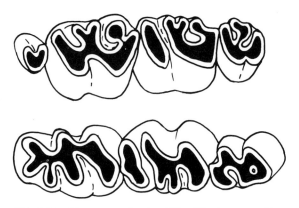

Abb. 380. *Allactaga euphratica* (Dipodidae), rezent, Vorderasien, P^4 – M^3 sin. (oben) und M$_{1-3}$ dext. (unten) occlusal. Nach Original. 10× nat. Größe.

Abb. 382. *Zapus hudsonius* (Zapodidae), rezent, Kanada. P^4 – M^3 sin. (oben) und M$_{1-3}$ dext. (unten) occlusal. Nach Original. ca. 18× nat. Größe.

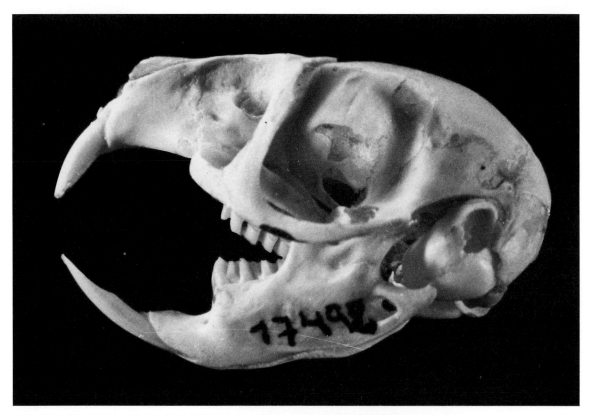

Abb. 381. *Allactaga euphratica.* Schädel (Lateralansicht). NHMW 17.492. Schädellänge 31 mm.

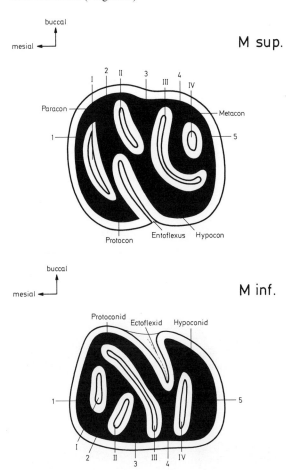

Abb. 383. *Hystrix*. M sup. und M inf. (Schema). Beachte Pentalophodontie.

strix und *Thecurus* sind sie „semi-rooted". Bei *Sivacanthion* aus dem Miozän Südasiens sind die brachyodonten Backenzähne durch ein kompliziertes Zahnmuster gekennzeichnet. Beim Stachelschwein (*Hystrix cristata*) zeigen die unabgekauten Zähne noch ein buno-(lopho-)dontes Muster. Die angekauten Kronen lassen an den M sup. Antiklinalen (1–5) und Synklinalen (I–IV) unterscheiden, wobei die Synklinale IV als Postfossette ausgebildet ist. Die M inf. sind tetralophodont (Abb. 384, 385, Tafel XX).

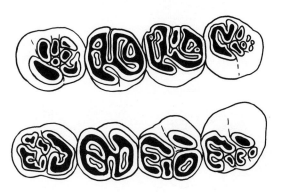

Abb. 384. *Hystrix cristata* (Hystricidae), rezent, Nordafrika. $P^4 - M^3$ sin. (oben) und $P_4 - M_3$ dext. (unten) occlusal. Nach Original. $2 \times$ nat. Größe.

dem bisherigen Text hervorgeht, läßt das Gebiß allein keine definitiven Aussagen in taxonomisch-phylogenetischer Hinsicht zu. Daher sind auch andere Merkmale zu berücksichtigen (wie Hystricognathie, hystricomorpher Masseter, Gehörknöchelchen, Penis, Darmtrakt). Etliche gemeinsame Merkmale (wie Fetalmembranen, Fusion von Malleus und Incus, Sacculus urethralis des Penis und spezieller Bau des Caecum) lassen sich nur als synapomorphe Merkmale deuten, die nur durch einen gemeinsamen Ursprung zu erklären sind (GORGAS 1967, LUCKETT 1980, WOODS 1982). Wenn hier dennoch die Hystricomorpha und Caviomorpha als getrennte Einheiten aufgeführt werden, so hat das rein praktische Gründe. Sie lassen sich mit WOODS (1982) als Hystricognathi TULLBERG (1899) zusammenfassen.

Innerhalb der Hystricomorpha (sensu stricto) lassen sich die Hystricoidea, Thryonomyoidea und Bathyergoidea unterscheiden (THENIUS 1969). Bei den paläotropischen Stachelschweinen (Hystricidae) lautet die Gebißformel $\frac{1\,0\,1\,3}{1\,0\,1\,3} = 20$, doch persistieren die $D\frac{4}{4}$ sehr lange; die pentalophodonten Backenzähne sind brachyodont bis semihypsodont (*Trichys*) oder hypsodont (*Hystrix, Thecurus*), jedoch meist voll bewurzelt. Nur bei *Hy-*

Als Thryonomyoidea lassen sich die (fast) ausschließlich in Afrika heimischen Phiomyidae, Petromuridae (= „Petromyidae") und Thryonomyidae zusammenfassen (die Echimyiden werden hier als Caviomorpha klassifiziert). Die Gebißformel schwankt von $\frac{1\,0\,2\,3}{1\,0\,1\,3} = 22$ bis $\frac{1\,0\,0\,3}{1\,0\,0\,3} = 16$, da die $D\frac{4}{4}$ bei den rezenten Arten zeitlebens persistieren. Das Molarenmuster variiert vom penta- bis zum trilophodonten Typ (vgl. WOOD 1968).

Bei den rezenten Rohrratten (*Thryonomys gregorianus*; Thryonomyidae) (Gebißformel $\frac{1\,0\,0\,3}{1\,0\,0\,3} = 16$) persistieren die $D\frac{4}{4}$ zeitlebens (FRIANT 1945, WOODS 1976). Das Molarenmuster ist tetra- (M sup.) oder trilophodont M inf.) (Abb. 386–388, Tafel XX). Es dürfte, wie STEHLIN & SCHAUB (1951) und WOOD (1968) annehmen, durch Reduktion aus dem penta- bzw. tetralophodonten hervorgegangen sein. Die bewurzelten Backenzähne sind semihypsodont. Die kräftigen und breiten I sup. sind mit 3 Längsfurchen versehen (Abb. 283). *Gaudeamus aegypticus* aus dem Oligozän Nordafrikas wird neuerdings als Angehöriger der Thryonomyiden (mit Zahnwechsel) angesehen (BRUIJN & HUSSAIN 1985). Bei der südafrikanischen Felsenratte (*Petromus typicus*; Petromuridae) lautet die Gebißformel gleichfalls $\frac{1\,0\,0\,3}{1\,0\,0\,3} = 16$, da die $D\frac{4}{4}$ ebenfalls persistieren. Die hypsodonten, bewurzelten Backenzähne sind weiter vereinfacht mit einem bilophodonten Muster (Abb. 389, 390). Die Phiomyiden waren im Oligo-

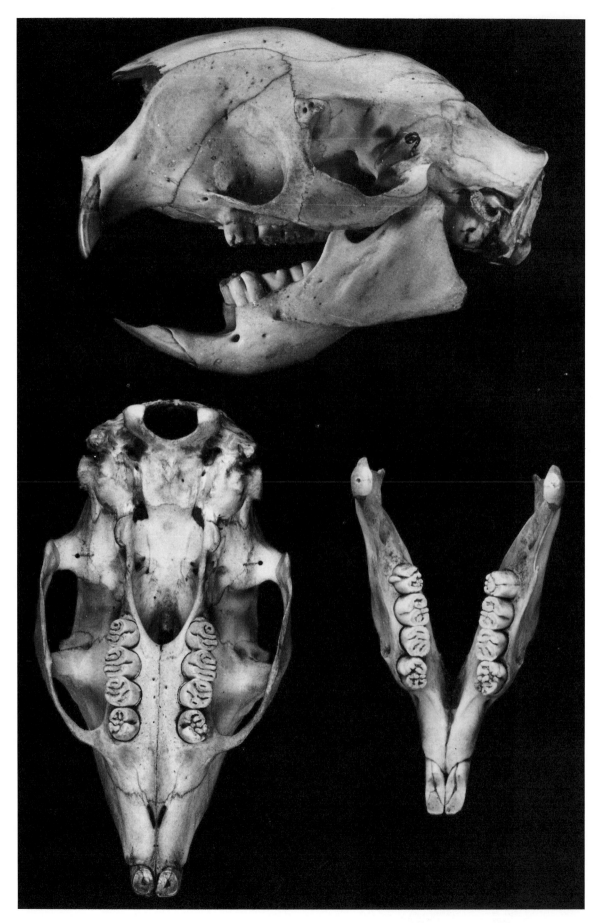

Abb. 385. *Hystrix cristata*. Schädel (Lateral- und Ventralansicht) und Unterkiefer (Aufsicht). PIUW 1616. Schädellänge 131 mm.

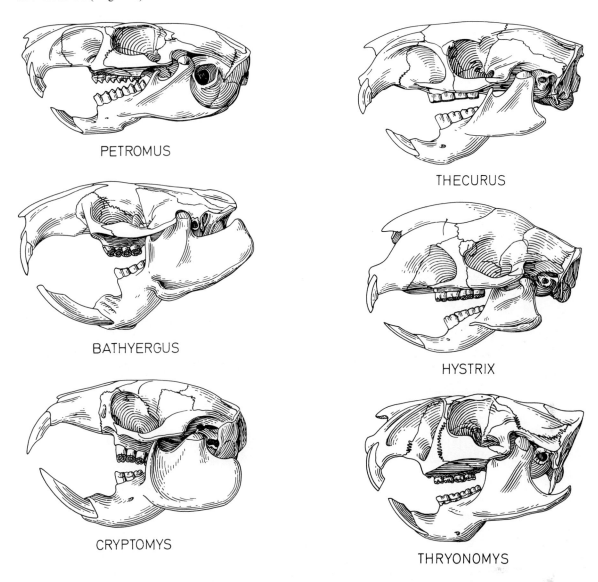

Tafel XX. Schädel (Lateralansicht) rezenter hystricomorpher Rodentia. Linke Reihe: *Petromus* (Petromuridae), *Bathyergus* und *Cryptomys* (Bathyergidae). Rechte Reihe: *Thecurus* und *Hystrix* (Hystricidae) und *Thryonomys* (Thryonomyidae). Nicht maßstäblich.

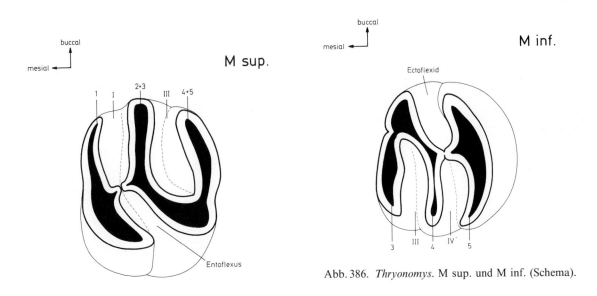

Abb. 386. *Thryonomys*. M sup. und M inf. (Schema).

Miozän formenreich in Afrika heimisch (wie *Phiomys, Metaphiomys, Bathyergoides*; Abb. 391) und konnten in jüngster Zeit auch aus dem Eozän (*Protophiomys*) Afrikas nachgewiesen werden. Das Molarenmuster ist ursprünglich penta- bzw. tetralophodont (LAVOCAT 1973, WOOD 1968). Die $D\frac{4}{4}$ sind bei den oligozänen Formen gewechselt worden.

Die nur durch die afrikanischen Bathyergidae vertretenen Bathyergoidea sind hoch spezialisierte, subterran lebende Nagetiere. Ihre systematische Stellung (kleines Foramen infraorbitale, breiter Processus angularis des Unterkiefers nach auswärts gedreht) und ihr Umfang sind lange Zeit diskutiert worden, indem verschiedentlich auch alttertiäre Nager (Cylindrodontiden) als Angehörige der Bathyergiden klassifiziert wurden. Die Bathyergiden sind Zahngräber mit großen, ausgesprochen hypsodonten Backenzähnen, die jedoch bewurzelt sind (Abb. 392, Tafel XX). Die Zahnzahl schwankt durch (?) Persistieren von Milchzähnen und die Reduktion von Molaren zwischen 28 und 12. Die Gebißformel der permanenten Dentition wird mit $\frac{1\ 0\ 3-2\ 3-0}{1\ 0\ 3\ 2\ 3\ 0}$ angegeben, wobei die

Abb. 387. *Thryonomys gregorianus* (Thryonomyidae), rezent, Ostafrika. $D^4 - M^3$ sin. (oben) und $D_4 - M_3$ dext. (unten) occlusal. Nach Original. $4 \times$ nat. Größe.

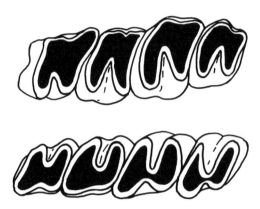

Abb. 389. *Petromus typicus* (Petromuridae), rezent, Afrika. $D^4 - M^3$ sin. (oben) und $D_4 - M_3$ dext. (unten) occlusal. Nach STEHLIN & SCHAUB (1951), umgezeichnet. $6 \times$ nat. Größe.

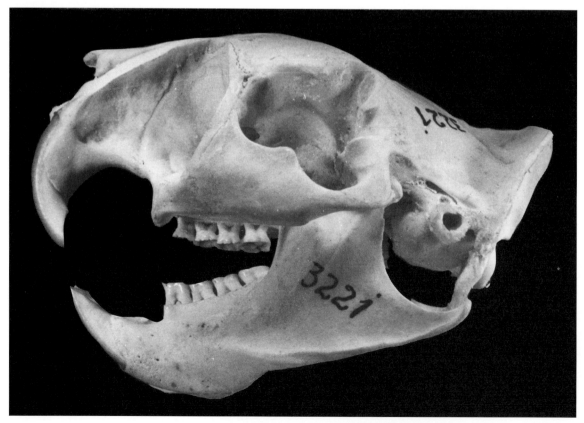

Abb. 388. *Thryonomys* sp. Schädel (Lateralansicht). NHMW 3221. Schädellänge 95 mm.

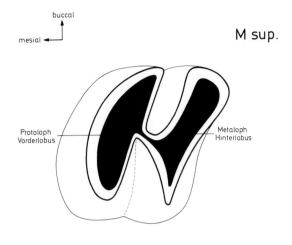

M sup.

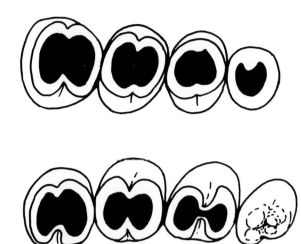

M inf.

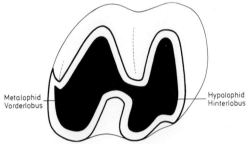

Abb. 390. *Petromus*. M sup. und M inf. (Schema).

Abb. 393. *Cryptomys hottentotus*. P⁴ – M³ sin. (oben) und
P₄ – M₃ dext. (unten) occlusal. Nach Original. ca. 10 × nat.
Größe.

lophodontie ist meist nur bei schwächer abgekauten Zähnen ausgeprägt (Abb. 393). Die außerordentlich kräftigen I inf. reichen bis in den Condylus. Die Symphyse ist beweglich.

Die hier als Caviomorpha (= Nototrogomorpha SCHAUB) zusammengefaßten Nagetiere (Tafel XXI) sind fast ausschließlich neotropischer Verbreitung. Über ihre stammesgeschichtliche Einheit wird ebenso diskutiert wie über ihre Entstehung: Ableitung von altweltlichen Hystricomorphen oder Entstehung aus nordamerikanischen Protrogomorphen. Das Grundmuster der Backenzähne der Caviomorphen, die in die Erethizontoidea, Octodontoidea, Chinchilloidea, „Dinomyoidea" und Cavioidea gegliedert werden, ist als pentalophodont zu bezeichnen (Abb. 394). Nach WOOD & PATTERSON (1959) ist das pentalophodonte Zahnmuster der Caviomorphen von einem tetralophodonten ohne Mesoloph bzw. Mesolophid abzuleiten. Die Richtigkeit dieser Annahme vorausgesetzt, würde dies bedeuten, daß das 5. Joch nicht dem der altweltlichen Hystricomorphen homolog und auch eine Ableitung von Theridomyiden auszuschließen ist.

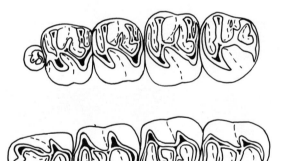

Abb. 391. *Metaphiomys schaubi* (Phiomyidae). D⁴ – M³ sin. (oben) und D₄ – M₃ dext. (unten) occlusal. Nach WOOD (1968), umgezeichnet. ca. 7 × nat. Größe.

Homologisierung der Backenzähne nur als provisorisch angesehen werden kann (THOMAS 1909, MILLER & GIDLEY 1918, ANDERSON & JONES 1967, 1984). Die Gebißformel ist bei den einzelnen Gattungen verschieden und lautet (nach THOMAS) für *Heliophobius* $\frac{1\,0\,3\,3}{1\,0\,3\,3}$ = 28, für *Bathyergus*, *Cryptomys* und *Georychus* $\frac{1\,0\,2\,2}{1\,0\,2\,2}$ = 20 und für *Heterocephalus* (einschließlich „*Fornarina*") $\frac{1\,0\,2\,1}{1\,0\,2\,1}$ = 16–12. Es ist zweifellos eine sekundäre Vereinfachung der Backenzähne eingetreten, die zum Teil einer echten „Cylindrification" entspricht. Die Bi-

Die Gebißformel der Caviomorpha ist ungeachtet der Formenmannigfaltigkeit der Arten recht konstant und beträgt $\frac{1\,0\,1\,3}{1\,0\,1\,3}$ = 20 bis $\frac{1\,0\,0\,3}{1\,0\,0\,3}$ = 16 (bei Formen mit persistierenden D$\frac{4}{4}$). Demgegenüber schwankt das stets lophodonte Backenzahnmuster vom oligo- bis zum polylophodonten (z.B. *Hydrochoerus* = *Hydrochaeris*). Die Backenzähne sind schwach oder voll hypsodont, bewurzelt oder wurzellos. Bei einzelnen Formen (z.B. *Ctenomys*) sind sie vereinfacht mit reniformem Querschnitt ähnlich denen der altweltlichen Ctenodactyliden. Die Caviomorphen sind durchweg Pflanzenfresser, welche die verschiedensten Lebensräu-

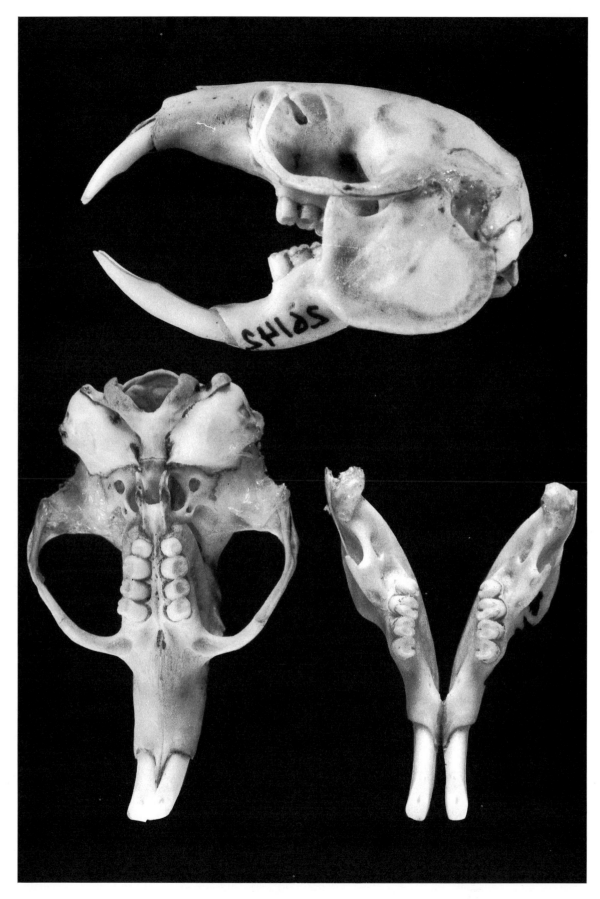

Abb. 392. *Cryptomys hottentotus* (Bathyergidae), rezent, Südafrika. Schädel (Lateral- und Ventralansicht) und Unterkiefer (Aufsicht). NHMW 26.142. Schädellänge 35 mm.

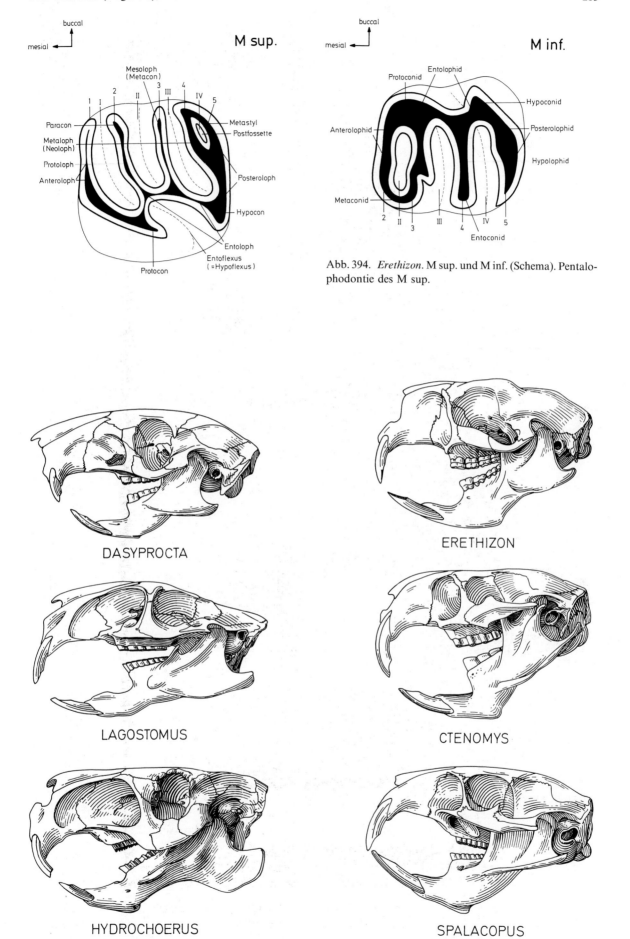

Abb. 394. *Erethizon*. M sup. und M inf. (Schema). Pentalo-phodontie des M sup.

DASYPROCTA

ERETHIZON

LAGOSTOMUS

CTENOMYS

HYDROCHOERUS

SPALACOPUS

Tafel XXI. Schädel (Lateralansicht) rezenter caviomorpher Rodentia. Rechte Reihe: *Erethizon* (Erethizontidae), *Ctenomys* (Ctenomyidae) und *Spalacopus* (Octodontidae). Linke Reihe: *Dasyprocta* (Dasyproctidae), *Lagostomus* (Chinchillidae) und *Hydrochoerus* (= *Hydrochaeris*, Hydrochoeridae). Nicht maßstäblich.

me besiedelt haben. Die Lebensweise reicht von
aquatischen und subterran lebenden Arten bis zu
arboricolen Formen. Hier kann nur eine bescheidene Auswahl besprochen werden.

Beim Baumstachler (*Erethizon dorsatum*; Erethizontidae) als Angehörigem der Erethizontoidea
sind die flach abgekauten Backenzähne kräftig bewurzelt und nur schwach hypsodont. Die ursprüngliche Pentalophodontie der M sup. (mit
Antero-, Proto-, Meso-, Meta- [= Neoloph] und
Posteroloph) wird durch das fortschreitende Ab-
kauen zur Tetralophodontie (durch Verbindung
von Meta- und Posteroloph) und schließlich zur
funktionellen Bilophodontie mit zementerfüllten
Fossetten (Antero- und Mesofossette) umgestaltet, so daß nur je eine Außen- (Ecto- oder Mesofle-
xus) und Innenfalte (Ento- oder Hypoflexus) vorhanden ist (Abb. 395, 396, Tafel XXI). An den
primär tetralophodonten mandibularen Backenzähnen bilden sich durch die Abkauung gleichfalls Fossetten und je ein Ecto- (= Mesoflexid)
und Entoflexid (= Hypoflexid). Fossil sind
Baumstachler durch *Protosteiromys* bereits aus
dem Alt-Oligozän (Deseadense) Südamerikas bekannt.

Abb. 395. *Erethizon dorsatum* (Erethizontidae), rezent,
Nordamerika. P⁴–M³ sin. (oben) und P₄–M₃ dext. (unten) occlusal. Nach Original. ca. 2,5× nat. Größe.

Bei den Octodontoidea, die mit *Platypittamys*
gleichfalls bereits im Alt-Oligozän erscheinen
(Abb. 397), sind die Backenzähne meist hypsodont, bewurzelt (z. B. Echimyidae), halbbewurzelt
(z. B. Myocastoridae) oder wurzellos (z. B. Capromyidae, Abrocomidae und Octodontidae). Bei
der Kammstachelratte (*Echimys armatus*; Echimyidae) sind die bewurzelten Backenzähne tetralophodont; bei starker Abkauung sind an den
M sup. meist nur eine Außen- und zwei Innenfal-
ten vorhanden. Bei den Chinchillaratten (*Abrocoma*; Abrocomidae) sind die hypsodonten Bakkenzähne wurzellos, die Lophe bestehen aus zum
Teil alternierend angeordneten Dentindreiecken,
so daß vor allem im Unterkiefer eine entfernte

Abb. 397. *Platypittamys brachyodon* (Octodontidae), Alt-
Oligozän, Patagonien. P⁴–M³ sin. (oben) und P₄–M₃
dext. (unten) occlusal. Nach Wood (1949). ca. 5× nat. Größe.

Abb. 398. *Abrocoma bennetti* (Abrocomidae), rezent, Chile. P⁴–M³ sin. (oben) und M₁₋₃ dext. (unten) occlusal.
Beachte entfernte Ähnlichkeit der wurzellosen Zähne von
Arvicoliden. Nach Stehlin & Schaub (1951), umgezeichnet. 10×

Abb. 399. *Myocastor coypus* (Capromyidae, Myocastoridae), rezent, Südamerika. D⁴–M³ sin. (oben) und D₄–M₃
dext. (unten) occlusal. Nach Original. 2× nat. Größe.

Ähnlichkeit mit den gleichfalls subterran lebenden Arvicoliden vorhanden ist (Abb. 398). Beim
Sumpfbiber oder Nutria (*Myocastor coypus*;
Myocastoridae) sind die hypsodonten, oben nach
außen, unten nach innen gekrümmten Backenzähne schwach bewurzelt und nach dem theridomyiden Bauplan gebaut (Abb. 399). Die D⁴/₄ bleiben zeitlebens erhalten, wie bei den Capromyiden.
Die Kaufläche der nach hinten divergierenden
Zähne ist eben, die Symphyse beweglich.

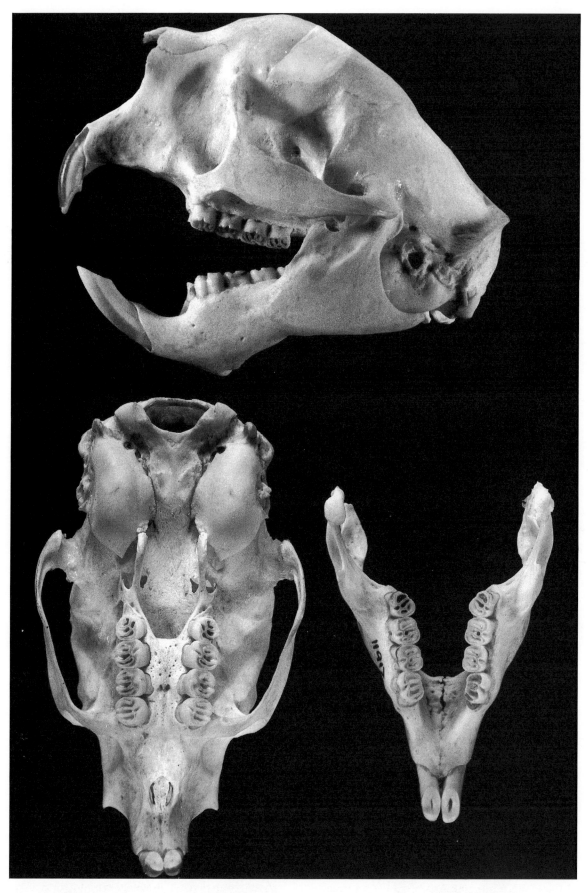

Abb. 396. *Coendou prehensilis* (Erethizontidae), rezent, Brasilien. Schädel (Lateral- und Ventralansicht) und Unterkiefer (Aufsicht). NHMW 11.917. Schädellänge 90 mm.

Bei den Baum- oder Ferkelratten (*Capromys*, *Geocapromys*, *Plagiodontia*; Capromyidae) bestehen die hypsodonten und wurzellosen Backenzähne aus drei untereinander w-förmig verbundenen Jochen mit zwei Außen- und einer Innensynklinale an den M sup., einer Außen- und zwei Innensynklinalen an den M inf. Sie sind mit Zement erfüllt. Die $D\frac{4}{4}$ bleiben zeitlebens erhalten. Bei *Plagiodontia* sind die Joche nicht quer zur Längsachse angeordnet, sondern – wie bereits der Name andeutet – schräg und bilden ein liegendes S (Abb. 400, 401).

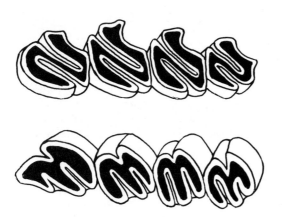

Abb. 400. *Plagiodontia aedium* (Capromyidae), rezent, Haiti. $P^4 - M^3$ sin. (oben) und $P_4 - M_3$ dext. (unten) occlusal. Nach STEHLIN & SCHAUB (1951), umgezeichnet. ca. 3 × nat. Größe.

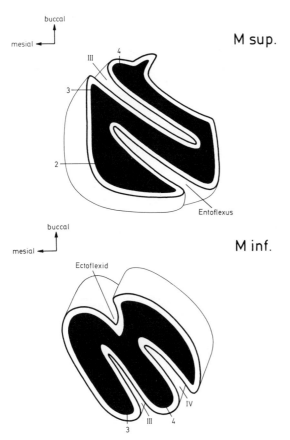

Abb. 401. *Plagiodontia*. M sup. und M inf. (Schema).

Bei den Trugratten (*Octodon degus*; Octodontidae) und noch stärker bei den Kammratten (*Ctenomys knighti*; Ctenomyidae) sind die hypsodonten und wurzellosen Backenzähne einfach gebaut und sind von den $P\frac{4}{4}$ zu den $M\frac{3}{3}$ immer stärker reduziert. Bei *Octodon* bestehen sie aus zwei median verbundenen Pfeilern, d. h. es sind seitlich stark eingeschnürte Zähne, bei *Ctenomys* ist jeweils nur eine leichte Einschnürung an der Außen- (M sup.) bzw. Innenseite (M inf.) vorhanden. Die $M\frac{3}{3}$ sind bei *Ctenomys* zu einfachen Pfeilern rückgebildet (Abb. 402). *Ctenomys* und besonders *Spalacopus* (Octodontidae) sind subterran lebende Zahngräber (Tafel XXI). Bei letzterem erinnern die stark proodonten I sup. an jene von *Spalax* oder *Cryptomys*.

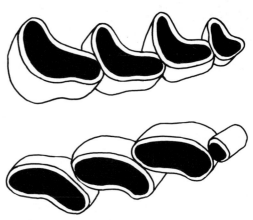

Abb. 402. *Ctenomys tuconax* (Ctenomyidae), rezent, Argentinien. $P^4 - M^3$ sin. (oben und $P_4 - M_3$ dext. (unten) occlusal. Nach STEHLIN & SCHAUB (1951), umgezeichnet. ca. 4,5 × nat. Größe.

Bei den Cavioidea (mit Dasyproctidae, Caviidae und Hydrochoeridae) entspricht das Backengebiß der Agutis oder Gold„hasen" (*Dasyprocta*) und Pakas (*Agouti* = „*Cuniculus*" = „*Coelogenys*") (Dasyproctidae = „Cuniculidae") dem caviomorphen Grundmuster, weshalb diese Nager verschiedentlich auch nicht als Cavioidea klassifiziert werden (Abb. 403, 404; Tafel XXI). Die hypso-

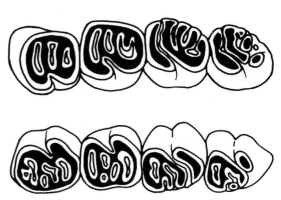

Abb. 403. *Dasyprocta leporina* (Dasyproctidae), rezent, Brasilien. $P^4 - M^3$ sin. (oben) und $P_4 - M_3$ dext. (unten) occlusal. Nach Original. ca. 3,5 × nat. Größe.

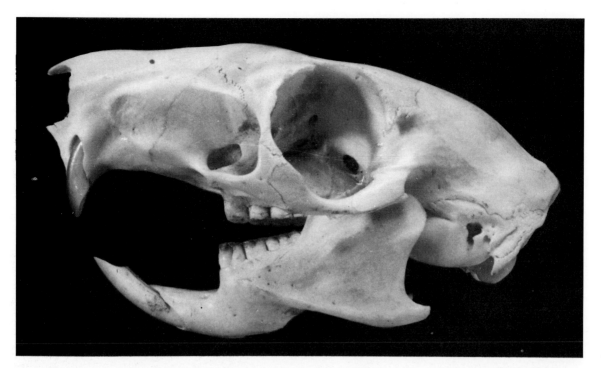

Abb. 404. *Dasyprocta fuliginosa*, rezent, Kolumbien. Schädel (Lateralansicht). NHMW 279. Schädellänge 106 mm.

donten Molaren sind schwach bewurzelt, die Zahnreihen verlaufen weitgehend parallel. Bei den übrigen Cavioidea (wie *Cavia* und *Kerodon* als Caviidae, *Hydrochoerus* als Hydrochoeridae) bestehen die hypsodonten und wurzellosen Backenzähne meist aus zwei, buccal (M sup.) oder lingual verschiedentlich zweigeteilten Dentinpfeilern, lediglich die M$\frac{3}{3}$ zeigen die Tendenz zur Polylophodontie. Die Zahnreihen divergieren stark nach hinten, die planen Kauflächen sind schräg nach median geneigt. Das Wasserschwein (*Hydrochoerus hydrochaeris*) besitzt zwar das spezialisierteste Gebiß unter den rezenten Nagern, läßt jedoch – wenn man vom M^3 absieht – am ehesten eine Homologisierung mit dem Grundmuster zu, wie STEHLIN & SCHAUB (1951) gezeigt haben (Abb. 405, 406; Tafel XXI). P^4 bis M^2 bestehen aus je zwei, buccal aufgespalteten Pfeilern, der M^3 setzt sich aus 12–13 Lamellen zusammen, von denen nur die vorderste buccal geteilt ist. Sämtli-

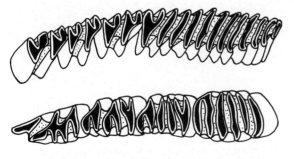

Abb. 405. *Hydrochoerus hydrochaeris* (Hydrochoeridae), rezent, Südamerika. P^4–M^3 sin. (oben) und P$_4$–M$_3$ dext. (unten) occlusal. Beachte Polylophodontie, besonders an den M$\frac{3}{3}$. Nach Original. ca. 3× nat. Größe.

che Lamellen sind median durch Kronenzement verbunden, so daß der Zahn eine weitgehend ebene Kaufläche bildet. Von den mandibularen Bakkenzähnen sind der P$_4$ bis M$_2$ etwas einfacher als ihre Antagonisten im Oberkiefer gebaut. Drei bis vier, meist lingual aufgespaltene Lamellen bilden den P$_4$ bis M$_2$, während der M$_3$ aus sechs einfachen Lamellen besteht (Abb. 407). Die Mandibelhälften sind in der Symphyse fest miteinander verbunden. Bei *Protohydrochoerus* aus dem Alt-Pliozän (Hermosense) sind fast alle Lamellen des M^3 buccal gespalten. Diese bei der rezenten Art feststellbare Vereinfachung der Lamellen am M^3 gilt im Prinzip auch für sämtliche Backenzähne der Caviiden. Bei *Cavia* bestehen die Backenzähne aus je zwei Lamellen, von denen die distale seitlich aufgespalten (buccal) an den M sup., lingual an den M inf. ist (Abb. 408). Beim Mara (*Dolichotis patagonum*) ist auch diese Synklinale verschwunden, so daß der Zahnbau noch einfacher ist (Abb. 409, 410).

Die letzte Großgruppe unter den Caviomorpha sind die „Dinomyoidea", die mit den Dinomyiden von WOOD (1982) als Angehörige der Cavioidea klassifiziert werden. Von den zur Tertiärzeit formen- und artenreich verbreiteten und mit echten Großformen (wie *Eumegamys*) vertretenen „Dinomyoidea" existiert heute nur mehr eine Art, nämlich die Pakarana (*Dinomys branickii*) in den östlichen Andenvorbergen. Die hypsodonten, wohl wurzellosen Backenzähne bestehen aus drei bis vier, teilweise miteinander verbundenen Lamellen, über deren Homologisierung diskutiert

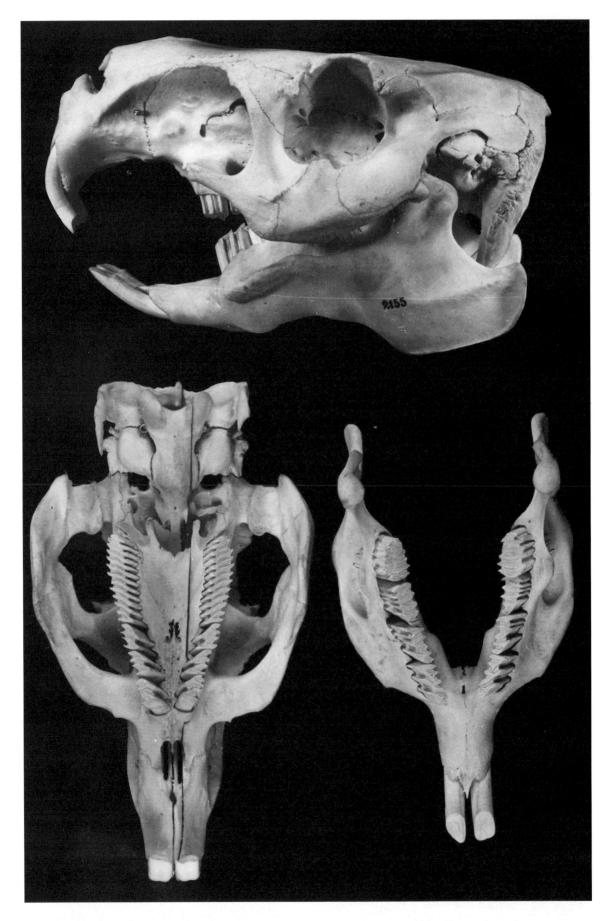

Abb. 406. *Hydrochoerus hydrochaeris*. Schädel (Lateral- und Ventralansicht) und Unterkiefer (Aufsicht). NHMW 2155.
Schädellänge 240 mm.

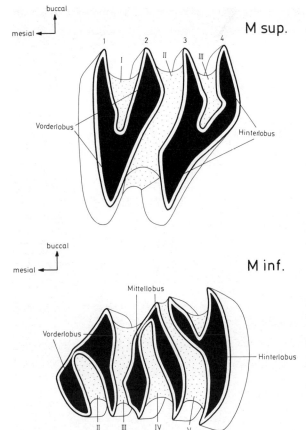

Abb. 407. *Hydrochoerus*, M sup. und M inf. (Schema).

wird (STEHLIN & SCHAUB 1951). An den M sup. sind die beiden distalen Lamellen lingual miteinander verbunden, an den M inf. ist die mesiale Lamelle mit einer Lingualbucht versehen (Abb. 411).

Bei *Chinchilla laniger* (Chinchillidae; Chinchilloidea) bestehen die hypsodonten, wurzellosen Bakkenzähne aus je drei transversalen, eng aneinanderstehenden, gestreckten bis leicht gekrümmten Lamellen (Abb. 412, 413). Die Zahnreihen divergieren stark nach hinten, die Kaufläche ist schräg nach median geneigt. Bei *Lagostomus* (Tafel XXI) sind es – abgesehen vom $M^{\underline{3}}$ mit drei Lamellen – jeweils nur zwei, schräg zur Längsachse angeordnete Lamellen. Chinchilliden sind mit *Scotamys* bereits aus dem Alt-Oligozän (Deseadense) nachgewiesen.

Bei den ausgestorbenen, endemischen Heptataxodontiden (= Elasmodontomyidae) Westindiens, die meist mit den Chinchilliden oder den Dinomyiden in Verbindung gebracht, von WOODS (1982) jedoch als Angehörige der Octotontoidea klassifiziert werden, beträgt die Zahl der gleichfalls hypsodonten Backenzahnlamellen vier (wie *Amblyrhiza*, *Clidomys*) bis fünf (wie *Elasmodontomys*) (Abb. 414). In den Synklinalen tritt Kronen-

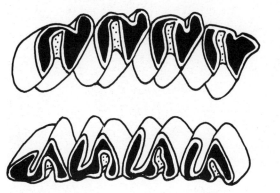

Abb. 408. *Cavia aperea* f. *porcellus* (Caviidae), rezent, Südamerika. P^4-M^3 sin. (oben) und P_4-M_3 dext. (unten) occlusal. Nach Original. ca. 4× nat. Größe.

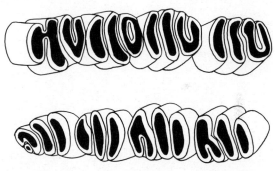

Abb. 411. *Dinomys branickii* (Dinomyidae), rezent, Bolivien. P^4-M^3 sin. (oben) und P_4-M_3 dext. (unten) occlusal. Nach STEHLIN & SCHAUB (1951), umgezeichnet. 2,5× nat. Größe.

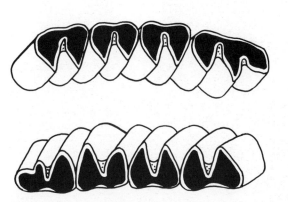

Abb. 409. *Dolichotis patagonum* (Caviidae), rezent, Argentinien. P^4-M^3 sin. (oben) und P_4-M_3 dext. (unten) occlusal. Nach Original. ca. 3× nat. Größe.

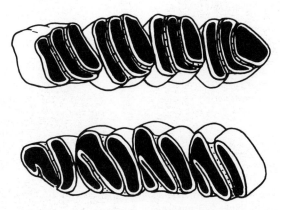

Abb. 412. *Chinchilla laniger* (Chinchillidae), rezent, Südamerika. P^4-M^3 sin. (oben) und P_4-M_3 dext. (unten) occlusal. Nach Original. ca. 6× nat. Größe.

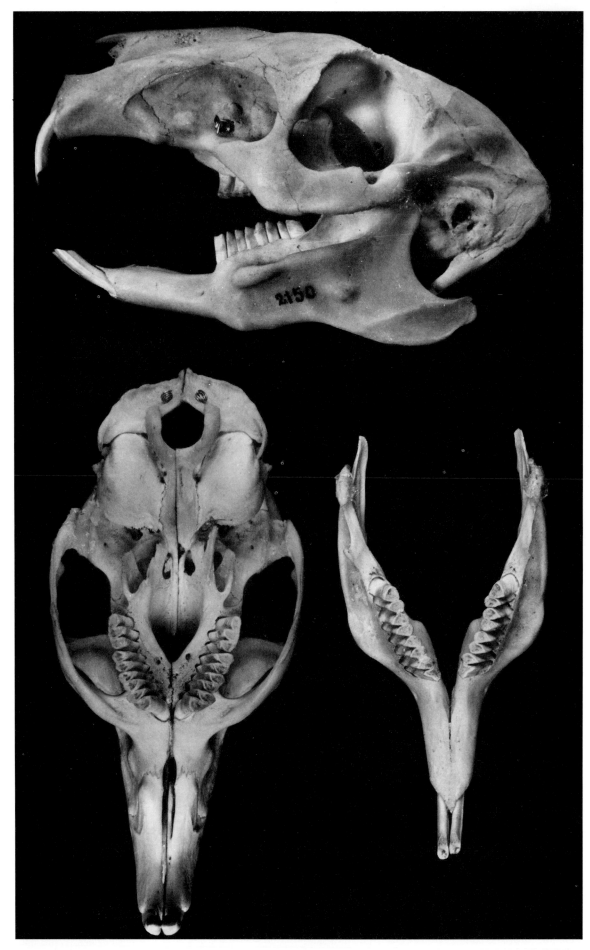

Abb. 410. *Dolichotis patagonum*. Schädel (Lateral- und Ventralansicht) und Unterkiefer (Aufsicht). NHMW 2150. Schädellänge 145 mm.

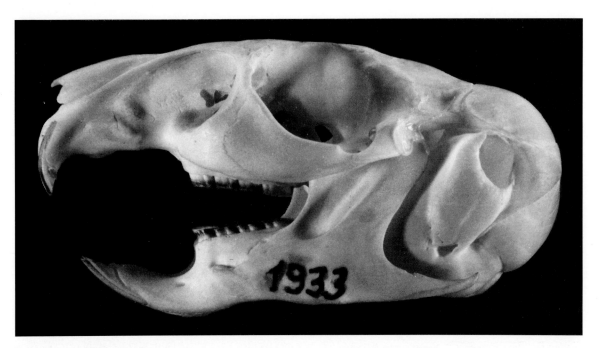

Abb. 413. *Chinchilla lanigera*. Schädel (Lateralansicht). PIUW 1933. Schädellänge 61 mm.

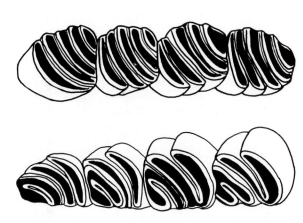

Abb. 414. *Elasmodontomys obliquus* (Elasmodontomyidae = Heptaxodontidae), Pleistozän, Antillen. $P^4 - M^3$ sin. (oben) und $P_4 - M_3$ dext. (unten) occlusal. Nach ANTHONY (1918), umgezeichnet. ca. 2,3 × nat. Größe.

zement auf. Die Heptaxodontiden erinnern im Zahnbau an evoluierte Theridomyiden, mit denen sie auch in Verbindung gebracht wurden. Die Zahnformel lautet $\frac{1\,0\,1\,3}{1\,0\,1\,3} = 20$ (ANTHONY 1918, MAC PHEE 1984).

3.11 Lagomorpha (Hasenartige)

Die Hasenartigen sind eine einheitliche, gegenwärtig durch über 50 Arten vertretene Säugetiergruppe. Sie waren zwar einst mit über 30 Gattungen (heute neun) viel artenreicher und weiter verbreitet, ohne jedoch je eine dominantere Rolle gespielt zu haben als gegenwärtig. Die Lagomorphen sind auf Grund ihres nagezahnartigen (gliri-

formen) Vordergebisses lange Zeit meist nur als Untergruppe der eigentlichen Nagetiere (Rodentia) klassifiziert worden, indem man sie diesen (Simplicidentata) als Duplicidentata gegenüberstellte. Der Name Duplicidentata weist auf die Besonderheit des Vordergebisses der Hasenartigen hin. Hinter den eigentlichen Nagezähnen des Oberkiefers tritt jederseits stets ein stiftförmiger Zahn auf. Erst GIDLEY (1912) nahm die Abtrennung der Lagomorpha als eigene Ordnung vor, was durch seitherige Untersuchungen bestätigt wurde. Über die stammesgeschichtliche Herkunft und die verwandtschaftlichen Beziehungen dieser kleinen bis mittelgroßen Säugetiere wird diskutiert. Von SIMPSON (1945) mit den Rodentia zur Kohorte Glires zusammengefaßt, stellt sie McKENNA (1975) zusammen mit den Macroscelidea und verschiedenen ausgestorbenen Formen zu den Anagalida. Andere Autoren nehmen nähere Beziehungen zu den Paarhufern (Artiodactyla) an. Die Art der Abkauung weicht völlig von jener der Rodentia ab (BUTLER 1985).

Die Lagomorphen sind Pflanzenfresser. Von etlichen Lagomorphen ist bekannt, daß sie koprophag sind und zwei Sorten von Exkrementen produzieren. Die saftigen Blinddarmkotpillen werden verzehrt und verdaut (= Caecotrophie). Der Ernährungseffekt ist vergleichbar mit dem Wiederkauen bei Boviden (DAWSON 1974).

Die Hasenartigen sind gegenwärtig durch zwei Familien, nämlich die Hasen (Leporidae) und die Pfeifhasen (Ochotonidae = „Lagomyidae") vertreten, die sich – neben anderen morphologisch-anatomischen Unterschieden – im Backenzahnge-

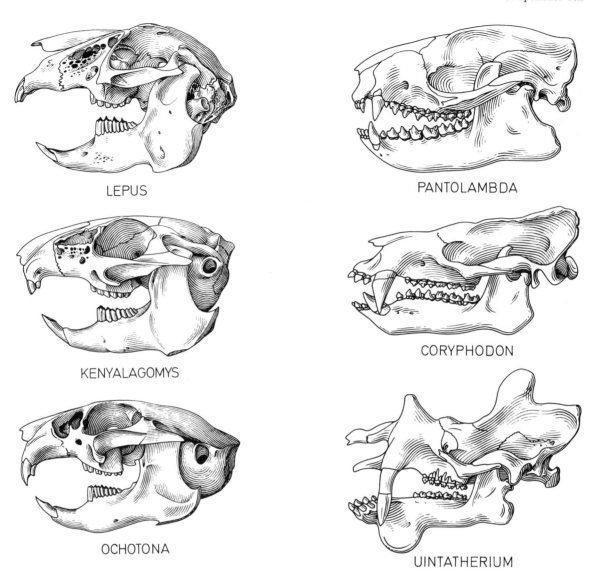

LEPUS

PANTOLAMBDA

KENYALAGOMYS

CORYPHODON

OCHOTONA

UINTATHERIUM

Tafel XXII. Schädel (Lateralansicht) rezenter und fossiler Lagomorpha (linke Reihe), Pantodonta und Dinocerata (rechte Reihe). *Lepus* (Leporidae, rezent); *Kenyalagomys* (Miozän) und *Ochotona* (Ochotonidae, rezent). *Pantolambda* (Pantolambdidae, Paleozän) und *Coryphodon* (Coryphodontidae, Paleozän – Eozän) als Pantodonta. *Uintatherium* (Uintatheriidae, Eozän) als Dinocerata.

biß leicht auseinanderhalten lassen. Die Gebißformel schwankt nur geringfügig zwischen $\frac{2\,0\,3\,2}{1\,0\,2\,2\,3} = 26{-}24$ bei den Pfeifhasen und $\frac{2\,0\,3\,3}{1\,0\,2\,3} = 28$ bei den Hasen, mit geringen Ausnahmen bei letzteren (wie *Pentalagus*, *Mytonolagus* mit M $\frac{2}{3} = 26$). Ursprünglich bestanden Meinungsverschiedenheiten über die Zahl der P und M bei den Ochotoniden (FRAAS 1870, FORSYTH MAJOR 1899). Das Vordergebiß besteht aus einem Paar dauernd wachsender meißelartiger Zähne mit schneidenden Kanten, die eine Art Beißzange mit unterschiedlichem Krümmungsradius bilden (Abb. 415). An der Vorderseite tritt bei den I sup. eine Längsfurche (Sulcus) auf. Der Querschnitt der Nagezähne ist meist gerundet rechteckig (I sup.) oder gerundet dreieckig (I inf.). Diese gliriformen Nagezähne sind wurzellos und ganzseitig von Schmelz umgeben, der an der Vorderseite verdickt

ist und die Schneidekante bildet. Die Schneidekante der I sup. ist bei den Leporiden gerade, bei den Ochotoniden gezackt (Abb. 415). Der 2. funktionierende Schneidezahn des Oberkiefers steht stets dicht hinter dem vordersten Incisiven und ist stiftförmig und endet stumpf. Über die Homologisierung der I der Lagomorphen wird nach wie vor diskutiert (MAYER 1969, MOSS-SALENTJIN 1978, TOBIEN 1974). Tatsache ist, daß **beiden** funktionierenden Incisiven hinfällige (Milch-)Schneidezähne vorausgehen. Nach einzelnen Autoren (HALTENORTH 1969, WALKER 1975) soll ein 3. Schneidezahn wohl angelegt werden, jedoch nach der Geburt gleich wieder ausfallen, weshalb die funktionierenden Zähne mit den I[1] und I[2] homologisiert werden (GRASSÉ & DEKEYSER 1955, VINOGRADOV & GROMOV 1952). Demgegenüber homologisieren GIERSBERG & RIETSCHEL (1968),

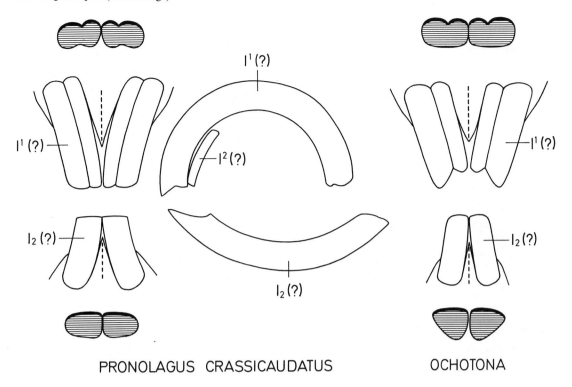

PRONOLAGUS CRASSICAUDATUS   OCHOTONA

Abb. 415. Das Vordergebiß der Lagomorpha (Schemata). Links und mitte Leporidae (*Pronolagus*), rechts Ochotonidae (*Ochotona*). Beachte stiftförmigen I sup. distal vom gliriformen vordersten I sup. Die gliriformen Incisiven sind wurzellos, Schneidekante der I sup. bei Ochotoniden gekerbt.

TOBIEN (1974) und WEBER (1928) die Incisiven der Lagomorphen mit den I^2 und I^3 bzw. $I_{\overline{3}}$, während sie nach MOSS-SALENTJIN (1978) mit Ausnahme des 2. maxillaren Incisiven Milchschneidezähne entsprechen sollen. Die Unterkiefersymphyse ist bei adulten Individuen verwachsen. Caninen fehlen stets.

Eine zusammenfassende Darstellung des Gebisses der rezenten und fossilen Lagomorphen hat bereits FORSYTH MAJOR (1899) gegeben, doch sind seither zahlreiche weitere Beiträge publiziert worden (wie TOBIEN 1963, 1974, 1974a). Die Backenzähne (P und M) der heutigen Lagomorphen sind völlig hypsodont und wurzellos. Bei alttertiären und auch bei miozänen Lagomorphen ist vielfach noch eine Wurzelbildung zu beobachten, und es kommt wiederholt zur Teil- oder Partialhypsodontie (= unilaterale Hypsodontie BURKE 1934), wie bereits FORSYTH MAJOR (1899) erkannte (Abb. 416). Die partielle Hypsodontie ist mit einer Krümmung der Krone verbunden, indem an den P und M sup. die stark konvex gekrümmte Lingualseite hypsodont, die Buccalseite hingegen ausgesprochen brachyodont ist. Sie ist dadurch von der Partialhypsodontie bei den Hyracoidea völlig verschieden, da dort die buccale Zahnhälfte hypsodont, die linguale brachyodont ist. Bei den unteren Backenzähnen der erdgeschichtlich älteren Lagomorphen ist die Teilhypsodontie im umgekehrten Sinn – wenn auch etwas schwächer – ausgeprägt. Da das Molarengebiß – zumindest bei

adulten Individuen – zu konstant gestaltet ist, werden die Prämolaren (vor allem $P_{\overline{3}}$, $P^{\underline{2-3}}$) zur taxonomischen Gliederung herangezogen (DICE 1929, HIBBARD 1963) (Abb. 417–419).

Die Backenzähne bestehen meist aus zwei „Schmelzprismen" oder „Lamellen" (Vorder-

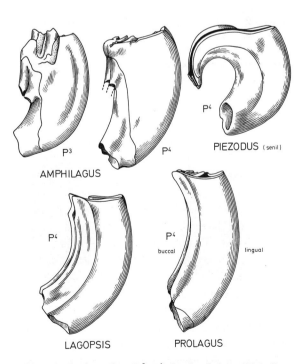

Abb. 416. Backenzähne (P^3, P^4) fossiler Ochotoniden. Beachte Partial- (z. B. *Amphilagus*, *Piezodus*) und Vollhypsodontie (*Prolagus*) bzw. Wurzellosigkeit (*Lagopsis*). Nach TOBIEN (1963, 1974 und 1975), umgezeichnet.

und Hinterloben bzw. „columns"; der Ausdruck „Schmelzprismen" oder „Schmelzzylinder" ist ebensowenig zutreffend, wie „Dentinpfeiler", da es sich um von Schmelz umgebene Dentinsäulen handelt), die jedoch randlich (maxillar buccal,

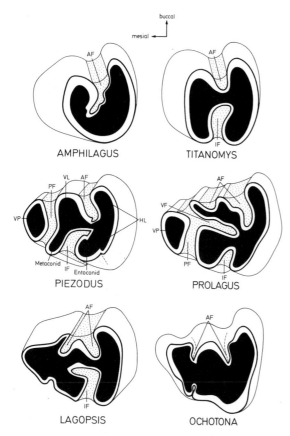

Abb. 417. Terminologie des P₃ dext. verschiedener fossiler und rezenter Ochotoniden. Beachte unterschiedlichen Bau und Komplikation der Zahnkrone, der taxonomisch wichtig ist. Abkürzungen: AF – Außenfalte (= Buccalsynklinid), HL – Hinterlobus, IF – Innenfalte (= Lingualsynklinid),   PF – Pfeilerfalte   (= Pfeilersynklinid), VF – Vorderfalte (= Vordersynklinid), VL – Vorderlobus, VP – Vorderpfeiler. Nicht maßstäblich.

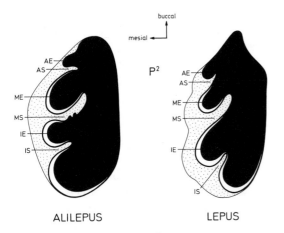

Abb. 418. Terminologie des P² sin. fossiler und rezenter Leporiden. Abkürzungen: AE – Außenelement, AS – Außensynklinale (= buccale Nebenfalte), IE – Innenelement, IS – Innensynklinale   (= linguale   Nebenfalte), ME – Mittelelement, MS – Mittelsynklinale (= Hauptfalte). Nicht maßstäblich.

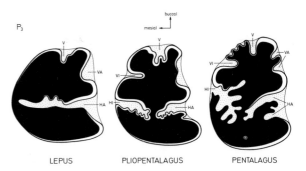

Abb. 419. Terminologie des P₃ dext. verschiedener rezenter und fossiler Leporiden. *Pliopentalagus* als primitiver (*Palaeolagus*-)Typ. *Lepus* als fortschrittliche Gattung. Abkürzungen: HA – Hauptaußen- oder Hauptbuccalfalte (= „external fold"), HT – Hauptinnen- oder Hauptlingualfalte (= „internal fold"), V – Vorder- oder Mesialfalte, VA – Vordere Außen- oder Buccalfalte, VI – Vordere Innen- oder Lingualfalte. Hauptfalte trennt Trigonid vom Talonid. Eine sog. „Alilepus"-Falte kann zwischen der vorderen und der Hauptlingualfalte auftreten. Nicht maßstäblich.

mandibular lingual) miteinander verbunden sind, so daß es sich eigentlich um einen Schmelzzylinder (samt Dentinkern) mit Außen- und Innensynklinale (= Falte oder Hypostria) handelt. Nur bei den erdgeschichtlich älteren Formen sind morphologische Altstrukturen der Molaren (z. B. Außenbucht = „crescent" bei Sych & Sych 1976) erhalten (Tobien 1963). Die Zähne selbst sind meist seitlich gekrümmt (oben nach innen, unten nach außen konvex). Die Zahnreihen sind – ähnlich denen der Paarhufer – anisognath, indem die Unterkieferzahnreihen näher beisammen stehen. Bei den Rodentia ist es umgekehrt.

Das Backenzahnmuster ist bei den heutigen Lagomorphen – abgesehen von frühesten bunodonten Usurstadien – sehr konstant lophodont gestaltet. Nur bei den frühen Hasenartigen lassen sich Strukturen feststellen, die auf einen tribosphenischen Grundplan zurückgehen dürften. Über die Interpretation der Höcker dieses Grundplanes selbst bestehen allerdings gravierende Meinungsverschiedenheiten, wie die unterschiedlichen Deutungen von Forsyth Major (1899), Ehik (1926), Burke (1934), Hürzeler (1936), Wood (1940, 1957), Russell (1959), van Valen (1964), Tobien (1974) und McKenna (1982) erkennen lassen (Abb. 420, 421). Da eine sichere Homologisierung nicht möglich ist, wird verschiedentlich eine neutrale Terminologie verwendet, der auch hier gefolgt sei, zumindest zum Teil. Ob die Interpretation von Forsyth Major (1899) und McKenna (1982) zutrifft, wonach der Haupthöcker dem Protocon entspricht, erscheint sehr fraglich, wenn man das Milchgebiß fossiler Formen heranzieht, ebenso wie die Deutung als Metacon von Wood (1940, 1957). Eher entspricht der Haupthöcker nach der Serienhomologie mit den Milchzähnen

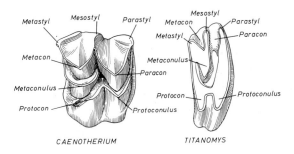

CAENOTHERIUM   TITANOMYS

Abb. 420. M sup. dext. eines Paarhufers (*Caenotherium*) und eines Lagomorphen (*Titanomys*), mit der von HÜRZELER vertretenen Homologisierung der Kronenelemente. Nach HÜRZELER (1936), umgezeichnet. Nicht maßstäblich.

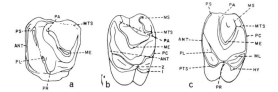

Abb. 421. Versuch der Homologisierung der Kronenelemente von Maxillarzähnen bei Lagomorphen (b – P⁴ sin. und c – M¹ sin. von *Palaeolagus*) und Pantodonten (a – M sup. sin. von *Coryphodon*) nach A. E. WOOD. Abkürzungen: ANT – Vorderloph, HY – Hypocon, ME – Metacon, ML – Metaconulus, MS – Mesostyl, MTS – Metastyl, PA – Paracon, PC – Hintercingulum, PL – Protoconulus, PR – Protocon, PS – Parastyl, PTS – Protostyl. 1 – sog. Hypocon, 2 – sog. Protocon. Nach WOOD (1957). Nicht maßstäblich.

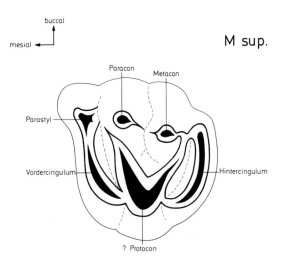

M sup.

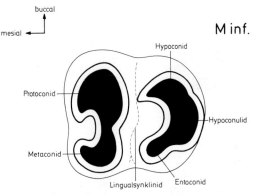

M inf.

Abb. 422. *Hsiuannania* (Anagalidae), Jung-Paleozän, China. M sup. und M inf. (Schema).

dem Paracon, wie BURKE (1934) und TOBIEN (1974) annehmen. RUSSELL (1959) bezeichnet ihn als Amphicon, HÜRZELER (1936) als Metaconulus. EHIK (1926) spricht zwar auch vom Protocon, doch vergleicht er ihn mit dem Haupthöcker der Triconodonten, der nicht dem Protocon, sondern dem Paracon entspricht. Für MCKENNA (1982) waren für die Homologisierung alttertiäre Formen Asiens (Eurymylidae, Mimotonidae, Pseudictopidae) mit ursprünglichem Backenzahnmuster entscheidend für diese Interpretation. Ihre Zugehörigkeit zu den Lagomorphen ist allerdings nicht gesichert. Morphologisch lassen sich zwar manche – zumindest im Backenzahngebiß – tatsächlich als primitive Lagomorphen interpretieren. Besonders wichtig erscheint *Hsiuannania* aus dem Paleozän von China (XU 1976), wo der Übergang vom bunodonten zum lophodonten Zahnmuster beobachtet werden kann (Abb. 422). Allerdings ist die Position des als Protocon bezeichneten Höckers an den M sup. nicht ganz identisch mit jenem oligozäner Lagomorphen (wie *Palaeolagus*). Für die M inf. gilt ähnliches, indem bei *Hsiuannania* die Synklinale lingual, bei den Lagomorphen hingegen buccal stärker entwickelt ist. Somit ist die Homologisierung der Backenzahnhöcker der Lagomorphen nicht endgültig geklärt.

Von den paleozänen „Lagomorphen" sind hauptsächlich Kieferreste und Backenzähne überliefert. Aussagen über das Vordergebiß sind nur beschränkt möglich.

Es ist im folgenden nur eine Auswahl fossiler und rezenter Lagomorphen berücksichtigt, wobei die Zugehörigkeit von *Eurymylus* (= „*Baenomys*") aus dem Paleozän Asiens zu den Lagomorphen fraglich erscheint. *Eurymylus* wird von MCKENNA (1975) als Angehörige der Anagalida, von LUKKETT & HARTENBERGER (1985) als solcher der Mixodontia SYCH angesehen. Letztere gelten als Stammgruppe der Lagomorpha. Die Gebißformel lautet $\frac{2\,0\,2\,3}{1\,0\,2\,3} = 26$.

Eurymylus laticeps (Eurymylidae) aus dem Jung-Paleozän der Mongolei ist zwar nur ungenügend dokumentiert und von MATTHEW & GRANGER (1925) ursprünglich als Angehöriger der Menotyphla klassifiziert worden. *Eurymylus* zeigt jedoch nach WOOD (1942) im Backenzahngebiß ($\frac{2\,3}{2\,3}$) Ähnlichkeiten mit Lagomorphen (Abb. 423). Ein Diastema trennt Backenzahn- und Vordergebiß, von dem nur ein vergrößerter und als Nagezahn ausgebildeter I inf. überliefert ist. *Eurymylus* ist durch die Reduktion der P $\frac{2}{2}$ allerdings spezialisierter als die erdgeschichtlich jüngeren Lagomor-

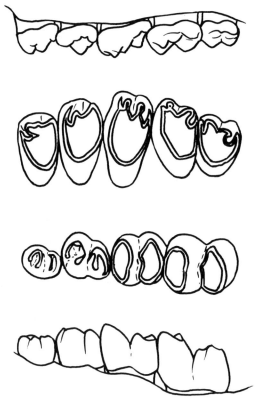

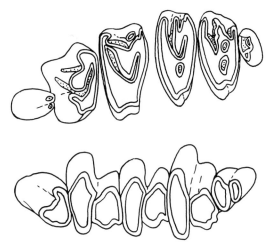

Abb. 424. *Desmatolagus gobiensis* (? Palaeolagidae), Mittel-Oligozän, Mongolei. $P^2 - M^3$ sin. (oben), $P_3 - M_3$ dext. (unten) occlusal. Nach MATTHEW & GRANGER (1923 a) und TOBIEN (1974), kombiniert umgezeichnet. 7,5 × nat. Größe.

Abb. 423. *Eurymylus laticeps* (Eurymylidae), Jung-Paleo-zän, Mongolei. $P^3 - M^3$ sin. buccal (ganz oben) und occlusal (mitte oben), $P_3 - M_2$ dext. occlusal (mitte unten) und lingual (ganz unten). Nach MATTHEW & GRANGER (1925) und WOOD (1942), umgezeichnet. ca. 6,5 × nat. Größe.

phen. Von den bewurzelten teilhypsodonten Molaren ist die Krone der M sup. stark quergedehnt, also breiter als lang und besteht aus zwei Außen- und einem Innenhöcker. Die M inf. sind aus zwei nicht weiter gegliederten „Schmelzprismen" zusammengesetzt, an den P inf. ist ein dreihöckeriges (höheres) Trigonid und ein zweihöckeriges (niedrigeres) Talonid zu unterscheiden (Abb. 423). Die starke Abkauung der M sup. läßt leider keine weiteren Details erkennen.

Besser ist die Dokumentation von *Desmatolagus gobiensis* (? Palaeolagidae, Leporidae) aus dem Mittel-Oligozän der Mongolei (MATTHEW & GRANGER 1923, WOOD 1942), einem Lagomorphen mit zwar leporider Zahnformel ($\frac{2\,0\,3\,3}{1\,0\,2\,3} = 28$), jedoch primitivem (ochotonoiden) Muster der Oberkieferbackenzähne bei starker Reduktion der vordersten P und hintersten M (Abb. 424). Die Backenzähne sind (partial-)hypsodont und bewurzelt. Der P^2 ist zweiteilig, der P^3 ist ochotonoid gebaut mit Außen-, Mittel- und Innenelement. Der molarisierte P^4 entspricht bis auf die nur schwache Innensynklinale weitgehend den M^1 und M^2, ist jedoch etwas weniger mesio-lateral komprimiert. Das Kronenmuster der stark quergedehnten M^1 und M^2 ist primitiv ochotonoid, bei stärkerer Abkauung wird die Innensynklinale

zu einer Insel abgeschnürt. Im Kronenbereich tritt Zement auf. Der M^3 ist stark reduziert und nur zweihöckerig (Abb. 424). Von den hypsodonten Unterkieferbackenzähnen ist der P_3 einfach gebaut mit einer Außen-(= Buccal-)synklinale ähnlich *Amphilagus*. Die übrigen Backenzähne bestehen aus zwei miteinander verbundenen „Schmelzprismen", von denen der M_3 durch seine geringe Größe abweicht. Das Vordergebiß ist typisch lagomorph. Die taxonomische Zugehörigkeit von *Desmatolagus gobiensis* wird diskutiert (DAWSON 1967, GUREEV 1964, MATTHEW & GRANGER 1923, TOBIEN 1974).

Von *Palaeolagus haydeni* (? Palaeolagidae, Leporidae) aus dem Mittel-Oligozän (Orellan) der USA ist das Gebiß vollständig bekannt (Abb. 425). Die Gebißformel lautet $\frac{2\,0\,3\,3}{1\,0\,2\,3} = 28$ (WOOD 1940). Die Zähne sind hypsodont, Buccalwurzeln fehlen den oberen Backenzähnen. Zement tritt auch im Kronenbereich der Backenzähne auf. An Keimzähnen bzw. Milchbackenzähnen ist das ursprüngliche Kronenmuster noch erkennbar. Die Homologisierung der Kronenelemente ist – wie bereits oben erwähnt – nicht gesichert. Ein zentraler Haupthöcker mit zwei buccalen Höckern und zwei Innenhöcker, die in ein Vorder- oder Hintercingulum auslaufen, kennzeichnen die Molaren (Abb. 426). Eine linguale Furche entspricht der bei stärkerer Abkauung deutlichen Innensynklinale. Die P sup. sind ochotonoid gebaut, der kleine P^2 dreiteilig, P^3 und P^4 sind molarisiert. Die mandibularen Backenzähne bestehen durchweg aus je zwei der Länge nach untereinander verbundenen „Schmelzprismen", d. h., auch der P_3 ist zweiseitig eingeschnürt. Der M_3 ist deutlich kleiner als die übrigen Molaren (Abb. 425).

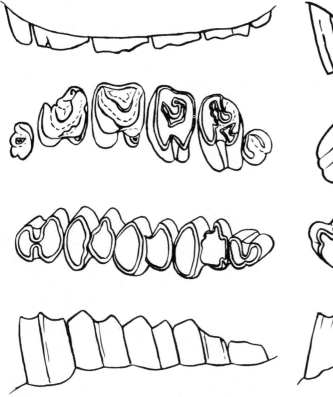

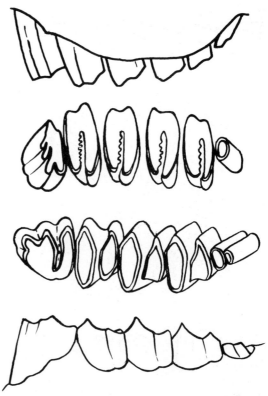

Abb. 425. *Palaeolagus haydeni* (? Palaeolagidae, Leporidae), Mittel-Oligozän, USA. P^2-M^3 sin. buccal (ganz oben) und occlusal (mitte oben), P_3-M_3 dext. (mitte unten) und lingual (ganz unten). Nach WOOD (1940), kombiniert und ergänzt umgezeichnet. ca. 6,5 × nat. Größe.

Abb. 427. *Lepus timidus* (Leporidae), rezent, Europa. P^2-M^3 sin. buccal (ganz oben) und occlusal (mitte oben), P_3-M_3 dext. occlusal (mitte unten) und lingual (ganz unten). Nach Original. 3,4 × nat. Größe.

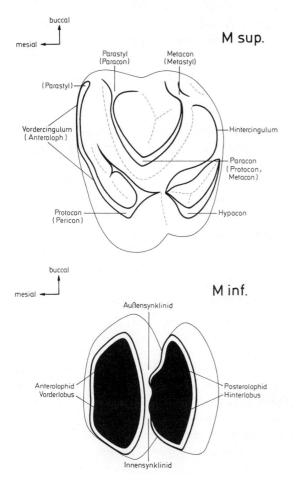

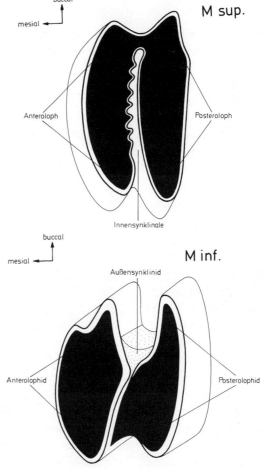

Abb. 426. *Palaeolagus*. M sup. und M inf. (Schema).

Abb. 428. *Lepus*. M sup. und M inf. (Schema).

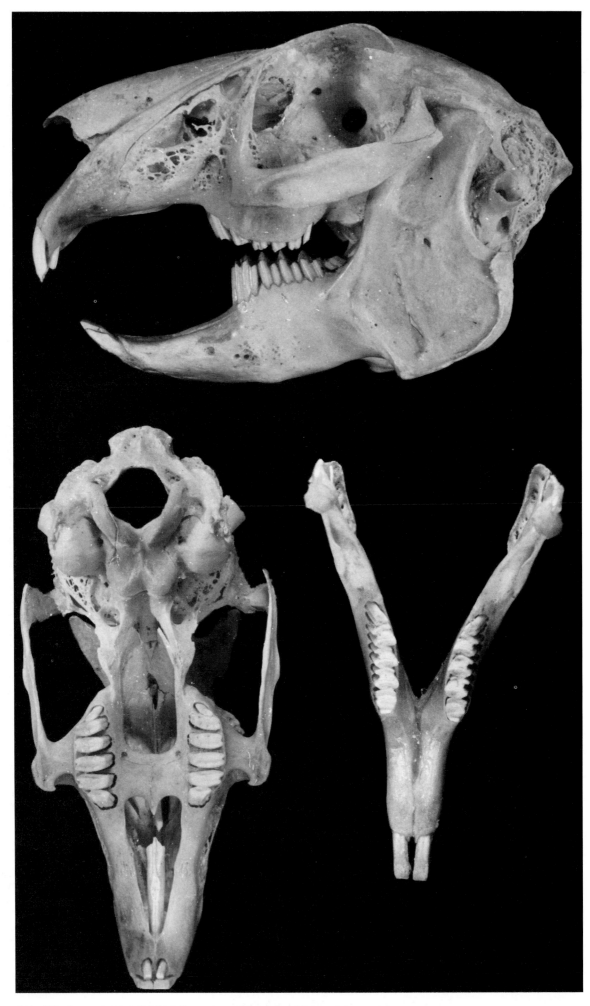

Abb. 429. *Lepus timidus*. Schädel (Lateral- und Ventralansicht) und Unterkiefer (Aufsicht). NHMW 3164. Schädellänge 100 mm.

Beim rezenten *Lepus timidus* (Leporidae) ist das Backenzahngebiß (Gebißformel $\frac{2\,0\,3\,3}{1\,0\,2\,3} = 28$) typisch leporid gestaltet. Die Backenzähne sind hypsodont und wurzellos, die M $\frac{3}{3}$ mehr oder weniger stark reduziert. P^3 und P^4 sind voll molarisiert (Abb. 427). Die M sup. bestehen aus zwei buccal miteinander verschmolzenen „Schmelzprismen", wodurch eine tiefe Innensynklinale (Hypostria) entsteht, deren mesiale Schmelzwand gefältelt ist (= „crenulation"). Der M^3 ist ein kleiner, im Querschnitt ovaler Pfeiler. Der P^2 besitzt drei Vorderloben (Abb. 418). Die mandibularen Backenzähne bestehen – abgesehen vom P$_3$ – aus zwei miteinander verbundenen „Schmelzprismen" (Abb. 428). Der P$_3$ ist durch die nur durch eine Außensynklinale (= Hauptaußenfalte = „posterior external reentrant angle") geteilt, deren Schmelzwände nur schwach gefältelt sind (Abb. 427, 429; Tafel XXII).

Bei *Pentalagus furnessi* (Leporidae) von den Ryu-Kyu-Inseln (Japan) ist der M^3 völlig reduziert (Gebißformel daher $\frac{2\,0\,3\,2}{1\,0\,2\,3} = 26$). Die Innen- (M sup.) und Außensynklinalen (M inf.) sind durch die Schmelzfältelung (bei M sup. = mesial und distal) gekennzeichnet (LYON 1903). Der P$_3$ entspricht durch die beidseitigen Synklinalen dem Palaeolagustyp (Abb. 430, 431).

Als Vertreter der Pfeifhasen sind hier *Amphilagus* (Oligozän), *Piezodus* (Oligo-Miozän) und *Ocho-*

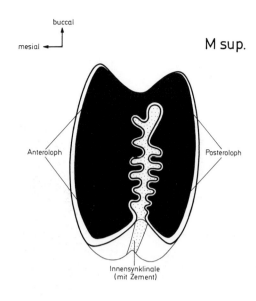

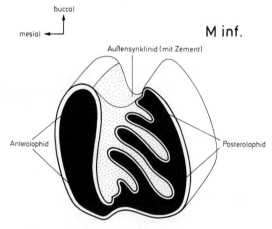

Abb. 431. *Pentalagus*. M sup. und M inf. (Schema).

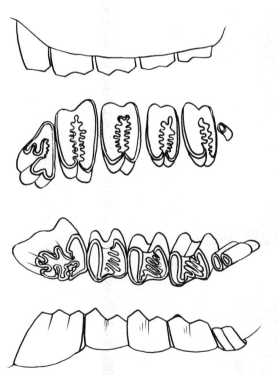

Abb. 430. *Pentalagus furnessi* (Leporidae), rezent, Ryu-Kyu-Inseln. P^2–M^3 sin. buccal (ganz oben) und occlusal (mitte oben), P$_3$–M$_3$ dext. occlusal (mitte unten) und lingual (ganz unten). Beachte Schmelzfältelung. Nach LYON (1903), umgezeichnet. ca. 4× nat. Größe.

tona (Holozän) besprochen. *Amphilagus antiquus* aus dem Jung-Oligozän Europas ist ein Angehöriger der Pfeifhasen, der auf Grund etlicher primitiver Merkmale von TOBIEN (1974) als Vertreter einer eigenen Familie (Amphilagidae) klassifiziert wird. Die Gebißformel lautet $\frac{2\,0\,3\,3}{1\,0\,2\,3} = 28$. Die Backenzähne sind stets bewurzelt, an den oberen P und M (vor allem am P^3–M^2) ist eine Partialhypsodontie entwickelt (Hypsodontie lingual stärker) (Abb. 416). Der hypsodonte P^2 ist dreilobig, mit Zementeinlagerung in der Außen- und Mittelsynklinale, am gleichfalls trilobaten und mit Kronen-Zement versehenen P^3 ist das Außenelement zweigeteilt, der Zahn partialhypsodont. Der ebenfalls partialhypsodonte, im Umriß rechteckige P^4 entspricht bis auf die nur angedeutete Innensynklinale den M sup. (Abb. 432). Diese besitzen eine tiefe Innensynklinale. Der M^3 ist rudimentär. Die hypsodonten Unterkieferbackenzähne sind bis auf den gleichfalls rudimentären und stiftförmigen M$_3$ zweiteilig. Der P$_3$ besitzt nur eine Außensynklinale. An den P$_3$–M$_2$ ist Zement im Kronenbereich vorhanden (Abb. 433, 434).

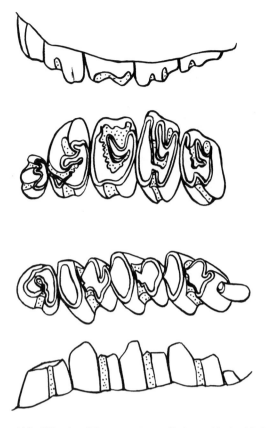

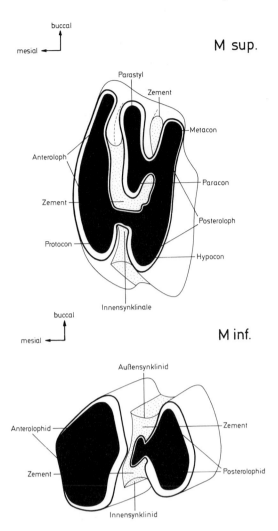

M sup.

M inf.

Abb. 432. *Amphilagus antiquus* (Ochotonidae), Alt-Mio-zän, Europa. P² – M² sin. buccal (ganz oben) und occlusal (mitte oben), P₃ – M₃ dext. occlusal (mitte unten) und lin-gual (ganz unten). Nach Tobien (1974), umgezeichnet. ca. 7 × nat. Größe.

Abb. 434. *Amphilagus*. M sup. und M inf. (Schema).

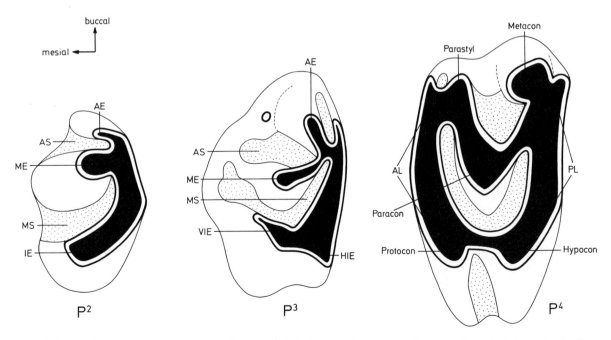

Abb. 433. *Amphilagus antiquus*. Terminologie von P² – P⁴ sin. Abkürzungen: AE – Außenelement, AL – Anteroloph, AS – Außensynklin(al-)e, HIE – hinteres Innenelement, IE – Innenelement, ME – Mittelelement, MS – Mittelsynklin(al-)e, PL – Posteroloph, VIE – vorderes Innenelement. Nach Tobien (1974), umgezeichnet.

Bei *Piezodus branssatensis* aus dem Jung-Oligozän Europas ist das Gebiß etwas progressiver: Die Hypsodontie ist verstärkt, die Reduktion der Wurzeln und die Struktur des $P_{\overline{3}}$ fortgeschrittener (Abb. 435). Bei miozänen *Piezodus*-Arten und der von *Piezodus* abzuleitenden, erst im Holozän Südeuropas ausgestorbenen Gattung *Prolagus* (Miozän – Holozän; Abb. 436) kommt es zur Voll-Hypsodontie und zugleich zur völligen Reduktion des $M_{\overline{3}}$ und somit zur Gebißformel $\frac{2\,0\,3\,2}{1\,0\,2\,2} = 24$. Der $P_{\overline{3}}$ ist mit Außen- und Innensynklinale und isoliertem Vorderpfeiler, jedoch etwas komplizierter gebaut als bei *Piezodus* (HÜRZELER 1962). Bei der miozänen Gattung *Lagopsis* fehlt ein isolierter Vorderpfeiler am $P_{\overline{3}}$. Mit *Titanomys visenoviensis* aus dem Jung-Oligozän Europas ist ein weiterer Ochotonide genannt (Abb. 437).

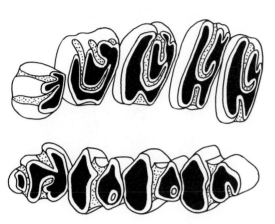

Abb. 435. *Piezodus branssatensis* (Ochotonidae), Jung-Oligozän, Europa. P^2-M^2 sin. (oben) und P_3-M_2 dext. (unten) occlusal. Nach TOBIEN (1975), umgezeichnet. 8,5 × nat. Größe.

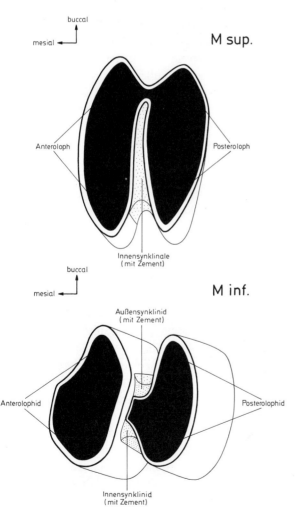

M sup.

M inf.

Abb. 436. *Prolagus* (Ochotonidae), Plio-Pleistozän, Europa, M sup. und M inf. (Schema).

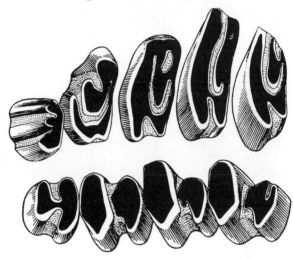

Abb. 437. *Titanomys visenoviensis* (Ochotonidae), Jung-Oligozän, Europa. P^2-M^2 sin. (oben) und P_3-M_2 dext. (unten) occlusal. Beachte Unterschiede im Bau des P_3 gegenüber *Prolagus*- und *Lagopsis*-Gruppe. Nach TOBIEN (1963), umgezeichnet. 10 × nat. Größe.

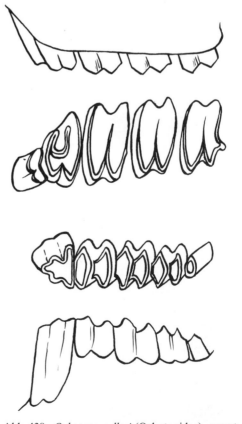

Abb. 438. *Ochotona pallasi* (Ochotonidae), rezent, Asien. P^2-M^2 sin. buccal (ganz oben) und occlusal (mitte oben), P_3-M_3 dext occlusal (mitte unten) und lingual (ganz unten). Nach Original. 6,6 × nat. Größe.

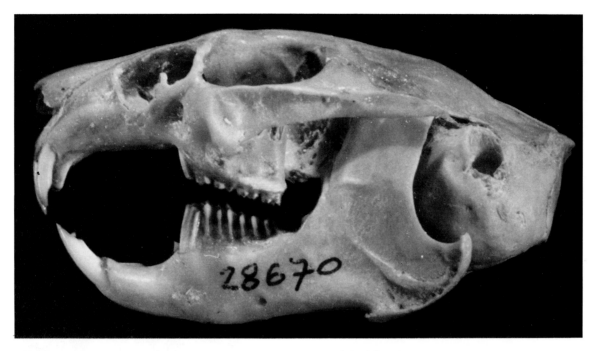

Abb. 439. *Ochotona pallasi*. Schädel (Lateralansicht). NHMW 28.670. Schädellänge 40 mm.

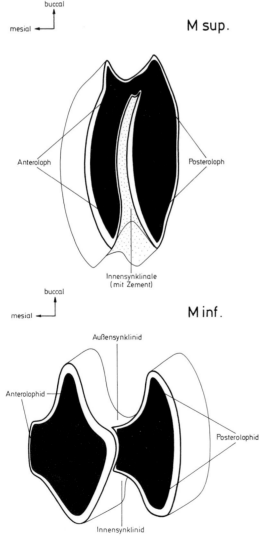

Abb. 440. *Ochotona*. M sup. und M inf. (Schema).

Bei den rezenten Arten der Gattung *Ochotona* (Ochotonidae) Asiens und Nordamerikas sind die Zähne voll hypsodont, die Zahnformel lautet $\frac{2\,0\,3\,2}{1\,0\,2\,3} = 26$. Von den Backenzähnen besitzen nur $P\frac{2}{}$, $P\frac{3}{}$ und $P_{\overline{3}}$ ein eigenes Muster, die übrigen Bakkenzähne bestehen außer dem $M_{\overline{3}}$ aus je zwei „Schmelzprismen", mit tiefer, von Zement erfüllter Innensynklinale an den Oberkiefer-, Außen- und Innensynklinid an den Unterkieferzähnen. Der $P\frac{2}{}$ ist zu einem bilobaten Pfeiler reduziert, der $P\frac{3}{}$ ist nicht voll molarisiert und der $P_{\overline{3}}$ nur durch zwei Außen- und eine seichte Innenfalte gegliedert. Der $M_{\overline{3}}$ besteht aus einem einzigen ungegliederten Pfeiler (Abb. 438–440; Tafel XXII).

3.12 Pantodonta

Die Pantodonten sind eine auf das Alttertiär der nördlichen Hemisphäre beschränkte Gruppe primitiver fünfzehiger Säugetiere, die bereits im Jungpaleozän und Alteozän ihren stammesgeschichtlichen Höhepunkt erreichte. Anstelle echter Hufe sind Nägel oder Krallen entwickelt. Zunächst mit den Dinocerata durch COPE (1891, 1898) als „Amblypoda" zusammengefaßt, später durch SIMPSON (1945) zusammen mit den „Subungulaten" als Paenungulata bezeichnet, werden sie heute meist als eigene Ordnung Pantodonta klassifiziert. Dies wird auch durch das Gebiß bestätigt, das stark von dem der Dinocerata abweicht. Über den Umfang der Pantodonta wird diskutiert, indem sowohl die verschiedentlich als Condylarthra oder als Embrithopoda klassifizierten Phenacolophidae aus dem Alttertiär Asiens (McKenna & Manning 1977, Zhang 1978, 1980), als auch die Tillodontia (Chow & Wang 1979) zu den Pantodonta gezählt werden (Lucas 1982). Letztere sind hier als eigene Ordnung angeführt (s. u.).

Die Pantodonten sind eine kleine Gruppe mittelgroßer bis großer Säugetiere, die bereits im Paleozän artenreich verbreitet war (Simons 1960), im Eozän annähernd nashorngroße Formen entwickelte (*Coryphodon*) und mit *Hypercoryphodon* im Mittel-Oligozän in Asien zum letzten Mal dokumentiert ist. Die ältesten Pantodonta sind kürzlich aus Südamerika gemeldet worden.

Das Gebiß der Pantodonta ist zwar vollständig ($\frac{3\;1\;4\;3}{3\;1\;4\;3}=44$), und die Zahnreihe ist bei den erdgeschichtlich ältesten Formen (wie *Pantolambda*) geschlossen, doch können einzelne Zähne etwas reduziert sein. Bei geologisch jüngeren Arten treten zwischen dem Vorder- und Backenzahngebiß oder zwischen dem C sup. und dem $I^{\underline{3}}$ Diastemata auf. Die Differenzierung des Gebisses betrifft das Vordergebiß (Vergrößerung der Caninen, Verkleinerung der I sup. sowie unterschiedliche Gestaltung der Kronen der Incisiven) und das Backenzahngebiß (z.B. Molarenmuster). Die zunächst tribosphenischen Molaren erfahren nämlich bei den Coryphodonten eine Umkonstruktion des Zahnmusters, das zur unterschiedlichen Höckerinterpretation geführt hat (Simpson 1929). Eine Molarisierung von Prämolaren ist nicht zu beobachten, lediglich der $P_{\underline{4}}$ zeigt gelegentlich Ansätze dazu.

Als Vertreter der Pantodonten sind hier nur die Gattungen *Pantolambda* und *Coryphodon* berücksichtigt. Bei *Pantolambda bathmodon* (Pantolambdidae) aus dem Mittelpaleozän Nordamerikas lautet die Zahnformel $\frac{3\;1\;4\;3}{3\;1\;4\;3}$. Die Zahnreihe ist geschlossen, die einfach subkonische Krone der I sup. nimmt von $I^{\underline{1}}$ zum $I^{\underline{3}}$ etwas an Größe zu (Abb. 441; Tafel XXII). Der kräftige, im Querschnitt gerundete, sonst gestreckte C sup. ist durch ein kleines Diastema vom $I^{\underline{3}}$ getrennt. Der einwurzelige $P^{\underline{1}}$ ist einfach, die $P^{\underline{2-4}}$ sind dreiwurzelige, im Umriß dreieckige Zähne, mit zunehmender Breite zum $P^{\underline{4}}$ hin. Die Krone erinnert durch die abgewinkelte Außenschneide und den Innenhöcker an zalambdodonte Zähne. Die M sup. sind dagegen nach dem dilambdodonten Muster gebaut; Para- und Metacon bei $M^{\underline{1}}$ und $M^{\underline{2}}$ gleichwertig, gut entwickelter Protocon sowie angedeuteter Para- und Metaconulus (Abb. 442). Der $M^{\underline{3}}$ ist schmäler, der Metacon reduziert. Die I inf. entsprechen dimensionell den I sup. Ihre

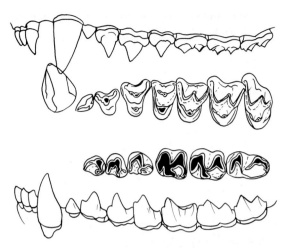

Abb. 441. *Pantolambda cavirictis* (Pantolambdidae), Mittel-Paleozän, USA. $I^{\underline{1}}-M^{\underline{3}}$ sin. buccal (ganz oben) und $C-M^{\underline{3}}$ sin. occlusal (mitte oben), $P_{\underline{3}}-M_{\underline{3}}$ dext. occlusal (mitte unten). *P. bathmodon*, Mittel-Paleozän. USA. $I_{\underline{1}}-M_{\underline{3}}$ sin. buccal (ganz unten). Nach Matthew (1937), umgezeichnet. 0,8 × nat. Größe.

Krone ist jedoch etwas kürzer und eher schneidend ausgebildet. Der im Umriß gleichfalls rundliche, senkrecht eingepflanzte C inf. ist leicht gekrümmt. Der einwurzelige $P_{\overline{1}}$ mit einfacher Crista, während an den nach hinten an Größe zunehmenden $P_{\overline{2-4}}$ drei Kanten (Vorder-, Innen- und Hinterkante) entwickelt sind. Letztere bildet das kurze Talonid, das zum $P_{\overline{4}}$ kontinuierlich an Größe zunimmt, jedoch viel niedriger ist als das Trigonid mit dem Proto- und Paraconid. An den M inf. sind Trigonid- und Talonidhöcker fast gleich hoch, das Talonid jedoch knapp länger und meist auch breiter als das Trigonid. Die Kanten bilden an den M inf. ein W-förmiges Muster, indem am Trigonid ein enges V, am Talonid ein weites V vorhanden ist. Proto- und Metaconid sind etwa gleich hoch, das Paraconid niedriger. Das Talonid besteht aus dem Hypoconid und dem nach Rose & Krause (1983) als Hypoconulid zu bezeichnenden Innenhöcker (Abb. 442). In seiner Gesamtheit entspricht das Backenzahngebiß von *Pantolambda* und verwandten Gattungen (wie *Caenolambda, Barylambda, Haplolambda, Bemalambda*; s. Simons 1960, Chow et al. 1973, 1977, Rose & Krause 1983) dem primitiver Säugetiere, die trotz ihres meist dilambdodonten Gebisses als Pflanzenfresser angesehen werden.

Bei *Caenolambda* (Pantolambdidae) aus dem Jungpaleozän Nordamerikas bildet die Krone des $P_{\overline{1}}$ eine lange schmale Schneide, die durch den antagonistisch wirkenden, großen C sup. schräg nach vorne abgeschliffen wird. Sie erinnert dadurch an cynomorphe Primaten (z.B. *Papio*). Bei *Titanoides* (Titanoideidae) aus dem Jungpaleozän Nordamerikas sind die C sup. stark verlängert,

die I sup. hingegen klein (Abb. 443). Ein Unterkieferflansch ist jedoch nicht entwickelt.

Bei *Coryphodon* (Coryphodontidae), einer
flußpferdgroßen Gattung aus dem Alteozän von
Nordamerika und Europa, ist das Gebiß zwar
auch vollständig ($\frac{3\ 1\ 4\ 3}{3\ 1\ 4\ 3} = 44$), doch trennen Dia-

stemata Vorder- und Backenzahngebiß, und die
C sind stark vergrößert (Abb. 444 u. Tafel XXII).
Außerdem unterscheidet sich das Molarenmuster
stark von jenem der Pantolambdiden, was zu unterschiedlichen Interpretationen der Molarenhök-
ker geführt hat (OSBORN 1898, MATTHEW 1928,
SIMPSON 1929). Die einfachen, labio-lingual etwas
komprimierten I sup. sind schräg im Kiefer eingepflanzt, der I^2 ist etwas größer als die übrigen.
Median sind die beiden $I^{\underline{1}}$ durch eine Lücke getrennt. Die kräftigen, mit langer, im Querschnitt
meist dreieckiger bis seitlich abgeflachter Krone
versehenen C sup. werden von den C inf. schräg

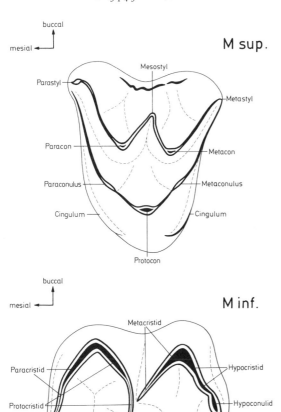

Abb. 442. *Pantolambda.* M sup. und M inf. (Schema).

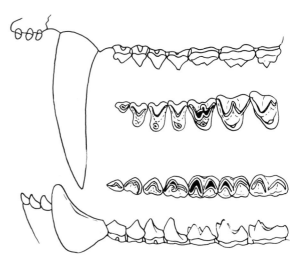

Abb. 443. *Titanoides primaevus* (Titanoideidae), Jung-Paleozän, USA. $I^1 - M^3$ sin. buccal (ganz oben) und $P^1 - M^3$
sin. occlusal (mitte oben), $P_1 - M_3$ dext. occlusal (mitte unten) und $I_1 - M_3$ sin. buccal (ganz unten). Beachte verlängerte C sup. Nach SIMONS (1960), umgezeichnet. ca. 1/3 nat.
Größe.

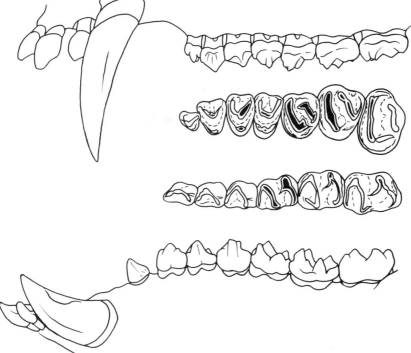

Abb. 444. *Coryphodon testis*
(Coryphodontidae), Alt-Eozän,
USA. $I^1 - M^3$ sin. (♂) buccal
(ganz oben) und $P^2 - M^3$ sin. occlusal (mitte oben), $P_2 - M_3$
dext. occlusal (mitte unten) und
$I_1 - M_3$ sin. (♀) buccal (ganz unten). Vergrößerte Caninen.
Nach *Osborn* (1898), umgezeichnet. 1/3 nat. Größe.

abgeschliffen, so daß sie hauerartig wirken. Sie zeigen Größenunterschiede, die nach OSBORN (1898) einem Geschlechtsdimorphismus entsprechen. Die Krone der P sup. ist gerundet dreieckig, verbreitert sich jedoch zunehmend zum P⁴. Zum v-förmigen Außenhöcker kommt ein von P$\underline{1}$ bis P$\underline{4}$ jeweils größerer Innenhöcker, ähnlich zalambdodonten Zähnen. Sie entsprechen damit jenen von *Pantolambda*, jedoch ohne deren starke buccale Einbuchtung. Das Muster der im Umriß gleichfalls gerundeten Kronen der M sup. ist jedoch völlig verschieden von *Pantolambda*. Von der Dilambdodontie ist nichts zu bemerken. Ein v-förmiges, durch einen antero-buccalen Höcker ergänztes Ectoloph und ein Protoloph sind die wesentlichsten Merkmale der M sup. Eine Homologisierung der Höcker ist am ehesten über die Milchbackenzähne möglich, wie sie bereits SIMPSON (1929) durchgeführt hat. Demnach wird das Ectoloph vom Paracon, Mesostyl, Metacon und Metastyl, das Protoloph vom Parastyl, Paraconulus und Protocon gebildet (Abb. 445). Bei den D sup. ist die Dilambdodontie noch schwach ausgeprägt, am M$\underline{1}$ bei einzelnen *Coryphodon*-Arten noch angedeutet. Damit ist die von MATTHEW (1928) vorgenommene Höckerinterpretation

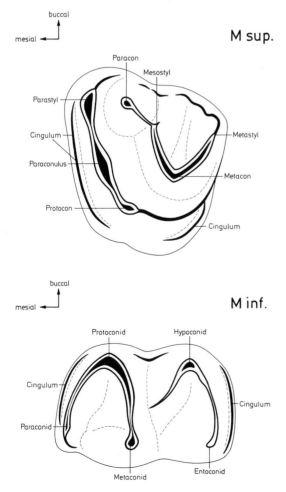

Abb. 445. *Coryphodon*. M sup. und M inf. (Schema).

(Paraconulus = Paracon) hinfällig. Die den I sup. vergleichbaren I inf. sind schräg in der Symphyse eingepflanzt und bilden zusammen einen Halbkreis. Die kräftigen C inf. sind bedeutend kürzer als die C sup. und hinten außen abgeschliffen. Die einwurzeligen P$_{\overline{1}}$ sind durch ein längeres Diastema von den C, durch ein kürzeres von den P$_{\overline{2}}$ getrennt. P$_{\overline{2-4}}$ entsprechen jenen von *Pantolambda*, doch ist das Talonid kürzer. Die M inf. zeigen gleichfalls ein Muster ähnlich *Pantolambda*, doch entspricht der hintere Innenhöcker an den M$_{\overline{1}}$ und M$_{\overline{2}}$ dem Entoconid. Ein Hypoconulid ist meist am M$_{\overline{3}}$ entwickelt (Abb. 444). Die Zähne sind durchweg brachyodont.

Die Pantodonta werden allgemein als Pflanzenfresser angesehen. Dies wird durch den Nachweis von Aktinomykose bei *Barylambda* bestätigt (PATTERSON 1933). Bei *Pantolambdodon* aus dem Jungeozän ist der Trend zur Hypsodontie der Bakkenzähne vorhanden.

3.13 Hyaenodonta (= „Creodonta" = „Urraubtiere")

Die hier als Hyaenodonta bezeichneten Säugetiere sind mit wenigen Arten nur fossil und zwar hauptsächlich aus dem Alttertiär bekannt. Die von COPE (1875) als Creodonta beschriebenen Säugetiere sind eine sehr heterogene Gruppe, die heute als Insectivora, Carnivora, Hyaenodonta und Condylarthra bzw. Arctocyonia klassifiziert werden. Lediglich die Hyaenodonten bilden eine einheitliche raubtierähnlich spezialisierte Gruppe. Allerdings fehlen ihnen die für die Carnivoren typischen Apomorphien (wie eine Brechschere aus P⁴/M$_{\overline{1}}$). Da die von VAN VALEN (1966) als Deltatheridia benannte Ordnung gleichfalls heterogene Gruppen umfaßt, wird hier die Bezeichnung Hyaenodonta vorgezogen. Ihr werden hier die Familie Didymoconidae, Oxyaenidae und Hyaenodontidae zugeordnet (LANGE-BADRE 1979).

Die Hyaenodonten besitzen ein Brechscherengebiß, das aus den M$\underline{1}$/M$_{\overline{2}}$ (Oxyaenidae) oder den M$\underline{2}$/M$_{\overline{3}}$ (Hyaenodontidae) besteht und dadurch etwas an Raubbeutler erinnert, weshalb sie ursprünglich auch als Beuteltiere klassifiziert wurden. Dies kommt übrigens in manchen Namen zum Ausdruck (wie „*Dasyurodon*" = *Apterodon*, *Pterodon dasyuroides*, *Thereutherium thylacodes*). Die Ausbildung des Gebisses der Hyaenodonta zeigt gewisse Parallelen zu jenem der Carnivora, ohne jedoch auch nur im entferntesten deren Formenmannigfaltigkeit zu erreichen (MATTHEW 1909, 1915, DENISON 1938). So fehlen die Omni-

und Herbivoren weitgehend oder völlig. Hingegen sind hyaenoide (wie *Patriofelis*) und felide oder machairodontine Adaptationen (wie *Apataelurus*) nachweisbar (SPRINGHORN 1980).

Die Zahnformel schwankt innerhalb nur geringer Grenzen, da die Reduktion mancher Zahnkategorien (z. B. Prämolaren) meist nicht zur völligen Rückbildung führt. Sie reicht vom vollständigen Gebiß mit $\frac{3\,1\,4\,3}{3\,1\,4\,3} = 44$ (wie bei „*Sinopa*", *Tritemnodon*) bis zu $\frac{2\,1\,3\,1}{1\,1\,3\,2} = 28$ bei *Sarkastodon*. Allerdings ist die Zahnformel mancher Arten infolge unvollständiger Erhaltung hypothetisch.

Innerhalb der Hyaenodontidae ist das Gebiß der Proviverrinae (wie *Prototomus*, „*Sinopa*", *Tritemnodon*) relativ ursprünglich gebaut, indem bei diesen langschnauzigen und im Schädelbau etwas an Caniden oder Viverriden erinnernden Formen die

Brechschere nur gering ausgeprägt ist und die P kaum reduziert sind. Das Trigonid der tuberculosectorialen M inf. ist hoch, an den tribosphenischen M sup. sind ursprünglich Para- und Metaconulus ausgebildet (wie „*Sinopa*"), die Außenhöcker (Para- und Metaconus) deutlich getrennt, die hintere Zahnhälfte ist nur wenig länger als die vordere (Abb. 446 u. Tafel XXIII). Im Laufe der Evolution rücken Para- und Metaconus einander immer näher (wie bei *Tritemnodon*), und bilden schließlich eine funktionelle Einheit (wie bei *Pterodon*, *Hyaenodon* einschließlich „*Megalopterodon*" mit der Zahnformel $\frac{3\,1\,4\,2}{3\,1\,4\,3} = 42$). Zugleich wird die Metastylklinge (= Postmetacrista) verlängert, der Protoconus der M sup. mehr und mehr reduziert und bei Vergrößerung des M^2 schließlich auch der M^3 völlig rückgebildet (BUTLER 1946). An den M inf. werden Metaconid und

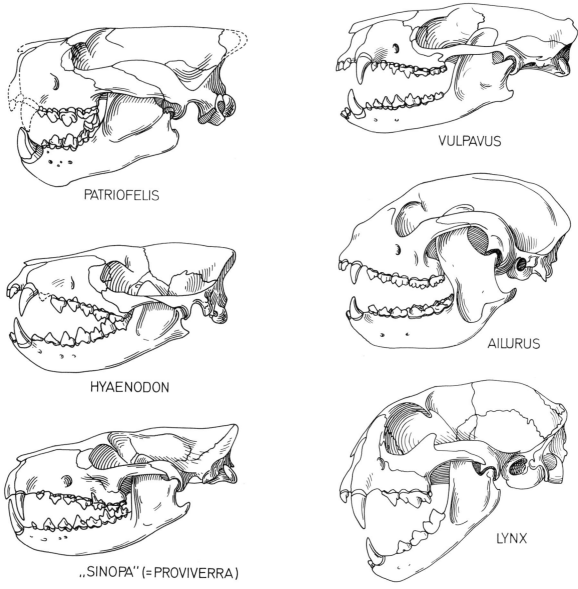

PATRIOFELIS

HYAENODON

„SINOPA" (= PROVIVERRA)

VULPAVUS

AILURUS

LYNX

Tafel XXIII. Schädel (Lateralansicht) fossiler Hyaenodonta (linke Reihe) und fossiler und rezenter Carnivora (rechte Reihe). *Patriofelis* (Oxyaenidae, Eozän), *Hyaenodon* (Eo-Oligozän) und *Sinopa* (Eozän) als Hyaenodontidae. *Vulpavus* (Miacidae, Eozän), *Ailurus* (Procyonidae, rezent) und *Lynx* (Felidae, rezent). Beachte Schädelform und unterschiedlich differenziertes Gebiß bei den Carnivora. Nicht maßstäblich.

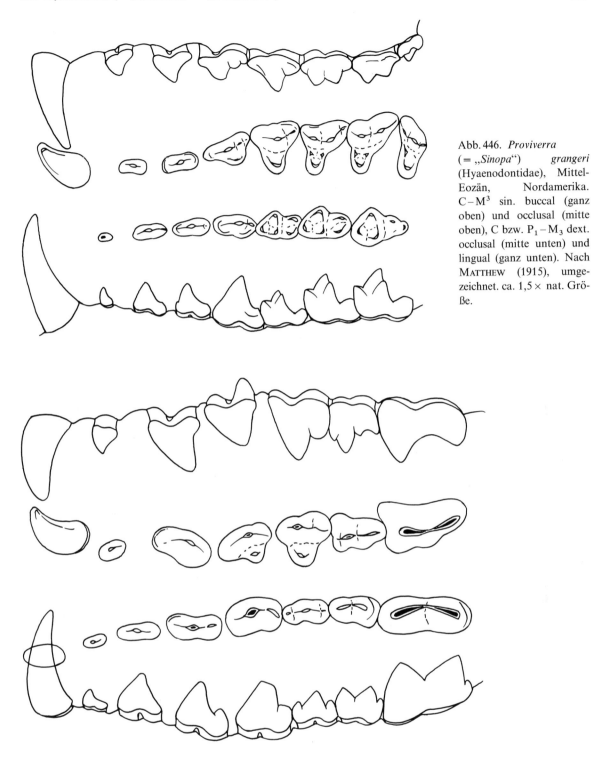

Abb. 446. *Proviverra* (= „*Sinopa*") *grangeri* (Hyaenodontidae), Mittel-Eozän, Nordamerika. C – M³ sin. buccal (ganz oben) und occlusal (mitte oben), C bzw. P₁ – M₃ dext. occlusal (mitte unten) und lingual (ganz unten). Nach MATTHEW (1915), umgezeichnet. ca. 1,5 × nat. Größe.

Abb. 447. *Hyaenodon horridus* (Hyaenodontidae), Oligozän, Nordamerika. C – M² sin. buccal (ganz oben) und occlusal (mitte oben), C bzw. P₁ – M₃ dext. occlusal (mitte unten) und lingual (ganz unten). Teilweise ergänzt durch *H. crucians* und *H. cruentus*, M² und M₃ als Brechschere. Nach Abgüssen. ca. 1/1 nat. Größe.

Talonid sukzessive reduziert, so daß der $M_{\overline{3}}$ von *Hyaenodon* (Eo-Oligozän) nur mehr aus der Paraconid-Protoconidklinge besteht. $M^{\underline{2}}$ und $M_{\overline{3}}$ bilden eine echte Brechschere, doch besitzen auch $M^{\underline{1}}$ und $M_{\overline{2}}$ sowie der D 4 eine scherende Funktion (Abb. 447, Tafel XXIII). *Hyaenodon* verschwindet im Oligozän, eine Gattung, bei der es bei älteren Individuen zu einer Rotation der M sup. („medial rotation of the upper carnassial teeth") um ihre mesio-distale Achse kommen kann (MELLETT 1969, 1977). In ähnlicher Weise ist eine derartige Rotation samt entsprechender Abschleifung der Zahnkronen auch bei Raubbeutlern (Borhyaeniden), nie jedoch von Carnivoren, bekannt. Durch die Vergrößerung der beiden untersten Prämolaren erinnert *Hyaenodon* an Hyaenen, deren ökologische Nische sie nach MELLETT (1977) auch eingenommen haben.

Mit *Dissopalis*, *Hyaenaelurus* (= *Hyainailouros*) und *Megistotherium* sind die Hyaenodonten noch im Miozän nachgewiesen. *Hyaenaelurus* ist eine Großform, die als evoluierte Form von *Pterodon* angesehen werden kann, mit plumpen Prämolaren und mehr oder weniger schneidenden Molaren (s. GINSBURG 1980). Bei *Pterodon* ($\frac{2\ 1\ \ 4\ \ 3}{1\ 1\ 4-3\ 3}$) kommt es im Vordergebiß zu einer Reduktion, bei *Thereutherium* ($\frac{3\ 1\ 4\ 2}{3\ 1\ 4\ 2}$) ist der $M_{\overline{3}}$ völlig rückgebildet (LANGE-BADRE 1979) (Abb. 448).

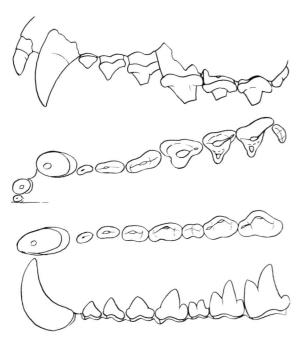

Abb. 448. *Pterodon dasyuroides* (Hyaenodontidae), Jung-Eozän, Europa. $I^1 - M^3$ sin. buccal (ganz oben) und occlusal (mitte oben), $C - M_3$ dext. occlusal (mitte unten) und $C - M_3$ sin. buccal (ganz unten). Nach LANGE-BADRE (1979), umgezeichnet. ca. 2/3 nat. Größe.

Eine eigene, etwas an Säbelzahnkatzen erinnernde Gebißspezialisierung zeigen die Machaeroidinae (*Machaeroides* und *Apataelurus* aus dem Eozän Nordamerikas mit der Unterkieferzahnformel 2 1 4 2) (Abb. 449). Ein in Zusammenhang mit der Reduktion der vorderen Prämolaren stehendes Diastema, die Vergrößerung der schneidenden M_2 und ein Flansch im Bereich der Unterkiefersymphyse sind typisch. Die Oberkiefereckzähne sind zwar nicht bekannt, dürften jedoch ähnlich den Säbelzahnkatzen unter den Feliden verlängert und seitlich abgeflacht gewesen sein (DENISON 1938).

Bei den Oxyaeniden zeigt das Backengebiß ähnliche Tendenzen, doch sind die $M\frac{3}{3}$ stets reduziert, und das Vordergebiß neigt eher zu Reduktionserscheinungen. Meist ist auch der Fazialschädel verkürzt (Tafel XXIII). Dadurch und durch die massige Ausbildung einzelner Prämolaren ist eine gewisse hyaenoide („crushing function") Gebißanpassung bei den Oxyaeninae (wie *Oxyaena*, *Patriofelis*, *Sarkastodon*) gegeben (Abb. 450–452). Die aus dem $M\frac{1}{2}/M_{\overline{2}}$ bestehenden Brechscheren sind stark vergrößert. Bei *Patriofelis* und *Sarkastodon* kommt es gleichfalls zur Reduktion von Metaconid und Talonid am $M_{\overline{2}}$. Die Caninen sind kräftig entwickelt, und die Symphysenregion ist verstärkt. *Sarkastodon mongoliensis* aus dem Jung-Eozän von Asien ist eine Großform mit einer Schädellänge von nahezu 50 cm (Abb. 453).

Auch bei den ältesten Oxyaeniden (wie *Tytthyaena* aus dem Jung-Paleozän Nordamerikas) sind Para- und Metaconus der M sup. deutlich getrennt (GINGERICH 1980), um bei den evoluierten Formen (wie *Oxyaena*, *Patriofelis*) zusammenzu-

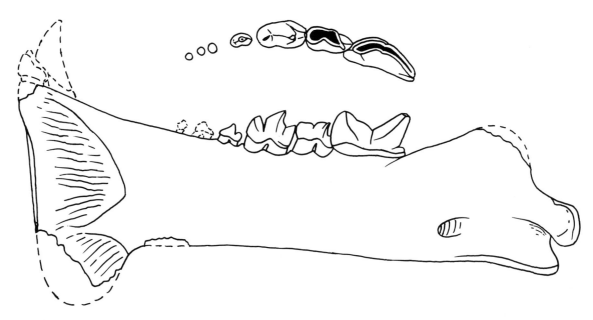

Abb. 449. *Apataelurus kayi* (Hyaenodontidae), Jung-Eozän, USA. Mandibel dext. mit $P_3 - M_2$ occlusal (oben) und lingual (unten). Beachte Unterkieferflansch. Nach DENISON (1938), umgezeichnet. ca. 1/1 nat. Größe.

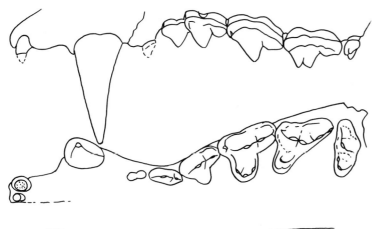

Abb. 450. *Oxyaena furcipater (forcipata)* (Oxyaenidae), Alt-Eozän, USA. I^1-M^2 sin. buccal (ganz oben) und occlusal (mitte oben), I_1-M_2 dext. occlusal (mitte unten) und lingual (ganz unten). Nach MATTHEW (1915), ergänzt umgezeichnet. ca. 1/1 nat. Größe.

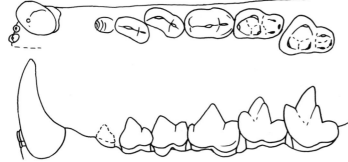

buccal

mesial ←

P^4 u. M^1 sup.

Parastyl — Paracon — Metastyl — Paracon — Metacon — Metastyl

Paraconulus

Metaconulus

Protocon   Protocon

buccal

mesial ←

P_4 u. M_1 inf.

Protoconid — Metastylid — Protoconid — Hypoconid

Hypoconulid

Paraconid — Metaconid — Entoconid

Abb. 451. *Oxyaena*. P 4 – M 1 sup. und inf. (Schema).

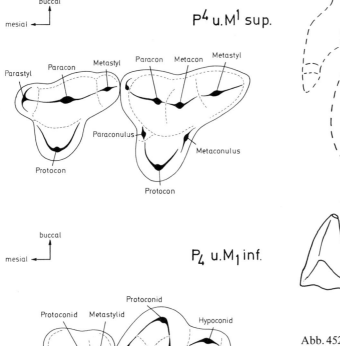

Abb. 452. *Patriofelis ferox* (Oxyaenidae), Mittel-Eozän, Nordamerika. P^2-M^1 sin. occlusal (ganz oben) und buccal (mitte oben), $C-M_2$ dext. occlusal (mitte unten) und lingual (ganz unten). Beachte vergrößerte Prämolaren und M^1 und M_2 als Brechschere. Nach DENISON (1938), umgezeichnet. 2/3 nat. Größe.

rücken. Damit ist ein von den Carnivoren völlig verschiedener Trend aufgezeigt, der – zusammen mit den nicht homologen Brechscherenzähnen – die Eigenständigkeit dieser „Pseudo-Raubtiere" dokumentiert. Dadurch, daß die Brechscherenzähne weit hinten im Kieferwinkel liegen, war eine

Verlängerung nicht möglich, wie sie etwa für felide Carnivoren charakteristisch ist.

Die wenigen miozänen Hyaenodonten sind nur aus (sub-)tropischen Gebieten bekannt geworden, wo sie trotz der Konkurrenz durch echte Raubtiere überleben konnten.

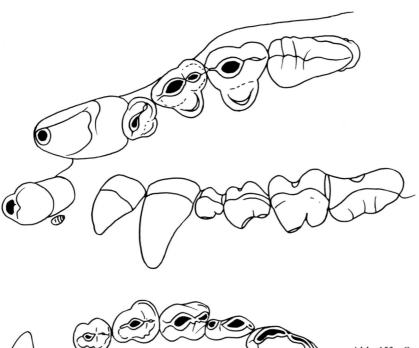

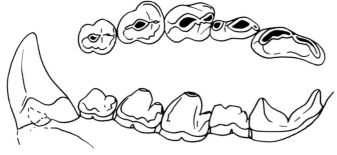

Abb. 453. *Sarkastodon mongoliensis* (Oxyaenidae), Jung-Eozän, Asien. $I^1 - M^1$ sin. occlusal (ganz oben) und buccal (mitte oben), C bzw. $P_1 - M_2$ dext. occlusal (mitte unten) und lingual (ganz unten). M^1 und M_2 als Brechschere. Nach GRANGER (1938), umgezeichnet. ca. 2/3 nat. Größe.

3.14 Carnivora (Raubtiere)

Die Raubtiere zählen gegenwärtig mit weit über 100 Gattungen und mehr als 250 Arten zu einer recht arten- und formenreichen Säugetierordnung. Dazu kommen zahlreiche ausgestorbene Arten und Gattungen. Mit Ausnahme der Antarktis und des australischen Festlandes – wohin sie erst durch den Menschen gelangten – sind Landraubtiere in sämtlichen Kontinenten heimisch. Gemeinsam ist ihnen das Brechscherengebiß aus $P^{\underline{4}}/M_{\overline{1}}$, das allerdings sekundär reduziert sein kann. Damit ist die Trennung von den nur fossil bekannten Hyaenodonta (= „Creodonta" im engeren Sinne = „Urraubtiere") klar gegeben (Abb. 454). Die Zahnformel schwankt innerhalb

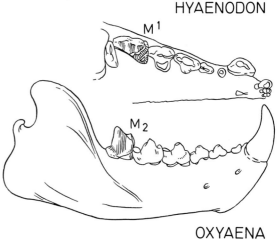

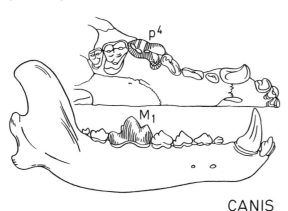

Abb. 454. Brechscherengebiß bei Carnivoren (*Canis*, P^4/M_1) und Hyaenodonten (*Hyaenodon*, M^2/M_3 und *Oxyaena*, M^1/M_2). Nach MATTHEW (1909), umgezeichnet.

großer Grenzen ($\frac{3\ 1\ 4\ 3}{3\ 1\ 4\ 3}$ = 44 Miacidae bis $\frac{1\ 1\ 3\ 0}{0\ 1\ 3\ 0}$ = 18 *Odobenus* bzw. $\frac{3\ 1\ 2\ 0}{3\ 1\ 2\ 0}$ = 24 *Proteles*, beträgt jedoch meist $\frac{3\ 1\ 3-4\ 1-2}{3\ 1\ 3-4\ 2-3}$ = 34–42. Die systematische Großgliederung der Carnivora erfolgt in der Regel in die Fissipedia (Landraubtiere) und die Pinnipedia (Robben), von denen letztere verschiedentlich entweder als eigene Ordnung (FRECHKOP 1955, KING 1983, ANDERSSON & JONES 1984, HALTENORTH 1969, EWER 1973, GROMOV & BARANOV 1981, HALL 1981) oder aber nur als Untergruppe(n) der Arctoidea innerhalb der Fissipedia (TEDFORD 1976) bewertet werden. Auch wenn die Robben als an das Wasserleben angepaßte Arctoidea anzusehen sind, so sei hier doch aus praktischen Gründen der Gliederung in Fissipedia und Pinnipedia gefolgt. Die noch immer diskutierte Frage nach der Mono- oder Diphylie der Robben kann auch hier nicht entschieden werden. Die Fissipedia werden in die „Miacoidea", Arctoidea, Cynoidea und Aeluroidea gegliedert (THENIUS 1979), wobei unter den alttertiären Miaciden die Stammformen der übrigen Raubtiere zu suchen sind.

Die Ausbildung des Gebisses hat bei der Gliederung der Raubtiere stets eine wichtige Rolle gespielt, doch sind auch Parallel- und Konvergenzerscheinungen zu berücksichtigen, weshalb Schädelmerkmalen (wie der Gehörregion) bei der Unterscheidung plesio- und apomorpher Merkmale größerer Wert zukommt. Das Gebiß widerspiegelt nämlich zu sehr die Ernährungsweise und

läßt innerhalb verschiedener Gruppen ähnliche „trends" erkennen, die vom Gemischtfresser mit Brechschere einerseits zum reinen Fleischfresser oder Insektenfresser, andrerseits zum Alles- und Pflanzenfresser mit sämtlichen Übergängen reichen (Abb. 455–457).

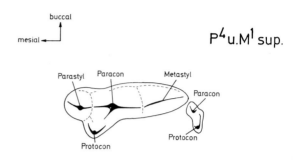

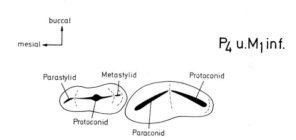

Abb. 456. Spezialisiertes Brechscherengebiß, wie es für katzenartige Raubtiere charakteristisch ist. P^4 verlängert, M^1 stark reduziert. Am M$_1$ fehlt das Talonid.

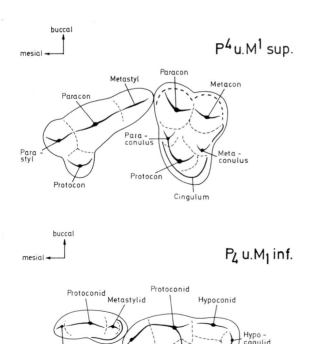

Abb. 455. P^4–M^1 sin. und P$_4$–M$_1$ dext. bei Carnivoren (Schema). P^4 mit verlängerter Schneide.

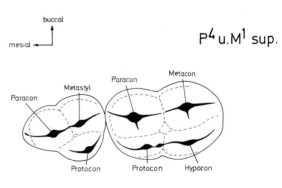

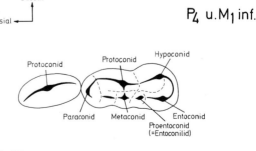

Abb. 457. Reduzierte Brechschere bei bärenartigen Raubtieren. Vergrößerung des M^1. (Entoconilid = Entoconulid).

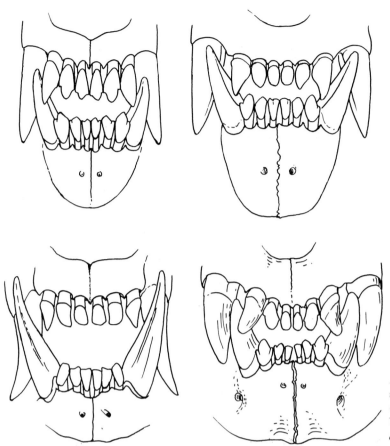

Abb. 458. Vordergebiß (Frontalansicht) verschiedener Fissipedia. Oben *Canis lupus* (links) und *Ursus arctos*. Unten *Nasua nasua* (links) und *Crocuta crocuta*. Nicht maßstäblich.

Diese unterschiedliche Ernährungsweise führt zu einer Mannigfaltigkeit des Gebisses, wie sie in dieser Vielfalt bei keiner anderen Säugetierordnung anzutreffen ist. Obwohl das Gebiß der Caniden in vieler Hinsicht primitiv erscheint, kann es wegen Reduktionserscheinungen nicht oder nur schwer als morphologisches Ausgangsstadium herangezogen werden.

Zusammenfassende Darstellungen des Raubtiergebisses fehlen – wenn man von der stammesgeschichtlich orientierten Übersicht GREGORY's (1951) absieht –, doch befassen sich zahllose Einzelarbeiten mit dem Gebiß der Carnivoren. Die Differenzierung des Gebisses betrifft vornehmlich das Backenzahngebiß, wobei Reduktionserscheinungen im Prämolarenbereich zu Problemen der Homologisierung führen können. Das Vordergebiß ist viel einheitlicher gestaltet, zeigt jedoch auch große Unterschiede nicht nur bei den Pinnipediern (Abb. 458–461). Die Terminologie des $P^{\underline{4}}$ als Brechscherenzahn des Oberkiefers wird nicht einheitlich gehandhabt. Nach jener für die Molaren entspricht der Haupthöcker dem Paraconus (= Amphiconus auct. = Protoconus auct.), die distale Schneide dem Metastyl (= Metaconus auct. = Tritoconus) und der Innenhöcker dem Protoconus (= Deuteroconus auct.) (Abb. 455). Die Ausbildung der Molaren reicht einerseits so-

wohl vom oligo-bunodonten zum polybunodonten, als auch zum unicuspidaten, andrerseits jedoch zum secodonten Zahntyp (zumindest im Unterkiefer). Im Oberkiefer zeigt vornehmlich der $P^{\underline{4}}$ die Tendenz zur Secodontie. Wurzellosigkeit ist

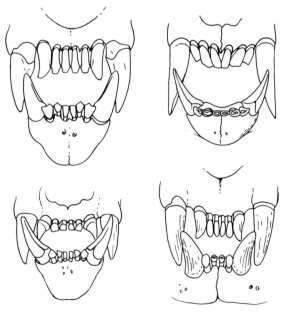

Abb. 459. Vordergebiß (Frontalansicht) verschiedener Marderartiger (Mustelidae). Oben *Gulo gulo* (links) und *Arctonyx collaris*. Unten *Taxidea taxus* (links) und *Enhydra lutris*. Beachte Stellung der I inf. und C inf. bei *Arctonyx*, Reduktion von I inf. bei *Enhydra*. Nicht maßstäblich.

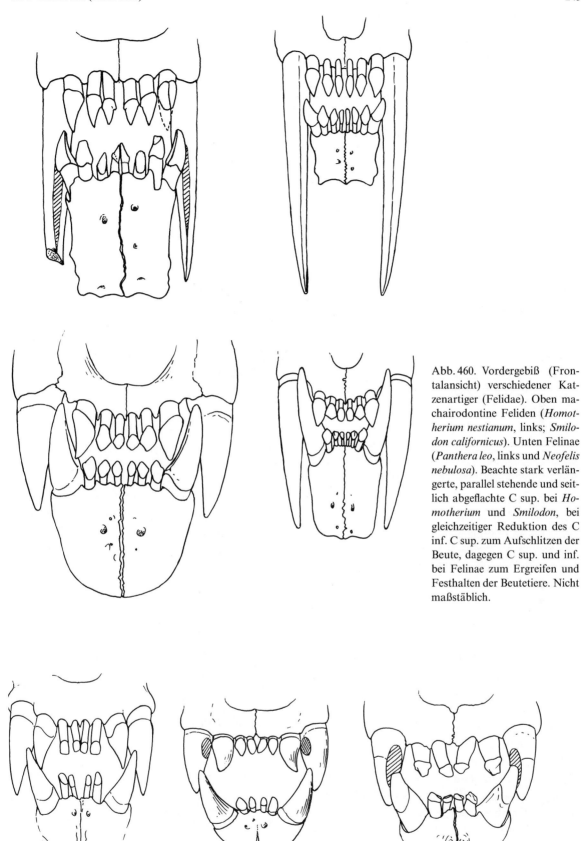

Abb. 460. Vordergebiß (Frontalansicht) verschiedener Katzenartiger (Felidae). Oben machairodontine Feliden (*Homotherium nestianum*, links; *Smilodon californicus*). Unten Felinae (*Panthera leo*, links und *Neofelis nebulosa*). Beachte stark verlängerte, parallel stehende und seitlich abgeflachte C sup. bei *Homotherium* und *Smilodon*, bei gleichzeitiger Reduktion des C inf. C sup. zum Aufschlitzen der Beute, dagegen C sup. und inf. bei Felinae zum Ergreifen und Festhalten der Beutetiere. Nicht maßstäblich.

Abb. 461. Vordergebiß bei Pinnipediern. Von links nach rechts: *Arctocephalus pusillus* (Otariidae), *Phoca* (Phocidae) und *Monachus monachus* (Phocidae). Beachte Reduktion der Incisiven. Nicht maßstäblich.

nur ausnahmsweise (wie bei Caninen von *Odobenus*) ausgebildet, zur Hypsodontie kommt es bei Carnivoren nicht. Entsprechend der Ausbildung des Gebisses sind omnivore, carnivore, insectivore, ossiphage und (sekundär) herbivore (z. B. *Ailuropoda*) Typen zu unterscheiden. Das Kiefergelenk ist primär als Scharnier- und Spindelgelenk entwickelt und gestattet ursprünglich fast nur orthale Bewegungen, doch sind dank der Kaumuskulatur Vor- und Rückwärts- sowie seitliche Kieferbewegungen möglich. Meist ist der Musculus temporalis der stärkste Kaumuskel.

Das Gebiß der alttertiären „Miacoidea“ (Miacidae), die als Stammgruppe der übrigen Carnivoren angesehen werden, ist meist vollständig ($\frac{3\,1\,4\,3}{3\,1\,4\,3}$) (Miacinae mit *Miacis, Uintacyon, Oödectes*), doch können die vordersten Prämolaren gelegentlich reduziert sein (wie bei *Vulpavus*-Arten) (Abb. 462, 463). Demgegenüber ist das Gebiß der Viverravinae (z. B. *Viverravus, Didymictis*) durch die Reduktion der $M\frac{3}{3}$ etwas spezialisiert ($\frac{3\,1\,4\,2}{3\,1\,4\,2}$) (MATTHEW 1909). Die Incisiven dieser wiesel- bis wolfsgroßen Carnivoren sind einfach gestaltet, die einwurzeligen Caninen kräftig, die einspitzigen vorderen Prämolaren sind meist nicht durch Diastemata voneinander getrennt. Der mit einem kräftigen Innenhöcker versehene $P\underline{4}$ bildet zusammen mit dem $M_{\overline{1}}$ eine Brechschere mit dem Paraconus als Haupthöcker und einer Metastylschneide. Die tribosphenischen M sup. bestehen aus Para-, Meta- und Protocon, ein Cingulum ist meist außen entwickelt. Die Molaren nehmen nach hinten an Größe kontinuierlich ab. Der $M_{\overline{1}}$ setzt sich aus einem meist hohen Trigonid und einem niedrigen und kurzen Talonid zusammen. Das Talonid besteht aus dem Endo- und Hypoconid. Besondere Spezialisationen des Gebisses fehlen.

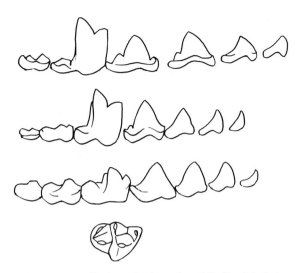

Abb. 463. Mandibulares Backenzahngebiß ($P_1 - M_2$ bzw. M_3, buccal) bei eozänen Miaciden (wie Abb. 462). Nach MATTHEW (1909), umgezeichnet. Nicht maßstäblich.

Demgegenüber zeigt das Gebiß der Arctoidea (wie Amphicyonidae, Ursidae, Procyonidae, Mustelidae) eine Differenzierung, die eine etwas ausführlichere Darstellung notwendig macht. Die Zahnformel selbst schwankt zwar nur zwischen $\frac{3\,1\,4\,3}{3\,1\,4\,3} = 44$ (*Amphicyon*) und $\frac{3\,1\,2-3\,1}{3\,1\,2-3\,2} = 30-34$ (wie *Oxyvormela*) und damit in relativ engen Grenzen, zeigt jedoch die grundsätzliche Tendenz zu einer Reduktion im Backenzahnbereich, ohne allerdings etwas über die Formenmannigfaltigkeit auszusagen.

Innerhalb der Arctoidea kommt den Amphicyoniden (wie *Amphicyon, Cynelos, Brachycyon, Daphoenus*) des Tertiärs eine zumindest morphologische Zentralstellung zu (Tafel XXIV). Sie erscheinen mit *Simamphicyon* im Jung-Eozän (SPRINGHORN 1977) und waren im Oligo-Miozän weit verbreitet. Das Gebiß ist meist vollständig ($\frac{3\,1\,4\,3-2}{3\,1\,4\,\,\,3}$) und mehr oder weniger canoid ausgebildet. Nur bei den Daphoeninen (wie *Daphoenus, Daphoenictis, Haplocyon, Gobicyon, Agnotherium*) sind „feloide“ Tendenzen zu beobachten, ähnlich *Lycaon* und *Cuon* innerhalb der Caniden. Die canoide Ausbildung war auch der Grund, die Amphicyoniden als Canidae oder Cynoidea zu klassifizieren. Schädelbau und das postcraniale Skelett zeigen jedoch, daß es sich um Angehörige der Ursoidea handelt.

Bei den Ursidae ist eine Reduktion des M^3 eingetreten. Die Zahnformel lautet $\frac{3\,1\,4\,2}{3\,1\,4\,3} = 42$ (wie bei *Hemicyon, Ursus arctos*) oder $\frac{3\,1\,2\,2}{3\,1\,3\,3} = 36$ (*Helarctos*) oder $\frac{3\,1\,1\,2}{3\,1\,1\,3} = 30$ (*Ursus spelaeus*). Gelegentlich ist auch das Vordergebiß etwas reduziert (*Melursus ursinus*: $\frac{2\,1\,4\,2}{3\,1\,4\,3} = 40$). Gemäß der zunehmend omnivoren Ernährungsweise werden die Molaren vergrößert, bei gleichzeitiger Rückbildung der vorderen Prämolaren. Diese Tendenzen

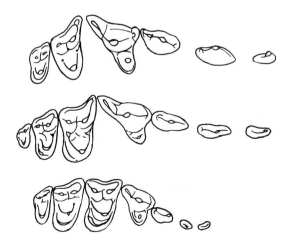

Abb. 462. Maxillares Backenzahngebiß ($P^1 - M^3$ bzw. M^2 dext., occlusal) bei Miacidae. Von oben nach unten: *Didymictis protenus* (Viverravinae), *Miacis parvivorus* und *Vulpavus profectus* als Miacinae. Nach MATTHEW (1909), umgezeichnet. Nicht maßstäblich.

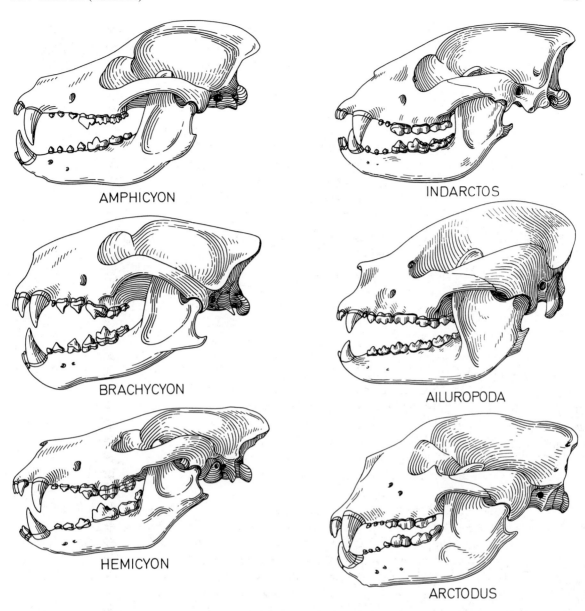

AMPHICYON

INDARCTOS

BRACHYCYON

AILUROPODA

HEMICYON

ARCTODUS

Tafel XXIV. Schädel (Lateralansicht) fossiler und rezenter Carnivora (Arctoidea). Linke Reihe: *Amphicyon* (Oligo-Miozän) und *Brachycyon* (Oligozän) als Amphicyonidae, *Hemicyon* (Miozän) als Ursidae. Rechte Reihe: *Indarctos* (Mio-Pliozän), *Ailuropoda* (rezent) und *Arctodus* (Pleistozän) als Ursidae. *Ailuropoda* verschiedentlich als Angehöriger einer eigenen Familie (Ailuropodidae) angesehen. Nicht maßstäblich.

lassen sich von *Amphicynodon* oder *Cephalogale* (Jungoligozän) über *Ursavus* (Miozän) zu *Ursus* bzw. *Tremarctos* und *Arctodus* (= „*Arctotherium*") verfolgen (Abb. 464–466; Tafel XXIV).

Beim Braunbär (*Ursus arctos*) treten Diastemata zwischen I sup. und C sup. sowie zwischen den vorderen, sehr stark reduzierten Prämolaren auf (Tafel XXV; Abb. 467, 468). Die Krone der mittleren I sup. ist mesio-distal etwas verbreitert, für die bedeutend größeren I^3 ist ein linguales Cingulum charakteristisch. Die nur wenig gekrümm-

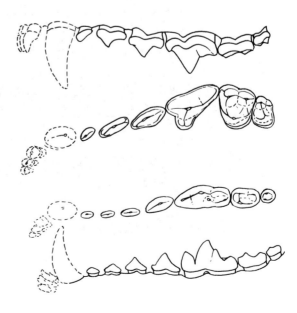

Abb. 464. *Cephalogale gracile* (Ursidae), Oligozän, Europa. P^1-M^2 sin. buccal (ganz oben) und occlusal (mitte oben), P_1-M_3 dext. occlusal (mitte unten) und lingual (ganz unten). ca. 1/1 nat. Größe.

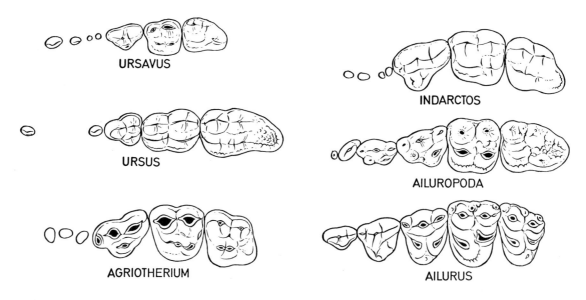

Abb. 465. Maxillares Backenzahngebiß (P^1 – M^2 sin.) verschiedener fossiler und rezenter Ursiden (*Ursavus, Ursus, Agrio-therium, Indarctos* und *Ailuropoda*) und *Ailurus* (Procyonidae). Beachte unterschiedliche Tendenzen in der P-Region; Reduktion der vorderen P außer bei *Ailuropoda* (und *Ailurus*). Nicht maßstäblich.

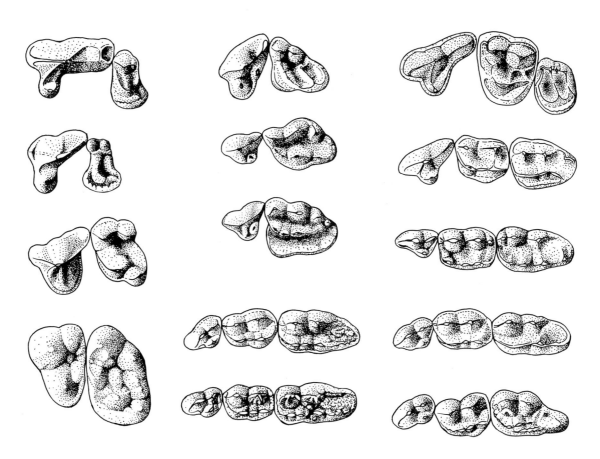

Abb. 466. Maxillares Backenzahngebiß (P^4 – M^1 sin. occlusal bei Mustelidae). Links von oben nach unten. *Gulo gulo, Mellivora capensis, Lutra lutra* und *Enhydra lutris*. Mitte *Taxidea taxus, Arctonyx collaris* und *Meles meles*. (P^4 – M^2 sin. occlusal bei Ursidae). Mitte. *Ursus arctos* und *U. spelaeus*. Rechts *Cephalogale* sp., *Ursavus primaevus, Tremarctos ornatus, Ursus thibetanus* und *Ursus maritimus*. Beachte sekundäre Verkleinerung von P^4 und M^2 bei *U. maritimus* und dadurch vermeintlich primitives Gebiß. Nach Originalen. Nicht maßstäblich.

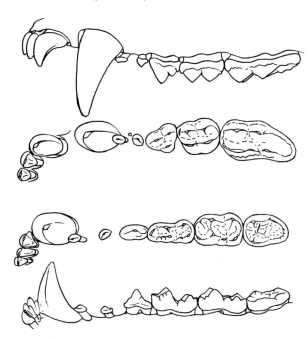

Abb. 467. *Ursus arctos* (Ursidae), rezent, Europa. $I^1 - M^2$ sin. buccal (ganz oben) und occlusal (oben mitte), $I_1 - M_3$ dext. occlusal (unten mitte) und lingual (ganz unten). Nach Original. ca. 1/2 nat. Größe.

ten, kräftigen und im Querschnitt annähernd rundlichen C sup. besitzen lingual vorn und distal eine Kante. $P^{\underline{1}}$ bis $P^{\underline{3}}$ sind einwurzelig und variieren etwas, wie es für in Reduktion befindliche Zähne kennzeichnend ist. Der im Umriß gerundet dreieckige $P^{\underline{4}}$ hat den Brechscherencharakter verloren. Paracon und Metastyl sind als niedrige Höcker ausgebildet, der Innenhöcker liegt in der distalen Zahnhälfte. Ein Cingulum ist außen und distal deutlich ausgebildet. Der bunodonte, im Umriß gerundet rechteckige $M^{\underline{1}}$ besteht aus den beiden Außenhöckern (Para- und Metacon) und zwei niedrigen, miteinander durch eine Art Kamm verbundenen Innenhöckern. Der $M^{\underline{2}}$ ist durch ein kräftiges Talon noch stärker verlängert als der $M^{\underline{1}}$. Para- und Metacon sind deutlich als Höcker entwickelt, während Protocon als Wulst und Hypocon als niedriger Hügel ausgebildet sind. Das Talon selbst ist unregelmäßig gerunzelt. Die $I_{\overline{3}}$ sind seitlich flügelartig verbreitert, die kräftigen C inf. mit einer vorderen Innenkante versehen. $P_{\overline{1}} - P_{\overline{3}}$ sind einwurzelig oder überhaupt hinfällig. Der zweiwurzelige $P_{\overline{4}}$ ist einfach gebaut. Ein Innenhöcker fehlt. Auch der $M_{\overline{1}}$ hat den Brechscherencharakter verloren. Die Höcker des schmalen Trigonid sind kaum höher als die beiden Höcker des breiteren Talonids. Die stark vergrößerte Krone des $M_{\overline{2}}$ ist nicht nur breiter, sondern auch etwas länger als der $M_{\overline{1}}$ und besteht aus drei Haupthöckern (Proto-, Meta- und Hypoconid), zu denen zwei bis drei kleinere an der Lingualseite kommen. Der im Umriß meist gerundet dreieckige $M_{\overline{3}}$ ist nur wenig kürzer als der $M_{\overline{2}}$. Meist hebt sich

nur der Protoconidhöcker von der sonst gerunzelten Zahnoberfläche ab. Das Kiefergelenk liegt beim Braunbären nur knapp über der Okklusionsebene. Außer orthalen Kieferbewegungen sind auf Grund der Kaumuskulatur auch seitliche Exkursionen möglich (STARCK 1935).

Beim jungeiszeitlichen Höhlenbären (*Ursus spelaeus*) als ausgesprochenem Pflanzenfresser sind zwar die P stark reduziert, die Molaren jedoch stärker vergrößert (Abb. 466, Tafel XXV). Sie sind bei adulten Individuen meist sehr stark abgekaut, wobei auch die Pulpa eröffnet sein kann. Die $P\frac{4}{4}$ sind komplizierter gebaut und der $P^{\underline{4}}$ zeigt Tendenzen zur Molarisierung (RABEDER 1983). Die Zähne des Vordergebisses weisen oft sogenannte keilförmige Defekte (BREUER 1933) auf, die beim Abweiden von Gräsern entstehen. Diese keilförmigen Defekte können nicht auf die antagonistische Wirkung anderer Zähne zurückgeführt werden, sondern treten an der Zahnbasis von Incisiven und Caninen auf. Das Kiefergelenk ist vom Carnivorentyp, liegt jedoch deutlich über der Okklusionsebene. Beim Eisbären (*Ursus maritimus*) hingegen kommt es in Zusammenhang mit der carnivoren Ernährung zu einer sekundären Verkleinerung der Molaren, wie die Wurzelverhältnisse am $M^{\underline{2}}$ dokumentieren (THENIUS 1953), und zu einem mehr schneidenden $P^{\underline{4}}$ (Abb. 466). Der Eisbär verzehrt hauptsächlich Robben. Das Gebiß des Malayenbären (*Helarctos malayanus*) wirkt durch die nur wenig verlängerten Molaren zwar sehr primitiv, ist jedoch durch die in Verbindung mit einer Kieferverkürzung erfolgte Reduktion der P-Region und durch die Vergrößerung der Caninen stark spezialisiert. Demgegenüber besitzen die neuweltlichen Tremarctinae (*Tremarctos* Abb. 468a; *Arctodus*, Tafel XXIV) ein vollständiges Prämolarengebiß.

Eine Reduktion der vorderen Prämolaren ist auch für die Hemicyoninae (z. B. *Hemicyon*; vgl. FRICK 1926, KURTÉN 1966, 1967, MERRIAM & STOCK 1925, THENIUS 1951) und Agriotheriinae (wie *Indarctos*, *Agriotherium* = „Hyaenarctos") des Mio-Pliozäns typisch (FRICK 1926, HENDEY 1980).

Beim Bambusbären (*Ailuropoda melanoleuca*) dagegen sind die Prämolaren ähnlich wie bei *Ailurus* vergrößert. Da die Höcker des $P^{\underline{4}}$ bei beiden Gattungen jedoch nicht homolog sind (THENIUS 1979a), liegt eine Parallelentwicklung vor (Abb. 465, Tafel XXIV). *Ailuropoda melanoleuca* gehört einer frühen Seitenlinie der Ursiden an, *Ailurus* ist hingegen ein Vertreter der Procyoniden. Beide Gattungen sind ausschließlich oder weitgehend herbivor (hauptsächlich Bambusfresser). Die Kiefergelenke entsprechen zwar dem car-

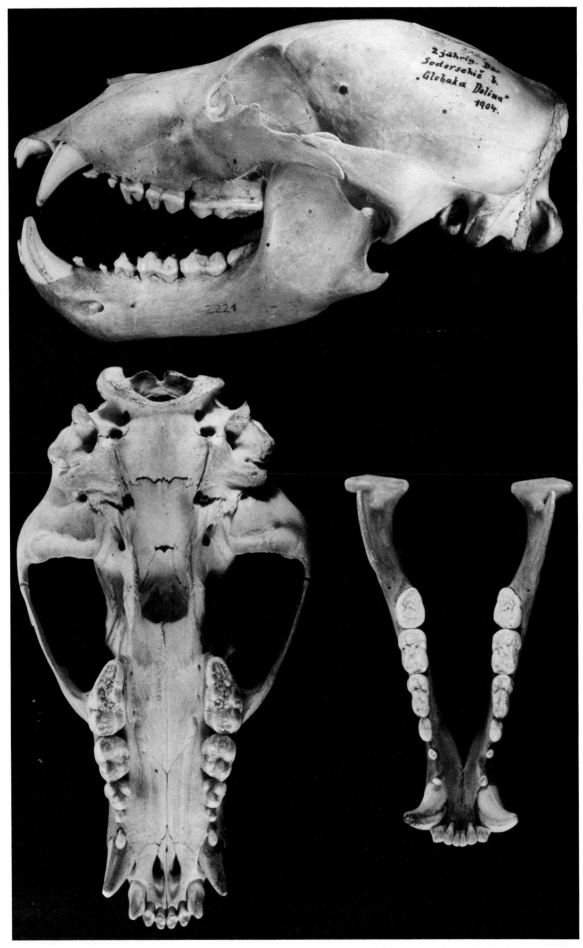

Abb. 468. *Ursus arctos*. Schädel (Lateral- und Ventralansicht) und Unterkiefer (Aufsicht). PIUW 2221. Schädellänge 370 mm.

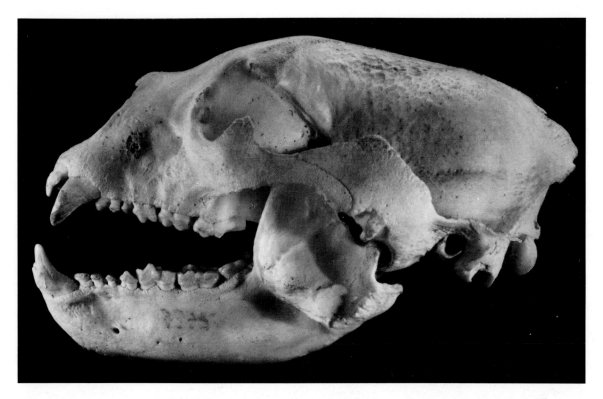

Abb. 468a. *Tremarctos ornatus* (Ursidae) rezent, Südamerika. Schädel samt Unterkiefer (Lateralansicht). NHMW 7775. Schädellänge 215 mm.

nivoren „Scharnier"gelenktyp, doch sind seitliche Bewegungen beim Kauakt möglich (SICHER 1944, DAVIS 1964). *Agriarctos* aus dem Jungmiozän (Pannon) Europas zeigt im Bau der Prämolaren den gleichen Trend wie *Ailuropoda* und kann als Angehöriger der Ailuropodidae klassifiziert werden (THENIUS 1979a).

Bei den Procyoniden ist das Gebiß bei fast gleichbleibender Zahnformel ($\frac{3\,1\,3-4\,2}{3\,1\,3-4\,2} = 36-40$) etwas unterschiedlich differenziert. Kennzeichnend ist die völlige Reduktion des $M_{\overline{3}}$, die durch eine Vergrößerung des $M_{\overline{2}}$ kompensiert wird. Ferner die Tendenz zur Molarisierung des $P^{\underline{4}}$ unter Reduktion der Furche zwischen Paracon und Metastyl. Am ursprünglichsten verhalten sich die Katzenfretts (*Bassariscus astutus* und *B. sumichrasti*) mit einem schneidenden $P^{\underline{4}}$ mit einem oder zwei kleinen Innenhöckern, einfachen vorderen Prämolaren und drei- bis vierhöckerigen M sup., von denen der $M^{\underline{2}}$ kleiner ist (Abb. 469, 470; Tafel XXV). Der $M_{\overline{1}}$ besitzt ein kräftiges Metaconid und ein grubiges zweihöckriges Talonid. Der $M_{\overline{2}}$ ist kleiner und niedriger als der $M_{\overline{1}}$. Das Talonid ist länger als das Trigonid. Am stärksten abgeleitet ist das Gebiß beim Wickelbären (*Potos flavus*) und beim Katzenbär (*Ailurus fulgens*). Während bei *Potos* als Fruchtfresser eher eine Reduktion eingetreten ist, kommt es bei *Ailurus* zur Molarisierung von Prämolaren und zur Polybunodontie der Backenzähne überhaupt (Abb. 471, Ta-

fel XXIII). Der $P^{\underline{4}}$ hat dadurch seine Funktion als Brechscherenzahn, wie er etwa bei *Bassariscus* entwickelt ist, völlig eingebüßt. Das ursprünglich nur wenig über der Kauebene gelegene Kiefergelenk verlagert sich stärker nach oben. An den M sup. bilden die Styli kräftige Höcker, an der Innenseite ist ein breites Cingulum entwickelt. Die jeweils dreiteilige Krone der beiden P inf. ist mehr

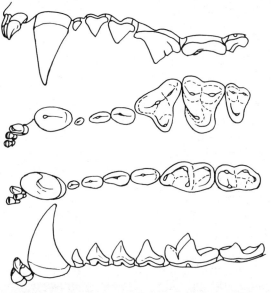

Abb. 469. *Bassariscus sumichrasti* (Procyonidae), rezent, Zentralamerika. $I^1 - M^2$ sin. buccal (ganz oben) und occlusal (oben mitte), $I_1 - M_2$ dext. occlusal (unten mitte) und lingual (ganz unten). Nach Original. $1{,}7 \times$ nat. Größe.

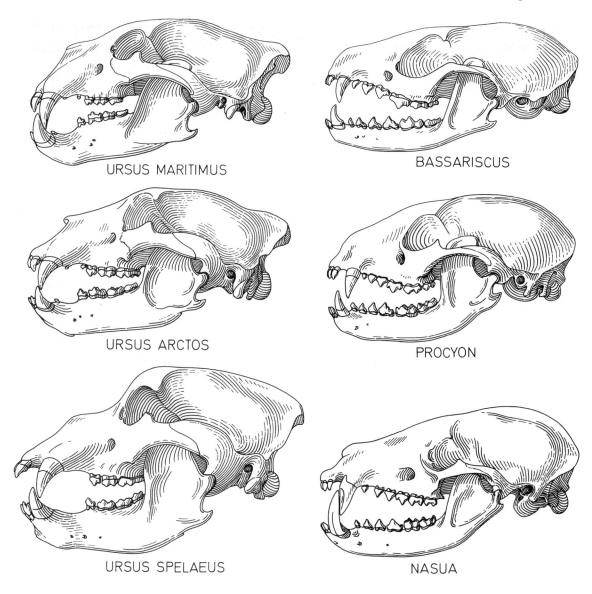

 URSUS MARITIMUS

BASSARISCUS

URSUS ARCTOS

PROCYON

URSUS SPELAEUS

NASUA

Tafel XXV. Schädel (Lateralansicht) rezenter und fossiler Carnivora (Arctoidea). Linke Reihe: *Ursus maritimus* (rezent), *U. arctos* (rezent) und *U. spelaeus* (Pleistozän) als Ursidae. Beachte unterschiedlichen Schädelbau vom carnivoren Eisbär (*U. maritimus*) zum vorwiegend herbivoren Höhlenbären (*U. spelaeus*). Rechte Reihe: *Bassariscus*, *Procyon* und *Nasua* als Procyonidae (rezent). Nicht maßstäblich.

oder weniger schneidend entwickelt, am $M_{\overline{1}}$ und $M_{\overline{2}}$ sind lingual zusätzliche Höckerchen ausgebildet, und die Protoconidhöcker zeigen zwei distale Kanten und erinnern dadurch etwas an Traguliden.

Bei *Potos* ist das Zahnrelief von $P^{\underline{4}}$ und den Molaren ziemlich flach. Im rundlichen Umriß unterscheiden sich $P^{\underline{4}}$ und die M sup. nur wenig. Beim Waschbär (*Procyon lotor*) sind die Backenzähne ($P^{\underline{4}}-M^{\underline{2}}$) bunodont, der molariforme $P^{\underline{4}}$ ist vierhöckrig mit trapezförmigem Umriß, der subquadratische $M^{\underline{1}}$ vierhöckerig, der kleinere $M^{\underline{2}}$ im Umriß gerundet dreieckig, mit der Tendenz zur Querjochbildung. $M_{\overline{1}}$ und $M_{\overline{2}}$ sind verbreitert oder verlängert (Abb. 472, 473; Tafel XXV). Beim Krabbenwaschbär (*Procyon cancrivorus*) sind die Höcker entsprechend der vorwiegenden Ernäh-

rung von Krebstieren gerundet. Beim Nasenbären (*Nasua rufa*) sind die Backenzähne ($P^{\underline{4}}-M^{\underline{2}}$) eher etwas länger als breit, die Außen- und Innenhöcker sind durch Leisten verbunden, ohne daß jedoch von Lophodontie gesprochen werden kann. Eine eigene Differenzierung haben die Eckzähne erfahren. Die seitlich stark abgeflachten und etwas nach auswärts gekrümmten C sup. besitzen vorne und hinten eine Kante und bilden mit den im Querschnitt dreieckigen und meist distal abgeschliffenen, leicht gekrümmten C inf. ein wehrhaftes Vordergebiß ähnlich *Arctonyx* (Abb. 458, Tafel XXV). An der vorderen Lingualseite und labial sind Längsfurchen entwickelt. Der $P_{\overline{4}}$ zeigt Anzeichen einer beginnenden Molarisierung. An den M inf. sind die Höcker durch mehr oder weniger gut ausgebildete Joche miteinander verbunden.

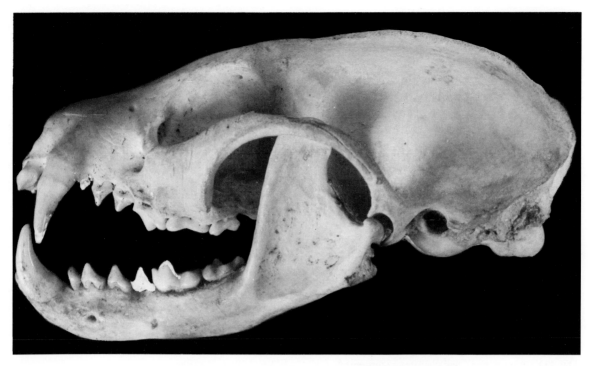

Abb. 470. *Bassariscus sumichrasti*. Schädel (Lateralansicht). NHMW 4147. Schädellänge 80 mm.

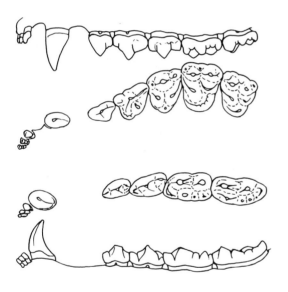

Abb. 471. *Ailurus fulgens* (Procyonidae, Ailurinae), rezent, Asien. $I^1 - M^2$ sin. buccal (ganz oben) und occlusal (mitte oben), $I_1 - M_2$ dext. occlusal (mitte unten) und lingual (ganz unten). Beachte Molarisierung des P^4. Nach Original. 2/3 nat. Größe.

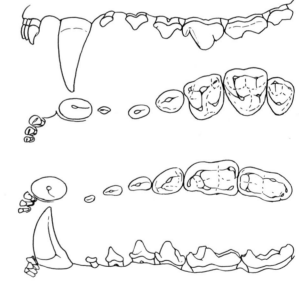

Abb. 472. *Procyon lotor* (Procyonidae), rezent, Nordamerika. $I^1 - M^2$ sin. buccal (ganz oben) und occlusal (mitte oben), $I_1 - M_2$ dext. occlusal (mitte unten) und lingual (ganz unten). Nach Original. 3/4 nat. Größe.

Der $M_{\overline{2}}$ ist durch das lange, dreihöckerige Talonid länger als der $M_{\overline{1}}$ mit einem nur zweihöckerigen Talonid. Ein Diastema trennt C inf. vom $P_{\overline{1}}$.

Die Zugehörigkeit verschiedener tertiärer Carnivoren zu den Procyoniden wird diskutiert (wie *Plesictis*, *Phlaocyon*, *Broiliana*, *Sivanasua*; vgl. DE BEAUMONT 1973, SCHMIDT-KITTLER 1981), die einerseits im Gebiß, andrerseits im Schädelbau (Mittelohrregion) Procyoniden entsprechen. *Bassariscus*-Arten sind jedenfalls bereits aus dem älte-

ren Miozän Nordamerikas nachgewiesen (COOK & MCDONALD 1962). *Plesictis* (sensu stricto) aus dem Oberoligozän-Untermiozän Europas besitzt zwar ein procyonides Mittelohr, jedoch einen stark oder völlig reduzierten M^2 und gehört nach SCHMIDT-KITTLER (1981) zur musteliden Stammgruppe.

Das Gebiß der Marderartigen (Mustelidae) selbst ist sehr mannigfaltig differenziert und widerspiegelt die verschiedenen Evolutionstendenzen oder

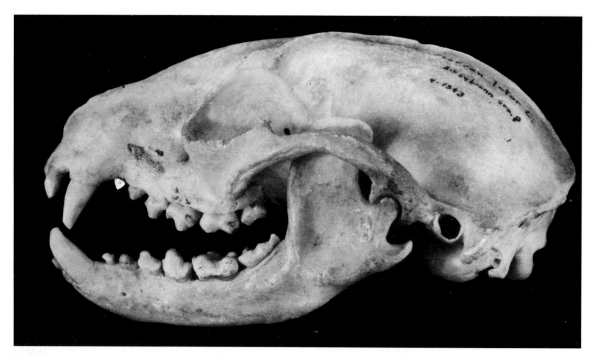

Abb. 473. *Procyon lotor*. Schädel (Lateralansicht). NHMW 1343. Schädellänge 120 mm.

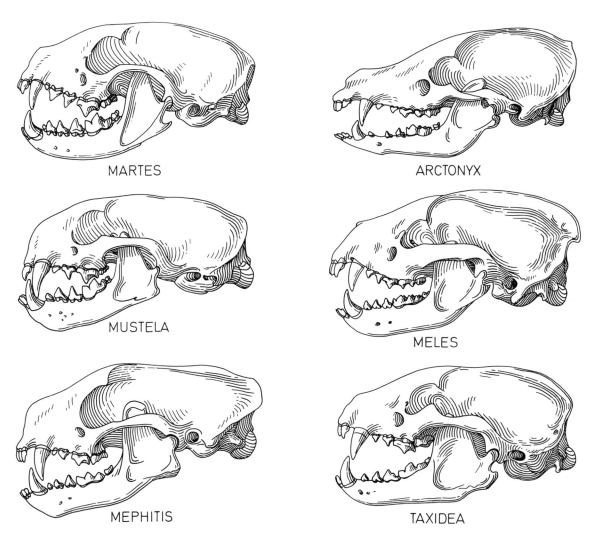

Tafel XXVI. Schädel (Lateralansicht) rezenter Carnivora (Arctoidea: Mustelidae). Linke Reihe: *Martes*, *Mustela* und *Mephitis*. Rechte Reihe: *Arctonyx*, *Meles* und *Taxidea*. Nicht maßstäblich.

Ernährungsweisen. Meist ist nur der vorderste P reduziert. Am P$^{\underline{4}}$ wird die Furche zwischen Paracon und Metastyl reduziert. Diastemata fehlen außer zwischen I$^{\underline{3}}$ und C fast durchwegs. Bei *Arctonyx* treten Diastemata wohl infolge einer sekundären Schnauzenverlängerung auch zwischen den vorderen Prämolaren auf. Die I inf. zeigen manchmal aus Platzmangel die Kulissenstellung, selten jedoch eine Reduktion (wie bei *Enhydra lutris* mit $\frac{3\,1\,3\,1}{2\,1\,3\,2} = 32$). Die Differenzierung ist fast ausschließlich auf P$^{\underline{4}}$ und M$^{\underline{1}}$ sowie auf M$_{\overline{1-2}}$ beschränkt. Die Zahnformel schwankt von $\frac{3\,1\,4\,2}{3\,1\,4\,2} = 40$ (wie *Mustelictis*, *Amphictis*) bis zu $\frac{3\,1\,2\,1}{3\,1\,2\,1} = 28$ (*Poecilogale*), ist jedoch von Unterfamilie zu Unterfamilie verschieden. Bei den amphictiden Stammformen ist der quergedehnte M$^{\underline{2}}$ zwei- oder dreiwurzelig, der M$^{\underline{1}}$ dreihöckerig mit angedeutetem Para- und Metaconulus und der P$^{\underline{4}}$ als Brechscherenzahn mit schlankem Protoconus ausgebildet. Der M$_{\overline{1}}$ ist gleichfalls primitiv gestaltet mit relativ kurzem und hohem Trigonid und einem kräftigen Metaconid versehen. Das schüsselförmig eingesenkte Talonid zeigt den wenig gegliederten Rand mit dem Hypoconid. Am niedrigen M$_{\overline{2}}$ sind Trigonid und Talonid etwa gleich lang, Proto- und Metaconid durch eine Querleiste verbunden (DE BEAUMONT 1976).

Am ursprünglichsten verhalten sich die Mustelinae (wie *Martes, Mustela, Ictonyx, Tayra, Gulo*), bei denen die Brechschere erhalten bleibt und der M$^{\underline{1}}$ nicht vergrößert wird (Abb. 474, 475; Tafel XXVI). Beim Baummarder (*Martes martes*; Zahnformel $\frac{3\,1\,4\,1}{3\,1\,4\,2} = 38$) sind die I$^{\underline{3}}$ vergrößert, die schlanken, mit einem Innencingulum versehenen C sup. nur schwach gekrümmt, die P$^{\underline{1}}$ einwurze-

lig, die schlanken P$^{\underline{2}}$ und P$^{\underline{3}}$ zweiwurzelig (P$^{\underline{3}}$ mit konkavem Buccalrand) und der P$^{\underline{4}}$ ein echter Brechscherenzahn mit kräftigem Protocon. Die dreihöckerige Krone des M$^{\underline{1}}$ ist lingual stärker verbreitert. Von den alternierend angeordneten I inf. ist die Krone von I$_{\overline{2}}$ und I$_{\overline{3}}$ etwas verbreitert, die stärker gekrümmten C inf. divergieren nur schwach. Der P$_{\overline{1}}$ ist einwurzelig. P$_{\overline{2-4}}$ zweiwurzelig, P$_{\overline{4}}$ mit Metastylid. Der als Brechschere ausgebildete M$_{\overline{1}}$ besitzt ein Metaconid und durch ein Innencingulum ein etwas grubiges Talonid mit Hypoconidhöcker, der einwurzelige M$_{\overline{2}}$ ist klein.

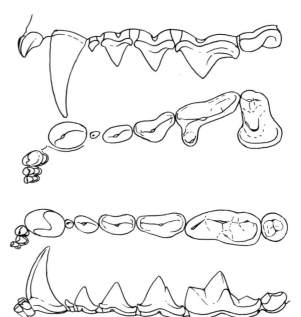

Abb. 474. *Martes martes* (Mustelidae), rezent, Europa. I^1–M^1 sin. buccal (ganz oben) und occlusal (mitte oben), I$_1$–M$_2$ dext. occlusal (mitte unten) und lingual (ganz unten). Nach Original. $2\times$ nat. Größe.

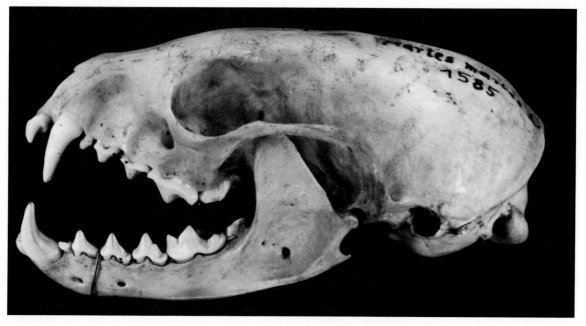

Abb. 475. *Martes martes*. Schädel (Lateralansicht). PIUW 1585. Schädellänge 85 mm.

Bei verschiedenen Mustelinen (wie *Mustela*, *Putorius*, *Ictonyx*, *Mellivora*, *Gulo*, *Perunium*) werden Metaconid und Entoconid des $M_{\overline{1}}$ völlig reduziert, so daß der Zahn schneidenden Charakter erhält, bei *Lyncodon* (patagonisches Wiesel) und *Poecilogale* (afrikanisches Weißnackenwiesel) ist auch der $M_{\overline{2}}$ reduziert. Der massive $P^{\underline{4}}$ bei *Gulo gulo* besitzt außerdem eine Art Doppelschneide (Abb. 476).

Demgegenüber verliert bei den Leptarctinae, Melinae, Mephitinae und Lutrinae – entsprechend der Omnivorie – der $P^{\underline{4}}$ mehr und mehr die schneidende Funktion einer Brechschere, und die $M_{\overline{1}}^{\underline{1}}$ werden vergrößert. Diese Tendenzen führen bei *Taxidea* und *Enhydra* zu einer Art Molarisierung des $P^{\underline{4}}$, indem der vordere Innenhöcker stark vergrößert und durch einen zweiten ergänzt wird. Die vergrößerten $M_{\overline{1}}^{\underline{1}}$ zählen zu den kennzeichnendsten Backenzähnen der Musteliden und sind meist spezifisch gestaltet, wie Abb. 466 erkennen läßt. Die unterschiedliche Vergrößerung von $P^{\underline{4}}$ oder $M^{\underline{1}}$ zeigt, daß die meline Differenzierung des Gebisses mehrmals unabhängig voneinander entstanden ist. Eine Vergrößerung der $M_{\overline{1}}^{\underline{1}}$ ist nicht nur bei *Arctonyx*, *Taxidea* und *Meles* erfolgt, sondern auch bei *Enhydra*. Bei diesen Gattungen läßt sich die zunehmende Vergrößerung, die vor allen Talon oder Talonid betrifft, durch Fossilfunde schrittweise dokumentieren. Das Ergebnis ist jeweils eine möglichst große Kaufläche. Der $M_{\overline{2}}$ bleibt infolge seiner bereits vorher erfolgten phyletischen Reduktion klein. Das vier- bis fünfhöckerige Talonid des $M_{\overline{1}}$ ist bei *Meles* breiter als das niedrige Trigonid und erreicht nahezu dessen Länge (Abb. 477, 478; Tafel XXVI). Beim Schweinsdachs (*Arctonyx collaris*) scheinen $P^{\underline{4}}$ und $M^{\underline{1}}$ sekundär eine Verkleinerung erfahren zu haben und die Schnauze verlängert zu sein. Das Vordergebiß erinnert durch die seitlich komprimierten und mit mesialen und distalen Längskanten versehenen C sup. und die stark gekrümmten und im Querschnitt gerundet dreieckigen C inf. an *Nasua*. Die Krone der $I_{\overline{3}}^{\underline{3}}$ ist verlängert mit einer beginnenden Zweiteilung. Beim pliozänen *Arctomeles* ist der $M^{\underline{1}}$ ähnlich gestaltet (STACH 1951). Beim Seeotter (*Enhydra lutris*) sind die Backenzahnhöcker abgerundet und plump und der $M_{\overline{1}}$ im Umriß fast quadratisch, der $M_{\overline{2}}$ breiter als lang (Abb. 479, 480; Tafel XXVII). Die extreme Anpassung des Gebisses (Placodontie) dieser meeresbewohnenden und extrem kurzkiefrigen Marderart mit der Zahnformel $\frac{3\,1\,3\,1}{2\,1\,3\,2} = 32$ resultiert aus der Ernährung von Seeigeln. Lutrine Musteliden sind mit *Potamotherium* bereits aus dem Jungoligozän nachgewiesen. Bei *Potamotherium* ist die lutrine Gestalt des $P^{\underline{4}}$ durch die breiten Innenhöcker bereits angedeutet, die bei *Paralutra* (Miozän) und *Lutra* noch verstärkt wird (Abb. 481, 482; Tafel XXVII). Am $M_{\overline{1}}$ wird das Talonid unter Reduktion des Entoconids verbreitert. Bei *Enhydriodon* (Jungmiozän und Pliozän) sind die Zahnhöcker etwas gerundet und abgestumpft und tendieren damit zu *Enhydra* (REPENNING 1976).

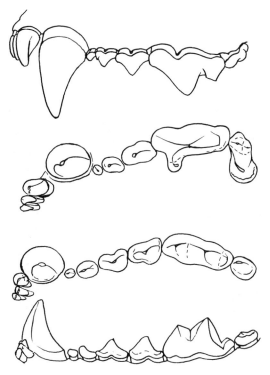

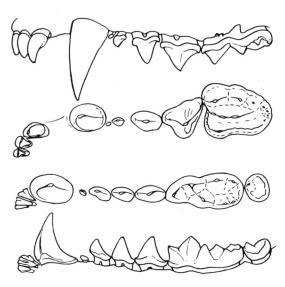

Abb. 476. *Gulo gulo* (Mustelidae), rezent, Europa. $I^1 - M^1$ sin. buccal (ganz oben) und occlusal (mitte oben), $I_1 - M_2$ dext. occlusal (mitte unten) und lingual (ganz unten). Beachte Doppelschneide am P^4 und Reduktion des Metaconid am M_1. Nach Original. ca. 1/1 nat. Größe.

Abb. 477. *Meles meles* (Mustelidae), rezent, Europa. $I^1 - M^1$ sin. buccal (ganz oben) und occlusal (mitte oben), $I_1 - M_2$ dext. occlusal (mitte unten) und lingual (ganz unten). Beachte Vergrößerung von M^1 und M_1. Nach Original. ca. 5/4 nat. Größe.

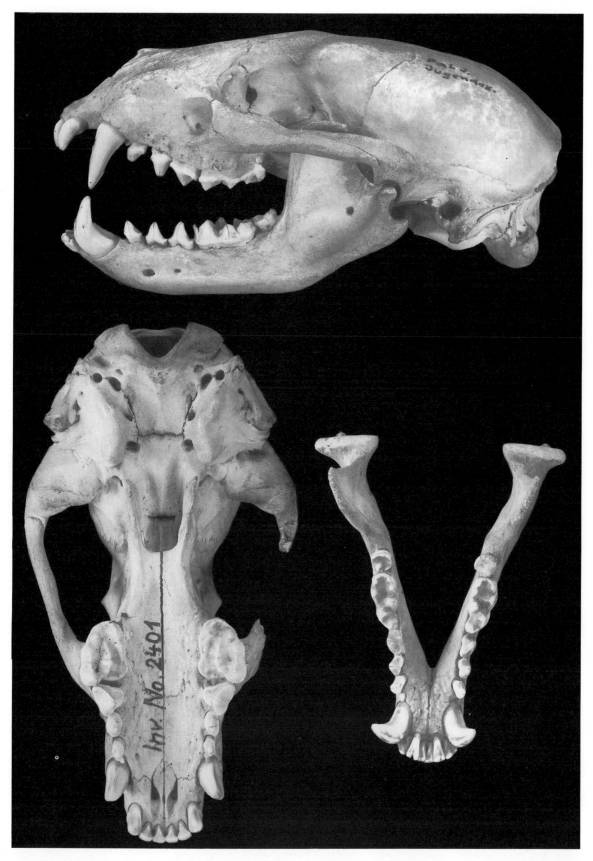

Abb. 478. *Meles meles*. Schädel (Lateral- und Ventralansicht) und Unterkiefer (Aufsicht). PIUW 2401. Schädellänge 132 mm.

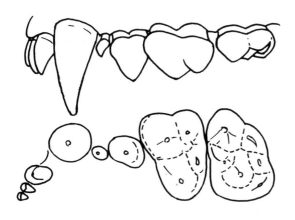

Abb. 479. *Enhydra lutris* (Mustelidae), rezent, Nordpazifik. $I^1 - M^1$ sin. buccal (links oben) und occlusal (links unten), $I_2 - M_2$ dext. occlusal (rechts oben) und lingual (rechts unten). Beachte stumpfe, breite Zahnhöcker. Nach Original. ca. 4/3 nat. Größe.

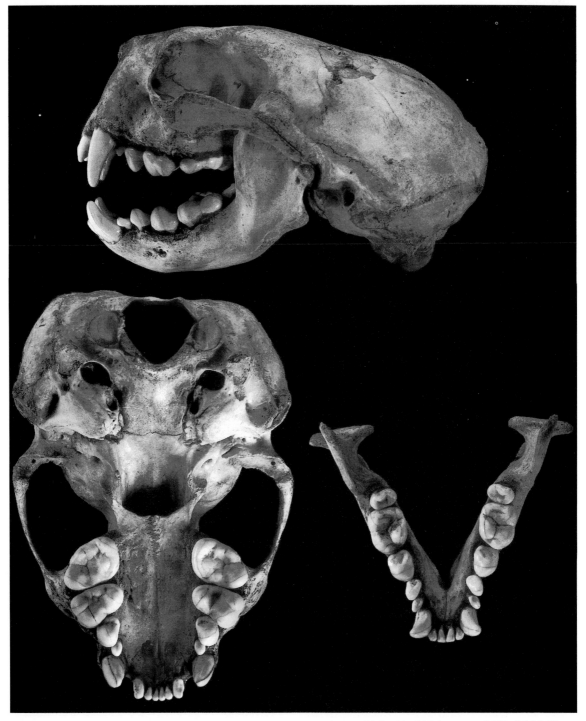

Abb. 480. *Enhydra lutris*. Schädel (Lateral- und Ventralansicht) und Unterkiefer (Aufsicht). NHMW 2566. Schädellänge 146 mm.

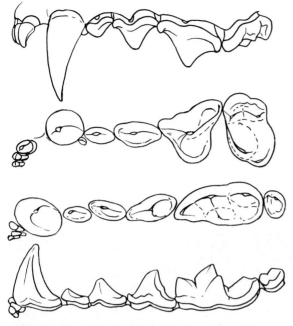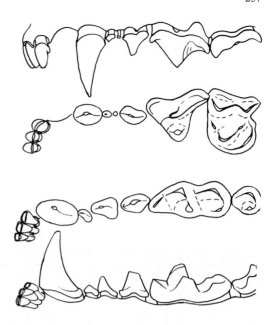

Abb. 481. *Lutra lutra* (Mustelidae), rezent, Europa. $I^1 - M^1$ sin. buccal (ganz oben) und occlusal (mitte oben), $I_1 - M_2$ dext. occlusal (mitte unten) und lingual (ganz unten). Nach Original. 1,75 × nat. Größe.

Abb. 483. *Mephitis mephitis* (Mustelidae), rezent, Nordamerika. $I^1 - M^1$ sin. buccal (ganz oben) und occlusal (mitte oben), $I_1 - M_2$ dext. occlusal (mitte unten) und lingual (ganz unten). Nach Original. 2,5 × nat. Größe.

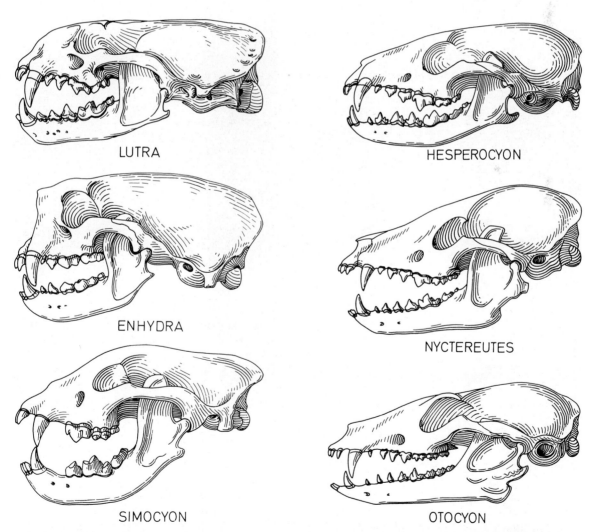

LUTRA

HESPEROCYON

ENHYDRA

NYCTEREUTES

SIMOCYON

OTOCYON

Tafel XXVII. Schädel (Lateralansicht) rezenter und fossiler Carnivora (Arctoidea und Cynoidea). Linke Reihe: *Lutra* (rezent), *Enhydra* (rezent) und *Simocyon* (Miozän) als Mustelidae. Rechte Reihe: *Hesperocyon* (Oligozän), *Nyctereutes* (rezent) und *Otocyon* (rezent) als Canidae. *Otocyon* als spezialisierte Gattung (Otocyoninae) mit sekundär vermehrter Zahl der Molaren. Nicht maßstäblich.

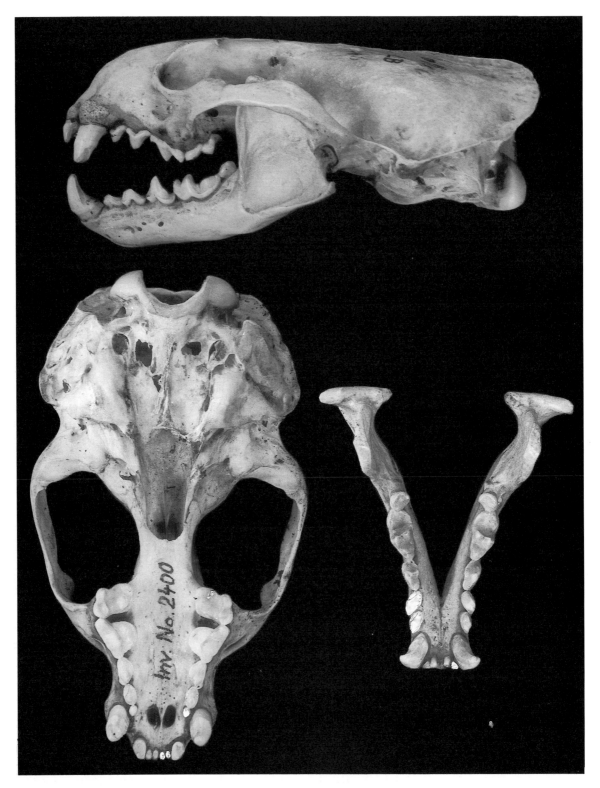

Abb. 482. *Lutra lutra*. Schädel (Lateral- und Ventralansicht und Unterkiefer (Aufsicht). PIUW 2400. Schädellänge 126 mm.

Bei den Mephitinen (wie *Mephitis, Conepatus, Spilogale, Mydaus*) wird zwar auch der $M^{\underline{1}}$ vergrößert, doch kaum durch das Talon. Daher ist auch das Talonid des $M_{\overline{1}}$ bei den Stinktieren nicht verlängert (Abb. 483, Tafel XXVI). *Mydaus* und *Suillotaxus* aus Indonesien sind altweltliche Angehörige der Stinktiere, die durch *Miomephitis* und *Promephitis* aus dem Miozän Europas nachgewiesen sind (THENIUS 1979).

Eine nur fossil bekannte Gruppe bilden die Simocyoninae (= Broilianinae mit *Broiliana, Alopecocyon* und *Simocyon* [= „*Metarctos*" = „*Protursus*"]). Die Zugehörigkeit zu Musteliden (oder Procyoniden) wird diskutiert (THENIUS 1949, DEHM 1950, VIRET 1951, DE BEAUMONT 1964, SCHMIDT-KITTLER 1981). Meist als Caniden klassifiziert und noch in jüngster Zeit für *Cuon, Lycaon* und *Speothos* verwendet [!], konnte DEHM (1950) die Zugehörigkeit von *Broiliana* aus dem Altmiozän Europas zu den Musteliden nachweisen. *Broiliana, Alopecocyon* (Mittelmiozän) und *Simocyon* (Jungmiozän) lassen sich zu einer Stufenreihe mit zunehmend omnivoren Tendenzen anordnen, weshalb auch die Zugehörigkeit von *Alopecocyon* und *Simocyon* zu den Musteliden anzunehmen wäre. Dagegen spricht allerdings die leicht gekerbte Metastylkante des $P^{\underline{4}}$. Die Zahnformel von *Simocyon* aus dem Jungmiozän beträgt $\frac{3\,1\,2\,2}{3\,1\,1\,2}$. Bei den evoluierten Simocyoninae kommt es zur Reduktion der vorderen Prämolaren und zur Verlängerung des $M_{\overline{2}}$ (Tafel XXVII).

Das Gebiß der Cynoidea (Canidae) ist bedeutend einheitlicher gebaut als jenes der Arctoidea, doch kommt es mehrfach unabhängig zu einer Art „feloider" Spezialisierung, vor allem durch die Vereinfachung des Kronenmusters der Molaren. Die Zahnformel ist relativ konstant und schwankt – wenn man von *Otocyon* mit der aberranten Zahnformel von $\frac{3\,1\,4\,3-4}{3\,1\,4\,4-5} = 46-50$ absieht –, zwischen $\frac{3\,1\,4\,2}{3\,1\,4\,3} = 42$ und $\frac{3\,1\,4\,1}{3\,1\,4\,2} = 38$. Reduktionserscheinungen treten praktisch nur im Bereich der Molaren auf. Die Brechschere aus $P^{\underline{4}}/M_{\overline{1}}$ ist stets ausgebildet, auch bei den plio-pleistozänen Borophaginen Nordamerikas (wie *Aelurodon, Osteoborus, Borophagus* = „*Hyaenognathus*"; Tafel XXVIII), bei denen die etwas verbreiterten Brechscherenzähne plump wirken und die nicht nur wegen der vergrößerten $P_{\overline{4}}$ als ossiphage Formen angesehen werden. Auch Schädel (Jochbogen) und Unterkiefer erinnern an echte Hyänen (Zahnformel $\frac{3\,1\,4}{3\,1\,2-3}\frac{2}{2} = 36-38$; vgl. MATTHEW & STIRTON 1930). Diastemata trennen bei den Caniden nicht nur I sup. und C sup., sondern meist auch die vorderen Prämolaren voneinander.

Beim Wolf (*Canis lupus*; Abb. 484, 485; Tafel XXVIII) sind die Kronen der mittleren I sup.

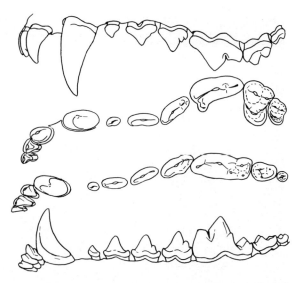

Abb. 484. *Canis lupus* (Canidae), rezent, Europa. $I^1 - M^2$ sin. buccal (ganz oben) und occlusal (mitte oben), $I_1 - M_3$ dext. occlusal (mitte unten) und lingual (ganz unten). Nach Original. 3/5 nat. Größe.

dreiteilig, die deutlich größeren $I^{\underline{3}}$ sind caniniform ausgebildet mit lingualem Cingulum und mesialer und distaler Kante versehen. Die kräftigen, leicht gekrümmten C sup. sind seitlich komprimiert und tragen lingual vorn und distal eine Kante. Der $P^{\underline{1}}$ ist einwurzelig, die zweiwurzeligen $P^{\underline{2}}$ und $P^{\underline{3}}$ länglich gestreckt mit mesio-lingualer und distaler Kante sowie Metastyl versehen. Der als Brechschere entwickelte $P^{\underline{4}}$ besteht aus der Paracon-Metastylklinge und einem kleinen, vorn innen liegenden Protocon. Der kräftige, im Umriß entfernt dreieckige $M^{\underline{1}}$ ist dreihöckrig (Para-, Meta- und Protocon), mit kleinem Proto- und Metaconulus und einem linguo-distalen Cingulum. Der $M^{\underline{2}}$ entspricht einem verkleinerten $M^{\underline{1}}$. Die Kronen der lateralen I inf. besitzen äußere Nebenzacken, die stark gekrümmten C inf. schwache mesio-linguale und distale Kanten. Ein Diastema trennt C inf. und den kleinen, einwurzeligen $P_{\overline{1}}$. Die Kronen der länglich gestreckten restlichen P inf. sind mit Längskanten und Innencingulum versehen. Zum Haupthöcker kommt am $P_{\overline{3}}$ und $P_{\overline{4}}$ noch ein Metastylid. Der als Brechschere entwickelte $M_{\overline{1}}$ besteht aus dem hohen Trigonid (mit deutlichem Metaconid) und dem kurzen, niedrigen Talonid (mit Hypo- und Entoconid). Der zweiwurzelige $M_{\overline{2}}$ ist bedeutend kleiner und läßt die Gliederung in das zweihöckrige Trigonid und das Talonid (mit deutlichem Hypoconid) erkennen. Der rudimentäre $M_{\overline{3}}$ ist einwurzelig und im Umriß rundlich.

Der Löffelhund (*Otocyon megalotis*) fällt als Insektenfresser nicht nur durch seine Zahnformel ($\frac{3\,1\,4\,3-4}{3\,1\,4\,4-5} = 46-50$) völlig aus dem Rahmen. Er wurde seinerzeit wegen der Molaren als Amphicyonide klassifiziert. Zweifellos ist es zu einer se-

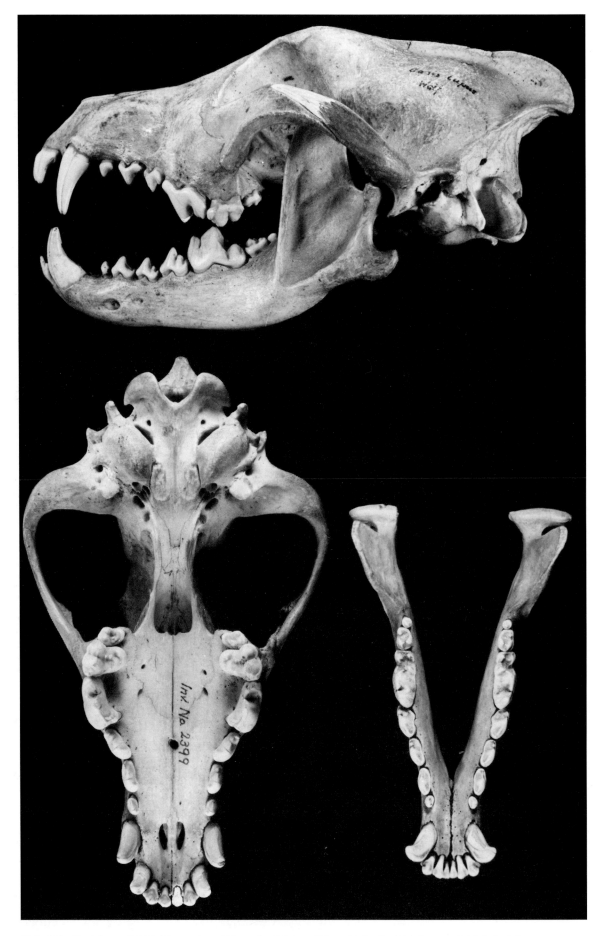

Abb. 485. *Canis lupus*. Schädel (Lateral- und Ventralansicht) und Unterkiefer (Aufsicht). PIUW 2399. Schädellänge 250 mm.

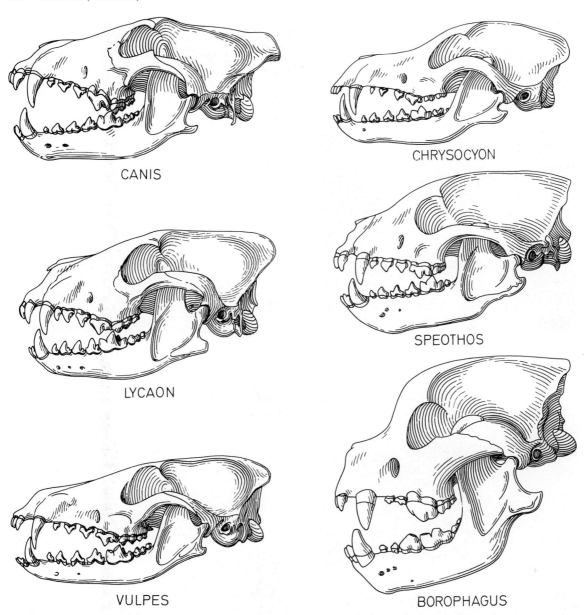

CANIS

CHRYSOCYON

LYCAON

SPEOTHOS

VULPES

BOROPHAGUS

Tafel XXVIII. Schädel (Lateralansicht) rezenter und fossiler Carnivora (Cynoidea: Canidae). Linke Reihe: *Canis* (rezent), *Lycaon* (rezent) und *Vulpes* (rezent). Rechte Reihe: *Chrysocyon* (rezent), *Speothos* (rezent) und *Borophagus* (Plio-Pleistozän). Beachte „hyaenoide" Spezialisierung des Backenzahngebisses bei *Borophagus*. Nicht maßstäblich.

kundären Vermehrung der Molaren mit einer richtigen Intercuspidation der Höcker gekommen. Mit der Insectivorie ist auch der Brechscherencharakter von $P^{\underline{4}}$ und $M_{\overline{1}}$ verlorengegangen. Die Höcker der Molaren und auch des $P^{\underline{4}}$ sind spitz kegelförmig gestaltet. Für die Mandibel ist ein kräftiger Lobus subangularis als Ansatzstelle des Musculus digastricus typisch (Abb. 486, 487; Tafel XXVII).

Als ältester Canide gilt *Hesperocyon* aus dem Oligozän Nordamerikas (= „*Pseudocynodictis*"; SCOTT & JEPSEN 1936) (Tafel XXVII). Weitere Gattungen (wie *Cynodesmus*, *Tomarctus*, *Enhydrocyon*, *Leptocyon*) sind aus dem Jungtertiär Nordamerikas bekannt geworden. *Canis* tritt erstmalig im jüngsten Miozän (*Canis cipio*), *Vulpes* im

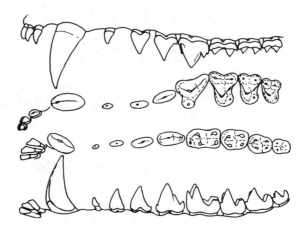

Abb. 486. *Otocyon megalotis* (Canidae, Otocyoninae), rezent, Afrika. $I^1 - M^3$ sin. buccal (ganz oben) und occlusal (mitte oben), $I_1 - M_4$ dext. occlusal (mitte unten) und lingual (ganz unten). Beachte (sekundäre) Vermehrung der Molaren. Nach Original. 4/3 nat. Größe.

Abb. 487. *Otocyon megalotis*. Schädel (Lateralansicht). Beachte Lobus subangularis der Mandibel. NHMW 1290. Schädellänge 114 mm.

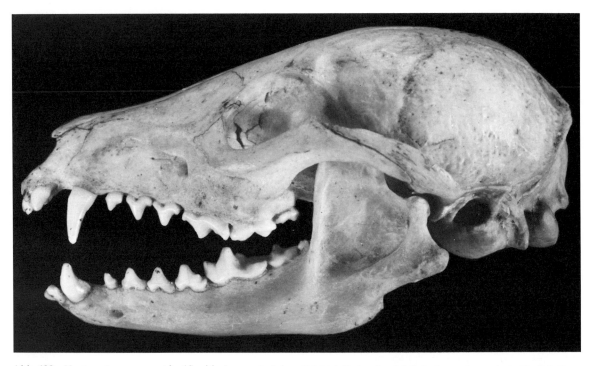

Abb. 488. *Nyctereutes procyonoides* (Canidae), rezent, Asien. Schädel (Lateralansicht). Lobus subangularis ähnlich *Otocyon*. NHMW 1110. Schädellänge 104 mm.

Villafranchium auf. Zu den ursprünglichsten rezenten Gattungen zählen *Nyctereutes* und *Urocyon*, mit gut entwickelten Molaren und einer Mandibel mit – wie bei *Otocyon* – einem Lobus subangularis (Abb. 488; Tafel XXVII). Den entgegengesetzten Trend zeigen einzelne – meist fälschlicherweise als Simocyoninae (s. o.) zusammengefaßte – Gattungen wie *Lycaon*, *Cuon* und *Speothos* (= „*Icticyon*"), bei denen es unabhängig voneinander zu einer Reduktion (Verkleinerung

und Vereinfachung der Krone) der M sup. und der M inf. kommt. Der M_3 ist bei *Cuon* und *Speothos* völlig, der M_2 bei *Speothos* gelegentlich reduziert, der M_2 und das Talonid des M_1 besitzen schneidenden Charakter, und das Metaconid des M_1 wird bei *Cuon* und *Speothos* gänzlich rückgebildet (Abb. 489, 490; Tafel XXVIII). Zugleich werden bei *Cuon* und *Lycaon* die Kronen der Prämolaren höher und spitziger. Es entsteht beim afrikanischen Wildhund (*Lycaon pictus*) und – etwas

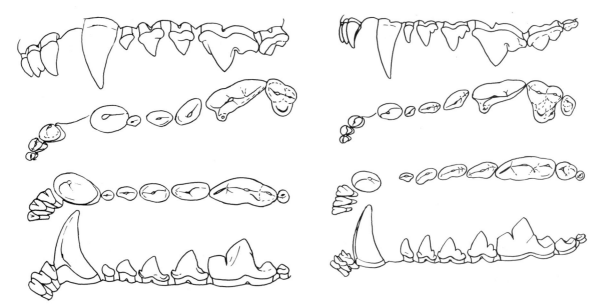

Abb. 489. *Speothos venaticus* (Canidae), rezent, Südamerika. I^1-M^1 sin. buccal (ganz oben) und occlusal (mitte oben), I_1-M_2 dext occlusal (mitte unten) und lingual (ganz unten). Metaconid am M_1 reduziert, M_2 winzig. Nach Original. 1,25 × nat. Größe.

Abb. 491. *Lycaon pictus* (Canidae), rezent, Afrika. I^1-M^2 sin. buccal (ganz oben) und occlusal (mitte oben), I_1-M_3 dext. occlusal (mitte unten) und lingual (ganz unten). Beachte einhöckriges Talonid, jedoch gut entwickeltes Metaconid des M_1. Nach Original.

abgeschwächt – auch bei den asiatischen Rotwölfen (*Cuon alpinus*) ein ausgesprochenes Schnappgebiß, bei dem im Gegensatz zu *Canis* auch die vorderen Prämolaren beim Kieferschluß einander berühren (Abb. 491, Tafel XXVIII). Die Wirkung des Schnappgebisses wird bei *Lycaon* durch die leichte Schrägstellung der Prämolaren noch verstärkt. Dementsprechend ist bei diesen Caniden

nach MARINELLI (1929) auch die bei *Canis* (*lupus*) deutliche Glabella nicht oder kaum ausgeprägt.

Gegenüber dem einheitlichen Gebiß der Cynoidea zeigt jenes der Aeluroidea (= Feloidea mit den Viverridae [einschließlich Herpestidae], Hyaenidae und Felidae [einschließlich Machairodontidae]) eine Differenzierung, die mit jener der Arctoidea

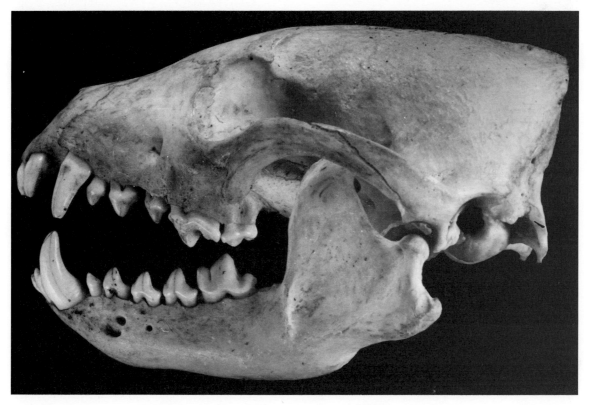

Abb. 490. *Speothos venaticus*. Schädel (Lateralansicht). NHMW 1287. Schädellänge 125 mm.

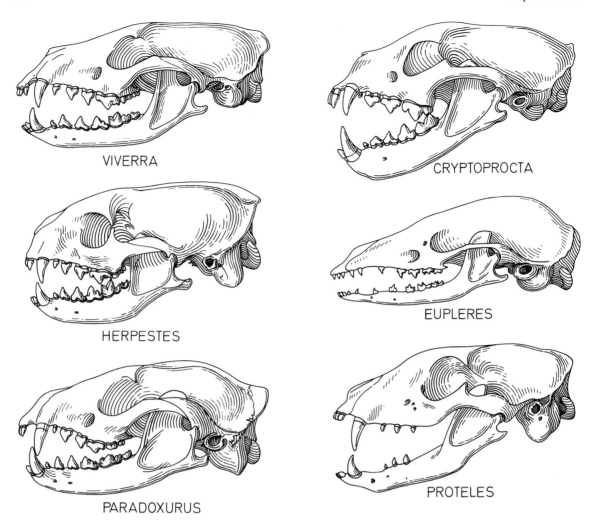

VIVERRA

CRYPTOPROCTA

HERPESTES

EUPLERES

PARADOXURUS

PROTELES

Tafel XXIX. Schädel (Lateralansicht) rezenter Carnivora (Aeluroidea). Linke Reihe: *Viverra*, *Herpestes* und *Paradoxurus* als Viverridae. Rechte Reihe: *Cryptoprocta* und *Eupleres* als Viverridae, *Proteles* als Hyaenidae. Nicht maßstäblich.

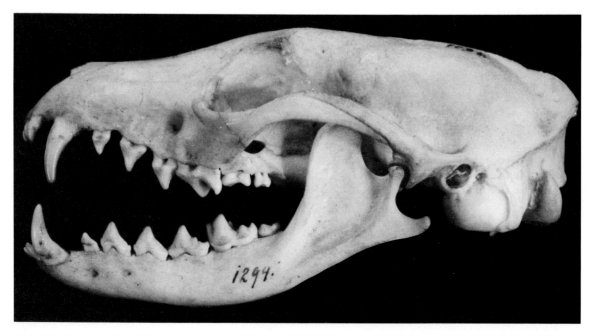

Abb. 492. *Viverra zibetha* (Viverridae), rezent, Südasien. Schädel (Lateralansicht). NHMW 1294. Schädellänge 117 mm.

verglichen werden kann (GREGORY & HELLMANN 1939). Allerdings geht die Tendenz mehr in Richtung Carnivorie. Die ursprünglich vorhandene Brechschere wird nur selten im Zuge einer Omnivorie (wie bei *Arctictis*, *Arctogalidia*, *Bdeogale* und *Cynogale* als Viverriden) bzw. einer Insectivorie (*Proteles* als Hyaenide) abgebaut. Die Zahnformel schwankt von $\frac{3\;1\;4\;2}{3\;1\;4\;2} = 40$ (wie *Viverra*, *Genetta*) bis zu $\frac{3\;1\;3-4}{3\;1\;1-3} = 24-30$ (*Proteles*), wobei *Proteles* allerdings als Sonderfall zu betrachten ist. Bei den Schleichkatzen (Viverridae) ist das Gebiß noch am ursprünglichsten gestaltet, was auch in der Zahnformel (meist $\frac{3\;1\;4\;2}{3\;1\;4\;2} = 40$) zum Ausdruck kommt. Selten ist die Zahnformel auf $\frac{3\;1\;3\;1}{3\;1\;3\;1} = 32$ reduziert (*Cryptoprocta ferox*). Die Brechschere ist meist gut entwickelt, die beiden M sup. sind wesentlich breiter als lang. Dieser ursprünglich Gebißtyp findet sich bei den Zibetkatzen (*Viverra*) (Abb. 492; Tafel XXIX). Die I sup. sind einfach gebaut, die $I^{\underline{3}}$ etwas größer und durch ein Diastema von den schlanken, gekrümmten und im Querschnitt rundlich ovalen C sup. getrennt. Die vorderen P sup. sind zweiwurzelig mit einfacher Krone. Sie vergrößern sich von $P^{\underline{1}}-P^{\underline{3}}$ und sind durch Diastemata voneinander getrennt. Der vergrößerte, schneidende $P^{\underline{4}}$ besteht aus dem Paracon samt kleinem Parastyl und einer Metastylschneide sowie dem deutlich abgesetzten Protocon. Am tribosphenischen $M^{\underline{1}}$ sind Proto- und Metaconulus schwach angedeutet. Der im Umriß gerundet dreieckige und dreihöckerige $M^{\underline{2}}$ ist bedeutend kleiner und grubig vertieft. Von den I inf. besitzt der $I_{\overline{3}}$ einen lateralen Lappen. Der stark gekrümmte C inf. ist vom $P_{\overline{1}}$ durch ein Diastema getrennt. Von den übrigen (zweiwurzeligen) P inf. besitzt der $P_{\overline{3}}$ einen distalen Nebenhöcker. Der

$M_{\overline{1}}$ besteht aus dem hohen Trigonid mit kräftigem Metaconid und dem niedrigen, grubig vertieften, dreihöckerigen Talonid. Der kleine, niedrige $M_{\overline{2}}$ läßt die Trennung in Trigonid und Talonid noch erkennen. Ähnlich ist das Gebiß der meisten übrigen Viverrinae (wie *Genetta*, *Civettictis*; Abb. 493), der madagassischen Fanaloka (*Fossa*) und auch der Mungos (Herpestinae mit *Herpestes*, *Suricata*, *Ichneumon*, *Cynictis*, *Galeriscus*; Tafel XXIX) sowie der Galadiinae (z. B. *Galidia*, *Galidictis*, *Salanoia*) gestaltet, wobei verschiedentlich der vorderste Prämolar reduziert ist und der $P^{\underline{3}}$ einen Innenhöcker ausgebildet hat. Nur vereinzelt sind innerhalb der Viverrinae (z. B. *Osbornictis*, *Poiana*) „felide" Tendenzen durch Reduktion oder völligen Schwund des $M^{\underline{2}}$ zu beobachten. Eine echt felide Gebißspezialisierung ist für die Frettkatze (*Cryptoprocta ferox*) Madagaskars charakteristisch, wie bereits die Zahnformel ($\frac{3\;1\;3\;1}{3\;1\;3\;1} = 32$) erkennen läßt (Tafel XXIX). Die Brechscherenzähne sind deutlich vergrößert, das Parastyl am $P^{\underline{4}}$ kräftiger, das Talonid am $M_{\overline{1}}$ weitgehend reduziert. Der $M^{\underline{1}}$ ist klein, fast rudimentär. *Cryptoprocta* ist deshalb auch verschiedentlich als Angehörige der Feliden klassifiziert worden, sofern sie nicht überhaupt als Vertreter einer eigenen Familie angesehen wurde (POCOCK 1916). Eine Rückbildung des Gebisses, von der sämtliche Zähne betroffen wurden, ist bei der Ameisenschleichkatze (*Eupleres*) in Verbindung mit der myrmecophagen Ernährungsweise eingetreten. Die Caninen und die meisten Prämolaren dieser langschnauzigen Schleichkatze sind durch Diastemata voneinander getrennt, und anstelle des eher incisiviformen C inf. ist der $P_{\overline{1}}$ caniniform gestaltet (Tafel XXIX).

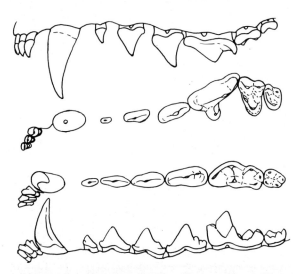

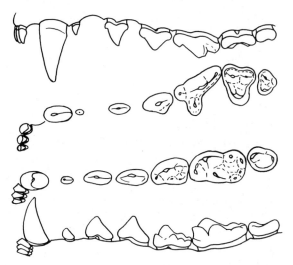

Abb. 493. *Civettictis civetta* (Viverridae), rezent, Afrika. $I^{1}-M^{2}$ sin. buccal (ganz oben) und occlusal (mitte oben), $I_{1}-M_{2}$ dext. occlusal (mitte unten) und lingual (ganz unten). Nach Original. ca. 4/3 nat. Größe.

Abb. 494. *Paradoxurus hermaphroditus* (Viverridae), rezent, Südasien. $I^{1}-M^{2}$ sin. buccal (ganz oben) und occlusal (mitte oben), $I_{1}-M_{2}$ dext. occlusal (mitte unten) und lingual (ganz unten). Nach Original. $1,75\times$ nat. Größe.

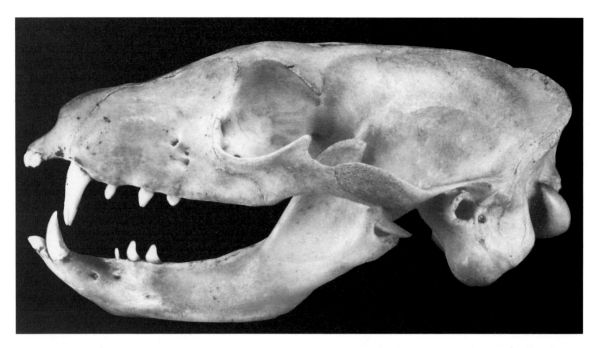

Abb. 495. *Proteles cristatus* (Hyaenidae), rezent, Afrika. Schädel (Lateralansicht). Beachte stark reduziertes Backenzahngebiß. PIUW 2398. Schädellänge 141 mm.

Demgegenüber tritt bei einzelnen Hemigalinen (wie *Hemigalus*, *Cynogale*), bei den Paradoxurinae (wie *Paradoxurus*, *Arctictis*) sowie bei *Bdeogale* und *Galeriscus* unter den Herpestinae in Zusammenhang mit der Omni- bzw. Frugivorie eine Reduktion der Brechscherenzähne und eine bunodonte Ausbildung der Molaren ein (Abb. 494; Tafel XXIX). Diese Schleichkatzen erinnern dadurch im Gebiß an manche Procyoniden. So ist die Ähnlichkeit von *Bdeogale nigripes* aus West-Afrika mit der neuweltlichen Gattung *Nasua* nicht nur auf das Backenzahngebiß beschränkt, sondern betrifft auch die lateral abgeflachten Eckzähne.

Schleichkatzen sind bereits aus dem Alttertiär bekannt. Rezente Gattungen (wie *Viverra*, *Herpestes*) sind aus dem Altmiozän nachgewiesen (DE BEAUMONT 1973).

Der afrikanische Erdwolf (*Proteles cristatus*) ist ein ausgesprochener Nahrungsspezialist, der sich nur von bestimmten Termiten ernährt. Sein Bakkenzahngebiß ist dementsprechend rückgebildet (meist $\frac{3\,1\,3}{3\,1\,3} = 28$). Meist sind nur einige wenige kleine und einwurzelige Backenzähne vorhanden, deren Homologisierung nur schwer möglich ist (Abb. 495; Tafel XXIX). *Proteles* vermittelt morphologisch in manchen Merkmalen zwischen Schleichkatzen und Hyänen, wird jedoch meist als Angehöriger der Hyaeniden klassifiziert.

Für die rezenten Hyänen (Hyaenidae mit *Hyaena* und *Crocuta*) ist dagegen die typische Ausbildung der Brechschere in Verbindung mit einer Vergrößerung der P $\frac{3}{3}$ kennzeichnend, die in Zusammen-

hang mit der Ernährung (Ossiphagie) steht. Allerdings sind wesentliche Unterschiede zwischen *Hyaena* und *Crocuta* vorhanden, die jedoch nicht aus der Zahnformel hervorgehen ($\frac{3\,1\,4\,1}{3\,1\,3\,1} = 34$). Sie sind Ausdruck verschiedener „trends", die nicht nur im Gebiß, sondern auch im Bau des Schädels (Verkürzung der Schnauze, Verbreiterung des Gaumens bei *Crocuta*) auftreten (EWER 1954) (Abb. 496, 497; Tafel XXX). Bei der Fleckenhyä-

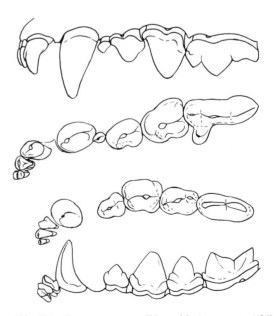

Abb. 496. *Crocuta crocuta* (Hyaenidae), rezent, Afrika. $I^1 - P^4$ sin. buccal (ganz oben) und occlusal (mitte oben), $I_1 - M_1$ dext. occlusal (mitte unten) und lingual (ganz unten). M^1 entweder winzig oder (wie hier) völlig reduziert. Beachte vergrößerte $P_{\overline{3}}^{3}$. M_1 mit cingulumartigem Talonid. Nach Original. 1/2 nat. Größe.

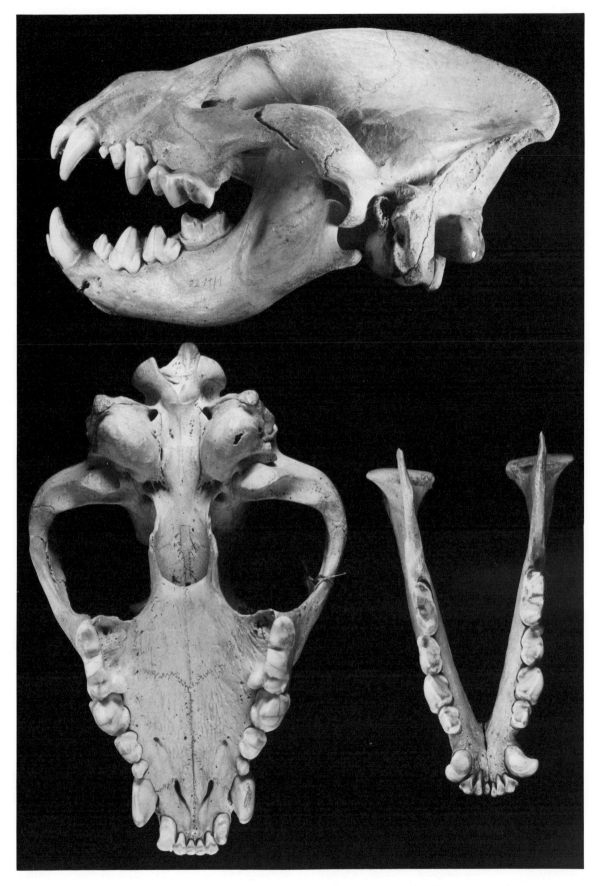

Abb. 497. *Crocuta crocuta*. Schädel (Lateral- und Ventralansicht) und Unterkiefer (Aufsicht). Beachte ausladende Jochbö-
den und kräftigen Scheitelkamm. PIUW 2211/1. Schädellänge 260 mm.

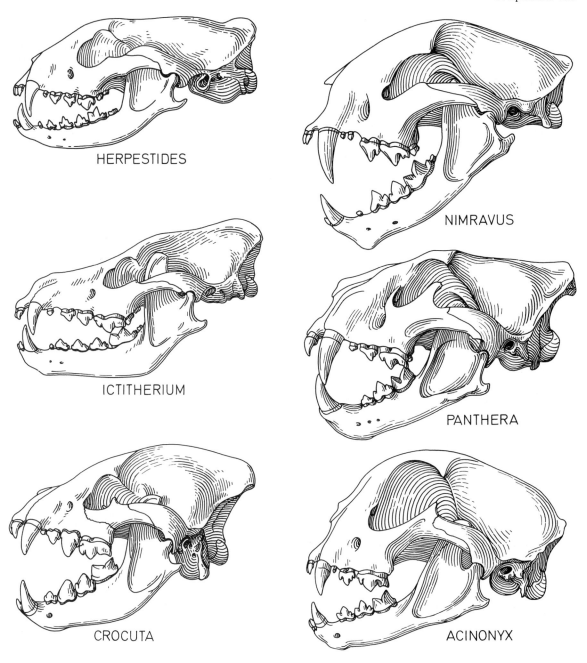

Tafel XXX. Schädel (Lateralansicht) fossiler und rezenter Carnivora (Aeluroidea). Linke Reihe: *Herpestides* (Miozän), „*Ictitherium*" (Miozän) und *Crocuta* (rezent) als Hyaenidae. Rechte Reihe: *Nimravus* (Nimravidae, Oligozän); *Panthera* (rezent) und *Acinonyx* (rezent) als Felidae. Nicht maßstäblich.

ne (*Crocuta crocuta*) besitzen die mittleren Incisiven durch linguale Cingularbildungen eine Art Doppelschneide, die größeren I$\underline{3}$ sind eher caniniform gestaltet und mesial und lingual mit einem Cingulum versehen. Ein Diastema trennt I$\underline{3}$ und C, die mit einer mesialen und distalen Kante versehen sind. Die einwurzeligen P$\underline{1}$ sind klein, die relativ niedrigen, zweiwurzeligen P$\underline{2}$ plump. Die Krone der kegelförmig vergrößerten massiven P$\underline{3}$ ist höher als jene des P$\underline{4}$. Ein Cingulum umgibt allseitig die Krone, die mit einer vorderen Lingualkante und einer distalen Kante versehen ist. Am P$\underline{4}$ bilden das kräftige Parastyl, der Paraconus und das Metastyl eine langgestreckte Schneide; der Innen-

höcker liegt gegenüber dem Parastyl. Der M$\underline{1}$ ist – sofern überhaupt vorhanden – rudimentär und einwurzelig. Die I inf. sind ähnlich wie bei *Canis* gebaut. Eine Lingual- und Distalkante sind für den C inf. typisch. Der durch ein Diastema getrennte zweiwurzelige; breite und niedrige P$_{\overline{2}}$ besteht aus dem Haupt- und einem distalen Nebenhöcker. Die Längskante geht in ein Cingulum über, das vorne ein kleines Parastylid bildet. Der vergrößerte und kegelförmige P$_{\overline{3}}$ übertrifft den P$_{\overline{4}}$ an Höhe. Dieser selbst ist relativ niedrig und schlank. Ein Para- und Metastylid sind vorhanden. Die Krone des M$_{\overline{1}}$ ist lang und schmal und besteht praktisch nur aus der Para-Protoconidklinge, die relativ niedrig ist und durch ein Vorder-cingulum und ein cingulumartiges Talonid ergänzt wird. Para- und Protoconid bilden einen nur ganz geringen Winkel zueinander. Bei *Hyaena* sind nicht nur die Prämolaren weniger stark vergrößert, sondern auch der M$^{\underline{1}}$ ist weniger reduziert. Der M$_{\overline{1}}$ besitzt ein Metaconid und ein deutliches, zweihöckeriges Talonid.

Fossilformen sind in großer Zahl aus dem Jungtertiär bekannt. Als älteste Gattungen gelten *Herpestides* (Tafel XXX) und *Miohyaena* (*„Progenetta"*) aus dem Oligo-Miozän. Den jungmiozänen Ictitherien (z. B. *Ictitherium viverrinum*) fehlt die hyaenoide Differenzierung der Prämolaren, das Gebiß wirkt viverroid (Tafel XXX). Eine Vergrößerung der Prämolaren tritt bei *„Percrocuta"* aus dem Mittel- sowie bei *Thalassictis* (= *„Palhyaena"* = *„Lycyaena"*) und *Hyaenictis* aus dem Jungmiozän ein (zur Nomenklatur siehe SOLOUNIAS 1981). Die erste ist crocutoid spezialisiert. Eine leichte crocutoide Spezialisierung tritt auch bei der rezenten Schabrackenhyäne (*Hyaena brunnea*) auf, sowie bei *„Hyaena" perrieri* aus dem Villafranchium. Es sind typische Beispiele paralleler Gebißevolution.

Eine eigene Gruppe bilden die plio-pleistozänen Gepardhyänen (*Chasmaporthetes* = *„Aeluraena"*, *Euryboas*), die als einzige Hyaeniden auch die Neue Welt (Nordamerika) erreicht haben. Es sind schlankbeinige Hyänen, denen die für echte Hyänen charakteristische Verstärkung der Prämolaren fehlt (BERTA 1981).

Das Gebiß der Katzenartigen (Felidae) ist sehr einheitlich gestaltet und besitzt stets eine typische Brechschere, wie sie für rein carnivore Formen kennzeichnend ist. Die Zahnformel beträgt bei den rezenten Arten meist $\frac{3\ 1\ 3\ 1}{3\ 1\ 2\ 1}$ = 30. Vereinzelt ist der P$^{\underline{2}}$ reduziert (wie bei *Lynx, Caracal, Otocolobus, Acinonyx*). Diastemata trennen den C sup.

von den I$^{\underline{3}}$ und den Prämolaren. Lediglich bei den oligo-miozänen Nimravinae (wie *Nimravus, Dinictis*) ist auch ein M$_{\underline{2}}$ vorhanden, und der M$_{\overline{1}}$ besitzt noch ein Metaconid und ein deutliches Talonid (Abb. 498). Auf Grund der abweichend gebauten Gehörregion werden diese und verwandte Gattungen (wie *Hoplophoneus, Sansanosmilus, Barbourofelis*) auch als Angehörige einer eigenen, ausgestorbenen Familie (Nimravidae) klassifiziert (Tafel XXXI).

Beim Löwen (*Panthera leo*; Abb. 499, 500; Tafel XXX) als Vertreter der Großkatzen (Pantherinae) stehen die distal an Größe zunehmenden I sup. in einer Reihe nebeneinander. Die Krone der mittleren Incisiven ist lingual mit einem Basalwulst versehen. Die I$^{\underline{3}}$ sind größer, die Krone ist

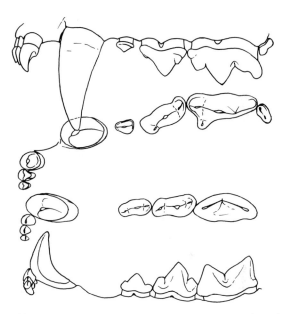

Abb. 499. *Panthera leo* (Felidae), rezent, Afrika. I^1 – M^1 sin. buccal (ganz oben) und occlusal (mitte oben), I$_1$ – M$_1$ dext. occlusal (mitte unten) und lingual (ganz unten). M^1 stark reduziert, M$_1$ ohne Talonid. Nach Original. 3/5 nat. Größe.

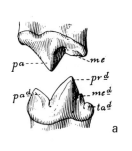
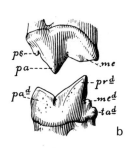
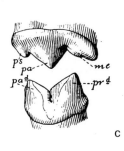
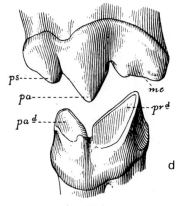

a b c d

Abb. 498. Brechschere (P$^{\underline{4}}$/M$_{\overline{1}}$ sin.) von Nimraviden (a – *Dinictis*, Oligozän; b – *Hoplophoneus*, Oligozän) und Feliden (c – *Panthera*, rezent; d – *Smilodon*, Pleistozän). Beachte Metaconid und Talonid am M$_1$. Abkürzungen: Me – Metacon, Med – Metaconid, Pa – Paracon, Pad – Paraconid, Prd – Protoconid, Ps – Parastyl, Tad – Talonid. Nach MATTHEW (1910). Maßstäblich.

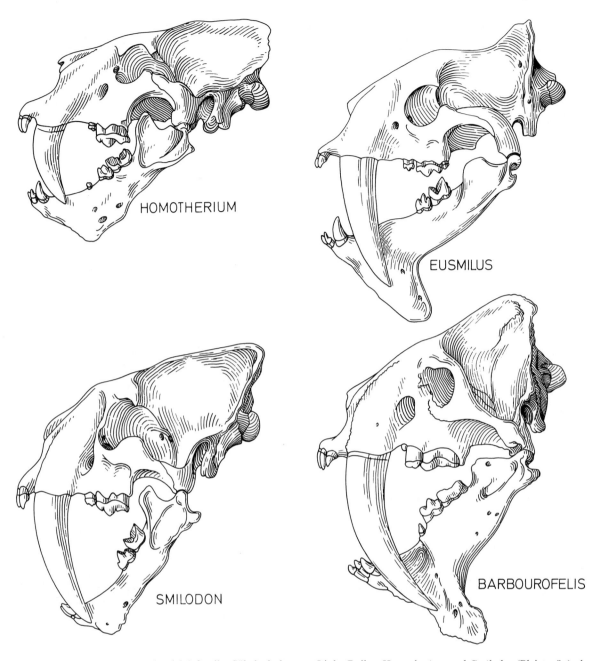

HOMOTHERIUM

EUSMILUS

SMILODON

BARBOUROFELIS

Tafel XXXI. Schädel (Lateralansicht) fossiler Säbelzahnkatzen. Linke Reihe: *Homotherium* und *Smilodon* (Pleistozän) als Felidae. Rechte Reihe: *Eusmilus* (Oligozän) und *Barbourofelis* (Miozän) als Nimravidae. Beachte konvergent entstandene Vergrößerung des C sup. bzw. des Unterkieferflansches. *Homotherium* = „scimitar-toothed"-, *Smilodon* = „dirk-toothed felid". Nicht maßstäblich.

gekrümmt, mit einer mesialen und distalen Kante und einem lingualen Cingulum versehen. Die kräftigen C sup. sind leicht gekrümmt, der Querschnitt ist rundlich, distal und vorne lingual sind schwache Kanten ausgebildet. Die Wurzel der einspitzigen P^2 läßt eine (einstige) Zweiteilung erkennen. Die Krone des P^3 ist dreihöckrig mit etwas lingual verlagertem Parastyl, Paracon und deutlichen Metastyl, die Längskanten besitzen. Der Zahn ist länglich gestreckt und im Metastylbereich am breitesten. Der P^4 bildet eine aus Parastyl, Paracon und Metastyl bestehende Längsschneide, der relativ niedrige Innenhöcker liegt auf der Höhe zwischen Parastyl und Paracon. Ei-

ne schwache Kante verläuft zur Spitze des Paraconus. Der zweiwurzelige M^1 ist rudimentär und etwa doppelt so breit wie lang. Die Krone der ebenfalls in einer Querreihe angeordneten I inf. ist durch einen „lateralen" Lappen asymmetrisch. Der C inf. ist stärker gekrümmt als der C sup. und lingual und distal mit einer leichten Kante versehen. Ein echtes Diastema trennt den zweiwurzeligen $P_{\overline{3}}$, dessen mit einer Längskante versehener Haupthöcker durch ein kleines Para- und Metastylid begrenzt wird. Die Krone des länglich gestreckten $P_{\overline{4}}$ ist deutlich dreispitzig, mit kräftigen Para- und Metastylidhöckern und Längskanten am Paraconid. Der $M_{\overline{1}}$ besteht nur aus der Para-

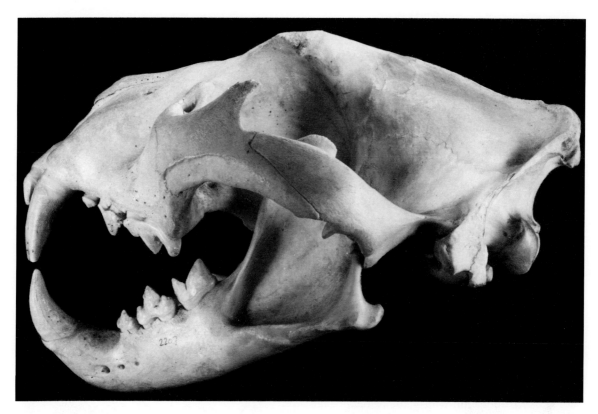

Abb. 500. *Panthera leo*. Schädel (Lateralansicht). Beachte Caninen im Vergleich zu *Neofelis* (Abb. 501). PIUW 2207. Schädellänge 277 mm.

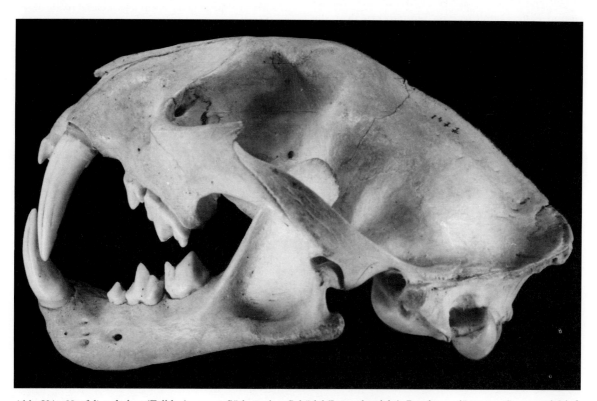

Abb. 501. *Neofelis nebulosa* (Felidae), rezent, Südostasien. Schädel (Lateralansicht). Beachte verlängerten C sup. und C inf. NHMW 1477. Schädellänge 152 mm.

und Protoconidklinge, die relativ höher als bei *Crocuta* und auch stärker gegeneinander abgewinkelt sind. Das Talonid ist nur durch einen Wulst angedeutet. Als ganzes ist das Gebiß von *Panthera leo* ein typisch carnivores Raubtiergebiß. Die Backenzahnreihen divergieren nach vorn, das Kiefergelenk liegt in der Okklusionsebene und erlaubt nur orthale Bewegungen.

Die übrigen Pantherkatzen sind im Gebiß nur im Detail verschieden und auch mit Kleinkatzen (Felinae: *Felis* mit verschiedenen Untergattungen) ist die grundsätzliche Übereinstimmung gegeben. Lediglich bei den Luchsen (*Lynx*) und beim Karakal (*Caracal*) ist eine Reduktion des P$\frac{2}{}$ eingetreten (Zahnformel $\frac{3\,1\,2\,1}{3\,1\,2\,1} = 28$). Dies gilt auch für den Nebelparder (*Neofelis nebulosa*), dessen Caninen als vorwiegendem Vogelfänger stark verlängert und mit deutlichen Längsfurchen versehen sind (Abb. 501). Sie bilden einen echten Greifapparat, wie er auch zum Wegschleppen der Beute dient. Beim Gepard (*Acinonyx jubatus*) hingegen sind die Caninen kurz, die Diastemata kürzer als bei *Panthera*, der P$\frac{2}{}$ nur winzig, die Nebenhöcker von P$\frac{3}{}$, P$\frac{}{3}$ und P$\frac{}{4}$ kräftiger entwickelt und diese Zähne relativ hochkroniger und schmäler (Abb. 502, 503; Tafel XXX). Auch der P$\frac{4}{}$ wirkt länger, der Innenhöcker ist kleiner als bei *Panthera* und *Felis*. Damit ist eine Tendenz erwähnt, die für fossile Säbelzahnkatzen (Machairodontinae: für fossile Säbelzahnkatzen (Machairodontinae: wie *Machairodus*, *Homotherium*, *Smilodon*) typisch ist (Abb. 504, 505) (MATTHEW 1910, MERRIAM & STOCK 1925, SCHULTZ et al. 1970). Abgesehen davon, daß die Schneide des P$\frac{4}{}$ verlängert und der Innenhöcker fast völlig reduziert wird, kommt es bei diesen Feliden zur Verlängerung der C sup. (vgl. Abb. 460). Nach der verschiedenen

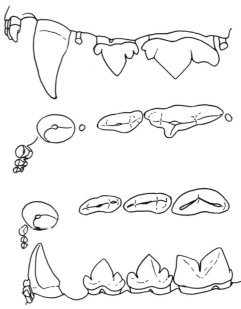

Abb. 502. *Acinonyx jubatus* (Felidae), rezent, Afrika. $I^1 - M^1$ sin. buccal (ganz oben) und occlusal (mitte oben), $I_1 - M_1$ dext. occlusal (mitte unten) und lingual (ganz unten). P^1 und M^1 rudimentär. Nach Original. 1/1 nat. Größe.

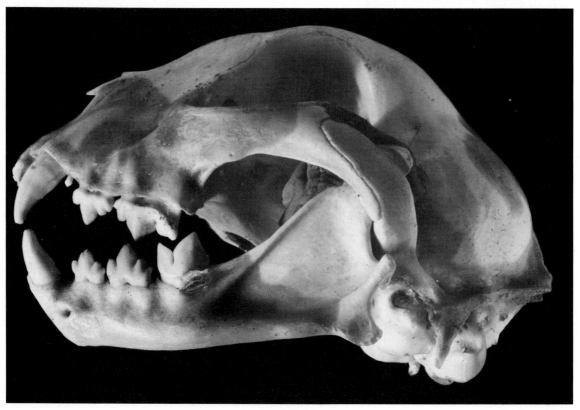

Abb. 503. *Acinonyx jubatus*. Schädel (Lateralansicht). Unterkiefer nicht im Kiefergelenk eingehängt. NHMW 2880. Schädellänge 159 mm.

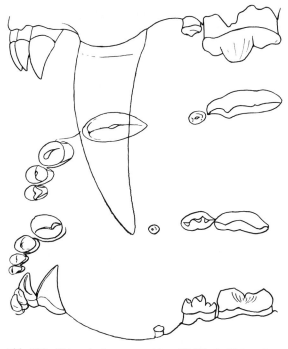

Abb. 504. *Homotherium crenatidens* (Felidae), Pleistozän, Europa. $I^1 - M^1$ sin. buccal (ganz oben) und occlusal (mitte oben). $I_1 - M_1$ dext. occlusal (mitte unten) und lingual (ganz unten). Beachte verlängerten C sup. und verkleinerten C inf., ferner reduziertes P-Gebiß mit rein schneidendem P^4. Nach Original. 1/2 nat. Größe.

Ausbildung dieser Eckzähne unterscheidet man die „scimitar-toothed" (wie bei *Machairodus, Homotherium*) und die „dirk-toothed felids" (wie *Megantereon, Smilodon*) (Tafel XXXI). Während bei *Homotherium* die C sup. relativ kurz, stark abgeflacht und gekrümmt sowie mit scharfen, krenelierten Vorder- und Hinterkanten versehen sind, besitzt *Smilodon* lange und nur schwach gekrümmte C sup. Die C inf. sind klein und nur wenig größer als die $I_{\bar{3}}$. Bei Säbelzahnkatzen kommt es auch zur Ausbildung eines Unterkieferflanschs im Bereich der Symphyse. Dieser Flansch ist bei alt- und jungtertiären Säbelzahnkatzen innerhalb der Nimravidae (wie *Hoplophoneus, Eusmilus, Barbourofelis*) noch wesentlich länger ausgebildet (Tafel XXXI) (MATTHEW 1910, SCHULTZ, SCHULTZ & MARTIN 1970). Wie bereits MATTHEW (1910) und MARINELLI (1938) ausführen, wirken die Eckzähne bei *Smilodon* nicht als Greifapparat zum Transport von Beutetieren, sondern dienen mit Hilfe der außerordentlich kräftigen Nackenmuskulatur als Hieb- und Schneidwerkzeug („stabbing and slicing") (SIMPSON 1980). Dies bestätigt auch eine Analyse durch EMERSON & RADINSKY (1980), die zeigt, daß bei allen Säbelzahn-

Abb. 505. *Homotherium nestianum*, Pliozän, Europa. Schädel (Lateralansicht). Beachte niedrigen Processus ascendens. Original Univ. Paris. Abguß PIUW 2360. Schädellänge 330 mm.

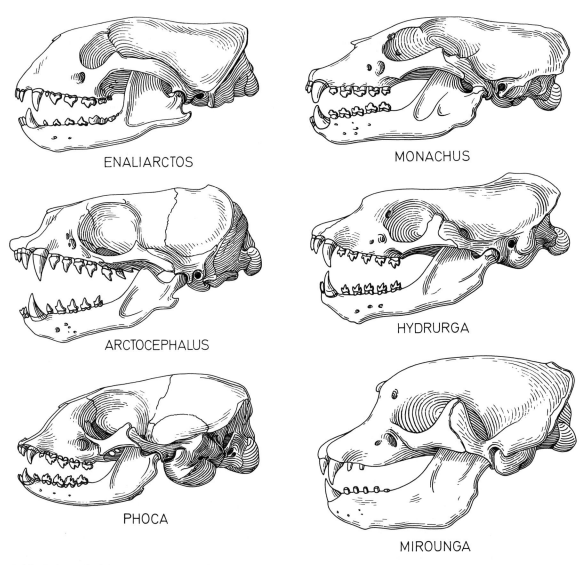

ENALIARCTOS

MONACHUS

ARCTOCEPHALUS

HYDRURGA

PHOCA

MIROUNGA

Tafel XXXII. Schädel (Lateralansicht) fossiler und rezenter Carnivora (Pinnipedia). Linke Reihe: *Enaliarctos* (Enaliarctidae, Miozän), *Arctocephalus* (Otariidae, rezent) und *Phoca* (Phocidae, rezent). Rechte Reihe: *Monachus*, *Hydrurga* und
Mirounga als rezente Phocidae mit verschieden differenziertem Gebiß. Nicht maßstäblich.

katzen innerhalb der Carnivoren der Schädel in ähnlicher Weise modifiziert ist. Nach MILLER (1969, 1984) war *Smilodon* ein Blutsauger. Ob das Reißen der Beute (wie Proboscideer, Riesenfaultiere) mit geöffneten oder geschlossenen Kiefern erfolgte, wird diskutiert (MATTHEW 1910, MARINELLI 1938, BOHLIN 1940), doch ist ersteres anzunehmen, nicht nur bei den Arten mit einem Unterkieferflansch. Nach RADINSKY & EMERSON (1983) konnte der Unterkiefer bei den Säbelzahnkatzen um über 90° (bei *Barbourofelis* sogar um 115°) geöffnet werden. Bei den rezenten Feliden liegen die Werte zwischen 65 und 70°. Bemerkenswert ist, daß die I sup. einspitzig sind und die I^3 nur schwach größer sind als die inneren Schneidezähne. Auch dadurch unterscheiden sich die Säbelzahnkatzen stark von den Pantherkatzen. Außerdem ist die Unterkiefersymphyse in der Vorderansicht nicht gerundet dreieckig, sondern quadratisch bis rechteckig (Abb. 460). Das Backenzahn-

gebiß wird – bei Vergrößerung der Brechscherenzähne – reduziert, so daß die Zahnformel bei den pleistozänen Säbelzahnkatzen (wie *Homotherium*, *Smilodon*) $\frac{3\ 1\ 2\ 0}{3\ 1\ 2\ 1} = 26$ lautet.

Zu den geologisch ältesten Feliden zählen *Proailurus*, *Stenoplesictis* und auch *Palaeogale* aus dem Alttertiär mit der Zahnformel $\frac{3\ 1\ 4\ 2-1}{3\ 1\ 4\ 1} = 36-38$ und schneidendem P^4 mit Parastyl. Bei *Proailurus* ist die Krone des reduzierten M^1 breiter als lang, am $M_{\overline{1}}$ ist das Protoconid deutlich höher als das Paraconid; Metaconid und Talonid sind klein, aber deutlich ausgebildet. Der einwurzelige M_2 ist winzig (VIRET 1929). Bei *Palaeogale* ist die felide Spezialisierung bereits weiter fortgeschritten (BONIS 1981).

Die Robben (Pinnipedia) unterscheiden sich nicht nur durch die Anpassungen an das Wasserleben von den Landraubtieren, sondern auch im Bau des Gebisses. Die Backenzähne sind durchweg sekundär vereinfacht und dienen als Greif- oder Seihgebiß. Die Zahnformel schwankt bei den rezenten Robben zwischen $\frac{3\,1\,4\,2}{2\,1\,4\,1} = 36$ (etwa *Callorhinus*, *Arctocephalus*, *Otaria*) und $\frac{1\,1\,3\,0}{0\,1\,3\,0} = 18$ (*Odobenus*) und zeigt, daß es nicht nur im Bereich der Backenzähne, sondern auch des Vordergebisses zu

Reduktionen gekommen ist (ALLEN 1880, SCHEFFER 1958). Diese Reduktion hat auch zum Abbau der Brechschere geführt. Nur bei der geologisch ältesten Pinnipediergattung *Enaliarctos* aus dem Altmiozän (Arikareean) Nordamerikas ist der $P^{\underline{4}}$ als Brechscherenzahn ausgebildet (Abb. 506; Tafel XXXII). $M^{\underline{1}}$ und $M^{\underline{2}}$ sind klein und dokumentieren nicht nur die beginnende Reduktion, sondern auch die Ableitung der Ohrenrobben von primitiven Ursiden (MITCHELL & TEDFORD 1973), was auch durch *Prototaria* (Enaliarctidae) aus dem Mittelmiozän Japans mit der Zahnformel $\frac{3\,1\,4\,2}{2\,1\,4\,2} = 38$, bestätigt wird (TAKAYAMA & OZAWA 1984).

Innerhalb der Pinnipedia lassen sich die in mancher Hinsicht primitiveren Otarioidea (Ohrenrobben [Otariidae] und Walrosse [Odobenidae]) und die Hundsrobben (Phocoidea mit den Phocidae) unterscheiden. Die Seebären (*Arctocephalus* und *Callorhinus*) sind typische Vertreter der Ohrenrobben (Otariidae) und damit Angehörige der Otarioidea (Abb. 507; Tafel XXXII). Sämtliche Zähne mit Ausnahme der zweispitzigen mittleren Incisiven sind haplodont und unterscheiden sich hauptsächlich durch Größe der Kronen und die Ausbildung der Wurzeln. Von den schwach bogenförmig angeordneten I sup. sind die $I^{\underline{1}}$ zweischneidig, die $I^{\underline{2}}$ stiftförmig oder auch zweischneidig und die $I^{\underline{3}}$ caniniform. Die im Umriß rundlichen, kräftigen C sup. sind mit einer distalen Kante versehen. Die kegelförmige Krone der P sup. besitzt ein Innencingulum, das stellenweise kleine Höcker bildet. Die kräftigen Wurzeln lassen die einstige Zweiteilung erkennen. Die Krone der beiden Molaren ist

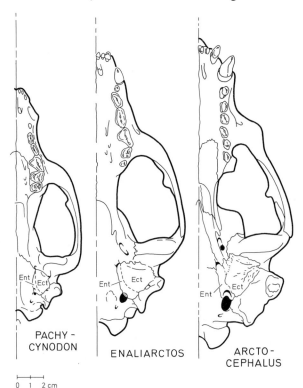

Abb. 506. Linke Schädelhälfte (Ventralansicht) von Ursiden (*Pachycynodon*, Oligozän) und Pinnipediern (*Enaliarctos*, Enaliarctidae, Miozän und *Arctocephalus*, Otariidae, Holozän). Beachte schrittweise Reduktion bzw. Vereinfachung des Backenzahngebisses. Nach TEDFORD (1976), umgezeichnet.

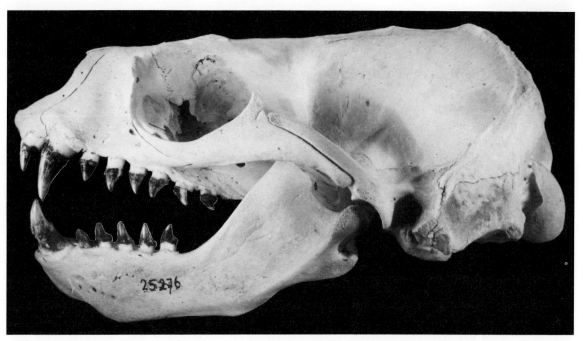

Abb. 507. *Arctocephalus pusillus* (Otariidae), rezent, Südafrika. Schädel samt Unterkiefer (Lateralansicht). Beachte homodontes Backenzahngebiß aus haplodonten Zähnen. NHMW 25.276. Schädellänge 222 mm.

asymmetrisch schräg nach hinten gekrümmt. Die massiven Wurzeln dokumentieren auch hier die Reduktion der Krone. Von den alternierend angeordneten I inf. sind die mittleren zweischneidig. Die C inf. sind seitlich komprimiert und mit Vorder- und Hinterkante versehen. Die mandibularen Backenzähne ähneln jenen des Oberkiefers. Als ganzes bildet das Gebiß der Seebären einen ausgezeichneten Greifapparat, wie er für Fischfresser typisch ist. Die Kaumuskulatur ist reduziert. Bei den übrigen Otariiden (wie *Eumetopias*, *Zalophus*, *Otaria*, *Phocarctos*) ist das Gebiß im Prinzip ähnlich gebaut. Manchmal ist der M^2 reduziert (Abb. 508).

Völlig abweichend ist das Gebiß vom Walroß (*Odobenus* [= *Rosmarus*] *rosmarus*; Odobenidae) gestaltet. Die funktionelle Zahnformel lautet $\frac{1\ 1\ 3\ 0}{0\ 1\ 3\ 0} = 18$, doch wird das rudimentäre Milchgebiß noch komplett angelegt ($\frac{3\ 1\ 3}{3\ 1\ 3}$; Cobb 1933) und die Zahl der Dauerzähne ist ursprünglich größer ($\frac{2\ 1\ 4\ 1}{0\ 1\ 3\ 1} = 26$; successional dentition) als jene des endgültigen (funktionellen) Gebisses (Abb. 509; Tafel XV). Die mit einer offenen Pulpa versehenen C sup. sind hauerartig vergrößert und dienen

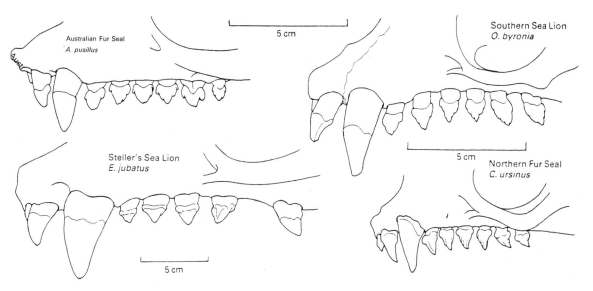

Abb. 508. Oberkiefergebiß (sin.) von Otariiden in Buccalansicht. A – *Arctocephalus*, C – *Callorhinus*, E – *Eumetopias*, O – *Otaria*. Nach King (1983).

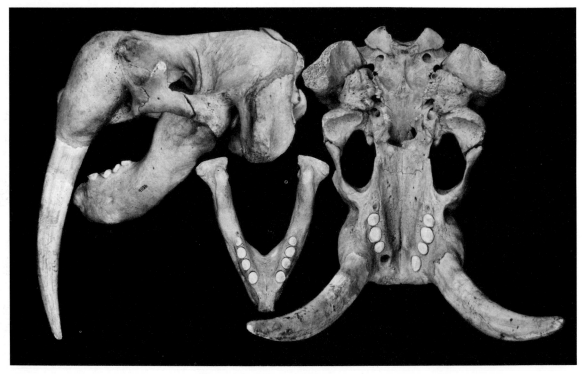

Abb. 509. *Odobenus rosmarus* (Odobenidae), rezent, arktischer Ozean. Schädel (Lateral- und Ventralansicht) und Unterkiefer (Aufsicht). C sup. hauerartig vergrößert. P^1 sin. und $M_{\overline{1}}^{1}$ ausgefallen. NHMW 4038. Schädellänge 400 mm.

– wie auch die Nutzspuren an den Zähnen zeigen – den Tieren hauptsächlich zum Aufstöbern von benthisch lebenden Muscheln, die mit den pflockförmigen Backenzähnen festgehalten werden, um nach FAY (1982) anschließend ausgesaugt zu werden. Sie sind mit den I^3 in einer Reihe angeordnet und bilden eine funktionelle Einheit, da der mächtige C sup. nach außen verlagert ist. Die Grenze zwischen Krone und Zahnwurzel ist nur angedeutet, da der Schmelz fehlt. Die massiven C sup. di-

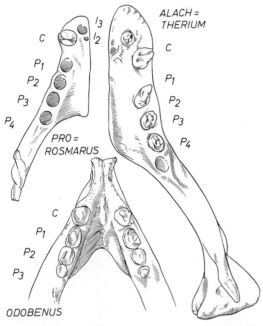

Abb. 510. Unterkiefer(-hälften) fossiler und rezenter Odobenidae (Aufsicht). *Prorosmarus* (Pliozän), *Alachtherium* (Pleistozän) und *Odobenus* (Holozän). Beachte fortschreitende Gebißreduktion. Nach BERRY & GREGORY (1906), umgezeichnet.

vergieren leicht und zeigen einen Geschlechtsdimorphismus. Die C inf. sind den „stiftförmigen" Backenzähnen angeglichen, die nach hinten kleiner werden. Das insgesamt sehr massive Gebiß von *Odobenus* ist demnach ein Stöber- und Quetschgebiß, wie es in dieser Form bei molluscophagen Säugetieren einmalig ist. Bemerkenswert ist, daß der Carnivorentyp beibehalten wurde und nur weitgehend vertikale Kieferbewegungen zuläßt. An den Backenzähnen kommt es zur Hyperzementose. Besonders bei alten Männchen läßt sich eine Bänderung des Zementes beobachten, die dem periodischen Wachstum (dunkle Lagen im Sommer nach der Paarung) entspricht (MANSFIELD 1958).

Die fortschreitende Reduktion des Gebisses (außer C sup.) läßt sich auch phylogenetisch von *Prorosmarus* (Pliozän) über *Alachtherium* (Pleistozän) zu *Odobenus* (einschließlich *Trichecodon*; Quartär: 28 – 26 – 18) verfolgen (Abb. 510). Bei *Aivukus* aus dem Miozän sind die C sup. nur als kurze Stoßzähne ausgebildet. Bei *Prorosmarus* lautet die Unterkiefer-Zahnformel 2 1 4 0 und der C inf. ist durch Größe und Länge deutlich von den bereits einwurzeligen P verschieden (BERRY & GREGORY 1906). Die Odobeniden lassen sich von miozänen Otariiden ableiten (REPENNING & TEDFORD 1977).

Das Gebiß der Phocoidea (Phocidae) zeigt zwar ähnliche Reduktionserscheinungen, wie die Zahnformel ($\frac{2-3\ 1\ 4\ 0-2}{1-2\ 1\ 4\ 0-1} = 26-36$) erkennen läßt, doch sind in der Zahnmorphologie deutliche Unterschiede gegenüber den Otariiden vorhanden. Beim Seehund (*Phoca vitulina*) lautet die Zahnfor-

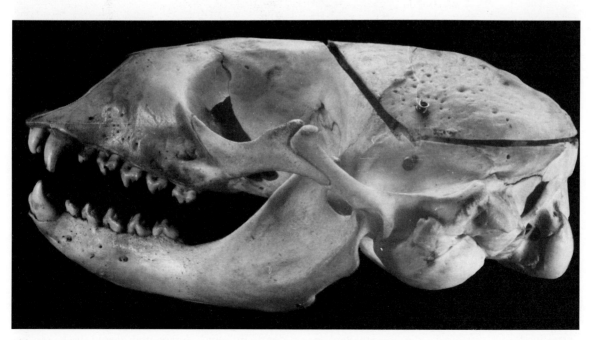

Abb. 511. *Phoca vitulina* (Phocidae), rezent, Nordatlantik. Schädel samt Unterkiefer (Lateralansicht). PIUW 1621. Schädellänge 180 mm.

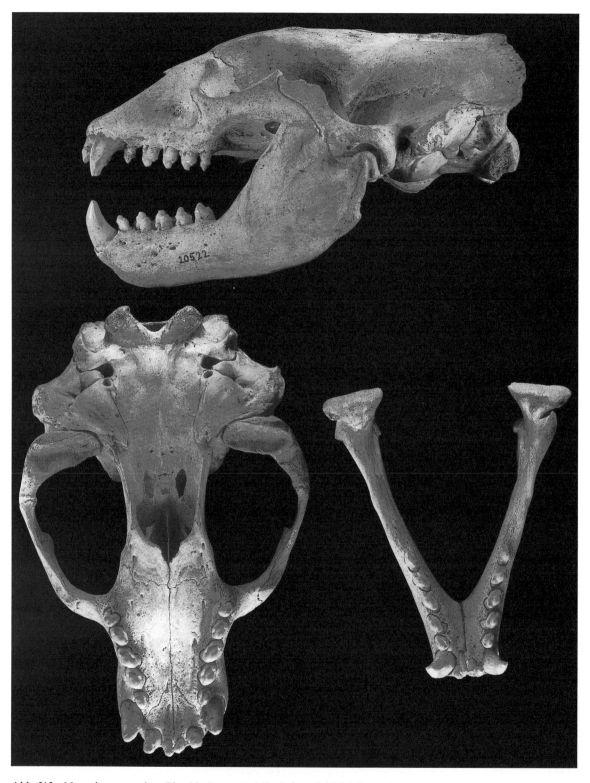

Abb. 512. *Monachus monachus* (Phocidae), rezent, Mittelmeer. Schädel (Lateral- und Ventralansicht) und Unterkiefer (Aufsicht). Beachte Stellung der Backenzähne. NHMW 20.522. Schädellänge 28 cm.

mel $\frac{3\ 1\ 4\ 1}{2\ 1\ 4\ 1}$ = 34 und ist damit ziemlich vollständig (Abb. 511; Tafel XXXII). Die in einer Reihe angeordneten I sup. sind hakenförmig gekrümmt und vergrößern sich vom I$^{\underline{1}}$ zum I$^{\underline{3}}$. Auch die kurzen, aber kräftigen C sup. sind stark gekrümmt und durch ein Diastema von den I$^{\underline{3}}$ getrennt. Der einwurzelige P$^{\underline{1}}$ ist stiftförmig, die übrigen Backenzähne sind drei- bis vierspitzig, indem zu der ha-

kenförmig gekrümmten Hauptspitze ein Para- und ein bis zwei Metastyli kommen. Die P$^{\underline{2-4}}$ sind zweiwurzelig und mit ihren Achsen gegeneinander verstellt, der etwas kleinere M$^{\underline{1}}$ besitzt eine Wurzel mit lateraler Längsfurche. Die stiftförmigen I inf. stehen alternierend, die nach außen divergierenden C inf. sind kleiner und gleichfalls hakenförmig gekrümmt. Der P$_{\overline{1}}$ ist einwurzelig, die übrigen

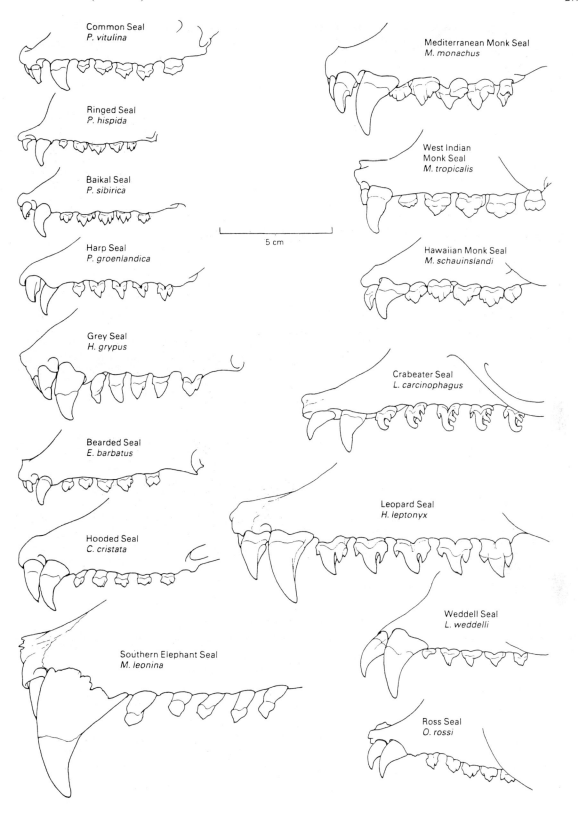

Abb. 513. Oberkiefergebiß (sin.) rezenter Phociden. P – *Phoca*, H – *Halichoerus grypus*, E – *Erignathus*, C – *Cystophora*, M – *Mirounga leonina*, M – *Monachus monachus, tropicalis* und *schauinslandi*, L – *Lobodon carcinophagus*, H – *Hydrurga leptonyx*, L – *Leptonychotes weddelli*, O – *Ommatophoca*. Nach KING (1983).

Backenzähne des Unterkiefers zweiwurzelig und meist dreispitzig, wobei auch hier die Achsen von P$_{\overline{2-4}}$ gegeneinander verstellt sind. Die Zähne greifen bei Okklusion ineinander und bilden ein Schnapp- oder Greifgebiß. Bei der Kegelrobbe (*Halichoerus grypus*) und bei der Klappmütze (*Cystophora cristata*) sind die Backenzähne durchgehend zu einfachen – mit Ausnahme des M$^{\underline{1}}$ mit zweiteiliger Wurzel – und einwurzeligen Zähnen umgestaltet, deren Wurzel jedoch sehr massiv ist. Das Vordergebiß ist bei *Cystophora* wie bei *Mirounga* auf $\frac{2}{1}$ reduziert.

Bei den Monachinae ist das Vordergebiß auf $\frac{2}{2}$ rückgebildet, das Backenzahngebiß jedoch bei den einzelnen Gattungen entsprechend der Ernährungsweise unterschiedlich ausgebildet (vgl. Abb. 461). Bei der Mönchsrobbe (*Monachus monachus*) sind die einzelnen Zähne wesentlicher massiver als bei *Phoca*. Die Zahnformel lautet $\frac{2\,1\,4\,1}{2\,1\,4\,1} = 32$. Von den mehr oder weniger kegelförmigen Incisiven sind die mittleren bedeutend kleiner. Die im Umriß rundlichen C sup. sind kräftig und gekrümmt. Basalbänder umgeben die Kronen der Backenzähne fast vollständig und bilden gelegentlich Para- und Metastylhöcker (Abb. 512; Tafel XXXII). Die Achse der Prämolaren ist wie bei *Phoca* gegeneinander verstellt. Die Krone des M^1 ist etwas einfacher. Die Zahnkronen sind überdies gerunzelt. Die I inf. sind kleiner als die I sup. und alternierend angeordnet. Die kräftigen, aber eher kurzen C inf. divergieren stark. Für die des Unterkiefers gilt das bereits oben Gesagte. Bei *Monachus schauinslandi* von Hawaii sind die Nebenhöcker der Backenzähne deutlicher ausgebildet. *M. schauinslandi* ist nach REPENNING & RAY (1977) die primitivste *Monachus*-Art. Innerhalb der Lobodontini sind beim Seeleopard (*Hydrurga leptonyx*) und beim Krabbenfresser (*Lobodon carcinophaga*) die Nebenhöcker der Backenzähne erhöht oder auch vermehrt, wodurch es bei *Lobodon* als Planktonfresser zu einem Seih- oder Filtergebiß und beim Seeleopard zu einem idealen Greifgebiß mit hakenförmig gekrümmten Caninen kommt (Abb. 513). *Lobodon carcinophaga* ist vorwiegend auf den Fang von Crustaceen spezialisiert, während der riesige Seeleopard hauptsächlich von Pinguinen und Robben lebt. Bei den See-Elefanten oder Elefantenrobben (*Mirounga*) sind die Eckzähne besonders bei den Männchen stark vergrößert (Geschlechtsdimorphismus) und möglicherweise wurzellos (MATTHEWS 1952), die Backenzähne hingegen einfach, kegelförmig gestaltet mit massiven Wurzeln (Tafel XXXII).

Zu den ältesten Phociden zählt *Miophoca vetusta* aus dem Mittelmiozän Europas (ZAPFE 1937), bei der die Unterkiefer-Zahnformel mit $\frac{}{2\,1\,4\,1}$ zwar schon reduziert ist, der $M_{\overline{1}}$ jedoch mehrhöckerig ist (Para-, Proto- und ? Metaconid sowie Talonid) (THENIUS 1952) (Abb. 514). Die übrigen jungtertiären Phociden (z.B. *Monotherium*, *Homophoca*, *Piscophoca*, *Pristiphoca*) sind typische Monachinen, bei *Acrophoca* aus dem Pliozän von Peru ist das Rostrum stark verlängert und die schmalen Backenzähne durch Diastemata voneinander getrennt (HENDEY & REPENNING 1972, MUIZON 1981).

3.15 Cetacea (Wale)

Die Wale sind gegenwärtig durch die Zahn- (Odontoceti) und die Bartenwale (Mystacoceti oder Mysticeti) mit etwa 85 Arten fast weltweit verbreitet. Eine ausschließlich fossile Gruppe sind die Urwale (Archaeoceti). Sie sind auf das Alttertiär beschränkt und verhalten sich nicht nur im Gebiß bedeutend ursprünglicher als die rezenten Wale.

Die heutigen Wale sind völlig an das Wasserleben angepaßte Säugetiere, die zahlreiche mit dieser Lebensweise in Zusammenhang stehende Anpassungserscheinungen aufweisen, was auch für das Gebiß gilt. Dadurch stehen sie innerhalb der Säugetiere isoliert im System (Cohorte: Mutica; SIMPSON 1945). Hier sind die Bartenwale nicht weiter berücksichtigt, da bei ihnen – abgesehen von embryonal angelegten und erstmals von GEOFFROY ST. HILAIRE 1807 entdeckten Zahnanlagen (die bis zu 186 betragen können, wie bei *Balaena*, *Balaenoptera* und *Megaptera*; vgl. ESCHRICHT 1849; Abb. 515) – das Gebiß völlig reduziert ist und durch hornige Barten (= „Fischbein") als Seihapparat für die Nahrung (sogenannter Krill = planktonische Kleinkrebse) ersetzt ist. Die große Zahl von embryonal angelegten Zahnanlagen verschiedener Bartenwale beweist, daß diese von Walen mit einem bereits polyodonten Gebiß abstammen. Dies würde bedeuten, daß sie nicht von (den bisher bekannten) Urwalen herzuleiten sind. Demgegenüber nehmen JULIN (1880) und WEBER (1886) auf Grund einer gewissen Differenzierung der Zahnanlagen (vordere Zähne einspitzig, hintere zwei- bis dreispitzig oder Krone mit mehreren Tuberkeln) eine Abstammung von heterodonten Vorfahren an, was jedoch nicht zwingend ist.

Durch den Nachweis der Urwale ergibt sich eine Großgliederung der Cetaceen in drei Gruppen (Archaeoceti, Odontoceti, Mystacoceti). Die ur-

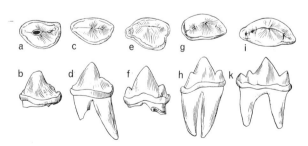

Abb. 514. *Miophoca vetusta* (Phocidae), Mittelmiozän, Europa (Paratethys). P (a–b: P³ sin., c–d: P⁴ sin., g–h: P₃ sin.) und M (e–f: M¹ sin., j–k: M₁ sin.). Beachte mehrhöckrigen M₁. Nach THENIUS (1952). Etwas über 1/1 nat. Größe.

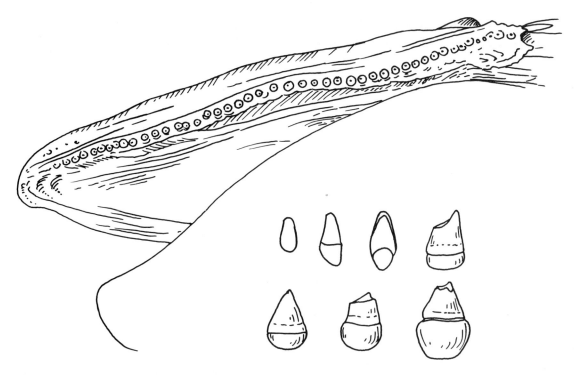

Abb. 515. *Balaenoptera musculus* (Balaenopteridae), rezent, alle Ozeane. Linker Oberkiefer eines Embryos von 123 cm Körperlänge (oben). Einzelne Zähnchen aus dem vorderen Kieferbereich. Nach KÜKENTHAL (1893), umgezeichnet. Kiefer etwa 2/3 nat. Größe. Zähne vergrößert.

sprüngliche Klassifizierung der Archaeoceti als oligodonte und heterodonte Odontoceti ist auf Grund zahlreicher Differenzen heute längst aufgegeben worden, ebenso wie die Abtrennung der Squalodontoidea (Odontoceti) als Mesoceti (polyodont und heterodont) von den übrigen Odontoceti (= Euodontoceti: polyodont und homodont sowie monophyodont; DAMES 1894). Wegen verschiedener bedeutender morphologischer Unterschiede zwischen Zahn- und Bartenwalen (wie symmetrischer Schädel und paarige Nasenöffnungen bei Bartenwalen; asymmetrischer Schädel und unpaare Nasenöffnungen bei Zahnwalen) wird verschiedentlich eine diphyletische Entstehung der Wale angenommen (KÜKENTHAL 1893, KLEINENBERG 1958, MCHEDLIDZE 1984), was jedoch sehr unwahrscheinlich ist. Bei einzelnen Zahnwalen kann es zur Aulacodontie kommen. Die Zahnwurzeln sitzen in einer Alveolarfurche im Kiefer, die durch den (sekundären) Schwund der Alveolarsepten entstanden ist (z. B. Delphine).

Eine zusammenfassende Darstellung des Gebisses der Cetaceen gibt es nicht. Die Nomenklatur wird nicht einheitlich verwendet. Ich habe mich – soweit es die rezenten Arten betrifft – im folgenden an HERSHKOVITZ (1966) gehalten.

Bei den rezenten Zahnwalen ist das Gebiß meist sekundär homodont gestaltet und monophyodont. Das Milchgebiß dürfte unterdrückt sein. Bei den Urwalen (Archaeoceti) ist es heterodont und –

zumindest bei den erdgeschichtlich ältesten Arten – auch vollständig mit $\frac{3\,1\,4\,3}{3\,1\,4\,3} = 44$. DAMES (1894) spricht von oligodont und heterodont. Das Gebiß der Archaeoceten läßt nicht nur die Herkunft von einem heterodonten Gebiß mit vollständiger Zahnzahl erkennen, sondern ermöglicht auch die Homologisierung der verschiedenen Zahnkategorien, sowie der einzelnen Zähne. Weiterhin ist der Jochbogen bei den Urwalen stets kräftig entwickelt, und das Kiefergelenk liegt im Zahnreihenniveau. Von den erdgeschichtlich ältesten Urwalen seien hier *Protocetus atavus* (Protocetidae) aus dem Mitteleozän Ägyptens (FRAAS 1904) und *Pakicetus inachus* aus dem Alteozän Indiens (GINGERICH & RUSSELL 1981) erwähnt. Neuerdings haben KUMAS & SAHNI (1986) mit *Remingtonocetus* und *Andrewsiphius* aus dem Mittel-Eozän Südasiens langschnauzige Archaeoceti mit vollständiger Zahnformel ($\frac{3\,1\,4\,3}{3\,1\,4\,3}$) als Angehörige einer eigenen Familie (Remingtonocetidae) beschrieben.

Von *Protocetus atavus* ist zwar nur der Schädel (neben etlichen postcranialen Elementen) mit dem Gebiß bekannt, doch ist auf Grund geologisch jüngerer Urwale mit vollständigem Gebiß anzunehmen, daß nicht nur das Prämaxillar-, sondern auch das Mandibulargebiß komplett war und daher die Gebißformel $\frac{3\,1\,4\,3}{3\,1\,4\,3} = 44$ gelautet hat. Das Gebiß ist ausgesprochen heterodont (Abb. 516). Die Prämaxillare sind zwar weitgehend weggebrochen, doch ist nach anderen Archaeoceten (wie

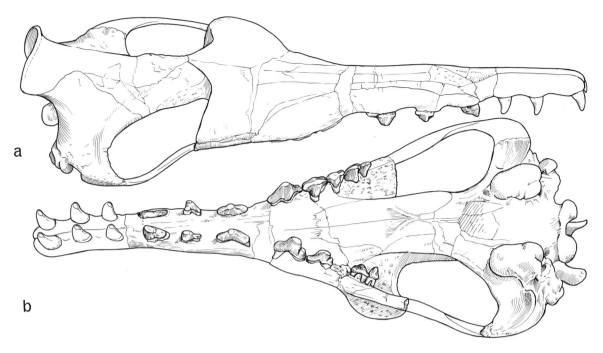

Abb. 516. *Protocetus atavus* (Protocetidae), Mittel-Eozän, Nordafrika. Schädel (Dorsal- und Ventralansicht), ergänzt. Beachte heterodontes Gebiß aus meist mehrwurzeligen Zähnen. P⁴ und M sup. mit Innenwurzeln. Nach FRAAS (1904), umgezeichnet. ca. 2/5nat. Größe.

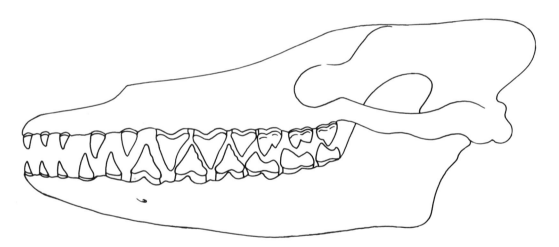

Abb. 517. *Pakicetus inachus* (Protocetidae), Alt-Eozän, Südasien, Rekonstruktion des Schädels samt Unterkiefer (Lateralansicht). Beachte heterodontes Gebiß. Nach GINGERICH & al. (1983), umgezeichnet. Etwa 1/2 nat. Größe.

Basilosaurus, Zygorhiza) anzunehmen, daß die I sup. vollzählig vorhanden und als einspitzige, einwurzelige Zähne mit nur leicht gekrümmten Kronen ausgebildet waren. Die Caninen und die vorderen Prämolaren sind, entsprechend dem langen und schmalen Rostrum, durch kleine Lücken voneinander getrennt. Die C sup. sind länger als breit, die Wurzeln abgeflacht und leicht zweigeteilt. Die Krone der P sup. ist gleichfalls länger als breit. Sie nimmt vom P² bis zum P³ an Länge zu. Die vorderen P sup. sind zweiwurzelig, der P⁴ dreiwurzelig. Der Zahnschmelz ist bei P³ und P⁴ an der Lingualseite verlängert und deutet darauf hin, daß bei diesen Zähnen einst ein echter Innen-

höcker entwickelt war. Am P³ kommt noch ein Metacon dazu. Der P⁴ ist kürzer und niedriger als der P³ und entspricht damit morphologisch den M sup. Diese nehmen bis zum M³ zwar an Größe ab, sind jedoch auch dreiwurzelig. Die Zahnreihen verlaufen vom I¹ bis zum P² parallel und divergieren vom P³ bis zum M³, wo diese eine geschlossene, nicht durch Diastemata getrennte Reihe bilden. Das Gebiß von *Protocetus*, wie auch das von *Pakicetus* (GINGERICH et al. 1983), ist durchaus jenem von Landsäugetieren ähnlich. Bei *Pakicetus inachus* sind die M sup. dreihöckerig mit einem großen Para- und Protocon und einem etwas kleineren Metacon (Abb. 517). Die M inf. lassen die Trennung in ein höheres Trigonid (mit dreiekkigem Protoconid) und einem niedrigen, einfach gekielten Talonid erkennen. Ursprünglich wurden (isolierte) Zähne von *Pakicetus* auf Mesonychiden (Hyaenodonta) bezogen. Die zweiwurzeligen Prämolaren bestehen aus dem hohen Haupthöcker, der an den P inf. leicht serrat sein kann. Eine derartige serrate Ausbildung von Backenzähnen findet sich bei anderen Archaeoceten (wie *Basilosaurus*, *Zygorhiza*, *Dorudon*) sowie bei den Squalodonten (z. B. *Squalodon*) ausgeprägt, indem zum Haupthöcker drei bis fünf Nebenhöcker an der mesialen und distalen Haupthöckerkante (Denticuli bei ROTHAUSEN 1968) kommen können.

Bei *Basilosaurus* (= „*Zeuglodon*") *cetoides* (Basilosauridae) aus dem Jungeozän ist das heterodonte und anisodonte Gebiß fast vollständig ($\frac{3\ 1\ 4\ 2}{3\ 1\ 4\ 3}$ = 42). $I\frac{1}{1}$ bis $P\frac{2}{2}$ sind, entsprechend des langen Fazialschädels, durch Diastemata voneinander getrennt. $P\frac{3}{3}$ bis $M\frac{2}{3}$ bilden eine geschlossene Zahnreihe. Die Krone der einwurzeligen Incisiven und der Caninen ist einfach und leicht gekrümmt.

Die Wurzel der $P\frac{1}{1}$ ist seitlich abgeflacht, mit lingualer und buccaler Längsfurche. Zwei kleine akzessorische Höckerchen (am P^1 distal, am $P_{\bar{1}}$ mesial) zeigen den Beginn der serraten Ausbildung, wie sie für die übrigen (zweiwurzeligen) Backenzähne typisch ist. Im Oberkiefer ist der P^3, im Unterkiefer der P_4 der jeweils größte Zahn. Die Krone dieser serraten Zähne ist seitlich abgeflacht, nur am P^4 ist nach KELLOGG (1936) die distale Kronenhälfte und der hintere Wurzelast verbreitert. Die Zahl der Höcker schwankt von fünf ($M\frac{2}{3}$) bis zu neun ($P\frac{3}{3,4}$) (Abb. 518). Die Krone von $M_{\overline{1-3}}$ ist asymmetrisch, da die mesiale Kante des Haupthöckers glatt und nicht gesägt ist.

Bei *Zygorhiza kochii* und *Dorudon osiris* (Dorudontidae) aus dem Jungeozän lautet die Gebißformel gleichfalls $\frac{3\ 1\ 4\ 2}{3\ 1\ 4\ 3}$ = 42. Die Backenzähne sind ab dem $P\frac{2}{2}$ ebenfalls serrat (Abb. 519) und in einer geschlossenen Zahnreihe angeordnet (Tafel XXXIII). Der P^4 ist lingual nur ganz schwach verbreitert. Die Zahnreihen divergieren ab dem P^2 nach hinten. Die Archaeoceti waren diphyodont,

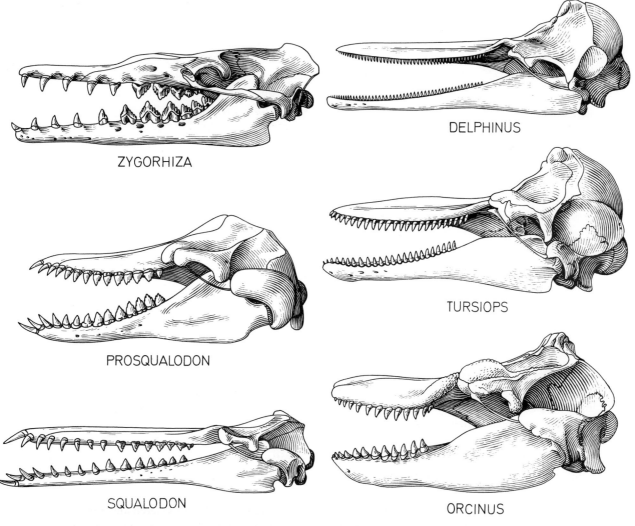

ZYGORHIZA

DELPHINUS

PROSQUALODON

TURSIOPS

SQUALODON

ORCINUS

Tafel XXXIII. Schädel (Lateralansicht) fossiler und rezenter Cetacea (Archaeoceti und Odontoceti). Linke Reihe: *Zygorhiza* (Archaeoceti: Dorudontidae, Eozän), *Prosqualodon* und *Squalodon* (Odontoceti: Squalodontidae, Oligo-Miozän). Rechte Reihe: *Delphinus*, *Tursiops* und *Orcinus* (Odontoceti: Delphinidae, rezent). Nicht maßstäblich.

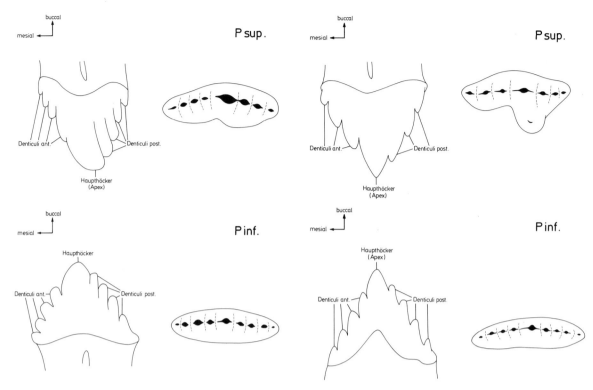

Abb. 518. *Basilosaurus* (Basilosauridae), Jung-Eozän, Nordamerika. P sup. und P inf. (Schema). Beachte serraten Zahnbau.

Abb. 519. *Prozeuglodon* (Basilosauridae), Mittel-Eozän, Nordafrika. P sup. und P. inf. (Schema). Serrater P sup. mit Innenhöcker.

wie etwa der Nachweis des Milchgebisses bei *Prozeuglodon isis* mit $\frac{3\,1\,4}{3\,1\,4}$ dokumentiert (KELLOGG 1936).

Die Archaeoceten belegen als primitivste Wale die stammesgeschichtliche Herkunft von Landsäugetieren aus der Verwandtschaft der als Schwestergruppe geltenden Mesonychiden, die ursprünglich als „Creodonta" (= Hyaenodonta), seit VAN VALEN (1966) jedoch meist als Angehörige der Condylarthra (Urhuftiere) klassifiziert werden. Damit erscheint die Ableitung von primitiven Huftieren bekräftigt, wie sie auf Grund anatomischer Merkmale schon von FLOWER (1883) und WEBER (1904) vermutet wurde. Diese Ableitung wird übrigens auch durch Ähnlichkeiten und Übereinstimmungen im Zahnfeinbau von Archaeoceten und Squalodontiden mit Huftieren bestätigt (CARTER 1948).

Die heutigen Zahnwale (Odontoceti), mittelgroße (wie die Flußdelphine) bis große Arten (wie der Pottwal) sind durch etwa 75 Arten vertreten, die insgesamt 7 Familien zugeordnet werden. Fossil sind Angehörige von mindestens fünf weiteren Familien nachgewiesen. Das Gebiß der Zahnwale ist meist sekundär homodont und polyodont, aber dennoch recht verschieden gestaltet. Die Zahl der Zähne kann innerhalb großer Grenzen schwanken und reicht von einem langen Oberkieferstoßzahn (der dem C sup. entspricht) beim Narwal (*Monodon monoceros*) und 2 (–4) größeren Man-

dibularzähnen beim Schnabelwal (*Mesoplodon*) bis zu fast 250 Zähnen. Die Zahnzahl kann jedoch individuell stark schwanken. Hier sind Vertreter der Delphine (Delphinidae), Schweinswale (Phocoenidae), Flußdelphine („Platanistidae" = Susuidae), Pottwale (Physeteridae), Gründelwale (Monodontidae) und Schnabelwale (Ziphiidae) als rezente, der Squalodontidae und „Eurhinodelphidae" als fossile Zahnwalfamilien berücksichtigt. Bei den rezenten Zahnwalen ist der Jochbogen stark reduziert und nur als dünne Knochenspange ausgebildet. Das Kiefergelenk liegt im Zahnreihenniveau oder etwas darunter.

Mit *Prosqualodon davidi* aus dem Miozän Tasmaniens ist ein primitiver Squalodontide (= „shark toothed cetaceans") genannt, der im Gebiß morphologisch zwischen Archaeoceten und *Squalodon* vermittelt (Tafel XXXIII). Die Zahnzahl ist gegenüber jener der Urwale vermehrt, die einzelnen Zahnkategorien sind jedoch noch weitgehend differenziert. Eine echte Homodontie ist allerdings nicht eingetreten, da die Vorderzähne einspitzig, die Molaren jedoch mehrspitzig sind. Das Gebiß ist somit heterodont und polyodont. Die Gebißformel wird von FLYNN (1948) mit $\frac{3\,1\,4\,6}{3\,1\,4\,6} = 56$ angegeben, doch weist FLYNN wie bereits DAL PIAZ (1916) für *Squalodon* darauf hin, daß eine einwandfreie Homologisierung der postcaninen Backenzähne nicht möglich ist. Schneide- und Eckzähne sind einwurzelige, einspitzige Zähne, mit einem an der Basis rundlichen Querschnitt, leichten Vorder- und Hinterkanten und einer rugosen Schmelzoberfläche. Die Incisiven sind sehr schräg eingepflanzt, die Caninen weitgehend senkrecht. Die fast senkrecht wurzelnden P besitzen verwachsene Wurzeln. Die Krone der vorderen P sup. ist einspitzig, am P^3 ist distal ein Dentikel, am P^4 sind zwei distale Dentikel vorhanden. An den P inf. tritt jeweils ein distales Dentikel auf. Die Zähne sind meist durch winzige Abstände voneinander getrennt. Die meist einander etwas überlappenden Molaren sind stets zweiwurzelig. Die beiden Wurzeläste sind labial durch eine Lamelle verbunden, die als letzter Rest eines einstigen dritten Wurzelastes gedeutet werden kann (FLYNN 1948: 157). Die Krone ist meist siebenspitzig, indem zum zentralen Haupthöcker mesial und distal je drei Denticuli kommen, also deutlich serrat. Die Schmelzoberfläche ist außerordentlich stark rugos. *Prosqualodon* zeigt somit den Weg auf, wie es bei den modernen Zahnwalen zur Vermehrung der Zähne gekommen ist. Die Zahnleisten produzieren an ihrem distalen Ende mehr Zähne. Damit erscheint die einstige Deutung von KÜKENTHAL (1893) hinfällig, die sekundär vermehrte Zahnzahl vieler Zahnwale (wie Delphine, Schweinswale) sei durch einen Zahnzerfall während der Evolution entstanden.

Bei *Squalodon* (Squalodontidae) aus dem Oligo-Miozän ist der bei *Prosqualodon* eingeleitete Trend zur (sekundären) Homodontie und zur Vermehrung der Zahnzahl etwas weiter fortgeschritten. Die Zahl der Zähne beträgt entsprechend des langen Rostrums 56–60, wobei nach DAL PIAZ (1916) eher die Zahl der Prämolaren vermehrt, die der Molaren dagegen vermindert sei (Tafel XXXIII). VAN BENEDEN (1865) jedoch gibt die Zahl der Prämolaren mit 4, jene der Molaren mit 6–7 an. Bei *Squalodon bellunensis* aus dem Jungoligozän Italiens lautet die Gebißformel $\frac{3\ 1\ 11}{3\ 1\ 10} = 58$, da die postcaninen Zähne (= Buccalzähne bei ROTHAUSEN 1968) nicht mit Sicherheit zu homologisieren sind. Die Gebißformel wäre in Einklang mit jener von *Prosqualodon* vermutlich mit $\frac{3\ 1\ 4\ 7}{3\ 1\ 4\ 6} = 58$ zu schreiben. Nach KELLOGG (1923) lautet sie für *Squalodon calvertensis* $\frac{3\ 1\ 5\ 7}{3\ 1\ 4\ 6} = 60$, nach ZITTEL (1877) für *Squalodon bariensis* $\frac{3\ 1\ 4-5\ 7}{3\ 1\ 4\ 7} = 60-62$. WEBER (1886) hat die Zahl von 11 Postcaninen durch ein Persistieren von 4 Milchzähnen, die zu den 4 P und 3 M kommen, gedeutet. Die Kombination von heterodont und polyodont ist in gleicher Weise kennzeichnend. Die Zähne des Vordergebisses und die vorderen Backenzähne sind einwurzelig und einspitzig, die Incisiven schräg nach vorne gerichtet. Die hinteren Backenzähne sind zweiwurzelig, seitlich abge-

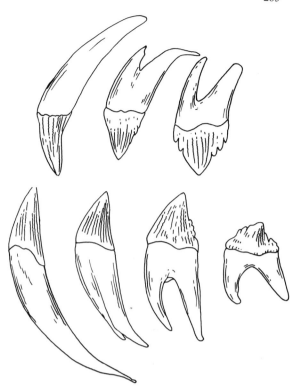

Abb. 520. *Squalodon calvertensis* (Squalodontidae), Alt-Miozän, Nordamerika. I, P und M sup. sin. buccal (oben), I oder C inf., P und M inf. sin. buccal (unten). Nach KELLOGG (1923), umgezeichnet. ca. 2/3 nat. Größe.

flacht und serrat, indem die mesiale und distale Kante zahlreiche Nebenhöcker (Denticuli) aufweist (Abb. 520). Die Kronenoberfläche ist mehr oder weniger rugos. Bei den evoluierteren *Squalodon*-Arten wird der serrate Zustand etwas abgebaut. Dadurch erinnern einzelne nur wenig serrate Zähne an primitive Hundsrobben (Phociden), mit denen sie im isolierten (fossilen) Zustand auch verschiedentlich verwechselt werden.

Die artenreichste Familie der Zahnwale bilden gegenwärtig die Delphine (Delphinidae), denen meist auch die Schweinswale (Phocoenidae) zugeordnet werden, die hier jedoch als Angehörige einer eigenen Familie betrachtet werden (s. u.). Die Zahnzahl schwankt bei den Delphinen innerhalb weiter Grenzen (24–260; nach KEIL 1966, von denen die maximale Zahl nach eigenen Untersuchungen nicht bestätigt werden konnte), liegt jedoch meist über der Zahl 44. Das Gebiß ist somit fast stets als polyodont und entsprechend der fehlenden Differenzierung zugleich als homodont zu bezeichnen. Hier sind die Gattungen *Delphinus*, *Tursiops* und *Orcinus* berücksichtigt (Tafel XXXIII). Nur bei einer Art, beim rezenten Rundkopfdelphin (*Grampus griseus*), ist eine sekundäre Reduktion auf $\frac{2-0}{2-7} = 4-18$ eingetreten. Diese Art ist ein ausgesprochener Tintenfischfresser.

Beim gemeinen Delphin (*Delphinus delphis*) ist das Gebiß ausgesprochen homodont und polyodont.

Die Zahnzahl schwankt von $\frac{40-50}{40-50} = 160-200$. Die anisodonten Zahnreihen sitzen in einem langen Rostrum und konvergieren leicht nach vorn, sind dabei im Unterkiefer leicht bogenförmig gekrümmt. Die vordersten Zähne sind etwas kleiner als die übrigen. Die Krone sämtlicher Zähne ist einspitzig mit rundlichem Querschnitt und lingualwärts gekrümmt (Abb. 521, 522). Kanten oder Kiele fehlen. Die Zähne sitzen mit den kräftigen

Wurzeln in einzelnen Alveolen, die jedoch vor allem im vorderen Kieferabschnitt ineinander verfließen. *Delphinus delphis* ist hauptsächlich Fischfresser. Das Kiefergelenk liegt im Zahnreihenniveau.

Beim Tümmler (*Tursiops truncatus*) ist das gleichfalls homodonte und polyodonte Gebiß viel massiver. Die Zahnzahl ist dementsprechend geringer $\left(\frac{20-22}{20-22} = 80-88\right)$ (Abb. 523, 524). Das Rostrum ist

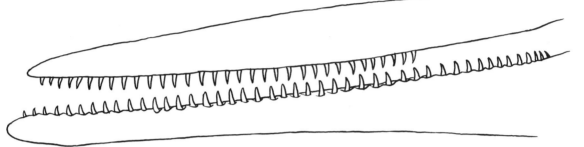

Abb. 521. *Delphinus delphis* (Delphinidae), rezent, alle Ozeane. Ober- und Unterkiefergebiß (sin.) buccal. Nach Original. 5/8 nat. Größe.

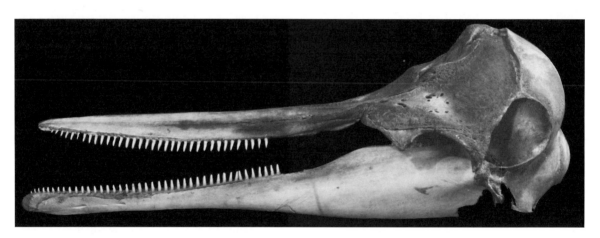

Abb. 522. *Delphinus delphis*. Schädel samt Unterkiefer (Lateralansicht). NHMW 7755. Schädellänge 49,5 cm.

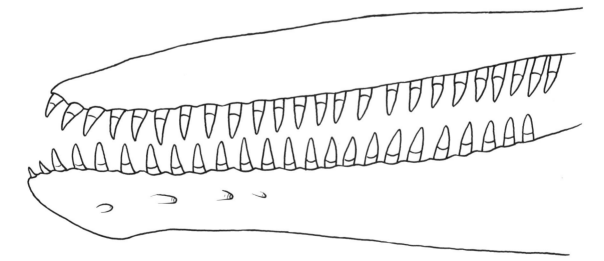

Abb. 523. *Tursiops ? truncatus* (Delphinidae), rezent, Atlantik. Ober- und Unterkiefergebiß (sin.) buccal. Nach Original. 2/3 nat. Größe.

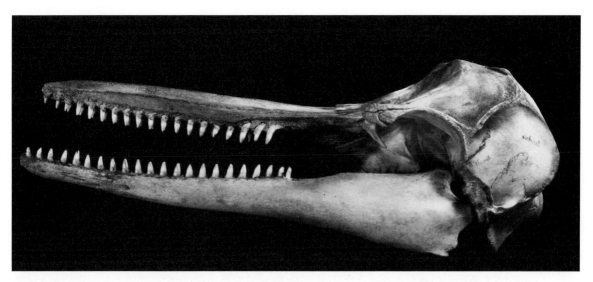

Abb. 524. *Tursiops* sp. Schädel samt Unterkiefer (Lateralansicht). PIUW 213a. Schädellänge 44,5 cm.

gegenüber *Delphinus* etwas breiter und kürzer, die Zahnreihen konvergieren schwach gegen vorne, die Unterkiefersymphyse ist kurz. Die einzelnen, annähernd gleich großen Zähne sitzen in eigenen Alveolen, die voneinander nicht immer ganz getrennt sind. Die im Querschnitt rundlichen Zahnkronen sind lingualwärts gekrümmt. Die Schmelzoberfläche ist glatt. Der Tümmler verzehrt Fische und Tintenfische.

Beim Schwertwal (*Orcinus* [= „*Orca*"] *orca*) besteht das homodonte Gebiß aus relativ wenigen Zähnen ($\frac{10-12}{10-12}$ = 40–48) (Tafel XXXIII). Das Rostrum ist breit und kurz, die Zahnreihen konvergieren nach vorne. Die Krone der relativ großen Einzelzähne ist kurz, die Wurzelpartie massig. Die einzelnen Zähne sind nur schwach lingualwärts gekrümmt. Der Schwertwal ist ein Großräuber und nährt sich von anderen Walen (wie Delphinen, Grauwalen und sonstigen), Robben, Fischen, Pinguinen und Tintenfischen.

Beim Schweinswal (*Phocoena phocoena*; Phocoenidae) ist das Gebiß gleichfalls homodont und polyodont. Die Zahnzahl ist mit etwa $\frac{16-30}{16-27}$ = 64–114

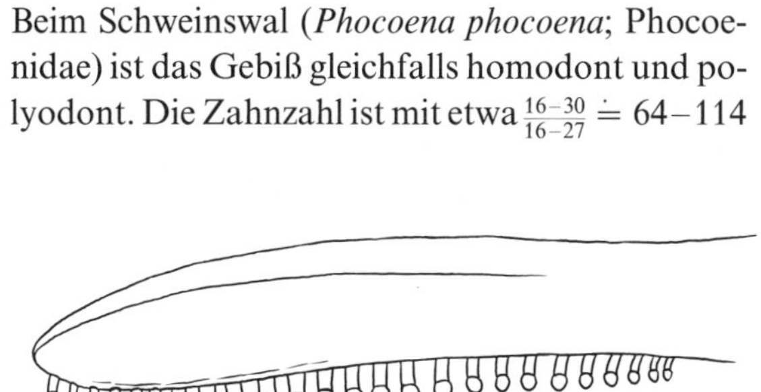

anzugeben, eine Differenzierung der einzelnen Zahnkategorien ist nicht möglich, doch wurzeln alle Oberkieferzähne in den Maxillaria (Abb. 525, 526; Tafel XXXIV). Die kurzen Zahnkronen sind seitlich abgeflacht und sind von außen gesehen gegenüber der Wurzel verbreitert. Eine Vorder- und Hinterkante ist ausgeprägt und fehlt lediglich den hintersten Backenzähnen, die gelegentlich spatelförmig geteilt sein können. Die sagittale Verbreiterung der Zähne ist in der vorderen Oberkieferhälfte am stärksten, so daß in diesem Abschnitt die einzelnen Zähne nur durch ganz winzige Zwischenräume getrennt sind. Die Zahnwurzeln sitzen in eigenen Alveolen. Das Rostrum ist relativ kurz und breit, die Zahnreihen konvergieren nach vorne und bilden vorne einen Bogen. Die Zahnreihen sind anisodont. Der Schweinswal ist Fisch- und Tintenfischfresser, der gelegentlich auch Krebse verzehrt.

Bei *Eurhinodelphis longirostris* („Eurhinodelphidae" = Rhabdosteidae) aus dem Mittelmiozän (Boldérien) des Atlantiks ist das Rostrum außerordentlich stark verlängert und überragt die Mandibel mindestens um die Hälfte (ABEL 1902, 1931). Dieser Abschnitt und damit das Prämaxillare ist zahnlos. Das homodonte und polyodonte Gebiß ähnelt jenem von *Delphinus*; die Gebißformel ist nach den Untersuchungen von ABEL (1902, 1909) mit etwa $\frac{40-41}{60-62}$ = 200–206 anzugeben. Die einwurzeligen Zähne sind kegelförmig und meist leicht nach vorn und außen gerichtet. Die Zähne sitzen in getrennten Alveolen (ABEL 1902). Die Symphyse ist sehr lang, dahinter divergieren die Zahnreihen.

Das Gebiß der in mancher Hinsicht primitiven, in anderer jedoch hochspezialisierten Flußdelphine („Platanistidae" = Susuidae) ist als spezialisiert zu bezeichnen (Tafel XXXIV). Es ist homodont

Abb. 525. *Phocoena phocoena* (Phocoenidae), rezent, N-Atlantik. Ober- und Unterkiefergebiß (sin.) buccal. Beachte abgerundete Zahnkronen. Nach Original. ca. 2/3 nat. Größe.

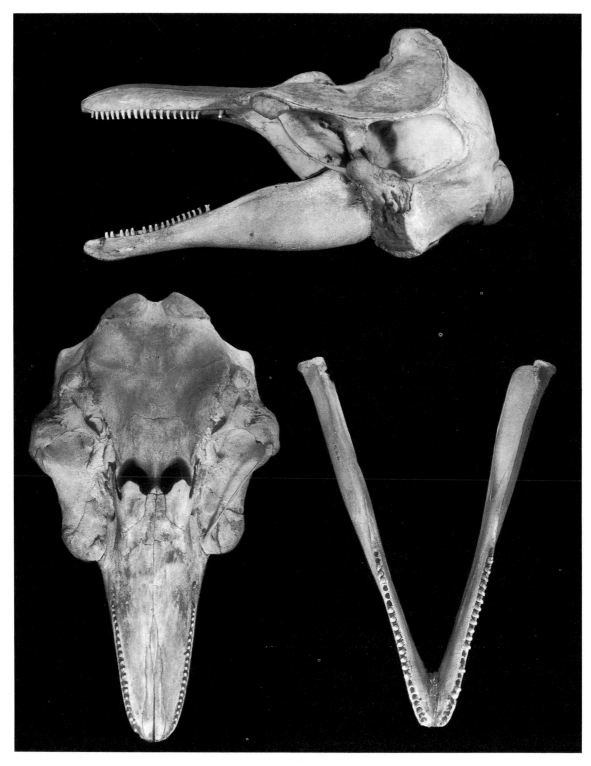

Abb. 526. *Phocoena phocoena*. Schädel (Lateral- und Ventralansicht) und Unterkiefer (Aufsicht). PIUW 1566. Schädellänge 42,5 cm, Unterkieferlänge 27,5 cm.

und polyodont und besteht aus einfachen, meist konischen Zähnen. Beim Amazonasdelphin (*Inia geoffrensis*) beträgt die Zahnzahl $\frac{26-34}{26-34} = 104-136$, beim Gangesdelphin („*Platanista*" [= *Susu*] *gangetica*) $\frac{33-36}{33-36} = 132-144$ und beim La-Plata-Delphin (*Pontoporia* [= „*Stenodelphis*"] *blainvillei*) $\frac{48-55}{48-55} = 192-220$. Die Zähne wurzeln in einem langen, schmalen Rostrum und sind bei *Pontoporia*

zahnstocherartig dünn, bei „*Platanista*" vorn länger, hinten kürzer und durch größere Diastemata voneinander getrennt. Bei *Inia* und *Lipotes* ist die Oberfläche der Zahnkronen rauh. Die Flußdelphine ernähren sich von Fischen und Krebsen, die sie oft im schlammigen Flußwasser mit dem Gehör orten müssen, bevor sie sie mit dem Gebiß festhalten und verzehren können.

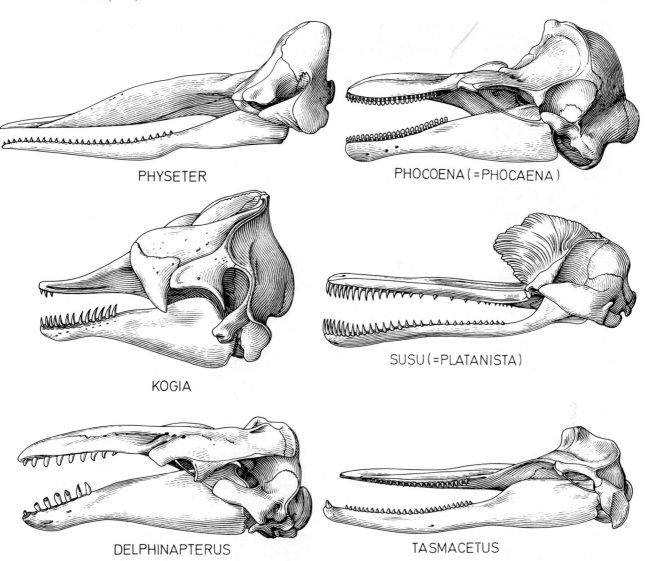

PHYSETER

PHOCOENA (=PHOCAENA)

KOGIA

SUSU (=PLATANISTA)

DELPHINAPTERUS

TASMACETUS

Tafel XXXIV. Schädel (Lateralansicht) rezenter Cetacea (Odontoceti). Linke Reihe: *Physeter* und *Kogia* (Physeteridae), *Delphinapterus* (Monodontidae). Rechte Reihe: *Phocoena* (Phocoenidae), *Susu* = „*Platanista*" (Susuidae) und *Tasmacetus* als primitiver Ziphiide. Nicht maßstäblich.

Bei den Pottwalen (Physeteridae) ist das Gebiß stets homodont und meist polyodont (Tafel XXXIV). Beim Pottwal (*Physeter macrocephalus* = „*catodon*") treten 16–30 fast schmelzlose, von einer dicken Zementschicht umhüllte, konische Zähne im schmalen und mit langer Symphyse versehenen Unterkiefer auf, die das Zahnfleisch nur mit der Spitze überragen (Abb. 527). Sie erreichen eine Länge von 15 cm und greifen in Gruben des Oberkiefers ein. Die Pulpahöhle der Zähne ist meist geschlossen. Die meist reduzierten, stiftförmigen Oberkieferzähne brechen sehr spät durch (BOSCHMA 1938, SLIJPER 1962, KEIL 1966). Der Pottwal ernährt sich fast nur von Tintenfischen, die oft in mehreren hundert Meter Meerestiefe erbeutet werden. Bei den ältesten miozänen Pottwalen (wie *Hoplocetus*, *Scaldicetus*) sind Zähne nicht nur im Maxillare in getrennten Alveolen vorhanden, sondern auch im Prämaxillare. Bei einer Großform, *Ontocetus*, aus dem Miozän des Pazi-

fiks, sind die Unterkieferzähne bis zu 30 cm lang. Beim rezenten Zwergpottwal (wie *Kogia breviceps*) sind 11–15 (selten bis 16) hohe Zähne im Unterkiefer vorhanden. Im Oberkiefer fehlen Zähne meist, doch können im vordersten Bereich

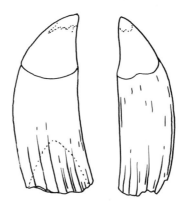

Abb. 527. *Physeter catodon* (Physeteridae), rezent, alle Ozeane. Mandibulare Backenzähne (Buccalansicht, mit angedeuteter Pulpahöhle). Nach Originalen. 1/3 nat. Größe.

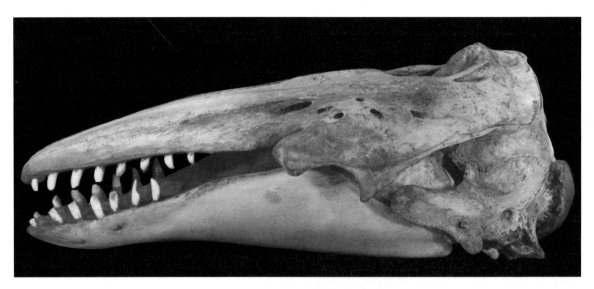

Abb. 528. *Delphinapterus leucas* (Monodontidae – Delphinapteridae), rezent, arktischer Ozean. Schädel samt Unterkiefer (Lateralansicht). NHMW 7543. Schädellänge 64 cm.

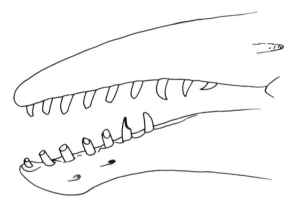

Abb. 529. *Delphinapterus leucas.* Ober- und Unterkiefergebiß (sin.) buccal. Beachte Abschleifung der Zähne. Nach Original. ca. 1/4 nat. Größe.

bis zu drei Zähne auftreten (Tafel XXXIV). Während die Zähne von *Kogia breviceps* nur aus Dentin und Zement bestehen, ist Schmelz bei fossilen Formen (wie *Miokogia*/Miozän, *Kogia prisca*/? Pleistozän, Japan) nachgewiesen.

Bei den auf die nördliche Hemisphäre beschränkten Monodontidae (Delphinapteridae) ist das Gebiß gleichfalls etwas bis stark reduziert. Beim Weißwal oder Beluga (*Delphinapterus leucas*) lautet die Gebißformel $\frac{8-10}{8-9} = 34-38$, das homodonte Gebiß besteht aus einwurzeligen, im Oberkiefer schräg nach vorne, gerichteten und im Unterkiefer etwas dickeren Zähnen mit einem Kronendurchmesser bis zu 20 mm, die nur bei jungen Tieren Schmelz zeigen (WEBER 1928). Die Zähne sind meist schräg abgeschliffen (Abb. 528, 529; Tafel XXXIV). Demgegenüber ist das Gebiß beim Narwal (*Monodon monoceros*) bis auf ein Zahnpaar in den Maxillaria reduziert. Von diesem Zahnpaar ist meist nur der linke, zu einem gestreckten, jedoch spiralig gedrehten Stoßzahn um-

gestaltet, der durch die Oberlippe austritt und bis zu 2,80 m lang werden kann (Abb. 530). Der rechte Zahn ist meist nur als kleiner Stoßzahn entwikkelt, der jedoch selten durchbricht (Abb. 531). Die Stoßzähne entsprechen keinen Schneidezähnen, wie in der Literatur irrtümlich (PEYER 1963, KEIL 1966) angegeben wird (vgl. dagegen WEBER 1886 und TOMILIN 1967). Bei den Weibchen ist dieser Zahn meist nicht oder nur als kleiner Stoßzahn ausgebildet. Der Unterkiefer ist zahnlos. Über die Funktion des Stoßzahnes, der einst als „Horn" des sagenhaften Einhorns galt, wird diskutiert. Am ehesten dürfte er bei innerartlichen Auseinandersetzungen eine Rolle spielen (SILIS 1985).

Die Schnabelwale (Ziphiidae) zählen – zumindest nach dem Gebiß – zu den aberrantesten Zahnwalen überhaupt. Bei ihnen ist das Gebiß im erwachsenen Zustand meist auf ein oder zwei mehr oder weniger stark vergrößerte Paar Zähne im Unterkiefer reduziert. Bei juvenilen Individuen von *Ziphius cavirostris* finden sich nach FRASER (1936) 28–30 rudimentäre Zähne, die später völlig resorbiert werden. Der oft mit einem vergrößerten Zahnpaar am Vorderende versehene Unterkiefer überragt in der Regel den Oberkiefer (wie bei *Ziphius, Berardius, Hyperoodon*), so daß dieses bei geschlossenem Kiefer herausragt (Tafel XXXV). Dies gilt auch für die Zweizahnwale (*Mesoplodon*), deren bei den Männchen stark vergrößertes Unterkieferzahnpaar nicht am Vorderende, sondern fast in der Kiefermitte sitzt und bei Kieferschluß seitlich vom Oberkiefer herausragt. Lediglich bei *Tasmacetus shepherdi* (Shepherdwal) ist das Gebiß mit etwa 90 Zähnen ($\frac{19}{26-28}$) als vollständig zu bezeichnen (Tafel XXXIV) und dokumentiert den einst für primitive Schnabelwale typischen Zustand (ähnlich *Ninoziphius* aus dem Plio-

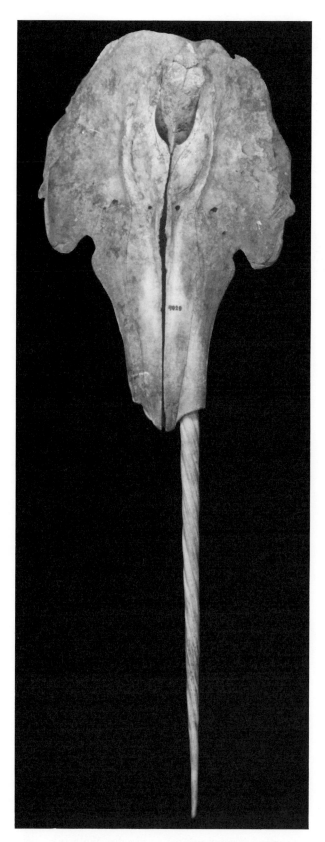

Abb. 530. *Monodon monoceros* ♂ (Monodontidae) rezent, arktischer Ozean. Schädel (Dorsalansicht). Linker Stoßzahn spiralig gedreht. Rechter Stoßzahn rudimentär im Kiefer verborgen (s. Abb. 531). NHMW 4029. Gesamtlänge 250 cm.

Abb. 531. *Monodon monoceros* ♂. Rechter (rudimentärer) Stoßzahn, der beim lebenden Tier (meist) völlig im Kiefer (Maxillare) verborgen ist. Beachte leichten Drall. Nach Original. ca. 1/2 nat. Größe.

zän von Peru; MUIZON 1983). Die mit breiten Wurzeln versehenen Zähne sind einfach, und das Gebiß ist mit Ausnahme des vordersten vergrößerten Zahnpaares als homodont und polyodont zu bezeichnen.

Bei den Entenwalen (wie *Hyperoodon ampullatus* = „*rostratus*"), bei denen meist ein Paar große, spitze Zähne an der Unterkieferspitze durchbrechen und dahinter ein zweites kleines Zahnpaar auftreten kann, finden sich gelegentlich Reste verkümmerter Zahnanlagen im Zahnfleisch von Ober- und Unterkiefer (BOSCHMA 1950, SLIJPER & HEINEMANN 1969). Auch bei den Schwarzwalen (*Berardius bairdii*) sind meist ein größeres und ein kleineres Zahnpaar im Unterkiefer ausgebildet (Abb. 532) (Tafel XXXV).

Abb. 534. *Mesoplodon bidens* (Ziphiidae), rezent, N-Atlantik. Unterkieferzahn (sin.). Beachte Krümmung der Zahnwurzel. Nach TRUE (1910), umgezeichnet. ca. 1/5 nat. Größe.

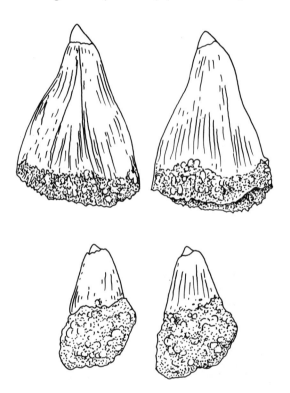

Abb. 532. *Berardius bairdii* (Ziphiidae), rezent, Südpazifik. Vordere (oben) und hintere Zähne (unten) des Unterkiefers. Nach TRUE (1910), umgezeichnet. ca. 1/2 nat. Größe.

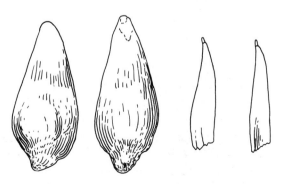

Abb. 533. *Ziphius cavirostris* (Ziphiidae), rezent, alle Ozeane. Unterkieferzähne der ♂♂ (links) und der ♀♀ (rechts). Nach TRUE (1910), umgezeichnet. ca. 1/2 nat. Größe.

Beim Cuvier-Schnabelwal (*Ziphius cavirostris*) dagegen ist das Gebiß bis auf zwei meist vergrößerte Zähne am Vorderende des Unterkiefers reduziert (Abb. 533), die in der Vertikalen leicht gebogenen Mandibeläste sind in der Symphysenregion etwas verwachsen. Bei den Weibchen brechen diese Zähne nicht durch, wie dies auch für etwa 28–30 weitere dünne spitzige Zähne in jeder Zahnhälfte gilt. Die Ziphiiden gelten als Tintenfischfresser. Bei einzelnen Zweizahnwalen (wie *Mesoplodon bidens*, *M. stejnegeri*) ist – wie bereits erwähnt – ein Zahnpaar nahe der Unterkiefermitte bei den Männchen stark vergrößert (Abb. 534). Bei den Weibchen sind sie bedeutend kleiner oder brechen überhaupt nicht durch. Bei *Mesoplodon grayi* tritt im Oberkiefer eine Reihe kleiner, hinfälliger Zähne hinzu (BRUYNS 1971, WALKER et al. 1975).

Fossile Ziphiiden sind vor allem aus dem Miozän (wie *Choneziphius*, *Notocetus*, *Palaeoziphius*, *Incacetus*) beschrieben worden, von denen *Notocetus* „vollständig" bezahnt ist ($\frac{23}{28}$ = 102) (MORENO 1892).

3.16 Condylarthra (Urhuftiere)

Die Condylarthra sind eine völlig ausgestorbene Säugetiergruppe. Sie gelten nicht nur als Stammgruppe der eigentlichen Huftiere (Perissodactyla und Artiodactyla), sondern auch der Subungulaten, der südamerikanischen Huftiere (wie Litopterna, Notoungulata) sowie der Wale (Cetacea) und der Erdferkel (Tubulidentata). Über Gliederung und Umfang dieser vielfach primitiven Huftiere, deren Gemeinsamkeiten im wesentlichen Konservativmerkmale bilden, herrscht keine Einhelligkeit, was angesichts der verschiedenen, von ihnen abgeleiteten Säugetiergruppen verständlich erscheint. Ursprünglich wurden von COPE (1881) nur die Phenacodontiden als Condylarthra be-

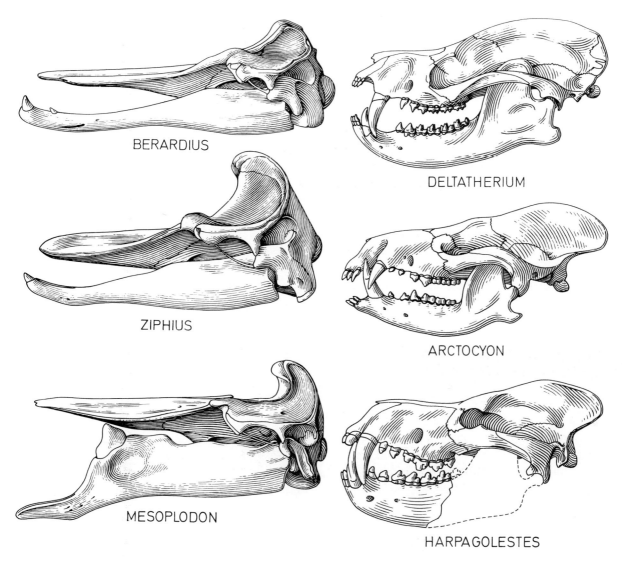

BERARDIUS

DELTATHERIUM

ZIPHIUS

ARCTOCYON

MESOPLODON

HARPAGOLESTES

Tafel XXXV. Schädel (Lateralansicht) rezenter Cetacea (Odontoceti; linke Reihe) und fossiler Condylarthra (rechte Reihe). *Berardius*, *Ziphius* und *Mesoplodon* als spezialisierte Ziphiidae. *Deltatherium* und *Arctocyon* (Arctocyonidae, Paleozän) und *Harpagolestes* (Mesonychidae, Eozän) als Angehörige der „Arctocyonia" bzw. der „Acreodi". Nicht maßstäblich.

zeichnet. Später kamen dann die Meniscotheriiden, Periptychiden und Hyopsodontiden (= „Mioclaeniden") sowie auch noch die Didolodontiden hinzu, und neuerdings werden meist die bis dahin als Creodonten klassifizierten Arctocyoniden und Mesonychiden dazugerechnet (VAN VALEN 1966). Allerdings hat in jüngster Zeit McKENNA (1975) die beiden letztgenannten Familien als eigene Ordnungen (Arctocyonia und Acreodi) ausgeklammert. Hier sind die Condylarthra im wesentlichen im Sinne von VAN VALEN (1966, 1969) interpretiert, mit geringfügigen Abweichungen (GINGERICH 1981).

Die Condylarthra erscheinen mit *Protungulatum* (Arctocyonidae) in der jüngsten Oberkreide und sterben im jüngeren Alttertiär fast völlig aus. Nur im tropischen Südamerika überlebten sie bis ins Mittelmiozän (*Megadolodus*). Innerhalb der Condylarthren lassen sich nach der Merkmalskombination die Arctocyonoidea (= „Paracondylar-

thra" = Arctocyonia), Mesonychoidea (= Acreodi), Phenacodontoidea und Periptychoidea unterscheiden.

Das Gebiß der Condylarthra ist zwar meist vollständig ($\frac{3\,1\,4\,3}{3\,1\,4\,3} = 44$) oder nur geringfügig reduziert ($\frac{3\,1\,3\,3}{3\,1\,3\,3} = 40$) und ursprünglich nur mit kleinen Diastemata ausgestattet. Das Backenzahngebiß ist recht mannigfaltig differenziert. Dies lassen auch bereits die von ihnen abgeleiteten, verschiedenen Säugetiergruppen erwarten. Das Vordergebiß erinnert durch die kräftigen Caninen vielfach an Raubtiere (wie bei *Arctocyon*, *Deltatherium*, *Mesonyx*; Tafel XXXV) und ist in der Regel auch nicht weiter differenziert oder reduziert, die Molaren zeigen bei primitiven Formen den tribosphenischen Bau. Dieser wird bei den meisten Condylarthra durch zusätzliche Höcker kompliziert (z. B. bei Phenacodontiden, Periptychiden), selten sekundär reduziert und plump schneidend ausgebildet (Mesonychiden), ohne daß es zu ausgepräg-

ten Schneidekanten kommt. Im Paleozän dominiert nach RENSBERGER (1986) der Kompressions-
biß, während erst im Eozän Mahl- und Scherbiß
dominieren. Eine Molarisierung von Prämolaren
ist nur sehr selten festzustellen, eine Hypsodontie
von Backenzähnen niemals. Das Molarenmuster
reicht vom ursprünglich bunodonten zum bunoselenodonten und zum (buno-)lophodonten. Nur
vereinzelt kommt es zur Vergrößerung einzelner
Prämolaren (wie bei *Carsioptychus*) ähnlich *Conohyus* und *Tetraconodon* unter den Suiden.

Bei den Arctocyoniden (mit *Arctocyon, Deltatherium, Oxyclaenus, Tricentes, Triisodon* und zahlreichen anderen Gattungen aus dem Alttertiär)
sind die M sup. ursprünglich trituberculär und
ohne Hypocon. Erst bei evoluierten Formen tritt
ein zweiter Innenhöcker auf, und die Backenzähne
können bunodont sein. Eine Brechschere ist nie
ausgebildet. Bei *Deltatherium* aus dem Mittelpaleozän Nordamerikas sind die M sup. tribosphenisch, an den M inf. ist das dreihöckrige Trigonid
deutlich höher als das zweihöckrige Talonid, doch
ist die Zahnformel mit $\frac{3\,1\,3\,\,3}{3\,1\,3-4\,3} = 42-40$ etwas reduziert (Abb. 535, 536). Bei *Arctocyon primaevus*
(Jungpaleozän Europas) ist die Zahnformel zwar
vollständig ($\frac{3\,1\,4\,\,3}{3\,1\,4-3\,3} = 42-44$), doch sind die Molaren bunodont. Die überaus kräftigen und distal
mit Längskanten versehenen Caninen sind durch
Diastemata von den I und P getrennt. Sie erinnern
an Carnivoreneckzähne. Die I sind einfach gestaltet, die I inf. etwas schräg eingepflanzt. Die einspitzigen P nehmen nach hinten an Größe zu, die
im Umriß meist gerundet quadratischen M sind
bunodont und durch die Ausbildung von Zwischenhöckern meist sechshöckrig, wie es für omnivore Formen charakteristisch ist. Die Höcker sind
durch schwache, meist gerunzelte Kämme mitein-

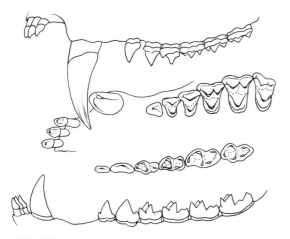

Abb. 535. *Deltatherium fundaminis* (Arctocyonidae), Mittel-Paleozän, USA. I^1–M^3 sin. buccal (ganz oben) und
occlusal (mitte oben), I$_1$–M$_3$ dext. occlusal (mitte unten) und
lingual (ganz unten). Beachte stark verlängerte C sup. und
tribosphenische Molaren. Nach MATTHEW (1937), umgezeichnet. ca. 1/1 nat. Größe.

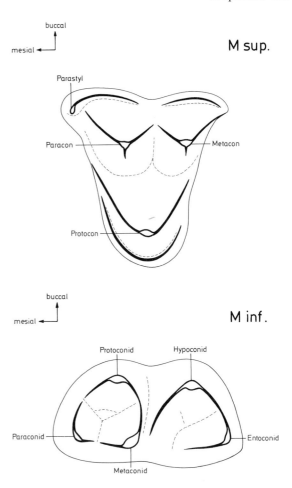

Abb. 536. *Deltatherium*. M sup. und M inf. (Schema).

ander verbunden (Abb. 537). An den M inf. sind
Trigonid und Talonid gleich hoch. Durch die flachen Höcker und die Runzelung der Molaren
erinnern die Backenzähne dieser omnivoren Formen an Ursiden, mit denen sie auch immer wieder
verglichen wurden (vgl. auch Abb. 538).

Bei *Mesonyx* (Mesonychidae) aus dem Eozän von
Nordamerika ist die Zahnformel vollständig
($\frac{3\,1\,4\,3}{3\,1\,4\,3} = 44$), an den M sup. fehlt ein Hypocon
(Abb. 539, 540). Die Krone der M sup. ist zwi-
schen den Außenhöckern und dem Innenhöcker
etwas eingeschnürt, der P$^{\underline{4}}$ besitzt als einziger
P sup. einen Innenhöcker. Zwischen den kräfti-
gen C und den I und P fehlen Diastemata.

Bei *Harpagolestes* (Mesonychidae) aus dem Eozän Nordamerikas und Asiens ist das Gebiß etwas
reduziert ($\frac{3\,1\,4\,2}{2\,1\,4\,3} = 40$) und die für *Mesonyx* typischen Trends verstärkt (Abb. 541; Tafel XXXV).
Die von den I und P gleichfalls durch kleine Diastemata getrennten C sind noch plumper und der
P$^{\underline{4}}$ erscheint insofern molariform, als zu den beiden annähernd gleich groß entwickelten Außen-
höckern ein kräftiger Protocon kommt, wie es
auch für die M sup. zutrifft. Diesen fehlt gleichfalls ein Hypocon. Die M inf. sind schneidend
ausgebildet und ohne Metaconid. Der M$^{\underline{3}}$ ist völ-

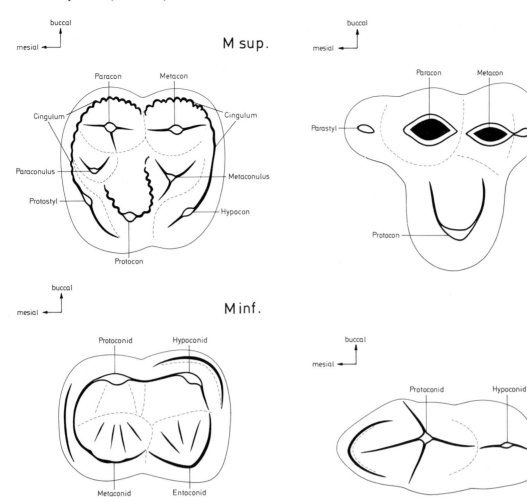

Abb. 537. *Arctocyon* (Arctocyonidae), Paleozän, Europa. M sup. und M inf. (Schema). Kräftiges Cingulum, niedrige Zahnhöcker.

Abb. 540. *Mesonyx*. M sup. und M inf. (Schema).

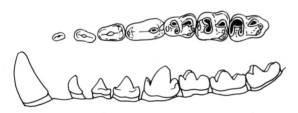

Abb. 538. *Eoconodon heilprinianus* (Arctocyonidae), Alt-Paleozän, USA. C–M₃ dext. occlusal (oben) und lingual (unten). Nach MATTHEW (1937), umgezeichnet. 1/2 nat. Größe.

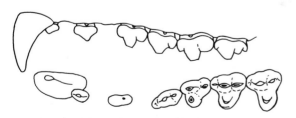

Abb. 539. *Mesonyx obtusidens* (Mesonychidae), Mittel-Eozän, Nordamerika. C–M² sin. buccal (oben) und occlusal (unten). Nach SZALAY & GOULD (1966), umgezeichnet. 3/5 nat. Größe.

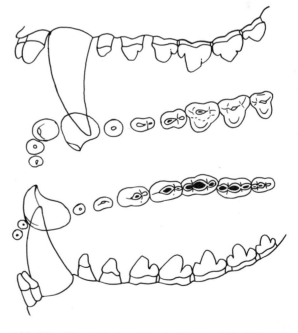

Abb. 541. *Harpagolestes uintensis* (Mesonychidae), Jung-Eozän, Nordamerika. I¹–M² sin. buccal (ganz oben) und occlusal (mitte oben), I₂–M₃ dext. occlusal (mitte unten) und lingual (ganz unten). Nach SZALAY & GOULD (1966), umgezeichnet. ca. 1/1 nat. Größe.

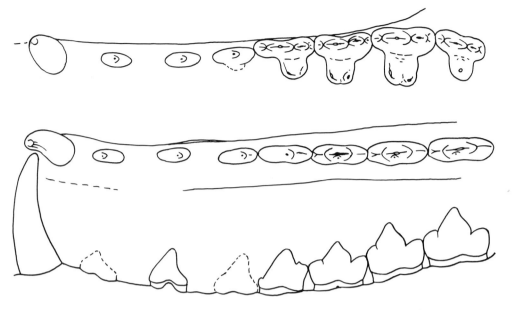

Abb. 542. *Hapalodectes leptognathus* (Mesonychidae), Alt-Eozän, Nordamerika. C–M³ sin. occlusal (ganz oben), C–M₃ dext. occlusal (mitte) und C–M₃ sin. occlusal (unten). Nach SZALAY (1969), umgezeichnet. ca. 2,5 × nat. Größe.

lig, der $M_{\overline{3}}$ etwas reduziert. Eine Brechschere, wie sie bei Carnivoren oder Hyaenodonten auftritt, ist nicht vorhanden. Das Gebiß läßt auf eine carnivore Ernährungsweise schließen. *Andrewsarchus* ist eine aberrante Großform aus dem Jungeozän Asiens (OSBORN 1924), die nach dem Gebiß als omnivore Form anzusehen ist und auch im Schädelbau Konvergenzen zu den Entelodontiden unter den Paarhufern zeigt. $M^{\underline{1}}$ und $M^{\underline{2}}$ sind viel stärker abgekaut als $P^{\underline{4}}$ und $M^{\underline{3}}$ (SZALAY & GOULD 1966).

Bei *Hapalodectes* (mit vollständiger Zahl der M sup.) aus dem Eozän Asiens und Nordamerikas ist der Trend zur schneidenden Entwicklung weiter fortgeschritten, bei gleichzeitiger Verlängerung des Rostrums und Ausbildung von Diastemata (SZALAY 1969). Die seitlich komprimierten M inf. sind ausgesprochen dreilappig, indem zum Haupthöcker ein Vorder- und Hinterhöcker kommt, die alle in der Längsachse angeordnet sind (Abb. 542). Gebißtyp und das Rostrum lassen eine piscivore Ernährung vermuten. Dies und andere Befunde lassen eine gemeinsame Wurzelgruppe mit den Archaeoceti unter den Walen annehmen (VAN VALEN 1969, SZALAY 1969).

Phenacodus (Jungpaleozän und Alteozän) ist der wichtigste Vertreter der Phenacodontiden (Phenacodontoidea). Das Gebiß ist vollständig ($\frac{3\ 1\ 4\ 3}{3\ 1\ 4\ 3} = 44$), die kräftigen C sind durch Diastemata von den Nachbarzähnen getrennt (Tafel XXXVI). Die I sind klein und einspitzig. Die P sup. nehmen nach hinten an Größe und Höckerzahl zu, ohne daß am $P^{\underline{4}}$ eine Molarisierung eintritt. Der im Umriß gerundet dreieckige $P^{\underline{4}}$ ist dreihöckerig. Die bunodonten $M^{\underline{1}}$ und $M^{\underline{2}}$ sind

vierhöckerig (Abb. 543), nur der etwas reduzierte $M^{\underline{3}}$ ist dreihöckerig. Die nach hinten gleichfalls an Größe zunehmenden P inf. sind zweiwurzelig, am $P_{\overline{4}}$ tritt ein Metaconid auf. Die gleichfalls bunodonten M inf. sind fünfhöckerig, das etwas kürzere Trigonid und das Talonid sind gleich hoch.

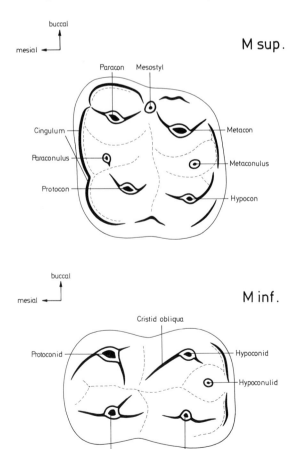

Abb. 543. *Phenacodus* (Phenacodontidae), Jung-Paleozän, Nordamerika. M sup. und M inf. (Schema).

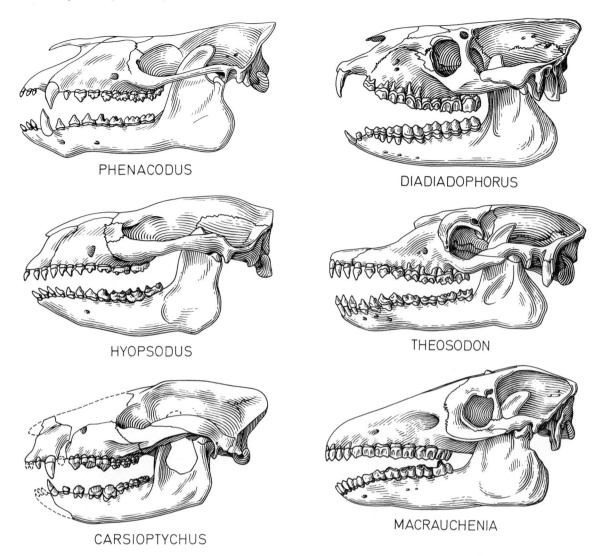

PHENACODUS

DIADIADOPHORUS

HYOPSODUS

THEOSODON

CARSIOPTYCHUS

MACRAUCHENIA

Tafel XXXVI. Schädel (Lateralansicht) fossiler Condylarthra (linke Reihe) und Litopterna (rechte Reihe). *Phenacodus* (Phenacodontidae, Paleozän – Eozän), *Hyopsodus* (Hyopsodontidae, Paleozän – Eozän) und *Carsioptychus* (Periptychidae, Paleozän). Beachte *Carsioptychus* mit vergrößertem Prämolaren. *Diadiaphorus* (Proterotheriidae, Miozän) sowie *Theoso-don* (Miozän) und *Macrauchenia* (Pleistozän) als Macraucheniidae. Beachte geschlossene Zahnreihen bei letzteren. Nicht maßstäblich.

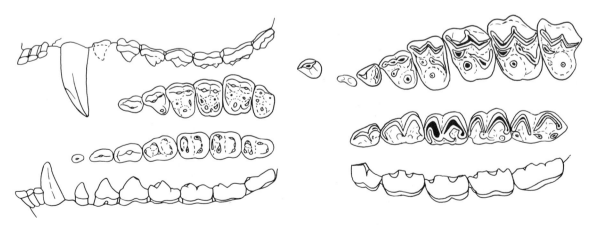

Abb. 544. *Tetraclaenodon puercensis* (Phenacodontidae), Mittel-Paleozän, Nordamerika. $I^1 - M^3$ sin. buccal (ganz oben), $P^2 - M^3$ sin. occlusal (mitte oben), $P_1 - M_3$ dext. occlusal (mitte unten) und $I_1 - M_3$ sin. buccal (ganz unten). Nach MATTHEW (1937), umgezeichnet. Etwa 1/1 nat. Größe.

Abb. 545. *Meniscotherium robustum* (Meniscotheriidae), Alt-Eozän, Nordamerika. $C - M^3$ sin. occlusal (oben), $P_3 - M_3$ dext. occlusal (mitte) und lingual (unten). Beachte selenodonte Außenhöcker der M sup. Nach GAZIN (1965), umgezeichnet. ca. 1/1 nat. Größe.

Das Gebiß entspricht einer omnivoren bis leicht herbivoren Form. Bei *Tetraclaenodon* (Mittelpaleozän) sind die vorderen M sup. durch Zwischenhöcker sechshöckrig (Abb. 544).

Bei *Meniscotherium* (Meniscotheriidae) aus dem Paleozän-Eozän ist das Gebiß zwar gleichfalls vollständig, die Caninen sind jedoch relativ klein und die M sup. zeigen ein buno- bis lophoselenodontes Muster (Abb. 545, 546). Während die Außenhöcker einen selenodonten Charakter zeigen, ist der Protocon bunodont und Metaconulus und Hypocon bilden ein Joch (Metaloph). In der gleichfalls fast geschlossenen mandibularen Zahnreihe ist der $P_{\overline{4}}$ semimolariform, die M inf. sind typisch lophodont mit Metastylid (GAZIN 1965).

Die Periptychiden (mit *Periptychus* [Abb. 547] und *Carsioptychius* als wichtigsten Vertretern der Periptychoidea) aus dem Paleozän Nordamerikas sind im Gebiß durch die schon erwähnte Vergrößerung einzelner Prämolaren charakterisiert. Die Zahnformel ist mit $\frac{3\ 1\ 4\ 3}{3\ 1\ 4\ 3} = 44$ vollständig, die I sind klein, die C nur mäßig vergrößert (Tafel XXXVI). Die P vergrößern sich nach hinten, indem an den P sup. zum massiven Außenhöcker ein immer größerer Innenhöcker tritt. $P\frac{3}{3}$ und $P\frac{4}{4}$

sind am stärksten vergrößert. Sie erinnern dadurch an die Tetraconodontinae unter den Schweineartigen (Abb. 548). Die beiden letzten Prämolaren sind auch am stärksten abgenützt.

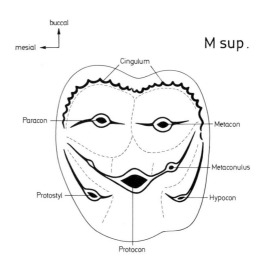

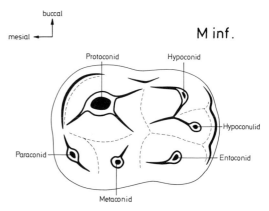

Abb. 547. *Periptychus* (Periptychidae), Paleozän, Nordamerika. M sup. und M inf. (Schema).

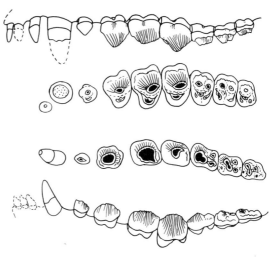

Abb. 548. *Carsioptychus coarctatus* (Pteriptychidae), Paleozän, Nordamerika. $I^1 - M^3$ sin. buccal (ganz oben) und $I^3 - M^3$ sin. occlusal (mitte oben), $C - M_3$ dext. occlusal (mitte unten) und $I_1 - M_3$ sin. buccal (ganz unten). Beachte vergrößerte Prämolaren, ähnlich den Tetraconodontinae unter den Schweineartigen. Nach MATTHEW (1937), umgezeichnet. ca. 2/3 nat. Größe.

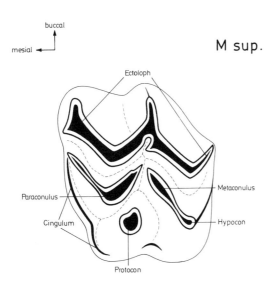

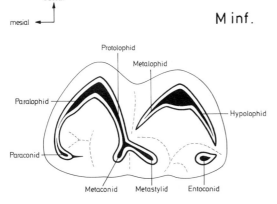

Abb. 546. *Meniscotherium*, M sup. und M inf. (Schema).

Die meist sechshöckrigen, bunodonten M sup. sind kleiner als die Prämolaren, zu den drei Haupthöckern, von denen der Protocon der größte ist, tritt ein Protostyl und ein kleiner Hypocon. Die M inf. sind gleichfalls sechshöckrig, das mit deutlichem Paraconid versehene Trigonid ist etwas größer als das gleich hohe, ein wenig kürzere Talonid. Die Höcker sind teilweise mit Kanten versehen. Das bunodonte Gebiß ist ein Quetschgebiß.

Hyopsodus (Hyopsodontidae = „Mioclaenidae") aus dem Eozän Nordamerikas ist ein kleinwüchsiger Angehöriger der Condylarthren, der ursprünglich als Paarhufer, dann als Primate und später allgemein als Insectivore klassifiziert wurde (MATTHEW 1937). Bei *Hyopsodus decipiens* (Mitteleozän) ist die Zahnreihe vollständig ($\frac{3\,1\,4\,3}{3\,1\,4\,3}$ = 44) und geschlossen (Abb. 549; Tafel XXXVI). Das Vordergebiß ist uniform, die Caninen sind nicht vergrößert. Die beiden vorderen Prämolaren sind einhöckrig, länger als breit, $P^{\underline{3}}$ und $P^{\underline{4}}$ durch einen Innenhöcker breiter als lang, an den $P_{\overline{3}}$ und $P_{\overline{4}}$ ist ein kurzes Talonid entwickelt, am $P_{\overline{4}}$ ist ein Metaconid vorhanden (Abb. 549). Die brachyodonten Molaren sind bunodont mit der Tendenz zur Lophobunodontie, indem an den M sup. Paraconulus und Protoconus mit zunehmender Abkauung ein Protoloph bilden (Abb. 550). Die im Umriß gerundet rechteckigen M sup. sind sechshöckerig, die M inf. fünfhöckerig, mit zweihöckerigem Trigonid und dreihöckerigem Talonid. Ein Vorder- und Hinterjoch sind angedeutet. Erst bei stärkerer Abkauung verschmilzt das weitgehend isolierte Entoconid mit dem Hinterjoch (Abb. 549). Bei *Mioclaenus* (Mittel-Paleozän USA) kommt es ähnlich *Carsioptychus* zur Vergrößerung der $P\frac{3-4}{3-4}$.

Mit *Paulacoutoia* und *Didolodus* sind die am besten dokumentierten Condylarthren (Didolodontidae) des südamerikanischen Paleozän bzw. Eozän genannt, sofern man sie nicht überhaupt als Litopterna klassifiziert, als deren Vorläufer sie gelten. Die Zahnformel ist mit $\frac{3\,1\,4\,3}{3\,1\,4\,3}$ = 44 komplett. Die Backenzähne sind ähnlich *Mioclaenus* gestaltet, doch besitzt der M$^{\underline{3}}$ ein Hypocon. An den $P^{\underline{3}}$ und $P^{\underline{4}}$ ist der Außenhöcker zweigeteilt. Die brachyodonten, sechshöckerigen Molaren sind außen von einem Cingulum umgeben (CIFELLI 1983, SIMPSON 1948) (Abb. 551).

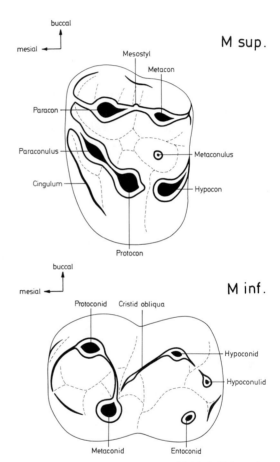

Abb. 550. *Hyopsodus*. M sup. und M inf. (Schema).

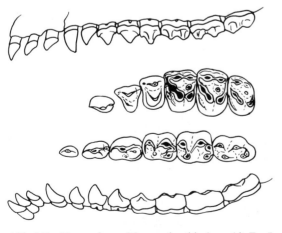

Abb. 549. *Hyopsodus* (Hyopsodontidae), Alt-Eozän, Nordamerika. *H. walcottianus*: I^1–M^3 sin. buccal (ganz oben) und I$_1$–M$_3$ dext. lingual (ganz unten). *H. powellianus*: P^2–M^3 sin. occlusal (mitte oben) und P$_2$–M$_3$ dext. occlusal (mitte unten). Nach MATTHEW & GRANGER (1915), umgezeichnet. ca. 1/1 nat. Größe.

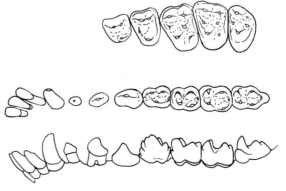

Abb. 551. *Asmithwoodwardia scotti* (Didolodontidae), Jung-Paleozän (Riochican), Südamerika. P^3–M^3 sin. occlusal (oben), I$_1$–M$_3$ dext. occlusal (mitte) und I$_1$–M$_3$ sin. buccal (unten). Nach CIFELLI (1983), umgezeichnet. ca. 2 × nat. Größe.

3.17 Litopterna

Die Litopterna bilden eine eigen Gruppe südamerikanischer Huftiere, die ursprünglich von AMEGHINO wegen ihres mesaxonen Extremitätenbaues als Unpaarhufer und später als Angehörige der Notoungulaten klassifiziert wurden (LOOMIS 1914). Sie haben sich unabhängig von diesen aus kreidezeitlichen Condylarthren entwickelt, was bereits in der unterschiedlichen taxonomischen Zuordnung (wie *Asmithwoodwardia* und *Didolodus* aus dem Eozän als Condylarthra bzw. Litopterna; vgl. SIMPSON 1945, CIFELLI 1983) zum Ausdruck kommt. Die letzten Litopterna sind im Jungpleistozän ausgestorben. Abgesehen von einigen Formen (*Protolitopterna* und *Asmithwoodwardia* aus dem Paleozän und Eozän) lassen sich nach CIFELLI (1983) die übrigen Litopterna mit den Macrauchenioidea und den Proterotherioidea als Lopholitopterna zusammenfassen.

Das Gebiß der Litopterna ist verschieden differenziert. Die Zahnformel schwankt nur geringfügig vom vollständigen Gebiß mit $\frac{3\,1\,4\,3}{3\,1\,4\,3} = 44$ bis zu

$\frac{1\,0\,4\,3}{2\,1\,4\,3} = 36$. Die Reduktion betrifft das Vordergebiß bei gleichzeitiger Vergrößerung eines Incisiven und unter Ausbildung eines Diastemas im Oberkiefer (wie bei *Diadiaphorus*) (Abb. 552). Im Bereich der Prämolaren kann es zur Molarisierung von $P\frac{3}{4}$ und $P\frac{4}{4}$ kommen (wie bei *Diadiaphorus, Anisolambda, Protheosodon, Macrauchenia*). Der Bau der Molaren reicht vom bunodonten zum (buno-)selenodonten und lophodonten Muster. Im allgemeinen brachyodont, kommt es bei den Macraucheniiden auch zur Hypsodontie. Die Litopterna sind ausgesprochene Pflanzenfresser, die ähnlich den Perissodactylen in zunehmendem Maß an das Leben in der offenen Landschaft angepaßt waren. Es kommt wie bei den Equiden zur Ausbildung von dreizehigen (*Diadiaphorus*) und einhufigen Formen (*Thoatherium*) (SCOTT 1910). Bei *Macrauchenia patagonica* aus dem Pleistozän wird auf Grund der stirnwärts verlagerten Nasenöffnung eine rüsselähnlich gestaltete Oberlippen-Nasenpartie angenommen. Verschiedentlich wird dies mit einer amphibischen Lebensweise, vereinzelt mit einem Leben in (Sand-)Wüsten in Zusammenhang gebracht.

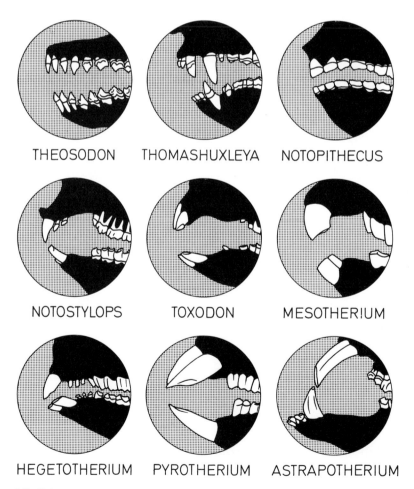

Abb. 552. Vordergebiß (Schemata) südamerikanischer Huftiere aus dem Tertiär und Quartär: Litopterna (*Theosodon*), Notoungulata (*Thomashuxleya, Notopithecus, Notostylops, Toxodon, Mesotherium* und *Hegetotherium*), Pyrotheria (*Pyrotherium*) und Astrapotheria (*Astrapotherium*).

Bei *Protolitopterna* (Protolitopternidae) aus dem Jungpaleozän – Alteozän ist das Gebiß sehr primitiv gebaut. Die Zahnformel dürfte $\frac{3\,1\,4\,3}{3\,1\,4\,3}$ zu schreiben sein (das Vordergebiß ist nicht vollständig erhalten) (CIFELLI 1983). Die kräftigen C inf. sind gekrümmt und divergieren. Sie sind durch ein kurzes Diastema vom einwurzeligen $P_{\bar{1}}$ getrennt. Die sonst zweiwurzeligen P inf. sind einfach gebaut, nur der $P_{\bar{4}}$ entspricht durch das dreihöckerige Talonid dem der Molaren. Die fünfhöckerigen M inf. sind brachyodont und bunodont. Ein Paraconid ist nur angedeutet (Abb. 553). Die im Umriß gerundet dreieckigen und gleichfalls buno-

donten M sup. sind sechshöckrig mit gut entwickelten Zwischenhöckern und deutlichem Hypocon (Abb. 554). Im ganzen erinnert das Gebiß von *Protolitopterna* einerseits an jenes von Mioclaeninae (Condylarthra; wie *Ellipsodon*), andrerseits an Didolodontiden, ist jedoch evoluierter.

Bei *Anisolambda* (Proterotheriidae) aus dem Paleozän – Eozän und den übrigen Angehörigen dieser Familie (z. B. *Protheosodon*: Oligozän, *Diadiaphorus* und *Thoatherium*: Miozän) sind die M sup. buno- bis lophoselenodont gebaut, und die rückwärtigen Prämolaren zeigen die Tendenz zur Molarisierung (Abb. 555, 556; Tafel XXXVI). Bei

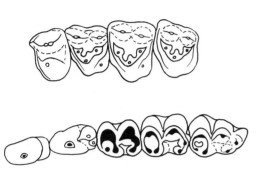

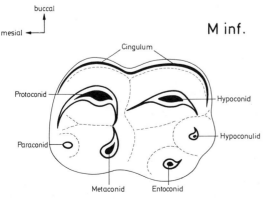

Abb. 553. *Protolitopterna ellipsodontica* (Protolitopternidae), Jung-Paleozän (Riochican), Brasilien. $P^4 - M^3$ sin. occlusal (oben) und $P_3 - M_3$ dext. occlusal (unten). Nach CIFELLI (1983), umgezeichnet. ca. 3 × nat. Größe.

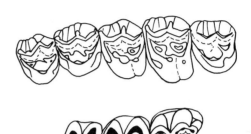

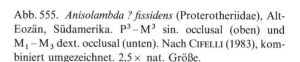

Abb. 555. *Anisolambda ? fissidens* (Proterotheriidae), Alt-Eozän, Südamerika. $P^3 - M^3$ sin. occlusal (oben) und $M_1 - M_3$ dext. occlusal (unten). Nach CIFELLI (1983), kombiniert umgezeichnet. 2,5 × nat. Größe.

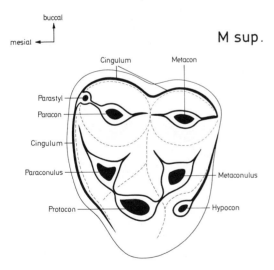

Abb. 554. *Protolitopterna*. M sup. und M inf. (Schema).

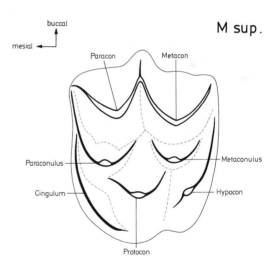

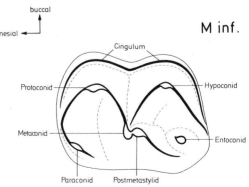

Abb. 556. *Proterotherium* (Proterotheriidae), Miozän, Südamerika. M sup. und M inf. (Schema).

Diadiaphorus lautet die Zahnformel $\frac{1\ 0\ 4\ 3}{2\ 1\ 4\ 3} = 36$. Ein vergrößerter I sup. (? I$^{\underline{3}}$) ist durch ein Diastema vom P$^{\underline{1}}$ getrennt (Tafel XXXVI). Die P sup. nehmen nach hinten an Größe zu. Der Innenhöcker wird immer kräftiger, und an den P$^{\underline{3}}$

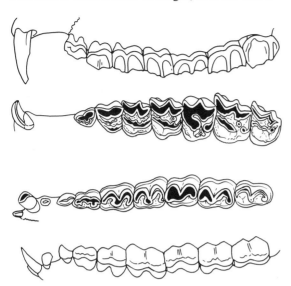

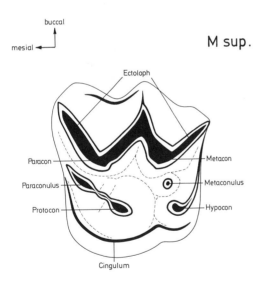

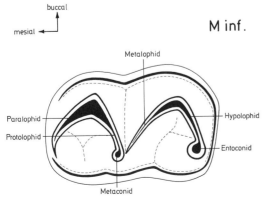

Abb. 557. *Diadiaphorus majusculus* (Proterotheriidae), Miozän, Südamerika. I–M^3 sin. buccal (ganz oben) und occlusal (mitte oben), I$_1$–M$_3$ dext. occlusal (mitte unten) und I$_1$–M$_3$ sin. buccal (ganz unten). Nach Paula Couto (1979), umgezeichnet. ca. 1/2 nat. Größe.

und P$^{\underline{4}}$ sind wie bei den M sup. Zwischenhöcker und ein Hypocon vorhanden. Der Umriß ändert sich vom dreieckigen (P$^{\underline{1}}$) zum gerundet rechteckigen; aus dem einfachen Außenhöcker werden zwei, die wie bei den M selenodont entwickelt sind. An dem M sup. sind Paraconulus und Protocon zu einem Protoloph verbunden, während Metaconulus und Hypocon den bunodonten Charakter bewahrt haben (Abb. 557). Vom mandibularen Vordergebiß ist der (?) I$_{\overline{3}}$ vergrößert, der C inf. kleiner als der einhöckerige P$_{\overline{1}}$. Von den übrigen P inf. sind P$_{\overline{3}}$ und P$_{\overline{4}}$ molarisiert. Sie sind wie die M inf. lophodont. Ein Cingulum ist fast allseitig entwickelt. Auch an den M inf. fehlt ein Paraconid und ein Metastylid (Abb. 558).

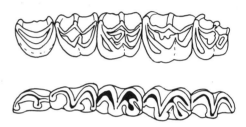

Abb. 559. *Cramauchenia normalis* (Macraucheniidae), Oligozän, Südamerika. P^3–M^3 sin. occlusal (oben) und P$_3$–M$_3$ dext. occlusal (unten). Nach Cifelli (1983), umgezeichnet. ca. 2,5 ×

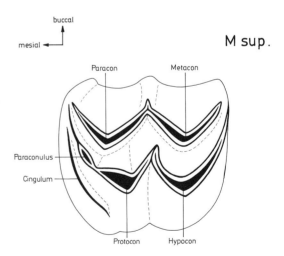

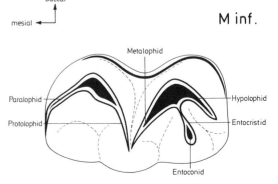

Abb. 558. *Diadiaphorus*. M sup. und M inf. (Schema).

Abb. 560. *Cramauchenia*. M sup. und M inf. (Schema). Beachte Selenodontie.

Bei *Cramauchenia* (Macraucheniidae) aus dem Oligozän und *Macrauchenia* aus dem Pleistozän ist das Gebiß vollständig ($\frac{3\,1\,4\,3}{3\,1\,4\,3}$) und die Zahnreihe praktisch geschlossen. Die Incisiven sind halbrund angeordnet, die prämolariformen Caninen überragen die Zahnreihe nicht. Die Prämolaren verbreitern sich nach hinten, unter Molarisierung der P$\frac{4}{4}$. Die M sup. sind bei *Cramauchenia* praktisch selenodont, die M inf. lophodont, mit getrenntem, nur durch ein Entocristid mit dem Hinterjoch verbundenen Entoconid (Abb. 559, 560). Bei *Macrauchenia* sind die Molaren schwach hypsodont, und es kommt bei zunehmender Abkauung durch Fossetten zur Coelodontie, ähnlich den evoluierten Adianthidae. Den M inf. fehlt ein getrennter Entoconidhöcker (Abb. 561, Tafel XXXVI).

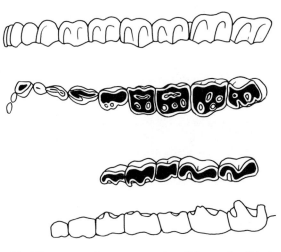

Abb. 561. *Macrauchenia patagonica* (Macraucheniidae), Jung-Pleistozän, Südamerika. I^1–M^3 sin. buccal (ganz oben) und occlusal (mitte oben), P$_1$–M$_3$ dext. occlusal (mitte unten) und lingual (ganz unten). Beachte Coelodontie bei P und M sup. Nach PAULA COUTO (1979), umgezeichnet. ca. 1/3 nat. Größe.

Bei den Adianthidae (z. B. bei *Proectocion* – Eozän, *Adiantoides* und *Tricoelodus* – Oligozän, *Adianthus* – Oligo-Miozän) geht die Entwicklung der Molaren von brachyodonten zu hypsodonten und lophodonten Typen (Abb. 562) (CIFELLI & SORIA 1983, PATTERSON 1940, SIMPSON & MINOPRIO 1949, SIMPSON, MINOPRIO & PATTERSON 1962). Gleichzeitig werden auch die P$\frac{4}{4}$ molarisiert. Das Gebiß ist vollständig ($\frac{3\,1\,4\,3}{3\,1\,4\,3}$), die Zahnreihe praktisch geschlossen. Das Vordergebiß ist einheitlich, nur bei den primitiveren Formen (wie *Adiantoides*) überragen die Caninen etwas die Zahnreihe. Nur bei den ältesten Formen oder im unabgekauten Zustand läßt sich der Grundplan der Molaren mit Para- und Metacon, Para- und Metaconulus, Proto- und Hypocon sowie Para- und Mesostyl erkennen (PATTERSON 1940). Mit zu-

nehmender Abkauung kommt es zur Lophodontie und zur Entstehung von Fossetten (Proto-, Medi- und doppelte Postfossetten). An den M inf. verbindet ein Entolophid das Entoconid mit dem Hypolophid (Abb. 563). Die Adianthiden verschwinden mit *Adianthus* im Miozän (Santacruzense) Südamerikas als im Gebiß höchstspezialisierte Litopterna.

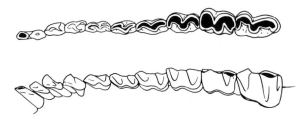

Abb. 562. *Adianthus buccatus* (Adianthidae), Miozän, Südamerika. I$_1$–M$_2$ dext. occlusal (oben) und lingual (unten). Nach CIFELLI & SORIA (1983), umgezeichnet. ca. 1,5 × nat. Größe.

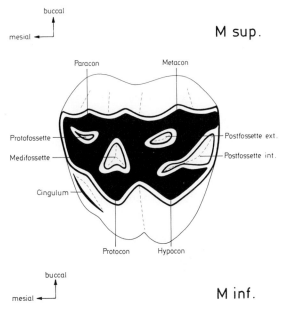

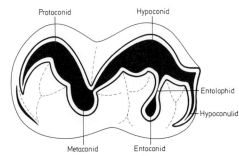

Abb. 563. *Tricoelodus* (Adianthidae), Oligozän, Südamerika. M sup. und M inf. (Schema).

3.18 Notoungulata

Die Notoungulaten sind eine weitere, ausschließlich auf Südamerika beschränkte Huftiergruppe, die im Tertiär und Pleistozän eine große Artenfülle erreichte. Die Arctostylopiden aus dem Paleozän – Eozän der nördlichen Hemisphäre (MATTHEW 1915, MATTHEW & GRANGER 1925, MATTHEW, GRANGER & SIMPSON 1929, ZHAI 1978) werden hier nicht als Angehörige der Notoungulaten klassifiziert, da nicht nur die Merkmalskombination im Gebiß von diesen abweicht, sondern auch die Spezialhomologien im mandibularen Molarengebiß völlig fehlen (THENIUS 1986). Erstmalig aus der Ober-Kreide von Peru (*Perutherium*) dokumentiert (MARSHALL, MUIZON & SIGÉ (1983), entwickelten die Notoungulaten nicht nur zu den „echten" Huftieren zahlreiche Konvergenz-Typen, sondern auch zu den Lagomorphen, die erst im Pleistozän Südamerika erreichten. Die letzten Notoungulaten sind im Jungpleistozän ausgestorben.

Das Gebiß der Notoungulaten ist recht mannigfaltig differenziert, weshalb seinerzeit auch verschiedene Angehörige dieser Huftiere als Unpaarhufer, Hyracoidea, Tillodontia und Primaten klassifiziert worden waren (AMEGHINO 1906). Erst ROTH (1903) erkannte die Zusammengehörigkeit dieser südamerikanischen Säugetiere zu einer Ordnung (SIMPSON 1945). Die taxonomische Groß-Gliederung der Notoungulaten erfolgt mit SIMPSON (1945) in die Notioprogonia, Toxodonta, Typotheria und Hegetotheria. Die ursprünglich als Proboscidea (LOOMIS (1914), später jedoch meist als eigene Ordnung klassifizierten Pyrotheria werden neuerdings durch PATTERSON (1977) als Angehörige der Notoungulaten angesehen, was jedoch nicht zwingend erscheint. Sie werden hier als Vertreter einer eigenen Ordnung klassifiziert. Eine monographische Bearbeitung des Gebisses der Notoungulaten fehlt zwar (die Darstellung von ROTH 1927 ist viel zu lückenhaft), doch geben die Arbeiten von GAUDRY (1904), SINCLAIR (1909) und SCOTT (1912, 1912a) einen guten Überblick. Die Zahnformel schwankt zwischen $\frac{3\,1\,4\,3}{3\,1\,4\,3} = 44$ und $\frac{1\,0\,2\,3}{2\,0\,1\,3} = 24$. Die Reduktion betrifft zwar vornehmlich das Vordergebiß, kann jedoch, wie etwa bei *Mesotherium*, auch Prämolaren umfassen und führt zu einem ausgedehnten Diastema. Einzelne Incisiven ($I\frac{1}{2}$) können bei Reduktion der übrigen vergrößert sein, doch kommt es fast nie zu echten Stoßzähnen (vgl. Abb. 552). Das Kronenmuster der brachyodonten bis hypsodonten Molaren reicht zwar nur vom bunolophodonten zum rein lophodonten Typ, ist jedoch recht vielgestaltig entwickelt. In einzelnen Fällen sind die Molaren nur einfache, säulenförmige Gebilde, denen ein Kronenmuster fehlt. Die Notoungulaten sind durchwegs Pflanzenfresser. Sie waren, wie das postcraniale Skelett zeigt, verschiedentlich der offenen Landschaft angepaßt.

Als bekanntester Vertreter der Notioprogonia gilt die Gattung *Notostylops* (Notostylopsidae) aus dem Alteozän (SIMPSON 1948). Die Zahnformel

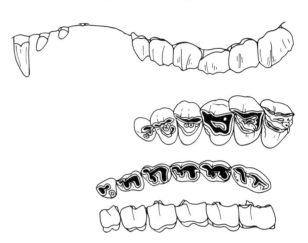

Abb. 564. *Notostylops murinus* (Notostylopidae), Alt-Eozän, Südamerika. $I^1 - M^3$ sin. buccal (ganz oben) und $P^3 - M^3$ sin. occlusal (mitte oben). $P_2 - M_3$ dext. occlusal (mitte unten) und $P_2 - M_3$ sin. buccal (ganz unten). Nach SIMPSON (1948), umgezeichnet. ca. 1/1 nat. Größe.

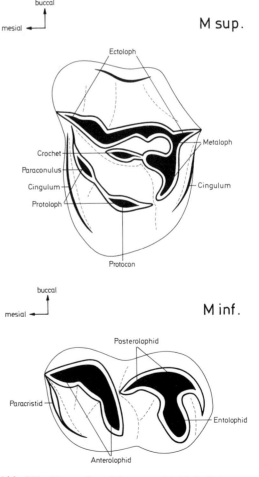

Abb. 565. *Notostylops*. M sup. und M inf. (Schema).

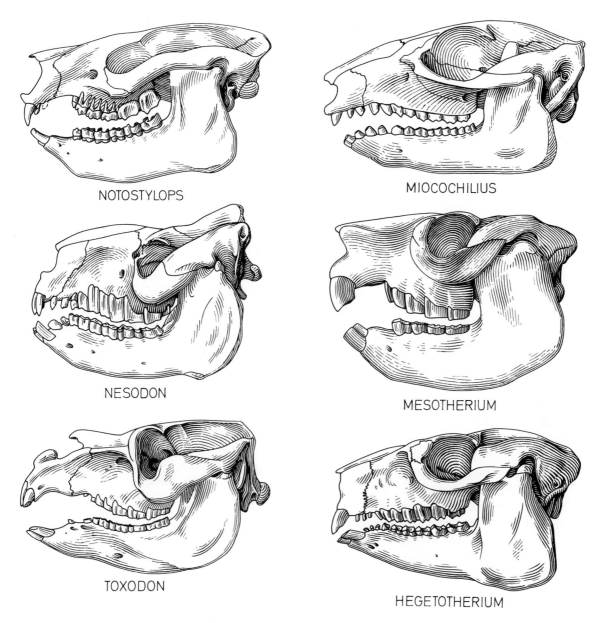

NOTOSTYLOPS

MIOCOCHILIUS

NESODON

MESOTHERIUM

TOXODON

HEGETOTHERIUM

Tafel XXXVII. Schädel (Lateralansicht) fossiler Notoungulata. Linke Reihe: *Notostylops* (Notostylopidae, Eozän), *Nesodon* (Miozän) und *Toxodon* als Toxodontidae. Rechte Reihe: *Miocochilius* (Interatheriidae, Miozän), *Mesotherium* (Mesotheriidae, Pleistozän) und *Hegetotherium* (Hegetotheriidae, Miozän). Beachte Vergrößerung einzelner Zähne des Vordergebisses. Nicht maßstäblich.

variiert von $\frac{3\,1\,4\,3}{3\,1\,4\,3} = 44$ bis zu $\frac{2\,0\,3\,3}{2\,0\,3\,3} = 32$, da die hinteren Incisiven, die Caninen und die $P\frac{1}{1}$ meist nur winzige, hinfällige Zähnchen bilden, die fehlen können. Bei *Notostylops murinus* lautet die Zahnformel $\frac{3\quad 1-0\ 4-3\ 3}{3-2\ 1-0\ 4-3\ 3} = 34-44$. Ein Diastema trennt Vorder- und Backenzahngebiß (Tafel XXXVII). Der I^{1} ist vergrößert und stark gekrümmt und berührt median den I^{1} der anderen Kieferhälfte. Die Abnützung erfolgt an der Lingualseite vor allem durch den antagonistisch wirkenden und gleichfalls vergrößerten $I_{\overline{2}}$. I^{2}, I^{3} und C sup. nehmen an Größe ab, letzterer fehlt meist, was auch für den kleinen, einwurzeligen P^{1} gilt. Zur Diskussion, ob es sich um den P^{1} oder D^{1} handelt, siehe RIGGS & PATTERSON (1935) und SIMPSON (1948). P^{2-4} nehmen an Größe zu. Ein

Außenjoch, das bei P^{3} und P^{4} eine deutliche Parastylfalte zeigt, und ein Innenhöcker, der bei P^{3} und P^{4} zu einem gerundeten Innenjoch umgestaltet wird, sind kennzeichnend für die P, deren Krone breiter als lang ist. Die Verbindung des Innenjochs mit dem Ectoloph variiert etwas. An den M sup., die größer sind als die P, sind ein ursprünglich getrenntes Protoloph (aus Paraconulus und Protoconus) und ein Metaloph ausgebildet, zu denen ein langes, mehr oder weniger parallel zum Ectoloph verlaufendes Crochet kommt. Ein Vorder- und Hintercingulum sind lingual vom Ectoloph vorhanden (Abb. 564, 565).

Auch im Mandibulargebiß ist ein Diastema entwickelt. Von den schräg eingepflanzten, gestreckten I inf. ist der $I_{\overline{2}}$ vergrößert. Die Kronen von $I_{\overline{1}}$ und $I_{\overline{2}}$ sind (sub-)spatulat und wirken rechtwinkelig gegen die Lingualseite des $I^{\underline{1}}$. Das Vordergebiß erinnert dadurch entfernt an jenes von *Procavia* unter den Hyracoidea. Ein Nagergebiß liegt nicht vor, da die Incisiven weder wurzellos sind, noch die gegenseitige Abschleifung wie bei Nagezähnen erfolgt. $I_{\overline{3}}$, C inf. und $P_{\overline{1}}$ fehlen oft, das Diastema zwischen Vorder- und Backenzahngebiß ist kürzer als im Oberkiefer. Die zweiwurzeligen P inf. nehmen an Länge zu. Der $P_{\overline{2}}$ ist sehr variabel, $P_{\overline{3}}$ und $P_{\overline{4}}$ sind einander im Bau ähnlich. Trigonid und Talonid sind nahezu gleich lang und bestehen aus dem (höheren) Antero- und dem Posterolophid. Eine Molarisierung durch ein Entolophid fehlt. Bei den M inf. ist das Talonid länger als das Trigonid und durch ein kräftiges Entolophid charakterisiert (Abb. 565).

Von den Toxodonta sind hier die Gattungen *Pleurostylodon*, *Leontinia*, *Rhynchippus*, *Nesodon* und *Toxodon* als Vertreter von insgesamt vier Familien berücksichtigt. Das Backenzahngebiß der Toxodonten ist bei den evoluierten Formen durch die zunehmende Hypsodontie und die Vereinfachung des Kronenmusters gekennzeichnet. Die Zahnformel von *Pleurostylodon* (Isotemnidae) aus dem Casamayorense (Alteozän) lautet $\frac{3\,1\,4\,3}{3\,1\,4\,3}$, ist also vollständig (Abb. 566). Die Zahnreihe ist, abgesehen von kleinen Lücken im Vordergebiß, geschlossen. Die Krone von $I^{\underline{1}}$ und $I^{\underline{2}}$ ist spatelförmig mit einer medianen Crista an der Lingualseite, der $I^{\underline{3}}$ ist hingegen eher caniniform, jedoch bedeutend kleiner als der kräftige, lanceolate C sup. mit Vorder- und Hinterkante. Die Krone des einwurzeligen $P^{\underline{1}}$ ist länger als breit mit dem mediolabialen Haupthöcker und einem niedrigen Innenhöcker. Die dreiwurzeligen $P^{\underline{2-4}}$ gleichen einander sehr; ein Ectoloph mit Parastylfurche tritt bei zunehmender Abkauung mit dem gekrümmten Innenjoch in Verbindung und ähnelt damit dem Bau der M sup., doch sind die Zähne und das Ectoloph mesiodistal deutlich kürzer. Kleine zusätzliche Elemente (Crochet, Cristae) sind vorhanden. An den M sup. ist das Ectoloph durch ein Metastyl länger als bei den P sup., Proto- und Metaloph sind zunächst getrennt, was auch für das Crochet gilt (Abb. 567). Bei stärkerer Abkauung verschmilzt letzteres mit dem Ectoloph. Die Zahl der Cristae ist variabel, ein orimentäres Antecrochet kann vorhanden sein. Cingulae sind mesial, distal, meist auch lingual gut entwickelt. Die M sup. sind subhypsodont. Die I inf. sind etwas spatulat mit lingualem Cingulum, zeigen jedoch im unabgekauten Zustand einen einfachen zentralen Höcker. Der C inf. ähnelt etwas dem $I_{\overline{3}}$, ist jedoch bedeutend größer mit etwas gekrümmter

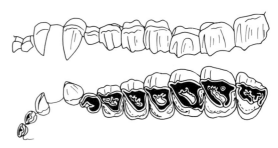

Abb. 566. *Pleurostylodon modicus* (Isotemnidae), Alt-Eozän, Südamerika. $I^1 - M^3$ sin. buccal (oben) und occlusal (unten). Nach SIMPSON (1967), umgezeichnet. ca. 3/4 nat. Größe.

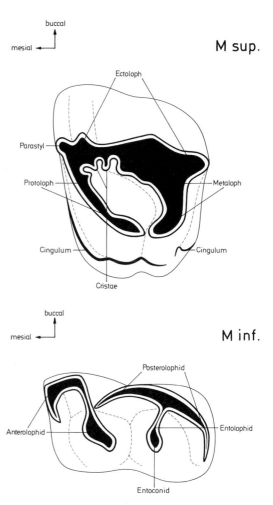

Abb. 567. *Pleurostylodon*. M sup. und M inf. (Schema).

Spitze. Abschliffe sind vorne für den $I^{\underline{3}}$, hinten für den C sup. vorhanden. Die Krone des $P_{\overline{2}}$ besteht aus dem medianen Haupthöcker mit einem posterolingualen Sporn, die im unabgekauten Zustand dem nahezu verbundenen Protoconid und Metaconid entsprechen. $P_{\overline{3}}$ und $P_{\overline{4}}$ sind einander ähnlich und bestehen aus einem gut entwickelten, scharf abgewinkelten Anterolophid und einem gekrümmten Posterolophid sowie einem davon getrennten kleinen Entoconid. Die M inf. bestehen aus dem kurzen Trigonid (samt Metastylid), an das sich das lange Talonid aus Posterolophid samt Entolophid anschließt.

Bei *Leontinia gaudryi* (Leontiniidae = „Colpo-
dontidae") aus dem Deseadense (Altoligozän) Pa-
tagoniens ist die Zahnformel vollständig ($\frac{3\ 1\ 4\ 3}{3\ 1\ 4\ 3}$),
die Zahnreihe praktisch geschlossen. Von den
I sup. ist der I $\underline{^2}$ stark vergrößert und caniniform,
die übrigen I sup. und der incisiviforme C sup.
sind klein und mit einem lingualen Cingulum versehen. Auch der P $\underline{^1}$ ist ein kleiner, einwurzeliger
Zahn. Die übrigen P sup. sind groß mit gerundet
rechteckigem Kronenumriß und deutlicher Molarisierung. Ein Außen-, Vorder- und Innencingulum sind typisch. Die Krone der fast nur im abgekauten Zustand bekannten P $\underline{^{2-4}}$ besteht aus dem
Ectoloph mit Parastylfalte und einem aus Proto-
und Metaloph bestehenden Innenjoch, das mit
dem Ectoloph mesial und distal verbunden ist.
Die im Kronenumriß länger als breiten, brachyodonten M sup. nehmen nach hinten an Größe zu.
Außen- und Innencingulum fehlen fast völlig. Im
abgekauten Zustand ist das toxodonte Zahnmuster mit den gekrümmten Ecto- (samt „Hypoconus") und Protoloph typisch. Wie jedoch PATTER-
SON (1934) zeigen konnte, besteht das Ectoloph
der M sup. aus einem Außenjoch und einem davon durch einen Sulcus getrennten, papillaten Pa-
rallelrücken (= „median ridge" bei PATTERSON),
der in dem „Hypocon" endet (Abb. 568). Dieser

Mittelrücken nimmt seinen Ursprung ähnlich wie
Ecto- und Protoloph vom Parastyl, sodaß er weder einem Antecrochet noch einer Crista ent-
spricht. Im Mandibulargebiß ist der I $\underline{_3}$ vergrößert
und caniniform, C inf. und P $\underline{_1}$ sind kleine einwurzelige Zähne, P $\underline{_{2-4}}$ nehmen nach distal an Länge
zu. Antero- und Posterolophid sind vor allem an
P $\underline{_3}$ und P $\underline{_4}$ ähnlich den M inf. entwickelt und damit molariform. An den langgestreckten M inf.
bewahrt das Protolophid auch bei stärkerer Abkauung die Eigenständigkeit, während das Entolophid früh mit dem Posterolophid verschmilzt
und nur ein, selten zwei, Postfossettiden daran
erinnern (Abb. 568). Das Talonid ist stets länger
als das Trigonid. Die verschiedene Größe der I $\underline{_3^2}$
wird von LOOMIS (1914) mit einem Geschlechtsdimorphismus in Zusammenhang gebracht.

Bei dem gleichfalls aus dem Deseadense (Altoligozän) Patagoniens stammenden *Rhynchippus pumilus* (Notohippidae = „Rhynchippidae") ist das
Gebiß zwar auch vollständig ($\frac{3\ 1\ 4\ 3}{3\ 1\ 4\ 3}$) und die Zahnreihe geschlossen, doch sind die Zähne wesentlich
spezialisierter (Abb. 569). Sie sind bis auf die
kaum kronenverlängerten I $\underline{^3}$, C sup. und P $\underline{^1}$ ausgesprochen hypsodont (SIMPSON 1932). I $\underline{^1}$ und I $\underline{^2}$
erinnern durch die Krümmung, die Hypsodontie
und die allerdings nur leicht eingesenkten „Kunden" etwas an Pferdezähne, die Backenzähne weichen jedoch völlig vom Equidenbauplan ab und
entsprechen jenem der Toxodonta. Die P sup.
sind, abgesehen vom P $\underline{^1}$, teilweise oder voll molarisiert, mit Ectoloph und Protoloph und zusätzlichen Kronenelementen. An den schmalen und
langgestreckten M sup. ist der toxodonte Bauplan in typischer Weise ausgebildet. Ecto- und
Protoloph, sowie Metaloph und stets zwei Cristae
bzw. ein Hypoloph sind kennzeichnend
(Abb. 570). Im Mandibulargebiß sind die I annä-

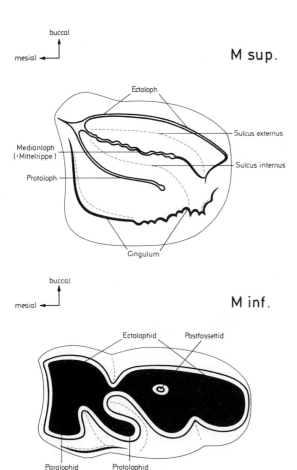

Abb. 568. *Leontinia* (Leontiniidae), Oligozän, Südamerika. M sup. und M inf. (Schema).

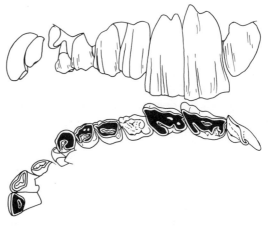

Abb. 569. *Rhynchippus pumilus* (Notohippidae), Oligozän,
Südamerika. I ^{1}–M ^{3} sin. buccal (oben) und occlusal (unten). Beachte Hypsodontie der Zähne. I ^{3}, C, P ^{4} und M ^{3} erst
im Durchbruch. Nach SIMPSON (1932), umgezeichnet. Fast
1/1 nat. Größe.

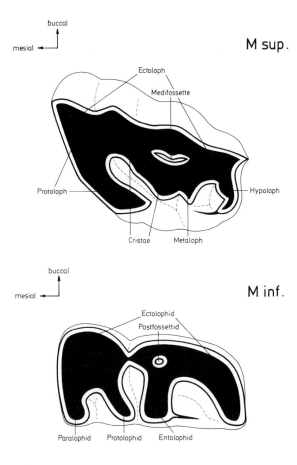

M sup.

M inf.

Abb. 570. *Rhynchippus*. M sup. und M inf. (Schema).

hernd gleichförmig gestaltet, der C inf. tritt ähnlich dem $P_{\overline{1}}$ nicht aus der Zahnreihe hervor, die Krone von $P_{\underline{2-4}}$ ist verlängert und besteht aus Antero- und Posterolophid sowie Fossettiden, die bei stärkerer Abkauung verschwinden. Gleiches gilt für die M inf., deren Talonid länger ist. Das Entolophid verschmilzt frühzeitig mit dem Posterolophid (LOOMIS 1914).

Bei *Nesodon* und *Toxodon* (Toxodontidae) ist der toxodonte Bauplan weiterentwickelt. *Nesodon imbricatus* aus dem Santacruzense (Altmiozän) Patagoniens besitzt die vollständige Zahnformel ($\frac{3\,1\,4\,3}{3\,1\,4\,3} = 44$), die Zahnreihe selbst ist bis auf kleine Lücken vor und hinter den I^3 geschlossen (Tafel XXXVII). Im Vordergebiß sind die im Lauf des Wachstums großen Veränderungen unterworfenen I^1 und I^2 vergrößert, indem die Krone der I^1 breit spatulat ausgebildet ist, jene der wurzellosen I^2 einen dreieckigen Querschnitt besitzt und dadurch sowie durch die divergierende Stellung etwas an die C inf. von *Sus* erinnert (SCOTT 1912) (Abb. 571). I^3, C sup. und P^1 sind kleine, einwurzelige Zähne. Die übrigen Backenzähne sind hypsodont, jedoch bewurzelt. Bei den $P^{\underline{2-4}}$ verschmilzt das Ectoloph frühzeitig mit dem Proto- und Metaloph. Eine Crista ist kräftig entwickelt. An den M sup. sind primär zwei Cristae vorhan-

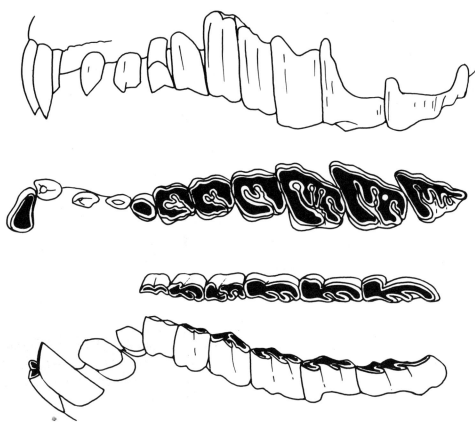

Abb. 571. *Nesodon imbricatus* (Toxodontidae), Miozän, Südamerika. $I^1 - M^3$ sin. buccal (ganz oben) und occlusal (mitte oben), $P_2 - M_3$ dext. occlusal (mitte unten) und $I_1 - M_3$ sin. buccal (ganz unten). Nach PAULA COUTO (1979), umgezeichnet. 1/2 nat. Größe.

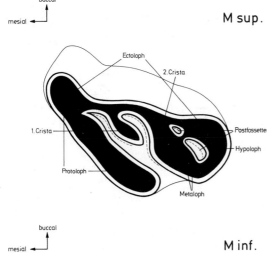

Abb. 572. *Nesodon*. M sup. und M inf. (Schema).

mend. Die im Umriß gerundet dreieckigen Zähne bestehen aus dem Ectoloph und dem durch ein Mediantal (Sulcus lingualis) getrennten Protoloph (Abb. 573, 574). Die gestreckten I inf. sind schräg in der Symphyse eingepflanzt und bilden eine funktionelle Einheit mit fast geradem Vorderrand bei schräger Abschleifung der Zahnkronen. Die $I_{\overline{3}}$ sind am kräftigsten ausgebildet und divergieren leicht. C inf. und $P_{\overline{2}}$ sind klein, $P_{\overline{3\ 4}}$ etwas

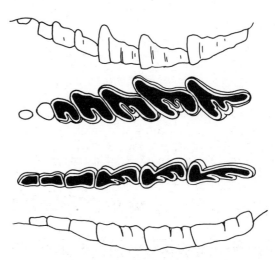

Abb. 573. *Toxodon platense* (Toxodontidae), Jung-Pleistozän, Südamerika. $P^1 - M^3$ sin. buccal (ganz oben) und occlusal (mitte oben), $P_2 - M_3$ dext. occlusal (mitte unten) und lingual (ganz unten). Nach PAULA COUTO (1979) und BOULE & PIVETEAU (1935), kombiniert umgezeichnet. ca. 1/4 nat. Größe.

den, die zusammen mit dem Meta- und Hypoloph bei stärkerer Abkauung zur Y-Form der Täler und schließlich zur Bildung mehrerer Fossetten führen (Abb. 572). Der Umriß der Kronen ist durch die schräge Anordnung der meisten Joche trapezförmig. Im Unterkiefergebiß sind die spatulaten $I_{\overline{1}}$ und $I_{\overline{2}}$ bewurzelt, die $I_{\overline{3}}$ zu divergierenden Hauern und Antagonisten der $I^{\underline{2}}$ umgebildet. Die C inf. sind klein mit seitlich abgeflachter Krone. Die P inf. nehmen nach hinten an Größe zu. Der $P_{\overline{1}}$ ist einwurzelig, die Krone mit einem Außental versehen, die restlichen P entsprechen im Bauplan den M inf., sind jedoch weniger hypsodont als diese und entwickeln die Wurzeln früher. Die Kronen der stark hypsodonten, jedoch bewurzelten M inf. sind schmal und lang, ein Sulcus externus trennt das kurze Trigonid vom langen Talonid, an dem das Entolophid frühzeitig mit dem Posterolophid verschmilzt und ein bis zwei Postfossettiden ausgebildet sind. Der $M_{\overline{3}}$ ist stark verlängert.

Bei *Toxodon platensis* aus dem Pleistozän ist das Gebiß bedeutend spezialisierter. Die Zahnzahl ist etwas reduziert ($\frac{2\ 1 - 0\ 3\ 3}{3\ 1\ 3\ 3} = 38 - 36$) und das Vordergebiß durch ein Diastema vom Backenzahngebiß getrennt (Tafel XXXVII). Die Zähne sind voll hypsodont und wurzellos. Die I sup. sind procumbent und besonders die Kronen der $I^{\underline{1}}$ stark verbreitert, was auch für die ganze Prämaxillarpartie gilt. Die rudimentären C sup. sind funktionslos, die hinteren P sup. und die M sup. im stark vereinfachten Kronenbau übereinstim-

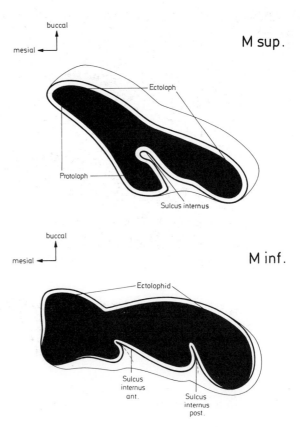

Abb. 574. *Toxodon*. M sup. und M inf. (Schema).

größer. Die langgestreckten M inf. entsprechen im Bauplan jenen von *Nesodon* mit dem Sulcus externus, einem Sulcus internus anterior und einem S. int. posterior (Abb. 574).

Als Vertreter der Typotheria sind hier nur die Gattungen *Protypotherium, Miocochilius* und *Mesotherium* berücksichtigt, die zwei Familien angehören. Die von SIMPSON (1967) als Typotheria klassifizierten Oldfieldthomasiidae (mit *Ultrapithecus* u. a. Gattungen) und Archaeopithecidae (mit *Archaeopithecus*) werden mit PAULA COUTO (1979) als Angehörige der Toxodonta angesehen.

Die Zahnformel der Typotheria schwankt von der vollständigen Zahnzahl ($\frac{3\,1\,4\,3}{3\,1\,4\,3} = 44$; wie *Protypotherium, Cochilius, Notopithecus*) (Abb. 575) bis zur stark reduzierten bei *Mesotherium* ($\frac{1\,0\,2\,3}{2\,0\,1\,3} = 24$). Die Zahnreihe ist ursprünglich geschlossen, die Backenzähne sind brachyodont, bei evoluierteren Formen kommt es zur Bildung eines Diastems und in Verbindung mit der Hypsodontie zur Wurzellosigkeit und Säulenzähnigkeit. Im Vordergebiß werden einzelne Incisiven unter teilweiser Reduktion des Schmelzes vergrößert.

Das Gebiß von *Protypotherium australe* aus dem Santacruzense (Altmiozän) und *Miocochilius anomopodus* aus dem Jungmiozän Südamerikas als Angehörige der Interatheriidae ist vollständig ($\frac{3\,1\,4\,3}{3\,1\,4\,3} = 44$). Die Zahnreihe ist geschlossen (*Protypotherium*) oder zeigt nur geringe Lücken im Vordergebiß (*Miocochilius*). Bei *Protypotherium* sind die imbricat angeordneten I und der incisiviforme C sup. hypsodont, jedoch bewurzelt. Ihre Krone ist seitlich komprimiert. Die I$^{\underline{1}}$ sind etwas vergrößert und leicht gekrümmt und nur außen mit Schmelz bedeckt, so daß durch die Abschleifung ein meißelartiges Gebilde entsteht. Die nach hinten an Größe zunehmenden P sup. sind gleichfalls hypsodont und (offen) bewurzelt, ohne voll molarisiert zu sein. Der P$^{\underline{1}}$ ist zylindrisch, P$^{\underline{2-4}}$ zweiteilig mit einem tiefen Sulcus externus im Vorderlobus und einem seichteren medianen Sulcus internus. Sie sind ebenfalls etwas imbricat angeordnet. Die Krone der nach hinten etwas an Größe abnehmenden, gleichfalls hypsodonten M sup. ist bei stärkerer Abkauung gleichfalls bilobat mit einem Sulcus internus, doch fehlt der Sulcus externus (Abb. 576). Das Grundmuster zeigt den Aufbau aus dem undulaten Ectoloph, der Crista, Proto- und Metaloph sowie Hypostyl. An den Backenzähnen tritt Kronenzement auf. Von den schräg eingepflanzten I inf. sind die Kronen von I$_{\overline{1}}$ und I$_{\overline{2}}$ zylindrisch, von I$_{\overline{3}}$, ähnlich wie der C inf., seitlich komprimiert, was auch für den P$_{\overline{1}}$ gilt, der jedoch etwas kürzer ist. Die übrigen P inf. nehmen nach hinten an Größe und Komplexität zu, ohne daß sie voll molarisiert sind. Die M inf. sind bilobat, mit tiefer medianer Außen- und Innenfurche (Abb. 576). Am distalen Lobus ist ursprünglich eine Innenwand ausgebildet. Die Backenzähne sind gleichfalls hypsodont und mit Zement versehen (SINCLAIR 1909).

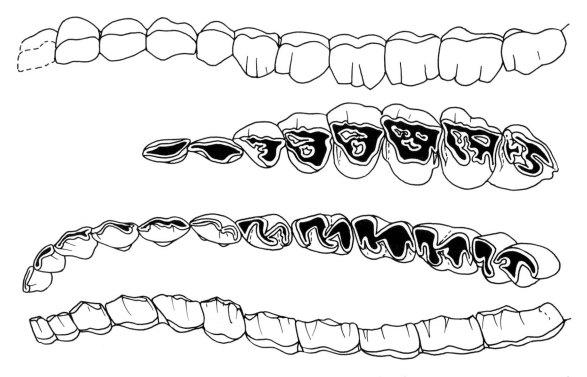

Abb. 575. *Notopithecus adapinus* (Interatheriidae), Alt-Eozän, Südamerika. I^1 – M^3 sin. buccal (ganz oben) und C – M^3 sin. occlusal (mitte oben), I$_1$ – M$_3$ dext. occlusal (mitte unten) und lingual (ganz unten). Nach SIMPSON (1967), umgezeichnet. ca. 4× nat. Größe.

Bei *Miocochilius* sind, wie bereits erwähnt, kleine Diastemata zwischen Incisiven, Caninen und dem $P\frac{1}{1}$ vorhanden (Abb. 577; Tafel XXXVII). Die Krone des $I^{\underline{1}}$ ist etwas vergrößert und bildet mit den $I_{\overline{1-2}}$ eine funktionelle Einheit. Die prämolariformen C treten nicht aus der Zahnreihe hervor, der $P^{\underline{1}}$ ist einfach, an den imbricat angeordneten $P^{\underline{2}}$ bis $P^{\underline{4}}$ ist eine antero-externe Außen- und eine mediane Innenfurche vorhanden. Die M sup. ent-

sprechen jenen von *Protypotherium*, sind jedoch wurzellos (Abb. 578). Für das Mandibulargebiß gilt ähnliches wie für *Protypotherium*, nur daß kleine Diastemata vorhanden und die Backenzähne wurzellos sind (STIRTON 1953).

Mesotherium (= „*Typotherium*") *cristatum* (Mesotheriidae) aus dem Pampaense (Jungpleistozän) erinnert im Schädel- und Gebißbau (sowie der Größe) eher an einen Riesenbiber, als an einen Notoungulaten (ROVERETO 1914) (Tafel XXXVII). Die Zahnformel lautet $\frac{1\ 0\ 2\ 3}{2\ 0\ 1\ 3} = 24$ und ist damit am stärksten reduziert. Sämtliche Zähne sind wurzellos. Die stark vergrößerten $I^{\underline{1}}$ sind labiolingual abgeflacht und nach rückwärts gekrümmt und wirken als Antagonisten von $I_{\overline{1-2}}$, ohne daß von Nagezähnen gesprochen werden kann. Ein langes Diastema trennt Vorder- und Backenzahngebiß. Die beiden P sup. sind einfacher gebaut als die M sup., die jenen von *Protypotherium* vergleichbar sind. Die $I_{\overline{1-2}}$ sind flach eingewurzelt, der $P_{\overline{4}}$ klein, die M inf. bilobat (ROVERETO 1914).

Die Typotheria vertreten ökologisch die Paarhufer und die Nagetiere unter den südamerikanischen Notoungulaten. Sie dürften jedoch keine Wiederkäuer gewesen sein, wie ihr Aussterben nach dem Eindringen von Artiodactylen und Rodentiern vermuten läßt.

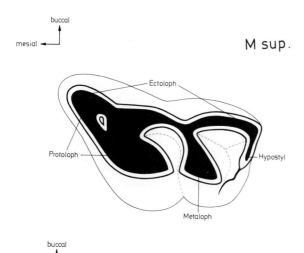

M sup.

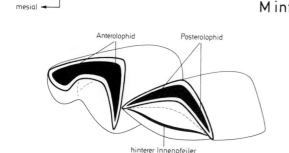

M inf.

Abb. 576. *Protypotherium* (Interatheriidae), Miozän, Südamerika. M sup. und M inf. (Schema).

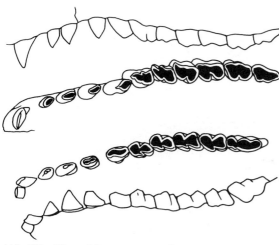

Abb. 577. *Miocochilius anomopodus* (Interatheriidae), Miozän, Kolumbien. $I^1 - M^3$ sin. buccal (ganz oben) und occlusal (mitte oben), $I_1 - M_3$ dext. occlusal (mitte unten) und lingual (ganz unten). Nach STIRTON (1953), umgezeichnet. ca. 2 × nat. Größe.

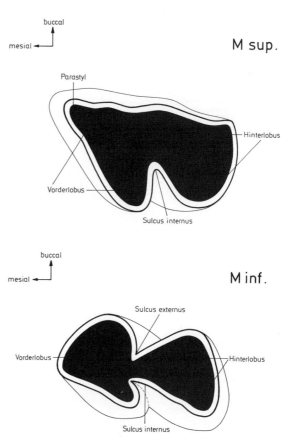

M sup.

M inf.

Abb. 578. *Miocochilius*. M sup. und M inf. (Schema).

Die durch den speziellen Bau der Gehörregion charakterisierten Hegetotheria zeigen innerhalb der Notoungulaten manche Parallelen in der Zahnentwicklung zu den Typotheria. Sie werden als meist kleinwüchsige Formen ökologisch mit den Lagomorphen verglichen. Auch sie verschwinden mit den letzten Arten im Pleistozän. Die von SIMPSON (1967) als Typotheria klassifizierten Archaeohyraciden (mit *Eohyrax*, *Archaeohyrax* und *Pseudhyrax*) werden hier mit PAULA COUTO (1979) als Angehörige der Toxodonta angesehen. Hier sind nur die Gattungen *Hegetotherium* und *Pachyrukhos* berücksichtigt.

Das Gebiß von *Hegetotherium mirabile* (Hegetotheriidae) aus dem Santacruzense (Altmiozän) Patagoniens ist vollständig ($\frac{3\,1\,4\,3}{3\,1\,4\,3}$). Die Zahnreihe zeigt lediglich zwischen den I, C und $P\frac{1}{1}$ kleine Zahnlücken (Tafel XXXVII). Die Krone der wurzellosen, stark vergrößerten $I^{\underline{1}}$ ist labiolingual komprimiert und nur außen mit Schmelz bedeckt, die hinteren Incisiven und die Caninen nur klein und stiftförmig. Sie zeigen die beginnende Reduktion an, die bei *Pachyrukhos* aus dem Oligo-Miozän zu einem weiten Diastema und zur Zahnformel $\frac{1\,0\,3\,3}{2\,0\,3\,3} = 30$ führte. Die hypsodonten, wurzellosen Backenzähne von *Hegetotherium* sind ähnlich jener evoluierter Interatheriiden gestaltet, doch ist die Krone noch stärker vereinfacht und der $P^{\underline{4}}$ molarisiert. Den P sup. fehlen der Sulcus externus und internus ebenso wie den M sup. der Sulcus internus. Dadurch weicht auch der Kronenumriß

der M sup. ab, an denen außen Zement auftritt (Abb. 579). Von $P^{\underline{2}}$ bis $M^{\underline{3}}$ sind die Backenzähne imbricat angeordnet. Im Unterkiefer sind $I_{\overline{1}}$ und $I_{\overline{2}}$ als Antagonisten des $I^{\underline{1}}$ vergrößert. $I_{\overline{3}}$ bis $P_{\overline{1}}$ sind kleine, stiftförmige Zähne. Die P inf. nehmen nach hinten an Größe zu und werden molariform. Wie bei den M inf. trennt nur ein Sulcus externus die beiden Loben (Abb. 579).

3.19 Pyrotheria

Als Pyrotheria wird eine formenarme Gruppe meist großwüchsiger Säugetiere aus dem Tertiär Südamerikas bezeichnet, die ursprünglich wegen der bilophodonten Backenzähne als Proboscidea klassifiziert wurden (AMEGHINO 1895, LOOMIS 1914). In jüngster Zeit hat PATTERSON (1977) nachzuweisen versucht, daß es sich um eine Untergruppe der Notoungulaten handelt. Eine Frage, die in diesem Rahmen nicht so gravierend ist. Auf Grund der Merkmalskombination sind die Pyrotheria hier als eigene Ordnung angeführt.

Die bekannteste Gattung ist *Pyrotherium* (Pyrotheriidae) aus dem Deseadense (Altoligozän) Patagoniens. Das Gebiß von *Pyrotherium sorondoi* und *romeri* ist hochspezialisiert, die Zahnformel lautet $\frac{2\,0\,3\,3}{1\,0\,2\,3} = 28$. Charakteristisch sind die bilophodonten Backenzähne und die stark vergrößerten Incisiven, die im Oberkiefer nur durch ein kurzes Diastema von den Backenzähnen getrennt sind (Tafel XXXVIII). Die beiden nach vorne gerichteten, wurzellosen I sup. sind nur leicht gekrümmt und meißelförmig gestaltet. Schmelz nur auf der Vorderseite. An die im Umriß gerundet

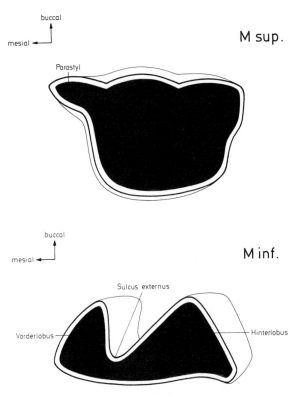

Abb. 579. *Hegetotherium* (Hegetotheriidae), Miozän, Südamerika. M sup. und M inf. (Schema).

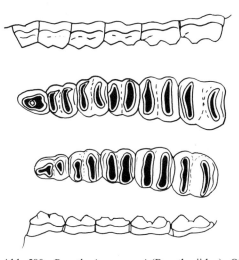

Abb. 580. *Pyrotherium romeri* (Pyrotheriidae), Oligozän, Südamerika. $P^2 - M^3$ sin. buccal (ganz oben) und occlusal (mitte oben), $P_3 - M_3$ dext. occlusal (mitte unten) und lingual (ganz unten). Nach MCFADDEN & FRAILEY (1984), umgezeichnet. 1/4 nat. Größe.

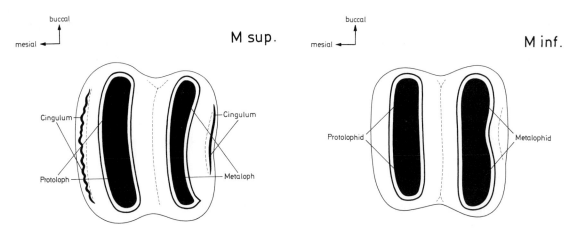

Abb. 581. *Pyrotherium*. M sup. und M inf. (Schema).

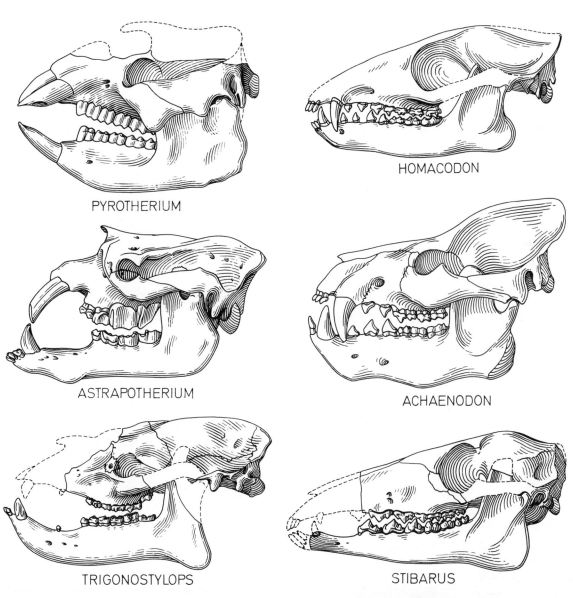

Tafel XXXVIII. Schädel (Lateralansicht) fossiler Huftiere: Pyrotheria, Astrapotheria und Trigonostylopoidea (linke Reihe) sowie fossiler und rezenter Artiodactyla (rechte Reihe). *Pyrotherium* (Pyrotheriidae, Oligozän), *Astrapotherium* (Astrapotheriidae, Miozän) und *Trigonostylops* (Trigonostylopidae, Eozän). *Homacodon* und *Achaenodon* (Dichobunidae, Eozän), *Stibarus* (Leptochoeridae, Oligozän). Nicht maßstäblich.

dreieckigen P $\underline{^2}$ schließen sich die knapp nebeneinander liegenden und nur schwach divergierenden
Backenzahnreihen aus ausgesprochen bilophodonten Zähnen an (Abb. 580). Die Zähne erinnern an jene von *Dinotherium*. Das Mandibulargebiß besteht aus den beiden großen, gestreckten
Incisiven (? I $_2$) und den gleichfalls bilophodonten
Backenzähnen (Abb. 581). Die Abschleifung der
Incisiven zeigt, daß die Unterkiefer-Bewegungen
nicht nur rein orthal, sondern auch propalinal erfolgten. Die Pyrotheria waren ausgesprochene
Pflanzenfresser; die Funktion der Incisiven ist
zwar nicht bekannt, doch dürfte sie am ehesten
mit der bei bestimmten diprotodonten Beuteltieren vergleichbar sein.

Mit *Proticia* sind die Pyrotherien auch aus dem
ältesten Tertiär (Paleozän oder Alteozän) nachgewiesen, die noch den primitiven, bunodonten Mo-
larenbau erkennen läßt. Von *Proticia* läßt sich
nach PATTERSON (1977) *Colombitherium* aus dem
Eozän Kolumbiens ableiten, das den bilophodonten Charakter der Backenzähne noch nicht ausgeprägt zeigt wie *Pyrotherium*, wie auch die Höhe
der „Joche" niedriger ist (HOFFSTETTER 1970).

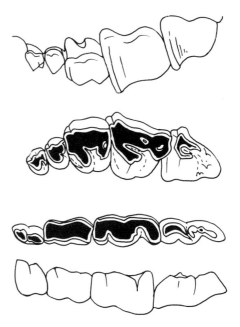

Abb. 582. *Astrapotherium magnum* (Astrapotheriidae),
Miozän, Südamerika. $P^3 - M^3$ sin. buccal (ganz oben) und
occlusal (mitte oben), $P_4 - M_3$ dext. occlusal (mitte unten)
und lingual (ganz unten). Nach PAULA COUTO (1979), kombiniert umgezeichnet. 1/4 nat. Größe.

3.20 Astrapotheria

Die Astrapotheria sind eine artenarme Gruppe
von großwüchsigen Huftieren des südamerikanischen Tertiärs. Besonderheiten im Gebiß unterscheiden sie von den übrigen Säugetierordnungen
und damit auch von den Notoungulaten, zu denen
sie einst gestellt wurden (Tafel XXXVIII). Die ursprünglich als Unterordnung der Astrapotheria
klassifizierten Trigonostylopoidea hat SIMPSON
(1967) als Vertreter einer eigenen Ordnung (s. u.)
ausgeschieden. SORIA & POWELL (1981) führen
beide Gruppen jedoch auf gemeinsame Stammformen (*Eoastrapostylops* aus dem Jungpaleozän)
zurück.

Die Zahnformel lautet bei *Astrapotherium* (Astrapotheriidae) aus dem Santacruzense (Altmiozän)
als bekanntester Gattung $\frac{0\ 1\ 2\ 3}{3\ 1\ 1\ 3} = 28$, ist also stark
reduziert (SCOTT 1937). Die I sup. fehlen völlig,
nur einige seichte Vertiefungen im Prämaxillare
sind als Alveolenreste vorhanden, die C sup. sind
zu großen, wurzellosen Hauern mit gerundet
dreieckigem Querschnitt vergrößert, die an jene
von Hippopotamiden erinnern. Auch die Abschleifung erfolgt ähnlich wie bei diesen. Schmelz
fehlt der Vorderfläche der C sup., die durch ein
kurzes Diastema von den P sup. getrennt sind.
Die beiden P sup. (P$\underline{^{3+4}}$) sind sehr klein gegen-

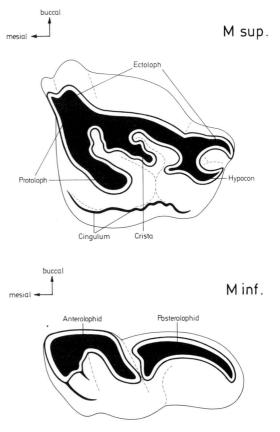

Abb. 583. *Astrapotherium*. M sup. und M inf. (Schema).

über den M sup. Ein Ectoloph und ein Innenjoch
sind jedoch vorhanden, die bei stärkerer Abkauung untereinander mesial und distal verschmelzen. Die M sup. sind lophodont und wurden ursprünglich mit denen von Rhinocerotiden vergli-

chen. Die Krone ist subhypsodont bis hypsodont und besteht aus dem Ecto-, Proto und Metaloph, zu denen eine Crista und ein Hypostyl kommen (Abb. 582). Bei stärkerer Abkauung entstehen Meso- und Postfossetten. Ein Cingulum ist lingual mehr oder weniger ausgeprägt. Im mandibularen Gebiß ist das Diastema bedeutend länger. Die spatulaten, schräg in der Symphyse eingepflanzten und in einer schwach gekrümmten Querreihe angeordneten I inf. lassen im unabgekauten Zustand eine Zweilappigkeit erkennen. Lingual ist ein Cingulum vorhanden. Die im Querschnitt dreieckigen, wurzellosen C inf. sind als Hauer ausgebildet und erinnern auch durch die Krümmung an jene von Suiden. Ein langes Diastema trennt Vorder- und Backenzahngebiß. Die Krone des zweiwurzeligen $P_{\overline{4}}$ ist kurz und besteht aus dem Ectolophid, das lingual in den Metaconidhügel ausläuft. Ein Innencingulum ist vorhanden. Die langgestreckten, nach hinten gleichfalls hochkronigen M inf. bestehen aus dem Antero- und Posterolophid. Letzteres ist nur leicht gekrümmt. Ein Ectolophid fehlt (Abb. 583). Am $M_{\overline{1}}$ ist ein Innencinculum ausgebildet.

Die Astrapotheria werden nach der Lebensweise verschiedentlich mit Flußpferden verglichen. Wie die weite knöcherne Nasenöffnung zeigt, war die Oberlippen-Nasenpartie rüsselförmig verlängert. Die Astrapotherien waren ausgesprochene Pflanzenfresser ähnlich Rhinocerotiden.

3.21 Trigonostylopoidea

Mit den Trigonostylopoidea sind jene wenigen südamerikanischen Säugetiere genannt, die ursprünglich als Astrapotheria klassifiziert wurden (SIMPSON 1934, 1945). Erst 1967 erhob sie SIMPSON auf Grund abweichender Merkmale in den Rang einer eigenen Ordnung. Allerdings werden Astrapotheria und Trigonostylopoidea auch in jüngster Zeit auf eine gemeinsame Wurzelgruppe zurückgeführt (SORIA & POWELL 1981). Molarenmuster und die gesamte Merkmalskombination machen jedoch eine Trennung beider Gruppen wahrscheinlich, weshalb sie in diesem Rahmen auch als eigene Ordnung klassifiziert werden.

Trigonostylops (Trigonostylopidae) aus dem Eozän zählt zu den bekanntesten Gattungen der Trigonostylopoidea. Die Zahnformel lautet nach SIMPSON (1933) $\frac{?0\ 1\ 4\ 3}{2-3\ 1\ 4\ 3} = 36-38$. Weite Diastemata, in denen lediglich die rudimentären $P_{\overline{1}}^{1}$ auftreten, trennen die kräftigen Caninen von den $P_{\overline{2}}^{2}$ (Tafel XXXVIII). Die I sup. scheinen völlig reduziert zu sein. Die P sup. vergrößern sich nach hin-

ten. Die $P^{\underline{2}}$ bestehen aus dem Haupthöcker, an den $P^{\underline{3}}$ und $P^{\underline{4}}$ kommen Parastyl, Meta- und Protocon und damit eine gewisse Molarisierung dazu. Para- und Metacon bilden ein Außenjoch, das bei

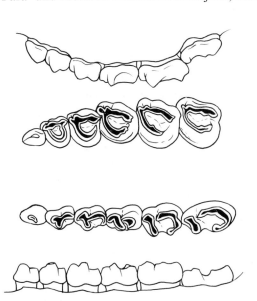

Abb. 584. *Trigonostylops wortmani* (Trigonostylopidae), Alt-Eozän, Südamerika. $P^2 - M^2$ sin. buccal (ganz oben) und occlusal (mitte oben), $P_2 - M_3$ dext. occlusal (mitte unten) und lingual (ganz unten). Nach SIMPSON (1933) und PAULA COUTO (1979), kombiniert umgezeichnet. ca. 1/2 nat. Größe.

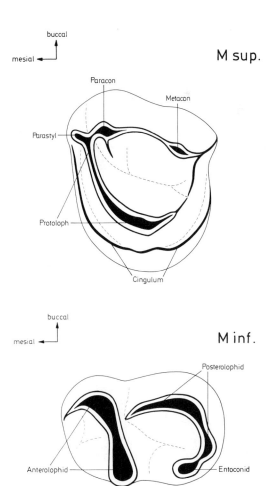

Abb. 585. *Trigonostylops*. M sup. und M inf. (Schema).

stärkerer Abkauung mit dem bogenförmigen Protocon verschmilzt, so daß eine zentrale Fossette
entsteht. Die M sup. bestehen gleichfalls aus einer
Art Ectoloph aus Parastyl, Para- und Metacon
und einem Protoloph, das distobuccal durch einen
unterbrochenen Kamm in Richtung Ectoloph
weiterverläuft. Breite Vorder- und Hintercingula
sind typisch (Abb. 584). Damit ist das von *Astrapotherium* stark abweichende Kronenmuster der
M sup. erwähnt, das übrigens auch bei *Tetragonostylops* (PRICE & PAULA COUTO 1950) aus dem Paleozän vorhanden ist. Im Unterkiefer sind die $I_{\overline{3}}$
reduziert, die Krone von $I_{\overline{1-2}}$ ist einfach mit einem
Lingualcingulum. Sie bilden eine transversale Rei-
he. Ein kurzes Diastema trennt die kräftigen und
leicht gekrümmten, jedoch nicht wurzellosen
C inf. von den I inf., ein längeres vom rudimentä-
ren $P_{\overline{1}}$. Die Krone des $P_{\overline{2}}$ ist einfach kegelförmig,
bei den $P_{\overline{3-4}}$ ist die Teilung in ein Trigonid und ein
Talonid ausgeprägt und zugleich ein Antero- und
Posterolophid vorhanden, ohne daß eine völlige
Molarisierung vorliegt. Die M inf. sind aus dem
kurzen Trigonid mit dem hauptsächlich aus dem
Protolophid bestehenden Anterolophid und dem
längeren Talonid mit dem halbkreisförmig ge-
krümmten Posterolophid aufgebaut (Abb. 585).
Ein Entoconidhügel gliedert sich am lingualen
Ende des Posterolophids ab. Damit weicht auch
der Bau der M inf. von dem der Astrapotheria ab.

3.22 Xenungulata

Als Vertreter einer eigenen Ordnung Xenungulata
hat PAULA COUTO (1952) einige Arten der Gattung
Carodnia (einschließlich *Ctalecarodnia*) aus dem
Paleozän Brasiliens klassifiziert. *Carodnia feruglio*
wurde bereits 1935 durch SIMPSON als Mammalia

incertae sedis beschrieben, wobei auf Ähnlichkeiten mit primitiven Dinocerata hingewiesen wurde.
Vollständigere Zahnfunde haben die einmalige
Merkmalskombination dieser ältesttertiären Säugetiere dokumentiert, die weder eine Zuordnung
zu den Uintatheria noch den Pyrotheria zulassen.

Die Zahnformel von *Carodnia* (Carodniidae) ist
vermutlich vollständig ($\frac{?3\ 1\ 4\ 3}{3\ 1\ 4\ 3} = ?\ 44$) und die
Zahnreihe bis auf ein kleines Diastema zwischen
C sup. und $P^{\underline{1}}$ geschlossen. Die seitlich komprimierten, im Unterkiefer schräg eingepflanzten Incisiven springen vor, die Caninen sind leicht gekrümmt und mit scharfer Spitze versehen. Sämtliche Backenzähne sind brachyodont. Die Krone
der zweiwurzeligen $P^{\underline{1-2}}_{\overline{1-2}}$ ist lateral komprimiert,
länger als breit und besteht aus dem mesialen
Haupthöcker; $P^{\underline{2}}$ größer als $P^{\underline{1}}$. $P^{\underline{3}}$ und $P^{\underline{4}}$ sind
dreiwurzelig mit kräftigem Paracon und koni-
schem Protocon, $P_{\overline{3}}$ mit beginnendem Protolophid
und kleinem Talonid, $P_{\overline{4}}$ mit gut entwickeltem
Protolophid (aus Proto- und Metaconid und brei-
tem Talonid). Die $M^{\underline{1-2}}$ sind bilophodont mit
nach vorn etwas konvexen Jochen der M sup.,
konkaven der M inf. Die $M^{\underline{3}}_{\overline{3}}$ erinnern an jene von
Dinocerata oder Pantodonten (Abb. 586, 587).

Die Merkmalskombination erlaubt keine Zuordnung zu einer sonst bekannten Säugetierordnung.
Die Pyrotheria sind im Vordergebiß völlig abweichend spezialisiert; von den Dinoceraten, mit denen sie von McKENNA (1980) in Verbindung gebracht werden, unterscheiden sie sich vor allem
durch die bilophodonten Molaren. Der Schädel
ist unbekannt. Ob die Xenungulaten die Schwestergruppe der Dinoceraten bilden, ist fraglich.
Die Xenungulaten sind anscheinend im Eozän
wieder ausgestorben.

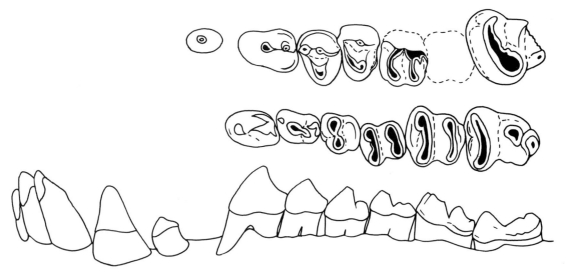

Abb. 586. *Carodnia vieirai* (Carodniidae), Jung-Paleozän (Riochican), Südamerika. $P^1 - M^3$ sin. occlusal (oben), $P_2 - M_3$
dext. occlusal (mitte) und $I_1 - M_3$ sin. buccal (unten). Nach PAULA COUTO (1979), umgezeichnet. ca. 1/2 nat. Größe.

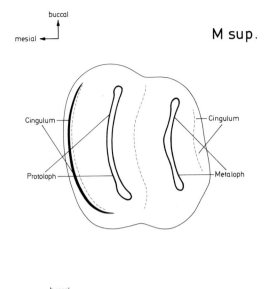

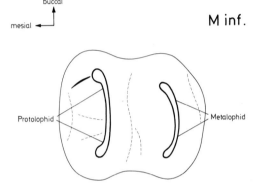

Abb. 587. *Carodnia*. M sup. und M inf. (Schema).

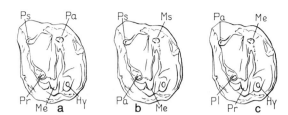

Abb. 589. M sup. dext. von *Uintatherium* mit unterschiedlicher Höckerhomologisierung. a – nach OSBORN, b – nach MATTHEW (1928) und c – nach WOOD, MATTHEW (1929) und SIMPSON. Nach SIMPSON (1929). Abkürzungen wie in Abb. 588.

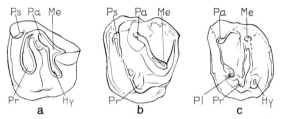

Abb. 590. M sup. sin. (occlusal) eines Perissodactylen (a), Pantodonten (b) und Dinoceraten (c), um die unabhängig voneinander entstandene Jochbildung aufzuzeigen. a – *Hyrachyus*, b – *Coryphodon*, c – *Uintatherium*. Nach SIMPSON (1929). Abkürzungen wie in Abb. 588.

3.23 Dinocerata („Uintatheria")

Die meist zusammen mit den Pantodonta als Amblypoda klassifizierten Dinocerata werden hier als Angehörige einer eigenen Ordnung angesehen. Sie weichen im Bauplan der Backenzähne stark von den Pantodonten ab (Abb. 588–590). Die Dinoceraten sind eine artenarme Gruppe mittelgroßer bis großer, herbivorer Säugetiere des Alttertiärs (Paleozän und Eozän) von Nordamerika und Asien. Bei den evoluierten Arten sind knöcherne Schädelfortsätze vorhanden (MARSH 1884–1886).

Über die taxonomische Gliederung der Dinoceraten bestehen lediglich Meinungsverschiedenheiten bei der Bewertung der höheren Kategorien (Familien oder Unterfamilien) (THENIUS 1969, WHEELER 1961).

Das brachyodonte Backenzahn-Gebiß der Dinocerata ist sehr einheitlich gestaltet, das maxillare Vordergebiß neigt zur Reduktion. Die Zahnformel schwankt demgemäß von der fast vollständigen Zahl mit $\frac{3\ 1\ 3\ 3}{3\ 1\ 4\ 3} = 42$ der primitivsten Arten

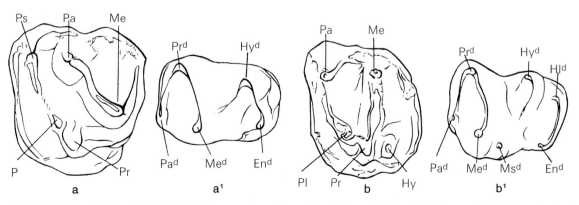

Abb. 588. M sup. (a, b) und M inf. (a¹, b¹) dext. von Pantodonta (a, a¹ - *Coryphodon*) und Dinocerata (b, b¹ - *Uintatherium*). Beachte völlig verschiedenes Kronenmuster der M sup. Nach SIMPSON (1929). Abkürzungen: En^d – Endoconid, Hl^d – Hypoconulid, Hy – Hypocon, Hy^d – Hypoconid, Me – Metacon, Me^d – Metaconid, Ms^d – Mesostylid, P – Paraconulus, Pa – Paracon, Pa^d – Paraconid, Pl – Protoconulus, Pr – Protocon, Pr^d – Protoconid, Ps – Parastylid.

(z. B. *Prodinoceras* aus dem Jungpaleozän) bis zu $\frac{0\,0\,3\,3}{3\,1\,3\,3} = 32$ (*Gobiatherium* aus dem Jungeozän), indem das Vordergebiß des Oberkiefers komplett, jenes der Mandibel dimensionell stark reduziert

ist (FLEROV 1957). Hier ist lediglich die bekannteste Gattung, nämlich *Uintatherium*, ausführlicher besprochen.

Uintatherium (= „*Dinoceras*"; Uintatheriidae) aus dem Mitteleozän Nordamerikas ist eine stark nashorngroße Gattung mit plumpen fünfzehigen Extremitäten und mindestens vier knöchernen Schädelfortsätzen. Die Zahnformel lautet $\frac{0\,1\,3\,3}{3\,1\,3\,3} = 34$. Die I sup. sind völlig reduziert, auch bei jungen Individuen fehlen sie. Die C sup. mit dolchförmig verlängerter Krone sind mit langen, kräftigen Wurzeln versehen, die nur bei jungen Tieren eine offene Pulpa besitzen (Abb. 591 u. Tafel XXII). Die im Querschnitt ovale Krone ist leicht gekrümmt und – bei den Männchen – spitzenwärts mit schneidenden Vorder- und Hinterkanten versehen. Ein Diastema trennt Vorder- und Backenzahngebiß. Die gerundet dreieckige Krone der kleinen $P^{\underline{2}}$ besteht aus dem Haupthügel und einem kleinen distolingualen Innenhöcker. Die Höcker (Para-, Meta- und Protocon) von $P^{\underline{3}}$ und $P^{\underline{4}}$ bilden ein großes V. Ein Cingulum umgibt die Zähne allseits. Die Krone der M sup. ist im Prinzip ähnlich gestaltet, doch sind die Äste des V median primär mehr oder weniger deutlich getrennt. Dieses eigenartige Molarenmuster hat daher auch zu unterschiedlichen Interpretationen der Höcker geführt (SIMPSON 1929, WHEELER 1961, WOOD 1923). Die hier (Abb. 592) vertretene Homologisierung weicht von allen bisherigen Deutungen ab. Der vordere Innenhöcker entspricht weder dem Paracon noch dem Paraconulus des Protocon, sondern ist einem gespaltenen Protocon gleichzusetzen. Beide Höcker bilden mit dem jeweiligen Außenhöcker ein Proto- bzw. Metaloph. Diese Deutung ergibt sich aus dem Vergleich mit den P sup. und der Tatsache, daß die Trennung des Innenhöckers vom $M^{\underline{1}}$ bis zum $M^{\underline{3}}$ deutlicher wird. Der Hypoconhöcker ist isoliert und verschmilzt erst bei starker Abkauung mit dem V. Die Krone der einwurzeligen I inf. ist asymmetrisch und besteht aus dem medianen Haupthöcker und einem niedrigen distalen Hügel. Der C inf. ist incisiviform und durch ein Diastema vom $P_{\overline{2}}$ getrennt. Dieser besteht aus dem Haupthöcker und einem niedrigen Talonid. An den $P_{\overline{3}}$ und $P_{\overline{4}}$ ist ersterer zu einem Querjoch umgestaltet, an das sich das niedrige, mit Tendenz zur Schrägleiste entwickelte Hypoconid anschließt. An den M inf. ist dieser Trend noch ausgeprägter. Zum Protolophid, das lingual höher ist als buccal, kommt ein Paracristid und ein eigener Metastylidhöcker sowie ein schräg zur Zahnlängsachse verlaufendes Metalophid und ein Hypoconulid, das in ein Entoconid übergehen kann (Abb. 592). Bei starker Abkauung verbinden sich Proto- und Metalophid zu einem V mit doppelter Basis.

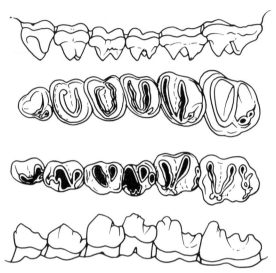

Abb. 591. *Uintatherium anceps* (Uintatheriidae), Jung-Eozän, Nordamerika. $P^2 - M^3$ sin. buccal (ganz oben) und occlusal (mitte oben), $P_2 - M_3$ dext. occlusal (mitte unten) und lingual (ganz unten). Nach MARSH (1886), umgezeichnet. ca. 2/5 nat. Größe.

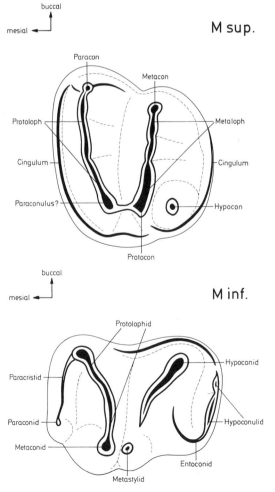

Abb. 592. *Uintatherium*. M sup. und M inf. (Schema).

Die in den Gliedmaßen schwerfällig gebauten Dinocerata waren die größten Pflanzenfresser ihrer Zeit. Die völlige Reduktion der I sup., die procumbente Anordnung der I inf. samt den incisiviformen C inf. und Diastemata erinnern entfernt an jene der Ruminantia, doch fehlt den mandibu-

laren Vorderzähnen von *Uintatherium* eine einheitliche schneidende Krone. Jene von *Gobiatherium* mit flacher, verbreiterter Unterkiefersymphyse sind nicht bekannt (FLEROV 1957). Bei *Mongolotherium* aus dem Alteozän (Abb. 593) ist das (vollständige) Vordergebiß „normal" ausgebildet. Das Kiefergelenk liegt stets über dem Zahnreihenniveau, bei *Gobiatherium* mehr als bei den übrigen Dinoceraten. Die Dinocerata starben mit *Eobasileus, Tethopsis* und *Gobiatherium* im Jungeozän aus (WHEELER 1961).

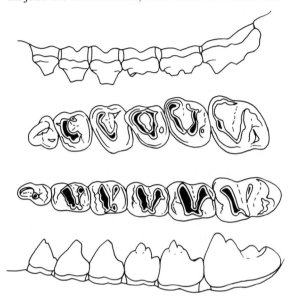

Abb. 593. *Mongolotherium plantigradum* bzw. *efremovi* (Uintatheriidae), Alt-Eozän, Asien. $P^2 - M^3$ sin. buccal (ganz oben) und occlusal (mitte oben), $P_2 - M_3$ dext. occlusal (mitte unten) und lingual (ganz unten). Nach FLEROV (1957), umgezeichnet. ca. 3/5 nat. Größe.

3.24 Embrithopoda

Eine völlig ausgestorbene Huftiergruppe bilden die Embrithopoda, die vor allem durch *Arsinoitherium zitteli* aus dem Alt-Oligozän Nordafrikas dokumentiert sind (ANDREWS 1906, TANNER 1978). *Arsinoitherium* ist durch eine Merkmalskombination gekennzeichnet, wie sie unter den Säugetieren einmalig ist. Das Extremitätenskelett dieser großwüchsigen Huftiere erinnert an jenes von Rüsseltieren. Der Schädel trägt ein Paar riesige Nasenknochenzapfen und ein Paar kleine Stirnknochenzapfen.

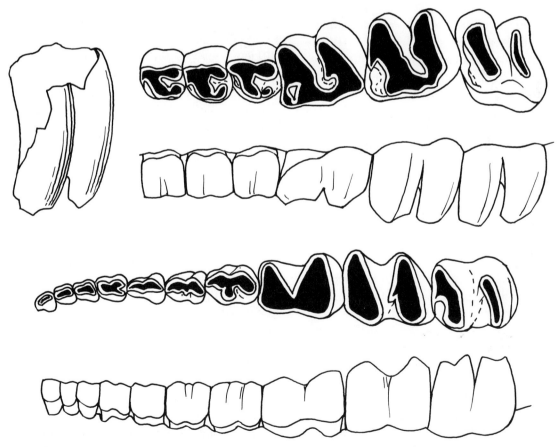

Abb. 594. *Arsinoitherium zitteli* (Arsinoitheriidae), Oligozän, Nordamerika. $P^2 - M^3$ sin. occlusal (ganz oben) und buccal (mitte oben) sowie M^3 sin. buccal (links oben), $I_2 - M_3$ dext. occlusal (mitte unten) und lingual (ganz unten). Nach ANDREWS (1906), umgezeichnet. ca. 1/3 nat. Größe.

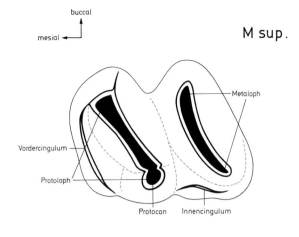

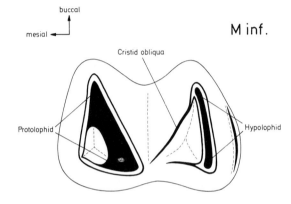

Abb. 594a. *Arsinoitherium*. M sup. und M inf. (Schema).

Das Gebiß ist vollständig ($\frac{3\,1\,4\,3}{3\,1\,4\,3} = 44$) und bildet eine geschlossene Zahnreihe (Tafel XLVIII). Die bilophodonten Molaren zeigen eine Partialhypsodontie, die Bilophodontie weicht von jener anderer Säugetiere ab. Das uniforme Vordergebiß, das durch ein kleines Diastema zwischen den beiden I^1 getrennt ist, besteht aus leicht nach innen gekrümmten, außen hypsodonten, einwurzeligen, einfachen Zähnen. Dies gilt auch für den P$^{\underline{1}}$. Die außen hypsodonten P$^{\underline{2-4}}$ sind als semimolariform zu bezeichnen. Sie bestehen bei *Arsinoitherium andrewsi* aus dem Ecto- und Protoloph, das sich in einen Hypocon fortsetzen kann. Bei *A. zitteli* ist ein Metaloph ausgebildet, Sie erinnern durch ihr Kronenmuster etwas an jenes von Rhinocerotiden (Abb. 594). Die ausgesprochen bilophodonten M sup. bestehen aus Proto- und Metaloph, Vorder- und Innencingulum. Die linguale Seite der M sup. ist brachyodont, außen sind die Zähne hypsodont, so daß auch hier eine Partialhypsodontie vorhanden ist. Das Innencingulum führt bei starker Abkauung zu einer lingualen Verbindung von Proto- und Metaloph, ohne daß von einem Entoloph gesprochen werden kann. Die Kieferstellung ist anisognath. Die gleichfalls geschlossene Unterkiefer-Zahnreihe ist ähnlich gebaut. Die beiden Zahnreihen laufen in spitzem Winkel auseinander. Die einwurzeligen Zähne des

Vordergebisses sind leicht gekrümmt, außen leicht hypsodont. Der C inf. ist incisiviform. Die P inf. sind bis auf den P$_{\overline{1}}$ länger als breit, mit schneidender Zahnkrone. Lediglich am P$_{\overline{4}}$ macht sich eine Zweiteilung aus zwei gewinkelten Jochen bemerkbar. An den gleichfalls bilophodonten M inf. ist die Partialhypsodontie ausgeprägt. Proto- und Metalophid sind lingual durch eine verlängerte Crista obliqua meist miteinander verbunden (Abb. 594a).

Die Arsinoitherien waren Pflanzenfresser, die zweifellos auch härtere Nahrung verzehrten. Die hohe Lage des Kiefergelenkes bestätigt die Gebißanalyse. Die in jüngster Zeit aus dem Alttertiär von Kleinasien und Südosteuropa bekannt gewordenen Zahnreste (*Palaeoamasia*, *Crivadiatherium*) sind für eine zusätzliche Gebißanalyse kaum brauchbar (SEN & HEINTZ 1979). Über die verschiedentlich mit Embrithopoden in Verbindung gebrachten Phenacolophiden aus dem Paleozän Zentral- und Ostasiens wird an anderer Stelle berichtet (MCKENNA & MANNING 1977, ZHANG 1978).

3.25 Tillodontia

Die Tillodontia sind eine artenarme Säugetiergruppe, die auf das älteste Tertiär (Paleozän – Eozän) beschränkt ist. Ihre Stellung im System wird diskutiert, indem sie ursprünglich als Rodentia, als Taeniodonta bzw. als Insectivora und neuerdings als Angehörige der Condylarthra oder der Pantodonta klassifiziert werden (VAN VALEN 1963, CHOW & WANG 1979). Meist werden die wenigen Gattungen einer Familie (Esthonychidae = Tillotheriidae) zugeordnet (SIMPSON 1945, GAZIN 1953). Die Tillodontia sind aus Nordamerika, Europa und Asien bekannt geworden (LUCAS & SCHOCH 1981). Ungeachtet ihrer stammesgeschichtlichen Herkunft (Insectivora oder Condylarthra) sind die Tillodontia auf Grund ihrer typischen Merkmalskombination als eigene Ordnung zu klassifizieren. Zu den charakteristischen Merkmalen zählt auch das Gebiß.

Das Gebiß der Tillodontia ist vor allem durch die (sub-)gliriforme Vergrößerung einzelner Incisiven, die stark reduzierten „Zwischenzähne" (C und vordere Prämolaren) und die Tendenz der pantolambdodonten Backenzähne zur Hypsodontie bei evoluierten Formen gekennzeichnet (z. B. *Trogosus*; Tafel XLIX). In der Zahnformel ($\frac{2}{3-1}\frac{1\,3\,3}{1\,3\,3} = 34{-}38$) kommen diese Tendenzen nicht oder kaum zum Ausdruck, da die völlige Reduktion einzelner Zähne nur selten eintritt. In diesem

Rahmen sind die Gattungen *Esthonyx* als primitiver, *Trogosus* als spezialisierter Vertreter der Tillodontia berücksichtigt. Im Zuge einer Revision der Tillodontia hat GAZIN (1953) auch eine Beschreibung des Gebisses gegeben.

Bei *Esthonyx* (Esthonychidae) aus dem Alteozän Nordamerikas lautet die Zahnformel $\frac{2\ 1\ 3\ 3}{3\ 1\ 3\ 3} = 38$. Die bewurzelten $I^{\underline{2}}$ sind leicht vergrößert und median durch eine Lücke voneinander getrennt, $I^{\underline{3}}$ und C sup. sind kleiner. Kurze Diastemata trennen den $I^{\underline{3}}$ vom $I^{\underline{2}}$ und C sup. Die Krone des $P^{\underline{2}}$ ist einfach konisch, jene des $P^{\underline{3}}$ im Umriß dreieckig. Sie besteht aus dem Haupthöcker mit Para- und Mesostyl sowie einem kräftigen Protocon. Der $P^{\underline{4}}$ ist breiter als lang und entspricht weitgehend dem $M^{\underline{1}}$, doch liegen die beiden Außenhöcker nahe beieinander. Die M sup. sind als trituberculär zu bezeichnen, doch ist der Kronenumriß nicht dreieckig, sondern gerundet rechteckig. Zu den drei Haupthöckern kommen Para- und Metaconulus. Ein distolinguales Cingulum ist als beginnender Hypocon anzusehen (Abb. 595). Der Bau der M sup. ähnelt somit jenem von *Pantolambda*, doch ist dies ein gemeinsames Primitivmerkmal und kein Ausdruck näherer verwandtschaftlicher Beziehungen, wie etwa CHOW & WANG (1979) annehmen. Die Differenzierung des Vordergebisses weicht völlig von dem von *Pantolambda* und auch der übrigen Pantodonten ab. Im Unterkiefer sind gleichfalls die $I_{\overline{2}}$ vergrößert. Die $I_{\overline{3}}$ sind deutlich

kleiner als die $I_{\overline{2}}$, an die sich ein eher kräftiger C inf. anschließt. Die zweiwurzeligen P inf. nehmen vom $P_{\overline{2}}$ zum $P_{\overline{4}}$ an Größe und Höhe zu. Ein Talonid ist am $P_{\overline{3}}$ und $P_{\overline{4}}$ deutlich abgegliedert. Am $P_{\overline{4}}$ kommt zum Haupthöcker noch ein Metaconid und ein Paracristid, womit eine beginnende Molarisierung angedeutet ist. An den M inf. sind Trigonid und Talonid etwa gleich lang. Das höhere Trigonid besteht gleichfalls aus dem (gleich hohen) Proto- und Metaconid sowie dem Paracristid mit mehr oder weniger deutlich ausgegliedertem Paraconid sowie manchmal einem kleinen Metastylid. Bei zunehmender Abkauung entsteht eine V-förmige Kaufigur. Das (niedrigere) Talonid wird aus dem Hypo- und dem Entoconid gebildet, die bei stärkerer Abkauung ein weites V bilden (Abb. 596).

Bei *Trogosus* (Esthonychidae) aus dem Mitteleozän Nordamerikas sind die stark vergrößerten gliriformen und median getrennten $I^{\underline{2}}_{\overline{2}}$ wurzellos (Tafel XLIX). Der Schmelz ist auf die Vorderseite beschränkt. Der Querschnitt der gekrümmten I sup. ist gerundet dreieckig, jener der $I_{\overline{2}}$ seitlich komprimiert. Die $I_{\overline{1}}$ und $I_{\overline{3}}$ sind winzige, funktionslose Zähne, was auch für die Caninen gilt. Die Zahnformel lautet $\frac{2\ 1\ 3\ 3}{3\ 1\ 3\ 3} = 38$. Die $P^{\underline{2}}_{\overline{2}}$ sind stiftförmig. Ein Diastema trennt sie von den übrigen Backenzähnen. Der im Umriß gerundet dreieckige $P^{\underline{3}}$ besteht aus dem Haupthöcker und einem Innenhöcker. Der $P^{\underline{4}}$ ist hingegen viel brei-

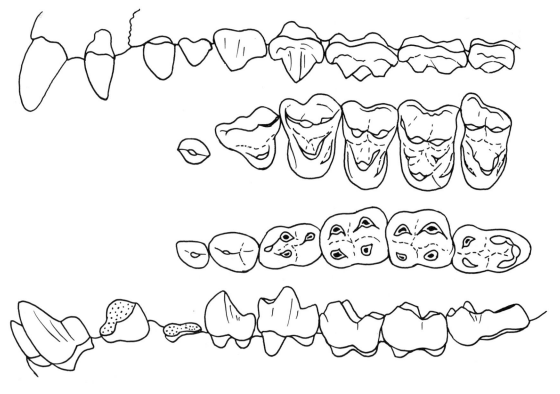

Abb. 595. *Esthonyx* sp. (Esthonychidae), Alt-Eozän, Nordamerika. $I - M^3$ sin. buccal (ganz oben) und $P^2 - M^3$ sin. (*E. acutidens*) occlusal (mitte oben), $P_2 - M_3$ dext. (*E.* cf. *spatularius*) occlusal (mitte unten) und $I - M_3$ sin. (*E. bisulcatus*) buccal (ganz unten). Nach GAZIN (1958). umgezeichnet. ca. $2 \times$ nat. Größe.

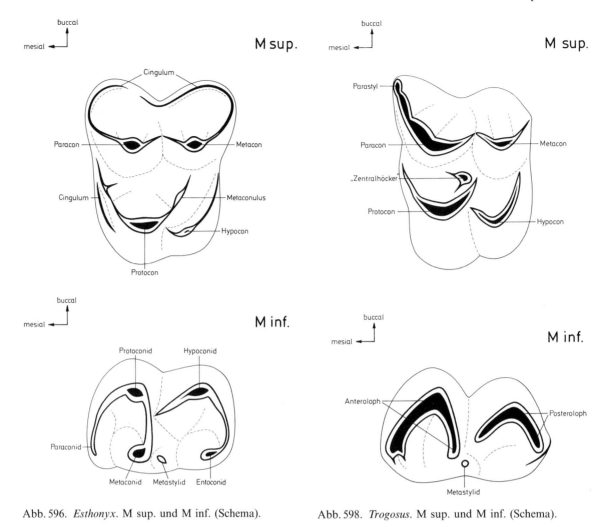

M sup.

buccal

mesial

Cingulum

Paracon — — Metacon

Cingulum — — Metaconulus

— Hypocon

Protocon

M sup.

buccal

mesial

Parastyl

Paracon — — Metacon

„Zentralhöcker"

Protocon

— Hypocon

M inf.

buccal

mesial

Protoconid   Hypoconid

Paraconid

Metaconid   Metastylid   Entoconid

M inf.

buccal

mesial

Anteroloph

— Posteroloph

Metastylid

Abb. 596. *Esthonyx*. M sup. und M inf. (Schema).

Abb. 598. *Trogosus*. M sup. und M inf. (Schema).

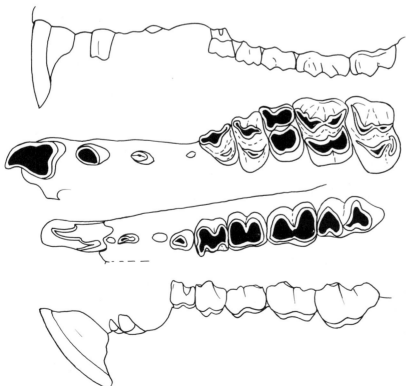

Abb. 597. *Trogosus hyracoides* (Esthonychidae), Mittel-Eozän, Nordamerika. I – M³ sin. buccal (ganz oben) und occlusal (mitte oben), I – M₃ dext. occlusal (mitte unten) und I – M₃ sin. buccal (ganz unten). Nach GAZIN (1958), umgezeichnet. 2,5 × nat. Größe.

ter als lang. Die M sup. sind quadrituberculär, ein Zentralhöcker tritt zusätzlich auf (Abb. 597). Das Kronenmuster erinnert an jenes von Selenodontiern (Abb. 641). Die Krone der $P_{\overline{3}}$ ist einfach gebaut und seitlich komprimiert. Der $P_{\overline{4}}$ hingegen ist molariform und bilobat. Die M inf. sind gleichfalls bilobat (Antero- und Posteroloph) und hypsodont (Abb. 598). Ein Metastylidhöcker ist deutlich ausgegliedert. Das Kiefergelenk liegt deutlich über der Zahnreihe.

Die Tillodontia sind eine weitere ältesttertiäre Säugetiergruppe, deren Gebiß sich in zunehmendem Maß an härtere pflanzliche Nahrung anpaßte.

3.26 Tubulidentata (Röhrenzähner)

Die gegenwärtig nur durch die Gattung *Orycteropus* (Erdferkel mit *O. afer*) hauptsächlich in den Savannenregionen der äthiopischen Region vertretenen Tubulidentata zählen in vieler Hinsicht zu den eigenartigsten Säugetieren überhaupt. Abgesehen vom Habitus und der weitgehenden Myrmecophagie weicht auch der Bau der Backenzähne von dem aller übrigen Säugetiere ab. Den wurzellosen, säulenförmigen Zähnen fehlt der Schmelz und das Dentin ist aus zahlreichen, parallel angeordneten, meist sechsseitigen Prismen mit Pulpa aufgebaut, denen die Erdferkel den Namen Röhrenzähner verdanken (WEBER 1904) (Tafel L). Die einzelnen Zähne sind von einem Zementmantel umgeben.

Die taxonomische Stellung der Erdferkel wurde lange diskutiert. Entscheidend war dafür die starke Reduktion des Gebisses. Ursprünglich als Angehörige der Edentata (Zahnarme) klassifiziert, stellte man sie später gemeinsam mit den ebenfalls myrmecophagen Schuppentieren (Pholidota) als Nomarthra den übrigen Edentaten, nämlich den Xenarthra gegenüber. Heute werden die Tubulidentaten als eigene Ordnung klassifiziert, deren Wurzeln unter primitiven Huftieren (Condylarthra) zu suchen sind, eine Auffassung, die erstmalig COPE bereits 1884 geäußert hat. Diese Meinung wird durch zahlreiche anatomische Merkmale bekräftigt (SMITH 1898, SONNTAG, WOLLARD & LE GROS CLARK 1925, 1926, FRICK 1953). Demgegenüber stellt MCKENNA (1975) die Tubulidentata zusammen mit den Arctocyonia, Tillodontia, Dinocerata, Embrithopoda und Artiodactyla zur Überordnung Eparctocyona. Nach THEWISSEN (1985) sind die Tubulidentata primitive Säugetiere, die mit Huftieren nicht näher verwandt sind.

Das Gebiß der rezenten Erdferkel ist stark reduziert, wie bereits die Zahnformel von *Orycteropus*, die meist $\frac{0\,0\,3-2\,3}{0\,0\,2\,3} = 22-20$ beträgt, erkennen läßt (Abb. 598 a, 598 b). An einzelnen Exemplaren können noch mehr rudimentäre Prämolaren auftreten (ANTHONY 1934). Das Vordergebiß ist völlig reduziert, lediglich winzige Alveolen für Milchzähne können im vorderen Kieferbereich auftreten. Das Milchgebiß selbst besteht aus stark reduzierten Zähnchen wechselnder Zahl, indem diese von $\frac{7}{4}$ über $\frac{10}{10}$ bis zu $\frac{12}{14}$ angegeben wird (THOMAS 1890, LÖNNBERG 1906, BROOM 1909, HEUSER 1913). Die Zahnformel des Dauergebisses der fossilen Tubulidentata schwankt von $\frac{?\,1\,4\,3}{?\,1\,4\,3}$ (*Leptorycteropus*) bis $\frac{0\,0\,4\,3}{0\,0\,4\,3} =$ (*Orycteropus gaudryi* aus dem Jungmiozän; COLBERT 1941).

Beim rezenten *Orycteropus afer* (Orycteropidae) ist, wie schon erwähnt, das Vordergebiß völlig reduziert, das Backenzahngebiß weitgehend homodont. Die Backenzähne selbst sind wurzellose, säulenförmige Zähne, denen der Schmelz fehlt. Dafür umhüllt ein Mantel aus Zement die Zähne. Die P sup. sind kleiner als die M sup. und im Umriß mehr oder weniger oval. Die M sup. sind dagegen durch eine buccale und linguale Vertikalfurche seitlich eingeschnürt, wodurch die Krone zweiteilig (bilobat) ist. Die Abkauung führt zu planen Schrägflächen, die an den M giebelförmig gestaltet sind. Im unabgekauten Zustand besteht nach HEUVELMANS (1939) jeder Lobus der M sup. aus einem annähernd zentralen Haupthöcker, zu dem kleine, unregelmäßig angeordnete Höckerchen kommen. Von einem quadrituberculären Grundplan, wie HEUVELMANS (1939) meint, kann jedoch keine Rede sein. *Orycteropus afer* wird meist als ausschließlich myrmecophage Art angesehen, die sich nur von Ameisen und Termiten (Angebot nach Jahreszeit verschieden) ernährt. Dies steht in Widerspruch zum nicht völlig reduzierten Gebiß, wie es für ausgesprochen myrmecophage Säugetiere zutrifft (wie *Manis*, *Myrmecophaga*, *Tachyglossus*). Auf diesen Widerspruch hat bereits PATTERSON (1975) hingewiesen und zugleich auch auf Beobachtungen freilebender Erdferkel verwiesen (MEEUSE 1958, MITCHELL 1965, MELTON 1976), aus denen hervorgeht, daß *Orycteropus afer* auch pflanzliche Nahrung in Form von unterirdischen Kürbisfrüchten (*Cucumis humifructus*) verzehrt. Das Erdferkel verbreitet durch seinen Kot die Samen dieser im Afrikaans direkt als Erdferkelkürbis bezeichneten Pflanzen, deren diskontinuierliche Verbreitung mit jener vom Erdferkel übereinstimmt. Demnach ist das Gebiß von *Orycteropus afer* ein echtes Quetschgebiß. Dies erklärt auch die hohe Position des Kiefergelenkes über der Zahnreihe und den gut entwickelten Ramus ascendens.

Abb. 598 a. *Orycteropus afer* (Orycteropodidae), rezent, Afrika. Schädel (Lateral- und Ventralansicht) und Unterkiefer (Aufsicht). NHMW 11.921. Schädellänge 216 mm.

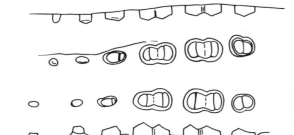

Abb. 598 b. *Orycteropus afer*. Maxillargebiß sin. buccal (ganz oben) und occlusal (mitte oben), Mandibulargebiß dext. (mitte unten) und lingual (ganz unten). Nach Original. ca. 1/1 nat. Größe.

Die fossilen Tubulidentaten geben nur wenige Hinweise auf die Entstehung des Erdferkelgebisses. Die ursprünglich von JEPSEN (1932) als Tubulidentate klassifizierte Gattung *Tubulodon* aus dem Eozän Nordamerikas ist, wie SIMPSON (1959) erkannte, ein Angehöriger der Palaeanodonta. Bei *Myorycteropus africanus* aus dem Miozän Afrikas lautet die Zahnformel nach MACINNES (1956) $\frac{?\ ?\ 4-5\ 3}{?\ ?\ 4\ 3}$, was als Bestätigung für eine auch bei *Orycteropus* feststellbare sekundäre Vermehrung von Prämolaren gewertet werden kann. Die Zähne bestehen wie beim rezenten Erdferkel aus zahlreichen Prismen. Für *Leptorycteropus guilielmi* aus dem Pliozän Afrikas gibt PATTERSON (1975) die Zahnformel mit $\frac{?\ 1\ 4\ 3}{?\ 1\ 4\ 3}$ an. Caninen und Prämolaren sind jeweils durch kurze Diastemata getrennt, der C sup. ist größer als die P sup., die einfache, im Umriß ovale Säulen bilden. Die M sup. sind bilobat bis auf den M^3, der nur eine seichte buccale Furche zeigt. Sämtliche Zähne sind prismatisch und von Zement umgeben. Bemerkenswert ist, daß bei *Leptorycteropus* aus dem Pliozän, die Gebißreduktion geringer ist als etwa bei *Myorycteropus* und bei *Orycteropus gaudryi* aus dem Miozän.

Die einzigartige Zahnstruktur der Tubulidentaten kann zweifellos nicht als Hinweis für eine Diphylie der Eutheria angesehen werden (ADLOFF 1934). Die Zahnanlagen unterscheiden sich nach HEUSER (1913) mit Ausnahme der frühzeitigen Atrophie der Schmelzpulpa nicht vom typischen Säugetierzahn. LÖNNBERG (1908) bringt die prismatische Struktur der Zähne mit der Hypsodontie in Zusammenhang, was angesichts der normalen Zahnstruktur bei sonstigen Säugetieren mit hypsodonten Zähnen problematisch erscheint. Die Deutung, daß das Gebiß der Tubulidentaten zunächst weitgehend reduziert wurde und erst dann wieder mit einer völlig neuen Struktur entstand, würde zwar mit der größeren Zahl von Backenzähnen (bei *Myorycteropus*) in Einklang stehen, steht jedoch mit der (?) vollständigen Zahnformel bei *Leptorycteropus* in Widerspruch. Vielleicht können weitere Fossilfunde dieses Problem lösen helfen. Gleichfalls kann die Frage nicht endgültig beantwortet werden, was bei den frühen Tubulidentaten die Hauptnahrung bildete. Die relativ schwache Ausbildung der Mandibel von *Myorycteropus* läßt eher den Schluß zu, daß die Pflanzennahrung der (rezenten) Erdferkel doch eine sekundäre Anpassung ist. Auch die Anpassungen an das Graben stehen primär mit der Myrmecophagie in Zusammenhang.

3.27 Artiodactyla (Paarhufer)

Die Paarhufer sind eine auch gegenwärtig noch mit weit über 150 Arten formenreich verbreitete Säugetierordnung, deren Abgrenzung gegenüber anderen Ordnungen vor allem durch den Bau der Extremitäten kaum Schwierigkeiten bereitet. Sie sind mit Ausnahme der australischen Region (wo sie durch den Menschen eingeführt wurden) und der Antarktis weltweit verbreitet. Während die Großgliederung der rezenten Formen mehr oder weniger zwanglos in die Nichtwiederkäuer (Schweineartige) und die Wiederkäuer (Ruminantia im weiteren Sinne = Neoselenodontia) mit den Kamelartigen (Tylopoda) und den eigentlichen Wiederkäuern (Ruminantia im eigentlichen Sinne) möglich ist, erfolgt jene der fossilen Paarhufer keineswegs einheitlich. Die Ruminantia lassen sich wiederum mit HALTENORTH (1963) in die Tragulina und Pecora gliedern. Hier sind unter Berücksichtigung der fossilen Formen die Palaeodonta, Suina, „Ancodonta", Oreodonta, Tylopoda und Ruminantia unterschieden, doch bleibt die Zugehörigkeit einzelner Familien zu bestimmten Unterordnungen (wie Xiphodontidae, Anoplotheriidae, Caenotheriidae und Protoceratidae als Tylopoda) diskutabel. Bei der systematischen Gliederung kommt dem Gebiß eine bedeutende Rolle zu, wie etwa auch Begriffe wie Bunodontia, Bunoselenodontia und (Neo-)Selenodontia bestätigen, ohne daß damit deren jeweilige stammesgeschichtliche Einheit gesichert ist.

Das Gebiß der Paarhufer zeigt eine recht mannigfaltige Differenzierung, die Vorder- und Backenzahngebiß betreffen kann. Die höchste Spezialisation des Vordergebisses ist bei *Myotragus* erreicht, einem quartärzeitlichen Rupicaprinen von den Balearen, indem das einzige vorhandene, vergrößerte Incisivenpaar im Unterkiefer zu einem Schaber umgestaltet ist (ANDREWS 1915), (Abb. 599). Dementsprechend ist auch die Zahnzahl beträchtlich verschieden. Die Zahnformel reicht vom vollständigen Gebiß (z. B. *Sus* mit $\frac{3\ 1\ 4\ 3}{3\ 1\ 4\ 3}$ = 44) bis zum stark reduzierten bei *Myotragus balearicus* (mit $\frac{0\ 0\ 2\ 3}{1\ 0\ 1-2\ 3}$ = 22–20). Zahlenmäßig stark reduzierte Gebisse finden sich auch bei *Maremmia* und (zumindest funktionell) bei *Phacochoerus*. Die Zahnzahl der Paarhufer ist nur bei den primitiven Formen (wie Dichobunidae, Anthracotheriidae, *Sus*) vollständig. Sie schwankt bei den Tayassuiden und Hippopotamiden zwischen 36 und 40, bei den Cameliden zwischen 30 und 44, bei den Cerviden zwischen 32 und 34 und beträgt bei den Boviden meist 32, selten 28 oder 30.

Im Vordergebiß kommt es bei den Pecora zur völligen Reduktion der I sup. und der C inf. wird in-

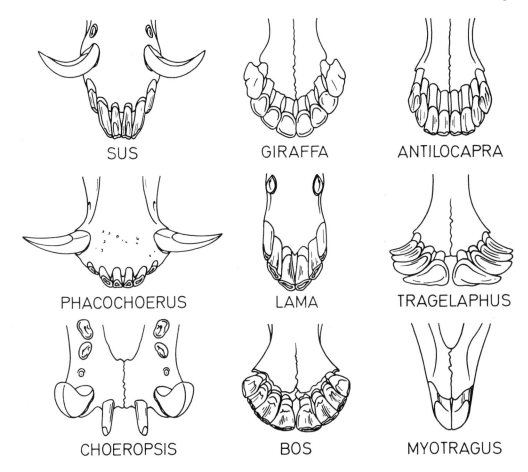

Abb. 599. Mandibulares Vordergebiß verschiedener Paarhufer. Beachte kräftigen C inf. und Reduktion der I inf. bei den Suoidea (*Sus, Phacocheorus, Choeropsis*); hingegen incisiviformen C inf. bei den Pecora (*Giraffa, Antilocapra, Tragelaphus, Bos*) mit Ausnahme von *Myotragus* (Pleistozän, Balearen), bei dem das Vordergebiß zu einem Schabinstrument aus zwei Incisiven umgestaltet ist. Bei den Tylopoden C inf. „normal" entwickelt.

cisiviform. Das mandibulare Vordergebiß der Pecora bildet zwar stets einen mehr oder weniger halbkreisförmigen Schneide- und Schabapparat, ist allerdings durch die unterschiedliche Gestalt von I und C inf. jeweils etwas verschieden gestaltet (Abb. 599). Die Differenzierung des Vordergebisses ist zum Teil auch mit einem Sexualdimorphismus gekoppelt (Abb. 600). Die C sup. können bei innerartlichen Auseinandersetzungen eine Rolle spielen. Bei den Pecora übernehmen unter Reduktion der C sup. in fortschreitendem Maß Schädelfortsätze die Funktion von Imponierorganen oder Waffen (vgl. Abb. 19).

Das Molarenmuster ist entsprechend der omni- oder herbivoren Ernährung recht vielfältig gestaltet und reicht vom bunodonten (z. B. Suidae) über bunoselenodonte bzw. bunolophodonte (z. B. *Xenochoerus*) zu lophoselenodonten (z. B. Ancodonta) Typen und rein selenodonten Mustern (z. B. Oreodonta, Tylopoda, Pecora). Selten sind lophodonte (wie bei *Listriodon splendens* aus dem Miozän) oder polybunodonte Molaren (wie bei *Phacochoerus*) ausgebildet. Die von FRIANT (1933, 1967) verwendeten Begriffe wie belodont (für spitzhöckerförmige Molarenhöcker) und toe-

chodont („wand"zähnig für typisch selenodonte Molaren) haben sich nicht durchgesetzt. Die Molaren sind ursprünglich brachyodont. Bei spezialisierten Formen kommt es zur Hypsodontie, doch wird die Wurzellosigkeit nur äußerst selten (wie bei *Phacochoerus*) erreicht.

Die Backenzahnreihen stehen meist parallel und sind isognath. Diese ursprüngliche Isognathie weicht bei den spezialisierten Formen einer Anisognathie, bei der die mandibularen Zahnreihen enger und die Kauflächen der Molaren schräg stehen (vgl. Abb. 13). Die Unterkiefersymphyse ist ursprünglich fest verwachsen. Kieferbewegungen können orthal, propalinal und lateral erfolgen. Das Kiefergelenk ist bei mahlenden Typen stark dorsalwärts verlagert (wie bei *Phacochoerus*). Mit einer derartigen Verlagerung des Gelenkes geht eine Vergrößerung der Masseter- und Pterygoidmuskeln sowie eine Reduktion des Temporalis Hand in Hand. Mit dem Kauverhalten und damit Unterschieden zwischen Freß- und Wiederkauen hat sich HENDRICHS (1965) befaßt.

Eine vollständige eingehende Darstellung über das Gebiß der Paarhufer fehlt weitgehend. LOOMIS

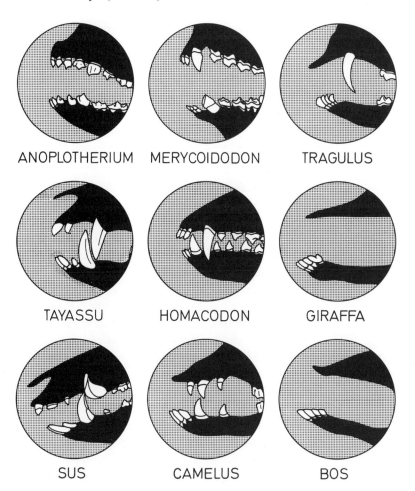

ANOPLOTHERIUM   MERYCOIDODON   TRAGULUS

TAYASSU   HOMACODON   GIRAFFA

SUS   CAMELUS   BOS

Abb. 600. Vielfalt des Vordergebisses (Schemata) bei den Paarhufern. Ursprünglicher Zustand bei *Homacodon* (Eozän), Reduktion der I sup. (und meist auch C sup.) bei den Pecora.

(1925) hat eine Übersicht über das Backenzahngebiß fossiler und rezenter Paarhufer gegeben, SCHLOSSER (1903) eine solche der Boviden („Antilopen"). Da das Gebiß vor allem bei fossilen Formen taxonomisch besonders wichtig ist, geben paläontologische Lehr- und Handbücher meist eine Übersicht darüber. Bemerkenswert ist, daß das Gebiß bei primitiveren Paarhufern mannigfaltiger gestaltet ist als bei den Wiederkäuern, wo der Gebißtyp mehr oder weniger einheitlich gestaltet ist. Als Kompensation erfolgt bei den Wiederkäuern die (weitere) Aufbereitung der Nahrung im Magen (durch Mikroorganismen). Bei den altertümlicheren Formen ist das Vordergebiß noch ursprünglich gebaut, und das Molarenmuster entspricht dem tribosphenischen Bauplan. Eine Molarisierung von Prämolaren, wie sie etwa für die Perissodactylen typisch ist, findet sich nur selten an den hinteren Prämolaren (wie bei *Mixtotherium, Agriochoerus*, Tayassuidae).

Probleme bilden nicht nur die Homologisierung einzelner Zähne bei stark reduzierten Gebissen, sondern vor allem jene der Zahnhöcker der Maxillarmolaren. Hier geht es um den hinteren Innenhöcker, der bei den verschiedenen Paarhufern entweder als Hypoconus, als Metaconulus oder auch als Protoconus angesehen wird. Mit der Fra-

ge der Homologisierung der Molarenhöcker hat sich vor allem H. G. STEHLIN (1910) auf Grund seiner Untersuchungen über alttertiäre Huftiere auseinandergesetzt. Sie ist letztlich entscheidend für die systematische Großgliederung (OSBORN 1907, GREGORY 1951, DEHM & OETTINGEN 1958, PATTON & TAYLOR 1971, COOMBS & COOMBS 1977). Da eine definitive Entscheidung über die Homologisierung auch gegenwärtig nicht möglich ist, ist die im folgenden Kapitel verwendete Höckerterminologie nicht als genetische, sondern nur als rein morphographische Bezeichnung zu verstehen.

Das Gebiß der alttertiären Palaeodonta (mit den Dichobunidae [einschließlich Homacodontidae], Diacodectidae, Choeropotamidae, Cebochoeridae und Leptochoeridae) ist – soweit bekannt – vollständig mit der Zahnformel $\frac{3\,1\,4\,3}{3\,1\,4\,3} = 44$ (SINCLAIR 1914). Die Zahnreihe ist entweder geschlossen oder es sind Diastemata vorhanden (Abb. 601). Bei *Homacodon* (Dichobunidae) aus dem Mitteleozän Nordamerikas sind die Incisiven einfach gebaut und im Oberkiefer von den großen, an Carnivoren erinnernden, senkrecht eingepflanzten Caninen durch ein Diastema getrennt (Tafel XXXVIII). Die zweiwurzeligen P sup. sind meist seitlich abgeflacht, die M sup. bunodont.

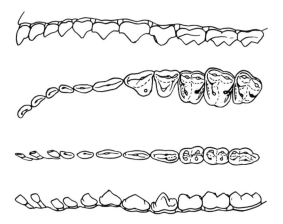

Abb. 601. *Dichobune leporina* (Dichobunidae), Jung-Eozän, Europa. $I^1 - M^3$ sin. buccal (ganz oben) und occlusal (mitte oben), $I_1 - M_3$ dext. occlusal (mitte unten) und lingual (ganz unten). $I^1 - P^2$ hypothetisch. Nach STEHLIN (1906) und SUDRE (1978), kombiniert umgezeichnet. ca. 1/1 nat. Größe.

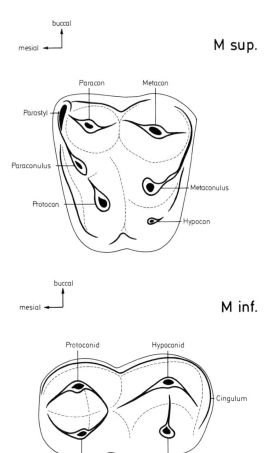

Abb. 602. *Homacodon* (Dichobunidae), Eozän, Nordamerika. M sup. und M inf. (Schema).

Die Krone besteht aus den beiden Außenhöckern und zwei Innenhöckern (Protocon und Metaconulus), zu denen in der vorderen Zahnhälfte ein Zwischenhöcker (Paraconulus) tritt, sowie in der hinteren Hälfte lingual ein weiterer (kleiner) Höcker (Hypocon) kommen kann. Die Höcker sind bunodont mit leichten Längskanten (Abb. 602).

Die Backenzähne sind durchweg brachyodont. Im Mandibulargebiß liegt das Diastema zwischen C inf. und $P_{\overline{1}}$. Die Krone der zweiwurzeligen P inf. ist gleichfalls seitlich abgeflacht. Die M inf. sind vierhöckerig und bestehen aus dem jeweils zweihöckerigen Trigonid und Talonid. Von den beiden Außenhöckern und vom Metaconid laufen schräge Kanten nach median, d. h., der Molarentyp ist nicht rein bunodont (Abb. 602).

Bei *Messelobunodon*, einem Dichobuniden aus dem Mitteleozän Europas, sind nach FRANZEN (1981) weite Diastemata zwischen den C und $P\frac{1}{1}$, $P\frac{1}{1}$ und $P\frac{2}{2}$ sowie zwischen $P\frac{2}{2}$ und $P\frac{3}{3}$ vorhanden. Die Caninen sind relativ klein und kaum größer als die $P\frac{1}{1}$, P^2, ohne $P^{\underline{3}}$ und $P^{\underline{4}}$ mit Innenhöcker, letzterer mit beginnender Molarisierung. Die Krone der brachyodonten, im Umriß meist subquadratischen M sup. besteht aus drei Haupthökkern, zu denen zwei Zwischenhöcker und am $M^{\underline{1}}$ und $M^{\underline{2}}$ auch ein aus dem Cingulum hervorgegangener Hypoconus kommen. Para-, Meso- und Metastyl fehlen (vgl. auch FRANZEN & KRUMBIEGEL 1981). Para- und Metaconus sind durch eine in der Mitte tief eingesenkte Schneidekante verbunden. $P_{\overline{2-4}}$ sind länglich gestreckt, die M inf. vier- bis fünfhöckrig, indem ein Paraconidhöcker auftreten kann oder am $M_{\overline{3}}$ ein Talonid vorhanden ist. Wie das postcraniale Skelett dieser Dichobuniden und anderer Palaeodonta (wie bei *Diacodexis*; ROSE 1982) zeigt, sind die ältesten Paarhufer zwar fünfzehige, jedoch schlankbeinige Formen gewesen, die nicht in allen Merkmalen primitiv waren; so kommt es bei *Hyperdichobune* zu einer Molarisierung von $P^{\underline{3}}$ und $P^{\underline{4}}$ (FRANZEN 1981). Dichobuniden sind auch aus dem Eozän Asiens bekannt (z. B. *Lantianius*) und zunächst als Primaten beschrieben worden (GINGERICH 1976).

Bei *Stibarus* (Leptochoeridae) aus dem Oligozän Nordamerikas sind die M sup. (sekundär) tribosphenisch, beim gleichaltrigen *Nanochoerus* kommen zum tribosphenischen Molarenmuster zwei Zwischenhöcker (Para- und Metaconulus) und ein kleiner Hypoconus hinzu. Die Molarenhöcker sind gleichfalls mit Kanten versehen (Abb. 603, 604 u. Tafel XXXVIII).

Bei *Cebochoerus* (Cebochoeridae) und *Choeromorus* aus dem Alttertiär sind die Molaren bunodont, jedoch mit Längskanten an den Außenhökkern und abgewinkelten Kanten an den Innenhökkern der M sup., so daß STEHLIN (1899) von einer Neobunodontie der Suiden und Tayassuiden gesprochen hat, die Annahme voraussetzend, daß diese Formen von Cebochoeriden abstammen. Nach STEHLIN ist Suina somit ein semiselenodontes Stadium im Bau der Molaren vorangegangen. Die M inf. der Cebochoeriden besitzen ein drei-

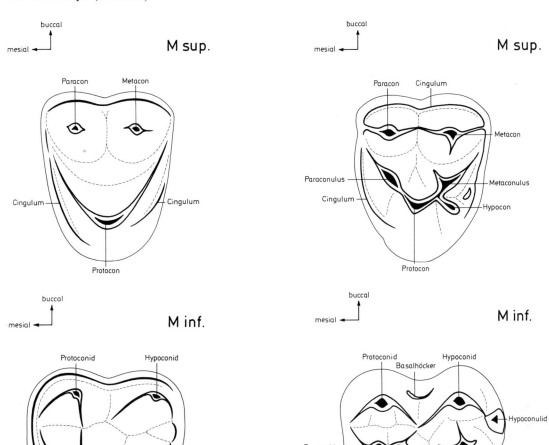

Abb. 603. *Stibarus* (Leptochoridae), Oligozän, Nordamerika. M sup. und M inf. (Schema).

Abb. 604. *Nanochoerus* (Leptochoridae), Oligozän, Nordamerika. M sup. und M inf. (Schema).

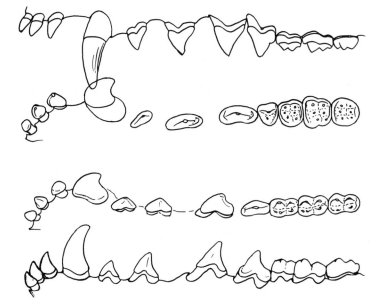

Abb. 605. *Archaeotherium mortoni* (Entelodontidae), Oligozän, USA. $I^1 - M^3$ buccal (ganz oben) und occlusal (mitte oben), $I_1 - M_3$ dext. occlusal (mitte unten) und lingual (ganz unten). Nach SCOTT (1940), umgezeichnet. ca. 1/3 nat. Größe.

höckriges Trigonid, am Talonid kann ein Hypoconulid auftreten.

Bei den Suina (mit Entelodontidae, Suidae, Tayassuidae und Hippopotamidae) ist das Gebiß ursprünglich gleichfalls vollständig ($\frac{3\,1\,4\,3}{3\,1\,4\,3}$ = 44), doch kommt es unabhängig voneinander zu Reduktionserscheinungen.

Bei *Archaeotherium* und *Entelodon* (Entelodontidae) lautet die Zahnformel $\frac{3\,1\,4\,3}{3\,1\,4\,3}$. Die Zähne des Vordergebisses und die vorderen P sind durch Diastemata voneinander getrennt (Abb. 605). Die Krone der I ist einfach, einspitzig und basal verbreitert. Die leicht gekrümmten, im Querschnitt rundlichen Caninen sind senkrecht eingepflanzt.

P $^{\underline{1-3}}$ sind einhöckrig, lateral abgeflacht, der zwei-höckerige P $^{\underline{4}}$ breiter als lang. Die im Umriß gerundet quadratischen M sup. sind sechshöckerig, mit deutlichen Zwischenhöckern und Hypocon (Abb. 606). Die rundlichen Höcker sind in zwei Querreihen angeordnet. Die Krone der mit weit gespreizten Wurzelästen versehenen P inf. ist ein-spitzig und seitlich abgeflacht. Die im Umriß gerundet quadratischen M inf. sind vierhöckerig, Trigonid und Talonid annähernd gleich hoch und deutlich voneinander getrennt. Für die Entelo-dontiden sind knöcherne Fortsätze der Jochbögen sowie der Unterkiefer typisch, deren Bedeutung jedoch nicht geklärt ist (MARINELLI 1924, SCOTT 1940).

Innerhalb der meist omnivoren Schweineartigen (Suidae) ist die Gebißausbildung sehr different, sodaß verschiedene Arten besprochen werden müssen. Die Gebißdifferenzierung betrifft sowohl das Vorder- als auch das Backenzahngebiß. Die Tendenzen zur Spezialisierung sind von jenen der Nabelschweine (Tayassuidae) deutlich verschie-den. Während bei den Suiden die C sup. (der Männchen) stark vergrößert und tordiert, die M $^{\underline{3}}$ vergrößert und verlängert sowie die P nicht mola-risiert werden, bleiben die Caninen bei den Tayas-suiden stets senkrecht eingepflanzt, die M $^{\underline{3}}$ wer-den nicht verlängert, dagegen werden Prämolaren molarisiert. Die unterschiedliche Ausbildung der C sup. liegt nach HERRING (1972) in ihrer Verwen-dung begründet. Während sie bei den Tayassuiden als Waffen dienen, bilden sie bei den Suiden ledig-lich Imponierorgane. Ihre Ausbildung steht dem-nach in Zusammenhang mit der Populations-struktur; demgegenüber sieht KILTIE (1981) die Unterschiede in der verschiedenen Ernährungs-ökologie.

Bei *Sus scrofa* (Suidae) ist das isognathe Gebiß vollständig ($\frac{3\ 1\ 4\ 3}{3\ 1\ 4\ 3}$) und die Backenzahnreihe von den P $\frac{2}{2}$ an geschlossen (Abb. 607, 608; Ta-fel XXXIX). Von den durch Diastemata getrenn-ten, stets einwurzeligen I sup. sind die I $^{\underline{1}}$ am größ-ten. Die Krone ist leicht medianwärts gekrümmt, so daß die beiden Zähne median aneinandersto-ßen. Die Krone der I $^{\underline{2}}$ ist mesio-distal verlängert, die Längskanten ursprünglich leicht gekerbt. Der I $^{\underline{3}}$ ist einspitzig, seitlich abgeflacht. Der C sup. ist bei den Männchen wurzellos und stark tordiert. Die durch den C inf. mesial abgeschliffene Krone ist nur ventral und an der distalen Kante mit längsgestreiftem Schmelz versehen. Die C-Alve-olen sind an der Oberseite mit mehr oder weniger ausgeprägten Knochentuberanzen versehen. Die C sup. der Weibchen sind bewurzelt und mit einer kurzen, seitlich komprimierten, kaum tordierten Krone versehen (vgl. Abb. 18). Dadurch ist nicht nur der Sexualdimorphismus ausgeprägt, sondern auch der „primitive" Charakter des weiblichen C-Gebisses dokumentiert. Die zweiwurzeligen P sup. nehmen vom P $^{\underline{1}}$ zum P $^{\underline{4}}$ an Größe zu, zu-gleich tritt zu der einspitzigen, lateral abgeflachten Krone mesial ein Innenhöcker. Am P $^{\underline{4}}$ kommt es zur Bildung von zwei Außenhöckern. Die bra-chyodonten, im Grundplan vierhöckrigen M sup. sind bunodont (Abb. 609). Cingularbildungen, Zentral- und Mesialhöcker sind ebenso typisch, wie das Furchenmuster der einzelnen Höcker (HÜNERMANN 1968). HÜNERMANN unterscheidet Haupt- und Zwischenfurchen. Diesen Molaren-typ hat STEHLIN (1899) als neobunodont bezeich-net (s. o.). Krone und Wurzeln der I inf. sind ge-streckt. Die beiden mittleren Incisiven, bei zuneh-mender Abkauung auch der I $_{\overline{3}}$, bilden eine funk-tionelle Einheit, die sich auch in der Abschleifung ausprägt. Die Symphyse ist fest verwachsen. Die C inf. sind wurzellos. Ihre Krone ist kreisförmig gekrümmt und im Querschnitt dreieckig vom so-genannten *scrofa*-Typ (gegenüber dem primitive-ren, schmäleren *verrucosus*-Typ). Der Schmelz ist auf die mesiale Lingual- und Labialfläche be-schränkt und fehlt distal. Entsprechend der Ab-schleifung durch den C sup. entstehen seitlich

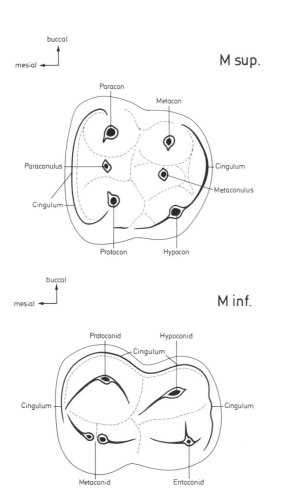

Abb. 606. *Archaeotherium*. M sup. und M inf. (Schema).

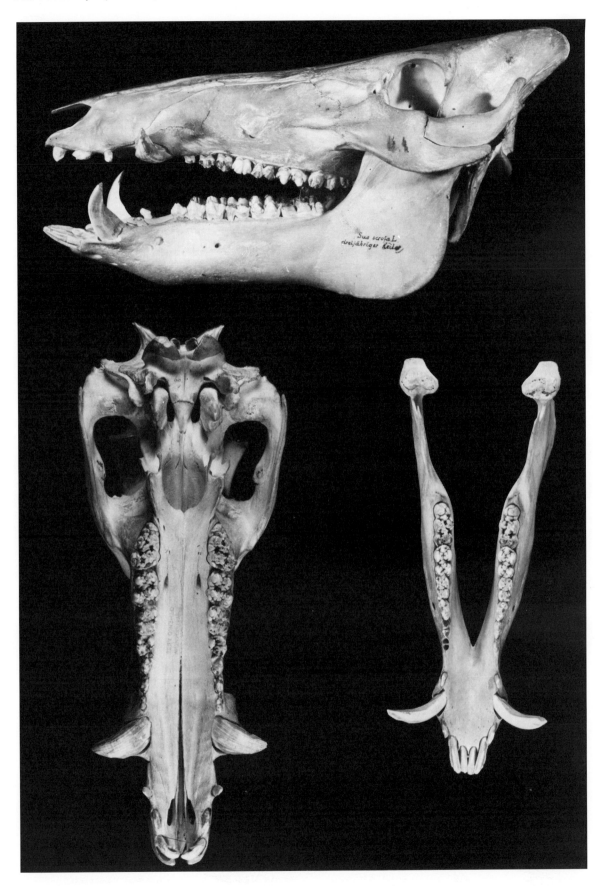

Abb. 607. *Sus scrofa* ♂ (Suidae), rezent, Europa. Schädel (Lateral- und Ventralansicht) und Unterkiefer (Aufsicht). PIUW 2608. Schädellänge 39 cm.

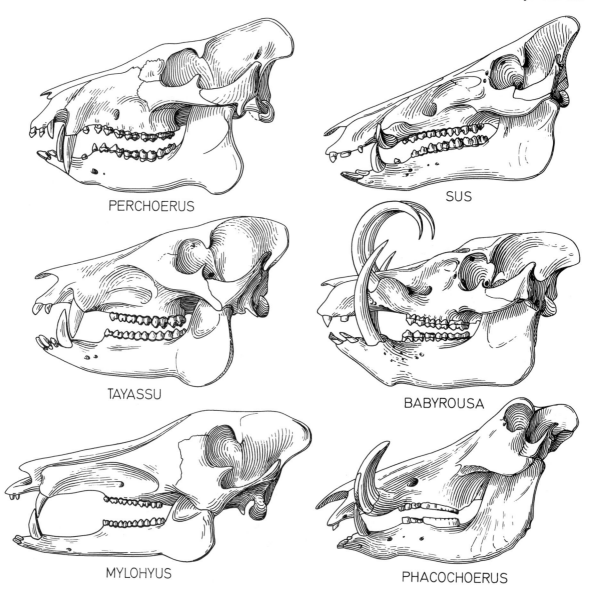

PERCHOERUS

SUS

TAYASSU

BABYROUSA

MYLOHYUS

PHACOCHOERUS

Tafel XXXIX. Schädel (Lateralansicht) fossiler und rezenter Artiodactyla (Suina). Linke Reihe: *Perchoerus* (Oligozän), *Tayassu* (rezent) und *Mylohyus* (Pleistozän) als Tayassuidae. Rechte Reihe: *Sus, Babyrousa* und *Phacochoerus* als rezente Suidae. Jeweils verschieden hoch spezialisierte Vertreter. Nicht maßstäblich.

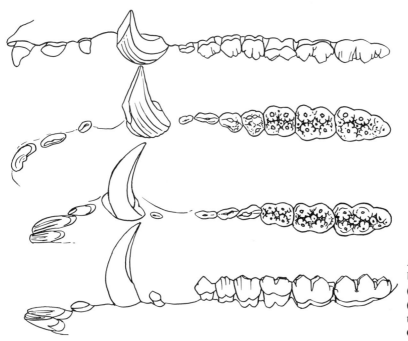

Abb. 608. *Sus scrofa.* $I^1 - M^3$ sin. buccal (ganz oben) und occlusal (mitte oben), $I_1 - M_3$ dext. occlusal (mitte unten) und lingual (ganz unten). Nach Original. ca. 1/2 nat. Größe.

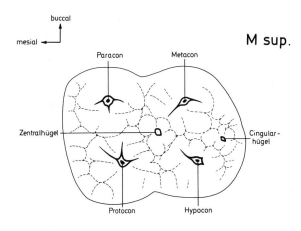

M sup.

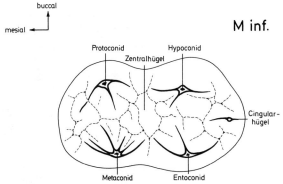

M inf.

Abb. 609. *Sus.* M sup. und M inf. (Schema).

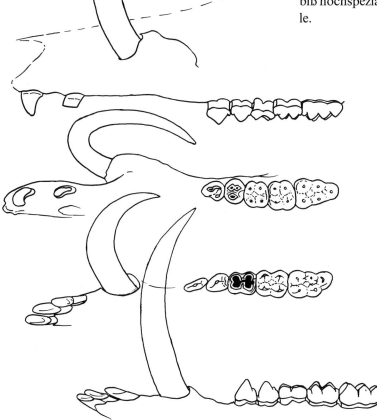

scharfe Schmelzkanten. Die Krone der P inf. ist lateral abgeflacht. Während am $P_{\bar{1}}$ und $P_{\bar{2}}$ noch der einspitzige Charakter deutlich erkennbar ist, wird er beim $P_{\bar{3}}$ und $P_{\bar{4}}$ durch die relativ hohe Krone modifiziert. An den (neo-)bunodonten M inf. sind Zentral- und Distalhügel deutlich, beim $M_{\bar{3}}$ kommt noch das ausgeprägte Talonid hinzu (Abb. 609).

Eine Besonderheit bilden die gleichfalls wurzellosen Caninen beim Hirscheber (*Babyrousa babyrussa*) von Celebes (= Sulawesi). Bei dieser Art sind die Alveolen der C sup. schräg nach vorne aufwärts gerichtet und die im Querschnitt etwas abgeflachten C sup. krümmen sich durch das Wachstum stirnwärts, da die antagonistische Funktion der C inf. praktisch fehlt (Abb. 610, 611; Tafel XXXIX). Gelegentlich wachsen die C sup. in die Stirn ein. Der Schmelz bedeckt an den C sup. auch nur Teile der Krone, im Gegensatz zu den gleichmäßig gekrümmten und minimal tordierten C inf., deren Kronenabschnitt zur Gänze vom Schmelz bedeckt ist. Der Kronenquerschnitt ist als verrucos zu bezeichnen. Die Zahnformel ist mit $\frac{2\ 1\ 2\ 3}{3\ 1\ 2\ 3}$ = deutlich reduziert gegenüber *Sus scrofa*. Von den I sup. sind die $I^{\underline{3}}$ reduziert. Ein langes Diastema trennt Vorder- und Backenzahngebiß. Dieses ist trotz der Reduktion der vorderen Prämolaren als primitiv anzusprechen. Die $M^{\underline{3}}$ besitzen nur ein kurzes Talon. Die I inf. sind ähnlich wie bei *Sus scrofa* gestreckt, die beiden P inf. hingegen, ähnlich den M inf., einfach gebaut. Demnach vereint *Babyrousa* im Gebiß hochspezialisierte und altertümliche Merkmale.

Abb. 610. *Babyrousa babyrussa* ♂ (Suidae), rezent, Sulawesi. $I^1 - M^3$ sin. buccal (ganz oben) und occlusal (mitte oben), $I_1 - M_3$ dext. occlusal (mitte unten) und lingual (ganz unten). Nach Original. 1/2 nat. Größe.

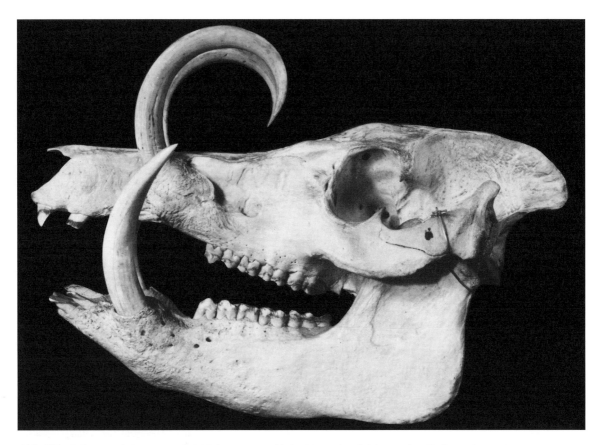

Abb. 611. *Babyrousa babyrussa* ♂. Schädel samt Unterkiefer (Lateralansicht). Beachte Stellung der stark gekrümmten C sup. NHMW 5209. Schädellänge 28 cm.

Mit dem afrikanischen Warzenschwein (*Phacochoerus aethiopicus*) ist der einzige rezente Vertreter einer noch im Pleistozän viel weiter verbreiteten Suidengruppe mit hochspezialisiertem Gebiß genannt. Die Zahnformel lautet zwar $\frac{1\,1\,3\,3}{3\,1\,2\,3} = 34$, doch sind beim erwachsenen Tier meist nur 3–4 Backenzähne pro Kieferhälfte in Funktion. Dies steht in Zusammenhang mit den enorm vergrößerten, polybunodonten $M\frac{3}{3}$. Abgesehen von den polybunodonten Molaren ist die starke Reduktion der I sup. (nur mehr die $I\underline{1}$ erhalten) und die massive Ausbildung der C sup. für *Phacochoerus* typisch (Abb. 612, 613 u. Tafel XXXIX). *Phacochoerus* ist ein hochspezialisierter Suide der offenen Landschaft (Savanne), der sich hauptsächlich von Wurzeln, Knollen und Zwiebeln ernährt, die auf den Handgelenken rutschend mit dem Vordergebiß gebrochen werden. Dementsprechend sind auch die Nutzspuren an den Incisiven und C sup. beträchtlich. Die P sind relativ klein, von den Molaren ist meist nur der $M\frac{3}{3}$ in Funktion. $M\frac{1}{1}$ und $M\frac{2}{2}$ sind bei adulten Individuen bestenfalls stummelartige, jedoch bewurzelte Gebilde. Demgegenüber sind die stark verlängerten, vielhöckrigen $M\frac{3}{3}$ wurzellos! Ihre Entstehung läßt sich durch die zusätzliche Bildung von Höckern im Bereich des Talon(-ids) erklären, die durch die Hypsodontie zu rechten Zahnsäulen geworden sind. Eine Homologisierung der Höcker ist nur annähernd möglich (Abb. 613). In Zusammenhang mit der Polybunodontie und der ebenen Kaufläche der $M\frac{3}{3}$ werden nicht nur die lateralen, mahlenden Kieferbewegungen verständlich, sondern auch das hochgelegene Kiefergelenk, das ähnlich den Elefanten eine funktionsgünstige Position besitzt. Auf die Umgestaltung des Schädels (wie Position der Orbitae) kann hier hingewiesen werden (Abb. 614). Fossil sind mit *Metridiochoerus* (= „*Potamochoeroides*", „*Stylochoerus*") primitivere Phacochoerinen aus dem Plio-Pleistozän Afrikas bekannt (COOKE 1976, COOKE & WILKINSON 1978, HARRIS & WHITE 1979). Einen Parallelzweig bildet die *Notochoerus*-Linie aus dem Pleistozän (Abb. 615).

Das afrikanische (Riesen-)Waldschwein (*Hylochoerus meinertzhageni*) mit der Zahnformel $\frac{1}{2-3}\frac{1\,3\,3}{1\,2\,3} = 32{-}34$ ist vielfach als Bindeglied zwischen Fluß-(*Potamochoerus*) und Warzenschwein (*Phacochoerus*) angesehen worden. Wohl erinnern die mächtigen C sup. und die Reduktion der I sup. an *Phacochoerus*, doch zeigen Schädel und Gebiß die Eigenstellung (Abb. 616), was auch durch die getrennte Entwicklungslinie, die auf *Kolpochoerus* (= „*Mesochoerus*") aus dem Pliozän zurückgeht, dokumentiert wird (THENIUS

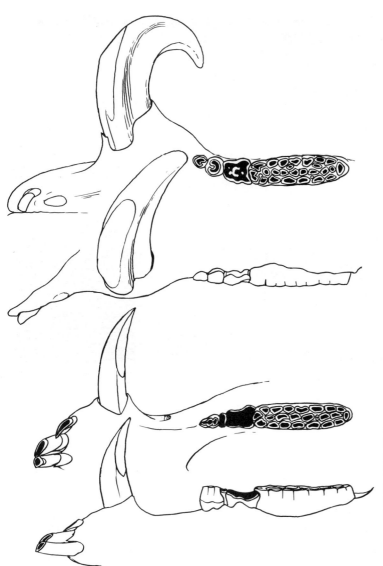

Abb. 612. *Phacochoerus aethiopicus* (Suidae), rezent, Afrika. $I^1 - M^3$ sin. buccal (ganz oben) und occlusal (mitte oben), $I_1 - M_3$ dext. occlusal (mitte unten) und lingual (ganz unten). Beachte stark reduziertes Backenzahngebiß bei Vergrößerung der $M\frac{3}{3}$. Nach Original. 1/2 nat. Größe.

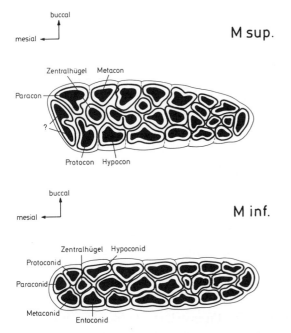

Abb. 613. *Phacochoerus*. M sup. und M inf. (Schema). Beachte Vermehrung der zu hypsodonten Dentinpfeilern gewordenen Zahnhöcker.

1981). Bei *Hylochoerus* besteht zwar auch die Tendenz zur weitgehenden bis völligen Abkauung der vorderen Backenzähne, doch sind auch bei adulten Individuen stets die $M\frac{2}{2}$ und $M\frac{3}{3}$ in Funktion (BOUET & NEUVILLE 1931). Diese selbst zeigen den suiden Bauplan unter Verlängerung des Talon(ids) (Abb. 617). Bemerkenswert ist jedoch die Tatsache, daß $M\frac{1}{1}$ und $M\frac{2}{2}$ brachyodont, die $M\frac{3}{3}$ hingegen deutlich hypsodont sind, indem die Krone der vier Haupthöcker, die als Pfeiler ausgebildet sind, viel höher als lang ist (Abb. 618). Sie lassen sich damit als Modell für die Entstehung der Phacochoerusmolaren heranziehen.

Unter den miozänen Listriodonten kommt es bei *Listiodon splendens* zur Bilophodontie der Molaren, was LEINDERS (1977, 1978) mit geänderten Kieferbewegungen als Reaktion zu einer mehr herbivoren Ernährung erklärt (Abb. 619, 620).

Die Bilophodontie von *Listriodon splendens* erinnert etwas an jene von *Tapirus* (KITTL 1889). Diese dentale „Perissodactylen-Strategie" war bei den Suiden als Nichtwiederkäuer notwendig. Die Zahnformel ist mit $\frac{3\,1\,3\,3}{3\,1\,3\,3} = 40$ fast vollständig. Die

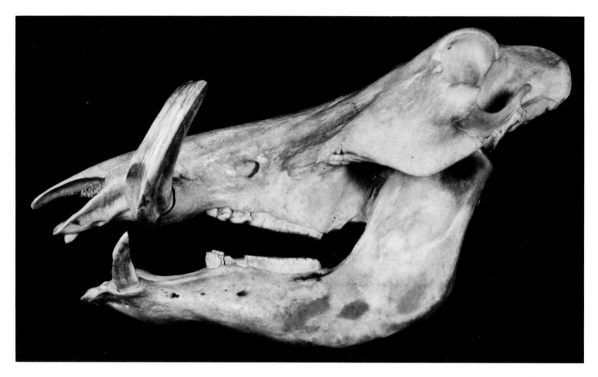

Abb. 614. *Phacochoerus aethiopicus.* Schädel samt Unterkiefer (Lateralansicht). PIUW E 220. Schädellänge 38 cm.

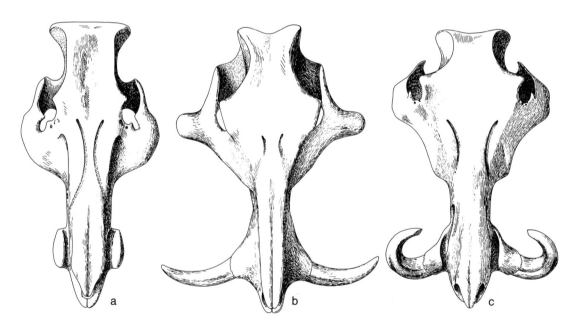

Abb. 615. Schädel (Dorsalansicht) verschiedener Suiden: *Microstonyx major* (Jung-Miozän, Europa), *Notochoerus euilus* (Pliozän, Afrika) und *Phacochoerus aethiopicus* (rezent, Afrika). Beachte Jochbogenausbildung und Verschiebung der Orbitae nach hinten. Auf gleiche Länge gebracht.

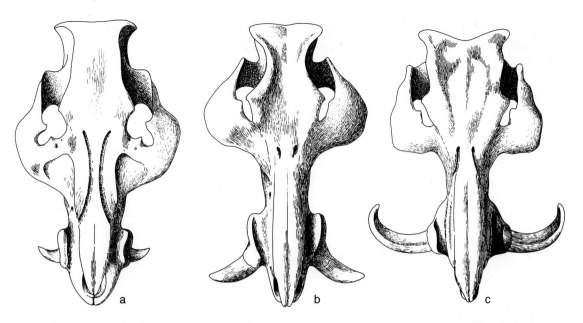

Abb. 616. Schädel (Dorsalansicht) verschiedener Suiden: *Microstonyx antiquus* (Jung-Miozän, Europa), *Mesochoerus* (= *Kolpochoerus*) *limnetes* (Pliozän, Afrika) und *Hylochoerus meinertzhageni* (rezent, Afrika). Beachte zunehmende Jochbogenbreite. Auf gleiche Länge gebracht.

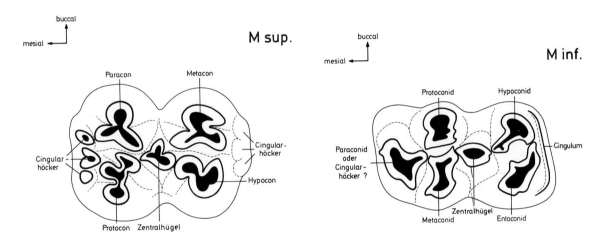

Abb. 617. *Hylochoerus*. M sup. und M inf. (Schema).

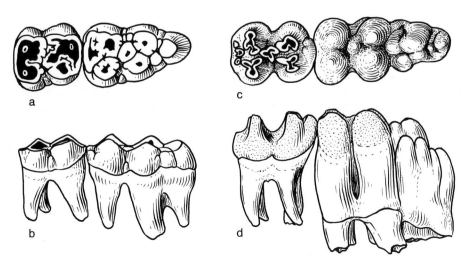

Abb. 618. M_2-M_3 sin. occlusal (oben) und buccal (unten) von *Potamochoerus porcus* (a, b) und *Hylochoerus meinertzhageni* (c, d). Beachte Höckerhypsodontie am M_3 von *Hylochoerus* und zusätzliche Talonidhöcker. Nach THENIUS (1981). Etwas über 1/1 nat. Größe.

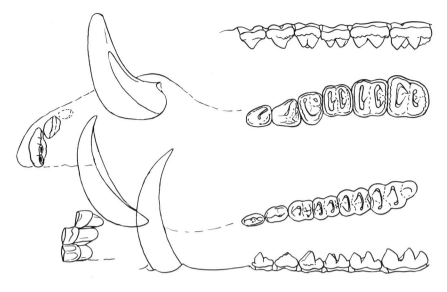

Abb. 619. *Listriodon splendens* (Suidae), Mittel-Miozän, Europa. $P^2 - M^3$ sin. buccal (ganz oben), $I^1 - M^3$ sin. occlusal (mitte oben), $I_1 - M_3$ dext. occlusal (mitte unten) und lingual (ganz unten). Beachte verbreiterten I^1, kräftige, an *Phacochoerus* erinnernde C sup. und bilophodonte M. Nach Original. Etwa 1/2 nat. Größe.

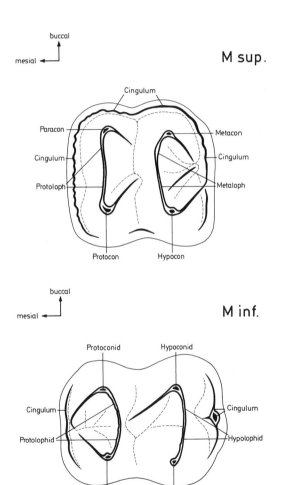

Abb. 620. *Listriodon splendens*. M sup. und M inf. (Schema).

Krone der medianen I sup. ist schaufelförmig verbreitert und mit gekerbter Kante versehen. Die C sup. der Männchen sind tordiert und werden außerordentlich groß. Isolierte Oberkiefereckzähne von *Listriodon* sind wiederholt als *Phacochoerus* bestimmt worden. Die beiden vorderen P sup. sind einhöckerig mit schräg mesiobuccal verlau-

fender Kante und Innenhügel. Der $P^{\underline{4}}$ ist bei der bunodonten Art *L. (Bunolistriodon) lockharti* zwei-, bei *L. splendens* dreihöckerig. Die M sind bei *L. lockharti* bunodont, bei *L. splendens* bilophodont. Vom Vorderjoch läuft jeweils eine (innen kräftigere) Kante nach hinten innen; ein Quertal trennt es vom ähnlich gestalteten Hinterjoch. Ein Cingulum ist vorn, außen und hinten entwickelt. Die Krone der I inf. ist kurz und nur schwach verbreitert. Die im Querschnitt dreieckigen C inf. sind als Antagonisten der C sup. stark gekrümmt. Die durch ein langes Diastema von C getrennten P inf. nehmen nach hinten an Größe zu, der $P_{\underline{4}}$ ist deutlich in ein zweihöckriges Trigonid und ein flaches, meist median gekieltes Talonid gegliedert. Die M inf. sind bilophodont, mit nach vorn innen verlaufenden Kanten. Am $M_{\underline{3}}$ ist ein kräftiges, gekieltes Talonid entwickelt.

Eine weitere Gruppe fossiler Suiden ist hier wegen ihrer Gebißspezialisierung zu nennen: nämlich die Tetraconodontinae mit *Conohyus* und *Tetraconodon* aus dem Tertiär Eurasiens (PILGRIM 1926, COLBERT 1935). Bei diesen Gattungen mit vollständiger Zahnformel $\frac{3143}{3143}$ kommt es zur Vergrößerung von $P\frac{3}{3}$ und $P\frac{4}{4}$, die VON KOENIGSWALD (1965) nicht nur morphologisch, sondern auch biologisch (= Aasfresser) mit jener bei den Hyänen verglichen hat (Abb. 621). Der Bau des übrigen Gebisses entspricht dem miozäner Suiden (*Hyotherium*). Die C sup. sind wohl tordiert, scheinen aber nicht wurzellos zu sein, wie es auch für „*Hyotherium*" (= *Microstonyx*) *palaeochoerus* aus dem Jungmiozän nachgewiesen ist. Die bei *Conohyus* aus dem Mittelmiozän beginnende Vergrößerung der hinteren Prämolaren erreicht bei *Tetraconodon* aus Südasien (vermutlich obere Siwaliks) ihren Höhepunkt. Eine ähnliche Evolutionstendenz ist nach COOKE & WILKINSON (1978)

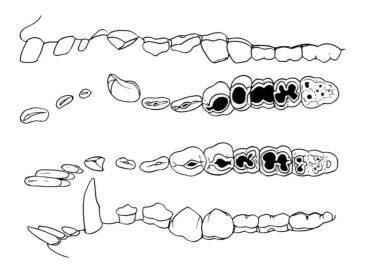

Abb. 621. *Conohyus sindiense* (Suidae), Miozän, Südasien. $I^1 - M^3$ sin. buccal (ganz oben) und occlusal (mitte oben), $I_1 - M_3$ dext. occlusal (mitte unten) und lingual (ganz unten). Beachte Vergrößerung der P^3_3 und P^4_4. Nach COLBERT (1935), ergänzt umgezeichnet. Etwa 1/2 nat. Größe.

bei *Nyanzachoerus* aus dem Plio-Pleistozän Afrikas festzustellen.

Für *Microstonyx major (= „erymanthius")* aus dem Jungmiozän Eurasiens ist die starke Reduktion des C sup. und die starke Verbreiterung des Jochbogens, wie sie auch von *Hylochoerus, Kolpochoerus* und von einzelnen fossilen Tayassuiden bekannt ist, kennzeichnend (vgl. Abb. 616). Erstere kann nach THENIUS (1972) mit dem Sozialverhalten in Zusammenhang stehen.

Bei den Nabelschweinen (Tayassuiden) bleibt – wie schon erwähnt – das C-Gebiß primitiv. Dies steht in Zusammenhang mit dem Sozialverhalten. Die Pekaris (*Tayassu* und *Dicotyles*) leben im Gegensatz zu den in Familienverbänden vorkommenden Suiden in großen Herden. Die gegenwärtig auf die Neue Welt beschränkten Tayassuiden waren im Tertiär in ganz Eurasien und auch in Afrika heimisch (HENDEY 1976). Nach GINSBURG (1974) sind übrigens die aus dem Alttertiär Europas bekannten Schweine der Gattung *Palaeochoerus* keine Suiden, sondern Angehörige der Tayassuiden. Der Nachweis von Tayassuiden im Tertiär Afrikas ist auch in anderer Hinsicht wichtig, da die Hippopotamiden vermutlich Abkömmlinge von Tayassuiden sind (PICKFORD 1983).

Bei *Dicotyles* und *Tayassu* lautet die Zahnformel $\frac{2\ 1\ 3\ 3}{3\ 1\ 3\ 3} = 38$. Nach WOODBURNE (1968) gehören *Dicotyles tajacu* und *Tayassu pecari* zwei getrennten Gattungen an. Bei den Pekaris trennen weite Diastemata die senkrecht eingepflanzten und wurzellosen Maxillarcaninen von den Incisiven (Abb. 622, 623; Tafel XXXIX). Die I^1 sind größer als die I^2, ihre Krone ist schräg gegen die Mediane gerichtet, wo sie einander mesial berühren. Die Krone der I^2 ist gleichfalls schräg gestellt. Die Krone der lateral abgeflachten C sup. ist distal mit einer Kante versehen, der mesiale Rand wird durch die C inf. abgeschliffen. Die Gestalt des im Umriß gerundet dreieckigen P^3 ist variabel; ein bis

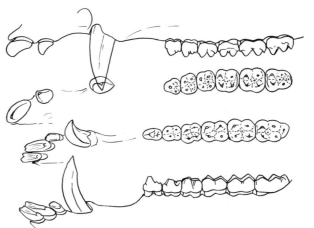

Abb. 622. *Tayassu pecari* (Tayassuidae), rezent, Zentralamerika. $I^1 - M^3$ sin. buccal (ganz oben) und occlusal (mitte oben), $I_1 - M_3$ dext. occlusal (mitte unten) und lingual (ganz unten). Beachte Stellung des C sup. und Molarisierung von P^3_3 und P^4_4. Nach Original. Etwa 1/2 nat. Größe.

zwei Außenhöcker und ein Innenhöcker bauen die Krone auf. Die gerundet quadratischen P^3 und P^4 sind molarisiert, vierhöckrig, zu denen in der hinteren Zahnhälfte noch ein Zwischenhöcker kommt. Die M sup. sind gleichfalls vierhöckrig, jedoch mit einem Zentralhügel ausgestattet (Abb. 624). Der M^3 ist nur durch ein kräftiges Hintercingulum schwach verlängert. Die Krone der I inf. ist kürzer als bei *Sus*. Die im Querschnitt dreieckigen, schwach gekrümmten C inf. sind wurzellos und divergieren leicht. Ihre Spitzen greifen in knöcherne Ausbuchtungen des Maxillare. Ein weites Diastema trennt sie von den P inf., von denen der P_4 molarisiert ist. Die lateral abgeflachten vorderen P sind im Prinzip gleich gebaut, doch ist die Krone des etwas größeren P_3 differenzierter, indem nicht nur der Innenhöcker des Trigonids deutlich abgegliedert ist, sondern auch das Talonid zweihöckerig ist. Der P_4 ist vierhöckrig und entspricht morphologisch den M_1 und M_2. Die Höcker zeigen leichte Kanten, die jedoch bei zunehmender Abkauung verschwinden. In Fort-

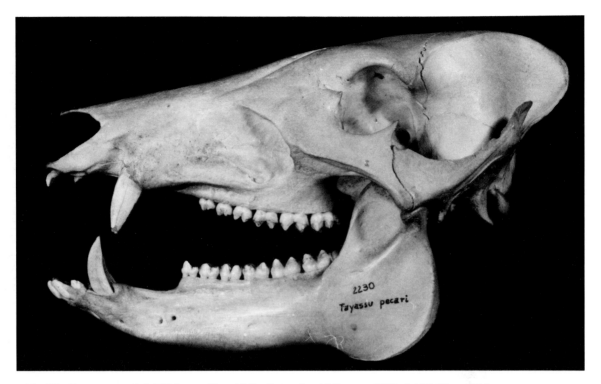

Abb. 623. *Tayassu pecari.* Schädel samt Unterkiefer (Lateralansicht). PIUW 2230. Schädellänge 27,5 cm.

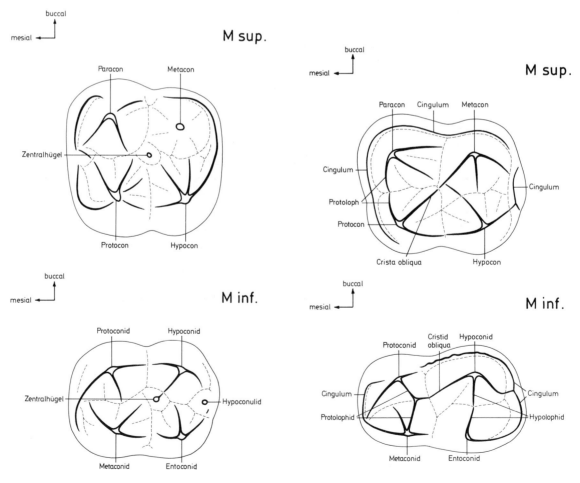

Abb. 624. *Tayassu.* M sup. und M inf. (Schema).

Abb. 625. *Schizochoerus* (Tayassuidae), Jung-Miozän, Europa. M sup. und M inf. (Schema).

setzung der Hypoconidkante ist ein „Zentralhügel" ausgebildet. Der $M_{\overline{3}}$ ist durch ein Talonid verlängert. Typisch für die Pekaris ist auch der Bau des Unterkiefers mit der Angularpartie und dem Processus coronoideus. Auch die Ausbildung und Position des Kiefergelenkes weichen von jenen der Suiden ab. Schließlich sei noch auf den gegenüber den Suiden komplizierten Bau des Magens hingewiesen (LANGER 1974, 1979).

Palaechoerus, Doliochoerus und *Perchoerus* sind alttertiäre Tayassuiden mit vollständiger Zahnformel ($\frac{3\ 1\ 4\ 3}{3\ 1\ 4\ 3} = 44$). Bei *Palaeochoerus* sind die Prämolaren noch nicht molarisiert, bei *Doliochoerus* ist ein deutlicher Trend zur Lophodontie vorhanden (GINSBURG 1974). Bei *Perchoerus* aus dem Oligozän Nordamerikas zeigt der $P\frac{4}{4}$ eine beginnende Molarisierung. Der I^3 erinnert an einen kleinen C sup. Die $P\frac{1}{1}$ sind klein, einspitzig (SCOTT 1940) (Tafel XXXIX).

Bei *Xenochoerus* und *Schizochoerus* (Abb. 625) aus dem Miozän sind die Tendenzen zur Lophodontie verstärkt. Bei *Xenochoerus leobensis* aus dem Mittelmiozän sind die Innenhöcker der Molaren zu schräg verlaufenden Jochen umgestaltet, so daß ein bunolophodontes Zahnmuster vorliegt (Abb. 626). (ZDARSKY 1909, THENIUS 1956, 1979).

Demgegenüber kommt es bei *Schizochoerus* aus dem Jungmiozän bei den M sup. zu einer richtigen Crista obliqua, die Proto- und Metacon verbindet und eine vom Hypocon gegen diese Crista annähernd senkrecht verlaufende Kante. Bei den M inf. bilden sich ein Proto- und Metalophid, von denen ersteres mit einer Cristid obliqua mit dem Hypoconid verbunden ist (Abb. 627) (vgl. PICKFORD 1978, NIKOLOV & THENIUS 1967).

Mit *Mylohyus* und *Platygonus* seien noch zwei Tayassuiden aus dem Pleistozän Nordamerikas erwähnt, von denen ersterer (Tafel XXXIX) durch die extreme Schnauzenverlängerung, letzterer durch die leichte Hypsodontie der Molaren charakterisiert ist. *Platygonus* war mit einzelnen Arten der offenen Landschaft der trockenen pleistozänen Kaltzeiten angepaßt.

Das Gebiß der Flußpferde (Hippopotamidae) entspricht im Prinzip einem modifizierten Suoidea-Typ (= Hyodonta MATTHEW 1929). Eine Feststellung, die allerdings keineswegs allgemein akzeptiert wird, da die Hippopotamiden meist mit den Anthracotherioidea in Verbindung gebracht und auch als solche klassifiziert werden (COLBERT 1935, VIRET 1961, ROMER 1966). Stark modifiziert ist freilich der Fazialschädel, der auf der Höhe der

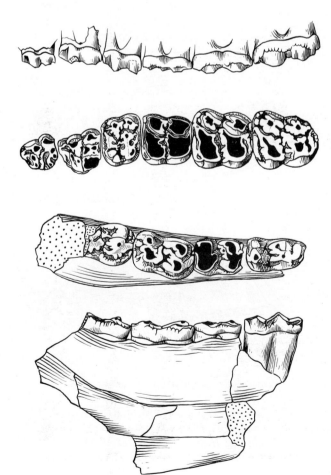

Abb. 626. *Xenochoerus leobensis* (Tayassuidae), Mittel-Miozän, Europa. $P^2 - M^3$ sin. buccal (ganz oben) und occlusal (mitte oben), $P_4 - M_3$ dext. occlusal (mitte unten; M_3 beschädigt) und buccal (ganz unten). Nach THENIUS (1956). ca. 1,5 × nat. Größe.

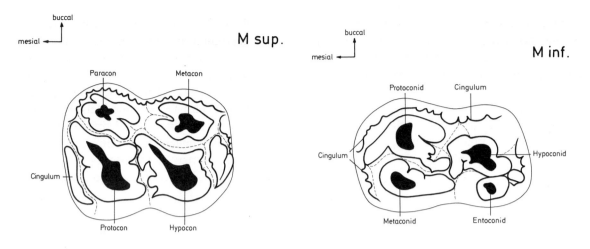

Abb. 627. *Xenochoerus*. M sup. und M inf. (Schema).

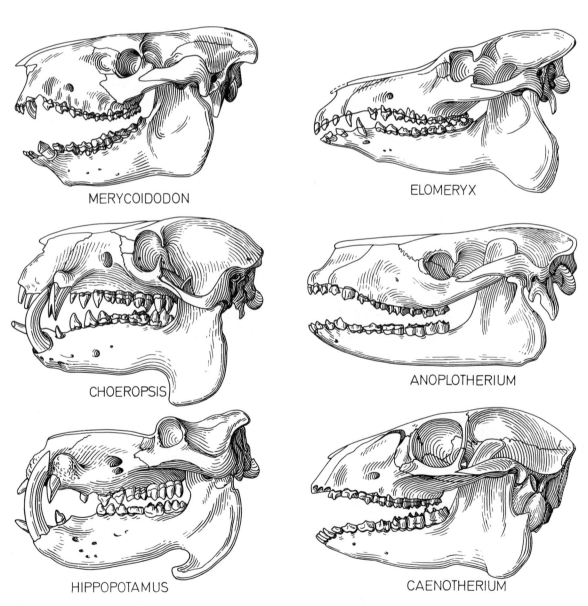

Tafel XL. Schädel (Lateralansicht) fossiler und rezenter Artiodactyla (Oreodonta, Suina und „Ancodonta"). Linke Reihe: *Merycoidodon* (Oreodonta: Merycoidodontidae, Oligozän), *Choeropsis* und *Hippopotamus* als rezente Hippopotamidae (Suina). Rechte Reihe: *Elomeryx* (Anthracotheriidae, Oligozän), *Anoplotherium* (Anoplotheriidae, Eozän) und *Caenotherium* (Caenotheriidae, Oligo-Miozän). Nicht maßstäblich.

hinteren Prämolaren seitlich stark eingeschnürt ist und sich entsprechend der C-Alveolen stark nach vorne verbreitet. Im Unterkiefer ist die Symphysenpartie stark verbreitet und vorne gerade abgeschnitten.

Die gegenwärtig mit zwei Gattungen (*Choeropsis* und *Hippopotamus*) auf Afrika beschränkten Hippopotamiden waren einst auch in weiten Teilen Europas und in Südasien heimisch (Tafel XL). Für das Flußpferd (*Hippopotamus amphibius*) lautet die Zahnformel $\frac{2\,1\,4\,3}{2\,1\,4\,3} = 40$. Sie ist dadurch vollständiger als jene vom Zwergflußpferd (*Choeropsis liberiensis*) mit $\frac{2\,1\,4\,3}{1\,1\,4\,3} = 38$. Bei *Choeropsis* sind die I sup. stiftförmig, die C sup. stark vergrößert, wurzellos, jedoch nicht tordiert (Abb. 628, 629). Die Krone der P sup. ist einfach konisch. Sie zeigen keine Tendenz zur Molarisierung. Die M sup. sind vierhöckrig, die mit Kanten versehenen Höcker sind relativ hoch und werden durch Furchen eingeschnürt, die bei Abkauung zu einem charakteristischen Kaumuster führen (Abb. 630). Dem M ^{3} fehlt ein Talon. Die I inf. sind gestreckt, die im

Querschnitt gerundet dreieckigen, kräftigen C inf. gekrümmt und treten mit der distalen Fläche mit dem C sup. in Kontakt. Durch die Reduktion der seitlichen I inf. ist bei *Choeropsis* der diprotodonte Zustand eingetreten. *Choeropsis liberiensis* ist demnach viel evoluierter als *Hexaprotodon* aus dem asiatischen Plio-Pleistozän, bei dem noch die ursprüngliche Incisivenzahl vorhanden ist. *Choeropsis* wird von CORYNDON (1977) als Synonym von *Hexaprotodon* angesehen, was jedoch mit PICKFORD (1983) nicht anzunehmen ist. Die Krone von P$_{\overline{1-3}}$ ist einfach konisch, der P$_{\overline{4}}$ besitzt ein deutliches Talonid. Die M inf. sind schmäler als die M sup., die vier Höcker sind durch ein Quer- und Längstal voneinander getrennt. Am M$_{\overline{3}}$ ist nur ein kurzes Talonid vorhanden.

Bei *Hippopotamus* ist das Vordergebiß tetraprotodont, d.h. evoluierter als bei *Hexaprotodon* und primitiver als bei *Choeropsis*. Von den fast waagrecht eingewurzelten Schneidezähnen sind die I$_{\overline{1}}$ wesentlich größer als die I$_{\overline{2}}$. Die Symphyse ist

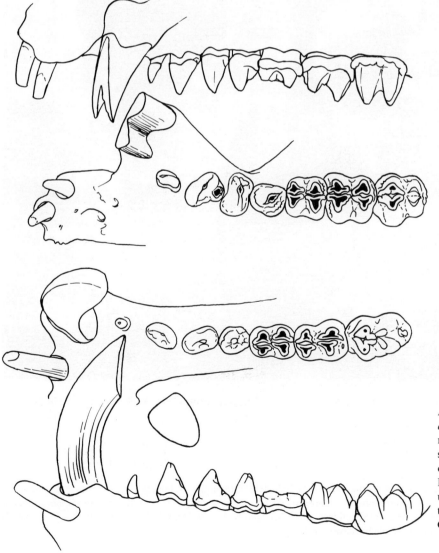

Abb. 628. *Choeropsis liberiensis* ♂ (Hippopotamidae), rezent, Westafrika. I^1–M^3 sin. buccal (ganz oben) und occlusal (mitte oben), I$_2$–M$_3$ dext. occlusal (mitte unten) und lingual (ganz unten). Nach Original. 1/2 nat. Größe.

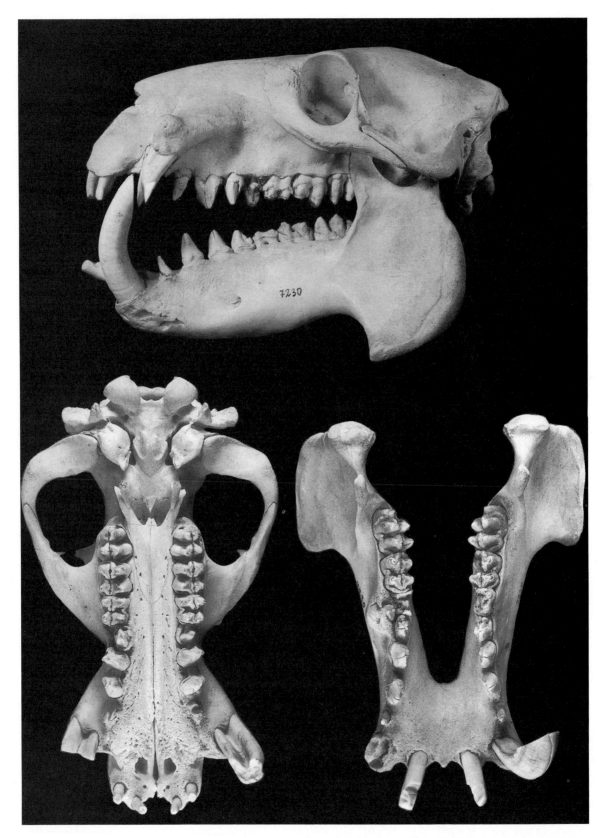

Abb. 629. *Choeropsis liberiensis* ♂. Schädel (Lateral- und Ventralansicht) und Unterkiefer (Aufsicht). NHMW 7230. Schädellänge 33 cm.

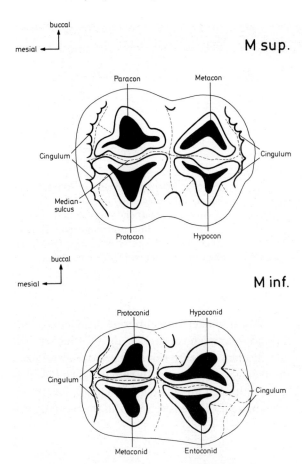

Abb. 630. *Choeropsis*. M sup. und M inf. (Schema).

den Anoplotherioidea seleno-(lopho-)bunodont mit der Tendenz zur Selenodontie (Caenotherien).

Das bunoselenodonte Grundmuster der Anthracotherioidea ist bereits im Eozän bei den Helohyidae (wie *Helohyus, Gobiohyus*) aus dem Eozän Nordamerikas und Asiens und bei den Haplobunodontidae (wie *Masillabune*) Eurasiens als primitive Angehörige dieser Gruppe vorhanden (COOMBS & COOMBS 1977, TOBIEN 1985). Das Gebiß von *Gobiohyus* aus dem Jungeozän Asiens ist vollständig ($\frac{3\ 1\ 4\ 3}{3\ 1\ 4\ 3}$) mit verschieden langen Diastemata zwischen den Caninen und den $P\frac{1}{1}$, $P\frac{1}{1}$ und $P\frac{2}{2}$ sowie $P\frac{3}{3}$. Die Caninen sind kräftig und leicht gekrümmt, die Prämolaren einfach. Die im Umriß quadratischen und mit einem rundumlaufenden Cingulum versehenen M sup. sind fünfhöckrig, indem die bunodonten Außenhöcker mit Längskanten, die drei Innenhöcker (Paraconulus, Protoconus und Metaconulus) hingegen mit gewinkelten Kanten versehen sind (Abb. 631). Ein Hypoconus fehlt demnach diesen Paarhufern, eine Auffassung, die im Gegensatz zur (Fehl-) Interpretation von DEHM & OETTINGEN (1958) und HÜNERMANN (1967) steht, denenzufolge der

breit, das Kiefergelenk nur wenig über dem Kauflächenniveau, die Angularpartie kräftig nach ventral erweitert, der Processus coronoideus relativ schwach. Der Unterkiefer entspricht somit einem evoluierten Tayassuidenstadium. Eine Ähnlichkeit, die nach PICKFORD (1983) phylogenetisch bedingt ist. Nach PICKFORD sind die Hippopotamiden von tertiärzeitlichen Tayassuiden abzuleiten, was durch *Kenyapotamus* aus dem mittleren Miozän Ostafrikas bestätigt wird. Dadurch erscheint auch der afrikanische Ursprung der Hippopotamiden gesichert. Sie ersetzen ökologisch die im Oligozän und älteren Miozän in Afrika heimischen Anthracotherien. Die rezenten Hippopotamiden sind Grasfresser, also richtige „grazer" ähnlich *Teleoceras*. Ihr Magen ist ähnlich jenem der Tayassuiden vierkammerig und dient nach LANGER (1975, 1986) ähnlich den Wiederkäuern der Aufschließung durch Mikroorganismen („forestomach-fermenting nonruminantia").

Als „Ancodonta" sind hier mit SUDRE (1978) die nur fossil bekannten Haplobunodontidae (= Anthracotheriidae), Anoplotheriidae, Dacrytheriidae und Caenotheriidae zusammengefaßt, die in Anthracotherioidea und Anoplotherioidea gegliedert werden. Das Grundmuster der Molaren ist bei den Anthracotherioidea bunoselenodont, bei

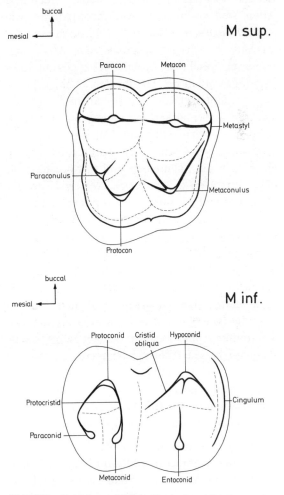

Abb. 631. *Gobiohyus* (Helohyidae), Jung-Eozän, Asien. M sup. und M inf. (Schema).

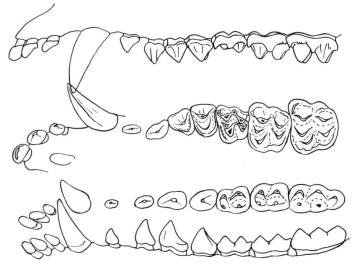

Abb. 632. *Microbunodon minus* (Anthracotheriidae), Jung-Oligozän, Europa. I^1–M^3 sin. buccal (ganz oben) und occlusal (mitte oben), I$_1$–M$_3$ dext. occlusal (mitte unten) und lingual (ganz unten). Nach HÜNERMANN (1967), ergänzt umgezeichnet. ca. 2/3 nat. Größe.

hintere Innenhöcker nicht dem Metaconulus, sondern dem Hypoconus homolog ist. Die M inf. sind gleichfalls fünfhöckrig, doch ist der Paraconidhöcker nicht bei allen Unterkiefermolaren ausgeprägt (MATTHEW & GRANGER 1925, COOMBS & COOMBS 1977). Bei *Masillabune* aus dem Mittel-Eozän von Messel ist nach TOBIEN (1985) der C inf. incisiviform, der P$_{\bar{1}}$ hingegen caniniform.

Bei den sonstigen im Alttertiär in der Neuen und Alten Welt verbreiteten Anthracotheriidae (wie *Anthracotherium, Elomeryx, Anthracokeryx, Bothriodon, Brachyodus, Microbunodon, Merycopotamus*) entspricht das Molarengebiß dem bunoselenodonten Plan der Helohyiden (Abb. 632; Tafel XL). Unterschiede sind vor allem in der Gestalt der Außenhöcker vorhanden. Bei *Anthracotherium* aus dem Oligozän Europas mit meist großwüchsigen Arten ist das Vordergebiß kräftig entwickelt, die Zahnreihen sind fast geschlossen, die C sup. zeigen jedoch keinen Trend zur Torsion. Die P sind einfach, nur der P$^{\underline{4}}$ ist zweihöckerig, an den brachyodonten M sup. sind kräftige Styli vorhanden, ein Cingulum ist nur buccal und in Resten mesial und distal ausgebildet (Abb. 633) (KOWALEVSKY 1874). Die Außenhöcker sind durch die verstärkte Kantenbildung konisch (= pyramidal) gestaltet und unterscheiden sich von den Bothriodontinae (wie *Bothriodon, Elomeryx*) mit mehr selenodonten Außenhöckern. Bei den M inf. ist zusätzlich eine senkrecht zur Hypoconidcrista verlaufende Entoconidkante (= „*Brachyodus*-Falte") ausgebildet (Abb. 634). Die Außenhöcker sind selenodont, die Innenhöcker mit mehr oder weniger längs verlaufenden Kanten versehen.

Bei *Merycopotamus* als einem der letzten Überlebenden der Anthracotheriiden im Jungtertiär und Quartär von Afrika und Südasien ist durch die breite mandibulare Symphyse und den sonstigen Bau des Unterkiefers sowie durch den verbreiter-

ten Fazialschädel eine entfernte Ähnlichkeit mit Hippopotamiden vorhanden, die verschiedentlich als Zeichen näherer verwandtschaftlicher Beziehungen gewertet wurde. Es sind lediglich Parallelentwicklungen im Schädel und Gebiß, die mit einer ähnlichen Lebensweise in Zusammenhang stehen.

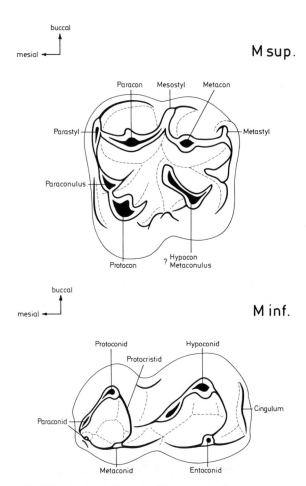

Abb. 633. *Anthracotherium* (Anthracotheriidae), Oligozän, Europa. M sup. und M inf. (Schema).

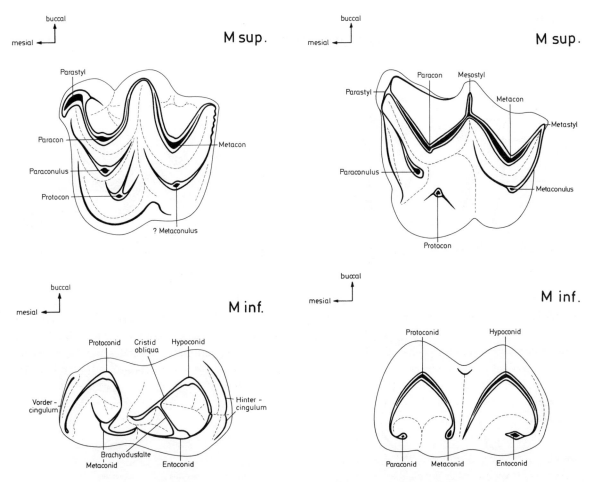

Abb. 634. *Elomeryx* (Anthracotheriidae), Oligozän, Europa. M sup. und M inf. (Schema).

Abb. 636. *Anoplotherium* (Anoplotheriidae), Jung-Eozän, Europa. M sup. und M inf. (Schema).

Bei den alttertiären Anoplotheriiden Europas (wie *Anoplotherium*, *Diplobune*, *Tapirulus*), die ROMER (1966) und auch noch SUDRE (1969) als Angehörige der Tylopoda klassifizieren (vgl. dagegen SUDRE 1977), sind die Molaren selenobunodont ausgebildet, wobei man diskutieren kann, ob nicht die Bezeichnung selenolophobunodont treffender ist (Abb. 635; Tafel XL). Das durch eine geschlossene Zahnreihe charakterisierte Gebiß von *Anoplotherium commune* aus dem Altoligozän ist vollständig ($\frac{3\ 1\ 4\ 3}{3\ 1\ 4\ 3}$). Die Incisiven sind einfach, die Caninen prämolariform, die Prämolaren, von denen die $P\frac{1}{1}$ etwas vergrößert sind, schneidend entwickelt (außer $P\frac{4}{}$). Der $P\frac{4}{}$ ist zwei- bis dreihöckerig, indem ein bis zwei Innenhöcker auftreten können. Die fünfhöckerigen M sup. bestehen

aus den beiden typisch selenodonten Außenhöckern mit Para- und Mesostyl, dem bunodonten Protocon, dem selenodonten hinteren Innenhöcker (? Metaconulus) und dem lophodonten Paraconulus (Abb. 636). Die M inf. setzen sich aus den beiden selenodonten Außenhöckern und den bunodonten Innenhöckern (Para-, Meta- und Entoconid) zusammen. Der $M\frac{}{3}$ besitzt ein deutliches Talonid. Bei *Tapirulus* ist die Lophodontie der Innenhöcker der M sup. und des Paraconulus so verstärkt, daß fast zwei Querjoche entstehen. An den M inf. sind beide Joche noch ausgeprägter (Abb. 637).

Die Zahnreihe der Caenotheriiden (z. B. *Caenotherium*, *Oxacron*) ist fast vollständig geschlossen,

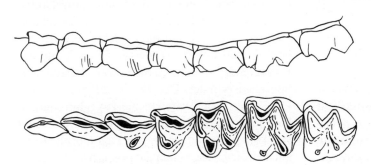

Abb. 635. *Robiacina* aff. *quercyi* (Dacrytheriidae – Anoplotheriidae), Jung-Eozän, Europa. $P^1 - M^3$ sin. buccal (oben) und occlusal (unten). Nach SUDRE (1978), ergänzt umgezeichnet. ca. 5× nat. Größe.

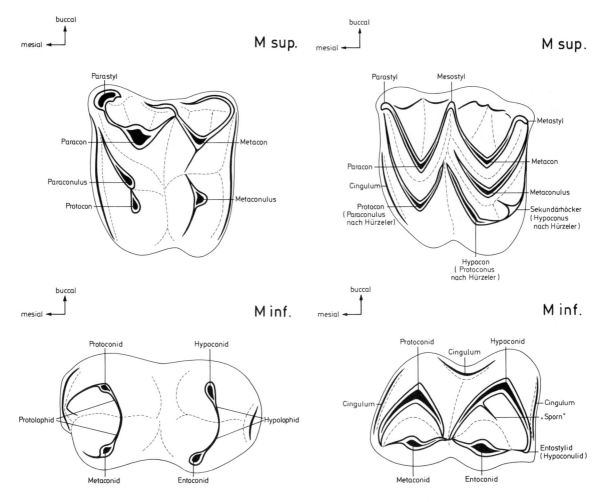

Abb. 637. *Tapirulus* (Dacrytheriidae – Anoplotheriidae), Jung-Eozän, Europa. M sup. und M inf. (Schema).

Abb. 639. *Caenotherium*. M sup. und M inf. (Schema).

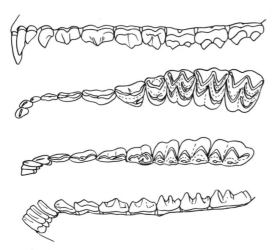

Abb. 638. *Caenotherium commune* (Caenotheriidae), Oligo-Miozän, Europa. I¹ – M³ sin. buccal (ganz oben) und occlusal (mitte oben), I₁ – M₃ dext. occlusal (mitte unten) und lingual (ganz unten). Nach HÜRZELER (1936), ergänzt umgezeichnet. ca. 1,5 nat. Größe.

die Zahnformel mit $\frac{3\,1\,4\,3}{3\,1\,4\,3}$ vollständig (Abb. 638; Tafel XL). HÜRZELER (1936) hat eine ausführliche Beschreibung und Dokumentation von *Caenotherium* des Oligo-Miozän gegeben. Die I sind einfach gestaltet, der C inf. incisiviform. Die Krone

der P ist lang und bis auf die $P\frac{4}{4}$ schneidend entwickelt. Der $P^{\underline{4}}$ ist zweihöckerig und breiter als lang, der $P_{\overline{4}}$ im Talonidbereich verbreitert und mit einem Innenhöcker versehen. Die brachyodonten M sup. sind fünfhöckerig und typisch selenodont (toechodont bei FRIANT 1933, 1967) mit zwei Vorder- und drei Hinterhöckern, über deren Homologisierung diskutiert wird: Vorderer Innenhöcker = Paraconulus oder Protoconus, hintere Innenhöcker = Metaconulus und Hypoconus oder Protoconus. Dazu kann noch ein kleiner distaler Innenhöcker kommen (Sekundärhügel bei HÜRZELER) (Abb. 639). Die fünfhöckerigen M inf. bestehen aus den beiden selenodonten Außenhöckern und den bunodonten, jedoch mit Längskanten versehenen Innenhöckern (Meta-, Entoconid und das ganz an den Innenrand gerückte „Hypoconulid" = Entostylid). An der mesialen Kante des Hypoconids ist lingual ein schräg verlaufender Sporn ausgebildet. Der $M_{\overline{3}}$ besitzt ein Talonid. Die Caenotherien waren kleine, zwerghirschgroße Paarhufer des europäischen Tertiärs, deren Gebiß von HÜRZELER mit jenem von Lagomorphen verglichen wird. Abgesehen davon, daß die Incisiven weder zahlenmäßig reduziert noch wurzellos sind, fehlen sowohl ausgedehnte Diastemata zwischen Vorder- und Backenzahngebiß als auch eine Hypsodontie oder gar Wurzellosigkeit der Molaren. Die Caenotherien verschwinden mit dem Aufkommen der Ruminantia, sodaß angenommen werden kann, daß sie keine Wiederkäuer waren. Bei den erdgeschichtlich jüngsten Formen (*Caenotherium huerzeleri* aus dem Mittel-Miozän) kommt es zu einer starken Verkürzung des P-Gebisses.

Für die Oreodonta (Agriochoeridae und Merycoidodontidae = „Oreodontidae") des nordamerikanischen Tertiärs ist dies auch wahrscheinlich. Die Oreodonten waren im Oligo-Miozän außerordentlich artenreich verbreitet (SCHULTZ & FALKENBACH 1940–1954), wobei das Gebiß relativ uniform gestaltet war. Das Gebiß der Merycoidodontidae (wie *Merycoidodon* = „*Oreodon*", *Leptauchenia, Desmatochoerus*) ist praktisch vollständig ($\frac{3\,1\,4\,3}{3\,1\,4\,3}$) und die Zahnreihen sind meist geschlossen, lediglich hinter dem C sup. tritt ein Diastema auf (Abb. 640; Tafel XL). Charakteristisch ist die Kombination zwischen incisiviformen C inf. und dem als Antagonist des C sup. funktionierenden caniniformen $P_{\overline{1}}$, die zusammen als echte, allerdings senkrecht eingepflanzte Hauer ausgebildet sein können (z. B. bei *Eporeodon*). Die Incisiven sind klein, die sonstigen P inf. und die vorderen Prämolaren in der Regel schneidend, der $P^{\underline{4}}$ zweihöckrig ausgebildet. Die meist vierhöckrigen, selten fünfhöckrigen M sup. (z. B. bei *Protoreodon*) sind typisch selenodont, der $M_{\overline{3}}$ mit einem Talonid versehen (Abb. 641). Ansätze zur Hypsodontie sind verschiedentlich vorhan-

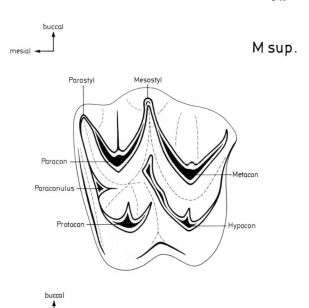

M sup.

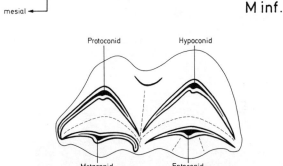

M inf.

Abb. 641. *Protoreodon* (Agriochoeridae), Eozän, Nordamerika. M sup. und M inf. (Schema).

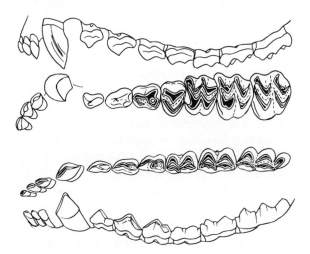

Abb. 640. *Merycoidodon culbertsoni* (Merycoidodontidae = „Oreodontidae"), Mittel-Oligozän, Nordamerika. I^1–M^3 sin. buccal (ganz oben) und occlusal (mitte oben), I_1–M_3 dext. occlusal (mitte unten) und lingual (ganz unten). Nach SCOTT (1940), ergänzt umgezeichnet. Etwa 1/2 nat. Größe.

den, doch zu einer Wurzellosigkeit kommt es nicht. Bei *Protoreodon* (Agriochoeridae) aus dem Jungeozän ist an den M sup. ein eigener Paraconulushöcker vorhanden (GAZIN 1955). Bei *Agriochoerus* (Zahnformel $\frac{2-0\;1\;4-3\;3}{3\;\;1\;4\;\;3} = 36$–42) aus dem Oligozän zeigen die I sup. die Tendenz zur Rückbildung bis zur völligen Reduktion. Der $P^{\underline{4}}$ variiert zwar, ist jedoch etwas molarisiert mit zwei Außen- und zwei Innenhöckern.

Die Oreodonten werden im Jungtertiär von den Tylopoden und Pecora verdrängt, sie blieben vierzehig und entwickelten keine „Kanonenbeine". Sie waren vermutlich auch keine Wiederkäuer. Für manche Oreodonten (*Leptauchenia*) wird von COPE (1884) und SCOTT (1940) im Gegensatz zu THORPE (1937) eine amphibische Lebensweise angenommen.

Die gegenwärtig nur durch die Cameliden vertretenen Tylopoda waren in der Vorzeit nicht nur bedeutend formen- und artenreicher, sondern auch viel weiter verbreitet. Als zentrale Gruppe seien hier zunächst die Cameloidea (mit den Oromerycidae und Camelidae) berücksichtigt. Das Gebiß der Cameloidea reicht von Formen mit fast geschlossenen Zahnreihen und vollständiger Zahn-

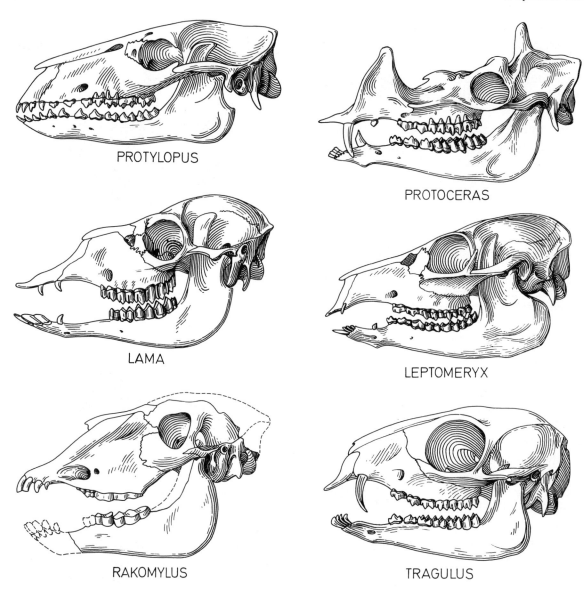

PROTYLOPUS

PROTOCERAS

LAMA

LEPTOMERYX

RAKOMYLUS

TRAGULUS

Tafel XLI. Schädel (Lateralansicht) fossiler und rezenter Artiodactyla. Tylopoda (linke Reihe) und Tragulina (rechte Reihe). *Protylopus* (Eozän), *Lama* (rezent) und *Rakomylus* (Miozän) als primitive und spezialisierte Camelidae. *Protoceras* (Protoceratidae, Oligo-Miozän), *Leptomeryx* (Leptomerycidae, Oligo-Miozän) und *Tragulus* (Tragulidae, rezent). Zugehörigkeit von *Protoceras* zu den Tragulina in Diskussion. Beachte incisiviformen C inf. und z. T. dolchförmig verlängerten C sup. Nicht maßstäblich.

formel (wie *Eotylopus*, *Protylopus* mit $\frac{3\,1\,4\,3}{3\,1\,4\,3}$; Tafel XLI) bis zu Formen mit stark reduziertem Gebiß (wie *Lama* mit $\frac{1\,1\,2\,3}{3\,1\,1\,3} = 30$). Der für die modernen Cameliden typische Trend liegt in der Reduktion der vorderen I sup., dem caniniformen Bau von I^3 und der Rückbildung der vorderen Prämolaren unter zunehmender Hypsodontie der selenodonten Molaren.

Bei *Eotylopus* (Oromerycidae) aus dem Altoligozän Nordamerikas bilden I^3 und C inf. ein Antagonistenpaar. Die vorderen I sup. und die I inf. sind „normal" gebaut, der C sup. ist eher kleiner als der I^3, die P sind mit Ausnahme von P^4 schneidend, die ausgesprochen brachyodonten, vierhökkerigen M sup. besitzen ein selenodontes Kronenmuster. An den gleichfalls vierhöckerigen M inf.

können nur die Außenhöcker als selenodont bezeichnet werden. Die Innenhöcker sind seitlich abgeflacht und mit Längskanten versehen. Bei *Poebrotherium* (Camelidae) aus dem Mitteloligozän Nordamerikas sind entsprechend des längeren Fazialschädels verschiedene Diastemata im Vorder- und P-Gebiß zu beobachten (Abb. 642). I^3, C sup. und C inf. bilden eine Art funktionelle Einheit, die I$^{1-2}$ sind noch vorhanden, die I inf. zeigen keine Tendenz zur Verlängerung der Krone. Die P sind auch bei *Poebrotherium* mit Ausnahme von P^4 und P$_{\overline{1}}$ schneidend, die Molaren selenodont entwickelt (Abb. 642).

Bei *Camelus* (mit $\frac{1\,1\,2-3\,3}{3\,1\,2-3\,3} = 32-36$) und *Lama* ($\frac{1\,1\,2\,3}{3\,1\,1\,3} = 30$) trennen jeweils weite Diastemata Vorder- und Backenzahngebiß, die bei den Männchen

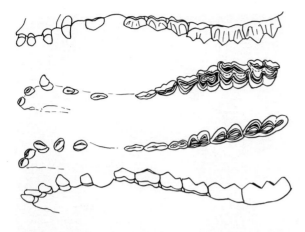

Abb. 642. *Poebrotherium wilsoni* (Camelidae), Mittel-Oligozän, Nordamerika. $I^1 - M^3$ sin. buccal (ganz oben) und occlusal (mitte oben), $I_1 - M_3$ dext. occlusal (mitte unten) und lingual (ganz unten). Nach Scott (1940), umgezeichnet. ca. 2/3 nat. Größe.

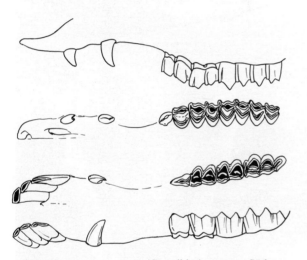

Abb. 643. *Lama guanicoe* (Camelidae), rezent, Südamerika. $I^3 - M^3$ sin. buccal (ganz oben) und occlusal (mitte oben), $I_1 - M_3$ dext. occlusal (mitte unten) und lingual (ganz unten). Nach Original. 2/5 nat. Größe.

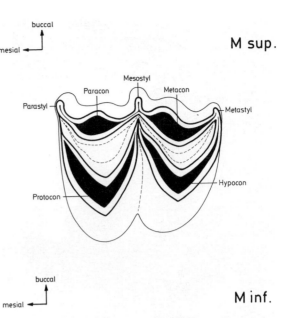

M sup.

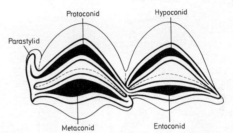

M inf.

Abb. 645. *Lama*. M sup. und M inf. (Schema).

massiven Caninen sind überdies meist durch kleinere Diastemata von den Incisiven getrennt (Abb. 643–645; Tafel XLI). Die mittleren I inf. sind bei den Lamas schmal und hypsodont und werden bei den Vicugnas sogar wurzellos. Die P werden bei den Lamas nicht nur nach der Zahl, sondern auch nach der Größe reduziert, so daß sie an der Backenzahnreihe nur einen geringen funktionellen Anteil haben. Die Kronen der typisch selenodonten Molaren sind hypsodont. Am $M_{\overline{3}}$ bildet das Talonid einen eigenen Pfeiler. Die Innenwand der M inf. ist weitgehend glatt. Die Unterkiefersymphyse ist voll verwachsen.

Von den zahlreichen fossilen Gattungen sind nur die kurzköpfigen Stenomylinae (mit *Stenomylus* und *Rakomylus*) aus dem nordamerikanischen Miozän erwähnt, bei denen das Gebiß ursprünglich vollständig ist (*Stenomylus* mit $\frac{3\ 1\ 4\ 3}{3\ 1\ 4\ 3}$), jedoch

die Krone der $M\frac{3}{3}$ nicht nur hypsodont, sondern auch stark verlängert ist und praktisch die halbe Länge der Backenzahnreihe erreicht und bei *Rakomylus* ($\frac{3\ 1\ 2\ 3}{3\ 1\ 0\ 3} = 32$) schließlich die Prämolaren weitgehend oder völlig reduziert werden (Frick 1937) (Abb. 646; Tafel XLI). Sie sind dadurch die Cameliden mit dem höchstspezialisierten Backenzahngebiß. Demgegenüber waren die Giraffenkamele (*Aepycamelus* = „*Alticamelus*“) des Miozäns „browser“, ähnlich *Giraffa*.

Die rezenten Tylopoden sind bekanntlich Wiederkäuer. Nach der bereits im Eozän erfolgten Trennung von Tylopoden und Pecora erscheint ein zweimal unabhängiger Erwerb des Wiederkäuens (samt seinen Änderungen im Verdauungstrakt) unter den Paarhufern wahrscheinlich, ähnlich der unabhängigen Entstehung der Kanonenbeine. Anfänge zum Wiederkäuen finden sich auch bei Beuteltieren (wie Känguruhs) (Hendrichs 1965).

Für die Xiphodontoidea (mit den Xiphodontidae) und die Protoceratoidea (mit den Protoceratidae) ist die Zugehörigkeit zu den Tylopoda nicht gesichert. Nach Dechaseaux (1967) sind jedoch unzweifelhafte Synapomorphien im Schädel von Xiphodontiden und Cameloidea vorhanden. Die Xiphodontiden (mit *Xiphodon* und *Dichodon*) des europäischen Alttertiärs sind kleine bis mittelgro-

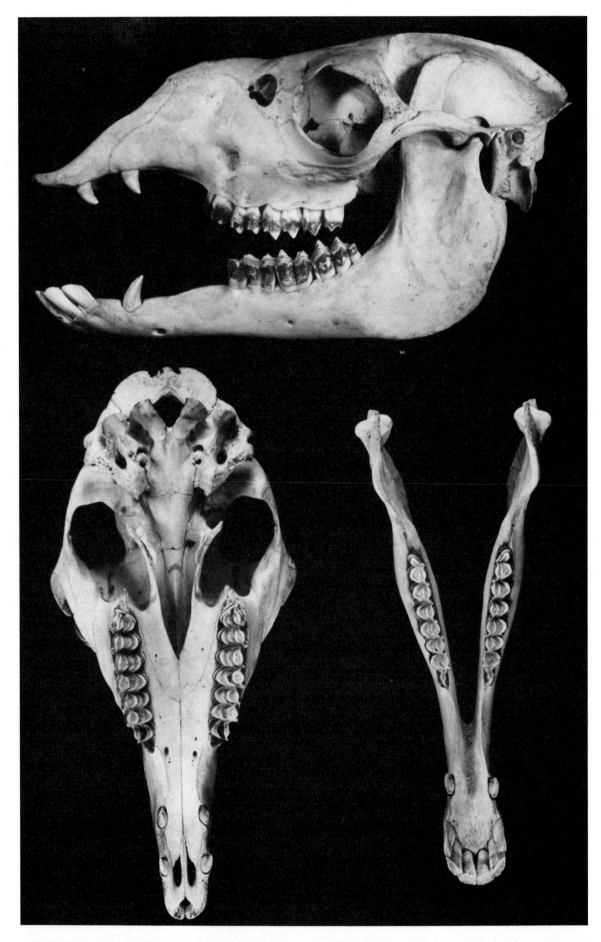

Abb. 644. *Lama guanicoe f. glama.* Schädel (Lateral- und Ventralansicht) und Unterkiefer (Aufsicht). Beachte caniniforme
C sup. und C inf. PIUW 2030/8. Schädellänge 30,5 cm.

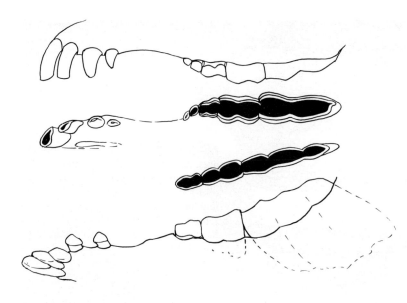

Abb. 646. *Rakomylus raki* (Camelidae), Jung-Miozän, Nordamerika. $I^1 - M^3$ sin. buccal (ganz oben) und occlusal (mitte oben). M_{1-3} dext. occlusal (mitte unten) und $I_1 - M_3$ dext. lingual (ganz unten). Beachte hypsodonte und verlängerte M^3_3. Nach FRICK (1937), ergänzt und kombiniert umgezeichnet. 2/3 nat. Größe.

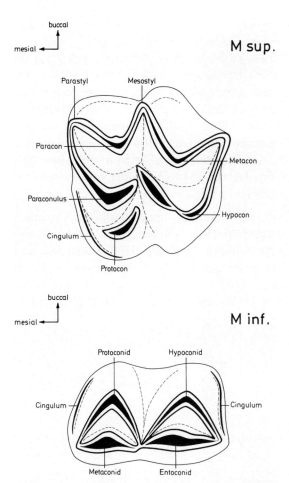

Abb. 647. *Xiphodon* (Xiphodontidae), Jung-Eozän, Europa. M sup. und M inf. (Schema).

ße Paarhufer mit didactylen Extremitäten. Die Zahnreihen des vollständigen Gebisses sind geschlossen ($\frac{3\,1\,4\,3}{3\,1\,4\,3}$), die Caninen prämolariform, der $P_{\overline{1}}$ caniniform. Die sonstigen P sind bis auf den $P^{\underline{4}}$, der zweihöckerig und linguo-buccal verbreitert ist, gestreckt. Die brachyodonten M sup. sind fünfhöckerig, mit dem Zwischenhügel in der vorderen Zahnhälfte (Abb. 647). Die Krone der vier-

höckerigen M inf. besteht aus den beiden äußeren Halbmonden und den seitlich komprimierten Innenhöckern. Am $M_{\overline{3}}$ ist ein Talonid ausgebildet.

Eine etwas arten- und formenreichere Gruppe bilden die Protoceratoidea (mit den Protoceratidae: *Protoceras*, *Synthetoceras*, *Syndyoceras*) des nordamerikanischen Tertiärs (PATTON & TAYLOR 1971). Meist als Hypertraguloidea und damit als Angehörige der Tragulina klassifiziert, werden sie neuerdings als solche der Tylopoda angesehen (STIRTON 1967, WEBB & TAYLOR 1980). Sie unterscheiden sich von sämtlichen übrigen Tylopoden durch den Besitz von knöchernen Schädelfortsätzen, die sowohl im Bereich der Frontalia als auch der Nasalia auftreten. Bei *Protoceras* aus dem Oligozän ist das Gebiß ähnlich primitiven Pecora oder Tragulina spezialisiert, und die Zahnformel lautet $\frac{0\,1\,4\,3}{3\,1\,4\,3} = 38$ (Tafel XLI). Das heißt, die I sup. sind völlig reduziert, die C sup. ähnlich den Traguliden bei den Männchen dolchförmig verlängert, jedoch mit dreieckigem Querschnitt wie bei den Oreodonten. Der kleine $P^{\underline{1}}$ ist vom C und $P^{\underline{2}}$ durch Diastemata getrennt. $P^{\underline{2}}$ und $P^{\underline{3}}$ sind schneidend entwickelt, letzterer mit distalem Lingualhöcker, der $P^{\underline{4}}$ besteht aus zwei Halbmonden. Die ausgesprochen brachyodonten M sup. sind vierhöckerig, mit kräftigen Styli. Der incisiviforme C inf. bildet mit den spatulaten Schneidezähnen, von denen die mittleren größer sind, eine Einheit. Der durch Diastemata isolierte $P_{\overline{1}}$ ist caniniform, $P_{\overline{2}}$ und $P_{\overline{3}}$ sind schneidend ausgebildet. Die M inf. sind schmal und die Täler, entsprechend der ausgeprägten Brachyodontie, sehr flach. Das Talonid am $M_{\overline{3}}$ ist ausgeprägt (Abb. 648). Zusammenfassend kann festgestellt werden, daß das Gebiß eine Zuordnung der Protoceratiden zu den Tylopoda in keiner Weise rechtfertigt.

Die übrigen Paarhufer werden als Ruminantia (im eigentlichen Sinne) zusammengefaßt (HALTEN-

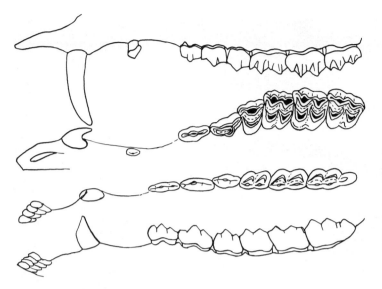

Abb. 648. *Protoceras celer* ♂ (Protocerati-dae), Alt-Oligozän, Nordamerika. C–M^3 sin. buccal (ganz oben) und occlusal (mitte oben), I$_1$–M$_3$ dext. occlusal (mitte unten) und lingual (ganz unten). Beachte incisivi-formen C inf. und caniniformen P$_1$. Nach SCOTT (1940), ergänzt umgezeichnet. 2/3 nat. Größe.

ORTH 1963 und WEBB & TAYLOR 1980). Sie lassen sich in die stets hornlosen Tragulina und die Pe-cora gliedern. Als notwendigen taxonomischen Überbegriff für die Tylopoda und Ruminantia (im eigentlichen Sinne) haben WEBB & TAYLOR (1980) die Bezeichnung Neoselenodontia eingeführt.

Die Ruminantia sind die derzeit artenreichste Paarhufergruppe. Sie sind gegenwärtig mit etwa 140 Arten in allen Kontinenten außer Australien und der Antarktis heimisch. Während die Tragu-lina heute mit nur wenigen Arten in der Paläotro-pis vorkommen, waren sie einst über ganz Nord-amerika, Eurasien und Afrika verbreitet. Die Zwerghirsche (Tragulidae: *Tragulus* und *Hyemo-schus*) sind kleine Paarhufer, deren Gebiß durch die völlige Reduktion der I sup., den incisivifor-men C inf. und den dolchförmig verlängerten C sup. gekennzeichnet sind (Tafel XLI). Die stark abgeflachten, im Querschnitt unregelmäßig dreieckigen C sup. divergieren stark und dienen den Männchen als Imponierorgane bei innerartli-chen Auseinandersetzungen. Die Traguliden sind bekanntlich geweihlose Paarhufer. Die Zahnfor-mel lautet $\frac{0\ 1\ 3\ 3}{3\ 1\ 3\ 3}$ = 34. Die vorderen P inf. und die P sup. sind gestreckt, der P$^{\underline{4}}$ besteht aus zwei Halbmonden. Die brachyodonten M sup. sind vierhöckerig, doch ist die Selenodontie an den Au-ßenhöckern keineswegs typisch ausgeprägt. Para- und Mesostyl sind kräftig. Bei *Tragulus javanicus* besitzt der incisiviforme C inf. eine etwas breitere Krone als der I$_{\bar{2}}$ und I$_{\bar{3}}$ mit quergestellter Spitze und einem Längswulst im distalen Drittel. I$_{\bar{2}}$ und I$_{\bar{3}}$ sind schmal mit quergestellten Spitzen. Die Krone des I$_{\bar{1}}$ ist durch die stark mesiale Verbreite-rung spatulat, doch ist ein Diastema zwischen den beiden mittleren Incisiven vorhanden (Abb. 649, 650). Bei *Hyemoschus* ist auf der Vorderkante des Hypoconids ein Wulst (*Hyemoschus*-Falte) ausge-bildet. Bei den vierhöckrigen M inf. sind gleich-

falls nur die Außenhöcker selenodont, die Innen-höcker sind lateral abgeflacht. Der M$_{\bar{3}}$ besitzt ein kurzes, an der buccalen Zahnhälfte gelegenes Ta-lonid. Charakteristisch für die M inf. ist die soge-nannte *Dorcatherium*-Falte, ein Paar zusätzlicher Falten am distalen Ende der vorderen Molaren-höcker (Abb. 651). Der Name stammt von der miozänen Tragulidengattung *Dorcatherium*, die damals mit zahlreichen Arten in der Alten Welt verbreitet war und als Vorläufer von *Hyemoschus* angesehen wird.

Nur fossil bekannte Tragulina sind die Amphime-rycoidea (mit den Amphimerycidae) und die Hy-pertraguloidea (mit den Hypertragulidae und Leptomerycidae), die mit *Archaeomeryx* bereits im Jungeozän Asiens nachgewiesen sind (COL-BERT 1941). *Archaeomeryx*, ursprünglich als Hy-

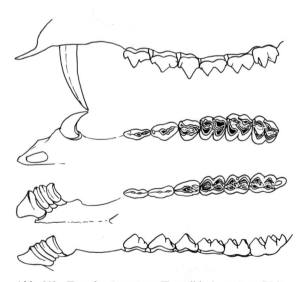

Abb. 649. *Tragulus javanicus* (Tragulidae), rezent, Süda-sien, C–M^3 sin. buccal (ganz oben) und occlusal (mitte oben), I$_1$–M$_3$ dext. occlusal (mitte unten) und lingual (ganz unten). Beachte völlige Reduktion der I sup., verlän-gerten C sup., breiten I$_1$ und incisiviformen C inf. Nach Original. 4/3 nat. Größe.

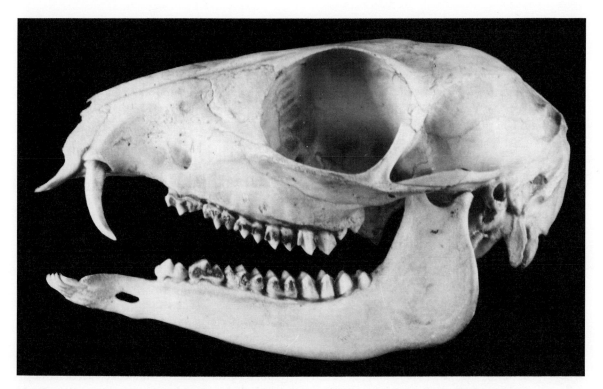

Abb. 650. *Tragulus javanicus*. Schädel samt Unterkiefer (Lateralansicht). PIUW 1624. Schädellänge 8,5 cm.

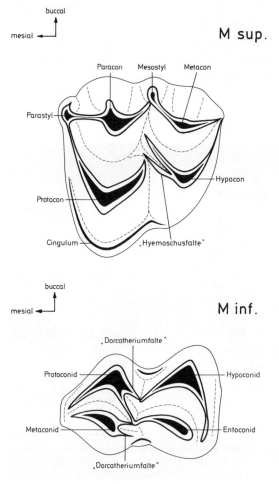

M sup.

M inf.

Abb. 651. *Hyemoschus* (Tragulidae), rezent, Westafrika. M sup. und M inf. (Schema).

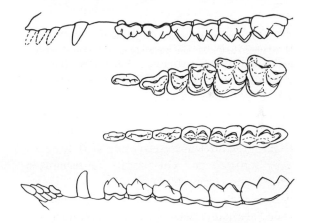

Abb. 652. *Archaeomeryx optatus* (Leptomerycidae), Jung-Eozän, Asien. $I^1 - M^3$ sin. buccal (ganz oben) und $P^2 - M^3$ sin. occlusal (mitte oben), $P_2 - M_3$ dext. occlusal (mitte unten) und $I_1 - M_3$ dext. lingual (ganz unten). I sup. ergänzt. Nach COLBERT (1941), umgezeichnet. 2/3 nat. Größe.

pertragulide klassifiziert, wird von WEBB & TAY-LOR (1980) zu den als eigene Familie gewerteten Leptomeryciden gestellt. Bei *Archaeomeryx* ist die Zahnformel $\frac{3\,1\,3\,3}{3\,1\,4\,3} = 42$ zwar fast vollständig, der C inf. jedoch incisiviform (Abb. 652). Die voll funktionsfähigen I sup. sind einfach gestaltet, der mittelgroße C sup. durch Diastemata von $I^{\underline{3}}$ und $P^{\underline{2}}$ getrennt, $P^{\underline{2}}$ und $P^{\underline{3}}$ mit schneidender Krone, $P^{\underline{3}}$ überdies mit einem kräftigen Innenhöcker versehen. Der kurze $P^{\underline{4}}$ besteht aus zwei Halbmonden, die brachyodonten M sup. sind vierhöckrig, die Selenodontie ist an den Außenhöckern kaum, an den Innenhöckern etwas ausgeprägt. Deutliche Styli, ein Vorder- und Innencingulum kennzeichnen weiter die M sup. Die I inf. und der C inf. sind typisch ruminantiform, die mittleren I inf. etwas spatulat. Der $P_{\overline{1}}$ ist caniniform und durch Diastemata von C inf. und $P_{\overline{2}}$ getrennt. Die Krone von $P_{\overline{2-4}}$ ist schneidend, von den brachyodonten vierhöckrigen M inf. sind die Außenhöcker selenodont, die Innenhöcker lateral komprimiert. Der $M_{\overline{3}}$ besitzt ein kräftiges Talonid.

Bei *Hypertragulus* (Hypertragulidae) und *Leptomeryx* (Leptomerycidae) aus dem Oligo-Miozän

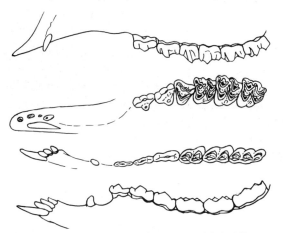

Abb. 653. *Leptomeryx evansi* (Leptomerycidae), Oligozän, Nordamerika. C–M³ sin. buccal (ganz oben) und occlusal (mitte oben), I₁–M₃ dext. occlusal (mitte unten) und lingual (ganz unten). Nach Scott (1940), verändert umgezeichnet. Etwa 1/2 nat. Größe.

Nordamerikas sind die I sup. hinfällig oder völlig reduziert, C sup. und $P_{\overline{1}}$ wirken als Antagonisten und der C inf. ist incisiviform (Abb. 653; Tafel XLI). Die Prämolaren sind kürzer als bei *Archaeomeryx*, der selenodonte Charakter der M ist stärker ausgeprägt (Taylor & Webb 1976).

Für das Gebiß der Pecora ist die zunehmende Reduktion des C sup., der bei den ursprünglichen Formen dolchartig ausgebildet ist, und des $P_{\overline{1}}$ ebenso charakteristisch, wie die völlige Zahnlosigkeit des Prämaxillare und der incisiviforme C inf. Die Pecora werden von Webb & Taylor (1980) in die Moschina (mit Gelocidae und Moschidae) und die Eupecora (mit den übrigen Familien) gegliedert.

Für das geweihlose Moschustier (*Moschus moschiferus*) Asiens als einzigem lebenden Vertreter der Moschina lautet die Zahnformel $\frac{0\,1\,3\,3}{3\,1\,3\,3} = 34$. Die C sup. sind bei den Männchen sehr lang (bis 7 cm) und hauerartig, bei den Weibchen nur kurz (Abb. 654; Tafel XLII). Sie stecken bei den Männchen in kräftigen Alveolen, sind wurzellos, leicht tordiert, seitlich abgeflacht und mit einer scharfen Hinterkante versehen. Sie dienen bei Brunftkämpfen als Waffen. Die P sup. sind nicht verlängert, die vierhöckrigen, mesodonten M sup. typisch selenodont. Das mandibulare Vordergebiß ist ein Schabgebiß mit nur wenig verbreiterten Zahnkronen, das durch ein langes Diastema vom Backenzahngebiß getrennt ist. Die Innenwand des $P_{\overline{4}}$ ist geschlossen, das Talonid des $M_{\overline{3}}$ zweihöckrig. Die Moschidae werden meist, wie etwa von

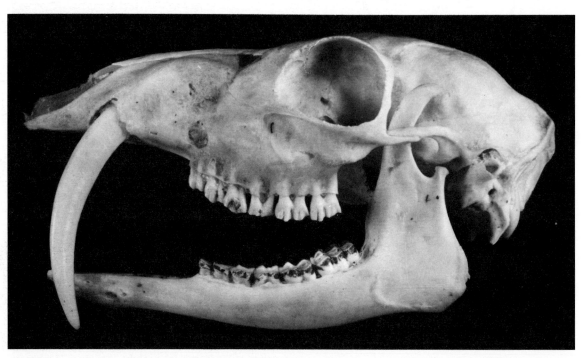

Abb. 654. *Moschus moschiferus* ♂ (Moschidae), Schädel samt Unterkiefer (Lateralansicht). Beachte dolchförmig verlängerte C sup. NHMW 189. Schädellänge 15 cm.

HALTENORTH (1963), als Angehörige der Cervidae angesehen, doch macht die Merkmalskombination eine Abtrennung als eigene Familie notwendig. Als fossile Verwandte der Moschidae werden von WEBB & TAYLOR (1980) einerseits die Gelociden (mit *Gelocus*, *Dremotherium*, *Lophiomeryx*) des eurasiatischen Alttertiärs klassifiziert, die einst entweder als Angehörige der Traguliden oder als Stammformen der Pecora angesehen worden waren (SCHLOSSER 1923), andrerseits auch die meist als Cervide klassifizierte, hornlose Gattung *Blastomeryx* aus dem Miozän Nordamerikas. Die

Zahnformel der Gelociden lautet $\frac{0\ 1\ 3\ 3}{3\ 1\ 3\ 3} = 34$, das Vordergebiß entspricht jenem der Ruminantia, das Molarenmuster erinnert an Traguliden, ohne jedoch deren zusätzliche Leisten zu besitzen.

Das Gebiß der gegenwärtig recht artenreich in Eurasien, Nordafrika, Nord- und Südamerika heimischen Hirsche (Cervidae) ist relativ konstant, wie auch die Zahnformel mit $\frac{0\ 1-0\ 3\ 3}{3\ 1\ 3\ 3} = 32-34$ dokumentiert. Bei den altertümlichen Formen, wie dem geweihlosen Wasserreh (*Hydropotes*) und den Gabelhirschen (Muntiacinae mit *Muntiacus*

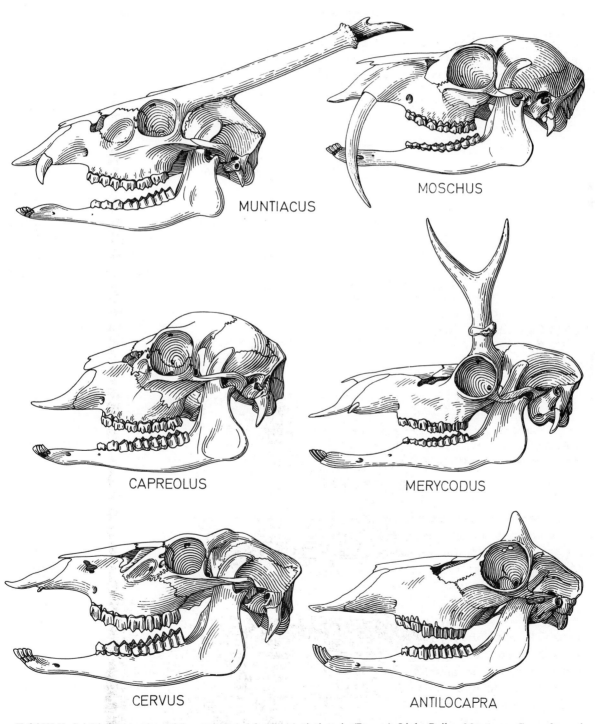

Tafel XLII. Schädel (Lateralansicht) rezenter und fossiler Artiodactyla (Pecora). Linke Reihe: *Muntiacus*, *Capreolus* und *Cervus* als rezente Cervidae. Beachte vergrößerten C sup. bei *Muntiacus*. Rechte Reihe: *Moschus* (Moschidae, rezent); *Merycodus* (Miozän) und *Antilocapra* (rezent) als Antilocapridae. Nicht maßstäblich.

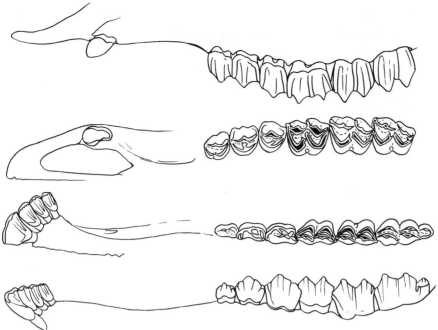

Abb. 655. *Cervus elaphus* ♂ (Cervidae), rezent, Europa. C – M³ sin. buccal (ganz oben) und occlusal (mitte oben), I₁ – M₃ dext. occlusal (mitte unten) und lingual (ganz unten). C sup. als „Grand'l". Nach Original. Etwa 1/2 nat. Größe.

und *Elaphodus*) sind die C sup. der Männchen recht lang, hauerartig und mit Hinterkante versehen, jedoch nicht wurzellos (Tafel XLII), bei den übrigen Cerviden sind sie rudimentär (z. B. sogenannte Grandl'n der Rothirsche) oder völlig reduziert. Gelegentlich können sie bei den Männchen sonst eckzahnloser Arten als Atavismen auftreten. Im mandibularen Vordergebiß sind die $I_{\overline{1}}$ spatulat und die C inf. den schmalen $I_{\overline{3}}$ angeglichen (vgl. dazu OBERGFELL 1957). Die P sup. sind relativ kurz mit Außen- und Innenschneide, die Krone der P inf. nimmt nach distal an Komplexität zu. Ihre unterschiedliche Ausbildung läßt eine Trennung der einzelnen Gattungen zu. Die Krone der $P_{\overline{4}}$ wird zunehmend komplizierter gebaut, ohne daß es zu einer echten Molarisierung kommt. Eine eigene Terminologie hat OBERGFELL (1957) entwickelt. Die Molaren sind stets vierhöckrig, typisch selenodont mit lateral komprimierten Innenhöckern an den M inf. die Kronenhöhe schwankt bei den einzelnen Arten von brachyodont (z. B. *Capreolus*, *Alces*, *Rangifer*) bis subhypsodont (z. B. *Cervus*) und widerspiegelt damit die unterschiedliche Ernährungsweise (z. B. *Capreolus* als Blattäser, *Alces* als Blatt- und Wasserpflanzenfresser, *Cervus* als Blatt-, Zweig- und Grasfresser) (Abb. 655–658; Tafel XLII). Echt hypsodonte Molaren haben die Cerviden nicht ausgebildet (OBERGFELL 1957). Die Styli sind an den M sup. stets ausgeprägt. Im Bau der Molaren weicht das Rentier (*Rangifer tarandus*) am meisten von den übrigen Cerviden ab. Die Unterschiede sind vor allem an den M inf. durch die seitlich stärker komprimierten Außenhöcker morphologisch faßbar (Abb. 659, 660). Das Talonid am $M_{\overline{3}}$ ist bei *Rangifer* relativ kurz. Noch ausgeprägter

sind die P inf. gestaltet, die im Bauplan am ehesten mit *Alces* übereinstimmen.

Von den fossilen Cerviden seien hier nur *Dicroceros*, *Heteroprox* und *Euprox* als Muntjacinae aus dem Miozän Eurasiens, sowie die Riesenhirsche mit *Praemegaceros* (= „Orthogonoceros") und

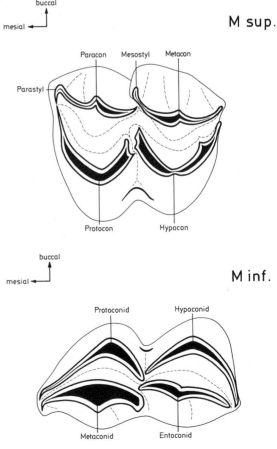

Abb. 657. *Cervus*. M sup. und M inf. (Schema).

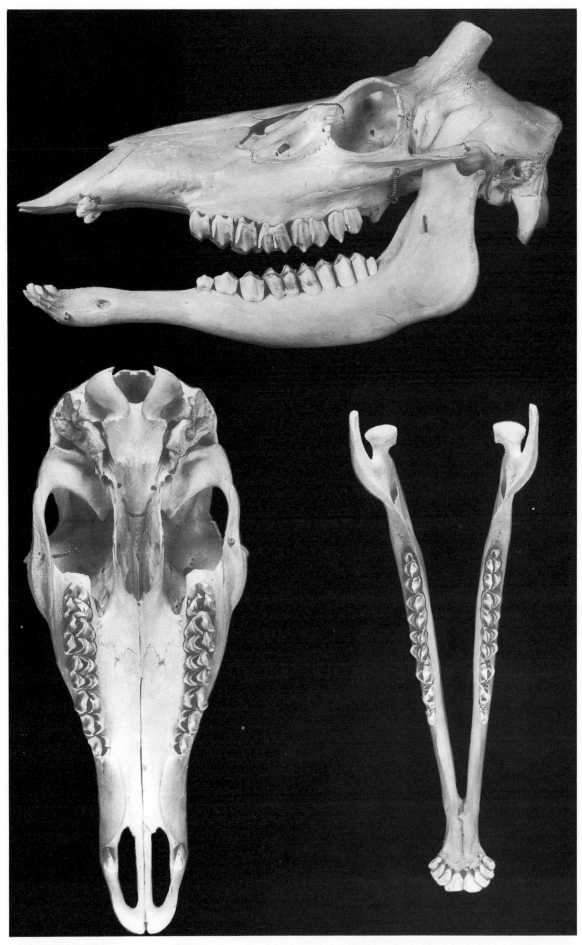

Abb. 656. *Cervus elaphus* ♂. Schädel (Lateral- und Ventralansicht) und Unterkiefer (Aufsicht). PIUW 1497. Schädellänge 39,5 cm.

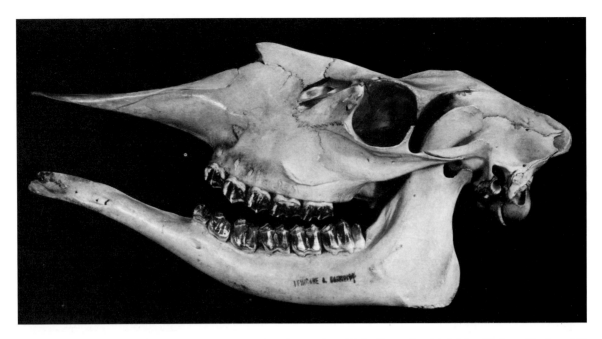

Abb. 658. *Alces alces* (Cervidae), rezent, Europa. Schädel samt Unterkiefer (Lateralansicht). Mandibulares Vordergebiß fehlt. PIUW 1066/b. Schädellänge 54 cm.

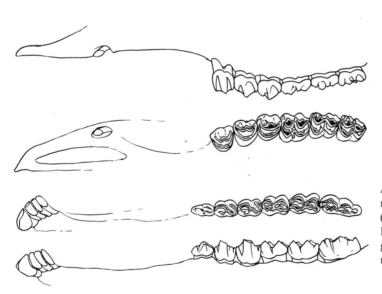

Abb. 659. *Rangifer tarandus* ♂ (Cervidae), rezent, Nordeuropa. C–M^3 sin. buccal (ganz oben) und occlusal (mitte oben), I$_1$–M$_3$ dext. occlusal (mitte unten) und lingual (ganz unten). Nach Original. Etwa 1/2 nat. Größe.

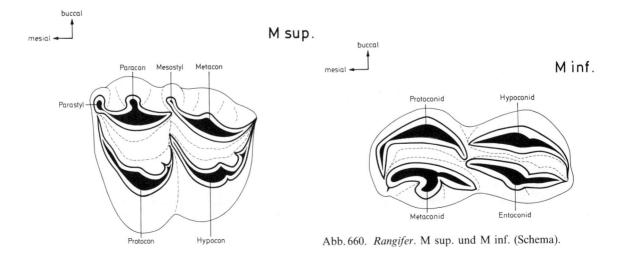

Abb. 660. *Rangifer*. M sup. und M inf. (Schema).

Megaloceros (= „*Megaceros*") sowie *Praealces* als Elch erwähnt. Sie fügen sich in die von den rezenten Cerviden bekannten Baupläne ein, ihre Unterschiede liegen hauptsächlich im Bau der Geweihe und der Extremitäten. Bemerkenswert ist nach AZZAROLI (1952) das Auftreten einer seichten *Palaeomeryx*-Furche an den M inf. von *Praealces* (= „*Libralces*") *gallicus* als ältestem Vertre-

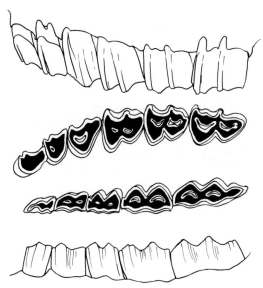

Abb. 661. *Antilocapra americana* (Antilocapridae), rezent, Nordamerika. $P^2 - M^3$ sin. buccal (ganz oben) und occlusal (mitte oben), $P_3 - M_3$ dext. occlusal (mitte unten) und lingual (ganz unten). Nach Original. Etwa 1/2 nat. Größe.

ter der Elche aus dem Ältestquartär (Villafranchium) von Europa. Im Anschluß an die Cervidae seien hier als weitere Angehörige der Cervoidea die nordamerikanischen Gabelböcke (Antilocapridae) besprochen. Wie LEINDERS (1979) gezeigt hat, sind es keine Angehörigen der Bovoidea, sondern der Cervoidea. Ihr Gebiß ist eine typische Parallelerscheinung zu jenem der Boviden. Von den im Jungtertiär und Pleistozän Nordamerikas arten- und formenreich vertretenen Antilocapriden ist gegenwärtig nur mehr der Gabelbock (*Antilocapra americana*) übrig geblieben. Das Gebiß ist typisch bovid ($\frac{0\ 0\ 3\ 3}{3\ 1\ 3\ 3}$ = 32) mit hypsodonten, selenodonten Backenzähnen, die vorderen und hinteren mit ihrer senkrechten Achse den mittleren zugeneigt (Abb. 661–663; Tafel XLII). Die Kronen der I inf. und des caniniformen C inf. sind annähernd gleich groß und nur wenig verbreitert. Sie sind gleichmäßig und stark gekrümmt. Von den P inf. kann der $P_{\bar{2}}$ völlig reduziert sein. $P_{\bar{3}}$ und $P_{\bar{4}}$ sind kurz und schmal, das Talonid des $M_{\bar{3}}$ ist gut entwickelt.

Von den fossilen Antilocapriden sind hier die Merycodontinen (mit *Merycodus*, *Meryceros* und *Ramoceros*) mit etwas primitiverem Gebiß genannt, was auch in der Zahnformel zum Ausdruck kommt ($\frac{0\ 1\ 3\ 3}{3\ 1\ 3\ 3}$ = 34) (Tafel XLII). Der C sup. ist, wenn auch stark reduziert, noch vorhanden, und

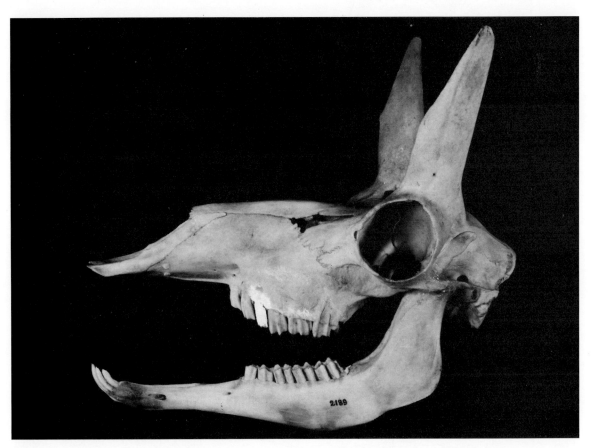

Abb. 662. *Antilocapra americana* ♂. Schädel samt Unterkiefer (Lateralansicht). NHMW 2189. Schädellänge 28 cm.

die Molaren sind subhypsodont bis hypsodont, die Kronen der P inf. deutlich länger und niedriger als bei *Antilocapra*. Weitere Unterschiede sind im Bau der Schädelfortsätze vorhanden, wie vor allem FRICK (1937) gezeigt hat.

Die Giraffoidea (mit den Palaeomeryciden, Giraffiden und ? Dromomeryciden) entsprechen im Gebiß weitgehend den Cerviden, haben jedoch, wie

NEUVILLE (1930) betont, einige Besonderheiten (wie zweilappiger C inf.). Bei den Giraffiden, die gegenwärtig nur durch *Okapia* und *Giraffa* in Afrika heimisch sind, sind die C sup. meist völlig reduziert, die Kronen der I inf. nur schwach verbreitert, jene der C inf. dagegen verlängert und zweilappig (Tafel XLIII). Zwischen dem mandibularen Vordergebiß und den Backenzähnen ist – entsprechend der Schnauzenlänge – ein langes Diastema vorhanden. Die Schmelzoberfläche der brachyodonten Backenzähne ist meist grob runzelig. Bei *Giraffa* sind die mandibularen Prämolaren breit und wirken gegenüber jenen der Cerviden gestaucht (Abb. 664–666). Die Zahnformel lautet $\frac{0\ 0\ 3\ 3}{3\ 1\ 3\ 3} = 32$. Von den im Tertiär Europas häufigen Gattungen sei *Palaeomeryx* (Palaeomerycidae) deshalb genannt, weil bei diesen Arten an der distalen Seite des vorderen buccalen Halbmondes eine kennzeichnende Leiste (sogenannte Palaeomeryxfalte) auftritt (Abb. 667). *Palaeomeryx* wurde stets als Angehörige der Cerviden klassifiziert, bis GINSBURG & HEINTZ (1966) die Zugehörigkeit zu den Giraffoidea an Hand von knöchernen Schädelfortsätzen nachweisen konnten, nachdem bereits OBERGFELL (1957) auf die Affinitäten im Zahnbau zu giraffiden Formen hingewiesen hatte. Bei den Palaeomeryciden des afrikanischen Miozäns (*Canthumeryx* = „*Zarafa*" und *Climacoceras*) ist die Krone der C inf. vergrößert und durch eine Kerbe zweigeteilt (HAMILTON 1973, 1978).

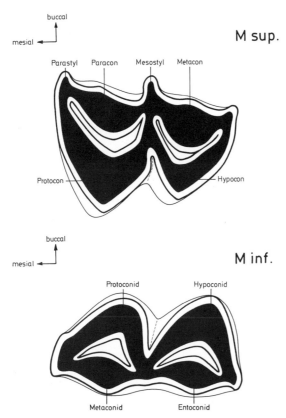

Abb. 663. *Antilocapra*. M sup. und M inf. (Schema).

Ob die Dromomeryciden (z. B. *Dromomeryx*, *Rakomeryx*, *Barbouromeryx*) des nordamerikanischen Jungtertiärs tatsächlich als Giraffoidea einzustufen sind, muß offen bleiben.

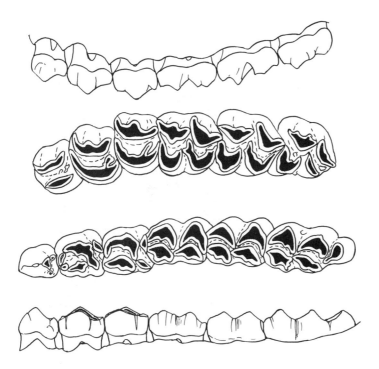

Abb. 664. *Giraffa camelopardalis* (Giraffidae), rezent, Afrika. $P^2 - M^3$ sin. buccal (ganz oben) und occlusal (mitte oben). $P_2 - M_3$ dext. occlusal (mitte unten) und lingual (ganz unten). Nach Original. Etwa 1/2 nat. Größe.

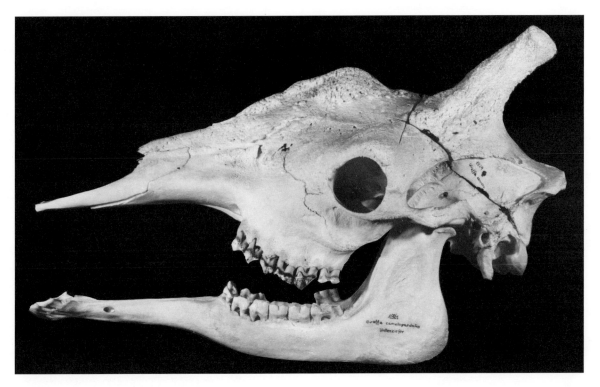

Abb. 665. *Giraffa camelopardalis*. Schädel samt Unterkiefer (Lateralansicht). I und C inf. stark abgekaut. PIUW 1924. Schädellänge 67,5 cm.

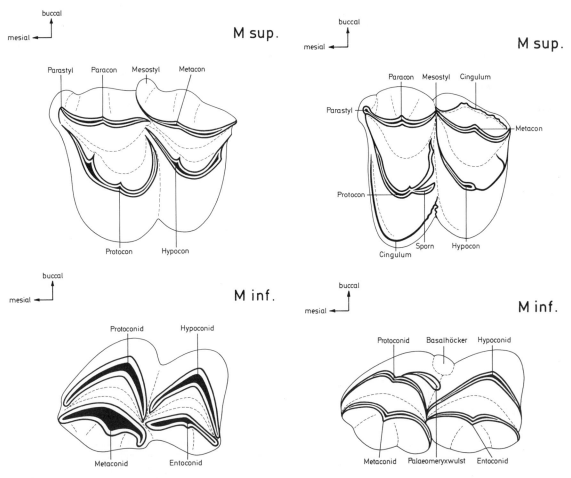

Abb. 666. *Helladotherium* (Giraffidae), Jung-Miozän, Europa. M sup. und M inf. (Schema).

Abb. 667. *Palaeomeryx* (Palaeomerycidae), Miozän, Europa. M sup. und M inf. (Schema).

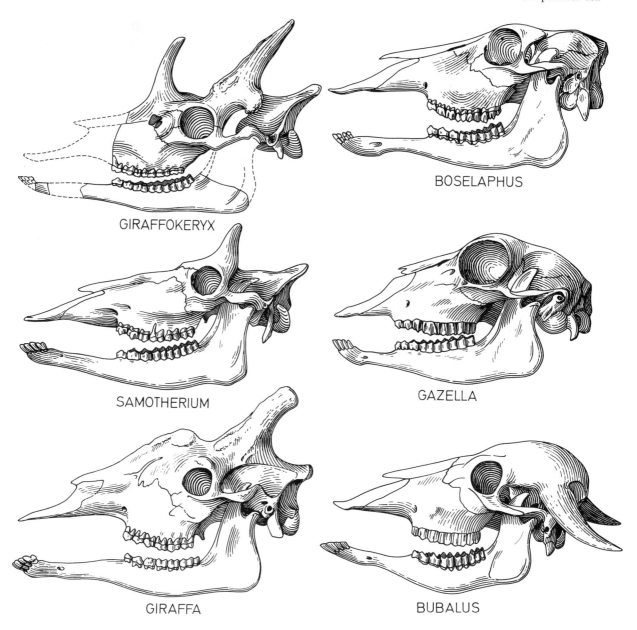

GIRAFFOKERYX

BOSELAPHUS

SAMOTHERIUM

GAZELLA

GIRAFFA

BUBALUS

Tafel XLIII. Schädel (Lateralansicht) fossiler und rezenter Artiodactyla (Pecora). Linke Reihe: *Giraffokeryx* (Miozän), *Samotherium* (Miozän) und *Giraffa* (rezent) als Giraffidae. Beachte zweiteilige Krone des C inf. und zahnloses Prämaxillare. Rechte Reihe: *Boselaphus*, *Gazella* und *Bubalus* als rezente Bovidae. Prämaxillare stets zahnlos, C inf. incisiviform. Nicht maßstäblich.

Von den fossilen Giraffiden seien *Giraffokeryx*, *Palaeotragus*, *Helladotherium* und *Sivatherium* erwähnt. Das Gebiß ist weitgehend ähnlich wie bei den Cerviden gebaut, die Unterschiede liegen vor allem in der Ausbildung der Schädelfortsätze (Tafel XLIII). Die Krone des C inf. ist bereits bei *Giraffokeryx* aus dem Mittelmiozän zweilappig, jedoch nicht wie bei den modernen Formen verlängert. Beim kurzschnauzigen *Sivatherium* aus dem Pleistozän Südasiens und Afrikas kommt es zu Subhypsodontie der Molaren. Nach GERAADS (1985) war *Sivatherium* als kurzbeinige und -halsige „Rindergiraffe" ein Grasfresser ähnlich *Ceratotherium*.

Als letzte und zugleich artenreichste Untergruppe (gegenwärtig mit über 100 Arten vertreten) sind die Bovoidea (mit den Bovidae) besprochen. Wie bereits oben erwähnt, sind die nordamerikanischen Gabelböcke (Antilocapridae) mit LEINDERS (1979) nicht als Bovoidea anzusehen. Das Gebiß der Boviden ist relativ uniform gestaltet, und auch die Zahnzahl schwankt – wenn man von *Myotragus* absieht – nur innerhalb ganz geringer Grenzen ($\frac{0\ 0\ 2-3\ 3}{3\ 1\ 2-3\ 3} = 28-32$). Als allgemeine Trends sind die Verringerung der P-Länge, die zunehmende Hypsodontie der Molaren und die Zementeinlagerung bei evoluierten Formen zu erwähnen. Generische Unterschiede sind hauptsächlich im Bau

Abb. 667a. Ausbildung des P_4 dext bei Boviden. Von oben nach unten: Tragelaphinae, Bovinae, Cephalophinae, Hippotraginae, Antilopinae, Alcelaphinae und Caprinae. Nicht maßstäblich.

hypsodonten Molaren veranlaßt hat. DIETRICH (1950) hat demgemäß die Terminologie etwas verfeinert und unterscheidet nach der Kronenhöhe die (Neo-) Brachyo-, Meso- und Hypsodontie. Die I sup. sind stets völlig reduziert, der C sup. tritt nur gelegentlich als rudimentärer Zahn auf (DEKEYSER & DERIVOT 1956). Ein weites Diastema trennt mandibulares Vorder- und Backenzahngebiß.

Die systematische Gliederung der Boviden erfolgt keineswegs einheitlich. Hier ist im wesentlichen jener von GENTRY (1978) gefolgt, der sechs Unterfamilien unterscheidet. Im Gebiß verhalten sich die im Schädelbau spezialisierten boodonten Bovinae im weiteren Sinne (mit *Boselaphus*, *Tragelaphus*, *Bubalus*, *Bison* und *Bos* als wichtigste Gattungen) recht primitiv ($\frac{0\,0\,3\,3}{3\,1\,3\,3} = 32$) (Abb. 668–670; Tafel XLIII). Bei der Nilgauantilope (*Boselaphus tragocamelus*) sind die mit starken Styli versehenen Molaren brachyodont bis mesodont, die Krone der I inf. kurz und nur wenig verbreitert (Abb. 671; Tafel XLIII). Die P sup. sind relativ breit, die P inf. nicht verlängert, die Innenwand des P_4 nicht geschlossen. Linguale Basalpfeiler sind nicht an allen M sup. vorhanden. Das Gebiß wirkt somit durchaus bovin, doch fehlt Zement und die Kronenhöhe ist geringer. Bei *Tragelaphus* ist die asymmetrisch spatulate Krone der I_1 breiter als jene von I_2–C inf. zusammen. Der P_4 besitzt eine geschlossene Innenwand, die Molaren sind brachyo- bis mesodont. Bei *Bos* ist die Krone der I inf. vor allem labial etwas verlän-

des mandibularen Vordergebisses und der Prämolaren vorhanden (vgl. JANIS & LISTER 1985) (Abb. 667a). Durch ihre Differenzierung vor allem der lingualen Zahnhälfte kommt den P_3 und P_4 eine besondere Bedeutung zu. Bei den stets vierhöckrigen (M_3 mit Talonid), selenodonten Molaren ist vor allem die Kronenhöhe verschieden, die SCHLOSSER (1923) zur Großgliederung der Boviden in die Boodontia mit (meist) brachyodonten und die Aegodontia mit (fast immer)

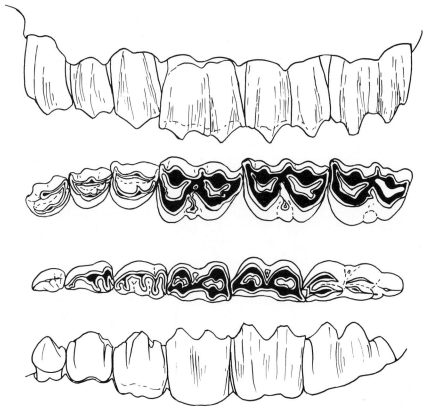

Abb. 668. *Bos primigenius taurus* (Bovidae), rezent, Europa. $P^2 - M^3$ sin. buccal (ganz oben) und occlusal (mitte oben), $P_2 - M_3$ dext. occlusal (mitte unten) und lingual (ganz unten). Nach Original. ca. 2/3 nat. Größe.

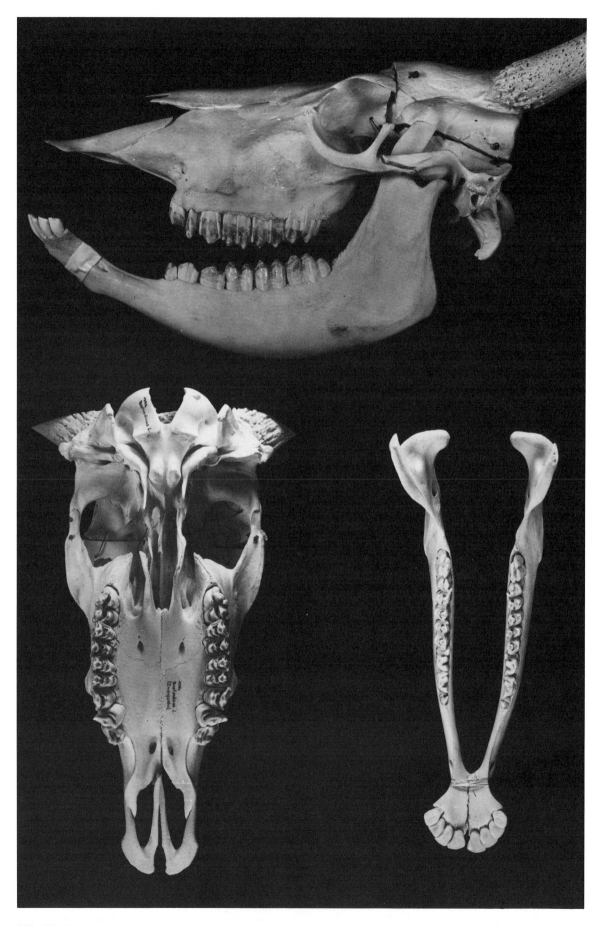

Abb. 669. *Bos primigenius taurus*. Schädel (Lateral- und Ventralansicht) und Unterkiefer (Aufsicht). PIUW 1792. Schädellänge 39 cm.

gert und leicht spatelförmig verbreitert. Die Kronen,,breite" der imbricat angeordneten Zähne nimmt nur wenig von $I_{\overline{2}}$ zu $I_{\overline{3}}$ bzw. C inf. ab. Die Krone der P ist relativ kurz, die Innenwand des $P_{\overline{4}}$ ist offen. P und M sind hypsodont. Die M sind mit starkem Zement, $M^{\underline{1}}$ und $M^{\underline{2}}$ mit lingualen Basalpfeilern versehen. Von prismatischen

Zähnen ist jedoch nicht zu sprechen, da der linguo-labiale Durchmesser von der Kronenbasis bis zur Spitze nicht konstant ist, sondern abnimmt. Die Zementablagerung erstreckt sich auf die lingualen und buccalen Partien und auf die Kunden (Marken). Zwischen den beiden Innenhöckern kann es zu einer eigenen Inselbildung kommen.

Altertümliche Merkmale besitzen auch die Dukker (Cephalophinae) Afrikas im Gebiß. Die P sind recht kurz, die P sup. aus Außenhöcker und Innenmond bestehend, die P inf. sind schneidend entwickelt, bei $P_{\overline{4}}$ sind Innenhöcker vorhanden. Die Molaren sind brachyodont, die Krone der M sup. breiter als lang und ohne Sporne. Das Talonid vom $M_{\overline{3}}$ ist gerundet. Die Zahnoberfläche ist rauh.

Von den übrigen Boviden seien noch Angehörige der Antilopinae (wie *Antilope, Gazella, Litocranius, Neotragus*), der Alcelaphinae (z.B. *Maremmia*) und der Caprinae (wie *Rupicapra, Myotragus, Saiga, Hemitragus, Capra, Ovis*) erwähnt (Abb. 672, 673; Tafel XLIII). Bei diesen aegodonten Formen sind die Molaren stets hypsodont. Lediglich die blattfressende Giraffengazelle (*Litocranius walleri*) besitzt als ,,browser" ein relativ brachyodontes Backenzahngebiß. Bei *Antilope* und *Gazella* ist die Krone des $I_{\overline{1}}$ ähnlich *Tragelaphus* stark verbreitert, die übrigen mandibularen Vorderzähne sind schmal und leicht gekrümmt. Die Innenwand des $P_{\overline{4}}$ ist offen. Die $P_{\overline{2}}$ können bei *Antilope cervicapra* fehlen. Basalpfeiler fehlen an den Molaren. Bei den Caprinae mit *Saiga, Rupicapra, Capra* und *Ovis* ist die Krone der I inf. zwar verlängert, aber nur schwach verbreitert, bei den C inf. ist die incisiviforme Krone kürzer. Die Innenwand des $P_{\overline{4}}$ ist bei *Saiga* offen, sonst (basal)

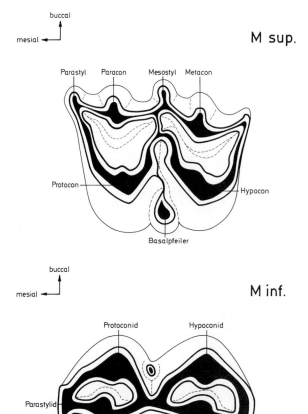

Abb. 670. *Bos*. M sup. und M inf. (Schema).

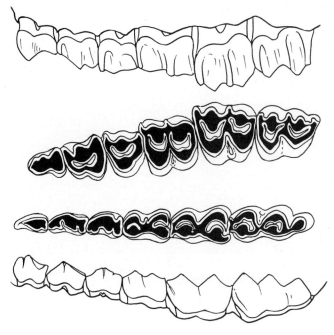

Abb. 671. *Boselaphus tragocamelus* (Bovidae), rezent, Südasien. P^2-M^3 sin. buccal (ganz oben) und occlusal (mitte oben), P_2-M_3 dext. occlusal (mitte unten) und lingual (ganz unten). Nach Original. ca. 2/3 nat. Größe.

geschlossen. Auf die für den Prähistoriker wichtigen Unterschiede im Bau des unabgekauten $M_{\bar{1}}$ (und von $D_{\bar{3}}$ und $D_{\bar{4}}$) von *Capra* (konstante Verschmälerung der mesialen Falte von der Basis zur Kronenspitze) und *Ovis* hat PAYNE (1985) hingewiesen.

Als aberranter Angehöriger der Rupicaprinae ist *Myotragus balearicus* (mit der Zahnformel $\frac{0\ 0\ 2\ 3}{1\ 0\ 1-2\ 3} = 20-22$) aus dem Quartär der Balearen zu erwähnen. Dieser besonders kurzbeinige Gemsenverwandte ist ferner durch den kurzen Fazialschädel und die extreme Hypsodontie der Molaren sowie durch die einmalige Differenzierung des mandibularen Vordergebisses gekennzeichnet

(Abb. 674). Dieses besteht nach ANDREWS (1915) aus nur zwei wurzellosen Incisiven, die zusammen ein richtiges Schabgerät bilden; die Symphyse ist nicht verwachsen. Bei *Myotragus pepgonellae* aus dem Pliozän von Mallorca ist das mandibulare Vordergebiß nach MOYA-SOLA & PONS-MOYA (1982) noch vollständig. Bei *Maremmia*, einem Alcelaphinen aus dem Jungmiozän Südeuropas, ist das mandibulare Vordergebiß nach HÜRZELER (1983) durch die plattenförmige Verbreiterung der Incisiven und deren gegenseitige Überlappung einmalig unter den Paarhufern differenziert.

Von den zahlreichen fossilen Boviden ist hier nur *Eotragus* aus dem Miozän Europas als eine der

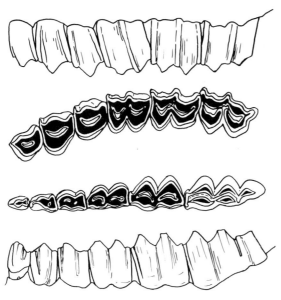

Abb. 672. *Hemitragus jemlahicus* ♂ (Bovidae), rezent, Südasien. $P^2 - M^3$ sin. buccal (ganz oben) und occlusal (mitte oben), $P_2 - M_3$ dext. occlusal (mitte unten) und lingual (ganz unten). Nach Original. ca. 1/1 nat. Größe.

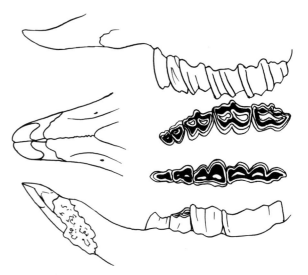

Abb. 674. *Myotragus balearicus* (Bovidae), Pleistozän, Balearen. $P^3 - M^3$ sin. buccal (ganz oben) und occlusal (mitte oben), $P_4 - M_3$ dext. occlusal (mitte unten) und I $- M_3$ dext. lingual (ganz unten). Links: mandibulares Vordergebiß in Aufsicht. Nach ANDREWS (1915), umgezeichnet. ca. 1/2 nat. Größe.

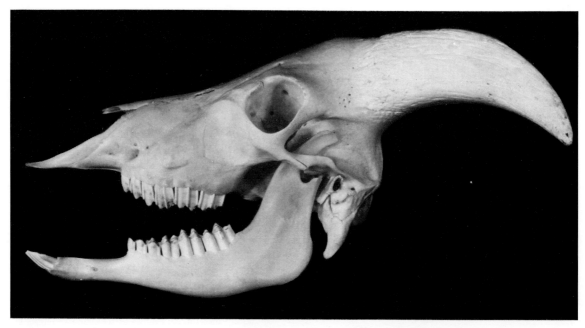

Abb. 673. *Hemitragus jemlahicus*. Schädel samt Unterkiefer (Lateralansicht). PIUW 2305. Schädellänge 26,5 cm.

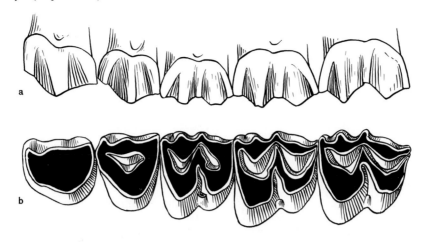

Abb. 675. *Eotragus haplodon* (Bovidae), Mittel-Miozän, Europa. $P^3 - M^3$ sin. buccal (oben) und occlusal (unten). Nach THENIUS (1952). ca. 2× nat. Größe.

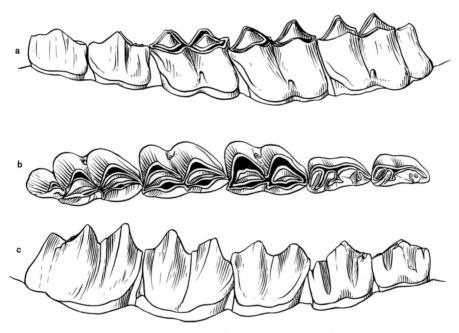

Abb. 676. *Eotragus sansaniensis* (Bovidae), Mittel-Miozän, Europa. $P_3 - M_3$ sin. buccal (oben), occlusal (mitte) und lingual (unten). Nach THENIUS (1952). ca. 2× nat. Größe.

ältesten Gattungen erwähnt (GINSBURG & HEINTZ 1968, THENIUS 1952). Von gleichaltrigen Cerviden unterscheidet sich *Eotragus* durch das Fehlen der Palaeomeryxfalte an den M inf. und die etwas geringere Brachyodontie sowie die glatte Schmelzoberfläche (Abb. 675, 676). An den M sup. ist ein kräftiges, jedoch weniger starkes Para- und Mesostyl als bei miozänen Cerviden vorhanden.

3.28 Perissodactyla (Unpaarhufer)

Die Unpaarhufer sind gegenwärtig mit nur wenigen Arten vertreten, die drei Familien (Tapiridae, Rhinocerotidae und Equidae) angehören. Sie lassen sich vor allem durch den Bau der Extremitäten von den anderen Säugetierordnungen trennen.

(Die neuerdings durch FISCHER [1986] als Perissodactyla klassifizierten Hyracoidea werden hier als eigene Ordnung bewertet.) Einst formen- und artenreich mit 15 Familien in allen Kontinenten außer Australien und der Antarktis heimisch, sind die Unpaarhufer heute vielfach auf Schrumpfareale beschränkt. Die taxonomische Großgliederung der rezenten und fossilen Perissodactyla wird allgemein in die Ceratomorpha, Hippomorpha und die Ancylopoda vorgenommen, wobei auch das (Backenzahn-)Gebiß eine Rolle spielt. Die Ancylopoda (mit den Chalicotherioidea) sind völlig ausgestorben und durch die eigenartigen „Hufkrallen" bei den Chalicotherien gekennzeichnet. Die Ceratomorpha umfassen die Tapiroidea und die Rhinocerotoidea, als Hippomorpha werden die Equoidea und Brontotherioidea zusammengefaßt. Insgesamt stehen den drei rezenten Familien mit sechs Gattungen zwölf ausgestorbene Familien mit über 160 Gattungen gegenüber. Ihren stammesgeschichtlichen Höhepunkt erreichten die Perissodactyla im Alttertiär.

Das Gebiß der Unpaarhufer ist in Zusammenhang mit der Herbivorie recht mannigfach differenziert. Von der Spezialisierung sind sowohl Vorder- als auch das Backenzahngebiß betroffen. Ersteres kann verschiedentlich weitgehend oder völlig reduziert sein (z. B. *Diceros, Coelodonta*) (Abb. 677). Im Backenzahngebiß ist die Molarisierung von Prämolaren sowie der Trend zur Lophodontie der Molaren und zur Hypsodontie festzustellen. Letzteres steht mit der veränderten Ernährungsweise (Grasfresser statt Blattäser) in Zusammenhang. Vereinzelt kommt es zur Wurzellosigkeit von Backenzähnen (z. B. *Elasmotherium*). Die Zahnzahl schwankt innerhalb großer Grenzen, die von $\frac{3\,1\,4\,3}{3\,1\,4\,3} = 44$ (z. B. *Hyracotherium*) bis zu $\frac{0\,0\,2\,3}{0\,0\,2\,3} = 20$ (z. B. *Elasmotherium*) reichen. Oft ist das Vordergebiß teilweise reduziert unter Vergrößerung einzelner Zähne, wie etwa bei *Dicerorhinus* mit $\frac{2-1\ 0\ 4\ 3}{1\ \ 0\ 3\ 3} = 30-32$. Bei den Rhinocerotiden wird ein Paar von Incisiven pro Kieferhälfte vergrößert ($I\frac{1}{2}$), von dem die mandibularen Schneidezähne zu richtigen „Hauern" umgestaltet sind, die bei Kämpfen auch als Waffen dienen. Bei den Indricothe-

rien (= „Paraceratheriidae") sind die $I\frac{1}{1}$ vergrößert. Bei den Tapiriden kommt es zur Vergrößerung der antagonistisch wirkenden I^3 und C inf. Bei den Equiden bleiben sämtliche Schneidezähne erhalten. Die Kronen werden jedoch hypsodont und erfahren durch die Bildung von Kunden als Schmelzeinstülpungen ein besonders charakteristisches Aussehen. Bei den Chalicotherien bilden die Schneidezähne meist nur mehr oder weniger rudimentäre Reste.

Das Molarenmuster ist verschieden gestaltet und reicht von der (Lopho-)Bunodontie zur reinen Lophodontie ebenso wie zur Bunoselenodontie bzw. zur Lophoselenodontie. Das lophodonte Muster ist bilophodont (wie bei *Tapirus*) oder trilophodont (mit Außen-, Vorder- und Hinterjoch; z. B. *Rhinoceros*) entwickelt und kann überdies durch Schmelzfältelung (z. B. *Elasmotherium*) kompliziert sein. Mit der zunehmenden Schmelzfältelung kommt es übrigens zu prismatischen Zähnen und schließlich zur Wurzellosigkeit. Auch Partialhypsodontie ist bekannt (*Cantabrotherium* [Palaeotheriidae]) aus dem Jungeozän Spaniens.

Die Molarisierung der Prämolaren kann alle Prämolaren mit Ausnahme der $P\frac{1}{1}$ betreffen und von den $P\frac{4}{4}$ oder von den $P\frac{2}{2}$ ihren Ausgang nehmen. Zweck dieser für die Perissodactylen kennzeich-

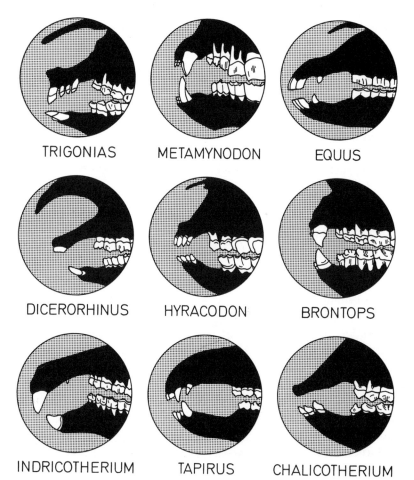

TRIGONIAS   METAMYNODON   EQUUS

DICERORHINUS   HYRACODON   BRONTOPS

INDRICOTHERIUM   TAPIRUS   CHALICOTHERIUM

Abb. 677. Ausbildung des Vordergebisses bei den Perissodactyla. Beachte unterschiedliche Differenzierung durch Vergrößerung bzw. Reduktion einzelner Zähne.

nenden Erscheinung ist die Vergrößerung der Kaufläche der Backenzahnreihen. Bei spezialisierten Perissodactylen tritt zunehmend Zement im Kronenbereich der Backenzähne auf (wie *Equus, Elasmotherium*). Die Schmelzdicke ist bei hypsodonten Zähnen eher konstant als bei brachyodonten (FORTELIUS 1982).

Die Kieferstellung ist stets anisognath, die Backenzahnreihen verlaufen parallel oder konvergieren mesial. Das Kiefergelenk liegt stets über dem Zahnreihenniveau und läßt verschiedentlich auch seitliche Kieferbewegungen zu. Die Symphyse ist meist verschmolzen.

Eine monographische Bearbeitung des Gebisses der Perissodactylen fehlt zwar, doch finden sich Übersichten in Lehrbüchern der Paläontologie (PIVETEAU 1958, ORLOV 1968, MÜLLER 1970, ROMER 1966) bzw. in Odontographien (wie OWEN 1845). Die Homologisierung der vordersten Backenzähne wird diskutiert (P $\frac{1}{1}$ oder als D $\frac{1}{1}$). Mit dieser Frage haben sich STEHLIN (1938), BUTLER (1952) und zuletzt FRANZEN (1968) auseinandergesetzt.

Über die Homologisierung der einzelnen Zahnelemente der Molaren bestehen praktisch keine Meinungsverschiedenheiten. Lediglich die Terminologie ist nicht immer einheitlich und zwar besonders an den mandibularen Backenzähnen. Hier werden in Anlehnung an die Terminologie von SAVAGE, RUSSELL & LOUIS (1965) und COOMBS (1978) die Joche als Para-, Proto-, Meta- und Hypolophid bezeichnet. Bei den Equiden folge ich der Terminologie von STIRTON (1941), EISENMANN (1981) und AZZAROLI (1982).

Das Gebiß der Equoidea (mit den Equiden und Palaeotheriidae) ist vollständig oder nur geringfügig reduziert (wie die Zahnformel zeigt: $\frac{3\,1\,4-3\,3}{3\,1\,4-3\,3} = 40-44$). Sowohl im Vorder- als auch im Backenzahngebiß finden sich bei den erdgeschichtlich ältesten Equoidea (wie *Hyracotherium*) die ursprünglichsten Verhältnisse unter den Perissodactylen. Sie ermöglichen übrigens eine stammesgeschichtliche Ableitung von Urhuftieren (Condylarthra: Phenacodontidae).

Das Vordergebiß der Equiden ist stets vollständig, wenn man von Reduktion der Caninen bei weiblichen Individuen absieht. Zwischen Vorder- und Backenzahngebiß ist meist ein Diastema vorhanden, das sich mit der Verlängerung des Fazialschädels bei den erdgeschichtlich jüngeren Arten vergrößert (STIRTON 1940, SIMPSON 1951). Die Krone der ursprünglich brachyodonten und buno-(lopho-)donten Backenzähne wird hypsodont und die Prämolaren außer den P $\frac{1}{1}$ molarisiert. Das Kronenmuster der M und P sup. wird selenolo-

phodont, jenes der M und P inf. lophodont, doch ist dieses nunmehrige Grundmuster bei den prismatisch gewordenen Backenzähnen der modernen Equiden nur im Keimzustand erkennbar. Zementeinlagerungen, die auch die Einstülpungen (Fossetten = Marken) und Einwölbungen (Flexide) erfassen, führen bei diesen Formen zu einer annähernd flachen Kauebene des einzelnen Zahnes, bei dem allerdings die widerstandsfähigeren Schmelzfalten entsprechend der geringeren Abkauung deutlich sichtbar sind.

Von *Hyracotherium (= „Eohippus")* aus dem Alt-Eozän (Nordamerika und Europa) ist die Zahnformel zwar vollständig ($\frac{3\,1\,4\,3}{3\,1\,4\,3}$), doch ist das Vordergebiß nur unvollständig bekannt (DEPERET 1901, FORSTER-COOPER 1932, SIMPSON 1952, KITTS 1956) (Tafel XLIV). Sie werden verschiedentlich als Hyracotheriidae abgetrennt (DEPERET 1901, DIETRICH 1949). Wie SIMPSON (1942) betont, sind die Backenzähne von *Hyracotherium* sehr variabel. Ihre Krone ist stets brachyodont. GINGERICH (1981) nimmt einen Geschlechtsdimorphismus an, der sich – abgesehen von Unterschieden in der Größe und im Schädelbau – in der verschiedenen Größe der C sup. ausgeprägt. Der C ist stets durch Diastemata von den Incisiven oder den Prämolaren getrennt. Auch zwischen P¹ und P² kann ein kurzes Diastema auftreten (Abb. 678). Die Krone des seitlich komprimierten P¹ ist einhöckrig, der gleichfalls etwas längere P² ist meist zweihöckrig, wobei der vordere der beiden eng aneinanderliegenden Höcker größer ist. Die Krone der im Umriß gerundet dreieckigen P³ und P⁴ ist meist fünfhöckrig, indem zu den drei Haupthöckern (Para-, Meta- und Protoconus) noch ein etwas kräftiger Para- und ein etwas kleinerer Meta-

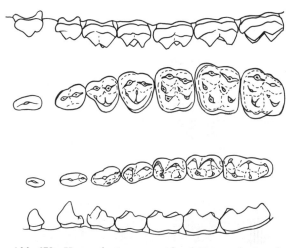

Abb. 678. *Hyracotherium angustidens* (etwas ergänzt nach *H. tapirinum*; Equidae). Alt-Eozän, Nordamerika. P¹–M³ sin. buccal (ganz oben) und occlusal (mitte oben), P₁–M₃ dext. occlusal (mitte unten) und lingual (ganz unten). Nach KITTS (1956) und MATTHEW (1926), kombiniert umgezeichnet. 1,3 × nat. Größe.

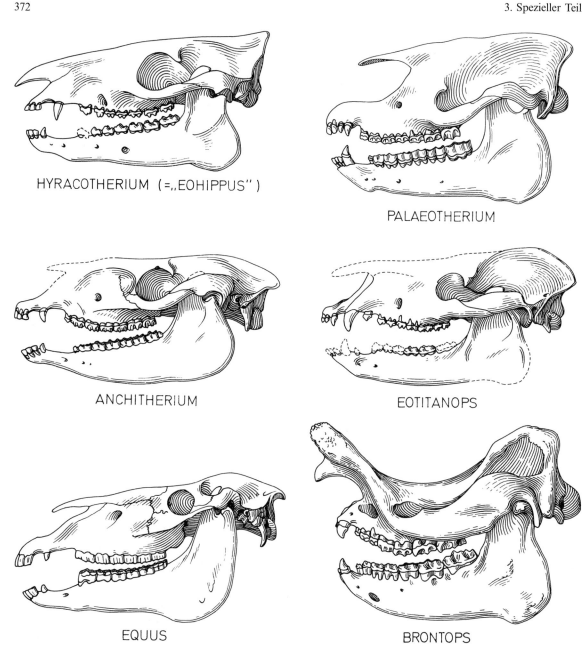

HYRACOTHERIUM (=„EOHIPPUS")

PALAEOTHERIUM

ANCHITHERIUM

EOTITANOPS

EQUUS

BRONTOPS

Tafel XLIV. Schädel (Lateralansicht) fossiler und rezenter Perissodactyla (Equoidea und Brontotherioidea). Linke Reihe: *Hyracotherium* (Eozän), *Anchitherium* (Miozän) und *Equus* (rezent) als Equidae. Rechte Reihe: *Palaeotherium* (Palaeotheriidae, Eo-Oligozän), *Eotitanops* (Eozän) und *Brontops* (Oligozän) als Brontotheriidae. Nicht maßstäblich.

conulushöcker kommen. Ersterer ist stets mit einem Kamm mit dem Protoconus verbunden. Von einer Molarisierung von Prämolaren kann jedoch nicht gesprochen werden, auch wenn gelegentlich ein winziger „Hypocon"-Höcker auftritt. Die Trennung von Para- und Metacon (Tritocon bei FORSTER-COOPER) nimmt vom $P^{\underline{2}}$ zum $P^{\underline{4}}$ hin zu. Para- und Metaconus sind am $P^{\underline{3}}$ und $P^{\underline{4}}$ durch einen Kamm miteinander verbunden. Ein Cingulum ist vor allem mesial und distal kräftig entwickelt. Die im Umriß gerundete Krone der M sup. ist sechshöckerig, indem stets ein deutlicher Hypocon ausgebildet ist. Ein Cingulum umgibt meist allseitig die Molaren. An den beiden konischen Außenhöckern sind Längskämme ent-

wickelt, in der lingualen Zahnhälfte sind die gleichfalls konischen Innenhöcker mit den Zwischenhöckern (Para- und Metaconulus) durch schräg verlaufende Kämme verbunden, so daß bei stärkerer Abkauung ein Proto- und Metaloph entstehen (Abb. 679). Dadurch wandelt sich das im unabgekauten Zustand bunodonte Molarenmuster zum bunolophodonten. Die P inf. sind stets zweiwurzelig. Die Krone des einhöckerigen $P_{\underline{1}}$ ist seitlich komprimiert. Die gleichfalls mediolateral abgeflachte Krone des $P_{\underline{2}}$ ist zweihöckerig, indem zum hohen Haupthöcker ein kleiner, niedriger, distaler Höcker kommt. Die Krone der etwas breiteren und niedrigeren $P_{\underline{3}}$ und $P_{\underline{4}}$ ist dreihöckerig und besteht aus dem Protoconid, Meta- und Hypoconid, wodurch eine Teilung in ein Trigonid und Talonid möglich ist. Zwischen Proto- und dem niedrigeren Metaconid beginnt sich ein Protolophid auszubilden. Durch die Verbreiterung des Talonids am $P_{\overline{4}}$ und die Bildung eines Entoconids bei einzelnen *Hyracotherium*-Arten (z. B. *H. vasacciense*) werden Kronenumriß und Höckermuster des $P_{\overline{4}}$ den $M_{\overline{1}}$ ähnlich, sodaß hier bereits von einer Molarisierung des $P_{\overline{4}}$ gesprochen werden kann. Die Krone von $M_{\overline{1}}$ und $M_{\overline{2}}$ ist gerundet rechteckig und vierhöckrig. Das Trigonid ist nur schwach höher als das Talonid. Durch Kämme an den Außenhöckern bilden sich mit zunehmender Abkauung ein Para-, Proto- und Metalophid her-

aus. Die Innenhöcker sind konisch und zeigen höchstens Ansätze zur Kammbildung (Abb. 679). Damit ist jedoch jenes Molarenmuster vorweggenommen, das bei den erdgeschichtlich jüngeren Equiden ausgeprägt ist. Von diesen sind hier lediglich *Parahippus, Anchitherium, Hipparion* und *Equus* berücksichtigt. Von den eozänen Equiden sei hier noch *Propalaeotherium* erwähnt (Abb. 680).

Die Molarisierung der Prämolaren setzt sich bei *Orohippus* (Mitteleozän) und *Epihippus* (Jungeozän) fort, so daß bei *Mesohippus* und *Miohippus* (Oligozän) die $P\frac{2-4}{2-4}$ voll molarisiert sind (GRANGER 1908, SIMPSON 1951).

Parahippus vermittelt zwischen *Miohippus* und *Merychippus*. Bei *Parahippus pristinus* und *P. nebrascensis* aus dem älteren Miozän Nordamerikas ist das selenolophodonte Molarenmuster ausgeprägt (OSBORN 1918). Die Backenzähne sind brachyodont. Zum Proto- und Metaloph der P und M sup. kommt ein Hypostyl, das bei zunehmender Abkauung mit dem Metaloph verschmilzt. Die Krone der bogenförmig angeordneten Incisiven ist brachyodont, das linguale Cingulum ist erhöht und verschmilzt bei stärkerer Abkauung mit der eigentlichen Schneide, so daß dazwischen eine längliche, mesio-distal verlaufende Vertiefung entsteht, die bei den erdgeschichtlich jüngeren Equiden zur Kunde wird. Die M inf. sind bilobat, Metastylid und Entostylid sowie meist auch ein Hypoconulid sind ausgeprägt (Abb. 681). Der $M_{\overline{3}}$ ist – wie allgemein – dreiteilig. Die $P\frac{1}{1}$ sind kleine, einwurzelige und einhöckerige Zähne, was auch für die C inf. gilt, die ohne Diastema an die $I_{\overline{3}}$ anschließen.

Bei *Anchitherium aurelianense* aus dem Miozän Europas ist die Selenolophodontie der brachyodonten M sup. noch etwas ausgeprägter, indem Paraconulus und Protocon sowie Metaconulus und Hypocon in einer Geraden liegen (Abb. 682, 683; Tafel XLIV). Der $P^{\underline{1}}$ ist relativ groß, an den

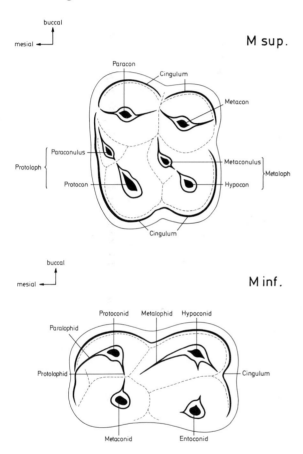

Abb. 679. *Hyracotherium*. M sup. und M inf. (Schema).

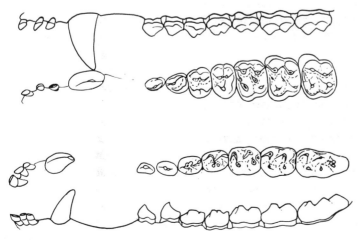

Abb. 680. *Propalaeotherium hassiacum* (Equidae), Mittel-Eozän, Europa. $I^1 - M^3$ sin. buccal (ganz oben) und occlusal (mitte oben), $I_1 - M_3$ dext. occlusal (mitte unten) und lingual (ganz unten). Nach SAVAGE, RUSSELL & LOUIS (1965), umgezeichnet. 2/3 nat. Größe.

spatelförmigen Incisiven ist das linguale Cingulum nur schwach entwickelt (WEHRLI 1938, ABUSCH-SIEWERTS 1983). Die Anchitherien sind im Jungmiozän mit Großformen (wie *Hypohippus, Megahippus*) ausgestorben. Ihre Backenzähne zeigen eine nur geringe Erhöhung der Zahnkrone (= Transbrachyodontie ABUSCH-SIEWERTS 1983 anstelle von Subhypsodontie).

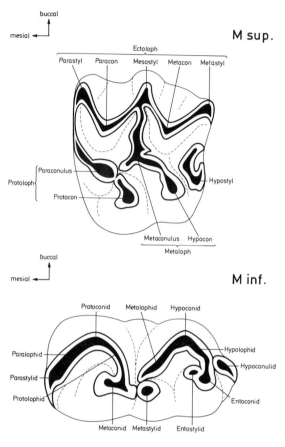

Abb. 681. *Parahippus* (Equidae), Alt-Miozän, Nordamerika. M sup. und M inf. (Schema).

Bei *Merychippus* des mittleren Miozäns Nordamerikas setzt die Hypsodontie der Backenzähne und damit auch das prismatische (allseitige) Wachstum der Zahnkronen ein, wie es für die Hipparionen und für die Einhufer so kennzeichnend ist (Abb. 684). Bei *Merychippus* erfolgte zugleich der Übergang von den Blattäsern zu Grasfressern, was mit der Evolution von Präriegräsern (Stipeae) in Form einer Ko-Evolution Hand in Hand geht. Dies ermöglichte den Equiden die dauernde Besiedlung der offenen Landschaft. Mit der zunehmenden Hochkronigkeit kommt es erstmals zur Einlagerung von Zement im eigentlichen Kronenbereich, der nicht nur den mehr oder weniger isolierten Protocon umhüllt, sondern auch in den Fossetten (Marken, Infundibulum) auftritt. An den Incisiven bildet sich zunächst eine linguale Kante, die bei den evoluierteren Arten mit der äußeren verschmilzt. Dadurch entsteht ein seichter Trichter (= Marke = Kunde = Infundibulum).

Bei *Hipparion* (*primigenium*) aus dem Jungmiozän Europas sind die Backenzähne hypsodont, wodurch beim angekauten Zahn das ursprüngliche selenolophodonte Muster verwischt erscheint (Abb. 685). Zwischen dem Ectoloph einerseits und dem Proto- und Metaloph bzw. dem Hypostyl andrerseits bildet sich die Prä- und Postfossette, die praktisch Schmelzeinstülpungen entsprechen. Bei *Hipparion* kann der Schmelz vor allem auf der mesialen und distalen Seite der Fossetten stark gefältet sein (SEFVE 1927, WEHRLI 1941). Einzelne dieser Schmelz„falten" werden verschiedentlich als Pli protoloph, Pli protoconule, Pli postfossette oder Pli hypostyle bezeichnet (OSBORN 1907). Charakteristisch für die M sup. und die molarisierten P sup. ist der isolierte Protocon, der nur an

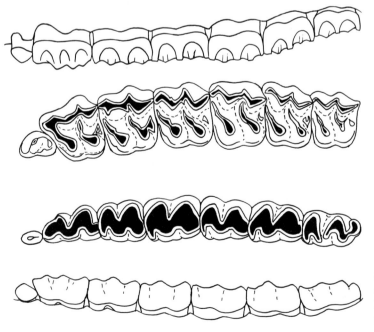

Abb. 682. *Anchitherium aurelianense* (Equidae), Mittel-Miozän, Europa. $P^1 - M^3$ sin. buccal (ganz oben) und occlusal (mitte oben), $P_1 - M_3$ dext. occlusal (mitte unten) und lingual (ganz unten). Nach GROMOV (1952) und Original. ca. 1/2 nat. Größe.

M sup.

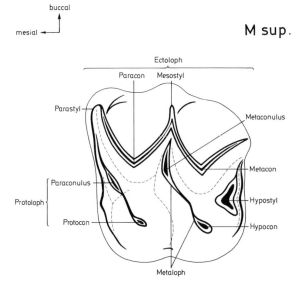

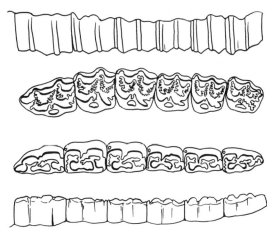

Abb. 685. *Hipparion* sp. (*H. primigenium* u.a.) (Equidae), Jung-Miozän, Europa. P² – M³ sin. buccal (ganz oben) und occlusal (mitte oben), P₂ – M₃ dext. occlusal (mitte unten) und lingual (ganz unten). Nach WEHRLI (1941) und Original. ca. 2/5 nat. Größe.

M inf.

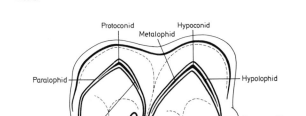

Abb. 683. *Anchitherium*. M sup. und M inf. (Schema).

M sup.

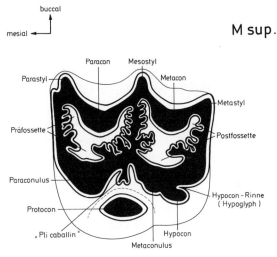

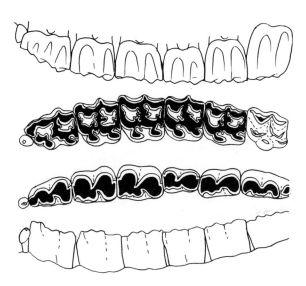

Abb. 684. *Merychippus* sp. (*M. disjunctus* und *M. ionensis*) (Equidae), Miozän, Nordamerika. P¹ – M³ sin. buccal (ganz oben) und occlusal (mitte oben), P₁ – M₃ dext. occlusal (mitte unten) und lingual (ganz unten). Nach OSBORN (1918), kombiniert umgezeichnet. 4/5 nat. Größe.

M inf.

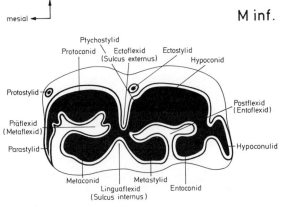

Abb. 686. *Hipparion*. M sup. und M inf. (Schema). Beachte isolierten Protoconpfeiler, der nur an der Basis mit dem übrigen Kronenteil verschmolzen ist, was erst bei ganz starker Abkauung sichtbar wird.

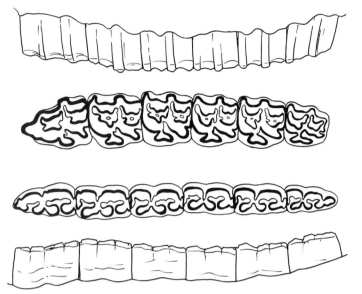

Abb. 687. *Equus* (*Dolichohippus*) *grevyi* (Equidae), rezent, Ostafrika. $P^2 - M^3$ sin. buccal (ganz oben) und occlusal (mitte oben), $P_2 - M_3$ dext. occlusal (mitte unten) und lingual (ganz unten). Nach Original. 1/2 nat. Größe.

der Kronenbasis mit dem übrigen Zahn verbunden ist, d. h. in dieser Hinsicht erst bei ganz starker Abkauung dem *Merychippus*- oder *Equus*-Stadium entspricht, was seinerzeit durch ANTONIUS (1919) und ABEL (1926) Anlaß zu Spekulationen über die stammesgeschichtliche Ableitung von *Equus* aus *Hipparion* gab, im Gegensatz zu STEHLIN (1929) und DIETRICH (1949). Die mandibularen Backenzähne sind nunmehr gegenüber den brachyodonten Equiden modifiziert, indem die ursprünglichen Täler zu tiefen Einstülpungen (Präflexid [= Metaflexid = Fossetula anterior] und Postflexid [= Entoflexid = Fossetula posterior]) werden, die ähnlich den Fossetten mit Zement erfüllt sind (KÜPFER 1937). Der Zement in den Fossetten wird von Zahnsäckchengewebe (sogenannte „Osteozementpulpa") produziert (JOEST 1915; vgl. KÜPFER 1937). Ecto- (= äußere Hauptfalte) und Linguaflexid (= Lingualsinus = innere Mittelfalte) trennen Trigonid und Talonid. Metaconid und Metastylid sowie Entoconid sind stark vergrößert und bilden an der Lingualseite deutliche Pfeiler. Buccal ist am mesialen Rand ein eigener Protostylidhöcker ausgebildet (Abb. 686). FORSTEN (1982) unterscheidet nach dem Muster der M inf. hipparionide, pliohippide und caballide Typen. Die Incisiven besitzen richtige Marken.

Bei *Equus* aus dem Quartär entspricht der Bau der Backenzähne weitgehend dem von *Hipparion*, doch ist an den P und M sup. der Protocon nicht isoliert. Das Molarenmuster wirkt – vor allem durch die meist geringe oder ganz fehlende Schmelzfältelung – einfacher als bei *Hipparion* (Abb. 687, 688; Tafel XLIV). Als Pli caballin (eine etwas irreführende Bezeichnung) wird eine Schmelzrippe zwischen dem Protocon und dem Metaloph bezeichnet. Sie ist an den P sup. meist deutlicher ausgebildet als an den M sup. Der Zement füllt Fossetten und umhüllt auch den Proto-

conpfeiler. Den mandibularen Backenzähnen des Dauergebisses fehlt ein isolierter Protostylidhöcker. Eine artliche Unterscheidung ist an Hand auch vollständiger Gebisse nur schwer möglich (Abb. 689). Meist werden Länge und Umriß des Protocon an den M sup. sowie die Ausbildung des Linguaflexid an den M inf. zur Trennung „caballi-

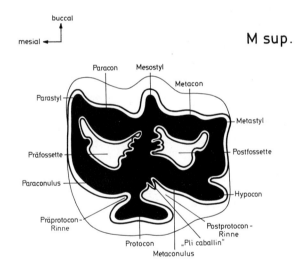

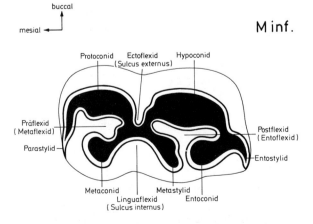

Abb. 688. *Equus*. M sup. und M inf. (Schema). Protocon mit übrigen Kronenelementen verbunden.

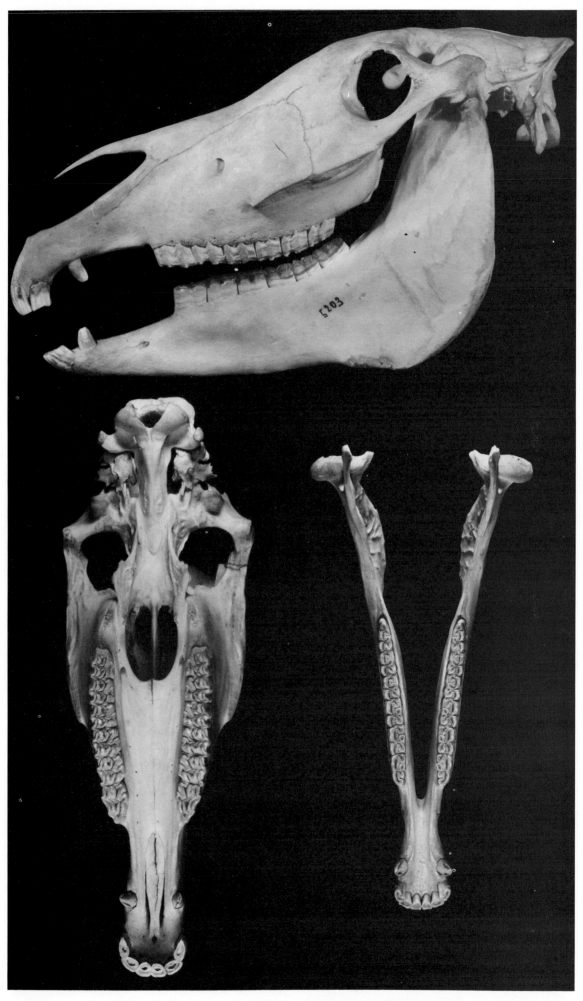

Abb. 689. *Equus* (*Dolichohippus*) *grevyi* ♂. Schädel (Lateral- und Ventralansicht) und Unterkiefer (Aufsicht). NHMW 5203. Schädellänge 59 cm.

ner" und „zebriner" Formen herangezogen (STEHLIN & GRAZIOSI 1935, HOPWOOD 1936, EISENMANN 1980, 1981). Die Backenzähne von *Equus* werden wegen ihres allseitigen Wachstums auch als prismatisch bezeichnet, was nach DIETRICH (1950) in der Kionodontie (Säulenzähnigkeit) zum Ausdruck kommt. Die Zähne können eine Höhe von über 10 cm erreichen, sind jedoch stets bewurzelt. *Equus* und andere Einhufer sind Bewohner der offenen Landschaft (Savannen, Steppen, Halbwüsten) und als solche an harte Pflanzennahrung (vor allem Gramineen [= Poaceen] angepaßt. Im Jungtertiär läßt sich zwischen den Präriegräsern (Stipae) und den Equiden Nordamerikas eine Ko-Evolution beobachten. Auch die Incisiven haben sich zu hochkronigen Zähnen mit tiefen Schmelzeinstülpungen (Kunde, Infundibulum) entwickelt. Nach Ausbildung oder Tiefe der Kunden läßt sich das individuelle Alter der Tiere feststellen. Bei senilen Individuen verschwinden die Kunden gänzlich. Allerdings sind die Kunden variabel, wie EISENMANN (1979) gezeigt hat. Sie fehlen nach HOFFSTETTER (1950) bei den I inf. von *Amerhippus* und auch bei *Equus burchelli*. Wie etwa HABERMEHL (1961) dokumentiert hat, verschwinden die Kunden bei Pferden mit starker Abkauung der Incisiven völlig. Lediglich die Kernspur (= Dentinfärbung) bleibt erhalten. Mit der zunehmenden Abkauung verändert sich auch die Stellung der Schneidezähne. Aus dem ursprünglichen Zangenbiß (bis 8-jährige Pferde) wird der Winkelbiß. Nach EISENMANN (1976) läßt sich die Ausbildung des Protostylids taxonomisch zur Unterscheidung rezenter *Equus*-Arten auswerten.

Bei *Palaeotherium* aus dem Eo-Oligozän Europas als Vertreter der Palaeotheriiden ist das Gebiß

vollständig ($\frac{3143}{3143}$), ein Diastema ist jeweils zwischen C und P ausgebildet (Abb. 690; Tafel XLIV). Eine Revision der Gattung *Palaeotherium* hat FRANZEN (1968) gegeben, nachdem STEHLIN (1905) sich bereits eingehend mit dem Gebiß dieser Gattung befaßt hatte. FRANZEN diskutiert auch die nicht einheitlich gehandhabte Trennung der Palaeotheriiden und Equiden. Die Incisiven der Palaeotheriiden sind meist nicht erhalten. Die Krone der mittleren Schneidezähne ist etwas spatelförmig, die C sind caniniform mit basalem Cingulum. Das Kronenmuster der maxillaren Backenzähne ist zwar auch selenolophodont wie bei den Equiden, doch ist die Stellung von Proto- und Metaloph an den mesio-distal leicht gestreckten M sup. etwas verschieden (Abb. 691). Die Backenzähne sind subhypsodont; ein Cingulum ist meist ausgebildet, Para-, Meso- und Metastyl bilden stets deutliche Pfeiler. Die P sup. sind weitgehend molarisiert, doch ist der Hypocon meist rundlich und das Metaloph ist oft nicht eigentlich als Joch ausgebildet. Der P^1 variiert in Größe und Ausbildung, indem die Krone zwei- bis fünfhöckerig sein kann. Die mandibularen Backenzähne sind mit Ausnahme von $P_{\overline{1}}$ und $M_{\overline{3}}$ zweijochig, $M_{\overline{1}}$ und $M_{\overline{2}}$ ohne Hypoconulid, Metaconid und Metastylid praktisch zu einer gemeinsamen Spitze verschmolzen. Ein kräftiges Cingulum umgibt die Zähne. Das Hypoconulid des $M_{\overline{3}}$ ist stets hakenförmig lingual gekrümmt.

Die Brontotheriidae (mit *Eotitanops*, *Lambdotherium*, *Dolichorhinus*, *Brontotherium*, *Menodus*, *Brontops* und anderen) sind die einzigen Vertreter der im Alttertiär Nordamerikas und Asiens häufigen Brontotherioidea (OSBORN 1929). Kennzeichnend ist das bunoselenodonte Muster der M sup. Die Backenzähne bleiben stets brachyo-

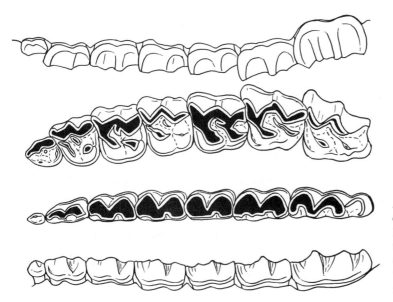

Abb. 690. *Palaeotherium medium* (Palaeotheriidae), Jung-Eozän – Alt-Oligozän, Europa. $P^1 – M^3$ sin. buccal (ganz oben) und occlusal (mitte oben), $P_1 – M_3$ dext. occlusal (mitte unten) und lingual (ganz unten). Nach FRANZEN (1968), umgezeichnet. 2/3 nat. Größe.

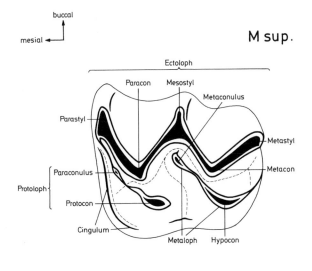

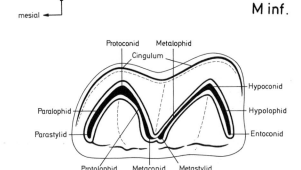

Abb. 691. *Palaeotherium*. M sup. und M inf. (Schema).

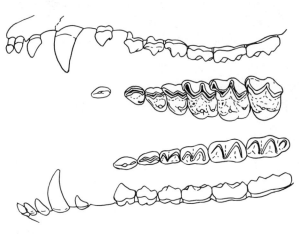

Abb. 692. *Eotitanops borealis* (Brontotheriidae), Alt-Eozän, Nordamerika. I^1-M^3 sin. buccal (ganz oben) und P^1-M^3 sin. occlusal (mitte oben), P_2-M_3 dext. occlusal (mitte unten) und I_1-M_3 dext. lingual (ganz unten). Nach Osborn (1929), umgezeichnet. ca. 1/2 nat. Größe.

dont. Die Zahnformel schwankt innerhalb geringer Grenzen ($\frac{3-2\ 1\ 4\ 3}{3-1\ 1\ 4\ 3}=44-38$). Bei *Eotitanops borealis* aus dem Alt-Eozän Nordamerikas ist das Gebiß vollständig ($\frac{3\ 1\ 4\ 3}{3\ 1\ 4\ 3}$). Diastemata trennen C sup. und $P^{\underline{1}}$ sowie $P_{\overline{1}}$ von den angrenzenden Zähnen (Abb. 692 u. Tafel XLIV). Die I sup. sind einfach gebaut und vergrößern sich von den $I^{\underline{1}}$ zu

den $I^{\underline{3}}$. Der C sup. ist kräftig und deutlich caniniform, die seitlich komprimierte Krone des $P^{\underline{1}}$ ist einhöckerig. Die übrigen P sup. sind im Umriß gerundet dreieckig, $P^{\underline{3}}$ und $P^{\underline{4}}$ breiter als lang. Der $P^{\underline{2}}$ ist zweihöckerig; Außenhöcker mit Längskamm und niedriger konischer Innenhöcker. Der dreihöckerige $P^{\underline{4}}$ besteht aus zwei fast gleich hohen Außenhöckern mit selenodontem Ectoloph und einem niedrigen Protocon. Der $P^{\underline{3}}$ vermittelt morphologisch zwischen $P^{\underline{2}}$ und $P^{\underline{4}}$. Die im Umriß gerundet trapezförmigen $M^{\underline{1}}$ und $M^{\underline{2}}$ sind fünfhöckerig, indem zu den typisch selenodont entwickelten Außenhöckern die beiden Innenhöcker (Proto- und Hypoconus) kommen. Cingularbildungen treten buccal, mesial und distal auf. Der im Umriß gerundet dreieckige $M^{\underline{3}}$ ist vierhöckerig, da der Hypocon fehlt. Das mandibulare Vordergebiß ist gleichfalls einfach gebaut. Die Krone des einwurzeligen $P_{\overline{1}}$ ist einspitzig, bei den zweiwurzeligen $P_{\overline{2}}$ und $P_{\overline{3}}$ mit seitlich komprimierter Krone ist ein Talonid entwickelt. An dem im Umriß gerundet rechteckigen $P_{\overline{4}}$ kommt ein Metaconidhöcker dazu, der mit dem Protoconid ein Joch bildet und mit dem Entoconid durch einen Kamm verbunden ist. Dadurch zeigt der $P_{\overline{4}}$ bereits deutliche Ansätze einer Molarisierung. Die M inf. bestehen aus zwei v-förmigen Jochen, von denen das vordere durch das Fehlen des Paraconids nicht ganz vollständig ist. Dementsprechend ist auch der Trigonidabschnitt etwas kürzer und knapp schmäler als das Talonid. Eigene Meta- und Entostylidhöcker fehlen. Ein Hypoconulid ist nur am $M_{\overline{3}}$ vorhanden (Abb. 692).

Bei *Brontops robustus* aus dem Alt-Oligozän Nordamerikas lautet die Zahnformel $\frac{2\ 1\ 4\ 3}{1\ 1\ 4\ 3}=38$. Diastemata sind zwischen den beiden mittleren I sup. und I inf. sowie zwischen dem C und $P^{\underline{1}}_{\overline{1}}$ vorhanden (Abb. 693, 694; Tafel XLIV). Die beiden I sup. sind einfache, fast stiftförmige Zähne; der im Umriß annähernd rundliche C sup. ist kräftig und distal von einem Cingulum umgeben. Die kurze Krone ist etwas nach hinten gekrümmt. Die zweiwurzeligen $P^{\underline{1}}$ bis $P^{\underline{4}}$ sind voll molarisiert. Ihre Größe und auch die relative Breite nimmt zum $P^{\underline{4}}$ zu. Den selenodonten Außenhöckern stehen die Innenhöcker gegenüber, von denen besonders am $P^{\underline{4}}$ der Hypoconhöcker nur undeutlich vom Protocon abgegliedert ist. Die im Umriß subquadratischen M sup. sind gleichfalls bunoselenodont, doch sind beide Innenhöcker an den $M^{\underline{1-2}}$ deutlich voneinander getrennt (Abb. 695). Am $M^{\underline{3}}$ fehlt der Hypocon. Ein Paraconulushöcker ist nirgends ausgebildet. Das Molarenmuster ist somit einfacher als bei *Eotitanops*. Das mandibulare Vordergebiß besteht nur aus dem kleinen, einwurzeligen $I_{\overline{3}}$ mit konischer Krone und dem kräftigen, im Umriß ovalen C inf., dessen Krone leicht gekrümmt ist. Die Krone des zweiwurzeligen $P_{\overline{1}}$ ist länger als breit, an den Haupthöckern schließt sich ein Talonid an. $P_{\overline{2}}$ bis $P_{\overline{4}}$ nehmen nach hinten an Größe und Breite zu. Während der $P_{\overline{4}}$ voll molarisiert ist, sind am $P_{\overline{3}}$ und $P_{\overline{2}}$ die beiden v-förmigen Joche nicht voll entwickelt. Besonders am $P_{\overline{2}}$ sind sie erst angedeutet. Die M inf. entsprechen im Prinzip jenen von *Eotitanops*, le-

diglich am $M_{\overline{3}}$ ist das Hypoconulid etwas größer. Ein Cingulum ist vorne und außen entwickelt.

Das Gebiß der Chalicotherioidea (= Ancylopoda mit den Eomoropidae und Chalicotheriidae) ist zwar gleichfalls bunoselenodont, doch sind Unterschiede gegenüber dem der Brontotherioidea vorhanden. Die Zahnformel schwankt zwischen $\frac{3\,(?)\,1\,4\,3}{3\quad 1\,4\,3} = 44$? und $\frac{0\,0\,3\,3}{0\,1\,3\,3} = 26$, die Prämolaren zei-

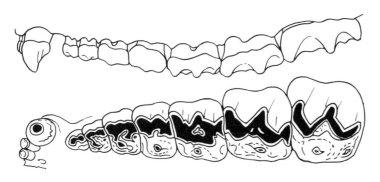

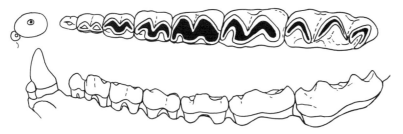

Abb. 693. *Brontops robustus* (Brontotheriidae), Alt-Oligozän, Nordamerika. $I^2 - M^3$ sin. buccal (ganz oben) und occlusal (mitte oben), $I_3 - M_3$ dext. occlusal (mitte unten) und lingual (ganz unten). Nach Osborn (1929), umgezeichnet. ca. 1/2 nat. Größe.

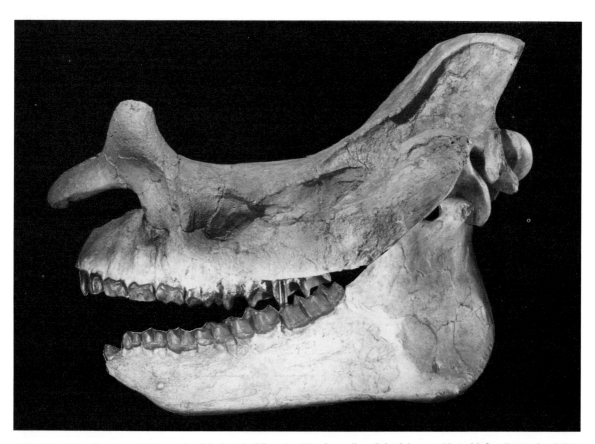

Abb. 694. *Menodus proutii* (Brontotheriidae), Alt-Oligozän, Nordamerika. Schädel samt Unterkiefer (Lateralansicht). PIUW 2620. Schädellänge 75 cm.

gen nur beschränkt Molarisierungstendenzen, das Vordergebiß wird im Oberkiefer weitgehend (z.B. *Chalicotherium rusingense* mit C sup.; s. Butler 1965) oder völlig reduziert (z.B. *Moropus elatus*, *Chalicotherium brevirostris*). Bei *Chalicotherium*

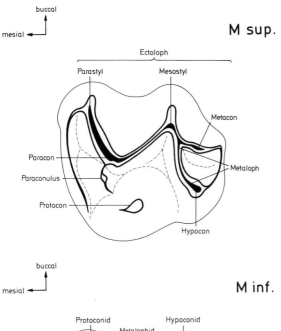

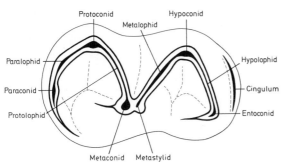

Abb. 695. *Brontops*. M sup. und M inf. (Schema).

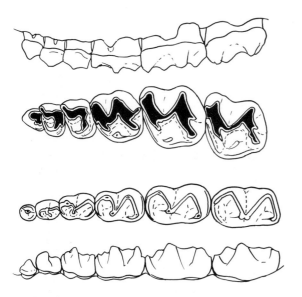

Abb. 696. *Chalicotherium grande* (Chalicotheriidae), Mittel-Miozän, Europa. $P^2 - M^3$ sin. buccal (ganz oben) und occlusal (mitte oben), $P_2 - M^3$ dext. occlusal (mitte unten) und lingual (ganz unten). Nach Zapfe (1979), umgezeichnet. ca. 1/2 nat. Größe.

grande aus dem Mittelmiozän Europas (Chalicotheriidae: Chalicotheriinae) lautet die Zahnformel $\frac{0 \quad 0\,3\,3}{3-2\,1\,3\,3} = 32-30$, wobei die Zahl der Incisiven entsprechend der Reduktion des $I_{\underline{3}}$ variabel bzw. das maxillare Vordergebiß nach Zapfe (1979) völlig rückgebildet gewesen zu sein scheint (Abb. 696 u. Tafel XLV). Diese Auffassung wird dadurch gestützt, daß nach Coombs (1978) auch bei *Moropus* das Vordergebiß des Oberkiefers gänzlich reduziert ist. Bei *Chalicotherium goldfussi* sind nach Garewski & Zapfe (1983) die I inf. völlig reduziert. An den P sup. sind ein Ectoloph und ein „Metaloph", der Metacon und Protocon verbindet, sowie ein Vorder- und Hintercingulum ausgebildet. Der Kronenumriß ist bei $P^{\underline{2}}$ und $P^{\underline{3}}$ gerundet dreieckig, beim $P^{\underline{4}}$ durch die Querdehnung gerundet rechteckig. Am $P^{\underline{4}}$ tritt außerdem noch ein kurzer, am Paracon ansetzender Protoloph auf. Die Größe der M sup. nimmt vom $M^{\underline{1}}$ zum $M^{\underline{3}}$ zu. Der Umriß ist gerundet quadratisch bis trapezförmig. Das Molarenmuster ist bunoselenodont, indem sich an den selenodonten Ectoloph ein kurzer Metaloph anschließt, während der Protocon höckerförmig bleibt (Abb. 697). Der kleine, mesio-distal etwas komprimierte Paraconulus verschmilzt bei stärkerer Abkauung mit dem Ec-

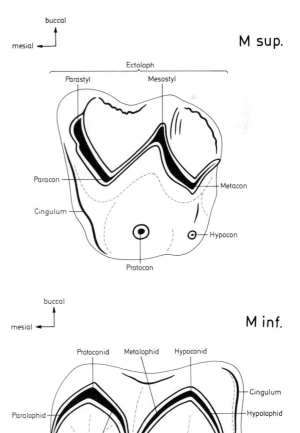

Abb. 697. *Chalicotherium*. M sup. und M inf. (Schema).

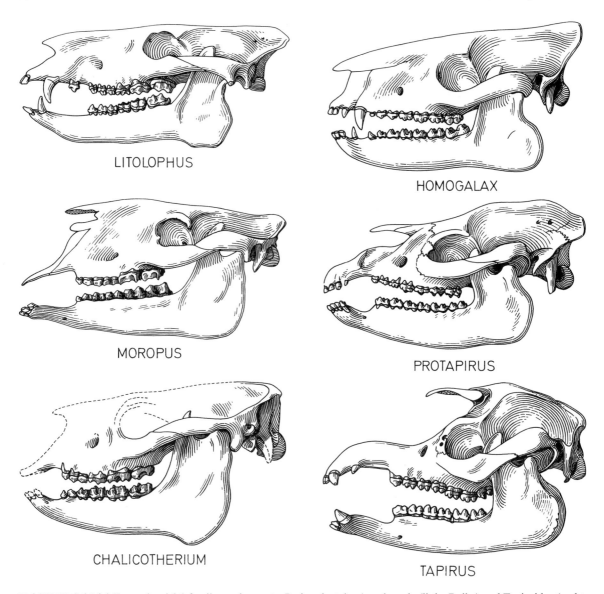

LITOLOPHUS

HOMOGALAX

MOROPUS

PROTAPIRUS

CHALICOTHERIUM

TAPIRUS

Tafel XLV. Schädel (Lateralansicht) fossiler und rezenter Perissodactyla: Ancylopoda (linke Reihe) und Tapiroidea (rechte Reihe). *Litolophus* (Eomoropidae, Eozän); *Moropus* und *Chalicotherium* als miozäne Chalicotheriidae. Beachte Reduktion des Vordergebisses im Oberkiefer. *Homogalax* (Isectolophidae, Eozän), *Protapirus* (Oligozän) und *Tapirus* (rezent) als Tapiridae als primitive bzw. spezialisierte Tapiroidea. Nicht maßstäblich.

toloph, ist jedoch deutlich durch ein Tal vom Protocon getrennt. Ein Vordercingulum ist gut entwickelt. Die I inf. sind einwurzelige Zähne mit abgestumpfter, kurzer Krone. Die Krone des etwas variablen, einwurzeligen C inf. ist stumpf-kegelförmig und seitlich komprimiert. Der $P_{\bar{2}}$ ist meist zweiwurzelig, die Krone einspitzig kegelförmig bis länglich gestreckt, ähnlich den $P_{\bar{3}}$ und $P_{\bar{4}}$. Diese sind stets zweiwurzelig. Zum Protoconid tritt ein etwas niedrigeres Metaconid, doch ist der Zahn nicht molarisiert. An dem deutlich molarisierten $P_{\bar{4}}$ ist das Metaconid höher als das Protoconid, zwei halbmondförmige Höcker erinnern an die Molaren, das Entoconid bleibt jedoch niedriger als bei den Molaren. Den im Umriß gerundet rechteckigen M inf. fehlt stets ein Hypoconulid, das Metaconid ist deutlich und bildet den höchsten Höcker. Ein kleines Metastylid ist praktisch

nur am unabgekauten $M_{\bar{3}}$ sichtbar. Die beiden halbmondförmigen Joche sind etwas abgeknickt, der mesiale Halbmond (Trigonid) ist etwas kürzer und auch niedriger als der distale (Talonid). Das Paraconid bildet nur eine undeutliche Erhebung. Ein Hintercingulum ist an den $M_{\bar{1}}$ und $M_{\bar{2}}$ ausgebildet.

Bei *Moropus elatus* und *Ancylotherium* (= „*Colodus*") *pentelicum* als Angehörige der Schizotheriinae ist die Zahnformel – soweit bekannt – insofern von der von *Chalicotherium* verschieden, als die Caninen frühzeitig reduziert werden ($\frac{0\,0\,3\,3}{3\,0\,3\,3} = 30$) (HOLLAND & PETERSON 1914, COOMBS 1978, 1978a, THENIUS 1953) (Abb. 698; Tafel XLV). Die Zähne sind, ähnlich *Chalicotherium*, sehr variabel. An den P^{2-4} ist stets ein Innenhöcker vorhanden, der bei P^3 und P^4 zunehmend mit einem „Proto"- und „Metaloph" mit dem Ec-

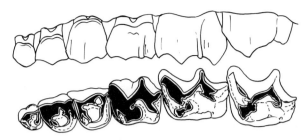

Abb. 698. *Ancylotherium pentelicum* (Chalicotheriidae, Schizotheriinae), Jung-Miozän, Europa. P² – M³ sin. buccal (oben) und occlusal (unten). Nach THENIUS (1953a), umgezeichnet. ca. 1/3 nat. Größe.

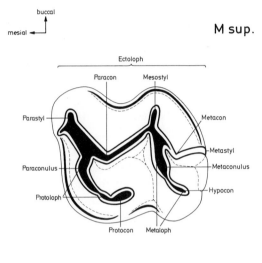

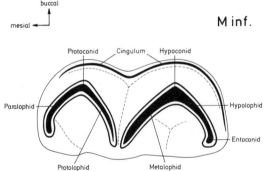

Abb. 699. *Moropus* (Chalicotheriidae, Schizotheriinae), Miozän, Nordamerika. M sup. und M inf. (Schema).

toloph verbunden ist. Bei *Ancylotherium pentelicum* aus dem Jungmiozän ist diese „Molarisierung" etwas weiter fortgeschritten als bei *Moropus elatus* beziehungsweise bei *Ancylotherium* [= „*Metaschizotherium*"] *fraasi*) aus dem Mittelmiozän. An den M sup. ist außer dem Ectoloph stets ein Metaloph und bei stärkerer Abkauung auch ein Protoloph vorhanden, das aus dem Paraconulus und Protoconus besteht (Abb. 699). Die Größe der Zähne nimmt zum M³ zu, die Kronenhöhe der Backenzähne ist etwas größer als bei *Chalicotherium*. Die M inf. bestehen aus zwei halbmondförmigen Jochen, die im unabgekauten Zustand deutlich voneinander getrennt sind. Ein Hypoconulid fehlt stets.

Bei *Eomoropus amarorum* und bei *Litolophus* (= „*Grangeria*") *gobiensis* („Eomoropidae"; vgl. COLBERT 1934, RADINSKY 1964) aus dem Jungeozän Nordamerikas bzw. Asiens ist das Backengebiß sehr ähnlich, doch ist das Vordergebiß bei *Litolophus* stark reduziert. *Eomoropus* wurde ursprünglich als Angehöriger der Rhinocerotoidea klassifiziert, bis OSBORN (1913) die Zugehörigkeit zu den Chalicotherioidea erkannte. Ähnliches gilt für die einst als Vertreter der Tapiroidea angesehene Gattung *Paleomoropus* aus dem Alt- und Mitteleozän Europas, deren Zuordnung zu den Eomoropidae RADINSKY (1964) vornahm.

Die Zahnformel von *Litolophus gobiensis* lautet nach COLBERT (1934) $\frac{2(?)\,1\,4\,3}{1(?)\,1\,4\,3}$ = ? 38 (Abb. 700; Tafel XLV). Die kräftigen, leicht gekrümmten, im Querschnitt ovalen Caninen sind durch Diastemata von den I und P getrennt, die Incisiven – soweit bekannt – mit etwas verbreiterter, flacher Krone versehen. Der zweiwurzelige, durch Diastemata von C und P² getrennte P¹ ist einhöckerig und seitlich komprimiert. Der im Umriß gerundet dreieckige P² zeigt zwei Außenhöcker und einen niedrigen Innenhöcker, an den gerundet rechteckigen P³ und P⁴ sind die Außenhöcker etwas deutlicher getrennt. Zusammen mit dem kräftigen Parastyl bilden sie einen gestreckten Ectoloph. Der v-förmige Innenhöcker ist durch einen Kamm mit dem Metacon verbunden. Ein Cingulum ist vorne, außen und hinten vorhanden. Die nach hinten an Größe zunehmenden, im Umriß quadratischen, brachyodonten M sup. sind, auch lingual, von einem Cingulum umgeben. Das Kronenmuster besteht aus dem weitgehend gestreckten Ectoloph, einem langen Proto- und einem kurzen Metaloph, wobei an den unabgekauten Zähnen der Höckercharakter von Paraconulus, Proto- und Hypoco-

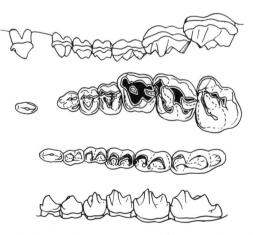

Abb. 700. *Litolophus gobiensis* („Eomoropidae" – Chalicotheriidae), Jung-Eozän, Asien, P¹ – M³ sin. buccal (ganz oben) und occlusal (mitte oben), P₂ – M₃ dext. occlusal (mitte unten) und lingual (ganz unten). Nach COLBERT (1934), umgezeichnet. ca. 1/2 nat. Größe.

nus sichtbar wird. Von den mandibularen, stets zweiwurzeligen Backenzähnen ist der seitlich komprimierte $P_{\overline{2}}$ einspitzig, mit basalem Para- und Metastylid, während bei den im Umriß gerundet rechteckigen $P_{\overline{3}}$ und $P_{\overline{4}}$ die zwei abgewinkelten Joche etwas an die M inf. erinnern. Das Metaconid ist deutlich und bildet den höchsten Zahnhöcker. $M_{\overline{1}}$ und $M_{\overline{2}}$ sind durch Metaconid und Metastylid gut voneinander getrennt, der $M_{\overline{3}}$ besitzt ein zwar niedriges, aber gut entwickeltes Hypoconulid. Das Trigonid von $M_{\overline{1-3}}$ ist jeweils kürzer und höher als das Talonid. Ein schwaches Außencingulum ist vorhanden.

Innerhalb der Tapiroidea (mit den Isectolophidae, Helaletidae, Lophialetidae, Deperetellidae, Lophiodontidae und Tapiridae) ist die Tendenz zur Bilophodontie der Backenzähne charakteristisch. Weiter kommt es bei den „moderneren" Formen zur Molarisierung der P und zu einer eigentümlichen Differenzierung des Vordergebisses. Das Gebiß ist meist vollständig, und die Zahnformel lautet meist $\frac{3\,1\,4\,3}{3\,1\,4\,3}$ und ist auch bei den rezenten Arten nur geringfügig reduziert (z. B. *Tapirus* $\frac{3\,\;1\,\;4\,\;3}{3-2\,\;1\,\;4-3\,\;3} = 44-40$). Es ist ein echtes Quetschgebiß (für Früchte und dergleichen).

Das Gebiß von *Tapirus indicus* ist durch weite Diastemata zwischen Vorder- und Backenzahngebiß charakterisiert (Abb. 701, 702; Tafel XLV). Der C sup. ist außerdem durch ein kleines Diastema vom $I^{\underline{3}}$ getrennt. Von den einwurzeligen I sup. ist der stark vergrößerte $I^{\underline{3}}$ caniniform gestaltet und wirkt als Antagonist des C inf. Der mit einer mesialen und distalen Kante versehene $I^{\underline{3}}$ wurzelt schräg im Prämaxillare. Der C sup. ist hingegen klein. Von den P sup. ist der $P^{\underline{1}}$ nicht molarisiert. Die im Umriß gerundete Krone ist länger als breit und besteht aus ein bis zwei durch einen Längskamm miteinander verbundenen Außenhöckern

und einem niedrigen Innenhöcker in der distalen Hälfte. Die Molarisierung der restlichen P sup. ist am $P^{\underline{3}}$ am stärksten. An dem im Umriß trapezförmigen $P^{\underline{2}}$ ist der Protoloph nicht voll entwickelt, am $P^{\underline{3}}$ sind Proto- und Metaloph gleich lang, am $P^{\underline{4}}$ ist der Metaloph knapp kürzer. Die beiden Querjoche stehen nahezu senkrecht zur Längsachse der Backenzahnreihe, die nach hinten zu etwas divergiert. Die Krone von $P^{\underline{3}}$ und $P^{\underline{4}}$ ist breiter als lang. Ein Ectoloph verbindet bei $P^{\underline{2-4}}$ Para- und Metacon, zu denen ein kräftiges Parastyl kommt. Vorder- und Hintercingulum sind kräftig, Außen- und Innencingulum stellenweise nur angedeutet. An den im Umriß etwas trapezförmigen M sup. ist der Metaloph ähnlich wie beim $P^{\underline{4}}$ etwas kürzer als der Protoloph. Ein Ectoloph ist eigentlich nur am $M^{\underline{1}}$ vorhanden. Das kräftige Parastyl ist stets von Paracon getrennt und setzt sich als Wulst in das Vordercingulum fort (Abb. 703). Im mandibularen Vordergebiß ist der $I_{\overline{3}}$ winzig und oft völlig reduziert, der überaus kräftige, seitlich komprimierte und mit einer mesialen und einer distalen Kante versehene C inf. wirkt als Antagonist des $I^{\underline{3}}$, weshalb Usurflächen stets nur mesial auftreten. Die Krone der I inf. ist kaum bis schwach verbreitert. Der $P_{\overline{1}}$ fehlt, der $P_{\overline{2}}$ ist nicht molarisiert. Seine Krone ist länglich und verschmälert

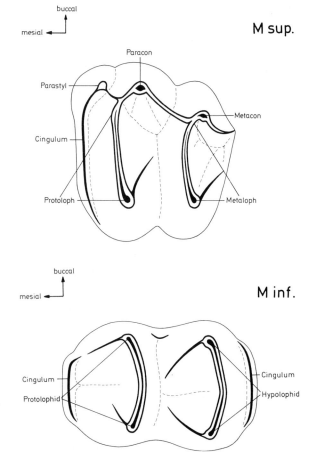

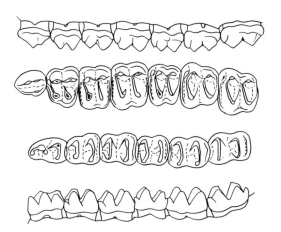

Abb. 701. *Tapirus indicus* (Tapiridae), rezent, Südostasien. $P^1 - M^3$ sin. buccal (ganz oben) und occlusal (mitte oben), $P_2 - M_3$ dext. occlusal (mitte unten) und lingual (ganz unten). Nach Original. ca. 2/5 nat. Größe.

Abb. 703. *Tapirus*. M sup. und M inf. (Schema).

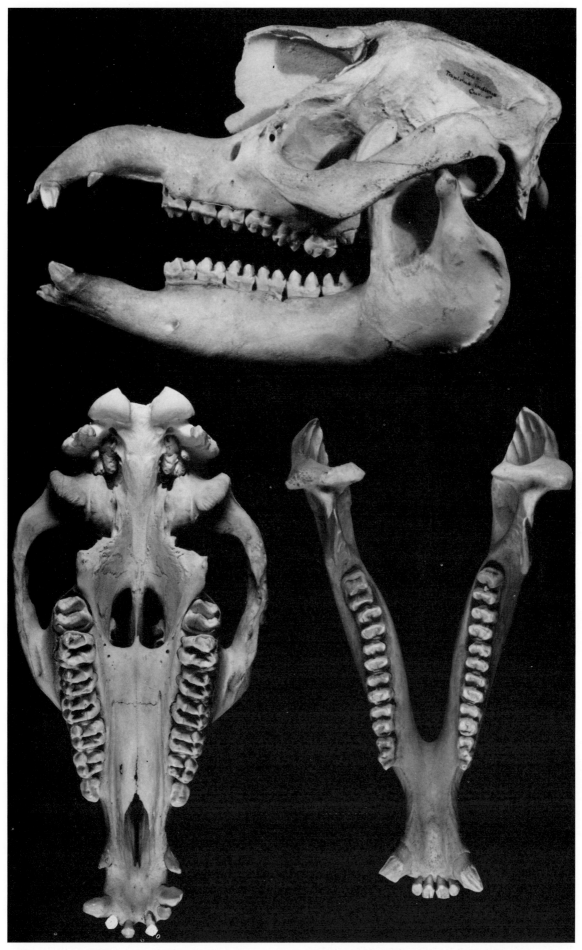

Abb. 702. *Tapirus indicus*. Schädel (Lateral- und Ventralansicht) und Unterkiefer (Aufsicht). Beachte Differenzierung des Vordergebisses mit caniniformen I^3 sup. und kräftigen C inf. PIUW 1368. Schädellänge 43 cm.

sich nach vorne und besteht aus dem dreihöckerigen Trigonid und dem zweihöckerigen Talonid, an dem Hypoconid und Entoconid durch ein Querjoch (= Hypolophid) verbunden sind. Von den $P_{\bar{3}}$ und $P_{\bar{4}}$ ist der $P_{\bar{3}}$ etwas stärker molarisiert. Beide Zähne sind bilophodont und entsprechen dadurch den M inf., die sich untereinander nur durch eine geringfügige Größenzunahme vom $M_{\bar{1}}$ zum $M_{\bar{3}}$ unterscheiden. Ein Hypoconulid fehlt nicht nur am $M_{\bar{3}}$, die Querjoche sind nach vorne leicht konkav gekrümmt.

Von den zahlreichen fossilen Tapiroidea seien hier nur *Homogalax* (Isectolophidae), *Lophiodon* (Lophiodontidae), *Protapirus* und *Miotapirus* (Tapiridae) besprochen. Bei *Homogalax protapirinus* (= *primaevus*) aus dem Alt-Eozän Nordamerikas handelt es sich um einen der ältesten Angehörigen der Tapiroidea überhaupt (RADINSKY 1963). Es ist eine kleine Art mit vollständigem Gebiß $(\frac{3\,1\,4\,3}{3\,1\,4\,3})$ und fast geschlossener Zahnreihe (Abb. 704; Tafel XLV). Die $I\frac{1-2}{1-2}$ sind kleine, etwas spatulate Zähne, die $I^{\underline{3}}$ etwas größer als $I^{\underline{1}}$ und $I^{\underline{2}}$ mit asymmetrischer Krone. Die C sind caniniform mit seitlich etwas komprimierter Krone. Kurze Diastemata trennen den C sup. von $I^{\underline{3}}$ und $P^{\underline{1}}$. Der zweiwurzelige $P^{\underline{1}}$ ist klein und einhöckrig, der $P^{\underline{2}}$ variiert im Umriß, die Krone besteht aus dem Haupthöcker, zu dem ein kleineres Metacon und ein Parastyl kommen. Sie sind durch eine Längskante miteinander verbunden. Lingual ist eine Cingularverdickung vorhanden. $P^{\underline{3}}$ und $P^{\underline{4}}$ sind im Umriß gerundet dreieckig mit annähernd gleichgroßen Para- und Metaconhöckern, einem Parastyl und einem konischen Protocon, das die Höhe von Para- und Metacon erreicht. Ein deutlicher Protoloph verbindet Protocon und Ectoloph.

Bei $P^{\underline{4}}$ kann gelegentlich noch ein vom Protocon in Richtung Metacon verlaufender Metaloph auftreten. Der Umriß der M sup. entspricht einem an den Ecken gerundeten Parallelogramm. Dementsprechend sind die voll entwickelten beiden Querjoche etwas schräg zur Längsachse angeordnet. Ein Cingulum umgibt die Zähne fast vollständig. Die beiden Außenhöcker, zu denen ein kräftiges Parastyl kommt, sind durch Längsgrate miteinander verbunden. Alle Backenzähne sind brachyodont. Von den P inf. ist der $P_{\bar{4}}$ etwas molarisiert. $P_{\overline{1-3}}$ sind länglich gestreckt, $P_{\bar{1}}$ und $P_{\bar{2}}$ einspitzig. Am $P_{\bar{3}}$ sind außer dem Protoconid ein Metaconidhöcker und ein Entoconidhöcker vorhanden. Der im Umriß gerundet rechteckige $P_{\bar{4}}$ ist bilophodont, doch besteht das Hinterjoch nur aus dem Metalophid. An den bilophodonten M inf. ist stets ein deutliches Hypoconulid entwickelt, das am $M_{\bar{3}}$ zweiteilig ist. Vorder- und Hinterjoch sind stark abgewinkelt. Ein Außencingulum ist deutlich.

Bei *Lophiodon leptorhynchus* und *L. rhinoceroides* (Lophiodontidae) aus dem Jungeozän Europas mit der Zahnformel $\frac{3\,1\,3\,3}{3\,1\,3\,3}$ = 40 ist das Vordergebiß „normal" ausgebildet (DEPERET 1903). Die kräftigen Caninen sind durch Diastemata von den Incisiven und den P getrennt. Der im Umriß gerundet dreieckige $P^{\underline{2}}$ besteht aus dem Haupthöcker (Paracon), einem kleinen Parastyl- und innen einem kräftigen, aber niedrigen Protoconhöcker. $P^{\underline{3}}$ und $P^{\underline{4}}$ sind breiter als lang, die beiden Außenhöcker sind durch einen Längskamm miteinander verbunden, zu denen ein kräftiges Parastyl kommt. Am $P^{\underline{3}}$ bilden zwei Innenhöcker je eine Art Querjoch, am $P^{\underline{4}}$ ist ein Protoloph voll ausgebildet, der Metaloph hingegen besteht aus den getrennten

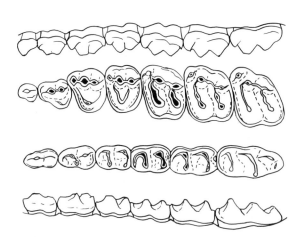

Abb. 704. *Homogalax protapirinus* (Isectolophidae), Alt-Eozän, Nordamerika. $P^1 - M^3$ sin. buccal (ganz oben) und occlusal (mitte oben), $P_2 - M_3$ dext. occlusal (mitte unten) und lingual (ganz unten). Nach RADINSKY (1963), ergänzt umgezeichnet. ca. 1/1 nat. Größe.

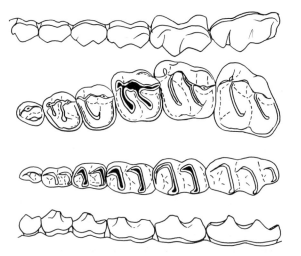

Abb. 705. *Lophiodon leptorhynchus* (Lophiodontidae), Jung-Eozän, Europa. $P^2 - M^3$ sin. buccal (ganz oben) und occlusal (mitte oben), $P_2 - M_3$ dext. occlusal (mitte unten) und lingual (ganz unten). Nach DEPERET (1903), umgezeichnet. ca. 1/2 nat. Größe.

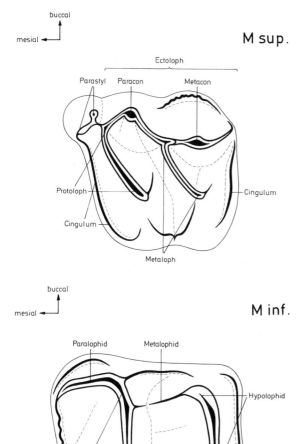

Abb. 706. *Lophiodon*. M sup. und M inf. (Schema).

Metaconulus und Hypoconus. Vorder-, Innen- und Hintercingulum sind gut entwickelt. Die vom M $\underline{1}$ bis zum M $\underline{3}$ an Größe zunehmenden M sup. sind brachyodont, der annähernd gerundet quadratische Umriß durch das kräftige Parastyl etwas erweitert. Die Außenhöcker bilden ein Ectoloph, doch bleiben die Zahnspitzen auch bei stärker abgekauten Zähnen deutlich. Proto- und Metaloph sind typisch entwickelt und schräg zum Ectoloph angeordnet (Abb. 705, 706). Der Metaloph ist kürzer als der Protoloph. Ein Cingulum ist vor allem vorne und hinten kräftig. Der Parastylhöcker ist außerordentlich stark und vom Paracon stets durch einen Einschnitt getrennt. Die Backenzahnreihen divergieren relativ stark. Von den P inf. ist der $P_{\overline{2}}$ einfach gebaut, der $P_{\overline{4}}$ hingegen bereits molarisiert. Die seitlich komprimierte Krone des zweiwurzeligen $P_{\overline{2}}$ ist einspitzig, eine Kante verläuft schräg von vorne innen gegen außen, um in ein niedrigeres Talonid überzugehen. Am etwas breiteren $P_{\overline{3}}$ ist außerdem ein Metaconid und ein Entoconid vorhanden. Proto- und Metaconid sind am $P_{\overline{4}}$ zu einem Querjoch (Protolophid) verbunden, zu dem ein Hypolophid kommt. Die M inf. sind typisch bilophodont, ein

Hypoconulid ist nur am $M_{\overline{3}}$ als einheitliches kurzes Querjoch ausgebildet. Vorder-, Außen- und Hintercingulum sind vorhanden.

Bei *Protapirus validus* aus dem Oligozän der USA sind nach SCOTT (1941) Vorder- und Backenzahngebiß durch ein weites Diastema getrennt (Tafel XLV). Die Zahnformel lautet $\frac{3\,1\,4\,3}{3\,1\,3\,3} = 42$. Das Vordergebiß besteht aus den halbkreisförmig angeordneten, etwas spatelförmig verbreiterten Incisiven, dem kleinen, durch ein kurzes Diastema vom I $\underline{3}$ getrennten C sup. und dem an den $I_{\overline{3}}$ anschließenden C inf., der dimensionell die mittleren I inf. nur wenig übertrifft. Der $I_{\overline{3}}$ ist der kleinste Schneidezahn. Die P sup. sind nicht molarisiert, der P $\underline{1}$ im Umriß gerundet dreieckig breit, die P $\underline{2\text{-}4}$ hingegen breiter als lang. Sie sind dreihöckrig, mit zwei Außenhöckern und dem v-förmigen Innenhöcker, dessen Äste gegen den kleinen Parastylhöcker oder gegen die mesiale Hälfte des Metacon verlaufen. Die M sup. sind typisch bilophodont und mit kräftigen Parastylhöckern sowie einem Cingulum versehen, das nur an der lingualen Seite aussetzt. Der im Umriß länglich ovale $P_{\overline{2}}$ ist fünfhöckerig, ohne jedoch eigentliche Joche auszubilden. An den im Umriß gerundet rechteckigen $P_{\overline{3}}$ und $P_{\overline{4}}$ sind ein Para- und Protolophid sowie ein Metalophid entwickelt. Die M inf. sind ausgesprochen bilophodont, ein Hypoconulid fehlt allen mandibularen Molaren, ein Vorder- und Hintercingulum ist deutlich.

Bei *Miotapirus harrisonensis* und *M. helveticus* aus dem Altmiozän Nordamerikas bzw. Europas entspricht das Gebiß bereits weitgehend jenem von *Tapirus* (Zahnformel $\frac{3\,1\,4\,3}{3\,1\,3\,3} = 42$ (SCHAUB 1928, SCHLAIKJER 1937). Das Backenzahngebiß ist praktisch nicht von dem der rezenten Gattung zu unterscheiden. Dies unterstreicht den konservativen, über Jahrmillionen hinweg nicht veränderten Charakter des Gebisses der Tapire, der eine taxonomische Beurteilung fossiler Tapirgebisse so erschwert. Das Evolutionsniveau Tapir war im (Backenzahn-)Gebiß bereits im frühen Miozän erreicht.

Bei den Rhinocerotoidea (mit den Hyracodontidae, Rhinocerotidae, Indricotheriidae und den Amynodontidae) ist das Backenzahngebiß zwar stets nach dem lophodonten Muster gebaut, doch kommt es zu Abwandlungen des Grundmusters. Das Vordergebiß ist sehr unterschiedlich differenziert (RADINSKY 1966), und dementsprechend schwankt auch die Zahnformel innerhalb großer Grenzen (Abb. 707). Sie reicht vom vollständigen Gebiß (z. B. *Trigonias* mit $\frac{3\,1\,4\,3}{3\,1\,4\,3} = 44$) bis zu $\frac{0\,0\,2\,3}{0\,0\,2\,3} = 20$ (bei *Elasmotherium*). Bei teilweiser Rückbildung des Vordergebisses können einzelne (Schneide-)Zähne vergrößert werden.

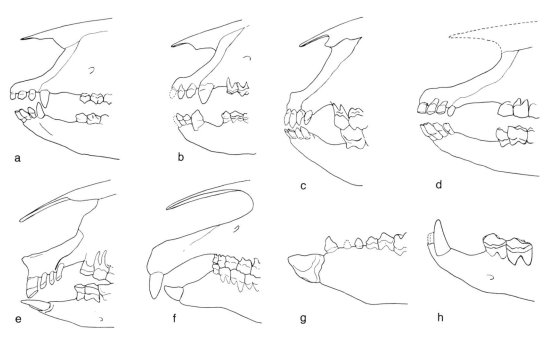

Abb. 707. Vordergebiß der Rhinocerotoidea (und *Hyrachyus* – a). b – *Forstercooperia*, c – *Hyracodon* und d – *Ardynia* (Hyracodontidae, C – zunehmend reduziert), e – *Trigonias* (Rhinocerotidae; vergrößerte I_2^1), f – *Indricotherium* und g – *Urtinotherium* (Paraceratheriidae = Indricotheriidae mit vergrößerten I_1^1), h – *Eggysodon* (*Allacerops*) mit vergrößerten C inf. Nach Radinsky (1966).

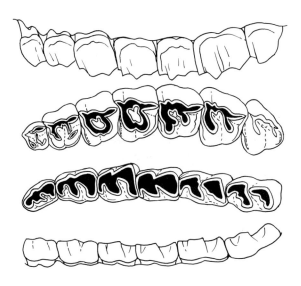

Abb. 708. *Hyracodon nebraskensis* (Hyracodontidae), Mittel-Oligozän, Nordamerika. $P^1 – M^3$ sin. buccal (ganz oben) und occlusal (mitte oben), $P_2 – M_3$ dext. occlusal (mitte unten) und lingual (ganz unten). Nach Scott (1941), ergänzt umgezeichnet. ca. 1/2 nat. Größe.

Bei allen heute lebenden Nashörnern (*Dicerorhinus = Didermoceros*, *Rhinoceros*, *Diceros* und *Ceratotherium*) ist das Vordergebiß etwas oder völlig reduziert. Die Homologisierung der einzelnen Zähne ist demgemäß schwierig und praktisch nur durch fossile Formen möglich.

Bei *Hyracodon nebraskensis* (Hyracodontidae) aus dem Oligozän Nordamerikas ist das Gebiß fast vollständig ($\frac{3\,1\,4\,3}{3\,1\,3\,3}$ = 42; Scott 1941). Das Vordergebiß, das durch ein Diastema vom Bak-

kenzahngebiß getrennt ist, ist recht uniform gestaltet. Die Krone der in der Größe nur wenig verschiedenen, halbkreisförmig angeordneten Incisiven ist schwach spatelförmig verbreitert, die im Querschnitt rundlichen Caninen sind einspitzig, wobei der C inf. kräftiger ist als der C sup. Die stark variablen P sup. sind durchweg etwas bis voll molarisiert mit Ecto-, Proto- und Metaloph (Abb. 708). Allerdings ist der Molarisierungsgrad am P^1 am geringsten. Mit der Molarisierung der Prämolaren von Rhinocerotoidea haben sich vor allem Osborn (1898), Sinclair (1922), Breuning (1923), Abel (1910, 1926a), Radinsky (1967) und Heissig (1969) befaßt. Heissig unterscheidet prämolariforme, sub-molariforme, semi-molariforme und molariforme Prämolaren (Abb. 709). Am P^1 und P^2 sind Proto- und Metaloph getrennt (= molariform), während am P^3 und P^4 Proto- und Hypocon miteinander verbunden sind (sub- bzw. semimolariform). An den lophodonten, noch als brachyodont zu bezeichnenden M sup. sind Proto- und Metaloph stets getrennt, am Protoloph ist ein Antecrochet, am Ectoloph eine Crista schwach ausgebildet (Abb. 710). Vorder-, Außen- und Hintercingulum sind vorhanden. Die P inf. sind gleichfalls molarisiert, der P_2 allerdings nur schwach. P_3 und P_4 entsprechen den Molaren, die typisch rhinocerotid entwickelt sind. Ein Hypoconulid fehlt.

Von den Rhinocerotidae sind hier *Trigonias*, *Dicerorhinus*, *Diceros*, *Coelodonta* und *Elasmotherium* besprochen. *Trigonias osborni* aus dem Alt-

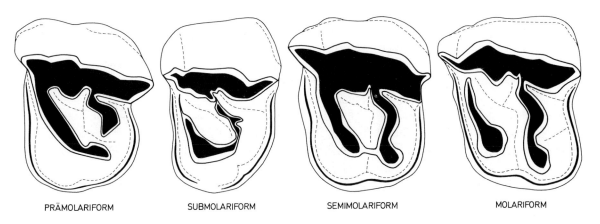

PRÄMOLARIFORM   SUBMOLARIFORM   SEMIMOLARIFORM   MOLARIFORM

Abb. 709. P sup. mit zunehmender Molarisierung und ihre Terminologie. Nach Heissig (1969).

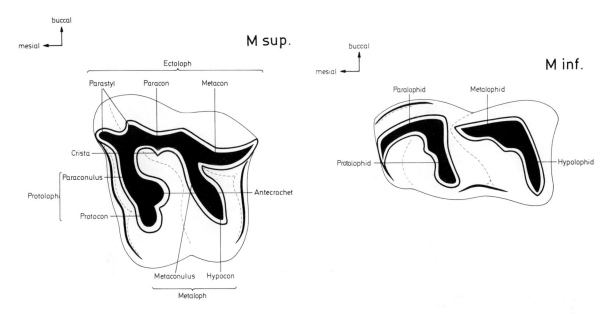

Abb. 710. *Hyracodon*. M sup. und M inf. (Schema).

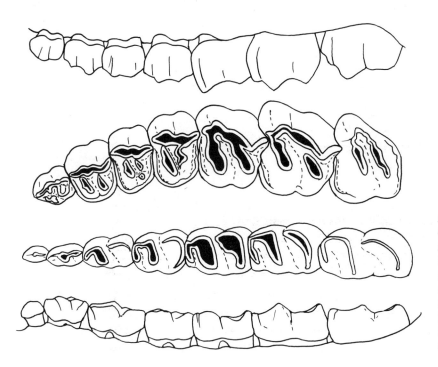

Abb. 711. *Trigonias osborni* (Rhinocerotidae), Alt-Oligozän, Nordamerika. $P^1 - M^3$ sin. buccal (ganz oben) und occlusal (mitte oben), $P_1 - M_3$ dext. occlusal (mitte unten) und lingual (ganz unten). Nach Scott (1941) und Gregory & Cook (1928), umgezeichnet. ca. 1/2 nat. Größe.

oligozän Nordamerikas ist ein primitiver Rhino-
cerotide, dessen Vordergebiß nur leicht reduziert
ist, einzelne Zähne sind jedoch vergrößert
(Abb. 711; Tafel XLVI). Sie belegen damit einen
Trend, der bei den moderneren Nashörnern zu einer weiteren Reduktion oder Vergrößerung einzelner Zähne des Vordergebisses geführt hat. Die
Zahnformel lautet $\frac{3}{3-2}\frac{1}{1-0}\frac{4}{4}\frac{3}{3} = 44-40$ (GREGORY
& COOK 1928, SCOTT 1941). Das Vordergebiß ist
durch Distemata vom Backenzahngebiß getrennt.
Der $I^{\underline{1}}$ ist vergrößert, die Krone mesiodistal aus-
gedehnt und wirkt als Antagonist des gleichfalls
vergrößerten $I_{\overline{2}}$. $I^{\underline{2}}$, $I^{\underline{3}}$ und der C sup. sind einfache, stiftförmige Zähne. Von den I inf. ist nach

SCOTT (1941) der $I_{\overline{1}}$ recht klein, der $I_{\overline{2}}$ dagegen
stark vergrößert. Beide sind gestreckt und nach
vorn gerichtet. Von den nur winzigen, stiftförmi-
gen $I_{\overline{3}}$ und C inf. ist meist keine Spur vorhanden.
Wie GREGORY & COOK (1928) betonen, erfolgt die
Reduktion der Vorderzähne bei *Trigonias* (und
auch bei *Caenopus*) in folgender Reihenfolge:
C sup. und $I_{\overline{3}}$, $I^{\underline{3}}$ und $I_{\overline{1}}$. Damit sind auch die Homologien innerhalb des Vordergebisses eindeutig
geklärt. Die bei den modernen Nashörnern vorhandenen und zum Teil zu Stoßzähnen vergrößer-
ten Incisiven entsprechen dem $I^{\underline{1}}$ und $I_{\overline{2}}$. Die sehr
variablen P sup. nehmen bei *Trigonias* nach distal
an Größe zu. $P^{\underline{2-4}}$ sind mehr oder weniger molari-

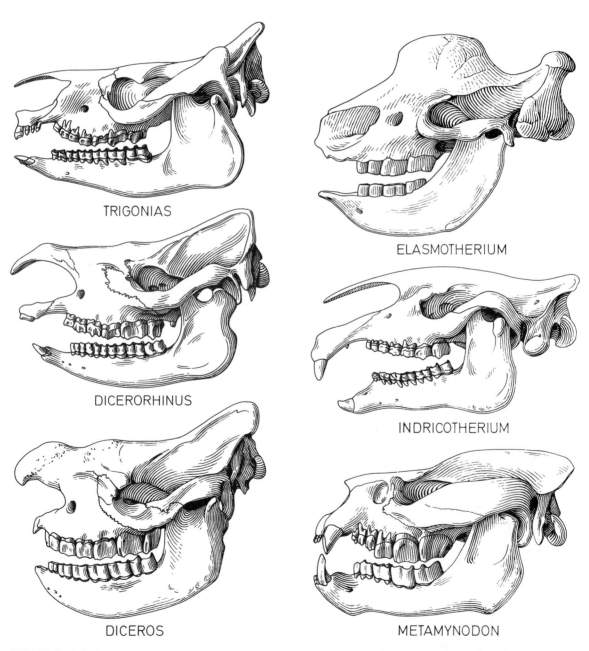

TRIGONIAS

DICERORHINUS

DICEROS

ELASMOTHERIUM

INDRICOTHERIUM

METAMYNODON

Tafel XLVI. Schädel (Lateralansicht) fossiler und rezenter Perissodactyla (Rhinocerotoidea). Linke Reihe: *Trigonias* (Oligozän), *Dicerorhinus* (= *Didermoceros*, rezent) und *Diceros* (rezent) als Rhinocerotidae. Beachte zunehmende Reduktion des
Vordergebisses (s. a. *Elasmotherium*). Rechte Reihe: *Elasmotherium* (Rhinocerotidae, Pleistozän), *Indricotherium* (Indricotheriidae, Oligo-Miozän) und *Metamynodon* (Amynodontidae, Oligo-Miozän). Nicht maßstäblich.

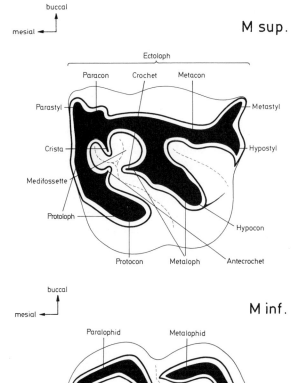

M sup.

M inf.

Abb. 712. *Dicerorhinus* (Rhinocerotidae), rezent, Südasien. M sup. und M inf. (Schema).

siert, der Umriß ist gerundet rechteckig. Der $P^{\underline{1}}$ ist länglich gestreckt bis dreieckig im Umriß, neben dem Haupthöcker tritt linguo-distal ein Innenhöcker auf. Am $P^{\underline{2}}$ ist der Protoloph nicht voll entwickelt, da die Verbindung zum Ectoloph unterbrochen ist. Der Metaloph ist zumindest bei etwas stärkerer Abkauung voll ausgebildet. Am $P^{\underline{3}}$ sind Proto- und Metaloph gut entwickelt, während am $P^{\underline{4}}$ die Verbindung zwischen Metaconulus und Hypocon fehlt. Die $M^{\underline{1-2}}$ zeigen ein typisch lophodontes Muster aus Ecto-, Proto- und Metaloph, ein Antecrochet ist nur schwach vorhanden. Der im Umriß dreieckige $M^{\underline{3}}$ besteht, wie allgemein bei Rhinocerotiden, nur aus zwei Jochen. Die P inf. nehmen distal an Größe und Komplexität zu. $P_{\overline{1}}$ und $P_{\overline{2}}$ sind seitlich komprimiert und einhöckerig, am $P_{\overline{3}}$ ist die beginnende Molarisierung durch ein gekrümmtes Vorderjoch (Para- und Protolophid) und ein Metalophid angedeutet, der $P_{\overline{4}}$ ist voll molarisiert und bilophodont. Die gleichfalls bilophodonten M inf. vergrößern sich ebenfalls nach distal. Das Vorderjoch ist dreischenkelig, das Hinterjoch nur zweischenkelig ausgebildet. Ein Hypoconulid fehlt.

Bei *Dicerorhinus sumatrensis* sowie zahlreichen fossilen *Dicerorhinus*-Arten lautet die Zahnformel $\frac{1\,0\,3\,3}{1\,0\,3\,3} = 28$. Das Vordergebiß ist wie auch bei *Rhinoceros* stark reduziert, indem nur ein stark vergrößerter Schneidezahn ($I^{\underline{1}}$ und $I_{\underline{2}}$) pro Kiefer-

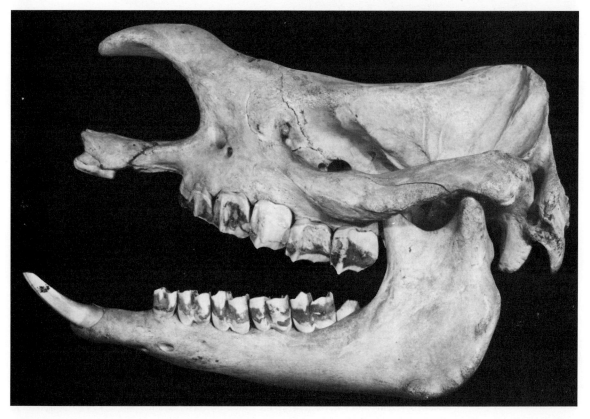

Abb. 713. *Rhinoceros unicornis* (Rhinocerotidae), rezent, Südasien. Schädel samt Unterkiefer (Lateralansicht). Beachte vergrößerte Incisiven. NHMW 4296. Schädellänge 60 cm.

hälfte vorhanden ist (Abb. 712, 713; Tafel XLVI). Während die Krone des I^1 in mesio-distaler Richtung verlängert ist, ist der I$_2$ gestreckt bis leicht gekrümmt und wird als Waffe verwendet. Der Querschnitt des I$_2$ ist gerundet dreieckig, mit einer mesialen Kante. Bei *Aceratherium* und *Chilotherium* aus dem Miozän können diese mit langen Wurzeln im Kiefer verankerten Incisiven divergieren (RINGSTRÖM 1924, MATTHEW 1932) (Abb. 714). Meist sind die I$_1$ als stiftförmige Zähne zwischen den I$_2$ vorhanden. I^1 und I$_2$ können als Antagonisten wirken, wodurch es am I^1 zu sehr charakteristischen Ausschleifungen kommt. Sie sind besonders bei *Brachypotherium* aus dem Miozän mit stark vergrößerten I sup. ausgeprägt. Bei *Dicerorhinus* sind sämtliche Prämolaren, die nach distal an Größe zunehmen, molarisiert, mit Proto- und Metaloph, Crochet und Crista. An den M sup. kann es durch das Crochet zur Bildung einer Medifossette kommen, der M^3 ist in typischer Weise zweijochig. Die Backenzähne sind im allgemeinen brachyodont. Nur bei spezialisierten Arten (wie *D. hemitoechus*, einer Steppenform aus dem Pleistozän) kommt es zur Hypsodontie (STAESCHE 1941). Von den P inf. ist der P$_2$ nicht voll molarisiert. Erst P$_3$ und P$_4$ sind molariform mit

dreischenkeligem Vorder- und zweischenkeligem Hinterjoch wie die M inf. Auch bei *Teleoceras* (Mio-Pliozän) als „grazer"-Typ ähnlich *Hippopotamus* kommt es zur Hypsodontie.

Bei *Diceros bicornis* und *Ceratotherium* (= „Serengeticeras") als evoluierten Angehörigen der Dicerorhinini ist das Vordergebiß völlig reduziert, die Zahnformel lautet $\frac{0\,0\,4\,3}{0\,0\,4\,3} = 28$ (vgl. THENIUS 1955) (Abb. 715, 716; Tafel XLVI). Die Symphyse ist relativ kurz und massiv. Die Backenzähne sind leicht hypsodont, bei *Ceratotherium* etwas höher als bei *Diceros*. Während es bei *Diceros* lediglich zur Bildung von Postfossetten, vor allem bei den P$^{2-4}$ kommt, treten bei *Ceratotherium* auch Medifossetten an den P^4–M^2 hinzu, und es kommt damit zur Coelodontie. Zugleich werden die Querjoche schräg gestellt (DIETRICH 1942, 1945). *Diceros bicornis* ist Laubäser („browser") und Grasfresser, *Ceratotherium simum* dagegen ein reiner Grasfresser („grazer"). Die Kieferbewegungen sind bei *Diceros* mehr quetschend als mahlend, da nur geringe seitliche und keine sagittalen Bewegungen erfolgen. Bei *Ceratotherium* sind stärkere seitliche Bewegungen möglich. Die Zahnreihen divergieren etwas.

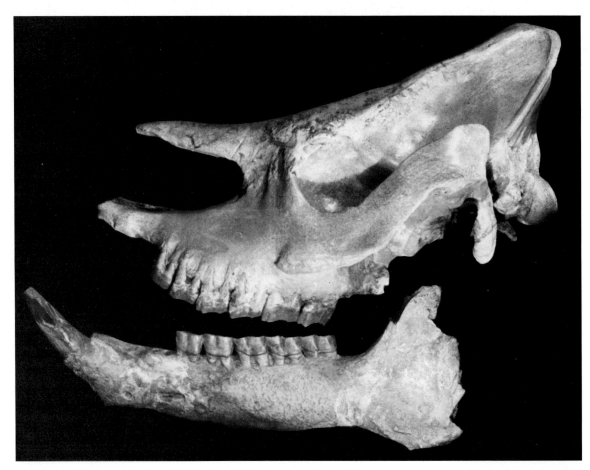

Abb. 714. *Aceratherium incisivum* (Rhinocerotidae), Jung-Miozän, Europa. Schädel samt Unterkiefer (Lateralansicht). PIUW 2619. Schädellänge 49 cm.

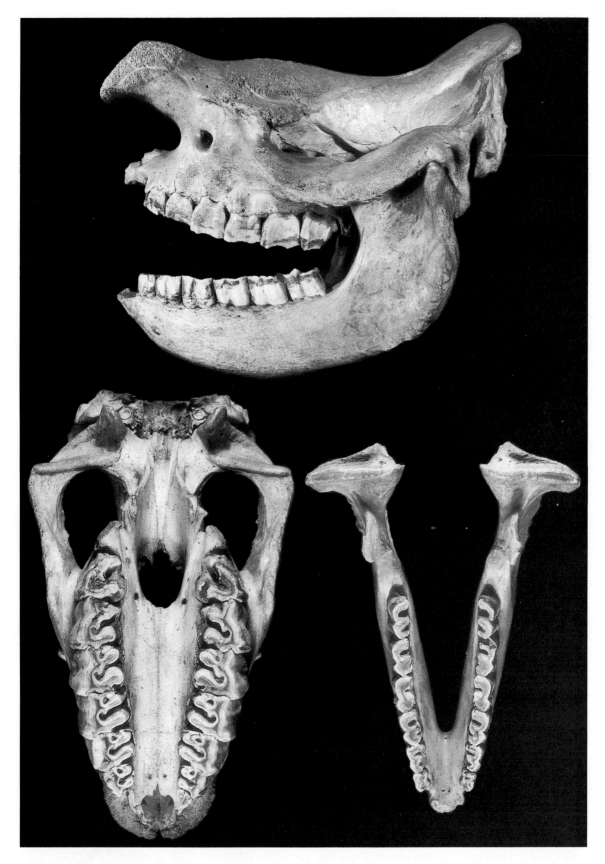

Abb. 715. *Diceros bicornis* (Rhinocerotidae), rezent, Afrika. Schädel (Lateral- und Ventralansicht) und Unterkiefer (Aufsicht). Beachte völlige Reduktion des Vordergebisses. PIUW 1073. Schädellänge 60,5 cm.

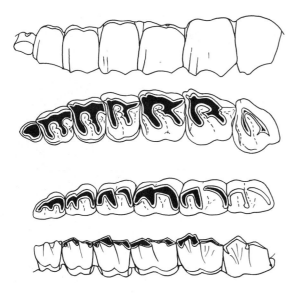

Abb. 716. *Diceros bicornis*. P¹ – M³ sin. buccal (ganz oben) und occlusal (mitte oben). P₂ – M₃ dext. occlusal (mitte unten) und lingual (ganz unten). Nach Original. ca. 1/4 nat. Größe.

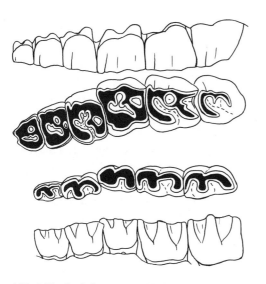

Abb. 717. *Coelodonta antiquitatis* (Rhinocerotidae), Jung-Pleistozän, Europa. P² – M³ sin. buccal (ganz oben) und occlusal (mitte oben), P₂ – M₂ dext. occlusal (mitte unten) und lingual (ganz unten). Beachte Hypsodontie. Nach FRIANT (1963), umgezeichnet und Original. ca. 1/3 nat. Größe.

Als noch stärker evolviertes Nashorn aus dieser Verwandtschaft gilt die Gattung *Coelodonta* (= „*Tichorhinus*"), von der die Art *C. antiquitatis* aus dem Jungpleistozän die bekannteste ist (Zahnformel $\frac{1-0\ 0\ 3\ 3}{2-0\ 0\ 3\ 3} = 30\text{--}24$; vgl. FRIANT 1963) (Abb. 717). *Coelodonta antiquitatis* war ein Bewohner der baumlosen Lößsteppe im Pleistozän, der sich von Gramineen, Cyperaceen und verschiedenen Kräutern ernährte. Wie Weichteilfunde dokumentieren, war die Oberlippe wie beim rezenten Breitmaulnashorn (*Ceratotherium simum*) gestaltet, dem auch die Kopfhaltung entsprach (ZEUNER 1934). Morphologisch vermittelt *Dicero-*

rhinus yunchuchenensis aus dem Altpleistozän Chinas zwischen *Dicerorhinus* und *Coelodonta*. Bei *C. antiquitatis* ist das Vordergebiß weitgehend reduziert (Alveolen nur bei jungen Individuen), die Backenzähne sind ausgesprochen hypsodont (etwa doppelt so hoch wie lang). Die P sup. sind weitgehend bis voll molarisiert, bei stärkerer Abkauung verschmelzen Proto- und Metaloph lingual. An den Backenzähnen kommt es stets zur Bildung einer Medifossette, bei zunehmender Abkauung auch zu einer Postfossette, eine Tatsache, die zum Namen *Coelodonta* geführt hat. Auch am zweijochigen M³ ist eine Medifossette vorhanden. Die mandibularen Backenzähne entsprechen bis auf den vordersten, stark reduzierten P₂, im Grundmuster dem rhinocerotiden Bauplan, sind jedoch ausgesprochen hypsodont. Das Hinterjoch ist nur flach gewinkelt, das Vorderjoch ist ausgesprochen dreischenkelig. Dies gilt auch für den P₃ (Abb. 718). Ein Hypoconulid fehlt stets.

Die extremste Spezialisierung des Backenzahngebisses ist bei den Elasmotheriinen zu beobachten, von denen *E. sibiricum* aus dem jüngeren Pleistozän die bekannteste und erdgeschichtlich jüngste

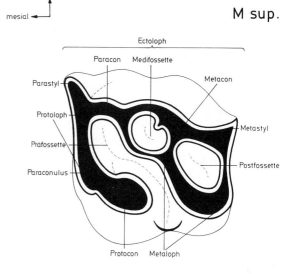

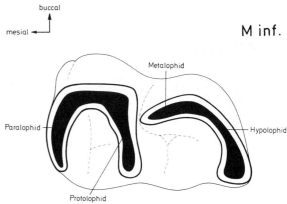

Abb. 718. *Coelodonta*. M sup. und M inf. (Schema). Beachte Coelodontie durch Fossetten am M sup.

Art ist. Die Zahnformel lautet $\frac{0\,0\,2\,3}{0\,0\,2\,3} = 20$ und ist damit die am stärksten reduzierte unter den Rhinocerotiden (BRANDT 1878) (Tafel XLVI). Charakteristisch sind die Schmelzfältelung und die

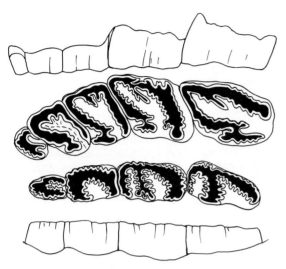

Abb. 719. *Elasmotherium sibiricum* (Rhinocerotidae), Pleistozän, Asien. $P^3 - M^3$ sin. buccal (ganz oben) und occlusal (mitte oben), $P_4 - M_3$ dext. occlusal (mitte unten) und lingual (ganz unten). Beachte Schmelzkräuselung der meist völlig wurzellosen Backenzähne. Nach BRANDT (1878), umgezeichnet. ca. 1/5 nat. Größe.

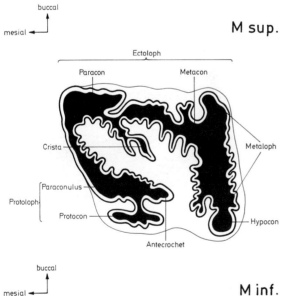

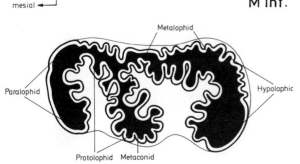

Abb. 720. *Elasmotherium*. M sup. und M inf. (Schema). Rhinocerotider Grundplan trotz Schmelzfältelung beibehalten.

prismatische Ausbildung der Zähne bei gleichzeitiger Wurzellosigkeit (Abb. 719). Die Backenzähne nehmen nach distal an Größe zu. Die P sind molarisiert; das Grundmuster entspricht mit Ecto-, Proto- und Metaloph dem rhinocerotiden Bauplan. Eine stark entwickelte Crista und ein deutlich abgeschnürter Protocon sind gleichfalls kennzeichnend (Abb. 720). Primitivere Elasmotheriinae sind durch RINGSTRÖM (1924) und HEISSIG (1974, 1976) mehrfach aus dem Jungtertiär beschrieben worden. *Elasmotherium* (einschließlich *Sinotherium*) war ein ausgesprochener Grasfresser, der nach der Ernährung mit *Equus* unter den Equiden verglichen werden kann.

Für *Indricotherium* (= „*Baluchitherium*"; Indricotheriidae) und verwandte Gattungen ist im Vordergebiß die Vergrößerung von $I\frac{1}{1}$ charakteristisch. Die Zahnformel lautet bei *I. transouralicum* (= „*B. grangeri*") aus dem Oligozän Asiens $\frac{1\,1-0\,4\,3}{1\,0\,\,\,3\,3} = 32-30$. Eine lange Zahnlücke trennt jeweils Vorder- vom Backenzahngebiß, in der im Oberkiefer ein winziger C sup. auftreten kann (Tafel XLVI). Das Muster der Backenzähne ist primitiv rhinocerotid, indem Crista und Crochet fehlen und ein Antecrochet nur schwach angedeutet ist (Abb. 721). Die hinteren P sind molarisiert, ohne daß der Metaloph voll entwickelt ist. Vorder-, Innen- und Hintercingulum sind an den P sup. vorhanden. Die Backenzähne sind nicht hypsodont, jedoch oft stark abgekaut. Die mandibularen Backenzähne werden nach hinten größer. Die P inf. sind bis auf den $P_{\overline{2}}$ molarisiert. Die M inf. sind typisch rhinocerotid gebaut, stets ohne Hypoconulid. Ein Cingulum umgibt außen und hinten die Unterkiefer-Backenzähne. Die riesigen Indricotherien werden entsprechend des verlängerten Halses und der Gliedmaßen als giraffoide Blattäser unter den Rhinocerotoidea angesehen (BORISSIAK 1923, GRANGER & GREGORY 1936, GROMOVA 1959).

Für die hornlosen Amynodontiden (mit *Amynodon, Metamynodon, Cadurcodon* und anderen) aus dem Alttertiär Eurasiens und Nordamerikas sind die meist hauerförmigen Caninen, molarisierte, aber kurze Prämolaren und subhypsodonte bis hypsodonte Molaren mit einem einfachen, rhinocerotoiden Kronenmuster kennzeichnend. Die Molaren sind bei den spezialisierten Formen mesio-distal gestreckt, wodurch die Querjoche an den M sup. kurz, die Joche der M inf. nur schwach gekrümmt sind (Abb. 722, 723). Die Zahnformel lautet $\frac{3-1\,1\,4-3\,3}{3-1\,1\,4-2\,3} = 44-30$. Die Amynodonten sind kurzfüßige Rhinocerotoidea, die meist als Sumpfbewohner angesehen werden (WALL 1980). Dem Gebiß nach waren es – speziell die spezialisierten Formen – Hartpflanzenfresser

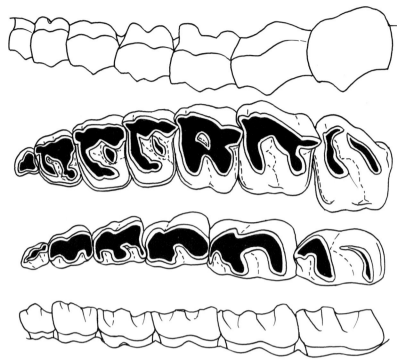

Abb. 721. *Indricotherium transoura-licum* (Indricotheriidae = „Paracera-theriidae"), Oligozän, Asien. P¹–M³ sin. buccal (ganz oben) und occlusal (mitte oben), P₂–M₃ dext. occlusal (mitte unten) und lingual (ganz unten). Nach GRANGER & GREGORY (1936) und GROMOV (1959), ergänzt und verändert umgezeichnet. ca. 1/4 nat. Größe.

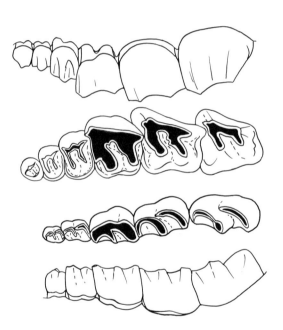

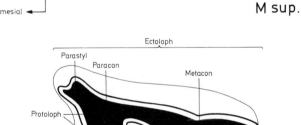

M sup.

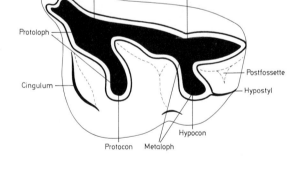

Abb. 722. *Metamynodon planifrons* (Amynodontidae), Mittel-Oligozän, Nordamerika. P²–M³ sin. buccal (ganz oben) und occlusal (mitte oben), P₃–M₃ dext. occlusal (mitte unten) und lingual (ganz unten). Nach SCOTT (1941), umgezeichnet. ca. 1/3 nat. Größe.

(ROMAN & JOLEAUD 1909, OSBORN 1936, SCOTT 1941). Die Lebensweise läßt sich am ehesten mit der des heutigen Flußpferdes (*Hippopotamus amphibius*) vergleichen.

Bei *Metamynodon planifrons* aus dem Oligozän Nordamerikas lautet die Zahnformel $\frac{3\,1\,3\,3}{2\,1\,2\,3} = 36$. Die Zahnzahl ist somit etwas reduziert (SCOTT 1941) (Tafel XLVI). Das Vordergebiß ist jeweils durch Diastemata vom Backenzahngebiß getrennt. Die I sind einfache, annähernd gleich gro-

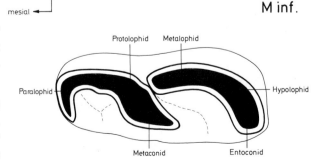

M inf.

Abb. 723. *Cadurcotherium* (Amynodontidae), Oligozän, Europa. M sup. und M inf. (Schema).

ße Zähne, die hauerförmigen C divergieren deutlich, der C sup. ist wurzellos. Der Querschnitt der Caninen ist dreieckig, durch die Zahnstellung kommt es zu Abschliffen an der Vorderseite des C sup. bzw. an der Hinterseite des C inf. Die P sind klein, P$\underline{3}$ und P$\underline{4}$ voll molarisiert, mit Proto- und Metaloph. Am im Umriß gerundet dreieckigen P$\underline{2}$ verlaufen vom Protocon drei Kämme gegen den Ectoloph. An den typisch rhinocerotiden M sup. sind selten ein Crochet und eine Crista angedeutet. Die beiden P inf. sind zusammen nicht länger als der M$_{\overline{1}}$. Die M inf. sind weniger stark verlängert als etwa bei *Cadurcotherium*. Bei *Cadurcodon* aus dem Oligozän Asiens ist nicht nur der Unterkiefer als Ganzes gekrümmt und das Kiefergelenk entsprechend hoch gelegen (WALL 1980), sondern auch der Schädel airorhynch.

3.29 Hyracoidea (Schliefer)

Die Schliefer sind gegenwärtig nur durch wenige Arten vertreten, die als Angehörige einer Familie (Procaviidae) drei Gattungen (*Dendrohyrax*, *Heterohyrax* und *Procavia*) zugeordnet werden. Es sind durchwegs kleine, (fast ausschließlich) pflan-

zenfressende Säugetiere, die ursprünglich wegen ihres entfernt an Nager erinnernden Vordergebisses als Nagetiere klassifiziert wurden (Abb. 724). Sie wurden einst wegen verschiedener anatomischer Gemeinsamkeiten mit den Proboscidea und Sirenia meist als Angehörige der „Subungulaten" (= Paenungulata bei SIMPSON 1945) klassifiziert. Das annähernd lophodonte Molarenmuster (bei *Procavia*) erinnert stark an jenes von Rhinocerotiden, weshalb sie auch als Vertreter der Perissodactyla bzw. ein dieser Ordnung nahestehendes Taxon angesehen wurden (McKENNA 1975). Die Ähnlichkeiten mit Perissodactyla im Backenzahngebiß sind ebenso Konvergenzerscheinungen, wie etwa die Art und Weise der Reduktion von Zehenstrahlen, wie sie von tertiärzeitlichen Hyracoidea (wie *Pachyhyrax championi* aus dem Miozän Afrikas) bekannt sind (WHITHWORTH 1954). Sie lassen sich durch eine ähnliche Ernährungs- und Fortbewegungsweise erklären. Es sind nach LANGER (1986) Hinterdarmverdauer mit einem paarigen Caecum und einem großen Blindsack am Ileum. Demgegenüber dürfte der in jüngster Zeit von M. FISCHER (1986) gezeigten Übereinstimmung im Bau des Luftsacksystems mit Unpaarhufern (Rhinocerotiden, Tapiriden) größere Bedeutung zukommen, sofern es sich nicht um ein symplesiomorphes Merkmal handelt. FISCHER klassifiziert

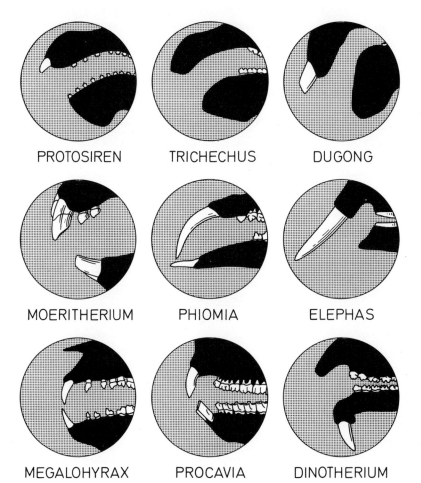

PROTOSIREN   TRICHECHUS   DUGONG

MOERITHERIUM   PHIOMIA   ELEPHAS

MEGALOHYRAX   PROCAVIA   DINOTHERIUM

Abb. 724. Vordergebiß der Hyracoidea (*Procavia* und *Megalohyrax*) im Vergleich zu jenem der Proboscidea (*Moeritherium, Phiomia, Elephas* und *Dinotherium*) und Sirenia (*Protosiren, Trichechus* und *Dugong*). Bei *Procavia* keine echten Nagezähne, bei Proboscidea und Sirenia meist zu Stoßzähnen umgebildete Incisiven.

daher auch die Hyracoidea als Perissodactyla (im weiteren Sinne).

Die Hyracoidea waren einst viel arten- und formenreicher verbreitet und haben echte Großformen von Tapirgröße hervorgebracht. Zeitweise waren sie über ganz Afrika und vom südlichen Westeuropa bis nach Ostasien verbreitet. Die taxonomische Gliederung der Hyracoidea erfolgt keineswegs einheitlich, indem zwei oder mehr Familien (Procaviidae, Saghatheriidae, Geniohyidae, Titanohyracidae und Pliohyracidae) unterschieden werden (ANDERSON & JONES 1984, MATSUMOTO 1926, MEYER 1978). Die von AMEGHINO (1897) als Archaeohyracidae beschriebenen Säugetiere aus dem Tertiär Südamerikas sind Angehörige der Notoungulaten.

Das Gebiß ist recht mannigfaltig differenziert; die Zahnformel schwankt zwischen $\frac{3\ 1\ 4\ 3}{3\ 1\ 4\ 3}$ ($= 44$) und $\frac{1\ 0\ 4\ 3}{2\ 0\ 4-3\ 3}$ ($= 32-34$). Gelegentlich tritt bei rezenten Schliefern ein rudimentärer Eckzahn ($= ?$ Milcheckzahn; LATASTE 1886, vgl. WOODWARD 1892) in der permanenten Dentition auf. Das Vordergebiß ist bei den rezenten Hyracoidea ziemlich stark reduziert, indem die vordersten Schneidezähne vergrößert und durch ein Diastema vom Backenzahngebiß getrennt sind. Die I inf. dienen auch zur Fellpflege („grooming"). Die Backenzähne selbst sind brachyodont bis (schwach) hypsodont (partiell oder voll), die Prämolaren submolariform oder voll molarisiert, der C sup. verschiedentlich prämolariform (z. B. bei *Pliohyrax*). Das Molarenmuster ist bunoselenodont (*Bunohyrax*, *Pliohyrax*), selenolophodont (wie bei *Megalohyrax*, *Dendrohyrax*) bis annähernd lophodont

(*Procavia*) entwickelt. Wurzellose Zähne sind nur im Vordergebiß vorhanden. Der dreikantige obere Scheidezahn bei den Männchen von *Procavia* wächst permanent, bei den Weibchen ist er dagegen bewurzelt. Somit liegt ein Geschlechtsdimorphismus vor.

Die Kieferstellung ist stets anisognath, die Backenzahnreihen verlaufen parallel oder konvergieren schwach nach vorne. An der Mandibel steht einem breiten Ramus ascendens und einer ausgedehnten Angularpartie ein kleiner, nach rückwärts gekrümmter Processus coronoideus gegenüber. Unabhängig vom Alveolarkanal ist ein weiterer Kanal als Nerven- und Gefäßdurchtritt an der Basis des Ramus ascendens vorhanden. Außerdem ist bei einzelnen tertiärzeitlichen Hyracoidea eine in der Größe sehr variable Grube an der Innenseite der Mandibel unterhalb der Backenzähne ausgeprägt, über deren Bedeutung diskutiert wird. Diese Fossa kann lingual weitgehend durch eine Knochenlamelle geschlossen sein, so daß nur eine Fenestra offen ist. Die ältesten Hyracoidea aus dem Alttertiär Afrikas sind langschnauzige Formen. Eine monographische Bearbeitung des Gebisses der Hyracoidea, das die wichtigste Grundlage für die taxonomische Beurteilung der fossilen Schliefer bildet, liegt bisher nicht vor. Wichtige Beiträge zum Gebiß der Hyracoidea haben ANDREWS, BRAUER, HAHN, VON KOENIGSWALD, MAJOR, MATSUMOTO, MELENTIS, OSBORN, SCHLOSSER und WHITWORTH geleistet. Die oftmals große Ähnlichkeit mit Perissodactylen im Backenzahngebiß hat verschiedentlich zur Zuordnung fossiler Hyracoidea zu den Ancylo-

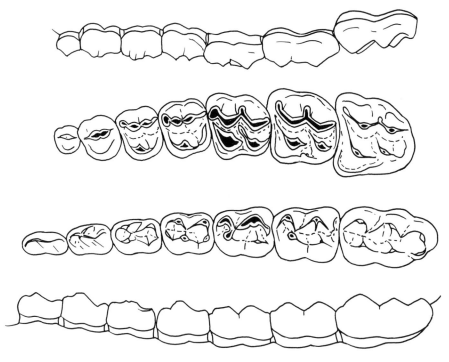

Abb. 725. *Bunohyrax fajumensis* (Pliohyracidae), Oligozän, Nordafrika. $P^1 - M^3$ sin. buccal (ganz oben) und occlusal (mitte oben), $P_1 - M_3$ dext. occlusal (mitte unten) und lingual (ganz unten). Nach SCHLOSSER (1911), durch MATSUMOTO (1926), ergänzt, umgezeichnet. 9/10 nat. Größe.

poda (Chalicotheriidae) geführt (TEILHARD & LI-
CENT 1936, VIRET 1947, 1949).

Die ältesten, gut dokumentierten Hyracoidea sind
aus den Alt-Oligozän Ägyptens bekannt. Sie werden als Angehörige der Familie Geniohyidae

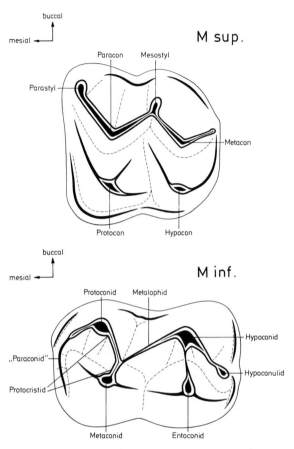

Abb. 726. *Bunohyrax*. M sup. und M inf. (Schema).

(= Saghatheriidae = Pliohyracidae = Titanohyracidae; vgl. MEYER 1978) klassifiziert. Bei
Bunohyrax fajumensis ist das Gebiß vollständig
($\frac{3\ 1\ 4\ 3}{3\ 1\ 4\ 3}$ = 44). Entsprechend der langen Schnauze
treten Diastemata zwischen Incisiven und Cani-
nen auf. Vom Oberkiefergebiß dieser ursprünglich
als Suide klassifizierten Art ist das Vordergebiß
nur unvollständig bekannt. Der lange und schlanke C sup. ist zweiwurzelig, die P bilden eine geschlossene Zahnreihe. Sie nehmen nach hinten an
Größe zu und sind submolariform gestaltet
(Abb. 725). Zu den beiden mit Längskanten verbundenen Außenhöckern kommt ein Protocon-
Höcker, der durch eine Kante mit dem Parastyl
verbunden ist. Die Höcker sind bunodont. Ein
Cingulum umgibt die im Umriß gerundeten, annähernd quadratischen Zähne. Die gleichfalls
brachyodonten M sup. vergrößern sich zum M^3.
Ein kräftiges Mesostyl und ein Hypocon unterscheiden sie auch morphologisch von den Prämolaren (Abb. 726). Das Molarenmuster ist als
bunoselenodont zu bezeichnen und zeigt dadurch
Ähnlichkeit mit dem primitiver Paarhufer. Ein
kräftiges Parastyl und ein Cingulum, das fast den
ganzen Zahn umgibt, sind weitere Kennzeichen.

Im Mandibulargebiß ist der I_2 etwas größer als
der I_1. Der I_3 ist etwas reduziert und caniniform.
Der C inf. ist durch Diastemata von den I und P
getrennt. Er ist caniniform und besitzt eine relativ
lange, gekrümmte Wurzel. Die zweiwurzeligen
P inf. nehmen nach hinten an Größe und Breite
zu. Während bei P_1 und P_2 die Trigonidspitze einfach ist, tritt an P_3 und P_4 ein Metaconid auf und

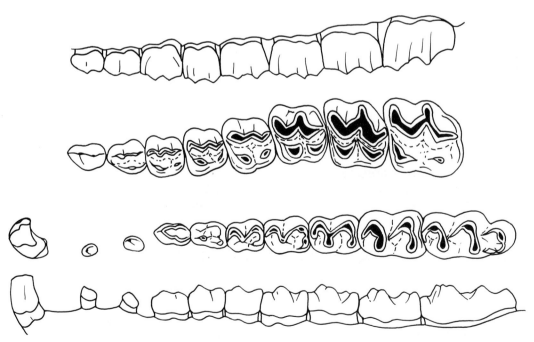

Abb. 727. *Megalohyrax eocaenus* (Pliohyracidae), Oligozän, Nordafrika. C–M^3 sin. buccal (ganz oben) und occlusal (mitte
oben), I_2–M_3 dext. occlusal (mitte unten) und lingual (ganz unten). Nach ANDREWS (1906) und SCHLOSSER (1911), umgezeichnet. 7/8 nat. Größe.

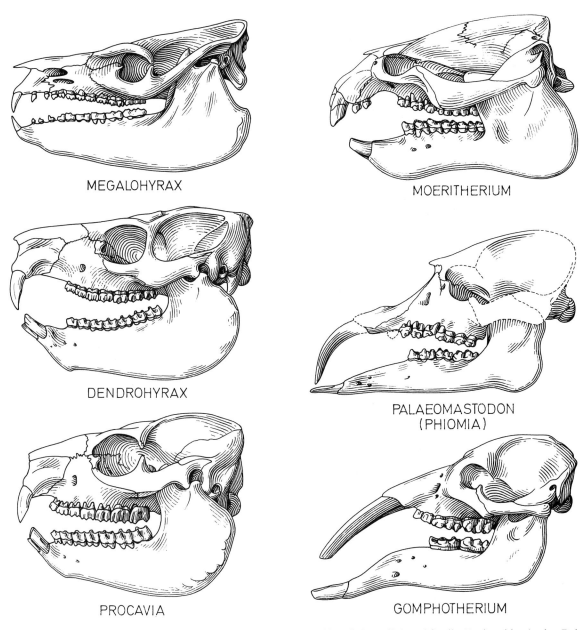

MEGALOHYRAX

MOERITHERIUM

DENDROHYRAX

PALAEOMASTODON
(PHIOMIA)

PROCAVIA

GOMPHOTHERIUM

Tafel XLVII. Schädel (Lateralansicht) fossiler und rezenter Hyracoidea (linke Reihe) und fossiler Proboscidea (rechte Reihe). *Megalohyrax* (Pliohyracidae, Oligozän); *Dendrohyrax* und *Procavia* als rezente Procaviidae. Beachte die Differenzierung des Vordergebisses. Rechte Reihe: *Moeritherium* (Moeritheriidae, Eo-Oligozän); *Palaeomastodon* (Oligozän) und *Gomphotherium* (= „Mastodon", Miozän) als Gomphotheriidae. Jeweils ein Incisivenpaar des Ober- und Unterkiefers wird zu Stoßzähnen vergrößert. Nicht maßstäblich.

das Talonid ist zweispitzig. Eine „Crista obliqua" verbindet Hypoconid mit dem Metaconid. Dadurch ist die Molarisierung weitgehend vollzogen. Die M inf. entsprechen im Prinzip dem $P_{\overline{4}}$, doch ist der Talonidabschnitt länger als das Trigonid, und das Hypoconulid ist mit dem Hypoconid verbunden. Ein Paracristid begrenzt mesial die M inf. Durch die Leistenbildung an den Außenhöckern sind die M inf. als bunoselenodont zu bezeichnen. Am $M_{\overline{3}}$ ist ein Hypoconulid gut ausgeprägt. Ein Cingulum ist nur stellenweise entwikkelt (Abb. 726).

Megalohyrax (Oligozän Afrikas) besitzt gleichfalls ein vollständiges Gebiß $\left(\frac{3\ 1\ 4\ 3}{3\ 1\ 4\ 3}\right)$ (Ta-

fel XLVII). Der $I^{\underline{1}}$ ist bei den Männchen ein großer, im Querschnitt dreieckiger Zahn, bei den Weibchen kleiner und rundlicher. Die durch Diastemata von den übrigen Zähnen und untereinander getrennten $I^{\underline{2}}$ und $I^{\underline{3}}$ sind klein und stumpfkronig. Der C sup. ist prämolariform mit 2 Außenhöckern. Die Backenzähne sind brachyodont (Abb. 727). Von den P sup. sind $P^{\underline{2-4}}$ submolariform mit zwei Außen- und zwei Innenhöckern. Die mit einem kräftigen Mesostyl ausgestatteten Molaren sind fast selenodont. Im Mandibulargebiß ist der $I_{\overline{2}}$ deutlich vergrößert. $I_{\overline{3}}$ und C inf. sind klein. Auch an den M inf. ist die Selenodontie ausgeprägter als bei *Bunohyrax*. Ein Hypolophid verbindet Hypo- und Entoconid (Abb. 728).

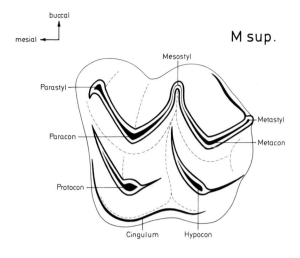

M sup.

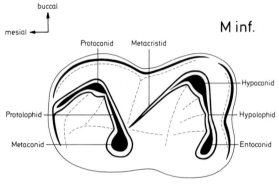

M inf.

Abb. 728. *Megalohyrax*. M sup. und M inf. (Schema).

Bei dem tapirgroßen *Titanohyrax palaeotherioides* (= „*andrewsi*" = „*schlosseri*") aus dem Oligozän sind die Backenzähne etwas hochkroniger, an den mandibularen Backenzähnen ist ein kräftiger, deutlich vom Metaconid getrennter Metastylidhöcker entwickelt und $I_{\bar{1}}$ und $I_{\bar{2}}$ sind annähernd gleich groß (SCHLOSSER 1911, MATSUMOTO 1921, MEYER 1978).

Bei *Pliohyrax graecus* (Jungmiozän Eurasiens) ist diese Evolutionstendenz weiter fortgeschritten. Sie prägt sich einerseits in der Partialhypsodontie der M sup., andrerseits in der Prämolarisierung der C sup. und des $I^{\underline{3}}$ aus. $I^{\underline{2}}$ bis $M^{\underline{3}}$ bilden eine geschlossene Zahnreihe, die durch ein Diastema von dem stark vergrößerten und median gleichfalls auseinandergedrückten $I^{\underline{1}}$ getrennt sind (Abb. 729). Dieser ist gekrümmt und im Querschnitt gerundet dreieckig. Während die Außenhöcker der M sup. ausgesprochen selenodont und hypsodont sind, sind die Innenhöcker brachyodont und bunodont (Abb. 730). Ein Innencingulum ist gut entwickelt. Im Unterkiefer ist der $I_{\bar{1}}$ nur etwas kleiner als der $I_{\bar{2}}$. Beide sind durch ein kurzes Diastema vom einwurzeligen $I_{\bar{3}}$ getrennt, der zusammen mit den übrigen Zähnen eine geschlossene Zahnreihe bildet. Der C inf. ist prämo-

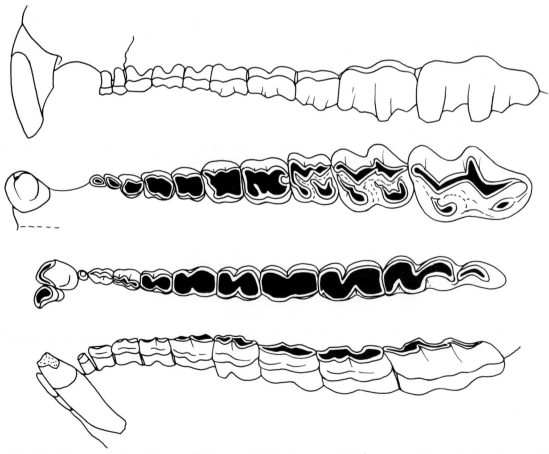

Abb. 729. *Pliohyrax graecus* (Pliohyracidae), Jung-Miozän, Europa. $I^1 - M^3$ sin. buccal (ganz oben) und occlusal (mitte oben), $I_1 - M_3$ dext. occlusal (mitte unten) und lingual (ganz unten). Nach MELENTIS (1966) ergänzt durch HÜNERMANN (1985), umgezeichnet. ca. 2/3 nat. Größe.

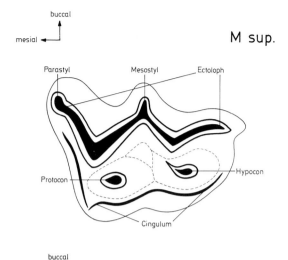

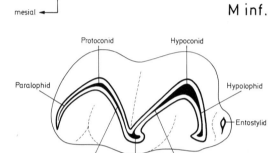

Abb. 730. *Pliohyrax*. M sup. und M inf. (Schema).

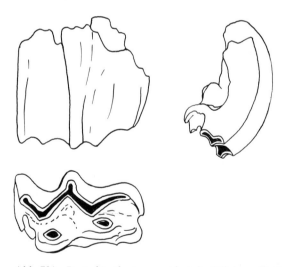

Abb. 731. *Postschizotherium occidentalis* (Pliohyracidae), Pliozän, Europa. M³ sin. buccal, mesial und occlusal. Beachte Partialhypsodontie. Nach VIRET & THENIUS (1952), ergänzt umgezeichnet. ca. 3/4 nat. Größe.

lariform, die Backenzähne sind durchwegs lophodont und hypsodont. Ein Metastylid ist ausgeprägt (GAUDRY 1862, MAJOR 1899, MELENTIS 1966, OSBORN 1899).

Bei „*Pliohyrax*" (= *Postschizotherium*) *occidentalis* aus dem Pliozän Europas ist die Partialhypsodontie an der Buccalseite noch ausgeprägter (VIRET & THENIUS 1952) (Abb. 731).

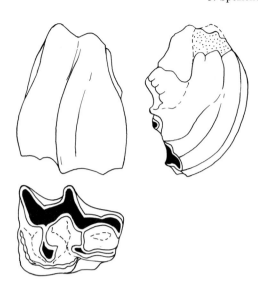

Abb. 732. *Postschizotherium chardini* (Pliohyracidae), Jung-Pliozän, China. M² sin. buccal, mesial und occlusal. Beachte mit starker Krümmung der Buccalseite verbundene Partialhypsodontie. Nach VON KOENIGSWALD (1966), umgezeichnet. ca. 1/2 nat. Größe.

Mit der Gattung *Postschizotherium* aus dem Pliozän, die ursprünglich von TEILHARD & LICENT (1936) als Angehörige der Chalicotheriiden klassifiziert wurde, ist der Höhepunkt dieser Evolutionstendenzen erreicht. Bei dieser im Gebiß nur unvollständig dokumentierten Gattung ist die Hypsodontie der Molaren noch gesteigert, indem die Buccalseite halbkreisförmig gekrümmt ist (Abb. 732). Die P fallen dimensionell gegenüber den M stark ab (s. VON KOENIGSWALD 1966). Mit diesen im Gebiß hochspezialisierten tapirgroßen Formen stirbt diese Gruppe der Hyracoidea im frühen Quartär aus. Die Zahnformel entspricht im Unterkiefer mit 3 1 4 3 jener von *Pliohyrax*. Die durch VON KOENIGSWALD (1966) angegebene Zahnformel beruht auf der falschen Interpretation der Vorderzähne von TEILHARD & LICENT (1936), indem der angebliche C inf. dem $I_{\overline{3}}$ und der sog. $P_{\overline{1}}$ dem (prämolarisierten) C inf. entsprechen. Kennzeichnend ist ferner die Zementeinlagerung an den Molaren.

Die Zahnformel der rezenten Gattungen (*Procavia*, *Heterohyrax* und *Dendrohyrax*) lautet $\frac{1\,0\,4\,3}{2\,0\,4\,3} = 34$, selten $\frac{1\,0\,4\,3}{2\,0\,3\,3} = 32$. Das Vordergebiß besteht aus dem vergrößerten, median und vom Backenzahngebiß durch ein Diastema getrennten I¹ und den zwei Paar mandibularen Incisiven, die median durch eine Zahnlücke getrennt sein können (Tafel XLVII). Die kräftig entwickelten I¹ sind bei den Männchen von *Procavia* wurzellos und halbkreisförmig gekrümmt, bei den Weibchen kleiner, und bewurzelt. Der Querschnitt ist etwa dreieckig und die Abnutzung durch die I inf. erfolgt schräg distal, wo der Schmelz fehlt, so daß stets eine scharfe Spitze ausgebildet ist (Abb. 733,

734). Die Unterkiefer-Incisiven sind demgegenüber gestreckt und schräg in der Symphyse verankert. Die Symphyse ist stets fest verwachsen. Die Krone der I inf. ist leicht verbreitert und erscheint occlusal durch Längseinkerbungen etwas gegliedert. Die Abflachung der I inf. und ihre Einschnitte erinnern entfernt an Zahnkämme, wie sie etwa von Halbaffen bekannt sind und der Fellpflege

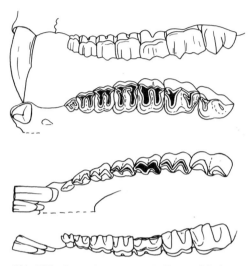

Abb. 733. *Procavia capensis* ♂ (Procaviidae), rezent, Syrien. $I^1 - M^3$ sin. buccal (ganz oben) und occlusal (mitte oben), $I_2 - M_3$ dext. occlusal (mitte unten) und lingual (ganz unten). Backenzähne mit Tendenz zur Hypsodontie. Incisiven nicht gliriform. Nach Original. 6/5 nat. Größe.

dienen (vgl. SALE 1966). Die Zähne sind gegenüber ihrer Längs- und Querachse durch die Abkauung abgeschrägt. Dadurch und durch ihre Stellung im Kiefer sind es keine Nagezähne. Dies wird auch durch das Kiefergelenk und die Nahrungsaufnahme bestätigt. Wie SALE (1966) betont, erfolgt das Abbeißen von Pflanzen bei *Procavia* bei seitlicher Kopfhaltung mit den Molaren („cropping") und nicht mit den Incisiven. Der ausgeprägte Sexualdimorphismus der I sup. zeigt überdies, daß die Schneidezähne mit dem Sozialverhalten in Beziehung stehen (RAHM 1964). Bei *Dendrohyrax* ist das Diastema zwischen Vorder- und Backenzahngebiß relativ länger als bei *Procavia* (Abb. 736, 737). Die Backenzähne sind ausgesprochen brachyodont. Die P sup. sind bis auf den P^1 molarisiert. Das Kronenmuster ist lophoselenodont, mit selenodonten Außenhöckern und den davon getrennten Proto- und Metaloph (Abb. 735, 738). Ein Hypostyl ist an den meisten Backenzähnen entwickelt. Die Backenzähne nehmen vom P^2 zum M^2 nur schwach an Größe zu, die Zahnreihe selbst ist nur ganz leicht gekrümmt. P^{2-4} sind voll molarisiert, lophodont und erinnern etwas an kleine Nashornzähne, ein Metastylidhöcker ist ausgebildet. Die beiden gleichfalls nur schwach gekrümmten Zahnreihen verlaufen nahezu parallel.

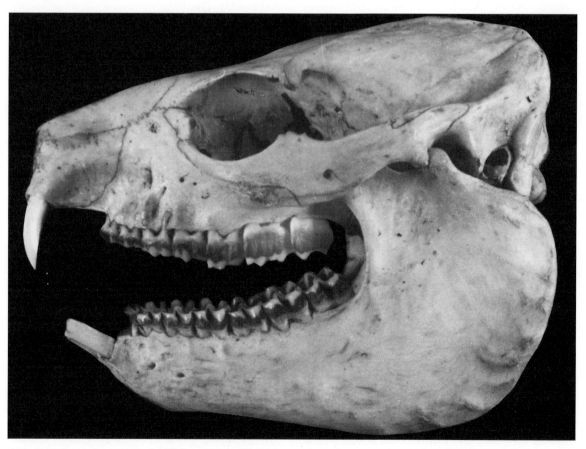

Abb. 734. *Procavia capensis*. Schädel samt Unterkiefer (*Lateralansicht*). PIUW 2615. Schädellänge 83 mm.

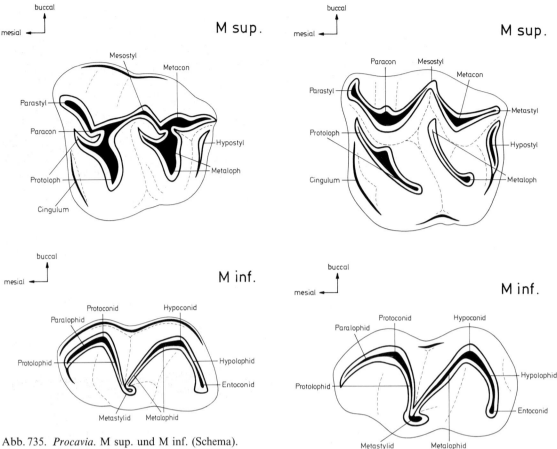

Abb. 735. *Procavia*. M sup. und M inf. (Schema).

Abb. 738. *Dendrohyrax*. M sup. und M inf. (Schema).

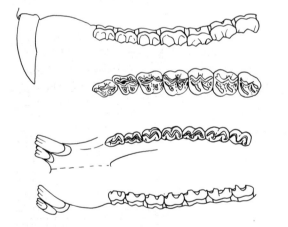

Abb. 736. *Dendrohyrax dorsalis* ♂ (Procaviidae), rezent, Afrika. $I^1 - M^3$ sin. buccal (ganz oben) und $P^1 - M^3$ sin. occlusal (mitte oben), $I_2 - M_3$ dext. occlusal (mitte unten) und lingual (ganz unten). Backenzähne brachyodont. Nach Original. 1/1 nat. Größe.

Procavia unterscheidet sich durch die schwach hypsodonten Backenzähne, durch das kürzere Diastema und die vom P^1 zum M^2 annähernd konstante Größenzunahme. Die Zahnreihen verlaufen außen konvex, entsprechend der unterschiedlichen Zahngrößen. An den nahezu lophodonten Backenzähnen kommt es durch die Abkauung frühzeitig zu einer Verbindung zwischen Ectoloph und Proto- bzw. Metaloph. Da diese

Verbindung nicht wie bei den Rhinocerotiden am mesio-buccalen Ende der Querjoche erfolgt, sondern etwas weiter distal, ist das Molarenmuster im nicht oder wenig abgekauten Zustand von dem der Nashörner deutlich verschieden. Ein Metastylidhöcker ist auch bei *Procavia* deutlich. Nach dem Grad der Hypsodontie verhält sich *Procavia ruficeps* am primitivsten. *Heterohyrax* vermittelt in dieser Hinsicht zwischen *Dendrohyrax* und *Procavia*. Nach JANIS (1979) eignet sich *Procavia* hinsichtlich des Kauverhaltens als ideales Modell altertümlicher Huftiere, indem die Kauphase II (noch) vorhanden ist.

Die Unterschiede in der Kronenhöhe der Backenzähne prägen sich in den verschiedenen Ernährungsweisen aus. Während *Dendrohyrax* als (Regen-)Waldbewohner vorwiegend Blätter, Kraut- und Farnpflanzen bevorzugt, spielen Gramineen (*Festuca*, *Agrostis*, *Pentaschistis* etc.) bei *Procavia* und *Heterohyrax* eine wesentlich größere Rolle (RAHM 1964). Mit der Ernährungsweise der Schliefer ist ein Problem verknüpft, das auch gegenwärtig noch heftig diskutiert wird, nämlich das Wiederkäuen. Während HENDRICHS (1963, 1965) und VAN DOORN (1972) auf Grund von Lebendbeobachtungen das Wiederkäuen bei Klipp-

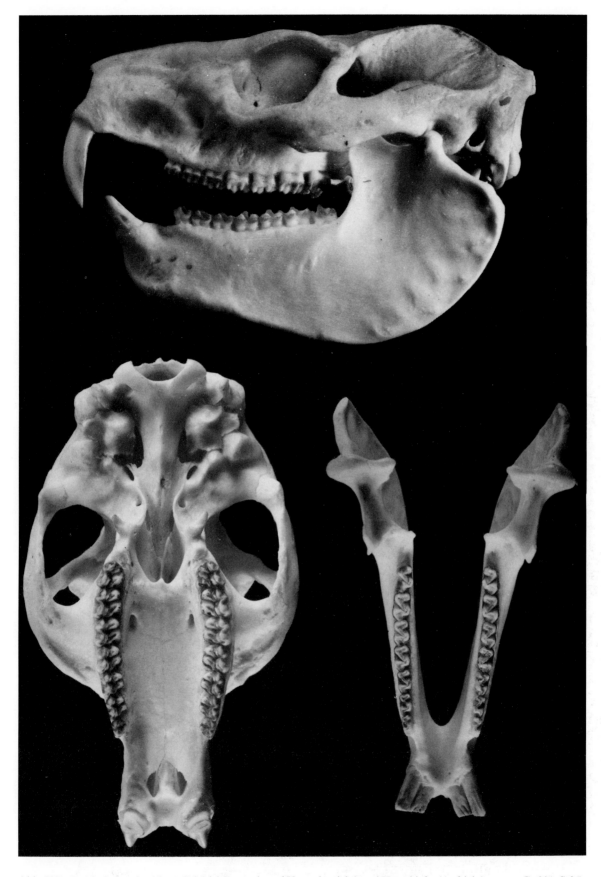

Abb. 737. *Dendrohyrax dorsalis* ♂. Schädel (Lateral- und Ventralansicht) und Unterkiefer (Aufsicht). NHMW Gr 301. Schädellänge 116 mm.

und Baumschliefern angeben, wird dieses von verschiedenen Autoren (SALE 1966, FISCHER 1983) mit dem Hinweis auf den einfachen Magen entschieden abgelehnt. Wie die Beobachtungen des Kauverhaltens, der große, zweiteilige Blinddarm und ein weiterer großer Blindsack vermuten lassen, spielt Blinddarmverdauung eine große Rolle (LANGER 1986).

3.30 Proboscidea (Rüsseltiere)

Die Proboscidea sind gegenwärtig nur durch die Elefanten mit zwei Arten (*Elephas maximus* in Südasien und *Loxodonta africana* in Afrika) vertreten. Sie waren einst sehr arten- und formenreich fast weltweit (in sämtlichen Kontinenten außer Australien und Antarktis) verbreitet. Die Proboscidea sind – wenn man von den erdgeschichtlich ältesten Formen absieht – durch ihre Merkmalskombination (wie Rüssel, Differenzierung von Schneidezähnen zu Stoßzähnen) gekennzeichnet und von den übrigen Säugetierordnungen leicht zu unterscheiden. Sie wurden wegen anatomischer und serologischer Gemeinsamkeiten fast allgemein mit den Sirenen und Hyracoidea zur Gruppe der Subungulaten (ILLIGER 1811) zusammengefaßt, doch hat SIMPSON (1945) darauf hingewiesen, daß der Begriff Subungulata von ILLIGER sich primär auf Nagetiere (Wasserschweine) bezogen hat. Während FLOWER & LYDEKKER (1891) die Subungulata den eigentlichen Huftieren gegenüberstellten und darunter nicht nur Hyracoidea und Proboscidea, sondern auch Condylarthra, Notoungulata und „Amblypoda" verstanden, hat SCHLOSSER (1923) den Begriff auf Hyracoidea, Proboscidea, Sirenia und Embrithopoda eingeengt. SIMPSON hat, entsprechend obiger Erkenntnis, den Begriff Paenungulata geprägt, allerdings darunter nicht nur die Subungulaten im Sinne von SCHLOSSER verstanden, sondern auch die „Amblypoda" (Pantodonta und Dinocerata), Pyrotheria und Barytherioidea dazugezählt. Letztere sind zweifellos eine Untergruppe der Proboscidea. Für „Amblypoden" und Pyrotheria ist eine nähere Verwandtschaft mit den „Subungulaten" nicht gesichert. Die ursprünglich als Sirenia klassifizierten Desmostylia, die MCKENNA (1975) zusammen mit den Proboscidea und Sirenia als Tethytheria klassifiziert, werden neuerdings durch DOMNING, RAY & MCKENNA (1986) als Schwestergruppe der Proboscidea angesehen. Ausschlaggebend dafür sind die als Anthracobunidae zusammengefaßten Gattungen *Minchenella*, *Anthracobune*, „*Pilgrimella*" und *Jozaria* aus dem Paleozän und Eozän Südasiens, die im Backenzahngebiß Ähnlichkeiten mit Proboscidiern zeigen und daher auch als solche klassifiziert werden (WELLS & GINGERICH 1983).

Die Gliederung der Proboscidea erfolgt fast allgemein in die Moeritherioidea, Dinotherioidea (einschließlich Barytherioidea) und Elephantoidea (einschließlich Mastodontoidea) (Abb. 739). Die Moeritherioidea werden von einzelnen Autoren nicht als Proboscidea, sondern entweder als Verwandte der Sirenia (TOBIEN 1978) oder als eigene Gruppe Moeritheria (WEST 1983) klassifiziert, wobei nicht nur *Moeritherium* aus dem Eo-Oligozän Nordafrikas, sondern auch die Anthracobuniden aus dem Eozän Südasiens (mit *Anthracobune*, *Pilgrimella*, *Lammidhania* etc.) zur Diskussion stehen (WELLS & GINGERICH 1983, WEST 1983) (Abb. 740). Für letztere ist die Zugehörigkeit zu den Moeritherioidea nicht erwiesen.

Das Gebiß der Proboscidea ist recht mannigfaltig differenziert. Diese Differenzierung betrifft so-

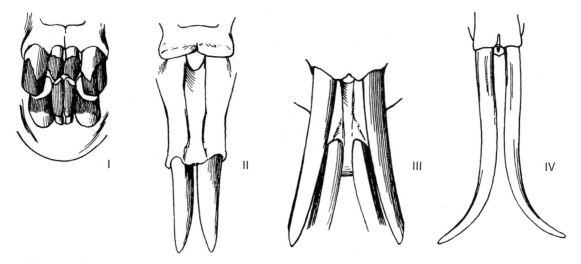

Abb. 739. Differenzierung des Vordergebisses (Frontalansicht) bei den Hauptstämmen der Proboscidea. I Moeritherioidea, II Dinotherioidea, III Gomphotheriidae, IV Elephantidae. Jeweils I$_2^2$ bzw. I$_2$ oder I^2 zu Stoßzähnen vergrößert. Nach OSBORN (1936).

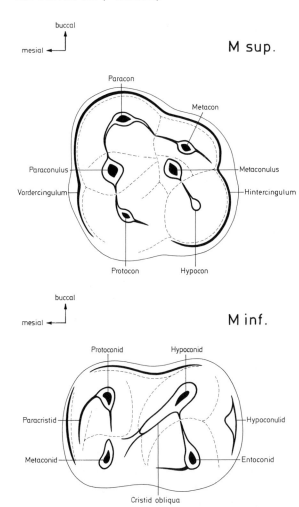

buccal

mesial ←—

M sup.

Paracon

Metacon

Paraconulus

Metaconulus

Vordercingulum

Hintercingulum

Protocon   Hypocon

buccal

mesial ←—

M inf.

Protoconid   Hypoconid

Paracristid

Hypoconulid

Metaconid

Entoconid

Cristid obliqua

Abb. 740. *Pilgrimella* (? Moeritheriidae), Eozän Südasien. M sup. und M inf. (Schema).

wohl das Vorder- als auch das Backenzahngebiß. Problematisch ist die Homologisierung der Stoßzähne der Elefanten. Meist auf Grund der angenommenen Homologisierung mit dem vergrößerten I^2 von *Moeritherium* als Id^2 bzw. I^2 angesehen (SIKES 1971), handelt es sich nach ANTHONY (1933) um den Id^3 und Id^2. Die definitiven Stoßzähne der Elefanten sind wurzellos und wachsen permanent. Die Ausbildung des Backenzahngebisses der Elefanten hat zu verschiedenen gegensätzlichen Auffassungen sowohl über die Entstehung der kompliziert gebauten Backenzähne als auch über den Ersatz dieser Zähne geführt. Dieser wird in der Literatur fast allgemein als horizontaler Zahnwechsel bezeichnet (DRIAK 1933, KEIL 1966), obwohl hier kein Zahnwechsel, sondern nur ein Ersatz durch Zähne der gleichen Zahngeneration vorliegt (SCHAUB 1948). Dieser Zahn„ersatz" erfolgt unter ständiger Resorption (von Wurzeln) und auch unter Neubildung von alveolaren Knochen. Die Reste der abgekauten Zähne werden als kleine Stummel ausgestoßen. Da die einzelnen Molaren durch die zusätzlichen Joche (= Lamellen = „Schmelzbüchsen") mehr

oder weniger vergrößert sind, ist meist nur ein Zahn (oder zwei Zahnhälften) pro Kieferhälfte gleichzeitig in Funktion. Zu einer Vermehrung von Molaren, wie es CORSE 1799 annahm und wie es etwa bei Manatis der Fall ist, ist es bei den Elefanten nicht gekommen. Wie Fossilfunde dokumentieren, ist die Annahme von einer Verschmelzung (Konkreszenztheorie) für die Entstehung der Lamellenzähne der Elefanten nicht notwendig. Die auf eine angebliche Verschmelzung von zwei Zähnen hinweisende mediane Zweiteilung der Lamellen bei Keimzähnen entspricht morphologisch der Mittelfurche bei primitiven Elephantoidea.

Die Zahnformel der Proboscidea schwankt zwischen $\frac{3\,1\,3\,3}{2\,0\,3\,3} = 36$ (bei *Moeritherium*) und $\frac{1\,0\,0\,3}{0\,0\,0\,3} = 14$ (bei *Elephas* und *Loxodonta*). Damit sind die Tendenzen hinsichtlich der Reduktion der Zahnzahl aufgezeigt. Die Rückbildung betrifft primär das Vordergebiß, indem gewissermaßen als Kompensation einzelne Incisiven zu Stoßzähnen vergrößert werden. Die Stoßzähne, die meist wurzellos sind (also dauernd wachsen), besitzen verschiedene Funktionen, indem sie nicht nur zur Nahrungsaufnahme verwendet werden können, wie Nutzspuren erkennen lassen, sondern – entsprechend eines oft sehr ausgeprägten Sexualdimorphismus – auch eine Rolle im Sozialverhalten spielen. Sie zeigen an Bruchstellen die typische Guillochierung (KOLLMANN 1871). Sekundär betrifft die Rückbildung auch die Prämolaren, die bei den modernen Elefanten völlig reduziert sind. Die im Kiefer vor den Molaren auftretenden Bakkenzähne entsprechen Milchzähnen (MORRISON-SCOTT 1938). Daher treten hintereinander sechs Backenzähne pro Kiefer auf. Mit der Reduktion des Vordergebisses kommt es zur Bildung eines Diastemas. Dieses ist – zumindest für den Oberkiefer – obligat. Stoßzähne können sowohl im Ober- (z. B. Mastodonten, Elefanten), als auch im Unterkiefer (z. B. longirostrine Mastodonten, Dinotherien) auftreten. Sie erfahren eine unterschiedliche Differenzierung von gestreckten bis zu mehr oder weniger stark gekrümmten Stoßzähnen von verschiedenem Querschnitt und können bei einzelnen Arten auch schaufelförmig abgeflacht sein (wie bei *Platybelodon*, *Amebelodon*). Bei den brevirostrinen Typen werden die I inf. schrittweise reduziert. Rudimentäre, funktionslose Schneidezähne treten bei primitiven Elefanten (wie *Elephas* [„*Archidiskodon*"] *celebensis*, Pleistozän von Sulawesi) im Unterkiefer auf.

Die Molaren sind ursprünglich brachyodont und (oligo-)bunodont. Während der Evolution kommt es durch Vermehrung der Höcker zur Polybunodontie und auch zur Bildung von Querjochen (Bi-, Tri-, Tetra- und Polylophodontie). Aus derartigen polylophodonten Zähnen entstehen schließlich unter Erhöhung der Zahnkrone und Einlagerung von Kronenzement die (hypsodonten) Lamellenzähne der Elefanten, die auch zum Aufschließen härterer Nahrung geeignet sind. Aus den primär orthalen Kieferbewegungen entwickeln sich die propalinalen und lateralen. Bei den evoluierten Elefanten wird auch das Kiefergelenk nach oben verlagert und es entsteht das für diese Formen typische „Schaukelgebiß". Die Kaufläche der M sup. ist konvex, jene der M inf. konkav gekrümmt. Damit sind die wichtigsten Evolutionstendenzen im Gebiß aufgezeigt. Eine Übersicht über die Mannigfaltigkeit des Gebisses der Proboscidea gibt die Monographie von OSBORN (1936, 1942), die allerdings durch die überholte Nomenklatur praktisch nur schwer verwertbar ist.

Bei den erdgeschichtlich ältesten, als Proboscidea zu klassifizierenden Formen, den Moeritheriidae (mit *Moeritherium* aus dem Eo-Oligozän Nordafrikas) lautet die Zahnformel $\frac{3\,1\,3\,3}{2\,0\,3\,3} = 36$ (ANDREWS 1906, LEHMANN 1950, COPPENS & BEDEN 1978, TASSY 1981). Das Gebiß zeigt damit bereits eine geringe Reduktion der Zahnzahl, zugleich aber auch eine gewisse Differenzierung des Vordergebisses (Abb. 741; Tafel XLVII). Dieser Gebißtyp wird meist auch als Modell für die Ausgangsformen der späteren Proboscidea angesehen, obwohl *Moeritherium* (*M. lyonsi, M. trigodon = „andrewsi"*) selbst aus morphologischen und zeitlichen Gründen nicht als Stammform der Mastodonten in Betracht kommt. Bei *Moeritherium*

trennt ein kurzes Diastema Vorder- und Backenzahngebiß. Im Vordergebiß ist der etwas gekrümmte, bewurzelte $I^{\underline{2}}$ vergrößert, im Unterkiefer die schräg eingepflanzten $I_{\overline{1}}$ und $I_{\overline{2}}$. Die im Querschnitt gerundet quadratischen $\overline{I}^{\underline{2}}$ zeigen nach LEHMANN (1950) an der Hinterseite eine schräge Nutzspur, die durch die antagonistisch wirkenden Unterkieferincisiven, die eine gemeinsame konvexe Abnutzungsfläche besitzen, hervorgerufen wird. Sie erinnern damit in ihrer Ausbildung und Funktion etwas an die Incisiven von Hyracoidea und sind dementsprechend keine Nagezähne. $I^{\underline{3}}$ und C sup. sind kleine, einwurzelige Zähne. Die P sup. sind bunodont, mit meist zwei Außenhöckern und bei $P^{\underline{3}}$ und $P^{\underline{4}}$ einem etwas jochförmig entwickelten Protocon. $P^{\underline{3-4}}$ sind breiter als lang. Die P inf. nehmen vom $P_{\overline{2}}$ zum $P_{\overline{4}}$ an Breite zu. Sie lassen eine Trennung in Trigonid und Talonid erkennen. Bei $P_{\overline{3}}$ und $P_{\overline{4}}$ tritt zum Proto- und Paraconid ein deutlich abgesetztes Metaconid. Das Talonid besteht aus dem kräftigen Hypoconid und einem niedrigen, kleinen Entoconid. Es ist schmäler als das Trigonid. Die Molaren sind vierhöckrig mit einer Tendenz zur Lophodontie (Abb. 742). An den im Umriß gerundet quadratischen M sup. ist ein kräftiges Vorder-, Innen- und Hintercingulum und ein Hypostyl entwickelt, an den gerundet viereckigen M inf. ist ein Hypoconulid stark ausgebildet. Vom Protoconid verläuft eine stumpfe Paracristidkante schräg nach vorne. Sämtliche Backenzähne sind brachyodont. Die Abkauung ergreift im Oberkiefer die linguale, im Unterkiefer die buccale Zahnhälfte stärker.

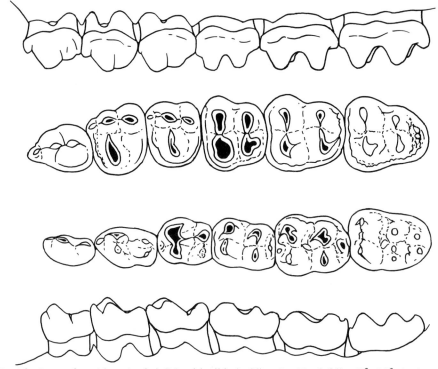

Abb. 741. *Moeritherium andrewsi* (= *trigodon*) (Moeritheriidae), Oligozän, Nordafrika. $P^2 - M^3$ sin. buccal (ganz oben) und occlusal (mitte oben), $P_2 - M_3$ dext. occlusal (mitte unten) und lingual (ganz unten). Nach Abgüssen und OSBORN (1936), umgezeichnet. ca. 1/2 nat. Größe.

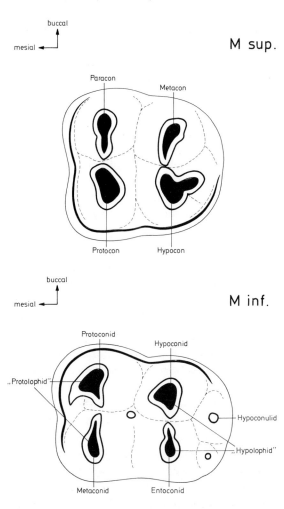

Abb. 742. *Moeritherium*. M sup. und M inf. (Schema).

Palaeomastodon (einschließlich *Phiomia* als Subgenus mit *Palaeomastodon beadnelli* und *Phiomia serridens*) aus dem Alt-Oligozän Afrikas ist der älteste Angehörige der Elephantoidea (ANDREWS 1906, MATSUMOTO 1924, OSBORN 1936, COPPENS et al. 1978, TOBIEN 1978). Die Zahnformel lautet $\frac{1\,0\,3\,3}{1\,0\,2\,3} = 26$. Sie ist damit stärker reduziert als bei *Moeritherium* (Abb. 743, 744; Tafel XLVII). Das Vordergebiß besteht aus zwei divergierenden, leicht nach abwärts gekrümmten, im Querschnitt gerundet dreieckigen und im Kronenbereich teilweise schmelzbedeckten Oberkieferstoßzähnen sowie zwei kürzeren, gestreckten Unterkieferincisiven, die dorsoventral abgeflacht sind und deren Labialrand gezähnt sein kann (*Phiomia serridens*). Rostrum und Symphyse sind etwas verlängert, die große, stirnwärts verschobene Nasenöffnung läßt auf eine rüsselartig vergrößerte und bewegliche Nasen-Oberlippenpartie ähnlich einem Tapir schließen. Das mandibulare Diastema ist länger als das im Oberkiefer. Die Homologisierung dieser als Stoßzähne entwickelten Incisiven ist nicht gesichert, doch dürfte es sich um die $I\frac{2}{2}$ handeln (vgl. *Moeritherium* als Modellform). Damit ist im Vordergebiß jener Zustand erreicht, der für die miozänen longirostrinen Mastodonten – wenn auch mit Modifikationen – typisch ist. Das Backenzahngebiß ist brachyodont, die $P\frac{4}{4}$ sind submolariforme, vierhöckerige Zähne, die bunolophodonten M sup. zwei- (Subgenus *Palaeomasto-*

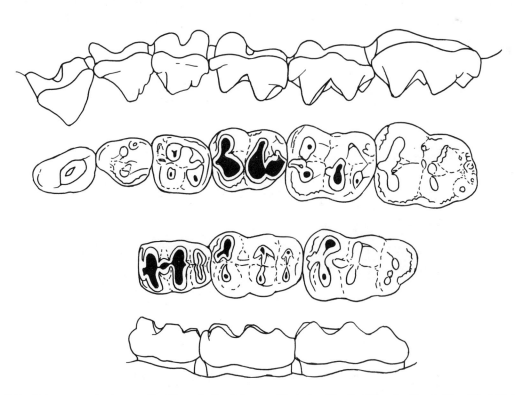

Abb. 743. *Palaeomastodon intermedius* (Gomphotheriidae = „Mastodontidae"), Oligozän, Nordafrika. $P^2 - M^3$ sin. buccal (ganz oben) und occlusal (mitte oben), $M_1 - M_3$ dext. occlusal (mitte unten) und lingual (ganz unten). Nach Abgüssen und OSBORN (1936), umgezeichnet. 1/2 nat. Größe.

don) oder dreijochig (Subgenus *Phiomia*). An den M $\frac{3}{3}$ kommt meist ein Talon(-id) hinzu. Basalbänder sind an den M sup. meist lingual, an den M inf. eher buccal entwickelt, was auch der be-

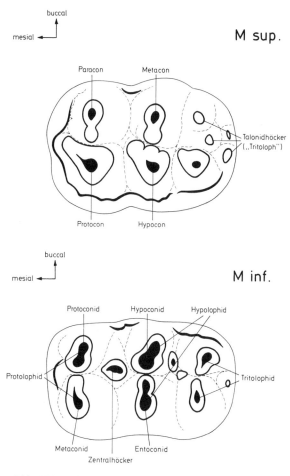

Abb. 744. *Palaeomastodon*. M sup. und M inf. (Schema).

vorzugten Abkauung der jeweiligen Zahnhälfte entspricht. VACEK (1877) hat für die beiden unterschiedlich stark abgekauten Zahnhälften die Begriffe praetrit und posttrit bei den Mastodonten erstmalig eingeführt. Praetrit ist die stärker abgekaute Zahnhälfte, was zugleich die Orientierung isoliert vorliegender Molaren erleichtert. Charakteristisch, und dies verstärkt sich bei den miozänen bunolophodonten Mastodonten, ist das Auftreten von sogenannten Sperrhöckern (= Conuli) in der prätriten Zahnhälfte. Diese Sperrhöcker bilden zusammen mit dem jeweiligen Haupthöcker ein Kleeblattmuster (= „primary trefoils"). Sie fehlen den zygolophodonten Mastodonten, wo sie durch Leisten (Cristae zygodonticae) „ersetzt" sind (s. u.). Die Anordnung der „Joche" ist bei den M sup. senkrecht, bei den M inf. schräg zur Zahnlängsachse (Abb. 743).

Bei *Gomphotherium* (= „*Mastodon*", d. h. Zitzenzahn; Gomphotheriidae = „Mastodontidae" = „Bunomastodontidae" = „Serridentidae") aus dem Miozän setzen sich die bei der *Palaeomastodon-Phiomia*-Gruppe genannten Evolutionstendenzen fort. Die Zahnformel ist zwar unverändert, die vordersten Prämolaren (P $\frac{2}{2}$) sind jedoch hinfällig und deutlich in Reduktion befindliche einhöckrige Zähne. Im Vordergebiß vergrößern sich die I sup. zu richtigen, weiterhin nach abwärts und außen gekrümmten Stoßzähnen, an denen der Schmelz nur bandförmig auftritt oder überhaupt in Reduktion ist (Tafel XLVII; Abb. 745, 746). Die in einer langen, leicht nach abwärts geknickten Symphyse wurzelnden Unterkieferincisiven scheinen stark zu variieren und

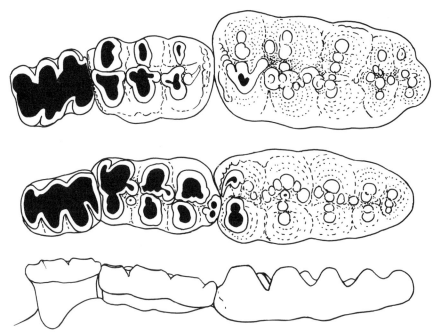

Abb. 745. *Gomphotherium* (= „*Mastodon*") *angustidens* (Gomphotheriidae), Mittel-Miozän, Europa M$^{1-3}$ sin. occlusal (oben), M$_{1-3}$ dext. occlusal (mitte) und lingual (unten). Nach Original und SCHLESINGER (1917), umgezeichnet. ca. 1/3 nat. Größe.

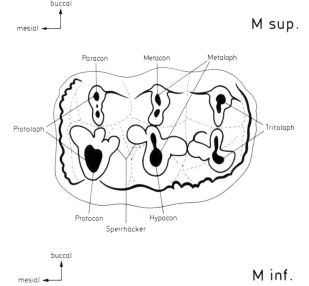

M sup.

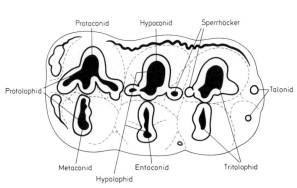

M inf.

Abb. 746. *Gomphotherium.* M sup. und M inf. (Schema). Nach *G. angustidens tapiroides.*

(= „*tapiroides*" SCHLESINGER) mit rein zygodontem Molarenmuster zu trennen (s. u.). Selten kommt es zur Zementeinlagerung im Kronenbereich der Molaren (vgl. TOBIEN 1973, TASSY 1975).

Bei *Tetralophodon longirostris* (Jung-Miozän Europas) wird die Jochzahl der M$\frac{1-2}{1-2}$ von drei auf vier erhöht, die Reduktion der P schreitet fort (Abb. 747, 748). Es ist – wie der Artname vermuten läßt – eine longirostrine Form, doch ist die Ausbildung der I inf. gegenüber *Gomphotherium* etwas verschieden. Die I inf. zeigen meist distale und gelegentlich mediane Nutzspuren, d. h. die Zähne bildeten nicht immer eine funktionelle Einheit (STEININGER 1965).

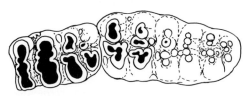

Abb. 747. „*Gomphotherium*" (*Tetralophodon*) *longirostris.* Jung-Miozän, Europa. M$^{2-3}$ sin. occlusal (oben) und M$_{2-3}$ dext. occlusal (unten). Nach Original und SCHLESINGER (1917), umgezeichnet. 1/5 nat. Größe.

können überhaupt völlig reduziert sein. Nach TOBIEN (1973a) und HÜNERMANN (1983) sind für *Gomphotherium angustidens* schmal-spatelförmige I inf. charakteristisch. Sie bilden eine funktionelle Einheit mit „bügeleisenförmiger" Gestalt, wie randliche Nutzflächen und mediane Kontaktflächen erkennen lassen (SCHLESINGER 1917). Da die meisten mandibularen Incisiven nicht im Schädelverband vorliegen, werden die unterschiedlichen Aussagen in taxonomischer Hinsicht und auch im Hinblick auf einen möglichen Geschlechtsdimorphismus verständlich (TOBIEN 1973a), wie überhaupt die von den einzelnen Autoren unterschiedlich gebrauchte Nomenklatur die Übersicht selbst für den Spezialisten erschwert (SCHLESINGER 1917, 1922, OSBORN 1936, BEURLEN & LEHMANN 1944, LEHMANN 1950). Bei *Gomphotherium* (= „*Bunolophodon*" VACEK) *angustidens* lassen sich nach den Molaren *G. angustidens angustidens* als typische Unterart mit rein bunodontem Molarenmuster und *G. angustidens tapiroides* CUVIER (= „*subtapiroidea*" SCHLESINGER) mit etwas zygodontem Bau, jedoch mit Sperrhöckern, unterscheiden. Letztere Form ist jedoch von *Zygolophodon* (= „*Turicius*") *turicensis* SCHINZ

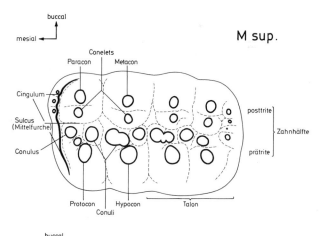

M sup.

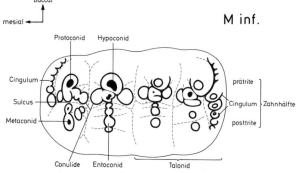

M inf.

Abb. 748. „*Gomphotherium*" (*Tetralophodon*). M sup. und M inf. (Schema).

Anancus (= „*Dibunodon*") *arvernensis* aus dem Plio-Pleistozän Eurasiens und Afrikas und *Pentalophodon* (Pliozän Asiens) bilden die Endformen der *Gomphotherium-Tetralophodon-Anancus*-Reihe. Die I sup. sind bei *Anancus* zu langen, weitgehend gestreckten Stoßzähnen geworden, denen der Schmelz fehlt, die I inf. samt Symphyse reduziert. Es sind brevirostrine Mastodonten, bei denen die Halbjoche der Molaren alternierend angeordnet sind (= Anancoidie) (Abb. 749, 750). Die einzelnen Molarenhöcker zeigen eine leichte Hypsodontie (subhypsodont) sowie Einlagerungen von Kronenzement (Zementodontie). Durch die alternierende Stellung der Halbjoche ist der Mediansulcus nicht mehr ausgeprägt. Dazu kommt die weitgehende Reduktion der Prämolaren.

Bei *Zygolophodon* (= „*Turicius*") *turicensis* und *Mammut borsoni* bzw. *americanum* aus dem Jungtertiär und Pleistozän der Alten und Neuen Welt sind die Molarenhöcker zu richtigen schneidenden Jochen (= zygodont) angeordnet. Sperrhöcker (Conuli) treten weitgehend zurück oder fehlen völlig (Abb. 751–753). Dafür sind an den prätriten Zahnhälften richtige Kämme (crêtes zygodontes prétrites TASSY; Crescentoide TOBIEN 1975) ausgebildet, in der posttriten Hälfte sind es nur Leisten (Cristae zygodonticae) (Abb. 754). Die

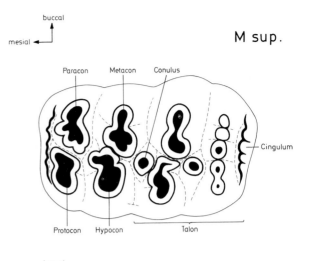

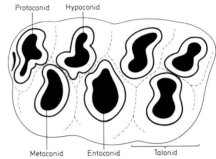

Abb. 750. *Anancus*. M sup. und M inf. (Schema).

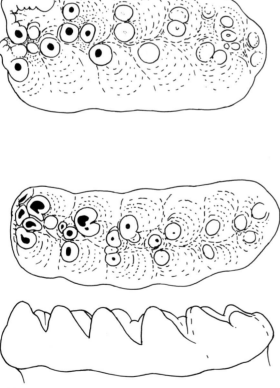

Abb. 749. *Anancus arvernensis* (Gomphotheriidae), Pliozän, Europa. M³ sin. occlusal (oben), M₃ dext. occlusal (mitte) und lingual (unten). Nach Originalen. ca. 1/3 nat. Größe.

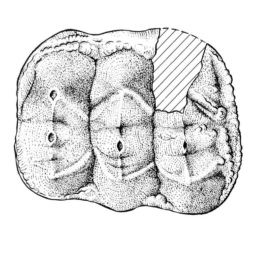

Abb. 751. *Mammut* („*Zygolophodon*") *borsoni* („Mammutidae"), Pliozän, Europa. M² sin. occlusal (oben) und distal (unten). Nach Original. 1/2 nat. Größe.

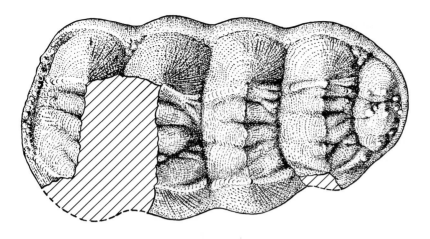

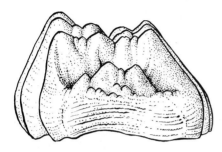

Abb. 752. *Mammut* („*Zygolophodon*") *borsoni*. M_3 dext. occlusal (oben) und distal (unten). Nach Original. 1/2 nat. Größe.

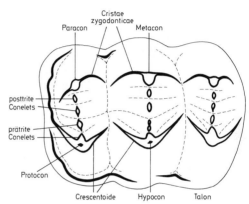

M sup.

Abb. 753. *Mammut americanum* („Mammutidae"), Pleistozän, Nordamerika. M^{2-3} sin. occlusal (oben) und M_{2-3} sin. occlusal (unten). Nach Osborn (1936), verändert umgezeichnet. 1/5 nat. Größe.

M inf.

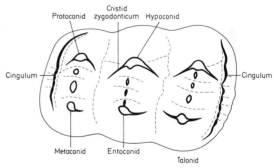

Abb. 754. *Zygolophodon* (*turicensis*). M sup. und M inf. (Schema).

$M\frac{1}{1}$ und $M\frac{2}{2}$ überschreiten das trilophodonte Stadium nie. Bei den zygolophodonten Mastodonten kommt es ähnlich wie bei den bunodonten Formen zur Reduktion der I inf. unter Verkürzung der Symphyse, zur Unterdrückung der Prämolaren und zur Verkürzung des Schädels.

Als Sonderformen seien hier die *Choerolophodon*-„*Synconolophus*"-Gruppe (mit *Ch. pentelici* und „*S. serridentinoides*") aus dem Jungmiozän Eurasiens und ? Afrikas und die miozäne *Platybelodon-Amebelodon*-Gruppe erwähnt. Für die erstgenannten Mastodonten ist das choerodonte, d. h.

weitgehend suide Molarenmuster (mit zusätzlichen Höckern und Conuli, die eine Runzelung durch Furchen und Wülste [Ptychodontie] zeigen) typisch (Schlesinger 1917, Tobien 1973, Viret 1953), zu der noch die obligate Zementeinlagerung im Kronenbereich kommt (Abb. 755). Die I sup. sind leicht nach aufwärts und auswärts gekrümmt; I inf. fehlen trotz langer Symphyse. Demgegenüber sind bei der *Platybelodon-Amebelodon*-Gruppe die I inf. mehr oder weniger stark schaufelförmig verbreitert (Zahnformel $\frac{1\,0\,0\,3}{1\,0\,0\,3} = 16$) (Barbour 1927, 1932, Borissiak

1929). Eine Tendenz, die bereits bei *Palaeomastodon* (*Phiomia*) angedeutet ist (Abb. 756). Diese Schaufelzähner (= „shovel-tuskers") sind aus Afrika, Eurasien und Nordamerika bekannt geworden. Es sind bunodonte, trilophodonte Mastodonten, bei denen es zur Subhypsodontie der einzelnen Molarenhöcker kommt. Die Platybelo-

donten verschwinden im Late Clarendonian Nordamerikas.

Bei den neuweltlichen Stegomastodonten (*Stegomastodon* aus dem Plio-Pleistozän) ist nicht nur die Vermehrung von Jochen an den M $\frac{3}{3}$ und die Einlagerung von Zement im Kronenbereich, sondern auch das Auftreten zusätzlicher Conuli (in den posttriten Zahnhälften = „secondary trefoils"; TOBIEN 1973) charakteristisch. Ähnliche sekundäre Elemente finden sich bei *Haplomastodon* und *Cuvieronius* (= „*Cordillerion*") aus dem Pleistozän Südamerikas (SIMPSON & PAULA COUTO 1957). Es sind durchweg trilophodonte, brevirostrine Mastodonten. Bei *Cuvieronius* sind die weitgehend gestreckten I sup. tordiert, d. h. spiralig verdreht und mit einem gleichfalls spiralig verlaufenden Schmelzband versehen.

Bei *Stegolophodon* (Pliozän Asiens) ist eine etwas andere Evolutionstendenz festzustellen. Für diese Gattung ist das zygobunodonte (= stegodonte) Molarenmuster typisch (Abb. 757), wie es bei *Stegodon* weiterentwickelt ist. Die Halbjoche beste-

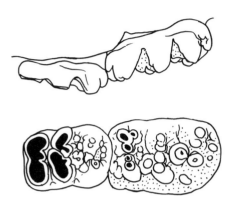

Abb. 755. *Choerolophodon pentelicus* (Gomphotheriidae), Jung-Miozän, Europa. D^4 – M^1 sin. buccal (oben) und occlusal (unten). Nach OSBORN (1936), umgezeichnet. ca. 1/3 nat. Größe.

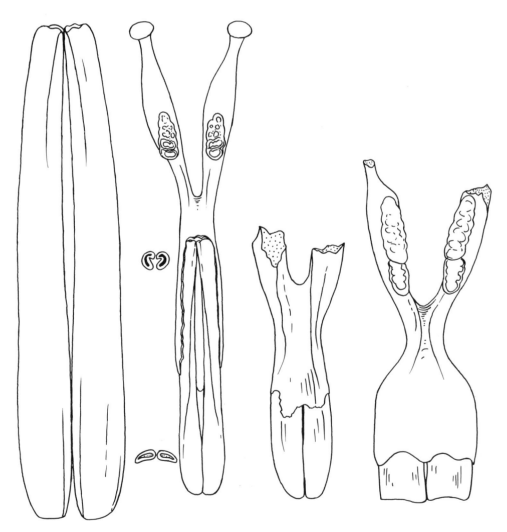

Abb. 756. Mandibulare Symphysenregion samt Incisiven bei verschiedenen Gomphotheriiden. Von links nach rechts. *Amebelodon fricki* (Incisiven links gänzlich freigelegt), *Phiomia wintoni* und *Platybelodon danovi*. Beachte schaufelförmige Vergrößerung bei *Platybelodon*. Nach OSBORN (1936), umgezeichnet. Nicht maßstäblich.

hen bei *Stegolophodon* aus jeweils zwei Höckern, die zusammen ein Querjoch bilden. Die Vermehrung der Jochzahl und Kronenzement sind weitere Kennzeichen dieser brevirostrinen Linie.

Für *Stegodon* (Stegodontidae; Plio-Pleistozän Asiens und Afrikas) ist die Vergrößerung der Oberkieferstoßzähne und die Vermehrung der Joche an den Molaren, die jedoch keine Tendenz zur Hypsodontie zeigen, sowie die Reduktion der Prämolaren kennzeichnend (OSBORN 1942) (Abb. 758, 759). Ursprünglich als Ahnenformen der Elefanten angesehen, sprechen morphologische Befunde (wie Reduktion der P) und das zeitliche Auftreten dieser Rüsseltiere gegen diese Annahme. Die Molaren der Stegodonten bleiben brachyodont. Die Jochzahl kann bei *Stegodon* bis auf 15 erhöht sein. Die Jochformel lautet bei *Stegodon insignis* M $1\frac{6-8}{7-10}$, M $2\frac{7-8}{7-12}$ und M $3\frac{9-11}{9-13}$ (OSBORN 1942).

Bei den Elefanten (Elephantidae) kommt zur Jochvermehrung auch die Hypsodontie der Bakkenzähne. Letztere ist nach MAGLIO (1973) erstmalig bei der nur unvollständig dokumentierten Gattung *Primelephas* aus dem Jungmiozän und älteren Pliozän Afrikas als ältestem Vertreter der Elephantinae zu beobachten (Abb. 760, 761). Die Höhe der Höcker erreicht bei *P. gomphotheroides* maximal 3/4 der Jochbreite (Hypsodontie-Index: 61–64 für M $\frac{3}{3}$). Die Joche bestehen aus einer

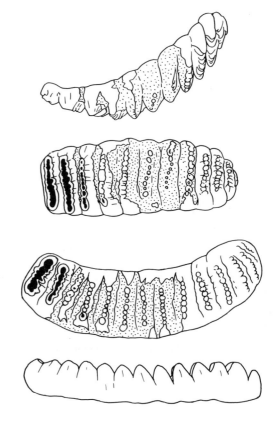

Abb. 758. *Stegodon orientalis* (Stegodontidae), Pleistozän, Südasien. M³ sin. buccal (ganz oben) und occlusal (mitte oben), M₃ dext. occlusal (mitte unten) und lingual (ganz unten). Beachte hohe Jochzahl, deren Krone nicht erhöht ist. Zementeinlagerungen punktiert. Nach OSBORN (1936), umgezeichnet. 1/5 nat. Größe.

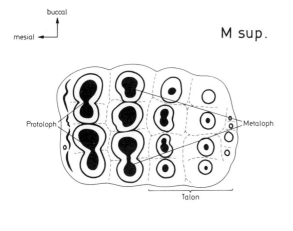

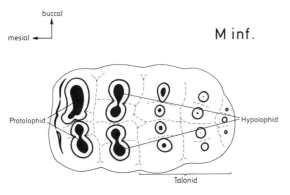

Abb. 757. *Stegolophodon* (Stegodontidae), Pliozän, Asien. M sup. und M inf. (Schema).

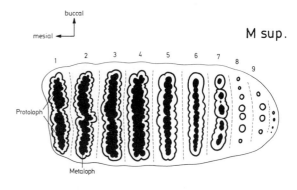

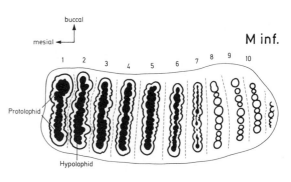

Abb. 759. *Stegodon*. M sup. und M inf. (Schema).

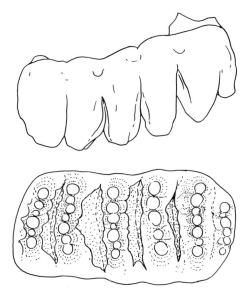

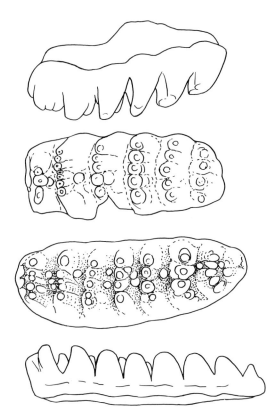

Abb. 760. *Primelephas gomphotheroides* (Elephantidae), Jüngst-Miozän, Ostafrika. M³ sin. buccal (oben) und occlusal (unten). Beachte hypsodonte Zahnhöcker. Zementeinlagerungen zwischen den Jochen. Nach MAGLIO (1973), umgezeichnet. ca. 1/3 nat. Größe.

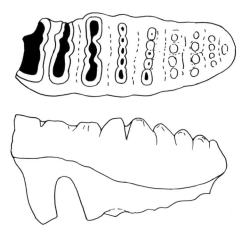

Abb. 762. *Stegotetrabelodon* (Gomphotheriidae oder Elephantidae, Stegotetrabelodontinae), Mio-Pliozän, Afrika. *St. orbus*: M³ sin. buccal (ganz oben) und occlusal (mitte oben). *St. syrticus*: M₃ dext. occlusal (mitte unten) und lingual (ganz unten). Nach MAGLIO (1973), umgezeichnet. ca. 1/5 nat. Größe.

Abb. 761. *Primelephas gomphotheroides*. M₃ dext. occlusal (oben) und lingual (unten). Nach MAGLIO (1973), umgezeichnet. ca. 1/3 nat. Größe.

wechselnden Zahl (3–7) seitlich miteinander an der Basis verschmolzener Höcker, eine Medianfurche fehlt. Sperrhöcker treten nur ganz selten auf. Die Täler zwischen den Jochen sind v-förmig. Der 3–6 mm dicke Schmelz ist nicht gefaltet. Die Lamellenfrequenz (Zahl der Lamellen auf 10 cm) beträgt 3–4 (vgl. dazu Abb. 769). Kronenzement ist häufig, füllt jedoch die Täler nicht komplett. In der kurzen Symphyse sitzen bei einigen Formen kurze I inf.

Bei *Stegotetrabelodon*, die MAGLIO (1973) gleichfalls als Elephantidae klassifiziert, sind die Bakkenzahnhöcker nicht hypsodont, und im Unterkiefer sind (noch) kräftige Stoßzähne entwickelt (Abb. 762, 763).

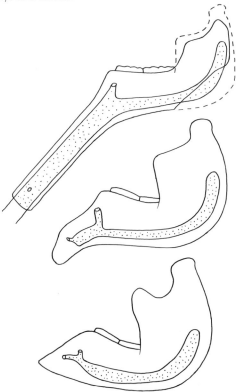

Abb. 763. Unterkiefer samt Mandibularkanal und (hinfälligem) Incisivealveolarraum (punktiert) bei *Stegotetrabelodon* (? Gomphotheriidae; oben) und Elefanten (*Loxodonta adaurora*, Pleistozän, Afrika; *L. africana*, rezent, Afrika). Nach MAGLIO (1973), umgezeichnet. Nicht maßstäblich.

Innerhalb der plio-pleistozänen Elefanten sind drei Gruppen (*Mammuthus* = „*Mammonteus*", *Elephas* und *Loxodonta*) zu unterscheiden. Die Zahnformel lautet, mit Ausnahme einiger Primitivformen, wie etwa *Elephas planifrons* oder Zwergformen, wie *Elephas celebensis* mit rudimentären I inf. (HOOIJER 1954, MAGLIO 1973), $\frac{1\,0\,0\,3}{0\,0\,0\,3} = 14$. Damit ist die maximale Gebißreduktion bei den Proboscidea erreicht (Abb. 764). POHLIG (1888, 1891), der sich eingehend mit dem eiszeitlichen Waldelefanten (*Elephas* [*Palaeoloxodon*] „*antiquus*") befaßt hat, entwickelte eine eigene Terminologie für die Kennzeichnung von Elefantenmolaren. Er unterschied erstmalig archidiskodonte (wie *Mammuthus meridionalis*), loxodonte (wie *Loxodonta africana*) und polydiskodonte Typen (wie *M. primigenius*) nach der Form der Zahnlamellen und führte die Begriffe Digitellen (Pfeiler neben oder zwischen den Lamellen) sowie median lamellar, lateral annular (med. lam. lat. an. = starker Median-, schwacher Lateralpfeiler) und median annular, lateral lamellar (med. ann. lat. lam. = starke Lateralpfeiler, schwache Me-

dianpfeiler) für die unterschiedlichen Abrasionstypen der einzelnen Lamellen ein (Abb. 766, 769). Bei ersterem kann der Mittelpfeiler der Lamelle aus mehreren Mamillen bestehen, wie Keimzähne oder nur schwach abgekaute Lamellen zeigen (SOERGEL 1913, 1921). Anstelle von externe und interne Lateralpfeiler sind Bezeichnungen wie Buccal- und Lingualpfeiler vorzuziehen.

Bei *Mammuthus* ist die schrittweise Erhöhung der Zahnkronen von *M. subplanifrons* (Alt-Pliozän) über *M. meridionalis* (Plio-Pleistozän) zu *M. armeniacus* (= „*trogontherii*", Alt-Pleistozän) und *M. primigenius* (Jungpleistozän) zu verfolgen. Zugleich erhöht sich durch die Verschmälerung der Lamellen vom archidiskodonten (= „broadly plated") zum polydiskodonten (= „finely plated") Molarentyp auch die Lamellenfrequenz von 2.5–4.5 bis zu 7–12 bei *M. primigenius* (Abb. 765–767; Tafel XLVIII). Bei dieser Art ist mit 27 Lamellen am $M\frac{3}{3}$ das Maximum erreicht. Kronenzement füllt die Täler, so daß der Lamellenzahn eine weitgehend ebene Kaufläche besitzt. Diese ist bei den M sup. leicht konvex, bei den M inf. leicht konkav gekrümmt. Die Abkauung der Molaren erfolgt nicht senkrecht, sondern schräg zur Längsachse der Lamellen. Entsprechend der größeren Widerstandsfähigkeit überragt der Schmelz das Dentin oder den Zement. Die Lamellenformel lautet bei *M. primigenius*

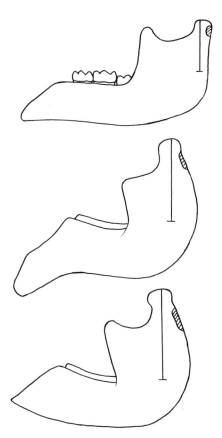

Abb. 764. Unterkiefer von Mastodonten (*Mammut americanum*, oben) und Elefanten (*Loxodonta adaurora*, mitte, und *L. africana*, unten). Beachte Veränderung der Kieferform durch Erhöhung des Ramus ascendens (Strich = Abstand des Condylus mandibularis von der Occlusionsebene). Ferner Vergrößerung der Ansatzstelle für den Musculus pterygoideus lateralis. Nach MAGLIO (1973), umgezeichnet. Nicht maßstäblich.

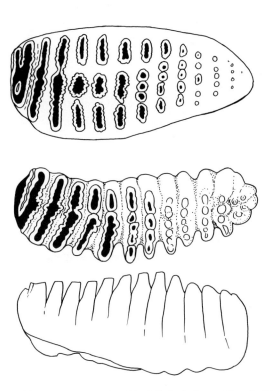

Abb. 765. *Mammuthus* (*Archidiskodon*) *meridionalis* (Elephantidae), Ältest-Pleistozän, Europa. M^3 sin. occlusal (oben), M_3 dext. occlusal (mitte) und lingual (unten). Beachte Lamellentyp (s. Text). Nach MAGLIO (1973), umgezeichnet. ca. 1/5 nat. Größe.

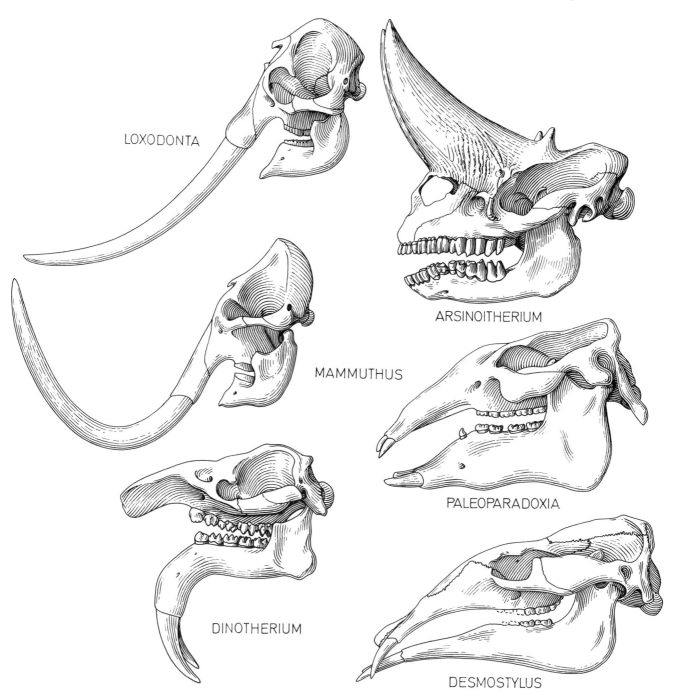

Tafel XLVIII. Schädel (Lateralansicht) rezenter und fossiler Proboscidea (linke Reihe) sowie fossiler Embrithopoda und Desmostylia (rechte Reihe). *Loxodonta* (rezent) und *Mammuthus* (Pleistozän) als spezialisierte Elephantidae. Mandibular-stoßzähne völlig reduziert. *Dinotherium* (Dinotheriidae, Miozän bis Pleistozän) mit massiven hakenförmig gekrümmten Unterkieferstoßzähnen. Keine Oberkieferstoßzähne. *Arsinoitherium* (Embrithopoda: Arsinoitheriidae, Oligozän). *Paleoparadoxia* (Cornwalliidae, Miozän) und *Desmostylus* (Desmostylidae, Miozän) als unterschiedlich hoch spezialisierte Angehörige der Desmostylia. Beachte entfernt an Flußpferde erinnerndes Vordergebiß. Nicht maßstäblich.

M $1\frac{12-14}{11-14}$, M $2\frac{15-17}{15-16}$ und M $3\frac{20-27}{20-27}$. Die zunehmende Komplikation des Molarengebisses bei der Gattung *Mammuthus* wird mit dem Lebensraum und damit mit der unterschiedlichen Ernährung in Zusammenhang gebracht. Aus *M. meridionalis* als Bewohner von Savannen oder Waldsteppen entwickeln sich Kaltsteppenformen der eiszeitlichen Lößsteppe. Die wurzel- und schmelzlosen (Schmelzkappe nur selten bei jugendlichen Indivi-

duen) I sup. entwickeln sich vom ursprünglich nur leicht gekrümmten Stoßzahn bei *M. meridionalis* zu riesigen, außen und nach innen spiralig gekrümmten Zähnen, deren Spitzen sich einander zuwenden. Sie können bei *M. primigenius* eine Länge von über 3 m erreichen (GARUTT 1964). Das Gewicht eines einzelnen Zahnes übertrifft 150 kg. Über die Funktion der Stoßzähne des Mammut bei der Nahrungsaufnahme wird disku-

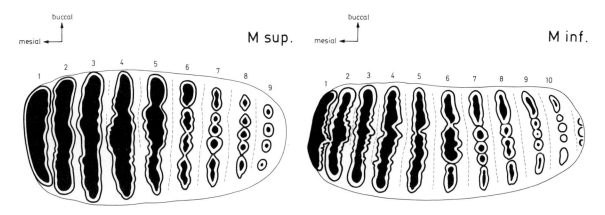

Abb. 766. *Mammuthus meridionalis.* M sup. und M inf. (Schema).

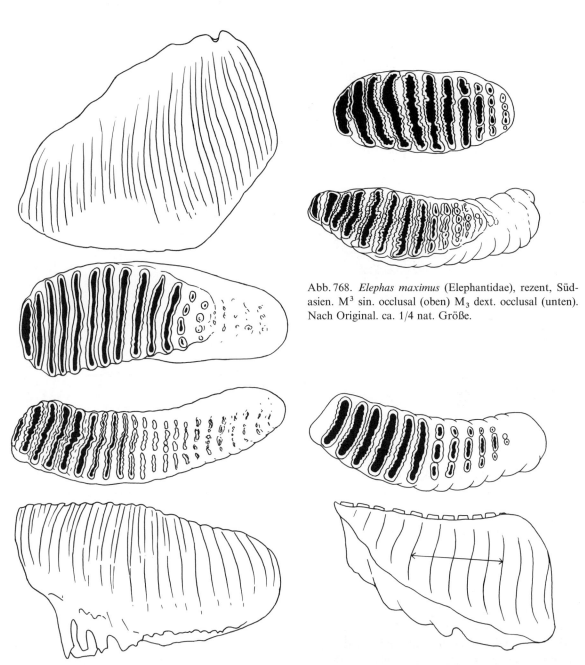

Abb. 768. *Elephas maximus* (Elephantidae), rezent, Südasien. M^3 sin. occlusal (oben) M$_3$ dext. occlusal (unten). Nach Original. ca. 1/4 nat. Größe.

Abb. 767. *Mammuthus primigenius*, Jung-Pleistozän, Eurasien. M^3 sin. buccal (ganz oben) und occlusal (mitte oben), M$_3$ dext. occlusal (mitte unten) und lingual (ganz unten). Nach Original und MAGLIO (1973), umgezeichnet. ca. 1/3 nat. Größe.

Abb. 769. *Elephas (Palaeoloxodon) namadicus* (= „*antiquus*"). M$_2$ dext. occlusal (oben) und lingual (unten) mit Angabe der Lamellenfrequenz (Pfeil auf Länge von 10 cm). Nach MAGLIO (1973), geändert umgezeichnet.

tiert. Neben dieser Funktion spielten die Stoßzähne zweifellos eine große Rolle im innerartlichen Sozialverhalten.

Bei *Elephas maximus* (= „*indicus*") setzen sich die Molaren aus schmalen Lamellen zusammen, die im unabgekauten Zustand die ursprüngliche Zusammensetzung aus zahlreichen Pfeilern (= Höckern) erkennen lassen (Abb. 768). Die Lamellenzahl für den M 3 lautet 18–24, die Lamellenfrequenz 5–9. Stoßzähne fehlen oft den weiblichen Individuen. Bemerkenswert ist, daß Elefantenembryonen nicht nur eine rudimentäre Schmelzkappe an den I sup (ANTHONY 1933, ANTHONY & FRIANT 1941), sondern auch eine relativ lange Unterkiefersymphyse besitzen (EALES 1931).

Bei Waldelefanten *Elephas* (= *Palaeoloxodon*) *namadicus* (= „*antiquus*") aus dem Alt- bis Jungpleistozän Eurasiens lautet die Lamellenformel M 1 $\frac{10-11}{9-11}$, M 2 $\frac{11-15}{11-15}$ und M 3 $\frac{12-17}{13-18}$ (Abb. 769). Es ist jene Art, von der die quartärzeitlichen Zwergelefanten der Mittelmeerinseln (wie Sizilien, Malta, Kreta, Zypern) abgeleitet werden (*E. falconeri, mnaidriensis, melitensis* und andere) (AMBROSETTI 1968).

Für *Loxodonta africana* ist die rautenförmige (loxodonte = „lozenge-shaped") Gestalt der Lamellenquerschnitte an den Backenzähne typisch, ein bereits für F. CUVIER (1825) entscheidendes Merkmal (Abb. 770; Tafel XLVIII). Die Lamellenfor-

meln lauten M 1 $\frac{8-9}{8-10}$, M 2 $\frac{9-12}{11-12}$ und M 3 $\frac{12-14}{10-15}$ (COPPENS et al. 1978). Verlauf und Ausbildung der Stoßzähne sind bei Wald- und Steppenelefanten verschieden. Bei *Loxodonta adaurora* (Pliozän Afrikas) sind nach MAGLIO (1973) rudimentäre Incisivenkammern in der Mandibel vorhanden, die Lamellenformeln lauten M 1 $\frac{7}{6-7}$, M 2 $\frac{7-8}{6-8}$ und M 3 $\frac{8-10}{10-11}$. *Loxodonta africana* ist nach der Ernährungsweise als „mixed type" zwischen „browser" und „grazer" zu bezeichnen.

Wie sehr nicht nur die Backenzähne als ganzes, sondern auch die Zahnhöcker und Zahnlamellen während der Evolution bei den Elefanten umgestaltet wurden, zeigen die Abb. 771 und 772.

Dinotherium (= *Deinotherium*) aus dem Jungtertiär und Ältestpleistozän Eurasiens und Afrikas ist die bekannteste Gattung der Dinotherioidea. Kennzeichnend sind ein Paar mandibularer Stoßzähne, das Fehlen der I sup. und die meist bilophodonten Backenzähne (Abb. 773, 774; Tafel XLVIII). Die Zahnformel lautet $\frac{0\,0\,2\,3}{1\,0\,2\,3}$ = 22. Ganz selten treten auch mehr minder rudimentäre P $\frac{2}{2}$ bei *Dinotherium* auf (GRÄF 1957). Lediglich die D $\frac{4}{4}$ und die M $\frac{1}{1}$ sind trilophodont. Die I inf. sind stoßzahnartig vergrößert und nur bei erst durchgebrochenen Zähnen mit Schmelz bedeckt. Sie stecken in einer massiven, entweder langen, nach abwärts gekrümmten (wie bei *D. giganteum*) oder in einer kurzen, abgeknickten Symphyse (*D. bozasi*). Sie sind meist leicht nach hinten und mit den

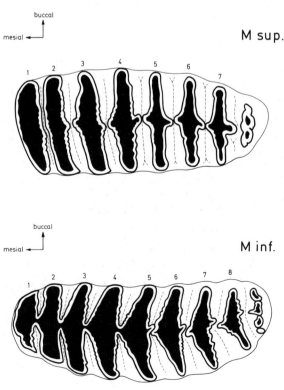

Abb. 770. *Loxodonta* (Elephantidae), rezent, Afrika. M sup. und M inf. (Schema).

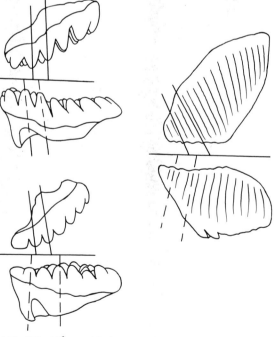

Abb. 771. M $\frac{3}{3}$ verschiedener Proboscidea, um den Wechsel der Orientierung der Zahnhöckerreihen bzw. -lamellen zur Occlusionsebene (Strich) auf dem Weg von Mastodonten zum Elefanten aufzuzeigen. *Stegotetrabelodon* (oben), *Primelephas* (unten) und *Mammuthus* (rechts). Nach MAGLIO (1973), umgezeichnet. Nicht maßstäblich.

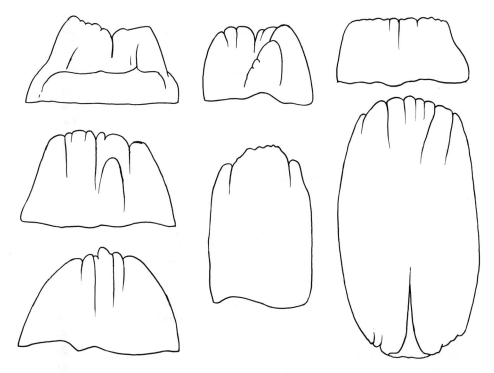

Abb. 772. Zahnhöckerreihen bzw. -lamellen (Distalansicht) von Mastodonten, Stegodonten und Elefanten. Linke Reihe von oben nach unten: *Mammut, Stegotetrabelodon* und *Primelephas*. Mittlere Reihe: *Gomphotherium* und *Elephas* (*namadicus*). Rechte Reihe: *Stegodon* und *Elephas* (*recki*). Nach MAGLIO (1973), verändert und ergänzt. Nicht maßstäblich.

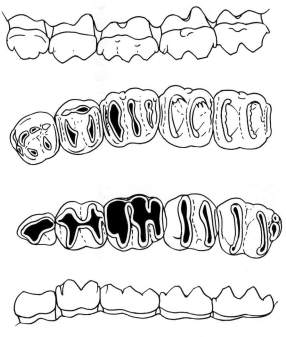

Abb. 773. *Dinotherium* „*levius*" (Dinotheriidae), Mittel-Miozän, Europa. $P^3 - M^3$ sin. buccal (ganz oben) und occlusal (mitte oben), $P_3 - M_3$ dext. occlusal (mitte unten) und lingual (ganz unten). Nach Original. 1/5 nat. Größe.

Spitzen leicht nach außen gekrümmt, median etwas abgeflacht (Querschnitt rundlich bis schwach elliptisch) und besitzen vermutlich keine persistierende Pulpa. Die Länge der Zähne nimmt nämlich durch Abnutzung bei älteren Tieren ab. Bisher liegen keine Hinweise auf einen sexuellen Dimor-

phismus der I inf. vor (HARRIS 1975). Ein langes Diastema trennt die Stoßzähne vom Backenzahngebiß. Die anisognathen Backenzahnreihen verlaufen weitgehend parallel, sind nach außen ganz leicht konvex gekrümmt. Die P sup. variieren etwas in Umriß und Bau. Meist sind sie subquadratisch. Zu einem Außenjoch aus meist zwei untereinander verbundenen Höckern kommen zwei Innenhöcker, die durch Einschnitte vom Außenjoch getrennt sind und erst mit zunehmender Abkauung Querjoche bilden. Vorder- und Hintercingulum begrenzen die Zähne mesial und distal. Die gleichfalls mit einem Vorder- und Hintercingulum versehenen M sup. sind ausgesprochen lophodont, der im Umriß gerundete rechteckige M^1 mit konvexem Lingualrand ist trilophodont, die subquadratischen M^2 und M^3 hingegen bilophodont. Die Joche sind nicht wie bei *Tapirus* durch ein Ectoloph verbunden. An der Distalseite von Proto- und Metaloph laufen von den Jochrändern je zwei Wülste (= „buttress" = „Pfeiler") schräg medianwärts (Abb. 774). Die Jochkanten selbst sind am unabgekauten Zahn konkav eingesenkt und nach vorne konvex gekrümmt. Sie lassen eine Kerbung durch mindestens zwölf Furchen erkennen. Die Abkauung ergreift zunächst die mesiale Kante der Querjoche. Unterschiede im Abkauungsgrad zeigen, daß die Zähne beim adulten Tier zwar alle gleichzeitig in Funktion stehen, diese jedoch nacheinander einrücken (M^1, P^4, P^3, M^2 und M^3). Ein horizontaler Zahnersatz war bei den Di-

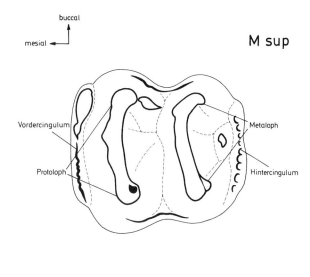

M sup

buccal
mesial

Vordercingulum

Protoloph

Metaloph

Hintercingulum

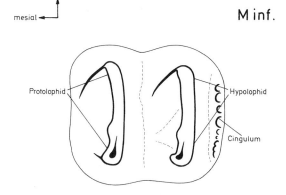

M inf.

buccal
mesial

Protolophid

Hypolophid

Cingulum

Abb. 774. *Dinotherium.* M sup. und M inf. (Schema).

notherien nicht vorhanden. Die im Umriß gerundet dreieckige, nach distal verbreitete Krone des $P_{\overline{3}}$ besteht aus dem mehr oder weniger schneidenden Protoconid, das durch ein Parastylid verlängert wird und dem niedrigen Innenhöcker (Metaconid). Der gerundet quadratische und mit Vorder- und Hintercingulum versehene $P_{\overline{4}}$ ist bilophodont, ein niedriger, vom Hypoconid entspringender Längswulst verbindet Proto- und Hypolophid bei stärkerer Abkauung. An den M inf. ist stets ein Hintercingulum entwickelt. Der $M_{\overline{1}}$ ist trilophodont, $M_{\overline{2}}$ und $M_{\overline{3}}$ sind bilophodont. Die gleichfalls gekerbten Jochkanten sind etwas nach vorne konkav gekrümmt, die gegen median verlaufenden Wülste liegen an der Mesialseite. Die Abkauung betrifft zuerst die distale Kante der Querjoche.

Die Kaubewegungen erfolgen nach GRÄF (1956) durchaus orthal, bei geringem passiven Vor- oder Rück- und Seitwärtsgleiten der Unterkieferzähne. Wie HARRIS (1975) ausführt, hat das Backenzahngebiß zwei verschiedene Funktionen: die vorderen Zähne (P) als quetschender, die hinteren (M) als schneidender Apparat. Die $M\frac{1}{1}$ beginnen zunächst als Teil der schneidenden Batterie, mit zunehmender Abkauung übernehmen sie die mehr quetschende Funktion. Die Dinotherien waren im Gegensatz zu den als „grinding browsers" zu bezeichnenden Moeritherien und Mastodonten „shearing browsers" (wobei das Tritolophid am

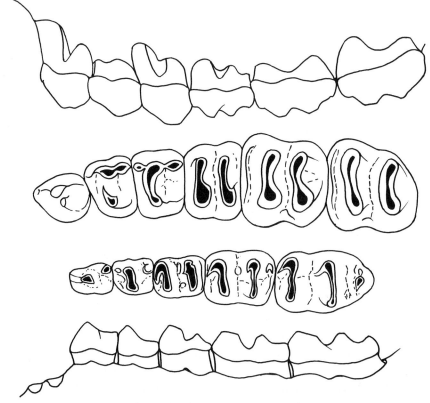

Abb. 775. *Numidotherium koholense* (Barytherioidea), Eozän, Nordafrika. $P^2 - M^3$ sin. buccal (ganz oben) und occlusal (mitte oben), $P_3 - M_3$ dext. occlusal (mitte unten) und lingual (ganz unten). Nach MAHBOUBI & al. (1986), umgezeichnet. ca. 2/3 nat. Größe.

$M_{\overline{3}}$ durch Abkauung zu einer „crushing function" führte) mit einem nach HARRIS (1975) – zumindest bei *Prodinotherium hobleyi* aus dem Altmiozän – eher tapirähnlichen, als elefantenartig gestalteten Rüssel, bei denen die Unterkieferstoßzähne der Nahrungsbeschaffung dienten (vgl. auch WEGNER 1948).

Bei *Barytherium* (Barytheriidae = „Barypoda" ANDREWS) aus dem Jungeozän Nordafrikas, einer Gattung, die verschiedentlich mit dem jungtertiären *Dinotherium* in Beziehung gebracht wird, lautet die Zahnformel $\frac{2\,0\,3\,3}{2\,0\,3\,3} = 32$ (HARRIS 1978). Die I sup. sind senkrecht eingepflanzt, die äußeren Incisiven (I^2) sind größer als die inneren. Bei den horizontal eingepflanzten I inf. sind die inneren Zähne größer als die äußeren. Dadurch erinnert das Vordergebiß etwas an jenes von *Hippopotamus*. Diastemata trennen Vorder- und Backenzahngebiß. Die $P\frac{4}{4}$ und die Molaren sind wie bei *Pyrotherium* und *Dinotherium* bilophodont. Am $M_{\overline{3}}$ ist ein Talonid entwickelt.

Mit *Numidotherium koholense* aus dem Eozän von Algerien ist eine etwas primitivere, kleinere Art der „Barytherioidea" nachgewiesen (MAHBOUBI, AMEUR, CROCHET & JAEGER 1986). Die Zahnformel lautet zwar $\frac{3\,1\,3\,3}{2\,0\,3\,3} = 36$ wie bei *Moeritherium*, doch sind die mandibularen Incisiven einander nicht alle homolog. Die $I\frac{2}{1}$ sind vergrößert. Die Molaren sind bilophodont (Abb. 775).

3.31 Desmostylia (= „Desmostyloidea" = „Desmostyliformes")

Die Desmostylia sind eine artenarme, nur aus dem Tertiär des Nordpazifik bekannte Säugetiergruppe, die meist als Angehörige der Sirenia klassifiziert wurden, bis sie von REINHART (1953, 1959) zu einer eigenen Ordnung erhoben wurden. Neuerdings werden sie von MCKENNA (1975) zusammen mit den Proboscidea und Sirenia wegen ihrer räumlichen Verbreitung und des Modus des Zahnersatzes als Tethytheria klassifiziert. Jüngste Funde aus dem Oligozän des Nordpazifiks (*Behemotops*) und dem Paleozän von China (*Minchenella*) bestätigen nach DOMNING, RAY & MCKENNA (1986) wurzelnahe Beziehungen der Sirenia, Desmostylia und Proboscidea und lassen letztere als Schwestergruppen erscheinen. Die Desmostylia waren im Gegensatz zu den Sirenen quadrupede Küstenbewohner, die nach ihrer Lebensweise entweder mit Flußpferden oder auch mit Walrossen verglichen werden, mit einem (poly-)bunodonten Backenzahngebiß. Dieses war

seinerzeit auch Anlaß, sie mit den Multituberculaten in Verbindung zu bringen (ABEL 1922).

Das Gebiß besteht aus einigen vergrößerten und zum Teil als Stoßzähne ausgebildeten Schneide- oder Eckzähnen, die von den oligo- bis polybunodonten Backenzähnen meist durch ein weites Diastema getrennt sind. Die Zahnformeln lassen die zunehmende Reduktion im Vordergebiß erkennen. Sie schwanken zwischen $\frac{?3\,?1\,3\,3}{3\,1\,4\,3} = ?\,42$ bei *Paleoparadoxia* und $\frac{0\,1\,3\,3}{1\,1\,3\,3} = 30$ bei *Desmostylus*. Von *Behemotops* sind nur Unterkieferreste bekannt. Die Backenzähne selbst sind brachyodont bis hypsodont.

Innerhalb der Desmostylia lassen sich zwei Stämme unterscheiden: die Cornwalliidae mit *Cornwallius* (Jungoligozän) und *Paleoparadoxia* (Altmiozän) sowie die Desmostylidae mit *Vanderhoofius* und *Desmostylus* (Miozän); sie sind unterschiedlich gut dokumentiert, auch im Gebiß. Ähnlich wie bei manchen Proboscidea und Sirenia kommt es bei den spezialisierten Desmostylia zu einem horizontalen Zahnersatz im Backenzahngebiß.

Hier sind *Behemotops* und *Paleoparadoxia* als etwas primitivere und *Desmostylus* als abgeleitete Gattung berücksichtigt. Bei *Behemotops emlongi* erinnert der Unterkiefer durch die breite, schaufelförmige Symphysenpartie, die vergrößerten, stoßzahnähnlichen und seitlich komprimierten C inf. mit Differenzierung in schmelzbedeckte Krone und Wurzel und die sechs, untereinander wohl gleich großen, gestreckten I inf. (nur Alveolen bekannt) an *Hippopotamus* (Abb. 776). Die mandibulare Zahnformel lautet 3 1 4 3. Die P inf. sind bei *B. proteus* gleichfalls nicht molarisiert (Abb. 777). Die Krone besteht aus einem oder zwei hypsodonten Haupthöckern. Der $D_{\overline{4}}$ ist trilobat. Die M inf. sind vierhöckrig, die Krone ist brachyodont, lediglich am $M_{\overline{3}}$ ist eine Höckerhypsodontie („Bunostylodontie") festzustellen (DOMNING, RAY & MCKENNA 1986). Wie weit die Unterschiede im Vordergebiß einem Geschlechtsdimorphismus entsprechen, ist noch nicht endgültig zu beurteilen.

Bei *Desmostylus hesperus* (= „*japonicus*") sind die Zähne des Vordergebisses zu Stoßzähnen vergrößert (Tafel XLVIII). Im Oberkiefer sind es die C sup., die ähnlich den Stoßzähnen bei Mastodonten schwach nach unten gekrümmt sind, im Unterkiefer zwei Paar gestreckte, leicht nach außen divergierende Stoßzähne, die in einer langen und zugleich breiten Symphysenpartie stecken und median durch ein Diastema getrennt sind. Das mediane Paar ist etwas kleiner als die lateralen C inf. Die Stoßzähne besitzen zumindest zum Teil offene Pulpen, ihre Spitzen sind mit Schmelz bedeckt (VANDERHOOF 1937). Der Bau der Bak-

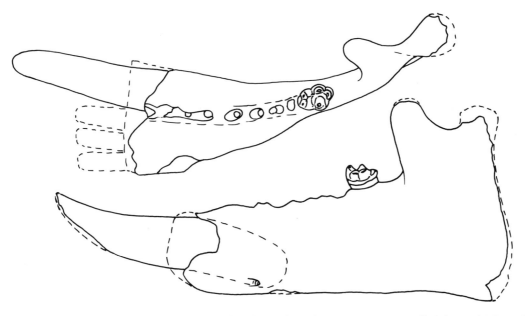

Abb. 776. *Behemotops emlongi* (Desmostylia; fam. inc. sed.), Oligozän, Oregon. Mandibel dext. mit M₃ occlusal (oben), Mandibel sin. mit M₃ buccal (unten). Beachte schaufelförmig verbreiterte Symphysen und vergrößerte C inf. Nach DOMNING, RAY & MCKENNA (1986), umgezeichnet. ca. 1/4 nat. Größe.

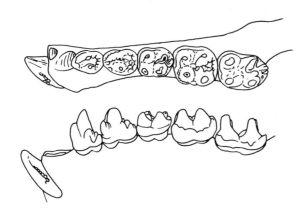

Abb. 777. *Behemotops proteus*, Oligozän, Washington. Mandibel dext. mit P_1 (?), $P_3 - M_3$ occlusal (oben) und lingual (unten). Nach DOMNING, RAY & MCKENNA (1986), verändert umgezeichnet. ca. 2/5 nat. Größe.

kenzähne ist ziemlich einmalig unter den Säugetieren. Die polybunodonten und hypsodonten Molaren sind bewurzelt und bestehen aus sieben bis neun zylindrischen, an der Basis verwachsenen Pfeilern („columns") aus dickem Schmelz und zentralem, leicht konischen Dentinkern (Abb. 778, 779). Die Pfeiler selbst verjüngen sich gegen basal und distal, wodurch die Molaren meist in halber Zahnhöhe am breitesten sind. Sie werden bis an die Wurzeln abgekaut und durch den nachfolgenden Zahn ersetzt. Die Anordnung der Pfeiler ist regelmäßig, doch erfolgt die Interpretation der einzelnen Säulen nicht einheitlich (MATSUMOTO 1918, VANDERHOOF 1937, REINHART 1959). Die hier vorgenommene Homologisierung lehnt sich an jene von VANDERHOOF (1937) an. Die

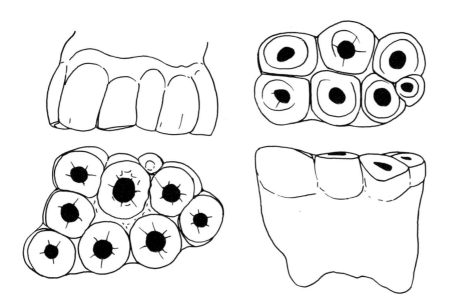

Abb. 778. *Desmostylus japonicus* (Desmostylidae), Miozän, Japan. M² sin. buccal (links oben) und occlusal (links unten), M₂ dext. occlusal (rechts oben) und lingual (rechts unten). Nach SHIKAMA (1966), umgezeichnet. ca. 3/4 nat. Größe.

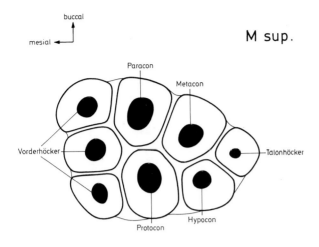

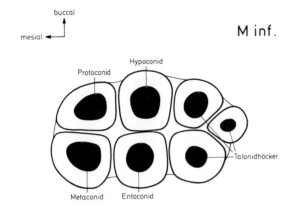

Abb. 779. *Desmostylus*. M sup. und M inf. (Schema).

meist nur durch die Wurzeln überlieferten Prämolaren sind wesentlich kleiner als die Molaren.

Bei *Paleoparadoxia tabatai* aus dem Miozän Japans sind die gleichfalls bunodonten Backenzähne brachyodont, das Vordergebiß ist vollständiger (SHIKAMA 1966) (Tafel XLVIII). Leider liegt noch keine eingehende Beschreibung des Schädels samt Gebiß vor.

Die Desmostylia waren amphibisch lebende Wasserbewohner. Ihre Reste finden sich stets in marinen Küstenablagerungen von Kalifornien im Osten über Alaska und Kamtschatka bis Japan im Westen des Pazifik, so daß anzunehmen ist, sie seien Küstenbewohner gewesen. Über die Ernährung wird diskutiert. Marine Tangfresser (Tange und sonstige Algen) der Gezeitenzone dürften nur die primitiveren Arten gewesen sein, während die spezialisierteren wahrscheinlich Seegras (*Zostera* und andere Arten) samt Rhizomen verzehrten, wofür auch die Verbreitung spricht (REINHART 1959, DOMNING 1976, MCLEOD & BARNES 1984). Nicht völlig auszuschließen ist, daß es Moluskenfresser waren, die ähnlich den heutigen Walrossen (*Odobenus*) im Boden lebende oder in Form von Muschelbänken auf Hartgründen wachsende Mollusken mit Hilfe ihrer Stoßzähne freilegten

und die Schalen dann mit den Backenzähnen knackten. Auf eine weitere mögliche Ernährungsart sei hier hingewiesen, nämlich, daß die Desmostylier ähnlich den heutigen Flußpferden (*Hippopotamus*) Pflanzenfresser waren, die ihre Nahrung am Festland ästen. Eine endgültige Klärung dürften rasterelektronische Untersuchungen der Zahnoberflächen („microwear") oder eine Analyse der bis jetzt nur unvollständig bekannten Zähne des Vordergebisses bringen.

3.32 Sirenia (Seekühe)

Die Sirenen bilden eine artenarme, gegenwärtig nur durch vier Arten vertretene Säugetiergruppe. Es sind aquatische Pflanzenfresser mit zahlreichen charakteristischen Anpassungen an das Wasserleben (Vorderextremitäten zu Flossen umgestaltet, Ruderschwanz). Durch ihre Merkmalskombination unterscheiden sie sich von sämtlichen übrigen Säugetieren, so daß ihre Abgrenzung gegenüber anderen Säugetierordnungen keine Schwierigkeiten bereitet. Ursprünglich wurden sie als Cetacea herbivora den echten Cetaceen gegenübergestellt oder später als Ungulata natantia neben den eigentlichen Huftieren (Ungulata terrestria) klassifiziert. Bei den früher meist mit den Sirenen in Verbindung gebrachten Demostylia sind die Gliedmaßen voll ausgebildet, bei den Sirenen hingegen die Hinterextremitäten reduziert und die Vorderextremitäten als Flossen entwickelt.

Innerhalb der rezenten Sirenen lassen sich zwei Gruppen unterscheiden, die Dugongs (Dugongidae einschl. „Rhytinidae") und die Manatis (Trichechidae). Das Gebiß zeigt fast sämtliche Stadien vom vollständigen Gebiß ($\frac{3\ 1\ 4\ 3}{3\ 1\ 4\ 3}$) bis zur völligen Reduktion der Zähne ($\frac{0\ 0\ 0\ 0}{0\ 0\ 0\ 0}$). Während für die Dugongiden die Tendenz zur Reduktion der Backenzähne charakteristisch ist, die bis zum völligen Schwund führen kann (wie bei *Hydrodamalis gigas*, der Steller'schen Seekuh), kommt es bei den modernen Manatis (*Trichechus*) zu einer Vermehrung der Backenzähne, die erstmalig von KRAUSS (1862) richtig erkannt wurde, und damit zu einem „horizontalen Zahnwechsel". Der Verlust von Zähnen kann durch hornige Kieferplatten im Ober- und Unterkiefer kompensiert sein (BRANDT 1832, MÖBIUS 1861). Die anisognathe Kieferstellung der Sirenen ist bei den Trichechiden mit parallel verlaufenden Backenzahnreihen verbunden, von denen jene des Unterkiefers einander näher stehen. Das ursprüngliche Gebiß erfährt zunächst eine Differenzierung, indem bei gleichzeitiger Reduktion der Zahnzahl meist der vorderste Ober-

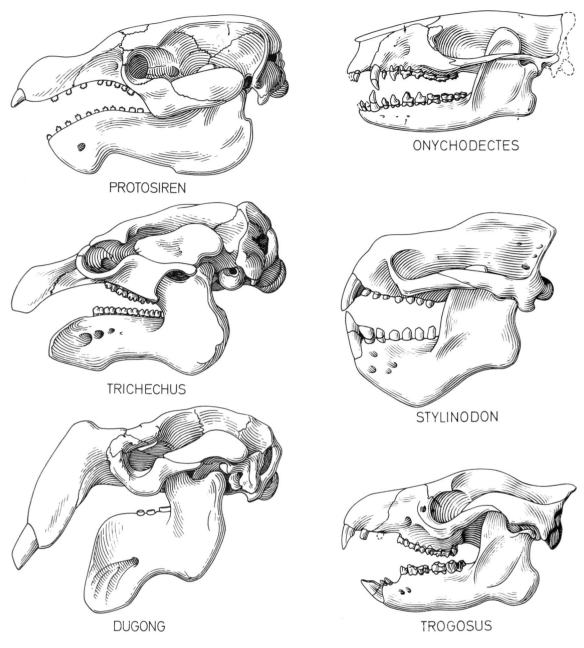

Tafel XLIX. Schädel (Lateralansicht) fossiler und rezenter Sirenia (linke Reihe) sowie der fossilen Taeniodonta und Tillodontia (rechte Reihe). *Protosiren* (Protosirenidae, Eozän), *Trichechus* (Trichechidae, rezent) und *Dugong* (Dugongidae, rezent) als primitive bzw. spezialisierte Seekühe. *Onychodectes* (Paleozän) und *Stylinodon* (Eozän) als verschieden hoch evoluierte Stylinodontidae (Taeniodonta). Beachte Vergrößerung einzelner Incisiven und Vereinfachung der Backenzähne. *Trogosus* (Esthonychidae, Eozän) als Vertreter der Tillodontia mit nagezahnähnlich differenziertem Vordergebiß. Nicht maßstäblich.

kiefer-Schneidezahn zu einem echten Stoßzahn vergrößert wird (vgl. Abb. 724 und Tafel XLIX). Dieser zeigt einen Geschlechtsdimorphismus, indem der I sup. beim Dugong nur bei den Männchen als Stoßzahn ausgebildet ist, während dieser bei den Weibchen klein ist, in der Alveole bleibt und daher auch nicht aus dem Zahnfleisch hervortritt (POCOCK 1940). Beim Dugong entspricht der vergrößerte I sup. – wie bereits KÜKENTHAL (1914) feststellte – dem I $\underline{2}$ und nicht dem I $\underline{1}$. Meist ist damit auch eine Abknickung des Rostrums verbunden. Sie führt durch Reduktion der übri-

gen Incisiven und der Caninen zu einem echten Diastema. Sie ist bei *Halitherium* im Oligozän in typischer Form ausgeprägt. Weitere Evolutionstendenzen betreffen die P-Region. Sie hat zu unterschiedlichen Interpretationen und damit auch zu Zahnformeln wie $\frac{3\,1\,5\,3}{3\,1\,5\,3} = 48$ (wie für *Prorastomus* und *Protosiren* aus dem Eozän) geführt (SAVAGE 1976, DOMNING 1982). Wie jedoch ABEL (1906) gezeigt hat, ist die vermeintliche Überzahl der Prämolaren auf die Persistenz von Milchbackenzähnen (D) zurückzuführen. Damit ist zugleich die Interpretation von MCKENNA (1975) über die Zahnformel der Tokotheria (M $\frac{3}{3}$ reduziert) gegenstandslos. Auch SICKENBERG (1928, 1934) stellt ausdrücklich fest, daß die Erfassung der Zahnformel (jungtertiärer) Sirenen die Kenntnis der wichtigsten Altersstadien voraussetzt sowie auch individuelle Variationen zu berücksichtigen sind; dazu kommt noch, daß verschiedene Zähne wohl angelegt sind, aber noch vor Erreichen der Reife wieder verloren gehen, so daß man zwischen theoretischer und funktioneller Zahnformel unterscheiden muß; dies beeinträchtigt zweifellos den taxonomischen Wert der Zahnformel bei Sirenen. Die meist als P angesehenen Backenzähne sind, soweit sie stärker abgekaut sind als der M $\frac{1}{1}$, als Milchzähne zu deuten. Meist sind die D $\frac{3-4}{3\ 4}$ auch beim erwachsenen Tier vorhanden, indem die P weitgehend oder völlig unterdrückt sein können. Das heißt, bei den Dugongiden ist zunehmend die Tendenz zur Monophyodontie (zumindest im Backenzahn-Gebiß) vorhanden. Das ursprüngliche Molarenmuster ist bunodont. Während der Evolution kann es zur Lophodontie kommen, indem an den M sup. die jeweils drei nebeneinanderliegenden Höcker zu Querjochen verschmelzen. Zusätzlich kann auch noch das mesiale und distale Basalband in den Jochbau einbezogen werden. An den M inf. ist gleichfalls eine Tendenz zur (Bi-)Lophodontie feststellbar. Bei den modernen Dugongiden (*Dugong dugon*) scheinen nicht nur die P (völlig) reduziert zu sein, sondern auch die Molaren zeigen typische evolutive Veränderungen. Die buno-(lopho)donte Zahnkrone der Keimzähne wird vereinfacht, der Schmelz völlig reduziert. An seine Stelle tritt Zement, und die Abnützung der Molaren wird durch eine Wurzel-Hypsodontie kompensiert. Das heißt, die Pulpahöhle der massiven Molarenwurzeln bleibt weit offen und ermöglicht ein langes Wachstum der Wurzeln. Dementsprechend sind die Backenzähne vom Dugong nur pfeilerähnliche Gebilde, die entfernt an die Backenzähne von Walrossen erinnern. Im Unterkiefer wird das Vordergebiß komplett reduziert, auch wenn beim Embryo diese Zähne noch angelegt, jedoch vor der Geburt wieder resorbiert werden ($\frac{}{3\ 1\ 3}$; KÜ-

KENTHAL 1914). Auch hier kommt es zur Entwicklung horniger Kieferplatten (WEBER 1928, KEIL 1966). Bei den Trichechiden hingegen ist der Trend zur Lophodontie der Backenzähne charakteristisch.

Bei den erdgeschichtlich ältesten Sirenen (Prorastomidae: *Prorastomus*; Protosirenidae: *Protosiren*) ist das Gebiß vollständig mit der (theoretischen) Zahnformel $\frac{3\ 1\ 4\ 3}{3\ 1\ 4\ 3} = 44$ (Tafel XLIX). Die von verschiedenen Autoren (s. o.) mit $\frac{3\ 1\ 5\ 3}{3\ 1\ 5\ 3} = 48$ angegebene Zahnformel (OWEN 1875, SAVAGE 1976) entspricht nicht der funktionellen Zahnzahl, da Milchmolaren persistieren können (ABEL 1906). Bei *Prorastomus sirenoides* (Mitteleozän von Jamaika) fehlt die Knickung des langen Rostrums; die zum Teil nur durch Wurzeln erhaltenen Zähne des Vordergebisses besitzen nach SAVAGE (1976) eine einfache, durch kleine Diastemata getrennte Krone. Die Incisiven sind klein, die Caninen anscheinend zweiwurzelig. Die vorderen fünf Backenzähne (P bzw. D) sind ein- oder zweiwurzelig. Sie vergrößern sich nach hinten, ihre Krone ist einfach. Die vierwurzeligen M sup. sind bilophodont und erinnern nach OWEN (1875) eher an kleine Dinotheriumzähne als an Sirenenmolaren. Bei *Protosiren fraasi* (Mitteleozän von Ägypten und Nordamerika: Florida; siehe DOMNING et al. 1982) ist das Gebiß gleichfalls vollstän-

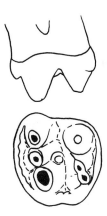

Abb. 780. *Protosiren* sp. (Protosirenidae), Eozän, Atlantik (USA). M sup. sin. buccal (oben) und occlusal (unten). Nach DOMNING, MORGAN & RAY (1982). umgezeichnet. 1,6 × nat. Größe.

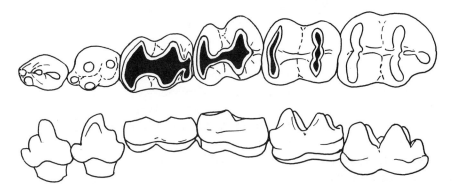

Abb. 781. *Protosiren fraasi*, Eozän, Nordafrika. P$_{2-3}$, D$_4$, M$_{1-3}$ dext. occlusal (oben) und lingual (unten). Nach Original und Abgüssen kombiniert. ca. 1,6 × nat. Größe.

dig (Zahnformel $\frac{3\,1\,4\,3}{3\,1\,4\,3}$ bzw. $\frac{3\,1\,5\,3}{3\,1\,5\,3}$), da der letzte „Prämolar" dem $D\frac{4}{4}$ entspricht (Abb. 780, 781). Incisiven, C und die P sind durch Zahnlücken voneinander getrennt. Der endständige $I^{\underline{1}}$ ist vergrößert, die Kronen der übrigen I, des C sup. und der P sup. sind nach SICKENBERG (1934) drei- oder

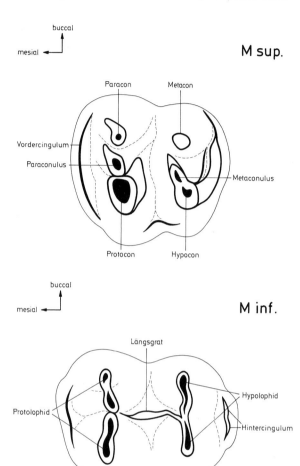

Abb. 782. *Protosiren*. M sup. und M inf. (Schema).

mehrspitzig, jedoch einwurzelig. Die mehr oder weniger stark abgekauten M sup. sind bunodont mit der Tendenz zur Lophodontie, indem Paracon, Paraconulus und Protocon sowie Metacon, Metaconulus und Hypocon zu Querreihen angeordnet sind. Sie entsprechen im Grundmuster dem der übrigen Sirenen. Dazu kommen Vorder- und Hintercingulum. Die M inf. sind ausgesprochen bilophodont, ein medianer Längsgrat verbindet Proto- und Metalophid. Ein Hintercingulum bilden den distalen Zahnabschluß (Abb. 782).

Bei *Eotheroides* (= „*Eotherium*") (Dugongidae) aus dem Jungeozän wird die Zahnformel zwar gleichfalls mit $\frac{3\,1\,4\,3}{3\,1\,4\,3}$ angegeben, Rostrum und Mandibel sind jedoch etwas nach abwärts gekrümmt (ABEL 1912, SICKENBERG 1934). Bei *Halitherium* (Oligozän Europas) macht sich die Gebißreduktion auch in der Zahnformel, die allgemein mit $\frac{1\,0\,3\,3}{3\,1\,3\,3} = 34$ oder $\frac{1\,0\,4\,3}{3\,1\,4\,3} = 38$ angegeben wird, bemerkbar (Abb. 783). Das Rostrum ist stark abgeknickt, und der vorderste I sup. ist zu einem Stoßzahn mit kurzer kegelförmiger und schmelzbedeckter Krone sowie langer Wurzel umgestaltet. Ein weites Diastema trennt diesen Stoßzahn von den Prämolaren, die als einwurzelige Zähne nach hinten an Größe zunehmen (LEPSIUS 1881). Der hinterste „P" entspricht nach der starken Abkauung dem D^4. Die dreiwurzeligen M sup. sind nach dem Grundmuster der Sirenen gebaut (Abb. 784). Die Zahnkronen sind durchweg brachyodont. Die mandibulare Zahnformel lautet nach LEPSIUS $\overline{(4)\,(1)\,3\,4}$, doch beruhen diese Angaben für das Vordergebiß auf seichten Gruben der Symphysenoberfläche, wie es in ähnlicher Weise auch für *Dugong dugon* zutrifft. Da bisher

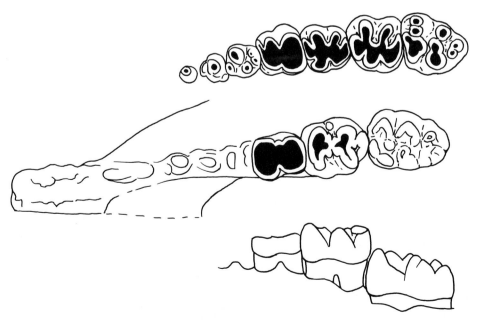

Abb. 783. *Halitherium schinzi* (Dugongidae), Oligozän, Europa. P^{1-3}, D^4, M^{1-3} sin. occlusal (oben), M_{1-3} dext. occlusal (mitte) und lingual (unten). Nach LEPSIUS (1881), umgezeichnet. 4/5 nat. Größe.

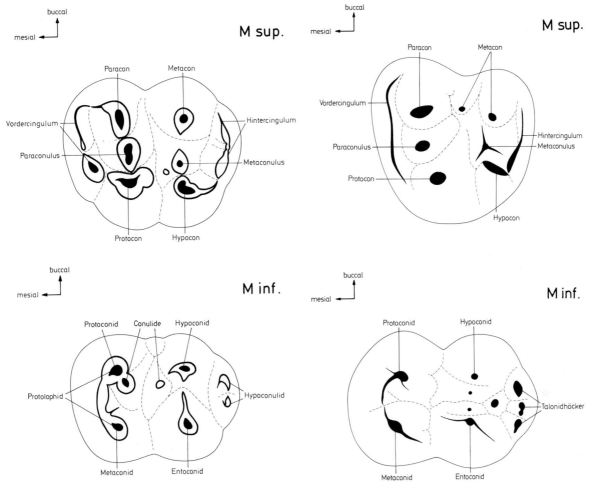

Abb. 784. *Halitherium*. M sup. und M inf. (Schema).

Abb. 785. *Thalattosiren* (Dugongidae), M sup. und M inf. (Schema).

auch keine I inf. bekannt geworden sind, dürfte die Zahnformel von *Halitherium* eher $\frac{1\,0\,3\,3}{0\,0\,3\,3} = 26$ zu schreiben sein. Die P inf. sind einwurzelige und einspitzige Zähne mit basaler Verbreiterung. An den M inf. ist die Lophodontie nicht so ausgeprägt wie bei *Protosiren*. Ein Proto- und ein Metalophid bilden sich zumindest erst bei stärkerer Abkauung. Zwei Conuli lassen diese beiden Joche bei starker Abkauung auch miteinander verschmelzen (Abb. 784). ein zwei- oder dreiteiliges Hypoconulid bildet den distalen Zahnabschluß. Bei *Anomotherium* (Jungoligozän Europas) lautet die Zahnformel nach SIEGFRIED (1965) $\frac{(1)\,0\,2\,3}{0\,0\,2\,3} = 20-22$.

Bei verschiedenen miozänen Dugongiden ist die Tendenz zur Reduktion der Oberkieferstoßzähne zu beobachten (wie *Thalattosiren, Hesperosiren, Caribosiren*; SICKENBERG 1928, SIMPSON 1932, REINHART 1959) (Abb. 785). Bei *Miosiren kocki* (Miozän Europas; SICKENBERG 1934) sind nicht nur die Prämolaren nach Zahl und Größe reduziert, sondern auch der M³ deutlich kleiner als der M², ein Befund, der seinerzeit zur Annahme stammesgeschichtlicher Beziehungen zwischen *Miosiren* und *Hydrodamalis* geführt hat. Bei starker Ab-

kauung kommt es zwar auch zu einer Verschmelzung von Proto- und Hypocon, ohne daß von einem Entoloph (HEUVELMANS 1941) gesprochen werden kann. *Hydrodamalis* ist eher vom miozänen *Metaxytherium* (= „*Halianassa*") abzuleiten, einer aus Europa, Madagaskar, Karibik und dem Ostpazifik bekannte Gattung. Die Zahnformel wird mit $\frac{1\,0\,1\,3}{0\,0\,1\,3} = 18$ angegeben (ABEL 1904).

Bei „*Felsinotherium*" *serresi* (Pliozän Europas) lautet die Zahnformel nicht $\frac{1\,0\,2\,3}{1\,0\,2\,3} = 24$ (DEPERET & ROMAN 1920), sondern $\frac{1\,0\,0\,3}{0\,0\,0\,3} = 14$, da die vor den Molaren vorhandenen Backenzähne Milchzähnen entsprechen (Abb. 786, 787). Die Stoßzähne sind lang und schlank, die Krone der Backenzähne nach dem von *Halitherium* und *Metaxytherium* bekannten Muster gebaut. Sie sind als brachyodont zu bezeichnen, doch zeigt *Metaxytherium forestii* eine leichte Tendenz zu einer Kronenerhöhung (CAPELLINI 1872) (Abb. 788). Prämaxillare und die Symphysenfläche der Mandibel zeigen, daß Hornplatten ausgebildet waren.

Beim rezenten Dugong (*Dugong dugon*) des Indopazifik ist das Gebiß – wie bereits oben erwähnt – weiter umgestaltet worden. Die Zahnformel ist

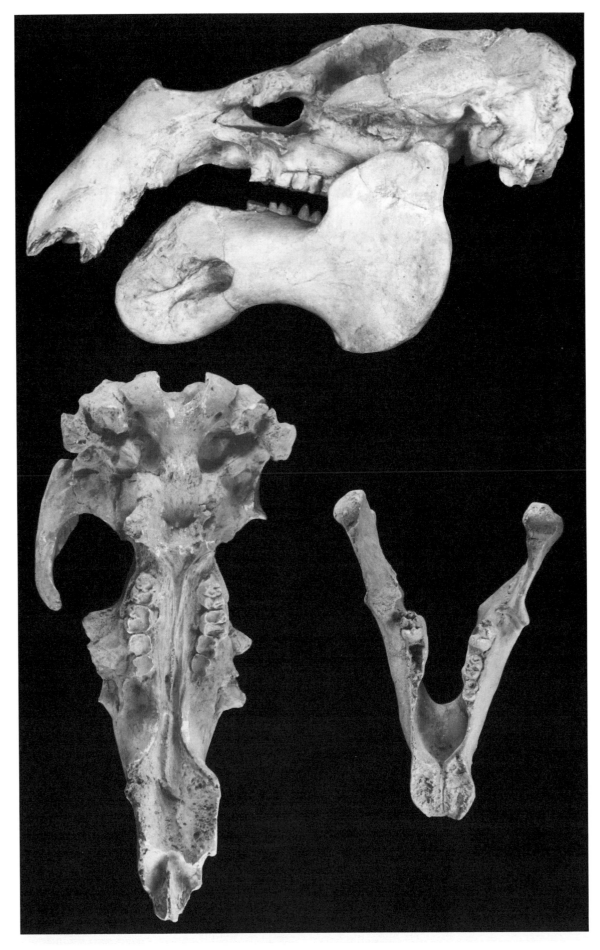

Abb. 786. *Metaxytherium* (= „*Felsinotherium*") *serresi* (Dugongidae), Altpliozän, Montpellier. Schädel (Lateral- und Ventralansicht) und Unterkiefer (Aufsicht). Nach Abguß. PIUW 2617. Schädellänge 42,5 cm.

Abb. 787. *Metaxytherium serresi.* $D^4 - M^3$ sin. (oben) und M_{1-3} dext (unten) occlusal. Nach Deperet & Roman (1920), ergänzt umgezeichnet. 3/4 nat. Größe.

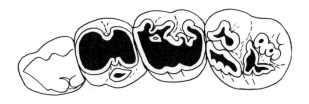

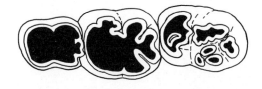

Abb. 788. *Metaxytherium forestii,* Jungpliozän, Europa. $D^4(?)$, M^{1-3} sin. (oben) und M_{1-3} dext. (unten) occlusal. Nach Capellini (1872), umgezeichnet. 3/4 nat. Größe.

wohl mit $\frac{1\,0\,3-0\,3}{0\,0\,3-0\,3} = 14-26$ zu schreiben. Bei nicht völlig erwachsenen Individuen ist vor dem zu einem Stoßzahn vergrößerten I sup. eine kleine Alveole vorhanden. Der Stoßzahn (I^2) ist nur bei den Männchen stark vergrößert (Abb. 789; Tafel XLIX). Er ist wurzellos und im Wurzelabschnitt seitlich komprimiert und erreicht eine Länge von mindestens 15 cm. Bei den Weibchen ist er klein und ragt weder aus dem Zahnfleisch noch aus der Alveole heraus. Die Zahnspitze ist mit Schmelz bedeckt. Die durch ein langes Diastema getrennten Backenzähne bilden rundliche, schmelzlose Dentinpfeiler mit Wurzelhypsodontie und Zement im „Kronenbereich". Lediglich die $M\frac{3}{3}$ sind länglich gestreckte Zähne mit seitlichen Einschnürungen (Abb. 790). Von wurzellosen Backenzähnen zu sprechen, wie etwa Halten-orth (1969), ist unzutreffend. Die Pulpa ist offen. Die abgeflachte und teilweise verbreiterte Symphysenfläche des Unterkiefers besitzt im unteren Drittel zwei kleine alveolare Vertiefungen, im verbreiterten Abschnitt treten insgesamt sechs annähernd kreisrunde seichte Vertiefungen auf, in denen das Knochengewebe stark porös ist (Abb. 791). Beim lebenden Tier ist diese annähernd plane Symphysenfläche von einer Hornplatte bedeckt, die mit einer am Prämaxillare sitzenden Hornplatte antagonistisch zusammenwirkt. Dugongs sind vorwiegend Meeresalgenfresser.

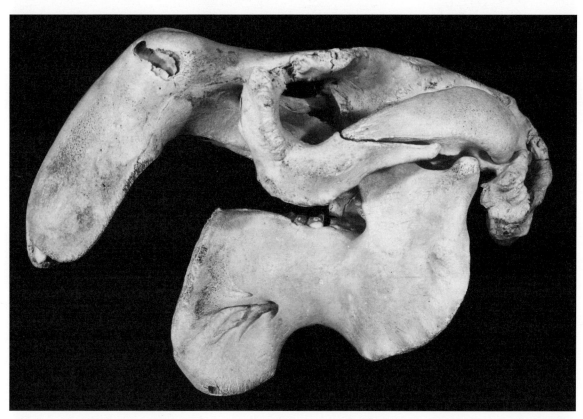

Abb. 789. *Dugong dugon* ♂ (Dugongidae), rezent, Indik. Schädel samt Unterkiefer (Lateralansicht). NHMW 1914. Schädellänge 39 cm.

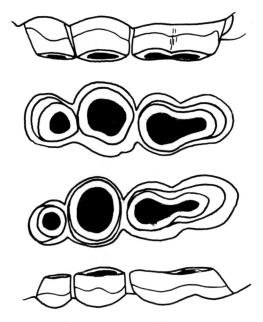

Abb. 790. *Dugong dugon*. M^{1-3} sin. buccal (ganz oben) und occlusal (mitte oben), M_{1-3} dext. occlusal (mitte unten) und lingual (ganz unten). Nach Original. 1/1 nat. Größe.

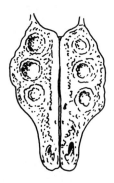

Abb. 791. *Dugong dugon*. Unterkiefersymphysenpartie (Voderansicht). Nach Original. 1/3 nat. Größe.

Bei den Manatis (*Trichechus = Manatus*), die gegenwärtig mit 3 Arten in der Neuen Welt und Westafrika verbreitet sind, ist das Vordergebiß gleichfalls völlig reduziert (Abb. 792; Tafel XLIX). An seine Stelle treten ebenfalls Hornplatten (Abb. 793). Lediglich bei Embryonen und Neonaten treten bis zu sechs Milchschneidezähne im Zwischen- bzw. Unterkiefer aus. Sie verschwinden beim heranwachsenden Tier (vgl. HALTENORTH 1969, HARTLAUB 1886, JONES & JOHNSON 1967). Das Backenzahngebiß ist durch die Vermehrung der Molaren und den dadurch bedingten horizontalen Zahnersatz gekennzeichnet (DOMNING & HAYEK 1984). Normal werden 11 M sup. und 12 M inf. pro Kieferhälfte ausgebildet, von denen 7–8 gleichzeitig in Gebrauch stehen. Die Zahl der Backenzähne kann jedoch 15 bzw. 18 pro Kieferhälfte erreichen (vgl. HARTLAUB 1896, ABEL 1904, JONES & JOHNSON 1967). Das Gebiß ist homodont. Die Molaren sind brachyodont und aus-

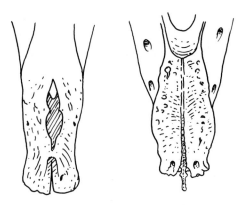

Abb. 793. *Trichechus* (= *Manatus*) *inunguis*. Oberkieferrostrum (Ventralansicht) und Unterkiefersymphysenpartie (Aufsicht). Nach Original. ca. 1/2 nat. Größe.

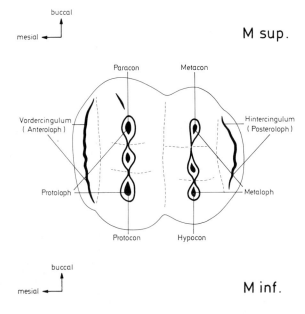

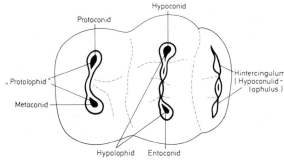

Abb. 794. *Trichechus* (= *Manatus*) *senegalensis*. M sup. und M inf. (Schema).

gesprochen lophodont, Zement fehlt. Während bei *Trichechus senegalensis* nur Querjoche ausgebildet sind (Abb. 794), tritt bei *Trichechus inunguis* an den M inf. zusätzlich eine Crista obliqua auf (Abb. 795). Auch an den M sup. ist bei dieser Art die Bilophodontie durch Einbeziehung von Vorder- und Hintercingulum nicht so ausgeprägt wie bei *Tr. senegalensis*, sie erinnert eher an das Dugongidenmuster (Abb. 796). Die Wurzeln der Bak-

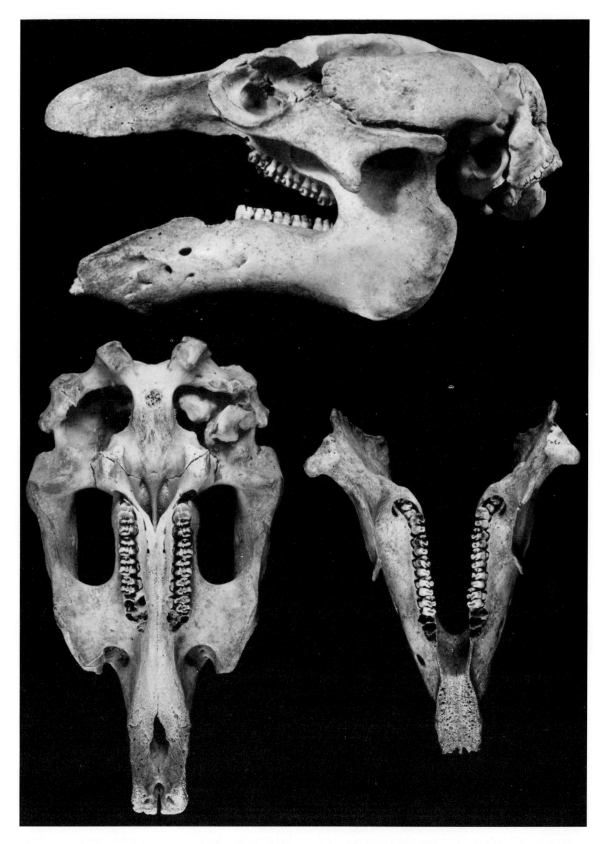

Abb. 792. *Trichechus* (= *Manatus*) *inunguis* ♂ (Trichechidae = Manatidae), rezent, Südamerika. Schädel (Lateral- und Ventralansicht) und Unterkiefer (Aufsicht). ZJUW 1964/1.8. Schädellänge 33 cm.

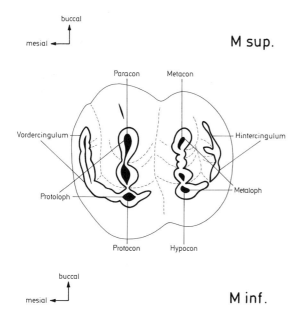

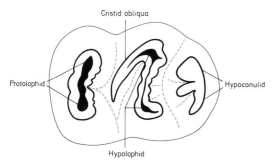

Abb. 795. *Trichechus* (= *Manatus*) *inunguis*. M sup. und M inf. (Schema).

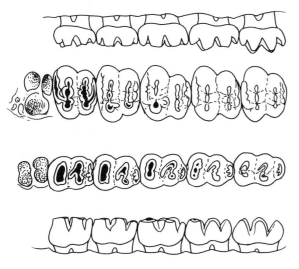

Abb. 796. *Trichechus* (= *Manatus*) *inunguis*. M sup. buccal (ganz oben) und occlusal (mitte oben), M inf. occlusal (mitte unten) und lingual (ganz unten). Nach Original. ca. 1/1 nat. Größe.

kenzähne sind relativ lang. Die Manatis, die in Aestuarien und im Süßwasser leben, verzehren verschiedene Süßwasserpflanzen (Makrophyten), speziell Gramineen, was die Vermehrung der Molaren einigermaßen verständlich erscheinen läßt.

Ein kennzeichnender Unterschied gegenüber den Dugongiden liegt in dem breiten, schräg nach vorne gerichteten Processus coronoideus. Das Kiefergelenk liegt – wie meist bei Pflanzenfressern – relativ hoch über der Zahnreihe.

Bei der bisher ältesten (sicheren) Trichechidenform *Potamosiren magdalenensis* aus dem Mittelmiozän von Kolumbien fehlt die Molarenvermehrung, nach REINHART (1951) sind zwei Alveolen für Incisiven im Unterkiefer vorhanden gewesen. Bei *Ribodon* (Jungmiozän von Argentinien) sind erstmalig überzählige Molaren festzustellen (DOMNING 1982). Das läßt vermuten, daß Gramineen als Nahrungspflanzen erst im jüngeren Miozän eine größere Rolle gespielt haben.

3.33 Taeniodonta (Bandzähner)

Die Taeniodonta sind eine artenarme Gruppe eigenartiger, kleiner bis mittelgroßer Säugetiere, die bisher nur aus dem Paleozän und Eozän des westlichen Nordamerika bekannt geworden sind (SCHOCH 1982). *Basalina* aus dem Eozän Südasiens ist nach LUCAS & SCHOCH (1981) kein Angehöriger der Taeniodonta, sondern der Tillodontia. Das gleiche gilt für ? *Stylinodon* aus dem Jungeozän Chinas (SCHOCH & LUCAS 1981). Die Taeniodonta sind ursprünglich wegen des etwas reduzierten Gebisses als Angehörige der „Edentaten" (= Xenarthra) klassifiziert worden (Ganodontentheorie von WORTMAN 1897). Nach der Merkmalskombination sind sie jedoch als eigene Ordnung zu klassifizieren, die im Laufe des Mitteleozäns mit hochspezialisierten Formen ausgestorben sind. Sämtliche Arten lassen sich zwei (Unter-) Familien (Conoryctidae und Stylinodontidae) zuordnen (SCHOCH & LUCAS 1981).

Das Gebiß der Taeniodonta ist sehr verschieden differenziert und umfaßt angesichts der wenigen Arten doch eine Mannigfaltigkeit unterschiedlicher Gebißformen. Aus Insektenfressern haben sich hochspezialisierte Pflanzenfresser entwickelt. Die Zahnformel schwankt zwischen der vollständigen Zahnzahl ($\frac{3\ 1\ 4\ 3}{3\ 1\ 4\ 3}$) bei den ältesten Formen (wie *Onychodectes*, *Huerfanodon*) bis zu $\frac{1\ 1\ 2\ 3}{1\ 1\ 4\ 3} = 32$ bei *Psittacotherium*. Die wichtigsten Veränderungen sind die Vergrößerung und Hypsodontie einzelner Vorderzähne und bandförmige Ausbildung des Schmelzes (daher der Name Bandzähner) bei völliger Reduktion der übrigen Vorderzähne. Ferner bei den Endformen die Hypsodontie sämtlicher Zähne (z.B. bei *Stylinodon*). Die vergrößerten Vorderzähne werden verschiedentlich als echte Nagezähne bezeichnet, was jedoch nur bedingt

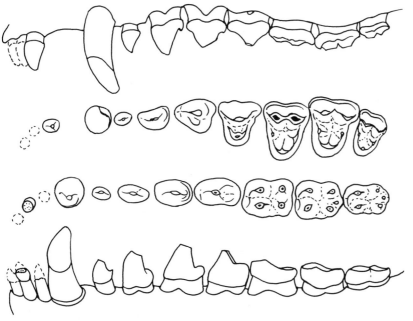

Abb. 797. *Onychodectes tisonensis* (Stylinodontidae), Mittel-Paleozän, Nordamerika. $I^1 - M^3$ sin. buccal (ganz oben) und occlusal (mitte oben), $I_1 - M_3$ dext. occlusal (mitte unten) und $I_1 - M_3$ sin. buccal (ganz unten). Nach MATTHEW (1937) und SCHOCH (1982), kombiniert umgezeichnet. 2/1 nat. Größe.

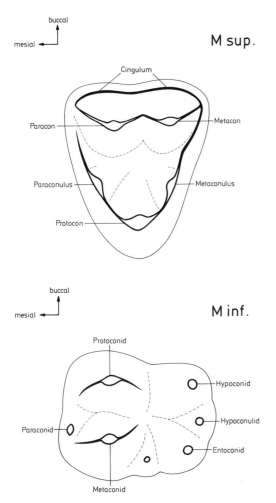

Abb. 798. *Onychodectes*. M sup. und M inf. (Schema).

zutrifft. In diesem Rahmen sind lediglich die Gattungen *Onychodectes*, *Psittacotherium* und *Stylinodon* berücksichtigt. *Onychodectes* ist die älteste und zugleich primitivste Gattung.

Bei *Onychodectes* (Conoryctidae) aus dem Altpaleozän Nordamerikas ist die Zahnformel vollständig ($\frac{3\ 1\ 4\ 3}{3\ 1\ 4\ 3}$ = 44) (Abb. 797; Tafel XLIX). Das Gebiß entspricht dem eines primitiven Eutheriers (MATTHEW 1937). Die einfachen I sup. sind durch ein kurzes Diastema vom kräftigen, leicht gekrümmten C sup. getrennt. Die P sup. nehmen nach hinten an Größe zu. Die Krone von $P^{\underline{1}}$ bis $P^{\underline{3}}$ ist gerundet und besteht aus dem Haupthöcker, am $P^{\underline{4}}$ kommt ein Innenhöcker hinzu. Der Zahn ist im Umriß dreieckig. Die brachyodonten M sup. sind trituberculär. Zu den drei Haupthöckern kommen Para- und Metaconulus (Abb. 798). Die Krone der I inf. ist einfach gebaut, der kräftige C inf. gekrümmt und durch ein kleines Diastema vom $P_{\overline{1}}$ getrennt. Die Krone der P inf. ist oval und nimmt zum $P_{\overline{4}}$ an Größe zu. Zum Haupthöcker kommt am $P_{\overline{3}}$ und $P_{\overline{4}}$ ein kurzes Talonid. Trigonid und Talonid der M inf. sind gleich hoch und von annähernd gleicher Länge. Zu Proto- und Metaconid kommt ein kleines Paraconid. Das Talonid ist dreihöckerig (Abb. 798). Lingual kann ein kleiner Zwischenhöcker auftreten. Das Kiefergelenk liegt in der Höhe der Zahnreihen. Dem Gebiß nach war *Onychodectes* ein Insektenfresser.

Bei *Psittacotherium multifragum* (Stylinodontidae) aus dem Mittelpaleozän lautet die Zahnformel $\frac{1\ 1\ 4\ 3}{1\ 1\ 4\ 3}$ = 36. Das Vordergebiß besteht aus den stark vergrößerten, subgliriformen C und den etwas kleineren einzigen I im Ober- und Unterkiefer (Abb. 799). Der Schmelz ist auf die Vorderseite dieser Zähne beschränkt, doch lassen sie eine Differenzierung in Krone und Wurzel erkennen. Die gegenseitige Abschleifung erfolgt ähnlich, aber nicht ganz wie bei einem echten Nagezahn.

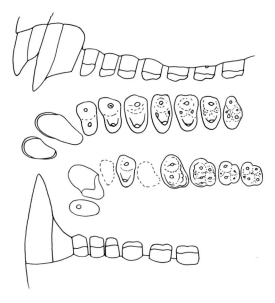

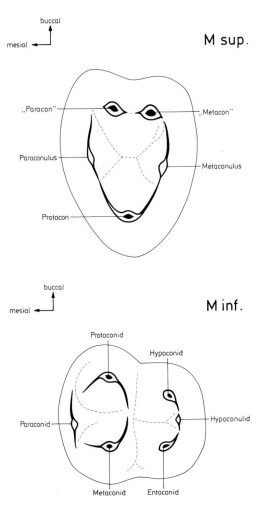

Abb. 799. *Psittacotherium multifragum* (Stylinodontidae), Mittel-Paleozän, Nordamerika. I–M³ sin. buccal (ganz oben) und occlusal (mitte oben), I–M₃ dext. occlusal (mitte unten) und I–M₃ sin. buccal (ganz unten). Stark vergrößerte Zähne des Vordergebisses (I und C) mit einseitigem Schmelzbelag. Nach PATTERSON (1949) und SCHOCH (1982), kombiniert umgezeichnet. ca. 3/4 nat. Größe.

Die Krone der stark quergedehnten P¹⁻³ ist zweihöckrig (größerer Außenhöcker und kleinerer Innenhöcker), doch ist das Kronenmuster dieser langwurzeligen Zähne ähnlich den Molaren durch die Abkauung bald einer einheitlichen Kaufläche gewichen. Der P⁴ zeigt eine deutliche Molarisierung. Die M sup. lassen nur im unabgekauten Zustand das fünfhöckrige Grundmuster erkennen (Abb. 800). Über die Homologisierung der beiden, stets eng aneinanderliegenden Außenhöcker (Para- und Metaconus oder gespaltener Paraconus) läßt sich zweifellos diskutieren. Die nur unvollständig bekannten P inf. sind ähnlich den P sup. viel breiter als lang und zweihöckrig. Nur am P₄ treten im Talonidbereich zusätzliche Höcker auf. Die M inf. bestehen aus dem jeweils dreihöckrigen und niedrigen Trigonid und Talonid (Abb. 800). Das Trigonid ist breiter als das Talonid. Das Kiefergelenk liegt etwas über der Zahnreihe.

Stylinodon (Stylinodontidae) aus dem Alt- und Mitteleozän Nordamerikas ist die geologisch jüngste und zugleich spezialisierteste Gattung der Taeniodonta. Die Zahnformel lautet nach SCHOCH & LUCAS (1981) $\frac{2\,1\,4\,3}{1\,1\,4\,3} = 38$ (Abb. 801; Tafel XLIX). Das heißt, die Zahnreduktion ist zwar geringer als etwa bei *Psittacotherium* und *Ectoganus* (= „*Calamodon*"), doch sind sämtliche Zähne wurzellos und der Schmelz ist nur bandförmig ausgebildet. Dadurch ist zugleich dokumentiert, daß nicht eine Wurzelhypsodontie, sondern eine Kronenhypsodontie vorliegt. Die Incisiven sind

Abb. 800. *Psittacotherium*. M sup. und M inf. (Schema).

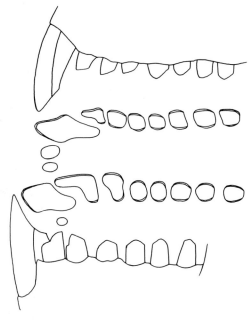

Abb. 801. *Stylinodon minus* (Stylinodontidae), Mittel-Eozän, Nordamerika. I–M³ sin. buccal (ganz oben) und occlusal (mitte oben), I–M₃ dext. occlusal (mitte unten) und I–M₂ sin. buccal (ganz unten). M₃ durch Ramus ascendens verdeckt. Nach SCHOCH (1982), umgezeichnet. 2/5 nat. Größe.

mittelgroß und denen von *Sus* ähnlich. Die Caninen bilden die größten Zähne; sie sind seitlich komprimiert und der Schmelz bedeckt nur die konvex gekrümmte Vorderseite. Auch durch die schräge gegenseitige Abschleifung ist die Ähnlichkeit mit gliriformen Zähnen gegeben, doch sind sie steiler eingepflanzt als diese. Die P^1_1 sind im Querschnitt L-förmig, die übrigen Backenzähne bilden im Querschnitt runde oder gerundet quadratische Pfeiler von annähernd gleicher Größe. Ein Vergleich mit den Backenzähnen von *Odobenus* (Walroß), wie er für die verwandte Form *Wortmania otariidens* bereits im Artnamen zum Ausdruck kommt, ist nicht angebracht, da bei *Odobenus* der Schmelz fehlt. Bei *Stylinodon* ist der Schmelz der Backenzähne auf die linguale und buccale Seite beschränkt und bedeckt nur am M^3 die ganze Krone. Ein Kronenmuster ist daher auch nur vom M^3 bekannt. Es besteht aus zwei cuspidaten Querjochen, von denen das vordere leicht nach vorne, das hintere etwas nach hinten konvex gekrümmt ist. Das Kiefergelenk liegt deutlich über dem Zahnreihenniveau.

Die Wurzellosigkeit der Zähne läßt den Schluß zu, daß *Stylinodon* primär Bewohner der offenen Landschaft war und die Stylinodonten die erste Radiation derartiger Säugetiere waren. Ihre Seltenheit in fossilen Faunen hängt zweifellos auch damit zusammen (kaum Fossilisationsbedingungen) (PATTERSON 1949, SCHOCH 1982).

3.34 Pholidota (Schuppentiere)

Die Schuppentiere, die gegenwärtig paläotropisch verbreitet und nur durch eine einzige Gattung (*Manis* als Angehörige der Manidae) vertreten werden, sind völlig zahnlos (Abb. 802; Tafel L).

Wenn sie hier dennoch angeführt sind, so einerseits der Vollständigkeit halber, andrerseits wegen der fossilen Palaeanodonta, die EMRY (1970) als Angehörige der Pholidota wertet. Diese Palaeanodonta besitzen ein reduziertes Gebiß, weshalb sie meist als Edentata (im Sinne von Xenarthra) klassifiziert wurden (ZDANSKY 1926, SIMPSON 1945).

Da die taxonomische Position der Palaeanodonta nach wie vor ungeklärt ist (STORCH 1978), sind sie hier als eigene Kategorie (? Ordnung) behandelt (s. u.). Zum Verständnis – auch der taxonomischen Position der Pholidota – einige Bemerkungen. Die Pholidota wurden ursprünglich als Angehörige der Edentata (im weiteren Sinne) klassifiziert und meist zusammen mit den Tubulidentata den Xenarthra als Nomarthra gegenübergestellt (vgl. GILL 1884, WEBER 1904). Wegen beträchtlicher Unterschiede gegenüber den übrigen Edentaten erscheint die Abtrennung der Schuppentiere als eigene Ordnung (Pholidota) notwendig (WEBER 1928). Nähere verwandtschaftliche Beziehungen zu anderen Eutheria bestehen nicht. Mit den Xenarthra haben sie den frühen (mesozoischen) Ursprung gemeinsam. Die Ähnlichkeiten mit verschiedenen Xenarthren (wie Myrmecophagiden) beruhen neben primitiven Merkmalen auf Konvergenzerscheinungen, die in direktem oder indirektem Zusammenhang mit der Myrmecophagie stehen. Wie STORCH (1978) nachweisen konnte, entspricht *Eomanis* aus dem Mitteleozän Europas bereits weitgehend dem biologischen Anpassungstypus der rezenten Schuppentiere; der Magen enthält Pflanzen- und ? Termitenreste. Das bedeutet nicht nur die bereits bei dieser Gattung eingetretene völlige Reduktion des Gebisses, sondern auch ein hohes erdgeschichtliches Alter der Pholidota. Nach RÖSE (1892) sind bei Embryonen von *Manis tricuspis* spindel- bis kolbenförmige

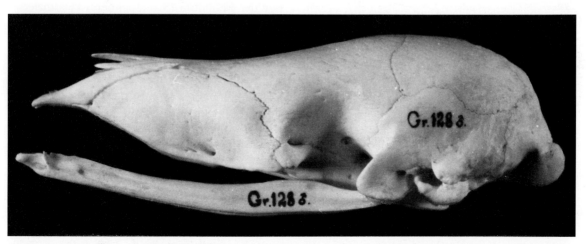

Abb. 802. *Manis gigantea* ♂ (Manidae), rezent, Afrika. Schädel samt Unterkiefer (Lateralansicht). Kiefer völlig zahnlos. NHMW 15.227, (Gr. 128). Schädellänge 138 mm.

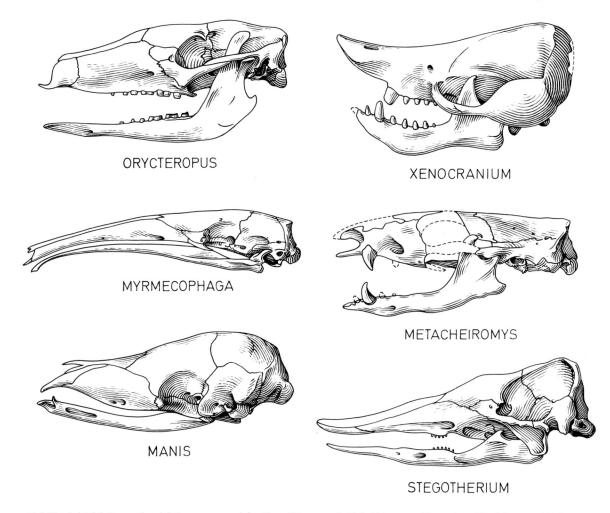

ORYCTEROPUS

XENOCRANIUM

MYRMECOPHAGA

METACHEIROMYS

MANIS

STEGOTHERIUM

Tafel L. Schädel (Lateralansicht) rezenter und fossiler „Edentaten": Tubulidentata, Xenarthra, Pholidota und Palaeanodonta. Linke Reihe: *Orycteropus* (Orycteropodidae, rezent) als Tubulidentat, *Myrmecophaga* (Myrmecophagidae, rezent) als Xenarthra und *Manis* (Manidae, rezent) als Pholidota. Beachte völlige Zahnlosigkeit bei letzteren als Ameisen- bzw. Termitenfressern. Rechte Reihe: *Xenocranium* (Epoicotheriidae, Oligozän) und *Metacheiromys* (Metacheiromyidae, Eozän) als Vertreter der Palaeanodonta. *Stegotherium* (Dasypodidae, Miozän) als solcher der Xenarthra. Nicht maßstäblich.

Anschwellungen des Kieferepithels im Unterkiefer vorhanden, die von ihm als rudimentäre Zahnanlagen angesehen werden. Eine Deutung, die durch Untersuchungen an Embryonen von STARCK (1940) bestätigt werden konnten (vgl. auch Ergebnisse von TIMS 1908).

Die taxonomische Gliederung der rezenten Manidae in mehrere Gattungen, wie sie etwa POCOCK (1924) vorgenommen hat, erscheint weder notwendig noch gerechtfertigt.

3.35 Palaeanodonta

Als Palaeanodonten werden einige wenige alttertiäre Säugetiere Nordamerikas und Europas zusammengefaßt, die wegen ihres reduzierten und meist homodonten Gebisses meist mit Edentaten (im Sinne von Xenarthra) in Verbindung gebracht werden (MATTHEW 1918, SIMPSON 1945, THENIUS

1969, STORCH 1981). Es fehlen ihnen jedoch die für die Xenarthra kennzeichnenden, synapomorphen Merkmale (z. B. weder xenarthrale Wirbelgelenkung noch Dermalverknöcherungen oder ischio-caudale Verbindung des Beckens mit der Wirbelsäule), so daß sie EMRY (1970) als Angehörige der Pholidota (Schuppentiere) klassifizierte. Gegen letztere Ansicht hat sich STORCH (1981) auf Grund des bereits im Eozän weitgehend typisch entwickelten Schuppentiertypus (*Eomanis*) ausgesprochen. Sofern *Ernanodon* aus dem Paleozän Chinas (DING 1979) sich als primitiver Palaeanodonta erweisen sollte, waren diese Säugetiere einst auch in Asien heimisch (Zahnformel $\frac{0\,1\,3\,3}{1\,1\,4\,3} = 32$, Zähne mit Schmelz, C kräftig, übrige Zähne stiftförmig) (Abb. 803). Die beginnende xenarthrale Wirbelgelenkung kann meines Erachtens auch eine funktionsbedingte Parallelentwicklung sein, wie etwa auch die Schlangen dokumentieren. Auch RADINSKY & TING (1984) lassen die systematische Zugehörigkeit offen. Nach DING (1979) und STORCH (1981) handelt es sich jedoch um ei-

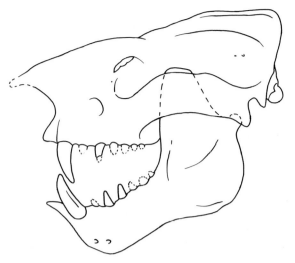

Abb. 803. *Ernanodon antelios* (Ernanodontidae), Jung-Pa-
leozän, China. Schädelrekonstruktion. Zugehörigkeit zu
Palaeanodonta bzw. Xenarthra in Diskussion. Nach RAD-
INSKY & TING (1984), umgezeichnet. 3/4 nat. Größe.

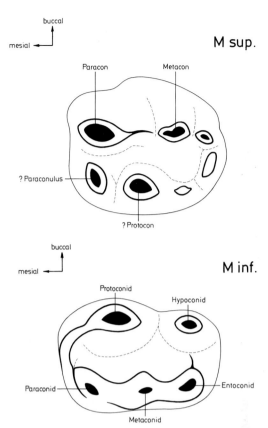

Abb. 804. *Alocodon* (M sup.) und *Amelotabes* (M inf.)
(Epoicotheriidae), Alt-Eozän bzw. Jung-Paleozän, Nordamerika. (Schema).

nen Angehörigen der Xenarthren. Eingehende
Untersuchungen durch DING waren beim Abfas-
sen des Manuskriptes noch nicht abgeschlossen.

Da die Ähnlichkeiten und Übereinstimmungen
auch mit den Xenarthren eher als Konvergenz-
oder Parallelerscheinungen denn als Ausdruck
näherer Verwandtschaft zu interpretieren sind, erscheint es am besten, die Palaeanodonten als eigene Kategorie neben den Xenarthren zu berücksichtigen. Nach ROSE (1979) bilden Palaeanodonta, Xenarthra und Pholidota unabhängige
Zweige einer frühen Radiation myrmecophager
Säugetiere. Über die Abgrenzung und taxonomische Gliederung besteht weitgehend Einhelligkeit.
Innerhalb der Palaeanodonten sind zwei verschiedene Anpassungstypen zu unterscheiden: Die
kleinen subterran wühlenden Epoicotheriidae
(mit *Epoicotherium* [= „*Xenotherium*‘], *Xenocranium*, *Tubulodon*) und die etwas größeren Metacheiromyidae (mit *Metacheiromys*, *Palaeanodon*
u. a.) (vgl. SIMPSON 1927, 1931). *Tubulodon* wurde
ursprünglich als Vertreter der Tubulidentata klassifiziert (JEPSEN 1932). In diesem Rahmen sind nur
Metacheiromys und *Xenocranium* berücksichtigt.

Das Gebiß der Palaeanodonta ist reduziert und
meist als weitgehend homodont zu bezeichnen.
Die Reduktion betrifft sowohl die Zahnzahl als
auch die Zahnmorphologie. Die Zahnformel
schwankt meist zwischen $\frac{0\,1\,5}{1\,1\,5} = 26$ (wie bei *Epoicotherium*) und $\frac{0\,1\,1}{1\,1\,2} = 12$ (bei *Metacheiromys*).
Nur bei den geologisch ältesten Palaeanodonten
(Epoicotheriidae: *Amelotabes* – Jungpaleozän
und *Alocodon* – Alteozän) ist die Zahnformel mit
$\frac{?1\,1\,4\,3}{?1\,1\,4\,3} = ?$ 36 noch ziemlich vollständig (ROSE
1978, ROSE, BOWN & SIMONS 1977). Die Molaren,
von denen $M_{\overline{1}}$ und $M_{\overline{2}}$ überliefert sind, lassen

noch den tribosphenischen Grundplan mit
(schwach höherem) Trigonid und Talonid erkennen (Abb. 804). Die Kaufläche der Backenzähne
ist mit dünnem Schmelz bedeckt, der bei stärkerer
Abkauung verschwindet. Die Backenzähne sind
bei den übrigen Gattungen zu stiftförmigen, einwurzeligen, schmelzlosen Gebilden vereinfacht,
Schmelz tritt nur bei den (größeren) Caninen auf.
Da eine exakte Homologisierung der postcaninen
Zähne meist nicht möglich ist, sind diese in der
Zahnformel nicht getrennt angeführt.

Metacheiromys tatusia (Metacheiromyidae) aus
dem Mitteleozän Nordamerikas ist die bekannteste Art (SIMPSON 1931). Das Gebiß ist stark redu-
ziert, die Zahnformel lautet $\frac{0\,1\,1}{1\,1\,2}$. Kennzeichnend
ist die trotz des sonst stark reduzierten Gebisses
normale Ausbildung der Caninen (Tafel L). Sie
sind kräftig mit gekrümmter, schmelzbedeckter
Krone. Der einzige I inf. und die wenigen postcaninen Zähne sind einwurzelige, stiftförmige Gebilde. Die Reduktion des Gebisses steht wohl mit
einer myrmecophagen Ernährung in Zusammenhang. *Metacheiromys* war nach Ausbildung der
Krallen ein Scharrgräber vergleichbar mit *Manis*.
Bei *Palaeanodon* aus dem Jungpaleozän – Alteozän ist das Gebiß weniger reduziert, indem mindestens vier maxillare Postcaninen vorhanden sind
(MATTHEW 1918).

Xenocranium (Epoicotheriidae) aus dem Oligozän Nordamerikas ist als eine Endform der Palaeanodonta eine hochspezialisierte Form (COLBERT 1942, ROSE & EMRY 1983). Wie ROSE & EMRY (1983) gezeigt haben, sprechen der Schädel und das postcraniale Skelett für einen hochspezialisierten, subterranen Wühler, ähnlich den Proscalopiden bzw. Chrysochloriden unter den Insectivoren. Das Gebiß ist stark reduziert, die Zahnformel lautet $\frac{0\ 1\ 4}{1\ 1\ 5} = 24$. Die schaufelförmig verbreiterten und nach oben gebogenen Prämaxillaria sind zahnlos. Die C sup. sind stumpf und kräftig, die Backenzähne einfach stiftförmig und durch kurze Diastemata vom C sowie untereinander getrennt. Die Unterkieferzähne sind ähnlich gestaltet und angeordnet, der kleine I inf. ist stiftförmig (Tafel L). Sämtliche Zähne sind schmelzlos. Der schwache, ausladende Jochbogen verbreitert sich rückwärts, das Kiefergelenk liegt annähernd im Zahnreihenniveau.

Die Palaeanodonta waren insectivore, zum Teil im Boden wühlende Säugetiere, die ökologisch die Rolle von Xenarthren und Pholidoten in Nordamerikas Alttertiär vertraten.

3.36 Xenarthra (= „Edentata", Zahnarme)

Die Xenarthra sind gegenwärtig nur durch knapp über 30 Arten vertreten, die drei Familien zugeordnet werden; sie waren im Tertiär in Südamerika und auch noch im Pleistozän in der Neuen Welt sehr arten- und formenreich heimisch. Sie werden insgesamt acht oder neun verschiedenen Familien zugeordnet. Fossile Xenarthren sind seit kurzem (STORCH 1981) auch aus Europa nachgewiesen und wurden auch aus Ostasien beschrieben (*Ernanodon*, DING 1979). Wie bereits im Abschnitt Palaeanodonta erwähnt, erscheint die Zuordnung von *Ernanodon* zu den Xenarthren meines Erachtens jedoch nicht gesichert.

Die taxonomische Großgliederung der Xenarthra erfolgt nicht ganz einheitlich. Während SIMPSON (1945) und MCKENNA (1975) nur die Pilosa (Ameisenfresser und Faultiere) und die Cingulata (Gürteltiere) unterscheiden, sind es nach HOFFSTETTER (1954, 1958) und THENIUS (1969) drei Gruppen: Cingulata, Pilosa (Faultiere) und Vermilingua (Ameisenfresser). Aber nicht nur über die taxonomische Gliederung wird diskutiert. Auch über die Zuordnung einzelner Formen innerhalb der Xenarthra gibt es Meinungsverschiedenheiten. Etwa über die Orophodontiden sowie über die rezenten Baumfaultiere, die THENIUS (1979) zwei verschiedenen Familien zuordnet, während es sich nach PAULA COUTO (1979) um rezente Megalonychiden (*Choloepus*) bzw. Mylodontidae (*Bradypus*) handelt (vgl. auch SCILLATO-YANÉ 1980 und NAPLES 1982).

Die (rezenten) Xenarthra sind durch verschiedene synapomorphe Merkmale (xenarthrale Wirbelgelenkung, ischio-caudale Verbindung des Beckens, reduziertes Gebiß, Dermalverknöcherungen) gekennzeichnet. Es bestehen daher lediglich bei fossilen Formen, denen diese Merkmale ganz oder teilweise fehlen, unterschiedliche Auffassungen. Sie betreffen hauptsächlich die Palaeanodonten, die aus diesem Grund auch gesondert berücksichtigt wurden (s. o.). Die Xenarthra besitzen zahlreiche primitive Merkmale, die für eine frühe Abspaltung von den übrigen Placentalia sprechen.

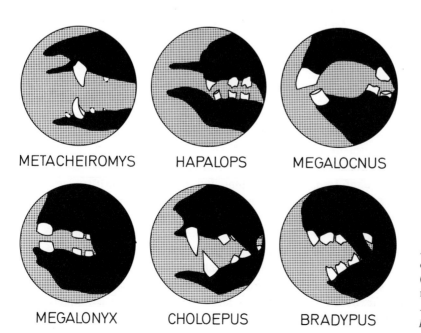

METACHEIROMYS   HAPALOPS   MEGALOCNUS

MEGALONYX   CHOLOEPUS   BRADYPUS

Abb. 805. Differenzierung des Vordergebisses bei den Palaeanodonta (*Metacheiromys*) und den Xenarthra (*Hapalops*, *Megalocnus*, *Megalonyx*, *Choloepus* und *Bradypus*).

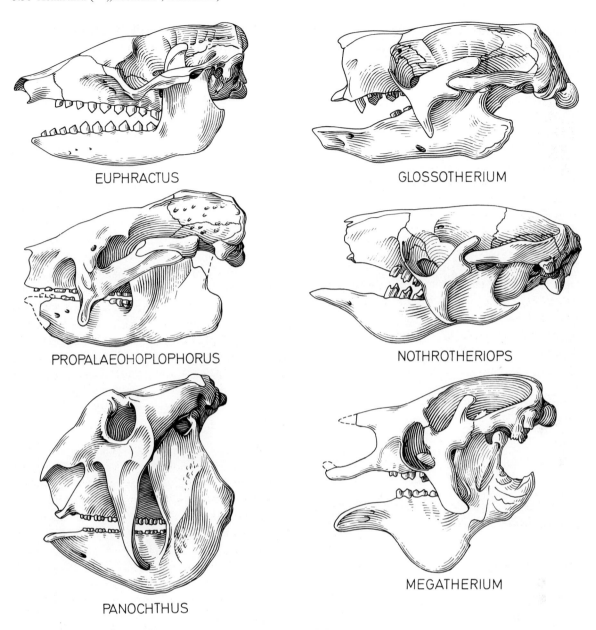

EUPHRACTUS

GLOSSOTHERIUM

PROPALAEOHOPLOPHORUS

NOTHROTHERIOPS

PANOCHTHUS

MEGATHERIUM

Tafel LI. Schädel (Lateralansicht) rezenter und fossiler Xenarthra: Cingulata (linke Reihe) und Pilosa (= Gravigrada; rechte Reihe). *Euphractus* (Dasypodidae, rezent). *Propalaeohoplophorus* (Miozän) und *Panochthus* (Pleistozän) als Glyptodonti- dae. Letztere mit wurzellosen Zähnen. *Glossotherium* (Mylodontidae, Plio-Pleistozän). *Nothrotheriops* (Megalonychidae) und *Megatherium* (Megatheriidae) aus dem Pleistozän. Vordergebiß völlig reduziert. Nicht maßstäblich.

Das Gebiß der Xenarthra ist stets etwas reduziert. Die Reduktionen betreffen die Zahl der Zähne, einzelne Zahnkategorien (Schneidezähne fast im- mer reduziert; Abb. 805. Eine Ausnahme bildet z. B. *Euphractus villosus*), die Morphologie (Gebiß meist homodont durch einfache, stiftförmige Kronen, Schmelz fast immer völlig reduziert) und die Zahl der Dentitionen (meist monophyodont). Die Gebißformel schwankt stark und reicht von der völligen Zahnlosigkeit (z. B. *Myrmecophaga*) bis zur sekundär vermehrten Zahl (Polyodontie) von bis zu 25 pro Kieferhälfte (bei *Priodontes*). Die Zahnformel der Xenarthra wird wegen der oft nicht möglichen Homologisierung vereinfacht ge- schrieben, wie $\frac{4-25}{5-25}$ oder $\frac{0\,1\,5}{0\,1\,5}$, indem die postcani- nen Zähnen nicht differenziert werden. Die meist

einfachen zylinderförmigen Zähne selbst zeigen ein Dauerwachstum mit offener Pulpahöhle. Sie können ausgesprochen hypsodont sein. Das Den- tin ist meist in zwei verschiedenen Lagen (außen Osteo- oder Orthodentin, innen Vasodentin = Trabeculardentin) mit wechselnder Härte ausge- bildet (wie bei *Bradypus*, *Glyptodon*). Differenzie- rungen betreffen vereinzelt das „Vordergebiß", in- dem Backenzähne zu caniniformen oder incisivi- formen Zähnen umgestaltet werden (z. B. *Megalo- nyx*, *Choloepus*, *Megalocnus*), meist jedoch das Backenzahngebiß (z. B. *Glyptodon*, *Megathe- rium*). Vielfach werden embryonal mehr Zähne angelegt (z. B. 13–14 Zähne pro Kieferhälfte bei *Dasypus novemcinctus*) als beim adulten Tier in Funktion stehen (7–8). Zahnschmelz konnte –

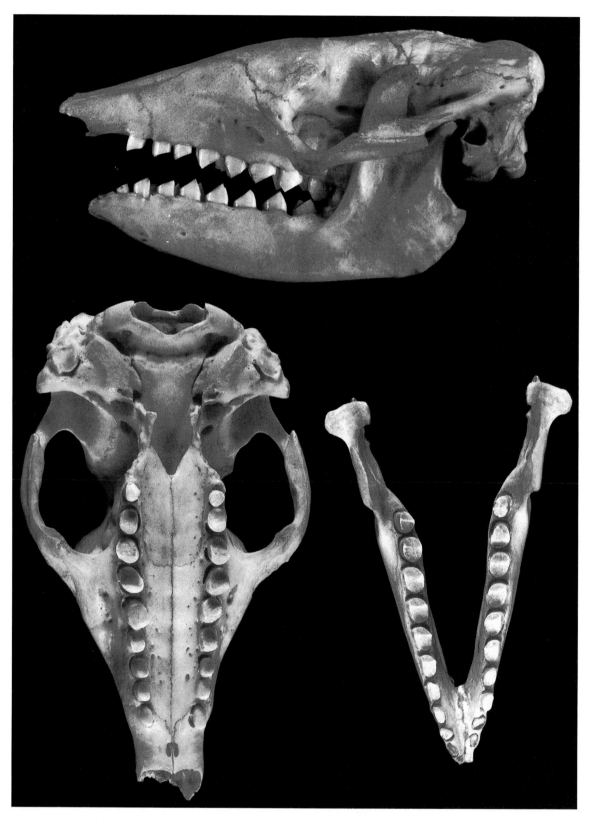

Abb. 806. *Chaetophractus villosus* (Dasypodidae), rezent, Südamerika. Schädel (Lateral- und Ventralansicht) und Unterkiefer (Aufsicht). Beachte Abschleifung der Zähne PIUW 1561. Schädellänge 98 mm.

abgesehen von Embryonen mit dünnem Schmelzbelag an Milchzähnen von Gürteltieren (SPURGIN 1904), nachdem bereits TOMES (1874) ein Schmelzorgan festgestellt hatte und MARTIN (1916) sogar Schmelz in geringer Menge finden konnte – nur von den ältesten Xenarthren (*Utaetus*) aus dem Alteozän Südamerikas nachgewiesen werden (SIMPSON 1932 b). Bei *Utaetus buccatus* sind die Spitzen der mandibularen Backenzähne buccal (mehr) und lingual (weniger) mit Schmelz bedeckt. Anstelle des Schmelzes kann Zement die Seitenflächen der Zähne bedecken. Das Milchgebiß ist zwar meist unterdrückt, doch sind etwa von *Dasypus novemcinctus* zweiwurzelige brachyodonte Milchbackenzähne nachgewiesen (TOMES 1874).

Hier werden nur die folgenden Gattungen besprochen: *Euphractus, Dasypus, Priodontes, Stegotherium, Pampatherium, Glyptodon* bzw. *Panochthus, Hapalops, Nothrotherium (Nothrotheriops), Megatherium (Eremotherium), Glossotherium (Mylodon), Megalocnus (Acratocnus), Choloepus* und *Bradypus*, um die trotz der Reduktion vorhandene Formenmannigfaltigkeit des Gebisses der Xenarthra aufzuzeigen.

Beim rezenten *Euphractus villosus* (Dasypodidae) ist das Gebiß homodont, die Zahnformel lautet $\frac{9}{10}$ und dürfte wohl mit $\frac{1\,1\,7}{2\,1\,7} = 38$ zu interpretieren sein (Abb. 806 u. Tafel LI). Der vorderste Zahn

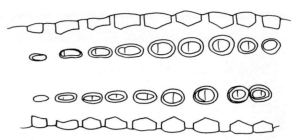

Abb. 808. *Tolypeutes matacus* (Dasypodidae), rezent, Südamerika. Maxillargebiß sin. buccal (ganz oben) und occlusal (mitte oben), Mandibulargebiß dext. occlusal (mitte unten) und lingual (ganz unten). Nach Original. Etwas vergrößert.

des Oberkiefers wurzelt im Prämaxillare, und die einzelnen Zähne sind höchstens durch ganz kurze Lücken getrennt. Die pfeilerförmigen, im Umriß oval bis rundlichen Zähne nehmen im Oberkiefer bis zum 5. oder 6. Zahn, im Unterkiefer bis zum 7. oder 8. Zahn an Größe zu. Die Abkauung erfolgt plan, die Schlifffläche verläuft entweder schräg einheitlich oder nach zwei Seiten, so daß eine linguobuccal verlaufende, median etwas eingesenkte Kante entsteht (Abb. 807, 808). Die Zahnreihen des isognathen Gebisses verlaufen parallel. Die Symphysennaht bleibt sichtbar, das Kiefergelenk liegt weit über dem Zahnniveau, dem Jochbogen fehlt ein Processus descendens. Bei *Dasypus novemcinctus* (Dasypodidae) ist die zahnlose Schnauze verlängert, die Gebißformel lautet $\frac{8}{8} = 32$. Sämtliche Oberkieferzähne des homodonten Gebisses wurzeln in den Maxillaria und sind durch kleine Lücken voneinander getrennt (Abb. 809). Die Zähne sind stiftförmig, ihre Kronen ein- oder zweiseitig abgeschliffen. Die Zahnreihen konvergieren leicht nach vorne. An der in Vergleich zu *Euphractus* zarten Mandibel liegt das Kiefergelenk nur wenig über dem Zahnniveau. Das Gebiß ist gegenüber *Euphractus* deutlich reduziert. Gürteltiere verzehren außer Insekten, Schnecken und Würmern häufig Aas und nehmen auch Pflanzenkost zu sich (KÜHLHORN 1965). Kiefer und Gebiß sind bei *Euphractus* von dem von *Utaetus* aus dem Alteozän Südamerikas kaum verschieden. Bei *Utaetus* treten lediglich Schmelzreste auf (s. o.) (Abb. 810).

Beim rezenten Riesengürteltier (*Priodontes maximus*) (Dasypodidae) ist das gleichfalls homodonte Gebiß polyodont, indem bis zu 25 kleine stiftförmige Zähne in fast parallelen Zahnreihen angeordnet sind, die nur wenig das Zahnfleisch überragen (Abb. 811). Die vorderen Kieferpartien sind zahnlos. *Priodontes* nährt sich als Nahrungsspezialist fast ausschließlich von Insekten (Ameisen und Termiten; vgl. KRIEG & RAHM 1960, MOELLER 1969). Im Gegensatz zu den eigentlichen Ameisenfressern (Myrmecophagidae) ist das Gebiß zwar

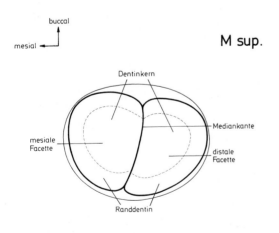

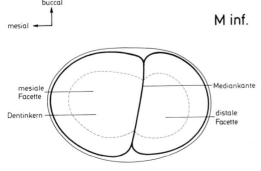

Abb. 807. *Euphractus*. M sup. und M inf. (Schema).

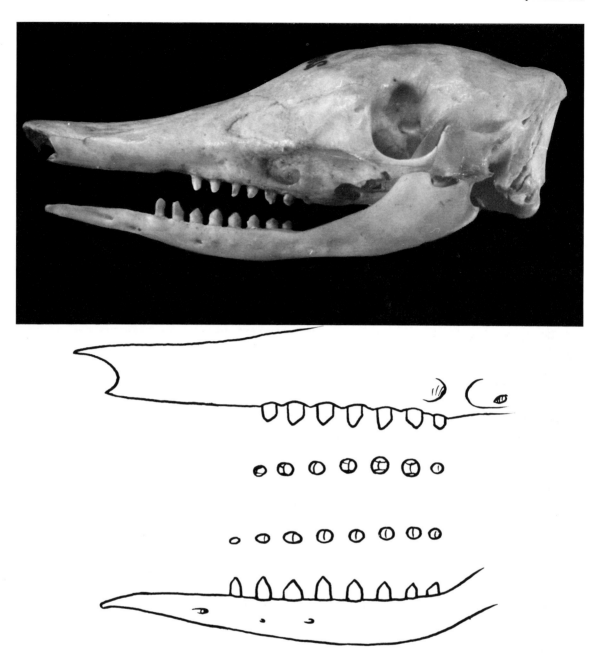

Abb. 809. *Dasypus novemcinctus* (Dasypodidae), rezent, Amerika. Oben: Schädel samt Unterkiefer (Lateralansicht). Unten: Maxillargebiß sin. buccal (ganz oben) und occlusal (mitte oben), Mandibulargebiß dext. occlusal (mitte unten) und Mandibulargebiß sin. buccal (ganz unten). NHMW 2010. Schädellänge 98 mm.

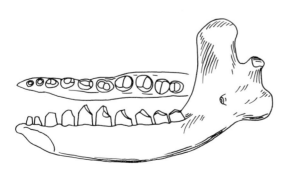

Abb. 810. *Utaetus buccatus* (Dasypodidae), Alt--Eozän, Argentinien. Mandibel dext. occlusal (oben) und lingual (unten). Nach SIMPSON (1948), umgezeichnet. Etwas verkleinert.

nicht völlig reduziert, die Zähne haben jedoch in ihrer Gesamtheit infolge ihrer Winzigkeit bestenfalls eine Festhalte- und Quetschfunktion. An der Mandibel sind Processus coronoideus und auch das Kiefergelenk nur schwach entwickelt.

Demgegenüber ist der Ramus ascendens beim subterran lebenden Gürtelmull (*Chlamyphorus truncatus*) stark erhöht (Abb. 812), und die Zähne sind relativ kräftig.

Bei *Stegotherium tesselatum* (Dasypodidae, Stegotheriinae) aus dem Santacruzense (Altmiozän) Südamerikas ist der Fazialschädel zu einem richtigen (zahnlosen) Rostrum verlängert (Tafel L). Einige wenige stiftförmige Backenzähne mit der

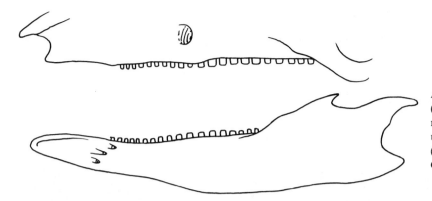

Abb. 811. *Priodontes maximus* (Dasypodidae), rezent, Südamerika. Maxillargebiß sin. (oben) und Mandibulargebiß sin. buccal (unten). Zahnzahl variabel. Nach GRASSÉ (1955). ca. 1/1 nat. Größe.

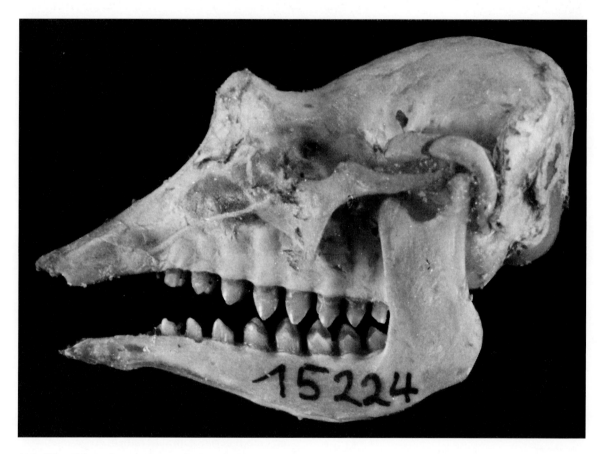

Abb. 812. *Chlamyphorus truncatus* (Dasypodidae), rezent, Südamerika. Schädel samt Unterkiefer (Lateralansicht). Beachte hohen Ramus ascendens. NHMW 15.224. Schädellänge 33 mm.

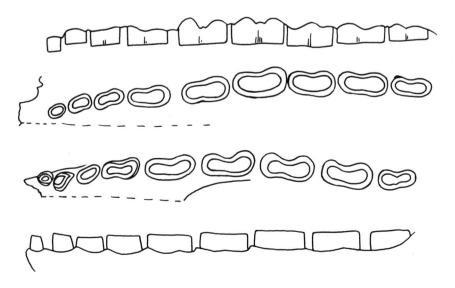

Abb. 813. *Chlamytherium septentrionale* (Dasypodidae), Pleistozän, Texas. Maxillargebiß sin. buccal (ganz oben) und occlusal (mitte oben). *Pampatherium humboldti* (Dasypodidae), Pleistozän, Argentinien. Mandibulargebiß dext. occlusal (mitte unten) und lingual (ganz unten). Nach JAMES (1957) und PAULA COUTO (1979), umgezeichnet. ca. 1/1 nat. Größe.

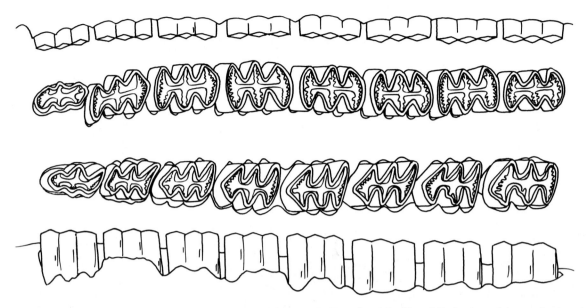

Abb. 814. *Glyptodon asper* (Glyptodontidae), Jung-Pleistozän, Südamerika. Maxillargebiß sin. buccal (ganz oben) und occlusal (mitte oben), Mandibulargebiß dext. occlusal (mitte unten) und sin. buccal (ganz unten. Nach BURMEISTER (1874), umgezeichnet. ca. 3/4 nat. Größe.

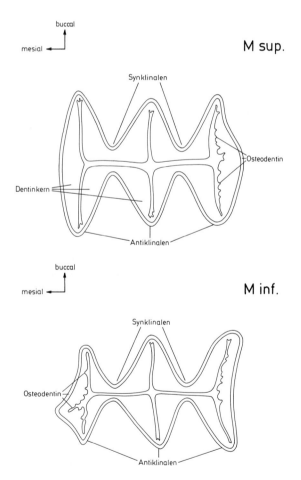

Abb. 815. *Glyptodon*. M sup. und M inf. (Schema).

Zahnformel $\frac{7-5}{8\ 7} = 30-24$ lassen gleichfalls auf eine myrmecophage Ernährung dieser Dasypodiden schließen.

Bei *Pampatherium* und *Holmesina* (Dasypodidae, Pampatheriinae) aus dem Pleistozän Süd- bzw.

Nordamerikas lautet die Zahnformel $\frac{9}{9} = 36$. Die Zähne bilden eine fast geschlossene Reihe, die Backenzähne selbst sind im Querschnitt durch eine buccale Längsfurche außen eingeschnürt und dadurch etwas bilobat (Abb. 813). Die Kaufläche liegt in einer Ebene, das Kiefergelenk hoch darüber. Es sind mittelgroße bis große herbivore Gürteltiere (SIMPSON 1930).

Propalaeohoplophorus (Miozän; Tafel LI; Zahnformel $\frac{0\ 1\ 4\ 3}{0\ 1\ 4\ 3}$), *Glyptodon* und *Panochthus* (Pleistozän) sind Angehörige der Glyptodontidae („Riesengürteltiere"), die mit *Glyptodon*, *Panochthus* und verwandten Gattungen im Pleistozän der Neuen Welt richtige Riesenformen mit einem extrem hypsodonten (wurzellosen) und homodonten Gebiß hervorgebracht haben. Abgesehen vom starren Panzer und einer Schwanzröhre sowie Verschmelzungen von Hals- und Rumpfwirbeln zählt das Gebiß zu den Kennzeichen dieser kurzschnauzigen Cingulaten. Die Prämaxillaria und die Symphysenpartie des Unterkiefers sind zahnlos. Das Gebiß von *Glyptodon* besteht aus jeweils acht hypsodonten wurzellosen (prismatischen) Backenzähnen ($\frac{8}{8} = 32$), die lingual und buccal durch zwei Längsfurchen eingeschnürt sind und dadurch einen 3teiligen (trilobaten) Querschnitt zeigen (Abb. 814, 815). Sie erinnern durch die symmetrische Anordnung der Dentindreiecke (Antiklinalen) an die Molaren primitiver Arvicoliden (z. B. *Microtoscoptes*). Die plane Kaufläche besitzt entsprechend der Dentindifferenzierung in (axiales) Osteo- und Vasodentin ein überaus charakteristisches, unverkennbares Kaumuster aus zum Teil verzweigten Dentinleisten, wie es in dieser Form von anderen Säugetieren unbekannt ist. Die

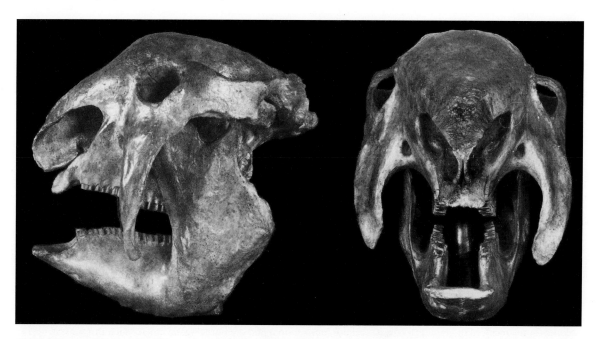

Abb. 816. *Panochthus voghti* (Glyptodontidae), Pleistozän, Südamerika. Schädel samt Unterkiefer (Lateral- und Frontalansicht). Beachte massiven Processus descendens des Maxillare. NHMW A 5697. Schädellänge 43 cm.

Backenzähne der Glyptodontiden stellen den Versuch dar, aus bereits stark reduzierten Zähnen wieder vollwertige Kauwerkzeuge zu machen. Die Backenzähne selbst sind bis auf die beiden vordersten, die schmäler sind, gleichartig (molariform) gestaltet (BURMEISTER 1874). Die äußerste härtere Zahnschicht wird nach HOFFSTETTER (1958) entgegen GILLETTE & RAY (1981) nicht aus Dentin, sondern aus Zement gebildet. Das Kiefergelenk liegt sehr hoch über dem Zahnreihenniveau, der Jochbogen läuft in einen langen, leicht nach hinten gebogenen Processus descendens des Maxillare für den Masseter (= Proc. zygomaticus = Proc. massetericus KÜHLHORN 1965) aus (Abb. 816; Tafel LI). Die Glyptodonten waren ausgesprochene Pflanzenfresser, die als Bewohner der offenen Landschaft vermutlich Gramineen als Hauptnahrung verzehrten. Die letzten Glyptodonten sind an der Pleistozän-Holozän-Wende ausgestorben. Im Südamerika hatten sie zweifellos die Rolle von Huftieren übernommen.

Unter den ausschließlich herbivoren Gravigraden (Bodenfaultiere), die im Pleistozän gleichfalls Riesenformen hervorbrachten, lassen sich verschiedene Linien unterscheiden, von denen hier u.a. *Hapalops, Megalocnus, Megatherium* und *Mylodon* oder verwandte Gattungen berücksichtigt sind. Das meist einfache Gebiß mit der Zahnformel $\frac{5-4}{4\ 3} = 18-14$ kann durch Ausbildung des vordersten Zahnes zu einem caniniformen oder zu einem Nagezahn sekundär heterodont sein. Die wurzellosen Zähne wachsen dauernd.

Bei den Megalonychidae ist der vorderste (wie bei *Hapalops, Megalonyx*) Backenzahn caniniform vergrößert und durch ein Diastema von den übrigen Backenzähnen getrennt. Bei *Hapalops longiceps* aus dem Santacruzense (Altmiozän) Südamerikas lautet die Zahnformel $\frac{5}{4} = 18$ (SCOTT 1903). Die Backenzähne sind prismatisch, der letzte Zahn ist kleiner als die übrigen. Der vorderste Unterkieferzahn wirkt als Antagonist des caniniformen und gleichfalls schräg abgeschliffenen Maxillarzahnes, steht jedoch hinter ihm (Tafel LII). Das zahnlose, Y-förmige Prämaxillare erreicht die Länge der lang ausgezogenen, gleichfalls zahnlosen Symphysenpartie. Die zylindrischen Backenzähne sind opponierend angeordnet. Das Kiefergelenk liegt nur knapp über der Zahnreihe. Der mit einem langen Processus descendens (= massetericus) versehene Jochbogen ist nicht voll verwachsen.

Bei *Megalonyx jeffersoni*, einer Großform aus dem Pleistozän Nordamerikas, ist der Fazialschädel kurz, das vorderste, median weit getrennte Zahnpaar vergrößert, die Zahnwurzel gekrümmt (LEIDY 1885). In der Mandibel ist das vorderste Zahnpaar nicht quer, sondern schräg zur Längsachse eingepflanzt (Abb. 817). Der Querschnitt der Backenzähne ist gerundet dreieckig. Bei *Nothrotheriops shastense* aus dem Jung-Pleistozän Kaliforniens fehlen die vorderen Zahnpaare (Abb. 818).

Bei *Megalocnus rodens*, einer schwarzbärengroßen Art aus dem Pleistozän Kubas (Tafel LII), ist die Differenzierung des vordersten Zahnpaares zu nagezahnähnlichen Gebilden erfolgt (MATTHEW & PAULA COUTO 1959). Die Zahnformel lautet hier $\frac{5}{4} = 18$. Ein weites Diastema trennt „Vorder"-

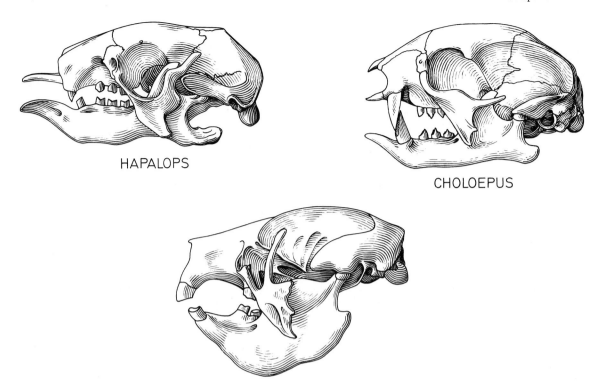

HAPALOPS

CHOLOEPUS

MEGALOCNUS

Tafel LII. Schädel (Lateralansicht) fossiler und rezenter Xenarthra (Pilosa). *Hapalops* (Miozän), *Megalocnus* (Pleistozän) und *Choloepus* (rezent) als Vertreter der Megalonychidae. Beachte unterschiedliche Differenzierung des „Vordergebisses" bei letzteren. Nicht maßstäblich.

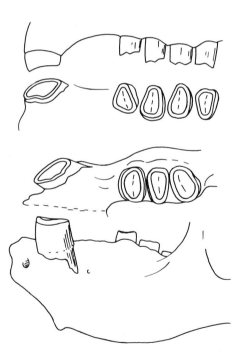

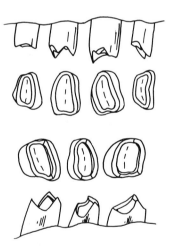

Abb. 818. *Nothrotheriops shastense* (Megalonychidae), Jung-Pleistozän, Kalifornien. Backenzahngebiß sup. sin. buccal (ganz oben) und occlusal (mitte oben), inf. dext. occlusal (mitte unten) und lingual (ganz unten). Nach STOCK (1925), umgezeichnet. ca. 3/5 nat. Größe.

Abb. 817. *Megalonyx jeffersoni* (Megalonychidae), Pleistozän, Nordamerika. Oberkiefergebiß sin. buccal (ganz oben) und occlusal (mitte oben), Mandibulargebiß dext. occlusal (mitte unten) und Mandibel sin. buccal (ganz unten). Nach PIVETEAU (1958), umgezeichnet. ca. 1/3 nat. Größe.

und (übriges) Backenzahngebiß (Abb. 819, 820). Die Vorderzähne sind wurzellose, labio-lingual komprimierte, stark gekrümmte Zähne mit schrägen, jedoch planen Kauflächen, ähnlich einem Wombat. Echte Nagezähne sind es nicht, da nicht nur der Schmelz fehlt und die Abschleifung dadurch abweichend erfolgt, sondern auch die Zähne median weit getrennt sind. Auch bei *Acratocnus antillensis* (Pleistozän Kuba) liegen keine echten Nagezähne vor. Der im Querschnitt dreieckig gekrümmte Maxillarzahn wird durch den gestreckten Mandibularzahn abgeschliffen (Abb. 821) und erinnert etwas an *Choloepus*, das neuerdings überhaupt als rezenter Angehöriger der Megalonychiden angesehen wird (s. u.). Bei

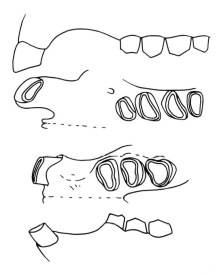

Abb. 819. *Megalocnus rodens* (Megalonychidae), Pleistozän, Kuba. Oberkiefergebiß sin. buccal (ganz oben) und occlusal (mitte oben), Mandibulargebiß dext. occlusal (mitte unten) und sin. buccal (ganz unten). Beachte nagezahnähnliches Vordergebiß. Nach MATTHEW & PAULA COUTO (1959), umgezeichnet. ca. 2/5 nat. Größe.

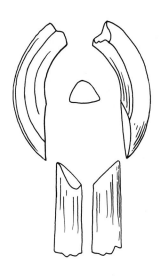

Abb. 821. *Acratocnus antillensis* (Megalonychidae), Pleistozän, Kuba. „C" sup. sin. von außen (links oben) und von innen (rechts oben) samt Querschnitt. „C" inf. dext. von außen (links unten) und von vorne (rechts unten). Nach MATTHEW & PAULA COUTO (1959), umgezeichnet. ca. 1/2 nat. Größe.

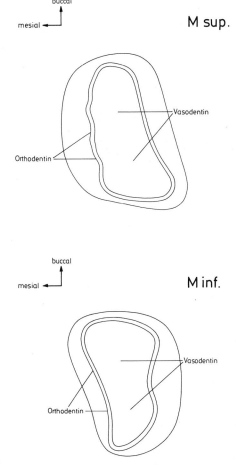

Abb. 820. *Megalocnus*. M sup. und M inf. (Schema).

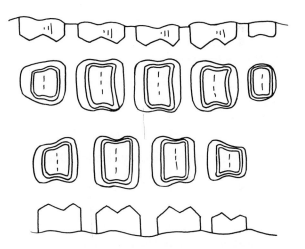

Abb. 822. *Megatherium americanum* (Megatheriidae), Jung-Pleistozän, Argentinien. Backenzahngebiß sup. sin. buccal (ganz oben) und occlusal (mitte oben), Backenzahngebiß inf. dext. occlusal (mitte unten) und lingual (ganz unten). Nach Abguß. 1/4 nat. Größe.

den Backenzähnen dieser Megalonychiden variiert der Umriß vom ovalen bis zum gerundet dreieckigen. Die Backenzähne im Ober- und Unterkiefer sind alternierend angeordnet. Der nicht geschlossene Jochbogen besitzt einen schmalen Processus ascendens und einen breiten Processus descendens. Das Kiefergelenk liegt hoch über dem Zahnreihenniveau.

Bei den Megatheriidae, die mit *Megatherium* und *Eremotherium* (Tafel LI) echte Riesenformen im Pleistozän Zentral- und Südamerikas hervorgebracht haben, sind die Vorderzähne völlig reduziert und die vorhandenen, stark hypsodonten und wurzellosen Backenzähne ausgesprochen bilophodont (Abb. 822, 823). Die Krone erinnert etwas an jene von Dinotherienzähne. Die Kaufläche der Backenzähne ist entsprechend der Dentindifferenzierung und der Abkauung nicht eben, sondern bilophodont dachförmig gestaltet

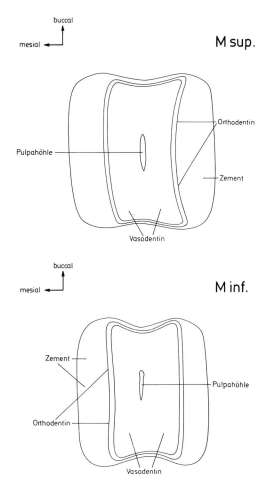

Abb. 823. *Megatherium*. M sup. und M inf. (Schema).

den Megatheriiden die Vergrößerung des Vordergebisses, die Backenzähne sind jedoch nicht bilophodont, sondern eher wie bei den Megalonychiden gestaltet. Allerdings ist der letzte Backenzahn durch seitliche Einschnürungen bilobat. Die Kaufläche der Backenzähne ist in der Mitte eingesenkt (Vasodentin). Bei *Glossotherium harlani* aus dem Jungpleistozän Nordamerikas weicht das vorderste Zahnpaar durch den rundlichen Querschnitt ab, und die Zahnreihen divergieren nach vorne (STOCK 1925) (Abb. 824, 825). Die zahnlose, gerundete Symphysenpartie ist verlängert und massiv gebaut. Die beiden Jochbogenabschnitte berühren einander kaum, der Processus descendens ist stark entwickelt, das Kiefergelenk liegt annähernd im Zahnreihenniveau. Manche Riesenfaultiere waren hauptsächlich Yuccafresser (COOMBS 1983).

Die rezenten, rein neotropischen Baumfaultiere („Bradypodidae"; Tardigrada) mit den Gattungen *Choloepus* und *Bradypus* sind demgegenüber als Baumbewohner relativ kleine Formen. Sie sind

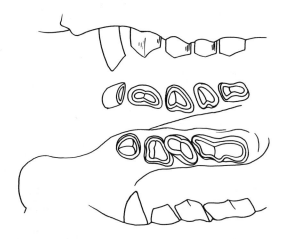

Abb. 824. *Glossotherium* (*Paramylodon*) *harlani* (Mylodontidae). Maxillargebiß sin. buccal (ganz oben) und occlusal (mitte oben), Mandibulargebiß dext. occlusal (mitte unten) und lingual (ganz unten). Nach STOCK (1925), umgezeichnet. ca. 1/3 nat. Größe.

(= oxydont SPILLMANN). Die beiden Querjoche entstehen durch ein besonders stark kalzifiziertes Dentinband (Orthodentin), das das zentrale Vasodentin umgibt und selbst von Zement umgeben ist. Das Orthodentin bildet eigentlich eine Hülse mit dünnen Seitenwänden. Auch die Megatherien dokumentieren den Versuch, aus ursprünglich stark reduzierten Backenzähnen vollwertige Kauwerkzeuge zu gestalten. Die Gebißformel lautet $\frac{5}{4} = 18$ (OWEN 1861, SPILLMANN 1948). Der letzte Zahn im Oberkiefer ist stark reduziert. Die isognathen Zahnreihen verlaufen annähernd parallel. Der mit einem langen Processus descendens versehene Jochbogen ist geschlossen (auch bei *Eremotherium*). Das Kiefergelenk liegt hoch über den Zahnreihen. Die nashorngroßen Megatherien waren Pflanzenfresser, die nach SPILLMANN (1948) auf Grund von im Kot gefundenen „gehäckselten" Zweigresten Äste zu Pflanzenhäcksel zerkleinerten und somit xylophag waren. Entsprechend der geringen Auswertung der pflanzlichen Nahrung mußten sie riesige Mengen davon verzehren. Die lang ausgezogene Symphyse ist fest verwachsen.

Den Mylodontiden (wie *Mylodon*, *Glossotherium*) mit der gleichen Zahnformel $\frac{5}{4} = 18$, fehlt ähnlich

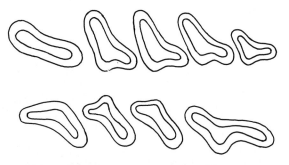

Abb. 825. *Scelidodon capellinii* (Mylodontidae), Jung-Pleistozän, Südamerika. Maxillargebiß sin. (oben) und Mandibulargebiß dext. (unten) in Occlusalansicht. Nach PAULA COUTO (1979), verändert umgezeichnet. ca. 3/4 nat. Größe.

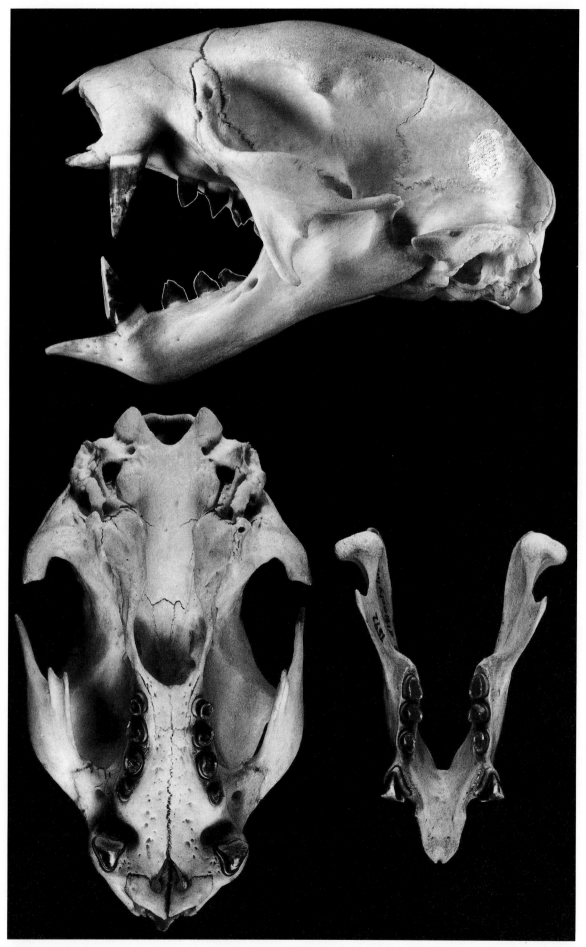

Abb. 826. *Choloepus didactylus* (Megalonychidae), rezent, Südamerika. Schädel (Lateral- und Ventralansicht) und Unterkiefer (Aufsicht). PIUW 1592. Schädellänge 118 mm.

ausgesprochene Blattfresser mit entsprechenden Anpassungen an das Baumleben. Unterschiede im Gebiß und Schädelbau dokumentieren die Herkunft von verschiedenen Wurzelgruppen (Megalonychidae bzw. Mylodontidae oder Megatheriidae; s. o.) (vgl. NAPLES 1982). Die Zahnformel lautet wie bei den meisten Gravigraden $\frac{5}{4}$ bzw. $\frac{0\ 1\ 4}{0\ 0\ 4} = 18$ (GRASSÉ 1955), und die einzelnen Zähne sind durch kleine Lücken voneinander getrennt. Die meist subzylindrischen, wurzellosen Zähne wachsen persistent, der zentrale Abschnitt besteht aus Vasodentin, das von härterem Dentin umgeben ist und außen von Zement umhüllt wird. Bei *Choloepus didactylus* (Zweizehenfaultier) ist das vordere Zahnpaar ähnlich Megalonychiden caniform differenziert, die Backenzahnreihen divergieren jedoch wie bei den Mylodontiden, der letzte Backenzahn ist allerdings kleiner als die übrigen und nicht bilobat (Abb. 826, 827; Tafel LII). Die Prämaxillaria sind zahnlos, der Querschnitt der senkrecht eingepflanzten und durch ein Diastema von den Backenzähnen getrennten C sup. ist dreieckig. Durch die distale Abschleifung entstehen zugespitzte Zähne, die zusammen mit dem C inf. beachtliche Waffen darstellen. Die im Querschnitt ovalen Backenzähne sind entsprechend der Abschleifung ein- oder zweispitzig. Die Kaufläche ist infolge des weniger widerstandsfähigen Vasodentins median eingesenkt. Nur bei sehr jungen Individuen ist die Krone konisch (PARKER 1885). Der Jochbogen ist nicht geschlossen und besitzt einen Processus descendens. Das Kiefergelenk liegt praktisch im Zahnreihenniveau, der Condylus ist seitlich verbreitert, seitliche Kiefer-

bewegungen sind möglich (SICHER 1944). Wie NAPLES (1982) schreibt, erinnert die Mandibel an Carnivora. Die Symphysenpartie ist massiv und nach vorne zungenförmig ausgezogen.

Bei *Bradypus tridactylus* (Dreizehenfaultier) erscheint der Fazialschädel verkürzt, die vordersten Zähne sind direkt am vordersten Kieferrand eingewurzelt (Abb. 828, 829). Die zahnlosen Prämaxillaria sind klein und nicht mit den Maxillaria verwachsen. Der vorderste maxillare Zahn ist kleiner als die folgenden, im Umriß rundlich bis gerundet dreieckigen Zähne. Die Zahnreihen divergieren leicht nach vorn, die Abkauung führt jedoch nicht zu zweispitzigen Kronen, sondern eher zu einer Art Lophodontie mit randlich erhabenem Osteodentin und median eingesenktem Dentinkern. Im Unterkiefer ist der vorderste Zahn seitlich stark verbreitert und durch den Antagonisten (2. Zahnpaar im Maxillare) meißelförmig abgeschliffen. Der letzte Backenzahn ist am größten, jedoch nicht bilobat. Die Symphysenpartie ist kurz, der Condylus liegt deutlich über der Zahnreihe, der Angulus ist überaus kräftig entwickelt. Der zarte Jochbogen ist nicht geschlossen, ein Processus descendens ist vorhanden. Das Kiefergelenk läßt orthale und propalinale Bewegungen zu, wie auch die Ausbildung des Masseter erkennen läßt. Obwohl beide rezente Baumfaultier-Gattungen ausgesprochene Blattfresser sind, sind Kiefer und Gebiß doch verschieden gestaltet, was auf die unterschiedliche stammesgeschichtliche Herkunft zurückgeführt wird.

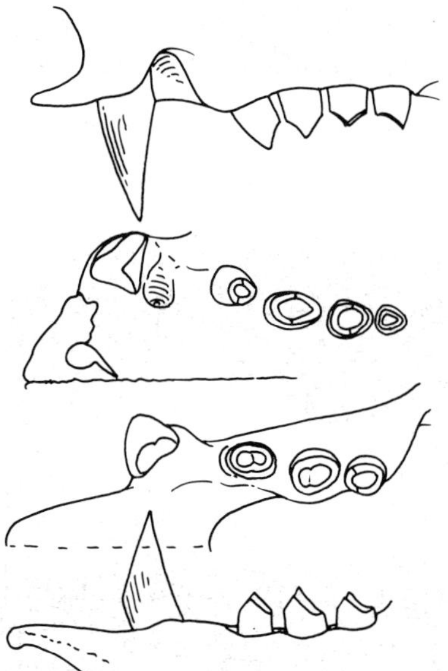

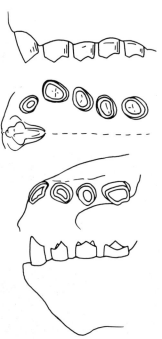

Abb. 827. *Choloepus didactylus*. Maxillargebiß sin. buccal (ganz oben) und occlusal (mitte oben), Mandibulargebiß dext. occlusal (mitte unten) und lingual (ganz unten). Nach Original. ca. 4/5 nat. Größe.

Abb. 828. *Bradypus tridactylus* (Bradypodidae), rezent, Südamerika. Maxillargebiß sin. buccal (ganz oben) und occlusal (mitte oben), Mandibulargebiß dext. occlusal (mitte unten) und lingual (ganz unten). Nach Original. Etwas vergrößert.

Der Vollständigkeit halber noch einige Bemerkungen zu den Ameisenfressern (Myrmecophagidae). Diese Xenarthra (*Myrmecophaga, Tamandua, Cyclopes*) sind entsprechend ihrer Myrmecophagie durchweg zahnlos. Dies gilt auch für die erdgeschichtlich älteste Gattung *Eurotamandua* aus dem Mitteleozän Europas (STORCH 1981). Der Jochbogen fehlt bei den rezenten Gattungen oder ist unvollständig (Abb. 830; Tafel L). Der Unterkiefer ist schmal und schwach. Bei der Nahrungs-

aufnahme sind bei *Myrmecophaga* dennoch echte Kaubewegungen des Kiefers zu beobachten (KRIEG & RAHM 1960). Die Zahnlosigkeit teilen die Myrmecophagiden (einschließlich Cyclop[ed]idae HIRSCHFELD 1976; vgl. STORCH 1981) mit den gleichfalls myrmecophagen Schuppentieren (*Manis*) und den Ameisenigeln (Tachyglossidae). Als Kompensation für die Zahnlosigkeit ist meist ein kräftiger Muskelmagen entwickelt.

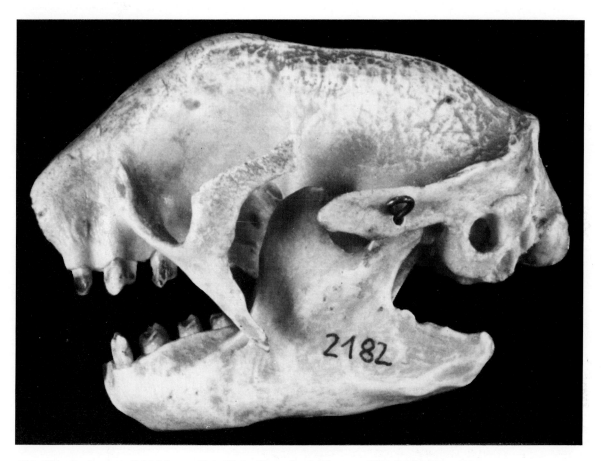

Abb. 829. *Bradypus* sp. Schädel samt Unterkiefer (Lateralansicht). PIUW 2182. Schädellänge 77 mm.

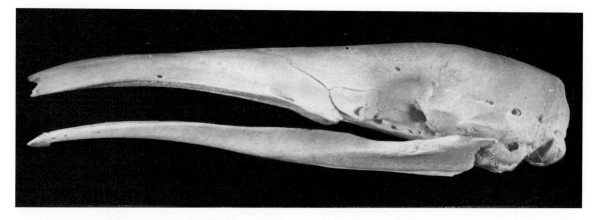

Abb. 830. *Myrmecophaga tridactyla* (Myrmecophagidae), rezent, Südamerika. Schädel samt Unterkiefer (Lateralansicht). PIUW 2616. Schädellänge 235 mm.

4. Gebiß-(= Zahn-)formeln

Tabellarische Übersicht der Gebißformeln von Säugetieren. Anordnung nach Ordnungen. Innerhalb der (Unter-)Ordnungen bzw. Überfamilien alphabetische Reihung. Auch Gattungen erwähnt, die im Text nicht berücksichtigt wurden.

Abkürzungen und Erklärungen:

+	= ausgestorben		
U-Kl.	= Unterklasse	U-O.	= Unterordnung
I-Kl.	= Infraklasse	I-O.	= Infraordnung
O.	= Ordnung	Ü-F.	= Überfamilie

Klasse: Mammalia

U-Kl.: Prototheria (i.w.S.)
(= Atheria = „Nontheria")
+ I-Kl.: Eotheria
O.: Triconodonta
U-O.: Morganucodonta
+ Eozostrodon (= Morganucodon)

$$\frac{5\,1\quad 2\quad 4}{5\,1\,2-3\,4-5}\qquad \text{n. Kermack \& Musset 1959}$$

$$\frac{3\quad 1\quad ?\quad 4}{4-6\,1\,4-5\,4-5}\qquad \text{n. Mills 1971}$$

$$\frac{3-4\,1\,4-5\,3-4}{4\quad 1\,3-4\,4-5}\qquad \text{n. Jenkins \& Crompton 1979}$$

+ Erythrotherium ...... $\frac{4+?\,1\,4\,3+?}{3+?\,1\,4\quad 4}$

+ Megazostrodon .... $\frac{4\,1\,5\,4}{4\,1\,5\,4}$

U-O.: Eutriconodonta
+ Amphilestes .... $\frac{?\quad ?\,?\,?}{3-4\,1\,4\,5}$

+ Phascolotherium .... $\frac{?\,?\,?\,?}{4\,1\,2\,5}$

+ Priacodon.............. $\frac{4?\,1\,3\,4}{3\,1\,3\,4}$

+ Triconodon .... $\frac{?\,1\quad 3\quad 4}{?\,1\,3-4\,4}$

O. Docodonta
+ Docodon .... $\frac{?\,1\quad 3\quad 6+?}{3\,1\,3-4\,7-8}$

+ Haldanodon .... $\frac{5\,1\,3\,5}{?4\,1\,3\,5}$

I-Kl.: Monodelphia (= Prototheria i.e.S.)
O.: Monotremata
Ornithorhynchus $\frac{0\,0\,1\,2}{0\,0\,0\,3}$ (hinfällig)

Tachyglossus .... $\frac{0\,0\,0\,0}{0\,0\,0\,0}$

Zaglossus .... $\frac{0\,0\,0\,0}{0\,0\,0\,0}$

+ I-Kl.: Allotheria
O.: Multituberculata
U-O.: Plagiaulacoidea
+ Ctenacodon .... $\frac{3\,0\,4-5\,2}{1\,0\quad 4\quad 2}$

+ Kuehneodon............... $\frac{3\,1\quad 3\quad 3}{1\,0\,3-4\,2}$ oder $\frac{3\,0\,5\,2}{1\,0\,4\,2}$

+ Paulchoffatia ...... $\frac{3\,0-1\,4-5\,2}{1\quad 0\quad 3-4\,2}$

+ Plagiaulax........................ $\frac{3\,0\,4-6\,2}{1\,0\,3-4\,2}$

U-O.: Ptilodontoidea
+ Mesodma .... $\frac{?\,?\,4\,2}{1\,0\,2\,2}$

+ Ptilodus .... $\frac{2\,0\,4\,2}{1\,0\,2\,2}$

U-O.: Taeniolabidoidea
+ Catopsalis (= „Djadochtatherium") .... $\frac{2\,0\,4\,2}{1\,0\,1\,2}$

+ Kamptobaatar .... $\frac{2\,0\,4\,2}{1\,0\,2\,2}$

+ Sloanbaatar .... $\frac{2\,0\,4\,2}{1\,0\,2\,2}$

+ Taeniolabis............. $\frac{2\,0\,1\,2}{1\,0\,1\,2}$

U-Kl.: Theria (i.w.S.)
+ I-Kl.: Trituberculata (= Pantotheria i.w.S.)
O.: Symmetrodonta
+ Amphidon.......... $\frac{?\,?\quad ?\quad ?}{2\,1\,3-4\,4-7}$

+ Kuehneotherium .... $\frac{?\quad ?\,?\quad ?}{4?\,1\,6\,4-5}$

+ Peralestes................ $\frac{?\,1\,3\,7}{?\,?\,?\,?}$

+ Spalacotherium .... $\frac{?\,?\,?\,?}{3\,1\,3\,7}$

O. Eupantotheria (= Pantotheria i.e.S.)
+ Amblotherium .... $\frac{?\,?\,?\,?}{4\,1\,4\,8}$

+ Amphitherium.................... $\frac{?\,1\quad ?4\quad 7-8}{4\,1\,4-5\,6-7}$

+ Crusafontia .... $\frac{?\,?\,?\,?}{4\,1\,4\,8}$

+ Dryolestes..................... $\frac{?\,?\,?4\,7-8}{4\,1\,?4\quad 8}$

+ Laolestes.................. $\frac{?\,?\,?\,?}{4\,1\,4\,8}$

+ Melanodon .... $\frac{4\,1\,?\,7}{?\,?\,?\,?}$

+ Paurodon .... $\frac{?\,?\,2-4\,3-6}{4\,1\,2-4\,3-6}$

+ Peramus..................... $\frac{?4\,1\,4-5\,3-4}{4\,1\,4-5\,3-4}$

I-Kl.: Metatheria
O.: Marsupialia
Ü-F.: Didelphoidea
Didelphis................ $\frac{5\,1\,3\,4}{4\,1\,3\,4}$

Dromiciops .... $\frac{5\,1\,3\,4}{4\,1\,3\,4}$

+ Microbiotherium .... $\frac{?\,1\,3\,4}{4\,1\,3\,4}$

+? Necrolestes .... $\frac{5\,1\,2\,4}{4\,1\,2\,4}$

+ Ü-F.: Borhyaenoidea
+ Borhyaena .... $\frac{3\,1\,3\,4}{3\,1\,3\,4}$

+ Cladosictis .... $\frac{4\,1\,3\,4}{4\,1\,3\,4}$

+ Prothylacinus............. $\frac{4\,1\,3\,4}{3\,1\,3\,4}$

+ Thylacosmilus........... $\frac{0\,1\,2-3\,3-4}{1\,1\,2-3\,3-4}$

Ü-F.: Caenolestoidea
+ Abderites .... $\frac{?\,?\,?\,?}{2\,1\,3\,4}$

Caenolestes .... $\frac{4\quad 1\,3\,4}{3-4\,1\,3\,4}$

+ Epidolops .... $\frac{2\,1\,2-3\,3-4}{2\,1\,2-3\,3-4}$

+ Palaeothentes .... $\frac{3\,1\,3\,4}{2\,1\,2\,4}$

+ Polydolops .... $\frac{2\,1\,2-3\,3}{2\,1\,2-3\,3}$

inc. sed. + Groeberia .... $\frac{?\,?\quad ?\quad ?}{1\,0\,0-1\,3-4}$

+ Ü-F.: Argyrolagoidea
+ Argyrolagus .... $\frac{2\,0\,1\,4}{2\,0\,1\,4}$

Ü-F.: Dasyuroidea
Antechinomys .... $\frac{4\,1\,3\,4}{3\,1\,3\,4}$

Dasyurus.................... $\frac{4\,1\,2\,4}{3\,1\,3\,4}$

Myrmecobius .... $\frac{4\,1\,3\,5}{3\,1\,3\,6}$

? Notoryctes .... $\frac{3-4\,1\quad 2\quad 4}{3\quad 1\,2-3\,4}$

Phascogale................ $\frac{4\,1\,3\,4}{3\,1\,3\,4}$

Sarcophilus.................... $\frac{4\,1\,2\,4}{3\,1\,2\,4}$

Sminthopsis .... $\frac{4\,1\,3\,4}{3\,1\,3\,4}$

Thylacinus.......................... $\frac{4\,1\,3\,4}{3\,1\,3\,4}$

Ü-F.: Perameloidea

Choeropus .... $\frac{5\,1\,3\,4}{3\,1\,3\,4}$

Echymipera...................... $\frac{4\,1\,3\,4}{3\,1\,3\,4}$

Isoodon.................. $\frac{5\,1\,3\,4}{3\,1\,3\,4}$

„Macrotis" = Thylacomys .... $\frac{5\,1\,3\,4}{3\,1\,3\,4}$

Perameles.............. $\frac{5\,1\,3\,4}{3\,1\,3\,4}$

Peroryctes.............. $\frac{5\,1\,3\,4}{3\,1\,3\,4}$

Ü-F.: Phalangeroidea

Acrobates.............. $\frac{3\,1\,3\,3}{2\,0\,3\,3}$

Aepyprymnus .... $\frac{3\,1\,2\,4}{1\,0\,2\,4}$

Bettongia .... $\frac{3\,1\,2\,4}{1\,0\,2\,4}$

Burramys.................... $\frac{3\ 1\ 2\text{-}3\ 3\text{-}4}{2\,0\ \ 3\ \ 3\text{-}4}$

Caloprymnus .... $\frac{3\,1\,2\,4}{1\,0\,2\,4}$

Cercartetus..................... $\frac{3\,0\,3\,3}{2\,0\,3\,3}$

Dactylopsila.......... $\frac{3\ \ 1\,2\text{-}3\,4}{2\text{-}3\,0\,2\text{-}3\,4}$

Dendrolagus .... $\frac{3\,1\,2\,4}{1\,0\,2\,4}$

Distochoerus .... $\frac{3\,1\,3\,3}{2\,0\,2\,3}$

Dorcopsis .... $\frac{3\,1\,1\,4}{1\,0\,2\,4}$

Dromicia.................. $\frac{3\,1\ \ 3\ \ 3\text{-}4}{2\,0\,2\text{-}3\ 3\text{-}4}$

+ „Ektopodon" .... $\frac{3\,1\,1\,4}{1\,0\,1\,4}$

Gymnobelideus .... $\frac{3\,1\,3\,4}{2\,0\,3\,4}$

Hypsiprymnodon .... $\frac{3\,1\,2\,4}{1\,0\,2\,4}$

Lagorchestes .... $\frac{3\,1\,2\,4}{1\,0\,2\,4}$

Lagostrophus .... $\frac{3\,0\,2\,4}{1\,0\,2\,4}$

Macropus (Thylogale, Wallabia)............. $\frac{3\,0\text{-}1\,2\,4}{1\ \ 0\ \ 2\,4}$

Onychogale.................... $\frac{3\,0\text{-}1\,2\,4}{1\ \ 0\ \ 2\,4}$

Petauroides (= „Schoinobates") . $\frac{3\ \ 1\ \ 3\ \ 4}{1\text{-}2\,0\,1\text{-}3\ 4}$

Petaurus .... $\frac{3\,1\,3\,4}{2\,0\,3\,4}$

Petrogale .... $\frac{3\,0\,2\,4}{1\,0\,2\,4}$

Phalanger .... $\frac{2\text{-}3\,1\,2\text{-}3\,4}{2\ \ 0\,2\text{-}3\,4}$

Potorous....................... $\frac{3\,1\,2\,4}{1\,0\,2\,4}$

+ Procoptodon .... $\frac{3\,0\,1\,4}{1\,0\,2\,4}$

Pseudocheirus .... $\frac{3\text{-}2\ 1\ 3\ 4}{2\text{-}1\,0\,3\text{-}1\,4}$

Setonix .... $\frac{3\,0\,2\,4}{1\,0\,2\,4}$

+ Sthenurus ...... $\frac{3\,0\,1\,4}{1\,0\,2\,4}$

Tarsipes .... $\frac{2\,1\,1\,2\text{-}3}{1\,0\,0\,2\text{-}3}$

+ Thylacoleo .... $\frac{3\ 1\,1\text{-}3\ 1\text{-}3}{1\,0\,1\text{-}3\,1\text{-}3}$

Trichosurus .... $\frac{3\ 1\,1\text{-}2\ 4}{2\,0\,1\text{-}2\ 4}$

+ „Wynyardia" (= Namilamadela) .... $\frac{3\,1\,1\,4}{?\,?\,?\,?}$

Ü-F.: Diprotodontoidea

+ Diprotodon.................. $\frac{3\,0\,1\,4}{1\,0\,1\,4}$

Lasiorhinus.............. $\frac{1\,0\,1\,4}{1\,0\,1\,4}$

+ Ngapakaldia .... $\frac{3\,0\,1\,4}{1\,0\,1\,4}$

+ Nototherium .... $\frac{3\,0\,1\,4}{1\,0\,1\,4}$

+ Palorchestes.................. $\frac{3\,0\,1\,4}{1\,0\,1\,4}$

Phascolarctos................. $\frac{3\,1\,1\,4}{1\,0\,1\,4}$

Vombatus .... $\frac{1\,0\,1\,4}{1\,0\,1\,4}$

+ Zygomaturus .... $\frac{3\,0\,1\,4}{1\,0\,1\,4}$

I-Kl.: Eutheria

O.: „Insectivora" (Proteutheria, Apatotheria und Lipotyphla)

+ U-O.: Proteutheria

+ Ü-F.: Lepticoidea

  + Diacodon .... $\frac{3\,1\,4\,3}{3\,1\,4\,3}$

  + Lepticis................. $\frac{2\,1\,4\,3}{3\,1\,4\,3}$

  + Kennalestes............. $\frac{4\,1\,4\,3}{3\,1\,4\,3}$

  + Palaeictops .... $\frac{3\,1\,4\,3}{3\,1\,4\,3}$

+ Ü-F.: Palaeoryctoidea

  + Asioryctes.............. $\frac{5\,1\,4\,3}{4\,1\,4\,3}$

+ Ü-F.: Pantolestoidea

  + Palaeosinopa........... $\frac{3\,1\,4\,3}{3\,1\,4\,3}$

  + Pantolestes .... $\frac{3\,1\,4\,3}{3\,1\,4\,3}$

+ Ü-F.: Mixodectoidea

  + Microsyops............ $\frac{?\,1\,1\,3\,3}{1\,1\,2\,3}$

  + Mixodectes .... $\frac{?\,?\,?\,?}{2\,1\,3\,3}$

+ U-O.: Apatotheria

+ Ü-F.: Apatemyoidea

  + Apatemys .... $\frac{?\,?\,?\,?}{1\,0\,2\,3}$

  + Sinclairella .... $\frac{2\,0\,2\,3}{1\,0\,2\,3}$

U-O.: Lipotyphla

Ü-F.: Tenrecoidea

  Echinops.................. $\frac{2\,1\,3\,2}{2\,1\,3\,2}$

  Geogale .... $\frac{2\,1\,3\,3}{2\,1\,2\,3}$

  Hemicentetes.... $\frac{3\,1\,3\,3}{3\,1\,3\,3}$

  Limnogale....... $\frac{3\,1\,3\,3}{3\,1\,3\,3}$

  Microgale....... $\frac{3\,1\,3\,3}{3\,1\,3\,3}$

  Oryzorictes..... $\frac{3\,1\,3\,3}{3\,1\,3\,2}$

  Potamogale..... $\frac{3\,1\,3\,3}{3\,1\,3\,3}$

  Setifer .... $\frac{2\,1\,3\,3}{2\,1\,3\,3}$

  Tenrec (= „Centetes").... $\frac{2\,1\,3\,3}{3\,1\,3\,3}$*)

Ü-F.: Chrysochloroidea

  Amblysomus.................. $\frac{3\,1\,3\,2}{3\,1\,3\,2}$ oder $\frac{3\,1\,2\,3}{3\,1\,2\,3}$

  Chrysochloris............ $\frac{3\,1\,3\,3}{3\,1\,3\,3}$

  Chrysospalax............ $\frac{3\,1\,3\,3}{3\,1\,3\,3}$

  + Prochrysochloris .... $\frac{3\,1\,3\,3}{3\,1\,3\,3}$

Ü-F.: Erinaceoidea

  + Amphechinus (= „Palaeoerinaceus")...... $\frac{3\,1\,3\,3}{2\,1\,2\,3}$

  + Amphidozotherium .... $\frac{3\,1\,4\,3}{3\,1\,4\,3}$

  Atelerix........ $\frac{3\,1\,3\,3}{2\,1\,2\,3}$

  + Brachyerix.... $\frac{3\,1\,2\,2}{2\,1\,1\,2}$ oder $\frac{3\,0\,3\,2}{2\,1\,1\,2}$ / $\frac{3\,1\,4\,3}{3\,1\,4\,3}$

  + Diacodon.................... $\frac{3\,1\,4\,3}{3\,1\,4\,3}$

  + Dimylechinus.. $\frac{3\,1\,4\,2}{2\,1\,2\,2}$

  Echinosorex (= „Gymnura")... $\frac{3\,1\,4\,3}{3\,1\,4\,3}$

  Erinaceus....... $\frac{3\,1\,3\,3}{2\,1\,2\,3}$

  + Galerix........ $\frac{3\,1\,4\,3}{3\,1\,4\,3}$

  Hemiechinus.... $\frac{3\,1\,3\,3}{2\,1\,2\,3}$

  Hylomys........ $\frac{3\,1\,4\,3}{3\,1\,4\,3}$

  + Ictops .... $\frac{2\text{-}3\,1\,4\,3}{3\ 1\,4\,3}$

  + Lanthanotherium... $\frac{3\,1\,3\,3}{3\,1\,3\,3}$

  + Leptacodon.... $\frac{?\ 1\,4\,3}{2\text{-}3\,1\,4\,3}$

  + Metacodon.... $\frac{?\,?\,?\,?}{3\,1\,4\,3}$

  + Metechinus.... $\frac{?\,1\,2\text{-}3\,2}{?\,1\,2\text{-}3\,2}$

  + Neurogymnurus... $\frac{3\,1\,4\,3}{3\,1\,4\,3}$

  + Plesiosorex.... $\frac{3\,1\ \ 4\ \ 3}{3\,1\,3\text{-}4\,3}$

  Podogymnura.... $\frac{3\,1\,3\,3}{3\,1\,3\,3}$

---

*) angeblicher M⁴ = molarisierter P⁴

+ *Saturninia*. . . . . $\frac{3\ 1\ 4\ 3}{3\ 1\ 4\ 3}$

inc. sed.: + *Dimylus*. . . . . $\frac{??\ 1\ ??\ 2}{2\ 1\ 1\ 2}$

+ *Exoedaenodus* . . . . $\frac{3\ 1\ \ 4\ ?3}{?3\ 1\ ?4\ \ 3}$

+ *Metacordylodon*. $\frac{??\ 1\ ??\ 2}{2\ 1\ 1\ 2}$

+ *Plesiodimylus*. . . . . $\frac{3\ 1\ 4\ 2}{3\ 1\ 3\ 2}$

Ü-F.: Soricoidea

+ *Allosorex* . . . . $\frac{1\ ?\ ?}{1\ 2\ 3}$

+ *Amblycoptus*. . . . . $\frac{1\ 4\ 2}{1\ 2\ 2}$

Anourosorex . . . . $\frac{1\ 3\ 3}{1\ 2\ 3}$*)

+ *Apternodus* . . . . $\frac{2\ 1\ 3\ 3}{3\ 1\ 3\ 3}$

+ *Beremendia* . . . . $\frac{1\ 5\ 3}{1\ 2\ 3}$

Blarina. . . . . $\frac{1\ 6\ 3}{1\ 2\ 3}\left(=\frac{3\ 0\ 4\ 3}{1\ 0\ 2\ 3}\right)$

Condylura. . . . . $\frac{3\ 1\ 4\ 3}{3\ 1\ 4\ 3}$

+ *Crocidosorex* . . . . $\frac{1\ 6\ 3}{1\ 4\ 3}$

Crocidura. . . . . . . $\frac{1\ 4\ 3}{1\ 2\ 3}\left(=\frac{3\ 1\ 1\ 3}{1\ 0\ 2\ 3}\right)$

Cryptotis . . . . $\frac{1\ 5\ 3}{1\ 2\ 3}$

Desmana. . . . . $\frac{3\ 1\ 4\ 3}{3\ 1\ 4\ 3}$

+ *Dimylosorex* . . . . $\frac{1\ 5\ 2}{1\ 2\ 2}$

Diplomesodon . . . . $\frac{1\ 3\ 3}{1\ 2\ 3}$

+ *Domnina* (= „Protosorex") . . . . . $\frac{1\ 5\ 3}{1\ 4\ 3}\left(=\frac{3\ 0\ 3\ 3}{1\ 0\ 4\ 3}\right)$

Galemys. . . . . $\frac{3\ 1\ 4\ 3}{3\ 1\ 4\ 3}$

+ *Geolabis* (= „Metacodon") . . . . $\frac{3\ 1\ 4\ 3}{3\ 1\ 4\ 3}$

+ *Heterosorex*. . . . . $\frac{3\ 1\ 1\ 3}{1\ 1\ 1\ 3}$

+ *Limnoecus* . . . . $\frac{1\ \ 3\ 3}{1\ ??\ 3}$

Myosorex. . . . . $\frac{1\ 5\ 3}{1\ 3\ 3}$

Neomys . . . . $\frac{1\ 5\ 3}{1\ 2\ 3}$

+ *Nesiotites* . . . . $\frac{1\ 5\ 3}{1\ 2\ 3}$

+ *Nesophontes* . . . . $\frac{3\ 1\ 3\ 3}{3\ 1\ 3\ 3}$

Neurotrichus . . . . $\frac{3\ 1\ 2\ 3}{3\ 1\ 2\ 3}$

+ *Petenyia*. . . . . $\frac{1\ 5\ 3}{1\ 2\ 3}$

+ *Plesiosorex*. . . . . $\frac{3\ 1\ \ 4\ \ 3}{3\ 1\ 4\!-\!3\ 3}$

Scalopus . . . . $\frac{3\ 1\ 3\ 3}{2\ 0\ 3\ 3}$

Scapanulus . . . . $\frac{2\ 1\ 3\ 3}{2\ 1\ 3\ 3}$

Scapanus. . . . . $\frac{3\ 1\ 4\ 3}{3\ 1\ 4\ 3}$

Scaptochirus . . . . $\frac{3\ 1\ 3\ 3}{3\ 1\ 3\ 3}$

Scaptonyx . . . . $\frac{3\ 1\ 4\ 3}{2\ 1\ 4\ 3}$

Scutisorex . . . . $\frac{1\ 6\ 3}{1\ 2\ 3}$

Solenodon
(= „Atopogale") . . . . $\frac{3\ 1\ 3\ 3}{3\ 1\ 3\ 3}$

Sorex . . . . $\frac{1\ 6\ 3}{1\ 2\ 3}\left(=\frac{3\ 0\ 4\ 3}{1\ 0\ 2\ 3}\right)$

Suncus . . . . $\frac{1\ 5\ 3}{1\ 2\ 3}$

Talpa . . . . $\frac{3\ 1\ 4\ 3}{3\ 1\ 4\ 3}$

+ „Trimylus" . . . . . . $\frac{1\ 5\ 3}{1\ 4\ 3}$ oder $\frac{1\ 4\ 3}{1\ 3\ 3}$

Uropsilus. . . . . $\frac{2\ 1\ 3\ 3}{1\ 1\ 3\ 3}$ oder $\frac{2\ \ 1\ 3\ 3}{1\!-\!2\ 1\ 2\ 3}$

Urotrichus . . . . $\frac{3\ 1\ 3\ 3}{2\ 0\ 3\ 3}$

O.: Macroscelidea

+ *Chambius* . . . . $\frac{?\ ?\ ?4\ 3}{?\ ?\ \ ?\ 3}$

Elephantulus . . . . $\frac{3\ 1\ 4\ 2}{3\ 1\ 4\ 2}$

Macroscelides. . . . . $\frac{3\ 1\ 4\ 2}{3\ 1\ 4\ 2}$

+ *Metolbodotes* (= „Metoldobotes") . . . . $\frac{?\ ?\ ?\ ?}{?\ 1\ 3\ 2}$

„Nasilio" . . . . $\frac{3\ 1\ 4\ 2}{3\ 1\ 4\ 3}$

+ *Myohyrax* (= „Protypotheroides") . . . . . . $\frac{3\ 1\ 4\ 3}{3\ 1\ 4\ 3}$

---

*) M$\frac{}{3}^{3}$ ganz rudimentär

+ *Palaeothentoides*. . . . . $\frac{?\ ?\ ?\ ?}{?\ 1\ 4\ 3}$

Petrodromus. · $\frac{3\ 1\ 4\ 2}{3\ 1\ 4\ 2}$

Rhynchocyon. . . . . $\frac{1\!-\!0\ 1\ 4\ 2}{3\ \ 1\ 4\ 2}$

O.: Dermoptera

Cynocephalus . . . . . $\frac{2\ 0\ 3\ 3}{3\ 0\ 3\ 3}$ oder $\frac{2\ 0\ 3\ 3}{2\ 1\ 3\ 3}$ oder $\frac{2\ 0\ 3\ 3}{3\ 1\ 2\ 3}$

+ *Plagiomene*. . . . . $\frac{?\ ?\ ?\ 3}{3\ 1\ 4\ 3}$

O.: Chiroptera

U-O.: Megachiroptera

Balionycteris. . . . . $\frac{2\ 1\ 3\ 2}{1\ 1\ 3\ 2}$

Cynopterus. . . . . $\frac{2\ 1\ 3\ 1}{2\ 1\ 3\ 2}$

Harpyionycteris. $\frac{1\ 1\ 3\ 2}{1\ 1\ 3\ 2}$

Hypsignathus. . . . . $\frac{2\ 1\ 2\ 1}{2\ 1\ 3\ 2}$

Nyctimene. . . . . $\frac{1\ 1\ 3\ 1}{0\ 1\ 3\ 2}$

Macroglossus. . . . . $\frac{2\ 1\ 3\ 2}{2\ 1\ 3\ 3}$

Megaloglossus. . . . . $\frac{2\ 1\ 3\ 2}{2\ 1\ 3\ 3}$

Pteralopex . . . . $\frac{2\ 1\ 3\ 2}{2\ 1\ 3\ 3}$

Pteropus . . . . $\frac{2\ 1\ 3\ 2}{2\ 1\ 3\ 3}$

Rousettus . . . . $\frac{2\ 1\ 3\ 2}{2\ 1\ 3\ 3}$

U-O.: Microchiroptera

+ Ü-F.: Palaeochiropterygoidea
(= „Icaronycteroidea")

+ *Archaeonycteris* . . . . $\frac{2\ 1\ 3\ 3}{3\ 1\ 3\ 3}$

+ *Hassionycteris* . . . . $\frac{2\ 1\ 2\!-\!3\ 3}{3\ 1\ \ 3\ \ 3}$

+ *Icaronycteris* . . . . $\frac{2\ 1\ 3\ 3}{3\ 1\ 3\ 3}$

+ *Palaeochiropteryx*. . . . . $\frac{2\ 1\ 3\ 3}{3\ 1\ 3\ 3}$

Ü-F.: Emballonuroidea

Emballonura. . . . . $\frac{2\ 1\ 2\ 3}{3\ 1\ 2\ 3}$

Noctilio. . . . . $\frac{2\ 1\ 1\ 3}{1\ 1\ 2\ 3}$

Rhinopoma . . . . $\frac{1\ 1\ 1\ 3}{2\ 1\ 2\ 3}$

Taphozous . . . . $\frac{1\ 1\ 2\ 3}{2\ 1\ 2\ 3}$

+ *Vespertiliavus* . . . . $\frac{?\ 1\ 3\ 3}{3\ 1\ 3\ 3}$

Ü-F.: Rhinolophoidea

Hipposideros . . . . $\frac{1\ 1\ 1\!-\!2\ 3}{2\ 1\ \ 2\ \ 3}$

Macroderma. . . . . $\frac{0\ 1\ 1\ 3}{2\ 1\ 2\ 3}$

Megaderma . . . . $\frac{0\ 1\ 2\ 3}{2\ 1\ 2\ 3}$

Nycteris. . . . . $\frac{2\ 1\ 1\ 3}{3\ 1\ 2\ 3}$

+ *Palaeophyllophora* . . . . $\frac{1\ 1\ 2\ 3}{2\ 1\ 3\ 3}$

+ *Pseudorhinolophus* . . . . $\frac{1\ 1\ 1\ 3}{2\ 1\ 2\ 3}$

Rhinolophus. . . . . $\frac{1\ 1\ 2\ 3}{2\ 1\ 3\ 3}$

Ü-F.: Phyllostomatoidea

Anoura. . . . . $\frac{2\ 1\ 3\ 3}{0\ 1\ 3\ 3}$

Artibeus. . . . . $\frac{2\ 1\ 2\ 2}{2\ 1\ 2\ 2}$

Carollia . . . . $\frac{2\ 1\ 2\ 3}{2\ 1\ 2\ 3}$

Centurio. . . . . $\frac{2\ 1\ 2\ 2}{2\ 1\ 2\ 2}$

Choeronycteris . . . . $\frac{2\ 1\ 2\ 3}{0\ 1\ 3\ 3}$

Desmodus. . . . . . $\frac{1\ 1\ 1\ 1}{2\ 1\ 2\ 1}$ oder $\frac{1\ 1\ 2\ 0}{2\ 1\ 3\ 0}$

Diaemus. . . . . $\frac{1\ 1\ 1\ 2}{2\ 1\ 2\ 1}$

Diphylla . . . . $\frac{2\ 1\ 1\ 2}{2\ 1\ 2\ 2}$

Glossophaga . . . . $\frac{2\ 1\ 2\ 3}{2\ 1\ 3\ 3}$

Macrotus . . . . $\frac{2\ 1\ 2\ 3}{2\ 1\ 3\ 3}$

Mormoops. . . . . $\frac{2\ 1\ 2\ 3}{2\ 1\ 3\ 3}$

Phylloderma. . . . . $\frac{2\ 1\ 2\ 3}{2\ 1\ 3\ 3}$

Phyllostomus . . . . $\frac{2\ 1\ 2\ 3}{2\ 1\ 2\ 3}$

Platyrrhinus. . . . . $\frac{2\ 1\ 2\ 3}{2\ 1\ 2\ 3}$

Stenoderma .... $\frac{2\,1\,2\,3}{2\,1\,2\,3}$

Sturnira .... $\frac{2\,1\,2\,3}{2\,1\,2\,3}$

Tonatia .... $\frac{2\,1\,2\,3}{1\,1\,3\,3}$

Uroderma .... $\frac{2\,1\,2\,3}{2\,1\,2\,3}$

Vampyrum .... $\frac{2\,1\,2\,3}{2\,1\,3\,3}$

Ü-F.: Vespertilionoidea

Antrozous .... $\frac{1\,1\,1\,3}{2\,1\,2\,3}$

Barbastella .... $\frac{2\,1\,2\,3}{3\,1\,2\,3}$

Cheiromeles .... $\frac{1\,1\,1\,3}{1\,1\,2\,3}$

Eptesicus .... $\frac{2\,1\,1\,3}{3\,1\,2\,3}$

Eumops .... $\frac{1\,1\,2\,3}{2\,1\,2\,3}$

Furipterus .... $\frac{2\,1\,2\,3}{3\,1\,3\,3}$

Harpiocephalus .... $\frac{2\,1\,2\,3}{3\,1\,2\,3}$

Lasiurus .... $\frac{1\,1\,2\,3}{3\,1\,2\,3}$

Miniopterus .... $\frac{2\,1\,2\,3}{3\,1\,3\,3}$

Molossus .... $\frac{1\,1\,1\,3}{1\,1\,2\,3}$

Murina .... $\frac{2\,1\,2\,3}{3\,1\,2\,3}$

Myotis .... $\frac{2\,1\,3\,3}{3\,1\,3\,3}$

Mystacina .... $\frac{1\,1\,2\,3}{1\,1\,2\,3}$

Myzopoda .... $\frac{2\,1\,3\,3}{3\,1\,3\,3}$

Natalus .... $\frac{2\,1\,3\,3}{3\,1\,3\,3}$

Pipistrellus (= „Nyctalus") .... $\frac{2\,1\,2\,3}{3\,1\,2\,3}$

Plecotus .... $\frac{2\,1\,2\,3}{3\,1\,3\,3}$

+ Samonycteris .... $\frac{1\,1\,1\,3}{3\,1\,2\,3}$

Scotophilus .... $\frac{1\,1\,1\,3}{3\,1\,2\,3}$

+ Stehlinia (= „Revilliodia") .... $\frac{2\,1\,3\,3}{3\,1\,3\,3}$

Tadarida .... $\frac{1\,1\,1\,3}{3\,1\,2\,3}$ part.

Thyroptera .... $\frac{2\,1\,3\,3}{3\,1\,3\,3}$

Vespertilio .... $\frac{2\,1\,1\,3}{3\,1\,2\,3}$

O.: Scandentia:

Gebißformel stets $\frac{2\,1\,3\,3}{3\,1\,3\,3}$ oder $\frac{2\,0\,4\,3}{2\,1\,4\,3}$

Anathana – Dendrogale – Ptilocercus – Tana – Tupaia – Urogale

O.: Primates

+ U-O.: Plesiadapiformes

+ Ü-F.: Paromomyoidea

+ Ignacius .... $\frac{2\,1\quad 2\quad 3}{1\,0\,1\!-\!2\quad 3}$

+ Palaechthon .... $\frac{2\,1\,3\,3}{2\,1\,3\,3}$

+ Phenacolemur .... $\frac{2\,1\,3\,3}{1\,0\,1\,3}$

+ Picrodus .... $\frac{2\,1\,3\,3}{2\,1\,2\,3}$

+ Plesiolestes .... $\frac{2\,1\,3\,3}{2\,1\,3\,3}$

+ Purgatorius .... $\frac{3\,1\,4\,3}{3\,1\,4\,3}$

+ Zanycteris .... $\frac{2\,1\quad 3\quad 3}{2\,1\,?\,2\quad 3}$

+ Ü-F.: Plesiadapoidea

+ Carpodaptes (= „Carpolestes") .... $\frac{2\,1\,3\,3}{2\,1\,2\,3}$

+ Chiromyoides .... $\frac{2\,1\,3\,3}{1\,0\,2\,3}$

+ Plesiadapis .... $\frac{2\,1\!-\!0\,3\,3}{1\quad 0\quad 2\,3}$

U-O.: Strepsirhini

+ I-O.: Adapiformes

+ Adapis .... $\frac{2\,1\,4\,3}{2\,1\,4\,3}$

+ Caenopithecus .... $\frac{2\,1\,3\,3}{2\,1\,3\,3}$

+ Magharita .... $\frac{2\,1\,3\,3}{2\,1\,3\,3}$

+ Notharctus .... $\frac{2\,1\,4\,3}{2\,1\,4\,3}$

+ Pelycodus .... $\frac{2\,1\,4\,3}{2\,1\,4\,3}$

+ Smilodectes .... $\frac{2\,1\,4\,3}{2\,1\,4\,3}$

I-O.: Lemuriformes

+ Archaeoindris .... $\frac{2\,1\,2\,3}{2\,1\,2\,3}$

+ Archaeolemur .... $\frac{2\,1\,3\,3}{1\,1\,3\,3}$

Avahi .... $\frac{2\,1\,2\,3}{1\,1\,2\,3}$

Cheirogaleus .... $\frac{2\,1\,3\,3}{2\,1\,3\,3}$

Daubentonia (= „Chiromys") .... $\frac{1\,0\,1\,3}{1\,0\,0\,3}$

Galago .... $\frac{2\,1\,3\,3}{2\,1\,3\,3}$

+ Hadropithecus .... $\frac{2\,1\,3\,3}{1\,1\,3\,3}$

Hapalemur .... $\frac{2\,1\,3\,3}{2\,1\,3\,3}$

Indri .... $\frac{2\,1\,2\,3}{1\,1\,2\,3}$

Lemur .... $\frac{2\,1\,3\,3}{2\,1\,3\,3}$

Lepilemur .... $\frac{0\,1\,3\,3}{2\,1\,3\,3}$

Loris .... $\frac{2\,1\,3\,3}{2\,1\,3\,3}$

+ Megaladapis .... $\frac{0\,1\,3\,3}{2\,1\,3\,3}$

Microcebus .... $\frac{2\,1\,3\,3}{2\,1\,3\,3}$

+ Mioeuoticus .... $\frac{2\,1\,3\,3}{2\,1\,3\,3}$

Nycticebus .... $\frac{2\,1\,3\,3}{2\,1\,3\,3}$

+ Palaeopropithecus .... $\frac{2\,1\,2\,3}{2\,1\,2\,3}$

Perodicticus .... $\frac{2\,1\,3\,3}{2\,1\,3\,3}$

Phaner .... $\frac{2\,1\,3\,3}{2\,1\,3\,3}$

Propithecus .... $\frac{2\,1\,2\,3}{1\,1\,2\,3}$

Varecia .... $\frac{2\,1\,3\,3}{2\,1\,3\,3}$

U-O.: Haplorhini

I-O.: Tarsiiformes

+ Anaptomorphus .... $\frac{2\,1\,2\,3}{2\,1\,2\,3}$

+ Ekgmowechashala .... $\frac{2\,1\,3\,3}{2\,1\,3\,3}$

+ Hemiacodon .... $\frac{2\,1\,3\,3}{2\,1\,3\,3}$

+ Microchoerus .... $\frac{2\,1\,2\,3}{2\,1\,2\,3}$

+ Nannopithex .... $\frac{2\,1\,2\,3}{2\,1\,2\,3}$

+ Necrolemur .... $\frac{2\,1\,2\,3}{2\,1\,2\,3}$

+ Omomys .... $\frac{2\,1\,3\,3}{2\,1\,3\,3}$

+ Ouraya .... $\frac{2\,1\,3\,3}{2\,1\,3\,3}$

+ Rooneyia vermutlich ...... $\frac{2\,1\,2\,3}{2\,1\,2\,3}$

Tarsius .... $\frac{2\,1\,3\,3}{1\,1\,3\,3}$

+ Teilhardina .... $\frac{2\,1\,4\,3}{2\,1\,4\,3}$

+ Tetonius .... $\frac{2\,1\quad 3\quad 3}{2\,1\,2\!-\!3\,3}$

I-O.: Platyrrhini

+ Branisella .... $\frac{?\,1\,3\,3}{?\,1\,3\,3}$

Alouatta – Ateles – Cacajao – Callimico – + Cebupithecia – Chiropotes – Cebus – + Homunculus – + Neosaimiri – Pithecia .... $\frac{2\,1\,3\,3}{2\,1\,3\,3}$

Callithrix – Leontopithecus – Saguinus .... $\frac{2\,1\,3\,2}{2\,1\,3\,2}$

I-O.: Catarrhini

+ Apidium .... $\frac{2\,1\,3\,3}{2\,1\,3\,3}$

+ Parapithecus .... $\frac{2\,1\quad 3\quad 3}{2\,1\,2\!-\!3\,3}$

Sämtliche übrige rezente und fossile Gattungen der Catarrhini mit einheitlicher Gebißformel: .... $\frac{2\,1\,2\,3}{2\,1\,2\,3}$

+ *Australopithecus – Cercocebus – Cercopithecus – Colobus – + Dendropithecus – + Dinopithecus – + Dolichopithecus – + Dryopithecus – Erythrocebus – + Gigantopithecus – Gorilla – Homo – Hylobates – + Libypithecus – + Mesopithecus – Nasalis – + Oreopithecus – Pan – Papio – + Paracolobus – + Pliopithecus – Pongo – Presbytis – + Proconsul – + Propliopithecus – Pygathrix – Rhinopithecus – + Sivapithecus (= „Ramapithecus") – Symphalangus – Theropithecus – + Victoriapithecus*

O.: Rodentia:

Gebißformel ziemlich konstant von $\frac{1\,0\,2\,3}{1\,0\,1\,3}$ bis $\frac{1\,0\,0\,1}{1\,0\,0\,1}$.

U-O.: Protrogomorpha

+ *Ailuravus* .... $\frac{1\,0\,2\,3}{1\,0\,1\,3}$

+ *Ameniscomys* .... $\frac{1\,0\,2\,3}{1\,0\,1\,3}$

Aplodontia .... $\frac{1\,0\,2\,3}{1\,0\,1\,3}$

+ *Cyclomylus* .... $\frac{1\,0\,?1\,3}{1\,0\ \,1\,3}$

+ *Cylindrodon* .... $\frac{1\,0\,?1\,3}{1\,0\ \,1\,3}$

+ *Eophaplomys* .... $\frac{1\,0\,2\,3}{1\,0\,1\,3}$

+ *Epigaulus* .... $\frac{1\,0\,1\,2}{1\,0\,1\,2}$

+ *Haplomys* .... $\frac{1\,0\,2\,3}{1\,0\,1\,3}$

+ *Ischyromys* .... $\frac{1\,0\,2\,3}{1\,0\,1\,3}$

+ *Meniscomys* .... $\frac{1\,0\,2\,3}{1\,0\,1\,3}$

+ *Mesogaulus* .... $\frac{1\,0\,1\,2}{1\,0\,1\,2}$

+ *Mylagaulus* .... $\frac{1\,0\,1\,2}{1\,0\,1\,2}$

+ *Niglarodon* .... $\frac{1\,0\,2\,3}{1\,0\,1\,3}$

+ *Paramys* .... $\frac{1\,0\,2\,3}{1\,0\,1\,3}$

+ *Pareumys* .... $\frac{1\,0\,?2\,3}{1\,0\ \,1\,3}$

+ *Promylagaulus* .... $\frac{1\,0\,2\,3}{1\,0\,1\,3}$

+ *Sciuravus* .... $\frac{1\,0\,2\,3}{1\,0\,1\,3}$

+ *Tsaganomys* .... $\frac{1\,0\,1\,3}{1\,0\,1\,3}$

U-O.: Sciurmorpha

Ü-F.: Sciuroidea: Gebißformel $\frac{1\,0\,2\text{-}1\,3}{1\,0\ \,1\ \,3}$

+ *Blackia* – „*Citellus*" – *Cynomys* – *Eupetaurus* – *Funisciurus* – *Hylopetes* – *Marmota* – + *Miopetaurista* – *Petaurista* – *Ratufa* – *Spermophilus* – *Tamias* – *Xerus*

Ü-F.: Castoroidea (= Castorimorpha):

Gebißformel $\frac{1\,0\,1\,3}{1\,0\,1\,3}$ außer + *Eutypomys* mit $\frac{1\,0\,2\,3}{1\,0\,1\,3}$

Castor – + *Castoroides* – + *Dipoides* – + *Palaeocastor* – + *Steneofiber* – + *Trogontherium*

Ü-F.: Ctenodactyloidea

+ *Cocomys* .... $\frac{1\,0\,2\,3}{1\,0\,1\,3}$

Ctenodactylus .... $\frac{1\,0\,1\,3}{1\,0\,1\,3}$

Pectinator .... $\frac{1\,0\,1\,3}{1\,0\,1\,3}$

+ *Sayimys* .... $\frac{1\,0\,1\,3}{1\,0\,1\,3}$

+ *Tataromys* .... $\frac{1\,0\,1\,3}{1\,0\,1\,3}$

+ *Yuomys* .... $\frac{1\,0\,2\,3}{1\,0\,1\,3}$

Ü-F.: Geomyoidea*): Gebißformel $\frac{1\,0\,1\,3}{1\,0\,1\,3}$

+ *Adjidaumo* – *Dipodomys* – + *Eomys* – + *Florentiamys* – *Geomys* – + *Gregorymys* – + *Heliscomys* – *Heteromys* – + *Leptodontomys* – *Perognathus* – + *Pseudotheridomys* – *Thomomys*

+ U-O.: Theridomorpha: Gebißformel $\frac{1\,0\,1\,3}{1\,0\,1\,3}$

+ *Adelomys* – + *Archaeomys* – + *Blainvillimys* – + *Issiodoromys* – + *Pseudoltinomys* – + *Pseudosciurus* – + *Theridomys*

U-O.: „Anomaluromorpha": Gebißformel $\frac{1\,0\,1\,3}{1\,0\,1\,3}$

Anomalurus – *Idiurus* – + *Megapedetes* – *Pedetes*

U-O.: Glirimorpha: Gebißformel $\frac{1\,0\,1\,3}{1\,0\,1\,3}$

außer *Eogliravus* und *Gliravus* mit $\frac{1\,0\,2\text{-}1\,3}{1\,0\ \,1\ \,3}$

bzw. *(Plio-)Selevinia* mit $\frac{1\,0\,2\text{-}0\,3}{1\,0\ \,0\ \,3}$

---

*) Systematische Stellung diskutabel. Meist als Angehörige der Myomorpha klassifiziert, sofern nicht als solche einer eigenen Unterordnung (Geomorpha).

+ *Branssatoglis* – *Dryomys* – *Eliomys* – *Glirulus* – + *Heteromyoxus* – + *Leithia* – *Muscardinus* – *Myomimus* – + *Peridyromys*

U-O.: Myomorpha

Ü-F.: Muroidea: Gebißformel meist $\frac{1\,0\,0\,3}{1\,0\,0\,3}$, ganz selten $\frac{1\,0\,1\,3}{1\,0\,1\,3}$ (z. B. + *Paurodon*) und nur ausnahmsweise $\frac{1\,0\,0\,2}{1\,0\,0\,2}$ (z. B. *Hydromys*, *Rhynchomys*) oder $\frac{1\,0\,0\,1}{1\,0\,0\,1}$ *(Mayermys)*.

Akodon – + *Allophaiomys* *(= Microtus)* – + *Anomalomys* – *Apodemus* – *Arvicola* – *Bandicota* – + *Baranomys* – *Brachyuromys* – *Calomyscus* – *Clethrionomys* – + *Cricetodon* – *Cricetomys* – *Cricetulus* – *Cricetus* – *Dendromus* – *Dicrostonyx* – *Dinaromys* – *Ellobius* – *Gerbillus* – *Hapalomys* – + *Heramys* – *Hesperomys* – *Ichthyomys* – + *Kanisamys* – *Lemmus* – *Lophiomys* – *Macrotarsomys* – + *Melissiodon* – *Meriones* – *Mesocricetus* – + *Microtodon* – + *Microtoscoptes* – *Microtus* – + *Mimomys* – *Mus* – *Myospalax* *(= „Siphneus")* – *Mystromys* – + *Neocometes* – *Neotoma* – *Nesokia* – *Nesomys* – *Ondatra* – *Otomys* – + *Paracricetodon* – *Parapodemus* – *Peromyscus* – *Phyllotis* – *Pitymys* – *Platacanthomys* – + *Prokanisamys* – *Rattus* – *Reithrodontomys* – *Rhizomys* – + *Rotundomys* – *Sigmodon* – *Spalax* – + *Stephanomys* – *Tachyoryctes* – *Tatera* – *Typhlomys*

Ü-F.: Dipodoidea:

Gebißformel entweder $\frac{1\,0\,1\,3}{1\,0\,0\,3}$ oder $\frac{1\,0\,0\,3}{1\,0\,0\,3}$.

Allactaga – *Dipus* – *Eozapus* – *Euchoreutes* – + *Plesiosminthus* – + *Protalactaga* – *Sicista* – *Zapus* .... $\frac{1\,0\,1\,3}{1\,0\,0\,3}$

Alactagulus – *Jaculus* . ... $\frac{1\,0\,0\,3}{1\,0\,0\,3}$

U-O.: Hystricomorpha (= Phio[myo]morpha)

Ü-F.: Hystricoidea

Atherurus – *Hystrix* – + *Sivacanthion* – *Thecurus* .... $\frac{1\,0\,1\,3}{1\,0\,1\,3}$

Ü-F.: Thryonomyoidea (= Phiomyoidea)

+ *Bathyergoides* – + *Gaudeamus* – + *Metaphiomys* – *Petromus* – + *Phiomys* . $\frac{1\,0\,0\,3}{1\,0\,0\,3}$ (D_4^4 persistieren)

Ü-F.: Bathyergoidea:

Gebißformel $\frac{1\,0\,3\,3}{1\,0\,3\,3} - \frac{1\,0\,2\,1\text{-}0}{1\,0\,2\,1\text{-}0}$

Bathyergus – *Cryptomys* – *Georychus* – *Heliophobius* – *Heterocephalus*

U-O.: Caviomorpha

Ü-F.: Octodontoidea:

Gebißformel stets $\frac{1\,0\,1\,3}{1\,0\,1\,3}$ außer bei jenen Formen, bei denen der D_4^4 persistiert (z. B. *Capromys*, *Geocapromys*, *Myocastor*).

Abrocoma – *Ctenomys* – *Echimys* – *Octodon* – *Plagiodontia* – + *Platypittamys* – *Spalacopus*

Ü-F.: Chinchilloidea: Gebißformel $\frac{1\,0\,1\,3}{1\,0\,1\,3}$

+ *Amblyrhiza* – + *Cephalomys* – *Chinchilla* – + *Clidomys* – *Dasyprocta* – *Dinomys* – + *Elasmodontomys* *(= „Heptaxodon")* – + *Eumegamys* – *Lagostomus* – + *Scotamys*

Ü-F.: Cavioidea: Gebißformel $\frac{1\,0\,1\,3}{1\,0\,1\,3}$.

Cavia – *Dolichotis* – + *Eocardia* – *Hydrochoerus* – *Kerodon* – + *Protohydrochoerus*

Ü-F.: Erethizontoidea: Gebißformel $\frac{1\,0\,1\,3}{1\,0\,1\,3}$

Chaetomys – *Coendou* – *Erethizon* – + *Protosteiromys* – + *Steiromys*

O.: Lagomorpha (einschl. Anagalida = Mixodontia)

+ U-O.: Anagalida

+ Anagale $\frac{3\,1\,4\,3}{3\,1\,4\,3}$

+ Eurymylus $\frac{2\,0\,2\,3}{1\,0\,2\,3}$

+ Mimotona $\frac{?2\,0\,2\,3}{1\,0\,2\,3}$

+ Pseudictops $\frac{3\,1\,4\,3}{3\,1\,4\,3}$

+ Zalambdalestes $\frac{3\,1\,4\,3}{3\,1\,4\,3}$

U-O.: Duplicidentata: Ochotonidae $\frac{2\,0\,3\,2}{1\,0\,2\,3}$;

Leporidae $\frac{2\,0\,3\,3}{1\,0\,2\,3}$, außer *Mytonolagus* und *Pentalagus*

+ Alilepus $\frac{2\,0\,3\,3}{1\,0\,2\,3}$

+ Amphilagus $\frac{2\,0\,3\,2}{1\,0\,2\,3}$

+ Archaeolagus $\frac{2\,0\,3\,3}{1\,0\,2\,3}$

+ Desmatolagus $\frac{2\,0\,3\,3}{1\,0\,2\,3}$

+ Hsiuannania $\frac{?\,?\,?\,3}{?\,?\,?\,?}$

+ Kenyalagomys $\frac{2\,0\,3\,2}{1\,0\,2\,3}$

+ Lagopsis $\frac{2\,0\,3\,2}{1\,0\,2\,3}$

Lepus $\frac{2\,0\,3\,3}{1\,0\,2\,3}$

+ Lushilagus $\frac{2\,0\,3\,3}{1\,0\,2\,3}$

+ Mytonolagus $\frac{2\,0\,3\,2}{1\,0\,2\,3}$

Nesolagus $\frac{2\,0\,3\,3}{1\,0\,2\,3}$

Ochotona $\frac{2\,0\,3\,2}{1\,0\,2\,3}$

Oryctolagus $\frac{2\,0\,3\,3}{1\,0\,2\,3}$

+ Palaeolagus $\frac{2\,0\,3\,3}{1\,0\,2\,3}$

Pentalagus $\frac{2\,0\,3\,2}{1\,0\,2\,3}$

+ Piezodus $\frac{2\,0\,3\,2}{1\,0\,2\,3}$

+ Pliopentalagus $\frac{2\,0\,3\,3}{1\,0\,2\,3}$

+ Prolagus $\frac{2\,0\,3\,2}{1\,0\,2\,3}$

Romerolagus $\frac{2\,0\,3\,3}{1\,0\,2\,3}$

Sylvilagus $\frac{2\,0\,3\,3}{1\,0\,2\,3}$

+ Titanomys $\frac{2\,0\,3\,2}{1\,0\,2\,3}$

+O.: Pantodonta:

Gebißformel $\frac{3\,1\,4\,3}{3\,1\,4\,3}$, selten I¹-reduziert (*Barylambda*)

+ Barylambda – + Bemalambda – + Caenolambda –
+ Coryphodon   –   + Haplolambda   –
+ Hypercoryphodon –   + Pantolambda   –
+ Pantolambdodon – + Titanoides

+O.: Hyaenodonta (= „Creodonta")

+ Apataelurus $\frac{?\,?\,?\,?}{2\,1\,4\,2}$

+ Apterodon (= „Dasyurodon") $\frac{3\,1\,4\,3}{3\,1\,4\,3}$

+ Cynohyaenonodon $\frac{3\,1\,4\,3}{3\,1\,4\,3}$

+ Dissopsalis $\frac{?3\,1\,4\,3}{?3\,1\,4\,3}$

+ Hyaenaelurus $\frac{?\,1\,4\,3}{?\,1\,3\,2}$

+ Hyaenodon $\frac{3\text{--}2\,1\,4\,2}{3\text{--}2\,1\,4\,3}$

+ Limnocyon $\frac{3\text{--}2\,1\,4\,2}{3\ \ 1\,4\,2}$

+ Machaeroides $\frac{?\,?\,?\,?}{2\,1\,4\,2}$

+ Metasinopa $\frac{3\,1\,4\,3}{3\,1\,4\,3}$

+ Oxyaena $\frac{3\text{--}0\,1\,4\,2}{3\text{--}1\,1\,4\,2}$

+ Palaeonictis $\frac{3\,1\,4\,2}{3\,1\,4\,2}$

+ Patriofelis $\frac{3\text{--}2\,1\,3\,2}{3\text{--}2\,1\,3\,2}$

+ Proviverra (= „Sinopa") $\frac{3\,1\,4\,3}{3\,1\,4\,3}$

+ Pterodon $\frac{2\,1\,4\,3}{1\,1\,4\,3}$

+ Quercytherium $\frac{3\,1\,4\,3}{3\,1\,4\,3}$

+ Sarkastodon $\frac{2\,1\,3\,1}{1\,1\,3\,2}$

+ Thereutherium $\frac{3\,1\,4\,2}{3\,1\,4\,2}$

+ Tritemnodon $\frac{3\,1\,4\,3}{3\,1\,4\,3}$

+ Tytthyaena $\frac{?\,1\,4\,2}{?\,1\,4\,?2}$

O.: Carnivora

U.O.: Fissipedia

+ Ü-F.: Miacoidea

+ Didymictis $\frac{3\,1\,4\,2}{3\,1\,4\,2}$

+ Miacis $\frac{3\,1\,4\,3}{3\,1\,4\,3}$

+ Oödectes $\frac{3\,1\,4\,3}{3\,1\,4\,3}$

+ Uintacyon $\frac{3\,1\,4\,3}{3\,1\,4\,3}$

+ Viverravus $\frac{3\,1\,4\,2}{3\,1\,4\,2}$

+ Vulpavus $\frac{3\,1\,3\text{--}4\,3}{3\,1\ \ 3\ \ 3}$

Ü-F.: Arctoidea

+ Agriotherium (= „Hyaenarctos") $\frac{3\,1\,3\,2}{3\,1\,3\,3}$

Ailuropoda $\frac{3\,1\,3\text{--}4\,2}{3\,1\ \ 3\ \ 3}$

Ailurus $\frac{3\,1\,3\,2}{3\,1\,4\,2}$

+ Alopecocyon $\frac{3\,1\,4\,2}{3\,1\,4\,2}$

+ Amphictis $\frac{3\,1\,4\,2}{3\,1\,4\,2}$

+ Amphicyon $\frac{3\,1\,4\,3}{3\,1\,4\,3}$

+ Arctodus (= „Arctotherium") $\frac{3\,1\,4\,2}{3\,1\,4\,3}$

+ Arctomeles $\frac{3\,1\,4\,1}{3\,1\,4\,2}$

Arctonyx $\frac{3\,1\,4\,1}{3\,1\,4\,2}$

Bassariscus $\frac{3\,1\,4\,2}{3\,1\,4\,2}$

+ Brachycyon $\frac{3\,1\,4\,?3}{3\,1\,4\ \ 3}$

+ Broiliana $\frac{3\,1\,4\,2}{3\,1\,4\,2}$

+ Cephalogale $\frac{3\,1\,4\,2}{3\,1\,4\,3}$

Conepatus $\frac{3\,1\,2\,1}{3\,1\,3\,2}$

+ Cynelos $\frac{3\,1\,4\,3}{3\,1\,4\,3}$

+ Daphoenus $\frac{3\,1\,4\,3}{3\,1\,4\,3}$

Eira (= „Tayra") $\frac{3\,1\,3\,1}{3\,1\,3\,2}$

Enhydra $\frac{3\,1\,3\,1}{2\,1\,3\,2}$

+ Enhydriodon $\frac{3\,1\,3\,1}{3\,1\,3\,2}$

+ Eomellivora $\frac{3\,1\,3\,1}{3\,1\,3\,2}$

+ Gobicyon $\frac{3\,1\,4\,2}{3\,1\,4\,3}$

Gulo $\frac{3\,1\,4\,1}{3\,1\,4\,2}$

Helarctos $\frac{3\,1\,2\,2}{3\,1\,3\,3}$

+ Hemicyon $\frac{3\,1\,4\,2}{3\,1\,4\,3}$

Ictonyx $\frac{3\,1\,3\,1}{3\,1\,3\,2}$

+ Indarctos $\frac{3\,1\ \ 4\ \ 2}{3\,1\,3\text{--}4\,3}$

+ Leptarctus $\frac{3\,1\,3\,1}{3\,1\,3\,2}$

Lutra $\frac{3\,1\,4\,1}{3\,1\,3\,2}$

Lutreola = Mustela

Martes $\frac{3\,1\,4\,1}{3\,1\,4\,2}$

Meles $\frac{3\,1\,4\,1}{3\,1\,4\,2}$

Mellivora $\frac{3\,1\,3\,1}{3\,1\,3\,1}$

Melursus $\frac{3\,1\,4\,2}{3\,1\,4\,3}$ *)

Mephitis $\frac{3\,1\,3\,1}{3\,1\,3\,2}$

+ Miomephitis $\frac{3\,1\,?\,1}{3\,1\,2\,2}$

Mustela $\frac{3\,1\,3\text{--}2\,1}{3\,1\,3\text{--}2\,1}$

+ Mustelictis $\frac{3\,1\,4\,2}{3\,1\,4\,2}$

Mydaus $\frac{3\,1\,4\,1}{3\,1\,4\,2}$

Nasua $\frac{3\,1\,4\,2}{3\,1\,4\,2}$

+ Oxyvormela $\frac{3\,1\,3\,1}{3\,1\,2\,2}$

_____

*) mediane I nur bei juvenilen Exemplaren

+ *Paralutra*	$\frac{3\,1\,4\,1}{3\,1\,3\,2}$	+ *Eusmilus*	$\frac{3\,1\,2\,1}{3\,1\,1\,1}$	
+ *Perunium*	$\frac{3\,1\,4\,1}{3\,1\,4\,2}$	*Fossa*		$\frac{3\,1\,4\,2}{3\,1\,4\,2}$
+ *Phlaocyon*	$\frac{3\,1\,4\,2}{3\,1\,4\,3}$	*Galidictis*	$\frac{3\,1\,3\,2}{3\,1\,3\,2}$	
+ *Plesictis*	$\frac{3\,1\,4\,2}{3\,1\,4\,2}$	*Genetta*		$\frac{3\,1\,4\,2}{3\,1\,3\,2}$
+ *Plesiogulo*	$\frac{3\,1\,4\,1}{3\,1\,4\,2}$	*Hemigalus*	$\frac{3\,1\,4\,2}{3\,1\,4\,2}$	
Poecilictis	$\frac{3\,1\,3\,1}{3\,1\,3\,2}$	*Herpestes*		$\frac{3\,1\,4\,2}{3\,1\,4\,2}$
Poecilogale	$\frac{3\,1\,2\,1}{3\,1\,2\,1}$	+ *Herpestides*	$\frac{3\,1\,4\,1}{3\,1\,4\,2}$	
+ *Potamotherium*	$\frac{3\,1\,4\,2}{3\,1\,4\,2}$	+ *Homotherium*		$\frac{3\,1\,2\,1}{3\,1\,2\,1}$
Potos	$\frac{3\,1\,3\,2}{3\,1\,3\,2}$	+ *Hoplophoneus*	$\frac{3\,1\,3\,1}{3\,1\,2\,1}$	
Procyon	$\frac{3\,1\,4\,2}{3\,1\,4\,2}$	*Hyaena*		$\frac{3\,1\,4\,1}{3\,1\,3\,1}$
Putorius	$\frac{3\,1\,3\,1}{3\,1\,3\,2}$	+ *Hyaenictis*	$\frac{3\,1\,4\,1}{3\,1\,4\,2}$	
+ *Simamphicyon*	$\frac{3\,1\,4\,3}{3\,1\,4\,3}$	+ „*Ictitherium*"		$\frac{3\,1\,4\,1}{3\,1\,4\,2}$
+ *Simocyon* (= „*Metarctos*")	$\frac{3\,1\,2\,2}{3\,1\,2\,2}$	+ *Machairodus*	$\frac{3\,1\,\ 2\ \,1}{3\,1\,2\text{-}3\ \,1}$	
Spilogale	$\frac{3\,1\,3\,1}{3\,1\,3\,2}$	+ *Megantereon*		$\frac{3\,1\,2\,1}{3\,1\,2\,1}$
Taxidea	$\frac{3\,1\,3\,1}{3\,1\,3\,2}$	+ *Metailurus*	$\frac{3\,1\,2\,1}{3\,1\,2\,1}$	
Thalarctos = *Ursus*		+ *Miohyaena* (= „*Progenetta*")		$\frac{3\,1\,4\,1}{3\,1\,4\,2}$
Tremarctos	$\frac{3\,1\,4\,2}{3\,1\,4\,3}$	*Mungos*	$\frac{3\,1\,4\,2}{3\,1\,4\,2}$	
+ *Trocharion*	$\frac{3\,1\,4\,1}{3\,1\,4\,2}$	*Neofelis*		$\frac{3\,1\,2\,1}{3\,1\,2\,1}$
+ *Ursavus*	$\frac{3\,1\,4\,2}{3\,1\,4\,3}$	+ *Nimravus*	$\frac{3\,1\,4\text{-}3\ \,1}{3\,1\ \ \,3\ \ \,2}$	
Ursus	$\frac{3\,1\,1\text{-}4\,2}{3\,1\,1\text{-}3\,3}$	*Osbornictis*		$\frac{3\,1\,4\,2}{3\,1\,4\,2}$
Vormela	$\frac{3\,1\,3\,1}{3\,1\,3\,2}$	*Panthera*	$\frac{3\,1\,3\,1}{3\,1\,2\,1}$	
Ü-F.: Cynoidea		*Paradoxurus*		$\frac{3\,1\,4\,2}{3\,1\,4\,2}$
+ *Aelurodon*	$\frac{3\,1\,4\,2}{3\,1\,4\,3}$	+ *Percrocuta*	$\frac{3\,1\,4\,1}{3\,1\,3\,1}$	
+ *Borophagus* (= „*Hyaenognathus*")	$\frac{3\,1\ \ \,4\ \ \,2}{?3\,1\,2\text{-}3\ \,2\text{-}3}$	+ *Plioviverrops*		$\frac{3\,1\,4\,1}{3\,1\,4\,2}$
Canis	$\frac{3\,1\,4\,2}{3\,1\,4\,3}$	*Poiana*	$\frac{3\,1\,4\,1}{3\,1\,4\,2}$	
Cuon	$\frac{3\,1\,4\,2}{3\,1\,4\,2}$	+ *Proailurus*		$\frac{3\,1\,4\,2\text{-}1}{3\,1\,4\ \ \,1}$
+ *Cynodesmus*	$\frac{3\,1\,4\,2}{3\,1\,4\,3}$	*Proteles*	$\frac{3\,1\,3\text{-}4\,0}{3\,1\,1\text{-}3\,0}$	
+ *Enhydrocyon*	$\frac{3\,1\ \ \,2\ \,?1}{3\,1\,2\text{-}3\ \,1}$	+ *Pseudaelurus*		$\frac{3\,1\,3\,1}{3\,1\,3\,1}$
+ *Hesperocyon* (= „*Pseudocynodictis*")	$\frac{3\,1\,4\,2}{3\,1\,4\,3}$	+ *Sansanosmilus*	$\frac{3\,1\,2\,1}{3\,1\,2\,1}$	
Lycaon	$\frac{3\,1\,4\,2}{3\,1\,4\,3}$	+ *Smilodon*		$\frac{3\,1\,\ 2\ \ \,1}{3\,1\,2\text{-}1\,1}$
Nyctereutes	$\frac{3\,1\,4\,2}{3\,1\,4\,3}$	+ *Stenoplesictis*	$\frac{3\,1\,4\,2\text{-}1}{3\,1\,4\ \ \,1}$	
+ *Osteoborus*	$\frac{3\,1\,1\text{-}3\,2}{3\,1\,2\text{-}3\,2}$	*Suricata*		$\frac{3\,1\,3\,2}{3\,1\,3\,2}$
Otocyon	$\frac{3\,1\,4\,3\text{-}4}{3\,1\,4\,4\text{-}5}$	+ *Thalassictis* (= „*Palhyaena*" = „*Lycyaena*")		$\frac{3\,1\,4\,1}{3\,1\,4\,2}$
Speothos (= „*Icticyon*")	$\frac{3\,1\,4\,1}{3\,1\,4\,2}$	*Viverra*	$\frac{3\,1\,4\,2}{3\,1\,4\,2}$	
+ *Temnocyon*	$\frac{3\,1\,4\,2}{3\,1\,4\,2}$			
+ *Tomarctus*	$\frac{3\,1\,4\,2}{3\,1\,4\,3}$	**U-O.: Pinnipedia**		
Urocyon	$\frac{3\,1\,4\,2}{3\,1\,4\,3}$	+ *Aivukus*		$\frac{2\,1\,4\,2}{2\,1\,4\,2}$
Vulpes	$\frac{3\,1\,4\,2}{3\,1\,4\,3}$	+ *Allodesmus*	$\frac{3\,1\,4\,2}{3\,1\,4\,1}$	
Ü-F.: Ailuroidea		*Arctocephalus*		$\frac{3\,1\,4\,2}{2\,1\,4\,1}$
Acinonyx	$\frac{3\,1\,3\,1}{3\,1\,2\,1}$	*Callorhinus*	$\frac{3\,1\,4\,2}{2\,1\,4\,1}$	
Arctictis	$\frac{3\,1\,4\,2}{3\,1\,3\,2}$	*Cystophora*		$\frac{2\,1\,4\,1}{1\,1\,4\,1}$
Arctogalidia	$\frac{3\,1\,4\,2}{3\,1\,4\,2}$	+ *Desmatophoca*	$\frac{3\,1\,4\,2}{2\,1\,4\,1}$	
+ *Barbourofelis*	$\frac{3\,1\,2\,0?}{3\,1\,2\,1}$	+ *Dusignathus*		$\frac{1\,1\,4\,1}{0\,1\,4\,1}$
Bdeogale	$\frac{3\,1\,4\,2}{3\,1\,4\,2}$	+ *Enaliarctos*		$\frac{3\,1\,4\,2}{?3\,1\,4\,2}$
Caracal	$\frac{3\,1\,2\,1}{3\,1\,2\,1}$	*Erignathus*	$\frac{3\,1\,4\,1}{2\,1\,4\,1}$	
+ *Chasmaporthetes* (= „*Aeluraena*")	$\frac{3\,1\,4\,1}{3\,1\,3\,1}$	*Eumetopias*		$\frac{3\,1\,4\,1}{2\,1\,4\,1}$
Civettictis (= *Viverra*)		*Halichoerus*	$\frac{3\,1\,4\,1}{2\,1\,4\,1}$	
Crocuta	$\frac{3\,1\,4\,1\text{-}0}{3\,1\,3\ \ \,1}$	*Hydrurga*		$\frac{2\,1\,4\,1}{2\,1\,4\,1}$
Cryptoprocta	$\frac{3\,1\,3\,1}{3\,1\,3\,1}$	+ *Imagotaria*	$\frac{3\,1\,4\ \ \,2}{2\,1\,4\,2\text{-}1}$	
Cynictis	$\frac{3\,1\,4\,2}{3\,1\,4\,2}$	*Leptonychotes*		$\frac{2\,1\,4\,1}{2\,1\,4\,1}$
Cynogale	$\frac{3\,1\,4\,2}{3\,1\,4\,2}$	*Lobodon*		$\frac{2\,1\,4\,1}{2\,1\,4\,1}$
+ *Dinictis*	$\frac{3\,1\,\ 3\ \,1}{3\,1\,3\text{-}2\,1}$	+ *Miophoca*		$\frac{?\,?\,?\,?}{2\,1\,4\,1}$
Eupleres	$\frac{3\,1\,4\,2}{3\,1\,4\,2}$	*Mirounga*	$\frac{2\,1\,4\,1}{1\,1\,4\,1}$	
+ *Euryboas*	$\frac{3\,1\,4\,1}{3\,1\,3\,1}$	*Monachus*		$\frac{2\,1\,4\,1}{2\,1\,4\,1}$

Odobenus
(= „Trichechus")........ $\frac{1\,1\,3\,0}{0\,1\,3\,0}$ *)

Otaria ...... $\frac{3\,1\,4\,2}{2\,1\,4\,1}$

Phoca ...... $\frac{3\,1\,4\,1}{2\,1\,4\,1}$

+ Pithanotaria ...... $\frac{3\,1\,4\quad 1}{3\,1\,4\,2\text{-}1}$

+ Pristiohoca ...... $\frac{2\,1\,4\,1}{2\,1\,4\,1}$

+ Properiptychus ...... $\frac{?\,1\,4\,1}{?\,1\,4\,1}$

+ Prorosmarus ...... $\frac{?\,?\,?\,?}{2\,1\,4\,0}$

+ Prototaria ...... $\frac{3\,1\,4\,2}{3\,1\,4\,2}$

+ Thalassoleon ...... $\frac{3\,1\,4\,2}{2\,1\,4\,1}$

O.: Cetacea

+ U-O.: Archaeoceti

  + Basilosaurus (= „Zeuglodon") ...... $\frac{3\,1\,4\,2}{3\,1\,4\,3}$

  + Dorudon ...... $\frac{3\,1\,4\,2}{3\,1\,4\,3}$

  + Pakicetus ...... $\frac{?3\,1\,4\,3}{?3\,1\,4\,3}$

  + Protocetus ...... $\frac{?3\,1\,4\,3}{?3\,1\,4\,3}$

  + Prozeuglodon ...... $\frac{3\,1\,4\,2}{3\,1\,4\,3}$

  + Zygorhiza ...... $\frac{3\,1\,4\,2}{3\,1\,4\,3}$

U-O.: Mystacoceti

  + Aetiocetus ...... $\frac{3\,1\,4\,3}{(3\,1\,4\,3)}$

U-O.: Odontoceti:
Gebißformel meist nur als Summenformel anzugeben

+ Ü-F.: Squalodontoidea

  + Agorophius ...... $\frac{3\,1\,4\,?3}{?\,?\,?\,?}$

  + Eurhinodelphis ...... $\frac{40\text{-}41}{60\text{-}62}$

  + Kelloggia ...... $\frac{15}{14}$

  + Patriocetus ...... $\frac{3\,1\,4\,3}{3\,1\,4\,3}$

  + Prosqualodon ...... $\frac{3\,1\,4\,6}{3\,1\,4\,6}$

  + Squalodon ...... $\frac{3\,1\,11}{3\,1\,10}\left(=\frac{3\,1\,4\,7}{3\,1\,4\,6}\right)$

  + Sulakocetus ...... $\frac{15+}{15+}$

Ü-F.: Platanistoidea

  + Acrodelphis ...... $\frac{32+}{34+}$

  + Hesperoinia ...... $\frac{?}{11+}$

  Inia ...... $\frac{26\text{—}34}{26\text{—}34}$

  Lipotes ...... $\frac{33\text{-}34}{33\text{-}34}$

  „Platanista" (= Susu) .... $\frac{33\text{-}36}{33\text{-}34}$

  Pontoporia (= „Stenodelphis") ...... $\frac{48\text{-}55}{48\text{-}55}$

  + Schizodelphis ...... $\frac{32+}{34+}$

Ü-F.: Physeteroidea (+ Ziphioidea)

  Berardius ...... $\frac{0}{2\text{-}4}$

  + Choneziphius ...... $\frac{23\text{-}25}{?}$

  + Ferecetotherium ...... $\frac{30+}{30+}$

  Hyperoodon ...... $\frac{0}{2\text{-}4}$

  Kogia ...... $\frac{0\text{-}3}{11\text{-}16}$

  Mesoplodon ...... $\frac{0}{1\text{-}2}$

  + Mioziphius ...... $\frac{35\text{-}48}{2}$

  + Notocetus ...... $\frac{23}{28}$

  + Palaeoziphius ...... $\frac{14+}{14+}$

  Physeter ...... $\frac{0\text{-}10}{16\text{-}30}$

  + Physeterula ...... $\frac{14+}{20+}$

  + Scaldicetus ...... $\frac{19\text{-}22}{19\text{-}24}$

  Tasmacetus ...... $\frac{19}{26\text{-}28}$

  Ziphius ...... $\frac{0}{1(28\text{—}30)}$

*) = funktionelles Gebiß, sonst $\frac{2\,1\,4\,1}{0\,1\,4\,0}$

Ü-F.: Delphinoidea

  Delphinapterus ...... $\frac{6\text{-}11}{5\text{-}11}$

  Delphinus ...... $\frac{40\text{-}50}{40\text{-}50}$

  Grampus ...... $\frac{2\text{-}0}{2\text{-}7}$

  + Kentriodon ...... $\frac{40}{38}$

  Lagenorhynchus ...... $\frac{20\text{-}45}{20\text{-}45}$

  Monodon ...... $\frac{1}{0}$

  + Oligodelphis ...... $\frac{50+}{56}$

  Orcinus ...... $\frac{10\text{-}14}{8\text{-}14}$

  Phocoena ...... $\frac{16\text{-}30}{16\text{-}27}$

  Pseudorca ...... $\frac{8\text{-}12}{8\text{-}12}$

  Sotalia (= „Sousa") ...... $\frac{26\text{-}29}{26\text{-}39}$

  Steno ...... $\frac{18\text{-}27}{18\text{-}27}$

  Tursiops ...... $\frac{20\text{-}22}{20\text{-}22}$

+O.: Condylarthra:

Gebißformel meist $\frac{3\,1\,4\,3}{3\,1\,4\,3}$

+ Ü-F.: Arctocyonoidea

  + Arctocyon ...... $\frac{3\,1\quad4\quad3}{3\,1\,3\text{-}4\,3}$

  + Deltatherium ...... $\frac{3\,1\,3\,3}{3\,1\,3\,3}$

  + Oxyclaenus ...... $\frac{3\,1\,?4\,3}{3\,1\,?4\,3}$

  + Protungulatum ...... $\frac{?3\,1\,4\,3}{?3\,1\,4\,3}$

  + Tricentes ...... $\frac{3\,1\,3\,3}{3\,1\,3\,3}$

+ Ü-F.: Mesonychoidea

  + Andrewsarchus ...... $\frac{3\,1\,4\,3}{3\,1\,4\,3}$

  + Hapalodectes ...... $\frac{?3\,1\,4\,3}{?3\,1\,4\,3}$

  + Harpagolestes ...... $\frac{3\,1\,4\,2}{2\,1\,4\,3}$

  + Mesonyx ...... $\frac{3\,1\,4\,3}{?2\,1\,4\,3}$

  + Triisodon ...... $\frac{?\,1\,3\,3}{?\,1\,3\,3}$

+ Ü-F.: Phenacodontoidea

  + Hyopsodus ...... $\frac{3\,1\,4\,3}{3\,1\,4\,3}$

  + Megadolodus ...... $\frac{?\,?\,?\,?}{?\,?\,?\,3}$

  + Meniscotherium ...... $\frac{3\,1\,4\,3}{3\,1\,3\,3}$

  + Mioclaenus ...... $\frac{3\,1\,4\,3}{3\,1\,4\,3}$

  + Paulacoutoia ...... $\frac{3\,1\,4\,3}{3\,1\,4\,3}$

  + Phenacodus ...... $\frac{3\,1\,4\,3}{3\,1\,4\,3}$

  + Pleuraspidotherium ...... $\frac{3\,1\,3\,3}{3\,1\,3\,3}$

  + Tetraclaenodon ...... $\frac{3\,1\,4\,3}{3\,1\,4\,3}$

+ Ü-F.: Periptychoidea

  + Carsioptychus ...... $\frac{3\,1\,4\,3}{3\,1\,4\,3}$

  + Ectoconus ...... $\frac{3\,1\,4\,3}{3\,1\,4\,3}$

  + Periptychus ...... $\frac{3\,1\,4\,3}{3\,1\,4\,3}$

+O.: Litopterna

  + Adianthus ...... $\frac{3\,1\,4\,3}{3\,1\,4\,3}$

  + Adiantoides ...... $\frac{3\,1\,4\,3}{3\,1\,4\,3}$

  + Anisolambda ...... $\frac{3\,1\,4\,3}{3\,1\,4\,3}$

  + Asmithwoodwardia ...... $\frac{3\,1\,4\,3}{3\,1\,4\,3}$

  + Cramauchenia ...... $\frac{3\,1\,4\,3}{3\,1\,4\,3}$

  + Diadiaphorus ...... $\frac{1\,0\,4\,3}{2\,1\,4\,3}$

  + Didolodus ...... $\frac{3\,1\,4\,3}{3\,1\,4\,3}$

  + Macrauchenia ...... $\frac{3\,1\,4\,3}{3\,1\,4\,3}$

  + Proterotherium ...... $\frac{1\,0\,4\,3}{2\,1\,4\,3}$

  + Protheosodon ...... $\frac{3\,1\,4\,3}{3\,1\,4\,3}$

  + Protolitopterna ...... $\frac{?3\,1\,4\,3}{?3\,1\,4\,3}$

  + Thoatherium ...... $\frac{1\,0\,4\,3}{3\,1\,4\,3}$

+O.: Notoungulata

+ U-O.: Notioprogonia
+ Henricosbornia .... $\frac{3\ 1\ 4\ 3}{3\ 1\ 4\ 3}$
+ Notostylops .... $\frac{3\ \ 1\text{-}0\ 4\text{-}3\ 3}{3\text{-}2\ 1\text{-}0\ 4\text{-}3\ 3}$

+ U-O.: Toxodonta
+ Adinotherium .... $\frac{3\ 1\ 4\ 3}{3\ 1\ 4\ 3}$
+ Homalodotherium .... $\frac{3\ 1\ 4\ 3}{3\ 1\ 4\ 3}$
+ Isotemnus .... $\frac{3\ 1\ 4\ 3}{3\ 1\ 4\ 3}$
+ Leontinia .... $\frac{3\ 1\ 4\ 3}{3\ 1\ 4\ 3}$
+ Nesodon............................ $\frac{3\ 1\ 4\ 3}{3\ 1\ 4\ 3}$
+ Notohippus .... $\frac{3\ 1\ 4\ 3}{3\ 1\ 4\ 3}$
+ Pleurostylodon .... $\frac{3\ 1\ 4\ 3}{3\ 1\ 4\ 3}$
+ Rhynchippus............. $\frac{3\ 1\ 4\ 3}{3\ 1\ 4\ 3}$
+ Scarrittia........................ $\frac{3\ 1\ 4\ 3}{3\ 1\ 4\ 3}$
+ Thomashuxleyia .... $\frac{3\ 1\ 4\ 3}{3\ 1\ 4\ 3}$
+ Toxodon...................... $\frac{3\text{-}2\ 1\text{-}0\ 4\text{-}3\ 3}{3\ \ 1\text{-}0\ \ 3\ \ 3}$

+ U-O.: Typotheria
+ Cochilius............... $\frac{3\ 1\ 4\ 3}{3\ 1\ 4\ 3}$
+ Interatherium .... $\frac{3\ 1\ 4\ 3}{3\ 1\ 4\ 3}$
+ Mesotherium (= „Typotherium") .... $\frac{1\ 0\ 2\ 3}{2\ 0\ 1\ 3}$
+ Miocochilius .... $\frac{3\ 1\ 4\ 3}{3\ 1\ 4\ 3}$
+ Notopithecus .... $\frac{3\ 1\ 4\ 3}{3\ 1\ 4\ 3}$
+ Protypotherium .... $\frac{3\ 1\ 4\ 3}{3\ 1\ 4\ 3}$

+ U-O.: Hegetotheria
+ Hegetotherium............ $\frac{3\ 1\ 4\ 3}{3\ 1\ 4\ 3}$
+ Pachyrukhos......................... $\frac{1\ 0\ 3\ 3}{2\ 0\ 3\ 3}$
+ Propachyrucos........ $\frac{3\ 1\text{-}0\ 4\text{-}3\ 3}{3\ 1\text{-}0\ 4\text{-}3\ 3}$

+O.: Pyrotheria

+ Colombitherium .... $\frac{?\ ?\ ?\ 3}{?\ ?\ ?\ ?}$
+ Proticia.................. $\frac{?\ ?\ ?\ ?}{?\ ?\ ?\ 3}$
+ Pyrotherium .... $\frac{2\ 0\ 3\ 3}{1\ 0\ 2\ 3}$

+O.: Astrapotheria

+ Astraponotus .... $\frac{?\ 1\ 4\ 3}{?\ 1\ 4\ 3}$
+ Astrapotherium .... $\frac{0\ 1\ 2\ 3}{3\ 1\ 1\ 3}$
+ Scaglia .... $\frac{?\ ?\ ?\ ?}{?\ ?\ ?\ ?}$

+O.: Trigonostylopoidea

+ Tetragonostylops.......... $\frac{?\ 1\ 4\ 3}{2\ 1\ 4\ 3}$
+ Trigonostylops .... $\frac{?0\ \ 1\ 4\ 3}{3\text{-}2\ 1\ 4\ 3}$

+O.: Xenungulata

+ Carodnia................ $\frac{?3\ 1\ 4\ 3}{3\ 1\ 4\ 3}$

+O.: Dinocerata

+ Bathyopsis.......................... $\frac{0\ 1\ 3\ 3}{?\ 1\ 3\ 3}$
+ Eobasileus .... $\frac{0\ 1\ 3\ 3}{3\ 1\ 3\ 3}$
+ Gobiatherium .... $\frac{0\ 0\ 3\ 3}{3\ 1\ 3\ 3}$
+ Mongolotherium .... $\frac{3\ 1\ 3\ 3}{3\ 1\ 3\ 3}$
+ Probathyopsis (= „Bathyopsoides") ...... $\frac{3\ 1\ 4\ 3}{3\ 1\ 4\ 3}$
+ Prodinoceras .... $\frac{?\ 1\ 4\ 3}{?\ ?\ ?\ ?}$
+ Tetheopsis .... $\frac{0\ 1\ 3\ 3}{3\ 1\ 3\ 3}$
+ Uintatherium (= „Dinoceras") ...... $\frac{0\ 1\ 3\ 3}{3\ 1\ 3\ 3}$

+O.: Embrithopoda

+ Arsinoitherium....................... $\frac{3\ 1\ 4\ 3}{3\ 1\ 4\ 3}$

+O.: Tillodontia

+ Esthonyx .... $\frac{2\ 1\ 3\ 3}{3\ 1\ 3\ 3}$
+ Tillodon (= „Tillotherium") .... $\frac{2\ \ 1\ \ 3\ \ 3}{2\text{-}1\ 1\ 3\text{-}2\ 3}$
+ Trogosus.............. $\frac{2\ \ 1\ 3\ 3}{3\text{-}2\ 1\ 3\ 3}$

O.: Tubulidentata

+ Leptorycteropus....................... $\frac{?\ 1\ 4\ 3}{?\ 1\ 4\ 3}$
+ Myorycteropus .... $\frac{?\ ?\ 4\text{-}5\ 3}{?\ ?\ \ 4\ \ 3}$
Orycteropus .... $\frac{0\ 0\ 4\text{-}2\ 3}{0\ 0\ 4\text{-}2\ 3}$*)

O.: Artiodactyla

+ U-O.: Palaeodonta:

Gebißformel $\frac{3\ 1\ 4\ 3}{3\ 1\ 4\ 3}$, außer Leptochoerus $\frac{?\ 1\ 4\ 3}{?\ 1\ 4\ 3}$

und Stibarus $\frac{?^{3}\ 1\ 4\ 3}{?3\ 1\ 4\ 3}$.

+ Cebochoerus – + Choeromorus – + Choeropotamus – + Diacodexis – + Dichobune – + Homacodon – + Messelobunodon – + Nanochoerus.

U-O.: Suina
+ Archaeotherium........... $\frac{3\ 1\ 4\ 3}{3\ 1\ 4\ 3}$
Babyrousa........................... $\frac{2\ 1\ 2\ 3}{3\ 1\ 2\ 3}$
+ Bunolistriodon .... $\frac{3\ 1\ 4\ 3}{3\ 1\ 4\ 3}$
Choeropsis .... $\frac{2\ 1\ 4\ 3}{1\ 1\ 4\ 3}$
+ Conohyus .... $\frac{3\ 1\ 4\ 3}{3\ 1\ 4\ 3}$
Dicotyles .... $\frac{2\ 1\ 3\ 3}{3\ 1\ 3\ 3}$
+ Doliochoerus .... $\frac{3\ 1\ 4\ 3}{3\ 1\ 4\ 3}$
+ Entelodon .... $\frac{3\ 1\ 4\ 3}{3\ 1\ 4\ 3}$
+ Hexaprotodon .... $\frac{2\ 1\ 4\ 3}{3\ 1\ 4\ 3}$
Hippopotamus .... $\frac{2\ 1\ 4\ 3}{2\ 1\ 4\ 3}$
Hylochoerus .... $\frac{1\ \ 1\ 3\ 3}{2\text{-}3\ 1\ 2\ 3}$
+ Hyotherium....................... $\frac{3\ 1\ 4\ 3}{3\ 1\ 4\ 3}$
+ Kenyapotamus............. $\frac{?\ \ 1\ 4\ 3}{?3\ 1\ 4\ 3}$
+ Kolpochoerus (= „Mesochoerus") ... $\frac{3\text{-}0\ 1\ 4\text{-}3\ 3}{3\ \ 1\ \ 4\ \ 3}$
+ Listriodon............... $\frac{3\ 1\ 3\ 3}{3\ 1\ 3\ 3}$
+ Metridiochoerus....................... $\frac{?3\ 1\ 1+\ 3}{3\ 1\ 1+\ 3}$
+ Microstonyx .... $\frac{3\text{-}2\ 1\ 4\ 3}{3\ \ 1\ 4\ 3}$
+ Mylohyus .... $\frac{2\ 1\ 3\ 3}{2\ 1\ 3\ 3}$
+ Notochoerus..................... $\frac{1\ 1\ 2\ 3}{3\ 1\ 2\ 3}$
+ Nyanzachoerus..................... $\frac{3\ 1\ 3\text{-}4\ 3}{3\ 1\ 3\text{-}4\ 3}$
+ Palaeochoerus..................... $\frac{3\ 1\ 4\ 3}{3\ 1\ 4\ 3}$
+ Pecarichoerus .... $\frac{?2\ 1\ 3\ 3}{?3\ 1\ 4\ 3}$
+ Perchoerus .... $\frac{3\ 1\ 4\ 3}{3\ 1\ 4\ 3}$
Phacochoerus .... $\frac{1\ \ 1\ 3\ 3}{2\text{-}3\ 1\ 2\ 3}$
+ Platygonus .... $\frac{2\ 1\ 3\ 3}{2\ 1\ 3\ 3}$
Potamochoerus..................... $\frac{3\ 1\ 3\text{-}4\ 3}{3\ 1\ 2\text{-}3\ 3}$
+ Schizochoerus .... $\frac{3\ 1\ 4\ 3}{3\ 1\ 4\ 3}$
Sus .... $\frac{3\ 1\ 4\ 3}{3\ 1\ 4\ 3}$
Tayassu .... $\frac{2\ 1\ 3\ 3}{3\ 1\ 3\ 3}$
+ Tetraconodon .... $\frac{3\ 1\ 4\ 3}{3\ 1\ 4\ 3}$
+ Xenochoerus..................... $\frac{3\ 1\ ?3\ 3}{3\ 1\ ?3\ 3}$

+ U-O.: Ancodonta: Gebißformel $\frac{3\ 1\ 4\ 3}{3\ 1\ 4\ 3}$

+ Anoplotherium – + Anthracokeryx –
+ Anthracotherium – + Bothriodon – + Brachyodus –
+ Caenotherium – + Diplobune – + Elomeryx –
+ Gobiohyus – + Helohyus – + Masillabune –

*) einschließlich fossiler O.-Arten

+ *Merycopotamus* – + *Microbunodon* – + *Oxacron* – + *Tapirulus*.

+ U-O.: Oreodonta
+ *Agriochoerus* .... $\frac{2\text{-}0\ 1\ 4\text{-}3\ 3}{3\ 1\ 4\ 3}$
+ *Desmatochoerus* ...... $\frac{3\ 1\ 4\ 3}{3\ 1\ 4\ 3}$
+ *Eporeodon* .... $\frac{3\ 1\ 4\ 3}{3\ 1\ 4\ 3}$
+ *Leptauchenia* ...... $\frac{3\ 1\ 4\ 3}{3\ 1\ 4\ 3}$
+ *Merycoidodon* (= „*Oreodon*") ...... $\frac{3\ 1\ 4\ 3}{3\ 1\ 4\ 3}$
+ *Protoreodon* ...... $\frac{3\ 1\ 4\ 3}{3\ 1\ 4\ 3}$

U-O.: Tylopoda
+ *Aepycamelus* (= „*Alticamelus*") ...... $\frac{1\ 1\ 3\ 3}{3\ 1\ 3\ 3}$
Camelus .... $\frac{1\ 1\ 3\text{—}2\ 3}{3\ 1\ 3\text{—}2\ 3}$
+ *Dichodon* ...... $\frac{3\ 1\ 4\ 3}{3\ 1\ 4\ 3}$
+ *Eotylopus* ...... $\frac{3\ 1\ 4\ 3}{3\ 1\ 4\ 3}$
Lama ...... $\frac{1\ 1\ 2\ 3}{3\ 1\ 1\ 3}$
+ *Palaeolama* ...... $\frac{1\ 1\ 2\ 3}{3\ 1\ 1\ 3}$
+ *Pliauchenia* ...... $\frac{1\ 1\ 4\ 3}{3\ 1\ 4\ 3}$
+ *Poebrotherium* ...... $\frac{3\ 1\ 4\ 3}{3\ 1\ 4\ 3}$
+ *Procamelus* ...... $\frac{1\ 1\ 4\ 3}{3\ 1\ 4\ 3}$
+ *Protolabis* ...... $\frac{3\ 1\ 4\ 3}{3\ 1\ 4\ 3}$
+ *Protylopus* ...... $\frac{3\ 1\ 4\ 3}{3\ 1\ 4\ 3}$
+ *Rakomylus* ...... $\frac{3\ 1\ 2\ 3}{?3\ 1\ 0\ 3}$
+ *Stenomylus* ...... $\frac{3\ 1\ 4\ 3}{3\ 1\ 4\ 3}$
+ *Xiphodon* ...... $\frac{3\ 1\ 4\ 3}{3\ 1\ 4\ 3}$
inc. sed.: + *Protoceras* ...... $\frac{0\ 1\ 4\ 3}{3\ 1\ 4\ 3}$
+ *Syndyoceras* ...... $\frac{0\ 1\ 3\ 3}{3\ 1\ 4\ 3}$
+ *Synthetoceras* ...... $\frac{0\ 1\ 2\ 3}{3\ 1\ 4\ 3}$

U-O.: Ruminantia
I-O.: Tragulina
+ *Archaeomeryx* ...... $\frac{3\ 1\ 3\ 3}{3\ 1\ 4\ 3}$
+ *Cryptomeryx* ...... $\frac{?\ 1\ 3\ 3}{3\ 1\ 4\ 3}$
+ *Dorcatherium* ...... $\frac{0\ 1\ 3\ 3}{3\ 1\ 3\ 3}$
Hyemoschus ...... $\frac{0\ 1\ 3\ 3}{3\ 1\ 3\ 3}$
+ *Hypertragulus* ...... $\frac{0\ 1\ 3\ 3}{3\ 1\ 4\ 3}$
+ *Leptomeryx* ...... $\frac{0\ 1\ 3\ 3}{3\ 1\ 4\ 3}$
Tragulus ...... $\frac{0\ 1\ 3\ 3}{3\ 1\ 3\ 3}$

I-O.: Pecora
Ü-F.: Moschoidea
+ *Bachitherium* ...... $\frac{0\ 1\ 3\ 3}{3\ 1\ 4\ 3}$
+ ? *Blastomeryx* ...... $\frac{0\ 1\ 3\text{—}4\ 3}{3\ 1\ 3\text{—}4\ 3}$
+ *Dremotherium* ...... $\frac{0\ 1\ 3\ 3}{3\ 1\ 3\ 3}$
+ *Gelocus* ...... $\frac{0\ 1\ 3\ 3}{3\ 1\ 4\ 3}$
Moschus ...... $\frac{0\ 1\ 3\ 3}{3\ 1\ 3\ 3}$
+ *Prodremotherium* ...... $\frac{0\ 1\ 3\ 3}{3\ 1\ 3\ 3}$

Ü-F.: Cervoidea
Alces ...... $\frac{0\ 0\ 3\ 3}{3\ 1\ 3\ 3}$
Antilocapra ...... $\frac{0\ 0\ 3\ 3}{3\ 1\ 3\ 3}$
Capreolus ...... $\frac{0\ 0\ 3\ 3}{3\ 1\ 3\ 3}$
+ *Cervalces* ...... $\frac{0\ 0\ 3\ 3}{3\ 1\ 3\ 3}$
Cervus ...... $\frac{0\ 1\ 3\ 3}{3\ 1\ 3\ 3}$
Dama ...... $\frac{0\ 0\ 3\ 3}{3\ 1\ 3\ 3}$
+ *Dicrocerus* ...... $\frac{0\ 1\ 3\ 3}{3\ 1\ 3\ 3}$
+ *Euprox* ...... $\frac{0\ 1\ 3\ 3}{3\ 1\ 3\ 3}$
+ *Heteroprox* ...... $\frac{0\ (1)\ 3\ 3}{3\ 1\ 3\ 3}$
Hydropotes ...... $\frac{0\ 1\ 3\ 3}{3\ 1\ 3\ 3}$

+ *Megaloceros* (= „*Megaceros*") ...... $\frac{0\ 0\ 3\ 3}{3\ 1\ 3\ 3}$
+ *Merycoceros* ...... $\frac{0\ 0\ 3\ 3}{3\ 1\ 3\ 3}$
+ *Merycodus* ...... $\frac{0\ 1\ 3\ 3}{3\ 1\ 3\ 3}$
Muntiacus (= „*Cervulus*") ...... $\frac{0\ 1\ 3\ 3}{3\ 1\ 3\ 3}$
Odocoileus ...... $\frac{0\ (1)\ 3\ 3}{3\ 1\ 3\ 3}$
+ *Praealces* (= *Praedama* = „*Libralces*") ... $\frac{0\ 0\ 3\ 3}{3\ 1\ 3\ 3}$
+ *Praemegaceros* (= „*Orthogonoceros*") .... $\frac{0\ 0\ 3\ 3}{3\ 1\ 3\ 3}$
+ *Ramoceros* ...... $\frac{0\ 0\ 3\ 3}{3\ 1\ 3\ 3}$
+ *Rangifer* ...... $\frac{0\ (1)\ 3\ 3}{3\ 1\ 3\ 3}$

Ü-F.: Giraffoidea
+ *Canthumeryx* (= „*Zarafa*") ...... $\frac{0\ ?\ 3\ 3}{3\ 1\ 3\ 3}$
+ *Dromomeryx* ...... $\frac{?0\ 0\ 3\ 3}{3\ 1\ 3\ 3}$
Giraffa ...... $\frac{0\ 0\ 3\ 3}{3\ 1\ 3\ 3}$
+ *Giraffokeryx* ...... $\frac{0\ 0\ 3\ 3}{3\ 1\ 3\ 3}$
+ *Helladotherium* ...... $\frac{0\ 0\ 3\ 3}{3\ 1\ 3\ 3}$
Okapia ...... $\frac{0\ 0\ 3\ 3}{3\ 1\ 3\ 3}$
+ *Palaeomeryx* ...... $\frac{?0\ ?0\ ?\ 3}{3\ 1\ 4\ 3}$
+ *Palaeotragus* ...... $\frac{0\ 0\ 3\ 3}{3\ 1\ 3\ 3}$
+ *Sivatherium* ...... $\frac{0\ 0\ 3\ 3}{3\ 1\ 3\ 3}$

Ü-F.: Bovoidea: Gebißformel $\frac{0\ 0\ 3\ 3}{3\ 1\ 3\ 3}$,

außer *Antilope* $\left(\frac{0\ 0\ 3\text{—}2\ 3}{3\ 1\ 3\text{—}2\ 3}\right)$, + *Maremmia* $\left(\frac{0\ 0\ 2\ 3}{3\ 1\ 1\ 3}\right)$

und + *Myotragus* $\left(\frac{0\ (1)\ 2\ \ 3}{1\ 0\ 2\text{—}1\ 3}\right)$.

Aepyceros – *Alcelaphus* – *Ammotragus* – *Bison* – *Bos* – *Boselaphus* – *Bubalus* – *Budorcas* – *Cephalophus* – *Connochaetes* – + *Eotragus* – *Gazella* – + *Gazellospira* – *Hemitragus* – *Hippotragus* – *Kobus* – *Litocranius* – + *Miotragocerus* – *Nemorhaedus* (= *Naemorhedus*) – *Oreamnos* – *Ovibos* – *Ovis* – *Pro-capra* – + *Protoryx* – *Rupicapra* – *Saiga* – + *Soergelia* – + *Symbos* (= „*Bootherium*") – *Syncerus* – *Tragela-phus* (= „*Strepsiceros*") – + *Tsaidamotherium* – + *Urmiatherium*

O.: Perissodactyla
U-O.: Hippomorpha
Ü-F.: Equoidea
+ *Anchitherium* ...... $\frac{3\ 1\ 4\ 3}{3\ 1\ 4\ 3}$
Equus ...... $\frac{3\ 1\ 4\text{—}3\ 3}{3\ 1\ \ 3\ \ 3}$
+ *Hipparion* ...... $\frac{3\ 1\ 4\text{—}3\ 3}{3\ 1\ 4\text{—}3\ 3}$
+ *Hippidion* ...... $\frac{3\ 1\ 4\ 3}{3\ 1\ 3\ 3}$
+ *Hypohippus* ...... $\frac{3\ 1\ 4\ 3}{3\ 1\ 4\ 3}$
+ *Hyracotherium* (= „*Eohippus*") ...... $\frac{3\ 1\ 4\ 3}{3\ 1\ 4\ 3}$
+ *Merychippus* ...... $\frac{3\ 1\ 4\ 3}{3\ 1\ 4\ 3}$
+ *Palaeotherium* ...... $\frac{3\ 1\ 4\ 3}{3\ 1\ 4\ 3}$
+ *Plagiolophus* ...... $\frac{3\ 1\ 4\ 3}{3\ 1\ 4\ 3}$
+ *Propalaeotherium* ...... $\frac{3\ 1\ 4\ 3}{3\ 1\ 4\ 3}$

+ Ü-F.: Brontotherioidea
+ *Brontops* ...... $\frac{2\ 1\ 4\ 3}{1\ 1\ 4\ 3}$
+ *Brontotherium* ...... $\frac{2\text{—}1\ 1\ 4\text{—}3\ 3}{2\text{—}1\ 1\ 4\text{—}3\ 3}$
+ *Eotitanops* ...... $\frac{3\ 1\ 4\ 3}{3\ 1\ 4\ 3}$
+ *Menodus* ...... $\frac{2\text{-}0\ 1\ 4\ 3}{2\text{-}0\ 1\ 3\ 3}$

+ U-O.: Ancylopoda
+ Ü-F.: Chalicotheriodea
+ *Ancylotherium* (= „*Nestoritherium*") .. $\frac{0\ \ 0\ 3\ 3}{?1\text{-}0\ 1\ 3\ 3}$
+ *Chalicotherium* (= „*Macrotherium*") . $\frac{0\ 1\text{-}0\ 3\ 3}{3\text{-}2\ 1\ \ 3\ 3}$
+ *Eomoropus* ...... $\frac{?3\ 1\ ?4\ 3}{3\ 1\ 4\ 3}$

+ *Litolophus* (= „*Grangeria*") .... $\frac{2\ 1\ 4\ 3}{1\ 1\ 3\ 3}$

+ *Moropus* .... $\frac{0\ 0\ 3\ 3}{3\ 0\ 3\ 3}$

U-O.: Ceratomorpha
Ü-F.: Tapiroidea

+ *Colodon* .... $\frac{3\ 1\ \ 4\ \ 3}{3\ 0\ 4-3\ 3}$

+ *Deperetella* .... $\frac{3\ 1\ 4\ 3}{3\ 1\ 4\ 3}$

+ *Helaletes* .... $\frac{3\ 1\ 4\ 3}{3\ 1\ 4\ 3}$

+ *Homogalax* .... $\frac{3\ 1\ 4\ 3}{3\ 1\ 4\ 3}$

+ *Lophialetes* .... $\frac{3\ 1\ 4\ 3}{3\ 1\ 4\ 3}$

+ *Lophiodon* .... $\frac{3\ 1\ 3\ 3}{3\ 1\ 3\ 3}$

+ *Miotapirus* .... $\frac{3\ 1\ 4\ 3}{3\ 1\ 3\ 3}$

+ *Protapirus* .... $\frac{3\ 1\ 4\ 3}{3\ 1\ 3\ 3}$

Tapirus .... $\frac{3\ \ 1\ \ 4\ \ 3}{3-2\ 1\ 4-3\ 3}$

Ü-F.: Rhinocerotoidea

+ *Aceratherium* .... $\frac{2-1\ 0\ \ 4\ \ 3}{2-1\ 0\ 4-3\ 3}$

+ *Amynodon* .... $\frac{3\ 1\ 3\ 3}{3\ 1\ 3\ 3}$

+ *Cadurcodon*..................... $\frac{2\ \ 1\ 4-3\ 3}{2-1\ 1\ 3-2\ 3}$

+ *Caenopus* .... $\frac{3\ 1\ 4\ 3}{2\ 0\ 3\ 3}$

Ceratotherium .... $\frac{0\ 0\ 4\ 3}{0\ 0\ 3\ 3}$

+ *Chilotherium* .... $\frac{0\ 0\ 3\ 3}{1\ 0\ 3\ 3}$

+ *Coelodonta* (= „*Tichorhinus*") .... $\frac{1-0\ 0\ 3\ 3}{2-0\ 0\ 3\ 3}$

Dicerorhinus .... $\frac{2-1\ 0\ 3\ 3}{1\ \ 0\ 3\ 3}$

Diceros .... $\frac{0\ 0\ 4\ 3}{0\ 0\ 4\ 3}$

+ *Elasmotherium* .... $\frac{0\ 0\ 2\ 3}{0\ 0\ 2\ 3}$

+ *Gaindatherium* .... $\frac{1\ 0\ 3\ 3}{1\ 0\ 3\ 3}$

+ *Hyracodon* .... $\frac{3\ 1\ 4\ 3}{3\ 1\ 4\ 3}$

+ *Indricotherium* (= „*Baluchitherium*") .. $\frac{1\ 1-0\ 4\ 3}{1\ \ 0\ \ 3\ 3}$

+ *Metamynodon* .... $\frac{3\ 1\ 3\ 3}{2\ 1\ 3\ 3}$

Rhinoceros .... $\frac{1\ 0\ 3\ 3}{1\ 0\ 3\ 3}$

+ *Sinotherium* .... $\frac{0\ 0\ 3\ 3}{0\ 0\ 3\ 3}$

+ *Trigonias* .... $\frac{3\ 1\ 4\ 3}{3\ 1\ 4\ 3}$

O.: Hyracoidea

+ *Bunohyrax* .... $\frac{3\ 1\ 4\ 3}{3\ 1\ 4\ 3}$

Dendrohyrax .... $\frac{1\ 0\ 4\ 3}{2\ 0\ 4\ 3}$

+ *Geniohyus* .... $\frac{3\ 1\ 4\ 3}{3\ 1\ 4\ 3}$

+ *Gigantohyrax* .... $\frac{1\ 0\ 4\ 3}{?\ ?\ ?\ ?}$

Heterohyrax .... $\frac{1\ 0\ 4\ 3}{2\ 0\ 4\ 3}$

+ *Megalohyrax* .... $\frac{3\ 1\ 4\ 3}{3\ 1\ 4\ 3}$

+ *Pachyhyrax* .... $\frac{3\ 1\ 4\ 3}{3\ 1\ 4\ 3}$

+ *Pliohyrax* (= „*Leptodon*")............... $\frac{3\ 1\ 4\ 3}{3\ 1\ 4\ 3}$

+ *Postschizotherium* (= „*Hypsoschizotherium*") .... $\frac{?\ ?\ 4\ 3}{3\ 1\ 4\ 3}$

Procavia .... $\frac{1\ 0\ \ 4\ \ 3}{2\ 0\ 4-3\ 3}$

+ *Prohyrax* .... $\frac{?\ ?\ ?\ 3}{?\ ?\ ?\ 3}$

+ *Saghatherium* .... $\frac{3\ 1\ 4\ 3}{3\ 1\ 4\ 3}$

+ *Titanohyrax* .... $\frac{3\ 1\ 4\ 3}{3\ 1\ 4\ 3}$

O.: Proboscidea
+ U-O.: Moeritherioidea

+ ? *Anthracobune* .... $\frac{?\ 1\ ?\ 3}{?\ ?\ ?\ 3}$

+ *Minchenella* .... $\frac{?\ ?\ ?\ ?}{3\ 1\ 4\ 3}$

+ *Moeritherium* .... $\frac{3\ 1\ 3\ 3}{2\ 0\ 3\ 3}$

U-O.: Elephantoidea (= Mastodontoidea)

+ *Amebelodon* .... $\frac{1\ 0\ 0\ 3}{1\ 0\ 0\ 3}$

+ *Anancus* .... $\frac{1\ 0\ 0\ 3}{0\ 0\ 0\ 3}$

+ *Choerolophodon* .... $\frac{1\ 0\ 0\ 3}{0\ 0\ 0\ 3}$

+ *Cuvieronius* .... $\frac{1\ 0\ 0\ 3}{0\ 0\ 0\ 3}$

Elephas*) .... $\frac{1\ 0\ 0\ 3}{0\ 0\ 0\ 3}$

+ *Gomphotherium* (= „*Mastodon*" = „*Trilophodon*")**) .... $\frac{1\ 0\ 2-1\ 3}{1\ 0\ 2-1\ 3}$

+ *Haplomastodon* .... $\frac{1\ 0\ 0\ 3}{0\ 0\ 0\ 3}$

Loxodonta .... $\frac{1\ 0\ 0\ 3}{0\ 0\ 0\ 3}$

Lamellenformel: M1 $\frac{8-9}{7-10}$ M2 $\frac{9-12}{11-12}$ M3 $\frac{12-14}{10-15}$

+ *Mammut* .... $\frac{1\ \ 0\ 1-0\ 3}{1-0\ 0\ 1-0\ 3}$

+ *Mammuthus* („*Mammonteus*") .... $\frac{1\ 0\ 0\ 3}{0\ 0\ 0\ 3}$

Lamellenformel:

M1 $\frac{12-14}{11-14}$ M2 $\frac{15-17}{15-16}$ M3 $\frac{20-27}{20-27}$

+ *Palaeoloxodon* .... $\frac{1\ 0\ 0\ 3}{0\ 0\ 0\ 3}$

+ *Palaeomastodon* .... $\frac{?1\ 0\ 3\ 3}{1\ 0\ 2\ 3}$

+ *Phiomia* .... $\frac{1\ 0\ 3\ 3}{1\ 0\ 2\ 3}$

+ *Platybelodon* .... $\frac{1\ 0\ 0\ 3}{1\ 0\ 0\ 3}$

+ *Primelephas* .... $\frac{1\ 0\ ?\ 3}{?\ 0\ ?\ 3}$

Lamellenformel: M1 $\frac{?}{5+}$ M2 $\frac{5+}{6}$ M3 $\frac{7+}{8+}$

+ *Stegodon* .... $\frac{1\ 0\ 0\ 3}{0\ 0\ 0\ 3}$

+ *Stegolophodon* .... $\frac{1\ 0\ 0\ 3}{0\ 0\ 0\ 3}$

+ *Stegomastodon* .... $\frac{1\ 0\ 0\ 3}{0\ 0\ 0\ 3}$

+ *Stegotetrabelodon* .... $\frac{1\ 0\ 0\ 3}{1\ 0\ 0\ 3}$

+ *Tetralophodon* .... $\frac{1\ 0\ 0\ 3}{1\ 0\ 0\ 3}$

+ *Zygolophodon* (= „*Turicius*") .... $\frac{1\ \ 0\ 1-0\ 3}{1-0\ 0\ 1-0\ 3}$

+ U-O.: Dinotherioidea (+ Barytherioidea)

+ *Barytherium* .... $\frac{2\ 0\ 3\ 3}{2\ 0\ 3\ 3}$

+ *Dinotherium* .... $\frac{0\ 0\ 2\ 3}{1\ 0\ 2\ 3}$

+ *Numidotherium* .... $\frac{3\ 1\ 3\ 3}{1\ 0\ 2\ 3}$

+ *Prodinotherium* .... $\frac{0\ 0\ 2\ 3}{1\ 0\ 2\ 3}$

+O.: Desmostylia

+ *Behemotops* .... $\frac{?\ ?\ ?\ ?}{3\ 1\ 4\ 3}$

+ *Cornwallius* .... $\frac{3\ 1\ ?\ 3}{1\ 1\ ?\ 3}$

+ *Desmostylus* .... $\frac{0\ 1\ 3\ 2}{1\ 1\ 3\ 2}$

+ *Paleoparadoxia* .... $\frac{?3\ ?1\ 3\ 3}{3\ \ 1\ 3\ 3}$

O.: Sirenia***)

+ *Anomotherium* .... $\frac{(1)\ 0\ 2\ 3}{0\ \ 0\ 2\ 3}$

Dugong .... $\frac{1\ 0\ (3)}{0\ 0\ (3)\ 3}$

+ *Eotheroides* (= „*Eotherium*") .... $\frac{3\ 1\ 4\ 3}{3\ 1\ 4\ 3}$

+ „*Felsinotherium*" .... $\frac{1\ 0\ 0\ 3}{0\ 0\ 0\ 3}$

+ *Halitherium* .... $\frac{1\ 0\ 4-3\ 3}{3\ 1\ 4-3\ 3}$

+ *Hesperosiren* .... $\frac{?0\ 0\ 2\ 3}{?0\ 0\ 2\ 3}$

+ *Hydrodamalis* (= „*Rhytina*") .... $\frac{0\ 0\ 0\ 0}{0\ 0\ 0\ 0}$

+ *Metaxytherium* (= „*Halianassa*") .... $\frac{1\ 0\ 1\ 3}{0\ 0\ 1\ 3}$

+ *Miosiren* .... $\frac{1\ 0\ 3\ 3}{?\ ?\ ?\ ?}$

+ *Potamosiren* .... $\frac{?\ ?\ ?\ ?}{2\ 0\ 0\ 3}$

---

 *) Bei einzelnen fossilen *Elephas*-Arten rudimentäre P und I inf.

 **) Bei dieser und anderen Gattungen (z.B. *Mammut*) P und M_1^1 bei adulten Individuen hinfällig.

***) Zähne verschiedentlich nur embryonal ( ) angelegt. Homologisierung nicht immer gesichert.

+ *Prorastomus*. . . . . $\frac{3\ 1\ 4\ 3}{3\ 1\ 4\ 3}$

+ *Protosiren*. $\frac{3\ 1\ 4\ 3}{3\ 1\ 4\ 3}$

+ *Prototherium*. . . . . $\frac{2\text{–}3\ ?1\ 4\ 3}{3\ \ \ \ 1\ 4\ 3}$

Trichechus. . . . . $\frac{0\ \ \ 0\ \ \ 0\ \ 7\text{–}8}{(3)\ (1)\ (3)\ 7\text{–}8}$

+O.: Taeniodonta

+ *Conoryctes*. . . . . $\frac{2\ 1\ 3\ 3}{3\ 1\ 4\ 3}$

+ *Ectoganus*. . . . . $\frac{1\ 1\ 4\ 3}{1\ 1\ 4\ 3}$

+ *Huerfanodon*. . . . . $\frac{3\ 1\ 4\ 3}{3\ 1\ 4\ 3}$

+ *Onychodectes*. . . . . $\frac{3\ 1\ 4\ 3}{3\ 1\ 4\ 3}$

+ *Psittacotherium*. . . . . $\frac{1\ 1\ 2\ 3}{1\ 1\ 2\ 3}$

+ *Stylinodon*. . . . . $\frac{2\ 1\ 4\ 3}{1\ 1\ 4\ 3}$

+ *Wortmania*. . . . . $\frac{1\ 1\ 4\ 3}{1\ 1\ 4\ 3}$

O.: Pholidota

+ *Eomanis*. . . . . $\frac{0\ 0\ 0\ 0}{0\ 0\ 0\ 0}$

Manis . . . . $\frac{0\ 0\ 0\ 0}{0\ 0\ 0\ 0}$

+O.: Palaeanodonta *)

+ *Alocodon*. . . . . $\frac{?1\ 1\ 4\ 3}{?\ ?\ ?\ ?}$

+ *Amelotabes*. . . . . $\frac{?\ ?\ ?\ ?}{?1\ 1\ 4\ 3}$

+ *Epoicotherium*
(= „*Xenotherium*"). . . . . $\frac{0\ 1\ 5}{1\ 1\ 5}$ *)

+ *Metacheiromys*. . . . . $\frac{0\ 1\ 1}{1\ 1\ 2}$ *)

+ *Palaeanodon* . . . . $\frac{?\ 1\ ?4}{?\ 1\ 5}$ *)

+ *Pentapassalus*. . . . . $\frac{?\ 1\ 5}{?1\ 1\ 6}$ *)

+ *Xenocranium* . . . . $\frac{0\ 1\ 4}{1\ 1\ 5}$ *)

O.: Xenarthra (= „Edentata")**)

U-O.: Cingulata

Chlamyphorus . . . . $\frac{8}{8}$

Dasypus . . . . $\frac{0\ 1\ 7}{0\ 1\ 7}$

---

*) Unterscheidung der postcaninen Zähne meist nicht möglich

**) Postcanine Zähne meist nicht trennbar in P und M. Verschiedentlich überhaupt nur Summenformel anzugeben

+ *Doedicurus* . . . . $\frac{8}{8}$

Euphractus. . . . . $\frac{1\ 1\ 4\ 3}{2\ 1\ 4\ 3} = \frac{1\ 1\ 7}{2\ 1\ 7}$

+ *Glyptodon* . . . . $\frac{8}{8}$

+ *Holmesina* . . . . $\frac{9}{9}$

+ *Palaeohoplophorus* . . . . $\frac{0\ 1\ 4\ 3}{0\ 1\ 4\ 3}$

+ *Pampatherium*. . . . . $\frac{9}{9}$

+ *Panochthus*. . . . . $\frac{8}{8}$

+ *Peltephilus* . . . . $\frac{7}{7}$

Priodontes. . . . . $\frac{24\text{–}26}{22\text{–}24}$

Proeutatus . . . . $\frac{9}{10}$

+ *Prozaedyus* . . . . $\frac{8\text{–}7}{10}$

+ *Sclerocalyptus* . . . . $\frac{8}{8}$

+ *Stegotherium* . . . . $\frac{7\text{–}5}{8\text{–}7}$

Tolypeutes . . . . $\frac{9}{9\text{–}8}$

+ *Utaetus* . . . . $\frac{?\ ?\ ?\ ?}{2\ 1\ 4\ 3}$

U-O.: Pilosa (= Tardigrada)

Bradypus . . . . $\frac{0\ 1\ 4}{0\ 0\ 4} = \frac{5}{4}$

Choloepus . . . . $\frac{0\ 1\ 4}{0\ 0\ 4} = \frac{5}{4}$

+ *Eremotherium* . . . . $\frac{5}{4}$

+ *Glossotherium*. . . . . $\frac{5}{4}$

+ *Hapalops* . . . . $\frac{5}{4}$

+ *Megalocnus*. . . . . $\frac{5}{4}$

+ *Megalonyx* . . . . $\frac{5}{4}$

+ *Megatherium* . . . . $\frac{5}{4}$

+ *Mylodon*. . . . . $\frac{5}{4}$

+ *Nothrotheriops* . . . . $\frac{4}{3}$

+ *Scelidotherium*. . . . . $\frac{5}{4}$

U-O.: Vermilingua:

Gebiß stets völlig reduziert: $\frac{0\ 0\ 0\ 0}{0\ 0\ 0\ 0}$

Cyclopes – + *Eurotamandua* – *Myrmecophaga* – *Tamandua*

?Xenarthra inc. sed.

+ *Ernanodon* . . . . $\frac{0\ 1\ 3\ 3}{1\ 1\ 4\ 3}$

Literaturverzeichnis

(Die Literatur wurde bis Ende 1986 berücksichtigt)

1. ABEL, O. (1901): Les Dauphins longirostres du Boldérien (Miocène supérieur des environs d'Anvers. I. – Mém. Mus. Hist. natur. Belg., Bruxelles, **1**: 1–95.

2. – (1902): Les Dauphins longirostres du Boldérien (Miocène supérieur) des environs d'Anvers II. – Mém. Mus. Hist. natur. Belg., Bruxelles, **2**: 101–188.

3. – (1904): Die Sirenen der mediterranen Tertiärbildungen Österreichs. – Abh. k.k. geol. R.-Anst., Wien, **19** (2): 1–223.

4. – (1906): Die Milchmolaren der Sirenen. – N. Jb. Miner. etc., Abh., Stuttgart, **1906**/II: 50–60.

5. – (1909): Das Skelett von *Eurhinodelphis cocheteuxi* aus dem Obermiozän von Antwerpen. – Sitz. Ber. k. Akad. Wiss. I., Wien, **68**: 241–253.

6. – (1910): Kritische Untersuchungen über die paläogenen Rhinocerotiden Europas. – Abh. k.k. geol. R.-Anst., Wien, **20**: 1–52.

7. – (1912): Grundzüge der Paläobiologie der Wirbeltiere. – XV + 708 S., Stuttgart (Schweizerbart).

8. – (1912a): Die eocänen Sirenen der Mittelmeerregion I. Der Schädel von *Eotherium aegyptiacum*. – Palaeontographica, Stuttgart, **59**: 289–360.

9. – (1922): *Desmostylus*: ein mariner Multituberculate aus dem Miozän der nordpazifischen Küstenregion. – Acta zool., Stockholm, **3**: 361–394.

10. – (1926): Die Geschichte der Equiden auf dem Boden Nordamerikas. – Verh. zool. botan. Ges., Wien, **74/75**: 159–164.

11. – (1926a): Die Molarisierung der oberen Prämolaren von *Hyracodon nebrascensis* Leidy. – Paläont. Z., Berlin, **8** (3): 224–245.

12. – (1931): Die Stellung des Menschen im Rahmen der Wirbeltiere. – XVI + 398 S., Jena (G. Fischer).

13. – (1948): Studien über vergrößerte Einzelzähne des Vordergebisses der Wirbeltiere und deren Funktion. – Palaeobiologica, Wien, **8** (1/2): 1–112.

14. ABEL, W. (1931): Kritische Untersuchungen über *Australopithecus africanus* Dart. – Morph. Jb., Leipzig, **65**: 539–640.

15. ABUSCH-SIEWERTS, S. (1983): Gebißmorphologische Untersuchungen an eurasiatischen Anchitherien (Equidae, Mammalia), unter bes. Berücksichtigung der Fundstelle Sandelzhausen. – Courier Forsch. Inst. Senckenberg, Frankfurt/M., **62**: 1–401 S.

16. ADLOFF, P. (1902): Zur Kenntnis des Zahnsystems von *Hyrax*. – Z. Morph., Jena, **5**: 181–200.

17. ADLOFF, P. (1934): Über die Zähne von *Orycteropus*. – Z. Anat. Entw. gesch., Berlin, **102**: 710–717.

18. AICHEL, O. (1917): Zur Frage der Konkreszenzhypothese. – Anat. Anz., Jena, **50**: 400–406.

19. ALEXANDER, R.D., J.L. HOOGLAND, R.D. HOWARD, K.M. NOONAN & P.W. SHERMAN (1979): Sexualdimorphisms and breeding systems in pinnipeds, ungulates, primates, and humans. – In: CHAGNON, N.A. & W. IRONS (eds.): Evolutionary biology and human social behavior. An anthropological perspective. – 402–435, North Scituate (Duxbury Press).

20. ALLEN, G.M. (1940): Bats. – X + 368 S., Cambridge-/Mass., Harvard Univ. Press.

21. ALLEN, J.A. (1880): History of North American pinnipeds, a monograph of the walruses, sea-lions, sea-bears and seals of North America. – U.S. geol./geogr. Surv. Terr. Misc. Publ., **12**: XVI, 1–785, Washington.

22. – (1922): The American Museum Congo Expedition. Collection of Insectivora. – Bull. amer. Mus. natur. Hist., New York, **47**: 1–38.

23. AMBROSETTI, P. (1968): The Pleistocene dwarf elephants of Spinagallo (Siracusa, South-Eastern Sicily). – Geol. romana, Rom, **7**: 277–398.

24. AMEGHINO, F. (1895): Première contribution à la connaissance de la faune mammalogique des couches à *Pyrotherium*. – Bolet. Inst. geogr. argent., Buenos Aires, **15**: 603–660.

25. – (1896): Sur l'évolution des dents de Mammifères. – Bolet. Acad. nacion. Sci., Buenos Aires, **14**: 381–517.

26. – (1897): Mammifères crétacés de l'Argentine. – Bolet. Inst. geogr. argent., Buenos Aires, **18**: 406–521.

27. – (1899): On the primitive type of the plexodont molars of mammals. – Proc. zool. Soc. London, **1899**: 555–572.

28. – (1904): Recherches de morphologie phylogénétique sur les molaires supérieures des Ongulés. – An. Mus. nacion. Buenos Aires, **3** (3): 1–541.

29. – (1906): Les formations sédimentaires du Crétacé supérieur et du Tertiaire de Patagonie. – An. Mus. nacion. Hist. natur., Buenos Aires, (3a) **15**: 1–568.

30. ANDERSEN, K. (1912): Catalogue of the Chiroptera in the collection of the British Museum. 1. Megachiroptere. – 2nd ed., CI + 854 S., London (Brit. Mus. natur. Hist.).

31. ANDERSON, CH. (1927): The incisor teeth of the Macropodinae. – Austral. Zoologist, Sydney, **5**: 105–112.

32. ANDERSON, CH. (1929): The food habitus of *Thylacoleo*. – Austral. Assoc. Adv. Sci., Rept. Hobarth Meetg. 1928, S. 243–244, Hobarth.

33. ANDERSON, S. & J. KNOX JONES (eds.) (1984): Orders and families of recent Mammals of the world. – XII + 686 S., New York (J. Wiley & Sons).

34. ANDREWS, C.W. (1906): A descriptive catalogue of the Tertiary vertebrata of the Fayum, Egypt. – XXXVIII + 324 S., London (Brit. Mus. natur. History).

35. – (1915): A description of the skull and skeleton of peculiarly modified rupicaprine antelope (*Myotragus balearicus*, Bate); with a note of a new variety, *M. balearicus* var. *major*. – Phil. Trans. r. Soc., London, (B) **206**: 281–305.

36. – (1924): On some similiarities in the evolution of the dentition in the Sirenia and Proboscidea. – Ann. Magaz. natur. Hist., London, **13**: 304–309.

37. ANTHONY, J. (1973): Théories de l'évolution dentaire des mammifères. – In: GRASSÉ, P.-P.: Traité de zoologie, XVI/5/1: 203–249, Paris.

38. ANTHONY, J. (1933): Recherches sur les incisives supérieures des Eléphantidae actuels et fossiles (Eléphants et Mastodontes). – Arch. Mus., Paris, (6) **10**: 63–122.

39. – (1934): La dentition de l'Oryctérope. Morphologie, développement, structure, interprétation. – Ann. Sci. natur. (Zool.), Paris, (10) **17**: 289–322.

40. – (1935): Théorie de la dentition jugale mammalienne I. – 1–71 S., Paris (Hermann & Cie).

41. – (1961): Anatomie dentaire comparée. – 1–121 S., Paris (Hermann édit.).

42. – & M. FRIANT (1936): Théorie de la dentition jugale mammalienne II. – 1–81 S., Paris (Hermann & Cie.).

43. – & M. FRIANT (1937): Théorie de la dentition jugale mammalienne III. – 1–51 S., Paris (Hermann & Cie.).

44. – & M. FRIANT (1941): Introduction à la connaissance de la dentition des Proboscidiens. – 1–104, Paris (Impr. L'Quest-Eclair.)

45. ANTHONY, H.E. (1916): Preliminary diagnosis of an apparently new family of insectivores. – Bull. amer. Mus. natur. Hist., New York, **35**: 725–728.

46. – (1918): The indigenous land mammals of Porto Rico, living and extinct. – Mem. amer. Mus. natur. Hist., New York, (n.s.) **2** (2): 331–435.

47. ANTONIUS, O. (1919): Untersuchungen über den phylogenetischen Zusammenhang zwischen *Hipparion* und

Equus. – Z. indukt. Abstamm./Vererb.lehre, Leipzig, **20**: 273–295.

48. ARCHER, M. A. (1976): The dasyurid dentition and its relationships to that of didelphids, thylacinids, borhyaenids (Marsupicarnivora) and peramelids (Peramelida, Marsupialia). – Austral. J. Zool., Melbourne, (Suppl. Ser.) **39**: 1–34.

49. – (1978): The nature of the molar-premolar boundary in marsupials and a reinterpretation of the homology of marsupial cheekteeth. – Mem. Queensld. Mus., Brisbane, **18**, 157–164.

49a. – (1982): A review of Miocene Thylacinids. – In: ARCHER, M.: Carnivorous Marsupials. **2**: 445–476, Sydney (R. zool. Soc. N. S. Wales).

50. – (1984): Origins and early radiations of marsupials. – In: ARCHER, M. & G. CLAYTON (eds.): Vertebrate zoogeography in Australasia. – 585–625, Carlisle (Hesperian Press).

50a. – & G. CLAYTON (eds.) (1984): Vertebrate Zoogeography and Evolution in Australasia. – XXIV, 1–1203, Carlisle (Hesparian Press).

51. – T. F. FLANNERY, A. RITCHIE & R. E. MOLNAR (1985): First Mesozoic mammal from Australia – an early Cretaceous monotreme. – Nature, London **318** (6044): 363–366.

52. ÅRNBÄCK-CHRISTIE-LINDE, A. (1912): On the development of the teeth of the Soricidae; an ontogenetical inquiry. – Ann. Magaz. natur. Hist., London, (8) **9**: 601–625.

53. – (1912a): Der Bau der Soriciden und ihre Beziehungen zu anderen Säugetieren. II. Zur Entwicklungsgeschichte der Zähne. – Gegenb. morph. Jb., Leipzig, **44** (2): 201–296.

54. AYENSU, E. S. (1974): Plant and bat interactions in West Africa. – Ann. Missouri botan. Garden, St. Louis, **61**: 702–727.

55. AZZAROLI, A. (1952): L'Alce di Senèze. – Palaeontographica ital., Pisa, (n. s.) **17**: 133–141.

56. – (1982): On Villafranchian Palaearctic equids and their allies. – Palaeontographica ital., Pisa, **72**: 74–97.

57. BACHOFEN-ECHT, A. (1931): Beobachtungen über die Entwicklung und Abnützung der Eckzähne bei *Ursus spelaeus*. – Speläolog. Monogr., Wien, **7/8**: 574–580.

58. BAKER, H. G. (1973): Evolutionary relationships between flowering plants and animals in American and African tropical forests. – In: MEGGERS, B. J., E. S. AYENSU & W. D. DUCKWORTH (eds.): Tropical forest ecosystems in Africa and South America: A comparative review. – 145–159, Washington.

59. BAKER, R. J., J. K. JONES & D. C. CATER (eds.) (1976): Biology of bats of the New World family Phyllostomatidae. Pt. I. – Spec. Publ. Mus. Texas Tech. Univ., **10**, 1–218, Lubbock.

60. BARBOUR, E. H. (1927): Preliminary notice of a new Proboscidean *Amebelodon fricki* gen. et. sp. nov. – Nebraska State Mus. Bull., Lincoln, **13**: 131–134.

61. – (1932): The mandible of *Platybelodon barnumbrowni*. – Nebraska State Mus., Bull., Lincoln, **30**: 251–258.

62. BARTHOLOMAI, A. (1962): A new species of *Thylacoleo* and notes on some caudal vertebrae of *Palorchestes azael*. – Mem. Queensld. Mus., Brisbane, **14**: 33–40.

63. BARTHOLOMEW, G. A. & J. B. BIRDSELL (1953): Ecology and the protohominids. – Amer. Anthropologist, Lancaster, **55**: 481–498.

64. BEAUMONT, G. DE (1964): Essai sur la position taxonomique des genres *Alopecyon* Viret et *Simocyon* Wagner (Carnivora). – Eclogae geol. Helv., Basel, **57**: 829–836.

65. – (1973): Contribution à l'étude des Viverridae (Carnivora) du Miocène d'Europe. – Arch. sci. Genève, **26** (3): 285–296.

66. – (1976): Remarques préliminaires sur le genre *Amphictis* Pomel (Carnivore) – Bull. Soc. vaud. Sci. natur., Lausanne, **73**: (350): 171–180.

67. BECHT, G. (1953): Comparative biologic-anatomical researches on mastication in some mammals I & II. – Proc. konin. nederl. Akad. Wetensch., Amsterdam, **56** (C): 508–527.

68. BECKER, J. J. & J. A. WHITE (1981): Late Cenozoic geomyids (Mammalia: Rodentia from the Anza-Borrego desert, Southern California. – J. Vertebrate Paleont., Norman, **1** (2): 211–218.

69. BEIER, K. (1981): Vergleichende Zahnuntersuchungen an *Lasiorhinus latifrons* Owen, 1845 und *Vombatus ursinus* Shaw, 1800. – Zool. Anz., Jena, **208**: 288–299.

70. BENINDE, J. (1933): Die Altersbestimmung des Rotwildes nach Schliffen durch die Schneidezähne. – Dtsch. Waidwerk Berlin, **38**: 391–395.

71. BENSLEY, B. A. (1903): On the evolution of the Australian Marsupialia; with remarks on the relationships of the Marsupials in general. – Trans. Linn. Soc. London, (2) **9** (3): 83–217.

72. – (1906): The homologies of the stylar cusps in the upper molars of the Didelphyidae. – Stud. Univ. Toronto, (Biol.), **5**: 1–13.

73. BERRY, E. W. & W. K. GREGORY (1906): *Prorosmarus alleni*, a new genus and species of walrus from the Upper Miocene of Yorktown, Virginia. – Amer. J. Sci., New Haven, **21**: 444–450.

74. BERTA, A. (1981): The Plio-Pleistocene hyaena *Chasmaporthetes ossifragus* from Florida. – J. Vertebr. Paleont., Norman, **1** (3/4): 341–356.

75. BEURLEN, K. & U. LEHMANN (1944): Osborn und seine Stellung in der modernen Paläontologie. Eine methoden- und erkenntniskritische Betrachtung. – Z. dtsch. geol. Ges., Berlin, **96**: 229–236.

76. BIEGERT, J. (1956): Das Kiefergelenk der Primaten. – Gegenb. morph. Jb., Leipzig, **57** (= Jb. Morph. mikrosk. Anat., Abt. 1): 249–404.

77. BOCK, W. J. & G. VON WAHLERT (1965): Adaptation and the form-function complex. – Evolution, Lawrence, **19**: 269–299.

78. BOHLIN, B. (1940): Food habit of the machaerodonts, with special regard to *Smilodon*. – Bull. geol. Inst. Upsala **28**: 156–174.

79. BOLK, L. (1913): Odontologische Studien I. Die Ontogenie der Primatenzähne. Versuch einer Lösung der Gebißprobleme. – VII + 122 S., Jena (G. Fischer).

80. – (1914): Odontologische Studien II. Die Morphogenie der Primatenzähne. Eine weitere Begründung und Ausarbeitung der Dimertheorie. – VIII + 181 S., Jena (G. Fischer).

81. BOLK, L. (1919): Zur Ontogenie des Elefantengebisses. Odontologische Studien III. – IV + 38 S., Jena (Fischer).

82. – (1922): Odontological essays. 5. On the relation between reptilian and mammalian dentitions. – J. Anat., London, **57**: 55–75.

83. BONIS, L. DE (1981): Contribution à l'étude du genre *Palaeogale* Meyer (Mammalia, Carnivora). – Ann. Paléont. (Vert.), Paris, **67**: 37–56.

84. BORISSIAK, A. (1923): *Indricotherium* n. g. (Fam. Rhinocerotidae). – Mém. Acad. Sci. Russie, St. Petersbourg, (8) **35**: (6): 1–128.

85. – (1929): On a new direction in the adaptive radiation of mastodonts. – Palaeobiologica, Wien-Leipzig, **2**: 19–33.

86. BOSCHMA, H. (1938): On the teeth and some other particulars of the sperm whale (*Physeter macrocephalus* L.). – Temminckia, Leiden, **3**: 151–278.

86a. – (1950): Maxillary teeth in specimens of *Hyperoodon* and *Mesoplodon*. – Proc. konin. nederl. Akad. Wetensch, Amsterdam, **53**: 775–785.

87. BOUET, G. & H. NEUVILLE (1931): Recherches sur le genre „Hylochoerus". – Arch. Mus. nation. Hist. natur., Paris, (6) **5**: 305–314.

88. BOW, J. M. & C. PURDAY (1966): A method of preparing sperm whale teeth for age determination. – Nature, London, **210**: 437–438.

89. BOWN, TH. M. & M. J. KRAUS (1979): Origin of the tribosphenic molar and metatherian and eutherian dental formulae. – In: LILLEGRAVEN, J. A., Z. KIELAN-JAWOROWSKA & W. A. CLEMENS (eds.): Mesozoic mammals: 172–191, Univ. Calif. Press., Berkeley.

90. BRANDT, E. (1968): Über das Gebiß der Spitzmäuse. – Bull. Soc. imper. natur. **1868**: Moskau, 75–95.

91. BRANDT, J. F. (1832): Über den Zahnbau der Stellerschen Seekuh.– Mém. Acad. imper. Sci., St. Petersbourg, (VI) **2**: 1–16.

92. – (1863): Bericht über eine Abhandlung: Untersuchung der Gattung *Hyrax* in anatomischer und verwandtschaftlicher Beziehung. – Bull. Acad. imper. Sci., St. Petersbourg, **5**: 508–510.

93. – (1878): Mittheilungen über die Gattung *Elasmotherium*, bes. den Schädelbau derselben. – Mém. Acad. imp. Sci., St. Petersbourg, (7) **26** (6): 1–36.

94. BRAUER, A. (1913): Zur Kenntnis des Gebisses von *Procavia*. – Sitz. Ber. Ges. naturf. Freunde, Berlin, **1913**: 118–125.

95. BRAZENOR, C. W. (1950): The mammals of Victoria and the dental characteristics of Monotremes and Australian marsupials. – Nation. Mus. Victoria. Handbook, **1**: 1–125, Melbourne.

96. BREUER, R. (1933): Über das Vorkommen sogenannter keilförmiger Defekte an den Zähnen von *Ursus spelaeus* und deren Bedeutung für die Paläobiologie. – Palaeobiologica, Wien, **5**, 103–114.

97. BREUNING, S. (1923): Beiträge zur Stammesgeschichte der Rhinocerotidae. – Verh. zool. botan. Ges., Wien, **73**: 5–46.

98. BROOM, R. (1909): On the milk dentition of *Orycteropus*. – Ann. South Africa Mus., Cape Town, **5**, 381–384.

99. – (1938): Note on the premolar of the elephant shrews. – Ann. Transvaal Mus., Pretoria, **19**: 251–252.

100. – & G. W. H. SCHEPERS (1946): The South African fossil ape-men. The Australopithecinae. Pt. I. The occurrence and general structure of the South African ape-men. – Mem. Transvaal Mus., Pretoria, **2**: 7–144.

101. BRUIJN, H. DE & S. T. HUSSAIN (1985): Thryonomyidae from the Lower Manchar Formation of Sind, Pakistan. – Proc. konin. nederl. Akad. Wetensch., Amsterdam, (B) **88** (2): 155–166.

102. –,– & J. J. LEINDERS (1981): Fossil rodents from the Murree Formation near Banda daud Shah, Kohat, Pakistan I + II. – Proc. konin. nederl. Akad. Wetensch., Amsterdam, B **84** (1): 71–99.

103. BRUYNS, W. F. J. M. (1971): Field guide of whales and dolphins. – 1–201, Amsterdam (n. v. uitgeverij v. h. c. a. mees).

104. BUGGE, J. (1974): The cephalic arterial system in Insectivores, Primates, Rodents and Lagomorphs, with special reference to the systematic classification. – Acta anat., Basel, **87**: Suppl. 62: 1–159.

105. BURKE, J. J. (1934): *Mytonolagus*, a new leporine genus from the Uinta Eocene series in Utah. – Ann. Carnegie Mus., Pittsburgh, **23**: 399–420.

106. BURMEISTER, G. (1874): Monografia de los Glyptodontes en el Museo Publico de Buenos Aires.– Anal. Mus. Publ. Buenos Aires, **1874**: 1–412.

107. BUTLER, P. M. (1937): Studies on the mammalian dentition I. The teeth of *Centetes ecaudatus* and its allies. – Proc. zool. Soc., London, **107**: 103–132.

108. – (1939): Studies of the mammalian dentition: differentiation of the post-canine dentition. – Proc. zool. Soc. London, **109**: 1–36.

109. – (1941): A theory of the evolution of mammalian molar teeth. – Amer. J. Sci., New Haven, **239**: 421–450.

110. – (1946): The evolution of carnassial dentitions in the mammalia. – Proc. zool., Soc., London, **116**: 198–220.

111. BUTLER, P. M. (1948): On the evolution of the skull and teeth in the Erinaceidae, with special reference to fossil material in the British Museum. – Proc. zool. Soc., London, **118**: 446–500.

112. – (1952): The milk-molars of Perissodactyla, with remarks on molar occlusion. – Proc. zool. Soc., London. **121**: 777–817.

113. – (1956): The skull of *Ictops* and the classification of the Insectivora. – Proc. zool. Soc., London **126**: 453–481.

114. – (1965): Fossil mammals of Africa no. **18**. East African Miocene and Pleistocene chalicotheres. – Bull. brit. Mus. natur. Hist. (Geol.), London, **10** (7): 163–237.

115. – (1969): Insectivores and bats from the Miocene of East Africa: New material. – Fossil Vertebrates of Africa, London, **1**: 1–37.

116. – (1972): The problem of insectivore classification. – In: JOYSEY, K. A. & T. S. KEMP (eds.): Studies in vertebrate evolution. 253–265, Edinburgh (Oliver & Boyd).

117. – (1977): Evolutionary radiation of the cheek teeth of Cretaceous placentals. – Acta palaeont. polon. Warszawa, **22** (3): 241–269.

118. – (1978): Molar cusp nomenclature and homology. – In: BUTLER, P. M. & K. A. JOYSEY (eds): Development, function and evolution of teeth. 439–453, London (Acad. Press).

119. – (1978a): A new interpretation of the mammalian teeth of tribosphenic pattern from the Albian of Texas. – Breviora Cambridge/Mass., **44**: 1–27.

120. – (1980): Functional aspects of the evolution of rodent molars. – Palaeovertebrata, Montpellier, (Mem. Jubil. R. Lavocat) **1980**: 249–262.

121. – (1980a): The Tupaiid dentition. – In: LUCKETT, P. W. (ed.): Comparative biology and evolutionary relationships of tree shrews. 171–204, London (Plenum Press).

122. – (1985): Homologies of molar cusps and crests, and their bearing on assessments of Rodent phylogeny. – In: LUCKETT, W. P. & J.-L. HARTENBERGER (eds.): Evolutionary relationships among Rodentia. – NATO ASI (Ser.), **92** (A): 381–401, New York (Plenum Press).

123. – (1986): Problems of dental evolution in the higher Primates. – In: WOOD, B., L. MARTIN & P. ANDREWS (eds.): Major tropics in primate and human evolution. 89–106, Univ. Press., Cambridge.

124. – & A. T. HOPWOOD (1957): Insectivora and Chiroptera from the Miocene rocks of Kenya colony. – Fossil Mammals of Africa, London, **13**: 1–35.

125. BUTLER, P. M. & K. A. JOYSEY (eds.) (1978): Development function and evolution of teeth. – XXX + 523 S., London (Acad. Press.)

126. – & B. KREBS (1973): A pantotherian milk dentition. – Paläont. Z., Stuttgart, **47**: 256–258.

127. – & J. R. E. MILLS (1959): A contribution to the odontology of *Oreopithecus*. – Bull. brit. Mus. natur. Hist. (Geol.), London, **4** (1): 1–26.

128. CABRERA, A. (1925): Genera mammalium II. Insectivora, Galeopithecia. – Mus. nacion. Cienc. natur. **1925**: 1–232, Madrid.

129. – (1927): Datos para el conocimiento de los dasiurideos fosiles argentinos. – Rev. Mus. La Plata, **30**: 271–351.

130. CAPELLINI, C. G. (1872): Sul Felsinoterio. – Mem. Accad. Sci. Ist. Bologna, (III) **1**: 1–49.

131. CARLSSON, A. (1909): Die Macroscelididae und ihre Beziehungen zu den übrigen Insectivoren. – Zool. Jb. (Syst. etc.), Jena, **28**: 349–400.

132. CARPENTER, C. R. (1940): A field study in Siam of the behavior and social relations of the gibbon (*Hylobates lar*). – Compar. Psychol. Monogr., Cambridge/Mass., **16**: 1–212.

133. CARTER, J. TH. (1948): With a note on the microscopic tooth structure. – Trans. zool. Soc. London, **26** (2): 192–193.

134. CARTMILL, M. (1972): *Daubentonia*, woodpeckers and klinorhynchy. – Amer. J. Phys. Anthrop., Washington, **37**: 432.

135. – (1974): *Daubentonia, Dactylopsila*, woodpeckers and klinorhynchy. – In: MARTIN, R. D., G. A. DOYLE & A. C. WALKER (eds.): Prosimian Biology. 655–670, London (Duckworth).

136. CASSILIANO, M. L. & W. A. CLEMENS (1979): Symmetrodonta. – In: LILLEGRAVEN, J. A., Z. KIELAN-JAWO-

ROWSKA & W. A. CLEMENS (eds.): Mesozoic mammals. 150–161, Univ. Calif. Press., Berkeley.

137. CHALINE, J. (1972): Les rongeurs du Pléistocène moyen et supérieur de France. – Cah. Paléont., Paris, **1972**: 1–410.

138. CHARLES-DOMINIQUE, P. (1974): Ecology and feeding behavior of five sympatric lorisids in Gabon. – In: MARTIN, R. D., G. A. DOYLE & A. C. WALKER (eds.): Prosimian Biology. 131–150, London (Duckworth).

139. CHIARELLI, B. (ed.) (1968): Taxonomy and phylogeny of Old World primates with references to the origin of Man. – XI + 323 S., Torino (Rosenberg & Sellier).

140. – (1972): The karyotypes of Gibbon. – In: RUMBAUGH, D. M. (ed.): Gibbon and Siamang **1**: 90–102, Basel (Karger).

141. CHIVERS, D. J., B. A. WOOD & A. BILSBOROUGH (eds.) (1984): Food acquisition and processing in Primates. – 1–574 S., New York (Plenum Publ. Comp.).

142. CHOPRA, S. R. K. & R. N. VASISHAT (1979): Sivalik fossil tree shrew from Haritalyangar, India. – Nature, London, **281**: 214–215.

143. CHOW, M. & TH. H. V. RICH (1982): *Shuotherium dongi* n. g. n. sp., a Therian with pseudo-tribosphenic molars from the Jurassic of Sichuan, China. – Austral. Mammal., Kensington, **5**: 127–142.

144. – & B. WANG (1979): Relationship between the pantodonts and tillodonts and classification of the order Pantodonta. – Vertebrata palasiatica, Peking, **17**: 37–48.

145. –, Y. CHANG, B. WANG & S. TING (1973): New mammalian genera and species from the Paleocene of Nanshiung, North Kwangtung. – Vertebrata palasiatica, Peking, **11**: 31–35.

146. – (= ZHOU), M., Y. ZHANG, B. WANG & S. DING (1977): Mammalian fauna from the Paleocene of Nanxiong basin, Guangdong. – Palaeontologia in China, **153**: 83–100, Nanking & Peking (Wiss. Verlag).

147. CHURCHER, C. S. (1956): The fossil Hyracoidea of the Transvaal and Taungs deposits. – Ann. Transvaal Mus., Pretoria, **22** (4): 477–501.

148. – (1985): Dental functional morphology in the marsupial sabre-tooth *Thylacosmilus atrox* compared to that of felid sabre-tooths. – Austral. Mammal., Sydney, **8** (4), Pt. A: 201–220.

149. CIFELLI, R. L. (1983): The origin and affinities of the South American Condylarthra and Early Tertiary Litopterna (Mammalia). – Amer. Mus. Novitates, New York, **2772**: 1–49.

150. – & M. F. SORIA (1983): Systematics of the Adianthidae (Litopterna, mammalia). – Amer. Mus. Novitates, New York, **2771**: 1–25.

151. CLEMENS, W. A. (1966): Fossil mammals of the type Lance formation, Wyoming. II. Marsupialia. – Univ. Calif. Publ. (Geol.), Berkeley, **62**: 1–122.

152. – (1979): Marsupialia. – In: LILLEGRAVEN, J. A., Z. KIELAN-JAWOROWSKA & W. A. CLEMENS (eds.): Mesozoic mammals. 192–220, Berkeley (California Press).

153. – (1979a): Notes on the Monotremata. – In: LILLEGRAVEN, J. A., Z. KIELAN-JAWOROWSKA & W. A. CLEMENS (eds.): Mesozoic mammals. 309–311, Univ. Calif. Press, Berkeley.

154. – & Z. KIELAN-JAWOROWSKA (1979b): Multituberculata. – In: LILLEGRAVEN, J. A., Z. KIELAN-JAWOROWSKA & W. A. CLEMENS (eds.): Mesozoic mammals. 99–149, Univ. Calif. Press, Berkeley.

155. – & J. R. E. MILLS (1971): Review of *Peramus tenuirostris* Owen (Eupantotheria, Mammalia). – Bull. brit. Mus. natur. Hist. (Geol.), London, **20**: 87–113.

156. CLUTTON-BROCK, T. H. (ed.) (197): Primate Ecology. Studies of feeding and ranging behaviour in lemurs, monkeys and apes. – XXII + 631 S., London (Acad. Press).

157. CLUTTON-BROCK, T. H. & P. H. HARVEY (1977): Species differences in feeding and ranging behaviour in Primates. – In: CLUTTON-BROCK, T. H. (ed.): Primate Ecology. 557–590, New York (Acad. Press).

158. COBB, W. M. (1933): The dentition of the walrus. *Odobenus obesus*. – Proc. zool. Soc. London, **1933**: 645–668.

159. COLBERT, E. H. (1934): *Chalicotheres* from Mongolia and China in the American Museum. – Bull. amer. Mus. natur. Hist., New York, **67** (7): 353–387.

160. – (1935): Distributional and phylogenetic studies on Indian fossil mammals IV. The phylogeny of the Indian Suidae and the origin of Hippopotamidae. – Amer. Mus. Novitates, New York, **779**: 1–24.

161. – (1941): A study of *Orycteropus gaudryi* from the island of Samos. – Bull. amer. Mus. natur. Hist., New York, **78**: 305–351.

162. – (1941a): The osteology and relationships of *Archaeomeryx* an ancestral ruminant. – Amer. Mus. Novitates, New York, **1135**: 1–24.

163. – (1942): An edentate from the Oligocene of Wyoming. – Notulae Naturae, Philadelphia, **109**: 1–16.

164. COOK, H. J. & J. R. MacDONALD (1962): New Carnivora from the Miocene and Pliocene of Western Nebraska. – J. Paleont., Tulsa, **36**: 560–567.

165. COOKE, H. B. S. (1976): Suidae from the Plio-Pleistocene strata of the Rudolf Basin. – In: COPPENS, Y. et al.: Earliest Man and environment at the Lake Rudolf Basin. 251–263, Univ. Press, Chicago.

166. – & A. F. WILKINSON (1978): Suidae and Tayassuidae. – In: MAGLIO, V. J. & H. B. S. COOKE (eds): Evolution of African mammals. 435–482, Univ. Press, Cambridge.

167. COOMBS, M. C. (1978): A premaxilla of *Moropus elatus* Marsh, and evolution of chalicotherioid anterior dentition. – J. Mammal., Lawrence, **52**: 118–121.

168. – (1978a): Reevaluation of early Miocene North American Moropus (Perissodactyla, Chalicotheriidae., Schizotheriinae). – Bull. Carnegie Mus. natur. Hist., Pittsburgh, **4**: 1–62.

169. – (1983): Large mammalian clawed herbivores: A comparative study. – Trans. amer. philos. Soc., Philadelphia, **73** (7): 1–96.

170. – & W. P. COOMBS (1977): Dentition of *Gobiohyus* and a reevaluation of the Helohyidae (Artiodactyla). – J. Mammal., Lawrence, **58**: 291–308.

171. COPE, E. D. (1873): On the primitive types of the orders of Mammalia Educabilia. – J. Acad. natur. Sci., Philadelphia, (2) **8**: 71–89.

172. – (1874): On the homologies and origin of the types of molar teeth of mammalian Educabilia. – J. Acad. natur. Sci., Philadelphia, (n. s.) **8** (1): 71–89.

173. COPE, E. D. (1875): On the supposed Carnivora of the Eocene of Rocky Mountains. – Proc. Acad. natur. Sci., Philadelphia, **27**: 444–448.

174. – (1881): A new type of Perissodactyla. – Amer. Naturalist, Lancester, **15**: 1017–1018.

175. – (1883): Note on the trituberculate type of superior molar and the origin of the quadrituberculate. – Amer. Naturalist, Lancester, **17**: 407–408.

176. – (1884): The Vertebrata of the Tertiary formations of the West Book I. Report. U. S. geol. Surv. Terrs. **3** XXXV + 1009 S., Washington.

177. – (1891): Syllabus of lectures on geology and paleontology. Pt. 3. Paleontology of the Vertebrata. – 1–90 S., Philadelphia (Ferris Bros.).

178. – (1898): Syllabus of lectures on the Vertebrata. – XXXV + 135 S., Univ. Pennsylv., Philadelphia.

179. COPPENS, Y. & M. BEDEN (1978): Moeritherioidea. – In: MAGLIO, V. J. & H. B. S. COOKE (eds.): Evolution of African mammals. 333–335, Harvard Univ. Press, Cambridge.

180. –, V. J. MAGLIO, C. T. MADDEN & M. BEDEN (1978): Proboscidea. – In: MAGLIO, V. J. & H. B. S. COOKE (eds.): Evolution of African mammals. 336–36, Harvard Univ. Press, Cambridge.

181. CORBET, G. B. & J. HANKS (1968): A revision of the elephant-shrews, family Macroscelididae. – Bull. brit. Mus. natur. Hist., London (Zool.) **16** (2): 47–111.

182. CORSE, J. (1799): Observations on the manners, habits

and Natural History of the Elephant. Observations on the different species of Asiatic Elephants, and their mode of Dentition. – Philos. Trans. r. Soc., London, **89**: 1–32.

183. CORYNDON, S.C. (1977): The taxonomy and nomenclature of the Hippopotamidae (Mammalia, Artiodactyla) and a description of two new fossil species. – Proc. konin. nederl. Akad. Wetensch., Amsterdam (B) **80** (1): 61–88.

184. COVERT, H.H. & R.F. KAY (1981): Dental microwear and diet: Implications for determining the feeding behaviors of extinct Primates, with a comment on the dietary pattern of *Sivapithecus*. – Amer. J. phys. Anthrop., Philadelphia, **55**: 331–336.

185. CROCHET, J.-Y. (1978): Les marsupiaux du Tertiaire d'Europe I + II. – Thèse Univ. Sci. Techn. Languedoc. 1–360 S., Montpellier.

186. CROMPTON, A.W. (1962): On the dentition and tooth replacement in two Bauriamorph reptiles. – Ann. South Africa Mus., Cape Town, **46** (9): 231–255.

187. – (1963): Tooth replacement in the cynodont *Thrinaxodon liorhinus* Seeley. – Ann. South Africa Mus., Cape Town, **46**: 479–521.

188. CROMPTON, A.W. (1963a): The evolution of the mammalian jaw. – Evolution, Lancaster, **17**: 431–439.

189. – (1971): The origin of the tribosphenic molar. – In: KERMACK, D.M. & A. KERMACK (eds.): Early Mammals. – J. Linn. Soc., London, (Zool.) **50** (Suppl.): 65–87.

190. – & K.M. HIIEMAE (1970): Molar occlusion and mandibular movements during occlusion in the American opossum, *Didelphis marsupialis*. – J. Linn. Soc., London, (Zool.) **49**: 21–47.

191. – & Z. KIELAN-JAWOROWSKA (1978): Molar structure and occlusion in Cretaceous Therian mammals. – In: BUTLER, P.M. & K.A. JOYSEY (eds.): Studies in the development, function, and evolution of teeth. 249–287, London & New York (Acad. Press).

192. CUVIER, F. (1825): Des dents des mammifères considérées comme caractères zoologiques. – 1–258 S., Strasbourg.

193. – & E. GEOFFROY SAINT-HILAIRE (1825): Histoire naturelle des mammifères. III. – Paris.

194. DAHLBERG, A.A. (ed.) (1971): Dental Morphology and Evolution. – X + 350 S., Univ. Press, Chicago.

195. DAL PIAZ, G. (1916): Gli Odontoceti del Miocene Bellunense. Pt. seconda: *Squalodon*. – Mem. Ist. geol. Padova **4** (2): 1–94.

196. DAMES, W. (1894): Über Zeuglodonten aus Ägypten und die Beziehungen der Archaeoceten zu den übrigen Cetaceen. – Paläont. Abh., Jena, **5**: 189–221.

197. DART, R. (1925): *Australopithecus africanus*; the manape of South Africa. – Nature, London, **115**: 195–199.

198. DAVIS, D.D. (1964): The giant Panda. A morphological study of evolutionary mechanisms. – Fieldiana (Zool.), Chicago, **3**: 1–339.

199. DAWSON, L. (1981): The status of the taxa of extinct giant wombats (Vombatidae: Marsupialia) and a consideration of vombatid phylogeny. – Austr. Mammal., Kensington, **4**: 65–79.

200. DAWSON, M.R. (1967): Lagomorph history and the stratigraphic record. – In: Essays in Paleont. & Stratigr., R.C. Moore commem. vol., Univ. Kansas, Dept. geol. Spec. Publ. **2**: 287–316, Lawrence.

201. – (1974): Lagomorpha. – In: Encyclopedia Britannica, 588–591, USA (H. Hemingway Benton Publ.).

202. DECHASEAUX, C. (1967): Artiodactyles des phosphorites du Quercy II. Etude sur le genre *Xiphodon*. – Ann. Paléont. (Vert.), Paris, **53**: 24–47.

203. DEHM, R. (1950): Die Raubtiere aus dem Mittel-Miocän (Burdigalium) von Wintershof-West bei Eichstätt in Bayern. – Abh. bayer. Akad. Wiss., math.-naturw. Kl., München, n.F. **58**: 1–141.

204. – (1950a): Die Nagetiere aus dem Mittel-Miocän (Burdigalium) von Wintershof-West bei Eichstätt in Bayern. – N. Jb. Miner. etc. Abh., Stuttgart, **91**, B: 321–428.

205. – & TH. ZU OETTINGEN-SPIELBERG (1958): Die mitteleocänen Säugetiere von Ganda Kas bei Basal in Nordwest-Pakistan. – Abh. bayer. Akad. Wiss. math.-naturw. Kl., München (n.F.) **91**: 1–54.

206. DEKEYSER, P. & J. DERIVOT (1956): Sur la présence de canines supérieures chez les Bovidés. – Bull. Inst. franç. Afr. noire, Dakar, **18** A: 1272–1281.

207. DELSON, E. (1973): Fossil colobine monkeys of the circum-Mediterranean region and the evolutionary history of the Cercopithecidae (Primates, Mammalia). – Ph.D. Thesis, Columbia Univ., New York.

208. – (1975): Evolutionary history of the Cercopithecidae. – Contrib. Primat., Basel, **5**: 167–217.

209. DENISON, R.H. (1938): The broad-skulled Pseudocreodi. – Ann. New York Acad. Sci., **37**: 163–256.

210. DEPENDORF, T. (1896): Zur Entwicklungsgeschichte des Zahnsystems der Säugetiergattung *Galeopithecus* Pall. – Jenaische Z. Naturwiss., **30**: 623–672.

211. DEPERET, CH. (1901): Revision des formes européennes de la famille des Hyracothéridés. – Bull. Soc. géol. France, Paris, (4) **1**: 199–225.

212. – (1903): Études paléontologiques sur les *Lophiodon* du Minervois: Structure du crâne, des membres et affinités générales des *Lophiodon*. – Arch. Mus. Lyon, **9**: 5–50.

213. – & F. ROMAN (1920): Le *Felsinotherium serresi* des sables pliocènes de Montpellier. – Arch. Mus. Hist. natur., Lyon, **12** (4): 1–55.

214. DICE, L.R. (1929): The phylogeny of the Leporidae with description of a new genus. – J. Mammal., Baltimore, **10** (4): 340–344.

215. DIETERLEN, F. & B. STATZNER (1981): The African rodent *Colomys goslingi* Thomas & Wroughton, 1907 (Rodentia: Muridae) – a predator in limnetic ecosystems. – Z. Säugetierkde., Hamburg, **46** (6): 369–383.

216. DIETRICH, W.O. (1942): Zur Entwicklungsmechanik des Gebisses der afrikanischen Nashörner. – Zbl. Miner. etc., Stuttgart, (B) **1942** (10): 297–300.

217. – (1945): Nashornreste aus dem Quartär Deutsch-Ostafrikas. – Palaeontographica, Stuttgart, (A) **96**: 45–90.

218. – (1950): Stetigkeit und Unstetigkeit in der Pferdegeschichte. – N. Jb. Miner. etc., Abh., Stuttgart, (B) **91**: 121–148.

219. DIETRICH, W.O. (1950a): Fossile Antilopen und Rinder Äquatorialafrikas. – Palaeontographica, Stuttgart, (A) **99**: 1–62.

220. DING, S. (1979): A new edentate from the Paleocene of Guangdong. – Vertebrata palasiatica, Peking, **17** (1): 62–64.

221. DOBAT, K. (1985): Blüten und Fledermäuse. Bestäubung durch Fledermäuse und Flughunde (Chiropterophilie). – Senckenberg-Buch **60**: 1–370 S., Frankfurt/M.

222. DOBEN-FLORIN, U. (1964): Die Spitzmäuse aus dem Alt-Burdigalium von Wintershof-West von Wintershof-West bei Eichstätt in Bayern. – Abh. bayer. Akad. Wiss., München (n.F.) **117**: 1–82.

223. DOBSON, G.E. (1878): Catalogue of the Chiroptera in the collection of the British Museum. I. – LII + 567 S., Brit. Mus. Natur. Hist., London.

224. – (1882–1890): A monograph of the Insectivora, systematical and anatomical. Pt. II–III. – IV + 172, London (Jan van Voorst).

225. – (1890): A synopsis of the genera of the family Soricidae. – Proc. zool. Soc., London, **1890**: 49–51.

226. DÖTSCH, CHR. (1982): Der Kauapparat der Soricidae (Mammalia, Insectivora). Funktionsmorphologische Untersuchungen zur Kaufunktion bei Spitzmäusen der Gattung *Sorex* Linnaeus, *Neomys* Kaup und *Crocidura* Wagler. – Zool. Jb., Jena, (Anat.) **108**: 421–484.

227. – (1983): Das Kiefergelenk der Soricidae (Mammalia, Insectivora). – Z. Säugetierkde., Hamburg, **48**: 65–77.

228. – (1984): Kaubewegungen bei der Moschusspitzmaus *Suncus murinus* (Mamm., Insectivora). – Vortrag 58. Hauptvers. dtsch. Ges. Säugetierkde., Göttingen.

229. – & W. VON KOENIGSWALD (1978): Zur Rotfärbung der Soricidenzähne. – Z. Säugetierkde., Hamburg, **43**: 65–70.

230. DOMNING, D. P. (1976): An ecological model for late Tertiary sirenian evolution in the North Pacific ocean. – System. Zool., New York, **25**: 352–362.

231. – (1978): Sirenian evolution in the North Pacific Ocean. – Publ. Univ. Calif., Berkeley, (Geol.) **118**: XI, 1–176.

232. – (1982): Evolution of manatees: a speculative history. – J. Paleont., Tulsa, **56**: (3), 599–619.

233. – & L.-A. C. HAYEK (1984): Horizontal tooth replacement in the Amazonian manatee (*Trichechus inunguis*). – Mammalia, Paris, **48**: 105–127.

234. –, G. S. MORGAN & C. E. RAY (1982): North American Eocene sea cows (Mammalia: Sirenia). – Smithson. Contr. Paleobiol., Washington, **52**: 1–69.

235. –, C. E. RAY & M. C. MCKENNA (1986): Two new Oligocene Desmostylians and a discussion of Tethytherian systematics. – Smithson. Contr. Paleobiol., Washington, **59**: 1–56.

236. DOORN, C. VAN (1972): Zucht von Baumschliefern und Klippschliefern im Rotterdamer Zoo. – Z. Kölner Zoo, **15** (2): 67–75.

237. DORST, J. (1949): Remarques sur la dentition de lait des chiroptères. – Mammalia, Paris, **13**: 45–48.

238. – (1957): Considérations sur la dentition de lait des Chiroptères de la famille de *Tonatia ambyotis* (Chiroptères. Phyllostomidés). – Mammalia, Paris, **21**: 133–135.

239. DRIAK, F. (1933): Beitrag zur Kenntnis des Elefantenmolaren. – Morph. Jb., Leipzig, **73**: 257–288.

240. DUNBAR, R. I. M. (1977): Feeding ecology of Gelada baboons: a preliminary report. – In: CLUTTON-BROCK, T. H. (ed.): Primate Ecology. 251–273, London (Acad. Press).

241. EALES, N. (1931): The development of the mandible in the elephant. – Proc. zool. Soc., London, **1931**: 115–125.

242. EDMUND, A. G. (1960): Tooth replacement phenomena in lower vertebrates. – Contr. roy. Ontario Mus., Life Sci. Div., Ottawa, **56**: 1–190.

243. EHIK, J. (1926): The right interpretation of the cheekteeth tubercles of *Titanomys*. – Ann. Hist. nation. Mus. natur. hungar., Budapest, **23**: 178–186.

244. EIDMANN, A. (1933): Alterserscheinungen am Gebiß des Rothirsches als Grundlage zur exakten Bestimmung des Lebensalters. – Hannover (M. & H. Schaper).

245. EISENMANN, V. (1976): Le protostylide: valeur systématique et significance phylétique chez les espèces actuelles et fossiles du genre *Equus* (Perissodactyla, Mammalia). – Z. Säugetierkde., Hamburg, **41**: 349–365.

246. – (1979): Etude des cornets des dents incisives inférieures des *Equus* (Mammalia, Perissodactyla) actuels et fossiles. – Palaeontographica ital., Pisa, **71**: 55–75.

247. – (1980): Les chevaux (*Equus* sensu lato) fossiles et actuels: Crânes et dents jugales supérieures. – Cah. de Paléont., 1–186, Paris (Ed. CNRS).

248. – (1981): Étude des dents jugales inférieures des *Equus* (Mammalia. Perissodactyla) actuels et fossiles. – Palaeovertebrata, Montpellier, **10** (3/4): 127–226.

249. EISENTRAUT, M. (1945): Biologie der Flederhunde (Megachiroptera), nach einem hinterlassenen Manuskript von Dr. Heinrich Jansen. – Biol. gener., Wien, **18**: 327–435.

250. – (1950): Die Ernährung der Fledermäuse (Microchiroptera). – Zool. Jb. (Syst. etc.), Jena, **79**: 114–177.

251. EISENTRAUT, M. (1957): Aus dem Leben der Fledermäuse und Flughunde. – VIII + 175 S., Jena (Fischer).

252. ELLEFSON, I. O. (1974): A natural history of white-handed gibbons in the Malayan peninsula. – In: RUMBAUGH, D. M. (ed.): Gibbon and Siamang, **3**: 1–136, Basel (Karger).

253. ELLERMANN, J. R. (1940, 1941): The families and genera of living rodents I & II. – Brit. Mus. natur. Hist., London.

254. – & T. C. S. MORRISON-SCOTT (1951): Checklist of Palaearctic and Indian mammals 1758–1946. – 1–180 S., Brit. Mus. natur. Hist., London.

255. EMERSON, S. B. & L. RADINSKY (1980): Functional analysis of sabertooth cranial morphology. – Paleobiology, Lawrence, **6** (3): 295–312.

256. EMRY, R. J. (1970): A North American Oligocence pangolin and other additions to the Pholidota. – Bull. amer. Mus. natur. Hist., New York, **142**: 455–510.

257. ENGESSER, B. (1972): Die obermiozäne Säugetierfauna von Anwil (Baselland). – Tätigkeitsber. naturf. Ges. Baselland, Basel, **28**: 37–363.

258. – (1975): Revision der europäischen Heterosoricinae (Insect., Mamm.). – Eclogae geol. Helv., Basel, **68** (3): 649–671.

259. – (1976): Zum Milchgebiß der Dimyliden (Insectivora, Mammalia). – Eclogae geol. Helv., Basel, **69**: 795–808.

260. – (1979): Relationships of some insectivores and rodents from the Miocene of North America and Europe. – Bull. Carnegie Mus. natur. Hist., Pittsburgh, **14**: 1–68.

261. – (1980): Insectivora und Chiroptera (Mammalia) aus dem Neogen der Türkei. – Abh. schweizer. paläont. Ges., Basel, **102**: 45–149.

262. ERICSON, J. E., CH. H. SULLIVAN & N. T. BOAZ (1981): Diets of Pliocene mammals from Omo, Ethiopia, deduced from carbon isotopic ratios in tooth apatite. – Palaeogeogr., Palaeoclimat., Palaeoecol., Amsterdam, **36**: 69–73.

263. ESCHRICHT, D. F. (1849): Zoologisch-anatomisch-physiologische Untersuchungen über die nordischen Walthiere. Bd. 1. – XVI + 206 S., Leipzig (Voss).

264. EVANS, F. G. (1942): The osteology and relationships of the elephant shrews (Macroscelididae). – Bull. amer. natur. Hist., New York, **80**: (4): 85–125.

265. EVERY, R. G. (1970): Sharpness of teeth in Man and other Primates. – Postilla, New Haven, **143**: 1–30.

266. – (1972): A new terminology for mammalian teeth, founded on the phenomen of thegosis. – 1–64, Chicago (Pegasus Press).

267. EVERY, R. G. (1974): Thegosis in prosimians. – In: MARTIN, R. D., G. A. DOYLE & A. C. WALKER (eds.): Prosimian Biology, 579–619, London (Duckworth).

268. – (1975): Significance of tooth sharpness for mammalian and primate evolution. – Contrib. Primat., Basel, **5**: 293–325.

269. – & W. G. KÜHNE (1970): Funktion und Form der Säugerzähne I. Thegosis, Usur und Druckusur. – Z. Säugetierkde., Hamburg, **35**: 247–252.

270. – & W. G. KÜHNE (1971): Bimodal wear of mammalian teeth. – J. Linn. Soc., London, (Zool.) **50** (Suppl. 1): 23–27.

271. EWER, R. F. (1954): Some adaptive features in the dentition of hyaenas. – Ann. Magaz. natur. Hist., London, (12) **7**: 188–193.

272. – (1963): Reptilian tooth replacement, or Edmund made easy. – News Bull. zool. Soc. S-Afr., Cape Town, **4** (2): 4–9.

273. – (1973): The Carnivores. – The World Naturalist, XV + 494 S., London (Weidenfeld & Nicolson).

274. FAY, F. H. (1982): Ecology and Biology of the Pacific Walrus, *Odobenus rosmarus divergens* Illiger. – North Amer. Fauna, Washington, **74**: VI + 279 S.

275. FEJFAR, O. (1961): Die plio-pleistozänen Wirbeltierfaunen von Hajnácka und Ivanovce (Slowakei), ČSR. II. Microtidae und Cricetidae inc. sed. – N. Jb. Geol. Paläont., Abh., Stuttgart, **112** (1): 48–82.

276. – (1966): Die plio-pleistozänen Wirbeltierfaunen von Hajnácka und Ivanovce (Slowakei)ČSR. V. *Allosorex stenodus* n. g. n. sp. aus Ivanovce A. – N. Jb. Geol. Paläont., Abh., Stuttgart, **123**: 221–248.

277. FINCH, M. E. (1982): The discovery and interpretation

of *Thylacoleo carnifex* (Thylacoleonidae, Mammalia). – In: ARCHER, M. (ed.): Carnivorous Marsupials. 537–551, R. zool. Soc. N.S. Wales, Sydney.

278. – & L. FREEDMAN (1982): An odontometric study of the species of *Thylacoleo* (Thylacoleonidae, Marsupialia). – In: ARCHER, M. (ed.): Carnivorous marsupials. 553–561, R. zool. Soc. N.S. Wales, Sydney.

279. FISCHER, M.S. (1983): Die Extremitätenmuskulatur der Hyracoidea. Beiträge zur Fortbewegung und Anpassungsgeschichte. – Diplom. Arb. Biol. Univ., Tübingen, 1–89 S.

280. – (1986): Die Stellung der Schliefer (Hyracoidea) im phylogenetischen System der Eutheria. – Courier Forsch. Inst. Senckenberg, Frankfurt/M., **84**: 1–132.

281. FLEAGLE, J. G. & T. M. BOWN (1983): new primate fossils from Late Oligocene (Colhuehuapian) localities of Chubut Province. Argentina. – Folia primat., Basel, **41**: 240–266.

282. FLEROV, K. K. (1957): Dinocerata der Mongolei. – Trudy Paläont. Inst., Moskau, **67**: 1–82 S. (russ.)

283. FLOWER, W.H. (1869): Remarks on the homologies and notation of the teeth of the Mammalia. – J. Anat. Physiol., London, **3**: 262–278.

284. – & R. LYDEKKER (1891): An introduction to the study of mammals living and extinct. – XVI + 763 S., London (A. & Ch. Black).

285. FLYNN, L.J. (1982): Systematic revision of Siwalik Rhizomyidae (Rodentia). – Geobios, Lyon, **15**: 327–389.

286. FLYNN, T.T. (1948): Description of *Prosqualodon davidi* Flynn, a fossil Cetacean from Tasmania. – Trans. zool. Soc., London, **26**: 153–196.

287. FORSTÉN, A. (1982): The status of the genus *Cormohipparion* Skinner & MacFadden (Mammalia, Equidae). – J. Paleont., Tulsa. **56** (6): 1332–1335.

288. FORSTER-COOPER, C. (1932): The genus *Hyracotherium*. A revision and description of new specimens found in England. – Philos. Trans. r. Soc., London, (B) **221**: 431–448.

289. FORTELIUS, M. (1982): Ecological aspects of dental functional morphology in the Plio-Pleistocene rhinoceroses of Europe. – In: KURTÉN, B. (ed.): Teeth, form, function and evolution. 163–181, Columbia Univ. Press, New York.

290. – (1985): Ungulate check teeth: developmental functional and evolutionary interrelations. – Acta zool. fennica, Helsinki, **180**: 1–76.

291. FOSSE, G., Z. KIELAN-JAWOROWSKA & S.G.S. KAALE (1985): The microstructure of tooth-enamel in Multituberculate mammals. – Palaeontology, London, **28** (3): 435–449.

292. FOX, R.C. (1983): New evidence on the relationships of the Tertiary insectivoran *Ankylodon* (Mammalia). – Canad. J. Earth Sci., Ottawa, **20** (6): 968–977.

293. – (1985): Upper molar structure in the late Cretaceous symmetrodont *Symmetrodontoides* Fox, and a classification of the Symmetrodonta (Mammalia). – J. Paleont., Lawrence, **59** (1): 21–26.

294. FRAAS, E. (1904): Neue Zeuglodonten aus dem unteren Mitteleocän von Mokattam bei Cairo. – Geol. Paläont. Abh., Jena, (n.F.) **6**: 199–220.

295. FRAAS, O. (1870): Die Fauna von Steinheim. Teil III. Ordnung der Nagethiere. – Jahresh. Ver. vaterländ. Naturkde. in Württembg., Stuttgart, **26**: 169–184.

296. FRANZEN, J. L. (1968): Revision der Gattung *Palaeotherium* Cuvier 1804 (Palaeotheriidae, Perissodactyla, Mammalia). – Inaug. Diss. 1–181 S., Freiburg/Br.

297. FRANZEN, J. L. (1981): Das erste Skelett eines Dichobuniden (Mammalia, Artiodactyla), geborgen aus den mitteleozänen Ölschiefern der „Grube Messel" bei Darmstadt (Deutschland, S-Hessen). – Senckenbergiana lethaea, Frankfurt/M., **61**: 299–335.

298. – & G. KRUMBIEGEL (1980): *Messelobunodon ceciliensis* n.sp. (Mammalia, Artiodactyla) – ein neuer Dichobunide aus der mitteleozänen Fauna des Geiseltales bei Halle (DDR). – Z. geol. Wiss., Berlin, **8** (12): 1553–1560.

299. FRASER, F.C. (1936): Vestigial teeth in specimen of Cuvier's whale (*Ziphius cavirostris*) stranded on the Scottish coast. – Scottish Naturalist, Edinburgh, **1936**: 153–157.

300. FRECHKOP, S. (1931): Notes sur les mammifères V. Notes préliminaires sur la dentition et la position systématique des Macroscelididae. – Bull. Mus. r. Hist. natur. Belg., Bruxelles, **7** (6): 1–11.

301. – (1955): Ordre des Pinnipèdes. – Traité de Zool., Paris, **17** (1): 292–340.

301a. FREEMAN, P.W. (1979): Specialized insectivory: Beetle-eating and moth-eating molossid bats. – J. Mammal., Lawrence, **60**: 467–479.

302. – (1981): Correspondence of food habits and morphology in insectivorous bats. – J. Mammal., Lawrence, **62**: 166–173.

303. FREUDENTHAL, M. (1976). Rodent stratigraphy of some Miocene fissure fillings in Gargano (Prov. Foggia, Italy). – Scripta Geol., Leiden, **37**: 1–23.

304. FREUND, P. (1892): Beiträge zur Entwicklungsgeschichte der Zahnanlagen bei Nagethieren. – Archiv mikrosk. Anatomie, Berlin, **39**: 525–555.

305. FRIANT, M. (1933): Contribution à l'étude de la différenciation des dents jugales chez les mammifères. – Publ. Mus. nation. Hist. natur., **1**: IX, 1–132 S., Paris.

306. – (1935): La morphologie des dents jugales chez les macroscelididés. – Proc. zool. Soc. London, **1935**: 145–153.

307. – (1945): La formule dentaire des rongeurs de la famille des Thryonomyidae. – Rev. Zool. Botan. afr., Bruxelles-Paris, **38**: 200–205.

308. – (1946): Sur l'évolution des molaires supérieures chez les Ruminants (Ongulés artiodactyles sélénodontes) et les Xiphodontidae en particulier. – C.R. Acad. Sci. Paris, **223**: 958–959.

309. – (1949): Les musaraignes (Soricidae) quaternaires et actuelles de l'Europe occidentale. – Ann. Soc. géol. Nord., Lille, **67** (1947): 222–269.

310. – (1951): La dentition temporaire, dite lactéale, de l'homme et des singes anthropoides. – Rev. Stomatol., Paris, **52**, 960–975.

311. – (1952): Les chauves-souris frugivores firent-elles partie des mammifères les plus anciennes? – Rev. Stomatol., Paris, **53** (4): 207–211.

312. – (1961): Les insectivores de la famille Erinaceidae. L'évolution de leur molaires au coins des temps géologiques. – Ann. Soc. géol. Nord., Lille, **81**: 71–90.

313. – (1962): De l'évolution des molaires chez les Ruminants (Ongulés artiodactyles sélénodontes). – Bull. G.I.R.S. Stomatol., Paris, **5**: 108–118.

314. FRIANT, M. (1963): Le *Rhinoceros (Tichorhinus) antiquitatis* Blum. Recherches anatomiques sur la tête osseuse et la dentition. La dentition. – Ann. Soc. géol. Nord., Lille, **83**: 15–21.

315. – (1967): La morphologie des molaires chez les Ruminants (Ongulés artiodactyles sélénodontes) d'Europe. Son évolution phylogénique. – Acta Zool., Stockholm, **48**: 87–101.

316. FRICK, CH. (1926): The Hemicyoninae and a American Tertiary Bear. – Bull. amer. Mus. natur. Hist., New York, **56** (1): 1–119.

317. – (1937): Horned ruminants of North America. – Bull. amer. Mus. natur. Hist., New York, **69**: XXVIII, 1–669.

318. FRICK, H. (1953): Über die Trigeminusmuskulatur und die tiefe Facialismuskulatur von *Orycteropus aethiopicus*. – Z. Anat. Entw.Gesch., Berlin, **116**: 202–217.

319. FRISCH, J. E. (1965): Trends in the evolution of the hominoid dentition. – Bibl. Primatol., Basel, **3**: 1–130.

320. – (1973): The hylobatid dentition. – In: RUMBAUGH, D.M. (ed.): Gibbon and Siamang, **2**: 55–95, Basel (Karger).

321. FRITH, H.J. & J.H. CALABRY (1969): Kangaroos. – XIII + 209 S., London (Hurst & Comp.).

322. GAFFREY, G. (1961): Merkmale der wildlebenden Säu-

getiere Mitteleuropas. – V + 284 S., Leipzig (Akad. Verlagsges. Geest & Portig).

323. Gantt, D. G. (1979): Patterns of dental wear and the role of the canine in Cercopithecinae. – Amer. J. phys. Anthrop., New York, **51**: 353–360.

324. – (1982): Neogene Hominoid evolution. A tooth's inside view. – In: Kurtén, B. (ed.): Teeth, form, function and evolution. 93–108, Columbia. Univ. Press, New York.

325. – , D. Pilbeam & G. P. Steward (1977): Hominoid enamel prism patterns. – Science, Washington, **198**: 1155–1157.

326. Garewski, R. & H. Zapfe (1983): Weitere Chalicotheriiden-Funde aus der Pikermi-Fauna von Titov Veles (Mazedonien, Jugoslawien). – Acta Mus. macedon. scient. natur., Skopje, **17** (1): 1–20.

327. Garutt, W. E. (1964): Das Mammut: *Mammuthus primigenius* (Blumenbach). – Neue Brehm-Bücherei **331**: 1–140, Wittenberg.

328. Gaudry, A. (1862): Animaux fossiles et géologie de l'Attique. – 1–476 S., Paris (F. Savy éd.).

329. – (1878): Les enchaînements du monde animal. Mammifères tertiaires. – 1–293 S., Paris (F. Savy éd.).

330. – (1904): Fossiles de Patagonie. Dentition de quelques mammifères. – Mém. Soc. géol. France Paléont., Paris, **31**: 5–27.

331. Gazin, C. L. (1953): The Tillodontia: An early Tertiary order of mammals. – Smithson. Miscell. Coll., Washington, **121** (10): 1–110.

332. – (1955): A review of the Upper Eocene Artiodactyla of North America. – Smithson. Miscell. Coll., Washington, **128** (8): (1217) 1–96.

333. – (1965): A study of the early Tertiary Condylarthran mammal *Meniscotherium*. – Smithson. Miscell. Coll., Washington, **149** (2) (4605): 1–98.

334. Gentry, A. W. (1978): Bovidae. – In: Maglio, V. J. & H. B. S. Cooke (eds.): Evolution of African mammals. 540–572, Harvard Univ. Press, Cambridge.

335. Geraads, D. (1985): *Sivatherium marusium* (Pomel) (Giraffidae, Mammalia) du Pléistocène de la République de Djibouti. – Paläont. Z., Stuttgart, **59**: 311–321.

336. Gewalt, W. (1976): Der Weißwal. *Delphinapterus leucas*. – Die Neue Brehm-Bücherei **497**: 1–232, Wittenberg.

337. Gidley, J. W. (1906): Evidence bearing on tooth-cusp development. – Proc. Washington Acad. Sci., **8**: 91–106.

338. – (1912): The Lagomorphes an independent order. – Science, New York, (2) **36**: 285–286.

339. Giebel, C. G. (1855): Odontographie. Vergl. Darstellg. des Zahnsystems der lebenden und fossilen Wirbelthiere. – Leipzig (A. Abel).

340. Giersberg, H. & P. Rietschel (1968): Vergleichende Anatomie der Wirbeltiere. Bd. 2. – Jena (Fischer).

341. Gill, P. (1974): Resorption of premolars in the early mammal *Kuehneotherium praecursoris*. – Arch. Oral Biol., London, **19**: 327–328.

342. Gill, Th. (1883–1884): Edentata, Insectivora, Chiroptera. – In: Kingsley, J. St. (ed.): Standard natural History, **5**: 46–67, 134–158, 159–177, Boston (Cassino & Co.)

343. Gillette, D. D. & C. E. Ray (1981): Glyptodonts of North America. – Smithson. Contr. Paleobiol., Washington, **40**: 1–255 S.

344. Gingerich, P. D. (1973): Molar occlusion and function in the Jurassic mammal *Docodon*. – J. Mammal., Lawrence, **54**: 1008–1013.

345. – (1974): Dental function in the Paleocene primate *Plesiadapis*. – In: Martin, R. D., G. A. Doyle & A. C. Walker (eds): Prosimian Biology. 531–541, London (Duckworth).

346. – (1976): Systematic position of the alleged primate *Lantianus xiehuensis* Chow, 1964, from the Eocene of China. – J. Mammal., Lawrence, **57**: 194–198.

347. Gingerich, Ph. D. (1977): Homologies of the anterior teeth in Indriidae and a functional basis for dental re-

duction in Primates. – Amer. J. phys. Anthrop., Washington, **47** (3): 387–394.

348. – (1979): Homologies of the anterior teeth in Indriidae. – Amer. J. phys. Anthrop., Washington, **51** (2): 283–286.

349. – (1980): Tytthyaena parrisi, oldest known oxyaenid (Mammalia, Creodonta) from the Late Paleocene of Western North America. – J. Paleont., Tulsa, **54**: 570–576.

350. – (1980a): Dental and cranial adaptations in Eocene Adapidae. – Z. Morph. Anthrop., Stuttgart, **71**: 135–142.

351. – (1981): Variation, sexual dimorphism, and social structure in the early Eocene horse *Hyracotherium* (Mammalia: Perissodactyla). – Paleobiology, Lawrence, **7** (4): 443–455.

352. – (1981a): Radiation of early Cenozoic Didymoconidae (Condylarthra, Mesonychidae) in Asia, with a new genus from the early Eocene of Western North America. – J. Mammal., Lawrence, **62**: 526–538.

353. – (1981b): Cranial morphology and adaptations in Eocene Adapidae. I. Sexual dimorphism in *Adapis magnus* and *A. parisiensis*. – Amer. J. phys. Anthrop., Washington, **56**: 217–234.

354. – (1984): Mammalian diversity and structure. – In: Gingerich, Ph. D. & C. E. Badgley (eds.): Mammals. Studies in Geol., **8**: 1–16, Univ. Tennessee, Knoxville.

355. – (1985): Eocene Adapidae, paleobiogeography, and the origin of South American Platyrrhini. – In: Ciochon, R. L. & J. G. Fleagle (eds.): Primate evolution and Human origins. 94–100, Menlo Park (Benjamin/Cummings Publ. Comp.).

356. – & D. E. Russell (1981): *Pakicetus inachus*, a new archaeocete (Mamm., Cetacea) from the early-middle Eocene Kuldana formation of Kohat (Pakistan). – Contr. Mus. Paleont. Univ. Michigan, Ann Arbor, **25** (11): 235–296.

357. – , N. A. Wells, D. E. Russell & S. M. I. Shah (1983): Origin of whales in epicontinental remnants seas: New evidence from the early Eocene of Pakistan. – Science, Washington, **220**: 403–406.

358. Ginsburg, L. (1974): Les tayassuidés des phosphorites du Quercy. – Palaeovertebrata, Montpellier, **6**: 55–85.

359. – (1980): *Hyainailouros sulzeri*, mammifère créodonte du Miocène d'Europe. – Ann. Paléont. (Vertébrés), Paris, **66**: 19–73.

360. Ginsburg, L. & E. Heintz (1966): Sur les affinités du genre „*Palaeomeryx*" (Ruminant du Miocène européen). – C. R. Acad. Sci., Paris, (D) **262**: 979–982.

360a. – & – (1968): La plus ancienne Antilope d'Europe, *Eotragus artenensis* du Burdigalien d'Artenay. – Bull. Mus. nation. Hist. natur., Paris, (2) **40**: 837–842.

361. Glass, B. P. (1970): Feeding mechanisms of bats. – In: Slaughter, B. H. & D. W. Walton: About Bats. A chiropteran biology symposium. 84–92, South. Method. Univ. Press, Dallas.

362. Gorgas, M. (1967): Vergleichend-anatomische Untersuchungen am Magen-Darmkanal der Sciuromorpha, Hystricomorpha und Caviomorpha (Rodentia). – Z. wiss. Zool., Leipzig, **175**: 237–404.

363. Gould, E. (1977): Echolocation and communication. – In: Barker, R. J., J. K. Jones & D. C. Carter (eds.): Biology of the bats of the New World family Phyllostomatidae. Pt. II. – Spec. Publ. Mus. Texas Tech. Univ., Lubbock, **13**: 247–279.

364. Gow, C. E. (1986): A new skull of *Megazostrodon* (Mamm., Triconodonta) from the Elliot Formation (Lower Jurassic) of Southern Africa. – Palaeont. africana, Johannesburg, **26** (2): 13–23.

365. Gräf, I. E. (1956): Die Kaubewegung von *Dinotherium*. – N. Jb. Geol. Paläont., Abh., Stuttgart, **103**: 80–90.

366. – (1957): Die Prinzipien der Artbestimmung bei *Dinotherium*. – Palaeontographica, Stuttgart, (A) **108**: 131–187.

367. Granger, W. (1908): A revision of the American Eo-

cene horses. – Bull. amer. Mus. natur. Hist., New York, **24**: 221–264.

368. – (1938): A giant oxyaenid from the Upper Eocene of Mongolia. – Amer. Mus. Novitates, New York, **969**: 1–6.

369. – & W. K. GREGORY (1936): Further notes on the gigantic extinct rhinoceros, *Baluchitherium*, from the Oligocene of Mongolia. – Bull. amer. Mus. natur. Hist., New York, **72** (1): 1–73.

370. – & G. G. SIMPSON (1929): A revision of the Tertiary Multituberculata. – Bull. amer. Mus. natur. Hist., New York, **56**: 601–676.

371. GRASSÉ, P.-P. (1955): Ordres des Edentés. – In: GRASSÉ, P.-P.: Traité de Zoologie, **17** (2) 1182–1266, Paris.

372. – & F. BOURLIÈRE (1955): Ordre des Fissipèdes (Fissipedia Blumenbach, 1791). – Traité de Zool., **17** (1) 194–291, Paris

373. – & P. L. DEKEYSER (1955): Ordre des Lagomorphes. – In: GRASSÉ, P.-P.: Traité de Zool., **17** (2) 1288–1320, Paris.

374. GRAEVES, W. S. (1972): Evolution of the merycoidodont masticatory apparatus (Mammalia, Artiodactyla). – Evolution, Lawrence, **26**: 659–667.

374a. – (1973): The inference of jaw motion from tooth wear facets. – J. Paleont., Tulsa, **47**: 1000–1001.

375. – (1974): Functional implications of mammalian jaw joint position. – Forma et functio **7**: 363–376, Braunschweig.

376. GREEN, H. L. H. H. (1973): The development and morphology of the teeth of *Ornithorhynchus*. – Philos. Trans. r. Soc., London, (B) **228**: 367–420.

377. GREENFIELD, L. O. (1979): On the adaptive pattern of „*Ramapithecus*". – Amer. J. phys. Anthrop., Philadelphia, **50**: 527–548.

378. GREGORY, W. K. (1910): The orders of mammals. – Bull. amer. Mus. natur. Hist., New York, **27**: 1–524.

379. – (1920): On the structure and relations of *Notharctus*, an American Eocene primate. – Mem. amer. Mus. natur. Hist., New York,, (n. s.) **3** (2): 49–243.

380. – (1922): The origin and evolution of the Human Dentition. – Baltimore (Williams & Wilkins).

381. – (1947): The Monotremes and the Palimpsest theory. – Bull. amer. Mus. natur. Hist., New York **88**: 1–52.

382. – (1951): Evolution emerging. I & II. – XXV + 736 S. u. 1013 S., New York (MacMillan Comp.).

383. – & H. J. COOK (1928): New material for the study of evolution. A series of primitive rhinoceros skulls (*Trigonias*) from the lower Oligocene of Colorado. – Proc. Colorado Mus. natur. Hist., Denver, **8**: 3–32.

384. – & M. HELLMAN (1939): On the evolution and major classification of the civets (Viverridae) and allied fossil and recent Carnivora: A phylogenetic study on the skull and dentition. – Proc. amer. philos. Soc., Philadelphia, **81** (3): 309–392.

385. GRIFFITHS, TH. A. (1982): Systematics of the New World nectar-feeding bats (Mamm.: Phyllostomatidae), based on the morphology of the Hyoid and lingual regions. – Amer. Mus. Novitates, New York **2742**: 1–45.

386. GROMOV, J. M. & G. I. BARANOV (Red.) (1981): Katalog der Säugetiere der USSR (Pliozän – Holozän). – 1–456 S., Leningrad (Nauka).

387. GROMOVA, V. (1959): Gigantische Rhinocerosse (Indricotherien). – Trudy Paläont. Inst., Moskau, **121**: 1–164.

388. GRUBE, E. (1871): *Galeopithecus volans* L. – 48. Jber.schles. Ges.vaterld. Cultur, 65–66, Breslau.

389. GRUE, H. & B. JENSEN (1979): Review of the formation of incremental lines in tooth cementum of terrestrial mammals. – Danish Rev. Game Biol., Kopenhagen, **11** (3): 3–48.

390. GUREEV, A. A. (1964): Hasenartige (Lagomorpha). – Fauna der USSR: Säugetiere **3** (10): 1–276, Moskau (Nauk) (russ.).

391. HABERMEHL, K.-H. (1975): Die Altersbestimmung bei Haus- und Labortieren. – 2. Aufl., 1–216 S., Hamburg (Parey).

392. – (1985): Altersbestimmung bei Wild- und Pelztieren. – 2. Aufl. 1–223 S., Hamburg (Parey).

393. HAECKEL, E. (1866): Generelle Morphologie der Organismen. Bd. **2**. – 462 S., Berlin (Reimer).

394. HAHN, G. (1969): Beiträge zur Fauna der Grube Guimarota Nr. 3. Die Multituberculata. – Palaeontographica, Stuttgart, (A) **133**: 1–100.

395. – (1973): Neue Zähne von Haramiyiden aus der deutschen Ober-Trias und ihre Beziehungen zu den Multituberculaten. – Palaeontographica, Stuttgart, (A) **142**: 1–15.

396. – (1978): Die Multituberculata, eine fossile Säugetier-Ordnung. – Sd. Bd. naturw. Ver. Hamburg, **3**: 61–95.

397. – (1978a): Milch-Bezahnungen von Paulchoffatiidae (Multituberculata; Ober-Jura). – N. Jb. Geol. Paläont. (Mh), Stuttgart, **1978** (1): 25–34.

398. – (1985): Zur Evolution der Multituberculaten (Mammalia; Mesozoikum bis Alttertiär). – Vortrag Univ. Wien 16.10.1985, Wien.

399. HAHN, H. (1934): Die Familie der Procaviidae. – Z. Säugetierkde., Berlin, 207–358.

400. – (1959): Von Baum-, Busch- und Klippschliefern, den kleinen Verwandten der Seekühe und Elefanten. – Neue Brehm-Bücherei **246**: 1–88, Wittenberg

401. HALL, E. R. (1981): The mammals of North America, I + II. – 2nd ed. XVI + 117 S. + 90 S. (Reg.), New York (J. Wiley & Sons).

402. HALSTEAD, L. B. (1974): Vertebrate hard tissues. – The Wykeham Sci. Ser. X + 179 S., London (Wykeham Publ.).

403. HALTENORTH, TH. (1957): Gebißformel- und Lebensdaten-Tabelle. – In: VAN DEN BRINK, F. H.: Die Säugetiere Europas. 193–213, Hamburg-Berlin (Parey).

404. – (1958): Klassifikation der Säugetiere 1. – Handb. Zool., **8** 1 (1–2): 1–40, Berlin (de Gruyter).

405. – (1963): Die Klassifikation der Säugetiere. 18. Ordnung Paarhufer, Artiodactyla Owen 1848. – Handb. Zool., **8** (1) 18: 1–167, Berlin (de Gruyter).

406. – (1969): Das Tierreich VII/6. Säugetiere. Teil 1. – Sammlg. Göschen, Bd. **282/282a/282b**: 1–218, Berlin (de Gruyter).

407. – (1969a): Das Tierreich VII/6. Säugetiere, Teil 2. – Sammlg. Göschen **283**, **283a**, **283b**, 1–271, Berlin (de Gruyter).

408. – (1973): Kausystem. Zähne allgemein. Zahnzahl, Gebißformen, Zahnarten, Kronenform, Gebißformel, Gebißfolgen, Zahnwechsel usf. – Handb. Biol., **6** (3), H. 64/66: 1249–1278, Frankfurt/M.

409. HAMILTON, W. R. (1673): The lower Miocene ruminants of Gebel Zelten, Libya. – Bull. brit. Mus. natur. Hist., London, (Geol.) **21** (3): 73–150.

410. – (1978): Cervidae and Palaeomerycidae. – In: MAGLIO, V. J. & H. B. S. COOKE (eds.): Evolution of African mammals. 496–508, Harvard Univ. Press, Cambridge.

411. HANDLEY, C. (1959): A revision of American bats of the genera *Euderma* and *Plecotus*. – Proc. U. S. nation. Mus., Washington, **110**: 95–246.

412. HARRIS, ST. (1978): Age determination in the Red fox (*Vulpes vulpes*) – an evolution of technique efficiency as applied to a sample of suburban foxes. – Zool. J. Linn. Soc. London, **184**: 91–117.

413. HARRIS, J. M. (1975): Evolution of feeding mechanisms in the family Deinotheriidae (Mammalia: Proboscidea). – Zool. J. Linn. Soc. London, **56**: 331–362.

414. – (1978): Deinotherioidea and Barytherioidea. – In: MAGLIO, V. J. & H. B. S. COOKE (eds.): Evolution of African Mammals. 315–332, Harvard Univ. Press, Cambridge.

415. – & T. D. WHITE (1979): Evolution of the Plio-Pleistocene African suidae. – Trans. amer. philos. Soc., Philadelphia. **69**: 1–128.

416. HARTENBERGER, J.-L. (1986): Hypothèse paléontologique sur l'origine de Macroscelidea (Mammalia). – C. R. Acad. Sci., Paris, (2) **302** (5): 247–249.

417. Hartlaub, C. (1886): Beiträge zur Kenntnis der Manatus-Arten. – Zool. Jahrb., Jena, **1**: 1–112.
418. Hediger, H. & H. Kummer (1960): Das Verhalten der Schnabeligel (Tachyglossidae). – Handb. Zool., **8** (10) 8a: 1–8, Berlin (de Gruyter).
419. Heissig, K. (1969): Die Rhinocerotidae (Mammalia) aus der oberoligozänen Spaltenfüllung von Gaimersheim bei Ingolstadt in Bayern und ihre phylogenetische Stellung. – Abh. bayer. Akad. Wiss., math.-naturw. Kl., München, (n. F.) **138**: 1–133.
420. – (1974): Neue Elasmotherini (Rhinocerotidae, Mammalia) aus dem Obermiozän Anatoliens. – Mitt. bayer. Staatssmlg. Paläont. histor. Geol., München, **14**: 21–35.
421. – (1976): Rhinocerotidae (Mammalia) aus der *Anchitherium*-Fauna Anatoliens. – Geol. Jb., Hannover, (B) **19**: 3–121.
422. – (1982): Ein Edentate aus dem Oligozän Süddeutschlands. – Mitt. bayer. Staatssmlg. Paläont., histor. Geol., München **22**: 91–96.
423. Heithaus, E.R. (1982): Coevolution between Bats and plants. – In: Kunz, Th. H. (ed.): Ecology of Bats. 327–367, New York, London (Plenum Press).
424. Heizmann, E.P.J. (1983): Die Gattung *Cainotherium* (Cainotheriidae) im Orleanium und im Astaracium Süddeutschlands. – Eclogae geol. Helv., Basel, **76** (3): 781–825.
425. Hendey, Q.B. (1976): Fossil peccary from the Pliocene of South Africa. – Science, Washington, **192**: 787–789.
426. – (1980): *Agriotherium* (Mammalia, Ursidae) from Langebaanweg, South Africa, and relationships of the genus. – Ann. S.-Afr. Mus., Cape Town, **81**: 1–109.
427. – & C.A. Repenning (1972): A Pliocene phocid from South Africa. – Ann. S. Afr. Mus., Cape Town, **59**: 71–98.
428. Hendrichs, H. (1963): Wiederkauen bei Klippschliefern und Känguruhs. – Naturwiss., Berlin **50** (12): 454–455.
429. – (1965): Vergleichende Untersuchung des Wiederkauverhaltens. – Biol. Zentralbl., Leipzig, **84** (6): 681–751.
430. Herring, S.W. (1972): The role of canine morphology in the evolutionary divergence of pigs and peccaries. – J. Mammal., Lawrence, **53**: 500–512.
431. Hershkovitz, P. (1962): Evolution of neotropical cricetine rodents (Murinae) with special reference to the phyllotine group. – Fieldiana (Zool.), Chicago, **46**: 1–524.
432. – (1966): Catalog of living whales. – Bull. U.S. nation. Mus., Washington, **246**: VIII, 1–259.
433. – (1971): Basic crown patterns and cusp homologies of mammalian teeth. – In: Dahlberg, A.A. (ed.): Dental morphology and evolution. 95–150, Univ. Press, Chicago.
434. Herter, K. (1968): Die Insektenesser. – Grzimeks Tierleben, Enzyklopädie des Tierreiches, **10**: 169–232, Zürich (Kindler).
435. Heuser, P. (1913): Über die Entwicklung des Milchzahngebisses des afrikanischen Erdferkels. – Z. wiss. Zool., Leipzig, **104**: 622–691.
436. Heuvelmans, B. (1940): Le problème de la dentition de l'Orycterope. – Bull. Mus. r. Hist. natur. Belg., Bruxelles, **15** (40): 1–30.
437. – (1941): Notes sur la dentition des Siréniens. II. Morphologie de la dentition du lamantin (*Trichechus*). – Bull. Mus. r. Hist. natur. Belg., Bruxelles, **17** (26): 1–11.
438. Hibbard, Cl.W. (1950): Mammals of the Rexroad formation from Fox Canyon, Kansas. – Contr. Mus. Paleont., Univ. Michigan, Ann Arbor, **8** (6): 113–192.
439. – (1963): The origine of the P₃ patterns of *Sylvilagus, Caprolagus, Oryctolagus* and *Lepus*. – J. Mammal., Lawrence, **44** (1): 1–15.
440. Hiiemae, K. (1967): Masticatory function in the mammals. – J. Dent. Res., Baltimore, **46**: 883–893.
441. – (1976): Masticatory movements in primitive mammals. – In: Anderson, D. & B. Matthews (eds.): Mastication, 105–117, Bristol, (J. Wright & Son).
442. – (1978): Mammalian mastication: a review of the activity of the jaw muscles and the movements they produce in chewing. – In: Butler, P.M. & K.A. Joysey (eds.): Development, Function and Evolution of Teeth. 359–398, London, (Acad. Press).
443. – & A.W. Crompton (1971): A cinefluorographic study of feeding in the American opossum, *Didelphis marsupialis*. – In: Dahlberg, A.A. (ed.): Dental morphology and evolution. 299–334, Univ. Press, Chicago.
444. – & R.F. Kay (1972): Trends in the evolution of primate mastication. – Nature, London, **240**: 486–487.
445. Hill, J.E. (1938): Notes on the dentition of a jumping shrew (*Nasilio brachyrhynchus*). – J. Mammal., Lawrence, **19** (4): 465–467.
446. Hill, W.C.O. (1953): Primates. Comparative anatomy and taxonomy I. Strepsirhini. – 1–798 S., Edinburgh.
447. Hillson, S. (1986): Teeth. – XIX + 376 S., Univ. Press., Cambridge.
448. Hinton, M.A.C. (1911): The British fossil shrews. – Geol. Magaz., London, (n.s.) **8**: 529–539.
449. – (1926): Monograph of the voles and lemmings (Microtinae) living and extinct. I. – 1–488 S., London, (Brit. Mus.).
450. Hirschfeld, S.E. (1976): A new fossil anteater (Edentate, Mammalia) from Colombia, S.A. and evolution of the Vermilingua. – J. Paleont., Tulsa, **50**, 419–532.
451. Hladik, A. & C.M. Hladik (1969): Rapports trophiques entre vegétation et primates dans la forêt de Barro-Colorado (Panama). – Terre et la vie, **1**: 25–117, Paris.
452. Hladik, C.M. & P. Charles-Dominique (1974): The behaviour and ecology of the sportive lemur (*Lepilemur mustelinus*) in relation to its dietary pecularities. – In: Martin, R.D., G.A. Doyle & A.C. Walker (eds.): Prosimian Biology 23–37, London, (Duckworth).
453. Hoffstetter, R. (1950): La structure des incisives inférieures chez les equidés modernes. – Bull. Mus. nation. Hist. natur., Paris, (2) **22**: 684–692.
454. – (1954): Phylogénie des édentés xenarthres. – Bull. Mus. nation. Hist. natur., Paris, (2) **26** (3): 433–438.
455. – (1958): Xenarthra. – In: Piveteau, J. (éd.): Traité de Paléontologie VI (2) 535–636, Paris (Masson & Cie.).
456. – (1969): Un primate de l'Oligocène inférieur sudaméricain: *Branisella boliviana* n.g. n.sp. – C.R. Acad. Sci., Paris (D) **269**: 434–437.
457. – (1970): *Colombitherium tolimense*, pyrothérien nouveau de la formation Gualanday (Colombie). – Ann. Paléont., Paris, **56**: 149–169.
458. – (1982): Les primates simiiformes (= Anthropoidea) (Compréhension, phylogénie, histoire biogéographique). – Ann. Paléont., Paris, **68** (3): 241–290.
459. Hofmeijer, G.K. & H. de Bruijn (1985): The mammals from the lower Miocene of Aliveri (Island of Evia, Greece). Pt.4. (The Spalacidae and Anomalomyidae). – Proc. konin.nederl. Akad. Wetensch., Amsterdam, (B) **88** (2): 185–198.
460. Holland, W.J. & O.A. Peterson (1914): The osteology of the Chalicotherioidea with special reference to a mounted skeleton of *Moropus elatus* Marsh, new installed in the Carnegie Museum. – Mem. Carnegie Mus., Pittsburgh, **3** (2): 189–411.
460a. Honacki, J.H., K.E. Kinman & J.W. Koeppl (eds.): (1982): Mammal species of the World. A taxonomic and geographic reference. 1–694, Lawrence (Allen Press & Assoc. System. Coll.).
461. Hooijer, D.A. (1954): Pleistocene vertebrates from Celebes XI. Molars and a tusked mandible of *Archidiskodon celebensis* Hooijer. – Zool. Meded., Leiden, **33** (15): 103–120.
462. – (1980): Remarks upon the dentition and tooth re-

placement in elephants. – Netherlands J. Zool., Leiden, **30**: 510–515.

463. HOOPER, J.T. (1952): A systematic review of the harvest mice (genus *Reithrodontomys*) of Latin America. – Misc. Publ. Mus. Zool. Univ. Michigan, Ann Arbor, **7**: 1–255.

464. HOPSON, J.A. (1964): Tooth replacement in cynodont, dicynodont and therocephalian reptiles. – Proc. zool. Soc., London, **142**: 625–654.

465. – (1971): Postcanine replacement in the gomphodont cynodont *Diademodon*. – J. Linn. Soc. (Zool.), London, **50** (Suppl. 1): 1–21.

466. – (1973): Endothermy, small size and the origin of mammalian reproduction. – Amer. Naturalist, Lancaster, **107**, 446–452.

467. – & A.W. CROMPTON (1969): Origin of mammals. – In: DOBZHANSKY, T., M.K. HECHT & W.C. STEERE (eds.): Evolutionary biology **3**: 15–72, New York (Appleton-Century-Crofts).

468. HOPWOOD, A.T. (1936): The former distribution of caballine and zebrine horses in Europe and Asia. – Proc. zool. Soc., London, **1936**: 897–912.

469. HOUGH, J. (1956): A new insectivore from the Oligocene of the Wind River Basin, Wyoming, with notes on the taxonomy of the Oligocene Tenrecoidea. – J. Paleont., Tulsa, **30** (3): 531–541.

470. HRUBESCH, K. (1957): Zahnstudien an tertiären Rodentia. Über die Evolution der Melissiodontidae, eine Revision der Gattung *Melissiodon*. – Abh. bayer. Akad. Wiss., München, (n.F.) **83**: 1–100.

471. HÜNERMANN, K.A. (1967): Der Schädel von *Microbunodon minus* (Cuvier) (Artiodactyla, Anthracotheriidae) aus dem Chatt (Oligozän). – Eclogae geol. Helv., Basel, **60**, 661–688.

472. – (1968): Die Suidae (Mamm., Artiod.) aus den Dinotheriensanden (Unterpliozän = Pont) Rheinhessens (SW-Deutschland). – Abh. schweiz. paläont. Ges., Basel, **86**, 1–96.

473. – (1983): Berühmte Funde fossiler Proboscidea (Mammalia) vor 150 Jahren. – Eclogae geol. Helv., Basel, **76** (3): 911–918.

474. HÜRZELER, J. (1936): Osteologie und Odontologie der Caenotheriden. – Abh. schweizer. paläont. Ges., Basel, **58/59**: 1–111.

475. – (1944): Beiträge zur Kenntnis der Dimylidae. – Abh. schweizer. paläont. Ges., Basel, **65**: 1–44.

476. HÜRZELER, J. (1948): Zur Stammesgeschichte der Necrolemuriden. – Abh. schweiz. paläont. Ges., Basel, **66**: 1–46.

477. – (1949): Neubeschreibung von *Oreopithecus bambolii* Gervais. – Abh. schweizer. paläont. Ges., Basel, **66** (5): 1–20.

478. – (1958): *Oreopithecus bambolii* Gervais. A preliminary report. – Verh. naturf. Ges. Basel, Basel, **61**: 1–48.

479. – (1962): Kann die biologische Evolution, wie sie sich in der Vergangenheit abgespielt hat, exakt erfaßt werden? – Stud. u. Ber. kath. Akad. Bayern, Würzburg, **16**: 15–36.

480. – (1983): Un alcélaphiné aberrant (Bovidé, Mammalia) des „lignites de Grosseto" en Toscane. – C.R. Acad. Sci., Paris, (II) **296**: 497–503.

481. HUSSON, A.M. (1962): The bats of Suriname. – Zool. Verh., Leiden, **58**: 1–282.

482. HUTCHISON, J.H. (1966): Notes on some upper Miocene shrews of Oregon. – Bull. Mus. natur. Hist., Oregon, **2**: 1–23.

483. – (1968): Fossil talpidae (Insect., Mamm.) from the later Tertiary of Oregon. – Bull. Mus. natur. Hist., Oregon, **11**: 1–117.

484. HYLANDER, W.L. (1979): The functional significance of primate mandibular form. – J. Morph., Philadelphia, **160**: 223–240.

485. ILLIGER, C. (1811): Prodromus systematis mammalium et avium additis terminis zoographicis utriudque classis. – XVIII + 301 S., Berlin (Salfeld).

486. JACKSON, H.H.R. (1928): A taxonomic review of the American long-tailed shrews (Genera *Sorex* and *Microsorex*). – North Amer. Fauna, Washington, **51**: 1–218.

487. JACOBS, L.L. (1977): A new genus of murid rodent from the Miocene of Pakistan and comments on the origin of the muridae. – PaleoBios, Berkeley, **25**: 1–11.

488. – (1978): Fossil rodents (Rhizomyidae and Muridae) from Neogene Siwalik deposits, Pakistan. – Bull. Mus. North Arizona, Flagstaff, (Ser.) **52**: XI, 1–103.

489. – (1980): Siwalik fossil tree shrews. – In: LUCKETT, W.P. (ed.): Comparative Biology and evolutionary relationships of tree shrews. 205–216, New York (Plenum Press).

490. – & E.H. LINDSAY (1984): Holarctic radiation of Neogene muroid rodents and the origin of South American cricetoids. – J. Vertebrate Paleont., Lawrence, **4** (2): 265. – 272.

491. JAMES, W.W. (1960): The jaws and teeth of Primates. – XII + 328 S., London, (Pitman Medic. Publ. Co.)

492. JANIS, CHR. M. (1979): Mastication in the hyrax and its relevance to ungulate dental evolution. – Paleobiology, Lawrence, **5** (1): 50–59.

493. – & A. LISTER (1985): The morphology of the lower fourth premolar as a taxonomic character in the Ruminantia (Mamm., Artiodactyla) and the systematic position of *Triceromeryx*. – J. Paleont., Lawrence, **59** (2): 405–410.

494. JENKINS, F.A. & A.W. CROMPTON (1979): Triconodonta. – In: LILLEGRAVEN, J.A., Z. KIELAN-JAWOROWSKA & W.A. CLEMENS (eds.): Mesozoic mammals, 74–90, Univ. Calif. Press, Berkeley.

495. –, A.W. CROMPTON & W.R. DOWNS (1983): Mesozoic mammals from Arizona: new evidence on mammalian evolution. – Science, Washington, **222**: 1233–1235.

496. JEPSEN, G.L. (1932): *Tubulodon taylori*, a Wind River Eocene tubulidentate from Wyoming. – Proc. amer. philos. Soc., Philadelphia, **71**: 255–274.

497. – (1934): A revision of the American Apatemyidae and the description of a new genus, *Sinclairella*, from the White River Oligocene of South Dakota. – Proc. amer. philos. Soc., Philadelphia, **74** (4): 287–305.

498. – (1970): Bat origins and evolution. – In: WIMSATT, W.A. (ed.): Biology of bats I. 1–64, New York & London (Acad. Press).

499. JOEST, E. (1915): Odontologische Notizen. – Berliner Tierärztl. Wochenschr., **31**: 61–66, 73–76.

500. JOHANSON, D.C., T.D. WHITE & Y. COPPENS (1978): A new species of the genus *Australopithecus* (Primates: Hominidae) from the Pliocene of Eastern Africa – Kirtlandia, Cleveland, **28**: 1–14.

501. JOLLY, C.J. (1970): *Hadropithecus*, a lemuroid small-object feeder. – Man, London, (n.s.) **5**: 619–626.

502. – (1972): The classification and natural history of *Theropithecus* (*Simopithecus*) (Andrews, 1916), baboons of the African Plio-Pleistocene. – Bull. brit. Mus. natur. Hist., (Geol.), London, **22**: 1–122.

503. JONES, J.K. & H.H. GENOWAYS (1970): Chiropteran systematics. – In: SLAUGHTER, B.H. & D.W. WALTON (eds.): About bats. A chiropteran biology symposium. 3–21, South Meth. Univ. Press, Dallas.

503a. – & R.R. JOHNSON (1967): Sirenians. – In: ANDERSON, S. & J.K. JONES (eds.): Recent mammals of the World. 366–373, New York (Ronald Press).

504. JULIN, CH. (1880): Recherches sur l'ossification du maxillaire inférieure et sur la constitution du système dentaire chez le foetus de la *Balaenoptera rostrata*. – Arch. Biol., Paris **1**: 75–136.

505. KÄLIN, J. (1961): Sur les primates de l'Oligocène inférieur d'Egypte. – Ann. Paléont., Paris, **47**: 1–48.

506. KARLSEN, K. (1962): Development of tooth germs and adjacent structures in the whalebone whale (*Balaenoptera physalus* L.). – Det Norsk Vidensk. Akad., Oslo, **45**: 1–56.

507. KAY, R.F. (1975): The functional adaptations of Pri-

mate molar teeth. – Amer. J. phys. Anthrop., Philadelphia, **43**: 195–216.

508. – (1977): The evolution of molar occlusion in the Cercopithecidae and early Catarrhines. – Amer. J. phys. Anthrop., Philadelphia, **46**: 327–352.

509. – & K. M. HIIEMAE (1974): Jaw movement and tooth use in recent and fossil primate. – Amer. J. phys. Anthrop., Philadelphia, **40**: 227–256.

510. – & K. M. HIIEMAE (1974): Mastication in *Galago crassicaudatus*: a cinefluorographic and occlusal study. – In: MARTIN, R. D., G. A. DOYLE & A. C. WALKER (eds.): Prosimian Biology. 501–530, London (Duckworth).

511. KEAST, A. (1977): Historical biogeography, antarctic dispersal, and Eocene climates. – In: STONEHOUSE, B. & D. GILMORE (eds.): The Biology of Marsupials. 69–95, London (MacMillan Press).

512. KEIL, A. (1966): Grundzüge der Odontologie. Allgemeine und vergleichende Zahnkunde als Organwissenschaft. – X + 278 S., Berlin (Gebr. Borntraeger).

513. KEITH, A. (1913): Problems relating to the teeth of the earlier forms of prehistoric man. – Proc. r. Soc. Med., London (Odont. Sect.), **6**: 103–119.

514. KELLOGG, R. (1923): Description of two squalodonts recently discovered in the Calvert cliffs, Maryland; and notes on the shark-toothed Cetaceans. – Proc. U.S. nations. Mus., Washington, **62** (16): 1–69.

515. – (1936): a review of the Archaeoceti. – Publ. Carnegie Instn. Washington, **482**: I, 1–366.

516. KEMP, T. S. (1982): Mammal-like reptiles and the origin of mammals. – XIV + 363 S., London (Acad. Press).

517. KERMACK, D. M. & K. A. KERMACK (1984): The evolution of mammalian characters. – X + 149 S., London-Washington (Croom Helm).

518. –, K. A. KERMACK & F. MUSSETT (1968): The Welsh pantothere. *Kuehneotherium praecursoris*. – J. Linn. Soc., London (Zool.) **47**: 407–423.

519. –, P. M. LEES & F. MUSSETT (1965): *Aegialodon dawsoni*, a new trituberculosectorial tooth from the lower Wealden. – Proc. r. Soc. London, (B) **162**: 535–554.

520. –, F. MUSSETT & H. W.RIGNEY (1973): The lower jaw of *Morganucodon*. – J. Linn. Soc., London, (Zool.) **53**: 87–175.

521. –, F. MUSSETT & H. W. RIGNEY (1981): The skull of *Morganucodon*. – J. Linn.Soc., London, (Zool.) **71**: 1–158.

522. KIELAN-JAWOROWSKA, Z. (1975): Preliminary description of two new Eutherian genera from the late Cretaceous of Mongolia. – Palaeont. polon., Warszawa, **33**: 5–15.

523. – (1981): Evolution of the Therian mammals in the late Cretaceous of Asia IV. Skull structure in *Kennalestes* and *Asioryctes*. – Palaeont. polon., Warszawa, **42**: 25–78.

524. –, TH. M. BOWN & J. A. LILLEGRAVEN (1979): Eutheria. – In: LILLEGRAVEN, J. A., Z. KIELAN-JAWOROWSKA & TH. M. BOWN: Mesozoic mammals. 221–258, Univ. Press, Berkeley.

525. KILTIE, R. A. (1981): The function of interlocking canines in rain forest peccaries (Tayassuidae). – J. Mammal., Lawrence, **62** (3): 459–469.

526. KINDAHL, M. (1958): Some observations on the development of the tooth in *Elephantulus myurus* Jameson. – Arkiv Zool., Stockholm, (2) **11**: 21–29.

527. – (1958a): Notes on the tooth development in *Talpa europaea*. – Arkiv Zool., Stockholm, (2) **11**: 187–191.

528. – (1959): The tooth development in *Erinaceus europaeus*. – Acta odont. scand., Stockholm, **17** (4): 17–31.

529. – (1960): Some aspects of the tooth development in Soricidae. – Acta odont. scand., Stockholm, **17**: 203–337.

530. – (1963): On the embryonic development of the teeth in the Golden Mole, *Eremitalpa (Chrysochloris) granti* Broom in South Africa. – Arkiv Zool., Stockholm, **16**: 97–115.

531. – (1967): Some comparative aspects of the reduction of the premolars in the Insectivora. – J. Dental Res., Chicago, **46**: 805–808.

532. KING, J. E. (1983): Seals of the World. – 1–240, Brit. Mus. Natur. Hist., London.

533. KINGDON, J. (1982): Ostafrikanische Säugetiere. – Kleine Senckenberg-Reihe **13**: 1–203, Frankfurt/M.

534. KINZEY, W. G. (1984): The dentition of the Pygmy Chimpanzee, *Pan paniscus*. – In: SUSMAN, R. L. (ed.): The Pygmy Chimpanzee. 65–88, New York & London (Plenum Press).

535. KIRKPATRICK, T. H. (1978): The development of the dentition of *Macropus giganteus* (Shaw). An attempt to interpret the marsupial dentition. – Austral. Mammal., Adelaide, **2**: 29–35.

536. KIRSCH, J. A. W. (1977): The comparative serology of Marsupialia, and a classification of marsupials. – Austral. J. Zool., Melbourne, (Suppl. Ser.) **52**: 1–152.

537. – (1979): Les Marsupiaux. – La Recherche, Paris, **10** (97): 108–116.

538. KIRSCH, J. A. W. (1984): Living mammals and the fossil record. – In: GINGERICH, P. D. & C. E. BADGLEY (eds.): Mammals. – Univ. Tennessee, Stud. Geol., Knoxville, **8**: 17–32.

539. KITTL, E. (1889): Reste von *Listriodon* aus dem Miocän Niederösterreichs. – Beitr. Paläont. Österr.-Ung., Wien, **7** (3): 232–249.

540. KITTS, D. B. (1956): American *Hyracotherium* (Perissodactyla, Equidae). – Bull. amer. Mus. natur. Hist., New York, **110**: 1–60.

540a. KLEINENBERG, S. E. (1958): On the origin of the Cetacea. – Dokl. Akad. Nauk USSR, Moskau, **122**: 950–952.

541. KLEVEZAL, G. A. & S. E. KLEINENBERG (1969): Age determination of mammals from annual layers in teeth and bones. – Israels Progr. Scient.Translat. 1–128 S., Jerusalem.

542. KOBY, F.-E. (1952): La dentition lactéale *d'Ursus spelaeus*. – Rev. suisse Zool., Genève, **59**: 511–541.

543. KOENIGSWALD, W. v. (1970): *Peratherium* (Marsupialia) im Ober-Oligozän und Miozän von Europa. – Abh. bayer. Akad. Wiss., math.-naturw. Kl., München, (n. F.) **144**: 1–79.

544. – (1980): Schmelzstruktur und Morphologie in den Molaren der Arvicolidae (Rodentia). – Abh. Senckenbg. naturf. Ges., Frankfurt/M., **539**: 1–129.

545. – (1982): Stammesgeschichte und Schmelzmuster. – In: NIETHAMMER, J. & F. KRAPP (Hgeb.): Handb. Säugetiere Europas **2**/I. Rodentia II. Arvicolidae, 60–69, Wiesbaden (Akad. Verlagsges.).

546. – (1982a): Enamel structure in the molars of Arvicolidae (Rodentia, Mammalia), a key to functional morphology and phylogeny. – In: KURTÉN, B. (ed.): Teeth. Form, function and evolution. 109–122, Columbia Univ. Press, New York.

547. – (1985): Paläobiologie der Wirbeltiere aus dem eozänen Ölschiefer von Messel. – Vortrag 22.10.1985, Wien.

548. KOENIGSWALD, G. H. R. VON (1952): *Gigantopithecus blacki* v. Koenigswald, a giant fossil hominoid from the Pleistocene of Southern China. – Anthrop. Pap. amer. Mus. natur. Hist., New York, **43**: 291–326.

549. – (1957): Bemerkungen zum Gebiß der Australopithecinen. – Anthrop. Anz., Stuttgart, **21**: 54–61.

550. – (1958): Der Solo-Mensch von Java: ein tropischer Neanderthaler. – In: 100 Jahre Neanderthaler. 19–20, Utrecht (Keminck en Zoon).

551. – (1965): Das Leichenfeld als Biotop. – Zool. Jb., Leipzig, (Syst.) **92**: 73–82.

552. – (1966): Fossil Hyracoidea from China. – Proc. konin. nederl. Akad. Wetensch., Amsterdam, (B) **69**: 345–356.

553. KOENIGSWALD, G. H. R. VON (1968): Die Geschichte des Menschen. 2. Aufl. – Verständl. Wiss. **74**: IX + 160, Berlin (Springer).

554. – (1969): Miocene Cercopithecoidea and Oreopithe-

coidea from the Miocene of East Africa. – Fossil Vertebrates of Africa, London & New York, **1**: 39–51.

555. KOHLBRÜGGE, J.F.H. (1890/18192): Versuch einer Anatomie des Genus *Hylobates*. – In: WEBER, M.: Zoologische Ergebnisse einer Reise in niederländisch Ostindien, **1**: 211–354, **2**: 139–208, Leiden (Brill).

556. KOLLMANN, J. (1871): Über die Struktur der Elephantenzähne. – Sitz.Ber. math.-phys. Kl., kgl. bayer. Akad. Wiss., München, **1**: 243–253.

557. KOOPMAN, K.F. & J. KNOX JONES (1970): Classification of Bats. – In: SLAUGHTER, B.H. & D.W. WALTON (eds.): About bats. A Chiropteran biology symposium. 22–28, South. Method. Univ. Press, Dallas.

558. KORENHOF, C.A.W. (1960): Morphogenetical aspects of the human upper molar. – Proefschrift Univ. Utrecht 1–368 S., Utrecht, (Uitgeversmaatsch. Neerlandia).

559. – (1982): Evolutionary trends of the inner enamel anatomy of deciduous molars from Sangiran (Java, Indonesia). – In: KURTÉN, B. (ed.): Teeth, form, function and evolution. 350–365, Columbia Univ. Press, New York.

560. KORMOS, TH. (1926): *Amblycoptus oligodon* n.g. n.sp., eine neue Spitzmaus aus dem ungarischen Pliozän. – Ann. Mus. nation. Hist. natur. hungar., Budapest, **24**: 352–391.

561. KOWALEVSKY, W. (1874): Monographie der Gattung *Anthracotherium* Cuv. – Palaeontographica, Kassel, (n.F.) **2**: 131–347.

562. KRAUS, M.J. (1979): Eupantotheria. – In: LILLEGRAVEN, J.A., Z. KIELAN-JAWOROWSKA & W.A. CLEMENS (eds.): Mesozoic mammals. 162–171, Univ. Calif. Press, Berkeley.

563. KRAUSE, D.W. (1982): Jaw movement, dental function, and diet in the Paleocene multituberculate *Ptilodus*. – Paleobiology, Lawrence, **8**: 265–281.

564. KREFFT, G. (1866): On the dentition of *Thylacoleo carnifex* (Owen). – Ann. Magaz. natur. Hist., London, (3) **18**: 148–149.

565. KRETZOI, M. (1946): On Docodonta, a new order of Jurassic mammals. – Ann. Mus. nation. Hist. natur. hungar., Budapest, **39**: 108–111.

566. KRIEG, H. & U. RAHM (1960): Das Verhalten der Xenarthren (Xenarthra; Ameisenbären, Faultiere und Gürteltiere). – Handb. Zool. **8** (10) 12: 9–31, Berlin (de Gruyter).

567. KRON, D.G. (1979): Docodonta. – In: LILLEGRAVEN, J.A., Z. KIELAN-JAWOROWSKA & W.A. CLEMENS (eds.): Mesozoic mammals. 91–98, Univ. Calif. Press, Berkeley.

568. KRUMBACH, TH. (1904): Die unteren Schneidezähne der Nagetiere, nach Gestalt und Funktion betrachtet. – Zool. Anz., Leipzig, **27** (9): 273–290.

569. KRUSAT, G. (1973): *Haldanodon exspectatus* KÜHNE & KRUSAT 1972 (Mammalia, Docodonta). – Inaug. Diss. Fachber. Geowiss. Freie Univ. Berlin, IV + 158 S.

570. KÜHLHORN, F. (1938): Anpassungserscheinungen am Kauapparat bei ernährungsbiologisch verschiedenen Säugetieren. – Zool. Anz., Leipzig, **121**: 1–17.

571. – (1939): Beziehungen zwischen Ernährungsweise und Bau des Kauapparates bei einigen Gürteltier- und Ameisenbärenarten. – Morph. Jb., Leipzig, **84**: 55–85.

572. – (1965): Biologisch-anatomische Untersuchungen über den Kauapparat der Säuger. III. Die Stellung von *Chlamyphorus truncatus* Harlan 1825 in der Gürteltier-Spezialisationsreihe. – Veröff. zool. Staatssmlg. München, **9**: 1–53.

573. KÜHNE, W.G. (1973): The systematic position of Monotremes reconsidered (Mammalia). – Z. Morph. Tiere, Berlin, **75**: 59–64.

574. KÜKENTHAL, W. (1891): Das Gebiß von *Didelphys*. – Anat. Anz., Jena, **6**: 658–666.

575. – (1982): Über den Ursprung und die Entwicklung der Säugetierzähne. – Jenaer Z. Naturwiss., **26**: 469–489.

576. – (1893): Vergleichend-anatomische und entwick-

lungsgeschichtliche Untersuchungen an Walthieren. – Denkschr. mediz.-naturw. Ges., Jena, **3**: 1–448.

577. – (1897): Vergleichend-anatomische und entwicklungsgeschichtliche Untersuchungen an Sirenen. – Denkschr. mediz.-naturw. Ges., Jena, **7**: 1–75.

578. – (1914): Zur Entwicklung des Gebisses des Dugong, ein Beitrag zur Lösung der Frage nach dem Ursprunge der Säugetierzähne. – Anat. Anz., Jena, **45**: 561–577.

579. KÜPFER, M. (1937): Backzahnstruktur und Molarenentwicklung bei Esel und Pferd. – XXV + 204 S., Jena (Fischer).

580. KUHN, H.-J. (1971): Die Entwicklung und Morphologie des Schädels von *Tachyglossus aculeatus*. – Abh. senckenberg. naturf. Ges., Frankfurt/M., **528**: 1–192.

581. KULZER, E. (1982): Ernährung und Wasserhaushalt frugivorer, karnivorer und insektivorer Chiropteren. – Vortrg. 56. Hauptvers. dtsch. Ges. Säugetierkde. Salzbg. Sept./Okt. 1982.

582. KUMAR, K. & A. SAHNI (1986): *Remingtonocetus harudiensis*, new combination, a middle Eocene Archaeocete (Mammalia, Cetacea) from Western Kutch, India. – J. Vertebr. Paleont., Lawrence, **6** (4): 326–349.

583. KUNZ, TH.H. (ed.): (1982): Ecology of Bats. – X + 444 S., New York (Plenum Press).

584. KURTÉN, B. (1955): Sex dimorphism and size trends in the cave bear, *Ursus spelaeus* Rosenmüller & Heinroth. – Acta zool. fennica, Helsinki, **90**: 1–48.

585. – (1966): Pleistocene bears of North America. 1. Genus *Tremarctos*, spectacled bears. – Acta zool. fennica, Helsinki, **115**: 1–120.

586. KURTÉN, B. (1967): Pleistocene bears of North America. 2. Genus *Arctodus*, short-faced bears. – Acta zool. fennica, Helsinki, **117**: 1–60.

587. – (1968): Pleistocene mammals of Europe. – VIII + 317 S., London (Weidenfeld & Nicolson).

588. – (1969): Sexual dimorphism in fossil mammals. – In: WESTERMANN, G.E.G. (ed.): Sexual dimorphism in fossil Metazoa and taxonomic implications. Intern. Union geol. Sci. (A) 226–233, Stuttgart (Schweizerbart).

589. – (ed.) (1982): Teeth: Form, function and evolution. – 1–393 S., Columbia Univ. Press, New York.

590. LANDRY, S. (1970): The Rodentia as omnivores. – Quart. Rev. Biol., New York, **45**: 352–372.

591. LANDRY, ST.O. (1957): The interrelationships of the New and Old World hystricomorph rodents. – Publ. Univ. Calif., Berkeley, (Zool.) **56** (1): 1–118.

592. – (1957a): Factors affecting the procumbency of rodent upper incisors. – J. Mammal., Lawrence, **38**: 223–234.

593. LANGE-BADRÉ, B. (1979): Les Créodontes (Mammalia) d'Europe occidentale de l'Eocène supérieur à l'Oligocène supérieur. – Mém. Mus. nation. Hist. natur., Paris (C) **42**: 1–249.

594. LANGER, P. (1974): Stomach-evolution in the Artiodactyla. – Mammalia, Paris, **38**: 295–314.

595. – (1975): Macroscopic anatomy of the stomach of the Hippopotamidae Gray, 1821. – Zbl. Veter. Med., Hamburg, (C) **4**: 334–359.

596. – (1979): Adaptional significance of the stomach of the collared peccary: *Dicotyles tajacu*. – Mammalia, Paris, **43**: 235–245.

597. – (1986): Large mammalian herbivores in tropical forests with either hindgut- or forestomach-fermentation. – Z. Säugetierkde., Hamburg, **51**: 173–187.

598. LATASTE, F. (1886): Sur le système dentaire du genre Daman. – Ann. Mus. civ. Stor. natur., Genova, (2) **4**: 5–40.

599. – (1886a): De l'existence de dents canines à la mâchoire supérieure des Damans; formule dentaire de ces petits pachyderms. – C.R. Soc. Biol., Paris, (8) **3**: 394–396.

600. – (1887): Etude de la dent canine appliquée au cas présenté par le genre Daman complétée par les définitions des catégories de dents connues à plusieurs ord-

res de la classe des mammifères. – Zool. Anz., Leipzig, **10**: 265–271, 284–292.

601. LAVOCAT, R. (1951): Révision de la faune de mammifères oligocènes d'Auvergne et du Velay. – 1–153, Paris (Ed. Sci. & Avenir).

602. – (1973): Les rongeurs du Miocène d'Afrique orientale. I. – Mém. Trav. Inst. Montpellier, IV + 284 S.

603. LAWICK-GOODALL, J. VAN (1971): Wilde Schimpansen. 10 Jahre Verhaltensforschung am Gombe-Strom. – 1–253, Reinbek (Rowohlt).

604. LAWS, R. M. (1953): The elephant seal (*Mirounga leonina* Linn.). I. Growth and age. – Falkland Isld. Depend. Surv. Sci. Reports., Cambridge, **8**: 1–62.

605. – (1953a): A new method of age determination in mammals with special reference to the elephant seal (*Mirounga leonina* Linn.). – Falkland Isld. Depend. Surv., Sci. Reports., Cambridge, **2**: 1–11.

606. – (1962): Age determination of pinnipeds with special reference to growth layers in the teeth. – Z. Säugetierkde.., Hamburg, **27**: 129–146.

607. – (1966): Age criteria of the African elephant (*Loxodonta a. africana*). – East Afric. Wildlife J., Oxford, **4**: 1–37.

608. LEBEDINSKY, N. G. (1938): Über die funktionelle Bedeutung der verschiedenen Höhe des Ramus ascendens mandibulae bzw. des Unterkiefergelenks bei Säugetieren. – Vjschr. naturforsch. Ges. Zürich, **83**, 217–224.

609. LECHE, W. (1875): Studier öfver mjölkdentitionen och tändernas homologier hos Chiroptera I. – Lunds Univ.-Årsskrift **12** (3): 1–47.

610. – (1877): Studien über das Milchgebiß und die Zahnhomologie bei den Chiropteren. – Arch. Naturgesch., Berlin, **43**: 353–364.

611. – (1878): Zur Kenntnis des Milchgebisses und der Zahnhomologie bei Chiropteren. II. – Lunds Univ. Årsskr., **14**: 1–35.

612. – (1886): Über die Säugetiergattung *Galeopithecus*. Eine morphologische Untersuchung. – Kongl. svenska Vetensk. Akad. Handl., Stockholm, **21** (11): 1–92.

613. – (1893): Nachträge zu „Studien über die Entwicklung des Zahnsystems bei den Säugethieren". – Morph. Jb., Leipzig, **20**: 113–142.

614. – (1896): Zur Dentitionenfrage. – Anat. Anz., Jena, **11**: 270–276.

615. – (1897): Zur Morphologie des Zahnsystems der Insectivoren. I u. II. – Anat. Anz., Jena, **13**: 1–11, 513–529.

616. – (1902): Zur Entwicklungsgeschichte des Zahnsystems der Säugethiere II. 1. H. Die Familie der Erinaceidae. – Zoologica, Stuttgart, **37**: 1–103.

617. – (1903): Zur Entwicklungsgeschichte des Zahnsystems der Säugetiere, zugleich ein Beitrag zur Entwicklungsgeschichte dieser Tiergruppe. II. Phylogenie 1. H. Die Familie der Erinaceidae. – Biol. Centralbl., Leipzig, **23**: 510–515.

618. – (1904): Über Zahnwechsel bei Säugetieren im erwachsenen Zustande. – Zool. Anz., Leipzig, **27**: 219–222.

619. LECHE, W. (1970): Zur Entwicklungsgeschichte des Zahnsystems der Säugetiere II. Phylogenie 2. Die Familien der Centetidae, Solenodontidae und Chrysochloridae. – Zoologica, Stuttgart, **49**: 1–158.

620. – (1910): Zur Frage nach der stammesgeschichtlichen Bedeutung des Milchgebisses bei den Säugetieren I. – Zool. Jb., Jena, **28** (4): 449–456.

621. – (1915): Zur Frage nach der stammesgeschichtlichen Bedeutung des Milchgebisses bei den Säugetieren II. Viverridae, Hyaenidae, Felidae, Mustelidae, Creodonta. – Zool. Jb., Jena, **38** (5): 275–370.

622. LEGENDRE, S. (1982): Hipposideridae (Mammalia, Chiroptera) from the Mediterranean middle and late Neogene, and evolution of the genera *Hipposideros* and *Asellia*. – J. Vertebrate Paleont., Norman, **2** (3): 372–385.

623. – (1984): Etude odontologique de représentants actuels du groupe Tadarida (Chiroptera, Molossidae). Implications phylogéniques, systématiques et zoogéographiques. – Rev. suisse Zool., Genf, **91** (2): 399–422.

624. – (1985): Molossidés (Mammalia, Chiroptera) cénozoiques de l'Ancien et du Nouveau Monde; statut systématique; intégration phylogénique des données. – N. Jb. Geol. Paläont. Abh., Stuttgart, **170** (2): 205–227.

625. LE GROS CLARK, W. E. (1926): On the anatomy of the pen-tailed tree-shrew (*Ptilocercus lowii*). – Proc. zool. Soc., London, **1926**: 1179–1309.

626. LEHMANN, U. (1950): Über Mastodontenreste in der Bayerischen Staatssammlung in München. – Palaeontographica, Stuttgart (A) **99**: 121–228.

626a. LEIDY, J. (1855): A memoir on the extinct sloth tribe of North America. – Smithson. Contr. Knowl., Washington, **7**: 1–68.

627. LEINDERS, J. J. M. (1977): The configuration of wear facets on the premolars of *Listriodon* (Suina) and its implications. – Proc. konin. nederl. Akad. Wetensch., Amsterdam, (B) **80** (5): 360–366.

628. – (1978): A functional interpretation of the dental morphology of *Listriodon* (Suidae, Artiodactyla). – Proc. konin. nederl. Akad. Wetensch., Amsterdam, (B) **81** (1): 61–69.

629. – (1979): On the osteology and function of the digits of some ruminants and their bearing on taxonomy. – Z. Säugetierkde., Hamburg, **44**: 305–318.

630. LEPSIUS, G. R. (1881/1882): *Halitherium schinzi*, die fossile Sirene des Mainzer Beckens. – Abh. mittelrhein. geol. Ver., Darmstadt, **1**: 1–200.

631. LEWIS, G. E. (1934): Preliminary notice of new manlike apes from India. – Amer. J. Sci., New Haven, (5) **27**: 161–1179.

632. LILLEGRAVEN, J. A., Z. KIELAN-JAWOROWSKA & W. A. CLEMENS (eds.) (1979): Mesozoic mammals. The first two-thirds of mammalian history. – X + 311 S., Univ. Press., Berkeley.

633. LILLEGRAVEN, J. A., M. C. MCKENNA & L. KRISHTALKA (1981): Evolutionary relationships of middle Eocene and younger species of *Centetodon* (Mammalia, Ins., Geolabididae), with a description of the dentition of *Ankylodon* (Adapisoricidae). – Publ. Univ. Wyoming, Laramie, **45**: 1–115.

634. LÖNNBERG, E. (1902): On some remarkable digestive adaptations in diprotodont Marsupials. – Proc. zool. Soc., London, **1902**: 12–31.

635. – (1906): On a new *Orycteropus* from northern Congo, and remarks on the dentition of Tubulidentata. – Arkiv Zool., Stockholm, **3** (3): 1–35.

636. LOOMIS, F. B. (1914): The Deseado formation of Patagonia. – XI–232 S., Amherst (Trust. Amh. Coll.).

637. – (1925): Dentition of Artiodactyls. – Bull. Geol. Soc. Amer., New York, **36**: 583–604.

638. LORENZ VON LIBURNAU, L. (1905): *Megaladapis edwardsi* G. Grandidier. – Denkschr. k. Akad. Wiss., math.-naturw. Kl., Wien, **77**: 451–490.

639. LOWENSTEIN, J. M., V. M. SARICH & B. J. RICHARDSON (1981): Albumin systematics of the extinct mammoth and tasmanian wolf. – Nature, London, **291**: 409–411.

640. LUBOSCH, W. (1907): Das Kiefergelenk der Edentaten und Marsupialier. Nebst Mittheilungen über die Kaumuskulatur dieser Thiere. – Denkschr. mediz.-naturw. Ges. Jena 7 (Semon, R.: Zool. Forsch.reisen **4**), 519–556.

641. – (1911): Das Kiefergelenk von *Hyrax*. – Arch. mikrosk. Anat., Bonn, **78** Abt. 1: 353–367.

642. LUCAS, P. W. (1979): The dental-dietary adaptations of mammals. – N. Jb. Geol. Paläont., Mh., Stuttgart, **1979** (8): 486–512.

643. LUCAS, S. G. (1982): The phylogeny and composition of the order Pantodonta (Mammalia, Eutheria). – 3. North Amer. paleont. Conv., Proc., Toronto, **2**: 337–342.

644. – & R. M. Schoch (1891): *Basalina*, a tillodont from

the Eocene of Pakistan. – Mitt. bayer. Staatssmlg., Paläont., histor. Geol., München, **21**: 89–95.

645. LUCKETT, W. P. (1971): The development of the chorioallantoic placenta of the African scaly-tailed squirrels (Family Anomaluridae). – Amer. J. Anat., Philadelphia, **130** (2): 159–178.

646. – (ed.) (1980): Comparative Biology and evolutionary relationships of Tree Shrews. – XV + 314 S., New York (Plenum Press).

647. – (1980a): Monophyletic or diphyletic origins of Anthropoidea and Hystricognathi. Evidence of the fetal membranes. – In: CIOCHON, R. L. & A. B. CHIAREILI (eds.): Evolutionary biology of the New World monkeys and Continental Drift. 347–368, New York (Plenum Press).

648. LUCKETT, W. P. & J.-J. HARTENBERGER (eds.) (1985): Evolutionary relationships among Rodentia. – XIII + 721 S., New York (Plenum Press).

649. – & W. Maier (1982): Development of decidous and permanent dentition in *Tarsius* and its phylogenetic significance. – Folia Primat., Basel, **37**: 1–36.

650. LYON, M. W. (1903): Classification of the hares and their allies. – Smithson. Misc. Coll., Washington, **45**: 321–447.

651. MACFADDEN, B. J. & C. D. FRAILEY (1984): *Pyrotherium*, a large enigmatic ungulate (Mammalia, incertae sedis) from the Deseadense (Oligocene) of Salla, Bolivia. – Palaeontology, London, **27** (4): 867–874.

652. MACINNES, D. G. (1956): Fossil tubulidentata from East Africa. – Fossil Mammals of Africa, London, **10**: 1–38.

653. – (1957): A new Miocene rodent from East Africa. – Fossil Mammals of Africa, London, **12**: 1–35.

654. MACPHEE, R. D. E. (1984): Quaternary mammal localities and Heptaxodontid rodents of Jamaica. – Amer. Mus. Novitates, New York, **2803**: 1–34.

655. MAGLIO, V. J. (1973): Origin and evolution of the Elephantidae. – Trans. Amer. philos. Soc., Philadelphia, (n. s.) **63** (3): 1–149.

656. – (1973a): Evolution of the mastication in the Elephantidae. – Evolution, Lawrence, **26** (4): 638–658.

657. MAHBOUBI, M., R. AMEUR, J. Y. CROCHET & J. J. JAEGER (1986): El Kohol (Saharan Atlas, Algeria): A new Eocene mammal locality in Northwestern Africa. Stratigraphic, phylogenetic and paleobiogeographic data. – Palaeontographica, Stuttgart, (A) **192**: 15–49.

658. MAIER, W. (1977): Die Evolution der bilophodonten Molaren der Cercopithecoidea. Eine funktionsmorphologische Untersuchung. – Z. Morph. Anthrop., Stuttgart, **68**: 25–56.

659. – (1977a): Die bilophodonten Molaren der Indriidae (Primates) – ein evolutionsmorphologischer Modellfall. – Z. Morph. Anthrop., Stuttgart, **68**: 307–344.

660. – (1978): Die Evolution der tribosphenischen Säugetiermolaren. – Sd. Bd. naturw. Ver. Hamburg, Hamburg, **3**: 41–60.

661. – (1979): A new dental formula for the Tupaiiformes. – J. Human Evol., London, **8**: 319–321.

662. – (1980): Konstruktionsmorphologische Untersuchungen am Gebiß der rezenten Prosimiae (Primates). – Abh. Senckenberg. naturforsch. Ges., Frankfurt/M., **538**: 1–158.

663. – (1980a): Funktionelle Morphologie des Gebisses und systematische Stellung der zalambdodonten Insectivora. – 54. Hauptvers. Dt. Ges. Säugetierkde., Tübingen 1980, S. 19.

664. – (1984): The functional morphology of Gibbon dentition. – In: PREUSCHOFT, H., D. CHIVERS, W.-Y. BROKKELMAN & N.CREEL (eds.): The lesser apes. Evolutionary and behavioural biology. 180–191, Univ. Press Edinburgh.

665. MAIER,W. (1985): Zalambdodontic teeth of mammals as a morphological paradigm. – Fortschr. Zool., Stuttgart, **30**: 253–256.

666. – (1986): The ontogenetic development of the orbitotemporal region in the skull of *Monodelphis domestica*

(Didelphidae, Marsupialia), and the problem of the mammalian alisphenoid. – Mammalia depicta **13**, Hamburg (im Druck).

667. – (1986): Der Processus angularis bei *Monodelphis domestica* (Didelphidae; Marsupialia) und seine Beziehungen zum Mittelohr. Eine ontogenetische und evolutionsmorphologische Untersuchung. – Morph. Jb. (im Druck).

668. – & G. Schneck (1981): Konstruktionsmorphologische Untersuchungen am Gebiß der hominoiden Primaten. – Z. Morph. Anthrop., Stuttgart, **72**: 127–169.

669. – C. ALONSO & A. LANGGUTH (1982): Field observations on three groups on *Callithrix jacchus jacchus* L. – Z. Säugetierkde., Hamburg, **47**: 334–346.

670. MAJOR, C. J. FORSYTH (1983): On some Miocene squirrels with remarks on the dentition and classification of the Sciurinae. – Proc. zool. Soc. London, **1893**: 179–215.

671. – (1899): The hyracoid *Pliohyrax graecus* (Gaudry) from the upper Micoene of Samos and Pikermi. – Geolog. Magaz., London, **4** (6): 547–553.

672. – (1899a): On fossil and recent Lagomorpha. – Trans. Linn. Soc. London, (2) **7** (9): 433–520.

673. MANSFIELD, A. W. (1958): The biology of the Atlantic walrus, *Odobenus rosmarus rosmarus* (Linnaeus) in the eastern Canadian Arctic. – Report Fish. Res. Board Canada, Ottawa, **653**: 1–146.

674. MARINELLI, W. (1924): Untersuchungen über die Funktion des Gebisses der Entelodontiden. – Paläont. Z. Berlin, **6**: 25, 42.

675. – (1938): Der Schädel von *Smilodon*, nach der Funktion des Kieferapparates analysiert. – Palaeobiologica, Wien, Leipzig, **6**: 246–272.

676. MARSH, O. CH. (1884–1886): Dinocerata. A Monograph of an extinct order of gigantic mammals. – U. S. Geol. Surv., Washington, **10**: XVIII, 1–237.

677. MARSHALL, L. G. (1976): Evolution of the Thylacosmilidae, extinct sabertoothed marsupials of South America. – Paleobios, Berkeley, **23**: 1–30.

678. – (1976a): Revision of the South American fossil marsupial subfamily Abderitinae (Mammalia, Caenolestidae). – Publ. Mus. munic. Cienc. natur. Lorenzo Scaglia, Mar del Plata, **2** (3): 57–90.

679. – (1978): Evolution of the Borhyaenidae, extinct South American predaceous marsupials. – Publ. Univ. Calif., Berkeley, Los Angeles, (Geol.) **117**: 1–89.

680. – (1980): Systematics of the South American marsupial family Caenolestidae. – Fieldiana: Geol. Chicago, (n. s.) **5**: 1–145.

681. MARSHALL, G. (1982): Evolution of South American Marsupialia. – In: MARES, M. A. & H. H. GENOWAYS (eds.): Mammalian Biology in South America. Spec. Publ. ser. Univ. Pittsburgh, **6**: 251–272.

682. – (1982a): Systematics of the extinct South American marsupial family Polydolopidae. – Fieldiana: Geol., Chicago, (n. s.) **12**: 1–109.

683. –, C. DE MUIZON & B. SIGÉ (1983): *Perutherium altiplanense*, un Notoungulé du Crétacé supérieur du Perou. – Palaeovertebrata, Montpellier, **13** (4): 145–155.

684. –, – & – (1983a): Late Cretaceous mammals (Marsupialia) from Bolivia. – Geobios, Lyon, **16** (6): 739–745.

685. MARTIN, B. E. (1916): Tooth development in *Dasypus novemcinctus*. – J. Morph., Philadelphia, **27**: 647–691.

686. MARTIN, L. D. (1980): Functional morphology and the evolution of cats. – Transact. Nebraska Acad. Sci.,Lincoln, **8**: 141–154.

687. MARTIN, R. D. (1972): Adaptive radiation and behavior of the Malagasy lemurs. – Philos. Trans. r. Soc., London, (B) **264** (862): 295–352.

688. MATSCHIE, P. (1899): Die Megachiroptera des Berliner Museums für Naturkunde. – 1–102, Berlin (Reimer).

689. MATSUMOTO, H. (1918): A contribution to the morphology, paleobiology and systematic of *Desmostylus*. – Sci. Reports Tohoku imper. Univ., Tokyo, **3**: 61–71.

690. – (1921): *Megalohyrax* Andrews and *Titanohyrax*

n. g. A revision of the genera of Hyracoidea from the Fayum, Egypt. – Proc. zool. Soc. London, **1921**: 839–850.

691. – (1924): A revision of *Palaeomastodon* dividing it into two genera, and with description of two new species. – Bull. amer. Mus. natur. Hist., New York, **50** (1): 1–158.

692. – (1926): Contribution to the knowledge of the fossil Hyracoidea of the Fayum, Egypt, with description of several new species. – Bull. amer. Mus. natur. Hist.,New York, **56** (4): 253–350.

693. MATTHEW, W. D. (1909): The Carnivora and Insectivora of the Bridger Basin, Middle Eocene. – Mem. amer. Mus. natur. Hist., New York, **9** (6) 291–567.

694. – (1910): The phylogeny of the Felidae. – Bull. amer. Mus. natur. Hist., New York, **38** (26): 289–316.

695. – (1915): A revision of the Lower Eocene Wasatch and Wind River faunas. I. Order Ferae (Carnivora), Suborder Creodonta. – Bull. amer. Mus. natur. Hist., New York **34**: 4–103.

696. – (1915a): Entelonychia, Primates, Insectivora. – In: MATTHEW, W. D. & W. GRANGER: A revision of the lower Eocene Wasatch and Wind River faunas. Pt. IV. – Bull. amer. Mus. natur. Hist., New York, **34** (14): 429–483.

697. MATTHEW, W. D. (1918): Insectivora, Glires, Edentata. – In: MATTHEW, W. D. & W. GRANGER: A revision of the lower Eocene Wasatch and Wind River faunas. Bull. amer. Mus. natur. Hist., New York, **38**: 565–657.

698. – (1928): The evolution of the mammals in the Eocene. – Proc. zool. Soc. London, **1927**: 947–985.

699. – (1929): A reclassification of the artiodactyl families. – Bull. geol. Soc. Amer., Boulder, **40**: 403–408.

700. – (1932): A review of the rhinoceroses with a description of *Aphelops* materials from the Pliocene of Texas. – Publ. Univ. Calif., Berkeley, (Geol.) **20** (12): 411–480.

701. – (1937): Paleocene faunas of the San Juan Basin, New Mexico. – Trans. philos. Soc.,Philadelphia, (n. s.) **30**: VIII + 510 S.

702. – & W. GRANGER (1923): New Bathyergidae from the Oligocene of Mongolia. – Amer. Mus. Novitates, New York, **101**: 1–5.

703. – &– (1923a): Nine new rodents from the Oligocene of Mongolia. – Amer. Mus. Novitates, New York, **102**: 1–10.

704. – &– (1925): Fauna and correlation of the Gashato formation of Mongolia. – Amer. Mus. Novitates, New York, **189**: 1–12.

705. – &– (1925a): New mammalian from the Shara Murun Eocene of Mongolia. – Amer. Mus.Novitates, New York, **196**: 1–11.

706. – & C. DE PAULA COUTO (1959): The Cuban edentates. – Bull. amer. Mus. natur. Hist., New York, **117** (1): 1–56.

707. – & R. A. STIRTON (1930): Osteology and affinities of *Borophagus*. – Publ. Univ. Calif., (Geol.), Berkeley, **19** (7): 171–216.

708. – , W. GRANGER & G. G. SIMPSON (1929): Additions to the fauna of the Gashato Formation of Mongolia. – Amer. Mus. Novitates, New York, **376**: 1–12.

709. MATTHEWS, L. H. (1952): Sea Elephant. The life and death of the elephant seal. – 1–189 S., London (Mac Gibbon & Kee).

710. MAY, ST. R. (1981). *Repomys* (Mammalia: Rodentia gen. nov.) from the Late Neogene of California and Nevada. – J. Vertebrate Paleont., Norman, **1** (2): 219–230.

711. MAYER, R. (1969): Recherches au sujet de l'appareil masticateur des Lagomorphes. – Bull. group. intern. Rech. Sci. Stomat., Paris, **12**: 295–333.

712. MAYO, N. A. (1981): Das Problem der oberoligozänen Nagetierart *Archaeomys chinchilloides* Gervais 1848 (Mammalia). – Eclogae geol. Helv., Basel, **74** (3): 1007–1026.

713. MAYO, N. A. (1983): Neue Archaeomyinae Lavocat

1952 (Rodentia, Mammalia) der Schweizer Molasse. Biostratigraphie und Evolution. – Eclogae geol. Helv., Basel, **76** (3): 827–910.

714. MCDOWELL, S. B. (1958): The greater Antillean insectivores. – Bull. amer. Mus. natur. Hist., New York, **115**: 115–214.

715. MCGREW, P. O. (1941): The Aplodontoidea. – Field Mus. natur. Hist. Publ. (Geol.), Chicago, **9** (1): 3–30.

716. MCHEDLIDZE, G. A. (1984): General features of the paleobiological evolution of Cetacea. – Russian Translat. ser., **23**: VIII + 139 S., Rotterdam (Balkema).

717. MCKENNA, M. C. (1962): *Eupetaurus* and the living Petauristine sciurids. – Amer. Mus. Novitates, New York, **2104**: 1–38.

718. – (1975): Toward a phylogenetic classification of the Mammalia.– In: LUCKETT, W. P. & F. S. SZALAY (eds.): Phylogeny of the Primates. 21–46, New York (Plenum Press).

719. – (1980): Early history and biogeography of South America's extinct land mammals. – In: CIOCHON, R. L. & A. B. CHIARELLI (eds.): Evolutionary biology of the New World monkeys and Continental Drift. 43–77, New York (Plenum Press).

720. – (1982): Lagomorph interrelationships. – Geobios, Mém. spéc., Lyon, **6**: 213–223.

721. – & E. MANNING (1977): Affinities and paleobiogeographic significance of the Mongolian paleogene genus *Phenacolophus*. – Geobios, Mém. spéc., Lyon, **1**: 61–85.

722. MCLAREN, I. A. (1958): The biology of the ringed seal (*Phoca hispida* Schreber) in the eastern Canadian Arctic. – Bull. Fish Res. Board Canada, Ottawa, **118**: VII, 1–97.

723. MCLEOD, S. A. & L. G. BARNES (1984): Fossil Desmostylians. – Mem. natur. Hist. Found. Orange City, Huntington Beach, **1**: 39–44.

724. MEEUSE, A. D. (1958): A possible case of interdependence between a mammal and a higher plant. – Arch. neerland. Zool., Leiden, **13** (Suppl. 1): 314–318.

725. MEHELY, L. V. (1914): Fibrinae Hungariae. Die tertiären und quaternären wurzelzähnigen Wühlmäuse Ungarns. – Ann. Mus. nation. Hist., natur. hungar., Budapest, **12**: 155–243.

726. MEIN, P. (1975): Une forme de transition entre deux familles de rongeurs. – Coll. intern. C. N. R. S., Paris, **218**: 759–763.

727. MELENTIS, J. K. (1966): Studien über fossile Vertebraten Griechenlands. 12. Neue Schädel- und Unterkieferfunde von *Pliohyrax graecus* aus dem Pont von Pikermi (Attika) und Halmyropotamus (Euboea). –Ann. géol. pays hellén., Athen, **17**: 182–219.

728. MELLETT, J. S. (1969): Carnassial rotation in a fossil Carnivore. – The amer. Midland Naturalist, Notre Dame, **82** (1): 287–289.

729. – (1977): Palaeobiology of North American Hyaenodon (Mammalia, Creodonta). – Contrib. Vertebr. Evol., Basel-New York, **1**: 1–134 S.

730. MELTON, D. A. (1976): The biology of aardvark (Tubulidentata – Orycteropodidae). – Mammal Review, Oxford-London, **6** (2): 75–88.

731. MENU, H. (1985): Morphotypes dentaires actuels et fossiles des Chiroptères vespertilioninés. 1° partie: Etude des morphologies dentaires. – Palaeovertebrata, Montpellier, **15** (2): 71–128.

732. MERRIAM, J. C. & CH. STOCK (1925): Relationships and structure of the short-faced bear. *Arctotherium*, from the Pleistocene of California. – Publ. Carnegie Instn., Washington, **347**: 1–35.

733. – & – (1932): The Felidae of Rancho La Brea. – Publ. Carnegie Instn., Washington, **122**: 1–232 S.

734. MEYER, G. E. (1973): A new Oligocene *hyrax* from the Jebel Qatrani formation, Fayum, Egypt. – Postilla, New Haven, **163**: 1–11.

735. – (1978): Hyracoidea. – In: MAGLIO, V. J. & H. B. S. COOKE (eds.): Evolution of African mammals. 284–314, Cambridge (Harvard Univ. Press).

736. MICHAUX, J. (1971): Arvicolinae (Rodentia) du Pliocène terminal et du Quaternaire ancien de France ed d'Espagne. – Palaeovertebrata, Montpellier, **4** (5): 137–214.

737. MILLER, F. L. (1974): Age determination of caribou by annulations in dental cementum. – J. Wildlife Managm., Lawrence, **38**: 47–53.

738. MILLER, G. J. (1969): A new hypothesis to explain the method of food investigation used by Smilodon californicus Bovard. – Tebiwa, Pocatello, **12** (1): 9–19.

739. – (1984): On the jaw mechanism of Smilodon californicus Bovard and some other Carnivores. – Occas. Pap., El Centro (Calif.), **7**: IVC Mus. Soc. IV, 1–107 S.

740. MILLER, G. S. (1896): Note on the milk dentition of Desmodus. – Proc. biol. Soc. Washington **1896**: 113–114.

741. – (1907): The families and genera of bats. – Bull. U. S. nation. Mus., Washington, **57**: XVII, 1–282.

742. – (1912): Catalogue of the mammals of Western Europe. – Brit. Mus. natur. Hist. XV + 119, London.

743. – & J. W. GIDLEY (1918): Synopsis of the supergeneric groups of rodents. – J. Washingt. Acad. Sci., **8**: 431–448.

744. MILLS, J. R. E. (1964): The dentitions of Peramus and Amphitherium. – Proc. Linn. Soc., London, **175**: 117–133.

745. – (1966): The functional occlusion of the teeth of Insectivora. – J. Linn. Soc., London, (Zool.) **46**: 1–26.

746. – (1971): The dentition of Morganucodon. – Proc. J. Linn. Soc., London, (Zool.) **50** (Suppl. 1): 29–63.

747. MITCHELL, E. & R. H. TEDFORD (1973): The Enaliarctinae, a new group of extinct aquatic Carnivora and a consideration of the origin of the Otariidae. – Bull. amer. Mus. natur. Hist., New York, **151** (3): 201–284.

748. MITCHELL, B. L. (1965): An unexpected association between a plant and an insectivorous animal. – The Puku (The occas. Pap. Dept. Game & Fish.), Sambia, **3**: 178.

749. MÖBIUS, K. (1861): Die hornigen Kieferplatten des amerikanischen Manatus. – Arch. Naturgesch., Berlin, **27**: 148–156.

750. MOELLER, W. (1969): Die Nebengelenktiere. – Grzimeks Tierleben **11**: 164–194, München (Kindler).

751. MOHR, E. (1943): Sekundäres Wachstum der Robbenzähne. – Sitz. Ber. Ges. naturforsch. Freunde Berlin, **3** 1941: 258–260.

752. MONES, A. (1982): An equivocal nomenclature: What means hypsodonty? – Paläont. Z., Stuttgart, **56**: 107–111.

753. MONTGOMERY, G. G. (ed.) (1978): The Ecology of arboreal folivores. – 1–574 S., Smithson. Instn. Press, Washington.

753a. MORENO, F. P. (1892): Noticia sobre algunos Cetaceos de la Republica Argentina. – Rev. Mus. La Plata, **3**: 385–400.

754. MORRIS, P. (1972): A review of mammalian age determination methods. – Mammal Review, Oxford, **2** (3): 69–104.

755. MORRISON-SCOTT, T. C. S. (1939): On the occurrence of a presumed first milk-molar (m. m. 1) in African elephants. – Proc. zool. Soc., London, **108** (B): 711–713.

756. MORTENSEN, B. K. (1977): Multivariate analysis of morphology and foraging strategies of phyllostomatine bats. – Diss. Ph. D. (unpubl.), 1–188 S., Univ. New Mexico, Albuquerque.

757. MOSS, M. L. (1968): The origin of vertebrate calcified tissues. – In: ØRVIG, T. (ed.): Current problems of lower vertebrate phylogeny. Nobel-Symp., **4**: 359–371, Stockholm.

758. – (1969): Evolution of mammalian dental enamel. – Amer. Mus. Novitates, New York, **2360**: 1–39.

759. MOSS-SALENTJIN, L. (1978): Vestigial teeth in the rabbit, rat and mouse; their relationship to the problem of lacteal dentitions. – In: BUTLER, P. M. & K. A. JOYSEY (eds.): Development funtion and evolution of teeth. 13–29, London (Acad. Press).

760. MOYA-SOLA, S. & J. PONS-MOYA (1982): Myotragus pepgonellae n. sp., un primitivo representante del genero Myotragus Bate, 1909 (Bovidae, Mamm.) en la isla de Mallorca (Baleares). – Acta geol. hispan., Barcelona, **17**: 77–87.

761. MÜLLER, A. H. (1970): Lehrbuch der Paläozoologie III. Vertebraten. Teil 3. Mammalia. – XV + 855 S., Jena (G. Fischer).

762. MÜHLREITER, E. & TH. E. DE JONGE (1928): Anatomie des menschlichen Gebisses – 5. Aufl., Leipzig (Felix).

763. MUIZON, CHR. DE (1981): Les Vertébrés fossiles de la formation Pisco (Pérou) I. Deux nouveaux Monachinae (Phocidae, Mammalia) du Pliocène de Sud-Sacaco. – Rech. grand. civilis., Mém., Paris, **6**: 1–150. (= Trav. Inst. Franç. Etud. Andines **22**).

764. – (1983): Un Ziphiidé (Cetacea) nouveau du Pliocène inférieur du Pérou. – C. R. Acad. Sci., Paris (II) **297**: 85–88.

765. MURRAY, P. (1984): Extinctions down under: A bestiary of extinct Australian Late Pleistocene Monotremes and Marsupials. – In: MARTIN, P. S. & R. G. KLEIN (eds.): Quaternary extinctions. A Prehistoric revolution. 600–628, Univ. Ariz. Press, Tucson.

766. MUSSER, G. G. (1981): The giant rat of Flores and its relatives east of Borneo and Bali. – Bull. amer. Mus. natur. Hist., New York, **169** (2): 67–176.

767. – (1981a): Results of the Archbold Expeditions, No. 105. Notes on systematics of Indo-Malayan murid rodents, and descriptions of new genera and species from Ceylon, Sulawesi, and the Philippines. – Bull. amer. Mus. natur. Hist. New York, **168** (3): 225–334.

768. NADLER, S. C. (1957): Bruxismus, a classification: critical review. – J. amer. dent. Assoc., Chicago, **54**: 615–622.

769. NAEF, A. (1925): Zur Stammesgeschichte der Säuger-Molaren. – Biol. Zentralbl., Leipzig, **45**: 668–676.

770. NAPLES, V. L. (1982): Cranial osteology and function in the tree sloths, Bradypus and Choloepus. – Amer. Mus. Novitates, New York, **2739**: 1–41.

771. NEUVILLE, M. H. (1930): De certains particularités dentaires de Girafidés. – Bull. amer. Mus. natur. Hist., Paris, (2) **2**: 604–608.

772. NIEMITZ, C. (ed.) (1983): Biology of Tarsius. – 1–380 S., Stuttgart (Enke).

773. NIETHAMMER, J. (1980): Eine Hypothese zur Evolution microtoider Molaren bei Nagetieren. – Z. Säugetierkde., Hamburg, **45** (4): 234–238.

774. NIKOLOV, I. & E. THENIUS (1967): Schizochoerus (Suidae, Mammalia) aus dem Pliozän von Bulgarien. – Ann. naturhist. Mus., Wien, **71**: 329–340.

775. NISHIWAKI, M. & T. YAGI (1953): On the age and the growth of teeth in a delphin (Prodelphinus caerulo-albus). – Scient. Report Whales Res. Inst., Tokyo, **8**; 133–145.

776. NOVACEK, M. (1976): Insectivora and Proteutheria of the Late Eocene (Uintan) of San Diego County, California. – Contr. Sci. Los Angeles natur. Hist. Mus., **283**: 1–52.

777. NOVACEK, M. J. (1986): The primitive eutherian dental formula. – J. Vertebrate Paleont., Lawrence, **6** (2): 191–196.

778. NOWAK, R. M. & J. L. PARADISO (1983): Walker's mammals of the World I + II. – 4. ed. 1–1362 S., Baltimore & London (J. Hopkins).

779. OBERGFELL, F. A. (1957): Vergleichende Untersuchungen an Detitionen und Dentale altburdigaler Cerviden von Wintershof-West in Bayern und rezenter Cerviden (Eine phylogenetische Studie). – Palaeontographica, Stuttgart, (A) **109**: 71–166.

780. OGNEV, S. I. (1959): Säugetiere und ihre Welt. – VIII + 362, Berlin (Akad. Verlag).

781. ORLOV, Y. A. (ed.) (1968): Fundamentals of Paleontology **13**: Mammals. – Israel Progr. Scient. Transl., VI + 585 S., Jerusalem.

782. Osborn, H. F. (1888): The evolution of mammalian molars to and from the triangular type. – Amer. Naturalist, Lancaster, **22**: 1067–1079.

783. – (1898): The extinct Rhinoceroses. – Mem. amer. Mus. natur. Hist., New York, **1** (3): 75–164.

784. – (1898a): Evolution of the Amblypoda. Pt. I. Tardigrada and Pantodonta. – Bull. amer. Mus. natur. Hist., New York, **10**: 169–218.

785. – (1899): On *Pliohyrax kruppi* Osborn, a fossil hyracoid from Samos, lower Pliocene, in the Stuttgart Collection. – Proc. 4. Intern. Congr. Zool. Cambridge 1898., 172–173, London.

786. – (1904): Palaeontological evidence for the original tritubercular theory. – Amer. J. Sci., New Haven, (4) **17**: 321–323.

787. – (1906): Milk dentition of the hyracoid *Saghatherium* from the upper Eocene of Egypt. – Bull. amer. Mus. natur. Hist., New York, **23**: 263–266.

788. – (1907): Evolution of mammalian molar teeth. – Biol. Stud. & Addr. **1** IX + 250 S., New York.

789. – (1913): *Eomoropus*, an American Eocene chalicothere. – Bull. amer. Mus. natur. Hist., New York, **32** (14): 261–274.

790. – (1918): Equidae of the Oligocene, Miocene and Pliocene of North America. – Mem. amer. Mus. natur. Hist., New York, (n. s.) **2** (1): 1–217.

791. – (1924): *Andrewsarchus*, giant mesonychid of Mongolia. – Amer. Mus. Novitates, New York, **146**: 1–5.

792. – (1929): The Titanotheres of ancient Wyoming, Dakota, and Nebraska. – U. S. geol. Surv., Monogr. **55** XXIV + 894 S., (2 Bde.), Washington.

793. Osborn, H. F. (1936): Proboscidea I. Moeritherioidea, Deinotherioidea, Mastodontoidea. – XL + 802 S., New York (Amer. Mus. Press).

794. – (1936a): *Amynodon mongoliensis* from the Upper Eocene of Mongolia. – Amer. Mus. Novitates, New York, **859**: 1–9.

795. – (1942): Proboscidea II. Stegodontoidea, Elephantoidea. – XXVII, 805–1675 S., New York (Amer. Mus. Press).

796. Osborn, J. W. (1973): The evolution of dentitions. The study of evolution suggests how the development of mammalian dentitions may be controlled. – Amer. Scientist., New Haven, **61**: 548–559.

797. – (1977): The interpretation of patterns in dentitions. – J. Linn. Soc., London, (Biol.) **9**: 217–229.

798. – (1978): Morphogenetic gradients: Field versus clones. – In: Butler, P. M. & K. A. Joysey (eds.): Development, function, and evolution of teeth. 171–201, London (Acad. Press).

799. – (1984): From Reptil to Mammal: Evolutionary considerations of the dentition with emphasis on tooth attachement. – Symposia zool. Soc. London **52**: 549–574 (Acad. Press).

800. – & A. W. Crompton (1973): The evolution of mammalian from reptilian dentitions. – Breviora, Cambridge/Mass., **399**: 1–18.

801. – & A. G. S. Lumsden (1978): An alternative to „thegosis" and a re-examination of the ways in which mammalian molar work. – N. Jb. Geol. Paläont., Abh., Stuttgart, **156**: 371–392.

802. Osgood, W. H. (1921): A monographic study of the American marsupial, *Caenolestes*. – Field Mus. natur. Hist. Publ. (Zool.), Chicago, **207** 14 (1): 1–162.

803. Owen, R. (1840–1845): Odontography; or a treatise on the comparative anatomy of the teeth I & II; (their physiological relations, mode of development, and microscopic structure, in the vertebrate animals). – LXXIV + 655 S., London (Hippolyte Baillière).

804. – (1861): Memoir on the Megatherium or giant ground-sloth of America (*Megatherium americanum* Cuvier). – 1–84 S., London (Williams & Norgate).

805. – (1870): On the fossil mammals of Australia Pt. III. *Diprotodon australis* Owen. – Philos. Trans. r. Soc., London, **160** Art. 23: 519–578.

806. – (1871): On the fossil mammals of Australia IV. Dentition and Mandible of *Thylacoleo carnifex*, with remarks on the arguments for its herbivory. – Philos. Trans. r. Soc., London, **161** (1) Art. 9: 213–266.

806a. – (1872): On the fossil mammals of Australia. Pt. V. Genus *Nototherium*. – Philos. Trans. r. Soc., London, **162**: 41–82.

807. Owen, R. (1872a): On the fossil mammals of Australia. Pt. VII. Genus *Phascolomys*: species exceeding the existing ones in size. – Philos. Trans. r. Soc., London, **162**: 241–258.

808. – (1875): On *Prorastomus sirenoides* (Owen). Pt. II. – Quart. J. geol. Soc., London, **31**: 559–667.

808a. Parker, W. K. (1885): On the structure and development of the skull in the Mammalia. Part II. Edentata. – Philos. Trans. r. Soc., London, **176**: 1–119.

809. Parrington, B. (1971): On the Upper Triassic mammals. – Philos. Trans. r. Soc., London, (B) **261**: 231–272.

810. Parrington, F. R. (1936): On the tooth-replacement in theriodont reptiles. – Philos. Trans. r. Soc., London, (B) **226**: 121–142.

811. – (1959): The angular process of the dentary. – Ann. Magaz. natur. Hist., London, (13) **2**: 505–512.

812. Patterson, B. (1933): A new species of the amblypod *Titanoides* from western Colorado. – Amer. J. Sci., New Haven, **25**: 415–425.

813. – (1934): Upper premolar molar structure in the Notoungulata with notes on taxonomy. – Field Mus. natur. Hist. Publ. (Geol.), Chicago, **6** (6): 91–111.

814. – (1940): An adianthine litoptern from the Deseado formation of Patagonia. – Field Mus. natur. Hist. Publ. (Geol.), Chicago, **8** (2): 13–20.

815. – (1949): Rates of evolution in Taeniodonts. – In: Jepsen, G. L., G. G. Simpson & E. Mayr (eds.): Genetics, paleontology, and evolution. 243–278, Princeton (Univ. Press).

816. – (1956):Early Cretaceous mammals and the evolution of mammalian molar teeth. – Fieldiana, Geol., Chicago, **13**: 1–105.

817. – (1958): Affinities of the Patagonian fossil mammal *Necrolestes*. – Breviora, Cambridge/Mass., **94**: 1–14.

818. – (1965): The fossil elephant shrews (Family Macroscelididae). – Bull. Mus. compar. Zool.., Cambridge/Mass., **133** (6): 295–335.

819. – (1975): The fossil Aardvarks (Mammalia: Tubulidentata). – Bull. Mus. compar. Zool., Cambridge/Mass., **147** (5): 185–237.

820. – (1977): A primitive pyrothere (Mammalia, Notoungulata) from the early Tertiary of Northwestern Venezuela. – Fieldiana, Geol., Chicago, **33** (22): 397–422.

821. Patton, Th. H. & B. E. Taylor (1971): The Synthetoceratinae (Mammalia, Tylopoda, Protoceratidae). – Bull. amer. Mus. natur. Hist., New York, **145**: 119–218.

822. Paula Couto, C. de (1952): Fossil mammals from the beginning of the Cenozoic in Brazil. Condylarthra, Litopterna, Xenungulata, and Astrapotheria. – Bull. amer. Mus. natur. Hist., New York **99** (6): 355–394.

823. Paula Couto, C. de (1952a): Fossil mammals from the beginning of the Cenozoic in Brazil: Marsupialia. Polydolopidae and Borhyaenidae. – Amer. Mus. Novitates, New York, **1559**: 1–27.

824. – (1979): Tratado de Paleomastozoologia. – 1–590 S., Rio de Janeiro (Acad. Brasil. Cienc.).

825. Payne, S. (1985): Morphological distinctions between the mandibular teeth of young sheeps *Ovis* and goats *Capra*. – J. archaeolog. Soc., London, **12**: 139–147.

826. Peters, S. & M. Strassburg (1969): Zur Frage der ersten Dentition bei Kaninchen und Maus. – Z. Säugetierkde., Hamburg, **34**: 91–97.

827. Peters, W. K. (1880): Die Fledermäuse des Berliner Museums für Naturkunde. – 81 Tafeln (kein Text), Berlin.

828. Peters, W. C. H. (1852): Naturwissenschaftliche Reise nach Mossambique … I. Säugethiere. – XVI + 202 S., Berlin (Reimer).

829. PETERSEN, S. & E. W. BORN (1982): Age determination of the Atlantic walrus, *Odobenus rosmarus rosmarus* (Linnaeus), by means of mandibular growth layers. – Z. Säugetierkde., Hamburg, **47**: 55–62.

830. PETERSON, R. L. (1965): A review of the flat-headed bats of the family Molossidae from South America and Africa. – Contr. Life Sci. Div., r. Ontario Mus., Toronto, **64**: 1–32.

831. – & M. B. FENTON (1970): Variation in the bats of the genus *Harpyionycteris* with description of a new race. – Occ. pap. Div. Life Sci. r. Ontario Mus., Toronto, **17**: 1–15.

832. PETTER, F. (1962): Monophylétisme ou polyphylétisme des rongeurs malgaches. – Coll. intern. C. N. R. S., Paris, **104**: 310–310.

833. PETTER, J. J. & A. PEYRIERAS (1970): Nouvelle contribution à l'étude d'un lémurien malgache, le aye-aye (*Daubentonia madagascariensis* E. Geoffroy). – Mammalia, Paris, **34** (2): 167–193.

834. –, A. SCHILLING & G. PARIENTE (1971): Observations éco-éthologiques sur deux lémuriens malgaches nocturnes: *Phaner furcifer* et *Microcebus coquereli*. – Terre & la vie **3**: 287–327, Paris.

835. PEYER, B. (1963): Die Zähne. Ihr Ursprung, ihre Geschichte und ihre Aufgabe. – Verstdl. Wiss. **79**: VII + 102 S., Berlin (Springer).

836. PHILLIPS, C. J. (1971): The dentition of Glossophagine bats. Development. morphological characteristics, variation, pathology, and evolution. – Misc. Publ. Mus. natur. Hist., Univ. Kansas, Lawrence, **54**: 1–138.

837. – & B. STEINBERG (1976): Histological and scanning electron microscopic studies of tooth structure and thegosis in the common vampire bat, *Desmodus rotundus*. – Occas. Pap. Mus. Texas Tech. Univ., Lubbock, **42**: 1–12.

838. PICKFORD, M. (1977): Pre-human fossils from Pakistan. – New Scientist, London, **75** (1068): 578–580.

839. – (1978): The taxonomic status and distribution of *Schizochoerus* (Mammalia, Tayassuidae). – Tertiary Res., London, **2** (1): 29–38.

840. – (1983): On the origin of hippopotamidae (together with descriptions of two species, a new genus and a new subfamily from the Miocene of Kenya). – Geobios, Lyon, **16** (2): 193–217.

841. PIJL, L. VAN DER (1934): The relations between flowers and higher animals. – Hongkong Naturalist, **5**: 176–181.

842. PILBEAM, D., G. E. MEYER, C. BADGLEY, M. D. ROSE, M. H. L. PICKFORD, A. K. BEHRENSMEYER & S. M. I. SHAH (1977): New hominoid primates from the Siwaliks of Pakistan and their bearing on hominoid evolution. – Nature, London, **270**: 689–695.

843. PILGRIM, G. E. (1926): The fossil suidae of India. – Palaeont. indica, Calcutta, (n. s.) **8** (4): 1–65.

844. PILLERI, G. (1960): Comparative anatomical investigations on the central nervous system of rodents, and relationships between brain form and taxonomy. – Rev. suisse Zool.,Genève, **67**: 373–386.

845. – (1986): Pygmy sperm whales (*Kogia*) in the Italian Pliocene. – Investigations on Cetacea, Bern, **18**: 133–144.

846. – (1986a): The taxonomic status of „*Schizodelphis elongatus*" = *Miokogia elongatus* (Probst, 1886) (Cetacea, Physeteridae). – Investigations on Cetacea, Bern, **18**: 155–162.

847. PIVETEAU, J. (1958): Traité de Paléontologie VI/2. Mammifères. – 1–962 S., Paris (Masson & Cie.).

848. POCOCK, R. I. (1916): On some of the external characters of *Cryptoprocta*. – Ann. Magaz. natur. Hist., London, (8) **17**: 413–425.

849. – (1924): The external characters of the pangolins (Manidae). – Proc. zool. Soc. London, **1924**: 707–723.

850. – (1940): some notes on the dugong. – Ann. Magaz. natur. Hist., London, (11) **5**: 329–345.

851. PODUSCHKA, W. & CHR. (1983): Zahnklassifizierung und Gaumenfalten bei *Geogale aurita* Milne-Edw. & Grand., 1872 (Insectivora, Tenrecidae). – Biol. Rundsch., Leipzig, **21**: 357–361.

852. POHLE, H. (1923): Über den Zahnwechsel der Bären. – Zool. Anz., Leipzig, **55**: 266–277.

853. POHLIG, H. (1888 u. 1891): Dentition und Kranologie des *Elephas antiquus* Falc. I & II. – Nova Acta Acad. Leopold., Halle/Saale, **53** (1): 1–280 und **57** (5): 267–466.

854. POHLIG, H. (1885): Über eine Hipparionen-Fauna von Maragha in Nordpersien, über fossile Elephantenreste Kaukasiens und Persiens und über die Resultate einer Monographie der fossilen Elephanten Deutschlands und Italiens. – Z. deutsch. geol. Ges., Berlin, **37**: 1022–1027.

855. POLLOCK, J. J. (1975): Field observations on *Indri indri*: a preliminary report. – In: TATTERSALL, I. & R. W. SUSSMAN (eds.): Lemur Biology. 287–311, New York.

856. POND, C. W. (1977): The significance of lactation in the evolution of mammals. – Evolution, Lawrence, **31**: 177–199.

857. POSTL, W. & F. WALTER (1984): Biomineralogie: Leben mit Kristallen. – 2. Aufl., Kat. z. Sd. Austellg. 1–52, Graz.

858. PRICE, L. I. & C. DE PAULA COUTO (1950): Vertebrados terrestras do Eoceno na bacia calcarea de Itaborai. – Anal. 2. Congr. Panamer. Eng. Minas Geol. **3**: 149–173, Rio de Janeiro.

859. PROTHERO, D. R. (1981): New Jurassic mammals from Como Bluff, Wyoming, and the interrelationships of nontribosphenic Theria. – Bull. amer. Mus. natur. Hist., New York, **167**: 279–325.

860. RABEDER, G. (1972): Ein neuer Soricide (Insectivora) aus dem Alt-Pleistozän von Deutsch-Altenburg 2 (Niederösterr.). – N. Jb. Geol. Paläont., Mh., Stuttgart, **1972**: 635–642.

861. – (1981): Die Arvicoliden (Rodentia, Mammalia) aus dem Pliozän und dem älteren Pleistozän von Niederösterreich. – Beitr. Paläont. Österr., Wien, **8**: 1–373.

862. – (1982): *Dimylosorex* (Insectivora, Mammalia) im Altpleistozän von Deutsch-Altenburg (Niederösterreich). – Beitr. Paläont. Österr., Wien, **9**: 233–251.

863. – (1983): Neues vom Höhlenbären. Zur Morphogenetik der Backenzähne. – Die Höhle, Wien, **34** (2): 67–85.

864. – (1986): Herkunft und frühe Evolution der Gattung *Microtus* (Arvicolidae, Rodentia). – Z. Säugetierkde., Hamburg, **51**: 350–367.

865. RADINSKY, L. B. (1963): Origin and early evolution of North American Tapiroidea. – Bull. Peabody Mus. natur. Hist., New Haven, **17**: 1–106.

866. – (1964): *Paleomoropus*, a new early Eocne chalicothere (Mamm. Periss.) and a revision of *Eocene chalicotheres*. – Amer. Mus. Novitates, New York, **2179**: 1–28.

867. – (1966): The families of the Rhinocerotoidea (Mammalia, Perissodactyla). – J. Mammal., Baltimore, **47**: 631–639.

868. – (1967): A review of the rhinocerotoid family Hyracodontidae (Perissodactyla). – Bull. amer. Mus. natur. Hist., New York, **136** (1): 1–46.

869. – & S.-Y. TING (1984): The skull of *Ernanodon*, an unusual fossil mammal. – J. Mamm., Lawrence, **65**: 155–158.

870. RAHM, U. (1964): Das Verhalten der Klippschliefer. – Handb. Zool. 8/10/23b (37. Liefg.): 1–23, Berlin (de Gruyter).

871. RAK, Y. (1983): The Australopithecine face. – 1–169 S., Orlando/Flor. (Acad. Press).

872. RAMFJORD, S. P. & M. ASH (1968): Physiologie und Therapie der Okklusion. – 1–333 S., Berlin (Verlg. Quintessenz.)

873. RATHBUN, G. B. (1979): The social structure and ecology of Elephant-shrews. – Fortschr. Verh.forschg., Hamburg, **20**: 1–76.

874. REDFORD, K. H. (1983): Mammalian myrmecophagy:

Feeding, foraging and food preference. – 1–309 S., Univ. Microfilms Intern., Harvard Univ., London.

875. REEDER, W.G. (1953): The deciduous dentition of the fish eating bat. *Pizonyx vivesi*. – Occas. Pap. Mus. Zool. Univ. Michigan, Ann Arbor, **545**: 1–3.

876. REIF, W.-E. & E. FREY (1980): Butlers Gradienten. Osborns Klone und die eutherische Zahnformel. – 54. Hauptvers. Dtsch. Ges. Säugetierkde. Tübingen Sept. 1980, S. 25.

877. REIG, O.A. & G.G. SIMPSON (1972): *Sparassocynus* (Marsupialia, Didelphidae), a peculiar mammal from the late Cenozoic of Argentina. – J. Zool. London, **167**: 511–539.

878. REINHART, R.H. (1951): A new genus of sea cow from the Miocene of Colombia. – Unic. Calif. Publ. (Geol.), Berkeley, **28** (9): 203–214.

879. – (1953): Diagnosis of a new mammalian order, Desmostylia. – J. Geol., Boulder, **61** (2): 187.

880. – (1959): A review of the Sirenia and Desmostylia. – Publ. Univ. Calif. (Geol.), Berkeley & Los Angeles, **36** (1): 1–146.

881. – (1982): The extinct mammalian Order Desmostylia. – Nation. Geogr. Soc., Res. Reports., Washington, **14**: 549–555.

882. REINWALDT, E. (1961): Über Zahnanomalien und die Zahnformel der Gattung *Sorex* Linné. – Årkiv. Zool., Stockholm, **13**: 533–539.

883. REMANE, A. (1927): Studien über die Phylogenie des menschlichen Eckzahns. – Z. Anat. Entw.gesch., Berlin, **82**: 391–481.

884. – (1927a): Zur Meßtechnik der Primatenzähne. – In: ABDERHALDEN. Handb. d. biol. Arbeitsmethoden **7**: 609–635, Berlin.

885. – (1960): Zähne und Gebiß. – Primatologia, Basel, **3**: 637–846.

886. RENSBERGER, J.M. (1971): Entoptychine pocket gophers (Mammalia, Geomyoidea) of the early Miocene John Day formation, Oregon. – Publ. Univ. Calif. (Geol.), Berkeley, **90**: 1–209.

887. – (1973): An occlusion model for mastication and dental wear in herbivorous mammals. – J. Paleont., Lawrence, **47**: 515–528.

888. – (1973a): Pleurolicine rodents (Geomyoidea) of the John Day formation, Oregon. – Publ. Univ. Calif. (Geol.), Berkeley, **102**: 1–95.

889. – (1979): *Promylagaulus*, progressive aplodontoid rodents of the early Miocene. – Contr. Sci., Los Angeles County Mus. natur. Hist. **312**: 1–18.

890. RENSBERGER, J.M. (1981): Evolution in a late Oligocene – early Miocene succession of meniscomyine rodents in the Deep River formation, Montana. – J. Vertebrate Paleont., Norman, **1** (2): 185–209.

891. RENSBERGER, J.M. (1986): Early chewing mechanisms in mammalian herbivores. – Paleobiology, Lawrence, **12** (4): 474–494.

891a. REPENNING, CH.A. (1967): Subfamilies and genera of the Soricidae. – Geol. Surv. Prof. Pap., Washington, **565**: 1–74.

892. – (1968): Mandibular musculature and the origin of the subfamily Arvicolinae (Rodentia). – Acta zool. Cracov., **13** (3): 29–72.

893. – (1976): *Enhydra* and *Enhydriodon* from the Pacific coast of North America. – J. Res. U.S. geol. Surv., Washington, **4** (3): 305–315.

894. – & R.H. TEDFORD (1977): Otarioid seals of the Neogene. – Prof. Pap. geol. Surv., Washington, **992** VI + 93 S.

895. REUMER, J.W.F. (1980): On the Pleistocene shrew *Nesiotites hidalgo* BATE, 1944 form Majorca (Soricidae, Insectivora). – Proc. konin. nederl. Akad. Wetensch., Amsterdam, (B) **83**: 39–68.

896. – (1984): Ruscinian and early Pleistocene Soricidae (Insectivora, Mammalia) from Tegelen (The Netherlands) and Hungary. – Scripta geol., Leiden, **73**: 1–140.

897. RICH, TH.H.V. (1981): Origin and history of the Eri-

naceinae and Brachyericinae (Mamm., Insect.) in North America. – Bull. amer. Mus. natur. Hist., New York, **171** (1): 1–116.

898. RICHARD, A. (1974): Intraspecific variation in the special organization and ecology of *Propithecus verreauxi*. – Folia primat., Basel, **22**: 178–207.

899. RICHTER, G. (1982): Ernährung von Insectivoren aus dem Eozän von Messel. – Natur & Mus., Frankfurt/M., **119**: 255.

900. RIDE, W.D.L. (1959): Mastication and taxonomy in the macropodine skull. – Publ. System. Assoc., London, **3**: 33–59.

901. – (1962): On the evolution of Australian Marsupials. – In: LEEPER, G.W.: The evolution of living organisms. 281–306, Univ. Press, Melbourne.

902. – (1964): A review of Australian fossil Marsupials. – J. r. Soc. West. Austr., Perth, **47**: 97–131.

903. RIGGS, E.S. (1899): The Mylagaulidae: An extinct family of sciuromorph rodents. – Publ. Field Columbian Mus., Chicago, **34**: 179–198.

904. – (1934): A new marsupial saber-tooth from the Pliocene of Argentina and its relationships to other South American predaceous marsupials. – Trans. Amer. philos. Soc., Philadelphia, (n.s.) **24**: 1–32.

905. – & B. PATTERSON (1935): Description of some notoungulates from the Casamayor (*Notostylops* beds) of patagonia. – Proc. Amer. philos. Soc., Philadelphia, **75** (2): 163–215.

906. RINGSTRÖM, T. (1924): Nashörner der Hipparion-Fauna Nord-Chinas. – Palaeontologia sinica, Peking, (C) **1** 4: 1–156.

907. RITCHIE, J. & A.J.H. EDWARD (1912): On the occurrence of functional teeth in the upper jaw of the sperm whale. – Proc. r. Soc. Edinburgh, **33**: 166–168.

908. ROBBINS, L.W. (1983): Evolutionary and biogeographical relationships in the family Emballonuridae (Mammalia, Chiroptera). – Univ. Microfilms Intern. (Texas Techn. Univ.) 1–54, London.

909. ROBINSON, J.T. (1956): The dentition of the Australopithecinae. – Mem. Transvaal Mus., Pretoria, **9**: 1–179.

910. – & E.F. ALLIN (1966): On the Y of the *Dryopithecus* pattern of mandibular molar teeth. – Amer. J. phys. Anthrop., New York, **25**: 323–324.

911. RÖSE, C. (1892): Beiträge zur Zahnentwicklung der Edentaten. – Anat. Anz., Jena, **7**: 495–512.

912. – (1892a): Über die Zahnentwicklung der Beutelthiere. – Anat. Anz., Jena, **7**: 693–707.

913. – (1892b): Zur Phylogenie des Säugethiergebisses. – Biol. Cbl., Leipzig, **12** (20): 624–638.

914. – (1892c): Über rudimentäre Zahnanlagen der Gattung *Manis*. – Anat. Anz., Jena, **7**: 618–622.

915. ROMAN, F. & L. JOLEAUD (1909): Le Cadurcotherium de l'isle-sur-Sorgues et revision du genre *Cadurcotherium*. – Arch. Mus. Hist. natur., Lyon, **10**: 1–52.

916. ROMER, A.S. (1966): Vertebrate Paleontology. – 3ᵈ edit. IX–468 S., Univ. Press, Chicago.

917. ROSE, K.D. (1978): A new Paleocene epoicotheriid (Mammalia), with comments on the Palaeonodonta. – J. Paleont., Tulsa, **52**: 658–674.

918. – (1989): A new Paleocene palaeanodont and the origin of the Metacheiromyidae (Mammalia). – Breviora, Cambridge, **455**: 1–13.

919. – (1982): Skeleton of *Diacodexis*, oldest known Artiodactyl. – Science, Washington, **216**: 621–623.

920. – (1982a): Anterior dentition of the early Eocene plagiomeniid dermopteran *Worlandia*. – J. Mammal., Lawrence, **63**: 179–183.

921. – & R.J. EMRY (1983): Extraordinary fossorial adaptations in the Oligocene palaeoanodonts *Epoicotherium* and *Xenocranium* (Mammalia). – J. Morph., Philadelphia, **175**: 33–56.

922. – & D.W. KRAUSE (1982): Cyriacotheriidae, a new family of early Tertiary Pantodonts from Western North America. – Proc. amer. philos. Soc., Philadelphia, **126** (1): 26–50.

923. Rose, K. D. & E. L. Simons (1977): Dental function in the Plagiomenidae: Origin and relationships of the mammalian order Dermoptera. – Contr. Mus. Paleont., Univ. Michigan, Ann Arbor, **24** (20): 221–236.

924. –, Th. M. Bown & E. L. Simons (1977): An unusual new mammal from the Early Eocene of Wyoming. – Postilla, New Haven, **172**: 1–10.

925. –, A. Walker & L. L. Jacobs (1981): Function of the mandibular tooth comb in living and extinct mammals. – Nature, London, **289** (5798): 583–585.

926. Rosenberger, A. L. (1981): A mandible of *Branisella boliviana* (Platyrrh., Primates) from the Oligocene of South America. – Intern. J. Primatol., New York, **2** (1): 1–7.

927. – & W. G. Kinzey (1976): Functional patterns of molar occlusion in platyrrhine primates. – Amer. J. phys. Anthrop., New York, **45**: 281–298.

928. –, E. Strasser & E. Delson (1985): Anterior dentition of *Notharctus* and the Adapid Anthropoid Hypothesis. – Folia primat., Basel, **44**: 15–39.

929. Rosevear, D. R. (1965): The bats of West Africa. – XVII + 418 S., Brit. Mus. Natur. Hist., London.

930. – (1969): The rodents of West Africa. – XII + 604 S., Brit. Mus. Natur. Hist., London.

931. – (1974): The Carnivores of West Africas. – XII + 540 S., Brit. Mus. Natur. Hist., London.

932. Roth, C. (1985): Kauzyklus und Usurfacetten von *Microchoerus* Wood, 1844 (Omomyiformes, Primates). – Mainzer geowiss. Mitt., Mainz, **14**: 287–306.

933. Roth, S. (1903): Los ungulados sudamericanos. – Anal. Mus. La Plata, Paleont. Argentina, Buenos Aires, **5**: 1–36.

934. – (1927): La diferenciacion del sistema dentario en los ungulados, notoungulados y primates. – Rev. Mus. La Plata, Buenos Aires, **30**: 171–255.

935. Rothausen, K. (1968): Die systematische Stellung der europäischen Squalodontidae (Odontoceti, Mammalia). – Paläont. Z., Stuttgart, **42**: 83–104.

936. Rovereto, C. (1914): Los estratos Araucanos y sus fósiles. – Anal. Mus. nacion. Hist. natur., Buenos Aires, **25**: 1–250.

937. Rümke, C. G. (1985): A review of fossil and recent Desmaninae (Talpidae, Insectivora). – Utrecht Micropaleont. Bull., Spec. Publ., **4**: 1–241.

938. Russell, D. E. (1964): Les mammifères paléocènes d'Europe. – Mém. Bull. Mus. nation. Hist. natur., Paris, (n. s.) (C) **13**: 1–324.

939. – (ed.) (1986): 7th Internat. Symposium on Dental Morphology. – 20.–25. 5. 1985, Paris.

940. Russell, L. S. (1959): The dentition of rabbits and the origin of the Lagomorpha. – Bull. nation. Mus. Canada, Ottawa, **166**: 41–45.

941. Ryan, A. S. (1979): Wear situation direction on primate teeth: A scanning electron microscopic examination. – Amer. J. phys. Anthrop., Philadelphia, **50**: 155–168.

942. Sabatier, M. (1982): Les rongeurs du site pliocene à hominidés de Hadar (Ethiopie). – Palaeovertebrata, Montpellier, **12** (1): 1–56.

943. Sahni, A. & V. P. Mishra (1972): A new species of *Protocetus* (Cetacea) from the Middle Eocene of Kutch, Western India. – Palaeontology, London, **15** (3): 490–495.

944. Sale, J. B. (1966): Daily food consumption and mode of ingestion in the hyrax. – J. East Afric. natur. Hist. Soc., Nairobi, **25** (3): 215–224.

945. Saunders, J. J. (1979): A close look at ivory. – The Living Museum, Springfield, **41** (4): 56–59.

946. Savage, D. E. (1951): A Miocene phyllostomatid bat from Colombia, South America. – Publ. Univ. Calif., Berkeley, (Geol.) **28**: 357–366.

947. –, D. E. Russell & P. Louis (1965): European Eocene Equidae (Perissodactyla). – Publ. Univ. Calif., Berkeley, (Geol.) **56**: 1–94.

948. Savage, R. J. G. (1976): Review of early Sirenia. – System. Zool., New York, **25** (4): 344–351.

949. Schaller, G. B. (1965): Unsere nächsten Verwandten. – 1–303 S., Bern-Wien (Scherz).

950. Schaub, S. (1920): *Melissiodon*, nov. gen., ein bisher übersehener oligocäner Muride. – Senckenbergiana, Frankfurt/M., **2** (1): 43–47.

951. – (1928): Der Tapirschädel von Haslen. – Abh. schweizer. paläont. Ges., Basel, **47**: 1–28.

952. – (1938): Tertiäre und quartäre Murinae. – Abh. schweizer. paläont. Ges. **61**: 1–39.

953. – (1948): Das Gebiß der Elephanten. – Verh. naturf. Ges., Basel, **59**: 89–112.

954. – (1953): Remarks on the distribution and classification of the „Hystricomorpha". – Verh. naturf. Ges. Basel, **46**: 389–400.

955. – (1958): Simplicidentata (= Rodentia). – In: Piveteau, J. (éd.): Traité de Paléontologie VI (2): 659–818, Paris (Masson & Cie.).

956. – & H. Zapfe (1953): Die Fauna der miozänen Spaltenfüllung von Neudorf an der March (ČSR). Simplicidentata. – Sitz. Ber. österr. Akad. Wiss., math.-naturw. Kl. I,, Wien, **162** (3): 181–215.

957. Scheffer, V. B. (1950): Growth layers on the teeth of Pinnipedia as an indication of age. – Science, Washington, **112** (1907): 309–311.

958. – (1958): Seal, sea lions and walruses. A review of the Pinnipedia. – X + 179 S., Univ. Press, Stanford.

959. Schlaikjer, E. M. (1933): A detailed study of the structure and relationships of a new zalambdodont insectivore from the Middle Oligocene. – Bull. Mus. compar. Zool., Cambridge/Mass., **76** (1): 1–27.

960. – (1937): A new tapir from the lower Miocene of Wyoming. – Bull. Mus. compar. Zool., Cambridge/Mass., **80** (4): 231–251.

961. Schlesinger, G. (1917): Die Mastodonten des k. k. naturhistorischen Hofmuseums. (Morphologisch-phylogenetische Untersuchungen). – Denk-Schr. k. k. naturhist. Mus., Wien, **1**: XIX + 230 S.

962. – (1921): Die Mastodonten der Budapester Sammlungen. – Geol. hungar., Budapest, **2** (1): 1–284 S.

963. Schlosser, M. (1887): Beiträge zur Kenntnis der Stammesgeschichte der Hufthiere und Versuch einer Systematik der Paar- und Unpaarhufer. – Morph. Jb., Leipzig, **12**: 1–136.

964. – (1903): Die fossilen Säugethiere Chinas, nebst einer Odontographie der rezenten Antilopen. – Abh. kgl. bayer. Akad. Wiss., math.-phys. Kl., München, **22** (1): 1–221.

965. – (1911): Beiträge zur Kenntnis der oligozänen Landsäugetiere aus dem Fayum: Ägypten. – Beitr. Paläont. Geol. Österr.-Ung., Wien, **24**: 51–167.

966. – (1923): Mammalia (Säugetiere). – In: Zittel, K. A. von: Grundzüge der Paläontologie II. Vertebrata. 4. Aufl. 402–689, München (Oldenbourg).

966a. Schmid, E. (1972): Atlas of animal bones – Tierknochenatlas. – Amsterdam (Elsevier).

967. Schmid, P. (1983): Front dentition of the Omomyiformes (Primates). – Folia primat., Basel, **40**: 1–10.

968. Schmidt-Kittler, N. (1971): Odontologische Untersuchungen an Pseudosciuriden (Rodentia, Mammalia) des Alttertiärs. – Abh. bayer. Akad. Wiss., math.-naturw. Kl., München, n. F. **150**: 1–133.

969. – (1973): Dimyloides-Neufunde aus der oberoligozänen Spaltenfüllung „Ehrenstein 4" (S-Deutschld.) und die systematische Stellung der Dimyliden (Insectivor, Mammalia). – Mitt. bayer. Staatssmgl. Paläont. histor. Geol., München, **13**: 115–139.

970. – (1981): Zur Stammesgeschichte der marderverwandten Raubtiergruppen (Musteloidea, Carnivora). – Eclogae geol. Helv., Basel, **74** (3): 753–801.

971. Schoch, R. M. (1982): Phylogeny, classification and paleobiology of the Taeniodonta (Mammalia: Eutheria). – 3d North Amer. Paleont., Proc. **2**: 465–470, Toronto.

972. – & S. G. Lucas (1981): The systematic of *Stylinodon*, an Eocene Taeniodont (Mammalia) from Western

North America. – J. Vertebrate Paleont., Norman, **1** (2): 175–182.

973. –&– (1981a): New Conoryctines (Mammalia: Taeniodonta) from the Middle Paleocene (Torrejonian) of Western North America. – J. Mammal, Norman, **62** (4): 683–691.

974. SCHREUDER, A. (1940): A revision of the fossil water-moles (Desmaninae). – Arch. néderl. Zool., Leiden, **4** (2/3): 201–333.

975. SCHÜRER, U. (1980): Wiederkäuähnliche Verhaltensweise von Känguruhs (Macropodidae). – Z. Säugetierkde., Hamburg, **45**: 1–12.

976. SCHULTZ, C. B. & C. H. FALKENBACH (1940–1954): Contributions to the revision of the Oreodonts (Merycoidodontidae) I–VI. – Bull. amer. Mus. natur. Hist., New York, **77**: 1–105, **79**: 143–256 u. **105**: 213–306.

977. SCHULTZ, C. B., M. R. SCHULTZ & L. D. MARTIN (1970): A new tribe of sabertoothed cats (Barbourofelini) from the Pliocene of North America. – Bull. Univ. Nebraska State Mus., Lincoln, **9** (1): 1–35.

978. SCHUMACHER, G. H. (1961): Funktionelle Morphologie der Kaumuskulatur. – Jena (G. Fischer).

979. – & H. SCHMIDT (1976): Anatomie und Biochemie der Zähne. – 2. Aufl. 1–589 S., Stuttgart (Fischer).

980. SCHWARTZ, J. H. (1974): Premolar loss in the primates: a re-investigation. – In: MARTIN, R. D., G. A. DOYLE & A. C. WALKER (eds.): Prosimian Biology. – 621–640, London (Duckworth).

981. – (1974a): Observations on the dentition of the Indriidae. – Amer. J. phys. Anthrop., Philadelphia, **41**: 107–114.

982. – (1978): Homologies of the tooth comb. – Amer. J. phys. Anthrop., Philadelphia, **49**: 23–30.

983. – & L. KRISHTALKA (1976): The lower antemolar teeth of *Litolestes ignotus*, a late Paleocene erinaceid (Mamm., Insectivora). – Ann. Carnegie Mus., Pittsburgh, **46**: 1–6.

984. SCILLATO-YANÉ, G. J. (1980): Nuevo Megalonychidae (Edentata, Tardigrada) del „Mesopotamiense" (Mioceno tardio – Plioceno) de la Provincia de Entre Rios. – Ameghiniana, Buenos Aires, **17** (3): 193–199.

985. SCOTT, W. B. (1892): The evolution of the premolar teeth in the mammals. – Proc. Acad. natur. Sci., Philadelphia, **1892**: 405–443.

986. – (1893): A revision of the North American Creodonta. – Proc. Acad. natur. Sci., Philadelphia, **1892**: 291–323.

987. – (1903): Mammalia of the Santa Cruz Beds. I. Edentata. – Report. Princeton Univ. Exped. Patagonia **5**: 1–364, Stuttgart.

988. – (1910): Litopterna of the Santa Cruz beds. – Report. Princeton Univ. Exped. Patagonia **7** (1): 1–156, Stuttgart.

989. – (1912): Mammalia of the Santa Cruz beds. Pt. 2. Toxodonta. – Report Princeton Univ. Exped. Patagonia **6** (2): 111–238, Stuttgart.

990. – (1912a): Mammalia of the Santa Cruz beds. Pt. 3. Entelonychia. – Report. Princeton Univ. Exped. Patagonia **6** (3): 239–300, Stuttgart.

991. SCOTT, W. B. (1928): Mammalia of the Santa Cruz beds. 4. Astrapotheria. – Report. Princeton Univ. Exped. Patagonia **6** (4): 301–328, Stuttgart.

992. – (1937): The Astrapotheria. – Proc. amer. philos. Soc., Philadelphia, **77** (3): 309–393.

993. – (1940): The mammalian fauna of the White River Oligocene. Artiodactyla. – Trans. amer. philos. Soc., Philadelphia, (n. s.) **28** (4): 363–746.

994. – (1941): Perissodactyla. – In: SCOTT, W. B. & G. L. JEPSEN: The Mammalian fauna of the White River Oligocene, Pt. V. – Trans. amer. philos. Soc., Philadelphia, (n. s.) **28** (5): 747–980.

995. – & G. L. JEPSEN (1936): The Mammalian fauna of the White River Oligocene. Pt. I. Insectivora and Carnivora. – Trans. amer. philos. Soc., Philadelphia, (n. s.) **28** (1): 1–153.

996. SEFVE, I. (1927): Die Hipparionen Nord-Chinas. – Palaeontologica sinica, Peking, (C) **4** (2): 1–93.

997. SELIGSOHN, D. (1977): Analysis of species–specific adaptations in strepsirhine Primates. – Contrib. Primat., Basel, **11**: 1–116.

998. – & F. S. SZALAY (1974): Dental occlusion and the masticatory apparatus in *Lemur* and *Varecia*: Their bearing on the systematics of living and fossil Primates. – In: MARTIN, R. D., G. A. DOYLE & A. C. WALKER (eds.): Prosimian biology. 543–561, London (Duckworth).

999. –&– (1978): Relationships between natural selection and dental morphology: Tooth function and diet in *Lepilemur* and *Hapalemur*. – In: BUTLER, P. M. & K. A. JOYSEY (eds.): Studies in the development, function and evolution of the teeth. 289–307, London (Acad. Press).

1000. SEN, S. & E. HEINTZ (1979): *Palaeoamasia kansui* Ozansoy, 1966, Embrithopoda (Mammalia) de l'Eocène d'Anatolie. – Ann. Paléont., Paris (Vertebr.) **65**: 73–91.

1001. SENYÜREK, M. S. (1953): A study of the pulp cavities and roots of the lower premolars and molars of Prosimii, Ceboidea and Cercopithecoidea. – Belleten, Ankara, **17**: 321–365.

1002. SERGEANT, D. E. (1967): Age determination of land mammals from annuli. – Z. Säugetierkde., Hamburg, **32** (5): 297–300.

1003. SHIKAMA, T. (1966): Postcranial skeletons of Japanese *Desmostylia*. – Spec. Pap. palaeont. Soc. Japan, Tokyo, **12**: 1–202.

1004. SHOTWELL, J. A. (1958): Evolution and biogeography of the aplodontid and mylagaulid rodents. – Evolution, Lancester, **12** (4): 451–484.

1005. – (1961): Late Tertiary biogeography of horses in the Northern Great Basin. – J. Paleont., Tulsa, **35**: 203–217.

1006. SICHER, H. (1916): Die Entwicklung des Gebisses von *Talpa europaea*. – Arb. Anat. Inst., Wiesbaden, **54**: 31.

1007. – (1944): Masticatory apparatus in the giant panda and the bears. – Fieldiana (Zool.), Chicago, **29**: 61–73.

1008. – (1944a): Masticatory apparatus of the sloths. – Fieldiana (Zool.), Chicago, **29** (10): 161–168.

1009. SICKENBERG, O, (1928): Eine Sirene aus dem Leithakalk des Burgenlandes. – Denkschr. Akad. Wiss., math.-naturw. Kl., Wien, **101**, 293–323.

1010. – (1934): Beiträge zur Kenntnis tertiärer Sirenen I & II. – Mém. Mus. r. Hist. natur., Belg., Bruxelles, **63**: 1–352.

1011. SIEGFRIED, P. (1965): *Anomotherium langewieschei* n. g. n. sp. (Sirenia) aus dem Ober-Oligozän des Dobergs bei Bünde/Westfalen. – Palaeontographica, Stuttgart, (A) **124**: 116–150.

1012. SIGÉ, B. (1974/1975): Données nouvelles sur le genre *Stehlinia* (Vespertilionoidea, Chiroptera) du Paléogène d'Europe. – Palaeovertebrata, Montpellier, **6**: 253–272.

1013. – (1976): Insectivores primitifs de l'Eocène supérieur et Oligocène inférieur d'Europe occidentale. Nyctitheriidés. – Mém. Mus. nation. Hist.natur.,., Paris, (C) **34**: 1–140.

1014. SIGOGNEAU-RUSSELL, D. (1983): Nouveaux taxons de mammifères rhétiens. – Acta palaeont. polon., Warszawa, **28**: 233–249.

1015. SIKES, S. K. (1966): The African elephant, *Loxodonta africana*: a field method for the estimation of age. – J. Zool., London, **150**: 279–295.

1016. – (1971): The natural history of the African elephant. – 1–397 S., London (Weidenfeld & Nicholson).

1017. SILIS, I. (1985): Die Jagd auf das Einhorn der Meere. Narwale. – Geo, Hamburg, **8**: 104–115.

1018. SIMONS, E. L. (1960): The Paleocene Pantodonta. –

Trans. amer. philos. Soc., Philadelphia, (n. s.) **50** (6): 1–81 S.

1019. – (1963): A new phylogeny of Oligocene catarrhines. – In: WALTON, M.S. (ed.): Faculty and administration, 2 S., Yale Univ., New Haven.

1020. – (1972): Primate evolution. An introduction to man's place in nature. – XII + 322 S., New York-London (Macmillan Publ. Co.).

1021. – (1974): *Parapithecus grangeri* (Parapithecidae, Old World higher Primates): n. sp. from the Oligocene of Egypt and the initial differentiation of Cercopithecoidea. – Postilla, New Haven, **166**: 1–12.

1022. – (1976): The nature of the transition in the dental mechanism from pongids to hominids. – J. Human. Evol., London, **5**: 511–528.

1023. – (1977): *Ramapithecus*. – American Scientist, New York, **236** (5): 28–35.

1024. – (1979): L'origine des hominidés. – La Recherche, Paris, **10** (98): 260–267.

1025. SIMPSON, G.G. (1927): A North American Oligocene edentate. – Ann. Carnegie Mus., Pittsburgh, **17**: 283–296.

1026. – (1928): Further notes on Mongolian Cretaceous mammals. – Amer. Mus. Novitates, New York, **329**: 1–14.

1027. – (1929): American Mesozoic Mammalia. – Mem. Peabody Mus. Yale Univ., New Haven, **3** (1): XV, 1–235.

1028. – (1929a): The dentition of *Ornithorhynchus* as evidence of its affinities. – Amer. Mus. Novitates, New York, **390**: 1–15.

1029. – (1929b): A new Paleocene uintathere and molar evolution in the Amblypoda. – Amer. Mus. Novitates, New York, **387**: 1–9.

1030. – (1930): *Holmesina septentrionalis*, extinct giant armadillo of Florida. – Amer. Mus. Novitates, New York, **442**: 1–10.

1031. – (1931): *Metacheiromys* and the Edentata. – Bull. amer. Mus. natur. Hist., New York, **59** (6): 295–381.

1032. – (1932): Fossil Sirenia of Florida and the evolution of the Sirenia. – Bull. amer. Mus. natur. Hist., New York, **59** (8): 403–419.

1033. – (1932a): New or little-known ungulates from the *Pyrotherium* and *Colpodon* beds of Patagonia. – Amer. Mus. Novitates, New York, **576**: 1–13.

1034. – (1932b): Enamel on the teeth of an Eocene edentate. – Amer. Mus. Novitates, New York, **567**: 1–4.

1035. – (1933): Paleobiology of Jurassic mammals. – Palaeobiologica, Wien, **5**: 127–158.

1036. – (1933a): The „plagiaulacoid" type of mammalian dentition. – J. Mammal., Baltimore, **14**: 97–107.

1037. – (1933b): Structure and affinities of *Trigonostylops*. – Amer. Mus. Novitates, New York, **608**: 1–28.

1038. – (1934): Provisional classification of extinct South American mammals. – Amer. Mus. Novitates, New York, **750**: 1–21.

1039. – (1935): Description of the oldest known South American mammals, from the Rio Chico formation. – Amer. Mus. Novitates, New York, **793**: 1–25.

1040. – (1936): Studies of the earliest mammalian dentitions. – Dental Cosmos, New York, **1936**: 2–24.

1041. – (1937): Skull structure of the Multituberculata. – Bull. amer. Mus. natur. Hist., New York, **73** (8): 727–763.

1042. – (1941): The affinities of the Borhyaenidae. – Amer. Mus. Novitates, New York, **1118**: 1–6.

1043. – (1945): The principles of classification and a classification of mammals. – Bull. amer. Mus. natur. Hist., New York, **85**: XVI, 1–350.

1044. SIMPSON, G.G. (1948): The beginning of the age of mammals in South America. Part 1. – Bull. amer. Mus. natur. Hist., New York, **91** (1): 1–232.

1045. – (1951): Horses. – XIX + 247 S., New York (Oxford Univ. Press).

1046. – (1959): A new middle Eocene edentate from Wyoming. – Amer. Mus. Novitates, New York, **1950**: 1–8.

1047. – (1969): On the term brachydont. – System. Zool., New York, **18**: 456–458.

1048. – (1970): The Argyrolagidae, extinct South American Marsupials. – Bull. Mus. compar. Zool., Cambridge/Mass., **139** (1): 1–86.

1049. – (1980): Why and how. Some problems and methods in historical biology. – VIII + 263 S., Oxford-New York (Pergamon Press).

1050. – & J.L. MINOPRIO (1940): A new adianthine litoptern and associated mammals from a Deseadan faunule in Mendoza, Argentina.– Amer. Mus. Novitates, New York, **1434**: 1–27.

1051. – & C. DE PAULA COUTO (1957): The Mastodonts of Brazil. – Bull. amer. Mus. natur. Hist., New York, **112** (2): 125–190.

1052. – (J.L. MONOPRIO & B. PATTERSON (1962): The mammalian fauna of the Divisadero Largo formation, Mendoza, Argentina. – Bull. Mus. compar. Zool., Cambridge/Mass., **127** (4): 239–293.

1053. SINCLAIR, W.J. (1905): The Marsupial fauna of the Santa Cruz beds. – Proc. amer. phil. Soc., Philadelphia, **49**: 73–81.

1054. – (1906): Mammalia of the Santa Cruz beds: Marsupialia. – Report. Princeton Univ. Exped. Patag., **4** (3): 333–482, Stuttgart.

1055. – (1909): Mammalia of the Santa Cruz beds. – Report. Princeton Univ. Exped. Patag. **6** (1): 1–110, Stuttgart.

1056. – (1914): A revision of the bunodont Artiodactyla of the Middle and Lower Eocene of North America. – Bull. amer. Mus. natur. Hist., New York, **33**: 267–295.

1057. – (1922): Hyracodons from the Big Badlands of South Dakota. – Proc. amer. phil. Soc., Philadelphia, **61** (1): 65–79.

1058. SLAUGHTER, B.H. (1965): A therian from the lower Cretaceous (Albian) of Texas. – Postilla, New Haven, **93**: 1–18.

1059. – (1970): Evolutionary trends of Chiropteran dentitions. – In: SLAUGHTER, B.H. & D.W. WALTON: About Bats. 51–83, Dallas (South. Method. Univ. Press).

1060. – (1981): The Trinity Therians (Albian, Mid-Cretaceous) as marsupials and placentals. – J. Paleont., Tulsa, **55** (3): 682–683.

1061. – & D.W. WALTON (eds.): About bats. A chiropteran biology symposium. – Southern Methodist Univ. Press, XII + 339 S., Dallas.

1062. SLAUGHTER, B.H., R.H. PINE & N.E. PINE (1974): Eruption of cheek teeth in Insectivora and Carnivora. – J. Mammal., Norman, **55** (1): 115–125.

1062a. SLIJPER, E.J. (1962): Whales. – 1–475, London (Hutchison).

1063. SMITH, G.E. (1898): The brain in the Edentata. – Trans. Linn. Soc., London, (2) **7**: 277–394.

1064. SMITH, J.D. (1972): Systematics of the Chiropteran family Mormoopidae. – Misc. Publ. Mus. natur. Hist. Univ. Kansas, Lawrence, **56**: 1–132.

1065. SOERGEL, W. (1913): *Elephas trogontherii* Pohlig und *Elephas antiquus* Falconer. Ihre Stammesgeschichte und ihre Bedeutung für die Gliederung des deutschen Diluviums. – Palaeontographica, Stuttgart, **60**: 1–114.

1066. – (1921): *Elephas columbi* Falconer. Ein Beitrag zur Stammesgeschichte der Elefanten und zum Entwicklungsmechanismus des Elefantengebisses. – Geol. Paläont., Abh., Jena, (n. F.) **14**: 1–99.

1067. SOLOUNIAS, N. (1981): The Turolian fauna from the Island of Samos, Greece. – Contr. Vertebr. Evol., Basel, **6**: XV, 1–232.

1068. SONDAAR, P.Y. (1968): A peculiar *Hipparion* dentition from the Pliocene of Saloniki (Greece). – Proc. konin.nederl. Akad. Wetensch., Amsterdam, (B) **71**: 51–56.

1069. SONNTAG, C. F., H. H. WOOLARD & E. LE GROS CLARK (1925, 1926): A monograph of *Orycteropus afer*. – Proc. zool. Soc., London, **1925**: 331–437, 1185–1235, **1926**: 445–485.

1070. SORENSON, M. W. (1970): Behavior of tree shrews. – In: ROSENBLUM, L. A. (ed.): Primate behavior, New York, **1**: 141–193.

1071. – & C. H. CONAWAY (1966): Observations on the social behavior of tree shrews in captivity. – Folia primat., Basel, **4**: 125–145.

1072. SORIA, M. F. & J. E. POWELL (1981): Un primitivo *Astrapotheria* (Mammalia) y la edad de la formacion Rio Loro, Prov. de Tucuman, Rep. Argentina. – Ameghiniana, Buenos Aires, **18**: 155–168.

1073. SPILLMANN, F. (1927): Beiträge zur Biologie des Milchgebisses der Chiropteren. – Abh. Senckenberg. naturforsch. Ges., Frankfurt/M., **40**: 251–255.

1074. – (1948): Beiträge zur Kenntnis eines neuen gravigraden Riesensteppentieres (*Eremotherium carolinense* gen. et. sp. nov.), seines Lebensraumes und seiner Lebensweise. – Palaeobiologica, Wien, **8**: 231–279.

1075. SPRINGHORN, R. (1977): Revision der alttertiären europäischen Amphicyonida (Carnivora, Mammalia). – Palaeontographica, Stuttgart, (A) **158**: 231–279.

1076. – (1980): Radiation der Hyaenodonta (Mammalia: Deltatheridia) unter gebißstrukturellen Gesichtspunkten und ein Vergleich mit fissipeden Carnivoren. – Ber. naturf. Ges. Freiburg/Br., **70**: 97–109.

1077. SPURGIN, A. M. (1904): Enamel in the teeth of an embryo edentate (*Dasypus novemcinctus* Linn.). – Amer. J. Anat., Baltimore, **3**: 75–84.

1078. STACH, J. (1951): *Arctomeles pliocaenicus* n. g. n. sp. from Weze. – Acta geol. polon., Warszawa, **2**: 129–157.

1079. STAESCHE, K. (1941): Nashörner der Gattung *Dicerorhinus* aus dem Diluvium Württembergs. – Abh. Reichsst. Bodenforschg., Berlin, n. F. **200**: 1148.

1080. STARCK, D. (1940): Über rudimentäre Zahnanlagen und weitere Besonderheiten der Mundhöhle von *Manis javanica*. – Anat. Anz., Leipzig **89**, 305–336.

1081. – (1982): Vergleichende Anatomie der Wirbeltiere auf evolutionsbiologischer Grundlage. Bd. 3. – XX + 1107 S., Berlin-Heidelberg (Springer).

1082. STEGEMAN, L. C. (1956): Tooth development and wear in *Myotis*. – J. Mammal., Baltimore, **37**: 58–63.

1083. STEHLIN, H. G. (1899/1900): Über die Geschichte des Suiden-Gebisses. – Abh. schweiz. paläont. Ges., Zürich, **26/27**: 1–527.

1084. – (1905): Die Säugetiere des schweizerischen Eocäns. 2. u. 3. Teil (*Palaeotherium, Plagiolophus, Propalaeotherium, Lophiotherium, Anchilophus, Pachynolophus*). – Abh. schweiz. paläont. Ges., Basel, **32**: 258–595.

1085. – (1906–1910): Die Säugetiere des schweizerischen Eocaens. IV, V u. VI. – Abh. schweiz. paläont. Ges., Basel, **33**: 597–690, **35**: 691–837, **36**: 839–1164.

1086. – (1926): Über Milchincisiven miocäner Proboscidier. – Eclogae geol. Helv., Basel, **19**: 693–700.

1087. – (1929): Bemerkungen zu der Frage nach der unmittelbaren Ascendenz des Genus *Equus*. – Eclogae geol. Helv., Basel, **22**: 186–201.

1088. – (1930): Bemerkungen zur Vordergebißformel der Rhinocerotiden. – Eclogae geol. Helv., Basel, **23**: 644–648.

1089. – (1934): Über das Milchgebiß der europäischen Schlafmäuse. – Verh. naturforsch. Ges. Basel, Basel, **45**: 98–108.

1090. – (1938): Zur Charakteristik einiger *Palaeotherium*-Arten des oberen Ludien. – Eclogae geol. Helv., Basel, **31**: 263–292.

1091. – (1940): Zur Stammesgeschichte der Soriciden. – Eclogae geol. Helv., Basel, **33**: 298–306.

1092. – & P. GRAZIOSI (1935): Ricerche sugli Asinidi fossili d'Europa. – Mém. Soc. paléont. suisse, Basel, **56**: 1–73.

1093. – & S. SCHAUB (1951): Die Trigonodontie der simpli-

cidentaten Nager. – Abh. schweizer. paläont. Ges., Basel, **67**: 1–385.

1094. STEININGER, F. (1965): Ein bemerkenswerter Fund von *Mastodon* (*Bunolophodon*) *longirostris* Kaup 1832 (Proboscidea, Mammalia) aus dem Unterpliozän (Pannon) des Hausruck-Kobernaußerwaldgebietes in Oberösterreich. – Jb. Geol. B.-Anst., Wien, **108**: 195–212.

1095. STIRTON, R. A. (1930): A new genus of Soricidae from the Barstov Miocene of California. – Publ. Univ. Calif., Berkeley, (Geol.) **19** (8): 217–228.

1096. – (1940): Phylogeny of North American Equidae. – Publ. Univ. Calif., Berkeley, (Geol.) **25**: 165–198.

1097. – (1941): Development of characters in horse teeth and the dental nomenclature. – J. Mammal., Lawrence, **22**: 434–446.

1097a. – (1953): A new genus of Interatheres from the Miocene of Colombia. – Univ. Calif. Publ. (Geol.), Berkeley, **29**: 265–348.

1098. – (1967): Relationships of the protoceratid artiodactyls, and description of a new genus. – Publ. Univ. Calif., Berkeley, (Geol.) **72**: 1–28.

1099. – (1967a): The Diprotodontidae from the Ngapakaldi Fauna, South Australia. – Dept. nation. Developm. Bur. Miner. Res., Geol. Geophys. Bull., Canberra, **85**: 1–44.

1100. –, R. H. TEDFORD & M. O. WOODBURNE (1967): A new Tertiary formation and fauna from the Tirari Desert, South Australia. – Rec. S. Austral. Mus., Adelaide, **15**: 427–462.

1101. STOCK, CH. (1925): Cenozoic gravigrade edentates of Western North America with special reference to the Pleistocene Megalonychinae and Mylodontidae of Rancho La Brea. – Publ. Carnegie Instn. Washington, **331**: XIII, 1–206.

1102. STORCH, G. (1968): Funktionstypen des Kiefergelenkes bei Säugetieren. – Natur Mus., Frankfurt/M., **98** (2): 41–46.

1103. – (1978): *Eomanis waldi*, ein Schuppentier aus dem Mittel-Eozän der „Grube Messel" bei Darmstadt (Mammalia: Pholidota). – Senckenbergiana leth., Frankfurt/M., **59**: 503–529.

1104. – (1981): *Eurotamandua joresi*, ein Myrmecophagide aus dem Eozän der „Grube Messel" bei Darmstadt (Mammalia, Xenarthra). – Senckenbergiana leth., Frankfurt/M., **61**: 247–289.

1105. – & A. M. LISTER (1985): *Lepictidium nasutum*, ein Pseudorhyncocyonide aus dem Eozän der „Grube Messel" bei Darmstadt (Mammalia, Proteutheria). – Senckenbergiana leth., Frankfurt/M., **66**: 1–37.

1106. STROGANOW, S. Y. (1957): Säugetiere Sibiriens. Insektenfresser. – 1–267 S. (russ.) Moskau (Akad. Nauk).

1107. STROMER, E. (1932): *Palaeothentoides africanus* nov. gen. nov. spec., ein erstes Beuteltier aus Afrika. – Sitz. Ber. math. naturw. Abt. bayer. Akad. Wiss., München, **1932**: 177–190.

1108. SUDRE, J. (1969): Les gisements de Robiac (Eocene supérieur) et leurs faunes de mammifères. – Palaeovertebrata, Montpellier, **2** (2): 95–156.

1109. – (1977): Les artiodactyles de l'Eocene moyen et supérieur; grands traits de leur histoire évolutive. – Mém. Trav. Ecol. prat. H. Etd. Inst. Montpellier **1** (4): 119–132.

1110. SWINDLER, D. R. (1976): Dentition of living primates. – XVII + 308 S., London-New York (Acad. Press).

1111. SYCH, L. & B. SYCH (1976): An evolutionary interpretation of several ontogenetic stages of the tooth development in rabbit. – Acta Zool. Cracov., **21**: 33–43.

1112. SZALAY, F. S. (1965): First evidence of tooth replacement in the subclass Allotheria (Mammalia). – Amer. Mus. Novitates, New York, **2226**: 1–12.

1113. – (1969): The Haplodectinae and a phylogeny of the Mesonychidae (Mammalia, Condylarthra). – Amer. Mus. Novitates, New York, **2361**: 1–26.

1114. – (1969a): Mixodectidae, Microsyopidae and the Insectivore-Primate transition. – Bull. amer. Mus. natur. Hist., New York, **140** (4): 193–330.

1115. – (1976): Systematics of the Omomyidae (Tarsiiformes, Primates): taxonomy, phylogeny and adaptations. – Bull. amer. Mus. natur. Hist., New York, **156** (3): 157–450.

1116. – (1982): A new appraisal of marsupial phylogeny and classification. – In: ARCHER, M. (ed.): Carnivorous marsupials. **2**: 621–640, Sydney. – (R. zool. Soc. New South Wales).

1117. – & E. DELSON (1979): Evolutionary history of the Primates. – XIV – 580 S., New York-London (Acad. Press).

1118. – & ST. J. GOULD (1966): Asiatic Mesonychidae (Mammalia, Condylarthra). – Bull. amer. Mus. natur. Hist., New York, **132** (2): 127–174.

1119. – & D. SELIGSOHN (1977): Why did the stepsirhine tooth comb evolve? – Folia Primat., Basel, **27**: 75–82.

1120. TAKAYAMA, K.-I. & T. OZAWA (1984): A new Miocene otarioid seal from Japan. – Proc. Japan. Acad., Tokyo, (B) **60**: 36–39.

1121. TANNER, L.G. (1978): Embrithopoda. – In: MAGLIO, J. & H.B.S. COOKE (eds.): Evolution of African mammals. – 279–283, Cambridge (Harvard Univ. Press).

1122. TASSY, P. (1975): Valeur phylogénétique du cément coronaire chez les Mastodontes miocènes (Proboscidea, Mammalia). – C.R. Acad. Sci., Paris (D) **281**: 1463–1466.

1123. – (1981): Le crâne de *Moeritherium* (Proboscidea, Mammalia) de l'Eocène de Dor el Talha (Libye) et le problème de la classification phylogénétique du genre dans le Téthytheria McKenna, 1975. – Bull. Mus. nation. Hist. natur., Paris, (4) **3** (C) 1: 87–147.

1124. TATTERSALL, I. (1972): The functional significance of airorhynchy in *Megaladapis*. – Folia Primat., Basel, **18**: 20–26.

1125. – (1973): Cranial anatomy of the Archaeolemurinae (Lemuroidea, Primates). – Anthrop. Pap. amer. Mus. natur. Hist., New York, **52** (1): 1–110.

1126. – (1974): Facial structure and mandibular mechanics in *Archaeolemur*. – In: MARTIN, R.D., G.A. DOYLE & A.C. WALKER (eds.): Prosimian Biology. 563–577, London (Duckworth).

1127. – & J.H. SCHWARTZ (1974): Craniodental morphology and the systematics of the Malagasy lemurs (Prosimii, Primates). – Anthrop. Pap. amer. Mus. natur. Hist., New York, **52**: 139–192.

1128. – & R.W. SUSSMAN (eds.) (1975): Lemur Biology. – XIII + 365 S., New York (Plenum Press).

1129. TAUBER, A.F. (1949): Über Resorptionsdefekte am Gebiß beim Zahnwechsel rezenter und fossiler Wirbeltiere. – Sitz. Ber. österr. Akad. Wiss., math.-naturw. Kl. I, Wien, **158**: 593–608.

1130. TAYLOR, B.E. & S.D. WEBB (1976): Miocene Leptomerycidae (Artiodactyly, Ruminantia) and their relationships. – Amer. Mus. Novitates, New York, **2596**: 1–22.

1131. TEDFORD, R.H. (1966): A review of the macropodid genus *Sthenurus*. – Publ. Univ. Calif., Berkeley, (Geol.) **57**: 1–72.

1132. – (1976): Relationships of pinnipeds to other carnivores (Mammalia). – System. Zool., New York, **25** (4): 363–374.

1133. TEILHARD DE CHARDIN, P. (1939): New observation on the genus *Postschizotherium* von Koenigswald. – Bull. geol. Soc. China, Peking, **19**: 257–267.

1134. – & E. LICENT (1936): New remains of *Postschizotherium* from SE-Shansi. – Bull. geol. Soc. China, Peking, **15**: 421–427.

1135. THALER, L. (1966): Le rongeurs fossiles du Bas-Languedoc dans leurs rapports avec l'histoire des faunes et la stratigraphie du Tertiaire d'Europe. – Mém. Mus. nation. Hist. natur., Paris, (n.s.) (C) **17**: 1–295.

1136. THENIUS, E. (1949): Zur Herkunft der Simocyoniden (Caniden, Mammalia). Eine phylogenetische Studie.

– Sitz. Ber. österr. Alkad. Wiss., math.-naturw. Kl. I, Wien, **158**: 799–810.

1137. – (1952): Die Säugetierfauna aus dem Torton von Neudorf an der March (ČSSR). – N. Jb. Geol. Paläont., Stuttgart, **96**: 27–136.

1138. – (1952a): Die Boviden des steirischen Tertiärs. – Sitz. Ber. österr. Akad. Wiss., math.-naturw. Kl. I, Wien, **161**: 409–439.

1139. – (1953): Zur Gebiß-Analyse von *Megaladapis edwardsi* (Lemuridae Mammalia). – Zool. Anz., Leipzig, **150**: 251–260.

1140. THENIUS, E. (1953a): Das Maxillargebiß von *Ancylotherium pentelicum* Gaudry & Lartet. – Ann. géol. pays hellén., Athen, **5**: 97–106.

1141. – (1955): Zur Kenntnis der unterpliozänen *Diceros*-Arten (Mammalia, Rhinocerotidae). – Ann. naturhist. Mus., Wien, **60**: 202–211.

1142. – (1956): Die Suiden und Tayassuiden des steirischen Tertiärs. – Sitz. Ber. österr. Akad. Wiss., math.-naturw. Kl. I, Wien, **165**: 337–382.

1143. – (1969): Stammesgeschichte der Säugetiere (einschließlich der Hominiden). – Handb. Zool. **8** (2), VIII + 722 S., Berlin (de Gruyter).

1144. – (1972): *Microstonyx antiquus* aus dem Alt-Pliozän Mitteleuropas. Zur Taxonomie und Evolution der Suidae (Mammalia). – Ann. naturhist. Mus., Wien, **76**: 539–586.

1145. – (1979): Die Evolution der Säugetiere. – X + 294 S., Stuttgart (Fischer).

1146. – (1979a): Zur systematischen und phylogenetischen Stellung des Bambusbären: *Ailuropoda melanoleuca* David (Carnivora, Mammalia). – Z. Säugetierkde., Hamburg, **44** (5): 286–305.

1147. – (1979b): Das Genus *Xenochoerus* Zdarsky, 1909, ein aberranter Tayassuide (Artiodactyla, Mammalia) aus dem Miozän Europas. – Anz. österr. Akad. Wiss., math.-naturw. Kl., Wien, **1979**: 1–8.

1148. – (1981): Zur stammesgeschichtlichen Herkunft von *Hylochoerus meinertzhageni* Thomas (Suidae, Mammalia). – Z. Säugetierkde., Hamburg, **46** (2): 108–122.

1149. – (1981a): Bemerkungen zur taxonomischen und stammesgeschichtlichen Position der Gibbons (Hylobatidae, Primates). – Z. Säugetierkde., Hamburg, **46**: 232–241.

1150. – (1986): Zur systematischen Stellung der Arctostylopiden (Mammalia, Notoungulata). – Razprave Razreda Sazu, Ljubljana, **26**: 147–156.

1151. THEWISSEN, J.G.M. (1985): Cephalic evidence for the affinities of Tubulidentata. – Mammalia, Paris, **49**: 257–284.

1152. THEWISSEN, J.G.M., D.E. RUSSELL, P.D. GINGERICH & S.T. HUSSAIN (1983): A new dichobunid artiodactyl (Mammalia) from the Eocene of North-West Pakistan. – Proc. konin. nederl. Akad. Wetensch., Amsterdam, (B) **86** (2): 153–180.

1153. THOMAS, O. (1887): On the homologies and succession of the teeth in the Dasyuridae, with an attempt to trace the history of the evolution of mammalian teeth in general. – Phil. Trans. r. Soc., London, (B) **87**: 443–462.

1154. – (1888): Catalogue of the Marsupialia and Monotremata in the collection of the British Museum. – XIII + 401 S., London.

1155. – (1890): A milk dentition in *Orycteropus*. – Proc. r. Soc. London, **47**: 246–248.

1156. – (1892): On the insectivorous genus *Echinops* Martin, with notes on the dentition of allied genera. – Proc. zool. Soc., London, **1892**: 500–505.

1157. THOMAS, O. (1895): On *Caenolestes*, a still-existing survivor of the Epanorthidae of Ameghino, and the representative of a new family of recent marsupials. – Proc. zool. Soc. London, **1895**: 870–878.

1158. – (1909): New African small mammals of the British Museum collection. – Ann. Magaz. natur. Hist., London, (8) **4**: 98–112.

1159. – & R. Lydekker (1897): On the number of grinding-teeth possesed by the Manatee. – Proc. zool. Soc., London, **1897**: 595–600.

1160. Thorpe, M. R. (1937): The Merycoidodontidae. An extinct group of ruminant mammals. – Mem. Peabody Mus. natur. Hist., New Haven, **3** (4): 1–428.

1161. Tims, H. W. M. (1896): On the tooth-genesis in the Canidae. – J. Linn. Soc., London, (Zool.) **25** (164): 445–480.

1162. – (1903): The evolution of the teeth in the Mammalia. – J. Anat. Physiol., London, **37**: 131–149.

1163. – (1908): Tooth vestiges and associated mouthparts in Manidae. – J. Anat. Physiol., London, **42**: 375–387.

1164. Tobias, P. V. (1980): The natural history of the helicoidal occlusal plane and its evolution in early *Homo*. – Amer. J. phys. Anthrop., Philadelphia, **53**: 173–188.

1165. Tobien, H. (1963): Zur Gebiß-Entwicklung tertiärer Lagomorphen (Mamm.) Europas. – Notizbl. Hess. L.-Amt Bodenforschg., Wiesbaden, **91**: 16–35.

1166. – (1973): The structure of the mastodont molar (Proboscidea, Mammalia). Pt. 1. The bunodont pattern. – Mainzer geowiss. Mitt. **2**: 115–147.

1167. – (1973a): On the evolution of Mastodonts (Proboscidea, Mammalia). Pt. 1: The bunodont trilophodont groups. – Notizbl. Hess. L.-Amt f. Bodenforschg., Wiesbaden, **101**: 202–276.

1168. – (1974): The structure of the lagomorphous molar and the origin of the Lagomorpha. – Trans. 1. Intern. Theriolog. Congr., **2** N. 2: S. 238, Moscow.

1169. – (1974a): Zur Gebißstruktur, Systematik und Evolution der Genera *Amphilagus* und *Titanomys* (Lagomorpha, Mammalia). – Mainzer geow. Mitt. **3**: 95–214.

1170. – (1975): The structure of the mastodont molar (Proboscidea, Mammalia). Part. 2: The zygodont and zygobunodont patterns. – Mainzer geowiss. Mitt., **4**: 195–233.

1171. – (1975a): Zur Gebißstruktur, Systematik und Evolution der Genera *Piezodus, Prolagus* und *Ptychoprolagus* (Lagomorpha, Mammalia). – Notizbl. Hess. L.-Amt Bodenforschg., Wiesbaden, **103**: 103–186.

1172. – (1976): Zur paläontologischen Geschichte der Mastodonten (Proboscidea, Mammalia). – Mainzer geowiss. Mitt., **5**: 143–225.

1173. – (1978): The structure of mastodont molar (Proboscidea, Mammalia). Part 3. The Oligocene mastodont genera *Palaeomastodon, Phiomia* and the Eo-Oligocene paenungulate *Moeritherium*. – Mainzer geowiss. Mitt., **6**: 177–208.

1174. Tobien, H. (1978a): Brachyodonty and hypsodonty in some Paleogene Eurasian lagomorphs. – Mainzer geowiss. Mitt., **6**: 161–175.

1175. – (1980): A note on the skull and mandibles of a new choerolophodont mastodont (Proboscidea, Mammalia) from the Middle Miocene of Chios (Aegean See, Greece). – In: Jacobs, L. L. (ed.): Aspects of Vertebrate History. 299–307, Flagstaff.

1176. – (1985): Zur Osteologie von *Masillabune* (Mammalia, Artiodactyla, Haplobunodontidae) aus dem Mitteleozän der Fundstätte Messel bei Darmstadt (S-Hessen, BR Deutschland). – Geol. Jb. Hessen, Wiesbaden, **113**: 5–58.

1177. Tomes, C. S. (1874): On the existence on an enamel organ in an Armadillo (*Tatusia peba*). – Quart. J. micros. Sci., London, **14**: 48.

1178. Tomilin, A. G. (1967): Cetacea. – In: Heptner, V. G. (ed.): Mammals of the USSR and adjacent countries. – vol. IX. XXI + 717 S., Jerusalem (Israel Progr. Scient. Transl.).

1179. True, F. W. (1898): Contributions to the natural history of the Cetaceans: A review of the family Delphinidae. – Bull. U. S. nation Mus., Washington, **36**: 1–192.

1180. – (1910): An account of the beaked whales of the family Ziphiidae in the collection of the U. S. National Museum with remarks on some specimens in other American museums. – Bull. U. S. nation Mus., Washington, **73**: 1–90.

1181. Tsantas, C. P., R. M. Schoch & S. G. Lucas (1981): The Oligocene anthropoid „*Aegyptopithecus*" as a small tough-object feeder. – Amer. J. phys. Anthrop., Philadelphia, **54** (2): S. 285.

1182. Turnbull, W. D. (1971): The Trinity therians: Their bearing on evolution in marsupials and other therians. – In: Dahlberg, A. A. (ed.): Dental morphology and evolution. 151–179, Univ. Press, Chicago.

1183. – (1976): Restoration of masticatory musculature of *Thylacosmilus*. – In: Churcher, C. S. (ed.): Athlon. Essays in Paleontology in honour of Lovis S. Russell. Misc. Publ. Life Sci., Ontario, **1976**: 169–185.

1184. – (1978): Another look at dental specializations in the extinct sabre-toothed marsupials, *Thylacosmilus*, compared with its placental counterparts. – In: Butler, P. H. & K. Joysey (eds.): Development, function and evolution of teeth. 399–414, London (Acad. Press).

1185. Tyndale-Biscoe, H. (1973): Life of Marsupials. – VIII + 254 S., London (Arnold).

1186. Vacek, M. (1877): Über österreichische Mastodonten und ihre Beziehungen zu den Mastodonten Europas. – Abh. k. k. geol. R.-Anst., Wien, **7** (4): 1–45.

1187. van Beneden, P. J. & P. Gervais (1880): Osteographie des cétacés vivants et fossiles (comprenant la description et l'iconographie du squelette et du système dentaire de ces animaux, ainsi que les documents relatifs à leur histoire naturelle). – VIII + 634 S., Paris (A. Bertrand).

1188. Vandebroek, G. (ed.) (1961): International Colloquium on the evolution of lower and non specialized mammals I. – Konin. vlaamse Acad. Wetensch., Brüssel, 1–320 S.

1189. Vandebroek, G. (1961a): The evolution of lower and non specialized mammals I. – Coll. intern. 1–181 S., Konin. vlaamse Acad. Wetensch., Brüssel.

1190. – (1961b): The comparative anatomy of the teeth of lower and non specialized mammals. – Intern. Col. on the Evolution of Mammals. 215–320, Kon. vlaamse Acad. Wetensch., Brüssel.

1191. – (1966): Plans dentaires fondamentaux chez les rongeurs, origine des muridés. – Ann. Mus. r. Afr. centr., Tervuren, (8) Zool. **144**: 117–152.

1192. – (1969): Évolution des vertébrés de leur origine à l'homme. – XX + 583 S., Paris (Masson & Cie).

1193. Vanderhoof, V. L. (1937): A study of the Miocene Sirenian *Desmostylus*. – Univ. Calif. Publ. Bull. (Geol.), Berkeley, **24** (8): 169–262.

1194. van der Meulen, A. J. (1973): Middle Pleistocene smaller mammals from the Monte Peglia (Orvieto, Italy), with special reference to the phylogeny of *Microtus* (Arvicolidae, Rodentia). – Quaternaria, Roma, **17**: 1–144.

1195. – & H. de Bruijn (1982): The mammals from the Lower Miocene of Aliveri (Island of Evia, Greece). Pt. 2. The Gliridae. – Proc. konin. nederl. Akad. Wetensch., Amsterdam, (B) **85** (4): 485–524.

1196. – & W. H. Zagwijn (1974): *Microtus (Allophaiomys) pliocaenicus* from the lower Pleistocene near Brielle. The Netherlands. – Scripta Geol., Leiden. **21**: 1–12.

1197. van Valen, L. (1960): A functional index of Hypsodonty. – Evolution, Lancaster, **14**: 531–532.

1198. – (1963): The origin and status of the mammalian order Tillodontia. – J. Mammal., Lawrence, **44** (3): 364–373.

1199. – (1964): A possible origin for rabbits. – Evolution, Lancester, **18** (3): 484–491.

1200. – (1966): Deltatheridia, a new order of mammals. – Bull. amer. Mus. natur. Hist., New York, **132** (1): 1–126.

1201. – (1967): New Paleocene insectivore and insectivore

classification. – Bull. amer. Mus. natur. Hist., New York, **135** (5): 217–284.

1202. – (1969): The multiple origins of the placental carnivores. – Evolution, Lancester, **23**: 118–130.

1203. – (1974): *Deltatheridium* and marsupials. – Natur, London, **248**: 165–166.

1204. – (1982): Homology and causes. – J. Morph., Philadelphia, **173**: 305–312.

1205. VAUGHAN, T. A. (1970): The skeletal system. – In: WIMSATT, W. A. (ed.): Biology of Bats. **1**: 97–138, New York & London (Acad. Press).

1206. VIANEY-LIAUD, M. (1976): Les Issiodoromyinae (Rodentia, Theridomyidae) de l'Eocène suprieure à l'Oligocène supérieur en Europe occidentale. – Palaeovertebrata, Montpellier, **7** (1–2), 1–115.

1207. – (1979): Evolution des rongeurs à l'Oligocène en Europe occidentale. – Palaeontographica, Stuttgart, (A) **166** (4–6): 135–236.

1208. VIERHAUS, H. (1983): Wie Vampirfledermäuse (*Desmodus rotundus*) ihre Zähne schärfen.– Z. Säugetierkde., Hamburg, **48**: 269–277.

1209. VINOGRADOV, B. S. & I. M. GROMOV (1952): Nagetiere der USSR. – In: Fauna der USSR, Moskau, **48**: 1–297.

1210. VIRET, H. (1929): Les faunes de mammifères de l'Oligocène supérieure de la Limagne bourbonnaise. – Ann. Univ. Lyon, (n. s.) I **47**: VIII, 1–328.

1211. – (1938): Etude sur quelques Erinacéidés fossiles spécialement sur le genre *Palaerinaceus*. – Trav. Labor. Géol., Lyon, **34**: 1–32.

1212. – (1940): Etude sur quelques Erinacéidés fossiles: genres *Plesiosorex, Lanthanotherium*. – Trav. Labor. Géol., Lyon, **39**: 33–65.

1213. – (1947): Découverte d'un nouvel Ancylopode dans le Pontien de Soblay (Ain). – C. R. Acad. Sci., Paris, **224**: 353–354.

1214. – (1949):Sur le *Pliohyrax rossignoli* du Pontien de Soblay (Ain). – C. R. Acad. Sci., Paris, **228**: 1742–1744.

1215. – (1949a): Observations complémentaires sur quelques mammifères fossiles de Soblay. – Eclogae geol. Helv., Basel, **42**: 469–476.

1216. – (1951): Catalogue critique de la faune des mammifères miocènes de la Grive St.-Alban (Isère). I. Chiroptères, Carnivores, Edentés, Pholidotes. – Nouv. Arch. Mus. Hist. natur., Lyon, **3**: 1–104.

1217. – (1953): Observations sur quelques dents de mastodontes de Turquie et de Chine. – Ann. Univ. Lyon, III (C) **7**: 51–62.

1218. – (1961): Artiodactyla. – In: PIVETEAU, J. (éd.): Traité de Paléontologie VI/1, 887–1084, Paris (Masson & Cie.).

1219. – & E. THENIUS (1952): Sur la présence d'une nouvelle espèce d'Hyracoide dans le Pliocène de Montpellier. – C. R. Acad. Sci., Paris, **235**: 1678–1680.

1220. – & H. ZAPFE (1951): Sur quelques soricidés miocènes. – Eclogae geol. Helv., Basel, **44** (2): 411–426.

1221. VOSS, R. S., J. L. SILVIA & J. A. VALDES (1982): Feeding behavior and diets of Neotropical water rats genus *Ichthyomys* Thomas, 1893. – Z. Säugetierkde., Hamburg, **47**: 364–369.

1222. WAHLERT, J. H. (1983): Relationships of the Florentiamyidae (Rodentia, Geomyoidea) based on cranial and dental morphology. – Amer. Mus. Novitates, New York, **2769**: 1–23.

1223. WALKER, A. (1967): Locomotor adaptations in recent and fossil madagascan lemurs. – Ph. D. thesis, 1–535, London.

1224. – (1974): Locomotor adaptations in past and present prosimians. – In: JENKINS, F. A. (ed.): Primate locomotion. 349–381, New York (Acad. Press).

1225. – (1981): Dietary hypotheses and human evolution. – Philos. Trans. r. Soc., London, B **292**: 57–64.

1226. –, H. N. HOECK & L. PEREZ (1978): Microwear of mammalian teeth as an indicator of diet. – Science, Washington, **201**: 908–910.

1227. WALKER, E. P. (1975): Mammals of the World. – 3^d edit. (by J. L. PARADISO) XLVII + 1500 S., 2 vol., Baltimore, J. Hopkins Press.

1228. WALL, W. P. (1980): Cranial evidence for a proboscis in *Cadurcodon* and review of snout structure in the family Amynodontidae (Perissodactyla, Rhinocerotoidea). – J. Paleont., Tulsa, **54**: 968–977.

1229. WEBB, S. D. & B. E. TAYLOR (1980): The phylogeny of hornless ruminants and a description of the cranium of *Archaeomeryx*. – Bull. amer. Mus. natur. Hist., New York, **167** (3): 117–158.

1230. WEBER, M. (1886): Studien über Säugethiere I. Beitrag zur Frage nach dem Ursprung der Cetaceen. – VIII + 252 S., Jena (Fischer).

1231. – (1904): Die Säugetiere. – XII + 866 S., Jena (G. Fischer).

1232. – (1928): Die Säugetiere II. – 2.Aufl. XXIV + 898 S., Jena (Fischer).

1233. WEERD, A. VAN DE (1976): Rodent faunas of the Mio-Pliocene continental sediments of the Teruel-Alfambra region, Spain. – Utrecht micropaleont. bull., **2**: 1–217.

1234. WEGNER, R. N. (1948): Zur Gebißfunktion und Ernährungsweise einiger fossiler Proboscidea. – Palaeobiologica, Wien, **8**: 283–303.

1235. WEHRLI, H. (1938): *Anchitherium aurelianense* Cuv. von Steinheim a. Albuch und seine Stellung im Rahmen der übrigen anchitherienen Pferde. – Palaeontographica, Stuttgart, (Suppl.) **8**: Teil 7: 1–57.

1236. – (1941): Beitrag zur Kenntnis der „Hipparionen" von Samos. – Paläont. Z., Berlin, **22**: 321–386.

1237. WEIGELT, J. (1960): Die Arctocyoniden von Walbeck. – Freiberger Forsch. (C) **77**: 1–241.

1238. WEITZ, B. (1953): Serological relationships of Hyrax and Elephant. – Nature, London, **171**: 261.

1239. WELCKER, H. (1862): Untersuchungen über Wachstum und Bau des menschlichen Schädels. – Leipzig (Engelmann).

1240. WELLS N. A. & P. D. GINGERICH (1983): Review of Eocene Anthracobunidae (Mammalia, Proboscidea) with a new genus and species, *Jozaria palustris*, from the Kuldana Formation of Kohat (Pakistan). – Contr. Mus. Paleont. Univ. Michigan, Ann Arbor, **26** (7): 117–139.

1241. WELLS, R. T., D. R. HORTON & P. ROGERS (1982): *Thylacoleo carnifex* Owen (Thylacoleonidae, Marsupialia): marsupial carnivore? – In: ARCHER, M. (ed.): Carnivorous Marsupials, 573–576, Zool. Soc. New South Wales, Mosman.

1242. WELSCH, U. (1967): die Altersveränderungen des Primatengebisses. – Morph. Jb., Leipzig, **110**: 1–188.

1243. WEST, R. M. (1980): Middle Eocene large mammal assemblage with Tethyan affinities, Ganda Kas region, Pakistan. – J. Paleont., Tulsa, **54** (3): 508–533.

1244. – (1983): South Asian middle Eocene moeritheres (Mammalia: Tethytheria). – Ann. Carnegie Mus., Pittsburgh, **52** (16): 359–373.

1245. WETZEL, W. (1967): Zur funktionellen Struktur des Parodontismus einiger Säuger. – Stoma, Heidelberg, **20**: 3–28.

1246. WETZEL, R. M. (1982): Systematics, distribution, ecology, and conservation of South American edentates. – In: MARES, M. A. & H. H. GENOWAY (eds.): Mammalian Biology in South America, 345–375, Univ. Pittsburgh.

1247. WHEELER, W. H. (1961): Revision of the Uintatheres. – Bull. Peabody Mus. natur. Hist., New Haven, **14**: 1–93.

1248. WHITE, TH. E. (1959): The endocrine glands and evolution, No. 3: Os cementum hypsodonty, and diet. – Contr. Mus. Paleont. Univ. Michigan, Ann Arbor, **13** (9): 211–265.

1249. WHITWORTH, T. (1954): The Miocene Hyracoids of East Africa. – Fossil mammals of Africa, London, **7**: 1–58.

1250. WILSON, R. W. (1940): *Pareumys* remains from the

later Eocene of California. – Carnegie Instn. Publ., Washington, **514**: 97–108.

1251. WIMSATT, W. A. (ed.): Biology of bats. **1**. – XII + 406 S., New York/London.

1252. WINGE, H. (1882): Om Pattedyrens Tandskiffe isaer mer Hensyn til taendernes Former. – Vidensk. Meddel. dansk. naturh.Foren., Kopenhagen, **4**: 15–69.

1253. – (1941): Interrelationships of the mammalian genera. **1**. Galeopithecidae. – 145–149, 277–291, Kopenhagen (Reitzel).

1254. WINKELMANN, J. R. (1971): Adaptations for nectar-feeding in glossophagine bats. – Ph. D. Dissert. (unpubl.), Univ. Michigan, Ann Arbor.

1255. WOLFF, R. G. (1984): A new early Oligocene Argyrolagid (Mammalia: Marsupialia) from Salla, Bolivia. – J. Vertebr. Paleont., Norman, **4**: 108–113.

1256. WOLFF-EXALTO, A. E. DE (1951): On differences in the lower jaw of animalivorous and herbivorous mammals. I & II. – Proc. konin neder. Akad. Wetensch., Amsterdam, (C) **54**: 237–246, 405–410.

1257. WOLPOFF, M. H. (1971): Interstitial wear. – Amer. J. phys. Anthrop., Philadelphia, **34**: 205–228.

1258. – (1979): Anterior dental cutting in the Laetolil hominids and the evolution of the bicuspid P_3. – Amer. J. phys. Anthrop., Philadelphia, **51**: 233–234.

1259. WOOD, A. E. (1935): Evolution and relationships of the heteromyid rodents with new forms from the Tertiary of western North America. – Ann. Carnegie Mus., Pittsburgh, **24**: 73–262.

1260. – (1937): The Mammalian fauna of the White river Oligocene II. Rodentia. – Trans. Amer. philos. Soc., Philadelphia, (n. s.) **28**: 155–209.

1261. – (1939): Additional specimens of the Heteromyid rodent *Heliscomys* from the Oligocene of Nebraska. – Amer. J. Sci., New Haven, **237**: 550–561.

1262. – (1940): The mammalian fauna of the White River Oligocene. Pt. III. Lagomorpha. – Trans. amer. philos. Soc., Philadelphia (n. s.) **28**: 271–362.

1263. – (1942): Notes on the Paleocene lagomorph, *Eurymylus*. – Amer. Mus. Novitates, New York, **1162**: 1–7.

1264. – (1955): A revised classification of the rodents. – J. Mammal., Baltimore, **36**: 165–187.

1265. – (1957): What, if anything, is a rabbit? – Evolution, Lancaster, **11** (4): 417–425.

1266. – (1962): The early Tertiary rodents of the family Paramyidae. – Trans. amer. philos. Soc., Philadelphia, (n. s.) **52** (1): 1–261.

1267. – (1965): Unworn teeth and relationships of the African rodent, *Pedetes*. – J. Mammal., Baltimore, **46** (3): 419–423.

1268. – (1968): The African Oligocene Rodentia. – Bull. Peabody Mus. natur. Hist. Yale Univ., New Haven, **28**: 23–105.

1269. – & B. PATTERSON (1959): The rodents of the Deseadense Oligocene of Patagonia and the beginnings of South American rodent evolution. – Bull. Mus. compar. Zool., Cambridge/Mass., **120**: 279–428.

1270. WOOD, A. E. & R. W. WILSON (1936): A suggested nomenclature for the cusps of the cheek teeth of rodents. – J. Paleont., Tulsa, **10**: 388–391.

1271. WOOD, H. E. (1923): The problem of the Uintatherium molar. – Bull. amer. Mus. natur. Hist., New York, **48**: 599–604.

1272. – (1924): The position of the „sparassodonts": with notes on the relationships and history of the Marsupialia. – Bull. amer. Mus. natur. Hist., New York, **51**: 77–101.

1273. WOODBURNE, M. O. (1968): The cranial morphology and osteology of *Dicotyles tajacu*, the collared peccary, and its bearing on classification. – Mem. South. Calif. Acad. Sci., Los Angeles, **7**: 1–48.

1274. – (1984): Families of marsupials: Relationships, evolution and biogeography. – In: GINGERICH, P. D. & C. E. BADGLEY (eds.): Mammals., Univ. Tennessee Stud. Geol., **8**: 48–71, Knoxville.

1275. – & W. A. CLEMENS (eds.) (1986): Revision of the Ektopodontidae (Mammalia: Marsupialia; Phalangeroidea) of the Australian Neogene. – Publ. Univ. Calif., Berkeley. (Geol.) **131**: 1–114.

1276. – & R. H. TEDFORD (1975): The first Tertiary monotreme from Australia. – Amer. Mus. Novitates, New York, **2588**: 1–11.

1277. WOOD JONES, FR. (1923): The Mammals of South Australia I. The Monotremes and the Carnivorous Marsupials. – 1–131, Adelaide.

1278. – (1924): The Mammals of South Australia II. The Bandicoots and the Herbivorous Marsupials. – 133–270, Adelaide.

1279. – (1925): The Mammals of South Australia III. The Monodelphia. – 271–458, Adelaide.

1280. WOODS, C. A. (1976): Deciduous premolars in *Thryonomys*. – J. Mammal., Lawrence, **57** (2): 370–371.

1281. – (1982): The history and classification of South American hystricognath rodents: Reflections on the far away and long ago. – In: MORES, M. A. & H. H. GENOWAY (eds.): Mammalian biology in South America. 377–392, Univ. Pittsburgh.

1282. WOODWARD, M. F. (1892): On the milk-dentition of *Procavia (Hyrax) capensis* and of the rabbit, with remarks on the relation of the milk and permanent dentitions of the Mammalia. – Proc. zool. Soc., London, **1892**: 38–49.

1283. – (1894): On the milk dentition of the Rodentia with a description of a vestigial milk incisor in the mouse (*Mus musculus*). – Anat. Anz., Leipzig, **9**: 619, 631.

1284. – (1896): On the teeth of the Marsupialia, with especial reference to the premilk-dentition. – Anat. Anz., Leipzig, **12**: 281–291.

1285. – (1896a): Contributions to the study of mammalian dentition. II. On the teeth of certain Insectivora. – Proc. zool. Soc., London, **1896**: 557–594.

1286. WORTMAN, J. L. (1897): The Ganodonta and their relationships to the Edentata. – Bull. amer. Mus. natur. Hist., New York, **9**: 59–110.

1287. – (1902): Studies of Eocene Mammalia in the Marsh collection. Part 1. Carnivora. – Amer. J. Sci., New Haven, **14**: 93–98.

1288. XU, Q. (1976): New material of Anagalidae from the Paleocene of Anhui. – Vertebr. palasiatica **14** (3): 174–185 (chines.) Peking.

11288a. ZAPFE, H. (1937): Ein bemerkenswerter Phocidenfund aus dem Torton des Wiener Beckens. – Verh. zool. botan. Ges., Wien, **86/87**: 271–276.

1289. – (1961): Die Primatenfunde aus der miozänen Spaltenfüllung von Neudorf a. d. March (Devinská Nová Ves), ČSSR. – Abh. schweizer. paläont. Ges., Basel, **78**: 1–293.

1290. – (1979): *Chalicotherium grande* (Blainv.) aus der miozänen Spaltenfüllung von Neudorf a. d. March (Devinská Nová Ves), ČSSR. – Neue Denkschr. naturhist. Mus. **2**, 1–282 S., Wien.

1291. ZDANSKY, O. (1926): Über die systematische Stellung von *Xenotherium*, Douglass. – Bull. geol. Inst. Upsala, **20**: 231–236.

1292. ZDARSKY, A. (1909): Die miocaene Säugetierfauna von Leoben. – Jb. geol. R.-Anst., Wien, **59**: 245–288.

1293. ZEUNER, FR. (1934): Die Beziehungen zwischen Schädelform und Lebensweise bei rezenten und fossilen Nashörnern. – Ber. naturforsch. Ges., Freiburg, **34**: 21–80.

1294. ZHAI, R. (1978): More fossil evidence favouring on Early Eocene connection between Asia and Nearctic. – Mem. Inst. Vertebrate Paleont. Paleanthrop., Peking, **13**: 107–115.

1295. ZHANG, F. (1984): Fossil record of Mesozoic mammals of China. – Vertebrata palasiatica, Peking, **22** (1): 29–38 (engl. Summ.).

1296. ZHANG, Y. (1978): Two new genera of condylarthran phenacolophids from the Paleocene of Nanxiong Basin, Guangdong. – Vertebrata palasiatica, Peking, **16**: 267–274.

1297. – (1980): *Minchenella*, new name for *Conolophus* Zhang, 1978. – Vertebrate Palasiatica, Peking, **18**: 257.

1298. ZIEGLER, A.C. (1971): A theory of the evolution of Therian dental formulas and replacement patterns. – Quart. Rev. Biol., New York, **46**: 226–249.

1299. – (1971a): Dental homologies and possible relationships of recent Talpidae. – J. Mammalogy, Lawrence, **52**: 50–58.

1300. – (1972): Processes of mammalian tooth development as illustrated by dental ontogeny in the mole *Scapanus latimanus* (Talpidae: Insectivora). – Archs. oral. Biol., Oxford, **17**: 61–76.

1301. ZINGESER, M.R. (1968): Functional and phylogenetic significance of integrated growth and form in occlu-

ding monkey canine teeth (*Alouatta caraya* and *Macaca mulatta*). – Amer. J. phys. Anthrop., Philadelphia, **28**: 263–270.

1302. ZINGESER, M.R. (1969): Cercopithecoid canine tooth honing mechanisms. – Amer. J. phys. Anthrop., Philadelphia, **31**: 205–213.

1303. ZITTEL, K.A. VON (1877): Über *Squalodon bariensis* aus Niederbayern. – Palaeontographica, Kassel, **24**: 233–248.

1304. ZSIGMONDY, A. (1865): Die interstitiellen Reibungsflächen der Zahnkrone. – Dtsch. Vjschr. Zahnheilkde., Wien, **5**: 12–16.

1305. ZUCKERKANDL, E. (1891): Makroskopische Anatomie der Zähne. – Handb. Zahnheilkde., **1**: 1–208, Wien (Hölder).

Register

(kursive Seitenzahlen = Illustrationen)

Informationen für Autoren

Handbuch der Zoologie, Band VIII Mammalia

Verlag: Walter de Gruyter, Berlin
Herausgeber: D. Starck, H. Schliemann,
J. Niethammer
Schriftleiter: H. Wermuth

Das Handbuch der Zoologie, Band VIII Mammalia (Säugetiere) behandelt das gesamte Gebiet der Speziellen Zoologie der Säugetiere. Es wird der gegenwärtige Stand der Kenntnisse in kurzer Form dargestellt, wobei vor allem die wesentlichen Tatsachen Berücksichtigung finden und auf offene, noch zu klärende Fragen hingewiesen wird.

Der Band VIII erscheint in Teilbänden mit fortlaufender Numerierung entsprechend dem Eingang der Beitragsmanuskripte.

Der Umfang der Manuskripte und der Termin für deren Ablieferung wird gemeinsam mit Autoren, Herausgebern und Verlag vertraglich festgelegt.

Jeder Teilband umfaßt
  Inhaltsübersicht
  Text
  Abbildungen (fortlaufend numeriert)
  Abbildungslegenden
  Tabellen (fortlaufend numeriert)
  Verzeichnis der Gattungs- und Artnamen mit
  Autor und Jahreszahl
  Sachregister mit Seitenzahl
  Literaturverzeichnis

Text: Das Manuskript soll mit Schreibmaschine (2facher Zeilenabstand) auf DIN-A-4-Blättern geschrieben sein. Links soll ein 3 cm breiter Rand frei bleiben. Wissenschaftliche Namen der Gattungen, Arten und Unterarten sind im Manuskript gewellt zu unterstreichen und werden kursiv gesetzt. Vorschläge für Kleindruck werden durch einen senkrechten Strich am linken Rand mit dem Zusatz „Petit" gekennzeichnet. Im Text sollen Autorennamen der Taxa vermieden werden. Literaturhinweise erfolgen durch Nennung des Autors in eckigen Klammern evtl. mit Zusatz der Jahreszahl und bei Mehrfachzitierung verschiedener Arbeiten des gleichen Autors mit dem Zusatz a, b, c. Für die endgültige Vorbereitung des Manuskriptes für den Satz ist der Schriftleiter verantwortlich.

Information for Authors

Handbook of Zoology, Volume VIII Mammalia

Publishers: Walter de Gruyter, Berlin
Editors: D. Starck, H. Schliemann,
J. Niethammer
Managing Editor: H. Wermuth

The Handbook of Zoology, Vol. VIII, Mammalia treats the whole field of the zoology of the mammals. It briefly outlines current knowledge, laying particular emphasis on the most essential facts. Reference is made to important questions that are still open.

Volume VIII will be published in parts, numbered consecutively according to the receipt of the manuscripts.

The size of the manucripts as well as the data of submittance will be determined by the editors together with the contributors and the publisher.

Each part comprises
  Table of contents
  Text
  Illustrations (numbered consecutively)
  Legends to illustrations
  Tables (Numbered consecutively)
  Index of generic and species names with author
  and year
  Subject Index in alphabethical order
  References

Text: The manuscript should be typed double-spaced on DIN A4 paper (21 × 29,7 cm) with a left margin of 3 cm. Scientific names of genera and species should be marked with a wavy underline and will be set in italics. Suggestions for small type may be made by a vertical line in the left margin with the note "Petit". The names of authors of taxa should be avoided in the text. Literature citations should be made by giving the name of the author in square brackets, together with the year of publication, if desired. (In the case of citations for several works of the same author, they are to be distinguished by the addition of a, b, c, etc.) The Managing Editor is responsible for the final preparation of the manuscript for typesetting.

Das Literaturverzeichnis enthält alle Veröffentlichungen, die im Text zitiert werden, sie werden nach dem folgenden Muster in alphabetischer Reihenfolge aufgeführt.

Zeitschriftenbeiträge: Schildknecht, H., Maschwitz, V. & Winkler H. (1968): Zur Evolution der Carabiden-Wehrdrüsen-Sekrete. − Die Naturwissenschaften, Berlin, 3: 112−117.

Bücher oder andere selbständige Veröffentlichungen: Riedl, R. (1975): Die Ordnung des Lebendigen. Systembedingungen der Evolution. Paul Parey, Hamburg und Berlin.

Handbuchbeiträge: Stell, F.F. (1971): Mechanism of synaptic transmission. In: Neurosciences Research. (S. Ehrenpreis, ed.). Academic Press, New York, London. pp. 1−27

Unveröffentlichte Arbeiten sollen nur zitiert werden, wenn sie zur Veröffentlichung angenommen sind, und zwar unter Angabe der Zeitschrift, die die Arbeit angenommen hat:
Kuhn, H.-J. (1976): Antorbitaldrüse und Tränennasengang von Neotragus pygmaeus. − Z. Säugetierkunde (im Druck).
Periodica sollen im Literaturverzeichnis nach der „World list of scientific periodicals, published in the years 1900−1960" und folgende (Butterworths, London) zitiert werden.

Abbildungsvorlagen (Zeichnungen, Photos) sollen in reproduktionsfähigem Zustand geliefert werden. Die Abbildungen werden soweit wie möglich verkleinert, entweder auf die Breite einer Spalte (76 mm) oder auf die gesamte Satzbreite (157 mm). Die Höhe einer Spalte ist 238 mm. Für Abbildungen, die auf ¼ ihrer Größe (½ Breite oder Höhe) verkleinert werden sollen, werden Strichstärken von 0,5 bis 0,8 mm und eine Schriftgröße von 8 mm empfohlen. Es sollten Schriftschablonen benutzt werden (keine Schreibmaschinenschrift). Photos müssen kontrastreich sein, da im Druck etwas Kontrast verlorengeht.

Das Manuskript soll in drei gesonderten Teilen eingereicht werden:
1. Text
2. Abbildungen, Tabellen und Diagramme
3. Abbildungslegenden

The reference section must contain an alphabetical list of all references mentioned in the text. Please note the following examples.

Articles in journals: Schildknecht, H., Maschewitz, V. & Winkler, H. (1968): Zur Evolution der Carabiden-Wehrdrüsen-Sekrete. − Die Naturwissenschaften, Berlin, 3: 112−117

Books or other publications: Riedl, R. (1975): Die Ordnung des Lebendigen. Systembedingungen der Evolution. Paul Parey, Hamburg und Berlin.

Articles in reference works: Stell, F.F. (1971): Mechanism of synaptic transmission. In: Neurosciences Research. (S. Ehrenpreis, ed.). Academic Press, New York, London. pp. 1−27.

Unpublished material should only be cited when it has been accepted for publication. The name of the journal where the paper is to appear must be given:
Kuhn, H.-J. (1976): Antorbitaldrüse und Tränennasengang von Neutragus pygmaeus. − Z. Säugetierkunde (in press)
In the reference section scientific periodicals should be cited according to the "World list of Scientific Periodicals, Published in the Years 1900−1960" (Butterworths, London) and later listings.

Illustrations (drawings and photos) must be submitted in camera-ready form. The figures will be reduced as far as possible, either to the width of one column (76 mm) or two columns (157 mm). The length of a column is 238 mm. For a figure that is to be reduced to ¼ its size (½ length of side), lines of 0,5 to 0,8 mm and letters 8 mm high are recommended. A lettering device should be used (no typing). Photographs must be of good contrast as there is a loss of contrast in printing.

The manuscript should be submitted in 3 separate sections:
1. complete text
2. illustrations, tables and diagrams
3. legends to the illustrations

Das Manuskript für das Sachregister, das alle sach-dienlichen Hinweise auf den Text enthalten soll, ist nach Erhalt der umbrochenen Seiten zu erstellen.

Der Autor wird gebeten, eine Manuskriptkopie zurückzubehalten.

Als Sprache sind Deutsch und Englisch zugelassen.

Manuskripte, korrigierte Fahnen und Umbruch sind an den Herausgeber zu senden.

The manuscript of the subject index recording all pertinent statements made within the body of the text is to be prepared on receipt of the page proofs.

The author is requested to retain a copy of the manuscript.

The manuscripts are to be written in English or German.

Manuscripts, galley-proofs and page proofs should be sent to the editor.

Herausgeber/Editors

Professor
Dr. Jochen Niethammer
Zoologisches Institut der
Universität Bonn
Poppelsdorfer Schloss
D-5300 Bonn
F.R. of Germany
Tel. (0221) 73 54 57

Professor
Dr. Harald Schliemann
Zoologisches Institut und
Zoologisches Museum
Martin-Luther-King-Platz 3
D-2000 Hamburg 13
F.R. of Germany
Tel. (040) 41 23 39 17

Professor
Dr. med. Dr. phil. h.c.
Dietrich Starck
Balduinstr. 88
D-6000 Frankfurt am Main 70
F.R. of Germany
Tel. (069) 65 24 38

Schriftleiter/Managing Editor

Dr. Heinz Wermuth
Falkenweg 1
D-7149 Freiburg
F.R. of Germany
Tel. (07141) 749 77

Verlag
Walter de Gruyter & Co.
Genthiner Str. 13
D-1000 Berlin 30
F.R. of Germany
Tel. (030) 26005-124

Walter de Gruyter, Inc.
Scientific Publishers
200 Saw Mill River Road
Hawthorne, N.Y. 10532
USA
Tel. (914) 747-0110

Handbuch der Zoologie

Band VIII Mammalia

Band VIII Mammalia wird von nun an in Teilbänden mit einer fortlaufenden Numerierung erscheinen, die an die bisherige Zählung der Lieferungen anschließt. Jeder Teilband wird von 55 an gebunden geliefert.

Handbook of Zoology

Volume VIII Mammalia

Volume VIII Mammalia will appear from now on in parts with consecutive numeration in connection with the previous numeration of the instalments. Each part will be delivered bound from part 55 on.

Bisher sind erschienen/Already published

Lieferung instalment	Autor, Titel Author, Title	Erscheinungsjahr Publication date
1	K. Herter: Winterschlaf G. Lehmann: Das Gesetz der Stoffwechselreduktion.	1956
2	M. Meyer-Holzapfel: Das Spiel bei Säugetieren W. Fischel: Haushunde E. Mohr: Das Verhalten der Pinnipedier H. Pilters: Das Verhalten der Tylopoden.	1956
3	H. Mies: Physiologie des Herzens und des Kreislaufs H. v. Hayek: Die Lunge.	1956
4	W. Schoedel: Die Atmung.	1956
5	F. Tischendorf: Milz H.E. Voß: Der Einfluß endokriner Drüsen auf den Stoffwechsel der Säugetiere.	1956
6	C. Heidermanns: Physiologie der Exkretion E. Heinz & H. Netter: Wasserhaushalt.	1956
7	G.P. Baerends: Aufbau des tierischen Verhaltens P. Leyhausen: Das Verhalten der Katzen H. Frick: Morphologie des Herzens. Vergriffen.	1956
8	K. Lorenz: Methoden der Verhaltensforschung I. Eibl-Eibesfeldt: Ausdrucksformen der Säugetiere. M. Meyer-Holzapfel: Das Verhalten der Bären. Vergriffen.	1957
9	K. Herter: Das Verhalten der Insektivoren. G. Tembrock: Das Verhalten des Rotfuchses. Vergriffen.	1957
10	L. v. Bertalaffny: Wachstum.	1957
11	G. Siebert & K. Lang: Energiewechsel A. Kuritz: Das Autonome Nervensystem.	1958
12	I. Eibl-Eibesfeldt: Das Verhalten der Nagetiere.	1958
13	W. Krüger: Der Bewegungsapparat.	1958

Lieferung instalment	Autor, Titel Author, Title	Erscheinungsjahr Publication date
14	W. Krüger: Der Bewegungsapparat. Abschluß von Lieferung 13.	1958
15	W. Krüger: Bewegungstypen E.J. Slijper: Das Verhalten der Wale (Cetacea).	1958
16	Th. Haltenorth: Klassifikation (Monotremata) Th. Haltenorth: Klassifikation (Marsupialia).	1958
17	P.O. Chatfield: Physiologie der peripheren Nerven H. Brune: Rohstoffe der Haussäugetiere.	1958
18	L.S. Crandall: Über das Verhalten des Schnabeltieres in der Gefangenschaft H. Hediger: Verhalten der Marsupialier C.R. Carpenter: Soziologie und Verhalten freilebender nichtmenschlicher Primaten.	1958
19	H. Bartels: Physiologie des Blutes E.H. Hess: Lernen und Engramm.	1959
20	J.H. Schuurmans Stekhoven: Biologie der Parasiten der Säugetiere P. Cohrs & H. Köhler: Tod und Todesursachen bei Säugetieren.	1959
21	Th.H. Schiebler: Morphologie der Nieren.	1959
22	D. Starck: Ontogenie und Entwicklungsphysiologie der Säugetiere.	1959
23	G. Birukow: Statischer Sinn M. Watzka: Superfecundatio, Superfedatio, multiple Ovulation, Zwillinge, Mehrlinge bei Säugetieren.	1959
24	B. Kummer: Biomechanik des Säugetierskeletts.	1959
25	H. Grau & Boessneck: Der Lymphapparat E.J. Slijper: Die Geburt der Säugetiere.	1960
26	R. Ortmann: Die Analregion der Säugetiere.	1960
27	H. Hediger & H. Kummer: Das Verhalten der Schnabeligel H. Krieg & U. Rahm: Das Verhalten der Xenarthren (Ameisenbären, Faultiere und Gürteltiere); Das Verhalten der Schuppentiere U. Rahm: Das Verhalten der Erdferkel O. Kalela: Wanderungen.	1961
28	H.W. Matthes: Verbreitung der Säugetiere in der Vorzeit.	1962
29	K. Neubert & E. Wüstenfeld: Morphologie des akustischen Organs.	1962
30	J. Aschoff: Spontane lokomotorische Aktivität.	1962
31	J. Eibl-Eibesfeldt: Technik der vergleichenden Verhaltensforschung.	1962
32	Th. Haltenorth: Klassifikation: Artiodactyla.	1963
33	H. Elias: Leber- und Gallenwege.	1963
34	H. Hofer & J. Tigges Makromorphologie des Zentralnervensystems 1. Teil.	1964
35	R. Schneider: Larynx der Säugetiere.	1965
36	F. Strauss: Weibliche Geschlechtsorgane, 1. Teil.	1965
37	F. Goethe: Das Verhalten der Musteliden U. Rahm: Das Verhalten der Klippschliefer.	1965

Lieferung instalment	Autor, Titel Author, Title	Erscheinungsjahr Publication date
38	G. Dücker: Das Verhalten der Viverriden.	1965
39	J.F. Eisenberg: The Social Organization of Mammals.	1966
40	F. Strauss: Weibliche Geschlechtsorgane, 2. Teil.	1966
41	H. Schriever: Physiologie des akustischen Organs.	1967
42	H. Frädrich: Das Verhalten der Schweine (Suidae, Tayassuidae) und Flußpferde (Hippotamidae).	1967
43	D. Müller-Using & R. Schloeth: Das Verhalten der Hirsche (Cervidae).	1967
44	M. Montjé: Physiologie des Auges.	1968
45	L. Róka: Intermediärer Stoffwechsel.	1968
46	R. Schenkel & E.M. Lang: Das Verhalten der Nashörner.	1969
47	E. Thenius: Stammesgeschichte der Säugetiere (einschließlich der Hominiden), 1. Teil.	1969
48	E. Thenius: Stammesgeschichte der Säugetiere (einschließlich der Hominiden), 2. Teil.	1969
49	H. Klingel: Das Verhalten der Pferde (Equidae).	1972
50	W. Platzer: Morphologie der Kreislauforgane.	1973
51	M.R.N. Prasad: Männliche Geschlechtsorgane.	1975
52	W. Schober & K. Brauer: Makromorphologie des Zentralnervensystems, 2. Teil.	1975
53	W. Schultz: Der Magen-Darm-Kanal der Monotremen und Marsupialier.	1976
54	F.R. Walther: Das Verhalten der Hornträger (Bovidae).	1979
55	F. Strauss: Der weibliche Sexualzyklus	1986